Réglementation automobile

DROIT & PRATIQUE 2015 2016

Réglementation automobile

- Véhicule et permis de conduire
- Vente et après-vente
- Accident de la circulation et assurance
- Environnement et fiscalité

sous la coordination de **Lionel Namin**

L'ARGUS de l'assurance ÉDITIONS

ISBN 978-2-35474-198-3

ISSN 2111-577X

Auteurs

Sous la coordination de Lionel Namin

Chargé d'enseignement à l'Université de Paris II Panthéon-Assas,
conseiller scientifique de la revue *Jurisprudence automobile*

François Couilbault

Docteur en droit, Chargé d'enseignement à l'Université Paris II Panthéon-Assas, Avocat au barreau de Paris

- L'accident de la circulation et assurance : le fonds de garantie

Jean-Baptiste le Dall

Avocat à la cour, Docteur en droit, membre du comité de pilotage de *Jurisprudence automobile*

- Le véhicule et le conducteur : le permis de conduire
- Focus - les formalités administratives : cartes grise et SIV

David Deharbe

Avocat associé chez Green Law Avocat (barreau de Lille), Docteur en droit, habilité à diriger des recherches, Maître de conférences à l'Université Lille II

en collaboration avec

Lou Deldique, avocat chez Green Law Avocat, Master droit public Université libre de Bruxelles,

et **Yann Borrel**, avocat chez Green Law Avocat, Master droit de l'urbanisme et de la construction

- L'environnement et l'automobile

Nathalie Giroudet-Demay

Avocat à la Cour d'appel de Paris, Cabinet Ravayrol & Giroudet, membre du comité de pilotage de *Jurisprudence automobile*

- L'après-vente automobile : les obligations du réparateur automobile
- Focus - La réglementation européenne de la distribution automobile, Le sort des pièces remplacées et l'obligation de sécurité du réparateur automobile

Mathieu Le Tacon

Avocat fiscaliste, Of Counsel au sein du Cabinet Delsol Avocats, inscrit au barreau de Paris, membre de l'IACF (institut des avocats conseils fiscaux)

- La fiscalité de l'automobile

Christophe Lièvremont

Docteur en droit de l'Université Jean Moulin (Lyon III), Avocat au barreau de Mulhouse, Chargé d'enseignement à l'Université de Franche-Comté, membre du comité de pilotage de *Jurisprudence automobile*

- La vente automobile

Lionel Namin

Chargé d'enseignement à l'Université de Paris II Panthéon-Assas, conseiller

scientifique de *Jurisprudence automobile*
- L'après-vente automobile : les obligations des professionnels de l'expertise

François Nonin

Chargé de mission à la sous-direction de la sécurité et des émissions des véhicules (2008-2011) au ministère en charge des Transports
- Le véhicule et le conducteur : la réglementation automobile, le droit de circuler et la surveillance du véhicule

Emmanuelle Peronet

Juriste – DEA droit des contrats, Université Paris-Sud Sceaux, membre du comité de pilotage de *Jurisprudence automobile*
- L'après-vente automobile : les obligations du réparateur automobile
- Focus - Le sort des pièces remplacées, L'obligation de sécurité du réparateur automobile

Philippe Ravayrol

Avocat au barreau de Paris, Cabinet Ravayrol & Giroudet, diplômé de l'Institut des assurances de Paris, membre du comité de pilotage de *Jurisprudence automobile*
- L'accident de la circulation et assurance : le véhicule assuré, la personne assurée, le responsable de l'accident de la circulation et les procédures de règlement de sinistre automobile

Introduction

Nous avons le plaisir de vous présenter la deuxième édition de cet ouvrage juridique portant sur le droit de l'automobile et sans équivoque intitulé « Réglementation automobile ». À la fin du XIX siècle, on aurait peut-être hésité avec « Réglementation de la voiture automobile » pour distinguer cette dernière de la voiture à traction animale à l'origine de la circulation sur route. Comme en témoigne Henri de Parville dans le Journal des Débats en date du 30 mars 1876 : « Rien de si ingénieux, de si facile à conduire, que la voiture automobile à air comprimé que l'on voit fonctionner sur le tramway de l'Arc-de-Triomphe à Neuilly ». Mais aujourd'hui débarrassé de cette confusion avec l'autre type de voiture, le mot automobile s'impose seul comme titre d'un ouvrage qui lui est consacré pour ses aspects réglementaires.

Avec ce titre et ce contenu, l'ouvrage poursuit même l'ambition immodeste de réparer une erreur historique dans l'édition juridique, qui n'a jamais véritablement dans le passé dédié l'une de ses publications à l'automobile alors qu'elle est devenue le moyen de transport universel avec des chiffres qui donnent le vertige.

Le premier milliard d'automobiles a été dépassé durant l'année 2007 et l'industrie automobile en a produit plus de 80 millions en 2011. À partir de ces chiffres, il est désormais possible de prévoir une moyenne d'environ 144 nouvelles automobiles dans le monde par minute et d'estimer ainsi en temps réel l'évolution du parc automobile mondial.

L'essor de l'automobile s'est pourtant rapidement conjugué avec des textes impératifs pour régler l'évolution et la vitesse des véhicules, organiser le comportement respectif des conducteurs sur la route, qui s'est accompagné dès 1899 de l'obligation de détenir un « Certificat de capacité de conduite automobile ». À partir de cette date jusqu'à ce jour, c'est une masse considérable de textes qui se sont empilés en particulier en matière de droit du véhicule pour cadrer son aspect technique en veillant à sa sécurité, de droit de la circulation routière pour endiguer les accidents d'automobile par leur aspect le plus souvent répressif et de droit civil et des assurances pour indemniser les biens et les personnes. Parallèlement, l'accroissement du tourisme et du transit automobile a rapidement rendu nécessaire l'uniformisation de ces règles avec l'adoption des conventions internationales de Genève du 19 septembre 1949 et de Vienne du 8 novembre 1968. Telles sont d'ailleurs quelques-unes des raisons qui ont incité les pouvoirs publics à modifier le Code de la route à de nombreuses reprises et encore dernièrement, le 24 septembre 2000, à réaliser une nouvelle codification de ce dernier, mais cette fois-ci à droit constant. Enfin depuis une vingtaine d'années, ce sont les exigences environnementales qui ont pris le devant de la scène. L'amélioration des performances énergétiques des véhicules constitue le volet phare du défit environnemental de la filière automobile pour réduire les gaz à effet de serre. D'ici à 2015 en Europe, les voitures particulières neuves doivent atteindre un objectif de 130 g de CO_2/km, et d'ici à 2020 de 95 g de CO_2/km. On relèvera également le plan national d'action, lancé en 2009, favorisant le développement des véhicules électriques et hybrides, avec le soutien financier de l'Etat afin qu'ils représentent, en 2025, 27 % du marché.

De tout ce qui précède, il en sera question dans cet ouvrage qui a justement vocation à embrasser l'automobile à travers le microcosme du véhicule et le macrocosme de son marché, c'est-à-dire ses activités (vente, après-vente) et certains de ses acteurs (distributeur, réparateur, expert en automobile et démolisseur dénommé aujourd'hui « centre de véhicules hors d'usage »).

La construction de cette œuvre a donc demandé un important effort de synthèse pour identifier et rassembler d'une part, les diverses règles qui gouvernent la circulation des véhicules à moteur : homme, machine, voies publiques. D'autre part, celles organisant la production, la commercialisation, l'assurance et la fiscalité de l'automobile qui se trouvent disséminées dans d'autres branches : droit civil pour les contrats relatifs à la vente et aux prestations de services dérivées (entretien, réparation et expertise), droit de la consommation et droit de la concurrence autour de la notion de marché, de ses acteurs et des relations qu'ils entretiennent, droit des assurances (assurance obligatoire des véhicules terrestres à moteur), droit de l'environnement (sites industriels automobiles), ou encore droit fiscal (TVA, taxe sur les véhicules de société).

Certes, le premier ensemble visé est gouverné par un droit spécial dont la substance se trouve en partie dans le Code de la route. Il fournit d'ailleurs les textes essentiels à la première partie de notre ouvrage centrée sur la machine et l'automobiliste. Parmi les éléments exposés, on trouve toutes les prescriptions qui découlent du caractère dangereux de l'automobile (réception et homologation, certificat d'immatriculation, contrôle technique, immobilisation et mise en fourrière) et l'apprentissage de la conduite et le permis de conduire (l'homme).

Notre ouvrage organisé en six grandes parties aborde ensuite :

- la distribution automobile entendue comme une opération juridique, c'est-à-dire la vente du véhicule. Les obligations réciproques du vendeur et de l'acheteur seront détaillées ainsi que les garanties légales et contractuelles attachées au véhicule qui trouvent avec l'automobile un pertinent contexte d'application : dès son achat, le véhicule est bien souvent triplement garanti !

- le marché de l'après-vente, quant à lui, est traité à travers l'activité du réparateur et de l'expert en automobile. S'agissant du premier, il sera essentiellement question des conditions de sa responsabilité civile en qualité d'entrepreneur et de dépositaire. Quant à l'expert, l'organisation de sa profession sera précisée ainsi que la manière dont il procède pour déterminer, avec le réparateur, le montant économique des réparations suite à un accident. L'évolution de ce professionnel vers des missions de sécurité routière sera exposée à travers l'examen des dispositifs concernant les véhicules endommagés ;

- l'accident de la circulation et l'assurance automobile font l'objet de la quatrième partie de l'ouvrage. La loi Badinter du 5 juillet 1985 instaurant un droit à indemnisation au profit de la victime d'un accident de la circulation dans lequel un véhicule terrestre à moteur est impliqué sera étudiée, ainsi que la jurisprudence dont il en résulte. Les deux premières parties seront consacrées au véhicule assuré d'une part, et à la personne assurée d'autre part. L'examen du fonds de garantie clôturera cette partie ;

- en matière de réglementation environnementale, il s'agira en particulier de nous intéresser aux normes applicables à chaque extrémité de la vie de l'automobile. A sa conception, les obligations pesant sur les sites industriels de production automobile (constructeurs ou équipementiers) qui sont susceptibles d'être répertoriés sous de nombreuses rubriques de la nomenclature des installations classées pour la protection de l'environnement (ICPE) en raison de leurs activités : assemblage des véhicules, peinture, stockage de produits dangereux mis en œuvre dans certains équipements ; en fin de vie, les obligations des professionnels qui se voient attribuer une responsabilité accrue en devant intégrer de fortes exigences d'écoconception encouragées par l'Union européenne en application de la directive 2000/53/CE du 18 septembre 2000 relative aux véhicules hors d'usage (VHU). Il est ainsi prévu qu'en 2015 les véhicules doivent être réutilisables et/ou recyclables au minimum à 85 % en masse, et réutilisables et/ou valorisables au minimum à 95 %. Les obligations respectives des centres VHU et des broyeurs complètent le tableau en la matière ;

- enfin, une dernière partie est consacrée à la fiscalité qui s'applique à l'automobile. Elle comprend la TVA relative aux opérations de vente et de prestation de services sur les véhicules (réparation, location...) et les questions touchant aux impôts directs liées aux véhicules de tourisme et de sociétés.

Cet ouvrage se présente comme un ouvrage collectif auquel ont participé : Yann Borrel, François Couilbault, David Deharbe, Lou Deldique, Nathalie Giroudet-Demay, Jean-Baptiste Le Dall, Mathieu Le Tacon, Christophe Lièvremont, Lionel Namin, François Nonin, Etienne Pouliguen et Philippe Ravayrol.

Les lecteurs pourront ainsi apprécier l'expérience d'un groupe de praticiens du droit spécialistes du domaine de l'automobile, pédagogues, riches de connaissances sur des réglementations qu'ils connaissent, qu'ils aiment et qu'ils dominent.

Pour terminer, nous saluerons que cet ouvrage, premier du genre, soit comarqué par un éditeur de tradition technique (ETAI) et un éditeur de tradition juridique (L'Argus de l'assurance), en écho à la synergie opérée dans l'automobile entre la technique et le juridique.

Lionel Namin,

Chargé d'enseignement à l'Université de Paris II Panthéon-Assas

Conseiller scientifique de *Jurisprudence automobile*

Sommaire

Première Partie

Le véhicule et le conducteur

Titre 1 ▪ La réglementation automobile

Par François Nonin

BIBLIOGRAPHIE

L'Argus de l'assurance
Ouvrage. - Code de la route, L'Argus de l'assurance éd.
Revue. - La jurisprudence automobile, L'Argus de l'assurance éd.

▪ Chapitre 1 Les différents types de véhicules

1. Le véhicule en circulation est soumis à deux corps de règles distincts qui définissent son aptitude juridique à circuler, les règles définissant ses caractéristiques techniques propres d'une part, et celles encadrant ses conditions générales d'utilisation de la voie publique d'autre part. Ce double aspect se retrouve d'ailleurs dans les définitions des différents véhicules reconnus par le Code de la route.

2. Définit simplement comme « tout véhicule terrestre pourvu d'un moteur de propulsion, y compris les trolleybus, et circulant sur route par ses moyens propres, à l'exception des véhicules qui se déplacent sur rails » selon l'article L. 110-1 du Code de la route. Le véhicule à moteur est classifié dans toutes ses variables par l'article R. 311-1 du Code de la route que nous reprenons ci-après dans son intégralité. Rappelons simplement que le Code de la route vise à définir exhaustivement les seuls véhicules à moteur qui peuvent utiliser habituellement les voies ouvertes à la circulation publique.

Définitions des véhicules réglementés par le Code de la route (C. route, art. R. 311-1)

1. Véhicules de catégorie M : véhicules à moteur conçus et construits pour le transport de personnes et ayant au moins quatre roues :
1. 1. Véhicule de catégorie M1 : véhicule conçu et construit pour le transport de personnes et comportant, outre le siège du conducteur, huit places assises au maximum ;
1. 2. Véhicule de catégorie M2 : véhicule conçu et construit pour le transport de personnes, comportant, outre le siège du conducteur, plus de huit places assises et ayant un poids maximal inférieur ou égal à 5 tonnes ;
1. 3. Véhicule de catégorie M3 : véhicule conçu et construit pour le transport de personnes, comportant, outre le siège du conducteur, plus de huit places assises et ayant un poids maximal supérieur à 5 tonnes ;
1. 4. Voiture particulière : véhicule de catégorie M1 ne répondant pas à la définition du véhicule de la catégorie L6e ou L7e et ayant un poids total autorisé en charge inférieur ou égal à 3, 5 tonnes ;
1. 5. Véhicule de transport en commun : véhicule de catégorie M2 ou M3 ;
1. 6. Autobus : véhicule de transport en commun qui, par sa construction et son aménagement, est affecté au transport en commun de personnes et de leurs bagages ;
1. 7. Autocar : autobus, répondant à des caractéristiques définies par arrêté du ministre chargé des transports, affecté au transport de personnes sur de longues distances et permettant le transport des occupants du véhicule principalement en places assises ;
1. 8. Autobus articulé ou autocar articulé : autobus ou autocar composé d'au moins deux tronçons rigides reliés entre eux par des sections articulées, lesquelles permettent la libre circulation des voyageurs ; les sections rigides sont reliées de façon permanente et ne peuvent être disjointes que par une opération nécessitant des installations spécifiques.
1.9. Véhicule de transport en commun d'enfants : véhicule de catégorie M2 ou M3 affecté à titre principal au transport de personnes de moins de dix-huit ans, quel que soit le motif du déplacement.
1.10. Véhicule affecté au transport d'enfants : véhicule comportant, outre le siège du conducteur, huit places assises au maximum défini aux points 1.4 et 6.7 du présent article assurant un transport organisé à titre principal pour des personnes de moins de dix-huit ans, quel que soit le motif du déplacement.

2. Véhicules de catégorie N : véhicules à moteur conçus et construits pour le transport de marchandises et ayant au moins quatre roues :
2. 1. Véhicule de catégorie N1 : véhicule conçu et construit pour le transport de marchandises ayant un poids maximal inférieur ou égal à 3,5 tonnes ;
2. 2. Véhicule de catégorie N2 : véhicule conçu et construit pour le transport de marchandises ayant un poids maximal supérieur à 3,5 tonnes et inférieur ou égal à 12 tonnes ;
2. 3. Véhicule de catégorie N3 : véhicule conçu et construit pour le transport de marchandises ayant un poids maximal supérieur à 12 tonnes ;
2. 4. Camionnette : véhicule de catégorie N1 ne répondant pas à la définition du véhicule de catégorie L6e ou L7e.

3. Véhicules de catégorie O : véhicules remorqués :
3. 1. Véhicule de catégorie O1 : véhicule remorqué ayant un poids maximal inférieur ou égal à 0,75 tonne ;
3. 2. Véhicule de catégorie O2 : véhicule remorqué ayant un poids maximal supérieur à 0,75 tonne et inférieur ou égal à 3, 5 tonnes ;
3. 3. Véhicule de catégorie O3 : véhicule remorqué ayant un poids maximal supérieur à

3, 5 tonnes et inférieur ou égal à 10 tonnes ;
3. 4. Véhicule de catégorie O4 : véhicule remorqué ayant un poids maximal supérieur à 10 tonnes ;
3. 5. Remorque : véhicule non automoteur sur roues, destiné à être tracté par un autre véhicule ;
3. 6. Semi-remorque : remorque dont une partie appréciable de son poids et du poids de son chargement est supportée par le véhicule tracteur.

4. Véhicules de catégorie L : véhicules à moteur à deux ou trois roues et quadricycles à moteur :
4. 1. Véhicule de catégorie L1e : véhicule à deux roues dont la vitesse maximale par construction est égale ou supérieure à 6 km / h et ne dépasse pas 45 km / h et équipé d'un moteur d'une cylindrée ne dépassant pas 50 cm^3 s'il est à combustion interne ou d'une puissance maximale nette n'excédant pas 4 kilowatts pour les autres types de moteur ;
4. 2. Véhicule de catégorie L2e : véhicule à trois roues (L2e) dont la vitesse maximale par construction est égale ou supérieure à 6 km / h et ne dépasse pas 45 km / h et équipé d'un moteur d'une cylindrée ne dépassant pas 50 cm^3 s'il est à allumage commandé ou d'une puissance maximale nette n'excédant pas 4 kilowatts pour les autres types de moteur ;
4. 3. Véhicule de catégorie L3e : véhicule à deux roues sans side-car, équipé d'un moteur d'une cylindrée supérieure à 50 cm^3 s'il est à combustion interne et / ou dont la vitesse maximale par construction est supérieure à 45 km / h ;
4. 4. Véhicule de catégorie L4e : véhicule à deux roues avec side-car, équipé d'un moteur d'une cylindrée supérieure à 50 cm^3 s'il est à combustion interne et / ou dont la vitesse maximale par construction est supérieure à 45 km / h ;
4. 5. Véhicule de catégorie L5e : véhicule à trois roues symétriques, équipé d'un moteur d'une cylindrée supérieure à 50 cm^3 s'il est à combustion interne et / ou dont la vitesse maximale par construction est supérieure à 45 km / h ;
4. 6. Véhicule de catégorie L6e : véhicule à moteur à quatre roues dont le poids à vide n'excède pas 350 kilogrammes, la vitesse maximale par construction est égale ou supérieure à 6 km / h et ne dépasse pas 45 km / h et la cylindrée n'excède pas 50 cm^3 pour les moteurs à allumage commandé ou dont la puissance maximale nette n'excède pas 4 kilowatts pour les autres types de moteur ;
4. 7. Véhicule de catégorie L7e : véhicule à moteur à quatre roues dont la puissance maximale nette du moteur est inférieure ou égale à 15 kilowatts, le poids à vide n'excède pas 550 kilogrammes pour les quadricycles affectés au transport de marchandises et 400 kilogrammes pour les quadricycles destinés au transport de personnes, et qui n'est pas de catégorie L6e ;
4. 8. Cyclomoteur : véhicule de catégorie L1e ou L2e ;
4. 9. Motocyclette : véhicule de catégorie L3e ou L4e et dont la puissance n'excède pas 73, 6 kilowatts (100 ch) ; l'adjonction d'un side-car à une motocyclette ne modifie pas le classement de celle-ci ;
4. 10. Motocyclette légère : motocyclette dont la cylindrée n'excède pas 125 cm^3 et dont la puissance n'excède pas 11 kilowatts ; les motocyclettes qui, avant le 5 juillet 1996, étaient considérées comme motocyclettes légères ou qui avaient été réceptionnées comme telles restent classées dans ces catégories après cette date, à l'exception des véhicules à deux roues à moteur dont la cylindrée n'excède pas 50 cm^3 et dont la vitesse n'excède pas 45 km / h munis d'un embrayage ou d'une boîte de vitesses non automatique qui sont des cyclomoteurs ; les véhicules à deux roues à moteur d'une cylindrée n'excédant pas 125 cm^3 mis en circulation sous le genre « vélomoteur « avant le 1er mars

1980 sont considérés comme des motocyclettes légères ; l'adjonction d'un side-car à une motocyclette légère ne modifie pas le classement de celle-ci ;
4. 11. Tricycle à moteur : véhicule de catégorie L5e, dont le poids à vide n'excède pas 1 000 kilogrammes, la charge utile n'excède pas 1 500 kilogrammes pour les tricycles destinés au transport de marchandises et 300 kilogrammes pour les tricycles destinés au transport de personnes ;
4. 12. Quadricycle léger à moteur : véhicule de catégorie L6e, dont la charge utile n'excède pas 200 kilogrammes ;
4. 13. Quadricycle lourd à moteur : véhicule de catégorie L7e, dont la charge utile n'excède pas 1 000 kilogrammes s'ils sont destinés au transport de marchandises et 200 kilogrammes s'ils sont destinés au transport de personnes.

5. Véhicules agricoles ou forestiers : un véhicule destiné à l'exploitation forestière est assimilé à la catégorie correspondante du véhicule agricole ;
5. 1. Véhicules de catégorie T (à roues) ou C (à chenilles) : véhicules agricoles à moteur :
5. 1. 1. Tracteur agricole : véhicule à moteur, à roues ou à chenilles, ayant au moins deux essieux et une vitesse maximale par construction égale ou supérieure à 6 km / h, dont la fonction réside essentiellement dans sa puissance de traction et qui est spécialement conçu pour tirer, pousser, porter ou actionner certains équipements interchangeables destinés à des usages agricoles ou tracter des véhicules remorqués agricoles ;
5. 1. 2. Véhicule de catégorie T1 ou C1 : tracteur agricole dont la vitesse maximale par construction n'est pas supérieure à 40 km / h, dont la voie minimale de l'essieu le plus proche du conducteur est égale ou supérieure à 1 150 mm, la masse à vide en ordre de marche supérieure à 600 kilogrammes et la garde au sol inférieure ou égale à 1 000 mm ;
5. 1. 3. Véhicule de catégorie T2 ou C2 : tracteur agricole dont la vitesse maximale par construction n'est pas supérieure à 40 km / h, dont la voie minimale est inférieure à 1 150 mm, la masse à vide en ordre de marche supérieure à 600 kilogrammes et la garde au sol inférieure ou égale à 600 mm ;
5. 1. 4. Véhicule de catégorie T3 ou C3 : tracteur agricole dont la vitesse maximale par construction n'est pas supérieure à 40 km / h d'une masse à vide en ordre de marche inférieure ou égale à 600 kilogrammes ;
5. 1. 5. Véhicule de catégorie T4 ou C4 : tracteur agricole spécial dont la vitesse maximale par construction n'est pas supérieure à 40 km / h ;
5. 1. 6. Véhicule de catégorie T5 ou C5 : tracteur agricole à vitesse maximale par construction supérieure à 40 km / h ;
5. 2. Véhicules de catégorie R : véhicules agricoles remorqués :
5. 2. 1. Remorque agricole : véhicule remorqué destiné au transport et conçu pour être attelé à un tracteur agricole ou à une machine agricole automotrice ;
5. 2. 2. Semi-remorque agricole : remorque agricole dont une partie de son poids et du poids de son chargement repose en partie sur le véhicule tracteur ;
5. 2. 3. Est assimilé à un véhicule agricole remorqué tout véhicule remorqué comportant un outil à demeure si le rapport entre le poids total en charge et le poids à vide du véhicule est supérieur ou égal à la valeur 3 et si le véhicule n'est pas conçu pour le traitement de matières ;
5. 2. 4. Véhicule de catégorie R1a : remorque ou semi-remorque agricole ayant un poids maximal sur l'ensemble de ses essieux inférieur ou égal à 1 500 kilogrammes et conçue pour une vitesse inférieure ou égale à 40 km / h ;
5. 2. 5. Véhicule de catégorie R1b : remorque ou semi-remorque agricole ayant un poids maximal sur l'ensemble de ses essieux inférieur ou égal à 1 500 kilogrammes et conçue pour une vitesse supérieure à 40 km / h ;

5. 2. 6. Véhicule de catégorie R2a : remorque ou semi-remorque agricole ayant un poids maximal sur l'ensemble de ses essieux supérieur à 1 500 kilogrammes et inférieur ou égal à 3 500 kilogrammes et conçue pour une vitesse inférieure ou égale à 40 km / h ;
5. 2. 7. Véhicule de catégorie R2b : remorque ou semi-remorque agricole ayant un poids maximal sur l'ensemble de ses essieux supérieur à 1 500 kilogrammes et inférieur ou égal à 3 500 kilogrammes et conçue pour une vitesse supérieure à 40 km / h ;
5. 2. 8. Véhicule de catégorie R3a : remorque ou semi-remorque agricole ayant un poids maximal sur l'ensemble de ses essieux supérieur à 3 500 kilogrammes et inférieur ou égal à 21 000 kilogrammes et conçue pour une vitesse inférieure ou égale à 40 km / h ;
5. 2. 9. Véhicule de catégorie R3b : remorque ou semi-remorque agricole ayant un poids maximal sur l'ensemble de ses essieux supérieur à 3 500 kilogrammes et inférieur ou égal à 21 000 kilogrammes et conçue pour une vitesse supérieure à 40 km / h ;
5. 2. 10. Véhicule de catégorie R4a : remorque ou semi-remorque agricole ayant un poids maximal sur l'ensemble de ses essieux supérieur à 21 000 kilogrammes et conçue pour une vitesse inférieure ou égale à 40 km / h ;
5. 2. 11. Véhicule de catégorie R4b : remorque ou semi-remorque agricole ayant un poids maximal sur l'ensemble de ses essieux supérieur à 21 000 kilogrammes et conçue pour une vitesse supérieure à 40 km / h ;
5. 3. Véhicules de catégorie S : machines ou instruments agricoles remorqués :
5. 3. 1. Machine ou instrument agricole remorqué : véhicule remorqué non destiné principalement au transport et conçu pour être attelé à un tracteur agricole ou à une machine agricole automotrice et qui modifie la fonction du véhicule tracteur ou lui apporte une fonction nouvelle ;
5. 3. 2. Est assimilé à une machine ou instrument agricole remorqué tout véhicule comportant un outil à demeure ou conçu pour le traitement des matières, si le rapport entre le poids total en charge et le poids à vide du véhicule est inférieur à la valeur 3.
5. 3. 3. Véhicule de catégorie S1a : machine ou instrument agricole remorqué ayant un poids maximal sur l'ensemble de ses essieux inférieur ou égal à 3,5 tonnes et conçu pour une vitesse inférieure ou égale à 40 km / h ;
5. 3. 4. Véhicule de catégorie S1b : machine ou instrument agricole remorqué ayant un poids maximal sur l'ensemble de ses essieux inférieur ou égal à 3,5 tonnes et conçu pour une vitesse supérieure à 40 km / h ;
5. 3. 5. Véhicule de catégorie S2a : machine ou instrument agricole remorqué ayant un poids maximal sur l'ensemble de ses essieux supérieur à 3,5 tonnes et conçu pour une vitesse inférieure ou égale à 40 km / h ;
5. 3. 6. Véhicule de catégorie S2b : machine ou instrument agricole remorqué ayant un poids maximal sur l'ensemble de ses essieux supérieur à 3,5 tonnes et conçu pour une vitesse supérieure à 40 km / h ;
5. 4. Machine agricole automotrice : appareil pouvant évoluer par ses propres moyens, normalement destiné à l'exploitation agricole et dont la vitesse de marche par construction ne peut excéder 25 km / h en palier ; cette vitesse est portée à 40 km / h pour les appareils dont la largeur est inférieure ou égale à 2,55 mètres et dont les limites de cylindrée ou de puissance sont supérieures à celles de la catégorie L6e. Des dispositions spéciales définies par arrêté du ministre chargé des transports, prises après consultation du ministre chargé de l'agriculture, sont applicables aux machines agricoles automotrices à un seul essieu.

6. Autres véhicules :
6. 1. Engin de service hivernal : véhicule à moteur de transport de marchandises, d'un poids total autorisé en charge supérieur à 3,5 tonnes, ou tracteur agricole appartenant

aux collectivités gestionnaires des voies publiques ou aux personnes agissant pour leur compte, lorsqu'ils sont équipés d'outils spécifiques destinés à lutter contre le verglas ou la neige sur les voies ouvertes à la circulation publique ; un arrêté du ministre chargé des transports définit les caractéristiques de ces outils ;
6. 2. Engin spécial : engin automoteur ou remorqué servant à l'élévation, au gerbage ou au transport de produits de toute nature, à l'exclusion du transport de personnes autres que le conducteur et éventuellement un convoyeur, et dont la vitesse ne peut excéder par construction 25 km / h ;
6. 3. Véhicule de collection : véhicule de plus de trente ans d'âge, qui ne peut satisfaire aux prescriptions techniques exigées par le présent livre ;
6. 4. Véhicule d'intérêt général : véhicule d'intérêt général prioritaire ou bénéficiant de facilités de passage ;
6. 5. Véhicule d'intérêt général prioritaire : véhicule des services de police, de gendarmerie, des douanes, de lutte contre l'incendie, d'intervention des unités mobiles hospitalières ou, à la demande du service d'aide médicale urgente, affecté exclusivement à l'intervention de ces unités et du ministère de la justice affecté au transport des détenus ou au rétablissement de l'ordre dans les établissements pénitentiaires ;
6. 6. Véhicule d'intérêt général bénéficiant de facilités de passage : ambulance de transport sanitaire, véhicule d'intervention d'Electricité de France et de Gaz de France, du service de la surveillance de la Société nationale des chemins de fer français, de transports de fonds de la Banque de France, des associations médicales concourant à la permanence des soins, des médecins lorsqu'ils participent à la garde départementale, de transports de produits sanguins et d'organes humains, engin de service hivernal et, sur autoroutes ou routes à deux chaussées séparées, véhicule d'intervention des services gestionnaires de ces voies ;
6. 7. Véhicule spécialisé : véhicule de catégorie M, N, O, T ou C prévu pour une fonction qui requiert un aménagement ou un équipement spécifique ;
6. 8. Véhicule spécialisé dans les opérations de remorquage : véhicule spécialisé dont l'aménagement comporte un engin de levage installé à demeure permettant le remorquage d'un véhicule en panne ou accidenté avec ou sans soulèvement du train avant ou du train arrière de ce dernier ;
6. 9. Matériel de travaux publics : matériel spécialement conçu pour les travaux publics, ne servant pas normalement sur route au transport de marchandises ou de personnes autres que deux convoyeurs et dont la liste est établie par le ministre chargé des transports ;
6. 10. Cycle : véhicule ayant au moins deux roues et propulsé exclusivement par l'énergie musculaire des personnes se trouvant sur ce véhicule, notamment à l'aide de pédales ou de manivelles ;
6. 11. Cycle à pédalage assisté : cycle équipé d'un moteur auxiliaire électrique d'une puissance nominale continue maximale de 0, 25 kilowatt, dont l'alimentation est réduite progressivement et finalement interrompue lorsque le véhicule atteint une vitesse de 25 km / h, ou plus tôt si le cycliste arrête de pédaler.

7. Ensembles de véhicules :
7. 1. Train double : ensemble composé d'un véhicule articulé et d'une semi-remorque dont l'avant repose soit sur un avant-train, soit sur le train roulant arrière coulissant de la première semi-remorque qui tient alors lieu d'avant-train ;
7. 2. Train routier : ensemble constitué d'un véhicule à moteur auquel est attelée une remorque ou une semi-remorque dont l'avant repose sur un avant-train ;
7. 3. Véhicule articulé : ensemble composé d'un véhicule tracteur et d'une semi-remorque.

3. L'article R. 311-1 du Code de la route dans sa rédaction actuelle combine deux catégories techniques de véhicules.
La première est une classification de types de véhicules par lettres clés accompagnées d'un indice numérique pour définir les sous catégories. Ce sont les définitions tirées de la directive européenne décrivant notamment le nouveau système de réception des véhicules à moteur applicable sur le territoire de l'Union européenne. La directive 2007/46/CE du 5/09/2007 est désormais le texte cadre « pour la réception des véhicules à moteur, de leurs remorques et des systèmes, des équipements et des entités techniques destinés à ces véhicules ».

4. Ainsi, trois grandes catégories générales sont définies dans la directive précitée :
- catégorie M : véhicules destinés au transport des personnes ;
- catégorie N : véhicules destinés au transport des marchandises ;
- catégorie O : remorques pour le transport des personnes ou des marchandises, ainsi que pour l'hébergement des personnes.
La deuxième typologie de classification sont les définitions « classiques » des types de véhicules qui sont reprises et actualisées de l'ancienne version du Code de la route.
On retrouve dans cette catégorie la « voiture particulière », l' « autobus », ou la « camionnette ».
Ces dernières définitions sont intégrées dans les nouvelles catégories de la directive :
- la voiture particulière appartient à la catégorie M1 ;
- le véhicule de transport en commun appartient soit à la catégorie M2, soit à la catégorie M3 suivant son poids ;
- la camionnette est un véhicule de la catégorie N1.

5. Les trois catégories générales (M, N et O) ont été complétées par deux autres directives européennes définissant respectivement la procédure de réception pour les deux et trois roues ainsi que les quadricycles à moteur (directive 2002/24/CE du 18/03/2002) et la procédure pour la réception des tracteurs agricoles ou forestiers (directive 2003/37/CE du 26/05/2003).
Ces deux derniers textes régissent les catégories générales suivantes :
- Catégorie L : véhicules à moteur à deux ou trois roues et quadricycles à moteur (les quadricycles à moteurs comprennent notamment les voiturettes qui se conduisent sans permis).
- Catégorie T (à roues) ou C (à chenille) : pour les tracteurs agricoles.
- Catégorie R : véhicules agricoles remorquées.
- Catégorie S : machines ou instruments agricoles remorqués.

6. La catégorie L englobe les cyclomoteurs (50 cm^3 de cylindrée et 45 km/h maximum) dans les sous-catégories L1e (deux roues) et L2e (trois roues).
Les motocyclettes (puissance maximale de 73,6 kw soit 100 ch) sont classées L3e (sans side-car) ou L4e (avec side-car), ainsi que les motocyclettes légères (125 cm3 de cylindrée et puissance maxi de 11 kw).
Les catégories T, C, R et S regroupent des véhicules à moteur qui sont conduits la plupart du temps à utiliser la voie publique comme parcours de liaison et non pas comme lieu de circulation permanent à la différences des véhicules des autres catégories.

7. Notons qu'une partie de l'article R. 311-1 du Code de la route s'intitule « autres véhicules » et définit les véhicules qui s'y trouvent par leur usage principal (« engin de service hivernal », « véhicule d'intérêt général », « matériel de travaux public »). On relève également dans cette partie la présence du cycle et du cycle à pédalage assisté qui sont hors champ du domaine des véhicules à moteur (le cycle à pédalage assisté n'est pas non plus un véhicule à moteur car il doit être un simple auxiliaire de l'énergie musculaire des cyclistes).

8. Il convient donc de déterminer le champ d'application du Code de la route aux véhicules. Pour cela, distinguons dans une première partie les véhicules circulant habituellement sur les voies ouvertes à la circulation publique (Section 1) et dans une seconde partie les véhicules empruntant occasionnellement la voie publique (Section 2).

Section 1 . Les véhicules circulant habituellement sur les voies ouvertes à la circulation publique

9. Parmi les véhicules définis dans le tableau précédent se trouvent tous les véhicules usuels empruntant la voie publique : la voiture particulière, la camionnette, l'autobus, le cyclomoteur ou la motocyclette, ainsi que les différents types de véhicules lourds de transport de marchandises et leurs remorques sont des véhicules familiers qui empruntent la route comme axe de circulation principal.

Sous-section 1 . Les différentes catégories de véhicules prévues par le Code suivant leurs caractéristiques techniques

10. Même si la définition donnée à l'article R. 311-1 du Code de la route d'un certain nombre de ces véhicules ne comporte que peu de caractéristiques techniques, elle renvoie à des arrêtés le soin de les déterminer. On trouve dans ce cas les autobus et les autocars, ainsi que les véhicules lourds de transports de marchandises.

11. D'autres véhicules, comme les quadricycles et les deux et trois roues motorisés, ont une définition qui reprend une ou plusieurs caractéristiques en rapport avec leurs performances principale. La cylindrée du moteur, la vitesse maximale par construction, la puissance ou la charge utile, sont des éléments techniques qui contribuent ainsi à mieux caractériser ces véhicules.
On notera que le poids est un critère de classification important qui se retrouve dans la définition des véhicules qui transportent des passagers ou des marchandises.

Sous-section 2 . Les différentes catégories de véhicules prévues par le Code suivant leur utilisation principale

12. Au delà de ces caractéristiques techniques, le point 6 de l'article R. 311-1 du Code de la route définit plus précisément certains véhicules quant à leur usage spécifique.
L'engin de service hivernal est soit un poids lourd de transport de marchandises soit un tracteur agricole équipé d'une lame à l'avant du véhicule pour la fonction chasse-neige. Le système est démontable pour un retour à d'autres usages.
L'engin spécial est configuré pour des fonctions d'élévation (nacelle) ou de chargement (grue) et des systèmes particuliers de stabilisation au sol lors de son utilisation.

13. Le véhicule spécialisé (catégories M, N, O, T, C) peut être aménagé ou doté d'équipements spécifiques. On citera la bétaillère, la citerne à vidange, la bétonnière, le porte-bateau, ou le camion atelier (la liste exhaustive est donnée dans l'Annexe V de l'arrêté du 9 février 2009 relatif aux modalités d'immatriculation des véhicules).

Les véhicules d'intérêt général sont rangés en deux catégories : les véhicules d'intérêt général prioritaires et les véhicules d'intérêt général bénéficiant de facilités de passage.

§ 1 ■ Les véhicules d'intérêt général prioritaires

14. Ce sont les véhicules des Forces de l'ordre (police et gendarmerie, douanes), des services de lutte contre l'incendie, des unités mobiles hospitalières et des unités du ministère de la Justice chargées du transport des détenus ou au rétablissement de l'ordre dans les établissements pénitentiaires.

§ 2 ■ Les véhicules d'intérêt général bénéficiant de facilités de passage

15. Ces véhicules sont les ambulances de transport sanitaire, les véhicules d'intervention d'Électricité de France (EDF) et de Gaz de France (GDF), les véhicules du service de surveillance de la Société nationale des chemins de fer français (SNCF).

16. On trouve également les véhicules de transports de fonds de la banque de France, ceux des associations médicales concourant à la permanence des soins, des médecins lorsqu'ils participent à la garde départementale, ceux assurant le transport des produits sanguins et d'organes humains.

Sont rangés également dans cette catégorie les engins de service hivernal et les véhicules d'intervention des services gestionnaires des autoroutes.

17. Dans cette liste, il convient de classer à part le véhicule de collection qui peut être tout véhicule appartenant à l'une des définitions de l'article R. 311-1 du Code de la route ayant atteint trente ans d'âge. A ce titre, il peut encore circuler avec un certificat d'immatriculation spécifique tout en ne répondant plus à toutes les exigences techniques de sa classification initiale.

Section 2 ■ Les véhicules empruntant occasionnellement la voie publique

18. D'autres types de véhicules circulent sur les voies ouvertes à la circulation publique sans en faire leur lieu d'utilisation principal ou habituel.

Sous-section 1 ■ Les engins agricoles

19. Ces engins sont définis au point 5 de l'article R. 311-1 du Code de la route et comprennent les tracteurs agricoles (à roues ou à chenilles), les véhicules agricoles remorqués, les machines ou instruments agricoles remorqués et les machines agricoles automotrices.

Sous-section 2 . Les convois exceptionnels

20. L'article R. 433-1 du Code de la route précise que le transport ou la circulation de marchandises, engins ou véhicules présentant un caractère exceptionnel en raison de leurs dimensions ou de leur masse excédant les limites réglementaires, doit faire l'objet d'une autorisation préalable.

21. Sont concernés en particulier :
- véhicule à moteur ou remorque transportant ou destiné au transport de charges indivisibles (on entend par charge indivisible une charge qui ne peut, aux fins de transport par route, être divisée en plusieurs chargements sans frais ou risque de dommages importants et qui ne peut, du fait de ses dimensions ou masse, être transportée par un véhicule dont les dimensions ou la masse respectent elles-mêmes les limites réglementaires) ;
- véhicule, matériel agricole ou forestier ou leur ensemble, machine agricole automotrice, machine ou instrument agricole remorqué dont les dimensions, y compris les outillages portés amovibles, dépassent une longueur de 25 mètres ou une largeur de 4,50 mètres ;
- véhicule à moteur ou remorque à usage forain ;
- ensemble forain dont la longueur est supérieure à 30 mètres ;
- véhicule ou engin spécial ;
- véhicule ou matériel de travaux publics.

Sous-section 3 . Les véhicules présents dans les manifestations diverses et les épreuves sportives

22. L'article R. 411-29 du Code de la route précise que l'organisation des épreuves, courses ou compétitions sportives devant se disputer en totalité ou en partie sur les voies ouvertes à la circulation publique est soumise à autorisation administrative délivrée dans les conditions prévues à la section 4 du chapitre 1er du titre III du livre III du Code du sport.

23. Par dérogation aux dispositions de l'article R. 322-1 du Code de la route, la circulation sur la voie publique ou ouverte à la circulation publique d'un véhicule à moteur destiné à participer à une manifestation sportive entrant dans le cadre de l'article R. 331-18 du Code du sport, non réceptionné ou qui n'est plus conforme à sa réception d'origine telle que prévue aux articles R. 321-1 et suivants du Code de la route, est autorisée sur un parcours de liaison tel que défini à l'article R. 331-21 (4°) du Code du sport.

24. Sous réserve de l'autorisation administrative accordée à l'organisateur de la manifestation, on peut donc voir des véhicules non conformes aux exigences techniques du Code de la route emprunter momentanément la voie publique. A titre d'exemple particulier, on citera les véhicules spécialement aménagés et préparés pour les courses de côtes.

Sous-section 4 . Les engins de déplacements personnels

25. Il n'existe pas à l'heure actuelle de statut juridique permettent la circulation sur la voie publique des engins de déplacements personnels.
Rentrent dans cette catégorie particulière toutes les trottinettes électriques (à selle ou sans selle, à deux ou trois roues) et les gyropodes.

26. Le terme gyropode désigne un véhicule électrique monoplace, constitué d'une plateforme munie de deux roues sur laquelle l'utilisateur se tient debout, d'un système de stabilisation gyroscopique et d'un manche de maintien et de conduite.
Actuellement deux constructeurs commercialisent ce type d'engin qui peut être considéré comme un prolongement du piéton et non pas comme un véhicule au sens du Code de la route.

27. Une étude de l'ensemble des engins de déplacement personnels est en cours au Centre d' Études Techniques de l'Équipement (CETE) de l'Ouest pour analyser les pratiques réglementaires des autres pays sur ces engins.

Chapitre 2
Les règles techniques du véhicule

Section 1 Principe général de non rétroactivité des règles techniques applicables

28. La construction automobile est, comme d'autres secteurs industriels, tenue de prendre en compte les innovations techniques qui permettent d'assurer un avantage économique sur un marché très compétitif.
Dans ce cadre l'utilisation de nouvelles technologies dans les véhicules neufs est évidemment nécessaire.

29. Il est par contre plus difficile, sinon impossible, de monter sur des véhicules déjà commercialisés des systèmes et des dispositifs techniques nouveaux car ils ne sont pas adaptés à ces véhicules.
Ainsi, la ceinture de sécurité ne peut être montée sur des modèles anciens, ceux-ci n'ayant par une carrosserie adaptée (il n'y a pas de points d'ancrage de sécurité pour la fixation).
De même, la technologie des airbags ne peut être envisagée sans des transformations complètes des véhicules conçus avant l'apparition de ce système (par exemple : aménagement intérieur, processus de déclenchement, recalcul des comportements en cas de choc, etc.).

30. Les règles techniques de construction des véhicules à moteur se conforment donc au principe de non rétroactivité sauf dans de très rares cas.
Une exception au principe est celle qui concerne les rétroviseurs anti-angle mort des véhicules lourds.
La directive n° 2007/38/CE du 11/07/2007 a imposé aux véhicules de type N1 et N2 immatriculés à compter du 1er janvier 2000, le montage de dispositifs de vision indirecte.
Conscient de la particularité de cette procédure, la directive a imposé une étude d'impact de l'opération présentée au Conseil et au Parlement européen en 2012.

Section 2 . Le droit communautaire et les directives techniques

31. Même si les différentes catégories de véhicules ne nécessitent pas toutes des offres de véhicules importantes sur le marché, la plupart des opérateurs (constructeurs et équipementiers) ont des objectifs économiques dépassant le territoire national et se positionnent au niveau européen quand ce n'est pas sur le niveau mondial.

32. Le droit du véhicule prend de plus en plus en compte cette dimension et les sources des règles en la matière ne sont pas seulement nationales mais aussi créées au sein de l'Union européenne, et même parfois dans le cadre de l'Organisation des Nations Unies (ONU) au travers de l'une de ses organisations spécialisées.

33. Dans ce but, les véhicules à moteur font l'objet d'une série de directives qui déterminent les conditions techniques qui permettent de prononcer leur réception c'est à dire leur conformité attestée par l'une des autorités administratives compétentes sur le territoire de chaque État membre de l'Union.

Sous-section 1 . Articulation générale du système

34. Les règles de construction et de réception des véhicules à moteurs au sein de l'Union européenne sont encadrées par trois directives de base :
La directive 2007/46/CE du 5/09/2007 établissant un cadre pour la réception des véhicules à moteur, de leur remorques, et des systèmes, des composants et des entités techniques destinés à ces véhicules.
La directive 2002/24/CE du 18/03/2002 relative à la réception des véhicules à moteur à deux ou trois roues.
La directive 2003/37/CE du 26/05/2003 concernant la réception par type des tracteurs agricoles ou forestiers, de leurs remorques et de leurs engins interchangeables tractés ainsi que des systèmes, composants et entités techniques de ces véhicules.

35. Il convient de souligner qu'il existe deux projets de règlements proposés par la Commission et destinés à se substituer à ces deux dernières directives dans un souci de simplification juridique (application immédiate dès la publication).
L'articulation générale du droit régissant la construction des automobiles est donc constituée au niveau de l'Union européenne par la directive 2007/46/CE du 5/09/2007 et l'ensemble des directives détaillant les caractéristiques techniques particulières de la conception et la réalisation de ces véhicules.

36. L'élaboration d'un dossier constructeur pour un nouveau modèle en vue de sa réception doit être conforme à la directive 2007/46 précitée, mais aussi des dispositions applicables figurant dans plus de 60 directives et règlements dans leur version la plus récente (cette liste figure à l'annexe IV de la directive 2007/46/CE précitée).
Pour prendre l'exemple concret d'un nouveau modèle de voiture particulière présenté à la réception, le constructeur devra produire tous les justificatifs techniques prouvant que le prototype respecte les exigences des directives applicables à la catégorie M1 (depuis la directive portant sur le niveau sonore admissible jusqu'au règlement relatif à la sécurité générale, soit plus d'une cinquantaine d'obligations).

37. Les autres directives intervenant dans le processus de réception listées dans le tableau de l'annexe IV de la directive cadre 2007/48/CE ne sont pas les seuls textes de référence définissant les modalités de la réception CE de type.

La directive cadre indique en effet dans son article 35 : « Les règlements CEE-ONU auxquels la Communauté a adhéré et qui sont énumérés à l'annexe IV partie I et à l'annexe XI font partie de la réception CE par type d'un véhicule au même titre que les directives particulières ou les règlements particuliers... Ils sont reconnus équivalents s'ils couvrent le même champ d'application ».

38. Tout en étant intégrés dans le droit communautaire de la réception, les règlements CEE-ONU sont une source de droit international portant sur la construction et le contrôle des véhicules à moteur.

Un certain nombre d'entre eux font partie des textes applicables en matière de réception des véhicules dans le cadre de l'Union européenne (voir infra).

39. La directive 2007/46/CE va d'ailleurs au delà des seules dispositions de réception des véhicules puisqu'elle organise également les mesures correctives découlant du non respect des procédures.

Elle prévoit en effet le système du suivi de la conformité de production et celui du rappel des véhicules susceptibles de constituer un risque pour les usagers.

40. Le système juridique de réception est repris dans le droit interne de chaque État membre qui conserve la maîtrise des sanctions pénales qui s'y attachent au travers des lois décrets et arrêtés nationaux.

Point fondamental de cette nouvelle organisation juridique, la procédure est harmonisée au niveau européen ce qui permet aux constructeurs de demander cette réception à l'une quelconque des autorités administratives de chaque État membre (« Autorité compétente en matière de réception » au sens de la directive).

Sous-section 2 ■ Le contenu de la directive cadre de réception des véhicules

§ 1 ■ La procédure de réception des véhicules

A ■ Schéma général pour le déroulement de la procédure de la réception CE par type

41. La réception CE par type est l'acte par lequel un État membre certifie qu'un type de véhicule, de système, de composant ou d'entité technique satisfait aux dispositions administratives et aux exigences techniques citées dans la directive 2007/46/CE et ses annexes IV ou XI. Le schéma ci-contre résume la procédure pour un véhicule.

42. Les services du constructeur et des équipementiers travaillant sous son contrôle partent de la conception d'un prototype qui passe par plusieurs phases de réalisation du modèle informatique à la maquette et au véhicule en taille réelle avec tous ces éléments.

Des essais sont réalisés dans des services techniques indépendants (laboratoires) qui consignent les résultats dans des procès-verbaux.

Souvent exigées dans plusieurs domaines liés notamment à la sécurité (par exemple : freinage, chocs piétons, systèmes antipollution, pneumatiques) et effectués dans les laboratoires d'essais (« services techniques » au sens de la directive, les essais font partie du dossier constructeur.

43. Compte tenu de l'évolution technologique, il est prévu de recourir à des « méthodes virtuelles d'essai ». Ce sont des simulations informatiques qui démontrent qu'un véhicule, un système, un composant ou une entité technique répond aux exigences établies par les directives et règlements sans le recours physique au matériel visé. L'annexe XVI de la directive cadre 2007/48/CE détaille les modalités d'utilisation de ces méthodes virtuelles.
Tous ces éléments participent au contenu du dossier constructeur transmis à l'autorité compétente de l'État membre pour demander la réception. Le dossier comprend également la fiche de renseignements contenant tous les éléments d'information nécessaires à l'autorité compétente pour prendre sa décision.

44. La décision de prononcer la réception permet au constructeur qui en bénéficie de lancer la production et la commercialisation de véhicules conformes au type réceptionné. Cette conformité est attestée par le certificat qui accompagne chaque véhicule et qui permettra l'immatriculation du véhicule dans l'État de résidence du propriétaire.

B ▪ Étendue de la procédure de réception CE par type

1 ▪ Le nombre de véhicules concernés

45. La réception CE est valable sur tout le territoire de l'Union européenne pour tous les véhicules conformes au prototype réceptionné, mais peut être d'application plus restreinte dans trois cas :
- la réception CE par type applicable aux petites séries (véhicules de type M1 seulement) qui limite la mise en circulation pour 1 000 véhicules par an sur le territoire de l'Union ;
- la réception nationale par type de petites séries dans les limites suivantes :
  - M1 : 75 ;
  - M2, M3 : 250 ;
  - N1 : 500 ;
  - N2, N3 : 250 ;
  - O1, O2 : 500 ;
  - O3, O4 : 250.

Cette réception permet à des véhicules circulant sur le seul territoire d'un État membre d'être conformes à des exigences de sécurité prévues par le droit national si ces dernières sont équivalentes aux exigences du droit communautaire (voir infra).

46. - La réception individuelle. Elle s'applique à un véhicule donné qui doit être conforme à des exigences de sécurité prévues par le droit national si ces dernières sont équivalentes aux exigences du droit communautaire. Dans ce cas, il n'y a pas d'essais destructifs de prototype et chaque véhicule est accompagné d'une fiche de réception individuelle.

2 ▪ La classification des véhicules : le type-variante-version (TVV)

47. Dans la procédure de réception, le système de classification des véhicules joue un rôle important, l'annexe II de la directive le détaille d'ailleurs sur 24 pages. Outre la catégorie du véhicule sur deux caractères (la voiture particulière appartient à la catégorie M1), la directive indique les caractéristiques techniques des « types, variantes et versions » (TVV) qui permettent une classification plus fine.

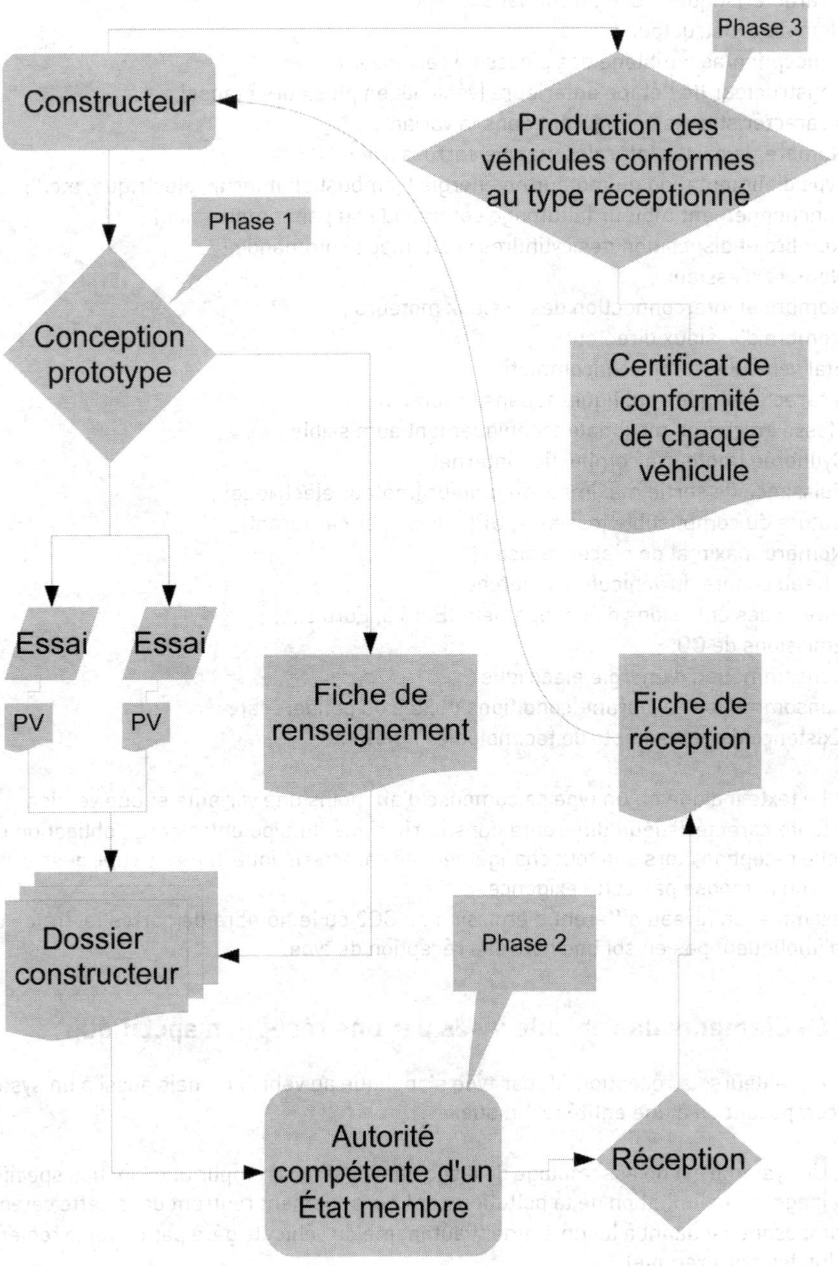
Phase 3
Constructeur
Production des véhicules conformes au type réceptionné
Phase 1
Conception prototype
Certificat de conformité de chaque véhicule
Essai
Essai
PV
PV
Fiche de renseignement
Fiche de réception
Dossier constructeur
Phase 2
Autorité compétente d'un État membre
Réception

48. Pour expliquer le système prenons le cas de la catégorie M1, dans laquelle se trouve la voiture particulière. La directive indique :
- Les caractéristiques qui figurent dans le type :
  - Nom du constructeur ;
  - Conception/assemblage des pièces de carrosserie ;
  - Constructeur de l'étape antérieure (véhicule en plusieurs étapes).
- Les caractéristiques qui figurent dans la variante :
  - Nombre de portes latérales ou type carrosserie ;
  - Type d'alimentation du moteur en énergie (combustion interne, électrique, etc.) ;
  - Fonctionnement moteur (allumage commandé ou par compression) ;
  - Nombre et disposition des cylindres si allumage commandé ;
  - Nombre d'essieux ;
  - Nombre et interconnection des essieux moteurs ;
  - Nombre d'essieux directeurs ;
  - État véhicule (complet/incomplet).
- Les caractéristiques qui figurent dans la version :
  - Masse en charge maximale techniquement admissible ;
  - Cylindrée (moteur à combustion interne) ;
  - Puissance de sortie maximale du moteur (moteur électrique) ;
  - Nature du combustible (essence, GPL, diesel, bi-carburant) ;
  - Nombre maximal de places assises ;
  - Niveau sonore du véhicule en marche ;
  - Niveau des émissions d'échappement (Euro 5, Euro 6,...) ;
  - Émissions de CO_2 ;
  - Consommation d'énergie électrique ;
  - Consommation carburant (conditions mixtes ou pondérées) ;
  - Existence d'un ensemble de technologies innovantes.

49. Le texte indique qu'un type se compose d'au moins une variante et une version.
Ainsi toute caractéristique différente dans la rubrique du type entraînera l'obligation d'une nouvelle réception alors que tout changement de caractéristique dans les rubriques variante ou version n'impose pas cette exigence.
Par exemple, un niveau différent d'émission de CO2 ou le nombre de portes latérales diminué n'impliquent pas en soi une nouvelle réception de type.

C ▪ Éléments du véhicule visés par une réception spécifique

50. Par ailleurs, la réception CE par type s'applique au véhicule, mais aussi à un système, à un composant ou à une entité technique.

51. Un système est un assemblage de dispositifs destiné à remplir une fonction spécifique. Le freinage, ou la limitation de la pollution par l'échappement rentrent dans cette catégorie.
Un composant est quant à lui un élément autonome du véhicule géré par un texte réglementaire (un feu par exemple).
Enfin, une entité technique est un dispositif destiné à faire partie d'un véhicule, géré par un texte réglementaire et réceptionné en liaison avec un type de véhicule (une barre anti-encastrement par exemple).
Dans tous ces cas, il convient de demander une réception portant sur le nouveau système, composant ou entité technique qui sera incorporé dans le dossier de réception de type du véhicule.

D ▪ Déroulé général pour la constitution du dossier de demande de réception CE par type

52. Un dossier constructeur présenté pour la réception d'un véhicule peut être donc composé de toutes les fiches de réception des éléments précités, induisant une procédure longue pour rassembler l'ensemble des fiches de réception des systèmes, des composants et des entités techniques participant à la réception du véhicule entier. Cette réception par étapes est l'opposé d'une réception en une seule étape pour un véhicule avec un dossier où tous les éléments seraient présentés en même temps dans le dossier constructeur pour une réception unique du véhicule (tel que le cas d'un véhicule complètement nouveau).

53. Pour simplifier la procédure, la directive cadre définit aussi la réception « mixte » (ni une seule étape, ni la réception classique par étape) d'un véhicule, dans laquelle la fiche de réception d'un système peut être remplacé par le rapport d'essai du service technique.

54. Il convient enfin de distinguer dans un circuit particulier la « réception multiétape ». Celle-ci comprend une réception partielle en première phase (véhicule incomplet), puis une autre réception après achèvement (véhicule complet).
Cette procédure s'applique notamment aux autocaravanes (« camping cars ») montées sur des châssis de véhicules utilitaires légers.

E ▪ Rôles des services compétents dans le suivi des réceptions

55. Les États membres désignent les autorités compétentes en charge de l'octroi de réceptions et de la surveillance des véhicules commercialisés conformément au type réceptionné.
Dans ce cadre, une autorité compétente peut refuser la réception si elle estime qu'un type de véhicule, de système, de composant ou d'entité technique bien que satisfaisant aux dispositions requises, risque de compromettre gravement la sécurité routière ou nuit gravement à l'environnement ou à la santé publique.
Elle envoie alors immédiatement aux autres autorités compétentes et à la Commission un dossier détaillé expliquant les motifs de cette décision et fournissant la preuve de ses constatations.

56. Par ailleurs, dans un délai de vingt jours ouvrables, l'autorité compétente envoie à ses homologues des autres États membres un exemplaire de la fiche de réception CE par type de véhicule, accompagnée de ses annexes, pour chaque type de véhicule pour laquelle elle a octroyé une réception.

§ 2 ▪ Mesures relatives à la conformité de production

57. Au delà de l'obligation de conformité aux textes d'un modèle présenté à la réception, il est cohérent d'exiger que les véhicules produits à l'image du type réceptionné doivent suivre un processus de production qui garantit à tout moment l'identité technique totale avec ce type réceptionné.

58. L'État membre qui accorde la réception doit donc vérifier si les mesures adéquates ont été prises pour garantir que les véhicules, systèmes, composants ou entités techniques produits sont conformes au type réceptionné.

Cette obligation en liaison étroite avec les autres services compétents si nécessaire, doit être respectée tout au long de la vie des véhicules attestés conforme à cette réception.
La directive distingue deux stades : l'évaluation initiale et la vérification de la conformité permanente des produits.

A ▪ L'évaluation initiale

59. L'évaluation initiale est effectuée soit par l'autorité compétente elle-même, soit par une autorité compétente d'un autre État membre, soit par un organisme agréé agissant au nom de l'autorité ayant octroyé la réception.
La portée de cette évaluation peut être fondée sur la certification du constructeur en application de la norme harmonisée EN ISO 9001:2008.

B ▪ La vérification de la conformité permanente des produits

60. L'autorité compétente s'assure de dispositions adéquates et de plans de contrôle documentés pour l'exécution à intervalles précis des essais et contrôles assurant la continuité de la conformité au type réceptionné.
Lors de sa visite, l'inspecteur peut choisir des échantillons de façon aléatoire à des fins d'essai dans le laboratoire du constructeur ou dans les installations du service technique.

§ 3 ▪ La procédure d'autorisation de certaines pièces

61. L'article 31 de la directive indique que la vente, l'offre de vente ou la mise en service de pièces ou d'équipements susceptibles de présenter un risque important pour le bon fonctionnement des systèmes essentiels du véhicule ou sa performance environnementale sont autorisées si ces pièces figurent sur une liste établie dans les conditions détaillées ci-dessous.

62. Le fabricant fait une demande d'inscription à l'autorité compétente accompagnée d'un rapport d'essai émanant d'un service technique désigné.
Un rapport d'évaluation est nécessaire pour fonder la demande d'autorisation d'une pièce particulière.
Ce rapport doit trouver un juste équilibre entre le risque grave pour la sécurité et les conséquences d'une autorisation pour les consommateurs et les fabricants de pièces.

63. L'autorité compétente s'assure de l'existence de procédures de conformités de la production des pièces avant de se prononcer. L'avis favorable de l'autorité compétente entraîne la délivrance d'un certificat au fabricant qui peut dès lors commercialiser les pièces portant un marquage approprié.

64. Cette autorisation n'est pas nécessaire pour tous les éléments qui bénéficient d'une réception de type.
Elle n'est pas non plus exigée pour les pièces destinées aux véhicules de course non destinés à l'usage sur le réseau routier public.
La Commission prend les mesures d'application pour l'établissement et la mise à jour de la liste.
A titre d'exemple, on peut citer le cas des systèmes vendus à l'heure actuelle sans contrôle et qui modifient la puissance ou la consommation du véhicule de série.

§ 4 ■ Procédure de rappel des véhicules

65. Afin de compléter le dispositif de réception, la directive 2007/46//CE prévoit dans son article 32 un système de rappel des véhicules déjà en circulation par le constructeur.
Ce rappel est obligatoire pour les véhicules dont un système, composant, entité technique (réceptionné ou non) risque de compromettre gravement la sécurité routière, la santé publique ou l'environnement.
Il s'agit d'une procédure à l'initiative du constructeur et sous le contrôle des autorités compétentes des États membres pour procéder au retour des véhicules dans les services de réparation et d'entretien du réseau pour corriger les anomalies détectées.

66. La direction générale justice et consommateurs de la Commission européenne tient a jour une base de données des alertes sur les produits dangereux (RAPEX)..De son cote, le ministère de l'Ecologie, du Développement durable et de l'Energie publie sur son site les rappels concernant les véhicules et communiqués par les constructeurs et les autorités des autres Etats membres sur la page : http://www.developpement-durable.gouv.fr/Rappel-des-constructeurs.html. La presse automobile et consumériste reprend régulièrement ces informations.

§ 5 ■ Communication d'informations techniques

A ■ Informations aux utilisateurs

67. Les informations ne doivent pas différer de celles figurant dans le dossier de réception. Les données prévues par un acte réglementaire sont mises à la disposition des utilisateurs notamment les instructions d'utilisation du véhicule, d'un composant ou d'une entité technique. On retrouve ici l'obligation de délivrer un manuel d'utilisation et d'entretien pour le conducteur.

B ■ Informations aux fabricants de composants et d'entités techniques

68. Le constructeur met à la disposition de ses fabricants toutes les données nécessaires à la réception du composant ou de l'entité ou pour l'autorisation de pièces ou d'équipement susceptibles de présenter un risque important pour le bon fonctionnement des systèmes essentiels du véhicule.
Cette mise à la disposition doit se faire dans le respect des droits de la propriété intellectuelle.
Lorsqu'un acte réglementaire le prévoit, le fabricant doit joindre des instructions concernant les restrictions d'utilisation ou les conditions particulières d'installation.

Section 3 ▪ Le Forum mondial pour l'harmonisation de la réglementation technique des véhicules (WP.29)

Sous-section 1 ▪ Aux origines du WP.29

69. La Commission économique pour l'Europe des Nations unies (CEE-ONU) est l'une des cinq commissions régionales pilotées par le Conseil économique et social de l'organisation mondiale.

Créée en 1947 dans le but de participer au redressement économique européen après la deuxième guerre mondiale, la CEE-ONU a rapidement joué un rôle d'organe de discussion et de rencontre des États désireux de construire un nouveau cadre des relations économiques par le moyen d'accords d'harmonisation dans le domaine industriel.

La fin de la période de la guerre froide a renforcé son rôle entre les pays de l'Europe occidentale et les États de l'ex bloc soviétique, ces derniers étant membres de la commission depuis l'origine.

La CEE-ONU est désormais un forum de discussion regroupant 56 États originaire d'Europe occidentale, centrale et orientale, mais aussi d'Asie et d'Amérique du nord.

La coopération que ces États entendent forger dans cette enceinte concerne l'économie, les statistiques, l'environnement, les transports, le commerce, les énergies durables et les industries du bois et de l'habitat.

70. Au sein de la CEE-ONU, le Comité des transports intérieurs est en charge de la compétitivité, la santé et la sécurité, et l'efficacité énergétique dans ce secteur particulier.

Plusieurs groupes de travail permanents sont rattachés à ce Comité et notamment le groupe du Forum mondial pour l'harmonisation de la réglementation technique des véhicules (WP.29).

Ce groupe, officiellement crée le 6 juin 1952 par une résolution du Comité des transports intérieurs, va élaborer un accord le 20 mars 1958 concernant les conditions d'homologation des équipements et pièces automobiles et leur reconnaissance réciproque par les signataires.

Ce premier accord sera suivi de l'accord du 13 novembre 1997 sur le contrôle technique périodique, puis de l'accord du 25 juin 1998 concernant l'établissement de règlements techniques mondiaux applicables aux véhicules.

Sous-section 2 ▪ Analyse des Accords gérés par le WP.29

§ 1 ▪ L'Accord du 20 mars 1958

71. Il organise les procédures d'adoption des règlements applicables aux équipements et entités des véhicules reconnues par les parties contractantes à l'Accord. Il convient de souligner que l'Accord s'applique à ces équipements et entités et non au véhicule dans son ensemble. Toutefois, un groupe de travail informel constitué en mars 2010 au sein du WP.29, doit définir un projet d'homologation international s'appliquant au véhicule en tant que tel.

72. Les parties contractantes définissent dans des règlements annexés à l'Accord les prescriptions techniques des équipements, les méthodes d'essai pour vérifier la conformité aux exigences, les conditions d'octroi de l'homologation de type, la reconnaissance réciproque des homologations et les règles de conformité de production des pièces respectant l'homologation.

A ▪ Les dispositions spécifiques de l'Accord de 1958

73. L'article 1er de l'Accord définit les véhicules et pièces qui sont régis par la procédure, les méthodes de reconnaissance administrative de la conformité des prototypes présentés et les exigences techniques de performance qui doivent figurer dans les règlements particuliers.

Le texte indique que les termes « véhicules à roues, équipements et pièces » recouvrent tous les véhicules à roues, équipements et pièces dont les caractéristiques ont un rapport avec la sécurité routière, la protection de l'environnement et les économies d'énergie. A l'évidence, cette définition englobe tous les véhicules à moteur empruntant habituellement les voies ouvertes à la circulation publique et certains engins appelés à se trouver occasionnellement sur ces voies dans les conditions normales d'utilisation.

74. Le terme « homologation de type en regard d'un règlement » désigne la procédure administrative par laquelle les autorités compétentes d'une Partie contractante déclarent, après avoir effectué les vérifications requises, qu'un véhicule, un équipement ou une pièce présenté par son constructeur est conforme aux spécifications du règlement considéré. Le constructeur certifie ensuite que chaque véhicule, équipement ou pièce qu'il met sur le marché a été fabriqué à l'identique du produit homologué.

75. Le texte ajoute que la seule procédure alternative notoirement connue et appliquée dans certains États membres de la Commission économique pour l'Europe est celle de l'auto certification par laquelle le constructeur certifie, sans aucun contrôle administratif préalable, que chaque produit qu'il met sur le marché est conforme au règlement considéré. Les autorités administratives compétentes peuvent vérifier, par prélèvement au hasard sur le marché, que les produits auto certifiés sont bien conformes au règlement considéré.

La suite du texte de l'Accord de 1958 détaille le contenu général des règlements adoptés après discussion des parties contractantes et le dispositif relatif à la procédure d'adoption du texte initial et des amendements.

76. Un règlement présenté à la discussion doit préciser :

- les véhicules, les équipements ou les pièces visées ;
- les prescriptions techniques et leurs variantes éventuelles ;
- les méthodes d'essai prévues pour démontrer que les performances sont conformes aux prescriptions ;
- les conditions régissant l'octroi de l'homologation de type et leur reconnaissance réciproque, y compris, le cas échéant, les marques d'homologation et les conditions visant à assurer la conformité de production ;
- il peut également mentionner les laboratoires accrédités par les autorités compétentes pour effectuer les essais de réception des véhicules, des équipements ou des pièces visés par le règlement.

B ▪ La portée des obligations des États signataires

77. Un règlement est adopté sauf si plus d'un tiers des parties contractantes ont informé le Secrétaire général de l'ONU de leur désaccord avec le texte dans une période de six mois après la date de notification du règlement;
Chaque nouvelle partie contractante à l'Accord peut indiquer les règlements qu'elle ne reconnaitra pas lors de son adhésion;
Toute partie contractante peut indiquer qu'elle cesse d'appliquer un règlement sous réserve d'observer un préavis d'un an pour l'application de cette décision.

78. A l'inverse, toute partie contractante n'appliquant pas un règlement peut notifier sa décision de l'appliquer, cette notification étant effective après un délai de 60 jours.
Les véhicules, équipements et pièces bénéficiant de l'homologation de type d'un État signataire du règlement et fabriqués sur le territoire d'un autre État appliquant le règlement ou sur le territoire d'un État désigné par l'État d'homologation sont considérés comme conformes à la législation de tous les États signataires du règlement.

79. A l'heure actuelle, L'Accord de 1958 regroupe 50 parties contractantes dont 41 pays européens.
Outre l'Union européenne, le Japon, l'Australie, l'Afrique du sud, la Nouvelle Zélande, la République de Corée, la Malaisie, la Thaïlande et la Tunisie sont également parties prenantes de l'Accord.
127 règlements sont aujourd'hui annexés à l'Accord de 1958 et portent sur toutes les catégories de véhicules routiers et de machines mobiles appelés à utiliser normalement ou occasionnellement les voies publiques de circulation.

§ 2 ▪ L'Accord de 1998

80. Il établit une procédure qui permet aux États signataires d'élaborer des règlements techniques mondiaux concernant la sécurité, la protection de l'environnement, les sources d'énergie et la protection contre le vol des véhicules à roues, ainsi que leurs équipements.
A la différence de l'Accord de 1958, il ne contient pas de dispositif de reconnaissance mutuelle des homologations, ce qui permet aux États contractants de participer aux discussions sans obligation d'organiser des mesures d'application dans leur droit national.

81. Comme pour l'Accord de 1958, les membres de la CEE-ONU, ainsi que les autres membres de l'Organisation des Nations Unies peuvent devenir parties prenantes à l'Accord.
Les signataires peuvent faire appliquer des règles techniques nationales plus strictes que celles de l'Accord dans le cadre de l'amélioration continue de la sécurité et de la protection de l'environnement.

82. L'Accord souligne que les procédures d'élaboration des règlements techniques mondiaux doivent se faire dans un souci de transparence au sein des réunions du WP.29 et des groupes de travail.
Ces procédures d'élaboration des règlements techniques mondiaux sont conduites dans un processus identique avec cependant un circuit préalable pour l'harmonisation des règles techniques existantes.
Dans ce cas, il faut d'abord une demande d'une ou plusieurs parties contractantes d'inscrire un règlement technique au Recueil des règlements admissibles, cette inscription est effective si le Comité exécutif de l'Accord approuve cette demande.

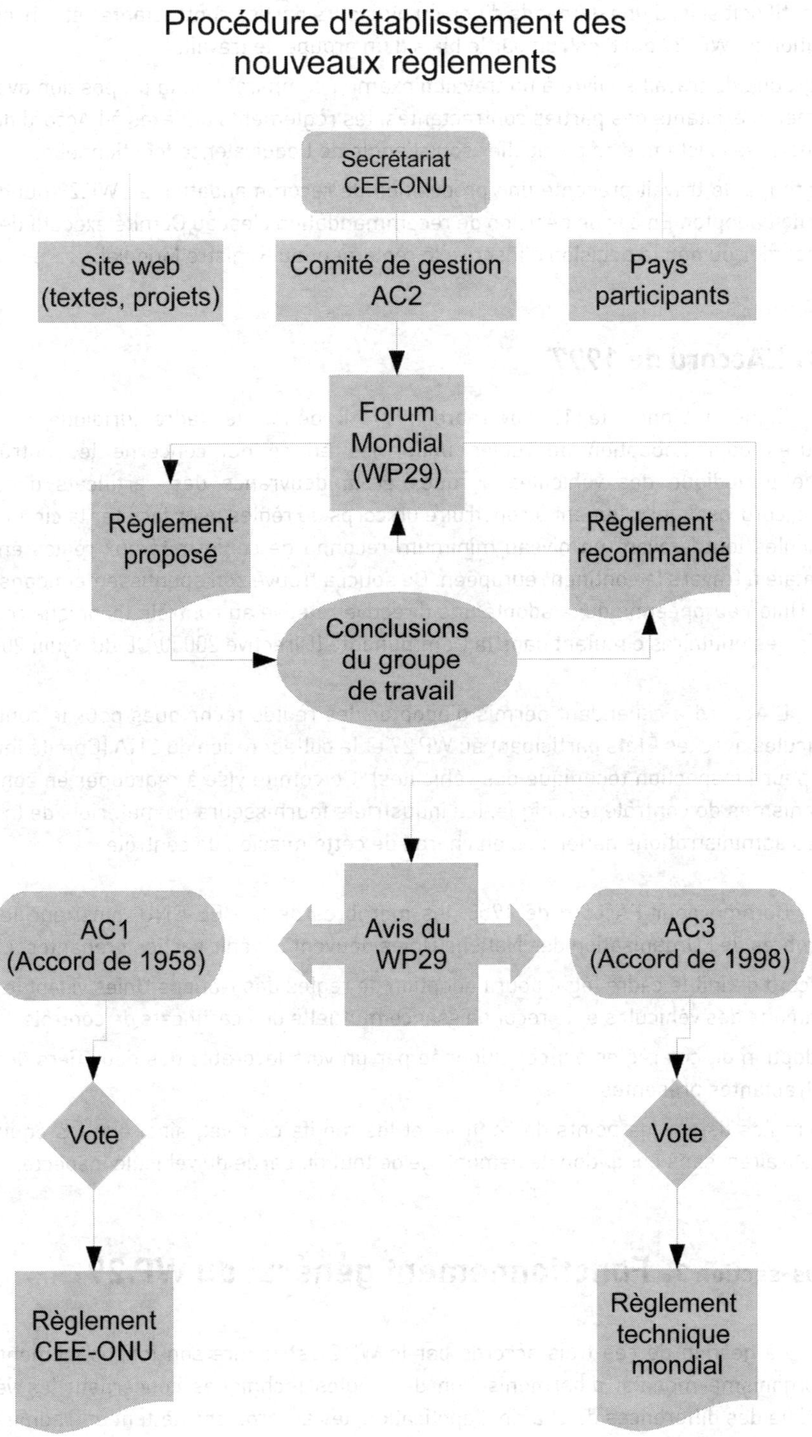
Procédure d'établissement des nouveaux règlements
Secrétariat CEE-ONU
Site web (textes, projets)
Comité de gestion AC2
Pays participants
Forum Mondial (WP29)
Règlement proposé
Règlement recommandé
Conclusions du groupe de travail
AC1 (Accord de 1958)
Avis du WP29
AC3 (Accord de 1998)
Vote
Vote
Règlement CEE-ONU
Règlement technique mondial

83. Pour l'inscription au registre mondial des règlements, il faut d'abord que le Comité exécutif soit saisi d'une demande d'une ou plusieurs parties contractantes et renvoie la proposition au WP. 29 qui l'instruit par le biais d'un groupe de travail.

Le groupe de travail se livre à un travail d'examen comparatif de la proposition avec les règlements existants des parties contractantes, les règlements annexés à l'Accord de 1958 et les normes existantes en particulier sous l'angle de l'équivalence fonctionnelle.

Le groupe de travail présente une proposition de recommandation au WP.29 qui décide ou non de l'adopter. En cas de décision de recommandation c'est au Comité exécutif de l'Accord d'accorder ou non la décision d'inscrire le règlement au Registre Mondial.

§ 3 ▪ L'Accord de 1997

84. Signé à Vienne le 13 novembre 1997, il définit le cadre juridique et les procédures pour l'adoption de règles uniformes en ce qui concerne le contrôle technique périodique des véhicules à roues et la délivrance des certificats d'inspection. Cet accord visait initialement à construire un corps de règles pour faciliter la circulation des véhicules lourds ayant un niveau minimum reconnu de conformité aux règles environnementale à travers le continent européen. Ce souci a trouvé son aboutissement dans le cadre de l'Union européenne qui a adopté une directive relative au contrôle technique routier des véhicules utilitaires circulant dans la Communauté (Directive 20030/CE du 6 juin 2000).

85. L'Accord a cependant permis d'adopter des règles techniques pour le contrôle des véhicules avec les États participant au WP.29 et la collaboration du CITA (Comité international pour l'inspection technique des véhicules). Ce comité vise à regrouper en son sein les organismes de contrôle technique, les industriels fournisseurs de matériels de la branche et les administrations nationales en charge de cette mission de contrôle.

86. Comme pour l'Accord de 1958, les membres de la CEE-ONU, ainsi que les autres membres de l'Organisation des Nations Unies peuvent devenir parties prenantes à l'Accord. L'Accord définit le cadre légal pour l'adoption de règles des Nations Unies visant le contrôle technique des véhicules et la reconnaissance mutuelle des certificats de contrôle.

L'adoption de ces règles est conditionnée par un vote favorable des deux tiers des parties contractantes présentes.

Les règles listent les points de contrôle et les motifs de rejet, ainsi que les équipements nécessaires, sans obligation de démontage de tout ou partie du véhicule inspecté.

Sous-section 3 ▪ Fonctionnement général du WP.29

87. La gestion de ces trois accords par le WP.29 structure son fonctionnement en tant qu'organisme mondial d'harmonisation des règles techniques concernant les véhicules. Au-delà des différences de champ d'application, les accords permettent une administration commune quant au circuit des textes, l'organisation du calendrier, le déroulé des discussions, la procédure de publication des règlements et de leurs modifications.

Schéma général d'organisation du WP.29

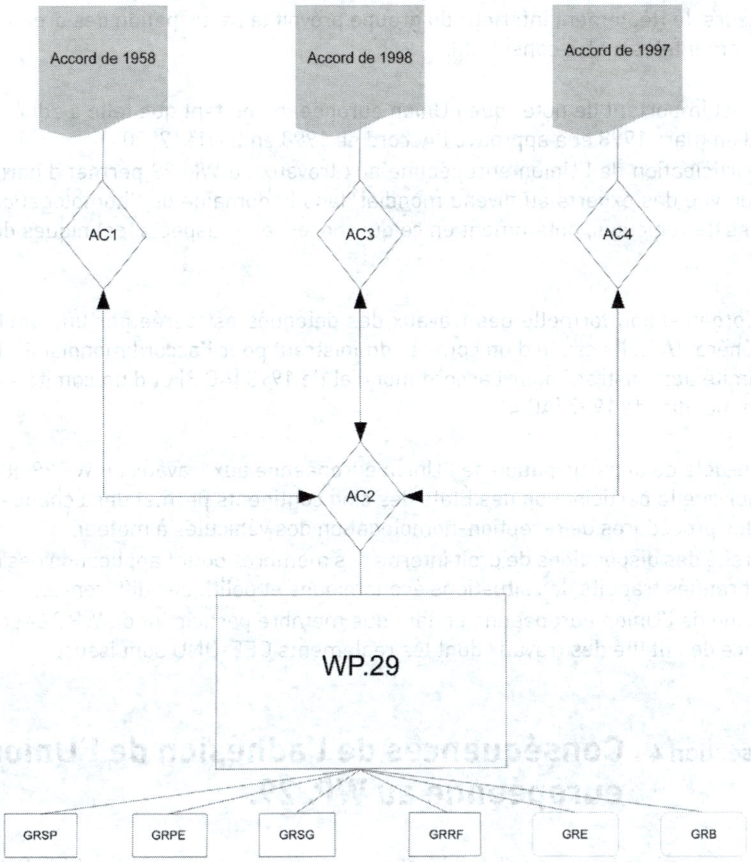

§ 1 ▪ L'organisation actuelle

88. L'organisation actuelle est donc centrée autour de l'instance principale de décision, le forum mondial pour l'harmonisation des règlements concernant les véhicules (WP.29) appuyée par six groupes de travail intervenant dans quatre domaines.

89. La sécurité active fait l'objet de discussions et d'échanges dans deux groupes, le groupe de travail sur l'éclairage et la signalisation lumineuse (GRE) et le groupe de travail sur les dispositifs de roulement et le freinage (GRFF).
La sécurité passive est discutée au sein du groupe du même nom (GRSP).
La protection de l'environnement est suivie par le groupe pollution et énergie (GRPE) et le groupe sur le bruit (GRB).
Enfin, la sécurité générale fait l'objet des études du groupe sur les dispositions générales de sécurité des véhicules.

§ 2 ▪ Les personnes participantes aux travaux du groupe

90. Tout État membre de l'Organisation des Nations Unies peut demander à participer aux travaux du WP.29, ainsi que toute organisation d'intégration économique régionale

constituée par des pays membres de l'ONU. Ces mêmes personnes peuvent devenir parties contractantes à l'un des trois Accords gérés par le WP.29.
Par ailleurs, le Règlement intérieur du groupe prévoit la participation des organisations non gouvernementales à titre consultatif.

91. Il est important de noter que l'Union européenne en tant que telle a adhéré à l'Accord de 1958 en mars 1998 et a approuvé l'Accord de 1998 en février 2000.
Cette participation de l'Union européenne aux travaux du WM.29 permet d'harmoniser les points de vue des experts au niveau mondial dans le domaine de l'homologation/réception des types de véhicules, notamment en ce qui concerne les aspects techniques de ces questions.

92. L'organisation formelle des travaux des délégués est gérée par un comité administratif général (AC.2), assisté d'un comité administratif pour l'accord mondial de 1958 (AC.1), d'un comité administratif pour l'accord mondial de 1998 (AC.3) et d'un comité exécutif pour l'accord mondial de 1997 (AC.4).

93. Au-delà de la participation de l'Union européenne aux travaux du WP.29, il convient de souligner que la participation des États des cinq continents permet des échanges sur l'évolution des procédures de réception-homologation des véhicules à moteur.
La diversité des dispositions de droit interne des membres pour l'application des règlements votés et ratifiés traduits des situations économiques et politiques différentes.
L'adhésion de l'Union européenne en tant que membre participant du WP.29 est une reconnaissance de l'utilité des travaux dont les règlements CEE-ONU sont issus.

Sous-section 4 . Conséquences de l'adhésion de l'Union européenne au WP. 29.

94. L'Union européenne a adhéré à un certain nombre de règlement CEE-ONU. L'article 34 de la directive 2007/46/CE indique que ces règlements sont énumérés dans ses annexes IV et XI.
Ces règlements remplacent les directives ou autres règlements existants précédemment en application, du fait de leur équivalence juridique.
La liste établie à l'annexe IV partie II indique que 107 points de la réception peuvent être examinés au regard des dispositions des règlements CEE-ONU adéquats.

Section 4 . Le Code de route

95. Le livre III du Code de la route consacré au véhicule comprend un titre I relatif aux dispositions techniques et un titre II relatif aux dispositions administratives.
L'importance prise par le droit communautaire a rendu cette distinction quelque peu théorique.
Le titre I ne vise que les dispositions techniques non encore prises en compte par la réglementation européenne de la réception alors que le titre II englobe le chapitre des réceptions et homologations, ainsi que le contrôle technique périodique en cours d'harmonisation à Bruxelles.

96. Mis à part la définition des différents types de véhicules (voir Chapitre I), cette partie du Code de la route porte sur les points suivants :
- le poids et les dimensions des véhicules ;
- l'éclairage et la signalisation ;
- les pneumatiques ;
- le freinage ;
- les organes de manœuvre, de visibilité et de direction ;
- les dispositifs et aménagements particuliers ;
- l'énergie, les émissions polluantes et les nuisances.

Sous-section 1 ▪ Poids et dimensions

97. L'article L. 312-1 du Code de la route fixe désormais la norme maximale de 44 tonnes pour cinq essieux en termes de poids total autorisé en charge d'un véhicule articulé, d'un train double ou d'un ensemble composé d'un véhicule à moteur et d'une remorque (voir loi n° 2012-387 du 22/03/2012). Cette mesure permet un transport de fret supplémentaire par véhicule et vise donc à réduire les flottes de transports en circulation sur le domaine routier.

98. Outre cette disposition, la section I « poids » précise notamment :
- les interdictions de circuler relatives au poids total autorisé en charge, au poids maximal supporté par un essieu, au poids total roulant d'un ensemble articulé ;
- les peines contraventionnelles qui sanctionnent ces interdictions ;
- les limites de poids des remorques et les peines applicables en cas d'infraction ;
- les limites de charge à l'essieu en fonction de la distance entre deux essieux consécutifs.

99. La section II portant sur les dimensions fixe la largeur totale des véhicules, ou partie de véhicules dans les limites suivantes :
- 2,60 mètres pour les superstructures à parois épaisses conçues pour le transport de marchandises sous température dirigée ;
- 2,55 mètres pour les autres véhicules ou parties de véhicules ;
- 2,95 mètres pour les véhicules à traction animale dont la carrosserie ou les garde-boue ne surplombent pas les roues ;
- 2 mètres pour les motocyclettes, les tricycles et quadricycles à moteur et les cyclomoteurs à trois roues ;
- 1 mètre pour les cyclomoteurs à deux roues.

100. Les limites de longueur des véhicules et parties de véhicules fixées sont les suivantes :
- Motocyclette, tricycle à moteur, quadricycle à moteur et cyclomoteur : 4 mètres ;
- Véhicule à moteur : 12 mètres. Toutefois, la longueur des autobus ou autocars à deux essieux peut atteindre 13,50 mètres et celle des autobus ou autocars à plus de deux essieux peut atteindre 15 mètres ;
- remorque, non compris le dispositif d'attelage : 12 mètres ;
- semi-remorque : 12 mètres entre le pivot d'attelage et l'arrière de la semi-remorque, et 2,04 mètres entre l'axe du pivot d'attelage et un point quelconque de l'avant de la semi-remorque ;
- véhicule articulé : 16,5 mètres ;
- autobus ou autocar articulé : 18,75 mètres ;
- autobus articulé comportant plus d'une section articulée : 24,5 mètres ;
- train routier et train double : 18,75 mètres ;
- véhicule ou matériel de travaux publics : 15 mètres ;

- ensembles de véhicules ou de matériels de travaux publics : 22 mètres ;
- autres ensembles de véhicules : 18 mètres. Toutefois, la longueur d'un ensemble formé par un autobus ou un autocar et sa remorque peut atteindre 18,75 mètres.

101. Des mesures particulières visent les trains routiers, les trains doubles et les ensembles de dépannage.
Par ailleurs, les parties mobiles ou aisément démontables des véhicules et des matériels agricoles ou de travaux publics et des engins spéciaux doivent être repliées lors des trajets sur route.
Enfin, la hauteur des motocyclettes, des tricycles et quadricycles à moteur et des cyclomoteurs ne peut excéder 2,50 mètres.

102. La section III porte sur les limites et les modalités du chargement. La largeur du chargement d'un véhicule, mesurée toutes saillies comprises dans une section transversale quelconque, ne doit nulle part dépasser 2,55 mètres. Toutefois, le chargement des matériels de travaux publics peut excéder 2,55 mètres sous réserve de n'excéder en aucun cas la largeur du véhicule tracteur.

Sous-section 2 ▪ Éclairage et signalisation

103. Concernant le chapitre Éclairage et signalisation l'article R. 313-1 du Code de la route indique : « Tout véhicule ne peut être pourvu que des dispositifs d'éclairage ou de signalisation prévus au présent code. Ceux-ci doivent être installés conformément aux prescriptions du présent chapitre. ».
On applique ici le principe de la liste positive (tout ce qui n'est pas prévu est interdit).

104. Les systèmes d'éclairage sont listés par catégories et les conditions d'utilisation sont précisées notamment pour les types de véhicules concernés dans le tableau suivant.

Type d'éclairage	Véhicules concernés	Remarques
Feux de route (2 ou 4)	Autos, PL, autocars, deux et trois roues	1 pour les deux et trois roues en général
Feux de croisement	Autos, PL, autocars, deux et trois roues	1 pour les deux et trois roues en général
Feux d'angle (facultatif)	Autos, PL, autocars	Éclairage du côté où le véhicule va tourner
Éclairage AV adaptatif (facultatif)	Tous véhicules à moteur	Système automatique d'adaptation des feux de croisement
Feux de position AV (1 ou 2)	Tous véhicules	1 pour les deux et trois roues
Feux diurnes (facultatif)	Autos, PL, autocars	
Feux de position AR	Autos, PL, autocars, 2 et 3 roues et remorques	1 pour les deux et trois roues en général
Feux de position latéraux	Tout véhicule ou remorque dont longueur 6 mètres	Facultatif pour les moins de 6 mètres de longueur

Feux stop (2 ou 3)	Tout véhicule ou remorque avec PTAC 0,5 t	
Feux de brouillard avant (facultatif)	Tous véhicules (sauf cyclomoteurs)	
Feux de brouillard arrière	Tous véhicules à moteur ou remorque (sauf deux et trois roues)	Obligatoire pour les véhicules mis en circulation depuis le 1/10/1990
Feux d'encombrement (2 vers AV, 2 vers AR)	Tous véhicules à moteur ou remorque dont largeur 2,10 m	Sauf véhicules agricoles
Feux de stationnement	Tous véhicules à moteur	Sauf deux et trois roues
Eclairage de la plaque d'immatriculation arrière	Tous véhicules à moteur ou remorque	
Feux indicateurs de direction	Tout véhicule ou remorque avec PTAC 0,5 t	Sauf cyclomoteurs et quadricycles légers
Feux de marche arrière (facultatif)	Tous véhicules à moteur ou remorque	Sauf cyclomoteurs et motos
Feux orientables (facultatif)		Sauf cyclomoteurs motos tricycles et quadricycles à moteur
Signal de détresse	Tous véhicules à moteur	Sauf deux et trois roues et quadricycles
Signalisation de freinage d'urgence (facultatif)		Système passif
Catadioptres arrière	Tous véhicules à moteur ou remorque	1 ou 2 suivant les véhicules
Catadioptres latéraux	Tout véhicule dont longueur 6 mètres ou remorque, tous cyclomoteur	1 ou 2 couleur orangée
Autres catadioptres	Toute remorque d'un véhicule à moteur à quatre roues. Pédales de tous cycles, cyclomoteurs, quadricycles légers	2 à l'avant de couleur blanche

105. En ce qui concerne les feux spéciaux des véhicules d'intérêt général, notons que tout véhicule d'intérêt général prioritaire peut être muni de feux spéciaux tournants ou d'une rampe spéciale de signalisation.

Par ailleurs, tout véhicule d'intérêt général bénéficiant de facilités de passage peut être muni, sur autorisation préfectorale, de feux spéciaux à éclats.

Enfin, tout véhicule d'intérêt général peut être muni de dispositifs complémentaires de signalisation par éléments fluorescents ou rétroréfléchissants.

De plus, tout véhicule à progression lente (25 km/h maxi) ou encombrant dont la liste est fixée par le ministre chargé des transports peut être muni de feux spéciaux et de dispositifs complémentaires de signalisation par éléments fluorescents ou rétroréfléchissants.

106. Concernant les systèmes de signalisation sonores, tout véhicule à moteur doit être muni d'un avertisseur sonore de route.
Les véhicules d'intérêt général prioritaires peuvent être équipés d'avertisseurs spéciaux en plus des avertisseurs exigés pour tout véhicule à moteur.
Les véhicules d'intérêt général bénéficiant de facilités de passage, à l'exception des engins de service hivernal, peuvent être équipés de timbres spéciaux en plus des avertisseurs exigés pour tout véhicule à moteur.

Sous-section 3 ▪ Pneumatiques

§ 1 ▪ L'arrêté du 24 octobre 1994 relatif aux pneumatiques

107. L'arrêté dans sa version consolidée du 20 avril 2005 précise tout d'abord les textes internationaux ou communautaires d'homologation/réception des pneumatiques, à savoir la directive 92/23 modifiée ou les règlements 30 et 54 annexés à l'accord de Genève du 20/03/1958. Il ajoute qu'un pneumatique rechapé dans les conditions prévues par les règlements n° 108 ou n° 109 de Genève susvisés est considéré comme homologué en application des règlements n° 30 ou n° 54 annexés à l'accord de Genève susvisé.

108. L'arrêté fixe ensuite le contenu des informations qui doivent figurer sur le pneumatique :
- la raison sociale ou la marque du fabricant ;
- la désignation des dimensions du pneumatique ;
- l'indication de la structure ;
- pour les pneumatiques à structure diagonale : pas d'indication ou la lettre D ;
- pour les pneumatiques à structure radiale : la lettre R située avant l'indication du diamètre nominal de la jante et, facultativement, le mot Radial ;
- pour les pneumatiques à structure ceinturée croisée : la lettre B située avant l'indication du diamètre nominal de la jante et, en outre, les mots « Bias belted » ;
- l'indication de la catégorie de vitesse du pneumatique, par le symbole prévu à l'annexe I du présent arrêté ;
- les lettres M + S (ou M.S. ou M & S) pour les pneumatiques neige ;
- l'indice de capacité de charge tel que prévu à l'annexe II du présent arrêté (cette indication peut être omise dans le cas de pneumatiques conçus pour des vitesses supérieures à 240 km/h) ;
- l'indication du mot Tubeless pour les pneumatiques destinés à être utilisés sans chambre à air ;
- le mot Reinforced pour les pneumatiques renforcés ;
- l'indication de la date de fabrication, qui est constituée par un groupe de trois chiffres, les deux premiers indiquant la semaine et le dernier l'année de fabrication ;
- le symbole dans un cercle d'au moins 20 mm de diamètre ou le mot « regroovable » moulé en creux ou en relief sur chaque flanc pour les pneumatiques retaillables des véhicules utilitaires ;
- l'indice/les indices de capacité de charge et le symbole de catégorie de vitesse supplémentaire, s'il y a lieu.

On se reportera sur la page suivante : http://www.tnpf.fr/pdf/pratique/VP_3.pdf, qui détaille et actualise ces informations pour le marché français.

109. Par ailleurs, l'arrêté précise certaines interdictions de montage :

- Des pneumatiques portant l'une des indications suivantes : Max. 30 km/h, Max. 100 km/h, TA, AGRI ou AGRO.
- Des pneumatiques de structures différentes, à l'exclusion de l'éventuel pneumatique de secours à usage temporaire.
- Des pneumatiques de types différents sur un même essieu, qu'il soit à roues simples ou à roues jumelées. Pour l'application de la présente disposition aux véhicules équipés d'un ou plusieurs pneumatiques rechapés homologués en application du règlement de Genève n° 109, il sera considéré que :
  • si tous les pneumatiques du même essieu sont rechapés, seule compte, pour la définition du type, la marque du rechapeur, à l'exclusion de la marque d'origine du manufacturier. Les autres éléments du type sont définis conformément au point 2.1 de l'article 2 du présent arrêté ;
  • peuvent coexister sur un même essieu des pneumatiques rechapés et non rechapés s'ils ont le même type d'origine et si les pneumatiques rechapés l'ont été par le manufacturier lui-même.
- Des pneumatiques sur lesquels figurent un indice de capacité de charge ou un symbole de catégorie de vitesse inférieurs aux capacités maximales prévues par le constructeur du véhicule.

110. Les dispositions ci-dessus ne sont pas applicables aux véhicules dont la vitesse maximale par construction est supérieure à 160 km/h et qui sont équipés de pneumatiques "neige" dont le symbole de vitesse est « Q ». Dans ce cas, une étiquette de mise en garde indiquant la vitesse maximale que peuvent supporter les pneumatiques « neige » doit être apposée à l'intérieur du véhicule, à un emplacement bien en évidence, que le conducteur puisse voir aisément.

§ 2 ▪ Performance des pneumatiques

111. Des obligations relatives aux informations sur les performances des pneus sont entrées en vigueur le 1er novembre 2012. Le règlement (CE) n° 1222-2009 sur l'étiquetage des pneumatiques en relation avec l'efficacité en carburant et d'autres paramètres essentiels détaille ces obligations :
- les pneumatiques, objets de ce règlement, sont montés sur des véhicules immatriculés pour la première fois avant le 1er octobre 1990 ;
- il ne s'applique pas aux pneus rechapés, aux pneus munis de dispositifs améliorant la traction (pneus cloutés) et aux pneus équipant les voitures participant aux courses automobiles ;
- chaque pneumatique est muni d'un autocollant apposé sur la bande de roulement indiquant :
  • la classe d'efficacité en carburant ;
  • la valeur mesurée du bruit de roulement externe ;
  • la classe d'adhérence sur sol mouillé le cas échéant.
- l'autocollant peut être remplacé par une étiquette pour un lot de pneus -identiques ;
- ces caractéristiques (efficacité en carburant, bruit de roulement, adhérence sur sol mouillé) sont également présentes dans la documentation promotionnelle, y compris sur les sites internet ;
- ces trois types d'informations sont établis en suivant les procédures appropriées :
  • la classe d'efficacité en carburant est déterminée sur la base d'un coefficient de résistance au roulement et d'une mesure conforme à l'Annexe VI du règlement 117 de la CEE-ONU ;
  • la classe d'adhérence sur sol mouillé des véhicules de la catégorie M1 (voitures particulières notamment) est déterminée sur la base de l'indice d'adhérence sur sol mouillé et d'une mesure établie à l'Annexe V du règlement ;

• la valeur mesurée du bruit de roulement externe doit être déclarée en décibels et calculée conformément au règlement 117 de la CEE-ONU.

On trouvera ci-après le modèle d'étiquette figurant à l'Annexe II du règlement.

Sous-section 4 ▪ Dispositifs et aménagements particuliers

§ 1 ▪ Limitation et contrôle de la vitesse

112. Outre l'obligation d'un indicateur de vitesse sur les véhicules à moteur, les vitesses limites suivantes doivent être observées :

- véhicules de transport en commun de personnes d'un poids total autorisé en charge supérieur à 10 tonnes 100 km/h ;
- autres véhicules d'un poids total autorisé en charge supérieur à 12 tonnes véhicules de transport de matières dangereuses 90 km/h ;
- les véhicules de transport en commun de personnes d'un poids total autorisé en charge inférieur ou égal à 10 tonnes 100 km/h ;
- autres véhicules d'un poids total autorisé en charge supérieur à 3,5 tonnes et inférieur ou égal à 12 tonnes 90 km/h.

113. Concernant l'utilisation obligatoire d'un appareil enregistreur de la vitesse et du temps de conduite (chronotachygraphe) installés dans les véhicules de transport routier de marchandises ou de passagers, les infractions sont les suivantes :

- le fait, pour le responsable de l'exploitation d'un véhicule de transport routier soumis à une obligation de limitation de vitesse par construction, de ne pas respecter cette obligation, de modifier, ou, en tant que commettant, de faire ou de laisser modifier le dispositif de limitation de vitesse par construction afin de permettre au véhicule de dépasser sa vitesse maximale autorisée, est puni d'un an d'emprisonnement et de 30 000 euros d'amende ;
- le préposé est passible des mêmes peines lorsque l'infraction résulte de son fait personnel ;
- toute personne coupable de ce délit encourt également la peine complémentaire de suspension, pour une durée de trois ans au plus, du permis de conduire, cette suspension pouvant être limitée à la conduite en dehors de l'activité professionnelle ;
- le véhicule sur lequel l'infraction a été commise est immobilisé et retiré de la circulation jusqu'à ce qu'il ait été mis en conformité ou réparé. Un décret en Conseil d'État fixe les conditions d'application du présent alinéa.

MODÈLE DE L'ÉTIQUETTE

Présentation de l'étiquette

L'étiquette visée à l'article 4, paragraphe 1, et à l'article 5, paragraphe, 1 doit être conforme à l'image ci-après:

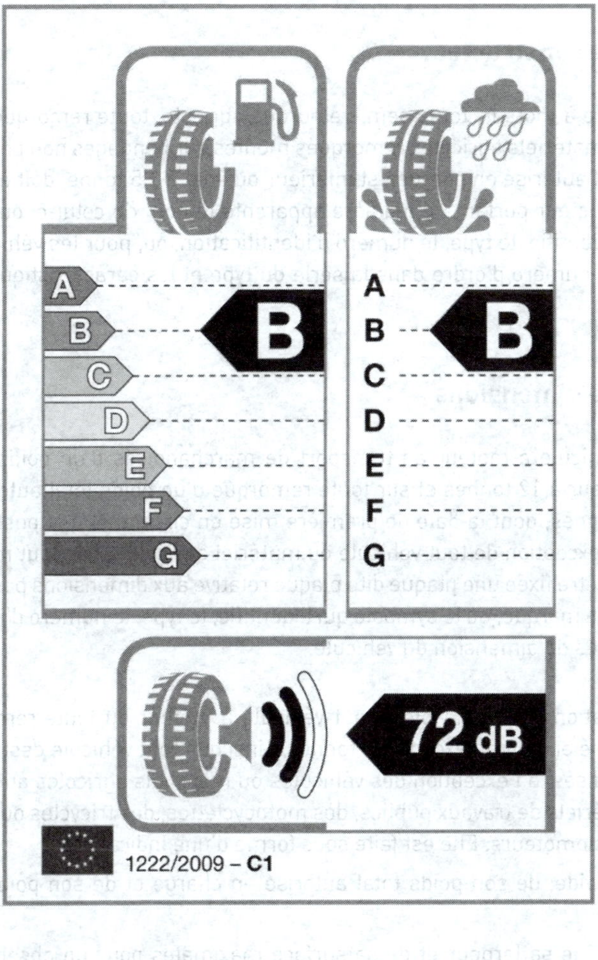

§ 2 ▪ Plaques et inscriptions

A ▪ Plaque d'immatriculation

114. Obligation générale de deux plaques d'immatriculation (AV et AR) sur les véhicules à moteur.

Les véhicules à moteur de deux ou trois roues, les quadricycles et les véhicules agricoles et forestiers peuvent ne porter qu'une seule plaque à l'arrière.

B ▪ Plaque identité agricole

115. Tout véhicule ou matériel agricole ou forestier, attaché à une exploitation agricole, à une entreprise de travaux agricoles, à une coopérative d'utilisation de matériel agricole ou à une exploitation forestière, peut être muni, en complément d'une plaque d'immatriculation d'une plaque d'identité portant un numéro d'ordre et fixée en évidence à l'arrière du véhicule.

C ▪ Plaque constructeur

116. Tout véhicule à moteur, toute semi-remorque agricole, toute remorque, à l'exception des véhicules ou matériels agricoles remorqués montés sur bandages non pneumatiques ou dont le poids total autorisé en charge est inférieur ou égal à 1,5 tonne, doit être muni d'une plaque du constructeur portant de manière apparente le nom de celui-ci ou sa marque ou le symbole qui l'identifie, le type, le numéro d'identification, ou, pour les véhicules ou matériels agricoles, le numéro d'ordre dans la série du type et les caractéristiques de poids du véhicule.

D ▪ Plaque dimensions

117. Sur tout véhicule à moteur de transport de marchandises d'un poids total autorisé en charge supérieur à 12 tonnes et sur toute remorque d'un poids total autorisé en charge supérieur à 10 tonnes, dont la date de première mise en circulation est postérieure au 1er octobre 1990, à l'exception de tout véhicule ou matériel agricole ou de tout matériel de travaux publics, doit être fixée une plaque dite plaque relative aux dimensions portant le nom du constructeur ou sa marque, ou le symbole qui l'identifie, le type, le numéro d'identification et les caractéristiques de dimension du véhicule.

118. Cette obligation est applicable à tout véhicule à moteur ou toute remorque, dont le poids total autorisé en charge excède 3,5 tonnes, ainsi que tout véhicule destiné à transporter des marchandises, à l'exception des véhicules ou matériels agricoles automoteurs, des véhicules ou matériels de travaux publics, des motocyclettes, des tricycles ou quadricycles à moteur et des cyclomoteurs. Elle est faite sous forme d'une indication :

- de son poids à vide, de son poids total autorisé en charge et de son poids total roulant autorisé ;
- de sa longueur, de sa largeur et de sa surface maximales pour un observateur placé à droite du véhicule.

Les indications mentionnées sur la plaque du constructeur et sur la plaque relative aux dimensions peuvent être réunies sur une plaque unique.

E ▪ Numéro d'identification du véhicule

119. L'indication du type et le numéro d'ordre dans la série du type ou le numéro d'identification du véhicule doivent être frappés à froid, dans la moitié droite du véhicule, de façon à être facilement lisibles à un endroit accessible sur le châssis ou sur un élément essentiel et indémontable du véhicule

F ▪ Obligations particulières pour les transformations touchant la sécurité

120. Le fait, pour un professionnel de fabriquer, d'importer, d'exporter, d'exposer, d'offrir, de mettre en vente, de vendre, de proposer à la location ou d'inciter à acheter ou à utiliser un dispositif ayant pour objet de dépasser les limites réglementaires fixées en matière de vitesse, de cylindrée ou de puissance maximale du moteur d'un cyclomoteur, d'une motocyclette ou d'un quadricycle à moteur est puni de deux ans d'emprisonnement et de 30 000 euros d'amende.

121. De même, le fait pour un professionnel de réaliser, sur un cyclomoteur, une motocyclette ou un quadricycle à moteur, des transformations ayant pour effet de dépasser les limites réglementaires fixées en matière de vitesse, de cylindrée ou de puissance maximale du moteur est puni des mêmes peines (C. route, art. L. 317-5 et L. 317-6). Compte tenu de leur gravité, ces infractions sont punies de peines délictuelles.

Sous-section 5 ▪ L'énergie, les émissions polluantes et les nuisances

122. L'article L. 318-1 du Code de la route précise que « Les véhicules doivent être construits, commercialisés, exploités, utilisés, entretenus et, le cas échéant, réparés de façon à minimiser la consommation d'énergie, la création de déchets non valorisables, les émissions de substances polluantes, notamment de dioxyde de carbone, visées à l'article L. 220-2 du Code de l'environnement ainsi que les autres nuisances susceptibles de compromettre la santé publique. La consommation énergétique des véhicules et ses méthodes de mesure doivent être affichées sur le lieu de leur vente ou de leur location ».

§ 1 ▪ Réduction des émissions de CO_2

123. Sur la base de ce socle législatif sont articulés deux règlements européens :
- le règlement (CE) n° 443/2009 du Parlement européen et du Conseil du 23 avril 2009 établissant des normes de performance en matière d'émissions pour les voitures particulières neuves dans le cadre de l'approche intégrée de la Communauté visant à réduire les émissions de CO_2 des véhicules légers ;
- le règlement (UE) n° 510/2011 du Parlement européen et du Conseil du 11 mai 2011 établissant des normes de performance en matière d'émissions pour les véhicules utilitaires légers neufs dans le cadre de l'approche intégrée de l'Union visant à réduire les émissions de CO_2 des véhicules légers.

Le cadre des exigences formulées par ces textes est semblable, il diffère en ce qui concerne le niveau et les dates d'application.

124. En prenant le cas des voitures particulières, on trouve une limite d'émission de CO_2 fixée à 130 g/km avec l'obligation d'atteindre 95 g/km en 2020. Le règlement comporte des dispositions spécifiques pour les véhicules fonctionnant à l'aide de carburants composés de 85 % d'éthanol (E85). Pour déterminer si un constructeur atteint son objectif en termes d'émissions de CO_2, le pourcentage d'émissions spécifiques de ce type de véhicule doit être diminué de 5 % jusqu'au 31 décembre 2015. Cet objectif de réduction n'est applicable que si 30 % au moins des stations-services de l'État membre dans lequel le véhicule est en circulation sont en mesure de proposer ce type de biocarburant.

125. Afin d'inciter le secteur automobile à investir dans de nouvelles technologies, les bonifications encouragent le développement des voitures générant des émissions moins importantes que les voitures traditionnelles. Pour le calcul des émissions spécifiques moyennes de CO_2, chaque voiture particulière neuve dont les émissions spécifiques de CO_2 sont inférieures à 50 g/km, compte pour :
- 3,5 voitures en 2012 ;
- 3,5 voitures en 2013 ;
- 2,5 voitures en 2014 ;
- 1,5 voiture en 2015 ;
- 1 voiture à partir de 2016.

126. Les États membres sont chargés de recueillir les données relatives à chaque voiture particulière neuve immatriculée sur leur territoire. Ils sont chargés de transmettre à la Commission les informations suivantes relatives à ces véhicules :
- leur nombre ;
- leurs émissions spécifiques moyennes ;
- leur masse moyenne ;
- leur ventilation ;
- leur empreinte au sol.

127. La Commission tient un registre central de ces données - accessible au public - et calcule à titre provisoire pour chaque constructeur :
- les émissions spécifiques moyennes de CO_2 de l'année civile précédente ;
- l'objectif d'émissions spécifiques de l'année civile précédente ;
- l'écart entre ses émissions spécifiques moyennes de CO_2 de l'année civile précédente et son objectif d'émissions spécifiques pour cette même année.

§ 2 ▪ Informations sur les émissions de CO_2 et la consommation de carburant

128. La directive 1999/94/CE du Parlement européen et du Conseil, du 13 décembre 1999, concernant la disponibilité d'informations sur la consommation de carburant et les émissions de CO_2 à l'intention des consommateurs lors de la commercialisation des voitures particulières neuves a défini un cadre pour l'information.

129. Elle préconise les moyens suivants :
- l'étiquetage, sur le véhicule, de la consommation de carburant et des émissions de CO_2 ;
- la réalisation d'un guide de la consommation de carburant et des émissions de CO_2 ;
- l'apposition d'affiches dans les salles d'exposition de véhicules ;
- la mention de données relatives à la consommation de carburant et aux émissions de CO_2 dans les supports publicitaires.

130. Le décret n° 2002-1508 du 23 décembre 2002 relatif à l'information sur la consommation de carburant et les émissions de dioxyde de carbone des voitures particulières neuves reprend ces exigences et puni des peines prévues pour les contraventions de la 3e classe la méconnaissance de ces obligations.
On trouvera un modèle d'étiquette sur le site de l'Agence de l'Environnement et de la Maîtrise de l'Énergie (ADEME).

Titre 2 ▪ Le droit de circuler

Par François Nonin

BIBLIOGRAPHIE

L'Argus de l'assurance
Article. - C. Aronica, Europe - Sécurité : Faut-il s'attendre à une révolution, JA octobre 2014, n° 866 ; J-B Le Dall, Permis de conduire : l'effet rétroactif du retrait par l'administration de l'invalidation, JA avril 2014, n° 861, p. 22.

131. Ce titre II concerne plus précisément les dispositions administratives du Livre III du Code de la route.
Le véhicule doit répondre à trois exigences juridiques principales pour circuler normalement sur les voies ouvertes à la circulation publique :
- être conforme à une réception (homologation d'un type de véhicule) ;
- être immatriculé compte tenu de ses caractéristiques techniques et de son utilisation ;
- subir un contrôle technique périodique pour vérifier son aptitude à circuler sans danger pour les usagers.

132. On rappellera qu'en ce qui concerne la réception, son absence pour certain types de véhicules est punie de peines délictuelles. Ainsi l'article L. 321-1 du Code de la route indique que « Le fait d'importer, d'exposer, d'offrir, de mettre en vente, de vendre, de proposer à la location ou d' inciter à acheter ou à utiliser un cyclomoteur, une motocyclette , un tricycle à moteur ou un quadricycle à moteur soumis à réception et non réceptionné ou qui n'est plus conforme à celle-ci est puni de six mois d' emprisonnement et de 7 500 euros d'amende. Lorsque cette infraction est commise par un professionnel, elle est punie de deux ans d'emprisonnement et de 30 000 euros d'amende. Le véhicule peut être saisi. »

Chapitre 1
Réception et homologation

133. Le droit français de l'automobile a naturellement repris les dispositions communautaires de réception des véhicules tout en actualisant les procédures existantes pour les véhicules produits et commercialisés sur le sol national. Outre le Code de la route (Livre III, Titre II, Chapitre I), les arrêtés du 19 juillet 1954 et du 4 mai 2009 détaillent la procédure et ses différentes variantes.

134. Les mesures prévues dans la directive 2007/46/CE et reprises dans le droit national s'appliquent dans le calendrier suivant :

Catégories concernées	Nouveaux types (*) de véhicules réceptionnés (1)	Tous les véhicules mis en circulation pour la première fois
M1	29 avril 2009	-
Véhicules incomplets et complets des catégories M2 et M3	29 avril 2009 (2)	29 octobre 2010
Véhicules complétés des catégories M2 et M3	29 avril 2010 (2)	29 octobre 2011
Véhicules incomplets et complets de la catégorie N 1	29 octobre 2010	29 octobre 2011
Véhicules incomplets et complets des catégories N2, N3, O1, O2, O3 et O4		29 octobre 2012
Véhicules à usage spécial de la catégorie M1	29 avril 2011	29 avril 2012
Véhicules complétés de la catégorie N1	29 octobre 2011	29 avril 2013
Véhicules complétés des catégories O1, O2, O3 et O4		29 octobre 2013
Véhicules complétés des catégories N2 et N3	29 octobre 2012	29 octobre 2014
Véhicules à usage spécial des catégories N1, N2, N3, M2, M3, O1, O2, O3 et O4	29 octobre 2012	29 octobre 2014

(*) Au sens du point B de l'annexe II de la directive 2007/46/CE.
(1) En application de l'article 45 de la directive 2007/46/CE susvisée, ne concerne pas les nouveaux véhicules pour lesquels une réception nationale a déjà été octroyée et les véhicules de catégorie O1 pour lesquels la réception nationale n'est pas obligatoire.
(2) A la demande du constructeur, des réceptions par type nationales peuvent être octroyées, à la place de réceptions CE par type, dans les douze mois qui suivent cette échéance, à la condition que ces véhicules et leurs systèmes ou équipements aient été réceptionnés par type conformément aux actes réglementaires énumérés à l'annexe IV, partie I, de la directive 2007/46/CE susvisée.

Section 1 . Les catégories de réception

135. Le droit français distingue quatre grandes catégories de réception :
- la réception communautaire par type (ou CE par type) ;
- la réception communautaire par type de petite série (ou CE par type de petite série) ;
- la réception par type de portée nationale ;
- la réception individuelle (ou réception à titre isolé).

136. Une catégorie particulière de réception est réservée aux véhicules qui suivent plusieurs étapes distinctes avant leur réception définitive. L'exemple le plus significatif est celui des autocaravanes (« camping-cars ») qui bénéficient d'une réception de type pour le châssis, puis après montage d'une carrosserie spécifique au modèle considéré, une réception complémentaire (contrôle de conformité initial par un opérateur qualifié). Cette procédure conditionne la mise en circulation de ce type de véhicule.

137. Le tableau suivant synthétise les différents procédures de réception appliquées sur le territoire français.

Véhicule en circulation normale sur la voie publique
Procédures de réception

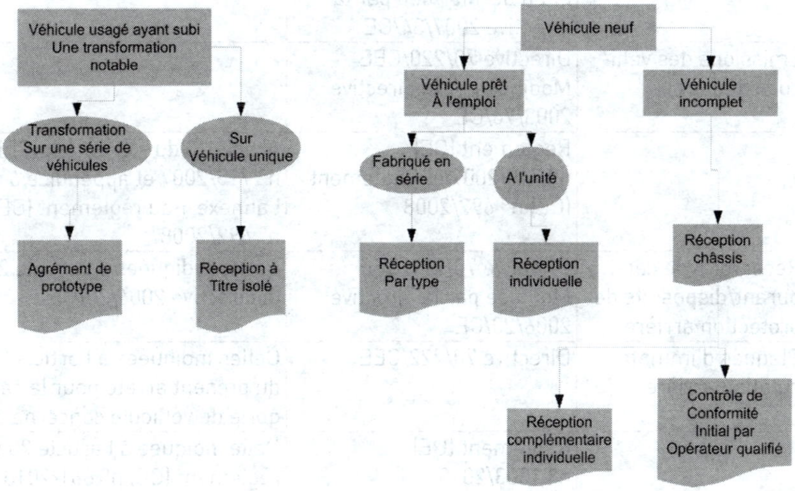

Sous-section 1 . La réception CE par type

138. C'est la procédure la plus utilisée pour les véhicules de grandes séries vendues sur le territoire de l'Union européenne.
Elle permet aux constructeurs de présenter un dossier complet portant sur tous les éléments constituant le prototype à une autorité compétente nationale qui prononcera la réception ouvrant ainsi la voie à la production en série de véhicules conformes au prototype (voir schéma Chapitre II Section II).

139. Cette procédure met en jeu des acteurs publics et privés sur le territoire de l'Union européenne ce qui entraîne des échanges nombreux pour la constitution du dossier et le respect des caractéristiques techniques des véhicules concernés par la réception :
- échanges entre le constructeur et les services techniques (laboratoires) pour le déroulé des essais ;
- échanges avec l'autorité compétente ou ses services délégués pour la constitution du dossier. Il faut rappeler que les demandeurs ont le choix des laboratoires compétents et de l'autorité administrative octroyant la réception sur le territoire de l'Union ;
- échanges entre les autorités compétentes (par les fiches de communication notamment) pour la bonne exécution des obligations du constructeur sur les véhicules conformes à la réception accordée.

140. On trouvera ci-dessous l'ensemble des textes applicables à la réception CE par type :

PRESCRIPTIONS APPLICABLES POUR LES RÉCEPTIONS CE PAR TYPE DE VÉHICULES, SYSTÈMES ET ÉQUIPEMENTS			
	Domaines réglementés	Actes réglementaires (1)	Dates d'application
1	Niveau sonore admissible	Directive 70/157/CEE Modifiée par la directive 1999/101/CE et en dernier lieu par la directive 2007/34/CE	Celles indiquées à l'article 2 de la directive 1999/101 /CE
2	Émissions des véhicules légers	Directive 70/220/CEE Modifiée par la directive 2003/76/CE	
		Règlement (CE) n° 715/2007 et Règlement (CE) n° 692/2008	Article 10 du règlement (CE) n° 715/2007 et appendice 6 de l'annexe 1 du règlement (CE) n° 692/2008
3	Réservoirs de carburant/dispositifs de protection arrière	Directive 70/221/CEE Modifiée par la directive 2006/20/CE	Celles indiquées à l'article 2 de la directive 2006/20/CE
4	Plaques d'immatriculation arrière	Directive 70/222/CEE	Celles indiquées à l'article 29 du présent arrêté pour la catégorie de véhicule concerné
		Règlement (UE) n° 1003/2010	Celle indiquée à l'article 20 du règlement (CE) n° 661/2010

5	Dispositifs de direction	Directive 70/311/CEEModifiée par la directive 1999/7/CE	Celles indiquées à l'article 2 de la directive 1999/7/CE
6	Serrures et charnières de porte	Directive 70/387/CEE Modifiée par la directive 2001/31/CE	Celles indiquées à l'article 2 de la directive 2001/31/CE
7	Avertisseur acoustique	Directive 70/388/CEE modifiée par la directive 87/354/CEE	Celles indiquées à l'article 29 du présent arrêté pour la catégorie de véhicule concerné
8	Dispositifs de vision indirecte	Directive 2003/97/CE Modifiée par la directive 2005/27/CE	Celles indiquées à l'article 2 de la directive 2003/97/CE
9	Freinage	Directive 71/320/CEE Modifiée par la directive 2002/78/CE	Celles indiquées à l'article 2 de la directive 98/12/CE Celles indiquées à l'article 2 de la directive 2002/78/CE
10	Parasites radioélectriques (compatibilité électromagnétique)	Directive 72/245/CEE Modifiée par la directive 2005/49/CE et en dernier lieu par la directive 2009/ 19/CE	Celles indiquées à l'article 3 de la directive 2005/49/CE et à l'article 2 de la directive 2009/19/CE
11	Émissions diesel (opacité des fumées)	Directive 72/306/CEE Modifiée par la directive 2005/21/CE	
		Règlement (CE) n° 715/2007 et Règlement (CE) n° 692/2008	En liaison avec les dates d'application des émissions des véhicules légers
12	Aménagement intérieur	Directive 74/60/CEE Modifiée par la directive 2000/4/CE	Celles indiquées à l'article 2 de la directive 2000/4/CE
13	Antivol et dispositif d'immobilisation	Directive 74/61/CEE Modifiée par la directive 95/56/CEE	Celles indiquées à l'article 2 de la directive 95/56/CE
14	Comportement du dispositif de conduite en cas de choc	Directive 74/297/CEE Modifiée par la directive 91/662/CEE	Celles indiquées à l'article 2 de la directive 91/662/CE
15	Résistance des sièges	Directive 74/408/CEE Modifiée par la directive 2005/39/CE	Celles indiquées à l'article 2 de la directive 2005/39/CE
16	Saillies extérieures	Directive 74/483/CEE Modifiée par la directive 2007/15/CE	Celles indiquées à l'article 2 de la directive 2007/15/CE
17	Tachymètre et marche arrière	Directive 75/443/CEE Modifiée par la directive 97/39/CEE	Celles indiquées à l'article 2 de la directive 97/39/CE
18	Plaques réglementaires	Directive 76/114/CEE modifiée par la directive 78/507/CEE	Celles indiquées à l'article 2 de la directive 78/507/CE

		Règlement (UE) n° 19/2011	Celle indiquée à l'article 20 du règlement (CE) n° 661/2010
19	Points d'ancrage des ceintures de sécurité	Directive 76/115/CEE Modifiée par la directive 2005/41/CE	Celles indiquées à l'article 3 de la directive 2005/41/CE
20	Installation des dispositifs d'éclairage et de signalisation lumineuse	Directive 76/756/CEE Modifiée par la directive 2007/35/CE	Celles indiquées à l'article 2 de la directive 2007/35/CE
		Modifiée par la directive 2008/89/CE	Celles indiquées à l'article 2 de la directive 2008/89/CE
21	Catadioptres	Directive 76/757/CEE Modifiée par la directive 97/29/CEE	Celles indiquées à l'article 2 de la directive 97/29/CE
22	Feux d'encombrement, feux de position arrière/avant/latéraux, feux stop, feux d'éclairage de jour	Directive 76/758/CEE Modifiée par la directive 97/30/CEE	Celles indiquées à l'article 2 de la directive 97/30/CE
23	Indicateurs de direction	Directive 76/759/CEE Modifiée par la directive 99/15/CEE	Celles indiquées à l'article 2 de la directive 1995/15/CE
24	Dispositifs d'éclairage de la plaque d'immatriculation arrière	Directive 76/760/CEE Modifiée par la directive 97/31/CEE	Celles indiquées à l'article 2 de la directive 97/31/CE
25	Projecteurs (y compris lampes)	Directive 76/761/CEE Modifiée par la directive 99/17/CEE	Celles indiquées à l'article 2 de la directive 1999/17/CE
26	Feux de brouillard avant	Directive 76/762/CEE Modifiée par la directive 99/18/CEE	Celles indiquées à l'article 2 de la directive 1999/18/CE
27	Dispositifs de remorquage	Directive 77/389/CEE Modifiée par la directive 96/64/CEE	Celles indiquées à l'article 2 de la directive 96/64/CE
		Règlement (UE) n° 1005/2010	Celle indiquée à l'article 20 du règlement (CE) n° 661/2010
28	Feux de brouillard arrière	Directive 77/538/CEE Modifiée par la directive 99/14/CEE	Celles indiquées à l'article 2 de la directive 1999/14/CE
29	Feux de marche arrière	Directive 77/539/CEE Modifiée par la directive 97/32/CEE	Celles indiquées à l'article 2 de la directive 97/32/CE
30	Feux de stationnement	Directive 77/540/CEE Modifiée par la directive 99/16/CEE	Celles indiquées à l'article 2 de la directive 1999/16/CE
31	Ceintures de sécurité et systèmes de retenue	Directive 77/541 /CEE Modifiée par la directive 2005/40/CE	Celles indiquées à l'article 3 de la directive 2005/40/CE

32	Champ de vision avant	Directive 77/649/CEE Modifiée par la directive 90/630/CEE	Celles indiquées à l'article 2 de la directive 90/630/CE
33	Identification des commandes, témoins et indicateurs	Directive 78/316/CEE Modifiée par la directive 94/53/CEE	Celles indiquées à l'article 2 de la directive 94/53/CE
34	Dispositifs de dégi-vrage et de désem-buage	Directive 78/317/CEE	Celles indiquées à l'article 29 du présent arrêté pour la caté-gorie de véhicule concerné
		Règlement (UE) n° 672/2010	Celle indiquée à l'article 20 du règlement (CE) n° 661/2010
35	Essuie-glaces et lave-glaces	Directive 78/318/CEE modifiée par la directive 94/68/CEE	Celles indiquées à l'article 2 de la directive 94/68/CE
		Règlement (UE) n° 1008/2010	Celle indiquée à l'article 20 du règlement (CE) n° 661/2010
36	Chauffage de l'habi-tacle	Directive 2001/56/CE Modifiée par la directive 2006/119/CE	Celles indiquées à l'article 2 de la directive 2006/119/CE
37	Recouvrement des roues	Directive 78/549/CEE modifiée par la directive 94/78/CE	Celles indiquées à l'article 2 de la directive 94/78/CE
		Règlement (UE) n° 1009/2010	Celle indiquée à l'article 20 du règlement (CE) n° 661/2010
38	Appuie-tête	Directive 78/932/CEE Modifiée par la directive 87/354/CEE	Celles indiquées à l'article 2 de la directive 87/354/CEE
39	Émissions de C02/ consommation de carburant	Directive 80/1268/CEE Modifiée par la directive 2004/3/CE	Celles indiquées à l'article 5 de la directive 2004/3/CE
		Règlement (CE) n° 715/2007 Règlement (CE) n° 692/2008	En liaison avec les dates d'application des émissions des véhicules légers
40	Puissance du moteur	Directive 80/1269/CEE Modifiée par la directive 1999/99/CE	Celles indiquées à l'article 2 de la directive 1999/99 CE
41	Émissions des véhicules utilitaires lourds (Euro IV et Euro V)	Directive 2005/55/CE Modifiée par la directive 2008/74/CE	Celles indiquées à l'article 2 de la directive 2005/55/CE
42	Protection latérale	Directive 89/297/CEE	Celles indiquées à l'article 29 du présent arrêté pour la caté-gorie de véhicule concerné
43	Systèmes antiprojec-tions	Directive 91/226/CEE, modifiée par la directive 2010/19/UE	Celles indiquées à l'article 3 de la directive 91/226/CEE
		Règlement (UE) n° 109/2011	Celle indiquée à l'article 20 du règlement (CE) n° 661/2010

44	Masses et dimensions (voitures)	Directive 92/21/CEE Modifiée par la directive 95/48/CEE	Celles indiquées à l'article 2 de la directive 95/48/CEE
45	Vitrages de sécurité	Directive 92/22/CEE Modifiée par la directive 2001/92/CE	Celles indiquées à l'article 2 de la directive 2001/92/CE
46	Pneumatiques	Directive 92/23/CEE Modifiée par la directive 2005/11/CE	Celles indiquées à l'article 2 de la directive 2005/11/CE
47	Limiteurs de vitesse	Directive 92/24/CEE Modifiée par la directive 2004/11/CE	Celles indiquées à l'article 2 de la directive 2004/11/CE
48	Masses et dimensions (autres que les véhicules du point 44)	Directive 97/27/CE Modifiée par la directive 2003/19/CE	Celles indiquées à l'article 2 de la directive 2003/19/CE
49	Saillies extérieures des cabines	Directive 92/114/CEE	Celles indiquées à l'article 29 du présent arrêté pour la catégorie de véhicule concerné
50	Dispositifs d'attelage	Directive 94/20/CE	Celles indiquées à l'article 29 du présent arrêté pour la catégorie de véhicule concerné
51	Inflammabilité	Directive 95/28/CE	Celles indiquées à l'article 29 du présent arrêté pour la catégorie de véhicule concerné
52	Autobus et autocars	Directive 2001/85/CE	Celles indiquées à l'article 2 de la directive 2001/85/CE
53	Collision frontale	Directive 96/79/CE Modifiée par la directive 1999/98/CE	Celles indiquées à l'article 2 de la directive 1999/98/CE
54	Collision latérale	Directive 96/27/CE	Celles indiquées à l'article 2 de la directive 96/27/CE
56	Véhicules destinés au transport des marchandises dangereuses	Directive 98/91/CE	Celles indiquées à l'article 29 du présent arrêté pour la catégorie de véhicule concerné
57	Protection avant contre l'encastrement	Directive 2000/40/CE	Celles indiquées à l'article 2 de la directive 2000/40/CE
58	Protection des piétons	Directive 2003/102/CE Décision 2004/90/CE Règlement CE N° 78/2009	Celles indiquées à l'article 9 du règlement CE N° 78/2009
59	Recyclage	Directive 2005/64/CE Modifiée par la directive 2009/1/CE	Celles indiquées à l'article 2 de la directive 2009/1/CE
60	Systèmes de protection frontale	Directive 2005/66/CE Décision 2006/368/CE	Celles indiquées à l'article 3 de la directive 2005/66/CE
61	Systèmes de climatisation	Directive 2006/40/CE Règlement CE n° 706/2007	Celles indiquées aux articles 5 et 6 de la directive 2006/40/CE

62	Système hydrogène	Règlement (CE) n° 79/2009 et règlement (UE) n° 406/2010	Celle indiquée à l'article 16 du règlement (CE) n° 79/2009
63	Sécurité générale	Règlement (CE) n° 661/2009	Celles indiquées aux articles 13 et 20 dudit règlement
(1) Directives ou règlements CEE-ONU reconnus équivalents à la directive correspondante par la partie II de l'annexe IV de la directive 2007/46 susvisée.			

Sous-section 2 La réception communautaire par type de petite série

141. La réception est réservée pour 1000 véhicules de type M1 (catégorie dans laquelle se trouvent les voitures particulières) par an.
La procédure est simplifiée, les fiches de réceptions des systèmes pouvant être remplacées par les procès-verbaux d'essais.
Le respect des exigences de réception est limitée à celles figurant à l'Appendice I de l'annexe IV partie 1 de la directive 2007/46/CE.

142. Cette réception couvre des modèles ayant des performances améliorées par rapport aux modèles courants dans les gammes de modèles des constructeurs. Il s'agit souvent d'un modèle sport qui représente le sommet de la catégorie considérée et qui fait l'objet d'une préparation moteur et châssis par une unité de production spécialisée.

143. Le tableau ci-dessous liste les éléments de l'Appendice I précité :

▼M9

Appendice 1

▼M11

Exigences auxquelles les véhicules de la catégorie M_1 produits en petites séries doivent satisfaire aux fins de la réception CE conformément à l'article 22

▼M1

	Objet	Référence de l'acte réglementaire	Référence au Journal officiel	M_1
1	Niveau sonore admissible	Directive 70/157/CEE	L 42 du 23.2.1970, p. 16.	A
2	Émissions [à l'exception de la série complète de prescriptions relatives aux systèmes de diagnostic embarqué (OBD)]	Directive 70/220/CEE	L 76 du 6.4.1970, p. 1.	A
2a	Émissions (Euro 5 et Euro 6) [à l'exception de la série complète de prescriptions relatives aux systèmes de diagnostic embarqué (OBD)]	Règlement (CE) n° 715/2007	L 171 du 29.6.2007, p. 1.	A
3	Réservoirs de carburant/dispositifs de protection arrière	Directive 70/221/CEE	L 76 du 6.4.1970, p. 23.	B
4	Plaques d'immatriculation arrière	Directive 70/222/CEE	L 76 du 6.4.1970, p. 25.	B
5	Dispositifs de direction	Directive 70/311/CEE	L 133 du 18.6.1970, p. 10.	C
6	Serrures et charnières de porte	Directive 70/387/CEE	L 176 du 10.8.1970, p. 5.	C
7	Avertisseur acoustique	Directive 70/388/CEE	L 176 du 10.8.1970, p. 12.	B
8	Dispositifs de vision indirecte	Directive 2003/97/CE	L 25 du 29.1.2004, p. 1.	X (2) B (4)
9	Freinage	Directive 71/320/CEE	L 202 du 6.9.1971, p. 37.	A
10	Parasites radioélectriques (compatibilité électromagnétique)	Directive 72/245/CEE	L 152 du 6.7.1972, p. 15.	A (1) C (3)
11	Émissions diesel	Directive 72/306/CEE	L 190 du 20.8.1972, p. 1.	A
12	Aménagement intérieur	Directive 74/60/CEE	L 38 du 11.2.1974, p. 2.	C
13	Antivol et dispositif d'immobilisation	Directive 74/61/CEE	L 38 du 11.2.1974, p. 22.	A
14	Comportement du dispositif de conduite en cas de choc	Directive 74/297/CEE	L 165 du 20.6.1974, p. 16.	C
15	Résistance des sièges	Directive 74/408/CEE	L 221 du 12.8.1974, p. 1.	C
16	Saillies extérieures	Directive 74/483/CEE	L 266 du 2.10.1974, p. 4.	C
17	Tachymètre et marche arrière	Directive 75/443/CEE	L 196 du 26.7.1975, p. 1.	B
18	Plaques réglementaires	Directive 76/114/CEE	L 24 du 30.1.1976, p. 1.	B
19	Points d'ancrage des ceintures de sécurité	Directive 76/115/CEE	L 24 du 30.1.1976, p. 6.	B

	Objet	Référence de l'acte réglementaire	Référence au Journal officiel	M_1
20	Installation des dispositifs d'éclairage et de signalisation lumineuse	Directive 76/756/CEE	L 262 du 27.9.1976, p. 1.	B
21	Catadioptres	Directive 76/757/CEE	L 262 du 27.9.1976, p. 32.	X
22	Feux d'encombrement, feux de position avant, feux de position arrière, feux stop, feux de position latéraux et de circulation diurne	Directive 76/758/CEE	L 262 du 27.9.1976, p. 54.	X
23	Indicateurs de direction	Directive 76/759/CEE	L 262 du 27.9.1976, p. 71.	X
24	Dispositifs d'éclairage de la plaque d'immatriculation arrière	Directive 76/760/CEE	L 262 du 27.9.1976, p. 85.	X
25	Projecteurs (y compris lampes)	Directive 76/761/CEE	L 262 du 27.9.1976, p. 96.	X
26	Feux de brouillard avant	Directive 76/762/CEE	L 262 du 27.9.1976, p. 122.	X
27	Dispositifs de remorquage	Directive 77/389/CEE	L 145 du 13.6.1977, p. 41.	B
28	Feux de brouillard arrière	Directive 77/538/CEE	L 220 du 29.8.1977, p. 60.	X
29	Feux de marche arrière	Directive 77/539/CEE	L 220 du 29.8.1977, p. 72.	X
30	Feux de stationnement	Directive 77/540/CEE	L 220 du 29.8.1977, p. 83.	X
31	Ceintures de sécurité et systèmes de retenue	Directive 77/541/CEE	L 220 du 29.8.1977, p. 95.	A (2) B (4)
32	Champ de vision avant	Directive 77/649/CEE	L 267 du 19.10.1977, p. 1.	A
33	Identification des commandes, témoins et indicateurs	Directive 78/316/CEE	L 81 du 28.3.1978, p. 3.	A
34	Dispositifs de dégivrage et de désembuage	Directive 78/317/CEE	L 81 du 28.3.1978, p. 27.	C
35	Essuie-glaces et lave-glaces	Directive 78/318/CEE	L 81 du 28.3.1978, p. 49.	C
36	Chauffage de l'habitacle	Directive 2001/56/CE	L 292 du 9.11.2001, p. 21.	C
37	Recouvrement des roues	Directive 78/549/CEE	L 168 du 26.6.1978, p. 45.	B
39	Émissions de CO_2/consommation de carburant	Directive 80/1268/CEE	L 375 du 31.12.1980, p. 36.	A
40	Puissance du moteur	Directive 80/1269/CEE	L 375 du 31.12.1980, p. 46.	C
41	Émissions des véhicules utilitaires lourds (Euro IV et Euro V) [à l'exception de la série complète de prescriptions relatives aux systèmes de diagnostic embarqué (OBD)]	Directive 2005/55/CE	L 275 du 20.10.2005, p. 1.	A

▼M1

	Objet	Référence de l'acte réglementaire	Référence au Journal officiel	M_1
44	Masses et dimensions (voitures)	Directive 92/21/CEE	L 129 du 14.5.1992, p. 1.	C
45	Vitrages de sécurité	Directive 92/22/CEE	L 129 du 14.5.1992, p. 11.	X (2) B (4)
46	Pneumatiques	Directive 92/23/CEE	L 129 du 14.5.1992, p. 95.	X (2) B (4)
50	Dispositifs d'attelage	Directive 94/20/CE	L 195 du 29.7.1994, p. 1.	X (2) A (4)
53	Collision frontale	Directive 96/79/CE	L 18 du 21.1.1997, p. 7.	s.o.
54	Collision latérale	Directive 96/27/CE	L 169 du 8.7.1996, p. 1.	s.o.
▼M2				
58	Protection des piétons	Règlement (CE) n° 78/2009	L 35 du 4.2.2009, p. 1	s.o. (6)
▼M1				
59	Recyclage	Directive 2005/64/CE	L 310 du 25.11.2005, p. 10.	s.o. (5)
▼M2				
▼M1				
61	Système de climatisation	Directive 2006/40/CE	L 161 du 14.6.2006, p. 1.	X (2) B (3)
▼M3				
62	Système hydrogène	Règlement (CE) n° 79/2009	L 35 du 4.2.2009, p. 32	X
▼M5				
63	Sécurité générale	Règlement (CE) n° 661/2009	JO L 200, 31.7.2009, p. 1.	P/A
▼M12				
63.1	Indicateurs de changement de vitesse	(UE) n° 65/2012	L 28 du 31.1.2012, p. 24	s.o.

▼M1

(1) Sous-ensemble électronique.
(2) Composant.
(3) Véhicule.
(4) Instructions de montage.
(5) Toutefois, l'article 7 de la directive 2005/64/CE s'applique.
►M2 (6) Tout système de protection frontale fourni avec le véhicule est conforme aux exigences du règlement (CE) n° 78/2009, reçoit un numéro de réception par type et porte une marque en conséquence. ◄

Légendes

X: la fiche de réception CE doit être délivrée; la conformité de la production doit être assurée.

A: Aucune dérogation n'est autorisée, à l'exception de celles prévues dans l'acte réglementaire. La fiche de réception et la marque de réception ne sont pas exigées. Des rapports d'essais doivent être établis par un service technique notifié.

B: Les prescriptions techniques de l'acte réglementaire doivent être respectées. Les essais prévus dans l'acte réglementaire doivent être réalisés intégralement; sous réserve de l'accord de l'autorité compétente en matière de réception, ils peuvent être réalisés par le constructeur lui-même; celui-ci peut être autorisé à émettre le rapport technique; il n'y a pas lieu de délivrer de fiche de réception et la réception n'est pas exigée.

C: Le constructeur doit démontrer, à la satisfaction de l'autorité compétente en matière de réception, que les exigences fondamentales de l'acte réglementaire sont respectées.

s.o. Cet acte réglementaire est sans objet (aucune exigence) pour cette catégorie.

►M5 P/A Le présent règlement est partiellement applicable. Le champ d'application précis est défini par les mesures d'application du présent règlement. ◄

Sous-section 3 ■ La réception nationale par type de petites séries (NKS)

§ 1 ■ Limites annuelles par catégories de véhicules

144. Les limites annuelles par catégories de véhicules sont les suivantes :

M1	75
M2, M3	250
N1	500
N2, N3	250
O1, O2	500
O3, O4	250

§ 2 ■ Prescriptions applicables pour les réceptions nationales par type de petites séries

145. Pour les réceptions nationales par type de petites séries, les prescriptions ci-dessous doivent être appliquées.

Domaine réglementé		**Référence réglementaire**	**Applicabilité**									
			M1	M2	M3	N1	N2	N3	O1	O2	O3	O4
1.	Niveaux sonores	Arrêté du 13 avril 1972	A	A	A	A	A	A				
2.	Émissions (5)	Arrêté du 2 juin 1999	A	A	A	A	A	A				
2a.	Émissions des véhicules utilitaires légers (Euro 5 et Euro 6) (5)	Règlement (CE) N° 715/2007 et règlement (CE) N° 692/2008	A	A		A	A	A				
3.1.1	Réservoirs de carburant hors GPL et GN V	Arrêté du 24 octobre 1994	B	A	A	A	A	A				
3.1.2	Réservoirs de carburant GPL	Arrêté du 4 août 1999	X(1)	X(1)	X(1)	X(1)	X(1)	X(1)				
			A(2)	A(2)	A(2)	A(2)	A(2)	A(2)				
3.1.3	Réservoirs de carburant GNV	Arrêté du 14 janvier 2004	X(1)	X(1)	X(1)	X(1)	X(1)	X(1)				

			A(2)	A(2)	A(2)	A(2)	A(2)	A(2)				
3.2	Dispositifs de protection arrière	Articles 10-1 à 10-3-ter de l'arrêté du 19 décembre 1958					X(1)	X(1)			X(1)	X(1)
			B(2)	B(2)	B(2)	B(2)	A(2)	A(2)	B(2)	B(2)	B(2)	B(2)
4.	Plaques d'immatriculation arrière	Arrêté du 4 mai 2009 Règlement n° 1003/2010/UE	B	B	B	B	B	B	B	B	B	B
5.	Dispositifs de direction	Arrêté du 4 mai 2009 Règlement n° 1005/2010/ UE	A	A	A	A	A	A	A (6)	A (6)	A (6)	A(6)
6.	Poignées et charnières de porte	Arrêté du 19 décembre 1958	C			C	C	C				
7.	Avertisseur acoustique	Arrêté du 14 janvier 1958	X(1)	X(1)	X(1)	X(1)	X(1)	X(1)				
			B(2)	B(2)	B(2)	B(2)	B(2)	B(2)				
8.	Dispositifs de vision indirecte	Arrêté du 20 novembre 1969	X(1)	X(1)	X(1)	X(1)	X(1)	X(1)				
			A(2)	A(2)	A(2)	A(2)	A(2)	A(2)				
9.	Freinage	Arrêté du 18 août 1955	A	A	A	A	A	A	A (1) (7)	A (1) (7)	A	A
									B(2)	B(2)		
10.1	Suppression des parasites radioélectriques	Arrêté du 4 mai 2009	X(1)	X(1)	X(1)	X(1)	X(1)	X(1)	X(1)	X(1)	X(1)	X(1)
			C(2)	A(2)	A(2)	A(2)	A(2)	A(2)	A(2)	A(2)	A(2)	A(2)
10.2	Radars 24 GHz	Arrêté du 28 juillet 2006	A	A	A	A	A	A	A	A	A	A
11.	Émissions diesel	Arrêté du 13 mai 1998 Règlement (CE) N° 715/2007 et règlement (CE) N° 692/2008	A	A	A	A	A	A				
12.	Aménagement intérieur	Articles 11 et 12 à 18 de l'arrêté du 19 décembre 1958	B									
13.	Antivol	Arrêté du 4 mai 2009	X(1)	X(1)	X(1)	X(1)	X(1)	X(1)				
			A(2)	A(2)	A(2)	A(2)	A(2)	A(2)				

14.	Comportement du dispositif de conduite en cas de choc	Arrêté du 5 février 1969	C			C						
15.	Résistance des sièges	Arrêté du 5 décembre 1996	C	A	A	C	A	A				
16.	Saillies extérieures	Articles 1 à 8 et 10 de l'arrêté du 19 décembre 1958	B									
17.1	Tachymètre	Article R.317-1 du code de la route	B	B	B	B	B	B				
17.2	Marche arrière	Article R.316-5 du code de la route	B	B	B	B	B	B				
18.	Plaques réglementaires	Arrêté du 24 novembre 1978 Règlement n° 19/2010/UE	B	B	B	B	B	B	B	B	B	
19.	Points d'ancrage des ceintures de sécurité	Arrêté du 5 décembre 1996	B	A	A	A	A	A				
20.	Dispositifs d'éclairage	Arrêté du 16 juillet 1954	B	A(3)	A(3)	A(3)	A(3)	A(3)	A(3)	A(3)	A(3)	A(3)
21.	Catadioptres	Arrêté du 16 juillet 1954	X	X	X	X	X	X	X	X	X	X
22.	Feux d'encombrement, feux de position arrière / avant / latéraux, feux stop, feux d'éclairage de jour	Arrêté du 16 juillet 1954	X	X	X	X	X	X	X	X	X	X
23.	Feux indicateurs de direction	Arrêté du 16 juillet 1954	X	X	X	X	X	X	X	X	X	X
24.	Dispositifs d'éclairage de la plaque d'immatriculation	Arrêté du 16 juillet 1954	X	X	X	X	X	X	X	X	X	X
25.	Projecteurs (y compris lampes)	Arrêté du 16 juillet 1954	X	X	X	X	X	X				

39.	Émissions de C02 / Consommation de carburant	Arrêté du 21 avril 2000 Règlement (CE) N° 715/2007 et règlement (CE) N° 692/2008	A			A						
40.	Puissance du moteur	Arrêté du 30 juillet 1997	C	A	A	A	A	A				
41.	Émissions des véhicules utilitaires lourds (Euro IV et Euro V) (5)	Arrêté du 6 mai 1988	A	A	A	A	A					
42.	Protection latérale	Articles 10-7 à 10-9 de l'arrêté du 19 décembre 1958					A	A			A	A
43.	Systèmes antiprojections	Arrêté du 18 septembre 1992 Règlement n° 109/2011/UE				X(1)	X(1)	X(1)	X(1)	X(1)	X(1)	X(1)
						B(2)	A(2)	A(2)	B(2)	B(2)	B(2)	B(2)
44.	Masses et dimensions (voitures)	Articles R.312-1 à R.312-18 du code de la route	C									
45.	Vitrages de sécurité	Arrêté du 20 juin 1983	X(1)	X(1)	X(1)	X(1)	X(1)	X(1)	X(1)	X(1)	X(1)	X(1)
			B(2)	B(2)	B(2)	B(2)	B(2)	B(2)	B(2)	B(2)	B(2)	B(2)
46.	Pneumatiques	Arrêté du 24 octobre 1994	X(1)	X(1)	X(1)	X(1)	X(1)	X(1)	X(1)	X(1)	X(1)	X(1)
			B(2)	B(2)	B(2)	B(2)	B(2)	B(2)	B(2)	B(2)	B(2)	B(2)
47.	Limiteurs de vitesse	Arrêté du 25 février 2005		A	A	A	A	A				
48.	Masses et dimensions (autre que les véhicules du point 44)	Articles R. 312-1 à R. 312-18 du code de la route Arrêté du 03 avril 1995 Arrêté du 25 juin 1997 Arrêté du 20 novembre 1997		B(4)	B(4)	B(4)	B(4)	B(4)	B(4)	B(4)	B(4)	B(4)
49.	Saillies extérieures des cabines	Articles 1 à 10 de l'arrêté du 19 décembre 1958				B	B	B				

50.	Dispositifs d'attelage	Arrêté du 26 mars 1999	X(1)	X(1)	X(1)	X(1)	X(1)	X(1)	X(1)	X(1)	X(1)	X(1)
			A(2	A(2)	A(2)	A(2)	A(2)	A(2)	B(2)	B(2)	B(2)	B(2)
51.	Inflamma-bilité	Arrêté du 2 juillet 1982			A							
52.	Autocar et autobus	Arrêté du 2 juillet 1982		A	A							
53.	Collision fron-tale	Sans objet										
54.	Collision laté-rale	Sans objet										
56.	Véhicules destinés au transport de marchandises dangereuses	Arrêté du 1er juin 2001				A	A	A	A	A	A	A
57.	Dispositifs de protection contre l'en-castrement à l'avant	Article 10-10 de l'arrêté du 19 décembre 1958					X(1)	X(1)				
							A(2)	A(2)				
58.	Protection des piétons	Sans objet										
59.	Recyclage	Sans objet										
60.	Systèmes de protection frontale	Arrêté du 26 juillet 2006	X(1)			X(1)						
			A(2)			A(2)						
61.	Systèmes de climatisation	Arrêté du 21 décembre 2007 Règle-ment (CE) N° 706/2007	X(1)			X(1)						
			B(2)			B(2)						
62	Système hydrogène	Arrêté du 22 mars 2011	X(1)	X(1)	X(1)	X(1)	X(1)	X(1)				
			A(2)	A(2)	A(2)	A(2)	A(2)	A(2)				
63	Règlement général de sécurité	Sans objet										

(1) Entité ou composant.
(2) Véhicule ou installation.
(3) Niveau B si l'installation est réalisée selon les prescriptions techniques de l'arrêté du 16 juillet 1954.
(4) Niveau B sauf pour :
- les essieux relevables ou délestables (annexe IV de la directive 97/27/CE) ;
- l'équivalence entre les suspensions pneumatiques et non pneumatiques des essieux moteurs des véhicules (point 7.11 de l'annexe I de la directive 97/27/CE) ;
- l'attribution du caractère hors route, pour lesquels un niveau A est requis (justificatif d'un laboratoire notifié par un Etat membre).
(5) A l'exception de la série complète de prescriptions relatives aux systèmes de diagnostic embarqué (OBD).

(6) Niveau B pour les remorques à équipements d'autodirection si le rapport des charges d'essieu entre essieux non directeurs et essieux autodirigés est égal ou supérieur à 1,6 dans toutes les conditions de charge.
(7) Justificatif d'un laboratoire reconnu par un État membre.
X : la conformité totale à l'acte réglementaire est exigée ; la fiche de réception CE est délivrée ; la conformité de la production est assurée.
A : la fiche de réception et la marque de réception ne sont pas exigées. Des rapports d'essais doivent être établis par un service technique notifié par la France. Pour les points 15, 19 et 31, et uniquement dans le cas de réception de véhicules complétés, les rapports d'essais peuvent être établis par un service technique notifié dans un autre État membre.
B : les prescriptions techniques de l'acte réglementaire doivent être respectées. Les essais prévus dans l'acte réglementaire doivent être réalisés intégralement ; ils peuvent être réalisés par le constructeur lui-même qui émet alors le rapport technique.
C : le constructeur doit démontrer, à la satisfaction du service chargé des réceptions, que les exigences fondamentales de l'acte réglementaire sont respectées.
Le niveau X couvre les niveaux A, B et C, le niveau A couvre les niveaux B et C et le niveau B couvre le niveau C.

§ 3 ▪ Numérotation des fiches de réception

146. Les fiches de réception nationale par type de petites séries sont numérotées de la manière suivante :
e2 * NKS * numéro de réception * numéro d'extension, où le numéro de réception correspond à un nombre séquentiel de quatre chiffres, commençant si nécessaire par des zéros, et le numéro d'extension correspond à un nombre séquentiel de deux chiffres, commençant si nécessaire par des zéros.

147. Par exemple :
e2 * NKS * 0004 * 02, pour une deuxième extension d'une quatrième réception octroyée par la France, de véhicules produits en petites séries nationales.

§ 4 ▪ Modification de la réception

148. Le constructeur informe le service en charge des réceptions de toute modification des informations consignées dans le dossier de réception.
Une modification est considérée comme une « extension » de la réception lorsque :
- de nouvelles inspections ou de nouveaux essais sont nécessaires ;
- une des informations consignées sur la fiche de réception par type, à l'exception de ses annexes, a été modifiée ;
- de nouvelles prescriptions entrent en vigueur au titre de l'un des actes réglementaires applicables au véhicule réceptionné.

149. Dans de tels cas, le constructeur fournit au service en charge des réceptions l'ensemble des éléments relatifs à cette modification, les justificatifs correspondants et le dossier de réception mis à jour.
Le service en charge des réceptions attribue à la fiche de réception mise à jour un numéro d'extension, qui augmente en fonction du nombre d'extensions successives déjà octroyées.
La fiche de réception indique clairement le motif de l'extension ainsi que la date de la nouvelle publication.
Le service en charge des réceptions, après enregistrement, délivre au demandeur la fiche indexée mise à jour.

§ 5 ▪ Contrôle de la conformité de production des véhicules

150. Le contrôle de conformité de production du véhicule est assuré soit par les contrôles de conformité de production réalisés dans le cadre de la délivrance des fiches de réceptions européennes relatives aux systèmes, composants, entités techniques et leurs installation dans les véhicules, soit en l'absence de délivrance de fiches de réceptions européennes, par des visites de surveillance réalisées par le service en charge des réceptions. Ces visites de surveillance ont lieu dans les douze mois qui suivent la délivrance de la réception nationale de petite série puis sont renouvelées tous les vingt-quatre mois.

151. A cette fin, le service en charge des réceptions effectue toutes les vérifications ayant permis la délivrance de la réception.
Lorsque le service en charge des réceptions constate que les mesures destinées à garantir la conformité des véhicules produits au type réceptionné ne sont pas appliquées, s'écartent sensiblement des mesures et des plans de contrôle approuvés ou ont cessé d'être appliquées, bien que la production n'ait pas pris fin, il propose à l'autorité compétente en matière de réception les mesures nécessaires dans les conditions fixées par l'article R. 321-10 du Code de la route.

§ 6 ▪ Reconnaissance des réceptions nationales de petites séries

152. Si le constructeur souhaite la reconnaissance d'une réception nationale par type de petites séries par d'autres États membres, le service désigné envoie une copie de la fiche de réception et de ses annexes aux autorités compétentes des États membres désignés par le constructeur, par courrier recommandé ou par courrier électronique.

153. Le service désigné reçoit les fiches de réception et les annexes des réceptions nationales par type de petites séries réalisées dans les autres États membres, envoyées par courrier recommandé ou par courrier électronique par l'autorité compétente en matière de réception de cet État membre. Ce service dispose d'un délai de soixante jours à compter de la date à laquelle le dossier a été reçu pour faire part de sa décision d'acceptation ou de refus à l'autorité compétente en matière de réception ayant transmis le dossier.

154. La réception NKS délivrée par un autre État membre est reconnue en France sous réserve que les dispositions techniques de réception et de conformité de production en vertu desquelles elle a été délivrée soient au moins équivalentes à celles prévues au niveau national. Les essais doivent avoir été réalisés, pour les domaines concernés, par des services techniques notifiés par un État membre.

Sous-section 4 ▪ La réception individuelle (réception à titre isolé)

155. Le droit national prévoit deux types de réception individuelle : celle s'appliquant aux véhicules neufs et celle s'appliquant aux véhicules usagés.

§ 1 ▪ La réception à titre isolé d'un véhicule neuf

156. La procédure s'applique à un véhicule qui n'a jamais été immatriculé et qui n'est conforme à aucun type réceptionné.

Le cas le plus fréquent concerne des personnes ayant acquis des véhicules produits par un constructeur pour le marché d'un État non membre de l'Union européenne.

Le véhicule est doté de caractéristiques qui ne se retrouvent pas sur les modèles vendus sur le marché européen (absence de système de dépollution de l'échappement, pas de dispositif prévu pour les chocs piétons, système d'éclairage et de signalisation non conforme par exemple).

157. Le propriétaire devra présenter son véhicule au service Véhicule de la Direction Régionale de l'Environnement, de l'Aménagement et du Logement (DREAL) de sa région qui lui indiquera la marche à suivre pour obtenir un procès-verbal de RTI. Le ministère de l'Écologie, du Développement durable et de l'Énergie publie sur son site internet un page détaillée sur le sujet : http://www.developpement-durable.gouv.fr/Vehicule-importe.html

§ 2 ▪ La réception à titre isolé d'un véhicule usagé

158. Ce point de la réglementation est important pour un grand nombre de propriétaires de véhicules ayant l'intention de faire des transformations de toutes sortes pour personnaliser leur automobile, ce qu'on appelle le « tuning » dans le langage des amateurs.

A ▪ Les limites de la procédure

159. On rappellera à cette occasion que les véhicules transformés qui ne sont pas destinés à utiliser les voies ouvertes à la circulation publique ne sont pas soumis à la réception à titre isolé. On peut notamment citer :

- les véhicules destinés à la compétition (rallyes et circuits) ;

- les véhicules participant à des manifestations publiques autorisées sur la voie publique par les services des préfectures et dont le parcours est balisé ou surveillé par les organisateurs et les forces de police ou de gendarmerie (caravane publicitaire du Tour de France).

- Les véhicules transportés sur des remorques adaptées entre deux lieux privés d'exposition (véhicules de collection de grande valeur).

160. La réception à titre isolé est donc accordée aux véhicules reconnus conformes aux règles de réception/homologation, d'immatriculation et de contrôle technique du Code de la route.

B ▪ Véhicules soumis à cette réception

161. Quatre situations principales imposent la réception à titre isolé (RTI) des véhicules usagés.

1 ▪ Véhicule reconstitué à partir de pièces détachées

162. Il ne s'agit pas d'un véhicule totalement original conçu à partir d'un plan mais d'un achat de pièces issu d'un modèle fabriqué par un constructeur ou un ancien constructeur automobile. Ces pièces sont réassemblées selon la notice du constructeur pour une nouvelle utilisation du véhicule restauré.

2 ▪ Véhicule dépourvu de carte grise et devant être remis en circulation

163. C'est le cas des véhicules entreposés sans utilisation et dont le certificat d'immatriculation n'a pas été retrouvé.

3 ▪ Véhicule ayant subi une transformation notable

164. La définition d'une transformation notable est indiquée à l'article 13 de l'arrêté du 19 juillet 1954 dans sa version actuelle.
Le texte distingue deux catégories de transformations notables :
- toute transformation du châssis touchant la masse (poids) et les dimensions du véhicule, les pneumatiques et jantes, le système de freinage, les organes de manœuvre, de direction et de visibilité, ainsi que l'énergie, l'échappement et les nuisances ;
- toute modification des indications d'ordre technique figurant sur le certificat d'immatriculation (carte grise).

4 ▪ Véhicule précédemment immatriculé hors du territoire français

165. Le véhicule précédemment immatriculé hors du territoire français non conforme à un type ayant fait l'objet d'une réception communautaire ou d'une réception nationale française doit faire l'objet d'une réception à titre isolé.

C ▪ Le champ de la transformation notable

166. Les caractéristiques techniques des véhicules sont très largement incorporées dans ce champ qui peut être ainsi détaillé :
- masse et dimensions (poids à vide, poids total en charge, pois total roulant, répartition par essieu, avec ou sans remorque, longueur et largeur du véhicule sans saillies) ;
- pneumatique (dimensions, sculptures) ;
- freinage (double circuit, stabilité en ligne droite) ;
- organes de manœuvre, de direction et de visibilité (volant, marche arrière, pare-brise et vitres arrière et latérales, rétroviseurs et autres systèmes de visibilité) ;
- énergie (type carburant, consommation, type moteur) ;
- émissions polluantes et nuisances (échappement, injection, avertisseur sonore, antiparasitage électrique).

167. Sont également visées les données techniques du certificat d'immatriculation non validées par les services en charge de la réception et notamment :
- (P.1) Cylindrée (en cm^3) (le cas échéant) ;
- (P.2) Puissance nette maximale (en kW) (si disponible) ;
- (P.3) Type de carburant ou source d'énergie ;
- (P.6) Puissance administrative nationale ;
- (Q) Rapport puissance/masse en kW/kg (uniquement pour les motocycles) ;
- (S.1) Nombre de places assises, y compris celle du conducteur ;
- (U.1) Niveau sonore à l'arrêt (en dB [A]) ;
- (U.2) Vitesse du moteur (en min^{-1}) ;
- (V.7) CO_2 (en g/km).

168. Dans tous les cas précités, le propriétaire du véhicule doit en plus de la déclaration prévue à l'article R. 322-8 du Code de la route pour modification du certificat, adresser à

la préfecture une demande de réception comportant une notice descriptive établie en trois exemplaires et conforme au modèle donné en annexe I de l'arrêté du 19 juillet 1954.

D ▪ Véhicules précédemment immatriculés hors de France

169. La réception à titre isolé est nécessaire dès l'instant où le véhicule n'est pas conforme à un type réceptionné par un État membre de l'Union européenne ou à une réception nationale française.
Le véhicule doit répondre en effet aux conditions techniques fixées par l'Annexe IV de la Directive n° 2007/46/CE dans les domaines suivants :
- le freinage ;
- la visibilité arrière du conducteur et les dispositifs de vision indirecte ;
- le niveau sonore ;
- les émissions ;
- la compatibilité électromagnétique.

La conformité est établie par la présentation de fiches de communication, de procès-verbaux d'essais par un laboratoire reconnu ou d'attestation du constructeur.

170. En ce qui concerne les véhicules précédemment immatriculés dans un Etat membre, les demandes de réception à titre isolé ne disposant pas des documents de conformité pour un ou plusieurs des cinq domaines réglementés tel qu'il est indiqué ci dessus, et afin d'éviter de refaire des essais techniques déjà effectués dans le cadre d'autres procédures dans l'Etat membre de provenance, la procédure suivante est appliquée :
- les autorités françaises demandent aux autorités de l'Etat membre de provenance, pour les documents de conformité manquants, si des essais techniques ont été réalisés et, dans l'affirmative, demandent la transmission des résultats correspondants. Les autorités françaises informent le demandeur de cette démarche et attitude active ;
- à tout moment le demandeur conserve le choix d'attendre la réponse des autorités de l'Etat membre de provenance du véhicule ou de réaliser les essais techniques manquants dans un laboratoire reconnu d'un État membre de son choix.

171. Pour tous les autres domaines réglementés listés à l'annexe IV de la directive n° 2007/46/CE et des textes pris pour son application, pour lesquels la demande de réception à titre isolé ne dispose pas de documents de conformité tel qu'il est indiqué ci-dessus, les vérifications sont réalisées par le service en charge des réceptions lors de la présentation du véhicule.

Section 2 ▪ Les acteurs de la réception en France

Sous-section 1 ▪ Services administratifs

172. L'autorité compétente pour l'octroi des réceptions CE par type est la Sous Direction de la sécurité et des émissions des véhicules, délégataire des pouvoirs en ce domaine du ministre en charge des Transports.
Elle coordonne les activités des services administratifs et techniques en charge de la réception et organise la procédure à suivre pour les dossiers de réception présentés par les constructeurs.

173. La Direction Régionale et Interdépartementale de l'Environnement et de l'Énergie d'Ile de France (DRIEE), Centre national de réception des véhicules (CNRV) à Montlhéry (91), est chargée par la Sous Direction de la sécurité et des émissions des véhicules :
- de délivrer les réceptions CE par type :
  - des véhicules des catégories M, N ou O,
  - des petites séries des catégories M, N ou O,
  - des systèmes et entités techniques des véhicules des catégories M, N ou O ;
- de délivrer les réceptions nationales par type de petites séries des voitures particulières ;
- de délivrer les réceptions individuelles des voitures particulières de type original ;
- d'échanger les informations avec les services compétents des autres États membres ;
- d'instruire les rappels des véhicules.

174. Les Directions Régionales de l'Environnement, de l'Aménagement et du Logement (DREAL) sont chargées par la Sous Direction de la sécurité et des émissions des véhicules :
- de délivrer les réceptions nationales par type de petites séries hors voitures particulières ;
- de délivrer les réceptions individuelles des véhicules hors voitures particulières de type original ;
- d'effectuer des visites de surveillance des constructeurs ayant bénéficié de réceptions nationales par type de petites séries.

Sous-section 2 ▪ Services techniques

175. L'Union technique de l'automobile, du motocycle et du cycle (UTAC), Autodrome de Linas à Montlhéry (91) est désigné par la Sous Direction de la sécurité et des émissions des véhicules comme laboratoire.

176. L'Organisme technique central (OTC) est désigné par la Sous Direction de la sécurité et des émissions des véhicules pour effectuer toutes les opérations liées à l'attribution du code national d'identification du type (CNIT) attribué aux véhicules réceptionnés en vue de leur immatriculation et destiné au suivi des caractéristiques techniques des véhicules en cause.

▪ Chapitre 2
L'immatriculation

177. Pour un véhicule neuf, l'immatriculation est la deuxième condition (après la réception) pour qu'il circule librement sur les voies ouvertes à la circulation publique. Ce principe joue aussi bien sur le territoire national que sur le territoire des autres États membres de l'Union européenne.

178. La politique d'harmonisation des législations n'est pas aussi avancée dans l'immatriculation des véhicules que dans le domaine de la réception.
La directive 1999/37/CE du Conseil du 29 avril 1999 relative aux documents d'immatriculation des véhicules ne porte que sur la liste générale des informations figurant sur le certificat d'immatriculation et la présentation du document sous forme papier ainsi que le stockage des données sous forme informatique.

Elle laisse aux États membres l'initiative législative et réglementaire pour définir les conditions d'utilisation précises des informations figurant sur le certificat.

En France, le Code de la route reste la base juridique principale pour fixer le cadre de l'immatriculation destiné aux véhicules neufs réceptionnés et aux véhicules d'occasion et dont le propriétaire ou le titulaire du certificat d'immatriculation est résident sur le territoire national.

179. Les sources juridiques du droit de l'immatriculation sont principalement :
- le Code de la route Livre III, Tome II, chapitre II ;
- l'arrêté du 9 février 2009 relatif aux modalités d'immatriculation des véhicules ;
- l'arrêté du 9 février 2009 fixant les caractéristiques et le mode de pose des plaques d'immatriculation des véhicules.

Section 1 . Principes généraux de l'immatriculation en France

Sous-section 1 . Traçabilité du véhicule et de ses propriétaires

180. Les autorités en charge de l'immatriculation ont pour objectif de contrôler les véhicules autorisés à circuler sur les voies ouvertes à la circulation publique :
- le ministère de l'Intérieur organise les procédures de délivrance des certificats d'immatriculation, détermine les types des différents documents à fournir et le contenu des mentions et inscriptions générales d'identification figurant sur les certificats et les plaques d'immatriculation fixées sur le véhicule ;
- le ministère chargé des Transports organise les modalités d'inscription des informations techniques figurant sur le certificat (carrosserie, cylindrée, puissance, taux de CO_2, numéro d'identification du véhicule, etc.).

Ce partage traditionnel des compétences a été maintenu dans le nouveau système appelé système d'immatriculation des véhicules (SIV).

181. La procédure a été détaillée pour certaines étapes (retrait de la circulation, retrait pour destruction) et des intervenants nouveaux du secteur privé sont apparus pour faciliter les délais d'obtention du certificat d'immatriculation pour les usagers.

Sous-section 2 . Compétence nationale du système

182. Cette multiplicité des intervenants a permis de prendre en charge un grand nombre de demandes dans des délais beaucoup plus rapides. Le système géré autrefois par les services des seules préfectures de département est pris en charge par l'Agence nationale des titres sécurisés (ANTS) placée auprès du ministère de l'Intérieur et qui gère désormais l'ensemble des dossiers d'immatriculation des véhicules.

Ainsi, le nouveau système permet aussi d'effectuer toutes les formalités de demande par correspondance.

Section 2 ▪ Le système d'immatriculation des véhicules (SIV)

Sous-section 1 ▪ Immatriculation à vie du véhicule

183. En Europe, les autorités nationales chargées de l'immatriculation ont deux types de rattachement du numéro d'immatriculation figurant sur les plaques :

- un numéro rattaché au propriétaire ce qui établit un lien permanent de ce propriétaire avec le véhicule ;
- un numéro rattaché au véhicule et qui fait partie de l'identification de celui-ci.

184. Le système d'immatriculation des véhicules (SIV) a consacré le principe du numéro d'immatriculation attaché au véhicule tout au long de son existence sur le territoire français.

Ce numéro fait désormais partie de l'identification du véhicule parmi d'autres signes et inscriptions, tel que le numéro d'identification individuel (VIN) ou le numéro frappé sur le châssis.

185. Ainsi, le transfert de propriété implique le changement du certificat d'immatriculation mais pas celui des plaques avant et arrière du véhicule si elles sont toujours en bon état. Dans ce cadre, le certificat d'immatriculation reste toujours un titre de circulation et d'identification du véhicule mais ce n'est en aucun cas un titre de propriété.

Sous-section 2 ▪ Simplification de la procédure

186. Le demandeur a désormais le choix de l'organisme pour porter sa demande d'immatriculation :

- les opérateurs privés agréés par le ministère de l'Intérieur qui prennent désormais en charge les dossiers qui leur sont remis ;
- les services des Préfectures qui reçoivent les demandes appelant un examen particulier (cas des véhicules importés non conformes à un type réceptionné) et qui traitent également les dossiers par correspondance pour lesquelles elles délivrent un certificat provisoire d'immatriculation.

187. Dans tous les cas le demandeur peut consulter le site internet de l'ANTS pour une aide sur le déroulement des procédures.

A titre d'exemple voir les pages écrans portant sur le certificat d'immatriculation :http://www.ants.interieur.gouv.fr/ants/Cartes-grises-principes.html, et sur les nouvelles plaques d'immatriculation : http://www.ants.interieur.gouv.fr/ants/Plaques-et-numeros.html.

Il faut souligner que le numéro d'immatriculation, attribué à vie au véhicule, est indépendant du domicile de son propriétaire.

188. La plaque d'immatriculation doit comporter obligatoirement un identifiant territorial composé d'un numéro de département et du logo de la région correspondante. La référence départementale se fait sous la forme du numéro actuel du département et la référence régionale apparaît sous la forme d'un logo régional, qui a été proposé par chaque conseil régional et arrêté officiellement par l'État.

Cet identifiant territorial n'a pas nécessairement de lien avec l'adresse du propriétaire du véhicule, qui peut librement choisir le département avec lequel il ressent les attaches ou les affinités personnelles les plus profondes, qu'il s'agisse ou non de son lieu de résidence. En cas de rachat d'un véhicule d'occasion, il pourra conserver la référence locale apposée par l'ancien propriétaire ou faire apposer la référence locale de son choix.

Section 3 ▪ L'arrêté du 9 février 2009 relatif aux modalités d'immatriculation des véhicules

189. La partie portant sur la procédure de demande de certificat d'immatriculation indique, suivant la nature du véhicule objet de la demande, les pièces nécessaires à rassembler pour que le dossier soit recevable dans les services administratifs compétents (préfectures ou services commerciaux ayant reçu délégation).

190. La partie de l'arrêté concernant le contenu du certificat d'immatriculation comporte deux points :
- le contenu général du certificat avec les mentions y figurant, le rappel des deux fonctions principales du titre (circuler et identifier) et la possibilité de copropriété sur le véhicule. Dans ce point figure également la réception du document par courrier au domicile du propriétaire.
- les mentions relatives à des usages particuliers. On trouve ici :
  - « véhicule administration civile de l'Etat » ;
  - « véhicule militaire » ;
  - « véhicule agricole » ;
  - « véhicule de démonstration » ;
  - « véhicule de collection » ;
  - « véhicule en transit temporaire » ;
  - « véhicule importé en transit » ;
  - « véhicule zone franche du pays de Gex » ;
  - « véhicule zone franche de Haute-Savoie ».

191. L'Annexe III détaille plus précisément le contenu des mentions du certificat :
- rubriques A à C.4.1 relatives à l'immatriculation du véhicule et au titulaire du certificat d'immatriculation (rubriques générales) ;
- rubriques D.1 à X.1 relatives aux caractéristiques techniques du véhicule (rubriques techniques) ;
- rubriques Y.1 à Y.4 relatives aux taxes à acquitter (rubriques fiscales) ;
- rubriques Z.1 à Z.4 relatives aux mentions spécifiques (usages ou techniques particuliers).

Sous-section 1 ▪ Rubriques générales

192. Les rubriques générales sont :
- (A) Numéro d'immatriculation ;
- (B) Date de la première immatriculation du véhicule ;
- (C.1) Nom, prénom et adresse dans l'État membre d'immatriculation à la date de délivrance du document du titulaire du certificat d'immatriculation ;
- (C.3) Nom, prénom et adresse dans l'État membre d'immatriculation à la date de délivrance du document de la personne physique ou morale pouvant disposer du véhicule à un titre juridique autre que celui de propriétaire ;

- (C.4.a) Mention précisant que le titulaire du certificat d'immatriculation est le propriétaire du véhicule ;

- (C.4.1) Mention précisant le nombre de personnes titulaires du certificat d'immatriculation dans le cas de multipropriété.

Ces rubriques n'appellent pas de difficultés particulières pour les remplir par les services administratifs en charge de l'immatriculation.

Sous-section 2. Rubriques techniques

193. Les rubriques techniques sont les suivantes :
- (D.1) Marque ;
- (D.2) Type, variante (si disponible), version (si disponible) ;
- (D.2.1) Code national d'identification du type (en cas de réception CE) ;
- (D.3) Dénomination commerciale ;
- (E) Numéro d'identification du véhicule ;
- (F.1) Masse en charge maximale techniquement admissible, sauf pour les motocycles (en kg) ;
- (F.2) Masse en charge maximale admissible du véhicule en service dans l'Etat membre d'immatriculation (en kg) ;
- (F.3) Masse en charge maximale admissible de l'ensemble en service dans l'Etat membre d'immatriculation (en kg) ;
- (G) Masse du véhicule en service avec carrosserie et dispositif d'attelage en cas de véhicule tracteur de catégorie autre que M1 (en kg) ;
- (G.1) Poids à vide national ;
- (H) Période de validité, si elle n'est pas illimitée ;
- (I) Date de l'immatriculation à laquelle se réfère le présent certificat ;
- (J) Catégorie du véhicule (CE) ;
- (J.1) Genre national ;
- (J.3) Carrosserie (désignation nationale) ;
- (K) Numéro de réception par type (si disponible) ;
- (P.1) Cylindrée (en cm^3) (le cas échéant) ;
- (P.2) Puissance nette maximale (en kW) (si disponible) ;
- (P.3) Type de carburant ou source d'énergie ;
- (P.6) Puissance administrative nationale ;
- (Q) Rapport puissance/masse en kW/kg (uniquement pour les motocycles) ;
- (S.1) Nombre de places assises, y compris celle du conducteur ;
- (S.2) Nombre de places debout (le cas échéant) ;
- (U.1) Niveau sonore à l'arrêt (en dB) ;
- (U.2) Vitesse du moteur (en min^{-1}) ;
- (V.7) CO2 (en g/km) ;
- (V.9) Indication de la classe environnementale de réception CE ;
- (X.1) Date de visites techniques.

194. Un certain nombre de ces rubriques peuvent être remplies lorsque le certificat de conformité est disponible.

195. Voici les éléments du certificat de conformité pour la catégorie M1 (dans laquelle figurent les voitures particulières) :

▼M4

PAGE 2

VÉHICULES DE CATÉGORIE M_1

(véhicules complets et complétés)

Page 2

Constitution générale du véhicule

1. Nombre d'essieux: .... et de roues: ....

3. Essieux moteurs (nombre, emplacement, crabotage d'un autre essieu): ... .

Dimensions principales

4. Empattement (^{e}): .... mm

4.1. Écartement des essieux: 1-2: ... . mm 2-3: ..... mm 3-4: ... . mm

5. Longueur: ... . mm

6. Largeur: ... . mm

7. Hauteur: ... . mm

Masses

▼M15

13. Masse en ordre de marche: ... . kg

13.2. Masse réelle du véhicule: .... kg

▼M4

16. Masses maximales techniquement admissibles

16.1. Masse en charge maximale techniquement admissible: .... kg

16.2. Masse techniquement admissible sur chaque essieu: 1. .... kg 2. .... kg 3. .... kg etc.

16.4. Masse maximale techniquement admissible de l'ensemble: ... . kg

18. Masse tractable maximale techniquement admissible en cas de:

18.1. Remorque à timon d'attelage: .... kg

18.3. Remorque à essieu central: .... kg

18.4. Remorque non freinée: ... . kg

19. Masse verticale statique maximale techniquement admissible au point d'attelage: .... kg

Propulsion

20. Constructeur du moteur: ... .

21. Code du moteur inscrit sur le moteur: ... .

22. Principe de fonctionnement: ... .

23. Électrique pur: oui/non ([1])

23.1. Véhicule [électrique] hybride: oui/non ([1])

▼**M21**

26. Carburant: Gazole/essence/GPL/GNC-biométhane/GNL/éthanol/biogazole/hydrogène ([1])

26.1. Monocarburant/bicarburant/carburant modulable ([1])

26.2. (Bicarburant uniquement) Type 1A/Type 1B/Type 2A/Type 2B/Type 3B ([1])

▼**M20**

27. Puissance maximale

27.1. Puissance nette maximale ([g]): .... kW à .... tr/min (moteur à combustion interne) ([1])

27.2. Puissance horaire maximale: .... kW (moteur électrique) ([1])

27.3. Puissance nette maximale: .... kW (moteur électrique) ([1])

27.4. Puissance maximale sur 30 minutes: .... kW (moteur électrique) ([1])

▼**M4**

Vitesse maximale

29. Vitesse maximale: .... km/h

Essieux et suspension

30. Voie des essieux: 1. .... mm 2. .... mm 3. .... mm

35. Combinaison pneumatiques/roues ([h]): ... .

Dispositifs de freinage

36. Connexions pour le freinage de la remorque mécaniques/électriques/pneumatiques/hydrauliques ([1])

Carrosserie

38. Code de la carrosserie ([i]): ... .

40. Couleur du véhicule ([j]): ... .

41. Nombre et configuration des portes: ... .

42. Nombre de places assises (y compris celle du conducteur) ([k]): ... .

42.1. Nombre de places assises conçues pour être utilisées uniquement lorsque le véhicule est à l'arrêt: ... .

42.3. Nombre de places accessibles par des utilisateurs en fauteuil roulant: ....

Performances environnementales

46. Niveau sonore

À l'arrêt: .... dB (A) à un régime de: .... tr/min^{-1}

En marche: .... dB (A)

47. Niveau des émissions d'échappement ([l]): Euro ... .

▼**M21**

48. Émissions de gaz d'échappement ([m]) ([m1]) ([m2]):

Numéro du règlement de base et du dernier règlement modificateur applicable: ... .

1.1. Procédure d'essai: Type I ou ESC ([1])

CO: .... HC: ..... NO_x: .... HC + NO_x: .... Particulates: .....

Opacité de la fumée (ELR): .... (m^{-1})

▼M4

48.1. Fumées, valeur corrigée du coefficient d'absorption: ... . (m^{-1})

49. Émissions de CO_2/consommation de carburant/consommation d'énergie électrique ([m]):

1. Tous systèmes de propulsion hors véhicules électriques purs

	Émissions de CO_2	Consommation de carburant
Conditions urbaines:	.... g/km	.... l/100 km/m^3/100 km
Conditions extra-urbaines:	.... g/km	.... l/100 km/m^3/100 km
Conditions mixtes:	.... g/km	.... l/100 km/m^3/100 km
Pondéré, conditions mixtes	.... g/km	.... l/100 km

2. Véhicules électriques purs et véhicules électriques hybrides chargeables de l'extérieur

Consommation d'énergie électrique [pondérée, conditions mixtes ([1])) .... Wh/km

Autonomie en mode électrique .... km

196. D'autres éléments de caractéristiques doivent être présents sur le certificat d'immatriculation. Les mentions techniques impliquent notamment des codifications portant sur les genres et types de carrosseries. Cette codification figure dans un autre tableau ci-après (annexe V de l'arrêté du 9 février 2009 relatif aux modalités d'immatriculation des véhicules, modifié par arrêté du 12 avril 2012 - art. 6) :

LISTE DES GENRES ET CARROSSERIES

A. - Genres et carrosseries en vigueur

I. - Véhicules affectés au transport de personnes

GENRES	ABRÉVIATIONS		CARROSSERIES	ABRÉVIATIONS
	Nationales	Catégories CE		
Motocyclettes légères (*).	MTL	L 3e	Motocyclettes sans side-car (solo).	SOLO
		L 4e	Motocyclettes avec side-car adjoint.	SOLO-SIDE-CAR
		L 4e	Motocyclettes avec side-car intégré (véhicule à trois roues non symétriques).	SIDE-CAR
Motocyclettes autres que motocyclettes légères, dont la puissance maximale nette CE n'excède pas 25 kw et dont la puissance maximale nette CE/poids en ordre de marche n'excède pas 0,16 kw/kg (*)	MTT1	L 3e	Motocyclettes sans side-car (solo)	SOLO
		L 4e	Motocyclettes avec side-car adjoint	SOLO-SIDE-CAR

		L 4e	Motocyclettes avec side-car intégré (véhicule à trois roues non symétriques)	SIDE-CAR
Autres motocyclettes (*)	MTT2	L 3e	Motocyclettes sans side-car (solo)	SOLO
		L 4e	Motocyclettes avec side-car adjoint	SOLO-SIDE-CAR
		L 4e	Motocyclettes avec side-car intégré (véhicule à trois roues non symétriques)	SIDE-CAR
Tricycles à moteur (*).	TM	L 5e	Tricycles dont le poids à vide n'excède pas 550 kg et dont la puissance maximale nette CE n'excède pas 15 kW affectés au transport de personnes.	TMP1
			Autres tricycles affectés au transport de personnes.	TMP2
Quadricycles à moteur.	QM	L 6e	Quadricycles légers à moteur.	QLEM
		L 7e	Quadricycles lourds à moteur affectés au transport de personnes (*).	QLOMP
Cyclomoteurs à trois roues.	CYCL	L 2e	Cyclomoteurs carrossés à trois roues (voiturettes).	VTTE
Cyclomoteurs à deux roues ou cyclomoteurs non carrossés à trois roues.	CL	L 1e	Cyclomoteurs à deux roues.	SOLO SOLO-SIDE-CAR SIDE-CAR
		L 2e	Cyclomoteurs non carrossés à trois roues.	CLTRP
Voitures particulières.	VP	M1	Conduite intérieure (*). Cabriolet (*). Break (*). Commerciale. Handicapés. Divers (non spécifiée).	CI CABR BREAK CIALE HANDICAP NON SPEC
Transports en commun de personnes.	TCP	M2 ou	Autobus.	BUS
		M3	Autocar. Handicapés. Divers (non spécifiée).	CAR HANDICAP NON SPEC

(*) Catégorie de véhicules pouvant être immatriculés avec un usage véhicule en transit temporaire.

II. - Véhicules affectés au transport de marchandises

GENRES	ABRÉVIATIONS		CARROSSERIES	ABRÉVIATIONS
	Nationales	Catégories CE		
Tricycles à moteur	TM	L 5e	Tricycles de poids à vide ↖ 550 kg et puissance maximale nette CE ↖ 15 kw affectés au transport de marchandises.	TMM1
			Autres tricycles affectés au transport de marchandises.	TMM2
Quadricycles à moteur	QM	L 7e	Quadricycles lourds à moteur affectés au transport de marchandises	QLOMM
Cyclomoteurs à trois roues	CYCL	L 2e	Cyclomoteurs carrossés à trois roues affectés au transport de marchandises	CYCLM
	CL		Cyclomoteurs non carrossés à trois roues affectés au transport de marchandises	CLTRM
Tracteurs routiers (6)	TRR	N1, N2 ou N3	Forestier (2).	FOREST
			Pour remorques.	PR REM
			Pour semi-remorques.	PR SREM
			Divers (non spécifiée)	NON SPEC
Camionnettes (véhicules d'un poids total autorisé en charge inférieur ou égal à 3 500 kg autres que les tracteurs routiers).	CTTE	N1	Bennes amovibles.	BEN AMO
			Bennes dont le déchargement est effectué mécaniquement par le fond à l'aide d'un convoyeur à raclettes, d'une vis sans fin, etc.	BENNE
			Bennes basculantes de chantier et de travaux publics.	BENNE
			Bennes céréalières.	BEN CERE
			Bétaillère.	BETAIL
			Casiers.	CASIERS
			Citerne à produits alimentaires (3).	CIT ALIM
			Citerne à produit alimentaire à température dirigée.	CIT ALTD

			Citerne pour aliments du bétail (3).	CIT BETA
			Citerne à produits chimiques.	CIT CHIM
			Citerne à gaz liquéfiés.	CIT GAZ
			Citerne à hydrocarbures légers.	CARB LEG
			Citerne à hydrocarbures lourds.	CARB LRD
			Citerne à vidange.	CIT VID
			Citerne à eau.	CIT EAU
			Citerne à produits pulvérulents ou granulaires (3).	CIT PULV
			Fourgon bâché avec parois rigides.	BACHE
			Fourgon avec parois et toit rigides.	FOURGON
			Fourgon à température dirigée.	FG TD
			Fourgonnette dérivée de VP.	DERIV VP
			Bétonnière.	BETON
			Plateau.	PLATEAU
			Porte-bateau (x).	PTE BAT
			Porte-fers.	PTE FER
			Porte-voitures.	PTE VOIT
			Savoyardes (4).	SAVOYARD
			Carrosserie à parois latérales souples coulissantes.	PLSC
			Divers (non spécifiée).	NON SPEC
			Châssis-cabine (7).	CHAS-CAB
Camions (véhicules d'un poids total autorisé en charge excédant 3 500 kg autres que les tracteurs routiers).	CAM	N2 ou N3	Mêmes carrosseries que pour les camionnettes + porte-engins.	PTE ENG
			Porte-conteneurs ou caisses mobiles ou amovibles.	PTE CONT
			Forestier.	FOREST
Semi-remorques avant-train.	SRAT	01, 02, 03 ou 04	Mêmes carrosseries que pour les CAM.	
Semi-remorques routières.	SREM	01, 02, 03 ou 04	Mêmes carrosseries que pour les CAM +. Avant-train routier.	AV TRAIN
			Arrière-train routier.	AR TRAIN
			Arrière-train forestier.	AR FORES

			Forestier.	FOREST
			Triqueballe.	TB
Remorques routières	REM	01, 02, 03 ou 04	Mêmes carrosseries que pour les SREM.	
Semi-remorques pour transports combinés	SRTC	01, 02, 03 ou 04	Mêmes carrosseries que pour les SREM.	
Remorques pour transports combinés	RETC	01, 02, 03 ou 04	Mêmes carrosseries que pour les REM.	

III. - Véhicules spécialisés non affectés au transport de marchandises

GENRES	ABRÉVIATIONS		CARROSSERIES	ABRÉVIATIONS
	Nationales	Catégories CE		
Véhicules automoteur spécialisés.	VASP	M1	Ambulance (pour personne couchée).	AMBULANC
		N1, N2 ou N3	Atelier.	ATELIER
		N1, N2 ou N3	Bazar forain.	BAZ FOR
		N1, N2 ou N3	Bennes à ordures ménagères.	BOM
		M1	Caravane (*).	CARAVANE
		N1, N2 ou N3	Chariot porteur (5).	CHAR POR
		N1, N2 ou N3	Dépannage.	DEPANNAG
		N1, N2 ou N3	Fourgon blindé.	FG BLIND
		M1	Fourgon funéraire.	FG FUNER
		N1, N2 ou N3	Grue.	GRUE
		M1 ou N1	Handicapés.	HANDICAP
		N1, N2 ou N3	Incendie.	INCENDIE
		N1, N2 ou N3	Magasin.	MAGASIN
		M1, N1, N2 ou N3	Sanitaire.	SANITAIR
		N1, N2 ou N3	Travaux publics et industriels.	TRAVAUX
		N1, N2 ou N3	Voirie.	VOIRIE
		M1, N1, N2 ou N3	Divers (non spécifiée).	NON SPEC
		M1	Adaptation réversible dérivée de VP	DERIV VP
Semi-remorques spécialisées.	SRSP	01, 02, 03 ou 04	Mêmes carrosseries que pour les véhicules automoteurs spécialisés sauf ambulance et chariot porteur.	
Remorques spécialisées.	RESP	01, 02, 03 ou 04	Mêmes carrosseries que pour les semi-remorques spécialisées.	

(*) Catégories de véhicules pouvant être immatriculés avec un usage véhicule en transit temporaire.
(2) Tracteurs ne répondant pas à la définition du tracteur agricole visée à l'article R. 311-1 du code de la route.
(3) Le transport de ces produits ou matériaux doit, pour certains, être couvert par une carte jaune (matières dangereuses).
(4) Comme pour les plateaux, le poids à vide de ces véhicules ne comprendra pas le poids des ridelles amovibles, des rehausses et de la bâche.

(5) Engins spéciaux de la catégorie A, prévus par l'article 9 de l'arrêté du 20 novembre 1969.
(6) Bien que classés dans le groupe véhicules affectés au transport de marchandises, les conditions de circulation des tracteurs routiers sont déterminées par le genre des semi-remorques qui leur sont attelées.
(7) Cette mention est strictement réservée aux véhicules destinés à l'exportation.

IV. - Véhicules agricoles

GENRES	ABRÉVIATIONS		CARROSSERIES	ABRÉVIATIONS
	Nationales	Catégories CE		
Tracteurs agricoles.	TRA	T1, T2, T3 ou T4	Agricole.	AGRICOLE
			Forestier.	FOREST
			Divers (non spécifiée).	NON SPEC
Remorques agricoles.	REA	R1, R2, R3 ou R4	Mêmes carrosseries que pour les remorques routières.	
Semi-remorques agricoles.	SREA	R1, R2, R3 ou R4	Mêmes carrosseries que pour les semi-remorques routières.	
Machines agricoles automotrices.	MAGA	/	Divers (non spécifiée).	NON SPEC
Machines et instruments remorqués.	MIAR	S1 ou S2	Divers (non spécifiée).	NON SPEC

B. - Genres et carrosseries anciennes

ABRÉVIATIONS DES APPELLATIONS ANCIENNES		ABRÉVIATIONS DES APPELLATIONS EN VIGUEUR	
Genre	Carrosserie	Genre	Carrosserie
MTL 1 MTL 2 MTL 3		MTL	
	SOLO SIDE-CAR		SOLO SIDE-CAR
MTTE		MTT1 MTT2	
	SOLO SIDE-CAR		SOLO SIDE-CAR
TQM	TRICYCLE	TM	TM P1 TM P2
CYCL TQM	VTTE QUADRI	QM	QLEM QLOM P
VTSU	Divers	CTTE	BEN AMO BENNE BEN CERE BETAIL CASIERS BETON

VTST	Divers citernes	CTTE ou CAM	CIT ALIM CIT ALTD CIT BETA CIT CHIM CIT GAZ CARB LEG CARB LRD CIT VID CIT EAU CIT PULV
VTST	Divers	CTTE CAM	FOURGON FG TD DERIV VP
VTSU	Travaux et divers	VASP	ATELIER BAZ FOR BOM CARAVANE CHAR POR DEPANNAG FG FUNER GRUE HANDICAP INCENDIE MAGASIN SANITAIR TRAVAUX VOIERIE NON SPEC
CTTE (N1)	DERIV VP		

Pour les motocyclettes d'un type réceptionné avant le 1er juillet 1996 et immatriculées selon l'ancienne nomenclature avec le genre MTTE : Il peut y avoir rectification du certificat d'immatriculation pour y indiquer le nouveau genre MTT1 si elles peuvent être identifiées comme appartenant à ce genre.

En l'absence de rectification de la carte grise, elles sont assimilées à des motocyclettes de genre MTT2 selon la nouvelle nomenclature.

197. Les codifications sur les formes d'énergie figurent dans un autre tableau (annexe VI de l'arrêté précité) :

LISTE DES SOURCES D'ÉNERGIE

SOURCES D'ÉNERGIE	ABRÉVIATIONS
Essence	ES
Bicarburation essence-GPL	EG
Bicarburation essence-gaz naturel	EN
Essence électricité (hybride rechargeable)	EE
Bicarburation essence-GPL et électricité (hybride rechargeable)	ER
Bicarburation essence-gaz naturel et électricité (hybride rechargeable)	EM
Essence-électricité (hybride non rechargeable)	EH
Bicarburation essence-GPL et électricité (hybride non rechargeable)	EQ

Bicarburation essence-gaz naturel et électricité (hybride non rechargeable)	EP
Superéthanol	FE
Bicarburation superéthanol-GPL	FG
Bicarburation superéthanol-gaz naturel	FN
Superéthanol-électricité (hybride rechargeable)	FL
Gazole	GO
Gazole-électricité (hybride rechargeable)	GL
Gazole-électricité (hybride non rechargeable)	GH
Mélange de gazole et gaz naturel (dual fuel)	GF
Mélange de gazole et gaz naturel (dual fuel) et électricité (hybride rechargeable)	GM
Mélange de gazole et gaz naturel (dual fuel) et électricité (hybride non rechargeable)	GQ
Gaz de pétrole liquéfié GPL (mélange spécial de butane et de propane, à l'exception des butane et propane commerciaux) utilisé en tant que carburant exclusif	GP
Monocarburation GPL-électricité (hybride rechargeable)	PE
Monocarburation GPL-électricité (hybride non rechargeable)	PH
Gaz naturel	GN
Gaz naturel-électricité (hybride rechargeable)	NE
Gaz naturel-électricité (hybride non rechargeable)	NH
Electricité	EL
Ethanol	ET
Gazogène (*)	GA
Autres hydrocarbures gazeux comprimés	GZ
Mélange gazogène-gazole (*)	GG
Mélange gazogène-essence (*)	GE
Pétrole lampant	PL
Air comprimé	AC
Hydrogène	H2

(*) L'emploi de gazogène n'est autorisé que sous réserve de l'obtention d'une dérogation accordée conjointement par le directeur général des douanes et droits indirects et par le directeur des matières premières et des hydrocarbures au ministère de l'économie, des finances et de l'industrie.

Sous-section 3 ▪ Fiscalité

198. Les mentions sur la fiscalité sont intégrées comme suit :
- (Y.1) Montant de la taxe régionale en euros.
- (Y.2) Montant de la taxe pour le développement des actions de formation professionnelle dans les transports en euros.
- (Y.3) Montant de la taxe additionnelle CO_2 ou montant de l'écotaxe en euros.
- (Y.4) Montant de la taxe pour gestion du certificat d'immatriculation en euros.
- (Y.5) Montant de la redevance pour acheminement du certificat d'immatriculation en euros.
- (Y.6) Montant total des taxes et de la redevance en euros.

Sous-section 4 ▪ Mentions spécifiques

199. Ces mentions spécifiques comprennent notamment les mentions spéciales « duplicata », « réédition » et « numéro diplomatique », les usages associés au numéro d'immatriculation et les mentions relatives aux caractéristiques techniques particulières du véhicule.

§ 1 ▪ Véhicules diplomatiques

200. Les véhicules appartenant à des personnes de statut diplomatique ou assimilé peuvent bénéficier d'une immatriculation complémentaire spécifique dont la demande est effectuée auprès du préfet du département du siège de la mission diplomatique ou consulaire, de l'organisation internationale ou de la délégation des Etats membres auprès de l'organisation concernée.

201. Le titulaire effectue une demande d'immatriculation dans les conditions visées à l'article 1er de l'arrêté du 9 février 2009 relatif aux modalités d'immatriculation des véhicules, à l'exception des documents de réception et de contrôle technique. Il présente à l'appui de sa demande un récépissé de dépôt de dossier remis par le ministère des Affaires étrangères.

202. Le titulaire peut alors circuler pendant une durée de trois mois sous couvert soit d'un certificat provisoire d'immatriculation comportant le numéro d'immatriculation définitif assigné au véhicule, soit du coupon détachable.

203. Un numéro est attribué au demandeur en complément du numéro d'immatriculation déjà accordé au véhicule sur présentation de la décision du ministre des Affaires étrangères et du ministre chargé de l'Economie et des Finances lui accordant le bénéfice de l'immatriculation spécifique.

204. Un certificat provisoire d'immatriculation d'une validité d'un mois et comportant ces deux numéros est alors délivré au demandeur dans l'attente de la réception du certificat d'immatriculation comportant les deux numéros d'immatriculation. Le certificat d'immatriculation est adressé au siège de la mission diplomatique ou consulaire, de l'organisation internationale ou de la délégation des Etats membres auprès de l'organisation concernée.

205. A la fin de l'immatriculation diplomatique, en cas de vente de son véhicule, le titulaire du certificat d'immatriculation doit préalablement régulariser la situation de celui-ci auprès du ministre chargé de l'Economie et des Finances avant la remise du titre à l'acquéreur. Il cède son véhicule dans les conditions visées à l'article 10 de l'arrêté du 9 février 2009 et remet à l'acquéreur le certificat 846A délivré par le service des douanes.

206. En cas de perte du statut diplomatique, le titulaire du certificat d'immatriculation demande un nouveau certificat d'immatriculation comportant uniquement le numéro d'immatriculation définitif assigné au véhicule et présente les pièces suivantes :
- une demande de certificat d'immatriculation ;
- les justificatifs d'identité et d'adresse ;
- le certificat d'immatriculation précédent ;
- la preuve d'un contrôle technique ;
- un procès-verbal de réception à titre isolé (RTI) si le véhicule n'est pas conforme à un type ayant fait l'objet d'une réception nationale ou d'une réception communautaire ;
- un certificat 846A délivré par le service des douanes.

§ 2 ▪ Les usages associés au numéro d'immatriculation

207. Chaque usage particulier donne lieu à un numéro d'immatriculation spécial ayant une période de validité particulière, des conditions de circulation spécifiques ou un régime fiscal propre.

A ▪ Véhicule agricole

208. L'immatriculation des tracteurs agricoles diffère selon que le véhicule est attaché ou non à une exploitation, appartient à un particulier ou aux administrations de l'Etat et établissements publics nationaux.
L'immatriculation des véhicules agricoles est effectuée sur présentation d'un document de la mutualité sociale agricole. Au vu de ce document, le préfet du département où se situe l'exploitation agricole attribue un numéro d'exploitation qui est porté sur le certificat d'immatriculation au côté de la mention véhicule agricole

209. En effet, les tracteurs agricoles attachés à une exploitation sont identifiés par une carte grise mentionnant un numéro d'immatriculation « classique » lors de leur mise en circulation. Cependant, une plaque d'identification inamovible doit être fixée à l'arrière du véhicule. Cette plaque mentionne le numéro de l'exploitation agricole délivré par le préfet (nombre de 1 à 5 chiffres suivi d'un tiret et du numéro du département siège de l'exploitation).

B ▪ Véhicule de l'administration civile de l'État

210. L'immatriculation d'un véhicule appartenant aux services de l'État est effectuée à la demande du service gestionnaire du parc automobile concerné, sur présentation d'une pièce de l'administration indiquant le code TGPE (tableau général des propriétés de l'État) du service affectataire du véhicule

C ▪ Véhicule militaire

211. L'immatriculation des véhicules appartenant aux différents corps d'armée est effectuée à la demande du ministère de la Défense, sur présentation d'un numéro d'immatriculation militaire attribué au véhicule par les services de gestion des corps d'armée

D ▪ Véhicules en zone franche

212. Les véhicules bénéficiant d'un certificat portant l'une des mentions « véhicule zone franche du pays de Gex » ou « véhicule zone franche de Haute-Savoie » sont des véhicules automobiles de marques étrangères (importés tout montés, ou véhicules construits ou montés en France avec des pièces détachées de provenance étrangère). Ils sont déclarés par des personnes installées dans l'une de ces zones et exemptés de droits de douane.

213. Le régime d'exemption est aussi applicable aux personnes installées dans l'une de ces zones qui bénéficient de véhicule de location de longue durée, en crédit d'achat, même lorsque la société de location partie au contrat est située en dehors de la zone franche.

E ▪ Véhicule en transit temporaire et véhicule importé en transit

214. Les véhicules en situation de transit temporaire et d'importation en transit bénéficient, en application de la réglementation douanière, de mesures fiscales suspensives lors de leur immatriculation. L'immatriculation de ces véhicules est effectuée sur présentation du document 846B, remis par le service des douanes, dûment complété avec notamment la date d'expiration de leur exonération fiscale.

215. L'immatriculation d'un véhicule en transit temporaire est réservée aux véhicules à usage privé acquis neufs en France en exonération de droits de douane et de la taxe sur la valeur ajoutée en vue de leur exportation par des personnes physiques qui possèdent leur résidence normale hors du territoire fiscal de la Communauté européenne.

216. Les différents cas dans lesquels une personne peut bénéficier d'une immatriculation en transit temporaire, ainsi que les délais correspondants, sont fixés par le service des douanes en application des dispositions communautaires et nationales en vigueur. La prorogation de l'usage donne lieu à la délivrance d'un nouveau certificat d'immatriculation sur présentation d'un nouveau certificat 846 B délivré par le service des douanes.

217. L'immatriculation d'un véhicule en importation en transit est réservée à des véhicules appartenant à des personnes bénéficiant, en raison d'accords spécifiques, d'une exonération douanière et fiscale. La durée de validité de l'usage véhicule importé en transit est fixée par le service des douanes et est prorogeable sur présentation du document 846B remis par ce service. La prorogation de l'usage donne lieu à la délivrance d'un nouveau certificat d'immatriculation.

F ▪ Véhicule de démonstration

218. Le véhicule de démonstration est un véhicule neuf d'un PTAC de 3,5 tonnes, affecté pour une durée de trois mois minimum et un an maximum exclusivement à la démonstration. Celle-ci consiste en l'utilisation de ces véhicules, par les constructeurs, importateurs, concessionnaires et agents de marque, dans le cadre d'opérations de présentation et d'essai auprès de leur clientèle. Peut être affecté à la démonstration tout véhicule soumis à immatriculation répondant aux conditions précitées et ce, quels que soient son genre et sa carrosserie (voiture particulière, motocyclette, camionnette, remorque, etc.).

219. Les véhicules de démonstration ne sont soumis à aucune restriction territoriale de circulation. Ils peuvent notamment sortir du territoire français. Aucun transport de personnes, à l'exclusion des clients éventuels et exceptionnellement des membres de la famille du titulaire

du certificat d'immatriculation ou de son préposé, aucun transport de matériel ou de marchandises, à l'exclusion d'outillage ou de pièces détachées se rapportant à l'activité de l'entreprise et figurant sur une liste signée par le titulaire du certificat d'immatriculation et placé à bord du véhicule, ne peuvent être effectués dans des véhicules affectés à la démonstration.

220. Par exception à la règle énoncée ci-dessus, l'essai, par un client éventuel, d'un véhicule utilitaire d'un PTAC n'excédant pas 3,5 tonnes peut être réalisé en charge dans des conditions qui seront celles de son exploitation normale, sous réserve du respect de la réglementation relative aux transports routiers de marchandises.

221. Le bénéficiaire du prêt doit pouvoir présenter à toute réquisition des services de contrôle une attestation de mise à disposition du véhicule à l'essai, établie par le constructeur, l'importateur ou son concessionnaire, désignant le bénéficiaire de ce prêt et sa qualité. La durée de validité d'une telle attestation est limitée à dix jours au plus. Elle ne peut être ni prorogée ni renouvelée. Dans ce cas, la présence à bord du véhicule du titulaire du certificat d'immatriculation ou de son préposé n'est pas obligatoire.

G ▪ Véhicules en W garage

222. Le certificat W dit « carte de garage » permet de faire circuler un véhicule à titre provisoire, avant son immatriculation définitive. Il est délivré aux réparateurs, vendeurs, transporteurs, carrossiers, importateurs et constructeurs pour utilisation de certains types de véhicules et pour une durée temporaire.

223. La circulation des véhicules ou ensembles de véhicules sous couvert d'un certificat W garage est limitée au territoire national, à l'exception des prototypes dont la mise au point nécessite des essais dans des pays étrangers. Dans ce dernier cas, le professionnel doit être également en possession d'une attestation des caractéristiques techniques du véhicule.

224. Sous couvert d'un numéro W garage, un véhicule peut ne pas être conforme aux dispositions techniques du Code de la route dès lors qu'il fait l'objet d'essais ou qu'il n'a pas encore été réceptionné par le service en charge des réceptions.

225. Les éléments constitutifs d'un véhicule articulé ou d'un ensemble de véhicules ne peuvent être couverts par le même numéro W garage. Il est interdit de faire circuler simultanément plusieurs véhicules sous le couvert d'un même numéro W garage.

226. Le titulaire d'un certificat W garage ou son préposé muni de sa carte de vendeur ou justifiant, par tout autre document signé du titulaire du certificat W garage, de son appartenance à l'entreprise de ce dernier doit être présent à bord du véhicule ou de l'ensemble de véhicules et être en possession du certificat W garage.

H ▪ Véhicules de collection

227. L'utilisation des véhicules de collection se fait exclusivement à usage personnel sans restriction géographique de circulation.

Les véhicules de transport en commun de personnes sont dispensés de l'attestation d'aménagement prévue à l'article 85 de l'arrêté du 2 juillet 1982 modifié relatif au transport en commun de personnes.

228. Les véhicules de transport de marchandises et les véhicules de transport en commun de personnes ne peuvent être utilisés pour un transport de marchandises pour les premiers et de personnes pour les seconds (à l'exception du conducteur et d'un convoyeur), sauf exceptionnellement sur le lieu même de manifestations à caractère historique ou commémoratif dans les conditions définies ci-après.

229. Le titulaire du certificat d'immatriculation doit :
- établir une déclaration de transport mentionnant son nom, son adresse, la marque et le numéro d'immatriculation du véhicule concerné ainsi que le lieu, le but, la date et le nom de l'organisateur ou du responsable de la manifestation ;
- apporter la preuve que le véhicule est conforme, pour le transport considéré, à la réglementation en vigueur en ce qui concerne l'assurance.

230. L'original de cette déclaration ainsi que la preuve de l'assurance du véhicule doivent être adressés à la préfecture du lieu de la manifestation dans un délai de dix jours avant la date de celle-ci. Une copie de ces documents doit être présentée en cas de contrôle.

§ 3 ▪ Les mentions relatives aux caractéristiques techniques particulières du véhicule

231. En cas de caractéristiques techniques particulières du véhicule, les mentions suivantes peuvent être précisées :
- Equip. Accumulat. : +... kg.
- Pl convoi 6 km/h maxi : ... places.
- Autre J3 poss. : ....
- Autre J1 poss. : ....
- Autre F2 poss : ... kg (combinée avec la mention Autre J3 poss : ... kg).
- Autre F3 poss : ... kg (combinée avec la mention Autre J3 poss : ... kg).
- Autre G1 poss : ... kg (combinée avec la mention Autre J3 poss : ... kg).
- Ralentiss. + ... kg.
- Feu sp. Bleu cat B.
- Gaz compr + ... kg.
- Gazogène + ... kg.
- Transport handicapé : ... fauteuil roulant.
- Places médicales : ... places.
- Places modulables de ... à...
- [Mention DRIRE].
- Essieux posés en charg.
- TE possible (peut être combinée avec les mentions Autre F2 poss : ... kg et/ou Autre - F3 poss : ... kg).
- TE exclusif.
- Véhicule école.
- Transport sanitaire.
- Taxi.
- Dépannage.
- Transport public de personnes de moins de 10 places.
- V max (remorque) :... km/ h
- Ensemble + 5 essieux : 1 tonne

Les mentions présentes sur le certificat d'immatriculation sont pour un grand nombre très techniques ce qui montre un souci d'identification poussée du véhicule concerné.

Titre 3 ▪ La surveillance du véhicule

Par François Nonin

▪ Chapitre 1 Le contrôle technique

BIBLIOGRAPHIE

Argus de l'assurance.
Ouvrages. – Code de la route, Argus de l'assurance éd.
Articles. – Dossier « Le contrôle technique, 20 ans après, bilan et perspective », JA janvier 2012, n° 836, p. 16. – C. Lièvremont, Procès-verbal de contrôle technique et vices apparents, JA avril 2010, n° 817, p.42.

232. Le contrôle technique des véhicules à moteur trouve sa base juridique dans le Code de la route et des textes d'application spécifiques. Ce socle législatif et réglementaire est désormais relié aux dispositions des directives communautaires intervenues depuis plusieurs années en la matière, amorçant un cadre de rapprochement des procédures du contrôle au niveau de l'Union européenne. Le tableau ci-après montre l'articulation générale des textes applicables.

233. Toute la réglementation nationale du contrôle technique est organisée par la partie réglementaire du Code de la route (art. R. 323-1 à R. 323-26) et par des mesures d'application présentes dans deux arrêtés principaux ; l'arrêté modifié du 18 juin 1991 pour le contrôle des véhicules légers et l'arrêté modifié du 27 juillet 2004 en ce qui concerne les véhicules lourds. Ces dispositions réglementaires sont détaillées dans des circulaires dites « instructions techniques » pour ce qui concerne le contrôle de points particuliers.

234. Les arrêtés susvisés ainsi que les instructions techniques sont consultables et téléchargeables sur le site de l'UTAC-OTC à la page http://www.utac-otc.com/fr/ctvl/base_doc.asp pour les véhicules légers et www.utac-otc.com/fr/ctpl/base_doc.asp pour les véhicules lourds.

Section 1 ▪ Principes généraux du contrôle

235. A l'exception aujourd'hui des deux et trois roues motorisés, la procédure actuelle s'applique dans ses grandes lignes à tous les types de véhicules à moteur appelés à circuler sur les voies ouvertes à la circulation publique et se fonde sur trois principes :
- une indépendance stricte des contrôleurs techniques vis à vis du commerce et de la réparation automobile ;
- un examen standard des véhicules en dehors de toute considération sur le modèle commercial et le constructeur ;
- un contrôle essentiellement visuel et sans démontage des éléments contrôlés.

Sous-section 1 ▪ Indépendance vis à vis du commerce et de la réparation automobile

236. Seule disposition législative portant sur le contrôle technique automobile, le principe d'indépendance du contrôle technique par rapport à la réparation ou au commerce automobile est exigée pour la fonction de contrôleur (C. route, art. L. 323-1). Ce principe s'applique également aux prestataires originaires d'autres États membres de l'Union européenne qui peuvent exercer l'activité de contrôle technique dans les mêmes conditions en application du principe de la liberté d'établissement sur tout le territoire de l'Union tout en n'ayant pas l'agrément de contrôleur.

237. Sur ce point, l'article R. 323-13 § II indique que « l'activité d'un centre de contrôle doit s'exercer dans des locaux n'abritant aucune activité de réparation ou de commerce automobile et ne communiquant avec aucun local abritant cette activité. ». L'ancienne version du texte prévoyait, à titre dérogatoire, la création d'installations auxiliaires au sein d'établissements de commerce ou de réparation automobile. Cette faculté n'existe plus et les agréments délivrés auparavant à de telles installations ne peuvent maintenus que jusqu'à la date du 12 octobre 2016. Ce principe est d'interprétation stricte et s'applique évidemment aux opérateurs (réseaux, responsables de centres de contrôles et contrôleurs) ainsi qu'aux installations.

238. Notons toutefois que les dispositions communautaires actuelles (directive 2009/40/CE) et futures (projet de Règlement du Parlement européen et du Conseil, relatif au contrôle technique périodique des véhicules à moteur et de leurs remorques, abrogeant la directive 2009/40/CE) permettent aux ateliers de réparation et de commerce automobile de procéder au contrôle technique sous réserve d'une autorisation des autorités compétentes de l'État membre concerné. Cette notion d'indépendance du contrôle technique est donc interprétée de manière différente

Articulation générale des textes fondamentaux relatifs au contrôle technique automobile

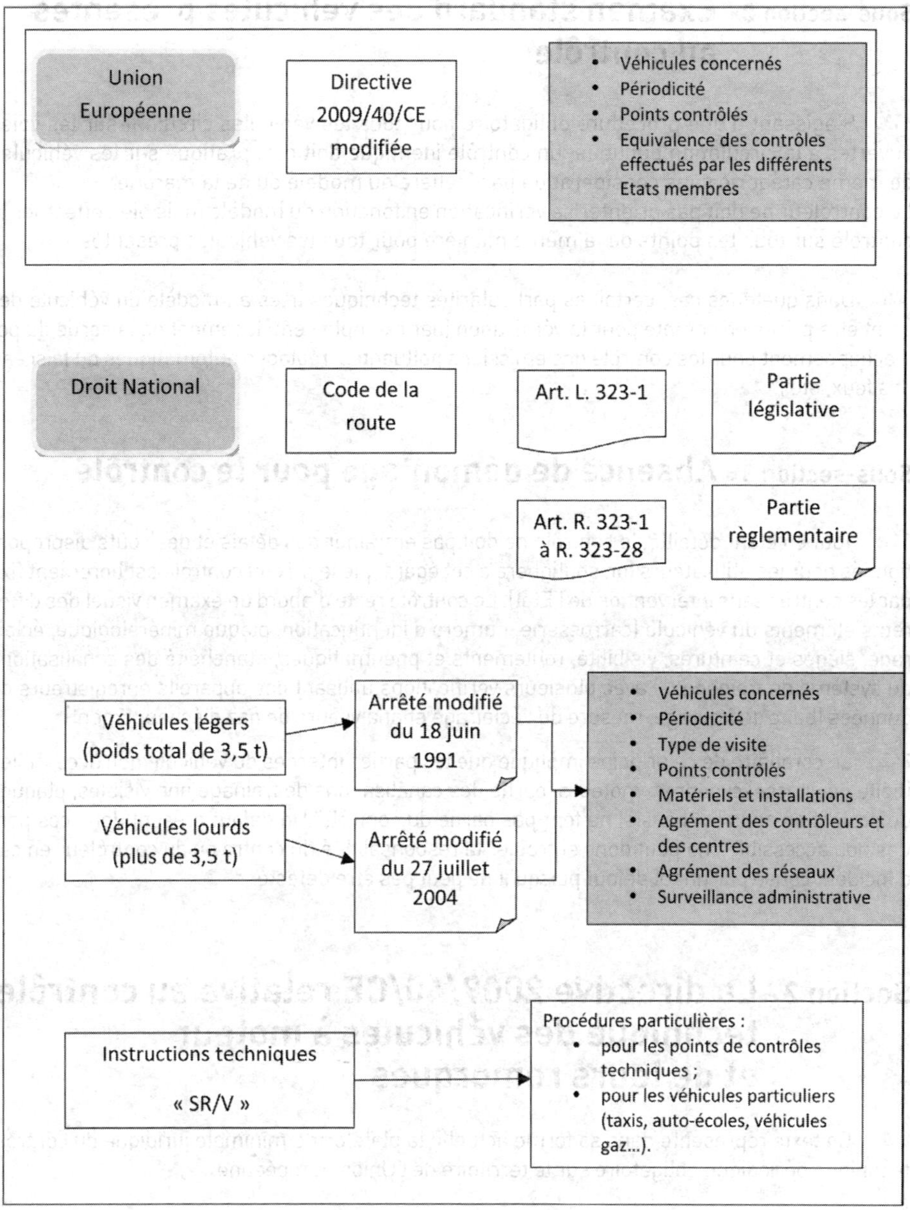

suivant les législations internes des États membres et ne sera pas harmonisée à court terme au sein de l'Union européenne.

Sous-section 2 ▪ Examen standard des véhicules présentés au contrôle

239. S'agissant d'une procédure obligatoire pour tous les véhicules circulant sur les voies ouvertes à la circulation publique, un contrôle identique doit être pratiqué sur les véhicules de même catégorie sans considération particulière du modèle ou de la marque.
Le contrôleur ne doit pas orienter sa vérification en fonction du modèle mais bien effectuer le contrôle sur tous les points de la même manière pour tous les véhicules présentés.

240. Dans quelques cas, certaines particularités techniques liées au modèle du véhicule devront être prises en compte pour la vérification (par exemple ; emplacement de la sortie du pot d'échappement pour les contrôle des émissions polluantes, réglages automatiques du faisceau des feux, etc.).

Sous-section 3 ▪ Absence de démontage pour le contrôle

241. Tout en étant détaillé, le contrôle ne doit pas entraîner des délais et des coûts disproportionnés pour les utilisateurs (on soulignera à cet égard que le prix du contrôle est librement fixé par les centres sans intervention de l'État). Le contrôle reste d'abord un examen visuel des différents éléments du véhicule (carrosserie, numéro d'identification, plaque minéralogique, éclairage, sièges et ceintures, visibilité, roulements et pneumatiques, étanchéité des canalisations du système de freinage,...) avec plusieurs vérifications utilisant des appareils enregistreurs de données (banc de freinage, mesure de l'éclairage et analyseurs de gaz d'échappement).

242. Le corollaire de ce principe implique que les parties internes du véhicule non accessibles (boîte de vitesse, cylindres, moteurs, partie des canalisations de freinage non visibles, plaques de protection sous le châssis) ne font pas partie du contrôle. Un défaut présent dans ces parties non accessibles ne peut donc entraîner la responsabilité du centre ou du contrôleur en cas d'incident causé par un tel défaut puisqu'il ne peut pas être détecté.

Section 2 ▪ La directive 2009/40/CE relative au contrôle technique des véhicules à moteur et de leurs remorques

243. Ce texte représente dans sa forme actuelle la plateforme minimale juridique du contrôle technique périodique obligatoire sur le territoire de l'Union européenne.

Sous-section 1 ▪ Les principales dispositions de la directive

§ 1 ▪ Les obligations

244. Le contrôle périodique des véhicules à moteur immatriculés dans les États membres suivant les règles fixées par la directive 2009/40/CE est obligatoire. Les catégories de véhicules concernés, la périodicité du contrôle et les points à contrôler sont indiqués dans les annexes 1 et 2 de cette dernière.

245. Le contrôle technique est effectué par les services de l'État, un organisme public désigné ou des établissements privés sous contrôle. Ces établissements privés peuvent exercer en même temps des activités de réparation automobile. Dans ce dernier cas, les États membres concernés doivent veiller tout particulièrement à préserver l'objectivité et la qualité du contrôle. Les États membres prennent toutes les mesures pour fournir la preuve du contrôle, celle-ci devant être reconnue comme équivalente à celles des autres États membres. Ce principe permet la libre circulation des véhicules sur le territoire de l'Union quelque soit l'État membre qui a procédé ou fait procéder au contrôle technique.

§ 2 ▪ Les dérogations

246. Après consultation de la Commission, les véhicules n'utilisant pas ou presque pas les voies publiques, les véhicules exploités dans des conditions exceptionnelles, les véhicules présentant un intérêt historique et construits avant 1960, et les véhicules retirés temporairement de la circulation peuvent être dispensés du contrôle obligatoire.

247. Les États membres peuvent :
- avancer la date du premier contrôle ;
- raccourcir l'intervalle entre deux contrôles obligatoires ;
- rendre obligatoire le contrôle d'un élément facultatif ;
- augmenter le nombre des points à contrôler ;
- étendre l'obligation du contrôle à d'autres catégories de véhicules ;
- prescrire des contrôles spéciaux additionnels ;
- imposer des normes minimales d'efficacité du freinage plus sévères que celles de l'Annexe II de la directive pour des véhicules sous des charges plus élevées dans la limite des exigences de la réception initiale du véhicule.

Sous-section 2 ▪ L'évolution de la réglementation européenne

248. L'ensemble de ces mesures est appelé à évoluer, un certain nombre d'États membres (dont la France) appliquant déjà des exigences plus fortes sur leur territoire respectif. Il faut aussi rappeler que certaines obligations sont optionnelles (périodicité, choix des opérateurs, méthode de contrôle), ce qui induit des disparités dans les différentes procédures de contrôle technique obligatoire.

249. Un projet de règlement européen est en cours de discussion et peut être consulté sur le site de l'Union européenne (http://eur-lex.europa.eu - Document COM:2012:0380). Il est destiné à se substituer à la directive et prévoit notamment que les véhicules motorisés à deux et trois roues, les remorques légères et les tracteurs ayant une vitesse maximum par construction supérieure à 40 km/h feront l'objet d'un contrôle périodique.

250. Le projet aligne les définitions des catégories de véhicules concernés sur celles de la directive cadre de réception (directive 2007/46/CE). Ces catégories sont données dans le Chapitre I du Titre I du présent ouvrage.
Les intervalles entre les contrôles obligatoires sont durcis. A titre d'exemple, la catégorie M1, dans laquelle sont rangées les voitures particulières, implique un premier contrôle après quatre ans, un second après deux ans et les contrôles suivants devant êtres annuels. Si au premier contrôle technique le véhicule a déjà parcouru 160 000 km, tous les contrôles suivants seront annuels.

Section 3 - Le Code de la route et ses textes d'application

Sous-section 1 - Les véhicules concernés et la périodicité de passage

251. La section 1 (Livre III, Titre II, Chapitre III du Code de la route) fixe l'obligation du contrôle périodique et sa sanction pour inexécution, ainsi que les catégories de véhicules dispensées. L'article R. 323-1 du Code de la route impose le contrôle technique à tout propriétaire afin de pouvoir maintenir le véhicule en circulation. La méconnaissance de cette obligation étant passible de l'amende prévue pour la contravention de quatrième classe (135 €).
Notons que l'article L. 311-1 du Code de la route indique que « les véhicules doivent être construits, commercialisés, exploités, utilisés, entretenus et, le cas échéant, réparés de façon à assurer la sécurité de tous les usagers de la route. », ce qui impose au propriétaire de le maintenir en conformité sans préjudice du respect des règles du contrôle technique.

252. L'article R. 323-3 dispense les véhicules et matériels spéciaux de l'Armée (réceptionnés par l'autorité militaire), ainsi que les véhicules immatriculés en série diplomatique, ou avec le certificat d'immatriculation FFECSA (Forces françaises en Allemagne) du contrôle technique obligatoire. L'article R. 323-6 vise les catégories de véhicules concernés (véhicules lourds et véhicules légers).

253. Ces deux catégories conduisent à deux arrêtés d'application distincts pour les véhicules dont le poids total en charge (PTAC) est au maximum de 3,5 t et pour les véhicules lourds (PTAC supérieur à 3,5 t) :
- l'arrêté modifié du 18 juin 1991 pour le contrôle des véhicules légers
- l'arrêté modifié du 27 juillet 2004 pour le contrôle des véhicules lourds.

254. Il est important de noter que ces deux catégories doivent être croisées avec la classification des véhicules suivant leur usage spécifique (genre) pour déterminer notamment la périodicité du contrôle et les points spécifiques à vérifier lors de la visite.
La liste exhaustive des genres est publiée dans l'annexe V de l'arrêté du 9 février 2009 relatif aux modalités d'immatriculation des véhicules (voir supra).

255. En prenant l'exemple des véhicules utilisés pour le transport sanitaire des personnes (ambulances), ils peuvent appartenir à la catégorie des véhicules légers où à celle des véhicules lourds suivant leur PTAC.
Cette classification implique que les véhicules de ce type ont des points de contrôle supplémentaires liés à leur utilisation particulière (feux spéciaux et avertisseur sonore spécifique) avec une différence pour les véhicules lourds de cette catégorie (signalisation).

256. Par ailleurs, d'autres véhicules à usage spécifiques sont contrôlées de la même manière quel que soit leur poids total en charge (PTAC), les transports de matière dangereuse par exemple. Il est donc important de se reporter à l'annexe VIII de chaque arrêté (celui relatif au contrôle des véhicules lourds et celui relatif au contrôle des véhicules légers) pour déterminer les particularités du contrôle de certains véhicules.
Voici les deux annexes concernées.

Annexe VIII

Modifié par Arrêtés des 9 juin 2011 - art. 18 et 15 janvier 2013. - art 36

PARTIE A

Catégories de véhicules soumis à réglementation spécifique

CATEGORIE de véhicule	DOCUMENT à présenter en complément du certificat d'immatriculation	ECHEANCE du premier contrôle technique	DUREE de validité du visa (1)	REFERENCE réglementaire
A. Véhicules de dépannage	Carte blanche	La première des deux échéances suivantes : - 1 an après l'attribution de la carte blanche - échéance de validité du contrôle technique avant attribution de la carte blanche	1 an	Arrêté du 30 septembre 1975 modifié
B. Véhicules utilisés pour les transports sanitaires terrestres	Néant	1 an après la première mise en circulation ou immédiat si l'affectation à cet usage a lieu après ce délai	1 an	Décret n° 87-965 du 30 novembre 1987 Arrêté du 25 juin 2001
C. Véhicules utilisés pour l'enseignement de la conduite	Carte orange (en l'absence de la mention véhicule-école sur le certificat d'immatriculation)	Régime général de l'AM du 18/06/1991 4 ans après la première mise en circulation	2 ans	Arrêté du 8 janvier 2001
D. Taxis et voitures de tourisme avec chauffeur	Néant	1 an après la première mise en circulation ou immédiat si l'affectation à cet usage a lieu après ce délai	1 an	Articles L. 231-1 à L. 231-3 et R. 231-1 à R. 231-6 du code du tourisme Arrêté préfectoral
E. Véhicule de moins de dix places, conducteur compris, affecté au transport public de personnes	Déclaration d'affectation	1 an après la première mise en circulation ou dans les 6 mois avant l'affectation lorsque celle-ci a lieu plus d'un an après la première mise en circulation	1 an	Article R. 323-24 du Code de la route arrêté du 29 novembre 1994 modifié

(1) La date de validité de la visite technique périodique ou d'une contre-visite favorables est déterminée à compter de la date de la dernière visite technique périodique.

PARTIE B

Catégories de véhicules soumis à d'autres réglementations relatives au contrôle technique

CATEGORIE DE VEHICULE	REFERENCE REGLEMENTAIRE
Véhicules de transport en commun de personnes	Article R. 323-23 du Code de la route
	Arrêté du 2 juillet 1982 modifié
Véhicules de transport de matières dangereuses	Arrêté du 29 mai 2009 dit "arrêté TMD"
Tracteur routier dont le PTAC est inférieur ou égal à 3 500 kg	Arrêté du 27 juillet 2004 modifié relatif au contrôle technique des véhicules lourds

PARTIE C (Applicable jusqu'au 09/01/2014)

G. CONTROLE DE L'INSTALLATION GAZ CARBURANT SUR VEHICULE

FONCTIONS COMPLEMENTAIRES	VÉHICULES CONCERNÉS
G. CONTROLE DE L'INSTALLATION GAZ CARBURANT SUR VEHICULE	Tout véhicule dont le certificat d'immatriculation mentionne une des énergies suivantes EG, GP, PE, FG, EN, GN, NE, FN

PARTIE C

Autres véhicules soumis à des contrôles supplémentaires

FONCTIONS COMPLEMENTAIRES	VÉHICULES CONCERNÉS
G. CONTROLE DE L'INSTALLATION GAZ CARBURANT SUR VEHICULE	Tout véhicule dont le certificat d'immatriculation mentionne une des énergies suivantes EG, ER, EQ, GP, PE, PH, FG, EN, EM, EP, GN, NE, NH, FN, GF, GM, GQ
J. CONTROLE DES EQUIPEMENTS D'UN VEHICULE ELECTRIQUE OU HYBRIDE	Tout véhicule électrique ou hybride

Article Annexe VIII

Modifié par Arrêté du 18 février 2011 - art. 12 et arrêté du 15 janvier 2013. - art. 36

VEHICULES SOUMIS A CONTROLE TECHNIQUE

A. liste des véhicules visés à l'article 1er

Sont concernés par les dispositions du présent arrêté les véhicules immatriculés dans les genres suivants :

les tracteurs routiers (TRR) quel que soit le PTAC

les camions (CAM),

les semi-remorques avant train (SRAT),

les semi-remorques routières (SREM),

les remorques routières (REM),

les semi-remorques pour transports combinés (SRTC),

les remorques pour transports combinés (RETC),

les véhicules automoteurs spécialisés (VASP),

les semi-remorques spécialisées (SRSP),

les remorques spécialisées (RESP)

les véhicules de transport en commun de personnes (TCP)

les véhicules utilisés dans le transport de marchandises dangereuses et disposant d'un certificat d'agrément (tout genre);

les camionnettes (CTTE) utilisées dans le transport en commun de personnes.

Les véhicules de genre TRR dont le poids total en charge n'excède pas 3500 kg mis en circulation à compter du 1er mai 2009 et ne justifiant pas d'un contrôle technique périodique en cours de validité, font l'objet d'un contrôle technique réalisé conformément aux dispositions du présent arrêté, au plus tard dans le délai d'un an à compter de la date de leur première mise en circulation.

B. catégories de véhicules soumis à réglementation spécifique

Véhicules de dépannage

Véhicules utilisés pour les transports sanitaires

Véhicules utilisés pour l'enseignement de la conduite

Véhicules de transport en commun de personnes

Véhicules de transport de marchandises dangereuses

C. Catégories de véhicules soumis à réglementation complémentaire

FONCTIONS COMPLEMENTAIRES	VEHICULES CONCERNES
FONCTION 14. CONTROLE DES EQUIPEMENTS D'UN VEHICULE ELECTRIQUE OU HYBRIDE	TOUT VÉHICULE ELECTRIQUE OU HYBRIDE

D Périodicité et validité des visas

..

TYPE DE CONTRÔLE	PERIODICITES DES VISITES techniques périodiques
Visite technique périodique des véhicules TCP.	Six mois après la date de première mise en circulation ou de la dernière visite technique périodique.
Première visite technique périodique des autres véhicules lourds "prêts à l'emploi".	Un an après la date de la première mise en circulation.
Autre visite technique périodique.	Un an après la date : - de la première mise en circulation dans le cas de la première visite technique périodique suivant l'immatriculation du véhicule ; - de la dernière visite technique périodique.
Visite technique périodique des véhicules de collection.	Cinq ans à compter du contrôle technique favorable.

RESULTAT DE LA VISITE	TYPE DE VISITE	VALIDITE DU VISA
Véhicule accepté.	Visite technique périodique. Véhicules TCP.	Six mois après la date de la visite technique périodique.
	Visite technique périodique. Véhicules de collection.	Cinq ans après la date de la visite technique périodique.
	Visite technique périodique. Véhicules lourds autres que TCP.	Un an après la date de la visite technique périodique.
	Contre-visite sous un mois après la date de la visite technique ayant prescrit la première contre-visite. Véhicules TCP.	Six mois après la date de la visite technique périodique ayant prescrit la première contre-visite.
	Contre-visite sous un mois après la date de la visite technique ayant prescrit la première contre-visite. Véhicules lourds autres que TCP et véhicules de collection.	Un an après la date de la visite technique périodique ayant prescrit la première contre-visite.
	Contre-visite sous un mois après la date de la visite technique ayant prescrit la première contre-visite. Véhicules de collection.	Cinq ans après la date de la visite technique périodique ayant prescrit la première contre-visite.
Véhicule refusé "sans interdiction de circuler"	Visite technique périodique suite à un véhicule présenté en contre-visite au-delà d'un mois après la date de la visite technique périodique ayant prescrit la première contre-visite.	Un mois après la date de la nouvelle visite technique périodique.

	Contre-visite sous un mois après la date de la visite technique périodique ayant prescrit la première contre-visite.	Un mois après la date de la dernière visite technique périodique ayant prescrit la première contre-visite.
Véhicule refusé "avec interdiction de circuler"	Tout type de visite technique périodique ou contre-visite.	Date de la visite technique périodique ou de la contre-visite.

257. Pour résumer la classification et en prenant pour exemple les véhicules légers, les différents types de véhicules soumis à ce contrôle sont :
- les voitures particulières (VP) ;
- les camionnettes (CTTE) et les différents véhicules automoteurs spécialisés (VASP) suivants :
  • les véhicules de dépannage ;
  • les véhicules de transports sanitaires ;
  • les véhicules d'enseignement à la conduite ;
  • les taxis et voitures de tourisme avec chauffeur ;
  • les véhicules de moins de dix places pour le transport public de personnes.

258. Se trouvent hors champ du contrôle technique des véhicules légers quelque soit leur PTAC, et passent le contrôle dans les installations de véhicules lourds :
- les transports de matières dangereuses ;
- les tracteurs routiers ;
- les camionnettes de transport en commun de personnes.
Par ailleurs, les véhicules et matériaux spéciaux des armées ainsi que les véhicules immatriculés dans les séries diplomatiques (CMD, CD, C, K) ou dans la série des forces françaises en Allemagne (FFECSA) sont dispensés de tout contrôle.

Sous-section 2 ▪ Le contrôle périodique

259. La visite technique périodique (VTP) est effectuée par un contrôleur technique ayant les qualifications requises par la réglementation dans une installation conformes aux prescriptions touchant le bâtiment, son accès et ses équipements. Après l'entrée des données techniques du certificat d'immatriculation dans le système informatique du centre, le contrôleur procède à la vérification des points de contrôle à l'aide d'un terminal de saisie portable.

§ 1 ▪ La codification du contrôle

260. Le terminal déroule les points de l'annexe I de l'arrêté précité du 18 juin 1991 découpés de la manière suivante :
X Fonction
XX Ensemble
XXX Point de contrôle

261. Les défauts relatifs à un point de contrôle sont ainsi décomposés :
XXXX Type de défaut
XXXXX Défaut constatable (+ localisation)

262. Les codes de localisation sont :
- AV (Avant), AR (Arrière) ;
- D (droit), G (gauche), C (centre) ;
- AVD (Avant droit), AVG, (Avant gauche), ARD (Arrière droit), ARG (Arrière gauche) ;
- SUPG (Supérieur gauche), SUPD (Supérieur droit), INFG (Inférieur gauche), INFD (Inférieur droit).

263. Prenons l'exemple suivant : le contrôleur relève une absence du rétroviseur extérieur droit en notant : 3.2.1.3.1. Absence D, ce qui entraîne la contre visite du véhicule.
Voici l'extrait de l'annexe correspondant :

LISTE DES DEFAUTS CONSTATABLES, RELATIFS À CHAQUE POINT DE CONTRÔLE	
X.X.X. Point de contrôle X.X.X.X.X. Défaut constatable + localisation	Contrevisite (oui/non)
3.1.2.1. ETAT	
3.1.2.1.1. Visibilité insuffisante (AVD. AVG. AR. ARD. ARG.)	N
3.1.2.2. FIXATION	
3.1.2.2.1. Mauvaise fixation (AVD. AVG. AR. ARD. ARG.)	N
3.1.2.3. DIVERS 3.1.2.3.1. Absence (AVD. AVG. AR. ARD. ARG.)	N
3.2. RETROVISEURS	
3.2.1. RETROVISEUR	
3.2.1.1. ETAT	
3.2.1.1.1. Visibilité insuffisante (D, C, G)	O
3.2.1.2. FIXATION	
3.2.1.2.1. Mauvais état et/ou anomalie de fixation (D, C, G)	O
3.2.1.3. DIVERS	
3.2.1.3.1. Absence (D, C, G)	O

264. Le contrôleur peut également s'appuyer sur deux autres types d'instructions : les instructions techniques dites SR/V et le lexique des altérations applicables aux véhicules légers. En continuant sur notre exemple du rétroviseur extérieur droit, le contrôleur peut vérifier sur l'instruction technique ci-contre la date à partir de laquelle ledit rétroviseur est obligatoire sur les voitures particulières (VP) en page 2 de la SR/V/F3-1.

INSTRUCTION TECHNIQUE - VISIBILITE - SR/V/F3-1

SOMMAIRE

1 OBJET ET DOMAINE D'APPLICATION

La présente instruction technique a pour objet de :

- définir les prescriptions particulières relatives aux contrôles des points de la fonction Visibilité ;
- préciser les méthodes de contrôle particulières.

Elle annule et remplace l'instruction technique SR/V/F3-1 indice C, à compter du 31 décembre 2011.

2 REFERENCES NORMATIVES ET REGLEMENTAIRES

- Arrêté Ministériel du 18 juin 1991 modifié relatif à la mise en place et à l'organisation du contrôle technique des véhicules dont le poids n'excède pas 3,5 tonnes.

3 DEFINITIONS ET ABREVIATIONS

Film pare-soleil
Film plastique ou autre type de revêtement transparent, de couleur foncée unie, de faible hauteur (≤ 10 cm), appliqué sur la partie haute du pare-brise pour protéger du soleil.

Bandeau pare-soleil pour pare-brise
Bande opaque, de faible hauteur (environ 10 cm), appliquée sur la partie haute du pare-brise protégeant du soleil.

Étiquettes réglementaires ou assimilées
Étiquettes de faible dimension, entièrement ou partiellement opaques, situées dans une partie non gênante du pare-brise (de préférence en zone B), et fournissant une information utile au conducteur ou bien exigée par la réglementation.

Système de désembuage
Dispositif destiné à éliminer la buée sur la surface intérieure du pare-brise

4 PRESCRIPTIONS

4.1 RETROVISEURS OBLIGATOIRES

DATE DE 1ERE MISE EN CIRCULATION	EXTERIEUR GAUCHE	INTERIEUR	EXTERIEUR DROIT
De 1954 au 30/06/72	au moins 1 rétroviseur		
VP : du 01/07/72 au 25/01/2010, 1er cas	Présent	Présent	
VP : du 01/07/72 au 25/01/2010, 2ème cas	Présent		Présent
VU : du 01/07/72 au 25/01/2010,	Présent		Présent
Tous véhicules légers à compter du 26/01/2010	Présent	Présent	Présent

4.2 RETROVISEURS NON OBLIGATOIRES

Dans le cas où le véhicule est équipé d'un rétroviseur non obligatoire, celui-ci est contrôlé et les défauts notifiés, le cas échéant.

4.3 RETROVISEURS VEHICULES ÉCOLE

Les Véhicules École sont systématiquement équipés, en sus des rétroviseurs obligatoires sur les véhicules légers, d'un deuxième rétroviseur intérieur réglé pour être utilisé par l'enseignant, d'un rétroviseur latéral extérieur droit réglé pour être utilisé par l'élève et à partir du 1er avril 2002, quelle que soit la date de mise en circulation en tant que Véhicule École, d'un rétroviseur ou dispositif de rétrovision équivalent latéral extérieur droit, réglé pour être utilisé par l'enseignant.

Les défauts concernant ces rétroviseurs en double sont traités dans l'ensemble "C.3. COMMANDES OU EQUIPEMENTS EN DOUBLE"

5 METHODOLOGIE

5.1 CONTROLE DU PARE-BRISE

Le contrôle, qui est visuel, porte sur les zones (voir annexe I) définies ci-après :

Zone A : définie par le champ de balayage du ou des essuie-glaces ;

Zone B : définie par le champ hors zone A.

- avant de procéder à ce contrôle visuel, le contrôleur s'assure que le pare-brise ne comporte pas de trace (pluie, buée etc.) pouvant gêner son examen.
- un impact est caractérisé par toute cassure autre que la fissure (voir exemples en ANNEXE II).
- une fissure est caractérisée par toute cassure avec ou sans impact quelle que soit sa dimension.

Le contrôleur s'assure que les dispositifs ajoutés (film ou bandeau pare-soleil pour pare-brise) respectent les prescriptions mentionnées au § 3 de la présente SR/V.

5.2 Vitrages mobiles

Les vitrages sont contrôlés dans la position « relevés ».

Le contrôle de la visibilité s'effectue du poste de conduite.

5.3 Dispositif de desembuage

Moteur tournant*, la commande du dispositif de désembuage est activé.
Le contrôleur vérifie la présence de flux d'air au niveau des orifices destinés au désembuage du pare-brise.
**si cela se révèle impossible en raison de stratégies spécifiques de contrôle du moteur, par exemple dans le cas de véhicules électriques hybrides, le dispositif est activé moteur à l'arrêt.*

6 DEFAUTS CONSTATABLES

Les critères d'application des défauts constatables de la fonction 3 VISIBILITE (annexe I de l'arrêté du 18 juin 1991 modifié) sont décrits dans le lexique des altérations, disponible sur le site de l'organisme technique central (OTC) www.utac-otc.com rubrique « contrôle technique véhicules légers / Base documentaire ».

7 COMMENTAIRES SPECIFIQUES

En présence d'un film sur les vitrages latéraux ou AR, le contrôleur valide le commentaire :
X.3.0.0.1. Autre vitrage : Présence de films sur vitrages latéraux ou arrière

Le commentaire est archivé informatiquement par l'installation de contrôle et transmis à l'OTC mais non imprimé sur le PV de contrôle.

Le sous-directeur de la sécurité et des émissions des véhicules

ORIGINAL SIGNE

Daniel KOPACZEWSKI

ANNEXE I

Zones

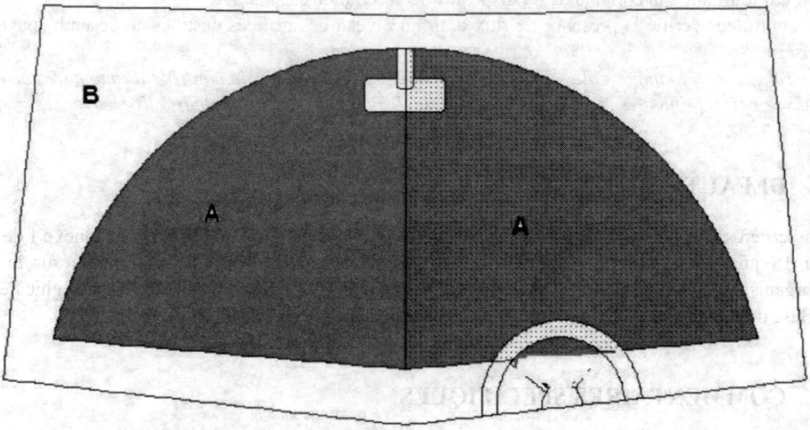

ANNEXE II

DESCRIPTION DES TYPES D'IMPACTS

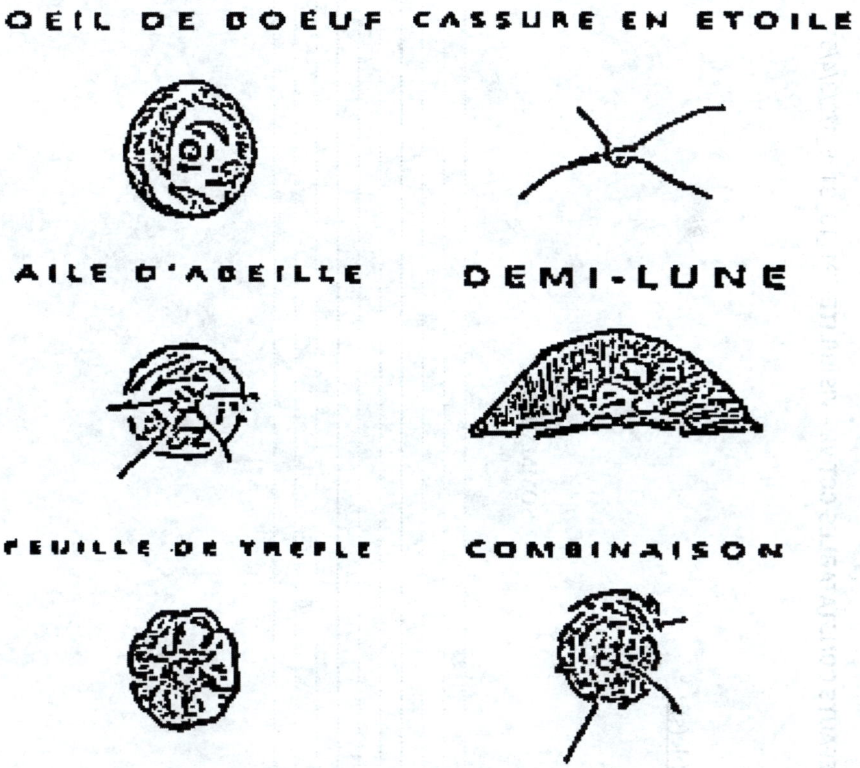

265. Le lexique des altérations applicables donne simplement la définition du défaut (qui donne lieu à contre visite) à savoir : « absence du rétroviseur prévu ».

LISTE DES DEFAUTS CONSTATABLES CCT VL - VISIBILITE P1_T3_C1_5_1/2/3/4/5

Instruction(s) technique(s) applicable(s) :

SR/V/F3-1

SOMMAIRE

3. VISIBILITE

3.1. VITRAGES

3.1.1. Pare-brise

<u>Définition :</u>

Vitre avant du véhicule assurant la protection des passagers tout en permettant la meilleure visibilité possible vers l'avant. Il est divisé en 2 zones (Zone A : Champ de balayage du ou des balais d'essuie-glace, Zone B : Hors zone A).

3.1.1.1.1. Mauvais état

<u>Défaut(s) inclus :</u>

- Fissure ne débordant pas d'un cercle de 300 mm de diamètre.
- Phénomène de bullage et/ou décollement de feuilles de verre et du polyvinyle débordant un cercle de 30 mm de diamètre en zone A.
- Plus de 3 impacts débordant chacun d'un cercle de 15 mm de diamètre en zones A et B
- Au moins un impact débordant d'un cercle de 30 mm de diamètre en zones A et B

<u>Défaut(s) exclu(s) :</u>

- Présence de rayures provoquées par le balayage des essuie-glaces.

3.1.1.1.2. Fissure et/ou visibilité insuffisante (CV)

<u>Défaut(s) inclus :</u>

- Fissure débordant d'un cercle de 300 mm de diamètre quelle que soit la zone et la profondeur de la fissure.
- Collage d'étiquettes autres que réglementaires ou assimilées dans la zone de balayage du ou des essuie-glaces.
- Présence d'un film ou bandeau débordant une zone limitée à une hauteur de 10 cm par rapport au bord supérieur du pare-brise.

3.1.1.2.1. Mauvaise fixation

<u>Défaut(s) inclus :</u>

- Décollement du pare-brise.
- Déboîtement du joint.
- Absence d'au moins un des éléments d'ancrage ou de fixation pour les pare-brise amovibles (escamotable,...).

3.1.1.3.1. Absence (CV)

<u>Défaut(s) inclus :</u>

- Absence de tout ou partie (pour le pare-brise en 2 parties) du pare-brise.
- Présence d'un pare-brise provisoire.

3.1.2. Autre vitrage

Définition :

Vitrages latéraux et arrière du véhicule.

3.1.2.1.1. Visibilité insuffisante

Défaut(s) inclus :

- Film ou produit affectant de façon manifeste la visibilité aux places avant.
- Vitrage opaque aux places avant.

3.1.2.2.1. Mauvaise fixation

Défaut(s) inclus :

- Absence, desserrage ou rupture d'au moins une des fixations.
- Mauvais maintien du vitrage dans son logement.
- Décollement du joint d'un vitrage fixe.
- Désolidarisation du vitrage par rapport à son support avec risque de décrochage.
- Impossibilité de mettre le vitrage de porte contrôlé en position relevée

3.1.2.3.1. Absence

Défaut inclus :

- Absence d'au moins un vitrage, latéral ou arrière, prévu par le constructeur.

3.2. RETROVISEURS

3.2.1. Rétroviseur

Définition :

Miroir orientable disposé à l'intérieur et/ou à l'extérieur du véhicule.

Règles de gestion des localisations		
Rétroviseur ext. G	Rétroviseur intérieur	Rétroviseur ext. D
G	**C**	**D**

3.2.1.1.1. Visibilité insuffisante (CV)

Défaut(s) inclus :

- Glace incomplète ou fissurée ne permettant pas une bonne visibilité.
- Altération du miroir (opacité, dégradation nette du tain).

3.2.1.2.1. Mauvais état et/ou anomalie de fixation (CV)

Défaut(s) inclus :

- Absence, desserrage ou rupture d'au moins un des éléments de fixation du support avec risque de décrochage.
- Support carénage ou rétroviseur cassé générant une partie saillante.
- Rétroviseur (glace et/ou support) instable dû à une mauvaise fixation rendant son utilisation impossible.

3.2.1.3.1. Absence (CV)

Défaut(s) inclus :

- Absence du rétroviseur prévu.

3.2.2. Commande de rétroviseur extérieur

Définition :

Dispositif optionnel permettant l'orientation du miroir, il peut être à commande manuelle ou électrique.

3.2.2.1.1. Non-fonctionnement

Défaut(s) inclus :

- Commande (manuelle ou électrique) ne permettant pas de modifier l'orientation du miroir.

3.3. ACCESSOIRES

3.3.1. Essuie-glace AV

Définition :

Dispositif entraînant un ou plusieurs balais dont le rôle est de nettoyer le pare-brise.

3.3.1.1.1. Mauvais état

Défaut(s) inclus :

- Mauvaise fixation du balai sur le bras ou du bras sur l'axe d'entraînement.
- Caoutchouc du balai détérioré (coupé, arraché,...) sur moins d'1/5 de sa longueur.
- Bras détérioré.

3.2.1.1.1. Visibilité insuffisante (CV)

Défaut(s) inclus :

- Glace incomplète ou fissurée ne permettant pas une bonne visibilité.
- Altération du miroir (opacité, dégradation nette du tain).

3.2.1.2.1. Mauvais état et/ou anomalie de fixation (CV)

Défaut(s) inclus :

- Absence, desserrage ou rupture d'au moins un des éléments de fixation du support avec risque de décrochage.
- Support carénage ou rétroviseur cassé générant une partie saillante.
- Rétroviseur (glace et/ou support) instable dû à une mauvaise fixation rendant son utilisation impossible.

3.2.1.3.1. Absence (CV)

Défaut(s) inclus :

- Absence du rétroviseur prévu.

3.2.2. Commande de rétroviseur extérieur

Définition :

Dispositif optionnel permettant l'orientation du miroir, il peut être à commande manuelle ou électrique.

3.2.2.1.1. Non-fonctionnement

Défaut(s) inclus :

- Commande (manuelle ou électrique) ne permettant pas de modifier l'orientation du miroir.

3.3. ACCESSOIRES

3.3.1. Essuie-glace AV

Définition :

Dispositif entraînant un ou plusieurs balais dont le rôle est de nettoyer le pare-brise.

3.3.1.1.1. Mauvais état

Défaut(s) inclus :

- Mauvaise fixation du balai sur le bras ou du bras sur l'axe d'entraînement.
- Caoutchouc du balai détérioré (coupé, arraché,...) sur moins d'1/5 de sa longueur.
- Bras détérioré.

3.3.1.2.1. Absence ou non-fonctionnement (CV)

Défaut(s) inclus :

- Absence de déplacement d'au moins un essuie-glace.
- Course partielle de l'essuie-glace.
- Absence d'au moins un balai ou d'un essuie-glace complet.
- Caoutchouc du balai détérioré (coupé, arraché,...) sur 1/5 ou plus de sa longueur.

3.3.2. Lave-glace AV

Définition :

Dispositif arrosant de liquide le pare-brise.

3.3.2.1.1. Non-fonctionnement

Défaut(s) inclus :

- Non-fonctionnement du lave-glace (absence d'eau, non-fonctionnement de la pompe, gicleurs bouchés,...).

3.3.3. Système de désembuage

Définition :

Dispositif de ventilation assurant la disparition de la buée sur le pare-brise.

3.3.3.1.1. Anomalie de fonctionnement

Défaut(s) inclus :

- Non-fonctionnement du dispositif de désembuage.
- Absence de flux d'air au niveau des orifices destinés au désembuage du pare-brise

266. Le contrôleur poursuit ses vérifications à l'aide de son terminal de saisie qui déroule exhaustivement les points à examiner.
Les procédures recourent à des appareillages adéquats pour certaines fonctions :
- la fonction freinage implique de faire passer le véhicule sur un banc à rouleaux qui restitue les valeurs d'efficacité constatées (SR/V/F1-1) ;
- la fonction pollution appelle l'utilisation de l'analyseur de gaz (SR/V/F9-1) ;
- les mesures de l'éclairage impliquent l'utilisation d'un régloscope sur la ligne de contrôle.

267. A l'issue du contrôle, le système informatique du centre imprime le procès verbal qui est signé par le contrôleur et l'original est remis à la personne qui reprend le véhicule, un double étant conservé dans le centre.
Le contrôleur appose un timbre matérialisant le contrôle sur le certificat d'immatriculation et, si le véhicule n'est pas mis en contre-visite, une vignette est apposé sur le côté droit du pare brise.
Le document ci-après reprend la présentation du procès-verbal et de la vignette pare brise figurant en bas à gauche.

N° d'imprimé : X 000000000

PROCÈS-VERBAL DE CONTRÔLE TECHNIQUE D'UN VÉHICULE AUTOMOBILE

EXEMPLAIRE REMIS À L'USAGER

NATURE DU CONTRÔLE	DATE DU CONTRÔLE	N° DU PROCÈS-VERBAL

IDENTIFICATION DE L'INSTALLATION DE CONTRÔLE

N° D'AGRÉMENT :

RAISON SOCIALE :

ADRESSE :

IDENTITÉ DU CONTRÔLEUR

NOM ET PRÉNOM :

N° D'AGRÉMENT :

SIGNATURE :

INFORMATION SUR LA VISITE TECHNIQUE PÉRIODIQUE DÉFAVORABLE

PROCÈS-VERBAL N° : DATE :

N° D'AGRÉMENT DE L'INSTALLATION :

IDENTIFICATION DU VÉHICULE

N° Immatriculation | Date d'immatriculation | Date de 1ère mise en circulation

Genre | Marque | Type

N° dans la série du type | Énergie

Kilométrage inscrit au compteur | Désignation commerciale

TITULAIRE DU CERTIFICAT D'IMMATRICULATION

NOM, PRÉNOM OU RAISON SOCIALE :

ADRESSE :

RÉSULTAT DU CONTRÔLE TECHNIQUE

NATURE ET DATE DU PROCHAIN CONTRÔLE :

AA-000-AA

JJ MM/AA

N° d'agrément : X000X000

N° de série : XXXXXXXXXXXXXXXX

N° d'imprimé : X 000000000

RESEAU

A JJ/MM/AAAA

AA-000-AA

000000000

DÉFAUTS OU ANOMALIES CONSTATÉS

MESURES

INFORMATIONS IMPORTANTES AU VERSO

Fac-similé du recto du procès-verbal simplifié

EXEMPLAIRE REMIS A L'USAGER

N°

PROCES-VERBAL DE CONTRÔLE TECHNIQUE D'UN VEHICULE AUTOMOBILE

DATE DU CONTRÔLE

N° DU PROCES VERBAL

N° D'AGREMENT DE L'INSTALLATION DE CONTRÔLE

CACHET DU CENTRE

VISA DU CONTRÔLEUR

Nom et signature de la personne ayant présenté le véhicule à la visite et qui reconnaît avoir pris connaissance des résultats.

RESULTATS DU CONTRÔLE : DEFAUTS CONTATES

Fac-similé de la vignette

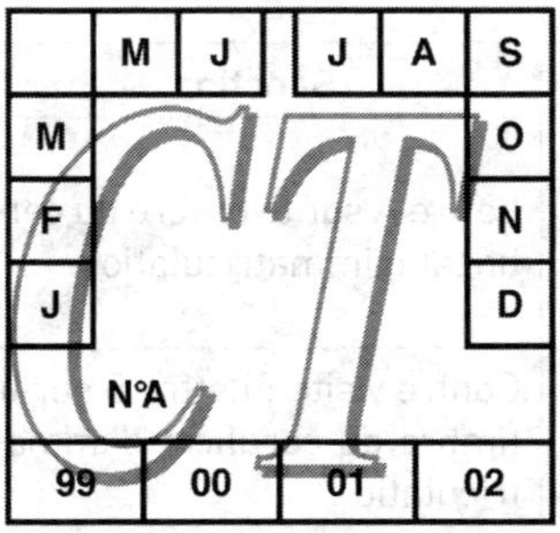

Fac-similé du timbre certificat d'immatriculation **(APPLICABLE JUSQ'AU 31/12/2010)**

RESEAU A 01/01/99 00000001	1ère ligne : nom du réseau ou n° d'agrément préfectoral du centre non rattaché 2ème ligne : A(AP)/S(SP)/R et date limite de validité du visa 3ème ligne : n° de liasse

ou

RESEAU A 01/01/99 III II I I IIIII

Fac-similé du timbre certificat d'immatriculation **(APPLICABLE A COMPTER DU 01/01/2011)**

RESEAU A 01/01/99 999XXX99 00000001	1ère ligne : nom du réseau ou n° d'agrément préfectoral du centre non rattaché 2ème ligne : A(AP)/S(SP)/R et date limite de validité du visa ……3ème ligne : Immatriculation du véhicule 4ème ligne : n° de liasse
ou	
RESEAU A 01/01/99 999XXX99 III II I I IIIII	

§ 2 ▪ Les résultats de la visite

268. Le résultat de la visite peut être favorable, ou défavorable.

Résultat	Sanction	Validité
Visite favorable	Lettre A sur le timbre du certificat d'immatriculation	2 ans (pour les véhicules avec une réglementation spécifique voir tableau suivant)
Visite défavorable	Contre visite ; Lettre S sur le timbre du certificat d'immatriculation	2 mois
Visite défavorable	Nouvelle visite technique; Lettre S sur le timbre du certificat d'immatriculation	2 mois

§ 3 ▪ Durée de validité de la visite technique périodique

269. Le tableau suivant donne la limite de validité de la visite technique périodique favorable pour chaque catégorie de véhicule contrôlé dans la catégorie des véhicules légers.

VP (voiture particulière)	2 ans
CTTE (camionnette)	2 ans
VASP (véhicule automobile spécialisé)	2 ans
Dépannage	1 an
Ambulance	1 an
Auto école	2 ans
Taxi	1 an
VLTP (véhicule léger de transport public)	1 an
Véhicule de collection	5 ans

Sous-section 3 ▪ Les autres formes de contrôle

§ 1 ▪ La contre-visite

270. La visite technique périodique (VTP) ouvre un nouveau déroulement lorsque la vérification du véhicule met en évidence un ou plusieurs défauts entraînant une contre-visite. A titre d'exemple, le mauvais fonctionnement des dispositifs d'éclairage et de signalisation entraînent généralement la mise en contre visite du véhicule.

271. Ledit véhicule doit alors être représenté dans un centre (qui peut être différent de celui qui a fait le contrôle précédent) dans un délai n'excédant pas deux mois, faute de quoi une nouvelle visite technique complète est imposée.

Le contrôleur vérifie systématiquement la fonction identification du véhicule et le ou les points ayant entraîné la contre-visite.
Une contre-visite favorable ouvre une période de validité du contrôle d'une durée indiquée dans le tableau plus haut et à partir de la date de la visite technique périodique défavorable.
Une contre-visite défavorable ouvre un délai de deux mois à partir de la date de la visite technique périodique défavorable.

§ 2 ■ Le contrôle complémentaire pollution

272. Les camionnettes (CTTE) et les véhicules automobiles spécialisés (VASP) sont soumis à un contrôle portant sur les points de contrôle pollution dans les deux mois précédant l'expiration d'un délai d'un an après chaque contrôle technique favorable.
Ce contrôle n'est pas exigé pour les véhicules ayant l'une des carrosseries suivantes : CARAVANE, FG FUNER ou HANDICAP.

Sous-section 4 ■ Preuve du contrôle technique

273. Seul l'original du procès-verbal, le certificat d'immatriculation avec le timbre de la visite ou la date limite de validité du visa, ou l'attestation délivrée par le centre ou le réseau d'affiliation font foi. La vignette apposée sur le pare brise n'est pas un mode de preuve reconnu.

Section 4 ■ Les acteurs du contrôle

Sous-section 1 ■ Les acteurs professionnels

274. Les articles R 323-8 à R 323-21 du Code de la route organisent l'agrément administratif des trois types d'opérateurs dans le domaine du contrôle technique des véhicules (les contrôleurs techniques, les installations et les réseaux nationaux).

§ 1 ■ Les contrôleurs techniques

275. Ils assurent l'effectivité des contrôles et doivent de ce fait présenter les aptitudes nécessaires acquises par la formation initiale et permanente dans les conditions suivantes.

A ■ Formation

1 ■ La formation initiale

276. Les cinq voies d'accès pour les contrôleurs techniques sont :
- Un diplôme de niveau V du ministère de l'Education nationale dans une discipline de l'automobile : mécanique automobile (quelle que soit l'option complémentaire), carrosserie, tôlerie, électricité automobile, maintenance automobile et une formation spécialisée complémentaire dans le contrôle technique automobile d'une durée d'au moins 900 heures.
- Un diplôme de niveau IV, au minimum, du ministère de l'Education nationale dans une discipline de l'automobile (mécanique ou maintenance automobile, carrosserie, tôlerie,

électricité automobile) ou un des secteurs de l'industrie automobile, de la mécanique, de la productique, de l'automatisme électronique, de l'électromécanique ou de la maintenance aéronautique, et une formation complémentaire au contrôle technique d'une durée minimale de 175 heures.

- Un diplôme de niveau V du ministère de l'Education nationale dans une discipline de l'automobile : mécanique automobile (quelle que soit l'option complémentaire), carrosserie, tôlerie, électricité automobile, avec au moins vingt-quatre mois d'expérience effective dans la réparation ou la maintenance automobile (mécanique automobile, carrosserie, tôlerie, électricité automobile) et une formation spécialisée complémentaire dans le contrôle technique automobile d'une durée minimale de 175 heures.
- Une expérience d'au moins cinq ans dans la réparation automobile (mécanique automobile, carrosserie, tôlerie, électricité automobile) et une formation spécialisée complémentaire dans le contrôle technique automobile d'une durée minimale de 175 heures.
- Un CQP (certificat de qualification professionnelle) ou un titre professionnel de contrôleur technique automobile.

277. En ce qui concerne les personnes disposant d'une qualification dans le domaine du contrôle technique automobile acquise dans un autre État membre de l'Union européenne ou dans un État partie à l'accord sur l'Espace économique européen, les conditions d'accès à la profession sont l'une des quatre suivantes :

- une expérience de trois années consécutives à titre indépendant ou en qualité de dirigeant d'entreprise, l'activité ne devant pas avoir pris fin depuis plus de dix ans à la date de la présentation du dossier complet de l'intéressé ;
- une expérience de deux années consécutives à titre indépendant ou en qualité de dirigeant d'entreprise, lorsque le bénéficiaire prouve qu'il a reçu, pour l'activité en question, une formation préalable sanctionnée par un certificat reconnu par l'État d'origine ou jugée pleinement valable par un organisme professionnel compétent ;
- une expérience de deux années consécutives à titre indépendant ou en qualité de dirigeant d'entreprise, lorsque le bénéficiaire prouve qu'il a exercé l'activité en question à titre salarié pendant trois ans au moins ; en tout état de cause, l'activité ne doit pas avoir pris fin depuis plus de dix ans à la date de la présentation du dossier complet de l'intéressé ;
- une expérience de trois années consécutives à titre salarié, lorsque le bénéficiaire prouve qu'il a reçu, pour l'activité en question, une formation préalable sanctionnée par un certificat reconnu par l'État d'origine ou jugée pleinement valable par un organisme professionnel compétent.

2 ▪ Le maintien de qualification

278. Pour assurer le maintien de sa qualification, chaque contrôleur doit pouvoir justifier :

- d'un complément de formation d'au moins 20 heures par année civile au sein d'un organisme reconnu par les pouvoirs publics et désigné par le réseau ou par le représentant légal du centre non rattaché à un réseau. Ce complément de formation comporte un module technique général, d'une durée minimale de 8 heures, dont le référentiel est défini au plus tard le 1er juillet de chaque année par le ministre chargé des Transports, sur la base de ses priorités et des propositions formulées par la direction régionale et interdépartementale de l'environnement et de l'énergie (DRIEE) d'Ile-de-France et par l'organisme technique central. Dans le cas où le contrôleur réalise une partie du complément de formation par téléformation, celle-ci ne peut excéder six heures et est réalisée préalablement aux autres modules.
- de la réalisation d'au moins 300 visites techniques périodiques par année civile. Lorsque l'agrément est accordé en cours d'année, le nombre de visites techniques périodiques à réaliser correspondant à cette année est porté à vingt-cinq par mois à partir du mois qui suit l'agrément.

- d'un audit portant sur la réalisation d'une visite technique périodique, au moins une fois toutes les deux années civiles. Cet audit est réalisé au plus tard au cours du vingt-huitième mois suivant le précédent audit. En cas de résultat défavorable, un nouvel audit est réalisé sous quatre mois sans se substituer à l'audit réglementaire. Si deux audits défavorables se succèdent, le responsable de l'installation à laquelle est rattaché le contrôleur transmet les deux rapports d'audit sous quinze jours à la direction régionale agissant pour le compte du ministre chargé des Transports dont il dépend.

279. Le contrôleur justifie d'un audit au plus tard dans les douze mois qui suivent la date de son agrément initial.
Un cahier des charges approuvé par le ministre chargé des Transports et disponible sur le site internet de l'OTC précise les modalités d'application de ces dispositions.

280. Après une période d'inactivité supérieure à un an, ou en cas de changement de réseau, ou de carence constatée, le réseau ou le représentant légal du centre non rattaché doit assurer la remise à niveau du contrôleur. Dans tous les cas, cette remise à niveau ne dispense pas le contrôleur de la formation prévue. Une traçabilité des dispositions mises en œuvre dans le cadre de la remise à niveau est assurée.
Pour assurer le maintien de sa qualification pour le contrôle des véhicules à réservoir de gaz carburant, le contrôleur doit participer à une formation continue spécifique de 4 heures tous les deux ans.

3 ▪ La validation de la formation

281. Toutes les formations de 175 heures et plus sont dispensées par un organisme de formation reconnu par les pouvoirs publics et sont validées après un contrôle de connaissance et un examen pratique satisfaisants, réalisés par l'organisme de formation, portant sur l'ensemble de la réalisation d'une visite technique périodique.

282. A l'issue de la formation, l'organisme de formation délivre une attestation de stage mentionnant :
- les résultats satisfaisants ;
- la référence de l'approbation du programme par le ministre chargé des Transports ;
- dans le cas où le contrôleur a réalisé une partie de sa formation en téléformation : la durée de cette téléformation et la date d'achèvement de celle-ci.

B ▪ Agrément

1 ▪ La composition du dossier

283. Le contrôleur technique souhaitant être agréé devra constituer un dossier comprenant les documents suivants :
- une demande d'agrément en tant que contrôleur, indiquant le centre de contrôle (ainsi que le réseau de contrôle agréé auquel il est éventuellement rattaché) dans lequel le demandeur compte exercer son activité à titre principal, et précisant en quelle qualité (exploitant ou salarié) ;
- le bulletin n° 2 de son casier judiciaire faisant apparaître que le demandeur n'a fait l'objet d'aucune condamnation (document directement requis par le préfet auprès du casier judiciaire national) ;
- la copie d'une des pièces suivantes, en cours de validité, permettant de justifier de l'identité du contrôleur :
  • carte nationale d'identité française ou étrangère ;

• passeport français ou étranger,
• permis de conduire français ou étranger,
• carte de combattant délivrée par les autorités françaises,
• carte de séjour temporaire, carte de résident, certificat de résidence de ressortissant algérien, carte de ressortissant d'un Etat membre de Union Européenne ou de l'Espace économique européen ;

- les pièces justificatives de la qualification requise pour exercer l'activité de contrôleur accompagnées d'une fiche récapitulative s'il s'agit d'un ressortissant étranger ; celui-ci doit fournir un document équivalent établi depuis moins de trois mois à la date de la demande d'agrément et rédigé en français ou accompagné d'une traduction officielle ;
- l'avis du réseau de contrôle agréé dont le demandeur dépend, ou dans le cas d'un contrôleur non rattaché à un réseau, l'avis de l'organisme technique central ;
- si le contrôleur est salarié, une copie du contrat de travail ou bien une lettre d'engagement du centre de contrôle employeur ;
- une déclaration sur l'honneur certifiant l'exactitude des renseignements fournis, attestant ne pas être sous le coup d'une mesure de suspension ou de retrait d'agrément, s'engageant à ne pas exercer, pendant la durée de l'agrément, une quelconque activité dans la réparation ou le commerce automobile et à ne pas utiliser les résultats des contrôles à d'autres fins que celles prévues par la réglementation.

2 ▪ La demande d'agrément

284. L'ensemble du dossier est transmis en deux exemplaires à la préfecture du lieu d'implantation du centre de contrôle auquel le contrôleur est rattaché, à l'exception de l'avis de l'organisme technique central qui est directement transmis au préfet par l'organisme technique central.

3 ▪ La décision et sanctions

285. L'autorité accordant l'agrément (ministre pour les réseaux, préfet de département pour les centres et les contrôleurs) confère à l'opérateur le droit d'exercer la mission de contrôle technique.
Cette même autorité peut suspendre ou retirer cet agrément lorsqu'elle estime que les conditions juridiques et techniques exigées par les textes ne sont plus respectées. La suspension ou le retrait sont prononcées à l'issue d'une procédure contradictoire où la personne concernée est préalablement entendue pour présenter ses arguments de défense. La décision du préfet (ou de la personne ayant reçu délégation) s'exerce dans le cadre du droit administratif général et de la jurisprudence des tribunaux de l'ordre administratif qui peuvent être saisi en cas de litige par le biais du recours pour excès de pouvoir.

286. Outre les sanctions administratives (suspension et retrait), le contrôleur ou le prestataire originaire d'un autre État membre de l'Union est puni de l'amende prévue pour les contraventions de quatrième classe (C. route, art. R. 323-19) lorsqu'un contrôle est non conforme quant à son contenu, à ses modalités, à ces résultats ou conclusions.

287. Les agréments des installations, ainsi que ceux des contrôleurs sont inscrits dans un registre national (sous forme de base informatique accessible par code et gérée par l'OTC). Le registre contient toutes les mesures de modification ou d'annulation des agréments (sanctions administratives, contraventions en relation avec le contrôle technique, cessation d'activité, etc.).

§ 2 ▪ Les installations de contrôle

288. Les centres de contrôle sont de deux types : les centres rattachés (affiliés) à un réseau de contrôle technique et les centres de contrôle non rattachés à un réseau.

Les centres affiliés à un réseau bénéficient de prestations fournies contractuellement par le réseau.

289. Les centres non rattachés à un réseau doivent mettre en place les dispositions pour garantir :
- la qualité des contrôles ;
- les formations initiales et annuelles des contrôleurs via un organisme reconnu ;
- la mise en place et l'évolution du logiciel de contrôle et du système informatique ;
- la transmission des données des contrôles à l'Organisme Technique Central ;
- un système qualité ;
- une documentation technique.

290. Certains centres non rattachés à un réseau font partie de structures qui leur fournissent, en fonction de l'organisme, certaines prestations (Groupement des centres indépendants (AUTONOME), Coopérative A3S).

291. Une catégorie particulière d'installations ne peut plus être juridiquement créée, ce sont les installations auxiliaires qui sont implantées dans des entreprises de réparation et de commerce automobile. Cette solution qui s'expliquait par une couverture du territoire insuffisante pour faire face à l'ensemble des véhicules soumis au contrôle périodique obligatoire à ses débuts, n'est plus justifiable.
L'article 21 du décret n° 2012-1145 du 10 octobre 2012 a donc indiqué « Les agréments délivrés aux installations auxiliaires en vertu du II de l'article R. 323-13 du Code de la route, dans sa rédaction antérieure à la publication du présent décret, peuvent être maintenus dans l'intérêt de la sécurité routière pour une durée d'au plus quatre ans à partir de cette date de publication si les circonstances locales le justifient ».

A ▪ Agrément

292. Afin d'être agréées, les installations doivent notamment :
- être situées dans des locaux indépendants du commerce et de la réparation automobile ;
- permettre le contrôle des véhicules d'une longueur de 7 mètres, d'une largeur de 2,5 mètres et d'une hauteur de 3 mètres, sans occupation de la voie publique ;
- disposer des matériels spécifiques, tel que :
  - un freinomètre à rouleaux,
  - un banc de suspension (mesure de la dissymétrie),
  - une plaque de ripage (ou plateaux pivotants),
  - un analyseur de gaz,
  - un opacimètre,
  - un dispositif de diagnostic des systèmes embarqués de contrôle des émissions polluantes,
  - un dispositif de contrôle de la pression des pneumatiques,
  - un dispositif permettant le contrôle visuel (fosse ou pont élévateur),
  - un dispositif pour le contrôle de l'usure des pneumatiques,
  - un outillage spécifique gaz (à détenir par l'installation de contrôle lors de ce type de contrôle à compter du 1er janvier 2011) ;
- fournir un espace suffisant autour du véhicule (0,8 m minimum) ;
- disposer d'un local ou d'un équipement permettant de garantir la sécurité des procès-verbaux de contrôle, des timbres et vignettes ;
- disposer des moyens informatiques (logiciels, ordinateur, imprimante, terminaux de saisie portables) prévus au § 2 de l'annexe III de l'arrêté du 18 juin 1991 modifié permettant la saisie des informations en temps réels, l'édition des procès-verbaux de contrôle technique et

la transmission des données de chaque contrôle soit à l'Organisme Technique Central des informations s'il est non rattaché à un réseau soit au réseau dans le cas contraire. Ce logiciel doit disposer d'un certificat de qualification de type établi par l'Organisme Technique Central.

293. Le centre de contrôle doit également être exploité soit par une société, soit par une personne physique et disposer d'un système qualité établit en référence à la norme NF EN ISO/CEI 17020:2005.

B ▪ Demande d'agrément

294. La demande d'agrément est adressée au préfet par la personne physique ou la personne morale qui exploite les installations du centre. Elle indique l'identité du demandeur, son statut juridique et les catégories de contrôles techniques qui seront effectués dans le centre et précise si celui-ci est rattaché ou non à un réseau de contrôle agréé. Elle est accompagnée d'un document par lequel l'exploitant s'engage à respecter les prescriptions d'un cahier des charges et précise les conditions dans lesquelles il sera satisfait à cet engagement.

295. L'engagement mentionné ci-dessus décrit notamment l'organisation et les moyens techniques mis en œuvre par le centre pour assurer en permanence la qualité et l'objectivité des contrôles techniques effectués et éviter que les installations soient utilisées par des personnes non agréées ou ayant une activité dans la réparation ou le commerce automobile. Le demandeur doit s'engager à établir tous les documents se rapportant à son activité prescrits par le ministre chargé des Transports et à faciliter la mission des agents désignés par lui pour surveiller le bon fonctionnement des installations de contrôle.
Le dossier de demande comporte, en outre, l'avis du réseau de contrôle agréé lorsque le centre de contrôle est rattaché à un réseau, ou l'avis de l'Organisme Technique Central dans le cas contraire.

C ▪ Décision et sanctions

296. Le préfet de département (ou la personne délégataire) exerce sa décision au vu des éléments techniques du dossier. Les appréciations fondées sur le nombre des installations existantes dans le département et les motifs pour le réguler seraient entachées d'illégalité (atteinte à la liberté du commerce).

297. Comme pour les contrôleurs, les sanctions administratives sont complétées par des sanctions d'ordre pénal.
Ainsi, pour le titulaire de l'agrément d'une installation, la réalisation d'un contrôle dans des locaux abritant une activité de commerce ou de réparation automobile, la non transmission des données des contrôles dans les délais, la réalisation d'un contrôle dans des locaux non conformes ou avec des équipements non conformes ou la réalisation d'un contrôle par un contrôleur ou un prestataire non qualifié est punie de l'amende prévue pour les contraventions de la cinquième classe (C. route, art. R. 323-16).

§ 3 ▪ Les réseaux agréés

A ▪ Conditions d'agrément

298. Les réseaux sont des personnes morales de droit privé qui doivent regrouper un certain nombre de centres de contrôle pour recevoir l'agrément du ministre en charge des Transports.

Pour l'agrément dans le contrôle des véhicules légers, le réseau doit regrouper des centres dans au moins 90 départements. Pour l'agrément dans le contrôle des véhicules lourds, le réseau doit regrouper au moins 30 centres dans 20 régions et exploiter lui-même les centres qui lui sont rattachés.

299. Le dossier est composé des éléments suivants :
- une demande d'agrément sur papier à en-tête ;
- une justification de l'existence légale du réseau ;
- un exemplaire des statuts, ainsi qu'une note de présentation explicative faisant apparaître l'expérience technique, la surface financière, la composition du partenariat, permettant d'apprécier la capacité d'investissement et de développement du réseau pour aboutir à la mise en place d'une organisation nationale capable de maîtriser la gestion du contrôle technique des véhicules sur l'ensemble du territoire ;
- le cahier des charges visé au 2e alinéa de l'article R. 323-9 du Code de la route, comprenant notamment :
  - la description et la présentation générale du réseau,
  - la description détaillée de l'organisation de la structure centrale du réseau de contrôle (organigramme, nom des personnes responsables, moyens en personnel) et le système qualité (manuel qualité, plan qualité éventuel, procédures...),
  - description des moyens techniques,
  - le protocole établi par l'Organisme Technique Central,
  - l'engagement du demandeur d'établir tous les documents se rapportant à son activité prescrits par le ministre chargé des Transports, de faciliter la mission des agents désignés par celui-ci pour effectuer la surveillance du bon fonctionnement des installations de contrôle, de signer la convention d'assistance technique, et d'appliquer les évolutions des protocoles informatiques,
  - la liste des installations de contrôle agréées affiliées au réseau de contrôle,
  - la description des procédures internes du réseau,
  - le cahier des charges type des installations de contrôle,
  - l'attestation de conformité de l'outil informatique délivrée par l'OTC ;
- la procédure du réseau définissant, pour les installations de contrôle rattachées ou exploitées par le réseau, les sanctions prévues et les modalités de mise en œuvre.

300. L'ensemble du dossier est transmis en trois exemplaires au ministre chargé des Transports (direction générale de l'énergie et du climat). La demande initiale doit comporter la liste des centres de contrôle faisant déjà l'objet d'un accord de rattachement au réseau. Cette liste est accompagnée, pour chacun des centres de contrôle, d'une attestation d'affiliation exclusive, ainsi que d'une description du centre de contrôle. L'agrément ministériel est donné pour dix ans et peut être renouvelé.

B ▪ Conditions d'exercice

301. Le réseau de contrôle s'assure en permanence de la bonne exécution des contrôles techniques. Il transmet à l'Organisme Technique Central les données relatives aux contrôles techniques transmises par les installations de contrôle qui lui sont rattachées.

302. Le réseau de contrôle doit respecter les modalités d'organisation fixées par arrêté du ministre chargé des Transports destinées à assurer la disponibilité et la qualité des prestations et veiller à ce que les contrôleurs et toute personne physique ou morale exerçant des fonctions au sein du réseau n'aient pas d'activité dans la réparation ou le commerce automobile et ne soient pas salariés d'une entreprise ayant un lien avec une telle activité.

303. L'agrément d'un réseau de contrôle peut être retiré ou suspendu pour tout ou partie des catégories de contrôles techniques qu'il concerne si les conditions d'organisation et de fonctionnement du réseau de contrôle ne répondent plus aux prescriptions du cahier des charges et de la réglementation en vigueur. Cette décision de retrait n'intervient qu'après que le représentant du réseau intéressé a pu être entendu et mis à même de présenter des observations écrites ou orales. En cas d'urgence, l'agrément d'un réseau de contrôle peut être suspendu immédiatement pour une durée maximale de deux mois.

COORDONNÉES DES RÉSEAUX AGRÉES POUR LE CONTRÔLE TECHNIQUE DES VÉHICULES LÉGERS

AUTO SECURITE FRANCE
1 Place du Gué de Maulny - 72019 LE MANS CEDEX 2
Tél. : 02 43 41 41 41 - Fax : 02 43 16 33 43 - http://www.autosecurite.com

SECTA / AUTOSUR
3, Rue Sainte Marie - 92415 COURBEVOIE Cedex
Tél. : 01 49 04 15 00 - Fax : 01 49 04 15 01 - http://www.autosur.com

VIVAUTO / AUTOVISION
102 rue Etienne Marcel - 93100 MONTREUIL
Tél. : 01 55 86 17 17 - Fax : 01 55 86 17 22 - http://www.autovision.fr

DEKRA AUTOMOTIVE SA
11-13, Avenue Georges Politzer - B. P. : 152 - 78196 TRAPPES CEDEX
Tél. : 01 30 69 52 00 - Fax : 01 30 69 52 01 - http://www.dekra-norisko.fr

SECURITEST SA
1 Place du Gué de Maulny - 72019 LE MANS CEDEX 2
Tél. : 02 43 41 41 41 - Fax : 02 43 16 33 43 - http://www.securitest.fr

Source UTAC-OT

C ▪ Particularités des réseaux pour le contrôle des véhicules lourds

304. Le réseau ne conserve le bénéfice de son agrément et ne poursuit son activité que s'il justifie d'une accréditation suivant la norme NF EN ISO/CEI 17020 : 2005 dans le domaine « contrôle des véhicules lourds », par le COFRAC ou par un organisme accréditeur signataire de l'accord multilatéral d'EA (European Cooperation for Accreditation). L'accréditation obtenue par le réseau couvre l'ensemble des installations exploitées par ce réseau.

305. Les contrôles techniques effectués sur des véhicules lourds appartenant à une même personne physique ou morale ne doivent pas représenter, chaque année, plus de 10 % de l'activité de contrôle technique de l'ensemble des installations de contrôles exploitées par le même réseau. Toutefois, le préfet de département peut accorder des dérogations à ces dispositions lorsque leur application constitue un obstacle manifeste à la bonne couverture géographique du territoire, sans que cette proportion puisse dépasser 35 %.

**COORDONNÉES DES RÉSEAUX AGRÉES
POUR LE CONTRÔLE TECHNIQUE DES VÉHICULES LOURDS**

AUTO BILAN France
Enseigne : DEKRA
11-13, Avenue Georges Politzer - B. P. : 152 - 78196 TRAPPES CEDEX
Tél. : 01 30 69 52 00 - Fax : 01 30 69 52 01 - http://www.dekra-pl.com

VIVAUTO PL
Enseigne : AUTOVISION PL
102 rue Etienne Marcel - 93100 MONTREUIL
Tél. : 01 55 86 17 17 - Fax : 01 55 86 17 22 - http://www.autovision-pl.fr

Source UTAC-OTC

Sous-section 2 ▪ L'Organisme Technique Central (OTC)

306. L'article R. 323-7 du Code de la route décrit le rôle de l'Organisme Technique Central dans la procédure. Cet organisme, aujourd'hui branche spécialisée de l'Union technique de l'automobile, du motocycle et du cycle (UTAC), est chargé de recueillir l'ensemble des résultats du contrôle technique automobile pour remplir trois objectifs : assurer l'homogénéité des contrôles, mettre à jour les informations sur l'état du parc automobile et de son évolution, et adapter au progrès technique les équipements et méthodes de contrôle ainsi que l'information et la formation des contrôleurs.

307. Conformément à sa mission d'information l'OTC met à la disposition de tous les internautes toutes les données techniques et réglementaires du contrôle technique sur son site (http://www.utac-otc.com). Le lecteur pourra s'y reporter avec profit pour analyser certaines dispositions particulières de la réglementation.

L'Organisme Technique Central met en place et gère les moyens nécessaires pour collecter et exploiter les données relatives au contrôle technique des véhicules, à l'exclusion de toute information nominative.

308. L'organisme technique central définit :
- les spécifications fonctionnelles relatives au traitement de l'identification du véhicule et des défauts constatables et mesures effectuées et imprimées sur le procès-verbal de contrôle technique. Les spécifications sont définies à la partie II de l'annexe III de l'arrêté du 18 juin 1991 ;
- le protocole de communication pour la délivrance aux installations de contrôle d'informations concernant l'identification du véhicule et la collecte des données issues du contrôle technique. Ce protocole définit notamment l'organisation, les règles de cohérence et le mode de transmission retenus par l'Organisme Technique Central permettant de s'assurer de la confidentialité des informations recueillies et de l'absence de déformation des données initiales ;
- les protocoles d'échanges de données relatives au contrôle technique entre les outils informatiques des installations de contrôle et les appareils de contrôle.

309. Les prestations fournies par l'Organisme Technique Central sont notamment les suivantes :
- élaboration de documents techniques relatifs aux méthodes et matériels de contrôle à mettre en œuvre ;
- élaboration des documents techniques nécessaires pour assurer la collecte de l'ensemble des données relatives aux contrôles techniques effectués dans les installations de contrôle ;

- l'OTC élabore les documents techniques nécessaires aux traitements informatiques des informations relatives aux véhicules et au résultat de leurs contrôles techniques ;
- l'OTC centralise et archive les résultats des contrôles dans les conditions fixées par une convention d'assistance technique entre l'Organisme Technique Central et chacun des réseaux ou des centres de contrôle non rattachés ;
- l'OTC analyse les résultats des contrôles afin de caractériser le fonctionnement des installations et des réseaux de contrôle et de s'assurer de l'homogénéité des contrôles effectués ;
- l'OTC apporte une assistance technique à l'administration pour l'agrément des installations des centres de contrôle non rattachés et de leurs contrôleurs et des réseaux de contrôles techniques de véhicules légers ;
- l'OTC établit annuellement un bilan du parc de véhicules contrôlé et de ses caractéristiques techniques conformément aux directives données par le ministre chargé des Transports ;
- l'OTC centralise et maintient à jour l'ensemble des éléments techniques nécessaires à l'information et à la formation des contrôleurs et les tient à la disposition des réseaux et des centres non rattachés ;
- l'OTC élabore et tient à jour les informations prévues aux III des articles R. 323-14 et R. 323-18 du Code de la route ;
- l'OTC contrôle la conformité aux spécifications fonctionnelles et au protocole de communication prévu à l'article 27 de l'outil informatique des réseaux et installations de contrôle ;
- l'OTC apporte une assistance technique à l'administration dans le cadre des approbations de programmes des formations et de l'agrément des organismes d'audits.

310. L'ensemble des informations est mis à disposition du ministre chargé des Transports et des administrations chargées de la surveillance administrative des réseaux, des installations de contrôle et des contrôleurs.

Sous-section 3 ▪ Les pouvoirs publics

§ 1 ▪ Les services préfectoraux en charge des agréments centres et contrôleurs

311. Le préfet de département ou la personne titulaire d'une délégation de celui-ci exerce le pouvoir d'accorder ou de ne pas accorder l'agrément à un contrôleur ou à un centre de contrôle pour l'exercice de sa mission.

312. Au-delà de la décision initiale, les centres et les contrôleurs ont des changements volontaires ou involontaires de leur situation :
- arrêt volontaire de l'activité à titre définitif (abrogation) ou provisoire (suspension) ;
- arrêt suite à décision de sanction du préfet.

313. L'arrêté du 18 juin 1991 prévoit les deux procédures suivantes pour l'exercice des sanctions.

A ▪ Pour les centres de contrôle

314. L'agrément du centre de contrôle peut être retiré ou suspendu pour tout ou partie des catégories de contrôles techniques couvertes par l'agrément, conformément aux dispositions du IV de l'article R. 323-14 du Code de la route, par le préfet du département du centre. Les mesures de retrait ou de suspension sont notamment applicables en cas de non-respect des articles R. 323-13 à R. 323-17 du Code de la route.

315. Avant toute décision, le préfet informe par écrit l'exploitant du centre de contrôle et son réseau de rattachement, le cas échéant, de son intention de suspendre ou de retirer l'agrément du centre, pour tout ou partie des catégories de contrôles, en indiquant les faits qui lui sont reprochés et en lui communiquant ou en lui permettant d'accéder au dossier sur la base duquel la procédure est initiée. L'exploitant du centre de contrôle et son réseau de rattachement, le cas échéant, disposent d'un délai d'un mois, à compter de la présentation du courrier, pour faire part de leurs observations par écrit.

316. A l'issue du délai d'un mois, si le préfet de département a toujours l'intention de suspendre ou retirer l'agrément, il organise une réunion contradictoire à laquelle sont invités l'exploitant du centre de contrôle où les faits ont été constatés ainsi que le réseau éventuellement concerné avant que la sanction ne soit prononcée.

317. En application des dispositions de l'article R. 323-14 du Code de la route, l'agrément du centre peut être retiré en cas de non-respect d'une décision administrative suspendant l'activité du centre.
Toute décision de suspension ou de retrait d'agrément est notifiée à l'exploitant du centre de contrôle, au réseau de rattachement éventuel et à l'Organisme Technique Central.

B ▪ Pour les contrôleurs

318. L'agrément du contrôleur peut être retiré ou suspendu conformément aux dispositions du IV de l'article R. 323-18 du Code de la route, soit par le préfet du département où les faits ont été constatés, soit par le préfet du département du centre de rattachement du contrôleur. Les mesures de retrait ou de suspension sont notamment applicables en cas de carence de qualification, en cas de réalisation non conforme d'un contrôle technique, notamment dans les points à contrôler, les modalités et méthodes de contrôles, les formalités finales ou conclusions dans le résultat du contrôle technique. En application des dispositions de l'article R. 323-18 du Code de la route, l'agrément du contrôleur peut être retiré en cas de non-respect d'une décision administrative suspendant l'activité du contrôleur.

319. Avant toute décision, le préfet de département informe par écrit le contrôleur, le centre de contrôle où les faits ont été constatés ainsi que le centre de contrôle auquel le contrôleur est rattaché et les réseaux éventuellement concernés, de son intention de suspendre ou de retirer l'agrément du contrôleur en indiquant les faits qui lui sont reprochés et en lui communiquant ou en lui permettant d'accéder au dossier sur la base duquel la procédure est initiée.

320. Le contrôleur, le centre de contrôle où les faits ont été constatés ainsi que le centre de contrôle de rattachement du contrôleur et les réseaux éventuellement concernés disposent d'un délai d'un mois, à compter de la présentation du courrier, pour faire part de leurs observations par écrit.

321. A l'issue du délai d'un mois, si le préfet de département a toujours l'intention de suspendre ou retirer l'agrément, il organise une réunion contradictoire à laquelle sont invités le contrôleur, le centre de contrôle où les faits ont été constatés ainsi que le centre de contrôle de rattachement du contrôleur et les réseaux éventuellement concernés, avant que la sanction ne soit prononcée.
Toute décision de suspension ou de retrait d'agrément est notifiée au contrôleur, au centre de contrôle où les faits ont été constatés, au centre de contrôle de véhicules légers auquel le contrôleur est rattaché, aux réseaux éventuellement concernés et à l'Organisme Technique Central.

322. Dans le cas particulier du retrait d'agrément au motif du non-respect de la disposition de l'article L. 323-1 du Code de la route portant sur l'absence de condamnation inscrite au bulletin n° 2 du casier judiciaire, le contrôleur peut demander un nouvel agrément dès que le bulletin n° 2 de son casier judiciaire répond aux exigences de l'article L. 323-1 du Code de la route.

323. La nécessité d'un suivi des agréments centres et contrôleurs de façon précise a entraîné la création d'une application gérée par les services des préfectures en liaison avec l'OTC pour identifier les personnes physiques et morales en charge de l'exercice des contrôles. Cette application (RNC2), crée en 1995 vise à gérer le Registre national des centres et des contrôleurs par les services préfectoraux en charge du suivi des agréments. A l'image du système d'immatriculation des véhicules qui comprend notamment une base des numéros d'immatriculation, l'application RNC2 permet aux responsables de la gestion des agréments d'avoir un outil de traçabilité des évènements touchant les centres et les contrôleurs.
Les trois schémas suivants décrivent la procédure de suivi des informations au travers de cette application.

324. PROCESSUS DE GESTION DE N° D'AGREMENT AVEC OU SANS CONNEXION AU REGISTRE NATIONAL DES CENTRES ET DES CONTROLEURS

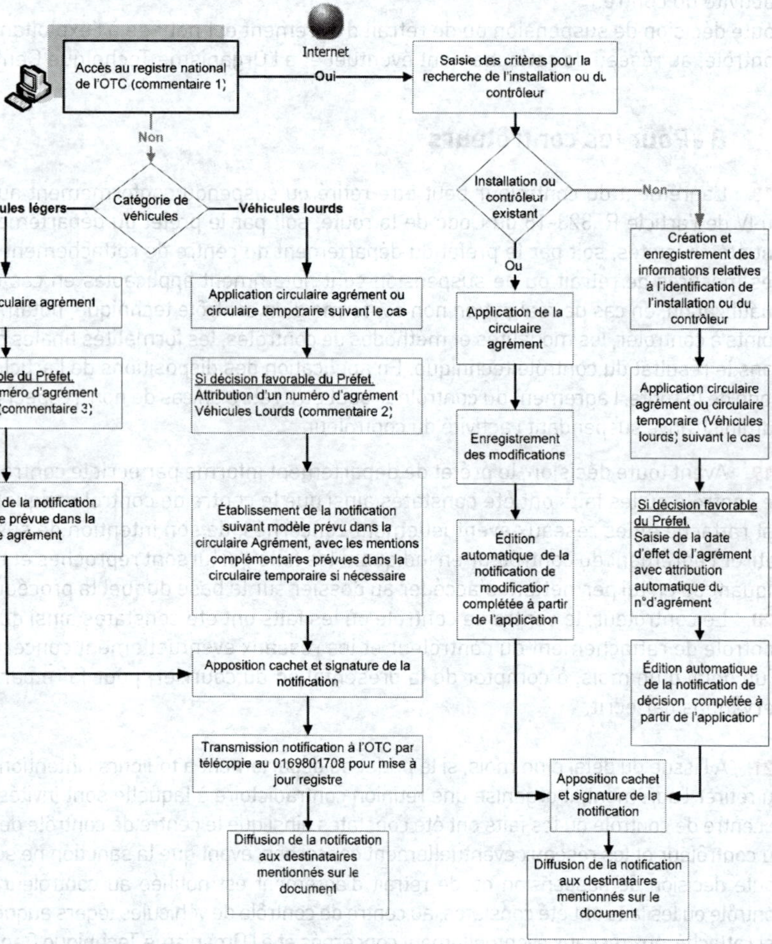

Source : www.utac-otc.com

325. PROCESSUS D'AGREMENT OU DE MODIFICATION DE CENTRE DE RATTACHEMENT D'UN CONTROLEUR

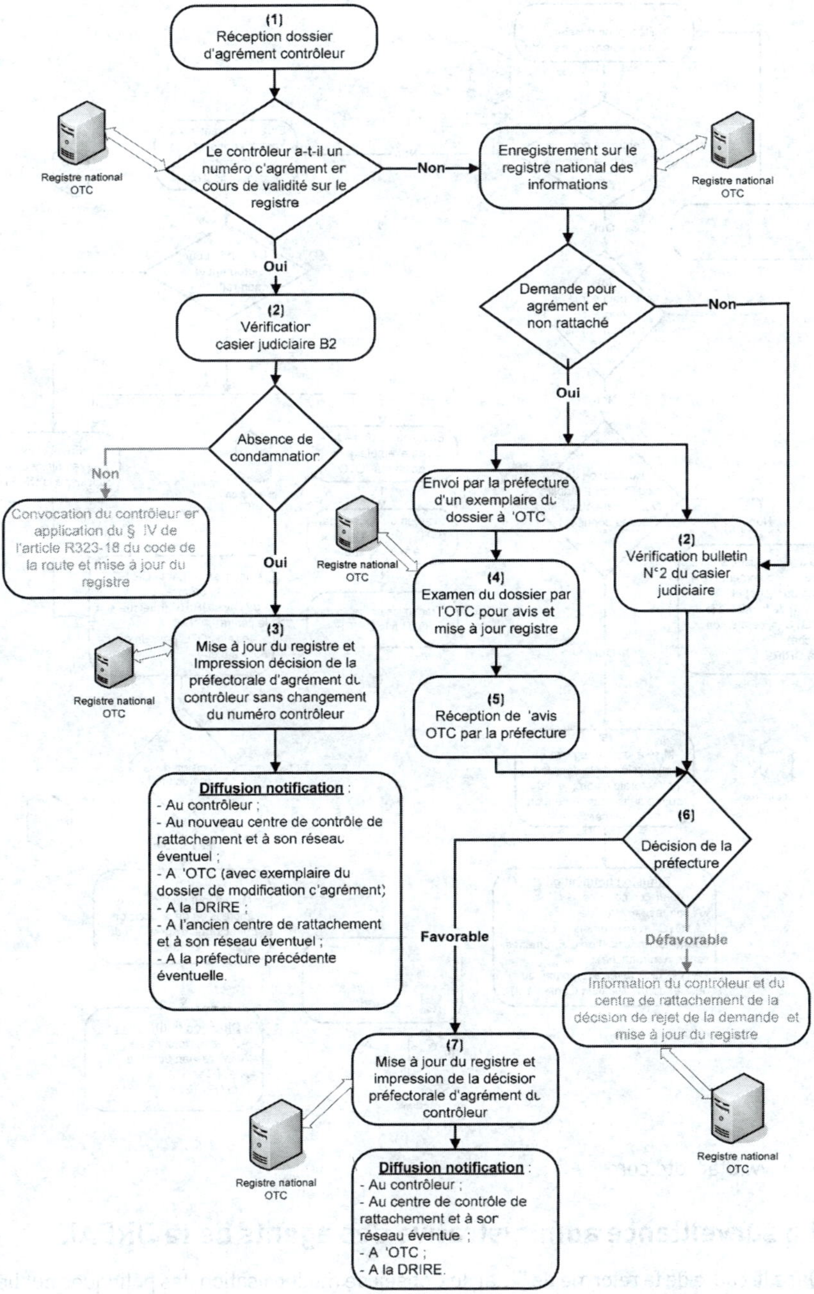

Source : www.utac-otc.com

326. PROCESSUS D'AGREMENT OU DE MODIFICATION D'AGREMENT D'UN CENTRE DE CONTROLE

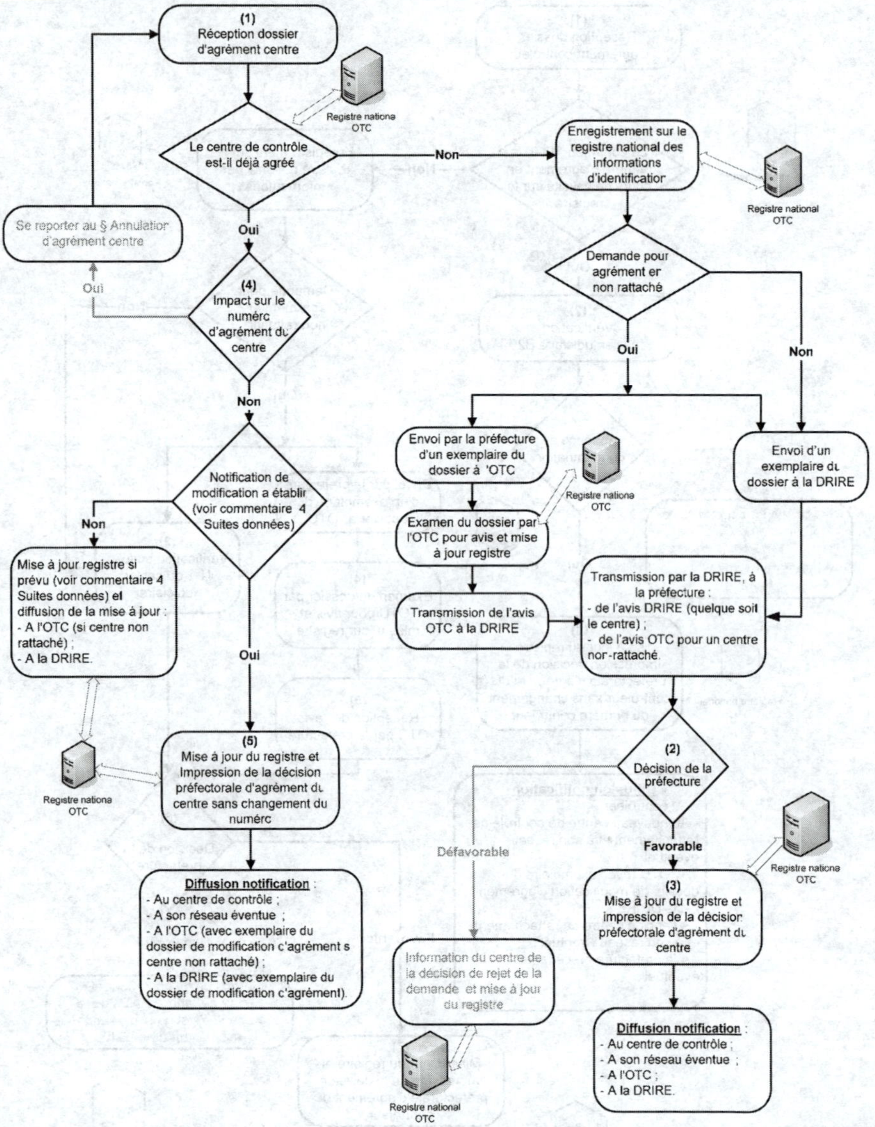

Source : www.utac-otc.com

§ 2 ■ La surveillance administrative des agents de la DREAL

327. Dans le cadre de la réforme de l'État, le Conseil de modernisation des politiques publiques a décidé, en décembre 2007, la création d'un échelon régional unifié du ministère du Développement durable : la direction régionale de l'Environnement, de l'Aménagement et du Logement (DREAL). Cette nouvelle structure régionale pilote les politiques de développement durable résultant notamment des engagements du Grenelle de l'Environnement ainsi que celles du logement et de la ville.

328. Les DREAL remplacent les Directions Régionales de l'Environnement (DIREN), les Directions Régionales de l'Equipement (DRE) et les Directions Régionales de l'Industrie, de la Recherche et de l'Environnement (DRIRE), dont elles reprennent les missions hormis le développement industriel et la métrologie.
La direction régionale et interdépartementale de l'environnement et de l'énergie (DRIEE) d'Ile de France assure la mission des DREAL en région francilienne.

329. Dans ce cadre, l'action de surveillance des centres (véhicules lourds et véhicules légers) est assurée par les spécialistes véhicules des DREAL (DEAL dans les départements ultramarins), la DRIEE assurant la surveillance des autres acteurs du contrôle technique.
La surveillance administrative des réseaux, des organismes de formation et des organismes chargés des audits est assurée par la direction régionale et interdépartementale de l'environnement et de l'énergie d'Ile-de-France.
A ce titre, elle :
- inspecte au moins une fois par an les réseaux ;
- établit un bilan annuel des actions de surveillance des installations de contrôle réalisées par les directions régionales agissant pour le compte du ministre chargé des Transports sous l'autorité des préfets ;
- propose des mesures d'amélioration du fonctionnement des réseaux ;
- réalise des visites de surveillance des organismes de formation et des organismes chargés des audits.

330. La surveillance administrative des installations de contrôle et des contrôleurs est assurée par les directions régionales agissant pour le compte du ministre chargé des Transports, sous l'autorité des préfets.
Les agents des services chargés de la surveillance peuvent notamment demander dans ce cadre le renouvellement, sous leur autorité, du contrôle technique d'un ou plusieurs véhicules présents sur l'installation de contrôle et ayant subi un contrôle technique. Les frais engendrés sont à la charge du titulaire de l'agrément de l'installation.

§ 3 ▪ Le suivi général du ministre en charge des Transports

331. La sous direction de la sécurité et des émissions des véhicules assure au nom du directeur général de l'Énergie et du climat la coordination des actions de surveillance des centres et des contrôleurs, ainsi que l'adaptation des règles applicables en la matière au plan national et européen.
Elle exerce le contrôle de l'activité de l'Organisme technique central et propose toute mesure d'amélioration dans le fonctionnement de celui-ci.
La page écran de la sous direction se trouve à l'adresse suivante : http://www.developpement-durable.gouv.fr/-Vehicules-.html

Chapitre 2
Immobilisation et mise en fourrière

BIBLIOGRAPHIE

L'Argus de l'assurance
Ouvrages. – Code de la route, L'Argus éd.
Articles. – Dossier « Immobilisation du véhicule », JA mai 2013, n° 851, p. 14.

332. Le Code de la route organise dans son Livre 3, Titre 2, Chapitre 5 le dispositif d'immobilisation et de mise en fourrière des véhicules.
La procédure décrit un régime commun pour les deux opérations et détaille les particularités de chacune des mesures.

Section 1 . Le dispositif général

Sous-section 1 . Les conditions juridiques de mise en œuvre

§ 1 . Application aux véhicules dont la circulation ou le stationnement ont conduit à certaines infractions

333. L'immobilisation ou la mise en fourrière s'applique aux véhicules dont la circulation ou le stationnement ont conduit à l'un des types d'infractions suivants :
- infraction au Code de la route ;
- infraction à la réglementation de l'assurance auto obligatoire ;
- infraction à la réglementation du transport terrestre des matières dangereuses ;
- infraction relative au paiement de la taxe sur les transports routiers.

334. Ces infractions ayant créées une atteinte aux exigences suivantes :
- Sécurité des usagers.
- Droit à réparation des usagers.
- Tranquillité ou hygiène publique.
- Esthétique des sites et paysages classés.
- Conservation et utilisation normale des voies ouvertes à la circulation publique et de leurs dépendances.

§ 2 . Autres situations

335. L'immobilisation ou la mise en fourrière s'applique également dans les situations suivantes :

- Véhicules se trouvant sur les voies ouvertes à la circulation publique ou leurs dépendances et privés d'éléments indispensables à leur utilisation normale et insusceptibles de réparation immédiate à la suite de dégradation ou de vols.

- Véhicules laissés sans droit dans les lieux publics ou privées, où ne s'applique pas le Code de la route et insusceptibles de réparation immédiate à la suite de dégradation ou de vols.

- Immobilisation ou mise en fourrière suite à la constatation d'un délit ou d'une contravention de 5ème classe pour lequel la peine de confiscation du véhicule est encourue.

Sous-section 2 ▪ Les personnes habilitées à prendre les mesures d'immobilisation et de mise en fourrière

336. Les officiers de police judiciaire (OPJ), les agents de police judiciaire (APJ) et les agents de police judiciaire adjoints (APJA) territorialement compétents ont une compétence générale pour autoriser l'immobilisation ou la mise en fourrière des véhicules.

Sont également compétents les agents habilités à constater les infractions au Code de la route dans la limite de leur champ de compétence.

Sous-section 3 ▪ Les procédures particulières liées à une mesure de confiscation du véhicule

§ 1 ▪ Constatation d'un délit ou d'une contravention de 5ème classe

337. La constatation d'un délit ou d'une contravention de 5ème classe peut entraîner la confiscation du véhicule.

Avec l'autorisation préalable du procureur de la république, l'OPJ ou l'APJ peut faire procéder à l'immobilisation et à la mise en fourrière du véhicule :

338. Si la juridiction saisie des infractions ne prononce pas la peine de confiscation du véhicule ou prend une décision de relaxe, celui-ci est restitué à son propriétaire.

Ce dernier peut alors demander à l'État le remboursement des frais d'enlèvement et de garde en fourrière qu'il a dû acquitter pour récupérer son véhicule.

339. Si la confiscation est ordonnée, le véhicule est remis au service des domaines en vue de sa destruction ou de son aliénation.

Les frais d'enlèvement et de garde en fourrière sont à la charge de l'acquéreur. Le produit de la vente est tenu, le cas échéant, à la disposition du créancier gagiste pouvant justifier de ses droits pendant deux ans. A l'expiration de ce délai, ce produit est acquis à l'État.

340. Si la juridiction prononce la peine d'immobilisation, le véhicule n'est restitué au condamné qu'à l'issue de la durée de l'immobilisation fixée par la juridiction contre paiement des frais d'enlèvement, et de garde en fourrière qui sont à la charge de ce dernier.

§ 2 ■ Constatation d'une infraction pouvant entraîner la confiscation du véhicule

341. En cas de constatation d'une infraction pouvant entraîner la confiscation du véhicule, le représentant de l'État dans le département de commission de l'infraction peut faire procéder à titre provisoire à l'immobilisation et à la mise en fourrière du véhicule dont l'auteur s'est servi. Il en informe immédiatement, par tout moyen, le procureur de la République.
Lorsque l'immobilisation ou la mise en fourrière n'est pas autorisée par le procureur dans le délai de 7 jours suivant la décision du représentant de l'État, le véhicule est restitué à son propriétaire.

342. Lorsqu'une peine d'immobilisation ou de confiscation du véhicule est prononcée par la juridiction le véhicule est remis au service des domaines en vue de sa destruction ou de son aliénation.
Les frais d'enlèvement et de garde en fourrière sont à la charge de l'acquéreur.
Le produit de la vente est tenu, le cas échéant, à la disposition du créancier gagiste pouvant justifier de ses droits pendant deux ans. A l'expiration de ce délai, ce produit est acquis à l'État.

343. Lorsque l'auteur de l'infraction n'est pas le propriétaire du véhicule, l'immobilisation ou la mise en fourrière est levée dès qu'un conducteur qualifié proposé par l'auteur de l'infraction ou par le titulaire du certificat d'immatriculation du véhicule peut en assurer la conduite. Les frais d'enlèvement et de garde en fourrière sont à la charge du propriétaire.

§ 3 ■ Entraves à l'exécution

344. Le fait, pour tout conducteur d'un véhicule, de faire obstacle à l'immobilisation de celui-ci ou à un ordre d'envoi en fourrière est puni de trois mois d'emprisonnement et de 3 750 euros d'amende.
Toute personne physique coupable de ce délit encourt également les peines complémentaires suivantes :
- la suspension, pour une durée de trois ans au plus, du permis de conduire, cette suspension pouvant être limitée à la conduite en dehors de l'activité professionnelle ;
- la peine de travail d'intérêt général selon les modalités prévues à l'article 131-8 du Code pénal et selon les conditions prévues aux articles 131-22 à 131-24 du même code et à l'article 20-5 de l'ordonnance n° 45-174 du 2 février 1945 relative à l'enfance délinquante ;
- la peine de jours-amende dans les conditions fixées aux articles 131-5 et 131-25 du Code pénal.
Ce délit donne lieu de plein droit à la réduction de la moitié du nombre maximal de points du permis de conduire.

Section 2 . L'immobilisation

Sous-section 1 . Conditions générales d'application

345. L'immobilisation est l'obligation faite au conducteur ou au propriétaire d'un véhicule, dans les cas prévus par le Code de la route, de maintenir ce véhicule sur place ou à proximité du lieu de constatation de l'infraction en se conformant aux règles relatives au stationnement.
En cas d'absence du conducteur ou lorsque celui-ci refuse de déplacer son véhicule, l'immobilisation de ce véhicule peut être assurée par un moyen mécanique.

346. Pendant tout le temps de l'immobilisation, le véhicule demeure sous la garde juridique de son propriétaire ou de son conducteur.
Le fait, pour tout conducteur ou propriétaire d'un véhicule de transport de marchandises d'un poids total autorisé en charge excédant 3,5 tonnes ou d'un véhicule de transport en commun, de contrevenir à l'obligation prévue au premier alinéa est puni de l'amende prévue pour les contraventions de la cinquième classe.
Le fait pour tout conducteur ou propriétaire d'un autre véhicule de contrevenir à l'obligation prévue au premier alinéa est puni de l'amende prévue pour les contraventions de la quatrième classe.

Sous-section 2 . Agents habilités

347. L'immobilisation peut être prescrite par les officiers et les agents de police judiciaire ainsi que les agents de police judiciaire adjoints mentionnés à l'article 21 du Code de procédure pénale et les gardes champêtres lorsqu'ils constatent la nécessité de faire cesser sans délai une des infractions pour lesquelles cette mesure est prévue par le Code de la route.

348. Elle peut être prescrite par les agents mentionnés au 2° de l'article L. 116-2 du Code de la voirie routière lorsque l'infraction qui la motive est constatée dans les conditions prévues à l'article R. 130-5.
Les agents cités à cet article sont :
- sur les voies de toutes catégories, les agents de police municipale, les gardes champêtres des communes et les gardes particuliers assermentés ;
- sur les voies publiques ressortissant à leurs attributions :
  - les ingénieurs des ponts, des eaux et forêts et les ingénieurs des travaux publics de l'État, assermentés,
  - les techniciens des travaux publics de l'État, les conducteurs de travaux publics de l'État et les agents des travaux publics de l'État quand ils sont commissionnés et assermentés à cet effet.

349. Elle peut également être prescrite, dans le champ de leur compétence, par les inspecteurs des transports, fonctionnaires ou agents de l'État chargés du contrôle des transports terrestres placés sous l'autorité du ministre chargé des Transports mentionnés à l'article 25 de la loi n° 52-401 du 14 avril 1952, modifié par le décret n° 65-714 du 21 août 1965, les agents des douanes et les inspecteurs du travail lorsqu'il y a nécessité de faire cesser sans délai une infraction pour laquelle cette mesure est prévue par le Code de la route.

350. Elle peut être en outre prescrite par les agents verbalisateurs mentionnés à l'article L. 362-5 du Code de l'environnement :

- les ingénieurs, les chefs de district et agents techniques des eaux et forêts et les gardes champêtres ;

- les fonctionnaires et agents commissionnés et assermentés au titre de la protection de la nature par le ministre chargé de l'Environnement ;

- les agents commissionnés et assermentés de l'Office national des forêts, de l'office national de la chasse et de la faune sauvage, de l'Office national de l'eau et des milieux aquatiques et des parcs nationaux.

Sous-section 3 ■ Les cas de mise en œuvre de la procédure

§ 1 ■ Conditions liées au conducteur

351. Le véhicule peut poursuivre sa route dès qu'un conducteur qualifié proposé par le conducteur ou, éventuellement, par l'accompagnateur de l'élève conducteur ou par le propriétaire du véhicule peut assurer la conduite de celui-ci, dans le cas où la décision d'immobilisation résulte de l'une des situations suivantes :

- le conducteur ou l'accompagnateur de l'élève conducteur est présumé en état d'ivresse ou sous l'empire d'un état alcoolique ;

- le conducteur n'est pas titulaire de la catégorie du permis exigée pour la conduite du véhicule considéré ;

- le conducteur est en infraction aux règles relatives aux conditions de travail dans les transports routiers, publics ou privés, ou ne peut présenter les documents dûment renseignés permettant de contrôler le respect de ces règles.

352. A défaut, les fonctionnaires et agents habilités à prescrire l'immobilisation peuvent prendre toute mesure destinée à placer le véhicule en stationnement régulier, au lieu qu'ils désignent, en faisant notamment appel à un conducteur qualifié.

§ 2 ■ Conditions liées au véhicule

A ■ Infraction aux règles concernant l'état ou l'équipement du véhicule

353. Lorsque la décision d'immobilisation résulte d'une infraction aux règles concernant l'état ou l'équipement du véhicule, elle peut n'être rendue effective que dans un lieu où le conducteur du véhicule sera susceptible de trouver les moyens de faire cesser l'infraction. Il ne peut être fait usage de cette faculté que dans la mesure où l'accompagnement du véhicule jusqu'à ce lieu peut être assuré dans des conditions de sécurité satisfaisantes. Le conducteur peut également être autorisé à faire appel à un professionnel qualifié pour la prise en remorque de son véhicule en vue de sa réparation. L'immobilisation devient alors effective au lieu de réparation.

B ▪ Infraction aux règles relatives aux contrôles techniques

354. Lorsque le véhicule circule en infraction aux règles relatives aux contrôles techniques, la décision d'immobilisation doit prescrire la présentation du véhicule à un contrôle technique dans une installation de contrôle du choix du conducteur.
Dans ce cas, une fiche de circulation provisoire, valable sept jours, est établie par les autorités selon la procédure mentionnée à l'article R. 325-9. La ou les pièces administratives nécessaires à la circulation du véhicule sont restituées au vu d'un document attestant le résultat satisfaisant du contrôle technique.

C ▪ Véhicule dépourvu d'appareil de contrôle permettant l'enregistrement de la vitesse

355. Lorsque le véhicule est dépourvu d'appareil de contrôle permettant l'enregistrement de la vitesse (chronotachygraphe) ou lorsque cet appareil a fait l'objet d'une modification ou d'une détérioration affectant son fonctionnement normal, la décision d'immobilisation prescrit de faire procéder soit à son installation par un installateur agréé, soit aux réparations et mises en conformité nécessaires.
Un arrêté conjoint du ministre chargé de l'Industrie et du ministre chargé des Transports fixe les conditions d'application de ces dispositions.

356. Lorsque le dispositif de limitation de vitesse par construction a fait l'objet d'une modification ou d'une détérioration affectant son fonctionnement normal, la décision d'immobilisation prescrit de faire procéder aux réparations et mises en conformité nécessaires par le constructeur du véhicule ou son représentant autorisé. Un arrêté du ministre chargé des transports fixe les conditions d'application de ces dispositions.

357. Enfin, notons qu'en cas d'immobilisation, une fiche de circulation provisoire, dont la durée de validité ne peut excéder sept jours, est établie par les autorités selon la procédure mentionnée à l'article R. 325-9 du Code de la route. Les pièces administratives nécessaires à la circulation du véhicule sont restituées au vu de documents attestant la mise en conformité ou, le cas échéant, l'installation du dispositif requis.

D ▪ Véhicule en surcharge et autres cas

358. Lorsqu'un véhicule lui paraît en état de surcharge, le fonctionnaire ou l'agent habilité à prononcer l'immobilisation peut prescrire au conducteur de présenter son véhicule à une bascule proche autorisée pour un usage légal, en vue de sa pesée et, le cas échéant, de son immobilisation.
De même, lorsqu'un véhicule paraît exagérément bruyant, le fonctionnaire ou agent peut prescrire de le présenter à un service de contrôle du niveau sonore en vue de sa vérification.

359. Lorsqu'un véhicule émet des fumées, des gaz toxiques, corrosifs ou odorants, dans des conditions susceptibles d'incommoder la population ou de compromettre la santé et la sécurité publiques, tel que défini à l'article R. 318-1 du Code de la route, le fonctionnaire ou agent peut prescrire de présenter le véhicule à un service de contrôle.

360. Lorsqu'un cyclomoteur paraît avoir été équipé d'un dispositif ayant pour effet de permettre de dépasser les limites réglementaires fixées à l'article R. 311-1 du Code de la route en matière de vitesse, de cylindrée ou de puissance maximale du moteur ou avoir fait l'objet d'une transformation à cette fin, l'agent peut prescrire de le présenter à un service de

contrôle en vue de vérifier la conformité du véhicule aux dispositions de l'article R. 311-1. Un arrêté du ministre chargé des Transports fixe les conditions d'application de ces dispositions.

361. Dans les cas prévus aux trois précédents paragraphes, le conducteur peut être autorisé par le fonctionnaire ou l'agent verbalisateur à conduire le véhicule dans un établissement de son choix pour y faire procéder aux réparations nécessaires ; en pareil cas, une fiche de circulation provisoire est établie conformément aux prescriptions du II de l'article R. 325-9 du Code de la route et à celles de l'article R. 325-36 du même code.

362. En cas d'infraction, les frais de ces opérations sont à la charge du propriétaire du véhicule. En effet, le fait pour tout conducteur ou propriétaire d'un véhicule de transport de marchandises d'un poids total autorisé en charge excédant 3,5 tonnes ou un véhicule de transport en commun de contrevenir à ces injonctions est puni de l'amende prévue pour les contraventions de la cinquième classe. Le fait pour tout conducteur ou propriétaire d'un autre véhicule de contrevenir à ces injonctions est puni de l'amende prévue pour les contraventions de la quatrième classe.

Sous-section 4 ■ Mesures conservatoires de l'immobilisation au départ de l'agent verbalisateur

363. Lorsque l'infraction qui a motivé l'immobilisation n'a pas cessé au moment où l'agent quitte le lieu où le véhicule est immobilisé, l'agent saisit l'officier de police judiciaire ou l'agent de police judiciaire adjoint, chef de la police municipale ou occupant ces fonctions, territorialement compétent en lui remettant soit le certificat d'immatriculation du véhicule s'il s'agit d'un véhicule dont le poids total autorisé en charge n'excède pas 3, 5 tonnes et une fiche d'immobilisation, soit les pièces administratives nécessaires à la circulation du véhicule s'il s'agit d'un véhicule de transport de marchandises d'un poids total autorisé en charge excédant 3, 5 tonnes ou de transport en commun et la fiche d'immobilisation. Un double de cette fiche est remis au contrevenant. Toutefois, si la mesure a été motivée par le franchissement d'une barrière de dégel, l'autorité saisie est l'ingénieur des ponts, des eaux et des forêts ou, s'il s'agit d'une voie communale, le maire.

364. La fiche d'immobilisation énonce les date, heure et lieu de l'immobilisation, l'infraction qui l'a motivée, les éléments d'identification du véhicule et du certificat d'immatriculation, les nom et adresse du contrevenant, les noms, qualités et affectations des agents qui la rédigent et précise la résidence de l'officier de police judiciaire ou l'agent de police judiciaire adjoint, chef de la police municipale ou occupant ces fonctions, qualifié pour lever la mesure.

Sous-section 5 ■ Levée de l'immobilisation

365. L'immobilisation ne peut être maintenue après que la circonstance qui l'a motivée a cessé.

366. Elle est donc levée :

- par l'agent qui l'a prescrite s'il est encore présent lors de la cessation de l'infraction ;

- par l'officier de police judiciaire ou l'agent de police judiciaire adjoint, chef de la police municipale ou occupant ces fonctions, saisi dans les conditions prévues à l'article R. 325-9 du Code de la route, dès que le conducteur ou l'accompagnateur de l'élève conducteur justifie de la cessation de l'infraction. L'officier de police judiciaire ou l'agent de police judiciaire adjoint, chef de la police municipale ou occupant ces fonctions, restitue alors le certificat d'immatriculation au conducteur ou à l'accompagnateur de l'élève conducteur et transmet aux autorités destinataires du procès-verbal mentionné à l'article R. 325-10 un exemplaire de la fiche d'immobilisation ou une copie conforme de cette fiche, comportant la mention de la levée de la mesure. Lorsque le conducteur ou l'accompagnateur de l'élève conducteur n'a pas justifié de la cessation de l'infraction dans un délai de quarante-huit heures, l'officier de police judiciaire ou l'agent de police judiciaire adjoint, chef de la police municipale ou occupant ces fonctions, peut transformer l'immobilisation en une mise en fourrière ; il joint alors à chacun des exemplaires de la procédure de mise en fourrière qu'il adresse aux autorités mentionnées à l'article R. 325-10 du Code de la route un exemplaire ou une copie conforme de la fiche d'immobilisation ;
- par la décision de l'ingénieur des ponts, des eaux et des forêts ou du maire supprimant les barrières de dégel, lorsque la mesure a été motivée par leur franchissement. L'ingénieur des ponts, des eaux et des forêts ou le maire peut, avant la suppression des barrières de dégel, autoriser l'enlèvement du véhicule dans des conditions qu'il détermine. Il délivre alors au contrevenant une autorisation écrite valant justification à l'égard des services de police.

367. Dans tous les cas, dès la cessation de l'infraction qui a motivé l'immobilisation, le véhicule peut circuler entre le lieu d'immobilisation et la résidence de l'autorité désignée pour lever la mesure, sous couvert du double de la fiche d'immobilisation remise au conducteur.

Section 3. La mise en fourrière

368. La mise en fourrière est le transfert d'un véhicule en un lieu désigné par l'autorité administrative ou judiciaire en vue d'y être retenu jusqu'à décision de celle-ci, aux frais du propriétaire de ce véhicule.

Sous-section 1. Conditions générales d'application

369. L'immobilisation matérielle visée à l'article R. 325-2 du Code de la route peut constituer l'une des opérations préalables au commencement d'exécution de la mise en fourrière. La mise en fourrière est réputée avoir reçu un commencement d'exécution :

- à partir du moment où deux roues au moins du véhicule ont quitté le sol, lorsque le transfert du véhicule vers la fourrière est réalisé au moyen d'un véhicule d'enlèvement ;

- à partir du commencement du déplacement du véhicule vers la fourrière, quel que soit le procédé utilisé à cet effet.

370. Toute prescription de mise en fourrière est précédée d'une vérification tendant à déterminer s'il s'agit d'un véhicule volé.

Lorsque le résultat de cette vérification est positif, le propriétaire et son assureur sont immédiatement informés de la découverte du véhicule. Le véhicule est alors confié au gardien de fourrière à titre conservatoire en attendant que le propriétaire ou l'assureur se manifeste.

Sous-section 2 ■ Agents habilités

371. La mise en fourrière est prescrite :

- soit par un officier de police judiciaire territorialement compétent, de la police nationale ou de la gendarmerie nationale ;
- soit par un agent de police judiciaire adjoint, chef de la police municipale ou occupant ces fonctions, territorialement compétent, de sa propre initiative ou sur proposition de l'agent qui a verbalisé à la suite d'une infraction justificative de mise en fourrière.

372. Lorsque le véhicule a été volé, que son propriétaire n'a pu être identifié ou lorsqu'il est muni de fausses plaques d'immatriculation, sa mise en fourrière ne peut être prescrite que par un officier de police judiciaire de la police nationale ou de la gendarmerie nationale territorialement compétent, ou avec son accord préalable exprès.

373. En cas d'infraction aux règlements édictés pour la sauvegarde de l'esthétique des sites et des paysages classés, la mise en fourrière peut être également prescrite par le maire ou, à Paris, par le préfet de police. Un officier de police judiciaire ou l'agent de police judiciaire adjoint, chef de la police municipale ou occupant ces fonctions, territorialement compétent peut être chargé d'exécuter, ou de faire exécuter, cette mesure.

374. Sur prescription de l'officier de police judiciaire territorialement compétent, les fonctionnaires de police en tenue et les militaires de la gendarmerie habilités à constater par procès-verbaux les contraventions à la police de la circulation routière peuvent, en cas de besoin, ouvrir ou faire ouvrir les portes du véhicule, manœuvrer ou faire manœuvrer tous appareils. Ils peuvent conduire le véhicule ou le faire conduire, en leur présence, vers le lieu de mise en fourrière en utilisant, le cas échéant, les moyens autonomes de propulsion dont le véhicule est muni.

375. La mise en fourrière peut également être prescrite par l'agent de police judiciaire adjoint, chef de la police municipale ou qui occupe ces fonctions, territorialement compétent. Pour l'application de cette disposition et sur prescription de l'agent de police judiciaire adjoint, chef de la police municipale ou qui occupe ces fonctions, les agents de police municipale habilités à constater par procès-verbal les contraventions à la police de la circulation routière peuvent, en cas de besoin, ouvrir ou faire ouvrir les portes du véhicule, manœuvrer ou faire manœuvrer tous appareils. Ils peuvent conduire le véhicule ou le faire conduire, en leur présence, vers le lieu de mise en fourrière en utilisant, le cas échéant, les moyens autonomes de propulsion dont le véhicule est muni.

376. Dans ces cas, l'assureur du propriétaire du véhicule est tenu de garantir dans les limites du contrat la réparation du dommage causé au tiers, sauf recours, s'il y a lieu, contre la collectivité publique qui, par son fait, a causé le dommage ayant donné lieu à la responsabilité de l'assureur et sans qu'une majoration de prime puisse en résulter pour le propriétaire. Il est statué sur ce recours ainsi que sur toute action en responsabilité en cas de non-assurance du véhicule dans les conditions prévues par l'article 1er de la loi n° 57-1424 du 31 décembre 1957 attribuant aux tribunaux judiciaires compétence pour statuer sur les actions en responsabilité des dommages causés par tout véhicule et dirigées contre une personne morale de droit public.

Sous-section 3. Déroulement de la procédure

377. L'officier de police judiciaire ou l'agent de police judiciaire adjoint, chef de la police municipale ou occupant ces fonctions, territorialement compétent, ou l'agent placé sous leur autorité :
- désigne la fourrière dans laquelle sera transféré le véhicule, cette désignation étant matérialisée par la pose d'un signe distinctif sur celui-ci ;
- dresse, si possible contradictoirement en présence du propriétaire ou du conducteur du véhicule et du préposé à l'enlèvement, un état sommaire, extérieur et intérieur, du véhicule, sans l'ouvrir, au moyen d'une fiche descriptive dont le modèle est fixé par arrêté du ministre de l'Intérieur, avant que la mise en fourrière reçoive un commencement d'exécution ;
- remet à ce propriétaire ou à ce conducteur, s'il est présent, un double de la fiche relative à l'état du véhicule et, le cas échéant, la fiche de circulation provisoire prévue à l'article R. 325-6 du Code de la route ;
- relate sur le procès-verbal de constatation ou le rapport les motifs de la mise en fourrière : il y fait mention du retrait provisoire du certificat d'immatriculation et de l'heure d'appel du véhicule d'enlèvement.
Si le propriétaire ou le conducteur du véhicule règle les frais d'opérations préalables ou s'il s'engage par écrit à les régler, et s'il s'engage à rendre immédiatement son usage normal à la voie publique, il peut être autorisé à reprendre aussitôt son véhicule.

378. Peuvent procéder au transfert d'un véhicule du lieu de son stationnement à celui de sa garde en fourrière :
- les personnels habilités mentionnés aux premier et deuxième alinéas de l'article L. 325-2 du Code de la route ;
- le professionnel agréé, ou son préposé, désigné pour l'enlèvement du véhicule dont la mise en fourrière a été prescrite ;
- un tiers en vertu d'une réquisition ;
- le propriétaire ou le conducteur du véhicule en vertu d'une réquisition.

Sous-section 4. Statut et fonctionnement des fourrières

379. Chaque fourrière relève d'une autorité publique unique.
Cette autorité publique est l'une de celles qui sont prévues aux articles R. 325-20 et R. 325-21 du Code de la route.
Cette autorité publique désigne le gardien de la fourrière sur la liste des gardiens de fourrière agréés par le préfet conformément aux dispositions de l'article R. 325-24 du même code.

380. Si la mise en fourrière est effectuée dans un lieu public ou relevant d'une autorité publique, la fourrière relève de l'autorité respectivement du préfet, du président du conseil général, du président du conseil exécutif de Corse, du président de l'organisme de coopération intercommunale ou du maire, selon que l'Etat, le département, la collectivité territoriale de Corse, l'organisme de coopération intercommunale ou la commune est propriétaire, ou dispose de l'immeuble où se trouve la fourrière.

381. A défaut d'institution d'un service public local de fourrière pour véhicules par l'une des autorités précitées, ou en cas de refus de leur part d'enlever, faire enlever, garder ou faire

garder un véhicule faisant l'objet d'une prescription de mise en fourrière, l'Etat est substitué à ces autorités.

§ 1 ■ L'agrément des gardiens de fourrière

382. Le préfet agrée les gardiens de fourrière et les installations de celle-ci, après consultation de la commission départementale de sécurité routière. Il peut, dans les mêmes conditions, procéder au retrait de l'agrément. La décision de retrait n'intervient qu'après que la personne intéressée a été mise à même de présenter des observations écrites et, le cas échéant, sur sa demande, des observations orales. Nul ne peut être agréé comme gardien de fourrière s'il exerce également une activité de destruction ou de retraitement de véhicules usagés.

383. La fourrière doit être clôturée. Ses installations doivent notamment satisfaire aux dispositions législatives et réglementaires relatives à la protection de l'environnement.
Toutefois notons que ces dispositions ne sont applicables ni à la personne occasionnellement requise comme gardien de fourrière ni au propriétaire qui garde son véhicule dans les conditions prévues à l'article R. 325-22 du Code de la route.
Le préfet établit un rapport annuel sur les activités et le fonctionnement des fourrières de son département.
L'auteur de la prescription de la mise en fourrière signale au préfet du département le refus opposé à l'enlèvement ou à la garde du véhicule.

§ 2 ■ Autres cas

384. La fourrière peut être située dans un lieu privé avec l'assentiment du propriétaire ou du locataire de cet immeuble s'il accepte d'assurer la garde de cette fourrière.

385. Lorsque le propriétaire du véhicule faisant l'objet de la mise en fourrière est domicilié ou réside dans le ressort de l'officier de police judiciaire ou de l'agent de police judiciaire adjoint, chef de la police municipale ou occupant ces fonctions qui prescrit cette mesure, celui-ci peut faire garder le véhicule par son propriétaire, à condition que le certificat d'immatriculation soit immédiatement retiré. Ce document reçoit la destination prévue à l'article R. 325-34 du Code de la route.
Dans cette hypothèse, l'autorité dont relève la fourrière est :
- soit le maire, lorsque la mise en fourrière a été décidée par lui ou par un de ses adjoints agissant en qualité d'officier de police judiciaire ou par l'agent de police judiciaire adjoint, chef de la police municipale ou occupant ces fonctions ;
- soit le préfet, dans les autres cas.

386. Ces dispositions sont applicables à la mise en fourrière prévue à l'article L. 325-1-2 du Code de la route lorsque le propriétaire du véhicule réside dans le département du représentant de l'Etat qui a prescrit cette mesure.

§ 3 ■ Le rôle du gardien

387. Le véhicule est placé sous la garde juridique du gardien de la fourrière jusqu'à la date d'effet de la mainlevée, sauf au cours de la sortie provisoire.

Le gardien de fourrière enregistre, au fur et à mesure de leurs arrivées, les entrées des véhicules mis en fourrière, leurs sorties provisoires et définitives, les décisions de mainlevée de la mise en fourrière et, le cas échéant, les décisions de remise au service des domaines ou à une entreprise de destruction.

§ 4 ▪ La constatation de la mise en fourrière

388. Les circonstances et les conditions dans lesquelles la mesure de mise en fourrière a été prise sont relatées soit dans un procès-verbal de mise en fourrière, consécutivement à la commission d'une infraction. Ce procès-verbal est transmis au procureur de la République et au préfet. Soit dans un rapport de mise en fourrière, dans les autres cas. Ce rapport est transmis au préfet.

389. Une copie de ce document est transmise sans délai à l'autorité ayant compétence pour prononcer la mainlevée.
En cas d'absence du propriétaire ou du conducteur au moment de l'enlèvement du véhicule en fourrière, un double de la fiche descriptive remplie par l'agent de constatation est adressé sans délai au responsable de la notification de mise en fourrière.
Un autre double de cette fiche descriptive est remis au gardien de fourrière.

§ 5 ▪ La contestation de mise en fourrière

390. Les intéressés peuvent contester la décision de mise en fourrière :
- auprès du procureur de la République du lieu de l'enlèvement du véhicule, lorsque la procédure est consécutive à la commission d'une infraction, à l'exclusion des cas où elle est mise en œuvre par le préfet, dans le cadre des dispositions prévues à l'article L. 325-1-2 du Code de la route ;
- auprès du préfet du lieu de l'enlèvement du véhicule, dans les autres cas.

391. Dans le délai de cinq jours ouvrables, l'autorité compétente confirme la mesure ou, si elle estime la décision infondée, en ordonne la mainlevée. Elle en informe sans délai l'auteur de la prescription.

§ 6 ▪ Le classement du véhicule

392. L'autorité dont relève la fourrière classe le véhicule dans l'une des trois catégories suivantes :
- véhicule pouvant être restitué en l'état à son propriétaire ou son conducteur ;
- véhicule ne pouvant être restitué à son propriétaire ou son conducteur qu'après l'exécution des travaux reconnus indispensables, ou après avoir satisfait aux obligations de contrôles techniques ;
- véhicule hors d'état de circuler dans des conditions normales de sécurité et dont la valeur marchande est inférieure à un montant fixé par arrêté du ministre de l'intérieur et du ministre chargé de l'économie et des finances, devant être livré à la destruction à l'expiration du délai d'abandon prévu au quatrième alinéa de l'article L. 325-7 du Code de la route.

393. Le classement dans les deuxième et troisième catégories ci-dessus est décidé après avis d'un expert en automobile au sens de l'article L. 326-3 du code, désigné par l'administration parmi ceux figurant sur la liste nationale.

394. L'expert se prononce sur la capacité du véhicule à circuler dans des conditions normales de sécurité. Si le véhicule ne remplit pas ces conditions, l'expert définit les réparations indispensables propres à lui redonner cette capacité et fournit une évaluation de la valeur marchande du véhicule.
Les véhicules réclamés par leurs propriétaires ou leurs conducteurs dans le délai de trois jours suivant la mise en fourrière peuvent être restitués sans avoir été expertisés ni classés.

Sous-section 5 ▪ Notification et suites éventuelles

395. La mise en fourrière est notifiée par l'auteur de la mesure à l'adresse relevée, soit sur le traitement automatisé mis en œuvre pour l'immatriculation des véhicules, soit sur le procès-verbal d'infraction ou le rapport de mise en fourrière.
Lorsque le véhicule n'est pas identifiable, il n'est pas procédé à cette formalité. Mention en est faite dans le procès-verbal ou dans le rapport de mise en fourrière.

396. Cette notification s'effectue par lettre recommandée avec demande d'accusé de réception, dans le délai maximal de cinq jours ouvrables suivant la mise en fourrière du véhicule. Il y est joint un double de la fiche descriptive de l'état du véhicule mis en fourrière en cas d'absence du propriétaire ou du conducteur au moment de l'enlèvement pour mise en fourrière.

397. Cette notification comporte les mentions obligatoires suivantes :
- indication de l'auteur de la prescription, du motif de la prescription, de la fourrière désignée et de l'autorité dont relève cette fourrière ;
- décision de classement prise en application de l'article R. 325-30 du Code de la route et indication de la faculté de faire procéder à une contre-expertise conformément aux articles R. 325-35 et R. 325-36 du même code;
- autorité qualifiée pour donner mainlevée de la mise en fourrière ;
- injonction au propriétaire du véhicule, s'il est soumis à immatriculation, de remettre immédiatement, sous peine d'encourir l'amende prévue pour les contraventions de la quatrième classe, le certificat d'immatriculation à l'autorité qualifiée pour donner mainlevée de la mise en fourrière ;
- mise en demeure au propriétaire de retirer son véhicule avant l'expiration d'un délai (ces délais commençant à courir un jour franc après la date de notification) :
  - de 10 jours pour un véhicule qu'un expert aura estimé d'une valeur marchande inférieure à un montant fixé par arrêté interministériel et déclaré hors d'état de circuler dans des conditions normales de sécurité,
  - de 30 jours dans les autres cas ;
- avertissement au propriétaire que son absence de réponse dans les délais impartis vaudra abandon de son véhicule et que ledit véhicule sera, dans les conditions prévues par décret, soit remis au service des domaines en vue de son aliénation, soit livré à la destruction ; nature et montant des frais qu'il sera tenu de rembourser ;
- énoncé des voies de recours.

398. Si le traitement automatisé mis en œuvre pour l'immatriculation des véhicule révèle l'inscription d'un gage, copie de la notification de mise en fourrière est adressée par l'auteur de la prescription de mise en fourrière au créancier-gagiste, par lettre recommandée avec demande d'accusé de réception, qui fait référence au décret n° 72-823 du 6 septembre 1972 (art. 5,6 et 7) fixant les conditions de remise au service des domaines des véhicules non retirés de fourrière par leurs propriétaires.

399. Le fait, pour le propriétaire d'un véhicule, de ne pas restituer le certificat d'immatriculation immédiatement après la notification qui lui a été faite est puni de l'amende prévue pour les contraventions de la quatrième classe.

400. En cas de désaccord sur l'état du véhicule ou sur la décision de classement, le propriétaire a la faculté de faire procéder à une contre-expertise.
La contre-expertise est faite par un expert choisi sur la liste visée à l'article R. 325-30 du Code de la route.
Dans le cas où la contre-expertise confirme l'expertise initiale, les frais d'expertise et de contre-expertise sont à la charge du propriétaire. Dans le cas contraire, ces frais incombent à l'autorité dont relève la fourrière.

401. L'autorité dont relève la fourrière ne peut s'opposer à la demande d'autorisation provisoire de sortie de fourrière présentée par le propriétaire du véhicule en vue exclusivement de faire procéder aux travaux reconnus indispensables par l'expert. Il en est de même lorsque le propriétaire du véhicule fait procéder à une contre-expertise, aux réparations remettant le véhicule en état de circuler dans des conditions normales de sécurité ainsi qu'au contrôle technique du véhicule dans un centre agréé.

402. Cette autorisation provisoire de sortie de fourrière, dont le modèle est fixé par arrêté du ministre de l'Intérieur, qui tient lieu de pièce de circulation et qui est limitée au temps des parcours nécessaires et des opérations précitées, peut prescrire un itinéraire et des conditions de sécurité.
Le réparateur doit remettre au propriétaire du véhicule une facture détaillée certifiant l'exécution des travaux prescrits en application du 2° du I de l'article R. 325-30 du Code de la route.

Sous-section 6. Fin de la mise en fourrière

403. Chaque prescription de mise en fourrière prend fin par une décision de mainlevée. Cette décision émane de l'autorité qui a prescrit la mise en fourrière ou de l'officier de police judiciaire chargé d'exécuter cette mesure.
Lorsque l'autorité qualifiée pour prononcer la mainlevée est saisie en ce sens par le procureur de la République ou le préfet, comme il est prévu à l'article R. 325-27 du Code de la route, elle est tenue de donner immédiatement mainlevée.

404. L'autorité qualifiée pour prononcer la mainlevée est tenue de le faire, de restituer le certificat d'immatriculation du véhicule s'il a été retiré et de délivrer une autorisation définitive de sortie de fourrière :
- sur simple demande du propriétaire ou du conducteur si elle concerne un véhicule classé dans la première catégorie visée à l'article R. 325-30 du Code de la route ;
- s'il s'agit d'un véhicule classé dans la deuxième ou la troisième catégorie, sur demande du propriétaire ou du conducteur, accompagnée selon le cas :
  • de la facture détaillée du réparateur certifiant l'exécution des travaux reconnus indispensables par l'expert,
  • ou du récépissé délivré par un centre de contrôle technique agréé, postérieur à la date de mise en fourrière.

405. Toutefois, les dispositions ci-dessus ne s'appliquent pas aux véhicules volés retrouvés en fourrière ainsi qu'aux véhicules dont le propriétaire et l'assureur demeurent inconnus ou introuvables malgré les recherches effectuées, pour lesquels la mainlevée ne peut être prononcée qu'après accord préalable exprès des services de police ou de gendarmerie compétents.

406. L'autorité qualifiée qui a prononcé la mainlevée en informe sans délai le préfet du département ou, à Paris, le préfet de police, en précisant la date d'effet de cette mesure. La mainlevée prend effet au jour de la délivrance de l'autorisation définitive de sortie du véhicule dans les cas prévus au IV de l'article R. 325-38 du Code de la route. Elle prend effet à compter de la remise du véhicule au service des domaines s'il est destiné à être aliéné, ou de sa remise à l'entreprise spécialisée s'il est destiné à être détruit.

407. Le gardien de la fourrière restitue le véhicule à son propriétaire ou à son conducteur dès que ce dernier produit l'autorisation définitive de sortie de fourrière et s'est acquitté des frais de mise en fourrière, d'enlèvement, de garde et d'expertise, dans le cas où ces derniers sont à la charge du propriétaire. Ces frais sont arrêtés à la date de reprise du véhicule. Aucun véhicule mis en fourrière ne peut être remis au service des domaines en vue de son aliénation ou à une entreprise de démolition en vue de sa destruction sans que la mainlevée de cette mesure ait été préalablement prononcée à l'une ou l'autre de ces fins.

408. En application des dispositions des articles L. 325-7 et L. 325-8 relatives aux véhicules abandonnés, l'autorité dont relève la fourrière décide de la remise du véhicule au service des domaines en vue de son aliénation ; elle décide également de la destruction des véhicules mentionnés au quatrième alinéa de l'article L. 325-7 ainsi que des véhicules qui ont été remis au service des domaines pour aliénation et qui n'ont pas trouvé preneur. L'autorité dont relève la fourrière informe de ces décisions l'autorité qualifiée pour prononcer la mainlevée, détentrice du certificat d'immatriculation, ainsi que le préfet du département ou, à Paris, le préfet de police.

409. Dans ce cas, en se référant aux décisions susvisées, l'autorité qualifiée précitée envoie le certificat d'immatriculation, dûment barré, au préfet du département ou, à Paris, au préfet de police aux fins d'annulation de ce document. Si l'envoi du certificat d'immatriculation est impossible, elle en précise le motif.

Sous-section 7 ▪ Véhicules laissés dans les lieux non ouverts à la circulation publique

410. Le maître de lieux publics ou privés où ne s'applique pas le Code de la route qui veut faire procéder à l'enlèvement d'un véhicule laissé sans droit dans ces lieux en adresse la demande à l'officier de police judiciaire territorialement compétent.

411. Lorsque le maître des lieux connaît l'identité et l'adresse du propriétaire du véhicule, il joint à sa requête la justification qu'il l'a mis en demeure, avec demande d'avis de réception, d'avoir à retirer son véhicule dans un délai de huit jours à compter de la date de réception. L'officier de police judiciaire vérifie, avant de prescrire la mise en fourrière, l'identité du propriétaire du véhicule.

412. Lorsque le maître des lieux ignore l'identité et l'adresse du propriétaire du véhicule, il joint à sa requête une demande d'identification. Si les recherches menées par l'officier de police judiciaire, de la police nationale ou de la gendarmerie nationale, territorialement

compétent, permettent d'obtenir ces renseignements, l'officier de police judiciaire procède à l'expédition de la mise en demeure prévue à l'article R. 325-48. Les frais d'expédition sont à la charge du requérant.
Dans tous les cas où le propriétaire a pu être identifié, l'officier de police judiciaire, après avoir prescrit la mise en fourrière, lui notifie cette mesure.
Lorsque le propriétaire n'a pu être identifié, l'officier de police judiciaire prescrit la mise en fourrière après avoir vérifié que le véhicule n'a pas été signalé comme ayant été volé.

413. En ce qui concerne les véhicules abandonnés dans les forêts soumises au régime forestier, les ingénieurs et agents assermentés de l'office national des forêts peuvent demander, concurremment avec le maître des lieux ou en son nom, la mise en fourrière de ces véhicules, conformément à la procédure prévue aux articles R. 325-47 à R. 325-51 du Code de la route.

Titre 4 ■ Le permis de conduire

Par Jean-Baptiste le Dall.

BIBLIOGRAPHIE

L'Argus de l'assurance
Ouvrage. - *Code de la route*, L'Argus éd.
Article. - Dossier, « L'invalidation du permis de conduire », JA septembre 2014, n° 865, p. 10 - Dossier, « Conduire à l'étranger », JA juillet 2014, n° 864, p. 8 - S. Merenne, « Point de départ du délai d'échange d'un permis de conduire étranger », JA juillet 2014, n° 864, p. 24 - J-B Le Dall, « Permis de conduire : l'effet rétroactif du retrait par l'administration de l'invalidation », JA avril 2014, n° 861, p. 22 - J-B Iosca, « Droit de conduire - Europe : Permis de conduire étranger sur permis de conduire français annulé ne vaut ? », JA mars 2014, n° 860, p. 26.

■ Chapitre 1
Délivrance et catégories du permis de conduire

414. La troisième directive européenne sur le permis de conduire (Directive 2006/126/CE du Parlement européen et du Conseil du 20 décembre 2006 ; décret n° 2011-1475 du 9 novembre 2011 portant diverses mesures réglementaires de transposition de la directive 2006/126/CE relative au permis de conduire) a engendré quelques modifications en la matière dès 2013. Le changement le plus visible concerne le document lui-même avec un nouveau format qui offre plus de garanties contre les falsifications avec la puce électronique qui permettra d'afficher les informations disponibles sur le titre et de vérifier son authenticité (état civil de l'usager, catégories de permis détenues et liste des éventuelles restrictions, date de délivrance du titre, date d'obtention et de fin de validité des catégories, numéro du titre, numéro de dossier de l'usager et les éventuelles restrictions de conduite : lunettes, aménagement pour handicap...), et une bande magnétique qui permettra l'accès à la puce et facilitera la lecture automatique du numéro du titre.

415. Le passage à ces permis nouveau format a engendré un fort retard dans la délivrance tant pour les nouveaux conducteurs que pour ceux ayant dû rendre leurs titres de conduite aux services préfectoraux du fait d'une suspension. Mais les conducteurs qui auront dû patienter pour certains plusieurs mois avant de recevoir leurs permis nouvelle génération

pourront se prévaloir d'un permis que finalement peu de français pourront détenir. En effet dès novembre 2014 était annoncée la suppression de la puce électronique sur les nouveaux permis de conduire. La raison invoquée est purement financière. Selon le Ministère de l'Intérieur, «le titre reste hautement sécurisé et donc très difficilement falsifiable grâce aux très nombreux autres paramètres de sécurité introduits par l'Imprimerie nationale». Incontestablement la falsification sera grandement facilitée par cette mesure d'économie.

416. Ce permis de conduire nouveau format possèdera une validité d'une durée de quinze ans (et cinq ans au plus pour les titres poids lourds et transport en commun) au terme de laquelle il sera nécessaire de demander un renouvellement du titre. Ce renouvellement d'ordre purement administratif ne s'accompagnera pas d'une visite médicale ou d'un examen pratique associé (sauf situation particulière prévue par le Code de la route pour les professionnels de la conduite et les détenteurs de catégories lourdes). La transposition de la troisième directive a, par ailleurs, entraîné la création de nouvelles catégories du permis de conduire : AM, A2, C1, C1E, D1 et D1E.

Section 1 ▪ Le principe d'unicité du permis de conduire

417. Le principe d'unicité du permis de conduire a, dès le départ, été mis en avant dans le cadre des circulaires relatives au permis à points de 1992 et 2004. Ainsi, la circulaire du 25 juin 1992 précisait, à l'époque, que « la perte de points affecte le permis de conduire dans son ensemble, titre unique et indivisible comportant éventuellement plusieurs catégories, quel que soit le véhicule utilisé au moment de la commission de l'infraction. » Cette interprétation a été validée par le Conseil d'Etat (CE, 8 déc. 1995, M. Dalbies, n° 140812, recueil Lebon, p. 1052) qui a considéré que cette disposition de la circulaire se bornait « à commenter la portée des articles L. 11-1 et L. 11-5 sans y ajouter aucune règle ». La circulaire du 11 mars 2004 relative au régime général du permis de conduire à points et au permis probatoire a réaffirmé ce principe en expliquant que « pour un contrevenant disposant d'un permis comportant la catégorie A (moto) et la catégorie B (voiture), les retraits de points affectent l'ensemble du permis, que les infractions aient été commises en voiture ou à moto. Si le permis est invalidé à la suite de ces retraits, son titulaire perd tous les droits de conduire obtenus précédemment. » (Circulaire du 11 mars 2004 relative au régime général du permis de conduire à points et au permis probatoire, NOR/INT/D/04/00031/C).

418. Cette même circulaire apporte, toutefois, un tempérament en précisant qu'« il ne peut y avoir de retrait de points que pour les infractions commises avec un véhicule pour la conduite duquel un permis de conduire est exigé. Cette analyse a été confirmée par le Conseil d'Etat dans ses décisions du 8 décembre 1995 (...). C'est ainsi qu'une infraction au Code de la route commise à bicyclette, avec une voiturette ou au volant d'un tracteur agricole sanctionnée à ce titre ne donne pas lieu à retrait de points ».

419. La transposition de la troisième directive européenne sur le permis de conduire a entraîné la mise en place d'une catégorie AM notamment pour la conduite des voiturettes (autrefois appelées voitures « sans permis »), et les cyclomoteurs de moins de 50 cm^3. La conduite de ces engins implique, ainsi, désormais un permis (tout du moins pour les conducteurs nés après le 1er janvier 1988), toutefois cette nouvelle catégorie ne modifiera pas les règles en vigueur concernant l'absence de retrait de points pour la conduite de ces véhicules.

Section 2. Les catégories du permis de conduire

420. Le Code de la route impose pour chaque type de véhicule la détention d'une catégorie spécifique du permis de conduire pour laquelle des épreuves spécifiques sont également prévues. En fonction de la catégorie délivrée au détenteur d'un permis de conduire, celui-ci pourra conduire un deux-roues (catégorie A du permis de conduire), une voiture de tourisme (catégorie B du permis de conduire), un poids lourd (catégorie C du permis de conduire), un véhicule de transport de personnes comportant plus de 8 places (catégorie D du permis de conduire) ou tracter une remorque.

Sous-section 1. La catégorie A du permis de conduire et ses sous-catégories

421. La conduite d'un deux roues-impose la détention d'une catégorie A du permis de conduire, en fonction de la puissance de l'engin.

§ 1. La catégorie AM du permis de conduire

422. Avec la transposition de la troisième directive européenne, la catégorie AM remplace le BSR, le Brevet de sécurité routière obtenu après le passage de l'ASSR ou de l'ASR.

A. L'Attestation scolaire de sécurité routière (ASSR)

423. Les attestations scolaires de sécurité routière (ASSR) sanctionnent l'enseignement, désormais obligatoire dès le collège, des règles de sécurité routière. Ces attestations au nombre de deux sont délivrées, après un contrôle des connaissances théoriques de sécurité routière organisé sur le temps scolaire.

424. L'ASSR comprend deux épreuves : l'ASSR 1 et l'ASSR 2 qui viennent sanctionner un enseignement réparti sur deux niveaux. Le premier niveau est organisé pour les classes de 5e et de niveau correspondant. Le second niveau concerne, lui, les classes de 3e et de niveau correspondant. L'ASSR 1 n'est pas obligatoire pour passer l'ASSR 2. L'élève n'ayant pu valider la première session des ASSR peut passer une seule épreuve de rattrapage organisée durant la même année au sein de l'établissement scolaire L'élève souhaitant seulement passer le BSR afin de pouvoir conduire, par exemple, un cyclomoteur de moins de 50 cm^{3}, pourra se contenter de l'ASSR 1. Par contre, l'inscription aux épreuves du permis de conduire implique la détention de l'ASSR 2. Si l'élève n'a pu valider le second niveau de l'ASSR, l'inscription aux épreuves de l'ASR s'avérera alors nécessaire.

B. L'Attestation de sécurité routière (ASR)

425. L'Attestation de sécurité routière (ASR) a été mise en place par le décret n° 2002-675 du 30 avril 2002 pour les personnes n'ayant pu obtenir durant leur scolarité l'attestation scolaire de sécurité routière (ASSR). Cette ASR est, donc, destinée aux personnes nées à partir de 1988 et non détentrices de l'attestation scolaire de sécurité routière (ASSR). L'épreuve de l'ASR portant sur les connaissances théoriques des règles de sécurité routière a lieu deux fois par an, en mars et en octobre. Les épreuves de l'ASR sont organisées dans les GRETA

(groupements d'établissements pour la formation continue des adultes), pour les candidats âgés de seize ans et plus non scolarisés et dans les CFA (centres de formation des apprentis) pour les apprentis.

C ▪ Le Brevet de sécurité routière (BSR) ou la catégorie AM du permis de conduire

426. Depuis le 19 janvier 2013, la détention de la catégorie AM est obligatoire pour conduire un cyclomoteur d'une cylindrée de 50 cm^3 maximum (pour les moteurs à combustion interne) ou d'une puissance maximale de 4 kW (pour les autres motorisations) ou un quadricycle léger à moteur d'une puissance maximale de 4kw (« voiturettes » ou quads légers) dès l'âge de 14 ans.

427. La conduite d'un cyclomoteur de moins de 50 cm^3 sans détention de la catégorie AM par exemple est, ainsi, sanctionnée par une contravention de deuxième classe (C. route, art. R. 211-2). Les conducteurs nés avant 1988 peuvent conduire ces engins sans titre spécifique et sans condition de détention d'une autre catégorie du permis de conduire.
Outre la détention de l'ASSR (de niveau 1 ou 2) ou de l'ASR, l'obtention du BSR implique le suivi d'une formation pratique d'une durée de sept heures (contre cinq heures auparavant) dispensée au sein d'une école de conduite (ou d'une association d'insertion ou de réinsertion sociale ou professionnelle agréée par la préfecture, Cf. C. route, art. R. 211-1).
Cette formation pratique effectuée, l'école de conduite délivre à l'élève une attestation de suivi mentionnant l'option effectuée (cyclomoteur ou quadricycle léger à moteur) qui lui permettra de solliciter de la part des services préfectoraux la délivrance de la catégorie AM du permis de conduire. La catégorie de permis AM n'entre pas dans le régime du permis à points.

§ 2 ▪ Le permis de conduire de la catégorie A1 : motocyclettes de 50 à 125 cm^3

428. Le permis A1 permet de conduire les motocyclettes légères, avec ou sans side-car, dont la cylindrée n'excède pas 125 cm^3 et dont la puissance n'excède pas 11 kilowatts (15 ch.), les tricycles à moteur d'une puissance maximale de 15 kilowatts. Le permis A1 remplace l'ancien permis AL délivré jusqu'en mars 1999 (Cf. arrêté du 12 février 1999 fixant les conditions dans lesquelles certaines catégories de permis de conduire sont valables pour la conduite de véhicules d'autres catégories, NOR : EQUS9900104A). Le candidat aux épreuves du permis A1 devra être âgé d'au moins 16 ans, et être détenteur de l'attestation scolaire de sécurité routière (ASSR 2) ou l'attestation de sécurité routière (ASR) s'il est né à partir de 1988.

429. L'obtention du permis A1 suppose le succès à l'épreuve théorique générale, avec 35 réponses correctes sur 40 au code de la route. Le candidat sera dispensé de l'épreuve théorique en cas de détention d'une autre catégorie de permis depuis moins de 5 ans. De la même façon, le succès à l'épreuve théorique reste acquis en cas de changement de filière de formation ou de catégorie de permis.
L'épreuve pratique comprend une épreuve hors circulation (HC) d'admissibilité de 15 minutes et une épreuve en circulation (CIR) de 30 minutes. L'admissibilité à l'épreuve théorique générale ouvre droit au passage de cinq épreuves pratiques, dans un délai maximum de 3 ans.

430. L'arrêté du 10 janvier 2013 modifiant l'arrêté du 23 avril 2012 fixant les modalités pratiques de l'examen du permis de conduire des catégories A1, A2 et A est venu modifier les modalités pratiques de l'examen du permis de conduire des catégories A1, A2 et A en définissant de nouvelles caractéristiques techniques des véhicules d'examen. De plus, l'équipement obligatoire du motocycliste est précisé, notamment le type de gants, et de nouveaux supports graphiques sont pris en compte.

§ 3 ▪ Le permis de conduire de la catégorie A2

431. Le permis A2 permet de conduire une motocyclette (avec ou sans side-car), dont la puissance n'excède pas 35 kilowatts et dont le rapport puissance/poids n'excède pas 0,2 kw par kilogramme ; un tricycle à moteur d'une puissance maximum de 15 kw. La puissance de cette moto ne peut pas résulter du bridage d'un moteur développant plus de 70 kw. Le candidat au permis A2 devra avoir au moins 18 ans et être détenteur de l'attestation scolaire de sécurité routière (ASSR 2) ou l'attestation de sécurité routière (ASR) s'il est né à partir de 1988.

432. L'obtention du permis A2 suppose le succès à l'épreuve théorique générale, avec 35 réponses correctes sur 40 au code de la route. Le candidat sera dispensé de l'épreuve théorique en cas de détention d'une autre catégorie de permis depuis moins de 5 ans. De la même façon, le succès à l'épreuve théorique reste acquis en cas de changement de filière de formation ou de catégorie de permis.
L'examen pratique comprend une épreuve hors circulation (épreuve HC dont le candidat conserve le bénéfice pour les 3 ans qui suivent la date de réussite, sous réserve de la validité de l'épreuve théorique) et une épreuve en circulation (CIR). L'épreuve hors circulation dure 17 minutes et 30 secondes. L'épreuve en circulation dure 35 minutes.

§ 4 ▪ Le Permis A

433. Le permis A autorise la conduite de toutes les motocyclettes avec ou sans side-car, ainsi que tous les tricycles à moteur sans condition de puissance. Le candidat au permis A devra avoir au moins 24 ans ou avoir le permis A2 depuis 2 ans et avoir suivi une formation spécifique de 7 heures (Cf. arrêté du 8 novembre 2012 relatif à la formation requise pour l'obtention de la catégorie A du permis de conduire par les titulaires de la catégorie A2 depuis au moins deux ans ; NOR : INTS1239008A).

434. L'obtention du permis A suppose le succès à l'épreuve théorique générale, avec 35 réponses correctes sur 40 au code de la route. Le candidat sera dispensé de l'épreuve théorique en cas de détention d'une autre catégorie de permis depuis moins de 5 ans. De la même façon, le succès à l'épreuve théorique reste acquis en cas de changement de filière de formation ou de catégorie de permis. La réussite de l'épreuve théorique permettra au candidat de passer l'examen pratique qui comprend une épreuve hors circulation (HC, ou plateau dont le candidat conserve le bénéfice pour les 3 ans qui suivent la date de réussite, sous réserve de la validité de l'épreuve théorique) de 17 minutes et 30 secondes et une épreuve en circulation (CIR) de 35 minutes.

435. L'arrêté du 10 janvier 2013 modifiant l'arrêté du 23 avril 2012 fixant les modalités pratiques de l'examen du permis de conduire des catégories A1, A2 et A est venu modifier les modalités pratiques de l'examen du permis de conduire des catégories A1, A2 et A en définissant de nouvelles caractéristiques techniques des véhicules d'examen. De plus, l'équipement obligatoire du motocycliste est précisé, notamment le type de gants, et de nouveaux supports graphiques sont pris en compte. L'arrêté du 10 janvier 2013 a, notamment, fait

évoluer les modalités de passage de l'épreuve pratique hors circulation. Le plateau comprend désormais quatre épreuves pratiques, avec seulement deux parcours possibles pour chacune. L'interrogation orale, plus courte, ne porte que sur douze fiches (contre vingt auparavant). Les épreuves pratiques peuvent, à présent, être passées au guidon d'une moto pourvue d'un freinage ABS.

436. Le candidat à chacune des catégories A, A1 et A2 peut demander à passer l'épreuve pratique sur un deux-roues doté d'une transmission automatique. Dans cette hypothèse, le permis qui lui sera délivré ne lui autorisera que la conduite d'un engin « automatique » et une mention en ce sens sera portée sur le titre (Cf. arrêté du 10 janvier 2013 modifiant l'arrêté du 23 avril 2012 fixant les modalités pratiques de l'examen du permis de conduire des catégories BE, C1, C1E, C, CE, D1, D1E, D et DE ; NOR : INTS1300277A). Ce conducteur devra suivre une formation supplémentaire, s'il souhaite ultérieurement conduire des véhicules deux-roues ou trois-roues à boîte mécanique.

Sous-section 2. La catégorie B du permis de conduire et ses sous-catégories

§ 1. Le permis B

437. Le permis B permet la conduite des véhicules dont le PTAC (poids total autorisé en charge) est inférieur ou égal à 3,5 tonnes.

A. Droits et équivalences liés à la détention de la catégorie B du permis de conduire

438. Les droits acquis par les détenteurs du permis B obtenu avant le 19 janvier 2013 sont maintenus. Un permis B délivré avant le 20 janvier 1975 permet, ainsi, à son détenteur la conduite d'un camping-car de plus de 3,5 tonnes sous réserve qu'il ait fait apposer le code 79 sur son permis par la préfecture de son lieu de résidence (et que ce titre n'ait pas fait, depuis, l'objet d'une invalidation ou d'une annulation).

439. Par équivalence, le permis B permet, également, la conduite des tricycles à moteur (véhicules de catégorie L5e), et des motocyclettes légères (d'une cylindrée n'excédant pas 125 cm^3 et dont la puissance n'excède pas 11 Kw). Cette équivalence suppose toutefois la détention du permis B depuis plus de 2 ans et le suivi d'une formation pratique de 7 heures (Cf. article 4 de l'arrêté du 17 décembre 2010 relatif aux conditions requises pour la conduite des motocyclettes légères et des véhicules de la catégorie L5e par les titulaires de la catégorie B du permis de conduire).

440. Le conducteur des véhicules de la catégorie L5e, titulaire du permis de conduire de la catégorie B, est exempté de ces conditions s'il justifie d'une pratique de la conduite de ce type de véhicule ou d'une motocyclette légère au cours des cinq dernières années avant le 1er janvier 2011. La justification de cette pratique sera apportée par la production d'un relevé d'information, établi par l'assureur (relevé conforme aux dispositions de l'article 12 de l'annexe à l'article A. 121-1 du Code des assurances), démontrant la conduite d'un véhicule de catégorie L5e ou d'une motocyclette d'une cylindrée n'excédant pas 125 cm^3. Le permis B est nécessaire à l'obtention des catégories BE, C1, C, D1 et D.

B ▪ Les épreuves de passage du permis B

441. Le candidat aux épreuves du permis B devra être âgé d'au moins 18 ans, et être détenteur de l'attestation scolaire de sécurité routière (ASSR 2) ou l'attestation de sécurité routière (ASR) s'il est né à partir de 1988. L'apprentissage peut être anticipé avant l'obtention de la majorité par le biais de l'apprentissage anticipé à la conduite.
Les candidats au permis B devront se soumettre à une épreuve théorique générale, le code de la route, et à une épreuve pratique.

1 ▪ L'épreuve théorique générale

442. L'obtention du permis B suppose le succès à l'épreuve théorique générale, avec 35 réponses correctes sur 40 au code de la route. Le candidat sera dispensé de l'épreuve théorique en cas de détention d'une autre catégorie de permis depuis moins de 5 ans. De la même façon, le succès à l'épreuve théorique reste acquis en cas de changement de filière de formation ou de catégorie de permis. L'admissibilité à l'épreuve théorique générale ouvre droit au passage de cinq épreuves pratiques, dans un délai maximum de 3 ans. La réussite de l'épreuve théorique permet au candidat de passer l'épreuve pratique.

2 ▪ L'épreuve pratique

443. L'épreuve dure 32 minutes, un test de vue est réalisé. Le test de conduite, d'une durée minimale de 25 minutes, comporte notamment la vérification d'un élément technique en relation avec la sécurité routière, à l'intérieur et à l'extérieur du véhicule, la réalisation de deux manœuvres différentes, dont une obligatoirement en marche arrière. Il est possible de demander à passer l'épreuve pratique sur un véhicule muni d'un embrayage automatique ou d'un changement de vitesse automatique. Dans cette hypothèse et en cas de réussite de l'épreuve pratique, une mention sera portée sur le permis indiquant que son détenteur ne peut conduire que les véhicules munis d'un embrayage automatique ou d'un changement de vitesse automatique. Le succès de l'épreuve ne donne pas lieu à information immédiate du candidat. Le résultat positif ou négatif lui sera communiqué par courrier. Sera envoyé à l'heureux candidat un certificat d'examen du permis de conduire (CEPC) portant la mention favorable. Le candidat pour lequel l'acheminement du courrier rencontrerait des difficultés pourra désormais consulter les résultats par le biais d'un service télématique spécifique : http://www.securite-routiere.gouv.fr/permis-de-conduire/resultats-du-permis-de-conduire. Le passage au permis de conduire format carte de crédit a induit un fort retard dans la délivrance du document définitif, dans cette attente le candidat ayant réussi des épreuves pourra circuler avec le CEPC. Ce CEPC a une validité de 4 mois, mais ne permet pas la conduite en dehors du territoire.

C ▪ L'apprentissage anticipé à la conduite (conduite accompagnée)

444. Le candidat doit être âgé de 15 ans au moins lors de l'inscription, et de 17 ans et demi minimum pour présenter les épreuves pratiques du permis de conduire B (Cf. C. route, art. R. 211-3 à R. 211-6). Le candidat qui satisfait aux épreuves avant l'obtention de sa majorité, devra toutefois attendre ses 18 ans pour prendre le volant seul. Dans le cadre de l'apprentissage anticipé à la conduite, l'élève devra suivre une formation de conduite accompagnée dont la durée est comprise entre 1 et 3 ans lui permettant de parcourir au moins 3 000 km.
Dans le cadre de cet apprentissage, la vitesse est limitée à 110 km/h sur les sections d'autoroutes où la vitesse est limitée à 130 km/h, à 100 km/h sur les autres sections d'autoroutes et les routes à deux chaussées séparées par un terre-plein central, et à 80 km/h sur les autres routes. L'élève sous ce régime d'apprentissage anticipé ne peut conduire en dehors du territoire.

L'obtention du permis B à l'issue de l'apprentissage anticipée à la conduite permet de bénéficier d'une période de probation réduite à 2 ans (contre 3 ans sous le régime de droit commun), avec un crédit de 3 points à l'issue de la première année de conduite en l'absence de décision de retrait de point. A l'issue de la deuxième année de conduite, sous réserve qu'aucune décision de retrait de point n'ait été prise à l'encontre du conducteur, son capital de points est porté à 12.

D ▪ L'apprentissage en conduite supervisée (à partir de 18 ans)

445. L'apprentissage en conduite supervisée est destiné aux élèves de plus de 18 ans. Par rapport à la conduite accompagnée, la durée minimale de la phase de conduite supervisée est réduite, avec une durée minimale de 3 mois et une distance à parcourir sous ce régime de 1 000 kilomètres.
Dans le cadre de cet apprentissage, la vitesse est limitée à 110 km/h sur les sections d'autoroutes où la vitesse est limitée à 130 km/h, à 100 km/h sur les autres sections d'autoroutes et les routes à deux chaussées séparées par un terre-plein central, et à 80 km/h sur les autres routes. L'élève sous ce régime d'apprentissage anticipé ne peut pas conduire en dehors du territoire. L'apprentissage en conduite supervisée ne permet pas au conducteur l'ayant suivi de bénéficier d'un régime probatoire de durée réduite. Sa période de probation sera donc de trois ans.

§ 2 ▪ Le permis de conduire B1 : quadricycles lourds à moteur

446. Le permis de conduire B1 autorise la conduite des quadricycles lourds à moteur dont la puissance n'excède pas 15 kw et dont le poids à vide n'excède pas 400 kilogrammes pour ceux affectés au transport de personnes ou 550 kg pour ceux affectés au transport de marchandises.
Le candidat au permis de la catégorie B1 doit être âgé d'au moins 16 ans et être détenteur de l'attestation scolaire de sécurité routière (ASSR 2) ou de l'attestation de sécurité routière (ASR) s'il est né à partir de 1988. Les candidats au permis B1 devront se soumettre à des épreuves théorique et pratique d'une durée de 32 minutes.

447. L'obtention du permis B1 suppose le succès à l'épreuve théorique générale, avec 35 réponses correctes sur 40 au code de la route. Le candidat sera dispensé de l'épreuve théorique en cas de détention d'une autre catégorie de permis depuis moins de 5 ans. De la même façon, le succès à l'épreuve théorique reste acquis en cas de changement de filière de formation ou de catégorie de permis.
L'admissibilité à l'épreuve théorique générale ouvre droit au passage de 5 épreuves pratiques, dans un délai maximum de 3 ans.

§ 3 ▪ La conduite d'un véhicule avec une remorque

448. Le Code de la route a prévu différentes catégories de permis de conduire en fonction du PTAC (poids total autorisé en charge) de l'ensemble routier ou de la remorque.

A ▪ Les catégories de permis de conduire permettant la conduite avec une remorque

449. Le permis B autorise la conduite des véhicules dont le PTAC (poids total autorisé en charge) est inférieur ou égal à 3,5 tonnes. Aux véhicules de cette catégorie peut être attelée

une remorque dont le PTAC est inférieur ou égal à 750 kg, ou dont le PTAC est compris entre 750 kilogrammes et 3 500 kg si la somme des PTAC (voiture + remorque) est inférieure ou égale à 4 250 kg.
Si la somme des PTAC est supérieure à 3 500 kg sans excéder 4 250 kg, une formation complémentaire de 7 heures permettra la délivrance de la catégorie B avec mention additionnelle « 96 » nécessaire à la conduite d'un tel ensemble.
Si la somme des PTAC est supérieure à 4 250 kg, la conduite de l'ensemble exige la détention du permis de la catégorie BE. Si le PTAC de la remorque est supérieur à 3 500 kg, vous devez être en possession d'un permis de la catégorie C1E
Les droits acquis des détenteurs d'un permis de la catégorie EB obtenu avant le 19 janvier 2013 sont maintenus par l'apposition de la mention additionnelle « 79.06 » spécifique (permettant de tracter une remorque d'un PTAC supérieur à 3 500 kg) en cas de renouvellement du titre.

B ▪ Les épreuves de la catégorie BE du permis de conduire

450. Les candidats au permis BE devront se soumettre à des épreuves théoriques et pratiques.

1 ▪ L'épreuve théorique générale du permis BE

451. L'obtention du permis B suppose le succès à l'épreuve théorique générale, avec 35 réponses correctes sur 40 au code de la route. Le candidat sera dispensé de l'épreuve théorique en cas de détention d'une autre catégorie de permis depuis moins de 5 ans. De la même façon, le succès à l'épreuve théorique reste acquis en cas de changement de filière de formation ou de catégorie de permis.

2 ▪ Les épreuves pratiques du permis BE

452. L'examen pratique dans le cadre du permis B comprend une épreuve hors circulation (HC) d'admissibilité et une épreuve en circulation (CIR). La durée totale de l'épreuve est de 60 minutes. L'épreuve en circulation seule (en cas d'échec à l'épreuve CIR, le bénéfice de l'épreuve HC est conservé) est de 30 minutes.

453. L'épreuve hors circulation porte sur plusieurs exercices comme un test sur les vérifications courantes de sécurité, l'attelage et le dételage d'un ensemble, une interrogation orale pour vérifier les connaissances des règles de sécurité, un exercice de maniabilité pour s'assurer de l'aptitude à réaliser une manœuvre en marche arrière en décrivant une courbe.
L'épreuve en circulation se déroule sur des itinéraires variés et permettra notamment de vérifier que le candidat prend en compte les spécificités de la conduite d'un ensemble de véhicules, maîtrise les commandes et la manipulation de son véhicule, et est suffisamment autonome dans la réalisation de son trajet.

Sous-section 3. La catégorie C du permis de conduire et ses sous-catégories (poids lourds)

§ 1. Le permis C

454. Le permis C autorise la conduite des véhicules affectés au transport de marchandises ou de matériel dont le poids total autorisé en charge (PTAC) est supérieur à 7,5 tonnes, et pour le transport de 8 passagers au maximum en plus du conducteur. Le candidat au permis C doit avoir au moins 21 ans (à moins de justifier le suivi d'une formation professionnelle de conducteur de type CAP, Bac pro, titre professionnel, FIMO) et être titulaire de la catégorie B du permis de conduire. Le candidat devra, également, avoir effectué un contrôle médical préalable devant un médecin agréé par le préfet.

A. L'épreuve théorique générale du permis C

455. L'obtention du permis C suppose le succès à l'épreuve théorique générale, avec 35 réponses correctes sur 40 au code de la route. Le candidat sera dispensé de l'épreuve théorique en cas de détention d'une autre catégorie de permis depuis moins de 5 ans. De la même façon, le succès à l'épreuve théorique reste acquis en cas de changement de filière de formation ou de catégorie de permis. L'admissibilité à l'épreuve théorique générale ouvre droit au passage de 5 épreuves pratiques, dans un délai maximum de 3 ans.

B. L'épreuve pratique du permis C

456. L'examen pratique se décompose en une épreuve hors circulation (HC) d'admissibilité de 30 minutes et une épreuve en circulation (CIR) de 60 minutes.

Dans le cadre de l'épreuve hors circulation le candidat sera soumis à une interrogation écrite, un test sur les vérifications courantes de sécurité, une interrogation orale et un exercice de maniabilité.

L'épreuve en circulation permettra de s'assurer notamment de la prise en compte par le candidat des spécificités de la conduite d'un véhicule lourd, de sa maîtrise des commandes et la manipulation de son véhicule et de son autonomie dans la réalisation de son trajet.

C. La durée de validité du permis C

457. La durée de validité de la catégorie C du permis dépend de l'âge de son détenteur :

- moins de 55 ans : durée de validité de 5 ans ;
- de 55 à 60 ans : durée de validité de 5 ans ou jusqu'à la date anniversaire des 60 ans ;
- de 60 à 76 ans : durée de validité de 2 ans ou jusqu'à la date anniversaire des 76 ans ;
- plus de 76 ans : durée de validité de 1 an.

Contrairement aux catégories B et A du permis de conduire, dont la durée de validité est de quinze ans, le renouvellement de la catégorie C implique une visite médicale.

§ 2 ▪ Les sous catégories du permis C

A ▪ Le permis C1 (véhicules dont le PTAC est compris entre 3,5 et 7,5 tonnes)

458. Le permis C1 autorise la conduite des véhicules dont le PTAC est compris entre 3,5 et 7,5 tonnes, et auxquels peut être attelée une remorque de moins de 750 kg.
Par dérogation au régime du permis C, l'âge minimum du candidat à la catégorie C1 est abaissé à 18 ans (ou moins s'il justifie le suivi d'une formation professionnelle de conducteur de type CAP, Bac pro, titre professionnel, FIMO).

B ▪ Le permis C1E

459. La détention du permis C1E est nécessaire à la conduite de véhicules de la catégorie C1 lorsque la remorque ou la semi-remorque a un PTAC supérieur à 750 kg, et à la conduite de véhicules de la catégorie B lorsque la remorque ou la semi-remorque a un PTAC supérieur à 3 500 kg, (et pour les deux hypothèses, avec un poids total roulant autorisé (PTRA) de l'ensemble n'excédant pas 12 tonnes). Le candidat au permis C1E doit être âgé d'au moins 18 ans (ou moins s'il justifie le suivi d'une formation professionnelle de conducteur de type CAP, Bac pro, titre professionnel, FIMO), et être déjà détenteur de la catégorie C1 du permis de conduire.

C ▪ Le permis CE

460. Le permis CE sera nécessaire à la conduite de véhicules de catégorie C attelés d'une remorque de plus de 750 kg. Ces véhicules sont, par ailleurs, conçus et construits pour le transport de 8 passagers au maximum en plus du conducteur. Le candidat au permis CE doit être âgé d'au moins 21 ans (à moins de justifier le suivi d'une formation professionnelle de conducteur de type CAP, Bac pro, titre professionnel, FIMO) et être déjà détenteur de la catégorie C du permis de conduire.

D ▪ Les épreuves des permis C1, C1E et CE

461. Les candidats devront se soumettre à des épreuves théoriques et pratiques.

1 ▪ L'épreuve théorique générale des permis C1, C1E et CE

462. L'obtention du permis B suppose le succès à l'épreuve théorique générale, avec 35 réponses correctes sur 40 au code de la route. Le candidat sera dispensé de l'épreuve théorique en cas de détention d'une autre catégorie de permis depuis moins de 5 ans. De la même façon, le succès à l'épreuve théorique reste acquis en cas de changement de filière de formation ou de catégorie de permis.

2 ▪ Les épreuves pratiques des permis C1, C1E et CE

463. L'examen pratique dans le cadre du permis C1E comprend une épreuve hors circulation (HC) d'admissibilité (de 30 minutes pour le C1 et de 60 minutes pour les C1E et CE) et une épreuve en circulation (CIR) de 60 minutes. En cas d'échec à l'épreuve de circulation, le bénéfice de la validation de l'épreuve hors circulation est conservable pour deux autres tentatives.

Sous-section 4. La catégorie D du permis de conduire et ses sous-catégories

§ 1. Le permis D : véhicules de transport de personnes comportant plus de 8 places

464. Le permis D autorise la conduite des véhicules affectés au transport de personnes comportant plus de 8 places assises outre le siège du conducteur ou transportant plus de 8 personnes non compris le conducteur. Aux véhicules de cette catégorie peut être attelée une remorque dont le poids total autorisé en charge (PTAC) n'excède pas 750 kg. Le candidat au permis C doit avoir au moins 24 ans (à moins de justifier le suivi d'une formation professionnelle de conducteur de type CAP, Bac pro, titre professionnel, FIMO) et être titulaire de la catégorie B du permis de conduire. Le candidat devra, également, avoir effectué un contrôle médical préalable devant un médecin agréé par le préfet.

465. Les épreuves du permis D comprennent une épreuve théorique dont le régime est similaire aux autres catégories et un examen pratique composé d'une une épreuve hors circulation (HC) d'admissibilité de 30 minutes et d'une épreuve en circulation (CIR) de 60 minutes.

466. La durée de validité de la catégorie D du permis dépend de l'âge de son détenteur :
- moins de 55 ans : durée de validité de 5 ans ;
- de 55 à 60 ans : durée de validité de 5 ans ou jusqu'à la date anniversaire des 60 ans ;
- à partir de 60 ans : durée de validité d'1 an.

Le renouvellement de la catégorie D implique un contrôle médical.

§ 2. Les sous catégories du permis D

A. Le permis D1

467. Le permis D1 dont les épreuves peuvent être passées dès l'âge de 21 ans (sous réserve de la détention du permis B) autorise la conduite de véhicules de transport de personnes de 16 places assises maximum (outre le conducteur) dont la longueur maximale est de 8 mètres avec une remorque de moins de 750 kg.

B. Le permis D1E

468. Le permis D1E qui peut, également, être passé dès 21 ans (sous réserve de la détention du permis B), autorise la conduite de véhicules de la catégorie D1 avec une remorque de plus de 750 kg.

C. Le permis DE

469. Le permis DE sera lui nécessaire pour conduire des véhicules de la catégorie D avec une remorque de plus de 750 kg.

Chapitre 2
Le fonctionnement du permis de conduire (permis à points, rétention, suspension, annulation, invalidation)

BIBLIOGRAPHIE:

L'Argus de l'assurance

Ouvrage. - Code de la route, L'Argus éd.

Articles. - J-B. Le Dall, « Défendre le droit de conduire », JA septembre 2014, n° 865. - S. Merenne, « le point de départ du délai d'échange d'un permis de conduire étranger », JA juillet 2014, n° 864. - Dossier, « Lutte contre l'alcool au volant, la prévention et la répression », JA fév. 2013, n° 848. - C. Lièvremont, « De l'importance de l'identité de l'organisme vérificateur », JA fév. 2013, n° 848. - J.-B. le Dall, « La validité de l'homologation des éthylomètres sous l'œil de la Cour de cassation », JA juin 2012, n° 841. - R. Josseaume, J.-C. Teissedre, « Si le contrevenant existe, qu'il soit dénoncé... mais efficacement! », JA mai 2012, n° 840. - F. Petit, « Un radar peut il être placé dans une propriété privé ? », JA avr. 2012, n° 839. - J.-B. le Dall, « Fausse signature: absence de notification régulière », JA fév. 2012, n° 837. - J.-B. le Dall, « Le mécanisme de l'amende plancher est constitutionnel », JA janv. 2012, n° 836. - R. Josseaume, G. Ayache, « Contester l'amende forfaitaire, ce n'est pas encore gagné », JA nov.-déc. 2011, n° 834-835. - J.-B. le Dall, « Le juge n'a plus à répondre au courrier d'un automobiliste », JA oct. 2011, n° 833. - J.-B. le Dall, « "R2i": le Conseil d'Etat remet les points sur les "i"», JA sept. 2011, n° 832. - Dossier « Le permis de conduire, un risque lourd à gérer pour les entreprises », JA juin 2011, n° 830. - J. Rémy, « L'exception au principe de la personnalité des peines », JA juin 2011, n° 830. - C. Lièvremont, « Nul ne peut être à la fois juge et partie en droit routier », JA fév. 2011, n° 826. - L. Namin, « Le paiement de l'amende à tout prix », JA nov. 2010, n° 823. - J.-B. le Dall, « Radars automatiques et preuve de la régularité de la décision de retrait de points », JA oct. 2010, n° 822. - J.-B. le Dall, « Le Conseil d'Etat valide le stage de récupération de points », JA sept. 2010, n° 821. - J.-B. le Dall, « Radars automatiques : pas de nécessité d'homologation de l'ensemble du dispositif », JA juin 2010, n° 819. - J.-B. le Dall, « Et si la Cour de cassation était tombée dans le panneau ? », JA mai 2010, n° 818. - J.-B. le Dall, « Le relevé d'information intégral : un document plus ou moins probant », JA mars 2010, n° 816. - N. Giroudet-Demay, L'information relative au retrait de points, JA déc. 2009, n° 813.

Autres documentations

Ouvrages. - R. Josseaume, J.-B. le Dall, Contentieux de la circulation routière, Lamy Axe Droit, 2010 ; R. Josseaume, J.-B. le Dall, L'année du droit de la circulation routière 2011, Lamy Axe Droit, 2012.

470. La mise en place du permis à points avec la loi n°89-469 du 10 juillet 1989 (relative à diverses dispositions en matière de sécurité routière et en matière de contraventions) a définitivement conduit le droit routier à la croisée des chemins avec d'un côté le droit administratif et de l'autre le droit pénal. Mais les automobilistes français n'ont pas eu à attendre 1992 et l'entrée en vigueur de la loi pour découvrir les méandres du droit administratif. Et le juriste n'aura qu'à se référer à l'un des arrêts les plus connus du Conseil d'Etat pour s'en convaincre : « il appartient au chef de l'Etat, en dehors de toute délégation législative, de déterminer les mesures de police applicables à tout le territoire, à raison du danger que présente pour les passants, la circulation automobile, les autorités locales conservant compétence pour ajouter à la réglementation générale les mesures que commande l'intérêt des habitants de chaque localité ; et si le chef de l'Etat a pu valablement exiger de tout conducteur l'obligation d'obtenir un certificat de capacité de l'autorité administrative, il s'ensuit nécessairement qu'il pouvait confier à la même autorité le soin de retirer le certificat en cas de manquements graves aux règlements. ». La seule relecture du célèbre arrêt Labonne du 8 août 1919 permettra de comprendre rapidement qu'un juge n'est pas le seul à pouvoir mettre au bord de la route un automobiliste, l'autorité administrative également. Et c'est ainsi, qu'un automobiliste devra, sans que ne soit intervenu le moindre jugement pénal, se rendre à la préfecture pour restituer son titre de conduite.

471. Cette remise du permis de conduire à l'autorité administrative peut découler de l'invalidation du permis de conduire après une perte de l'ensemble des points affectés à ce permis, ou de la commission d'un délit ou d'un excès de vitesse supérieur à 39 km/h au-delà de la vitesse maximale autorisée.

472. Cette présence du droit administratif notamment dans le cadre du fonctionnement du permis à points et du droit pénal se traduit également dans le vocabulaire lié au retrait de permis. L'invalidation du permis de conduire correspond à la perte de validité du titre pour défaut de point prononcée par l'autorité administrative. L'annulation du permis de conduire est, elle, une des peines que peut prononcer le juge pénal. Quant à la suspension du permis, celle-ci n'est que temporaire et peut être prononcée par le préfet à la suite d'une infraction grave au Code de la route (cette suspension sera précédée de la remise d'un avis de rétention du permis de conduire), ou par le juge à titre de peine complémentaire.

Section 1 . Le permis à points

473. Avec la loi du 10 juillet 1989, le législateur a souhaité responsabiliser l'automobiliste : « le permis à points français se veut avant tout pédagogique » (J.P. Baemler, rapporteur pour avis de la Commission de la production et des échanges avec l'Assemblée nationale). Cette pédagogie passe par l'attribution d'un capital de points : douze points. Ce capital pourra être amputé par des décisions de retrait de points consécutives à des infractions au Code de la route.

474. Ces points ne pourront être récupérés qu'en l'absence de nouvelle infraction (ou plus précisément de décision de retrait de points) pendant un certain temps. Le législateur a également prévu la possibilité pour l'automobiliste d'effectuer un stage de sensibilisation à la sécurité routière au terme duquel un crédit de quatre points peut être porté à son capital. Ultime possibilité mais qui ne relève en aucun cas d'une quelconque pédagogie : le recours devant les juridictions administratives.

Sous-section 1 . Les pertes de points

475. L'article L. 223-1 du Code de la route prévoit que : « le permis de conduire est affecté d'un nombre de points. Celui-ci est réduit de plein droit si le titulaire du permis a commis une infraction pour laquelle cette réduction est prévue. Lorsque le nombre de points est nul, le permis perd sa validité. »

§ 1 ▪ Un barème intangible

476. Le législateur de 1989 a mis en place un barème intangible prévoyant pour chaque infraction un nombre de points retiré. Ainsi, le Code de la route précise pour chaque infraction si une perte de points est prévue et le nombre de points qui sera retiré. Le nombre de points retirés est sensé refléter le degré de gravité de l'infraction commise, même si certaines modifications ultérieures ont pu faire évoluer le dispositif. On citera ainsi la loi contre la violence routière de 2003 qui a porté de un à trois le nombre de points retirés pour une conduite sans port de la ceinture de sécurité pour laquelle le risque engendré ne concerne pourtant que le conducteur auteur des faits.

A ▪ Tableau infractions / délits / contraventions

477. Le nombre de points perdus est intangible. Même saisi d'une contestation opérée par un automobiliste, le juge pénal n'a pas le pouvoir de moduler l'importance de la perte de points. Ainsi, pour le franchissement d'un feu rouge, un juge de proximité pourra soit relaxer l'automobiliste et aucune décision de retrait de points n'interviendra, soit le condamner. Dans cette seconde hypothèse, le nombre de points retirés sera toujours de quatre (à moins que le juge ne prononce une dispense de peine, dans ce cas aucune décision de retrait de points n'intervient, Voir : CE, 16 juin 2004,n° 248628,AJDA 2004, 1934).

LISTE RETRAIT DE POINTS

Retrait de 6 points
- Délits (tous sauf : Mise en danger d'autrui, C. pén., art. 223-1 ; Défaut d'assurance, C. route, art. L. 324-2).
- Grand excès de vitesse.
- Transport, détention, usage d'appareil destiné à déceler ou perturber les contrôles y compris avertisseur de radars.

Retrait de 4 points
- Refus de priorité.
- Non-respect de l'arrêt au feu rouge ou au stop.
- Circulation en sens interdit.
- Exécution d'une marche arrière ou d'un demi-tour sur autoroute.
- Circulation de nuit ou par visibilité insuffisante sans éclairage.
- Excès de vitesse ≥ 40 et < 50 km/h au-delà de la vitesse autorisée.

Retrait de 3 points
- Non-respect de la distance de sécurité entre deux véhicules.
- Excès de vitesse ≥ 30 et < 40 km/h au-delà de la vitesse autorisée.
- Dépassements dangereux.
- Circulation à gauche sur chaussée à double sens.
- Franchissement de ligne continue.
- Défaut de port de ceinture de sécurité.
- Défaut de port du casque.
- Arrêt ou stationnement dangereux.
- Arrêt ou stationnement de nuit ou par visibilité insuffisante sans éclairage.
- Changement important de direction sans avertissement préalable.

- Circulation sur bande d'arrêt d'urgence.
- Usage d'un téléphone tenu en main par conducteur d'un véhicule en circulation.

Retrait de 2 points
- Accélération par conducteur sur le point d'être dépassé.
- Excès de vitesse ≥ 20 et < 30 km/h au-delà de la vitesse autorisée.
- Circulation sur bande centrale séparative d'autoroute.
- Arrêt ou stationnement sur bande centrale séparative d'autoroute.

Retrait de 1 point
- Excès de vitesse < 20 km/h au-delà de la vitesse autorisée.
- Chevauchement de ligne continue.

Absence de retrait de point (entre autres pour)
- Défaut de maîtrise de la vitesse / Vitesse excessive eu égard aux circonstances.
- Circulation en dehors de la chaussée ou sur voie réservée à d'autres catégories de véhicules.

B ▪ Les infractions concomitantes

478. Dans un souci de pédagogie, les parlementaires ont décidé de limiter le nombre de points retirés en cas d'infractions concomitantes. Il est, en effet, difficile pour un conducteur d'avoir le temps de changer son comportement au volant, s'il perd son permis à la suite d'un seul et unique contrôle routier. Les parlementaires ont, ainsi, fixé au deux tiers du capital le nombre de points retirés à la suite d'infractions commises simultanément. Ainsi, l'automobiliste ayant franchi un feu rouge et qui se verrait à la suite de son interception par les agents des forces de l'ordre verbalisé pour conduite sous l'empire d'un état alcoolique et usage du téléphone portable ne se verra retirer que 8 points alors que l'addition des points en jeu aurait dû entraîner l'invalidation du permis avec 13 points de perdus (4 pour le feu rouge, 6 pour l'alcool au volant et 3 pour l'usage du téléphone portable).

479. Cette règle des deux tiers ne concerne, toutefois, pas les titulaires de permis probatoires qui se voient la première année de détention du permis créditer d'un solde de seulement six points. La règle de limitation existe bien, mais le texte exact du Code de la route précise que « dans le cas où plusieurs infractions entraînant retrait de points sont commises simultanément, les retraits de points se cumulent dans la limite des deux tiers du nombre maximal de points » (article L. 223-2 du Code de la route). Le nombre de points maximal étant de douze, la limitation demeure à huit points retirés. Il est, ainsi, possible pour un jeune conducteur de perdre son permis de conduire à la suite d'un seul contrôle routier. Mais avec la mise en place du permis probatoire, le législateur avait déjà, quoiqu'il en soit choisi la sévérité à la pédagogie, puisqu'en limitant à six le capital de départ du jeune conducteur, la commission d'un seul délit conduira à la perte de l'ensemble des points.

480. Si la pédagogie passe par une progressivité dans la perte de points, elle implique également une information de l'automobiliste. Le système du permis à points repose sur une délivrance de l'information à destination du contrevenant en deux temps : lors de la constatation de l'infraction et après la décision de retrait de points.

§ 2 ▪ L'information de l'effectivité du retrait de points

481. L'article L. 223-3 du Code de la route précise que : « lorsque l'intéressé est avisé qu'une des infractions entraînant retrait de points a été relevée à son encontre, il est informé des dispositions de l'article L. 223-2, de l'existence d'un traitement automatisé de ces points et de la possibilité pour lui d'exercer le droit d'accès conformément aux articles L. 225-1 à L. 225-9 ».

Lorsqu'il est fait application de la procédure de l'amende forfaitaire ou de la procédure de composition pénale, l'auteur de l'infraction est informé que le paiement de l'amende ou l'exécution de la composition pénale entraîne le retrait du nombre de points correspondant à l'infraction reprochée, dont la qualification est dûment portée à sa connaissance ; il est également informé de l'existence d'un traitement automatisé de ces points et de la possibilité pour lui d'exercer le droit d'accès.

Le retrait de points est porté à la connaissance de l'intéressé par lettre simple quand il est effectif. »

A ▪ L'opposabilité du retrait de points

482. Le recours au courrier recommandé pour informer l'automobiliste de l'évolution de son solde de points n'intervient que lors de la perte de la moitié de solde (courrier recommandé 48M ou 48N pour les titulaires de permis probatoires) et lors de l'invalidation du permis du conduire lorsque le capital de points tombe à zéro (courrier recommandé avec avis de réception 48SI). La notification des autres décisions de retrait de points est donc opérée par courrier simple (formulaire référencé 48). Ce mode d'envoi évidemment moins coûteux pour l'administration la prive de toute possibilité de prouver la réception par l'automobiliste d'un courrier 48.

483. En l'absence de preuve de réception, un automobiliste peut parfaitement prétendre (à tort ou à raison) ne jamais avoir été informé d'une ou plusieurs décisions de retrait de points. Ces décisions ne sauraient lui être opposables.

Toutefois, l'absence de notification ou plus précisément l'inopposabilité des décisions de retrait de points ne remet pas en cause la légalité de cette décision. L'unique conséquence de cette inopposabilité de la décision de retrait de points tient dans la possibilité pour l'automobiliste de s'affranchir du délai de recours à l'encontre de ladite décision. La décision de retrait de points ou d'invalidation de permis de conduire ne peut être attaquée devant les juridictions administratives (ou par le biais d'un recours gracieux) que dans le délai de deux mois à compter de la notification. En théorie, il ne devrait plus être possible d'attaquer d'anciennes décisions de retrait de points, mais l'impossibilité pour l'administration de rapporter la preuve de la régularité des notifications successives de retrait de points permet à l'automobiliste d'engager un recours contentieux des années après la décision de retrait de points.

484. Si l'utilisation du courrier simple peut, sous cet angle, paraître avantageuse pour l'automobiliste procédurier et peut-être de mauvaise foi, elle s'avère, en réalité, défavorable à de nombreux conducteurs. En pratique, les procédures de notifications des décisions de retrait de points présentent de nombreuses carences qui se traduisent par de fréquents retards et des problèmes d'acheminement.

B ▪ Les retards dans l'enregistrement de la décision de retrait de points

485. Dans les faits, il peut s'écouler de nombreuses semaines ou mois avant que l'automobiliste ne soit informé d'une décision de retrait. Ce délai dans la notification découle du retard de l'administration dans l'enregistrement des décisions de retraits de points. Et l'automobiliste ne pourra pas se plaindre de ce retard puisque la décision de retrait de points n'est pas considérée en droit positif comme une sanction pénale (voir, CE, 8 déc. 1995, Mouvement de défense des automobilistes, n° 144160, rec. p. 943 et Crim., 4 mai 1994, n° 93-85.491 : « la perte de points affectant le permis de conduire ne présente pas le caractère d'une sanction pénale, accessoire à la condamnation », dans le même sens Crim., 26 juin 1996, n° 95-85.934, Gaz. Pal. 27-19 juillet 1997, p. 8) et à ce titre ne bénéficie d'aucune des règles protectrices du droit pénal dont notamment les règles de prescription. On ne pourra que regretter que les juridictions françaises ignorent la position de la Cour européenne des droits de l'Homme qui considère depuis l'arrêt Malige du 23 septembre 2008 que « le retrait de points présente un caractère punitif auquel s'ajoute également un caractère dissuasif et s'apparente donc à une peine accessoire ; la volonté du législateur de dissocier la sanction de retrait de points des autres peines prononcées par le juge pénal ne saurait en changer la nature. »)

486. Ces délais conjugués à la complexité des règles de récupération des points perdus induisent en erreur de nombreux automobilistes qui pensent à tort avoir fait l'objet d'une recapitalisation de points alors que la présence d'un nombre important de points ne tient qu'à un retard dans l'enregistrement des décisions de retrait de points.

487. La difficulté dans le suivi par l'automobiliste de son solde de points est encore renforcée par le fait que l'enregistrement (avec retard) des décisions de retrait de points ne suit pas forcément l'ordre chronologique dans lequel les infractions ont été commises. Ainsi, un automobiliste qui aurait, par deux fois, été verbalisé pour franchissement d'un feu rouge (4 points) au mois de janvier et au mois de juillet, pourra (alors même qu'il aurait réglé les deux amendes immédiatement) recevoir au mois de décembre un courrier 48 l'informant de son nouveau solde de points à la suite de la décision de retrait de quatre points relative à l'infraction du mois juillet. Cet automobiliste pourrait considérer ce solde de points comme actualisé, en réalité ce solde peut parfaitement ne pas tenir compte du retrait de quatre points non encore enregistré pour l'infraction du mois de janvier...

C ▪ L'absence d'information relative au retrait de points

488. Plus grave que le simple retard, les erreurs dans l'acheminement se traduisent trop souvent par l'envoi d'un courrier 48 à une mauvaise adresse. L'analyse de l'acheminement des courriers recommandés 48 SI laisse apparaître de nombreux problèmes. Il est en effet possible de vérifier la réalité de l'envoi d'un courrier d'invalidation de permis de conduire. Cette vérification s'effectue par le biais du Relevé d'information intégral. Ce document renseigne une mention : « DECISION : 4I ACCUSE DE RECEPTION D'UNE LETTRE 48SI ». Après les références postales du courrier, apparaît l'une des mentions suivantes entre parenthèses :

- (AR) = le courrier a été réceptionné ;
- (AP)= un avis de passage a été déposé, le courrier n'a pas été réclamé et a été retourné à l'expéditeur ;
- (NPAI) = N'habite Pas à l'Adresse Indiquée, le courrier a été envoyé à une adresse erronée.

489. Le Conseil d'Etat a eu à connaître des problématiques posées par la présence d'une mention NPAI notamment au regard de la régularité de la notification. Certaines juridictions d'appel avaient, en effet, considéré que même envoyé à une mauvaise adresse et donc jamais réceptionné par son destinataire, la notification du courrier 48SI était régulière et donc opposable à l'automobiliste. Cette jurisprudence s'appuyait sur les dispositions de l'article R. 322-7 du Code de la route imposant aux propriétaires de véhicules la modification de la carte grise en cas de changement d'adresse.

490. Le Conseil d'Etat dans son avis du 18 septembre 2009 (n° 327027) estime au contraire « qu'aucun principe général du droit ni aucune disposition législative n'obligent le titulaire d'un permis de conduire à déclarer à l'administration sa nouvelle adresse en cas de changement de domicile».

491. Cette position du Conseil d'Etat qui distingue bien fichier cartes grises et fichier permis de conduire, si elle s'avère pleine de bon sens, ne règle toutefois pas le problème de la mise à jour de ce dernier fichier qui peut très bien n'avoir comme référence que l'adresse donnée lors de l'inscription aux épreuves du permis de conduire. On s'interrogera également sur le fait que bien des courriers sont retournés à l'expéditeur accompagnés d'une mention AP alors qu'en réalité l'automobiliste a déménagé depuis bien longtemps. Et que penser de l'envoi des simples courriers 48 pour lesquels l'absence de recommandé laisse place à tous les errements.

492. C'est ainsi, entre retards et perte des courriers, que de nombreux automobilistes évaluent mal leur capital de points de permis de conduire. Cette opacité est encore renforcée par le fait que les agents verbalisateurs n'ont plus à indiquer aux contrevenants le nombre exact de points qui seront perdus (Sur ce point, voir CE, Avis n° 295396 du 31 janvier 2007 « Verdier » : « L'information selon laquelle un retrait de points est encouru, due dans tous les cas au contrevenant, est suffisamment donnée par la mention « oui » figurant dans une case « retrait de points » du document remis au contrevenant lors de la constatation d'une infraction»).

493. Les difficultés rencontrées par les automobilistes dans le suivi du solde de points ont conduit l'administration à la mise en place d'un service télématique : https://tele7.interieur.gouv.fr/. Ce service ne délivre, toutefois, à l'automobiliste qu'une information très parcellaire puisqu'il ne renseigne qu'un nombre de points qui peut, lui-même, souffrir de retard dans l'enregistrement des décisions de retraits de points.

494. Les carences dans la délivrance de l'information relative à l'effectivité de la décision de retrait de points sont bien évidemment extrêmement préjudiciables aux automobilistes qui informés correctement auraient pu avoir le temps d'effectuer un stage de sensibilisation à la sécurité routière et, peut-être, éviter une invalidation de permis de conduire.

495. Signalons, cependant, que dans certains cas, l'automobiliste peut bénéficier du retard de l'administration et plus précisément d'une reconstitution de points liée à une absence de décision de retrait de points pendant un certain délai (sur ce point, voir Sous-section 2. Les mécanismes de reconstitution du capital de points). Ainsi, un automobiliste ayant réglé immédiatement une verbalisation dressée près de trois ans après son dernier retrait de points relatif à un défaut de port de ceinture de sécurité, aura des chances de voir l'enregistrement opéré au-delà de ce délai et de bénéficier d'une reconstitution de l'intégralité de ses points.

496. Cet exemple permet également de mesurer toute l'importance de la date du retrait de points puisqu'elle se retrouve au centre du mécanisme des deux modes de récupération de

points : la reconstitution du solde après une période de « bonne conduite » sans décision de retrait de points et les stages de sensibilisation à la sécurité routière qui ne peuvent être effectués qu'en présence d'un permis de conduire valide.

§ 3 ▪ La date de retrait de points

497. Le retrait de points intervient lorsque la réalité de l'infraction est établie. L'article L. 223-1 du Code de la route précise que « la réalité d'une infraction entraînant retrait de points est établie par le paiement d'une amende forfaitaire ou l'émission du titre exécutoire de l'amende forfaitaire majorée, l'exécution d'une composition pénale ou par une condamnation définitive. » Les dispositions du Code de la route prévoient ainsi quatre facteurs déclencheurs de la décision de retrait de points qui seront détaillés ci-après.

A ▪ Le paiement de l'amende forfaitaire

498. Par le paiement de l'amende, l'automobiliste reconnait l'infraction qui lui est reprochée. Ce paiement qui entraîne également l'extinction de l'action publique établit la réalité de l'infraction. La décision de retrait de points peut dès lors intervenir.

B ▪ L'émission du titre exécutoire

499. En l'absence de paiement de l'amende forfaitaire dans le délai de 45 jours sera émise une amende forfaitaire majorée avec un titre exécutoire. C'est l'émission de ce titre qui est visée par l'article L. 223-1, alinéa1 du Code de la route comme second facteur déclencheur de la décision de retrait de points. Dans sa rédaction originelle, cet article ne faisait aucune mention de l'émission du titre exécutoire de l'amende forfaitaire majorée. Ce second facteur déclencheur n'a été introduit que par la loi du 12 juin 2003 renforçant la lutte contre la violence routière pour une raison assez simple à comprendre : inciter les automobilistes au paiement. Avec cette disposition introduite en 2003, le retrait de points peut intervenir alors même qu'aucun paiement n'a été effectué.

500. La motivation du législateur peut se concevoir, il aurait toutefois été plus pertinent de fixer une autre date comme facteur déclencheur du retrait de points. En effet, à réception de l'amende forfaitaire majorée, l'automobiliste dispose d'un nouveau délai de contestation. Il arrive, dès lors, fréquemment qu'un automobiliste conteste une verbalisation et reçoive quelques jours après, non une réponse de l'Officier du ministère public, mais un courrier lui indiquant la perte de ses points, voire un courrier d'invalidation du permis de conduire.

501. Il eut été plus simple de fixer le facteur déclencheur au-delà du délai de contestation ce qui aurait évité nombre de situations difficiles. L'automobiliste qui se verrait notifier une décision de retrait relative à une infraction qu'il viendrait de contester valablement (pour les règles de la contestation, voir §1 La contestation de la verbalisation de la Sous-section 2 - Le traitement judiciaire des infractions au Code de la route) pourra former un recours gracieux auprès du Ministère de l'Intérieur.

502. Si dans certains cas l'émission du titre exécutoire de l'amende forfaitaire majorée tombe comme un couperet (peut-être un peu trop rapidement au goût de l'automobiliste), il n'en demeure pas moins que parfois l'immobilisme peut permettre à un conducteur de préserver la validité de son permis de conduire.

503. A titre d'exemple : un automobiliste qui se verrait verbaliser près de trois ans après que soit intervenue la dernière décision de retrait de points, pourra s'abstenir de payer pour retarder la décision de retrait de points à venir. Si l'amende forfaitaire majorée est émise avant la fin du délai de reconstitution triennale des points, l'automobiliste n'aura qu'à contester la verbalisation pour repousser la décision de retrait de points. Mais ce délai de trois ans peut très bien s'écouler avant que ne soit émise l'amende forfaitaire majorée.

C ▪ L'exécution d'une composition pénale

504. La composition pénale consiste en une « transaction proposée par le procureur de la République à l'auteur des faits, consistant en une sanction acceptée par celui-ci et validée par un magistrat du siège : cette mesure constitue une alternative aux poursuites « renforcée » se situant en haut de l'échelle des réponses pénales de ce type. » (Circulaire du 16 mars 2004 relative à la politique pénale en matière de réponses alternatives aux poursuites).

505. Le recours à cette procédure qui laisse peu de place au développement d'une défense de l'automobiliste (qui n'a en réalité que le choix d'accepter ou de refuser la sanction qui lui est proposée par le délégué du procureur) ménage, par contre, la possibilité de décaler la survenance de la décision de retrait de points. Ainsi un automobiliste qui se serait vu proposer d'effectuer à ses frais un stage de sensibilisation à la sécurité routière, pourra voir s'éloigner la perspective du retrait de points si un délai de six mois, par exemple, lui est accordé pour effectuer ce stage.

D ▪ La condamnation définitive

506. Que l'automobiliste soit directement attrait devant les juridictions pénales ou non, il lui est possible de faire usage de l'ensemble des voies de recours qui lui sont offertes.

1 ▪ A la suite de la contestation d'un avis de contravention

507. L'automobiliste à qui il aura été remis un avis de contravention peut opérer une contestation qui entraînera normalement examen de l'infraction par la Juridiction de proximité. En cas de condamnation, le contrevenant pourra interjeter appel du jugement ou former un pourvoi en cassation. La décision de retrait ne pourra intervenir que lorsque l'automobiliste aura épuisé toutes les voies de recours ou pris la décision de ne point en faire usage. C'est ainsi que la survenance d'une décision de retrait de points peut être significativement retardée laissant autant de temps à l'automobiliste de récupérer assez de points pour faire face à la perte à venir.

508. On notera, à propos de la contestation des avis de contravention, que compte tenu de la juridiction saisie (juridiction de proximité jusqu'en 2017), l'automobiliste pourra se voir barrer la voie de l'appel en cas de condamnation à une simple amende n'excédant pas les 150 euros. La contestation de la verbalisation au stade de l'amende forfaitaire majorée conduira, toutefois, dans la plupart des cas le juge à devoir prononcer une amende dont le montant (au moins celui de l'amende majorée) permettra au condamné d'interjeter appel.

509. L'article 530-1 du Code de procédure pénale prévoit, en effet, qu':« en cas de condamnation, l'amende prononcée ne peut être inférieure au montant de l'amende ou de l'indemnité forfaitaire dans les cas prévus par le premier alinéa de l'article 529-2 le premier alinéa de l'article 529-5 ou le premier alinéa du III de l'article 529-6, ni être inférieure au montant

de l'amende forfaitaire majorée dans les cas prévus par le second alinéa de l'article 529-2, le second alinéa de l'article 529-5 et le second alinéa du III de l'article 529-6. »

510. L'immense majorité des infractions routières appartenant à la catégorie des contraventions de quatrième classe, le montant de l'amende majorée atteint les 375 euros dépassant de très loin le seuil ouvrant la voie de l'appel. Et la Cour de cassation s'est toujours montrée extrêmement stricte sur l'application des minima prévus par le Code de procédure pénale (Crim., 16 mars 2011, n° 10-87.402).

511. Ce principe de l'amende plancher a été porté à la connaissance du Conseil constitutionnel qui devait juger des éventuelles atteintes aux principes de nécessité et d'individualisation des peines et au principe de séparation des pouvoirs (transmission par Crim., 22 juin 2011, n° 11-90.053).

512. Le Conseil constitutionnel dans sa décision QPC n° 2011-162 du 16 septembre 2011 a jugé les dispositions de l'article 530-1 conformes au bloc de constitutionnalité en estimant que « la faculté de moduler la peine entre le seuil ainsi fixé et le maximum encouru » autorisait une individualisation de la peine, soulignant également, au passage, qu'il « s'agit de peines d'un montant limité pour les catégories de contraventions les moins graves ». Le Conseil constitutionnel ajoute enfin que « le législateur a, dans l'intérêt d'une bonne administration de la justice et pour assurer la répression effective des infractions, retenu un dispositif qui fait obstacle à la multiplication des contestations dilatoires ».

2 ▪ A la suite d'une convocation en justice

513. La commission d'un délit ou d'une contravention de cinquième classe ne laissera pas le choix à l'automobiliste de plaider ou non sa cause devant les juridictions pénales. Mais quelle que soient les modalités de poursuites retenues par le parquet, l'automobiliste pourra toujours faire jouer les voies de recours, rien ne lui interdit, par exemple, de refuser une mesure de composition pénale, refuser une proposition dans le cadre d'une comparution sur reconnaissance préalable de culpabilité, faire opposition à une ordonnance pénale... Bien évidement la multiplication des comparutions peut engendrer un risque assez logique d'aggravation des sanctions pénales. L'exercice des voies de recours dans le seul dessein d'éviter une invalidation de permis de conduire devra s'opérer en toute connaissance de cause et des risques induits par ce type de stratégie, on pense, notamment, à une peine de suspension de permis de conduire conséquente, mais surtout à une annulation judiciaire du permis de conduire (qui peut, rappelons-le, être prononcée en présence d'une simple poursuite pour des faits de conduite sous l'empire d'un état alcoolique).

Sous-section 2 ▪ Les mécanismes de reconstitution du capital de points

514. L'identification de la date de retrait de points et la maîtrise des techniques permettant son retardement s'avèrent indispensables à une gestion efficace du capital de points par le recours aux reconstitutions de points ou à des stages de sensibilisation à la sécurité routière.

515. Les parlementaires de 1989 ont souhaité faire du permis à points un dispositif à vocation pédagogique avec une responsabilisation du conducteur qui sait dès la commission d'une infraction qu'elle entraînera à terme l'amputation de son solde de points.

§ 1 ▪ Les reconstitutions de points

516. Mais la prévention ne passe pas uniquement par la perspective d'une sanction, elle réside également dans celle de l'augmentation de son capital de points par le biais d'une récupération des points perdus. Le dispositif est sensé récompenser la bonne conduite des automobilistes qui après un délai de trois ans sans décision de retrait de points pourront retrouver l'intégralité de leurs points (Cf. art. L. 223-6 du Code de la route).

A ▪ La reconstitution triennale

517. Le mécanisme de reconstitution triennale permet, en effet, au conducteur de retrouver ses douze points puisque chaque nouvelle décision de retrait de points fait courir un nouveau délai de trois ans avant l'échéance duquel aucune restitution ne peut intervenir.

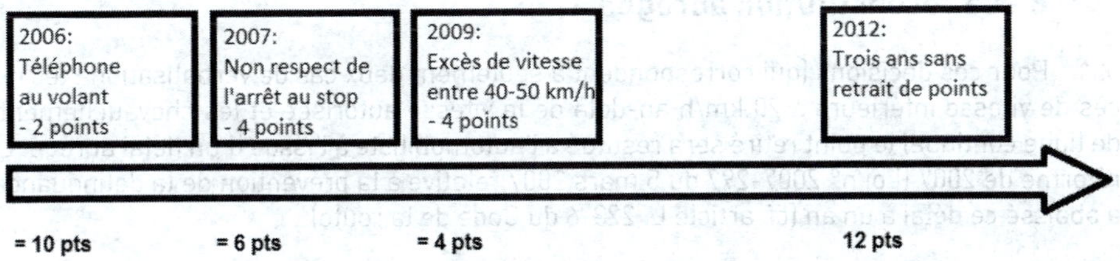

518. Dans l'exemple ci-dessus, il peut être envisagé l'hypothèse de la commission d'une infraction en 2011. Dès lors que cette infraction n'a pas entraîné décision de retrait de points (du fait, par exemple, d'une contestation de la verbalisation par l'automobiliste), la reconstitution de l'intégralité du solde de points s'opérera également.

519. La fixation à trois ans du délai de reconstitution naturelle du capital de points n'a, pendant longtemps, posé aucun problème particulier. Cela ne fut plus le cas à partir du moment où les conditions de verbalisation ont commencé à fortement se durcir. Ainsi, la redéfinition d'une politique de sécurité routière plus répressive dès 2003 et l'arrivée des radars automatisés en 2004 ont entraîné une hausse sensible des verbalisations. Cette hausse s'est naturellement traduite par une augmentation du nombre d'invalidation de permis de conduire pour solde de points nul.

520. La hausse du nombre d'invalidation découle, bien évidemment, du nombre croissant d'infractions constatées mais également du fait que la multiplication des décisions de retraits de points obérait pour de nombreux conducteurs l'éventualité d'une reconstitution de points.

521. Ainsi, un dispositif qui, dans ses premières années sanctionnait surtout les auteurs d'infractions d'une certaine gravité allait-il désormais atteindre des conducteurs sans doute moins dangereux mais à qui il était cependant reproché la commission répétée d'infractions de moindre gravité.

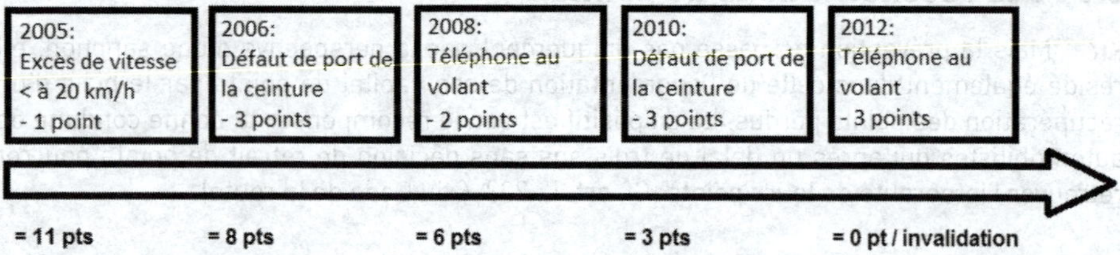

522. Dans l'exemple ci-dessus, on notera l'augmentation du nombre de points perdus pour usage du téléphone tenu en mains par conducteur d'un véhicule en circulation avec la loi Loppsi 2 du 14 mars 2011. C'est pour cette raison que, dès 2007, a été introduit, dans ce dispositif, un premier assouplissement pour les décisions de retrait d'un point.

B ▪ La reconstitution abrégée

523. Pour ces décisions (qui correspondent à seulement deux cas de verbalisation : les excès de vitesse inférieurs à 20 km/h au-delà de la vitesse autorisée et les chevauchements de ligne continue) le point retiré sera restitué à l'automobiliste à l'issue d'un délai abrégé. La réforme de 2007 (Loi n° 2007-297 du 5 mars 2007 relative à la prévention de la délinquance) a abaissé ce délai à un an (cf. article L. 223-6 du Code de la route).

524. La commission d'une infraction peu dangereuse comme un excès de vitesse de 2 ou 3 km/h au-delà de la vitesse autorisée entraînera, dès lors, moins de conséquences pour les automobilistes. Mais cette décision demeure, toutefois, loin d'être anodine dans certains cas. Même bénéficiant d'un cadre moins défavorable, cette décision reste une décision de retrait de point qui en tant que telle interdit toute reconstitution triennale.

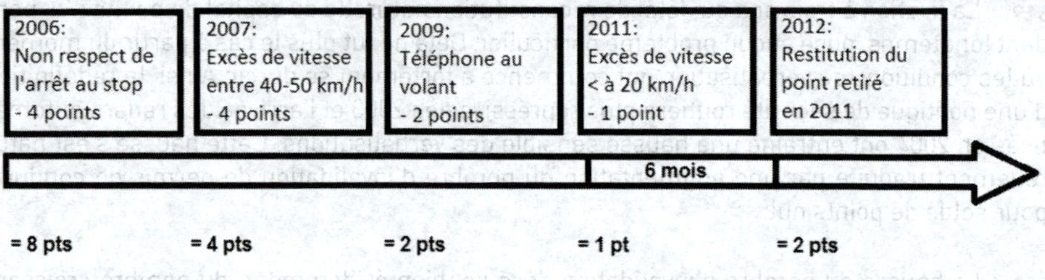

525. Dans l'exemple ci-dessus, l'automobiliste devra encore patienter deux ans et demi sans décision de retrait de point avant de se voir restituer les points qui lui avaient été retirés (pour un total de 10) et retrouver un capital de douze points.

526. Ce même automobiliste aurait pu également choisir de contester sa dernière verbalisation. Le temps de comparaître devant la juridiction de proximité, l'automobiliste aurait vu son capital de points passer à douze.

527. Si l'on compare les deux cas de figure un an après la commission de l'infraction : dans le premier cas, l'automobiliste possède un capital de deux points et devra encore patienter deux ans avant une éventuelle reconstitution à douze points ; dans le deuxième cas, l'automobiliste possède un capital de douze points.

C ▪ La reconstitution biennale

528. Présentée comme une véritable réforme du permis à points, l'adoption de la loi Loppsi II devait déboucher sur un abaissement généralisé des délais de reconstitution de points. A l'origine de cette évolution, un amendement du Sénat du 10 septembre 2011 (amendement n° 28 au projet de loi sur la sécurité Loppsi II) prévoyait un nouveau délai de « droit commun » de seulement une année contre trois auparavant et un nouveau délai abrégé de six mois pour les décisions de retrait d'un point.

529. Considérablement remanié, le texte d'origine n'est que partiellement repris par les parlementaires lors du vote de la loi Loppsi II. A été retenu, le principe d'un délai abrégé à six mois pour les décisions de retrait d'un point. Par contre, l'abaissement du délai applicable aux autres décisions de retrait de points, s'il a été voté, a été totalement vidé de sa substance. Un délai plus court de deux ans a effectivement été mis en place, néanmoins, dans le but de ne pas assouplir le dispositif à l'égard des auteurs des infractions les plus graves, il a été conseillé aux parlementaires d'exclure de ce nouveau mécanisme tous les délits et les contraventions de cinquième et de quatrième classe. Avec une telle exclusion, c'est en pratique l'immense majorité des décisions de retrait de points qui demeure dans le champ d'application du délai de reconstitution triennale. En effet, au moment du vote de la loi Loppsi II, ne pouvaient être recensées que trois infractions entraînant retrait de points et ne correspondant ni à une contravention de cinquième classe, ni à une contravention de quatrième classe : le changement important de direction sans avertissement préalable (non utilisation des clignotants), la circulation sur bande d'arrêt d'urgence et l'usage d'un téléphone tenu en main par conducteur d'un véhicule en circulation. Depuis le champ d'application du délai abrégé à deux ans a, encore, été réduit avec un décret du 3 janvier 2012 qui a fait de l'usage du téléphone au volant une contravention de quatrième classe, même chose pour la circulation sur bande d'arrêt d'urgence.

530. Ce qui avait été présenté comme la grande réforme du permis à points avant le vote de la loi LOPPSI II est donc à remettre en perspective, puisque le délai de trois ans continue, en réalité, à s'appliquer dans la plupart des cas. Le point majeur de l'évolution apportée par la loi LOPPSI réside, en réalité, dans une autre mesure : la possibilité d'effectuer un stage de récupération de points tous les ans (Voir 2 § Le stage de sensibilisation à la sécurité routière).

D ▪ La reconstitution décennale

531. Ultime mécanisme de reconstitution, la restitution des points après une période de dix ans est régie par les dispositions de l'article L. 223-6 du Code de la route : « Sans préjudice de l'application des alinéas précédents du présent article, les points retirés du fait de contraventions des quatre premières classes au présent code sont réattribués au titulaire du permis de conduire à l'expiration d'un délai de dix ans à compter de la date à laquelle la condamnation est devenue définitive ou du paiement de l'amende forfaitaire correspondante. »

532. Ce mécanisme de restitution des points perdus au bout de dix ans débouche sur la seule récupération des points perdus et ne permet donc pas une reconstitution intégrale du capital de points.

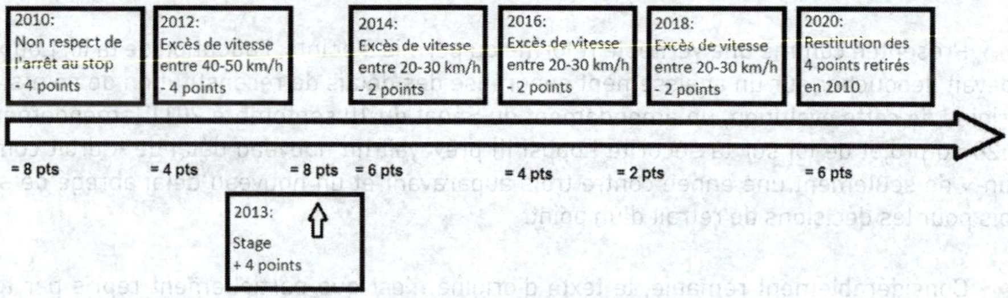

533. En pratique, ce mécanisme ne concerne que peu de conducteurs, la plupart ayant déjà bénéficié d'une reconstitution triennale et, parmi ceux qui n'ont pu atteindre ce délai de trois ans, nombreux sont ceux qui ont été confrontés à une invalidation de permis et ne pourront prétendre à la restitution.

534. Quel que soit le mécanisme de reconstitution, la computation du délai obéit toujours aux mêmes règles avec la prise en compte pour le calcul des dates théoriques de retrait de points. Comme il a été précédemment indiqué, il est très fréquent que l'administration enregistre une décision de retrait de points avec plusieurs semaines ou mois de retard. L'automobiliste pourra ainsi recevoir un courrier référencé 48 l'informant de la survenance d'un retrait de points très longtemps avoir opéré, par exemple, le paiement de l'amende forfaitaire. La date qu'il conviendra de prendre en compte pour le calcul du délai de reconstitution n'est pas celle du courrier 48 mais bien celle à laquelle le retrait aurait dû théoriquement intervenir.

535. En pratique, l'automobiliste qui souhaiterait connaître avec précision le temps qui lui reste avant de bénéficier d'une reconstitution de points, pourra se reporter au Relevé d'Information Intégral. Ce document peut se retirer auprès de n'importe quelle préfecture ou sous-préfecture.

536. Le Relevé d'information intégral liste toutes les infractions qui ont été commises par un conducteur. Pour chaque infraction sont indiqués la nature des faits, le lieu et les dates de commission, de retrait de points et d'enregistrement de la décision de retrait de points. La date théorique de retrait de points est notée sur le Relevé d'Information Intégrale comme « date définitive » qui correspond soit à la date de paiement de l'amende forfaitaire, soit à la date d'émission du titre exécutoire, soit à une condamnation définitive.

537. La lecture du Relevé d'information intégral permettra ainsi d'identifier le point de départ d'une éventuelle future reconstitution de points dont la survenance pourra être favorisée par la contestation d'une verbalisation intervenue avant l'échéance du délai prévu par les dispositions de l'article L. 223-6 du Code de la route.

538. Mais la contestation d'une verbalisation, outre bien évidement la contestation de la matérialité des faits reprochés, peut également permettre à un automobiliste de gagner suffisamment de temps pour pouvoir effectuer un stage de sensibilisation à la sécurité routière.

§ 2 ■ Le stage de sensibilisation à la sécurité routière.

539. Le stage de sensibilisation à la sécurité routière permet la récupération de quatre points. Organisée par un centre agréé, la formation d'une durée minimale de 16 heures est répartie sur deux jours consécutifs. La vingtaine de participants est encadrée par deux formateurs dont un psychologue. Les enseignements délivrés dans le cadre de ce stage sont essentiellement théoriques et ne comportent pas de session de conduite. Il est ainsi possible pour un automobiliste d'effectuer un stage de sensibilisation alors qu'il fait l'objet d'une rétention ou d'une suspension de permis de conduire.

540. Le stage ne peut, par contre, plus être suivi après l'invalidation du permis de conduire. Par invalidation, on entend la notification au conducteur de cette invalidation matérialisée par l'envoi d'un courrier recommandé 48SI (voir CE., 22 févr. 2008, n° 310394).

A ■ La date d'invalidation du permis de conduire

541. La date qui sera prise en compte par le service du Fichier National des Permis de Conduire (FNPC) sera la date de réception du recommandé par le conducteur. En l'absence de réception du recommandé par son destinataire, la date prise en compte par le FNPC sera celle de la présentation du pli qui coïncide normalement avec celle du dépôt d'un avis de passage (CE, 2 juil. 2007, n° 303498 : « M. A s'étant abstenu d'aller le retirer au bureau de poste dans le délai de 15 jours imparti pour ce faire, la notification de la décision litigieuse doit être réputée être intervenue le 13 octobre 2006, date de l'avis de passage »).

542. La prise en compte de la date de réception du pli peut, dans certains cas, permettre à un automobiliste d'éviter l'invalidation. Pour ce faire, il convient de ne pas réceptionner le courrier 48SI, d'effectuer dans l'urgence un stage de sensibilisation, puis de se rendre en agence postale pour récupérer le recommandé envoyé par l'administration. Le recommandé est conservé en agence une quinzaine de jours avant d'être réexpédié à l'envoyeur. L'automobiliste dispose ainsi d'un court délai pour effectuer ce stage dont la prise en compte nécessitera, par contre, une démarche auprès du service du FNPC.

543. L'absence de réception d'un courrier recommandé 48SI n'entraîne, toutefois, pas de validation automatique du stage de sensibilisation. Si le capital de points affecté au permis de conduire d'un automobiliste peut demeurer quelque temps à zéro avant que ne soit envoyé le courrier recommandé, dans de nombreux cas l'automobiliste qui pense ne pas avoir reçu de courrier en provenance de l'administration a, en réalité, laissé repartir le recommandé à son expéditeur. En pratique, le conducteur qui souhaiterait s'assurer de l'absence d'envoi d'un courrier recommandé 48SI pourra demander aux services préfectoraux la délivrance de son Relevé d'information intégral qui fera mention d'un tel envoi. Attention, l'enregistrement de l'envoi d'un courrier 48SI n'est pas immédiat, puisqu'il implique déjà en cas de non réception par son destinataire, une conservation en agence postale du pli pendant quinze jours.

B ■ La régularité de la notification

544. Le conducteur qui découvrirait à la lecture de son Relevé d'information intégral qu'un courrier 48SI lui a été envoyé à une adresse erronée (présence de la mention NPAI sur le relevé) pourra faire valider un stage de sensibilisation à la sécurité routière (voir, par exemple : CE, 10 mars 2010, n °332367 (lire, J.-B. Le Dall, « Le Conseil d'Etat valide le stage de récupération de points », JA sept. 2010, n° 821), tel ne sera pas le cas en présence d'un courrier 48SI présenté au domicile de l'automobiliste mais non réceptionnée (mention A/P sur le relevé). Dans cette dernière hypothèse, signalons que l'automobiliste qui dans l'ignorance de l'envoi d'un courrier 48SI aurait effectué un stage de sensibilisation à la sécurité routière pourrait tenter d'invoquer l'absence de dépôt d'un avis de passage. C'est ce qui avait été plaidé devant la Cour administrative d'appel de Marseille (20 déc. 2010, n° 09MA03791) : « l'accusé de réception du courrier ministériel précité ne comporte pas de date de présentation lisible, seul étant mentionné valablement le cachet de la réception par la poste de l'envoi, le 16 mars 2009 ; qu'ainsi, le ministre en charge de l'Intérieur n'établissant pas que la notification de la décision dont il s'agit aurait été notifiée à M. A, celui-ci est fondé à soutenir que la reconstitution de points suite à son stage a été valablement effectuée et que la décision invalidant son permis est irrégulière ». Signalons, toutefois qu'une telle procédure n'est pas suspensive si elle ne s'accompagne pas d'un référé suspension dont l'issue serait favorable.

545. Cette opportunité d'effectuer un stage en présence d'un capital de points nul avant la réception d'un courrier 48SI n'est pas ouverte aux automobilistes perdant l'intégralité de leurs points à la suite d'une seule et même décision de retrait de points. Ainsi, un jeune conducteur venant d'obtenir son permis de conduire qui aurait été condamné par le tribunal de Police pour des faits de grand excès de vitesse (supérieur à 50 km/h au-delà de la vitesse autorisée) fera l'objet d'une décision de retrait de six points de son permis de conduire. Ne disposant que d'un capital de six points, il ne pourra prétendre au bénéfice du stage de sensibilisation.

546. À l'issue du stage, une attestation de stage est remise au conducteur qui a suivi la totalité de la formation. Un double de ce document est transmis au préfet du département du lieu de suivi de stage dans un délai de 15 jours. Il est alors procédé à la reconstitution du nombre de points qui prend effet le lendemain de la dernière journée du stage.

547. Le stage de sensibilisation ne permet toutefois pas aux participants de se voir attribuer des points au-delà de la limite à laquelle ils sont soumis. En d'autres termes, le titulaire d'un permis non probatoire dont le solde serait de 10 points qui effectuerait un stage ne récupérera finalement que 2 points. Le mécanisme est identique pour les jeunes conducteurs soumis au régime probatoire.

C ▪ Le permis probatoire

548. Le permis probatoire a été introduit par la loi du 12 juin 2003 renforçant la lutte contre la violence routière (entrée en application en mars 2004).

1 ▪ La mise en place du permis probatoire en 2004

549. Outre l'apposition d'un autocollant « A » et l'abaissement des limitations de vitesse (110 km/h au lieu de 130 sur autoroute par exemple), le jeune conducteur ne se voit attribuer que 6 points. Le mécanisme mis en place en 2004 ne permettait de dépasser ce capital de 6 points qu'à l'issue de délai de probation de 3 ans. Ce délai était abrégé à deux ans pour les jeunes conducteurs ayant obtenu leurs permis après la conduite accompagnée.

550. Ce n'est qu'à l'issue de délai de probation (de deux ou trois ans) qu'un jeune conducteur pouvait espérer voir son capital de points passer à douze. Pour cela, ce conducteur devait ne pas avoir été l'objet d'une décision de retrait de points pendant le délai de probation. En cas de décision de retrait de points pendant le délai des deux ou trois ans suivant l'obtention du permis, le jeune conducteur ne pouvait prétendre à l'attribution des six points supplémentaires tout du moins à la fin du régime probatoire. Un capital de points maximum ne pourra être atteint avant un délai de trois ans à compter de la date de la décision de retrait de points, si bien évidemment aucune autre décision de retrait de point n'intervient. De nombreux automobilistes n'ont ainsi jamais atteint le capital maximum après l'obtention de leurs titres de conduite.

551. Si la fin du délai de probation ne se traduit pas nécessairement par une attribution de points, cessent, toutefois, de s'appliquer les limitations liées au régime probatoire. Le jeune automobiliste peut, ainsi, enlever l'autocollant « A » et dépasser le 110 km/h sur autoroute. Mais surtout le capital de points du conducteur n'est plus limité à 6. Même s'il n'a pas acquis de points supplémentaires du fait de l'issue du délai de probation, il peut effectuer un stage de sensibilisation dont les quatre points pourront être totalement attribués. En d'autres termes l'automobiliste n'est plus soumis au plafond de 6 points.

552. Ainsi un jeune automobiliste en fin de délai probatoire devant effectuer un stage de sensibilisation aura tout intérêt à étudier l'opportunité de le passer après sa sortie de régime probatoire.

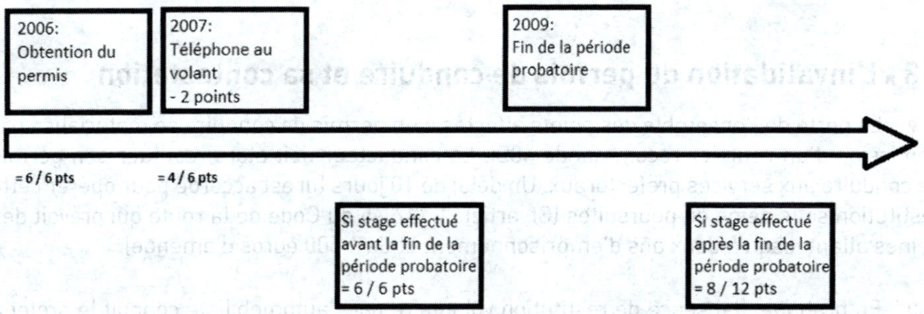

553. On notera qu'un jeune conducteur soumis au régime probatoire peut se voir contraint d'effectuer un stage de sensibilisation. Tel sera le cas si le jeune conducteur voit son capital de points amputer de la moitié ou plus. Un courrier recommandé référencé 48 N sera alors adressé à l'automobiliste l'informant du retrait de points et de l'obligation d'effectuer un stage (voir article R. 223-4 du Code de la route).

2 ▪ Le nouveau régime probatoire de 2007

554. Depuis 2007, le fonctionnement du permis probatoire a été revu avec un système plus favorable de bonus annuel. Le capital de points du jeune conducteur est toujours de 6 mais la perspective d'augmentation du capital est bien plus proche qu'avec l'ancien mécanisme. En effet, en l'absence de décision de retrait de point la première année de l'obtention du permis, le conducteur se verra attribuer 2 points supplémentaires. Si le conducteur évite toute infraction et surtout toute décision de retrait de point pendant une autre année, son capital de points sera, à nouveau, augmenté de deux points et ainsi de suite jusqu'à l'obtention des douze points.

555. A la première décision de retrait de points, le capital de points se fige, le conducteur ne pourra plus prétendre à une augmentation de capital, même en l'absence de décision de retrait de point l'année suivante.
Le gain de deux points, en l'absence de décision de retrait de point, entraîne également le déplafonnement du capital de points. Par exemple, le conducteur qui se verrait retirer deux

points l'année de l'obtention de son permis de conduire ne pourra jamais voir son capital de points dépasser le plafond de six points jusqu'à l'issue du délai probatoire.

556. Au contraire, l'intervention de la première décision de retrait de points la deuxième année conduira au maintien d'un plafond maximum de points de 8. Signalons que l'obtention du titre de conduite après une conduite accompagnée permettra, en l'absence de décision de retrait de point la première année, un gain de trois points. Les douze points pourront potentiellement être atteints en deux ans.

557. Le permis probatoire ne concerne pas que les plus jeunes, puisque seront également soumis à ce régime les conducteurs obtenant un nouveau titre de conduite après une invalidation ou une annulation du permis de conduire.

558. Les conducteurs n'ayant eu à repasser que les épreuves théoriques du permis de conduire ne se verront pas infliger l'ensemble des obligations liées au régime probatoire. Il est ainsi possible d'éviter d'avoir à apposer l'autocollant « A ». Par contre, il ne sera pas possible d'éluder l'attribution de points par pallier.

§ 3 ▪ L'invalidation du permis de conduire et sa contestation

559. La perte de l'ensemble des points affectés à un permis de conduire se matérialise par l'émission d'un courrier recommandé 48SI. Le conducteur doit alors restituer son permis de conduire aux services préfectoraux. Un délai de 10 jours lui est accordé pour opérer cette restitution sous peine de poursuites (Cf. article L. 223-5 du Code de la route qui prévoit des peines allant jusqu'à deux ans d'emprisonnement et de 4 500 euros d'amende).

560. En pratique, l'absence de restitution volontaire par l'automobiliste conduit le préfet à solliciter l'intervention des forces de l'ordre qui prendront attache avec le conducteur. L'invalidation du permis de conduire interdit toute poursuite de conduite pour le conducteur, y compris dans le délai de 10 jours imparti pour restituer le titre de conduite.

561. La non restitution du titre de conduite ne s'avère d'aucune utilité pour le conducteur, tel n'était pas forcément le cas avant la mise en place du courrier 48SI. Le courrier 48SI remplace, en effet, deux courriers le premier référencé 48S informait, par recommandé AR, le conducteur de la perte de l'ensemble des points, le second référencé 49, également en recommandé AR, mais en provenance du préfet donnait, quelques semaines après le premier courrier, injonction au conducteur de restituer son titre de conduite. Certains automobilistes ayant reçu le premier courrier 48S choisissaient alors de ne pas réceptionner le second courrier pour pouvoir prétendre ne pas avoir été notifiés régulièrement et ainsi espérer une relaxe en cas de poursuite pour conduite malgré invalidation.

562. Ces pratiques et le coût généré par l'envoi de deux courriers distincts ont finalement conduit à la mise en place d'un courrier unique référencé 48SI (reprenant la référence du courrier 48 S en y accolant le « I » de l'injonction qui était notifiée par les services préfectoraux via le courrier 49).

A ▪ Les délais d'interdiction de conduite

563. L'invalidation du titre de conduite interdit toute conduite pendant un délai minimum de six mois avant lequel le conducteur ne pourra pas obtenir un nouveau permis. Ce délai de six

mois commence à courir à compter de la remise du titre auprès des services préfectoraux. Cette remise se matérialise par la délivrance par la préfecture du récépissé (formulaire référencé 44) qui précise la date de dépôt du titre.

564. Ce délai est porté à un an en cas de précédente invalidation dans un délai de cinq ans (Cf. article L. 223-5 du Code de la route).Les automobilistes devant à nouveau se soumettre aux épreuves du permis de conduire peuvent s'ils n'étaient pas titulaires d'un permis probatoire bénéficier de la dispense de l'épreuve pratique comme le permettent les dispositions de l'article R. 224-20 du Code de la route.

565. Pour ce faire, il est impératif pour le conducteur de respecter le délai de 9 mois imparti par l'article R. 224-20 alinéa 3 du Code de la route. Si le conducteur n'effectue pas les démarches visant à obtenir un nouveau titre de conduite dans le délais de 9 mois, il devra alors repasser les épreuves pratiques, le délai pendant lequel il restera sans permis sera donc sensiblement plus long puisqu'il devra obtenir une date pour le passage de l'épreuve pratique.

566. Signalons que l'annulation judiciaire d'un permis de conduire non soumis au régime probatoire n'entraînera obligation de repasser l'intégralité des épreuves du permis de conduire que si le juge a assorti l'annulation d'une période d'interdiction de solliciter un nouveau titre de 12 mois ou plus.

B ▪ Le contentieux du permis à points

567. Pendant de nombreuses années, les recours formés à l'encontre des décisions d'invalidation de permis ont suscité de fausses rumeurs sans doute liées au fort pourcentage de réussite de ces procédures au début des années 2000.

568. Le nombre croissant d'invalidations de permis chaque année (avec pour point d'orgue les 98 057 retraits de permis pour défaut de points en 2008) a, assez naturellement, généré un important contentieux représentant jusqu'à 10 % du volume d'affaire d'un tribunal administratif.

569. Réclamant de plus en plus de temps avant de pouvoir obtenir une décision, ces procédures engagées devant les juridictions administratives ne permettent pas, à elles seules, de pouvoir retrouver rapidement le droit de conduire.

1 ▪ Une procédure non suspensive

570. Le recours de plein contentieux (voir CE, 9 juil. 2010, n° 336556, J.-L. Berthaud, à ce propos on notera que le plein contentieux implique le recours obligatoire à un avocat) engagé à l'encontre de la décision d'invalidation n'est pas suspensif. L'administration dispose, en effet, du privilège du préalable, ses décisions étant exécutoires par elles-mêmes (Cf. CE, Ass., 2 juil. 1982, Huglo).

571. L'annulation de la décision d'invalidation de permis de conduire par le tribunal administratif interdira toute condamnation ultérieure pour conduite malgré invalidation du permis de conduire. La décision de la juridiction administrative entraîne la disparition de l'ordre juridique de l'invalidation de permis. Il devient donc impossible pour une juridiction pénale de condamner pour la conduite d'un véhicule malgré une décision qui est censée ne jamais avoir existé (Cf. Crim., 3 sept. 2008, n° 08-80.074 et Crim., 12 déc. 2012, n° 12-28.919).

572. Attention, le conducteur définitivement condamné pour conduite malgré invalidation ne pourra pas espérer bénéficier d'une quelconque révision en dépit d'une censure ultérieure de la décision d'invalidation par les juridictions administratives.

573. Et l'augmentation du contentieux lié au permis à points qui s'est traduit par un allongement considérable du temps de traitement des procédures (jusqu'à quatre ans à Paris) entraînera généralement un traitement d'éventuelles poursuites pour conduite malgré invalidation plus rapide par les juridictions pénales.

574. L'automobiliste poursuivi pour conduite malgré invalidation de son permis de conduire pourra bien évidement solliciter un sursis à statuer. Mais le juge pénal n'est aucunement contraint de faire droit à ce type de demandes. Certaines juridictions renverront l'examen de l'affaire à une date ultérieure, ce qui permettra peut-être de connaître la position du tribunal administratif.

575. Le prévenu peut également tenter de faire jouer l'exception d'illégalité en avançant ne pouvoir être condamné pour la violation d'une décision administrative qu'il considère illégale. La position de la Cour de cassation sur l'exception d'illégalité est toutefois claire et ne laissera guère d'espoir en la matière. Pour la chambre criminelle, l'illégalité de la décision d'invalidation invoquée par le prévenu ne relève que de la simple allégation. (Voir, par exemple : Crim., 9 févr. 2010, n° 09-86.262 ; Crim., 7 juin 2011, n° 10-87.941).

576. Un arrêt rendu Hank par la chambre criminelle en 2008 avait pu laisser penser à certains qu'il était nécessaire pour les juridictions pénales d'examiner la question de la légalité de la décision d'invalidation du permis de conduire. La Cour de cassation avait effectivement reproché aux juges d'appel d'avoir ignoré l'exception d'illégalité, mais dans cette espèce le conducteur apportait, lui-même, la preuve de l'illégalité de l'invalidation de son permis de conduire (Crim., 30 janv. 2008, n° 06-81.027).

577. La question de l'examen par le juge pénal de l'exception d'illégalité a, pendant de nombreuses années, revêtu une importance toute particulière, puisqu'il débouchait la plupart du temps sur la relaxe du prévenu, les magistrats n'étant pas en possession des éléments pouvant permettre d'établir la légalité de l'acte administratif critiqué.

578. Désormais, la jurisprudence administrative a considérablement réduit les possibilités de remise en question de la légalité des décisions de retrait de points, la question de l'examen de l'exception d'illégalité se pose donc avec moins d'acuité. Le conducteur qui souhaiterait contester cette invalidation devra le faire dans un délai de deux mois à compter de la notification de cette décision (voir CE, 20 juin 1997, n° 185323, 185324, 185325, 185326).

2 ▪ Le délai de recours

579. Le courrier 48SI étant envoyé en recommandé avec avis de réception, la preuve de la réception par l'automobiliste est, en théorie, assez simple à rapporter par l'administration, et l'écoulement du délai de deux mois tombe comme un couperet privant l'automobiliste de tout espoir de contestation (pour une fin de délai un jour non ouvrable, voir CAA Lyon, 1er juil. 2010, n° 09LY01457).

a - La notification irrégulière

580. Il ressort de l'avis rendu par le Conseil d'Etat le 18 septembre 2009 qu'une notification irrégulière du courrier 48SI ne fait pas partir le délai contentieux de deux mois. L'irrégula-

rité de la notification se traduit sur le Relevé d'information intégral par l'apposition de la mention NPAI (N'habite Pas à l'Adresse Indiquée) à côté des références postales du courrier recommandé 48SI. Certaines juridictions administratives avaient considéré qu'il revenait aux automobilistes d'informer l'administration d'un éventuel changement d'adresse. Ces juridictions se fondaient sur les dispositions de l'article R. 322-7 du Code de la route qui imposent effectivement ce type d'obligation au titulaire d'un certificat d'immatriculation (voir par exemple : CAA Paris, 9 juil. 2009, n° 08PA03053). Mais, comme n'a pas manqué de le noter le Conseil d'Etat, il ne serait être question de confondre gestion du fichier national des permis de conduire et gestion du fichier des cartes grises et il n'existe aucune obligation pour le détenteur du permis d'informer l'administration d'un déménagement.

581. « Aucun principe général, ni aucune disposition législative ou réglementaire, ne fait obligation au titulaire d'un permis de conduire de déclarer à l'autorité administrative sa nouvelle adresse en cas de changement de domicile. Il en résulte qu'alors même qu'il n'aurait pas signalé ce changement aux services compétents, la présentation à une adresse où il ne réside plus du pli notifiant une décision relative à son permis de conduire et prise à l'initiative de l'administration n'est pas de nature à faire courir à son encontre le délai de recours contentieux » (CE, 18 sept. 2009, n° 327027).

582. La lecture du Relevé d'information intégral peut, et c'est bien souvent le cas, montrer le dépôt d'un avis de passage à une adresse ancienne ou totalement erronée. La mention présente sur le relevé est donc la mention AP alors que la mention NPAI aurait dû en théorie y être portée. La jurisprudence permet dans ces cas de figure aux automobilistes de rapporter la preuve d'une absence de notification.

583. C'est ce que montre, par exemple, l'arrêt rendu par la Cour administrative d'appel de Versailles le 8 avril 2010 : « considérant qu'aucun principe général, ni aucune disposition législative ou réglementaire, ne fait obligation au titulaire d'un permis de conduire de déclarer à l'autorité administrative sa nouvelle adresse en cas de changement de domicile ; qu'il en résulte que même lorsque l'intéressé ne signale pas ce changement aux services compétents, la présentation à une adresse où il ne réside plus du pli notifiant une décision relative à son permis de conduire et prise à l'initiative de l'administration n'est pas de nature à faire courir à son encontre le délai de recours contentieux ; qu'il ressort des pièces du dossier que M. A établit, par la production d'une lettre des services de la Poste Neuilly centre courrier du 17 mars 2009, qu'il ne pouvait être en possession de l'avis de passage du courrier recommandé du 16 mai 2007 contenant la décision 48 S susvisée dès lors qu'il ne résidait plus, depuis 2001, à l'adresse où avait été expédiée par le service national du permis de conduire ladite décision 48 S lui notifiant les décisions de retrait de points litigieuses ; que, par suite, la fin de non-recevoir opposée par le ministre de l'intérieur, de l'outre-mer et des collectivités territoriales et tirée de la tardiveté de la demande ne pouvait qu'être écartée » (CAA Versailles, 8 avr. 2010 , n° 09VE00736 ; Sur ce point, voir également : CAA Bordeaux, 13 avr. 2010, n° 09BX01100).

584. Attention, la position du Conseil d'Etat n'est pas la même en présence de résidences multiples. L'envoi d'un courrier recommandé à une adresse correspondant à une résidence secondaire très peu occupée n'entachera pas d'irrégularité la notification. C'est ce qu'il ressort d'un arrêt du29 janvier 2014 : « la notification d'une décision relative au permis de conduire doit être regardée comme régulière lorsqu'elle est faite à une adresse correspondant effectivement à une résidence de l'intéressé ; que, pour confirmer l'ordonnance du président du tribunal administratif de Dijon, la cour administrative d'appel de Lyon a jugé « qu'en se bornant à soutenir, comme il le faisait en première instance, que cette notification n'aurait pas été faite à l'adresse de sa résidence principale mais à celle de sa résidence secondaire, le requérant ne justifie pas pour autant que ladite notification aurait été faite à une adresse où il ne résiderait plus «.

585. La réception du courrier recommandé semble ne laisser que peu d'espoir à l'automobiliste qui aurait laissé s'écouler plus de deux mois sans réagir. La jurisprudence offre, toutefois, quelques possibilités dans des hypothèses, il convient de le reconnaître, assez particulières.

b - La réception par une tierce personne

586. Une des hypothèses permettant de soutenir l'irrégularité de la notification réside dans la réception du pli recommandé par une personne autre que le destinataire et ne bénéficiant pas de la qualité pour le faire (sur ce point voir, CAA Lyon, 21 avr. 2011 , n° 11LY00207 : « M. A soutient que c'est à tort que le premier juge a considéré qu'il avait reçu notification du courrier 48SI le 12 octobre 2009 ; que si le requérant fait valoir que l'accusé de réception a dû être signé par sa mère, présente à son domicile à cette époque, ou à défaut par ses beaux-parents qui lui rendent visite régulièrement à son domicile, il n'établit pas que la personne qui a réceptionné le pli litigieux et qui a porté sur l'avis de réception sa signature n'avait pas qualité pour ce faire ; que, dans ces conditions, cette notification a fait courir le délai du recours contentieux à l'encontre du requérant »).

c - La fausse signature

587. L'autre hypothèse est celle que la Cour administrative d'appel de Nancy a eu à connaître dans son arrêt du 17 octobre 2011 : le pli est réceptionné par une personne qui usurpe l'identité du destinataire. Dans le cas de l'espèce soumis à la juridiction nancéienne, l'automobiliste est parvenu à rapporter la preuve de l'irrégularité de la notification par le biais d'une expertise graphologique. La juridiction d'appel s'est fondée sur un « faisceau de preuves concordantes » pour donner gain de cause à l'automobiliste. La position adoptée par la Cour administrative de Nancy n'est donc pas automatiquement transposable à toute signature « douteuse » mais permet de confirmer la transposition au contentieux du permis à points d'une jurisprudence déjà ancienne du Conseil d'Etat en matière fiscale (CE, 13 nov. 1998, n° 164143).

d - La preuve de la régularité de la notification

588. Le dépôt d'un recours hors délai pourra éventuellement prospérer si le requérant allègue sans être contredit ne pas avoir été averti du dépôt d'un avis de passage. L'administration pourra soumettre au débat la documentation postale sur laquelle devra en théorie apparaître la mention du dépôt d'un avis de passage et la date de ce dépôt.

589. La jurisprudence s'est montrée particulièrement exigeante sur les mentions apposées sur cet avis de passage. Le Conseil d'Etat souhaite, ainsi, que soit rapportée la preuve de la délivrance de l'information relative à la mise à disposition du pli : « Considérant que pour juger que Mme A devait être regardée comme ayant reçu régulièrement notification de la décision 48S récapitulant les infractions ayant donné lieu à retrait de points commises par l'intéressée et constatant l'invalidation de son permis de conduire pour solde de points nul, la cour s'est fondée, d'une part, sur ce que l'enveloppe du pli recommandé avait été retournée par le bureau de poste au fichier national des permis de conduire le 2 septembre 2006 comme non réclamée, et que l'imprimé l'accompagnant comportait à la rubrique présentation la mention manuscrite 17/08/06 et, d'autre part, sur ce que le relevé d'information intégral produit par la requérante portait la mention accusé de réception d'une lettre 48S

accusé de réception n° RA 8010 5078 7FR du 17/08/2006 [...] ; qu'en estimant que la preuve de la notification était ainsi suffisamment rapportée sans rechercher s'il ressortait des pièces versées au dossier que l'intéressée avait été avisée de ce qu'un pli était à sa disposition au bureau de poste, la cour a commis une erreur de droit; qu'il y a lieu par suite d'annuler son arrêt. » (CE, 3 mai 2010, dans le même sens : CAA Nancy, 10 mai 2010, CAA Douai, 11 mars 2010).

3 ■ L'obligation de produire la décision attaquée

590. Le recours devra également être accompagné d'une copie de la décision attaquée, en l'espèce une copie du courrier 48SI. Le conducteur qui souhaiterait attaquer une décision de retrait avant que son permis de conduire ne soit invalidé devra produire une copie du courrier 48 (courrier simple).

591. Par le passé, la production d'un simple relevé d'information intégral suffisait à satisfaire aux exigences des dispositions de l'article R. 412-1 du Code de justice administrative (voir, par exemple Cour administrative d'appel de Lyon, 18 déc. 2008, n° 07LY00285), jusqu'à une étonnante prise de position du Conseil d'Etat.

592. Le 27 janvier 2010, le Conseil d'Etat, par trois arrêts, est venu sanctionner la non production des décisions attaquées en d'autres termes des courriers 48 : « Considérant que le titulaire du permis qui demande l'annulation d'une décision portant retrait de points ou invalidation de son permis ne peut ainsi se borner à produire le relevé d'information intégral issu du système national des permis de conduire où elle est enregistrée, mais doit produire la décision elle-même, telle qu'il en a reçu notification dans les conditions prévues à l'article R. 223-3 du Code de la route ou, en cas d'impossibilité, apporter la preuve des diligences qu'il a accomplies pour en obtenir la communication ; qu'en jugeant que la production du relevé d'information intégral par M. A suffisait pour que sa demande de première instance soit présentée conformément aux dispositions de l'article R. 412-1 du Code de justice administrative, la cour administrative d'appel a commis une erreur de droit».

593. Si le requérant n'est pas en possession de la décision qu'il souhaite attaquer, il devra fournir au juge toutes les preuves des diligences qu'il a accompli pour récupérer cette décision. L'absence de production de tels éléments s'ils ont été réclamés par le tribunal administratif ne pourra être régularisée devant la juridiction d'appel.

594. L'engagement d'un recours à l'encontre de la décision d'invalidation obéit pour le reste aux règles classiques du droit administratif : on notera uniquement que le recours doit être envoyé en quatre exemplaires au tribunal administratif qui fera parvenir au conseil du conducteur un récépissé d'enregistrement sur lequel sera indiqué le code d'accès au service télématique juradm permettant de suivre en ligne le déroulement de la procédure. En pratique, les requérants devront attaquer la décision d'invalidation du permis matérialisée par le courrier 48SI et, par exception, toutes les décisions de retrait de points qui ont, peu à peu, amputé le solde de points.

595. On notera que la mise en place de la plateforme électronique de communication « Télérecours » a, bien évidemment, simplifié le travail logistique de l'avocat (Cf. arrêté du 12 mars 2013 relatif aux caractéristiques techniques de l'application permettant la communication électronique devant le Conseil d'Etat, les cours administratives d'appel et les tribunaux administratifs).

4 ▪ L'argumentation développée devant les juridictions administratives

596. Plusieurs problématiques peuvent être invoquées, mais traditionnellement deux argumentations étaient systématiquement reprises à l'encontre des décisions de retrait de points.

a - L'absence de réalité de l'infraction

597. Comme il a été indiqué précédemment, le retrait de point ne peut intervenir qu'en présence d'une infraction dont la réalité a été établie. Ainsi, parmi les facteurs déclencheurs du retrait de point, le paiement de l'amende forfaitaire a pu, par le passé, susciter de nombreux débats. Le requérant qui indiquait ne jamais avoir réglé les amendes forfaitaires relatives aux infractions qui avaient pu lui être reprochées contraignait l'administration à retrouver trace du paiement. Dans bien des cas, l'administration restait dans l'impossibilité matérielle de rapporter la preuve d'un paiement. Il a été mis fin à cette situation par un revirement de jurisprudence en 2009. Par trois arrêts du 24 juillet 2009, le Conseil d'Etat a, en effet, considérablement revu le cadre juridique du Relevé d'information intégral.

598. Le Conseil d'Etat considère désormais que les mentions du relevé d'information intégral font foi. Plus particulièrement la mention « amende forfaitaire » prouve la survenance d'un paiement au stade de l'amende forfaitaire. La mention « amende forfaitaire majorée » apporte la preuve de l'émission du titre exécutoire de l'amende forfaitaire majorée. En d'autres termes, la simple production du Relevé d'information intégral suffit à prouver la réalité de l'infraction.

599. Le Conseil d'Etat a depuis réaffirmé sa position dans un avis du 20 novembre 2009 : « quand de telles mentions (la mention du paiement de l'amende forfaitaire ou de l'émission du titre exécutoire de l'amende forfaitaire majorée) figurent au relevé d'information intégral relatif à la situation de son permis de conduire, extrait du système national du permis de conduire, l'intéressé ne peut, dès lors, utilement les contredire en se bornant à affirmer qu'il n'a pas payé une amende forfaitaire enregistrée comme payée ou à soutenir que l'administration n'apporte pas la preuve que la réalité de l'infraction a été établie. »

600. Bien évidemment, le Conseil d'Etat laisse la possibilité toute théorique au requérant de tenter de contredire les mentions du relevé d'information intégral. Mais le conducteur qui aurait pendant plusieurs années conservé une copie d'un chèque de règlement, d'un relevé de compte ou d'une amende forfaitaire majorée... ne parviendrait qu'à rapporter la preuve d'une erreur d'enregistrement du fichier national des permis de conduire et la survenance d'un autre facteur déclencheur du retrait de point. L'absence de paiement n'étant pas matériellement rapportable, le Conseil d'Etat a vidé de son sens et surtout de sa portée toute l'argumentation liée à l'absence de réalité de l'infraction. Demeure, encore une autre argumentation que la jurisprudence a déjà considérablement réduit.

b - L'obligation d'information lors de la constatation de l'infraction

601. Les dispositions des articles L. 223-3 et R. 223-3 du Code de la route prévoient, en effet, que les contrevenants doivent être informés d'un certain nombre d'informations dès la constatation de l'infraction ou à tout le moins avant tout paiement de l'amende relative à cette infraction.

602. Une décision administrative de retrait de points prise à l'encontre d'un contrevenant qui n'aurait pas reçu ces informations devra être regardée comme intervenue au terme d'une procédure irrégulière et, par la suite, entachée d'excès de pouvoir (CE, 22 nov. 1995, n° 171045).

603. L'auteur d'une infraction doit, ainsi, avoir été préalablement et exactement informé dans les conditions prescrites par les articles L. 223-3 et R. 223-3 du Code de la route :
« - de la perte de points et du nombre de points retirés (pour les délits, le retrait de points est égal à la moitié du nombre maximal de points ; pour les contraventions, le retrait de points est, au plus, égal à la moitié du nombre maximal de points ; dans le cas où plusieurs infractions entraînant retrait de points sont commises simultanément, les retraits de points se cumulent dans la limite des deux tiers du nombre maximal de points) ;
- de l'existence d'un traitement automatisé des pertes et des reconstitutions de points ;
- de la possibilité d'avoir accès aux informations le concernant ;
- que le paiement de l'amende forfaitaire vaut reconnaissance de la réalité de l'infraction et entraîne la perte de points y afférente. »

604. Cette information doit être délivrée dans son intégralité, personnellement et est matérialisée par la remise d'un document écrit. C'est ce que prévoit l'article R. 223-3 du Code de la route :
« I. - Lors de la constatation d'une infraction entraînant retrait de points, l'auteur de celle-ci est informé qu'il encourt un retrait de points si la réalité de l'infraction est établie dans les conditions définies à l'article L. 223-1.
II. - Il est informé également de l'existence d'un traitement automatisé des retraits et reconstitutions de points et de la possibilité pour lui d'accéder aux informations le concernant. Ces mentions figurent sur le document qui lui est remis ou adressé par le service verbalisateur. Le droit d'accès aux informations ci-dessus mentionnées s'exerce dans les conditions fixées par les articles L. 225-1 à L. 225-9. »

605. Par le passé, le Conseil d'État avait lourdement insisté sur l'importance de cette information : « compte tenu de la finalité de l'information, qui doit notamment permettre au conducteur de choisir en connaissance de cause d'acquitter ou non l'amende forfaitaire, l'information ne pourrait être valablement donnée à une date plus tardive. Lorsque cette formalité substantielle a été omise, la procédure n'est donc pas susceptible d'être régularisée. Dans ces conditions, l'annulation de la décision enjoignant au conducteur de remettre son permis de conduire au préfet du département où il réside, au motif qu'un retrait de points n'a pas été précédé de l'information prévue par la loi, implique nécessairement que l'administration restitue son permis à l'intéressé et lui reconnaisse le bénéfice des points illégalement retirés, en les rétablissant dans le traitement automatisé mentionné à l'article L. 11-3 » (CE, 28 juil. 2000, n° 220301, voir également : CE, 26 juil. 2006, n° 292750).

606. En pratique, ces informations devront être présentes sur l'avis de contravention remis à l'automobiliste par les agents verbalisateurs.
Pendant longtemps, la seule façon pour l'administration de contredire un conducteur qui alléguait ne jamais avoir reçu aucune information lors de la constatation de l'infraction résidait dans la production devant la juridiction administrative de la copie du procès-verbal dressé par les agents verbalisateurs.
Mais s'appuyant sur la nouvelle jurisprudence du Conseil d'Etat, l'administration est parvenue à contourner largement cette obligation.

607. Dans un premier temps, il est important de se pencher sur l'obligation d'information en cas de verbalisations sans interception. La première étape de cette évolution jurispruden-

tielle porta sur les verbalisations opérées par le biais du centre de traitement automatisé et plus précisément des radars automatiques.

608. Si l'automobiliste procède au règlement de l'amende forfaitaire prévue par un avis de contravention émis par le centre de traitement automatisé, le ministère de l'Intérieur peut, à raison, prétendre que le paiement d'une amende forfaitaire implique que l'automobiliste a bien reçu l'avis de contravention indispensable à un tel paiement. C'est ce qu'ont retenu, bon nombre de juridictions à commencer par la Cour administrative d'appel de Bordeaux (voir, par exemple, CAA Bordeaux, 6 juil. 2010, n° 10BX00110) ou encore la Cour administrative d'appel de Nancy : « Considérant, d'autre part, que s'agissant des infractions pour excès de vitesse constatées les 16 juillet 2004 et 20 juin et 26 septembre 2006 et relevées par l'intermédiaire d'un radar automatique, le ministre de l'Intérieur, de l'outre-mer et des collectivités territoriales produit la copie des avis de contravention adressés à M. A; que ces avis comportent, dans sa partie avertissement , la totalité des informations exigées par les articles L. 223-3 et R. 223-3 du code de la route ; que si le requérant soutient que le ministre n'apporte pas la preuve que ces avis auraient été portés à sa connaissance, le ministre produit également la copie de l'attestation établie le 3 juillet 2007 par la trésorerie du contrôle automatisé de Rennes, certifiant l'encaissement de sommes de 90 euros le 16 juillet 2004, de 45 euros le 8 août 2006 et de 45 euros le 6 novembre 2006 en paiement de l'amende consécutive aux trois infractions susmentionnées » (CAA Nancy, 5 août 2010, n° 09NC00267).

609. Le recours de plus en plus systématisé à la verbalisation par radars automatiques simplifie, ainsi, grandement la tâche de l'administration en cas de contestation de la régularité de la décision de retrait de points, encore faut-il que l'amende ait été réglée par l'automobiliste. En l'absence de paiement, l'administration ne peut apporter la preuve de la réception par l'automobiliste d'un avis de contravention certes standardisé mais envoyé en courrier simple. C'est par exemple, ce que n'avait pas manqué de souligner la Cour administrative d'appel de Bordeaux : « Considérant que pour les infractions constatées par radar automatique les 24 avril 2006, 16 mai 2006, 17 mai 2006, 22 mai 2006, 9 juillet 2006, 11 juillet 2006, 17 octobre 2006 et 28 octobre 2006, le ministre de l'Intérieur, de l'outre-mer et des collectivités territoriales a produit seulement la copie des avis de contraventions adressés à Mlle X ; que ces documents ne permettent pas de regarder l'administration comme apportant la preuve que Mlle X ait reçu l'information prévue par les dispositions précitées ; » (CAA Bordeaux, 22 juin 2010).

610. La Cour administrative d'appel de Bordeaux n'est pas la première juridiction à faire droit à cette argumentation. Le Tribunal administratif de Versailles avait déjà en décembre 2008 adopté la même position : « Considérant, s'agissant de l'infraction commise le 25 août 2005, qui a été constatée par l'intermédiaire d'un radar automatique, que si le ministre soutient que M. X a reçu à son domicile l'avis de contravention au Code de la route dont il produit la copie, il n'apporte pas la preuve qui lui incombe, de la réception par l'intéressé d'un tel document; qu'ainsi le retrait d'un point contesté est intervenu sur une procédure irrégulière; que, par suite, M. X est fondé à exciper de l'illégalité de la décision qui y a procédé » (TA Versailles, 5 nov. 2008).

611. A l'époque, la seule façon pour l'administration de rapporter la preuve d'un paiement résidait dans la production d'une attestation de règlement de la part de la trésorerie du contrôle automatisé de Rennes. Désormais, la mention d'un paiement sur le Relevé d'information intégral dispense l'administration d'une telle production.

612. Bien évidemment le règlement dont pourrait se prévaloir l'administration doit avoir été opéré de façon volontaire. C'est également ce que précisait la juridiction bordelaise dans son arrêt de juin 2010 : « Considérant que pour les infractions constatées par radar automatique les 11 octobre 2005, 9 novembre 2005, 18 janvier 2006, et 12 février 2006, le ministre de l'Intérieur, de l'outre-mer et des collectivités territoriales a produit la copie des avis de contraventions adressés à Mlle X et des attestations établies par la trésorerie du contrôle automatisé de Rennes, certifiant le recouvrement des amendes forfaitaires majorées ; que, toutefois, ces documents ne permettent pas de regarder l'administration comme apportant la preuve que Mlle X ait reçu l'information prévue par les dispositions précitées. »

613. L'arrêt rendu par la Cour administrative d'appel de Bordeaux, a rapidement été suivi par d'autres juridictions d'appel qui ont pu affiner cette jurisprudence : « Considérant que les infractions susvisées commises par M. A, et dont celui-ci ne conteste pas la matérialité, consistent en des excès de vitesse constatés par un radar automatique fixe ; que le ministre de l'Intérieur ne se prévaut d'aucun procès-verbal de contravention établi après une interception du véhicule de l'intéressé ; qu'il ressort des pièces produites devant la Cour par le ministre que M. A n'a pas payé les amendes forfaitaires correspondant à ces infractions ; qu'ainsi, il n'est pas établi que l'intéressé a reçu les avis de contravention en cause ; que s'il ressort des pièces du dossier que M. A a payé l'amende forfaitaire majorée après émission d'un titre exécutoire, cette circonstance n'est pas de nature à elle seule à établir que l'intéressé, en recevant les demandes de paiement des amendes forfaitaires majorées, a reçu copie de l'avis de contravention ou tout autre document contenant les informations requises par les dispositions précitées du Code de la route ; que M. A est, dès lors, fondé à soutenir que les décisions portant chacune retrait de 1 point de son permis de conduire consécutives à ces infractions sont, à défaut d'une information préalable suffisante, entachées d'irrégularité et doivent, pour ce motif, être annulées » (CAA Marseille, 29 juin 2010, n° 08MA04566).

614. Le paiement au stade de l'avis d'amende forfaitaire majorée ne prouve pas systématiquement la délivrance des informations susvisées. Un tel paiement ne prouve pas en effet la réception de l'avis d'amende forfaitaire. Il conviendra donc de se reporter à l'avis d'amende forfaitaire majorée pour observer si celui-ci fait mention des informations susvisées. Dans le cas où le ministère s'abstient de produire ces avis majorés, il ne pourra être considéré comme rapportant la preuve du respect de ses obligations.

615. En ce qui concerne dans un second temps, l'obligation d'information pour les verbalisations avec interception, dans un arrêt Papin du 11 juillet 2012 (n° 349137), le Conseil d'Etat vient de fermement poser le principe de la régularité des décisions de retrait de points en présence d'un paiement de l'amende prévue par un avis de contravention remis en mains propres à l'automobiliste : « Si l'intervention de l'arrêté du 5 octobre 1999 ne garantit pas, à elle seule, que des formulaires établis selon un modèle antérieur, où le document comportant les informations requises et celui nécessaire au paiement étaient entièrement distincts, n'aient pas continué à être utilisés pour la constatation des infractions, il résulte tant du règlement du Conseil du 3 mai 1998 concernant l'introduction de l'euro que des mesures législatives et réglementaires prises pour sa mise en œuvre, s'agissant notamment du montant des amendes, que de tels formulaires, libellés en francs, n'ont pu être employés après le 1er janvier 2002 ; que, pour les infractions relevées avec interception du véhicule à compter de cette date, la mention au système national des permis de conduire du paiement ultérieur de l'amende forfaitaire permet donc au juge d'estimer que le titulaire du permis s'est vu remettre un avis de contravention comportant les informations requises ».

616. Le Conseil d'Etat valide ainsi l'argumentation de l'administration qui n'a pourtant jamais pu justifier de la destruction de ses stocks de formulaires établis sur le modèle antérieur à l'arrêté de 1999. Le Conseil d'Etat laisse également, de côté, les problèmes des cases de retrait de points non cochées par les agents verbalisateurs. L'automobiliste qui se verrait délivrer un tel avis de contravention devra donc le conserver ad vitam aeternam pour pouvoir s'il en était besoin un jour contester une décision de retrait de points relative à cette infraction. On ne pourra que déplorer cette inégalité de traitement avec d'un côté un automobiliste à qui l'on reprochera de ne pouvoir produire un avis de contravention qui lui aurait été remis plusieurs années auparavant et de l'autre une administration pouvant prononcer des décisions de retrait de points sans la moindre contrainte de temps, la décision de retrait de points n'étant qu'une simple mesure de police administrative étrangère à toute notion de prescription.

617. La preuve du paiement d'une amende est désormais établie, très aisément, par la simple production du Relevé d'information intégral dont les praticiens savent bien le nombre d'erreurs qu'il peut receler. La nouvelle position du Conseil d'Etat a été très rapidement adoptée par les juridictions administratives (voir par exemple l'arrêt de la Cour administrative d'appel de Marseille du 31 août 2012, n° 10MA03679) même si certaines ont manifesté une certaine résistance (CAA Versailles, 27 sept. 2012, n° 11VE00984).

618. Signalons que la preuve d'un paiement ne pourra être établie par la production du courrier 48SI (voir en ce sens Conseil d'État, 30 avril 2012, n° 347941) qui indique simplement que la procédure de l'amende forfaitaire a été utilisée pour une infraction et non si l'amende forfaitaire a été réglée.

619. Le Conseil d'Etat n'a toutefois pas totalement purgé le contentieux puisqu'en présence d'un paiement immédiat, l'administration devra toujours produire copie de la quittance normalement remise à l'automobiliste.

620. Il convient dans un dernier temps de se pencher sur l'obligation d'information en cas de condamnation pénale. Avec cet arrêt Papin, le Conseil d'Etat est également revenu sur la problématique de l'absence de la délivrance de l'information prévue aux articles L. 223-3 et R. 223-3 du Code de la route en présence d'une condamnation pénale.

621. Le Conseil d'Etat avait déjà eu à connaître de cette question et avait estimé qu'une condamnation pénale définitive conférait automatiquement une régularité inattaquable à la décision de retrait de points en découlant. « Lorsque la réalité de l'infraction a été établie par une condamnation devenue définitive prononcée par le juge pénal qui a statué sur tous les éléments de fait et de droit portés à sa connaissance et que l'auteur de l'infraction a ainsi pu la contester, l'omission de cette formalité est sans influence sur la régularité du retrait de points résultant de la condamnation » (CE, 9 juin 2011, n° 335469, confirmé par CE, 7 déc. 2011, n° 348268, revenant ainsi sur l'ancienne position affichée par CE, 22 nov. 1995, n° 171045).

622. Le Conseil d'Etat a sans doute oublié que l'automobiliste qui aurait été informé de la perspective d'une décision de retrait de points aurait peut être choisi d'exercer les voies de recours qui lui étaient offertes. La position du Conseil d'Etat aurait pu, éventuellement, se comprendre s'il avait été fait référence à une condamnation pénale prononcée après l'exercice de l'intégralité des voies de recours. Le fait que le conducteur n'ait pas été informé de la perte de points à venir n'aurait plus été, à ce moment, un critère de décision dans le choix d'exercer une voie de recours ou non.

623. Le Conseil d'Etat a préféré faire reposer sur le juge pénal une présomption d'omniscience et d'«omni communication » en partant de l'hypothèse que le conducteur était systématiquement informé à un stade ou à un autre du retrait de points à venir.

624. Basé sur la notion de condamnation pénale, ce raisonnement laissait aux conducteurs faisant l'objet d'une composition pénale le bénéfice des dispositions des articles L. 223-3 et R. 223-3 du Code de la route. Restait en suspens la question de l'ordonnance pénale qui juridiquement produit tous les effets d'une condamnation prononcée par un tribunal à l'issue d'une audience publique mais qui en pratique présente plus de similitudes avec le recours à un procès-verbal électronique et ce notamment dans l'hypothèse où la notification de l'ordonnance pénale s'opère par courrier.

625. Si le conducteur qui fait l'objet d'une ordonnance pénale n'a pas été informé du risque de perte de points par les agents ayant opéré le contrôle, il ne le sera jamais puisque l'ordonnance pénale et le relevé de condamnation pénale ne font jamais référence aux décisions de retrait, celles-ci étant du ressort de l'administration.

626. Le fait que l'automobiliste faisant l'objet d'une composition pénale puisse se prévaloir d'une violation des dispositions des articles L. 223-3 et R. 223-3 du Code de la route alors qu'il bénéficiait de l'intervention d'un délégué du procureur (pouvant l'informer ne serait-ce qu'oralement des conséquences sur son capital de points) pouvait nous laisser espérer une certaine clémence pour le destinataire d'une ordonnance pénale. Mais le Conseil d'Etat choisit de faire application de sa jurisprudence sans la moindre considération sur la réalité des faits : « L'omission de cette formalité (l'information prévue aux articles L. 223-3 et R. 223-3 du Code de la route) est sans influence sur la régularité du retrait de points résultant de la condamnation, lorsque la réalité de l'infraction a été établie par une condamnation devenue définitive prononcée par le juge pénal, qui a statué sur tous les éléments de fait et de droit portés à sa connaissance, et que l'auteur de l'infraction a ainsi pu la contester ; que cette dernière condition est également remplie lorsque la condamnation intervient selon la procédure simplifiée régie par les articles 524 et suivants du Code de procédure pénale, qui permettent au juge de statuer sans débat préalable sur une contravention de police, mais qui réservent la possibilité, pour le prévenu, de former opposition à l'ordonnance pénale ainsi prononcée et d'obtenir que l'affaire soit portée à l'audience du tribunal de police ou de la juridiction de proximité dans les formes de la procédure ordinaire ».

627. Cette position est strictement suivie par les juridictions du fond (voir, par exemple, CAA Nantes, 26 juil. 2012, n° 12NT00760). Le resserrement de la jurisprudence du Conseil d'Etat concernant le contentieux de la délivrance de l'information prévue aux articles L. 223-3 et R. 223-3 du Code de la route a bien évidemment eu de lourdes conséquences sur les procédures en cours devant les juges des référés.

5 ▪ Le référé suspension

628. Introduit par la loi n° 2000-597 du 30 juin 2000, le référé suspension (voir article L. 521-1 du Code de justice administrative) permet de solliciter auprès du juge la suspension de l'exécution de la décision administrative d'invalidation du permis de conduire le temps que la question de la légalité de cette décision soit tranchée au fond par le tribunal administratif. En d'autres termes, par cette procédure de référé suspension, l'automobiliste demande au juge le droit de conduire rapidement le temps de la procédure au fond qui pourra durer de nombreux mois.

a - Le tri administratif

629. En pratique, le traitement des demandes de référés obéit aux règles du tri administratif. Le juge peut convoquer le requérant à une audience publique et rendra sa décision quelques temps plus tard mais il peut également directement, par une ordonnance moti-

vée, rejeter la demande s'il considère qu'elle «ne présente pas un caractère d'urgence ou lorsqu'il apparaît manifeste, au vu de la demande, que celle-ci ne relève pas de la compétence de la juridiction administrative, qu'elle est irrecevable ou qu'elle est mal fondée (cf. C. us. adm., art. L. 522- 3).

630. S'il n'existe pas de délai de réponse à de telles demandes dans le Code de justice administrative, l'absence de convocation dans un délai de trois à cinq semaines laissera augurer d'une ordonnance de rejet. En effet, l'écoulement des semaines fera tomber tel un fruit mûr l'un des critères nécessaires à un examen positif par le juge de référé : l'urgence.

631. Rarement accordées au milieu des années 2000, les demandes de référés suspension ont connu un sort différent après l'arrêt TIENE du 13 mars 2009 (CE n°322303) qui a incontestablement contribué à relancer ce contentieux. Avec cet arrêt, le Conseil d'Etat a rappelé les règles en matière d'appréciation de l'urgence.

b - L'urgence

632. L'urgence doit s'apprécier tant du point de vue de l'ordre public que de celui du requérant. Le requérant ne doit pas représenter un danger pour les autres usagers de la route. Cette appréciation relève d'une particulière subjectivité, mais il est clair que la commission d'un délit routier comme une conduite sous l'empire d'un état alcoolique, ou la commission d'un grand excès de vitesse réduira à néant les chances d'obtenir une décision favorable. La répétition d'infractions de faible gravité ne traduira pas de comportement réellement dangereux (tel était, par exemple le cas dans l'arrêt TIENE), sauf à ce que le capital de points ne soit dilapidé en un très court délai. L'urgence s'apprécie également au regard de la situation professionnelle (et parfois personnelle) du requérant. L'invalidation du permis de conduire doit causer un préjudice grave et immédiat à la situation du requérant (cf. arrêt Confédération nationale des radios libres, CE, 19 janv. 2001 : RFD adm. 2001, p. 378). Il est indéniable que la perte d'emploi constitue à ce titre un préjudice grave et immédiat. La liste des professionnels susceptibles d'être licencié à la suite d'une invalidation de permis de conduire ne se limite pas aux chauffeurs de taxi et autres professionnels de la route, et n'a finalement de limites que celles tenant aux possibilités de rapporter la preuve d'une absolue et nécessaire détention du permis de conduire à titre professionnel (A titre d'exemple, pour un commercial : TA Rouen, 23 fév. 2010, n° 1000258 ; pour un chef de chantier : TA Melun, 09 juil., n° 09-4657/7 ; pour une gérant et unique salarié de la société : TA Lyon, 24 fév. 2010, n° 1000557 ; pour un chauffeur-livreur : TA Nantes, 23 sept. 2010, n° 106208).

633. Mais l'urgence n'est pas le seul critère à intervenir dans l'examen de la demande de référé suspension. Le juge ne suspendra l'exécution de la décision d'invalidation que si un doute sur la légalité de cette décision peut être mis en avant.

c - Le doute sur la légalité de la décision attaquée

634. C'est ce second critère du doute sur la légalité de la décision attaquée que de nombreuses requêtes peineront à satisfaire avec le revirement de jurisprudence opérée par l'arrêt Papin rendu par le Conseil d'Etat le 11 juillet 2012 (n° 349137).

635. En témoigne cette ordonnance rendue par le juge des référés d'Orléans le 17 août 2012 : « il ressort du Relevé d'information intégral que le requérant s'est acquitté de manière différée d'une amende forfaitaire consécutive à une infraction relevée avec interception du véhicule postérieurement au 1er janvier 2012 permet au juge d'estimer sur le fondement

de la décision du Conseil d'Etat du 11 juillet 2012, Papin n°349137 que le requérant a reçu l'information requise ».

636. Le doute sur la légalité de la décision attaquée naissant du nombre de décisions de retrait de points pour lesquelles l'administration ne peut rapporter la preuve d'une procédure régulière, ce critère qui n'était pas forcément au centre des débats, est devenu, le principal écueil en matière de référé suspension. Jusqu'à l'arrêt Papin, en cas d'audiencement rapide, l'administration peinait à retrouver copie des procès-verbaux d'infractions. Dorénavant, la contrainte de temps pour l'administration est toute relative puisqu'il suffit au ministère de l'Intérieur de produire un Relevé d'information intégral pour prouver la régularité des procédures de retraits de points consécutives à l'ensemble des infractions pour lesquelles un paiement différé a été effectué.

637. Exception faite des cas où le requérant peut rapporter la preuve de l'illégalité de la décision d'invalidation de son permis (on pense, par exemple, à la non prise en compte d'un stage de sensibilisation à la sécurité routière), l'analyse du critère du doute risque fort de prendre la forme d'une opération comptable recensant simplement le nombre de verbalisations ayant donné lieu à paiement. Le juge des référés pourra ensuite faire un ratio : procédures de retraits de points douteuses / procédures régulières. Ce mécanisme de ratio est validé par le Conseil d'Etat : « Considérant, en premier lieu, qu'eu égard à son office, le juge des référés n'a pas commis d'erreur de droit en se fondant sur la circonstance que la preuve de la délivrance des informations requises était apportée pour six des neuf infractions à l'origine des retraits de points litigieux pour estimer qu'en l'état de l'instruction, le moyen tiré de la méconnaissance des obligations d'information résultant de l'article L. 223-3 du Code de la route n'était pas propre à faire naître un doute sérieux sur la légalité de la décision ministérielle contestée » (CE, 25 févr. 2011, n° 338692).

638. Cet arrêt Papin a également eu de lourdes conséquences sur les procédures pour lesquelles une décision de référé suspension avait été obtenue. Jusqu'à l'arrêt Papin, les statistiques montraient que la très grande majorité des requérants ayant bénéficié d'une telle suspension voyaient la juridiction administrative ordonner la restitution du permis de conduire au terme de la procédure engagée au fond. Tel n'est plus nécessairement le cas désormais. Cette situation est d'autant plus dérangeante qu'un stage de sensibilisation à la sécurité routière qui serait effectué pendant le temps de la suspension de l'exécution de la décision d'invalidation ne sera pas pris en compte. C'est ce qui a été jugé par le Tribunal administratif de Montreuil « la suspension prononcée par le juge des référés qui n'a pas l'autorité de la chose jugée concerne l'exécution de la décision attaquée, mais ne retire pas ladite décision de l'ordonnancement juridique ; dès lors si les effets du solde de point nul du permis de conduire (du requérant) ont été suspendus entre le 31 juillet 2009 et le 15 juillet 2010, il est constant que la décision 48SI notifiée le 22 mai 2009 n' a jamais cessé d'exister ; par la suite en considérant, à la suite du rejet du recours contentieux exercé par le requérant, que (son) permis de conduire avait perdu sa validité à compter du 22 mai 2009, le ministre n'a pas commis d'erreur de droit, s'il n'est pas contesté qu'il a suivi un stage de sensibilisation à la sécurité routière les 8 et 9 avril 2010, le requérant n'était plus titulaire à la date du dernier jour de stage d'un titre de conduite du fait de la notification (de la décision 48SI) ».

Section 2 ■ Le droit pénal routier

639. La hausse du nombre de retraits de points qui a suivi l'arrivée des radars automatiques sur nos routes a indéniablement contribué à faire de la perte de points une des problématiques majeures du droit routier au point parfois de faire oublier au conducteur fautif que son comportement relève avant tout d'une qualification pénale. Au confluent entre droit administratif et droit pénal, le droit routier n'en demeure pas moins totalement centré sur la notion d'infraction dont découlera peut être, à terme, une décision de retrait de points. Il pu, peut-être, paraître plus logique d'entamer cette étude par le droit pénal avant d'examiner le fonctionnement du permis à points mais bien souvent c'est la question des points affectés au permis de conduire qui sous-tend la stratégie de défense opposée par le conducteur ou son conseil aux poursuites pénales. Car là réside la spécificité du droit routier : une défense pertinente sur le seul plan pénal peut s'avérer inopportune sur le plan administratif et plus précisément sur son permis à points.

Sous-section 1 ■ Les infractions au Code de la route

§ 1 ■ La constatation de l'infraction

A ■ La compétence des agents verbalisateurs

640. La plupart des infractions sont constatées par des agents de police judiciaire ou des officiers de police judiciaire (l'infraction peut être constatée par un agent seul : Crim., 31 janv. 2012, n° 11-83.172), mais les nécessités d'une politique de verbalisation accrue a conduit à une extension à certains services des forces de l'ordre les compétences en matière de recherche et de constatation de certaines infractions au Code de la route (pour les agents de police judiciaire adjoints, voir la loi n° 2001-1062 du 15 novembre 2001 relative à la sécurité quotidienne ; pour les gardes champêtres voir la loi n° 2002-176 du 27 février 2002).

641. S'il est compétent, l'agent le demeurera même en dehors de ses heures de services (dans cette hypothèse, « les constatations d'un procès-verbal établi par un gardien de la paix hors service valaient à titre de simple renseignement », Crim., 20 sept. 2011, n° 10-85.473). De même l'absence de port de l'uniforme ne permettra pas de remettre en cause les poursuites (voir, Crim., 15 mai 2001, JA 2001, p.479 ; pour un agent hors service et sans uniforme : Crim., 15 févr. 2006, n°05-82.015). Bien entendu, l'absence de l'uniforme pourra être discutée dans le cadre de poursuites pour un délit de refus d'obtempérer.

B ■ Le PV à la volée

642. Le PV à la volée ou le PV au vol se traduit par une verbalisation opérée sans interception du véhicule. Les agents des forces de l'ordre relèvent l'immatriculation du véhicule sur la base de laquelle un avis de contravention sera envoyé au titulaire du certificat d'immatriculation. Ce dernier ne sera pas nécessairement la personne au volant au moment de la constatation de l'infraction. Il pourra, si tel est le cas, contester la verbalisation et même désigner l'auteur des faits. Ce type de pratique est légal, et le paiement de l'amende interdira toute contestation ultérieure. Les agents verbalisateurs peuvent aussi bien constater et verbaliser par ce biais un excès de vitesse, qu'un non-respect des distances de sécurité, un défaut de port de ceinture de sécurité, etc. Dans la plupart des cas, l'automobiliste ne pourra donc pas obtenir de photographie de l'infraction.

1 ▪ Le champ d'application de cette technique de verbalisation

643. Contrairement à ce qui est fréquemment indiqué, toutes les infractions peuvent être constatées à la volée. Certains soutiennent, parfois, la théorie erronée selon laquelle les verbalisations sans interceptions ne pourraient concerner que les comportements visés à l'article L. 121-3 du Code de la route : les « contraventions à la réglementation sur les vitesses maximales autorisées, sur le respect des distances de sécurité entre les véhicules, sur l'usage de voies et chaussées réservées à certaines catégories de véhicules et sur les signalisations imposant l'arrêt des véhicules ».

644. En réalité, le titulaire du certificat d'immatriculation, à qui des avis de contravention sont adressés, a, bien évidemment, la possibilité de les contester. S'il indique ne pas avoir été au volant au moment des faits, et qu'aucune identification ne peut être opérée à son encontre le ministère public sera confronté à une impossibilité de démontrer la responsabilité pénale de ce titulaire. La plupart des contraventions ainsi dressées et contestées ne déboucheront, donc, sur aucune forme de responsabilité. Mais tel ne sera pas le cas en présence des infractions visées par l'article L. 121-3 du Code de la route qui prévoit un mécanisme de responsabilité civile (pour une application de ce mécanisme en dehors des infractions visés par l'article L. 121-3 du Code de la route, voir : Crim., 28 sept. 2005, n° 05-80.347).

2 ▪ La responsabilité du titulaire du certificat d'immatriculation

645. L'explosion des infractions au Code de la route a conduit le législateur à multiplier les entorses au principe d'une responsabilité personnelle rappelé à l'article L. 121-1 du Code de la route. La première exception à la règle posée par l'article L. 121-1 a été introduite par la loi du 3 janvier 1972 portant simplification en matière de contravention avec l'instauration d'une première présomption de responsabilité pécuniaire du titulaire du certificat d'immatriculation en matière d'infractions au stationnement des véhicules. L'article L. 121-2 du Code de la route précise, ainsi, que « le titulaire du certificat d'immatriculation du véhicule est responsable pécuniairement des infractions à la réglementation sur le stationnement des véhicules ou (depuis la loi n° 2003-495 du 12 juin 2003) sur l'acquittement des péages pour lesquels seule une peine d'amende est encourue, à moins qu'il n'établisse l'existence d'un événement de force majeure ou qu'il ne fournisse des renseignements permettant d'identifier l'auteur véritable de l'infraction. (...) Lorsque le certificat d'immatriculation du véhicule est établi au nom d'une personne morale, la responsabilité pécuniaire prévue au premier alinéa incombe, sous les mêmes réserves, au représentant légal de cette personne morale. » (Pour une application jurisprudentielle, voir Crim., 9 avr. 1992, n° 91-80.672, Bull. Crim, n°155).

646. La loi Gayssot n° 99-505 du 18 juin 1999 a étendu la responsabilité pécuniaire du titulaire du certificat d'immatriculation aux infractions constatées au vol. L'article L. 121-3 du Code de la route -modifié depuis- prévoit, en effet, que : « par dérogation aux dispositions de l'article L. 121-1, le titulaire du certificat d'immatriculation du véhicule est redevable pécuniairement de l'amende encourue pour des contraventions à la réglementation sur les vitesses maximales autorisées, sur le respect des distances de sécurité entre les véhicules, sur l'usage de voies et chaussées réservées à certaines catégories de véhicules et sur les signalisations imposant l'arrêt des véhicules, à moins qu'il n'établisse l'existence d'un vol ou de tout autre événement de force majeure ou qu'il n'apporte tous éléments permettant d'établir qu'il n'est pas l'auteur véritable de l'infraction. La personne déclarée redevable en application des dispositions du présent article n'est pas responsable pénalement de l'infrac-

tion. Lorsque le tribunal de police ou la juridiction de proximité, y compris par ordonnance pénale, fait application des dispositions du présent article, sa décision ne donne pas lieu à inscription au casier judiciaire, ne peut être prise en compte pour la récidive et n'entraîne pas retrait de point affectés au permis de conduire. Les règles sur la contrainte judiciaire ne sont pas applicables au paiement de l'amende. Lorsque le certificat d'immatriculation du véhicule est établi au nom d'une personne morale, la responsabilité pécuniaire prévue au premier alinéa incombe, sous les réserves prévues au premier alinéa de l'article L. 121-2, au représentant légal de cette personne morale. »

647. Ainsi, la personne qui recevant un avis de contravention en tant que titulaire du certificat d'immatriculation pourra soit régler l'amende et ainsi reconnaître les faits, soit dénoncer le véritable auteur des faits, soit contester avoir été au volant au moment des faits mais n'être pas en mesure de désigner le conducteur.

648. Dans cette dernière hypothèse, le titulaire du certificat d'immatriculation pourra au préalable demander transmission du cliché photographique pris au moment des faits (ne donnent lieu à prise de photographies que les excès de vitesse constatés par radars à effet doppler et les franchissements de feu rouge constatés par radars automatiques). L'étude du cliché pourra éventuellement permettre au titulaire du certificat d'immatriculation de reconnaître un individu ou de s'assurer qu'il n'était pas au volant au moment des faits. Attention, la demande de cliché n'est pas assimilée à une contestation, elle ne suspend donc en aucun cas les délais de contestation ou de paiement. La demande de clichés est facultative et ne constitue pas un préalable à une contestation.

649. Le titulaire du certificat d'immatriculation qui souhaiterait s'engager dans la voie de la contestation devra scrupuleusement respecter les règles de forme de la contestation (voir §1 La contestation de la verbalisation de la Sous-section 2. Le traitement judiciaire des infractions au Code de la route) et verser une consignation.

650. En pratique, l'Officier du ministère public qui aura à traiter de cette contestation pourra soit transformer le versement de la consignation en règlement d'une amende civile soit transmettre le dossier à la juridiction compétente.

651. Convoqué devant la juridiction compétente (en pratique, la juridiction de proximité jusqu'en 2017), le titulaire du certificat d'immatriculation se verra très certainement interrogé sur l'identité du conducteur au moment des faits. Aucune obligation de désignation de l'auteur des faits n'existe toutefois en la matière. Le titulaire sera, par contre, condamné au versement d'une amende civile dont le montant pourra s'avérer sensiblement plus élevé que le montant de l'amende forfaitaire de départ.

652. Le titulaire du certificat d'immatriculation peut tenter d'éluder sa responsabilité pécuniaire comme le prévoient les dispositions mêmes de l'article L. 121-3 du Code de la route en rapportant la preuve qu'il ne peut être l'auteur des faits. A ce titre, puisqu'aucun élément du dossier pénal ne permet d'identifier un conducteur responsable, le titulaire du certificat d'immatriculation n'a pas à combattre la force probante du procès-verbal (Crim., 1er oct. 2008, n° 08-82.725). Le mode de preuve s'avère donc libre en la matière, même s'il appartiendra au juge d'en apprécier la pertinence (pour une infraction visiblement commise par une femme alors que le titulaire poursuivi est un homme : Crim., 17 févr. 2004, n° 03-83.794 ; pour le recours à une attestation : Crim., 1er oct. 2008, n° 08-82.725 ; pour la production d'un ticket de parking : Crim., 29 sept. 2009, n° 09-83.069 ; pour la production de billets d'avions : CA Angers, 8 févr. 2002, JA 2002, p. 335).

3 ■ La verbalisation sans interception des véhicules de société

653. Les avis de contravention émis pour des infractions constatées sans interception avec des véhicules immatriculés au nom d'une personne morale sont envoyés au siège de l'entreprise. Plus précisément, ces avis de contravention sont destinés au représentant légal de l'entreprise.

654. A réception de tels avis, le représentant légal dispose des mêmes droits qu'un particulier. Il peut régler l'amende, mais comme dans le cas d'un particulier ce paiement vaudra reconnaissance et entraînera retrait de points sur le capital de points affecté au représentant légal. Cette conséquence du paiement d'un tel avis de contravention a longtemps été occultée par les pratiques adoptées au sein de nombreuses entreprises qui transmettaient l'avis de contravention au salarié responsable des faits qui réglait l'amende. Alors même qu'aucune contestation n'avait été effectuée, aucun retrait de point n'intervenait tant pour le représentant légal que pour le salarié. Mais cette impunité de fait ne reposait que sur les carences de l'administration qui ne parvenait pas toujours à faire coïncider un numéro de permis et une personne morale. Ainsi, la croyance d'une absence de retrait de points pour les infractions sans interception commises avec des véhicules de société a longtemps perduré.

a - L'absence d'impunité pour les infractions avec des véhicules de société

655. Les exemples de représentants légaux confrontés à des invalidations de permis de conduire à la suite d'infractions commises par des salariés ne manquent pas. (voir par exemple : Tribunal des Conflits, 19 novembre 2007, n° C3660 « en retirant à deux reprises des points affectés au permis de conduire de M. A, le ministre de l'intérieur (...) a agi dans l'exercice d'un pouvoir conféré par les textes susvisés ; qu'en outre, la mise en œuvre de ces sanctions n'a pas, par elle-même, porté une atteinte grave à une liberté fondamentale ; qu'en conséquence, les décisions en cause ne sauraient constituer une voie de fait » ; CAA Nancy, 5 mai 2008, n° 06NC01665 « Considérant qu'en l'espèce, M. X ne conteste pas qu'il était, à l'époque des faits, le représentant légal de la société Entreprises Services Assainissement, titulaire du certificat d'immatriculation ; que, par suite, il n'est pas fondé à soutenir, en se prévalant de la matérialité des faits, que le ministre a commis une erreur dans l'application des dispositions sus énoncées en retirant un point affecté à son permis de conduire à raison de l'infraction dont la réalité a été établie par le paiement de l'amende forfaitaire » ; CAA Douai, 22 déc. 2008, n° 08DA00197 : « il en est ainsi lorsque le certificat d'immatriculation est établi au nom d'une personne morale, le représentant légal de celle-ci, à défaut d'avoir formulé une requête en exonération auprès du service indiqué dans l'avis de contravention ou une réclamation auprès du ministère public, se voyant alors régulièrement notifier le retrait des points de son permis de conduire résultant de la reconnaissance de l'infraction » ; CAA Lyon, 23 oct. 2008, n° 05LY01961 : « il ressort des pièces du dossier qu'à la suite de la verbalisation d'une infraction d'excès de vitesse relevée le 16 octobre 2002 sur un véhicule lui appartenant, la société X S.A. a reçu un avis de contravention établi à son nom ; que ladite société a acquitté l'amende forfaitaire au moyen d'un chèque que le trésor public a encaissé ; que M. X n'ayant pas lui-même payé l'amende, la reconnaissance de la matérialité de l'infraction ne saurait lui être opposée » ; dans un sens différent CAA Douai, 22 sept. 2009, n° 08DA00178 : « considérant, (...) que M. A, qui n'a ni contesté l'infraction devant le juge judiciaire, ni formulé de recours en exonération, ne démontre pas qu'il n'était pas le conducteur du véhicule ayant fait l'objet du contrôle en produisant le certificat d'immatriculation afférent à un autre véhicule, appartenant à sa société dont il est administrateur et directeur général ; que la seule circonstance que l'amende a été réglée par cette société ne permet pas davantage de l'établir ; qu'il doit donc être regardé comme étant l'auteur de l'infraction »).

656. Le risque de perte de points a conduit bon nombre de chefs d'entreprise à changer de politique en matière de gestion des avis de contravention. La transmission au salarié responsable a laissé la place à la désignation ou à la contestation.La désignation du salarié au volant au moment des faits s'impose comme la solution la plus sûre et la moins onéreuse pour le chef d'entreprise. Signalons également qu'une entreprise qui réglerait les amendes relatives à des infractions commises par un salarié ne pourra exiger de ce dernier un quelconque remboursement (voir : Soc., 17 avril 2013, pourvoi n° 11-27.550).

b - La désignation du conducteur fautif

657. La contestation peut, dans certains cas, déboucher sur une condamnation pénale du chef d'entreprise avec par la suite une décision de retrait de points. L'hypothèse est rare et renvoie surtout à une erreur d'application des textes de la part de la juridiction de proximité (voir par exemple : Crim., 29 sept. 2010, n° 10-82.745) mais peut également découler d'une problématique de gestion lourde de ces dossiers de contestation (voir, par exemple, en cas d'absence de dépôt de conclusions : Crim., 5 oct. 2010 n° 10-80.511).

658. La désignation du salarié évite également, pour le chef d'entreprise toute condamnation financière, car, rappelons-le, c'est au représentant légal qu'incombe le paiement de l'amende civile et non à la personne morale (Crim., 30 sept. 2009, n° 09-80.178) et le montant de l'amende prononcée peut s'avérer relativement important puisqu'en « cas de recours de la personne titulaire du certificat d'immatriculation poursuivie sur le fondement de l'article L. 121-3 du Code de la route, contre l'application d'une amende forfaitaire, l'amende prononcée ne peut être inférieure au montant de l'amende qui aurait été due si l'intéressé n'avait pas présenté une réclamation, augmentée d'une somme de 10 % » (Crim., 8 déc. 2010, n° 10-83.413).

659. La désignation du salarié responsable n'écarte pas toute possibilité pour le chef d'entreprise d'être cité devant la juridiction de proximité. Le salarié désigné peut, en effet, prétendre ne pas être l'auteur de l'infraction (pour un exemple de preuve produite par le salarié, en l'espèce un ticket de parking, voir Crim., 29 sept. 2009, n° 09-83.069). L'absence d'aboutissement de la désignation pourra, alors, conduire à une citation du représentant légal (sauf, bien sûr à ce que le court délai de prescription en matière contraventionnelle ne mette fin à la procédure).

660. La désignation du salarié montre, toutefois, ses limites avec certains cas d'identification impossible du salarié, des positions de principes de certains dirigeants qui acceptent mal la procédure de dénonciation ou plus simplement des considérations « managériales ». En l'absence de désignation d'un responsable, le représentant légal n'a d'autre choix que celui de la contestation.

c - La contestation de la verbalisation sans désignation

661. Pour ce faire, le respect des règles formelles est impératif. Le courrier de contestation doit être envoyé en recommandé avec avis de réception dans le délai de contestation (45 jours) en y joignant le justificatif de versement de la consignation, l'original de l'avis de contravention et le formulaire de requête en exonération. A l'occasion de cette contestation, le chef d'entreprise pourra indiquer souhaiter bénéficier de l'application des dispositions de l'article L. 121-3 du Code de la route.

662. L'Officier du ministère public en charge du traitement des contestations pourra soit faire droit aux demandes du dirigeant et transformer la consignation en paiement d'une

amende civile, soit transmettre le dossier à la juridiction de proximité. Le représentant légal recevra alors une citation en justice.

663. Il convient de souligner dans un premier temps que le dirigeant est responsable personnellement. A cette occasion, il est important de noter que la citation doit concerner le représentant légal et non la société prise en la personne de son représentant légal. C'est ce que rappelle régulièrement la Cour de cassation : « attendu que, pour renvoyer la société Ciné Dia des fins de la poursuite, le jugement retient qu'aux termes du réquisitoire aux fins de citation et de la citation, le prévenu est cette société et qu'il résulte de la combinaison des articles L. 121-2 et L. 121-3 du Code de la route que, lorsque le certificat d'immatriculation d'un véhicule verbalisé pour excès de vitesse est établi au nom d'une personne morale, seul le représentant légal de celle-ci peut être déclaré redevable pécuniairement de l'amende encourue ; attendu qu'en l'état de ses énonciations, la juridiction de proximité a justifié sa décision, dès lors que le représentant légal n'a pas été cité par un acte visant la société prise en la personne de ce dernier, signifié à une personne habilitée trouvée au lieu du siège social ; » (Crim., 27 oct. 2010, n° 10-81.868). Il est toujours possible, pour le ministère public, après une telle décision, de faire citer le représentant légal, mais encore faut-il, encore en avoir le temps.

664. S'il est cité devant la juridiction de proximité, le représentant légal de la société ne pourra, en l'état actuel de la jurisprudence, qu'espérer la fixation d'un montant d'amende modéré. En effet, depuis un revirement périlleux opéré par la Cour de cassation dans un arrêt du 26 novembre 2008, le représentant légal d'une personne morale ne peut plus tenter d'échapper à sa responsabilité pécuniaire en apportant « tous éléments permettant d'établir qu'il n'est pas l'auteur véritable de l'infraction ».

665. Dans son arrêt de novembre 2008, la chambre criminelle explique qu' « il résulte de la combinaison des articles L. 121-2 et L. 121-3 du Code de la route que le représentant légal d'une personne morale est redevable pécuniairement de l'amende encourue pour les contraventions à la réglementation sur les vitesses maximales autorisées, commises avec un véhicule immatriculé au nom de cette personne morale, à moins qu'il n'établisse l'existence d'un événement de force majeure ou qu'il ne fournisse des renseignements permettant d'identifier l'auteur véritable de l'infraction » (Crim., 26 nov. 2008, n° 08-83.013).

666. À la suite de cet étonnant revirement, la Cour de cassation a même été jusqu'à proposer une modification des dispositions de l'article L. 121-3 du Code de la route (Rapport annuel 2008 p. 21). Cette proposition de « nouvelle source de financement » a bien évidemment été favorablement accueillie et les dispositions de l'article L. 121-3 du Code de la route ont été modifiées dans le sens souhaité par la Cour de cassation par l'article 133 de la loi du 12 mai 2009.

667. Et la Cour de cassation ne s'est pas privée de faire une application très large de sa nouvelle jurisprudence et des modifications introduites par cette loi en l'appliquant à des faits commis antérieurement à ce durcissement laissant de côté toute considération pour le principe de la non-rétroactivité de la loi pénale plus sévère. «L'amende encourue par la personne redevable pécuniairement au sens de l'article L. 121-3 du Code de la route, ne constitue pas une peine et que les dispositions nouvelles modifiant ledit article et prévoyant un régime différent d'exonération des redevables de cette amende ayant la qualité de représentants légaux d'une personne morale, sont applicables même aux infractions commises antérieurement » (Crim., 15 sept. 2010, n° 09-87.326).

668. Les possibilités pour le représentant légal de se défendre deviennent, donc, des plus minces. Le chef d'entreprise ne pourra pas invoquer son départ de l'entreprise depuis la date des faits et son « incapacité de faire effectuer des recherches visant à identifier le conducteur et donc de pouvoir utilement faire valoir la plénitude de ses moyens de défense dans le cadre de la procédure judiciaire ». Pour la Cour de cassation, « peu importe les circonstances postérieures » à l'infraction (Crim., 2 sept. 2010, n° 10-82.405).

669. Le représentant légal ne pourra, davantage, invoquer une délégation de pourvoir (Crim., 13 oct. 2010 n° 10-81.575), ni un partage de représentation légal (« aux termes de l'article L. 227-6 du Code de commerce, la société par actions simplifiée est représentée à l'égard des tiers par son président et que les dispositions statutaires limitant les pouvoirs de ce dernier sont inopposables aux tiers » : Crim., 2 mars 2011, n° 10-87.729).

670. Le courant jurisprudentiel actuel ne fait guère preuve de mansuétude à l'égard des représentants légaux. Tout au mieux, la Cour de cassation est-elle venue tempérer les ardeurs de certains juges de proximité qui étaient allés jusqu'à condamner des dirigeants à des amendes prévues pour les personnes morales (« en condamnant une personne physique déclarée pécuniairement redevable, à une amende applicable aux seules personnes morales déclarées coupables d'une contravention, la cour d'appel a méconnu les textes » : Crim., 12 mai 2010, n° 10-80.031).

671. Il reste bien sûr possible aux représentants légaux de développer une défense similaire à celle qui peut être utilisée dans le cadre des verbalisations avec interception (problématique du lieu de l'infraction, identification du cinémomètre, vérification périodique de l'appareil, etc.) mais tout dans la jurisprudence actuelle incitera le chef d'entreprise à adopter une politique interne de désignation du salarié.

4 ▪ Le trafic de points

672. La loi LOPPSI II de mars 2011 a créé un délit de trafic de points pour réprimer et sanctionner les désignations mensongères, en pratique la désignation d'une tierce personne comme auteur des faits sur le formulaire de requête en exonération accompagnant l'avis de contravention émis par le centre de traitement automatisé.

673. Le nouvel article L. 223-9 du Code de la route précise ainsi qu'est « puni de six mois d'emprisonnement et 15 000 € d'amende le fait, par l'auteur d'une contravention entraînant retrait de point du permis de conduire, de proposer ou de donner une rémunération à une personne pour qu'elle accepte d'être désignée comme conducteur du véhicule dans la requête en exonération ou la réclamation présentée dans les conditions prévues au b du 1° de l'article 529-10 du Code de procédure pénale.

II. - Est puni des mêmes peines le fait, par toute personne, de proposer ou d'accepter contre rémunération d'être désignée, par l'auteur d'une contravention entraînant retrait de point, comme conducteur du véhicule dans la requête en exonération ou la réclamation présentée dans les conditions prévues au même b.

III.- Lorsque les faits prévus au II sont commis de façon habituelle ou par la diffusion, par tout moyen, d'un message à destination du public, la peine est portée à un an d'emprisonnement et 30 000 € d'amende. »

674. Et parmi les multiples peines complémentaires prévues par l'article L. 223-9 du Code de la route, la suspension du permis de conduire s'avère bien évidement dissuasive.

675. Les infractions routières qui peuvent être commises ou reprochées à un conducteur peuvent répondre à de très nombreuses qualifications pénales, certaines ne correspondront qu'à de simples contraventions, pour d'autres le conducteur perdra le qualificatif de contrevenant pour celui de délinquant.

676. Outre le degré de gravité et l'importance proportionnelle des réponses pénales qui peuvent être apportées à tel ou tel comportement, la distinction que le droit routier opère entre contraventions et délits se traduit en premier lieu par le sort qui sera réservé au permis de conduite du conducteur présumé fautif.

§ 2 ▪ La privation immédiate du permis de conduire

677. La commission d'un délit aura, en effet, des conséquences immédiates pour le délinquant routier qui verra son permis de conduire lui être retiré par les forces de l'ordre contre remise d'un avis de rétention du permis de conduire (Cf. C. route, art. R. 224-1).

A ▪ Une suspension de permis provisoire difficilement contestable

678. Ce document entraîne pour le conducteur la perte de son droit de conduire pendant une période de 72 heures. C'est également pendant ce délai que le Préfet du lieu de commission de l'infraction devra opérer la prise d'un arrêté de suspension provisoire du permis de conduire. La notification pourra, bien évidemment, être opérée au-delà de ce délai, soit directement des mains des forces de l'ordre, soit par courrier recommandé avec avis de réception (Cf. C. route, art. R. 224-4).

679. D'une durée maximale de 6 mois pour la plupart des délits, la suspension préfectorale sera automatiquement assortie d'une visite médicale obligatoire (et depuis septembre 2012 de tests psychotechniques) dès lors que le délai de suspension retenu par le Préfet dépasse un mois.

680. La loi de simplification du droit de 2004 a laissé les conducteurs extrêmement démunis face à de tels arrêtés de suspension provisoire. Jusqu'en 2004, les conducteurs présumés fautifs à l'encontre desquels était prononcé ce type d'arrêtés pouvaient plaider leurs causes devant les commissions de suspension des permis de conduire. Depuis, la loi du 9 décembre 2004 a effectivement fait œuvre de simplification puisqu'elle a purement et simplement supprimé ces commissions. Les stratégies de défense qui peuvent être désormais dessinées à l'encontre de la décision préfectorale relèvent, aujourd'hui, plus de la théorie que de la pratique.

1 ▪ Le recours administratif

681. En présence d'une décision administrative faisant grief, il est évidement possible de saisir les juridictions administratives, mais une solution rapide passe inévitablement par la mise en place d'un référé suspension (voir § 3. L'invalidation du permis de conduire et sa contestation) dont le fonctionnement rend les perspectives d'issues favorables peu élevées. Le requérant devra tout d'abord mettre en avant un doute sur la légalité de la décision attaquée. Hormis le cas d'une erreur matérielle importante, d'absence totale de motivation, ou d'un dépassement du délai de 72 heures (uniquement pour les arrêtés matérialisés par la remise d'un formulaire 3F, le respect des 72 heures ne concerne pas les arrêtés 1F), cette exigence sera la plupart du temps difficilement respectable par le requérant qui peinera déjà à obtenir les éléments d'un dossier pénal qui très souvent n'existe pas encore dans l'attente de l'engagement de poursuites pénales par le parquet. Se posera, par la suite, la délicate question des impératifs de sécurité routière qui conduiront souvent le juge à décider de ne

pas remettre le requérant sur la route du fait du danger qu'il pourrait représenter pour les autres usagers. L'autre espoir d'une réduction de la « sanction » préfectorale réside dans la décision pénale.

2 ▪ La comparution volontaire

682. La peine fixée par le juge prend en effet le pas sur la suspension préfectorale. Ainsi, l'automobiliste relaxé pourra retrouver le droit de conduire même si la période de suspension administrative n'est toujours pas écoulée. Le même raisonnement s'appliquera si le juge décide de fixer un quantum de mois de suspension de permis de conduire moindre que celui retenu par le Préfet.

683. Dans certains cas, le conducteur aura, donc, tout intérêt à passer le plus rapidement possible devant le juge, d'où la tentation de certains de recourir au mécanisme de la comparution volontaire. Cette hypothèse relève toutefois, pour la plupart des juridictions, de la théorie du fait de l'encombrement chroniques des rôles. En tout état de cause, la comparution volontaire implique, tout d'abord, un engagement des poursuites par le parquet qui même si l'on se doute de son sentiment sur la question, reste seul à pouvoir apprécier de l'opportunité de ces poursuites.

684. Si les chances de remettre en cause la décision de suspension provisoire fixée par le préfet, il va de l'intérêt du conducteur qui se serait vu retirer son titre de conduite dans le cadre d'un avis de rétention du permis de conduire de se préoccuper de la question de la suspension administrative.

685. Dans bien des cas, cette question ne se posera pas, le conducteur se voyant adresser par voie postale l'arrêté de suspension administrative . Il arrive, toutefois, que le conducteur fautif demeure sans nouvelle d'un éventuel arrêté de suspension provisoire. Dans cette hypothèse, l'intéressé ne devra pas hésiter à prendre attache avec les services préfectoraux pour s'assurer de la survenance d'une décision préfectorale à son encontre.

3 ▪ L'absence de suspension préfectorale

686. Outre le cas d'un dysfonctionnement des services concernés, certaines infractions impliquent des investigations qui interdiront une transmission du dossier à la préfecture dans le délai de 72 heures. On pense, notamment, aux délits de conduite sous l'empire d'un état alcoolique lorsque les vérifications de l'état d'alcoolémie sont opérées par le biais d'une analyse sanguine et les délits de conduite après usage de stupéfiants. En pratique, les résultats délivrés par les laboratoires en charge des analyses toxicologiques ne parviennent bien souvent aux forces de l'ordre qu'après la fin du délai de 72 heures. Face à un tel cas de figure, le permis de conduire sera restitué à l'intéressé.

687. Le respect de ce délai de 72 heures ne concerne pas, toutefois, l'ensemble des arrêtés de suspension de permis de conduire qui peuvent être pris par le Préfet. Les arrêtés matérialisés par la remise d'un formulaire 3F doivent être pris dans ce délais mais tel ne sera pas le cas d'un arrêté pris sur le fondement l'article L. 224-7 du Code de la route matérialisé par remise d'un formulaire 1F. L'arrêté 1F n'est pas soumis au respect du délai de 72 heures, il peut être pris des semaines après les faits et être notifiés à l'intéressé encore plus tard. Le recours à l'arrêté 1F s'avère toutefois assez rare et implique pour le Préfet le respect de la procédure contradictoire. A ce titre, l'article 24 de la loi du 12 avril 2000 relative aux droits des citoyens dans leurs relations avec les administrations prévoit que « exception faite des cas où il est statué sur une demande, les décisions individuelles qui doivent être motivées

en application des articles 1 et 2 de la loi du 11 juillet 1979 relative à la motivation des actes administratifs et à l'amélioration des relations entre l'administration et le public n'interviennent qu'après que la personne intéressée a été mise à même de présenter des observations écrites et, le cas échéant, sur sa demande, des observations orales. Cette personne peut se faire assister par un conseil ou représenter par un mandataire de son choix. L'autorité administrative n'est pas tenue de satisfaire les demandes d'audition abusives, notamment par leur nombre, leur caractère répétitif ou systématique... ». Ce même article 24 de la loi du 12 avril 2000 prévoit la possibilité de dérogation à la procédure contradictoire. Tel sera le cas pour un arrêté 3F. Mais la prise d'un arrêté 1F doit, elle, respecter la procédure contradictoire.

688. La notification de l'arrêté de suspension de permis de conduire peut s'opérer par le recours au pli postal ou par le bais d'une remise en mains propres par les agents de force de l'ordre. Certains automobilistes ou motards ayant négligé de retirer le pli en agence postale et ayant décidé de reprendre la conduite ont pu plaider, devant les juridictions pénales, l'absence de notification régulière de l'arrêté préfectoral. Et quelques juridictions, en matière de poursuites pour conduite malgré suspension du permis, ont pu effectivement considérer que la mesure de suspension de permis n'était pas opposable au prévenu, celui-ci n'ayant pas retiré le pli. Ce type de décision devait toutefois s'avérer de plus en plus isolé.

689. La Cour de cassation n'exige, en effet, ni forme particulière en matière de notification - le code de la route restant muet à ce sujet - ni respect d'un quelconque délai (voir Crim., 22 mai 1991, n° 90-86370). Dans un arrêt du 27 juin 1990, la chambre criminelle suivait ainsi le raisonnement des juges d'appel, qui, « pour déclarer le prévenu coupable du délit prévu et réprimé par l'article L. 19 alinéa 2 du code de la route (...), répondant aux conclusions dont ils étaient saisis, énoncent d'une part que l'arrêté préfectoral, pris en application des dispositions des 1er et 2e alinéas de l'article L. 18 du code de la route, en dehors de la procédure d'urgence prévue au 3e alinéa du même article, présentait une motivation suffisante par le rappel des textes applicables et la référence à la contravention d'excès de vitesse relevée le 2 août 1988, et, d'autre part, qu'en dehors de toute précision de la loi, «la notification verbale et non contestée valait notification au sens de l'article L. 19 » (Crim., 27 juin 1990, n° 90-80231).

690. Dans le même sens, le conducteur qui choisirait d'ignorer une convocation à la gendarmerie, l'agent l'ayant informé du motif de cette invitation, à savoir la notification de la mesure de suspension de permis de conduire, ne pourra se prévaloir de la non-opposabilité de celle-ci. C'est ce qu'avait précisé la chambre criminelle censurant la cour d'appel d'Orléans qui, elle, estimait que la « notification implique nécessairement la remise à l'intéressé d'une copie de la décision, et ceci notamment pour lui permettre éventuellement d'exercer un recours ». Pour la Cour de cassation, le simple fait que le conducteur ait « été avisé oralement par les services de gendarmerie des motifs de sa convocation » suffit à lui rendre la mesure opposable (Crim., 22 mai 1991, n° 90-86370). Les faits de ces espèces concernent des notifications opérées directement par des agents, mais ils illustrent parfaitement la souplesse dont peut faire preuve le juge en matière de notification. Dans la plupart des cas, la notification s'opère toutefois par voie postale. Se pose alors la question de la remise du pli à l'intéressé, qui pourrait s'abstenir, volontairement ou non, de le retirer. Il serait bien évidemment difficile de reprocher à un automobiliste une abstention involontaire.

691. À l'image de ce qu'avait opéré la chambre criminelle en matière de notification par le biais d'une convocation, le juge peut déduire des faits la volonté de l'automobiliste de ne pas retirer le pli contenant l'arrêté préfectoral. C'est ce qui ressort clairement de l'arrêt rendu par la chambre criminelle le 4 juin 2013. « Attendu que, pour rejeter cette argumentation et déclarer le prévenu coupable du délit visé à la prévention, l'arrêt retient que M. X, qui, à l'issue du délai de soixante-douze heures, n'a pas réclamé la restitution de son permis de conduire comme l'y invitait l'avis de rétention qui lui avait été remis conformément aux dispositions des articles R. 224-1 et R. 224-2 du code de la route, et qui n'a pas retiré la lettre recommandée avec accusé de réception prévue par l'article R. 224-4 du même code, soutient vainement que la mesure de suspension administrative du permis de conduire ne lui a pas été notifiée. » (Crim. 4 juin 2013, n° 12-86877).

692. À cette occasion, le parallèle pourra être fait avec ce qui se pratique en matière d'invalidation de permis de conduire. Le conducteur qui, lors d'un contrôle routier, apprend par les gendarmes que son permis n'est plus valide et qu'un courrier recommandé l'en informant lui a été envoyé, mais n'a pas été réceptionné, ne sera, dans la pratique, pas poursuivi pour conduite malgré invalidation. Si tel était le cas, l'automobiliste pourrait se prévaloir du caractère non opposable de la notification. Le simple fait de penser ne pas avoir énormément de points sur le capital affecté au permis de conduire ne pourra pas être reproché au conducteur (voir cour d'appel de Pau, 1er mars 2007, n° de RG : 06/00739). Parfois confrontée au doute quant à la réalité de la notification, la Chambre criminelle pourra reprocher à une juridiction d'appel une certaine rapidité dans la relaxe (voir Crim., 4 mai 2010, n° 09-86642, dans le cadre de poursuites pour conduite malgré invalidation alors que le ministère public ne produisait pas d'avis de réception du pli recommandé, la Chambre criminelle avait reproché à la juridiction d'appel de ne pas avoir ordonné un supplément d'information). Mais l'absence de poursuite pour conduite malgré invalidation du permis de conduire en présence d'un courrier 48SI (notifiant l'invalidation) non retiré diffère grandement dans les faits de ce qui se pratique en matière de suspension préfectorale. Il est difficile pour le ministère public, concernant l'invalidation du permis, d'apporter des éléments tendant à prouver le caractère volontaire de l'abstention du conducteur. Tel ne sera pas le cas en matière de suspension.

693. En l'absence de prise d'arrêté par le préfet (l'hypothèse est rare), l'automobiliste est en droit de demander la restitution de son permis de conduire. Dans l'espèce du mois de juin 2013, le conducteur s'est abstenu d'entamer ces démarches. Informé de la procédure par le biais de la remise de l'avis de rétention du permis de conduire, et surtout privé de son titre de conduite, il serait hasardeux de soutenir que le conducteur ne se doutait pas du contenu du pli recommandé... Ce raisonnement s'appliquera pour la plupart des cas en matière de suspension préfectorale. Il doit, toutefois, être rappelé que si, en pratique, la privation de permis avant un traitement judiciaire passe par la voie de l'avis de rétention suivi d'un arrêté de suspension pris dans les soixante-douze heures (pour un exemple d'arrêté pris au-delà du délai, voir TGI Nanterre, 15 mars 2005, 11e ch., aff. 2349), matérialisé par un formulaire 3F, le préfet peut également avoir recours à la procédure prévue par l'article L. 224-7 du code de la route. Comme indiqué précédemment, l'arrêté de suspension de permis de conduire est alors établi par le biais d'un formulaire 1F. La prise de cet arrêté n'est plus alors soumise au délai des soixante-douze heures de l'avis de rétention. En d'autres termes, le conducteur fautif peut se voir notifier un tel arrêté plusieurs semaines ou mois après la commission des faits. Dans de nombreux cas, l'intéressé se sera vu restituer son titre de conduite par les agents, l'absence de prise du pli recommandé contenant l'arrêté pris par le biais du formulaire 1F pourra donc difficilement être assimilé à un comportement volontaire.

694. La situation diffère sensiblement de celle qu'a eu à connaître la Chambre criminelle le 4 juin 2013. Les termes extrêmement clairs de cet arrêt devront inciter les conducteurs sous le coup d'un avis de rétention à ne pas choisir la politique de l'autruche. Bien au contraire, hormis le cas où le conducteur est informé de l'absence d'arrêté de suspension préfectorale avant le jour de la convocation en justice, la préparation de l'audience pénale implique également de se préoccuper de l'intervention ou non d'un tel arrêté, qu'il prenne la forme d'un formulaire 1F ou du plus courant 3F.

B ▪ La suspension préfectorale et le juge pénal

695. En effet, l'automobiliste qui, croyant ne plus pouvoir conduire du fait de la prise d'un simple avis de rétention du permis de conduire à son encontre et s'étant abstenu de prendre le volant jusqu'à sa comparution devant le juge, devra en faire état devant ce dernier. La période de privation de permis de conduire qui suit l'avis de rétention vient en effet se défalquer de la peine de suspension de permis fixée par le juge pénal. Mais encore faut-il que cette privation ait été effectuée dans le cadre d'un arrêté de suspension préfectoral. La prise en compte de la suspension de permis déjà effectuée sera, en effet, opérée par les services du BEX, le Bureau d'Exécution des peines, que sur présentation du Formulaire 3F émis par la Préfecture. Ainsi, un automobiliste qui se serait abstenu de conduire pendant une période de six mois séparant la date de commission des faits de celle de son audience devant la juridiction pénale qui aurait fixé la durée de suspension à six mois ne pourra retrouver son titre de conduite à la sortie du tribunal que si un arrêté de suspension de six mois a bien été pris à son encontre. Si tel n'était pas le cas, l'automobiliste devrait encore patienter six mois avant de reprendre le volant. On le comprend ainsi, en l'absence d'arrêté de suspension administrative, il est absolument nécessaire de sensibiliser le juge à cet état de fait pour qu'il tienne compte de la privation de permis hors cadre réglementaire.

C ▪ Une suspension de permis assortie d'une visite médicale

696. Enfin, comme indiqué précédemment, il n'est pas inutile de rappeler que la suspension préfectorale dès lors que sa durée excède le mois, sera automatiquement assortie d'une visite médicale obligatoire et de tests psychotechniques. Cette visite médicale est opérée par les services préfectoraux qui gèrent également l'attribution des dates de ces visites aux demandeurs, et certaines préfectures peinent parfois à trouver une date disponible avant plusieurs semaines (notamment en période estivale). Il est donc conseillé à l'automobiliste de prendre attache dans les meilleurs délais avec les services préfectoraux pour solliciter une date de visite médicale.

697. Si l'automobiliste ne devait pouvoir effectuer cette visite médicale que plusieurs semaines après la fin de la période de suspension administrative, cet état de fait devra être porté à la connaissance du juge dans le dessin de tenter de diminuer le quantum qu'il sera amené à fixer en termes de suspension de permis de conduire.

698. La remise d'un avis de rétention du permis de conduire est systématique en matière délictuelle et demeure l'exception en matière contraventionnelle. De rigueur pour le grand excès de vitesse (plus de 50 km/h au-delà de la vitesse autorisée – contravention de cinquième classe), la privation immédiate du permis de conduire peut également intervenir en présence d'excès de vitesse compris entre 40 et 50 Km/h (contravention de quatrième classe). Ainsi selon le lieu de verbalisation, le contrevenant pourra soit repartir avec un avis de contravention dont le paiement de l'amende (90 euros montant minoré, 135 euros montant forfaitaire) entraînera un retrait de quatre points du permis de conduire, soit devoir trouver un autre moyen de locomotion après la remise d'un avis de rétention de son permis.

§ 3 ▪ Les délits routiers

A ▪ Panorama rapide des délits

699. Seront, ci-après, envisagées les spécificités de certains délits, étant précisé que le lecteur pourra également se reporter aux nullités propres aux poursuites pour alcool au volant et pour excès de vitesse (voir tableau ci-après).

B ▪ La Conduite sous l'empire d'un état alcoolique (CEA) et la conduite en état d'ivresse manifeste (CEI)

700. Chaque année, l'alcool est à l'origine d'un tiers des accidents mortels. Les effets de l'alcool sont nombreux : rétrécissement du champ visuel, altération de l'appréciation des distances et des largeurs, augmentation de la sensibilité à l'éblouissement, augmentation du temps de réaction. Avec un taux de 0,5 g/l, le temps de réaction peut atteindre 1,5 seconde contre un seconde pour un sujet normal. Cette augmentation du temps de réaction a pour conséquence directe une hausse des distances d'arrêt.

701. Un automobiliste en bonne santé élimine en moyenne 0,10 g à 0,15 g d'alcool par heure. Le seuil au-delà duquel un automobiliste est en infraction est 0,5 gramme par litre de sang ou 0,25 mg par litre d'air expiré, ce taux est atteint après la consommation de deux verres. Un verre fait augmenter le taux d'alcoolémie de 0,20 g à 0,25 g en moyenne. Quelle que soit le type de boisson alcoolisée consommée, un "verre" (dose servie dans les établissements et débits de boisson) représente environ la même quantité d'alcool absorbée.

702. La conduite après une consommation excessive d'alcool peut selon le taux constituer une contravention de 4e classe ou un délit :

Entre 0,25 et 0,39 mg/litre d'air expiré: contravention de 4e classe ;

A partir de 0,40 mg/litre d'air expiré : délit.

1 ▪ La CEA et la CEI, des délits jumeaux

703. Il est possible de parler de délits jumeaux en présence des délits de CEA et de CEI pour lesquels les peines sont strictement identiques. Les poursuites pour des faits de conduite sous l'empire d'un état alcoolique se fondent sur un taux d'alcool dans l'organisme de l'individu obtenu soit par le recours à un appareil de mesure : l'éthylomètre, soit par le biais d'analyses sanguines. Des poursuites pour des faits de conduite en état d'ivresse manifeste se fondent, elles, sur les constatations des agents. Des mentions telles que « tient des propos incohérents », « sent fortement l'alcool », « tient difficilement debout » pourront, ainsi, être relevées sur le procès-verbal de constatation de l'infraction. De même, peut être présente au dossier pénal une « fiche « A » vérifications concernant l'alcoolémie » qui renseignera l'état de l'individu par une série de mentions à cocher (sur l'allure, l'état de somnolence, le caractère ordonné ou désordonné des vêtements, le regard, l'odeur de l'haleine, l'attitude, les explications nettes, embrouillées ou répétitives, les titubations, etc.).

704. En pratique, des poursuites pour conduite en état d'ivresse manifeste pourront être engagées en présence d'un individu refusant de se soumettre aux vérifications de son état d'alcoolémie (le refus de souffler dans l'éthylomètre conduit en effet, dans la plupart du temps à un double chef de prévention : le refus de se soumettre aux vérifications de l'état alcoolique et la conduite en état d'ivresse manifeste). La question de la conduite en état d'ivresse manifeste peut également être soulevée dans le cadre de poursuites pour conduite sous l'empire d'un état alcoolique lorsque ces dernières sont compromises par la mise en avant d'un vice de procédure. Le procureur, après avoir débattu d'un moyen de nullité affectant le délit de CEA, peut demander la requalification des faits en conduite en état d'ivresse manifeste. Outre la similarité des sanctions, la gémellité de ces délits se perçoit également en matière de récidive.

2 ▪ La récidive d'alcool au volant

705. L'état de récidive légale en matière de faits d'alcoolémie délictuelle au volant entraîne un durcissement des peines qui se traduit notamment par l'annulation de plein de droit du permis de conduire (cf. C. route, art. L. 234-13).

706. L'état de récidive légale implique une première condamnation remontant à moins de cinq ans (Cf. C. pénal, art. 132-10), celle-ci pouvant être intervenue indistinctement pour des faits de CEA ou de CEI. Il en va de même pour le second terme, en matière de récidive CEI et CEA sont totalement assimilés. Signalons qu'une condamnation assortie du sursis avec mise à l'épreuve, bien que réputée non avenue, peut constituer le premier terme de la récidive (voir Crim., 11 janv. 2011, n° 10-81.781), dans cette hypothèse le délai de 5 ans pourra considérablement s'allonger puisque le délai de récidive courra, non plus à compter du jour où la première condamnation est devenue définitive, mais à partir de l'expiration ou de la prescription de la précédente peine (voir, Crim. 14 oct. 2014, n°13-87.636 FS-P+B+I).

a - L'annulation de plein droit du permis de conduire

707. Cette annulation du permis est une peine prononcée de plein droit par le juge, en d'autres termes le juge n'a pas le pouvoir de ne pas prononcer cette annulation. Le caractère automatique de l'annulation du permis de conduire cohabite difficilement avec le principe d'individualisation des peines. Saisi de cette difficulté par le biais d'une question prioritaire de constitutionnalité, le Conseil constitutionnel a jugé conforme au bloc de constitutionnalité et notamment à ce principe d'individualisation au terme du raisonnement audacieux. Dans la décision QPC 2010-40 du 29 septembre 2010, les sages de la rue Montpensier expliquent, en effet, qu'il est possible pour le juge d'individualiser la peine d'annulation du permis de conduire en l'assortissant d'une interdiction de solliciter la délivrance d'un nouveau titre de conduite d'une période plus ou moins longue.

708. Contrairement à ce qui s'opère en matière de peine de suspension de permis, le prononcé d'une période d'interdiction de solliciter un nouveau permis ne prendra pas en compte la période de privation effectuée au titre d'une suspension administrative. Ainsi, une interdiction de solliciter un nouveau permis de six mois ne pourra commencer à courir qu'à compter du jour de la notification de la mesure faite à la demande du parquet si le jugement n'est pas exécuté directement auprès du Bureau d'exécution des peines de la juridiction ayant prononcée la sanction (voir, sur ce point : Crim., 28 nov. 2012, n° 12-82.183 censurant une cour d'appel ayant fait partir le délai d'interdiction de solliciter un nouveau titre à la date de la condamnation définitive en présence d'un arrêt dépourvu de l'exécution provisoire).

709. La récidive de conduite sous l'empire d'un état alcoolique offre également l'occasion de revenir sur l'une des innovations de la loi Loppsi 2 du 14 mars 2011 avec le mécanisme de confiscation obligatoire du véhicule.

b - La confiscation du véhicule

710. La confiscation du véhicule existait bien avant la loi Loppsi II, mais cette peine n'était que rarement prononcée (1 494 cas en 2006, 1 138 en 2007, 326 en 2008). Avec la nouvelle législation cette peine a vocation à se généraliser. Elle est, notamment, prévue pour les récidivistes mais pas uniquement.

711. La confiscation obligatoire concerne les délits suivants : conduite d'un véhicule sans permis, conduite d'un véhicule malgré annulation ou suspension judiciaire du permis de

PANORAMA DES DÉLITS

libellé de l'infraction	code route	prison[1]	amende[1]	points	suspension du permis[1 & 2]	immobilisation[2]	confiscation[2]
Homicide involontaire par conducteur de véhicule	221-6-1 c.pén	5 ans	75.000 €	6	5 ans[3] (annul. 5 ans)	221-8, 9° c.pén	221-8, 10° c.pén
H.I. par conducteur aggravé par une circonstance[4]		7 ans	100.000 €		10 ans[3] (annul. de plein droit 10 ans[5])		
H.I. par conducteur aggravé par 2 circonstances[4] ou plus		10 ans	150.000 €				
Blessures involontaires avec I.T.T. de plus de 3 mois par conducteur de véhicule	222-19-1 c.pén	3 ans	45.000 €		5 ans[3] (annul. 5 ans)	222-44, 10° c.pén	222-44, 5° c.pén
B.I. avec I.T.T. de plus de 3 mois par conducteur aggravé par une circonstance[4]		5 ans	75.000 €		10 ans[3] (annul. de plein droit 10 ans)		
B.I avec I.T.T. de plus de 3 mois par conducteur aggravées par 2 circonstances[4] ou plus		7 ans	100.000 €				
B.I avec I.T.T de 3 mois ou moins par conducteur de véhicule	222-20-1 c.pén	2 ans	30.000 €		5 ans[3] (annul. 5 ans)		
B.I avec I.T.T de 3 mois ou moins par conducteur aggravées par une circonstance[4]		3 ans	45.000 €		10 ans[3]		
B.I avec I.T.T de 3 mois ou moins par conducteur de véhicule aggravées par 2 circonstances[4] ou plus		5 ans	75.000 €				
Conduite en état alcoolique (≥0,4mg/l dans l'air expiré ou ≥ 0,8g/l dans le sang) *ou* en état d'ivresse *ou* refus de vérifications alcool	L.234-1, L.234-8	2 ans	4.500 €		3 ans[3] (annul. 3 ans)[6]	L.234-1, III	---
Récidive de conduite en état alcoolique (≥0,4mg/l dans l'air expiré ou ≥ 0,8g/l dans le sang) *ou* en état d'ivresse *ou* refus de vérifications alcool	L234-1, L.234-13	4 ans	9.000 €		annul. 3 ans de plein droit	L.234-12	L.234-12
Conduite après usage de stupéfiants *ou* refus de dépistage stupéfiants	L.235-1 al.1, L.235-3	2 ans	4.500 €		3 ans[3] (annul. 3 ans)[6]	L.235-4	L.235-4[7]
Conduite après usage de stupéfiants + alcool y compris contraventionnel	L.235-1 al. 2	3 ans	9 000 €		3 ans (annul. 3 ans)[6]	L.235-4	L.235-4[7]
Conduite sans permis	L.221-2	1 an	15.000 €	---	---	L.221-2, III	L.221-2, II, 6°
Conduite malgré suspension administrative ou judiciaire du permis de conduire ou rétention du permis de conduire	L.224-16	2 ans	4.500 €	6	3 ans[3] (annul. 3 ans)[6 & 8]	L.224-16, IV	L.224-16, II, 6°
Conduite malgré annulation judiciaire du permis de conduire					3 ans[6 & 8]		
Refus de remettre un permis invalidé	L223-5, III			---	3 ans[3]	---	L.223-5, IV, 6°
Conduite malgré invalidation du permis de conduire	L.223-5, V				3 ans[3]	---	
Obstacle à immobilisation administrative de véhicule ou à sa mise en fourrière	L.325-3-1	3 mois	3.750 €	6	3 ans[6]	---	---
Délit de fuite	L.231-1	2 ans	30.000 €		5 ans[3] (annul. 3 ans)[6]	---	L.231-2, 6°
Refus d'obtempérer	L.233-1	3 mois	3.750 €		3 ans[6]	---	---
Refus d'obtempérer aggravé par la mise en danger	L.233-1-1	5 ans	75 000 €		3 ans[3] (annul. 5 ans)	---	L.233-1-1, II 3°
Récidive d'excès de vitesse ≥50km/h	L.413-1	3 mois	3.750 €		3 ans[3 & 6]	---	L.413-1, al. 2

libellé de l'infraction	code route	prison[9]	amende[1]	points	suspension du permis[1 & 2]	immobilisation[10]	confiscation[2]
Usage de fausses plaques	L.317-2	5 ans	3.750 €	6	3 ans	---	L.317-2, II 2°
Circulation sans plaques et fausse déclaration sur le propriétaire du véhicule	L.317-3	5 ans	3.750 €			---	L.317-3, II 2°
Mise en circulation d'un véhicule muni de plaques inexactes	L.317-4	5 ans	3.750 €			---	L.317-4, II 2°
Usurpation de plaques	L.317-4-1	7 ans	30.000 €		3 ans[3] (annul. 3 ans)	---	L.317-4-1, II 3°
Mise en danger d'autrui	223-1 c.pén	1 an	15.000 €	aucun	5 ans[3 & 6] (annul. 5 ans)	223-18, 7°	223-18, 8°
Défaut d'assurance	L.324-2	---	3.750 €		3 ans[3] (annul. 3 ans)	---	L.324-2, II 7°
Commercialisation d'un kit de débridage de cyclomoteur, de motocyclette, de quadricycle ou montage par un professionnel	L.317-5, I et II	2 ans	30.000 €		3 ans[6]	---	L.317-7, 2° [11] L.321-3, 2° L.321-4
Commercialisation par un professionnel d'un cyclomoteur, d'une motocyclette, d'un quadricycle à moteur non réceptionné ou non conforme à sa réception. [12]	L.321-1					---	
Gêne ou entrave à la circulation	L.412-1		4.500 €	6	3 ans[6]	---	---
Délits de commercialisation d'un appareil de nature à déceler ou perturber les appareils de contrôle routiers (radars)	L.413-2		30.000 €	aucun	3 ans[6]	---	L.413-4, 2° [11]

1 - il s'agit du maximum encouru en deçà duquel le juge reste libre de prononcer la sanction qui lui paraît la plus appropriée

2 - toujours possible en peine alternative de l'article 131-6 du code pénal, mais alors non cumulable avec la prison ou l'amende

3 - cette suspension ne peut être assortie du sursis ni aménagée (permis « blanc »)

4 - violation manifestement délibérée d'une obligation particulière de sécurité ou de prudence prévue par la loi ou le règlement, ivresse alcoolique manifeste ou mesurée (y compris contraventionnelle), usage de stupéfiants, absence (au sens large) de permis, excès de vitesse > 50 km/h, délit de fuite

5 - en cas de récidive annulation 10 ans ou définitive par décision spécialement motivée

6 - en peine alternative, la suspension ou l'annulation peuvent être prononcées pour 5 ans (articles 131-6, 131-7 et 131-9 du code pénal)

7 - en récidive légale

8 - il y a lieu, dans ce cas, à l'application de l'article L.224-12 du code de la route (la peine de suspension du permis est remplacée par celle d'interdiction d'obtenir la délivrance du permis)

9 - il s'agit du maximum encouru en deçà duquel le juge reste libre de prononcer la sanction qui lui paraît la plus appropriée

10 - toujours possible en peine alternative de l'article 131-6 du code pénal, mais alors non cumulable avec la prison ou l'amende

11 - confiscation obligatoire du dispositif et confiscation possible du véhicule

12 - le même délit, commis par un particulier, est puni de 6 mois de prison et 7.500€ d'amende.

Source : Sécurité routière.

conduire, récidive de conduite sous l'empire d'un état alcoolique, récidive de conduite sous l'emprise de stupéfiants, récidive de refus de se soumettre aux contrôles d'alcoolémie ou aux dépistages de stupéfiants, récidive de grand excès de vitesse (égal ou supérieur à 50km/h de la vitesse maximale autorisée), récidive de conduite d'un véhicule non équipé d'un système d'antidémarrage, malgré une interdiction prononcée par un juge à la suite d'une conduite en état alcoolique, homicide involontaire aggravé, blessures involontaires aggravées, récidive de blessures involontaires commises en état d'ivresse manifeste, sous l'empire d'un état alcoolique, après usage de stupéfiants ou à la suite d'un grand excès de vitesse, délit de fuite. L'article 70 de la loi LOPPSI II précise que « la confiscation n'est pas obligatoire lorsque le délit a été commis à la suite d'une des mesures administratives prévues aux articles L. 224-1, L. 224-2 et L. 224-7 » du Code de la route.

712. Contrairement à l'annulation de plein droit du permis de conduire, les juges conservent la possibilité de ne pas prononcer la confiscation du véhicule en motivant leurs décisions (articles 70, 73, 74 de la loi du 14 mars 2011). Cette motivation pourra, notamment, se référer à la situation financière du prévenu et à l'importance de la valeur du véhicule (sur la valeur du véhicule confisqué et la conformité de cette peine aux exigences de l'article 1er du Protocole additionnel de la Convention des droits de l'homme et le rapport raisonnable de proportionnalité entre les moyens employés et le but visé par la peine, voir : Crim., 13 janv. 2009, n° 08-81.202).

713. La peine de confiscation ne pourra porter que sur le véhicule qui a été utilisé pour commettre l'infraction et à la condition que l'auteur des faits en soit le propriétaire. A ce titre, signalons que le certificat d'immatriculation ne saurait être assimilé à un titre de propriété, et demeure un simple titre de police (voir, par exemple : Com., 6 déc. 2011, n° 10-25.893). Il est donc possible pour un juge de prononcer la confiscation d'un véhicule dont le certificat d'immatriculation aurait été établi au nom d'une tierce personne, ou établi à deux noms. De même, la confiscation peut être opérée sur un véhicule en location longue durée (voir article L. 325-9 du Code de la route).

714. La confiscation ne peut, bien évidemment, pas porter sur un véhicule qui a été cédé, toutefois les possibilités de cession du véhicule avant la comparution devant le juge ont été sensiblement réduites avec la généralisation des mesures d'immobilisation. L'article L. 325-1-2 du Code de la route prévoit dorénavant que « dès lors qu'est constatée une infraction pour laquelle une peine de confiscation obligatoire du véhicule est encourue, le représentant de l'État dans le département où cette infraction a été commise peut faire procéder à titre provisoire à l'immobilisation et à la mise en fourrière du véhicule dont l'auteur s'est servi pour commettre l'infraction. Il en informe immédiatement, par tout moyen, le procureur de la République ».

C ▪ La conduite après usage de stupéfiants

715. Ce délit prévu aux articles L. 235-1 et suivants du Code de la route se distingue du délit de conduite sous l'empire d'un état alcoolique par l'absence de taux légal pour la présence de stupéfiants dans l'organisme du conducteur.

716. Cette particularité prend toute son importance en présence de cannabis. La consommation de ce produit pourra être détectée plusieurs jours après les faits avec la présence de trace dans l'organisme de l'individu alors que ce dernier n'est plus, depuis longtemps, sous l'influence du produit stupéfiant. En pratique, les analyses toxicologiques mettent en avant plusieurs marqueurs en matière de cannabis : THC et 11-OH-THC (principes actifs) et le THC COOCH.

717. Les rapports toxicologiques, généralement joints au dossier pénal précisent que « la présence de THC COOCH témoigne d'une consommation de cannabis. L'absence de THC et 11-OH-THC (principes actifs) indique que cette consommation a eu lieu de nombreuses heures avant le prélèvement et que le sujet n'était pas sous influence de cannabis au moment du prélèvement ».

718. Pour autant, la Cour de cassation considère depuis un arrêt du 12 mars 2008 que : « l'article L. 235-1 du Code de la route incrimine le seul fait de conduire un véhicule après avoir fait usage de stupéfiants dès lors que cet usage résulte d'une analyse sanguine ».

719. Cette position extrêmement stricte et sévère de la chambre criminelle n'est pas forcément partagée par l'ensemble des juridictions du fond. Sur ce point, la Cour d'appel d'Angers semble ne pas vouloir céder aux rappels à l'ordre de la Cour de cassation. Dans son arrêt du 22 février 2011 les juges angevins avaient, ainsi, relaxé un automobiliste poursuivi pour stupéfiants au volant « au motif que l'usage de cannabis peut être caractérisé par la mise en évidence et le dosage dans le sang de différents cannabinoïdes : THC et THC-C00OH ; que le THC (tétrahydrocannabinol) est le principe psychoactif du cannabis ; que le THC-COOH (acide tétrahydrocannabinol-carboxylique) est un métabolite inactif ; que le THC et ses métabolites apparaissent dans le sang dans les minutes qui suivent la consommation ; que l'interprétation des concentrations sanguines de ces cannabinoïdes a fait l'objet d'un consensus national de la société française de toxicologie analytique, au cas de présence simultanée de THC et de THC-C00OH (et éventuellement de 11-OH-THC) : si les concentrations sont supérieures aux limites de détections (THC 0,5 ng/ml ; THC-C00OH 1,0 ng/ml), ceci indique que le sujet a fait usage de cannabis très récemment (moins de 6 heures auparavant) et qu'il était sous l'influence de ce stupéfiant au moment du prélèvement ou du décès ; qu'en effet, la présence de THC dans le sang implique obligatoirement la présence de THC dans le cerveau , qui est le lieu d'action des cannabinoïdes psychoactifs ; qu'en outre, la seule présence de THC-000H dans le sang du prévenu, si ce taux est inférieur à 20 ng/ml de sang, indique seulement que l'intéressé a fait usage de cannabis plus de six heures avant le contrôle et qu'il n'est, en tout état de cause, pas possible de préciser le moment de l'utilisation d'un cannabinoïde ou la quantité absorbée ; que cette constatation infère que le prévenu n'était pas sous l'influence du cannabis au moment du contrôle effectué par les gendarmes ; qu'or force est de constater qu'en l'espèce il n'a pas été constaté de présence simultanée de THC et de THC-C00OH (et éventuellement de 11-OH-THC) dans les analyses sanguines de M. X... » La prise de position angevine n'a, toutefois, pas résisté à l'analyse de la Cour de cassation qui dans un arrêt du 8 juin 2011 (n° 11-81.218) réaffirme sa jurisprudence de 2008 en en reprenant l'attendu. (sur la constitutionnalité des dispositions de l'article L. 235-1 du Code de la route, voir Cons. const., QPC, 9 déc. 2011, n° 2011-204).

720. Contrairement au dispositif pénal mis en place en matière d'alcool au volant, il n'existe pas de possibilité pour le juge d'entrer en voie de condamnation sans analyse de sang, en d'autres termes la conduite sous l'emprise manifeste de produits stupéfiants ne correspond à aucune qualification pénale (voir Crim., 15 févr. 2012, n° 11-84.607).

721. Signalons enfin, depuis l'arrêté du 29 février 2012 (fixant le montant de l'augmentation du droit fixe de procédure dû en cas de condamnation pour conduite après usage de stupéfiants), l'automobiliste condamné pour conduite après usage de stupéfiants devra régler outre une probable amende délictuelle, et les frais fixe de procédure de 127 euros devant le tribunal correctionnel (la loi de finances n° 2014*1654 pour 2015 du 29 décembre 2014 a fait passer ces frais fixes de 90 euros à 127), une somme de 210 euros.

D ▪ La conduite sans permis

722. Les faits de conduite sans permis regroupent plusieurs types de comportements et une population d'auteurs assez hétéroclite. Chiffre noir par excellence, le nombre de conducteurs sans permis fait régulièrement l'objet de nombreux débats, une seule certitude peut être affichée : l'augmentation de ce chiffre, ce que reconnaît l'administration elle-même en avançant un chiffre de 450 000 conducteurs. Il est raisonnable de considérer que ce chiffre correspond à une estimation basse. Cette estimation recouvre, toutefois, des comportements juridiquement distincts de la conduite sans permis puisqu'y sont inclus les faits de conduite malgré suspension ou conduite malgré invalidation du permis de conduire.

723. Juridiquement, la notion de conduite sans permis recouvre deux types de comportement : les conducteurs n'ayant jamais passé les épreuves du permis de conduire et les conducteurs détenteurs d'un titre étranger non valide sur le territoire français.

1 ▪ L'absence totale de titre de conduite

724. Le cas des conducteurs n'ayant jamais passé le permis de conduire n'appelle que peu de remarques si ce n'est que ces personnes ont tout intérêt à présenter au juge un permis de conduire valide le jour de l'audience ou à tout le moins les documents prouvant une inscription en auto-école et une volonté de non-réitération des faits. A ce titre, il n'est pas inintéressant de solliciter du juge un ajournement de peine qui permettra de se présenter à nouveau devant lui muni d'un titre de conduite et d'espérer voir sa peine allégée.

2 ▪ La conduite avec un titre étranger

725. Il convient de distinguer deux situations : la conduite avec un permis de conduire délivré par un Etat de l'Union européenne et la conduite avec un titre délivré par un Etat non membre.

a - La conduite avec un permis délivré par un pays membre de l'Union européenne

726. Cette pratique est encadrée par l'arrêté du 8 février 1999 fixant les conditions de reconnaissance et d'échange des permis de conduire délivrés par les Etats appartenant à l'Union européenne et à l'Espace économique européen. Cette texte précise que :

« Art. 1er. - Un permis de conduire national, délivré à une personne ayant sa résidence normale en France, par un Etat appartenant à l'Union européenne ou à l'Espace économique européen, est considéré comme valable sur le territoire français dans les conditions fixées par le présent arrêté.

Art. 2. – 2.1. Pour être reconnu, un tel permis de conduire doit répondre aux conditions suivantes :

2.1.1. Etre en cours de validité ;

2.1.2. Etre utilisé par une personne qui a atteint l'âge minimal requis par les articles R. 124-1 et R. 124-2 du code de la route, selon la ou les catégorie(s) du permis de conduire détenue(s) ;

2.1.3. Etre utilisé en observant, le cas échéant, les prescriptions subordonnant, par une mention ou une codification spéciale, la validité du permis de conduire au port de certains appareils ou à certains aménagements du véhicule pour tenir compte d'une infirmité.

2.2. En outre, un tel permis de conduire ne doit pas avoir été délivré en échange d'un permis de conduire d'un Etat n'appartenant pas à l'Union européenne ou à l'Espace économique européen, avec lequel la France n'a pas conclu d'accord de réciprocité. Dans ce cas, il est néanmoins reconnu jusqu'à l'expiration d'un délai d'un an après l'acquisition de la résidence normale en France. Les conditions de sa reconnaissance et de son échange sont celles prévues par l'arrêté relatif aux permis de conduire délivrés par les Etats n'appartenant ni à l'Union européenne ni à l'Espace économique européen.

2.3. Par ailleurs, son titulaire doit ne pas faire l'objet sur le territoire qui a délivré le permis de conduire d'une mesure de restriction, de suspension, de retrait ou d'annulation du droit de conduire.

2.4. Il ne doit pas avoir obtenu le permis de conduire dans un autre Etat membre pendant une période d'interdiction de solliciter ou d'obtenir un permis de conduire, accompagnant une peine d'annulation du permis ou résultant de l'application des articles L. 11, L. 11-5 ou L. 16 du code de la route. »

727. L'article 4 de l'arrêté du 8 février 1999 prévoit la possibilité pour les détenteurs de permis délivrés par un pays membre de l'Union européenne d'en solliciter l'échange contre un permis français. Mais rien ne contraint l'automobiliste à procéder à cet échange. Le conducteur n'a obligation d'échanger son permis de conduire que s'il a commis, sur le territoire français, une infraction ayant entraîné une mesure de restriction, de suspension, de retrait, d'annulation du droit de conduire, de retrait de points. En l'absence d'une telle infraction, l'automobiliste peut parfaitement rouler avec son permis UE.

b - La conduite avec un permis délivré par un pays non membre de l'Union européenne

728. Avant la fin de la première année de résidence en France, l'automobiliste devra procéder à l'échange du permis étranger pour un permis français, car au-delà d'un an, l'usager perd le droit de conduire sur le territoire français, son permis de conduire est considéré non valide en France.

729. Depuis l'arrêté du 12 janvier 2012 (fixant les conditions de reconnaissance et d'échange des permis de conduire délivrés par les États n'appartenant ni à l'Union européenne ni à l'Espace économique européen et fixant la liste indicative actualisée des autorités étrangères n'appartenant ni à l'Union européenne ni à l'Espace économique européen avec lesquelles la France procède ou non à l'échange des permis de conduire), pour les ressortissants étrangers de pays tiers, le point de départ du délai réglementaire d'un an imparti pour demander l'échange du permis n'est plus la date de délivrance du titre de séjour ou d'établissement du visa long séjour valant titre de séjour validé par l'Office français de l'immigration et de l'intégration (OFII), mais la date de début de validité du premier titre de séjour ou du visa long séjour valant titre de séjour.

E ▪ La conduite malgré invalidation du permis de conduire

730. La problématique de la conduite malgré invalidation du permis de conduire a suscité ces dernières années de nombreuses interrogations, la plupart liées au fait que les conducteurs ainsi poursuivis avaient préalablement attaqué la décision d'invalidation de leurs permis de conduire devant les juridictions administratives. Comme il a été indiqué précédemment, le recours devant la juridiction administrative n'est pas suspensif.

731. Signalons enfin pour clore ces propos sur les faits de conduite sans permis que le principal risque en la matière pour l'auteur des faits ne tient pas dans la condamnation pénale. Celle-ci en présence d'un primo délinquant demeurera mesurée. La multiplication des faits entraînera bien évidement un durcissement des peines, mais avant cela le premier risque s'avère d'ordre assurantiel, la conduite sans permis écartant toute possibilité de couverture par une compagnie d'assurance.

F ▪ Le délit de fuite

732. Le délit de fuite est souvent confondu avec le refus d'obtempérer. En réalité, le délit de fuite ne concerne que l'absence d'arrêt après un accident de la circulation.

> Le délit de fuite est encadré par les articles L. 231-1 et suivants du Code de la route :
>
> « Les dispositions relatives au délit de fuite commis par le conducteur d'un véhicule sont fixées par les articles 434-10 et 434-45 du Code pénal ci-après reproduits :
> **Art. 434-10** - Le fait, pour tout conducteur d'un véhicule ou engin terrestre, fluvial ou maritime, sachant qu'il vient de causer ou d'occasionner un accident, de ne pas s'arrêter et de tenter ainsi d'échapper à la responsabilité pénale ou civile qu'il peut avoir encourue est puni de deux ans d'emprisonnement et de 30 000 euros d'amende.
> Lorsqu'il y a lieu à l'application des articles 221-6 et 222-19, les peines prévues par ces articles sont portées au double hors les cas prévus par les articles 221-6-1, 222-19-1 et 222-20-1.
> **Art. 434-45** - Les personnes physiques coupables du délit prévu par l'article 434-10 encourent également la suspension, pour une durée de cinq ans au plus, du permis de conduire, cette suspension ne pouvant pas être limitée à la conduite en dehors de l'activité professionnelle. »

733. L'automobiliste doit avoir eu conscience de l'accident. C'est au juge qu'il reviendra d'apprécier de la réalité ou non de la conscience de l'accident. La simple conscience de l'accident sans avoir la certitude inébranlable d'en être responsable suffit au juge pour entrer en voie de condamnation. De même que le fait de prétendre avoir totalement oublié les circonstances de l'accident ne suffira pas pour écarter l'absence de conscience de l'accident.

734. La spécificité de ce délit tient à la large palette de préjudices qu'il recouvre. Il est toujours reproché au conducteur impliqué dans un accident de circulation de ne pas s'arrêter pour prendre attache avec les autres parties en présence, mais le préjudice peut aller d'un simple rétroviseur ou pare choc rayé, aux blessures ou homicides involontaires. Bien évidemment, la sanction pénale prononcée sera à la hauteur de la gravité de la faute commise par le conducteur responsable des faits mais dans tous les cas de figure ce type de condamnation entraînera un retrait de 6 points du permis de conduire.

G ▪ Le refus d'obtempérer

735. L'article L. 233-1 du Code de la route vient réprimer le fait pour tout conducteur d'omettre d'obtempérer à une sommation de s'arrêter émanant d'un fonctionnaire ou agent chargé de constater les infractions et muni des insignes extérieurs et apparents de sa qualité. En d'autres termes, le refus d'obtempérer correspond au non-respect d'une sommation de s'arrêter d'un agent, même s'il n'y a pas véritablement eu de course poursuite. Le refus

d'obtempérer peut être constaté sur l'ensemble des voies ouvertes et même sur les voies du domaine forestier.

736. En pratique, une condamnation pour refus d'obtempérer implique la caractérisation d'une intention de commettre ce délit. L'automobiliste doit avoir eu conscience de ne pas obtempérer aux sommations des agents des forces de l'ordre. L'intention délictuelle sera caractérisée par les juges en s'appuyant sur les déclarations des agents des forces de l'ordre. Outre le délit de fuite, le refus d'obtempérer doit également être distingué du délit de refus de vérifications d'alcoolémie.

H ▪ Le délit de refus de se soumettre aux vérifications d'alcoolémie

737. En pratique, les vérifications auxquelles il n'est pas légal de se soustraire concernent les vérifications par éthylomètre et les analyses de sang. L'éthylotest n'est pas concerné par les dispositions de l'article L. 234-8 du Code de la route. Refuser un dépistage par éthylotest n'est donc pas une infraction (Crim., 17 janv. 1976, Bull crim. n° 31). Attention, toutefois, à la suite qui sera donnée par les forces de l'ordre à un tel refus.

738. Le conducteur qui simulera un problème de santé ou une inaptitude au souffle pourra être condamné pour refus de soumettre aux vérifications d'alcoolémie. C'est, par exemple, ce que peut illustrer un arrêt de la chambre criminelle du 20 décembre 2000 : « Attendu que, pour déclarer le prévenu coupable de refus de se soumettre aux vérifications tendant à établir l'état alcoolique, l'arrêt relève que Pascal Y... a été appréhendé après avoir, à deux reprises, fait demi-tour sur une autoroute, que l'épreuve de dépistage a permis de présumer l'existence d'un état alcoolique et qu'invité à souffler dans un éthylomètre, il a simulé un manque de souffle, a soufflé à côté du tube, puis a soufflé trop brièvement ; Attendu qu'en l'état de ces énonciations, d'où il résulte que Pascal Y... a volontairement refusé de se soumettre aux vérifications prévues par la loi, la cour d'appel a justifié sa décision » (Crim., 20 déc. 2000, n° 00-84.462).

739. Dans la plupart des cas, les automobilistes poursuivis pour refus de se soumettre aux vérifications relatives à l'état d'alcoolémie seront également poursuivis pour conduite en état d'ivresse manifeste. Ainsi, au lieu de n'être poursuivi « que » pour conduite sous l'empire d'un état alcoolique, le conducteur sera poursuivi pour refus de souffler et conduite en état d'ivresse manifeste. Le dépistage par éthylotest n'est, par ailleurs, pas une étape préalable obligatoire au contrôle par éthylomètre ou à l'analyse sanguine.

§ 4 ▪ Les contraventions routières

740. Le tableau dressé ci-après offre un panorama non exhaustif des principales contraventions en matière d'infractions au Code de la route. Notons d'ores et déjà que les sanctions prévues diffèrent sensiblement d'une infraction à une autre en dépit d'un tarif similaire en cas d'application de la procédure de l'amende forfaitaire. Ainsi, la contestation de la verbalisation opérée par le conducteur lui fera abandonner le cadre de l'amende forfaitaire. A partir de là, le contrevenant peut être condamné sensiblement plus sévèrement que dans ce cadre forfaitisé. Le risque d'une sévérité accrue s'entend pécuniairement mais également en terme de suspension de permis de conduire pour les comportements jugés les plus dangereux.

PANORAMA DES CONTRAVENTIONS

Classes	libellé de l'infraction	articles	amende [1]	retrait de points	suspension du permis [1]
5ème classe	B.I. sans I.T.T. par manquement délibéré à une obligation de sécurité …	R.625-3 code pénal	1.500 € [2]	aucun	3 ans
	Transport, détention, usage d'appareil destiné à déceler ou perturber les contrôles	R.413-15	1.500 €	6	3 ans + confiscation appareil + véhicule si fixe
	Et dispositifs de type avertisseurs de radars, GPS… sans MAJ			6	
	Excès de vitesse ≥50km/h[3]	R.413-14-1		6	3 ans + confiscation
	Circulation de véhicule sur une barrière de dégel	R.411-21	1 500 € [2]	aucun	3 ans
	Circulation sur des voies et lieux ouverts au public avec un cyclomoteur, une motocyclette, un tricycle à moteur ou un quadricycle à moteur non réceptionné	L.322-1-1 [4]	1.500€	aucun	aucune
4ème classe	Conduite sans respect des restrictions d'usage mentionnées sur le permis de conduire	R. 221-1	AF [5] : 135 € (minorée 90 €, majorée 375 €)	3	3 ans
	Conduite d'un véhicule ou d'une machine agricole sans respect des conditions d'âge	R. 221-20		aucun	
	Conduite en état alcoolique (≥0,25mg/l et <0,4mg/l dans l'air expiré ou ≥0,5g/l et <0,8g/l dans le sang)	R.234-1		6	
	Conduite en état alcoolique (≥0,10mg/l et <0,4mg/l dans l'air expiré ou ≥0,2g/l et <0,8g/l dans le sang) par conducteur d'un véhicule de transport en commun	R.234-1		6	
	Refus de priorité	R.415-4 à R.415-12		4	
	Non-respect de l'arrêt au feu rouge ou au stop[3]	R.412-30 R.415-6			
	Circulation en sens interdit	R.412-28			
	Exécution d'une marche arrière ou d'un demi-tour sur autoroute	R.421-6			
	Circulation de nuit ou par visibilité insuffisante sans éclairage	R.416-11			
	Non suivi de formation par conducteur novice auteur d'une infraction	R.223-4		aucun	
	Non-respect de la distance de sécurité entre deux véhicules[3]	R.412-12		3	
	Excès de vitesse ≥40 et <50[3] si AF (de moins en moins systématique)	R.413-14		4	
	Excès de vitesse ≥30 et <40[3]			3	
	Excès de vitesse ≥20 et <30[3]			2	aucune
	Excès de vitesse <20[3] avec limitation ≤ 50			1	
	Défaut de maîtrise de la vitesse	R.413-17		aucun	
	Circulation à gauche sur chaussée à double sens	R.412-9		3	3 ans
	Dépassements dangereux	R.414-4, R.414-6 R.414-7, R.414-8 R.414-10, R.414-11			
	Franchissement de ligne continue	R.412-19			
	Chevauchement de ligne continue	R.412-19		1	
	Accélération par conducteur sur le point d'être dépassé	R.414-16		2	
	Refus de serrer à droite par conducteur sur le point d'être dépassé	R.414-16		aucun	aucune
	Circulation sur bande centrale séparative d'autoroute	R.421-5		2	3 ans
	Circulation en dehors de la chaussée ou sur voie réservée à d'autres catégories de véhicules[3]	R.412-7		aucun	aucune
	Défaut de port du casque (sauf si véhicule réceptionné avec une ceinture de sécurité)	R.431-1		3	
	Défaut de port de ceinture de sécurité	R.412-1		3	
	Circulation avec un pneumatique détérioré	R.314-1		aucun	
	Circulation d'un véhicule sans plaques d'immatriculation (ou plaques illisibles)	R.317-8 V et VI			
	Vente de plaques d'immatriculation non conformes	R.317-8 VIII			
	Mise en circulation d'un véhicule sans carte grise	R.322-1			
	Distribution d'imprimé ou d'objet au conducteur ou à l'occupant d'un véhicule circulant sur une voie publique	R.412-52			

4ème classe	Maintien en circulation d'un véhicule sans visite technique périodique	R.323-1 R.323-6	AF [5]: 135 € (minorée 90 €, majorée 375 €)	aucun	aucune
	Mise en circulation d'un véhicule malgré immobilisation	R.325-2		aucun	aucune
	Arrêt ou stationnement dangereux	R.417-9	AF: 135 € (pas de minorée, majorée 375 €)	3	3 ans
	Arrêt ou stationnement de nuit ou par visibilité insuffisante sans éclairage	R.416-12			
	Circulation sur bande d'arrêt d'urgence	R.412-8			
	Usage d'un téléphone tenu en main par conducteur d'un véhicule en circulation	R.412-6-1			
	Arrêt ou stationnement sur bande centrale séparative d'autoroute	R.421-5		2	aucune
	Arrêt ou stationnement gênant ou abusif	R.417-11		aucun	
	Raccordement bretelle d'autoroute – non respect du céder le passage	R. 412-3		4	3 ans
3ème classe	Excès de vitesse <20[3] avec limitation > 50	R.413-14	AF : 68 € (minorée 45 €)	1	aucune
	Circulation d'un véhicule non équipé de dispositifs de freinage conformes	R.315-1		aucun	
2ème classe	B.I. sans I.T.T.	R.622-1 code pénal	150 €	aucun	aucune
	Changement important de direction sans avertissement préalable	R.412-10	AF : 35 € (minorée 22 €, majorée 75 €)	3	3 ans
	Circulation sur bande d'arrêt d'urgence	R.412-8			
	Usage d'un téléphone tenu en main par conducteur d'un véhicule en circulation	R.412-6-1		2	aucune
	Non acquittement du péage d'un ouvrage routier	R.412-17		aucun	
	Arrêt ou stationnement gênant ou abusif	R.417-10, R.417-12	AF : 35 € (pas de minorée, majorée 75 €)		
1ère classe	Stationnement interdit	R.417-6	AF : 11 € (pas de minorée, majorée 33 €)		
« piétons »	Contraventions commises par les piétons [6]	R.412-34 à R.412-43	AF : 4 € (pas de minorée, majorée 7 €)		

1 - il s'agit du maximum encouru en deçà duquel le juge reste libre de prononcer la sanction qui lui paraît la plus appropriée
2 - doublée en cas de récidive
3 - le titulaire de la carte grise du véhicule peut être déclaré pécuniairement redevable du montant de l'amende si le conducteur n'est pas identifié
4 - la confiscation, l'immobilisation ou la mise en fourrière du véhicule peuvent être prescrites
5 - AF = amende forfaitaire. La plupart des amendes forfaitaires peuvent être minorées en cas de paiement dans les 3 ou 15 jours et sont majorées si le paiement intervient après 45 jours
6 - contraventions de 1ère classe soumises à un taux particulier d'amende forfaitaire (articles R.49 et R.49-7 du code de procédure pénale

Source : Sécurité routière.

A ▪ Panorama rapide des contraventions

741. Outre l'évocation rapide des principales contraventions par le biais du tableau récapitulatif ci-dessous, il n'est pas inutile de revenir sur quelques contraventions qui ont connu ces dernières années quelques modifications du cadre réglementaire.

B ▪ L'interdiction des avertisseurs de radars

742. Jusqu'en 2011, ne faisaient l'objet d'une interdiction que les détecteurs de radars, appareils fonctionnant de manière totalement autonome. Le Comité interministériel de la sécurité routière, CISR, a décidé d'étendre cette interdiction aux avertisseurs de radars. Ces appareils ne reposent pas sur la détection d'un cinémomètre en utilisation mais sur la délivrance d'une information au conducteur. Cette information peut être actualisée notamment par les utilisateurs eux-mêmes (chaque membre de la communauté apercevant un radar en alerte les autres) ou non comme un appareil de type GPS sur lequel a été implémentée une liste d'emplacements à risque ou sur lesquels ont été installés des cabines radars automatisées.

743. Jusqu'à la décision d'interdiction des avertisseurs de radars, le caractère légal du recours à ses appareils se fondait notamment sur le fait que l'information de la présence d'un radar (tout du moins d'un appareil automatisé) était relayée par l'administration elle-même par le biais de panneaux ad hoc. Mais, à partir du moment où ce même CISR du 11 mai 2011 a également décidé de la suppression des panneaux signalant la présence d'un radar automatique, il ne faisait guère de doute que les avertisseurs de radars allaient subir le même sort que leurs aînés, les détecteurs de radars. La mise en œuvre de cette nouvelle interdiction allait devoir prendre quelques mois que les fabricants d'avertisseurs de radars ont su mettre à profit pour engager des négociations avec le Ministère de l'Intérieur. Ces pourparlers ont débouché sur l'accord AFFTAC (du nom de l'association des fabricants d'aide à la conduite) du 28 juillet 2011 au terme duquel la plupart des fabricants ont convenu de transformer leurs appareils en avertisseurs de « zones dangereuses ». Ces appareils ne signalent désormais plus l'emplacement d'un contrôle routier mais une zone de danger celle-ci s'étendant sur une distance plus ou moins importante (400 mètres en ville, de 2 km hors agglomération, et de 4 km sur réseau autoroutier).

744. L'interdiction de l'avertisseur de radar a été mise en place par un décret du 3 janvier 2012. L'article R. 413-15 du Code de la route tel que modifié par ce décret ne fait désormais aucune différence entre avertisseurs et détecteurs de radars. « Le fait de détenir ou de transporter un appareil, dispositif ou produit de nature ou présenté comme étant de nature à déceler la présence ou perturber le fonctionnement d'appareils, instruments ou systèmes servant à la constatation des infractions à la législation ou à la réglementation de la circulation routière ou de permettre de se soustraire à la constatation desdites infractions est puni de l'amende prévue pour les contraventions de la cinquième classe ». L'article R. 413-15 précise, par ailleurs, que ses « dispositions sont également applicables aux dispositifs ou produits visant à avertir ou informer de la localisation d'appareils, instruments ou systèmes servant à la constatation des infractions à la législation ou à la réglementation de la circulation routière ».

745. Il ressort de cet article que ne sont donc pas seulement concernés par l'interdiction les avertisseurs de radars de type communautaires mais également tous les appareils fournissant une liste d'emplacements de radars même non réactualisée. Sont ainsi concernés les applications pour smart phones et les appareils de navigation GPS.

746. Les peines prévues par l'article R. 413-15 du Code de la route s'avèrent dissuasives : « 1° La peine complémentaire de suspension, pour une durée de trois ans au plus, du permis de conduire, cette suspension pouvant être limitée à la conduite en dehors de l'activité professionnelle.
2° La confiscation du véhicule, lorsque le dispositif qui a servi ou était destiné à commettre l'infraction est placé, adapté ou appliqué sur un véhicule.
Toute condamnation donne lieu de plein droit à la confiscation du dispositif qui a servi ou était destiné à commettre l'infraction.
IV. - Cette contravention donne lieu de plein droit à la réduction de six points du permis de conduire. »

747. L'évolution réglementaire de janvier 2012 a, par la même occasion, porté de deux à six le nombre de points retirés en cas de transport ou détention d'un détecteur de radars. Se pose, toutefois, la question de l'application pratique de cette interdiction compte tenu du cadre très strict posé par les articles 78-2-2 et suivants du Code de procédure pénale en matière de fouille des véhicules.

748. S'est posée la question de la légalité des pages tenues sur les réseaux sociaux visant à informer leurs utilisateurs de la présence de contrôles routiers. Le principe d'interprétation stricte de la loi pénale permet difficilement de prétendre qu'une page de tel ou tel réseau social peut être assimilée à « un dispositif » ou pour adopter un langage plus clair, un appareil de type avertisseur de radars. Dans cette hypothèse, l'assimilation pourrait se faire pour un site internet ou n'importe quel media. Pourtant, telle n'a pas été la position du tribunal correctionnel de Rodez qui est entrée en voie de condamnation à l'encontre d'utilisateurs d'un célèbre réseau social ayant signalé différents contrôles routiers (T. corr Rodez, 3 dec 2014, n°1035/2014). Ce jugement de Rodez a été frappé d'appel.

C ▪ L'usage du téléphone portable au volant

749. Cette infraction, dont le libellé exact usage d'un téléphone tenu en main par conducteur d'un véhicule en circulation, ne laisse guère de place à la défense, c'est ce que vient encore de rappeler la chambre criminelle : « l'usage d'un téléphone, au sens de l'article R. 412-6-1 du Code de la route, s'entend de l'activation de toute fonction par le conducteur sur l'appareil qu'il tient en main » (Crim., 13 sept. 2011, n° 11-80.432).

750. La simple présence d'un téléphone portable dans un véhicule peut désormais laisser craindre certaines dérives en matière de verbalisations, et ce d'autant plus qu'un durcissement des sanctions a été opéré par le décret du 3 janvier 2012. L'usage du téléphone portable par un conducteur constitue désormais une contravention de quatrième classe pour laquelle une amende forfaitaire de 135 euros est prévue (contre 22 euros par le passé) entraînant une décision de retrait de trois points du permis de conduire (contre deux auparavant). Est fréquemment posée de l'interdiction du kit main libre. Toléré jusqu'à présent le port d'un dispositif avec oreillette devrait à l'avenir tomber dans le champ d'application de l'article R. 412-6-1, c'était en tout état de cause le souhait du Ministère de l'Intérieur lors de l'annonce de 26 nouvelles mesures en matière de sécurité routière (janvier 2014).

751. L'usage du téléphone portable au volant n'a pas toujours fait l'objet d'une verbalisation sur le fondement de l'article R. 412-6-1 du Code de la route. Les premiers avis de contravention dressés en matière de téléphonie mobile l'ont été sur le fondement de l'article R. 412-6 du Code de la route.

D ▪ Les verbalisations fondées sur l'article R. 412-6 du Code de la route

752. Les possibilités de verbalisations sur le fondement des dispositions de l'article R. 412-6 du Code de la route n'ont de limites que celles liées à l'imagination des conducteurs et aux capacités d'observation et d'interprétation des forces de l'ordre.

753. Les dispositions de l'article R. 415-6 du Code de la route laissent, en effet, aux agents verbalisateurs un large pouvoir d'appréciation quant au caractère répréhensible des faits : « I. Tout véhicule en mouvement ou tout ensemble de véhicules en mouvement doit avoir un conducteur. Celui-ci doit, à tout moment, adopter un comportement prudent et respectueux envers les autres usagers des voies ouvertes à la circulation. Il doit notamment faire preuve d'une prudence accrue à l'égard des usagers les plus vulnérables. II. Tout conducteur doit se tenir constamment en état et en position d'exécuter commodément et sans délai toutes les manœuvres qui lui incombent. Ses possibilités de mouvement et son champ de vision ne doivent pas être réduits par le nombre ou la position des passagers, par les objets transportés ou par l'apposition d'objets non transparents sur les vitres. »

754. Il s'avère, en pratique, impossible de dresser une liste des comportements visés par ces dispositions. Par le passé, l'exécutif s'était hasardé à pointer du doigt telle ou telle pratique (ce fut le cas de l'apposition sur la vitre arrière d'autocollant, RM, n° 4122, JOAN, oct. 1991- ou de l'utilisation de walkmans et autres baladeurs, RM n°150, JOAN, janv. 1994). Indéniablement en vogue dans les années 90, les dispositions de l'article R. 412-6 ont également été utilisées pour verbaliser certains automobilistes ayant succombé à la mode du « tuning » avec notamment la mise en place de films teintés sur les vitres.

755. Mais dresser une liste s'avère difficile, c'est ce qu'explique d'ailleurs le ministère de l'Intérieur : « d'une part, la description de tous les types de comportements à risque serait longue et apporterait, par là même, une indéniable complexité à l'état du droit et des obligations s'imposant aux conducteurs. D'autre part, cette liste risquerait d'être constamment incomplète du fait de la variété infinie des situations, de l'évolution des comportements et du progrès techniques. » (RM n° 73738, JOAN, juil. 2010).

756. Et à propos de progrès technique, il est impossible d'évoquer le champ d'application de l'article R. 412-6 sans envisager les problématiques de verbalisation pour usage du téléphone portable au volant. Les premières verbalisations pour « GSM » au volant ont été opérées sur le fondement de l'article R. 412-6. L'avènement de la téléphonie mobile risquait, toutefois, de conduire à une hausse sensible des contestations. En effet, le talon d'Achille de l'article R. 412-6 réside dans les larges possibilités de discussion sur la réalité de la gêne à la conduite et plus précisément de la réduction des possibilités de mouvement et du champ de vision du conducteur. Chaque verbalisation amenant son lot de circonstances particulières, l'importante dispersion jurisprudentielle laissait espérer la relaxe aux automobilistes. Et même la prise de position de la Cour de cassation ne régla pas définitivement le problème du téléphone au volant (« le conducteur d'un véhicule en mouvement qui tient en mains un appareil téléphonique n'est pas en état d'exécuter commodément et sans délai toutes les manœuvres qui lui incombent», Crim, 2 oct. 2001, n° 01-81.099).

757. Un terme a finalement été mis à ces longues discussions sur la dangerosité de l'utilisation du téléphone portable par le décret n° 2003-293 du 31 mars 2003, avec la mise en place d'un article R. 412-6-1. Avec ce tiret 1, toutes les faiblesses de l'article R. 412-6 ont été corrigées. Tout d'abord, la perte de points est désormais de rigueur et surtout : toute

référence à une notion de gêne ou de dangerosité est laissée de côté coupant court à toute discussion.

758. Toutes les contraventions brièvement évoquées précédemment peuvent bien évidemment faire l'objet d'une verbalisation par PVE. Avec le procès-verbal électronique, les agents verbalisateurs ne remettent plus aucun document au contrevenant. Il lui est simplement demandé de signer sur le terminal de l'agent. Un avis de contravention lui est par la suite envoyé à son domicile. Le procédé du PVE est également utilisé en matière de stationnement, dans ce cas les agents verbalisateur peuvent laisser un document indiquant qu'une verbalisation a été faire et qu'un avis de contravention sera prochainement adressé. L'apposition de ce document ne revêt aucun caractère obligatoire et la preuve de cette apposition ne pourrait de toute façon être rapportée. Cette pratique du PVE a été validée par la Cour de cassation : Attendu qu'en cet état, la juridiction de proximité a justifié sa décision, dès lors que les modalités instituées par l'article A. 37-10 devenu A. 37-15 du Code de la route dans le cas où la contravention est relevée par procès-verbal dématérialisé, qui ne sont contraires à aucune disposition légale ou conventionnelle, ne privent pas le contrevenant de l'exercice des droits de la défense. » (Crim, 5 févr. 2013, n° 12-83.170; dans le même sens, Crim, 5 févr. 2013, n° 12-83.633, espèce dans laquelle le contrevenant, ne résidant pas à Paris, aurait rencontré encore plus de difficulté à retrouver d'éventuels témoins...).

Sous-section 2 ▪ Le traitement judiciaire des infractions au Code de la route

§ 1 ▪ La contestation de la verbalisation

759. La procédure de contestation obéit à des règles très strictes dont le non-respect conduira automatiquement à un rejet des demandes de l'automobiliste.

A ▪ La procédure de contestation

760. Le conducteur devra tout d'abord respecter les délais de contestation (45 jours pour une amende forfaitaire, 30 jours pour une amende forfaitaire majorée, un délai de contestation de trois mois est prévu lorsque l'amende forfaitaire majorée est envoyée en courrier recommandé).

761. L'article 530 alinéa 2 du Code de procédure pénale précise : « Dans les trente jours de l'envoi de l'avis invitant le contrevenant à payer l'amende forfaitaire majorée, l'intéressé peut former auprès du ministère public une réclamation motivée qui a pour effet d'annuler le titre exécutoire en ce qui concerne l'amende contestée. Cette réclamation reste recevable tant que la peine n'est pas prescrite (voir III. 2), s'il ne résulte pas d'un acte d'exécution ou de tout autre moyen de preuve que l'intéressé a eu connaissance de l'amende forfaitaire majorée. S'il s'agit d'une contravention au code de la route, la réclamation n'est toutefois plus recevable à l'issue d'un délai de trois mois lorsque l'avis d'amende forfaitaire majorée est envoyé par lettre recommandée à l'adresse figurant sur le certificat d'immatriculation du véhicule, sauf si le contrevenant justifie qu'il a, avant l'expiration de ce délai, déclaré son changement d'adresse au service d'immatriculation des véhicules ; dans ce dernier cas, le contrevenant n'est redevable que d'une somme égale au montant de l'amende forfaitaire s'il s'en acquitte dans un délai de quarante-cinq jours, ce qui a pour effet d'annuler le titre exécutoire pour le montant de la majoration. »

762. La contestation devra être motivée. Sans être contraint de rentrer dans des détails que le contrevenant peut vouloir réserver pour le juge, quelques mots pour justifier de la contestation sont nécessaires à la validité de la contestation. Ce courrier devra être envoyé en courrier recommandé avec avis de réception et devra être joint à la lettre de contestation l'original de l'avis de contravention. En cas de contestation au stade de l'amende forfaitaire majorée, le conducteur joindra l'original de l'avis d'amende forfaitaire majorée.

763. Les conducteurs verbalisés par le biais d'un radar automatisé (de vitesse ou de franchissement de feu de signalisation) recevront avec l'avis de contravention, un formulaire de requête en exonération. Ce formulaire devra être correctement renseigné et accompagnera la lettre de contestation. Ce formulaire de requête en exonération comprend un talon de consignation. Pour que la contestation soit recevable, le conducteur devra verser le montant exigé dans le cadre de la consignation (pour une contravention de quatrième classe, le montant de la consignation se monte à 135 euros même dans le cas où la contestation est opérée dans le délai d'application du tarif minoré à 90 euros pour le paiement de l'amende). Juridiquement, le versement de la consignation n'est pas assimilé à un paiement dont il convient de rappeler qu'il interdirait toute possibilité de contestation ultérieure, le paiement valant reconnaissance de l'infraction par l'intéressé.

764. La personne qui a dû consigner le montant d'une amende forfaitaire concernant une infraction au Code de la route constatée par radar, est, en cas de classement sans suite ou de relaxe, (en théorie) remboursée de sa consignation sans qu'elle ait besoin de le demander au Trésor public (Cf. Décret n° 2010-671 du 18 juin 2010 relatif à la signature électronique et numérique en matière pénale et modifiant certaines dispositions de droit pénal et de procédure pénale).

765. Mais si le principe de la consignation comme filtre permettant d'éviter des recours en masse a été validé par la Cour Européenne des Droits de l'Homme, son mécanisme a parfois conduit la juridiction européenne à en critiquer sa mise en œuvre dans les cas de rejets abusifs de la part des Officiers du Ministère Public.

B ▪ Le traitement de la contestation par l'Officier du ministère public.

766. L'Officier du ministère public (OMP) en charge du traitement des contestations opérées par les conducteurs n'a pas en la matière d'importantes marges de manœuvre. Il peut soit classer sans suite soit saisir le juge de la contestation formulée par le présumé contrevenant. Il n'a pas en théorie le pouvoir de rejeter la demande qui lui est faite. La seule possibilité pour l'OMP de procéder à un rejet réside dans l'analyse des critères de recevabilité de la demande. Et c'est pour cette raison que le respect des règles de forme en matière de contestation revêt une importance toute particulière.

767. Dans les faits, toutefois, l'OMP peut outrepasser son pouvoir et opposer un refus au conducteur, non pour des problèmes de forme, mais parce qu'il estime inopportune l'argumentation développée dans le courrier de contestation (pratique dénoncée par les praticiens comme relevant d'un « rejet abusif »). L'examen de la pertinence des moyens soutenus par l'automobiliste ne relève, en effet, que du pouvoir souverain d'appréciation du juge.

768. Face à un rejet manifestement infondé ou plutôt mal fondé de la part d'un OMP, le conducteur ou son conseil aura tout intérêt à réitérer ses demandes auprès de l'OMP en demandant à pouvoir comparaître devant la juridiction pénale compétente. A l'appui de sa demande, le conducteur pourra se référer aux termes de la circulaire du 7 avril 2006, ou aux dernières jurisprudences européennes en la matière.

Circulaire relative à la politique pénale en matière de contrôle automatisé de la vitesse du 7 avril 2006 - CRIM 2006 - 08 E1/07-04-2006 NOR : JUSD0630049C

« En application de l'article 530-1 du C.P.P. une contestation ne peut être considérée comme étant irrecevable que si elle n'est pas motivée ou si elle n'est pas accompagnée de l'avis correspondant à l'amende, outre les cas où, en application des dispositions de l'article 529-10, elle doit être accompagnée du versement d'une consignation.
L'O.M.P. ne dispose pas du pouvoir d'apprécier le caractère bien-fondé ou non de la réclamation ou de la requête en exonération, son pouvoir d'appréciation se limitant à l'examen de la recevabilité formelle de la contestation.
Lorsque les conditions de recevabilité sont remplies, la contestation doit être obligatoirement portée devant la juridiction de jugement à moins que l'O.M.P ne décide de renoncer aux poursuites. »

769. La Cour Européenne des Droits de l'Homme a eu encore récemment à connaître de ces « rejets abusifs ». L'Etat français avait déjà dans ce type de dossier reconnu l'erreur commise dans le traitement des contestations et avait, à ce titre, proposé une indemnisation de l'automobiliste, la CEDH avait, alors, pris acte de cette reconnaissance de culpabilité (CEDH, Yllouz c/ France, 28 sept. 2010, n° 55613/08). Mais le 8 mars 2012, la CEDH a cru devoir rendre une série de trois arrêts venant clairement condamner la France pour ces pratiques de rejet par l'OMP (CEDH, 8 mars 2012, Cadène c/ France, n° 12039/08 ; Célice c/ France, n° 14166/09 ; Josseaume c/ France, n° 39243/10).

770. Le Défenseur des droits s'est également préoccupé de cette situation dans sa décision du 13 juin 2012 (n° 12-R003) : « au titre de l'exécution des arrêts de la CEDH, il convient de remédier à la violation de l'article 6 §1 de la Convention européenne de sauvegarde des droits de l'homme et des libertés fondamentales sanctionnée par celle-ci à l'occasion des arrêts du 8 mars 2012 en instituant une voie effective de recours devant une juridiction contre les décisions de rejet des requêtes en exonération de l'amende forfaitaire par les OMP. »

771. En l'absence de réponse positive de la part de l'OMP, le conducteur n'aura d'autre choix que d'engager un recours sur le fondement de l'article 711 du Code de procédure pénale devant la juridiction qui aurait dû, en théorie, avoir à connaître de son infraction. Dans le cadre d'une audience en chambre du Conseil, cette juridiction vérifiera le respect des règles de forme de la contestation avant de décider d'une éventuelle mise au rôle ultérieure de cette affaire.

C ▪ Le fichier ARES

772. Quelle que soit l'issue de la contestation formulée par l'automobiliste celui-ci sera désormais fiché. En phase d'expérimentation en Ile de France, la mise en place d'un fichier des contrevenants contestataires a été opéré par un arrêté du 20 février 2012 autorisant la création d'un traitement automatisé de données à caractère personnel dénommé « automatisation du registre des entrées et sorties des recours en matière de contravention » (ARES). Ce procédé n'a pas manqué de susciter certaines interrogations à commencer par celles du Dé-

fenseur des droits : « à titre préventif, il y a lieu de s'interroger sur la création, par un arrêté du ministre de l'Intérieur, publié le 16 mars 2012, d'un nouveau fichier dénommé « ARES », compilant des données personnelles et professionnelles des personnes contestant lesdites contraventions. Ce fichier a vocation, d'une part, à traiter les requêtes en exonération et les réclamations des personnes mises en cause dans le cadre d'un procès-verbal de constatation d'une contravention des quatre premières classes et celles concernées par un titre exécutoire dans le cadre de la procédure d'amende forfaitaire et, d'autre part, à produire des statistiques. Cependant, dans la mesure où ces productions statistiques paraissent déjà disponibles, le Défenseur des droits attire l'attention du ministre de l'Intérieur quant à la pertinence de cet outil et aux atteintes possibles aux libertés individuelles, du fait notamment du délai de conservation de 5 ans des informations collectées, y compris en cas de classement sans suite ou de relaxe par le juge, au regard des compétences dévolues aux OMP dans le cadre de la procédure de l'amende forfaitaire » (Décision n° 12-R003, 13 juin 2012).

§ 2 ▪ L'examen de l'infraction par le juge

773. Pour les infractions les moins graves, l'affaire sera jugée par le tribunal du domicile du contrevenant. En pratique, la juridiction de proximité du domicile du conducteur sera saisie à la suite des contestations opérées par les automobilistes, tout du moins jusqu'au 1er janvier 20157 date programmée et déjà repoussée de la disparition de ces juridictions (Loi n° 2011-1862 relative à la répartition des contentieux et à l'allégement de certaines procédures juridictionnelles, et dernièrement pour la suppression en 2017 : article 99 de la Loi n° 2014-1654 du 29 décembre 2014 de finances pour 2015). En présence d'une infraction plus grave, le parquet préfère garder une politique pénale cohérente, les affaires seront donc audiencées devant le tribunal du lieu de l'infraction.

A ▪ L'audience

774. Le volume d'affaires représenté par le droit pénal routier a conduit les juridictions à recourir de plus en plus fréquemment à des formes alternatives aux poursuites traditionnelles : ordonnances pénales, comparution sur reconnaissance préalable de culpabilité ou encore composition pénale.

775. En pratique, un conducteur inconnu de la justice se verra proposer une composition pénale ou se verra notifier une ordonnance pénale. Une récidive ou la réitération de faits de conduite délictueux entraînera une réponse judiciaire impliquant plus le prévenu comme la comparution sur reconnaissance préalable de culpabilité (CRPC). Enfin, celui qui aura déjà « bénéficié » de la procédure de CRPC se verra généralement convoqué devant le tribunal correctionnel. Ce parcours judiciaire n'est bien évidemment pas toujours celui emprunté pour tous les conducteurs, le choix d'un mode de traitement ou d'un autre dépendra des politiques locales, de la gravité des faits reprochés ou encore de la reconnaissance des faits ou non lors des auditions par les forces de l'ordre.

776. La plupart des audiences en matière de droit pénal routier prennent la forme d'audiences à juge unique (cf. C. proc. pén., art. 398-1). Ce juge unique peut, toutefois, décider de renvoyer l'affaire devant une formation collégiale (trois juges professionnels : un président et deux assesseurs), si celle-ci présente une particulière complexité des faits, ou pourrait conduire au prononcée d'une peine importante. En tout état de cause, la formation collégiale sera de rigueur en cas de détention provisoire du prévenu ou de comparution immédiate.

1 ■ Le déroulement des débats

777. Le président commence par constater l'identité et l'état civil du prévenu avant de donner lecture de l'acte qui saisit son tribunal. Ce rappel de la prévention sera la plupart du temps suivi d'un bref rappel des faits, prélude à l'interrogatoire du prévenu.

778. Toutefois, si le prévenu ou son conseil souhaite faire état devant le tribunal de conclusions de nullité ou d'incompétences, celles-ci devront être présentées « in limine litis », c'est-à-dire avant tout débat au fond. En pratique, l'avocat qui entendrait exploiter un vice de procédure pouvant entacher la régularité de la procédure menée à l'encontre de son client devra rédiger des conclusions écrites qu'il devra faire viser par le greffier en début d'audience. Afin d'éviter un possible renvoi de l'affaire à une date ultérieure, ces conclusions pourront également être adressées avant l'audience au greffe et au parquet.

779. L'exposé des moyens de nullité devra ainsi intervenir avant toute défense au fond que celle-ci soit opérée en première instance ou en appel. En d'autres termes, celui qui n'aurait pas déposé de conclusions de nullité en première instance ne sera plus en mesure de le faire en appel (voir, par exemple, Crim. 8 janv. 2013, n° 11-87.654).

780. Une fois la réponse du procureur apportée aux moyens de nullité soulevés en défense, le juge peut soit rendre sa décision immédiatement s'il souhaite faire directement droit à ces moyens ou joindre l'incident au fond.

781. L'interrogatoire du prévenu achevé, le procureur pourra prendre ses réquisitions avant que le juge ne donne la parole à l'avocat pour sa plaidoirie dans l'hypothèse où le prévenu aurait choisi un conseil pour l'assister. Rappelons, à ce propos, que le recours à un avocat n'est pas obligatoire en la matière, tant devant les juridictions de proximité que devant les tribunaux de police ou les tribunaux correctionnels. La parole sera ensuite redonnée au prévenu s'il souhaite ajouter quelques mots pour sa défense.

2 ■ Les conclusions en défense

782. Si le recours à un avocat n'est pas obligatoire, la présence du prévenu est bien évidemment plus que conseillée. Au-delà du caractère évident de cette recommandation en matière correctionnelle, un revirement récent de jurisprudence incitera également les conducteurs à se rendre aux audiences des juridictions de proximité. En effet, la Cour de cassation est revenue dans un arrêt du 16 juin 2011 sur une position pourtant clairement établie depuis un arrêt du 27 mai 1987 qui assimilait le courrier d'un prévenu à des conclusions : « attendu que le prévenu ne saurait se faire un grief d'une insuffisance ou d'un défaut de réponse à conclusions, dès lors que les écrits qu'il a adressés à la juridiction ne valent pas conclusions régulièrement déposées au sens de l'article 459 du Code de procédure pénale, faute pour lui d'avoir comparu à l'audience ou d'y avoir été représenté » (Crim., 16 juin 2011, n° 10-87.568). Ce revirement de jurisprudence qui a été confirmé à de nombreuses reprises (par exemple : Crim., 28 juin 2011, n° 10-87.567) n'a pas été sans conséquence en matière de contentieux routier. De nombreux conducteurs, effrayés par la perspective de devoir demeurer une demi-journée entière sur les bancs de la juridiction de proximité, espéraient que le juge prendrait en compte leurs argumentations développées dans leurs courriers de contestation. Avec le revirement de jurisprudence du 16 juin 2011, de nombreux conducteurs se sont vus condamner en dépit peut être d'une éventuelle brillante défense mais qui demeurera désormais lettre morte.

783. Les conducteurs qui, informés de cette nouvelle position de la Cour de cassation, comparaîtront devant le juge auront souvent la désagréable surprise de se voir condamnés à une peine sensiblement supérieure à la simple amende prévue dans le cadre de la procédure de l'amende forfaitaire. La saisine du juge de proximité ne se conçoit, en effet, que par l'abandon de la procédure de l'amende forfaitaire. Le juge n'est pas lié par le montant de l'amende forfaitaire ou tout du moins peut-il prononcer une peine sensiblement plus lourde que la transaction forfaitisée. Le juge n'a de limites que celles prévues par les textes et le plus souvent le Code de la route. Ainsi, le conducteur ayant constaté une verbalisation pour conduite sous l'empire d'un état alcoolique (taux contraventionnel), pourra-t-il être condamné à une peine de suspension de permis de conduire.

784. Certaines juridictions vont même parfois au-delà des textes et ainsi pouvons-nous voir la chambre criminelle casser des arrêts prononçant une suspension de permis pour de faibles excès de vitesse (pour un excès compris entre 20 et 30 km/h, voir, par exemple : Crim., 27 sept. 2011, n° 10-88.558). Si le juge doit respecter le plafond des maxima prévus par les textes, il doit également respecter un plancher. En cas de condamnation faisant suite à la contestation d'une amende forfaitaire, le juge est, en effet, contraint par les dispositions de l'article 530-1 du Code de procédure pénale de prononcer une amende d'un montant au moins égal à celui de l'amende forfaitaire ayant été prononcée (à savoir, pour une contravention de quatrième classe contestée au stade de l'amende forfaitaire : 135 euros ou 375 euros si elle contestée au stade de l'amende forfaitaire majorée). Ce montant minimum sera même majoré de 10 % dans le cas où le juge déclare pécuniairement redevable le titulaire d'un certificat d'immatriculation sur le fondement de l'article L. 121-3 du Code de la route (Crim., 13 mai 2009, n° 08-88.029 ; pour une mauvaise application de cette majoration en dehors des dispositions de l'article L. 121-3, voir : Crim., 24 mars 2010, n° 09-86.375). Saisi d'une question prioritaire de constitutionnalité portant notamment sur la conformité des dispositions de l'article 530-1 du Code de procédure pénale au principe d'individualisation des peines, le Conseil Constitutionnel a estimé « que la disposition contestée laisse au juge le soin de fixer la peine dans les limites, d'une part, de l'amende forfaitaire ou de l'amende forfaitaire majorée et, d'autre part, du maximum de l'amende encouru ; qu'ainsi, il lui appartient de proportionner le montant de l'amende à la gravité de la contravention commise, à la personnalité de son auteur et à ses ressources ; que, par suite, le grief tiré de la méconnaissance du principe d'individualisation des peines doit être écarté » (Cons. Const., QPC, 16 sept. 2011, n° 2011-162).

3 ▪ Des juridictions de proximité en sursis

785. La loi n° 2011-1862 du 13 décembre 2011 relative à la répartition des contentieux et à l'allégement de certaines procédures juridictionnelles avait scellé le sort de ces juridictions crées par la loi du 9 septembre 2002 qui ont pour spécificité le recours à des juges non professionnels. Ces juridictions devaient disparaître à la fin de l'année 2012 au profit des tribunaux de police. Face au manque de personnels pour prendre en charge les dossiers traités par les juridictions de proximité, la loi n° 2012-1441 du 24 décembre 2012 relative aux juridictions de proximité a finalement reporté l'échéance au 1er janvier 2015. A son tour, la Loi no 2014-1654 du 29 décembre 2014 de finances pour 2015 a offert à ces juridictions un nouveau répit de 2 ans. Nul ne sait si ces juridictions se verront alors offrir une ultime chance, si tel devait être le cas, se posera à nouveau la question de la citation du prévenu. A l'occasion de la première échéance, quelques juridictions comme celle de Paris avaient en effet prévu la disparition du juge de proximité, les prévenus étant cités devant le tribunal de police pour les audiences de 2013. S'est alors posée, pour ces prévenus, la question du choix entre la comparution volontaire et la nullité de la citation sachant que le délai de prescription de l'action

publique ne laissera pas forcément le temps de faire citer à nouveau le prévenu. Et cette question, s'est tout naturellement reposée en 2015.

4 ▪ Le délibéré

786. Une fois les débats clos, le juge peut rendre sa décision immédiatement « sur le siège », le jugement pourra également « être mis en délibéré » à une date ultérieure qui sera communiquée immédiatement au prévenu (le délibéré pouvant intervenir le jour même de l'audience après une suspension).

5 ▪ L'appel

a - Les délais d'appel

787. Le prévenu dispose de dix jours pour interjeter appel d'un tel jugement. La présence du prévenu à l'audience fait immédiatement courir ce délai. En cas d'absence du prévenu, le jugement sera réputé « contradictoire à signifier », le délai d'appel de dix jours ne commencera alors à courir qu'à compter de la signification.

788. La représentation du prévenu par son avocat à l'audience rendra contradictoire le jugement et fera courir immédiatement le délai d'appel. La représentation du prévenu par un conseil ne peut intervenir qu'en présence d'un mandat de représentation qui devra être communiqué au greffier le jour de l'audience. En l'absence d'un tel mandat, le jugement sera réputé contradictoire à signifier. Le dépôt de conclusions par l'avocat emportera toutefois présomption de mandat et fera courir le délai d'appel immédiatement.

789. L'exercice de la voie d'appel n'est pas uniquement réservée au condamné, puisqu'elle peut également être actionnée par le parquet. Et en cas d'appel du condamné, le procureur interjettera systématiquement lui aussi appel. Signalons que l'article 505 du Code de procédure pénale ouvre au procureur général un délai d'appel plus long que celui accordé aux autres parties par l'article 498 de ce code : « En cas de jugement de condamnation, le procureur général peut également former son appel dans le délai de vingt jours à compter du jour du prononcé de la décision. ». Notons, qu'avant la prise de position de la Cour de cassation sur la violation du principe d'égalité des armes - Crim., 10 févr. 2009, n° 08-83.837 - le délai d'appel du procureur général était de deux mois.

790. En présence de parties civiles, ces dernières peuvent également interjeter appel dans un délai de dix jours, celui-ci ne portera alors que sur les intérêts civils et non sur la sanction pénale.

b - L'appel d'un jugement rendu par une juridiction de proximité

791. Signalons que la voie de l'appel à la suite d'un jugement rendu par une juridiction de proximité ne sera pas ouverte en présence d'une condamnation à une simple amende de moins de 150 euros (sur ce point, voir, également : Crim., 11 oct. 2011, n° 11-85.042).

6 ▪ La documentation à fournir à l'appui de la défense

792. Outre les habituels éléments relatifs aux revenus et charges supportées par le prévenu, l'évocation des dossiers en matière de contentieux de la circulation routière pourra gagner à être documentée de différentes pièces. Le prévenu pourra, ainsi, porter à la connaissance du tribunal l'arrêté de suspension préfectoral dont le juge pourra s'inspirer s'il ne souhaite pas priver le conducteur de son permis pendant une période supplémentaire. La production de cet arrêté pourra également simplifier le travail du bureau d'exécution des peines (BEX) dans le cadre de l'exécution de la décision. Le prévenu pourra, également, produire son Relevé d'information intégral si celui-ci plaide en sa faveur. De même, le conducteur n'ayant pas été déclaré responsable d'un accident de la circulation pendant quelques années pourra solliciter de la part de son assureur un relevé d'information qui fera état d'une absence de responsabilité en la matière.

793. De façon générale, le conducteur pour lequel la détention du permis de conduire s'avère indispensable dans le cadre professionnel devra en rapporter la preuve en produisant attestation et justificatifs de déplacements professionnels. A ce titre, la simple production d'un contrat de travail peut s'avérer insuffisante à emporter l'adhésion d'un juge qui sera, très certainement, dans son audience amené à juger d'autres prévenus qui n'auront, eux, rencontré aucune difficulté à produire une documentation pertinente.

794. La comparution pour des faits d'alcool au volant devra inciter le prévenu à communiquer certains éléments d'ordre médical (attestation d'un professionnel de santé, analyses de sang faisant apparaître au moins un marqueur permettant de déterminer un niveau de consommation : Gamma GT ou CDT).

B ▪ Les formes de traitement judiciaire alternatives

1 ▪ L'ordonnance pénale

795. L'ordonnance pénale est une procédure de jugement simplifiée. Elle est souvent utilisée en matière de droit de la circulation. Elle est, en général, « réservée » aux automobilistes n'ayant jamais eu à faire à la justice. Le recours à l'ordonnance pénale est d'autant plus courant en matière de contentieux de la circulation qu'il contribue grandement au désengorgement des juridictions. Cette procédure ne nécessite, en effet, aucun débat contradictoire. Avec la procédure de l'ordonnance pénale, le juge va étudier la situation de l'automobiliste sur dossier sans comparution au cours de laquelle le prévenu aurait pu exposer ses moyens de défense. C'est ce que prévoit l'article 525 du Code de procédure pénale : « Le ministère public qui choisit la procédure simplifiée communique au juge du tribunal de police ou de la juridiction de proximité le dossier de la poursuite et ses réquisitions. Le juge statue sans débat préalable par une ordonnance pénale portant soit relaxe, soit condamnation à une amende ainsi que, le cas échéant, à une ou plusieurs des peines complémentaires encourues. S'il estime qu'un débat contradictoire est utile, le juge renvoie le dossier au ministère public aux fins de poursuite dans les formes de la procédure ordinaire. » Pour décider de la peine et en fixer le quantum, le juge n'a, dans le cadre de la procédure de l'ordonnance pénale, que peu d'éléments à sa disposition : le dossier pénal avec notamment les procès-verbaux de constatation de l'infraction et l'audition du prévenu ainsi que les réquisitions du ministère public.

796. L'ordonnance pénale peut être envoyée au condamné par voie postale, mais le tribunal peut également choisir de convoquer la personne dans le cadre d'une audience de notification. Le recours à ces audiences ne peut qu'être salué, la convocation au sein du palais de justice si elle implique un déplacement du prévenu permet une meilleure prise de conscience des enjeux et des conséquences d'une telle condamnation.

797. Bien évidemment, les peines prononcées dans le cadre d'une ordonnance pénale varient sensiblement d'une juridiction à une autre, certaines estimant qu'il est toujours loisible au condamné de former opposition à ladite ordonnance.

798. Il est effectivement possible de former opposition à une ordonnance pénale, les délais d'opposition sont de 30 jours en matière contraventionnelle et de 45 jours en matière délictuelle (pour une opposition formée hors délai, voir : Crim., 14 févr. 2012, n° 11-81.488). L'opposition peut s'effectuer par courrier (recommandé avec avis de réception) ou sur place en se rendant au greffe de la juridiction qui a prononcé la décision.

799. Le conducteur se verra alors remettre un récépissé d'opposition et sera ultérieurement convoqué devant le tribunal selon la procédure normale. Jusqu'à l'ouverture des débats, il est possible pour le condamné de se désister de son opposition.

2 ▪ La comparution sur reconnaissance préalable de culpabilité

800. La comparution sur reconnaissance préalable de culpabilité (CRPC), a été introduite dans le paysage juridique français par la loi Perben II du 9 mars 2004 (art. 137). D'inspiration américaine, ce dispositif retrouve en effet ses racines dans le célèbre « plaider coupable » (plea-bargaining) très utilisé outre atlantique.

801. Ce « plaider coupable » à la française n'est pour autant pas totalement révolutionnaire puisque la procédure de composition pénale introduite en France en 1999 (loi du 23 juin 1999) avait déjà préparé le terrain. Mais la loi Perben II franchit un nouveau cap avec la CRPC : la possibilité de négocier la peine proposée par le procureur.

802. Comme son nom l'indique, la comparution sur reconnaissance préalable de culpabilité implique pour le conducteur la reconnaissance de l'infraction. En pratique, lors des auditions, les forces de l'ordre demanderont à l'intéressé s'il reconnaît les faits et après attache avec le parquet certains conducteurs se verront directement proposer cette procédure de CRPC par l'officier de police judiciaire.

803. Dans les faits, la CPRC commence par un entretien avec le procureur ou l'un de ses substituts. Au cours de cet entretien, sera proposée une peine au prévenu. Cette peine pourra être plus ou moins discutée par l'intéressé et son avocat (le recours à un avocat est obligatoire en matière de CRPC). En cas de doutes quant à l'opportunité d'accepter ou non la proposition faite par le parquet, conducteur et avocat peuvent se retirer avant de formaliser leur accord devant le procureur. Un délai de réflexion de 10 jours peut même être demandé avant de donner une réponse à cette proposition.

804. Si les parties en présence parviennent à trouver un accord sur la peine, celle-ci devra encore être homologuée par un juge. Cette audience d'homologation intervient le même jour généralement dans la foulée de l'entretien avec le procureur (certaines juridictions comme Paris, Versailles ou Arras convoquent le prévenu le matin pour l'entretien avec le procureur et l'après-midi pour l'homologation). Lors de cette deuxième phase, le juge vérifiera à nouveau la reconnaissance des faits par le prévenu et son accord sur la peine proposée par le procureur. A toutes les étapes, la personne convoquée en CRPC a donc la possibilité de refuser cette proposition. Dans ce cas et dans celui d'une absence d'homologation de la part du juge, l'intéressé sera alors convoqué devant le tribunal correctionnel.

805. Certaines juridictions prévoient, par avance, l'échec de la CRPC et font délivrer au conducteur deux convocations : la première en CRPC et la seconde devant le tribunal correctionnel. Le Conseil constitutionnel a eu à connaître de cette pratique dite de « double convocation ». Dans sa décision du 10 décembre 2010 (QPC, n° 2010-77), le Conseil constitutionnel a validé cette pratique en soulignant toutefois « qu'il appartient au procureur de la République, dans la mise en œuvre de l'article 495-15-1, de veiller à ce que la convocation en

justice adressée en application de l'article 390-1 soit faite à une date suffisamment lointaine pour garantir qu'au jour fixé pour la comparution du prévenu devant le tribunal correctionnel, la procédure sur reconnaissance préalable a échoué ou que les peines proposées ont été homologuées ». Ainsi, la convocation devant le tribunal correctionnel ne doit pas être fixée dans un délai de dix jours à compter de la date de CRPC. Certaines juridictions font néanmoins toujours parvenir au prévenu deux convocations pour le même jour. Mais pour la plupart d'entre elles, la convocation en audience correctionnelle n'est prévue qu'en cas de non présentation du prévenu le matin en CRPC ou de souhait de sa part de se présenter sans avocat l'après-midi devant le tribunal correctionnel, parmi ces juridictions ayant adopté ce mode de convocation on pourra citer Orléans ou Compiègne.

806. En règle générale, les peines proposées dans le cadre de la procédure de CRPC s'avèrent moins sévères que celles prononcées lors d'une audience correctionnelle. En cas d'échec de la procédure de comparution sur reconnaissance préalable de culpabilité (l'automobiliste refuse d'accepter la proposition du procureur ou absence d'homologation de la transaction par le juge), aucun des propos tenus dans le cadre de l'audition par le procureur ne pourra être porté à la connaissance du tribunal (voir, Crim., 17 sept. 2008, n° 08-80.858).

807. Cette étanchéité entre procédure de CRPC et procédure correctionnelle supporte toutefois un tempérament. C'est ce qu'a précisé récemment la Cour de cassation en expliquant que des conclusions de nullité ne sauraient être prises en compte par un juge dans le cadre d'une audience correctionnelle si elles n'avaient pas été déposées avant l'audience d'homologation en cas d'échec de la CRPC : « Attendu que, pour faire droit à l'exception de nullité de la garde à vue soulevée par le prévenu pour la première fois devant la cour d'appel et le relaxer, l'arrêt énonce que la simple audition, par le juge, du prévenu assisté de son avocat, ne peut être assimilée à une défense au fond, au sens de l'article 385 du Code de procédure pénale ; que les juges en déduisent qu'il leur appartient de prononcer sur les moyens de nullité soulevés devant eux avant toute défense au fond ; Mais attendu qu'en prononçant ainsi, alors que s'instaure un débat au fond devant le président du tribunal correctionnel, lequel, après avoir vérifié la réalité des faits et leur qualification juridique, s'il décide d'homologuer la proposition du procureur de la République, constate notamment que la personne, en présence de son avocat, reconnaît les faits reprochés et accepte la ou les peines proposées, la cour d'appel a méconnu le principe ci-dessus rappelé. » (Crim., 22 févr. 2012, n° 11-82.786).

3 ▪ La composition pénale

808. La composition consiste en une « transaction proposée par le procureur de la République à l'auteur des faits, consistant en une sanction acceptée par celui-ci et validée par un magistrat du siège: cette mesure constitue une alternative aux poursuites « renforcées » se situant en haut de l'échelle des réponses pénales de ce type. » (Circulaire du 16 mars 2004 relative à la politique pénale en matière de réponses alternatives aux poursuites).

809. La composition pénale a été introduite par la loi n° 99-515 du 23 juin 1999 renforçant l'efficacité de la procédure pénale, bien avant la CRPC de 2004. Et c'est sans doute en raison de l'apparition de cette nouvelle procédure avec la loi Perben II que de nombreuses juridictions ont délaissé la composition pénale.

810. En pratique le procureur, après avoir décidé d'utiliser la voie de la composition pénale, va formuler une proposition de peine, directement ou par l'intermédiaire d'une personne habilitée, à l'automobiliste. Cette proposition n'est pas forcément faite à l'automobiliste au sein du tribunal mais peut par exemple avoir lieu dans une maison de justice et du droit. Mais la grande différence avec la CRPC réside dans l'impossibilité de discuter la peine proposée dans le cadre de la composition pénale.

811. En cas d'acceptation par l'automobiliste, le procureur de la République (ou la personne habilitée) saisit le président du tribunal pour validation de la composition pénale. Si elle est validée le juge rend une ordonnance en ce sens et les mesures prévues par la composition pénale peuvent être exécutées. Si le juge refuse de valider la composition pénale, la proposition de peine devient caduque et le procureur de la République retrouve « toute latitude quant aux poursuites ». Il en va de même si l'automobiliste refuse les mesures proposées, le procureur de la République retrouve également « toute latitude quant aux poursuites ». En pratique, l'automobiliste recevra alors une convocation pour être jugé devant le tribunal correctionnel.

812. Le fait que la proposition du parquet soit décidée avant même la comparution du conducteur ne manque généralement pas de laisser chez ce dernier le sentiment d'une justice pour le moins expéditive. A ce titre, la CRPC s'avère plus intéressante dans le sens où elle laisse au prévenu la possibilité de s'exprimer.

813. Mais ce ne sont peut-être pas ces considérations qui ont poussé nombre de juridictions à délaisser la composition pénale au profit de la CRPC, notamment en matière d'alcool au volant. En effet, en cas de réitération des faits, il ne sera pas possible de considérer la composition pénale comme le premier terme du mécanisme de récidive légale. Et c'est, entre autres, pour cette raison que l'absence de précision quant au premier terme dans le cadre d'une citation pour des faits d'alcool au volant en récidive conduira toujours le conseil à s'interroger sur la possibilité d'un traitement des faits antérieurs par le biais d'une composition pénale. L'imprécision devrait alors entraîner la nullité de la citation.

§ 3 ▪ Les nullités et prescriptions

A ▪ La nullité de la citation

814. La citation doit permettre au prévenu de savoir ce pour quoi il est poursuivi et, donc, être en état de préparer sa défense. Ainsi, l'article 551 du Code de procédure pénale prévoit-il que « la citation énonce le fait poursuivi et vise le texte de la loi qui le réprime ». Concernant ce texte, la Cour de cassation n'exige pas, par exemple, la mention de l'arrêté municipal pris pour l'implantation de la signalisation lumineuse pour le franchissement d'un feu rouge (Cf. Crim., 9 juin 2010, n° 10-81.500). La citation doit comporter des indications précises et non erronées tant sur les dates que sur les lieux ou sur les condamnations précédentes pour des faits commis en état de récidive.

815. Pour autant, nombre de conseils ne soulèvent pas systématiquement la nullité de la citation, cette dernière ne mettant pas fin aux démêlés judiciaires de leurs clients. En effet, la citation annulée, le parquet est ainsi invité à mieux se pourvoir. Le conducteur pourra donc recevoir une nouvelle citation dont le parquet aura pris soin d'expurger les erreurs. Soulever la nullité de la citation ne conduira, ainsi, dans la plupart du temps qu'à repousser l'échéance.

816. Toutefois certaines situations ne laissent pas l'opportunité au parquet de faire citer à nouveau l'intéressé. Il en va ainsi lorsque la prescription est déjà, ou est sur le point d'être atteinte. Sauf cas particulier, la nullité de la citation sera la plupart du temps recherchée en matière contraventionnelle, la prescription triennale délictuelle permettant généralement de faire procéder à une nouvelle citation.

B ▪ La prescription de l'action publique

817. Les raisons qui sont traditionnellement invoquées en faveur de la prescription sont nombreuses et l'on peut aisément les appliquer aux problématiques spécifiques du droit routier à commencer par les risques d'erreur judiciaire qui augmentent avec le temps. La pratique de la verbalisation à la volée est à ce titre symptomatique. Qui peut prétendre se souvenir d'avoir commis un excès de vitesse de nombreux mois, voire plusieurs années après les faits, s'il n'a pas fait l'objet d'une interpellation ?

818. Personne, ni l'automobiliste, ni l'agent verbalisateur qui rencontrera les plus grandes difficultés à se souvenir d'un visage qu'il n'a peut-être aperçu que quelques secondes... L'application des règles de prescription aux infractions est donc totalement légitime.

819. Pour autant, l'acquisition d'une prescription en matière de droit de la circulation routière demeure peu fréquente. Une raison à cela : la simplicité des dossiers, tout du moins, du point de vue des investigations. En pratique, les questions de prescriptions concernent sensiblement plus les contraventions (à titre d'exemple, pour un franchissement de feu rouge, voir CA Bordeaux, 7 nov. 2008, n° 08/00460 ; pour un défaut de maîtrise du véhicule, voir CA Rouen, 2 nov. 2006) que les délits puisque les premiers se prescrivent en un an (C. proc. pén., art. 9) contre trois ans pour les seconds (C. proc. pén., art. 8).

820. L'exception de prescription est d'ordre public. Elle peut, donc, être invoquée pour la première fois devant la Cour de cassation. Il conviendra, toutefois, dans cette hypothèse que les constatations du juge du fond contiennent tous les éléments nécessaires pour que la Cour de cassation puisse examiner la demande (Crim., 9 mars 2010, n° 09-86.361). Ce délai de prescription court à compter du lendemain du jour de la commission de l'infraction (Crim 8 sept. 1998, Bull n° 227), et en pratique, puisque le droit routier ne concerne que des infractions instantanées, le lendemain des faits.

821. Bien évidemment la probabilité d'une extinction de l'action publique en matière délictuelle n'est pas nulle. Ce fut, par exemple, le cas dans une espèce jugée le 5 novembre 2008 par la Cour d'appel de Versailles : « Considérant qu'au terme de l'article 8 du Code de procédure pénale, en matière de délit, la prescription de l'action publique est de trois années révolues, si dans cet intervalle, il n'a été fait aucun acte d'instruction ou de poursuite ; Considérant qu'en l'espèce, les déclarations d'appel émanant du prévenu et du Ministère Public ont été établies le 16 juin 2005 ; Considérant que la cédule de citation délivrée par le Parquet Général est datée du 23 juin 2008 ; Qu'aucun acte d'instruction n'est intervenu dans cet intervalle; Considérant qu'il n'y a lieu en conséquence, sans qu'il soit besoin d'étudier le bien fondé des autres exceptions de nullité, de déclarer l'action publique éteinte. »

822. Comme on peut le comprendre à la lecture de cette espèce, les probabilités d'une extinction de l'action publique sont en pratique relativement faibles compte tenu des possibilités d'interruption de la prescription. Le délai de prescription peut également faire l'objet d'une suspension qui, contrairement à l'interruption, ne ferait qu'arrêter le cours de la prescription. Mais, les causes d'une telle suspension en limitent grandement l'éventualité. On notera, cependant, qu'en cas de pourvoi en cassation la prescription de l'action publique est suspendue pendant la durée de l'instance en cassation, et jusqu'à la signification aux parties de l'arrêt rendu sur le pourvoi (Crim., 5 sept. 2001, n° 01-80.673).

823. L'interruption de la prescription est, en réalité, ce qui amoindrit considérablement les chances de prescription en matière délictuelle puisque le temps déjà écoulé entre le jour de la commission des faits et l'acte interruptif s'efface au profit d'un nouveau délai qui commence à courir le lendemain du jour de cet acte (Crim., 1er févr. 1993, Bull. n° 53). Ses possibilités d'interruption sont nombreuses, tout acte d'instruction ou de poursuite pouvant interrompre le délai, autant d'incitations pour les autorités à une certaine diligence.

824. Parmi les actes qui vaudront à ces autorités la « récompense » (voir M.-L. Rassat, Traité de Procédure Pénale, Paris, PUF 2001, p. 485) de l'interruption de la prescription :
- le visa (Crim., 9 avr. 1986, JA 1986, p. 353) ;
- un soit-transmis (Crim., 10 juin 2008, n° 08-81.056 : « Attendu qu'il résulte de l'arrêt attaqué et des pièces de la procédure que Stéphan X... a été poursuivi devant le tribunal de police, par convocation notifiée le 4 juillet 2006, par un officier de police judiciaire, pour avoir dépassé d'au moins 50 km/h la vitesse maximale autorisée, infraction constatée le 27 juin 2005 ; Attendu que, pour écarter l'argumentation du prévenu, qui soutenait que l'action publique était prescrite du fait de l'absence de tout acte d'instruction ou de poursuite entre le 27 juin 2005 et le 4 juillet 2006, l'arrêt retient que la convocation en justice du 4 juillet 2006 a été établie pour l'exécution d'un soit-transmis signé le 22 juin 2006 par le procureur de la République et que cet acte a interrompu la prescription de l'action publique ; Attendu qu'en l'état de ces énonciations, d'où il résulte que le soit-transmis, signé le 22 juin 2006, a été adressé pour exécution aux services de police, la cour d'appel a justifié sa décision ») ;
- très fréquent en matière de contrôle automatisé : le soit-transmis de l'officier du ministère public (OMP) de Rennes à l'OMP territorialement compétent (Crim., 12 mai 2010, n° 09-88.085) ;
- la signature du titre de recouvrement par le ministère public (Crim., 23 nov. 1994, JA 1995, p. 123 : « Attendu qu'il résulte du jugement attaqué que Uettwiller a été poursuivi pour deux contraventions aux règles du stationnement payant ; qu'il a présenté une exception tirée de la prescription de l'action publique concernant l'une des infractions ; Attendu que, pour écarter les arguments repris au moyen et rejeter cette exception, le tribunal constate que le procès-verbal de contravention est daté du 19 juillet 1989 et que le titre de recouvrement de l'amende a été rendu exécutoire par le ministère public le 26 octobre 1989, date à laquelle la prescription de la peine commençait à courir en application de l'article 530 du Code de procédure pénale ; que le juge relève ensuite que le 24 janvier 1990, Uettwiller a présenté une réclamation qui a eu pour effet d'annuler le titre exécutoire mais aussi, conformément à l'article 530-1 du Code précité, de remettre en mouvement l'action publique, le prévenu ayant été ainsi cité devant le tribunal le 9 août 1990 ; Attendu qu'en statuant ainsi, le tribunal a fait l'exacte application des textes visés au moyen ; qu'en effet, d'une part, la signature par le ministère public, du titre de recouvrement de l'amende forfaitaire constitue un acte interruptif de la prescription de l'action publique ; que, d'autre part, la réclamation postérieure du contrevenant a pour seul effet d'annuler le titre précité en ce qu'il a un caractère exécutoire ; D'où il suit que le moyen doit être écarté » ; dans le même sens : Crim., 12 mars 2008, n° 07-83.500) ;
- le réquisitoire du ministère public y compris dans le cadre d'une ordonnance pénale (voir par exemple, dans une espèce relative à un franchissement de feu rouge : Crim., 19 mars 1997, n° 96-83.797 : « Attendu que, pour écarter l'argumentation du prévenu qui soutenait que l'action publique était prescrite au motif que plus d'un an s'était écoulé entre le 21 septembre 1994, date de l'infraction, et le 25 octobre 1995, date de l'ordonnance pénale, le jugement attaqué énonce que les réquisitions du ministère public du 20 juin 1995 ont interrompu la prescription ; Attendu qu'en statuant ainsi, le tribunal a donné une base légale à sa décision ; Qu'en effet, les réquisitions par lesquelles le ministère public manifeste sa volonté de réprimer la contravention constituent, si elles interviennent dans l'année de l'infraction, un acte de poursuite interruptif de la prescription à partir duquel court un nouveau délai d'un an »).

825. On soulignera qu'un acte nul ou un jugement constatant une nullité - nullité de citation par exemple - ne peut interrompre le délai de prescription (CA Poitiers, 19 mai 2005). On signalera enfin le revirement de jurisprudence opéré par la chambre criminelle concernant la contestation de l'amende forfaitaire formulée par l'automobiliste qui jusqu'à il y a peu interrompait la prescription (voir, Crim., 24 oct. 2007, n° 07-82.327). Désormais, pour la Cour de cassation : « la requête en exonération d'amende forfaitaire prévue par l'article 529-2 du Code de procédure pénale, ne constitue pas un acte d'instruction ou de poursuite susceptible d'interrompre la prescription de l'action publique » (Crim., 8 déc. 2010, n° 10-83.024).

C ▪ Les nullités, des vices faisant grief

826. Outre les nullités visant la citation, d'autres irrégularités peuvent venir entacher la procédure. Comme pour la citation, des conclusions devront être déposées *in limine litis* pour que ces problématiques puissent être examinées par le juge (voir, par exemple, Crim., 15 mars 2011, n° 10-84.945).

1 ▪ L'identification des vices, généralités

827. Certaines de ces problématiques vont transcender les poursuites, et nombre de conducteurs traquent la présence ou l'absence de ces mentions dans l'espoir d'une relaxe. Néanmoins, avant même d'envisager ces problématiques, il convient de souligner que pour la plupart d'entre elles, c'est sur le procès-verbal qu'elles figureront ou au contraire auront été laissées de côté. Or, le conducteur n'aura que rarement accès à ce ou ces procès-verbaux. En matière contraventionnelle, ne sera remis à l'automobiliste qu'un simple avis de contravention sur lequel ne figurera pas, par exemple, la signature de l'agent verbalisateur (alors qu'elle doit figurer sur le procès-verbal) et qui pourra être accompagné d'un procès-verbal complémentaire. De même, en matière délictuelle, les procès-verbaux ne sont pas remis à l'automobiliste qui ne se voit en général communiquer qu'un avis de rétention du permis de conduire souvent renseigné de façon très parcellaire qui ne préjuge en rien des informations contenues dans le dossier pénal. Bien évidemment, le conseil du conducteur convoqué en justice ne manquera pas de consulter le dossier pénal de son client, mais il demeure difficile pour celui qui vient d'être verbalisé de déterminer la présence ou non d'un moyen de nullité. Cette difficulté représente un frein évident à la contestation de l'avis de contravention.

828. Toutefois, certaines mentions figurent sur l'avis de contravention et si elles peuvent faire l'objet d'une indication contraire sur un autre élément du dossier pénal, une telle contradiction pourra évidement être exploitée dans le sens du conducteur.

2 ▪ Les problématiques de dates

829. C'est notamment le cas des mentions relatives aux dates des faits et au lieu de l'infraction. Pour les dates, rappelons que se profile la question de la prescription notamment en matière contraventionnelle. Les problématiques de dates peuvent également concerner celle ayant trait à la rédaction du procès-verbal qui ne peut pas être signé postérieurement à l'engagement des poursuites (voir, Crim., 4 déc. 2002, JA 2003, p.67).

3 ▪ Les problématiques de lieux

830. Pour ce qui concerne les lieux, plusieurs problématiques peuvent se dégager, la première tient à l'erreur de localisation. Face à une telle méprise, la difficulté réside parfois dans l'impossibilité de rapporter la preuve que l'infraction n'a pas été constatée sur les lieux mentionnés sur le procès-verbal. L'erreur peut également s'accompagner d'une incohérence plus facilement exploitable, cela sera, par exemple, le cas de la dénomination d'une voie inexistante sur la commune visée. Le procès-verbal peut aussi viser un lieu inexistant. C'est, par exemple, de ce problème qu'avait été saisie la juridiction de proximité de Charenton, le 15 avril 2010 pour l'un des radars automatisés les plus prolifiques de France situé sur le Quai de Bercy à Paris. Cette cabine avait été localisée sur le procès-verbal par référence à un lampadaire situé à proximité immédiate du cinémomètre. Dans cette espèce, le « lampadaire XII 13568 » avait cependant été supprimé bien avant la constatation de l'excès de vitesse, objet de la verbalisation. Face à l'inexistence du lieu de l'infraction, la juridiction de proximité avait choisi de relaxer l'automobiliste des fins de la poursuite.

831. Le lieu tel que renseigné sur le procès-verbal peut, par ailleurs, souffrir d'une imprécision qui est sanctionnée par la jurisprudence (voir, par exemple : CA Paris, 27 nov. 2003, n° 03/02278 : « une telle inexactitude apparaît de nature à porter atteinte aux droits de la défense, dès lors qu'elle ne permet pas de vérifier les conditions d'emploi du cinémomètre et la réglementation applicable au lieu de l'infraction » (en présence d'un radar automatique de vitesse) ; T. pol. Gonesse, 13 févr. 2007 : « la mention « sur A1 à la Courneuve » sans précision du point kilométrique, est insuffisante quant à la détermination du lieu de l'infraction »).

832. Les problématiques de date et de lieu peuvent concerner toutes les procédures qui peuvent être engagées à l'encontre des automobilistes et des motards, d'autres, au contraire sont spécifiques à la nature des infractions constatées. C'est notamment le cas pour l'alcool au volant et la vitesse.

D ▪ Les nullités en matière d'alcool au volant

833. En matière d'alcool, le Code de la route prévoit la possibilité de poursuivre soit pour des faits de conduite sous l'empire alcoolique (CEA), soit pour des faits de conduite en état d'ivresse manifeste. En règle générale, les conducteurs font l'objet de poursuites pour CEA après que les forces de l'ordre aient pu constater un taux d'alcool dans l'organisme de l'intéressé. Cette constatation peut s'effectuer par le biais d'un éthylomètre ou d'une analyse de sang. Quelles que soient les méthodes de constatations, celles-ci ont été strictement encadrées par les dispositions du Code de la route pour le recours à un éthylomètre, et du Code de la santé publique pour les analyses de sang. La violation de ces dispositions pourra amener une juridiction à constater la nullité de la procédure, mais il demeurera dans de nombreux cas possible pour le parquet de demander la requalification des faits en conduite en état d'ivresse manifeste.

834. L'exploitation d'éventuels moyens de nullité dans le cadre de poursuites pour CEA devra donc s'envisager au regard des possibilités de requalifications des faits en conduite en état d'ivresse manifeste. Cette requalification s'avère, en pratique, plus difficile dans le cas où la présence d'alcool a été déterminée par le biais d'une analyse sanguine puisque les forces de l'ordre réservent, en général, cette pratique aux automobilistes qui ne sont pas en état d'être soumis à l'épreuve de l'éthylomètre. Ces mêmes automobilistes, incapables de souffler dans l'appareil, ne sont donc, en théorie, plus capables de tenir des propos cohérents ou titubent... On signalera, à ce propos, que le choix de la méthode de vérification du taux d'alcool, recours à l'éthylomètre ou à l'analyse sanguine, n'est pas laissé au conducteur. L'automobiliste n'est pas en droit de refuser le contrôle par éthylomètre et ce même s'il indique ne pas s'opposer à un contrôle par prélèvement et analyse de sang (Crim., 27 oct. 1993, Bull. crim. n° 316).

1 ■ Le périmètre du contrôle

835. Le dépistage de l'alcoolémie chez un conducteur ne peut être opéré à tout instant par tout agent. L'utilisation de l'éthylotest par un officier de police judicaire, OPJ, ne soulève guère de difficulté comme le montre l'article L. 234-9 du Code de la route : « les officiers de police judiciaire de la gendarmerie ou de la police nationales territorialement compétents soit sur l'instruction du procureur de la République, soit à leur initiative et, sur l'ordre et sous la responsabilité de ceux-ci, les agents de police judiciaire et les agents de police judiciaire adjoints peuvent, même en l'absence d'infraction préalable ou d'accident, soumettre toute personne qui conduit un véhicule ou qui accompagne un élève conducteur à des épreuves de dépistage de l'imprégnation alcoolique par l'air expiré ».

836. Il n'en va pas de même pour les agents de police judiciaire (APJ) dont l'intervention en la matière est strictement encadrée par les dispositions de l'article L. 234-3 du Code de la route qui précisent que « les officiers ou agents de police judiciaire de la gendarmerie ou de la police nationales territorialement compétents et, sur l'ordre et sous la responsabilité desdits officiers de police judiciaire, les agents de police judiciaire adjoints soumettent à des épreuves de dépistage de l'imprégnation alcoolique par l'air expiré l'auteur présumé d'une infraction punie par le présent code de la peine complémentaire de suspension du permis de conduire ou le conducteur ou l'accompagnateur de l'élève conducteur impliqué dans un accident de la circulation ayant occasionné un dommage corporel. Ils peuvent soumettre aux mêmes épreuves tout conducteur ou tout accompagnateur d'élève conducteur impliqué dans un accident quelconque de la circulation ou auteur présumé de l'une des infractions aux prescriptions du présent code relatives à la vitesse des véhicules et au port de la ceinture de sécurité ou du casque ».

837. Parmi ces infractions pouvant entraîner une suspension de permis de conduire, notons par exemple les cas de : refus de priorité ; non-respect de l'arrêt au feu rouge ou au stop ; circulation en sens interdit ; exécution d'une marche arrière ou d'un demi-tour sur autoroute ; circulation de nuit ou par visibilité insuffisante sans éclairage ; non-respect de la distance de sécurité entre deux véhicules ; excès de vitesse de plus de 30 km/h ; circulation à gauche sur chaussée à double sens ; dépassements dangereux ; franchissement de ligne continue ; chevauchement de ligne continue ; accélération par conducteur sur le point d'être dépassé ; circulation sur bande centrale séparative d'autoroute ; arrêt ou stationnement dangereux ; arrêt ou stationnement de nuit ou par visibilité insuffisante sans éclairage ; arrêt ou stationnement sur bande centrale séparative d'autoroute ; changement important de direction sans avertissement préalable ; circulation sur bande d'arrêt d'urgence ; etc.

838. Le dépistage qui est opéré par le recours à un éthylotest peut être refusé par l'automobiliste puisqu'aucune qualification pénale n'existe pour ces faits, toutefois l'usager devra se soumettre aux vérifications par éthylomètre ou aux analyses de sang.

839. Les opérations de dépistage et les poursuites pour alcool au volant pourront être opérées sur un conducteur venant de s'arrêter mais également sur un individu plus ou moins conscient installé sur la place du conducteur alors que le véhicule est à l'arrêt (voir, par exemple : Crim., 12 oct. 1988, n° 87-83.592). Se posera, par contre, la question de l'importance du taux d'alcool dans l'organisme de l'individu au moment de la conduite si les agents sont dans l'incapacité de situer dans le temps les faits. Ces contrôles pourront être opérés sur l'ensemble des voies ouvertes à la circulation publique (Crim., 8 sept. 2009, n° 09-80.437 pour les quais des ports maritimes).Les opérations réalisées par analyses sanguines sont strictement encadrées par le Code de la santé publique et notamment par les dispositions des articles R. 3354-1 et suivants.

2 ▪ Les analyses de sang

840. Le Chapitre IV du titre V du Livre III « Lutte contre l'alcoolisme » du Code de la Santé Publique décrit ainsi étape par étape le déroulement de ces vérifications.

Extraits du Chapitre IV du Titre V du Livre III « Lutte contre l'alcoolisme » du Code de la Santé Publique

Article R. 3354-6
« L'examen clinique médical et la prise de sang sont effectués dans le plus court délai possible après l'infraction ou l'accident. »

Article R. 3354-7
« Le médecin effectue la prise de sang en se conformant aux méthodes prescrites par arrêté du ministre chargé de la santé, à l'aide d'un nécessaire pour prélèvement remis par l'officier ou l'agent de la police judiciaire qui assiste au prélèvement sanguin. »

Article R. 3354-8
« Le sang prélevé est réparti également entre deux échantillons étiquetés et scellés par l'officier ou l'agent de la police judiciaire. »

Article R. 3354-9
« Les résultats de l'examen clinique médical sont consignés sur une fiche d'examen clinique médical dite fiche B, que le médecin remet à l'officier ou à l'agent de la police judiciaire. »

Article R. 3354-12
« Si les vérifications sont faites à la suite d'un accident de la circulation survenu dans les conditions prévues à l'article L. 3354-1, l'officier ou l'agent de police judiciaire adresse :
1° Le premier échantillon de sang prélevé accompagné de quatre exemplaires des fiches A et B au laboratoire d'un établissement assurant le service public hospitalier ou à un biologiste expert inscrit sur la liste prévue à l'article R. 3354-20 ;
2° Le deuxième échantillon accompagné d'un exemplaire des fiches A et B à un autre biologiste expert inscrit sur la même liste et chargé de procéder éventuellement à l'analyse de contrôle.
Le laboratoire ou le biologiste expert qui a procédé à l'analyse en consigne les résultats sur la fiche C et adresse un exemplaire des fiches A, B et C directement sous pli fermé et timbre confidentiel à l'intéressé, au procureur de la République, au préfet et au médecin inspecteur départemental de santé publique du lieu de l'accident. La fiche C est communiquée à l'officier ou agent de police judiciaire. »

Article R. 3354-13
« La recherche et le dosage d'alcool dans le sang sont pratiqués suivant les techniques prescrites par un arrêté du ministre chargé de la santé. »

Article R. 3354-14
« Le procureur de la République, le juge d'instruction et la juridiction de jugement, ainsi que l'intéressé dans un délai de cinq jours suivant la notification des résultats de son analyse de sang ordonnée par l'une des autorités précitées, peuvent demander que soit pratiquée une analyse de contrôle.
Cette analyse est confiée au second biologiste expert mentionné au 2° des articles R. 3354-11 et R. 3354-12. Celui-ci pratique l'analyse de contrôle en se conformant aux méthodes prescrites par arrêté du ministre chargé de la santé et en communique

les résultats à l'intéressé, au procureur de la République du lieu de l'infraction ou de l'accident, ainsi qu'à l'autorité qui l'a saisi. Il conserve l'échantillon de sang pendant neuf mois si l'analyse de contrôle ne lui est pas demandée.
Le procureur de la République transmet le résultat de l'analyse de contrôle, pour nouvel avis, au médecin expert inscrit sur la liste prévue à l'article R. 3354-20 et désigné par l'autorité judiciaire. »

Article R. 3354-15

« Un médecin expert est chargé de donner son avis aux autorités judiciaires, près desquelles il exerce ses fonctions, sur l'imprégnation alcoolique des personnes qui ont subi les vérifications précédentes.
Après avoir pris connaissance des fiches A, B et C, il établit pour chaque affaire un rapport d'expertise où il expose son avis circonstancié et ses conclusions. »

Article R. 3354-16

« Le médecin expert adresse le rapport, ainsi que les trois fiches A, B et C, au procureur de la République compétent, sous pli fermé et sous timbre confidentiel. »

841. Le processus en matière d'analyses de sang est ainsi particulièrement documenté par le Code de la Santé publique. Il convient toutefois de souligner que pour pouvoir faire état de la violation de ces dispositions, le conducteur doit avoir sollicité la deuxième analyse. A défaut d'avoir demandé cette analyse de contrôle (si tant est qu'elle lui ait été proposée), le conducteur ne pourra plus contester le taux résultant de l'unique analyse (voir, par exemple : Crim., 5 avr. 2011, n° 10-85.575).

3 ▪ Les vérifications réalisées par le biais d'un éthylomètre

a - L'identification de l'appareil

842. La première exigence jurisprudentielle en la matière porte assez logiquement sur l'identification du matériel utilisé. Il doit pouvoir être possible de retrouver les références de l'éthylomètre, sa marque et son modèle. Les deux marques d'éthylomètres utilisés par les forces de l'ordre en France sont SERES et DRAGER. Chacun de ces fabricants décline sa gamme en plusieurs modèles.

843. Quelle que soit la marque de l'appareil, celui-ci doit avoir fait l'objet d'une homologation. Cette exigence est systématiquement rappelée par la chambre criminelle. C'est par exemple ce que l'on peut observer d'un arrêt du 11 mai 2006 : « Vu les articles L. 234-4 , L. 234-5 et R. 234-2 du Code de la route, 593 du Code de procédure pénale ; Attendu qu'il résulte de ces textes qu'en matière de conduite sous l'empire d'un état alcoolique, la recherche de la concentration d'alcool par l'analyse de l'air expiré est réalisée au moyen d'un appareil conforme à un type homologué et soumis à des vérifications périodiques ; Attendu que tout jugement ou arrêt doit comporter les motifs propres à justifier la décision ; que l'insuffisance ou la contradiction de motifs équivaut à leur absence ; Attendu que François X... a été poursuivi pour conduite sous l'empire d'un état alcoolique caractérisé par la présence dans l'air expiré d'un taux d'alcool de 0,82 milligramme par litre ; que, pour relaxer le prévenu, le tribunal a considéré que l'absence, dans le procès-verbal, de toute mention sur l'homologation de l'éthylomètre ainsi que sur sa dernière date de vérification ne lui permettait pas de s'assurer du bon fonctionnement de l'appareil ; Attendu que, pour infirmer le jugement et retenir la culpabilité de l'intéressé, l'arrêt énonce que les omissions relevées par la première juridiction ne résultent que d'une erreur matérielle de dactylographie ; que les juges du second degré ajoutent que les mentions au procès-verbal de la prochaine date de vérification ainsi que du nom du laboratoire ayant effectué la précédente vérification attestent de la conformité de l'appareil litigieux ; Mais attendu qu'en se déterminant ainsi, la cour d'appel n'a pas justifié sa décision. » (Crim., 11 mai 2006, n° 05-84.948 ; voir également Crim., 8 févr. 2005, n° 04-83.925). Cet arrêt de 2006 permet également de revenir sur une autre des exigences de la Cour de cassation en matière de vérifications éthylométriques : la vérification périodique de l'appareil. Signalons toutefois avant de revenir sur la vérification périodique que la chambre criminelle est venue nuancer ses exigences en matière d'homologation en validant les contrôles opérés avec des appareils dont la période d'homologation avait été largement dépassée. Ainsi dans un arrêt de février 2014, la Cour de cassation a, ainsi, en présence d'un éthylomètre SERES 679 E expliqué que « l'éthylomètre en cause bénéficiait d'un certificat d'examen de type et répondait aux exigences du décret du 3 mai 2001, qui ne sont pas contraires aux dispositions de l'article L. 234-4 du code de la route, qu'elles précisent, et qui prévoient que si la validité du certificat d'examen de type n'est pas prorogée, les instruments en service continuent à pouvoir être utilisés , sous réserve d'être vérifiés annuellement » (Crim., 18 février 2014, 13-83.003).

b - La vérification périodique

844. « Le contrôle en service consiste en la vérification périodique prévue à l'article 30 du décret du 3 mai 2001 susvisé. Cette vérification périodique est annuelle ; cependant, durant les cinq ans suivant la mise en service d'un instrument neuf, deux vérifications ne sont pas obligatoires, sous réserve que l'instrument soit vérifié la première année (et) ne soit pas dispensé de vérification deux années consécutives » (article 13 de l'arrêté du 8 juillet 2003 relatif au contrôle des éthylomètres). Sur ce point, la chambre criminelle se montre particulièrement exigeante et n'hésite pas à censurer les juridictions d'appel qui se contenteraient de déduire la date de la vérification périodique de la date de la prochaine vérification à intervenir (Crim., 7 mars 2007, n° 05-87.292).

c - Les marges d'erreur

845. L'article 15 de l'arrêté du 8 juillet 2003 prévoient que : « les erreurs maximales tolérées, en plus ou en moins, applicables lors de la vérification périodique ou de tout contrôle en service sont :

- 0,032 mg/l pour les concentrations en alcool dans l'air inférieures à 0,400 mg/l ;
- 8 % de la valeur mesurée pour les concentrations égales ou supérieures à 0,400 mg/l et inférieures ou égales à 2,000 mg/l ;
- 30 % de la valeur mesurée pour les concentrations supérieures à 2,000 mg/l.

Toutefois, pour les éthylomètres ayant fait l'objet d'un certificat d'examen de type en application des exigences prévues par les textes mentionnés à l'article 25, les erreurs maximales tolérées, en plus ou en moins, sont égales à 15 % de la concentration mesurée pour les concentrations supérieures ou égales à 1,000 mg/l et inférieures ou égales à 2,000 mg/l. Pour les autres concentrations mesurées, les erreurs maximales tolérées indiquées aux trois tirets ci-dessus s'appliquent. » (Pour une application jurisprudentielle, voir par exemple : Crim., 16 févr. 2011, n° 10-85.304). Contrairement à ce qui est pratiqué en matière de vitesse avec les cinémomètres, l'application de la marge d'erreur pour les résultats délivrés par les éthylomètres n'est pas systématique, le prévenu qui souhaite faire valoir le bénéfice de l'application de cette marge doit donc en faire la demande au juge qui appréciera l'opportunité d'en faire application (voir Crim., 20 mars 1996, n° 95-85.596 : Bull. crim. 1996, n° 120, p. 352 ; Crim., 31 oct. 2001, JA 2002, p. 72).

d - Les délais en matière d'utilisation de l'éthylomètre

846. Premier délai, « le délai des 30 minutes ». Très connu du grand public ce délai fait référence à un vice de procédure pouvant affecter la régularité de la mesure du taux d'alcoolémie par éthylomètre. Les notices d'utilisation et les certificats d'examen de type des éthylomètres précisent très clairement que l'utilisation de l'appareil ne doit pas être opérée dans les 30 minutes qui suivent une consommation d'alcool ou l'absorption d'une fumée de cigarette. La prescription de ce délai par les concepteurs et fabricants des appareils correspond tout simplement à un risque de perturbation de la mesure. Et ce délai n'est d'ailleurs pas une spécificité française, il varie selon les pays (voir également la Recommandation internationale R. 126, édition de 1998, de l'Organisation internationale de métrologie légale).

847. C'est notamment sur la base de ces notices qu'un bon nombre de juridictions avait procédé à la relaxe de l'automobiliste en cas de non-respect de ce délai. La première décision avait été obtenue devant le TGI de Lure en 2007 (Lure, 26 oct. 2007, affaire 441/2007) : « attendu que selon ces dispositions, sur un conducteur ayant absorbé un produit ou fumé, il est nécessaire d'attendre 30 minutes avant de le faire souffler dans l'appareil; Attendu qu'en l'espèce, il ressort des procès-verbaux de la gendarmerie que la mesure du taux d'alcoolémie par analyse de l'air expiré est intervenue à 2 h du matin, soit 20 minutes après avoir soufflé dans l'éthylotest, qu'il ne figure sur le procès-verbal aucune mention indiquant que les gendarmes se sont assurés que le prévenu n'avait absorbé aucun produit ni fumé dans les 30 minutes précédant cette mesure; Attendu que dès lors la vérification de l'état alcoolique du prévenu est entachée d'une irrégularité; que cette dernière lui fait nécessairement grief dans la mesure où le taux d'alcool par litre d'air expiré relevé n'est pas fiable et où Christian T. a été privé d'une analyse plus rigoureuse qui aurait pu intervenir à l'expiration du délai de 30 minutes à compter de son interpellation ; Attendu que par conséquent, il convient de prononcer la nullité des poursuites pénales engagées contre le prévenu du chef du délit de conduite d'un véhicule sous l'empire d'un état alcoolique ».

848. La question a, bien évidemment, été depuis portée devant les juridictions d'appel. Certaines ont suivi les premiers juges, d'autres non... Une réponse tranchée de la Cour de cassation était donc attendue. Le premier arrêt en la matière rendu le 7 janvier 2009 par la chambre criminelle se concluait par un rejet de l'argumentation de l'automobiliste. Celui-ci invoquait certes le non-respect du délai des 30 minutes. Mais comme il ressortait des termes mêmes de la décision, « il n'est pas allégué, que celui-ci avait fumé ou absorbé un produit dans les minutes ayant précédé son interpellation ». Sans fumée de cigarette ou d'absorption d'alcool dans les 30 minutes avant le contrôle, la mesure ne risque pas d'être perturbée. Sans grief pour le prévenu, pas de vice de procédure, le rejet était donc logique (Crim., 7 janv. 2009, n° 08-83.842).

849. Cette première intervention de la Cour de cassation ne réglait, donc, toujours pas le problème. Les mois ont passé avant que la chambre criminelle ne se penche à nouveau sur la question. Dans son arrêt du 13 octobre 2009, la Cour de cassation semble, à première vue, rejeter cet argument : « Attendu que, pour écarter l'argumentation du prévenu qui soulevait l'irrégularité des opérations de dépistage, en faisant valoir notamment que le temps d'attente de trente minutes entre l'absorption du produit et la mesure de contrôle par l'air expiré au moyen d'un éthylomètre prévu par l'arrêté du 8 juillet 2003 n'a pas été respecté, l'arrêt prononce par les motifs repris au moyen ; qu'en affirmant, néanmoins, pour refuser d'annuler ce contrôle qui ne respectait pas les préconisations d'utilisation de l'appareil, et pour retenir sa culpabilité, que la circonstance qu'Alain X... ait été soumis à un contrôle d'alcoolémie seulement 10 minutes après son interpellation, n'est pas à elle seule de nature à caractériser un manquement aux prescription d'utilisation de l'appareil et que s'il affirme qu'il venait de sortir d'un restaurant, il n'en justifie nullement ; qu'il n'apporte pas la preuve du bien-fondé de sa contestation, Attendu qu'en prononçant ainsi, et dès lors que le prévenu ne rapporte pas la preuve d'un grief résultant du non-respect allégué du délai d'attente, la cour d'appel a justifié sa décision ; D'où il suit que le moyen, qui manque en fait dans sa deuxième branche, doit être écarté ; Et attendu que l'arrêt est régulier en la forme ; rejette le pourvoi ».

850. Cet arrêt de la Cour de cassation met-il pour autant totalement fin à cette argumentation liée au délai des 30 minutes ? Pas véritablement, outre une résistance de certaines juridictions du fond, un autre élément permet encore de soulever la nullité du contrôle par éthylomètre. En effet, la Cour de cassation dans son arrêt du 13 octobre 2009 revient sur les conditions dans lesquelles est rapportée la preuve de la consommation d'alcool. Pour la chambre criminelle le simple fait d'affirmer sortir d'un restaurant ne suffit pas à prouver que l'on a consommé de l'alcool dans les 30 minutes précédant le contrôle. Et, « au fond », elle n'a pas tort. Tout d'abord – et les aubergistes doivent regretter ce temps révolu - tous les clients d'un restaurant ne finissent pas leur repas par un digestif, et quand bien même tel serait le cas, il ne s'agit que d'une allégation. La Cour de cassation élude donc encore la question et invite les automobilistes à dépasser le stade de la simple allégation. Si les procès-verbaux présents au dossier pénal ne précisent rien sur la problématique du délai, l'automobiliste n'aura pas à en combattre la force probante et pourrait prouver ses consommations d'alcool par tout moyen. Bien évidemment, ces moyens de preuve resteront à la libre appréciation du juge. En pratique, nombre d'agents interrogent désormais le conducteur sur sa consommation récente avec des questions du type « Avez-vous consommé de l'alcool ou fumé une cigarette dans les 30 minutes précédant le contrôle ? », avant de le soumettre à l'épreuve de l'éthylomètre. Les possibilités de soulever le non-respect du délai des « 30 minutes » sont, donc, de fait des plus limitées.

851. Dans le même temps, la jurisprudence estime que les vérifications de l'alcoolémie doivent être opérées le plus rapidement possible après un dépistage positif (Crim., 16 févr. 2011, n° 10-80.855), suivant les prescriptions de l'article R. 234-41 1 du Code de la route. Une autre problématique peut resurgir en matière de délai et portera sur le délai entre les deux contrôles.

852. En ce qui concerne le double contrôle : rappelons qu'une deuxième mesure est systématiquement proposée au conducteur. Celui-ci peut la solliciter ou la refuser. En présence de deux résultats différents, sera retenu le plus faible. Mais aucun délai entre ces deux mesures n'est prévu par les textes. Signalons qu'une incohérence flagrante entre les deux mesures peut être exploitée par le conducteur pour sa défense (voir par exemple, CA Angers, 7 janv. 1988). C'est notamment pour cette raison que la jurisprudence sanctionne l'absence de proposition d'un second contrôle. Par exemple, c'est ce qu'il ressort clairement d'un arrêt du 2 septembre 2009 : « selon les juges Eric X..., qui n'a été informé ni du résultat du premier souffle ni de la possibilité de solliciter un second contrôle, a été privé du droit de se prévaloir devant la juridiction de jugement d'une éventuelle distorsion des taux mise en évidence par les deux contrôles successifs ; » (Crim., 2 sept. 2009, n° 09-80.566).

E ▪ Les nullités en matière de vitesse

853. Plusieurs infractions peuvent être retenues en matière de vitesse : les dépassements de la vitesse autorisée constatés par un cinémomètre et l'infraction de vitesse excessive eu égard aux circonstances. Cette infraction également libellée comme défaut de maîtrise de la vitesse est prévue et réprimée par les dispositions de l'article R. 413-17 du Code de la route (pour une application, voir : Crim., 20 sept. 2011, n° 11-80.976). Cette infraction de vitesse excessive pourra être constatée par un agent sans recours à un instrument de mesure et pourra être retenue à l'encontre d'un conducteur respectant les limites maximales prescrites. Cette infraction dont la constatation laisse place à une grande subjectivité de la part des agents verbalisateurs n'entraîne, toutefois, pas retrait de point.

1 ▪ La constatation des infractions à la vitesse

854. Comme en matière d'alcoolémie, les exigences se portent tout d'abord sur l'identification de l'appareil ayant permis la mesure (voir, par exemple : CA Grenoble, 25 mars 2005, n° 03/01821 ; il sera souligné que ne sont pas sujets à homologation les appareils d'enregistrement automatisés utilisés pour transmettre les données recueillies par le cinémomètre au Centre automatisé de constatation des infractions routières, Cf. Crim., 6 janv. 2010, n° 09-82.294). La constatation des excès de vitesse est effectuée à l'aide de cinémomètres. Deux types d'appareils sont utilisés : les radars à effet doppler et le radar « laser ».

a - Les radars à effet doppler

855. Les cinémomètres radar à effet doppler émettent des ondes dont la réflexion du signal permet le calcul de la vitesse. Ces appareils ont été les premiers à être utilisés par les forces de l'ordre françaises. Parmi ces appareils, on peut citer l'antique Mesta 206 apparu en 1974, surnommé barbecue par les automobilistes en raison de sa forme. Toutefois, le Mesta 206 ne pouvait pas être utilisé en temps de pluie.

856. Des appareils plus fiables ont depuis remplacé le Mesta 206, c'est par exemple de cas des Mesta 208 et 210 reconnaissables à leur forme d'obus. Ce même Mesta 210 C est installé dans les cabines de radars automatisés. A côtés de la série des Mesta, ont également été utilisés par les forces de l'ordre les MULTANOVA 6F, CERVA ou encore le MAGDA pour Mesure A Grande Distance dans l'Axe.

b - Les radars laser

857. Ces radars sont de plus en plus utilisés par les forces de l'ordre, et permettent notamment à l'opérateur de relever la vitesse à moto. Ces appareils peuvent être tenus à bout de bras ou installés sur trépied. Ces radars sont considérés comme étant utilisés en poste fixe (les conducteurs pensent souvent, à tort, que ces appareils sont considérés comme mobiles et que l'erreur fixe/mobile pourrait entraîner la nullité de la procédure, voir, par exemple : Crim., 3 nov. 2010, n° 10-80.960).

858. Ces appareils étant utilisés la plupart du temps dans l'optique d'interpeller le conducteur fautif, aucun dispositif de prise de cliché photographique n'est couplé avec un cinémomètre laser. Le conducteur ne pourra donc réclamer une quelconque photo de l'infraction. Il ne pourra davantage demander à ce que l'agent verbalisateur lui montre l'affichage de la mesure sur son appareil. A ce propos, dans de nombreux cas, cet agent serait dans l'impossibilité matérielle de montrer quoique ce soit au conducteur, le contrôle routier étant opéré par plusieurs agents situés en plusieurs lieux. L'agent qui remet l'avis de contravention au conducteur fautif, n'est pas forcément celui qui a constaté l'excès de vitesse (Cette pratique est validée par la Cour de cassation : Crim., 31 janv. 2012, n° 11-83.172).

859. L'article 3 du décret du 30 janvier 1974 a mis en place une « marge d'erreur maximale tolérée » selon que l'appareil est utilisé en poste fixe ou mesure la vitesse alors qu'il est en mouvement. Ainsi, pour les radars utilisés en poste fixe, la marge d'erreur est de 5 km/h en plus ou en moins pour les vitesses inférieures à 100 km/h et de cinq centièmes de la vitesse en plus ou en moins pour les vitesses égales ou supérieures à 100 km/h.

860. Contrairement à ce qui se pratique en matière d'alcoolémie, l'administration a prôné une application systématique de la marge d'erreur pour les relevés de vitesse compte tenu des différentes qualifications pénales et du nombre de points perdus qui varient selon la vitesse retenue (Circ., 30 novembre 1992 relative aux nouvelles dispositions en matière de circulation et de sécurité routières).

c - Les radars mobiles-mobiles

861. Une autre marge d'erreur a été prévue, elle concerne les appareils en mouvement. Pour les cinémomètres installés dans un véhicule en mouvement, cette marge est de 10 km/h en plus ou en moins pour les vitesses inférieures à 100 km/h et de dix centièmes de la vitesse en plus ou en moins pour les vitesses égales ou supérieures à 100 km/h. Pendant longtemps, ces dispositions sont restées assez théoriques puisqu'aucun véhicule n'a ainsi été équipé pendant des années. Aujourd'hui ces marges s'appliquent à la nouvelle génération de radars dits « mobile-mobile » avec des appareils embarqués dans des véhicules banalisés. Les véhicules équipés d'un tel dispositif contrôlent la vitesse des véhicules circulant au moins 20 km/h plus vite. Cet écart de vitesse conjugué à la marge d'erreur technique plus importante pourrait laisser à penser que ces nouveaux radars ne se concentrent que sur les excès de vitesse d'importance, mais ces dispositifs peuvent également être utilisés à l'arrêt.

2 ■ Le point kilométrique

862. Si la nécessité de pouvoir situer géographiquement le lieu de l'infraction ne soulève guère de difficultés (voir D. Les nullités, des vices faisant grief ci-dessus), s'est posée avec l'utilisation des cinémomètres la question du lieu d'installation de l'appareil. Deux localisations peuvent être renseignées en matière d'excès de vitesse : celle du véhicule au moment où il est contrôlé et celle des agents et plus précisément du radar. L'intérêt de disposer de ces deux localisations est apparu à l'étude de notices d'utilisation et de certificats d'examen de type de cinémomètre (comme l'appareil Eurolaser). Certains de ces documents évoquaient (avant une remise à jour de la documentation technique) une portée maximale du radar. Il n'était pas inintéressant de s'interroger sur le respect de cette portée maximale lorsqu'elle était encore mentionnée dans la documentation technique. Mais l'absence de l'un des points kilométriques ne permettait pas une telle vérification, cette carence a été sanctionnée par quelques juridictions du fond. La Cour de cassation n'a toutefois pas vu dans cette absence un quelconque moyen de nullité (voir, par exemple : Crim., 31 mai 2007, n° 06-88.095 ; Crim., 9 avr. 2008, n° 07-86.935 ; Crim., 7 janv. 2009, n° 08-83.133 ; Crim., 23 nov. 2011, n° 11-84.608).

863. Il n'en demeure pas moins que dans certaines situations de verbalisation, cette absence devra être dénoncée. Tel sera le cas en présence d'un relevé de vitesse opéré sur une zone de changement de limitation de vitesse comme une entrée en agglomération pour laquelle la vitesse autorisée pourrait brutalement passer de 90 à 50 km/h. Il devient, dans cette hypothèse, capital de savoir avec précision où été contrôlé le véhicule : en agglomération ou toujours en zone périurbaine.

864. Enfin se pose la question du point kilométrique, ou tout du moins du lieu réel d'infraction en présence d'un radar dit tronçon. Ces nouveaux radars contrôlent la vitesse moyenne adoptée par un véhicule sur une portion de route entre deux points kilométrique. De façon totalement arbitraire, l'article L. 130-9 du Code de la route précise que « lorsque l'excès de vitesse est constaté par le relevé d'une vitesse moyenne, entre deux points d'une voie de circulation, supérieure à la vitesse maximale autorisée entre ces deux points, le lieu de commission de l'infraction est celui où a été réalisée la deuxième constatation... ».

3 ▪ L'essai préalable du cinémomètre

865. Les « tests préalables » ou les « calibrations manuelles obligatoires » tels que prescrits par les notices techniques des cinémomètres consistent en la réalisation d'un essai sur les lieux du contrôle routier par les agents afin de s'assurer du bon fonctionnement de l'appareil. De nombreux procès-verbaux mentionnent ainsi l'horaire auquel a été effectué ce test préalable. Et de nombreuses juridictions n'ont pas hésité à relaxer les conducteurs pour lesquels il n'était pas établi qu'un tel test ait été opéré avant la constatation de l'excès de vitesse. C'est n'est hélas pas la position de la Cour de cassation qui sur ce point considère que la simple homologation de l'appareil et sa vérification périodique annuelle suffisent à s'assurer du bon fonctionnement du cinémomètre. Pour la chambre criminelle « aucun texte légal ou réglementaire ne soumet chaque utilisation d'un cinémomètre à un essai préalable de l'appareil » et l'essai n'est pas prescrit à peine de nullité de la mesure (voir, par exemple : Crim., 24 mars 1999, n° 98-84.299 ; Crim., 1er févr. 2011, n° 10-84.428 ; Crim., 15 févr. 2012, n° 11-85.284). Pour autant, si l'absence d'essai préalable ne peut conduire à la nullité selon la chambre criminelle, il n'en demeure pas moins que cette carence ajouté à d'autres incohérences ou imprécisions présentes au dossier peuvent faire naître un doute qui pourrait bénéficier au conducteur.

4 ▪ L'angle d'installation du cinémomètre

866. Cette problématique ne concerne que les radars à effet doppler. La presse spécialisée avait repris en octobre 2007 les conclusions d'un rapport du S.G.A.P. (Secrétariat Général de l'Administration de la Police) mettant en avant une violation quasi systématique des règles d'installation des cinémomètres.

867. Ce rapport pointait notamment du doigt les problèmes liés au positionnement du radar qui pour délivrer une mesure fiable devait respecter un angle de 25 degrés par rapport à l'axe de la route. Tout décalage de quelques degrés conduit en effet à une majoration sensible de la vitesse mesurée.

868. Plusieurs juridictions ayant eu à connaître de ces éventuels problèmes d'installation des cinémomètres avaient pris en compte les arguments présentés par les automobilistes. Ce fut, par exemple, le cas de la Cour d'appel de Montpellier qui dans un arrêt du 14 janvier 2009 expliquait que : « l'utilisation d'un cinémomètre doit répondre à des règles strictes de positionnement définies par l'arrêté du 7 janvier 1991 en ce qui concerne le calage angulaire de l'appareil, de l'arrêté du 31 décembre 2001 et du décret du 31 mai 2001 quant à la certification, la vérification et l'installation de l'appareil ; que selon l'article 5.3.3 de cet arrêté « l'installation des cinémomètres à poste fixe doit être réalisée au moyen d'un dispositif permettant d'ajuster l'angle de l'axe du lobe principal d'émission par rapport à l'axe de la route. Ce dispositif doit avoir au moins une précision d'un demi-degré d'angle. Il doit permettre de prendre en compte la déviation du faisceau par les différents obstacles ; La décision d'approbation du modèle de type des cinémomètres MESTA 210 indique que « l'angle formé par l'axe du lobe de rayonnement de l'antenne avec la trajectoire du véhicule doit être de 25° » qu'il ne ressort pas du procès-verbal en date du 26 juillet 2008 établi par le Brigadier xxx que les règles de positionnement angulaire du cinémomètre par rapport à l'axe de la voie de circulation aient été respectées (...) qu'ainsi rien ne permettant de vérifier, (...) que les conditions réglementaires et techniques d'utilisation du cinémomètre aient été respectées; que dès lors la fiabilité du relevé de la vitesse et de la constatation de l'infraction et de la force pro-

bante du procès-verbal sont inexistantes; le prévenu sera en conséquence relaxé, au bénéfice du doute, des fins de la poursuite ».

869. La chambre criminelle de la Cour de cassation, dans un arrêt du 18 mars 2009 est toutefois venue donner un coup d'arrêt à cette jurisprudence naissante sanctionnant le non-respect du positionnement angulaire. Dans cet arrêt, la chambre criminelle explique en effet que : « pour relaxer Thierry X..., poursuivi du chef d'excès de vitesse à la suite d'un contrôle automatique effectué le 25 mai 2007, à Arles, la juridiction de proximité énonce que l'autorité poursuivante ne produit aucun justificatif de la régularité du positionnement du radar, notamment au regard de l'angle qu'il doit faire avec l'axe de la route sachant qu'une variation de cet angle engendre des modifications de la vitesse enregistrée ; Mais attendu qu'en statuant ainsi, alors que le bon fonctionnement du cinémomètre était suffisamment établi par son homologation et sa vérification annuelle, la juridiction de proximité a méconnu le sens et la portée des textes susvisés ; ». Dans un arrêt du 3 novembre 2010, la chambre criminelle ajoute que la « preuve contraire aux énonciations du procès-verbal n'a pas été rapportée par écrit ou par témoins » dans une espèce où le conducteur avait fourni des photographies prises le jour même de l'infraction (certes jugées par la juridiction du fond comme inexploitables sur le point du défaut de positionnement de l'appareil ; voir : Crim., 3 nov. 2010, n° 10-80.960).

870. Le non-respect du positionnement angulaire semble donc condamné en tout cas en tant que moyen de nullité à soulever in limine litis. Rien n'interdit, toutefois, de le soulever lors de la défense au fond comme élément permettant d'établir un doute quant à la culpabilité de l'automobiliste, comme cela a été retenu par la Cour d'appel de Montpellier.

5 ▪ L'organisme vérificateur

871. Comme indiqué précédemment, les appareils de contrôle de vitesse doivent faire l'objet d'une vérification périodique, et s'est récemment posée la question des problématiques de vérifications périodiques des cinémomètres qui ont donné lieu à une importante jurisprudence en 2009 et 2010. Sur certains avis de contravention pour excès de vitesse constatés par le biais de cinémomètres MESTA 210, la mention comme organisme vérificateur de la société SAGEM (ou SAGEM SEC, SAGEM DS) a, en effet, suscité quelques interrogations. La société SAGEM est celle qui commercialise ce type de radar, ce qui ne va pas sans poser problème au regard des règles posées par l'arrêté du 31 décembre 2001 fixant les modalités d'application de certaines dispositions du décret n° 2001-387 du 3 mai 2001 relatif au contrôle des instruments de mesure.

872. L'article 37-1 de l'arrêté du 31 décembre 2001 prévoit en effet que « l'organisme, son responsable et son personnel chargés de travaux d'évaluation de la conformité ne peuvent pas être le concepteur, le fabricant, le fournisseur, l'installateur, le réparateur ou l'utilisateur des instruments de mesure qu'ils inspectent, ni le mandataire d'aucun d'entre eux. En outre, ils ne peuvent pas intervenir dans la conception, la fabrication, la commercialisation ou l'entretien des instruments, ni représenter les parties engagées dans ces activités. »

873. L'exigence d'impartialité telle que posée par l'arrêté de décembre 2001 a été retenue par de nombreuses juridictions qui ont relaxé les conducteurs poursuivis pour excès de vitesse lorsque le cinémomètre de type MESTA avait fait l'objet d'une vérification périodique opérée par la société qui le commercialisait. (Voir par exemple Juridiction de proximité de Bressuire du 22 septembre 2010 « selon l'article 37-1 de l'arrêté du 31 décembre 2001 pris en application du décret n° 2001-387 du 3 mai 2001 relatif au contrôle des instruments de mesure, la vérification périodique des cinémomètres ne peut être confiée au fabriquant lui-même. (…) Attendu que la vérification n'ayant pas été faite conformément à la réglementation, il subsiste un doute sur la fiabilité du cinémomètre ayant mesuré une vitesse brute de 57 km/h pour une vitesse maximale autorisée de 50 km/h, anéantissant la force probante du procès-verbal de constatation. »)

874. La simple mention de cette société ne suffit plus toutefois à entraîner une relaxe systématique du conducteur, la Cour de cassation exigeant que les juridictions devant lesquelles cette question est portée s'interrogent sur la nature de la vérification qui a été effectuée. (Voir, Crim., 25 mai 2011, n° 10-85.418 : « en statuant ainsi, sans rechercher si la vérification à laquelle le cinémomètre avait été soumis n'était pas une vérification primitive au sens du décret du 3 mai 2001, la juridiction de proximité n'a pas justifié sa décision »).

875. La question de l'intervention de la société SAGEM a, d'une certaine manière été résolue par l'arrêté du 4 juin 2009 relatif aux cinémomètres de contrôle routier avec un changement des organismes en charge de ces vérifications (Voir article 20 de l'arrêté du 4 juin 2009 : « la vérification périodique est effectuée par un organisme désigné à cet effet par le ministre chargé de l'Industrie dans les mêmes conditions que celles définies à l'article 12. En l'absence d'organisme désigné, elle est effectuée par l'autorité locale en charge de la métrologie légale. »). La désignation à la fin de l'année 2009 de cinq organismes habilités à procéder aux vérifications a fait disparaître toute trace de la société SAGEM sur les avis de contravention.

876. Pour autant, c'est sans doute à cet épisode jurisprudentiel que l'on doit l'arrêt rendu le 15 février 2011 par lequel la chambre criminelle censurait une cour d'appel à qui il était reproché de ne pas avoir « recherché le nom de l'organisme ayant procédé à la vérification de l'appareil et de le soumettre au débat contradictoire sur la preuve » (Crim., 15 févr. 2011, n° 10-83.941, dans le même sens : Crim., 5 nov 2013, 13-81.447).

6 ▪ L'état de dépassement

877. Le fait de dépasser un véhicule ne justifie par la violation des limitations de vitesse. Il est par contre possible, en présence d'une photographie montrant deux véhicules, de soutenir que la présence de des deux véhicules a pu perturber l'appareil ou laisse subsister un doute sur l'identification du véhicule en infraction. L'automobiliste qui souhaite faire valoir ces arguments devra alors contester par écrit la verbalisation.

7 ▪ L'utilisation d'un cinémomètre sur une propriété privée

878. Pendant longtemps, les rares sources en la matière laissaient à penser, ou à tout le moins espérer, que l'installation d'un radar sur un terrain privé sans autorisation expresse de son propriétaire pouvait conduire à une relaxe de l'automobiliste (RM n° 11159, JOANQ, 28 févr. 2008). Tel n'est pas l'avis de la chambre criminelle qui a récemment considéré qu'en « l'absence de toute prescription légale fixant, à peine de nullité du procès-verbal, des règles relatives au terrain sur lequel les agents et le matériel destinés à contrôler la vitesse des véhicules doivent être disposés, la personne à l'encontre de laquelle a été relevé un excès de vitesse ne saurait se faire un grief du seul fait, à le supposer avéré, que la constatation de l'infraction ait été effectuée, quelles qu'en aient été les circonstances, à partir, non de la voie publique, mais d'un lieu privé. » (Crim., 3 janv. 2012, n° 11-82.325, JA 2012, n° 839).

FOCUS
LES FORMALITÉS ADMINISTRATIVES : CARTE GRISE ET SIV

Par Jean-Baptiste le Dall

L'article R. 322-1 du Code de la route prévoit que « tout propriétaire d'un véhicule à moteur, d'une remorque dont le poids total autorisé en charge est supérieur à 500 kilogrammes ou d'une semi-remorque et qui souhaite le mettre en circulation pour la première fois doit faire une demande de certificat d'immatriculation en justifiant de son identité et de son domicile ». « Le fait, pour tout propriétaire, de mettre en circulation un véhicule sans avoir obtenu un certificat d'immatriculation est puni de l'amende prévue pour les contraventions de la quatrième classe. »

1. Le nouveau système SIV

Le système d'immatriculation des véhicules a été profondément revu par le décret n° 2009-136 du 9 février 2009 et deux arrêtés parus le 11 février 2009 qui ont mis en place le nouveau SIV (Système d'Immatriculation des Véhicules) remplaçant l'ancien FNI (Fichier National d'Immatriculation) depuis avril 2009. Le changement le plus visible réside dans la combinaison de chiffres et de lettres apposée sur la plaque minéralogique. La série nationale unique est désormais composée d'une série de 7 caractères formée de 2 lettres, 1 tiret, 3 chiffres, 1 tiret et 2 lettres.

Toutefois, la principale évolution apportée par le SIV n'est autre que la conservation « à vie » du numéro par le véhicule. Le numéro SIV est attribué définitivement à un véhicule de sa première mise en circulation (ou de sa cession pour un véhicule d'occasion) à sa destruction.

Le passage de la numérotation FNI à la numérotation SIV se fait progressivement à chaque modification du certificat d'immatriculation. Ainsi tant qu'un propriétaire de véhicule ne le cède pas, ne change pas d'état civil ou ne déménage pas, le véhicule ne basculera pas du système FNI au système SIV. Ce passage ne peut non plus être volontaire.

A l'inverse, il n'est pas possible de demeurer dans l'ancien système FNI après un changement de domicile. L'article R. 322-7 du Code de la route prévoit, en effet, que « tout propriétaire d'un véhicule soumis à immatriculation doit adresser, dans le mois qui suit le changement de domicile, de siège social ou d'établissement d'affectation ou de mise à disposition du véhicule, une déclaration au préfet du département de son choix l'informant de ce changement. (...) Le fait, pour tout propriétaire, de ne pas effectuer la déclaration ou de ne pas respecter le délai prévu est puni de l'amende prévue pour les contraventions de la quatrième classe » (750 euros).

On signalera, à ce propos, qu'une immatriculation en SIV ne dispense pas le titulaire du certificat d'immatriculation de faire part d'un changement d'adresse aux services préfectoraux. L'immatriculation de son véhicule avec le système SIV ne sera pas modifié mais le certificat d'immatriculation le sera. Le signalement de ce changement de domicile permettra au titulaire du certificat d'immatriculation de recevoir un autocollant sécurisé à appliquer sur la carte grise à l'emplacement de l'ancienne adresse.

2. L'immatriculation d'un véhicule neuf

Le SIV laisse la possibilité au demandeur de confier les démarches à un professionnel habilité. Si l'usager souhaite effectuer les démarches lui-même, il lui faudra se munir des éléments suivants :

- le document cerfa « 3 en 1 » n° 13749*03 (si le véhicule provient d'un pays n'appartenant pas à l'Union européenne, ce document devra préalablement être visé par le service des douanes), (ce document est téléchargeable depuis le site internet service-public.fr) ;
- un justificatif d'identité de chaque acquéreur ;

- un justificatif de domicile ;
- et bien évidemment le demandeur devra se munir d'un moyen de paiement lui permettant de s'acquitter du montant de la taxe calculée en fonction du nombre de chevaux fiscaux.

L'immatriculation d'un véhicule en provenance de l'étranger nécessitera, également, la production d'un certificat de conformité délivré dans le pays d'achat du véhicule ou d'une attestation d'identification délivrée par le constructeur ou son représentant en France. En présence d'un tel véhicule l'usager devra, par ailleurs, présenter, un justificatif fiscal. Ce justificatif prendra la forme d'un quitus fiscal pour un véhicule en provenance d'un État de l'Union européenne autre que la France. Si le certificat de conformité est revêtu d'une mention « dispense N°...du... DSF (...) attribué par les services fiscaux territorialement compétents », l'usager sera dispensé de la production du quitus. Pour un véhicule construit à l'étranger et provenant d'un État n'appartenant pas à l'Union européenne, le demandeur devra fournir un certificat 846A, à moins que le certificat de conformité de type communautaire ne soit revêtu d'une attestation de dédouanement établie par le service des douanes.

L'immatriculation d'un véhicule non conforme à un type de réception française ou européenne, un véhicule importé par le demandeur lui-même, par exemple, impliquera des démarches supplémentaires avec la production de la notice descriptive remise par le vendeur et d'un certificat de vente également établi par le vendeur.

Dans le cas où le véhicule dont il est sollicité l'immatriculation a été assemblé par un particulier, le demandeur devra fournir l'intégralité des factures d'achat des éléments constitutifs du véhicule (notamment châssis, moteur). Mais le plus compliqué réside, surtout, dans l'obtention du procès-verbal de réception à titre isolé établi par la DREAL (Directions régionales de l'environnement, de l'aménagement et du logement) compétente.

La documentation à réunir pour la constitution du dossier de réception à titre isolée peut être consultée sur le site internet : www.developpement-durable.gouv.fr/Vehicule-transforme.html. La réception à titre isolée d'un véhicule peut s'avérer des complexes. Certains professionnels se sont spécialisés dans ces démarches notamment pour l'importation de véhicules en provenance des Etats Unis.

La fourniture par le demandeur particulier ou par le professionnel habilité de la documentation ad hoc aux services préfectoraux permettra la délivrance d'un certificat provisoire d'immatriculation (CPI) autorisant la circulation sur le territoire français pendant un mois.

Le certificat d'immatriculation définitif est, ensuite, envoyé au domicile du nouveau titulaire sous pli sécurisé

3. L'acquisition d'un véhicule d'occasion en France

L'article R. 322-5 du Code de la route prévoit que « le nouveau propriétaire d'un véhicule déjà immatriculé doit, s'il veut le maintenir en circulation, faire établir, dans un délai d'un mois à compter de la date de la cession, un certificat d'immatriculation à son nom (...) le fait, pour tout propriétaire, de maintenir en circulation un véhicule sans avoir obtenu un certificat d'immatriculation est puni de l'amende prévue pour les contraventions de la quatrième classe (750 euros). » L'immobilisation du véhicule peut, également, être prescrite.

En cas de démarche tardive, le nouveau propriétaire pourrait, par ailleurs, se retrouver dans l'obligation de soumettre à nouveau le véhicule au contrôle technique si la dernière visite périodique date de plus de six mois.

Pour faire établir le certificat d'immatriculation, outre le versement de la taxe calculée selon le nombre de chevaux fiscaux du véhicule, le demandeur devra fournir :

- un justificatif d'identité en cours de validité de chaque personne demandant à figurer sur le certificat d'immatriculation ;
- un justificatif de domicile ;
- un formulaire cerfa n° 13750*03 de demande de certificat d'immatriculation ;
- un des 3 exemplaires (original) du formulaire cerfa n° 13754*02 de la déclaration de cession (comprenant le certificat de vente signé par l'ancien et le nouveau propriétaire du véhicule) ;
- le certificat d'immatriculation remis par le vendeur (en présence d'une carte grise de type FNI, celle-ci doit porter la mention « vendu le » ou « cédé le » suivie de la signature du vendeur ; en présence d'un certificat d'immatriculation de type SIV, l'acheteur devra fournir la partie haute du certificat avec la mention « vendu le » ou "cédé le", suivie de la signature de son vendeur. L'acheteur conservera, alors, le coupon détachable l'autorisant à conduire son nouveau véhicule pendant un délai d'un mois) ;
- pour une cession portant sur véhicule de plus de 4 ans, l'acheteur devra produire le procès-verbal d'un contrôle technique de moins de 6 mois ou de moins de 2 mois si une contre-visite a été prescrite (la date prise en compte est celle de la demande de certificat et non de la cession).

Si le véhicule est déjà immatriculé en numérotation SIV, l'acheteur conservera ce même numéro. Il n'est pas inutile, à ce titre, d'attirer son attention sur l'impossibilité de faire modifier ce numéro même en cas de combinaison douteuse. Avec l'ancien système FNI, la plupart des préfectures avaient choisi de sauter certaines combinaisons, on pense aux suites SS, SA, PQ, WC, et autres... Cette marge de manœuvre avait, ainsi, permis l'omission de la série AZF dans la préfecture concernée. Avec le système SIV, n'a été écartée que la suite SS... La seule modification possible porte sur référence locale apposée sur la plaque minéralogique, l'acheteur peut choisir de conserver celle retenue par l'ancien propriétaire ou faire apposer la référence locale de son choix.

Pour un véhicule d'occasion acquis à l'étranger, le demandeur devra également communiquer :

- l'ancien certificat d'immatriculation du véhicule (en cas de conservation de ce certificat par les autorités étrangères, l'acheteur devra produire un document officiel attestant que le certificat a été conservé ou un certificat international délivré par l'autorité administrative du pays au sein duquel le véhicule a été acquis) ;
- le quitus fiscal délivré par la recette principale des impôts attestant que la TVA a bien été acquittée en France ;
- pour une cession portant sur véhicule de plus de 4 ans, l'acheteur devra produire le procès-verbal d'un contrôle technique effectué sur le territoire français de moins de 6 mois ou de moins de 2 mois si une contre-visite a été prescrite (la date prise en compte est celle de la demande de certificat et non de la cession) ;
- les justificatifs techniques de conformité (pour un véhicule conforme à un type communautaire : le certificat de conformité européen original ou une attestation d'identification à un type communautaire ; pour un véhicule conforme à un type national : une attestation d'identification du véhicule délivrée par le constructeur ou son représentant en France ou par la DREAL compétente ; pour les autres véhicules : un procès-verbal de réception à titre isolé établi par la DREAL compétente).

4. La vente d'un véhicule d'occasion

La multiplication des omissions d'établissement d'un nouveau certificat d'immatriculation par l'acquéreur a entraîné de nombreux problèmes liés aux verbalisations sans interception. Les avis de contravention étant envoyés au titulaire du certificat d'immatriculation, l'ancien propriétaire peut alors s'en retrouvé destinataire et dans

l'obligation de contester la verbalisation.
L'article R. 322-4 du Code de la route prévoyait déjà en cas de changement de propriétaire d'un véhicule soumis à immatriculation et déjà immatriculé que l'ancien propriétaire devait effectuer, dans les quinze jours suivant la cession, une déclaration informant de cette cession et indiquant l'identité et le domicile déclarés par le nouveau propriétaire.
L'accomplissement de cette formalité est désormais incontournable. Outre l'amende prévue en l'absence de déclaration ou en cas de déclaration tardive (Cf. article R. 322-4 du Code de la route), la loi n° 2011-1862 du 13 décembre 2011 relative à la répartition des contentieux et à l'allégement de certaines procédures juridictionnelles est venue modifier les dispositions des articles L. 121-2 et L. 121-3 du Code de la route avec une responsabilité pécuniaire reposant désormais sur l'acquéreur du véhicule.
La déclaration par le vendeur de la cession doit, en théorie, lui garantir une meilleure protection à l'encontre d'un acheteur indélicat omettant de procéder à l'établissement d'un nouveau certificat d'immatriculation.

5. Le certificat W

Ce certificat W communément appelé « carte de garage » autorise la circulation d'un véhicule à titre provisoire, avant une immatriculation définitive. Le titre W est délivré aux réparateurs, vendeurs, transporteurs, carrossiers, importateurs et constructeurs pour utilisation de certains types de véhicules et pour une durée temporaire (voir : articles 8 et 9 de l'arrêté du 9 février 2009 relatif aux modalités d'immatriculation des véhicules).
Peuvent, notamment, être immatriculés W : les véhicules de type prototypes à l'essai, les véhicules en attente de mise en circulation, les voitures de présentation à la presse, les véhicules de prêt pour essai préalable à la vente, les véhicules d'occasion dans le cadre d'une revente...
Le certificat W garage ne permet pas de faire circuler simultanément plusieurs véhicules avec un même numéro W.
Le certificat W est délivré par la préfecture du département pour une validité d'une année civile. Le certificat mentionne la date de fin de validité de l'immatriculation provisoire. Le professionnel peut faire renouveler ce certificat.

6. La mention « véhicule de collection »

Cette mention sur le certificat d'immatriculation a remplacé l'ancienne carte grise collection (CGC) dont le régime a été largement revu avec la mise en place du SIV. La première modification concerne l'âge du véhicule éligible au régime dérogatoire désormais porté à 30 ans. La mention « véhicule de collection » permet la soumission aux visites périodique du contrôle technique à un rythme plus espacé de cinq ans (contre deux pour les véhicules de plus de quatre ans). Par le passé, l'ancienne carte grise collection dispensait le véhicule ainsi immatriculé de toute visite technique. L'obligation de soumission au contrôle technique s'est toutefois accompagnée de la disparition des restrictions de circulation qui cantonnaient ces véhicules aux départements d'immatriculation et limitrophes (hors cas de manifestation de véhicules historiques).

La vente automobile

879. Le contrat de vente automobile peut se définir simplement comme la convention par laquelle le vendeur transfère la propriété d'un véhicule automobile à l'acheteur moyennant le paiement d'un prix.
La vente automobile est régie essentiellement par le Code civil qui règlemente *Lato Sensu* la vente de tous les biens meubles et immobiliers. Ce caractère translatif apparaît dans les articles 1582 et 1583 du Code civil.

Article 1582 du Code civil
« La vente est une convention par laquelle l'un s'oblige à livrer une chose, et l'autre à la payer ».
Article 1583 du Code civil
« Elle est parfaite entre les parties, et la propriété est acquise de droit à l'acheteur à l'égard du vendeur, dès qu'on est convenu de la chose et du prix, quoique la chose n'ait pas encore été livrée ni le prix payé ».

880. Toutefois, l'évolution du droit de la vente des biens meubles a fait que de nouvelles formes de contrat se sont développées.
Il en va ainsi des contrats-types et des contrats d'adhésion qui se présentent comme des contrats pré-rédigés par les vendeurs professionnels et qui comportent des conditions générales. Dans de tels contrats, le rapport de force entre consommateurs et professionnels est fortement déséquilibré pour les acheteurs.
Ceci explique pourquoi, à côté des règles générales du contrat de vente contenues dans le Code civil, d'aucuns ont souhaité que des textes spécifiques régissent les rapports professionnels / consommateurs et surtout protègent de manière efficace les simples particuliers.

881. Le droit de la consommation répond à ses attentes. Le Code de la consommation prévoit ainsi de nombreuses dispositions qui s'appliquent à la vente d'automobile entre professionnels et simples particuliers.
Par ailleurs, la vente à crédit de véhicules s'est également généralisée. Il a donc fallu protéger tout à la fois le vendeur contre l'éventuel non-paiement de la chose vendue et protéger l'acheteur contre des conventions excessives.
La vente automobile, vente portant sur un bien de consommation par excellence, se trouve donc au carrefour de nombreuses dispositions qui parfois se superposent et se chevauchent ce qui rend difficile pour le profane la connaissance de ses droits.

882. Enfin, le contrat de vente automobile étant un contrat synallagmatique, il implique des obligations réciproques et interdépendantes entre les parties à la convention et produit des effets réels : le transfert de la propriété et des risques.
Nous verrons dans un premier temps quelles sont les obligations du vendeur (Titre 1), ainsi que les obligations de l'acheteur (Titre 2), plus faibles, mais existantes. Par ailleurs, nous

préciserons quels sont les effets réels de la vente (Titre 3). Enfin, nous détaillerons dans un dernier temps, les garanties dues par le vendeur et les garanties contractuelles qui sont attachées au véhicule (Titre 4).

Titre 1 ■ Les obligations du vendeur

Par Christophe Lièvremont

883. Selon l'article 1603 du Code civil, le vendeur a : « deux obligations principales, celle de délivrer et celle de garantir la chose qu'il vend ».
L'achat d'un véhicule qu'il soit neuf ou d'occasion, même s'il devient de plus en plus un bien de consommation, n'est pas un acte anodin, notamment de par le montant du prix d'achat. l est donc essentiel que le particulier puisse procéder à cet achat en toute connaissance de cause.
Pour ce faire, le législateur a mis à la charge du vendeur à la fois une obligation d'information portant sur des points bien précis (Chapitre 1) et un devoir de conseil (Chapitre 2). Ensuite, le vendeur doit également procéder à la délivrance du véhicule prévue par l'article 1604 du Code civil (Chapitre 3).

884. Cette obligation d'information oblige le vendeur à informer l'acheteur d'un certain nombre de caractéristiques techniques, de qualités descriptives liées au bien proposé à la vente que par définition l'acheteur ignore en totalité ou en partie. L'obligation d'information porte également nécessairement sur le prix de vente. De manière synthétique, l'obligation d'information consiste à énoncer des faits.

885. L'obligation d'information existe dans tous les contrats de vente que le vendeur soit un professionnel ou un simple profane. En droit des contrats, on fonde généralement l'obligation d'information du vendeur sur le principe de la bonne foi (C. civ., art. 1134).
Toutefois le contenu de l'obligation d'information est particulièrement renforcée dans les contrats passés entre un professionnel et un consommateur qui seront régis par le Code de la consommation (C. consom., art. L. 111-1 s.).

Article L. 111-1 du Code de la consommation :
« Tout professionnel vendeur de biens ou prestataire de services doit, avant la conclusion du contrat, mettre le consommateur en mesure de connaître les caractéristiques essentielles du bien ou du service ».

886. Le principe posé par l'article L. 111-1 du Code de la consommation est l'application spécifique aux relations professionnels et consommateur de l'obligation générale d'information dégagée par la jurisprudence civile.

Chapitre 1
L'obligation d'information du vendeur

BIBLIOGRAPHIE

L'Argus de l'assurance

Articles. – Luc Grynbaum, La concurrence pour objectif, JA n° 862, mai 2014 - L. Namin, Points d'impacts de la loi Hamon sur le commerce automobile, JA n° 861, avril 2014 - J. Speroni, Le renouveau du droit de la consommation, JA n° 862, mai 2014 ; Une loi sur la consommation « automobile » ? JA n° 862, mai 2014 ; Consommation : La garantie commerciale du constructeur, J. Speroni, JA n° 863, juin 2014 - L. François-Martin, L'action de groupe et les pouvoirs accrus de la DGCCRF - L. Mercié, La gravité cachée du vice apparent et l'information de l'acquéreur, JA n° 842, juil. août 2012, p.44. – C. Lièvremont, Les modalités de la conclusion du contrat de vente électronique d'un véhicule d'occasion, JA n° 833, oct. 2011, p. 42. – L. Mercié, Le droit de rétractation est réservé aux contrats entre absents, JA n° 827, mars 2011, p. 44. – N. Giroudet-Demay, Un vendeur renseigné en vaut deux, JA n° 826, févr. 2011, p. 44. – C. Lièvremont, Y a-t-il manquement à l'obligation d'information quand l'acheteur ignore l'accident et les réparations ?, JA n° 822, oct. 2010, p. 42. – C. Lièvremont, Procès-verbal de contrôle technique et vices apparents, JA n° 817, avr. 2010, p. 42. - Dossier « La responsabilité civile, un risque omniprésent pour les professionnels de l'automobile », JA n° 809, juil.-août 2009.

Autres documentations

Ouvrages. – Code civil, Dalloz éd.

Articles. – Commentaire de la loi du 17 mars 2014 : Loi du 17 mars 2014 : nouvelles mesures protectrices du consommateur par C. A. De Vincelles et N. Sauphanor-Brouillaud, D. 2014, p. 879 s. ; Loi du 17 mars 2014 « relative à la consommation »... et pour un encadrement renforcé des relations entre professionnels, D. Ferrier, D. 2014, p. 889 s. ; Droit de la consommation mars 2013 - mars 2014 par H. Aubry, E. Poillot, N. Sauphanor-Brouillaud, D. 2014 p. 1297 s. ; Loi du 17 mars 2014 : nouvelles mesures protectrices du consommateur par C. A. De Vincelles, 2014 p. 879 ; Loi du 17 mars 2014 « relative à la consommation »... et pour un encadrement renforcé des relations entre professionnels par D. Ferrier, 2014 p. 889 ; Le consommateur-vendeur, E. Gicquiaud, D. 2014 p. 559 s. ; Legrand, LPA 7 mai 2014 (amélioration de l'information et des droits contractuels des consommateurs) - Commentaires de la loi du 18 janv. 1992: Pizzio, ALD 1992. 181. – J. Huet, JCP N 1992. I. 316.– G. Raymond, JCP E 1992. I. 144. – Fabre et Mainguy, Cah. dr. entr. 1992, no 3. – Grall, LPA 12 et 14 août 1992. – Leroux, Rev. Conc. Consom. 1992, no 66, p. 44. – Loi du 12 mai 2009: Piedelièvre, Gaz. Pal. 2009. 1732 (brèves remarques sur les nouvelles dispositions du code de la consommation dues à la loi du 12 mai 2009). - Christianos, Story Scientia, Bruxelles 1987 (l'obligation d'informer dans la vente de produits mobiliers). – Huet, LPA 8 nov. 2001 (éléments de réflexion sur le droit de la consommation). – Jourdain, D. 1983. Chron. 139 (l'obligation de se renseigner). – le Tourneau, D. 1987. Chron. 101; D. 1990. Chron. 21. – Mestre, RTD civ. 1989. 736 (l'exigence de la bonne foi dans la conclusion des contrats). – Mistretta, LPA 5 juin 1998. – Pollaud-Dulian, RD banc. fin. 2002, p. 341 (crédits au consommateur). – Grimaldi et Sagaut, RDC 2012. 1091 (obligation d'information du vendeur). - Duraffour, RLDA mars 2009. 43 (est-il possible d'encadrer réglementairement l'appréciation judiciaire du caractère abusif d'une clause contractuelle?). – Notté, JCP E 2009, no 13, p. 3 (liste de clauses abusives). – Sauphanor-Brouillaud, JCP 2009. Actu. 168 (les nouvelles clauses «noires» et «grises»). – Rajot, RCA 2009. Alerte 7 (nouvelle classification des clauses réputées non écrites). – Paisant, JCP 2009, n° 28, p. 48 (le décret portant listes noire et grise de clauses abusives). – G. Raymond, « Les clauses abusives dans les contrats de vente de véhicules automobiles », CCC 2007. Chron. 2. Rochfeld, RTD civ. 2009. 383 (listes réglementaires noire et grise). - Carval, RDC 2009. 1055 (la responsabilité contractuelle à l'épreuve des listes «noire» et «grise»). – Fenouillet, ibid. 1422 (la liste des clauses «noires» et «grises» enfin décrétée, mais pour combien de temps?). – Amrani-Mekki, ibid. 1617 (quelques réflexions procédurales). – Sauphanor-Brouillaud, ibid. 1629 (les remèdes en droit de la consommation: clauses noires, clauses grises, clauses blanches, clauses proscrites par la jurisprudence et la CCA). – Sauphanor-Brouillaud, RLDC sept. 2010. 7 (un an après le décret du 18 mars 2009, l'actualité des clauses abusives).

887. L'obligation d'information du vendeur est très minutieusement prévue par le Code de la consommation (C. consom., art. L. 111-1 s.) et s'applique donc uniquement aux rapports contractuels vendeur professionnel / consommateurs. L'article L. 111-1 du Code de la consommation : « Avant que le consommateur ne soit lié par un contrat de vente de biens ou de fourniture de services, le professionnel communique au consommateur, de manière lisible et compréhensible, les informations suivantes :

1° Les caractéristiques essentielles du bien ou du service, compte tenu du support de communication utilisé et du bien ou service concerné ;

2° Le prix du bien ou du service, en application des articles L. 113-3 et L. 113-3-1 ;

3° En l'absence d'exécution immédiate du contrat, la date ou le délai auquel le professionnel s'engage à livrer le bien ou à exécuter le service ;

4° Les informations relatives à son identité, à ses coordonnées postales, téléphoniques et électroniques et à ses activités, pour autant qu'elles ne ressortent pas du contexte, ainsi que, s'il y a lieu, celles relatives aux garanties légales, aux fonctionnalités du contenu numérique et, le cas échéant, à son interopérabilité, à l'existence et aux modalités de mise en œuvre des garanties et aux autres conditions contractuelles. La liste et le contenu précis de ces informations sont fixés par décret en Conseil d'Etat... ».

Pendant longtemps la définition du consommateur a suscitée de nombreuses interrogations. La loi Hamon (loi n° 2014-344 du 17 mars 2014 relative à la consommation) qui a modifié sur de très nombreux points le Code de la consommation a enfin adoptée une définition unique du consommateur, calquée sur le droit européen. Le consommateur est ainsi désormais défini comme « toute personne physique qui agit à des fins qui n'entrent pas dans le cadre de son activité commerciale, industrielle, artisanale ou libérale » (art. préliminaire C. consom.). Le consommateur se caractérise donc tout d'abord par la finalité non professionnelle de l'acte qu'il accomplit. Ensuite le consommateur est nécessairement une personne physique, ce qui exclut donc la personne morale. Certes le vendeur non professionnel est tenu également selon le droit commun d'une obligation d'information envers son cocontractant, mais celle-ci est particulièrement allégée et traduit le devoir de loyauté et la bonne foi devant exister entre les parties lors de la formation du contrat et dans son exécution. Ainsi le vendeur profane sera tenu uniquement d'informer l'acheteur des caractéristiques essentielles de la chose. On se référera alors à une simple obligation d'information qui s'opposera à l'obligation d'information renforcée qui pèse sur le vendeur professionnel.

Section 1 ▪ Contenu de l'information

888. Le Code de la consommation dans ses articles L. 111-1 et suivants prévoit de manière générale le contenu de l'information que tout professionnel doit délivrer au consommateur, quel que soit le contrat. Il existe également un certain nombre d'arrêtés qui précisent de manière plus spécifique le contenu de cette information.

889. D'après l'article premier de l'arrêté du 3 décembre 1987 (NOR : ECOC8700137A), toute information sur les prix de produits ou de services doit faire apparaître quel que soit le support utilisé, la somme totale toutes taxes comprises (TTC) qui devra être effectivement payée par le consommateur, exprimée en euros.

890. En revanche, en matière de ventes d'automobiles, il existe des arrêtés particuliers (arrêté du 28 juin 2000 relatif à l'information des consommateurs et à la publicité des prix des véhicules automobiles et arrêté du 26 mai 2014 modifiant l'arrêté du 28 juin 2000 précité - NOR : ERNC1412148A) qui obligent les vendeurs de faire connaître aux acheteurs potentiels

les conditions contractuelles. Le contenu de ces arrêtés est donc nettement plus contraignant pour les vendeurs que celui du 3 décembre 1987.
L'information porte essentiellement sur :
- les caractéristiques du véhicule (§ 1) ;
- l'information sur les pièces de rechange (§ 2).

Sous-section 1 ▪ Les caractéristiques du véhicule

891. L'obligation d'information impose que le vendeur informe l'acheteur de toutes les caractéristiques essentielles du véhicule.
Ces caractéristiques concerneront la dénomination de vente (l'indication de la marque, du type, du modèle, de la version et, le cas échéant, de la variante de ce modèle), la puissance fiscale et DIN du véhicule, son prix de vente TTC, sa consommation (urbaine, extra-urbaine et mixte), le rejet de CO_2, etc.

892. Les nombreuses caractéristiques du véhicule seront portées à la connaissance de l'acheteur potentiel tant par l'affichage que par les documents qui lui seront remis : document dit d'information, bon de commande, etc. (cf. Infra).

Sous-section 2 ▪ L'information sur les pièces de rechange

893. Le fabricant ou l'importateur de biens meubles doit informer le vendeur professionnel de la période pendant laquelle les pièces indispensables à l'utilisation des biens seront disponibles sur le marché (C. consom., art. L. 111-3).

894. Si originellement le vendeur professionnel qui cédait le bien au consommateur avait juste pour obligation d'indiquer une date « prévisible » jusqu'à laquelle la pièce était disponible, la loi du 12 mai 2009 (loi n° 2009-526, 12 mai 2009, JO, 13 mai 2009) a harmonisé les obligations du fabricant et du vendeur professionnel en mettant à la charge de ce dernier l'obligation de répercuter au consommateur l'information sur la disponibilité des pièces de rechange.
En effet, la loi du 12 mai 2009 a prévu que l'information sur cette disponibilité doit être obligatoirement délivrée au consommateur par le vendeur, avant la conclusion du contrat. En cas de litige, il appartient au vendeur de prouver qu'il a exécuté cette obligation (C. conso., art. L. 111-2).

895. S'agissant des contrats conclus après le 13 juin 2014, La loi n° 2014-344 du 17 mars 2014 relative à la consommation, dite loi « Hamon », a renforcée cette obligation qui pèse sur le vendeur de biens meubles de transmettre au client par écrit l'information sur la disponibilité des pièces détachées, donnée par le fabricant ou l'importateur (C. consom., art. L. 111-3) et ce avant la conclusion du contrat et lors de l'achat du bien.
Ces derniers sont désormais tenus de mettre effectivement les pièces à disposition des vendeurs professionnels ou des « réparateurs, agréés ou non » pendant la durée prévue.
Si cette modification de l'information sur ce point est satisfaisante, on peut s'interroger en revanche sur les modalités de sa délivrance : mention sur la notice, affichage en magasin, mention sur la facture ?
Les manquements aux obligations précontractuelles d'information sont désormais sanctionnés par une amende administrative.

896. Selon l'article L. 111-3 du Code de la consommation. : « Le fabricant ou l'importateur de biens meubles informe le vendeur professionnel de la période pendant laquelle ou de la date jusqu'à laquelle les pièces détachées indispensables à l'utilisation des biens sont disponibles sur le marché. Cette information est délivrée obligatoirement au consommateur par le vendeur de manière lisible avant la conclusion du contrat et confirmée par écrit lors de l'achat du bien. Dès lors qu'il a indiqué la période ou la date mentionnées au premier alinéa, le fabricant ou l'importateur fournit obligatoirement, dans un délai de deux mois, aux vendeurs professionnels ou aux réparateurs, agréés ou non, qui le demandent les pièces détachées indispensables à l'utilisation des biens vendus. Un décret précise les modalités et conditions d'application du présent article ».

Section 2 ■ Les modalités de l'obligation d'information

897. L'obligation d'information se réalise en pratique par :

- l'étiquetage du véhicule qui doit indiquer un certain nombre de mentions obligatoires (Sous-section 1) ;

- les documents de vente remis à l'acquéreur du véhicule qui doivent préciser obligatoirement un certain nombre de caractéristiques (Sous-section 2).

Sous-section 1 ■ Etiquetage du véhicule

898. Un étiquetage doit être apposé sur les véhicules en vente ou en vue de la vente (article 5 et 6 du décret n° 78-993 du 4 octobre 1978).

Cet étiquetage est réglementé par le décret n° 78-993 du 4 octobre 1978 pris pour l'application de la loi du 1er août 1905 sur les fraudes et falsifications en matière de produits ou de services en ce qui concerne les véhicules automobiles (JO 6 oct. 1978, p. 3491).

899. L'étiquetage doit comporter en caractères apparents et de mêmes dimensions, les mentions obligatoires suivantes :

- la « dénomination de vente » (§ 1) ;

- le prix de vente TTC (§ 2) ;

- l'étiquetage précisant la consommation de carburant et les émissions de dioxyde de carbone des véhicules neufs (§ 3).

§ 1 ■ La « dénomination de vente »

900. Par « dénomination de vente », il faut entendre la marque, le type, le modèle, la version, et le cas échéant la variante du modèle (article 2 du décret du 4 octobre 1978).

La « dénomination de vente » d'un véhicule automobile doit toujours comporter un certain nombre de renseignements biens précis (A), qui peuvent être complétés par d'autres informations lorsque la vente concerne un véhicule d'occasion (B),

A ▪ Les informations précises exigées

901. Dans tous les contrats portant sur des véhicules automobiles neufs ou d'occasion, la dénomination de vente doit comporter l'indication de la marque, du type, du modèle, de la version et, le cas échéant, de la variante de ce modèle (art. 2, décret du 4 oct. 1978).

902. La version ou variante est désignée par une appellation unique qui doit permettre d'identifier les véhicules d'un même modèle de la marque présentant des caractéristiques techniques homogènes de motorisation, de transmission, de carrosserie, ainsi que d'équipements substantiels de sécurité, de confort et d'aménagement intérieur (art. 2, al. 2, décret du 4 oct. 1978).

903. Lorsque le véhicule mis en vente neuf ne correspond pas à la version et, le cas échéant, à la variante du modèle figurant sur le dernier catalogue du constructeur à la date de la commande, le vendeur doit remettre à l'acheteur les références du catalogue du constructeur dans lequel est décrit le véhicule vendu. A défaut dudit catalogue, le vendeur doit mentionner par écrit les caractéristiques et équipements substantiels du véhicule indiqués à l'article précédent (art. 2 bis, décret du 4 oct. 1978).

B ▪ Les informations supplémentaires exigées pour les ventes de véhicule d'occasion

1 ▪ Millésime et kilométrage

904. La dénomination de vente définie à l'article 2 est complétée par la mention du mois et de l'année de la première mise en circulation et par l'indication du kilométrage total parcouru depuis cette mise en circulation s'il s'agisse d'un véhicule acquis neuf par le vendeur ou d'un véhicule dont le kilométrage réel peut être justifié par le vendeur.
En ce qui concerne les autres véhicules d'occasion, l'indication du kilométrage total parcouru est remplacée par celle du kilométrage inscrit au compteur suivi de la mention non garanti (art. 2 ter, décret du 4 oct. 1978).

905. Il est enfin interdit de modifier le kilométrage inscrit au compteur d'un véhicule automobile ou de le ramener au chiffre zéro. En cas de changement de compteur, le kilométrage inscrit sur l'ancien appareil doit être reporté sur le nouveau, à la diligence de la personne effectuant le changement (art. 3 décret du 4 oct. 1978).

2 ▪ Contrôle technique

906. S'agissant toujours des ventes de véhicule d'occasion, tout vendeur professionnel ou non professionnel d'un véhicule automobile soumis à la visite technique prévue par les dispositions des articles R. 323-22 et R. 323-26 du Code de la route remet à l'acheteur non professionnel, avant la conclusion du contrat de vente, le procès-verbal de la visite technique établi depuis moins de six mois, ainsi que les procès-verbaux des éventuelles contre-visites (art. 5 bis, décret 4 oct. 1978).

§ 2 ▪ Le prix de vente TTC

907. Ce prix de vente toutes taxes comprises (TTC) doit inclure obligatoirement tous les éventuels frais de mise à la route, frais de préparation ou de mise à disposition du véhi-

cule que le professionnel facture au client (sur les services pouvant être mis à la charge du consommateur, cf . Infra : document d'information).

908. Les professionnels de l'automobile annoncent généralement un prix affiché sur le modèle de véhicule exposé dans la concession. Par contre la livraison étant généralement prévue plus tard, le bon de commande contient fréquemment une clause « tarif en vigueur à la livraison ».

Or, l'article 4 de l'arrêté du 28 juin 2000 relatif à l'information des consommateurs et à la publicité des prix des véhicules automobiles (JO n° 149 du 29 juin 2000 p. 9767, texte n° 10) impose la garantie de prix jusqu'à l'expiration du délai contractuel de livraison, voire même jusqu'à la livraison effective du véhicule, sauf si :

- ce retard est dû à l'acheteur ;
- si l'acheteur a expressément stipulé refuser la livraison avant trois mois ;
- si une nouvelle réglementation impose des modifications techniques.

En ces trois hypothèses, la clause « tarif en vigueur à la livraison » pourra de manière dérogatoire trouver à s'appliquer.

§ 3 ■ L'étiquetage précisant la consommation de carburant et les émissions de dioxyde de carbone des voitures particulières neuves

909. L'étiquetage précisant la consommation de carburant et les émissions de dioxyde de carbone des voitures particulières neuves doit être apposé sur ou près du véhicule (art. 2 de l'arrêté du 10 novembre 2005).

> **Article 2 de l'arrêté du 10 novembre 2005** modifiant l'arrêté du 10 avril 2003 relatif à l'information sur la consommation de carburant et les émissions de dioxyde de carbone des voitures particulières neuves (JO n° 264 du 13 novembre 2005, page 17742, texte n° 9) :
>
> « L'alinéa suivant est ajouté à l'annexe II, relative à l'affichage des consommations de carburant et des émissions de CO_2 dans le point de vente, de l'arrêté du 10 avril 2003 susvisé : « L'affiche ou les autres modes d'affichage comportent aussi la classification des émissions de CO_2 des modèles de voitures particulières, telle que définie à l'annexe I du présent arrêté. ».

910. Les émissions de dioxyde de carbone émis par des voitures sont sanctionnées par un malus écologique lors de l'achat du véhicule lorsqu'elles sont importantes (A) et par un malus annuel (B). En revanche, l'achat de véhicules considérés comme « propres » sont encouragés par un bonus (C). Pour plus de détails sur ce point, lire Partie 6 sur La fiscalité de l'automobile.

A ■ Le malus écologique

911. Le malus écologique sanctionne financièrement l'acquisition ou la location d'un véhicule particulier neuf polluant, en fonction de la quantité de dioxyde de carbone (CO_2) émise par kilomètre.

Article 1011 bis du Code général des impôts (Article 63 de la Loi n° 2007-1824 du 25 décembre 2007 de finances rectificative pour 2007) :

« Il est institué une taxe additionnelle à la taxe sur les certificats d'immatriculation des véhicules prévue à l'article 1599 quindecies.
La taxe est due sur le premier certificat d'immatriculation délivré en France pour une voiture particulière au sens du 1 du C de l'annexe II de la directive 70 / 156 / CEE du Conseil, du 6 février 1970, concernant le rapprochement des législations des Etats membres relatives à la réception des véhicules à moteur et de leurs remorques.
II. - La taxe est assise :
a) Pour les voitures particulières qui ont fait l'objet d'une réception communautaire au sens de la directive 70 / 156 / CEE du Conseil, du 6 février 1970, précitée, sur le nombre de grammes de dioxyde de carbone émis par kilomètre ;
b) Pour les voitures particulières autres que celles mentionnées au a, sur la puissance administrative.
III. - Le tarif de la taxe est le suivant ... Pour les véhicules introduits en France après avoir été immatriculés dans un autre pays, la taxe est réduite d'un dixième par année écoulée depuis cette immatriculation ».

912. Pour le barème du malus écologique de 2015, le Décret n° 2014-1672 du 30 décembre 2014 instituant une aide à l'acquisition et à la location des véhicules peu polluants est venu modifier les barèmes. Ainsi pour les véhicules disposant d'une classification en émission de CO2 les barèmes suivants vont s'appliquer :

TAUX D'ÉMISSION de dioxyde de carbone (en grammes par kilomètre)	**TARIF DE LA TAXE (en euros)**
Taux ≤ 130	0
130 < taux ≤ 135	150
135 < taux ≤ 140	250
140< taux ≤ 145	500
145 < taux ≤ 150	900
150 < taux ≤ 155	1 600
155 < taux ≤ 175	2 200
175 < taux ≤ 180	3 000
180 < taux ≤ 185	3 600
185 < taux ≤ 190	4 000
190< taux ≤ 200	6 500
200 < taux	8 000

913. Pour les autres véhicules, classés en fonction de leur puissance fiscale, les barèmes ci-dessous vont s'appliquer.

PUISSANCE FISCALE (en chevaux-vapeur)	MONTANT DE LA TAXE (en euros)
Puissance fiscale ≤ 5	0
6 ≤ puissance fiscale ≤ 7	1 500
8 ≤ puissance fiscale ≤ 9	2 000
10 ≤ puissance fiscale ≤ 11	3 600
12 ≤ puissance fiscale ≤ 16	6 000
Puissance fiscale > 16	8 000

B ▪ Un malus annuel pour les véhicules les plus polluants

914. Depuis 2010, une taxe annuelle sur la détention de véhicules particuliers polluants s'ajoute au malus écologique pour pénaliser les véhicules dont le taux de CO_2 est le plus élevé.
Cette taxe additionnelle est due chaque année par le propriétaire.

915. Ce malus annuel est de 160 € par an pour les véhicules particuliers achetés en 2012 et émettant plus de 190 g de CO_2 / km.
Les redevables seront informés du malus annuel à payer directement par l'administration qui leur adressera un titre de perception.

C ▪ Le bonus écologique

916. Le décret n° 2007-1873 du 26 décembre 2007 instituant une aide à l'acquisition des véhicules propres (JO n° 0303 du 30 déc. 2007 p. 21846, texte n° 9) crée un bonus écologique qui vient préciser le montant de l'aide de l'Etat pour l'acquisition par un particulier d'un véhicule « propre ». Le montant de cette aide variera selon le taux d'émission de dioxyde de carbone.

917. Afin d'encourager les achats de véhicules électriques et hybrides et de les étendre aux véhicules de société et aux commandes publiques, le gouvernement a décidé en juillet 2012, de renforcer le dispositif du bonus écologique en augmentant le montant des aides. Le décret n° 2012-1545 du 28 décembre 2012 reconduisant l'aide à l'acquisition de véhicules propres pour l'année 2013 prévoit de nouveaux barèmes.

918. Ainsi, toute personne faisant l'acquisition d'un véhicule combinant l'énergie électrique et une motorisation à l'essence ou au gazole, aussi appelés véhicules hybrides, peut bénéficier d'une aide d'un montant de 4 000 € pour les véhicules émettant moins de 110 g de CO_2/km.

919. Pour les autres véhicules, les barèmes ci-dessous s'appliquent :

TAUX D'ÉMISSION de dioxyde de carbone (en grammes par kilomètre)	MONTANT DE L'AIDE (en euros) Date de facturation 2013
Taux ≤ 20	27 % du coût d'acquisition (TTC) + éventuellement le coût de la batterie si elle est louée, sans dépasser 6 300 Đ.

TAUX D'ÉMISSION de dioxyde de carbone (en grammes par kilomètre)	MONTANT DE L'AIDE (en euros) Date de facturation 2013
21 < taux ≤ 60	20 % du coût d'acquisition (TTC) + éventuellement le coût de la batterie si elle est louée, sans dépasser 4 000 Đ.
60 < taux ≤ 90	0 Đ pour un véhicule commandé ou loué en 2015 150 Đ pour un véhicule commandé ou loué avant 2015 à condition que la facture, ou le versement du premier loyer, intervienne avant le 31 mars 2015
taux ≤ 90	0

Sous-section 2 ▪ Les documents de vente

920. Il faut rappeler que de manière générale, l'obligation d'information est prévue par le Code de la consommation entre professionnels et consommateurs. L'article L. 111-1 du Code de la consommation dispose que : « avant que le consommateur ne soit lié par un contrat de vente de biens ou de fourniture de services, le professionnel communique au consommateur, de manière lisible et compréhensible, les informations suivantes :

1° Les caractéristiques essentielles du bien ou du service, compte tenu du support de communication utilisé et du bien ou service concerné ;

2° Le prix du bien ou du service, en application des articles L. 113-3 et L. 113-3-1 ;

3° En l'absence d'exécution immédiate du contrat, la date ou le délai auquel le professionnel s'engage à livrer le bien ou à exécuter le service ;

4° Les informations relatives à son identité, à ses coordonnées postales, téléphoniques et électroniques et à ses activités, pour autant qu'elles ne ressortent pas du contexte, ainsi que, s'il y a lieu, celles relatives aux garanties légales, aux fonctionnalités du contenu numérique et, le cas échéant, à son interopérabilité, à l'existence et aux modalités de mise en œuvre des garanties et aux autres conditions contractuelles. La liste et le contenu précis de ces informations sont fixés par décret en Conseil d'Etat... ».

921. C'est un arrêté en date du 28 juin 2000 (JO n° 149 du 29 Juin 2000, p. 9767, texte n° 10, NOR: ECOC0000054A) qui impose au vendeur de faire figurer dans toute publicité comportant l'indication du prix de vente d'un véhicule, qu'elle soit effectuée sur les lieux de vente ou à l'extérieur des lieux de vente, la dénomination de vente du véhicule dans les conditions prévues à l'article 2 du décret n° 78-993 du 4 octobre 1978.

922. C'est également le même arrêté qui impose au vendeur de remettre au client, préalablement à l'acceptation par celui-ci de l'offre, un document comportant les mêmes renseignements (pour la définition de la vente « clés en mains » V. RM n° 53190, JOAN Q, 10 sept. 1984, p. 4058). La loi Hamon du 17 mars 2014 relative à la consommation (Loi n° 2014-344, JO 18 mars 20014, p. 5 400) a ajouté un article 5-1 ainsi rédigé à l'arrêté du 28 juin 2000 précité : « Art. 5-1. Lorsque le vendeur propose une garantie commerciale au sens de l'article L. 211-15 du code de la consommation, il informe le consommateur que son bénéfice n'est pas subordonné à la réalisation des prestations de réparation et d'entretien non couvertes par cette

garantie, par un réparateur du réseau agréé par le constructeur. Cette information figure, de façon claire et lisible, dans le carnet d'entretien du véhicule, quel que soit son support. »
Un certain nombre de documents doivent être remis obligatoirement au client qui se porte acquéreur d'un véhicule :
- un document dit d'information (§ 1) ;
- un bon de commande (§ 2) ;
- un carnet d'entretien (§ 3).

§ 1 ▪ Un document dit d'information

923. Le document d'information doit comporter :
- la dénomination de vente (art. 2, arrêté 28 juin 2000 relatif à l'information des consommateurs et à la publicité des prix des véhicules automobiles : JO n° 149 du 29 juin 2000 p. 9767, texte n° 10) ;
- le prix de vente TTC : cette somme inclut obligatoirement les éventuels frais de préparation du véhicule : transport, préparation à la route, fourniture d'un jeu de plaques minéralogiques définitives (art. 2 al. 2, arrêté 28 juin 2000).

924. Il convient de souligner que la pratique qui consiste à facturer au client des frais ou forfaits intitulés « de mise à la route », de « mise à disposition » en supplément du prix de vente est interdite :
- le prix d'éventuels frais facultatifs supplémentaires demandés expressément par l'acheteur correspondant à des prestations particulières demandées (art. 3 al. 2 arrêté 28 juin 2000) ;
- la date limite de livraison du véhicule (art. 3 al. 1, arrêté 28 juin 2000).

925. Notons par ailleurs qu'il a été jugé que lorsque la date de livraison est précisée et que survient un retard de fabrication d'un constructeur automobile, ceci ne constitue pas un cas de force majeure lui permettant de s'exonérer puisqu'il s'agit d'un événement prévisible (CA Versailles, 22 sept. 2000 : BRDA 2000, n° 21, p. 12. - CA Versailles, 8 mars 2002 : BRDA 2002, n° 9, p. 10).

926. Ce document d'information est obligatoirement remis à l'acheteur avant tout accord sur une offre.
Enfin, il convient de souligner que le vendeur peut se dispenser de la remise d'un tel document à la condition expresse que le bon de commande reprenne tous ses éléments. En un tel cas de figure le bon de commande tiendra lieu de document d'information (art. 3 al. 3, arrêté 28 juin 2000).

§ 2 ▪ Un bon de commande

927. Le bon de commande doit être explicite afin de permettre au consommateur d'être informé de manière complète sur le véhicule qu'il a projeté d'acheter.
Si le vendeur ne remet pas à l'acheteur un bon de commande et une documentation conforme aux exigences réglementaires, le consommateur sera donc dans l'impossibilité de savoir si le véhicule livré est conforme au véhicule commandé car il ignorera naturellement les caractéristiques, le modèle et le prix du véhicule que le vendeur s'engage à lui livrer.

928. La Cour de cassation a ainsi jugé que le garagiste qui n'avait ni établi de bon de commande, ni ne justifiait d'une remise de documentation conforme à l'arrêté n° 78-75 P du

30 juin 1978 relatif à la publicité des prix à l'égard du consommateur pour les véhicules automobiles de tourisme, n'avait pas expliqué clairement aux acheteurs les caractéristiques, le modèle et le prix du véhicule qu'il s'engageait à leur livrer. La convention conclue entre les parties devait alors être interprétée en faveur des acheteurs et on devait considérer que le véhicule livré n'était pas conforme à celui commandé (Civ., 1re, 13 avr. 1999, n° 97-13.782 : Bull. civ. 1999, I, n° 139).
Ce bon de commande comporte des mentions obligatoires (A) et peut ajouter des mentions facultatives issues de la volonté des parties (B).

A ▪ Mentions obligatoires

929. L'article 5 de l'arrêté du 28 juin 2000 relatif à l'information des consommateurs et à la publicité des prix des véhicules automobiles (JO n° 149 du 29 juin 2000 Op. Cit.) précise que le bon de commande ou autres documents de vente doivent indiquer :
« - la dénomination de vente et le prix visés à l'article 2 ;
- les équipements commandés en option et leur prix ainsi que, le cas échéant, les éventuelles prestations facultatives visées à l'article 3 et leur prix ;
- la date limite de livraison visée à l'article 4 ;
- la faculté pour le client d'annuler sa commande et d'exiger le remboursement des versements déjà effectués, majorés des intérêts calculés au taux légal, dans les conditions de l'article L. 114-1 du code de la consommation, si le vendeur ne peut mettre à la disposition de l'acheteur, dans les délais convenus, un véhicule tel que décrit sur le bon de commande ».

930. S'agissant de la typographie utilisée sur ce document, l'article 5 du décret n° 78-993 du 4 octobre 1978 pris pour l'application de la loi du 1er août sur les fraudes et falsifications en matière de produits ou de services en ce qui concerne les véhicules automobiles (JO 6 oct. 1978 p. 3491) précise :
« Sur les bons de livraison et de commande, factures, attestations de vente et sur tous autres documents commerciaux utilisés dans les transactions de véhicules neufs, la dénomination de vente prévue à l'article 2 et les informations prévues à l'article 2 bis doivent être inscrites en caractères apparents et de mêmes dimensions.
Pour les transactions de véhicules d'occasion, tout vendeur doit remettre à l'acheteur un document écrit comportant les indications mentionnées aux articles 2 et 2 ter ».

931. Le bon de commande reprendra les indications relatives à la dénomination de vente, le prix de vente TTC, éventuellement le prix des frais facultatifs si ceux-ci ont été demandés par l'acheteur, la date limite avant laquelle la livraison doit s'effectuer, les équipements commandés en option et leur prix respectifs, sans oublier le mode de financement choisi.
En effet, sur le bon de commande doit être indiquées les mentions « au comptant » (sans crédit) ou « à crédit » (par un organisme de crédit proposé par le vendeur, voire choisi par le client).

932. Quand l'acquisition de la voiture se fait au moyen d'un crédit, la vente est naturellement subordonnée à l'obtention du prêt et le consommateur dispose alors, conformément au droit commun, d'un délai de rétractation de 7 jours après signature de l'offre préalable de crédit (C. conso., article L. 121-20).
Si l'offre de crédit est proposée par le concessionnaire au client, celle-ci doit être remise au consommateur au plus tard le jour de la signature.

933. Il convient de faire très attention à certains vendeurs qui n'hésitent pas à préciser sur le bon de commande que le règlement du véhicule se fait « au comptant » quand le crédit

choisi n'est pas celui qu'ils proposent. En une telle hypothèse, le délai de rétractation ne pourra alors s'appliquer.

B ■ Mentions facultatives

934. Il est conseillé de compléter dans la mesure du possible le bon de commande avec des informations supplémentaires.

Par exemple, les modalités de reprise de l'ancien véhicule sont importantes car le prix de reprise de l'ancien véhicule viendra dans la plupart des cas financer une partie du prix de la nouvelle voiture.

935. La remise obligatoire de ce document à l'acquéreur résulte expressément de l'arrêté du 26 mai 2014 modifiant l'arrêté du 28 juin 2000 relatif à l'information des consommateurs et à la publicité des prix des véhicules automobiles (Journal officiel du 5 juin 2014) toutes les fois où une garantie commerciale est attachée au véhicule. En effet, l'arrêté du 26 mai 2014 crée un nouvel article 5-1 dans l'arrêté du 28 juin 2000 précité : « Art. 5-1. Lorsque le vendeur propose une garantie commerciale au sens de l'article L. 211-15 du Code de la consommation, il informe le consommateur que son bénéfice n'est pas subordonné à la réalisation des prestations de réparation et d'entretien non couvertes par cette garantie, par un réparateur du réseau agréé par le constructeur. Cette information figure, de façon claire et lisible, dans le carnet d'entretien du véhicule, quel que soit son support. »

Section 3 ■ Les sanctions de l'obligation

936. Le respect de l'obligation d'information du vendeur professionnel est contrôlé essentiellement par la Direction Générale de la Concurrence, de la Consommation et de la Répression des Fraudes (DGCCRF) (Sous-section 1).

Toutefois, lorsque le vendeur professionnel ou non a délibérément trompé l'acheteur en lui dissimulant ou en mentant sur une caractéristique essentielle du véhicule, il commet le délit de tromperie. L'acheteur peut alors porter plainte au pénal et se constituer partie civile afin de demander des dommages et intérêts (Sous-section 2).

937. Il arrive parfois que les mentions obligatoires devant figurer sur les documents relatifs à la vente du véhicule qui sont, rappelons le, rédigées par le vendeur professionnel le soient dans son intérêt exclusif et lui octroie des droits exorbitants. De telles clauses sont prohibées par la législation relative aux clauses abusives. Naturellement, la notion de clauses abusives a un domaine d'application beaucoup plus vaste que celui de l'obligation d'information car il concerne également l'obligation de délivrance, voire la garantie des vices cachés etc. A partir du moment où il existe des conditions générales rédigées par un professionnel et imposées à un consommateur, celles-ci peuvent (ou doivent selon les hypothèses) être qualifiées de clauses abusives par le juge (Sous-section 3).

Sous-section 1 ■ Les sanctions prises par la Direction Générale de la Concurrence, de la Consommation et de la Répression des Fraudes (DGCCRF)

938. Un rôle très actif revient à la Direction Générale de la Concurrence, de la Consommation et de la Répression des Fraudes (DGCCRF) pour contrôler le respect des obligations d'information prévues tant par le décret n° 78-993 du 4 octobre 1978 (JO 6 oct. 1978 p. 3491) que par l'arrêté du 28 juin 2000 relatif à l'information des consommateurs et à la publicité des prix des véhicules automobiles (JO n° 149 du 29 juin 2000 Op. Cit.).

939. La DGCCRF vérifie ainsi périodiquement la bonne application de la réglementation concernant le commerce de l'automobile dans les conditions prévues par l'ordonnance n° 86-1243 du 1er décembre 1986 relative à la liberté des prix et de la concurrence (art. 45 s. Ord. 1986, aujourd'hui art. L. 450-1. C. com.)
Elle vérifie notamment la bonne délivrance de l'information du consommateur sur les caractéristiques et le prix des véhicules, la consommation de carburant, voire les émissions de gaz carbonique.

940. Le défaut d'affichage du prix d'un produit ou d'un service et l'affichage irrégulier au regard des différents arrêtés précités sont des infractions pénales sanctionnées par les peines d'amende prévues pour les contraventions de cinquième classe (C. conso., art. R. 113-1).
Selon la gravité des manquements, la DGCCRF procédera à des rappels de réglementation ou à des renvois devant le juge pour les infractions les plus graves.
Il y a autant d'infractions que de produits pour lesquels les prix ne sont pas affichés (CA Paris, 13e ch. B, 20 févr. 1992 : Contrats, conc. consom. 1992, comm. 171).

941. La loi Hamon du 17 mars 2014 relative à la consommation (loi n° 2014-344, JO 18 mars 20014, p. 5 400) a accru les pouvoirs des agents de la DGCCRF. Désormais en effet, si un professionnel ne s'exécute pas suite à la délivrance d'une injonction dans le délai imparti, l'administration peut prononcer à son encontre une amende administrative dont le montant peut aller jusqu'à 3 000 Đ pour une personne physique et 15 000 Đ pour une personne morale.

Sous-section 2 ■ Le délit de tromperie

942. L'article L. 213-1 du Code de la consommation prévoit que lorsque le vendeur a délibérément trompé l'acheteur en lui dissimulant ou en mentant sur une caractéristique essentielle du véhicule, il commet le délit de tromperie.
Le délit de tromperie est une infraction intentionnelle qui n'est pas constituée uniquement dans les rapports professionnels / consommateurs. En effet, le délit peut être caractérisé même entre particuliers, voire entre professionnels.

943. Ce délit suppose, selon les termes mêmes de l'article L. 213-1 du Code de la consommation, une tromperie, soit :
- sur la nature, l'espèce, l'origine, les qualités substantielles, la composition ou la teneur en principes utiles de toutes marchandises ;
- sur la quantité des choses livrées ou sur leur identité par la livraison d'une marchandise autre que la chose déterminée qui a fait l'objet du contrat ;

- sur l'aptitude à l'emploi, les risques inhérents à l'utilisation du produit, les contrôles effectués, les modes d'emploi ou les précautions à prendre.

944. De par la référence au vocable général de « marchandise », le délit de tromperie est applicable naturellement aux véhicules automobiles (Crim., 22 juin 1977, n° 76-91.465,D. 1977, IR 481).

La chambre criminelle de la Cour de cassation considère en effet qu'une tromperie au sens de cet article peut-être commise par une rétention d'information, comme celle qui consiste pour le garagiste à dissimuler au particulier l'existence d'un précédent accident (Crim., 29 sept. 1979, D. 1980, IR, 131 ; Crim., 27 janv. 1987, n° 85-95.759,D. 1988, II, 156 note CARREAU ; Crim., 29 déc.1988, D. 1988, IR, 67).

945. Ainsi, un particulier qui a vendu un véhicule de marque FIAT en dissimulant aussi longtemps qu'il était possible de le faire sans mensonge grossier que ce véhicule avait, avant sa remise en état, subi un accident d'une gravité telle qu'il avait été réduit à l'état d'épave et que les formalités étaient en cours pour son nécessaire examen par le service des Mines préalablement à l'obtention d'une nouvelle carte grise commet le délit de tromperie. En effet, il appartenait au vendeur d'avertir l'acquéreur de ceci même si les dégâts importants causés au véhicule avaient été réparés dans les règles de l'art. En l'espèce, la tromperie était d'autant plus certaine que le prix réclamé confirmait l'acheteur dans sa conviction que le véhicule proposé n'avait antérieurement pas subi un choc diminuant sa valeur (Crim., 27 janv. 1987, n° 85-95.759, Op. Cit.).

946. Il en va également de même pour l'achat d'un véhicule neuf qui en réalité était un véhicule de démonstration ayant déjà fait l'objet d'un précédent certificat d'immatriculation (Crim., 29 oct. 1980, n° 80-90.244,JCP E 1981. I. 9386), ou bien pour un garagiste de vendre une automobile à un prix supérieur à celui de l'argus en vantant le bon état de la carrosserie et de la sellerie et que le kilométrage affiché au compteur était de 77 000 kms alors qu'en réalité le véhicule avait parcouru 177 000 kms (Crim., 21 juill. 1977, n° 77-90.695,D. 1978, somm. 111, obs. M. Puech ; Dans le même sens : Crim., 3 nov. 1993, n° 90-84.448, JCP E 1994, panor. 468).

947. Le délit sera également caractérisé si un mandataire se contente des indications fournies par ses fournisseurs espagnols, sans vérifier la conformité du véhicule aux caractéristiques essentielles de la commande. La chambre criminelle de la Cour de cassation a ainsi considéré : « qu'il avait l'obligation de vérifier la conformité du véhicule aux caractéristiques essentielles de la commande de son mandant ce que, manifestement, il a omis de faire ; que sa mauvaise foi se déduit de cette absence de vérification qui lui incombait ; qu'elle caractérise l'élément intentionnel de l'infraction de tromperie » (Crim., 1er avr. 2008, n° 07-84.349).

948. Cette infraction sera punie d'un emprisonnement de deux ans au plus et d'une amende de 37 500 euros maximum, ou de l'une de ces deux peines seulement.

L'acheteur peut porter plainte auprès du procureur de la République. Si les poursuites sont déclenchées, il pourra alors se constituer partie civile devant la juridiction pénale et réclamer des dommages et intérêts. En revanche, il ne pourra jamais obtenir l'annulation de la vente. Pour ce faire, il sera obligé d'emprunter obligatoirement la voie civile. Il faut noter que les sanctions des pratiques déloyales ont été aggravées par la loi « HAMON » du 17 mars 2014. En effet, les pratiques agressives (C. consom., art. L. 122-12) et les pratiques trompeuses sont désormais sanctionnées de manière autonome. Le législateur ne fait plus référence au délit de tromperie (C. consom., art. L. 121-6).

Sous-section 3 ▪ Le mécanisme des clauses abusives

949. Quand un contrat signé entre un consommateur et un professionnel comporte une clause qui a pour conséquence de créer un déséquilibre significatif au détriment du consommateur (C. consom., art. L. 132-1), ce dernier à tout intérêt à agir en justice afin de voire déclarer non écrite une telle clause.

Le Code de la consommation prévoit que les clauses qui sont abusives, sont réputées non écrites (C. consom., art. L. 132-1 al. 6). Le contrat restera applicable dans toutes ses dispositions autres que celles jugées abusives s'il peut subsister sans lesdites clauses (C. consom., art. L. 132-1 al. 8). La loi « HAMON » du 17 mars 2014 relative à la consommation, qui donne un pouvoir important aux associations de consommateur (« class actions » à la française) leur permet d'agir devant les juridictions civiles en demandant la suppression des clauses abusives (C. consom., art. L. 421-6).

950. Si pour apprécier le caractère abusif d'une clause, les juges peuvent se référer à la définition de l'article L. 132-1 du Code de la consommation, à la liste annexée au Code de la consommation et par les recommandations de la Commission des clauses abusives, ils ne sont pas liés en principe par celles-ci (sur la notion de clauses abusives, cf. : J. Calais-Auloy, F. Steinmetz, Droit de la consommation, Paris, Dalloz, 2006, n° 182 s.).

951. Afin de faciliter les démarches du consommateur, la réglementation relative aux clauses abusives distingue deux listes de clauses, étant précisé qu'une clause peut être déclarée par le juge abusive même si elle ne figure pas dans ces deux listes :

- une « liste noire » de clauses qui sont considérées de manière irréfragable comme abusives (§ 1) ;
- une « liste grise » de clauses présumées être abusives (§ 2).

§ 1 ▪ Une « liste noire » de clauses abusives interdites

952. Prévues par les articles R. 132-1 et R. 132-2-1 du Code de la consommation, les douze clauses figurant dans cette « liste noire » sont considérées de manière irréfragable comme étant abusives. Ainsi, le professionnel ne pourra apporter aucune preuve contraire pour démontrer l'absence d'abus de la clause en question.

953. La loi HAMON du 17 mars 2014 relative à la consommation (Loi n° 2014-344, JO 18 mars 20014, p. 5 400) a modifié le sort des clauses abusives en prévoyant désormais que la stipulation d'une clause dans la « liste noire » est passible d'une amende administrative. Selon l'article L. 132-2 du Code de la consommation :

« Dans les contrats conclus entre professionnels et non-professionnels ou consommateurs, la présence d'une ou de plusieurs clauses abusives relevant du décret pris en application du troisième alinéa de l'article L. 132-1 est passible d'une amende administrative dont le montant ne peut excéder 3 000 Ð pour une personne physique et 15 000 Ð pour une personne morale. L'amende est prononcée dans les conditions prévues à l'article L. 141-1-2.

L'injonction faite à un professionnel, en application du VII de l'article L. 141-1, tendant à ce qu'il supprime de ses contrats ou offres de contrat une ou plusieurs clauses mentionnées au premier alinéa du présent article peut faire l'objet d'une mesure de publicité, dans des conditions fixées par décret en Conseil d'Etat ».

Article R. 132-1 du Code de la consommation

« Dans les contrats conclus entre des professionnels et des non-professionnels ou des consommateurs, sont de manière irréfragable présumées abusives, au sens des dispositions du premier et du troisième alinéas de l'article L. 132-1 et dès lors interdites, les clauses ayant pour objet ou pour effet de :

1° Constater l'adhésion du non-professionnel ou du consommateur à des clauses qui ne figurent pas dans l'écrit qu'il accepte ou qui sont reprises dans un autre document auquel il n'est pas fait expressément référence lors de la conclusion du contrat et dont il n'a pas eu connaissance avant sa conclusion ;

2° Restreindre l'obligation pour le professionnel de respecter les engagements pris par ses préposés ou ses mandataires ;

3° Réserver au professionnel le droit de modifier unilatéralement les clauses du contrat relatives à sa durée, aux caractéristiques ou au prix du bien à livrer ou du service à rendre ;

4° Accorder au seul professionnel le droit de déterminer si la chose livrée ou les services fournis sont conformes ou non aux stipulations du contrat ou lui conférer le droit exclusif d'interpréter une quelconque clause du contrat ;

5° Contraindre le non-professionnel ou le consommateur à exécuter ses obligations alors que, réciproquement, le professionnel n'exécuterait pas ses obligations de délivrance ou de garantie d'un bien ou son obligation de fourniture d'un service ;

6° Supprimer ou réduire le droit à réparation du préjudice subi par le non-professionnel ou le consommateur en cas de manquement par le professionnel à l'une quelconque de ses obligations ;

7° Interdire au non-professionnel ou au consommateur le droit de demander la résolution ou la résiliation du contrat en cas d'inexécution par le professionnel de ses obligations de délivrance ou de garantie d'un bien ou de son obligation de fourniture d'un service ;

8° Reconnaître au professionnel le droit de résilier discrétionnairement le contrat, sans reconnaître le même droit au non-professionnel ou au consommateur ;

9° Permettre au professionnel de retenir les sommes versées au titre de prestations non réalisées par lui, lorsque celui-ci résilie lui-même discrétionnairement le contrat ;

10° Soumettre, dans les contrats à durée indéterminée, la résiliation à un délai de préavis plus long pour le non-professionnel ou le consommateur que pour le professionnel ;

11° Subordonner, dans les contrats à durée indéterminée, la résiliation par le non-professionnel ou par le consommateur au versement d'une indemnité au profit du professionnel ;

12° Imposer au non-professionnel ou au consommateur la charge de la preuve, qui, en vertu du droit applicable, devrait incomber normalement à l'autre partie au contrat ».

§ 2 ▪ Une « liste grise » de clauses simplement présumées être abusives

954. Les articles R. 132-2 et 132-2-1 du Code de la consommation ont prévu une liste dite « grise ». Cette liste comporte dix clauses qui sont présumées être abusives. Le professionnel peut donc tenter de rapporter la preuve que l'une de ces clauses figurant dans le contrat qu'il a pré-rédigé n'est pas abusive. Il faut préciser qu'en pratique cette preuve contraire lui sera toujours très difficile à rapporter.

Article R. 132-2 du Code de la consommation

« Dans les contrats conclus entre des professionnels et des non-professionnels ou des consommateurs, sont présumées abusives au sens des dispositions du premier et du deuxième alinéas de l'article L. 132-1, sauf au professionnel à rapporter la preuve contraire, les clauses ayant pour objet ou pour effet de :

1° Prévoir un engagement ferme du non-professionnel ou du consommateur, alors que l'exécution des prestations du professionnel est assujettie à une condition dont la réalisation dépend de sa seule volonté ;

2° Autoriser le professionnel à conserver des sommes versées par le non-professionnel ou le consommateur lorsque celui-ci renonce à conclure ou à exécuter le contrat, sans prévoir réciproquement le droit pour le non-professionnel ou le consommateur de percevoir une indemnité d'un montant équivalent, ou égale au double en cas de versement d'arrhes au sens de l'article L. 114-1, si c'est le professionnel qui renonce ;

3° Imposer au non-professionnel ou au consommateur qui n'exécute pas ses obligations une indemnité d'un montant manifestement disproportionné ;

4° Reconnaître au professionnel la faculté de résilier le contrat sans préavis d'une durée raisonnable ;

5° Permettre au professionnel de procéder à la cession de son contrat sans l'accord du non-professionnel ou du consommateur et lorsque cette cession est susceptible d'engendrer une diminution des droits du non-professionnel ou du consommateur ;

6° Réserver au professionnel le droit de modifier unilatéralement les clauses du contrat relatives aux droits et obligations des parties, autres que celles prévues au 3° de l'article R. 132-1 ;

7° Stipuler une date indicative d'exécution du contrat, hors les cas où la loi l'autorise ;

8° Soumettre la résolution ou la résiliation du contrat à des conditions ou modalités plus rigoureuses pour le non-professionnel ou le consommateur que pour le professionnel ;

9° Limiter indûment les moyens de preuve à la disposition du non-professionnel ou du consommateur ;

10° Supprimer ou entraver l'exercice d'actions en justice ou des voies de recours par le consommateur, notamment en obligeant le consommateur à saisir exclusivement une juridiction d'arbitrage non couverte par des dispositions légales ou à passer exclusivement par un mode alternatif de règlement des litiges ».

955. Par exemple, sera présumée être abusive une clause figurant dans le bon de commande relatif à un achat d'automobile neuve qui dispose que le contrat ne devient définitif qu'après la signature du directeur de l'établissement. Une telle clause en effet tombe sous la prohibition de l'article R. 132-2, 1° du Code de la consommation.

§ 3 ■ Des listes non exhaustives

956. À côté de cette « liste noire » et de cette « liste grise », le juge peut en effet toujours déclarer abusive une clause qui ne figure pas dans les deux listes précédentes.

957. La loi HAMON du 17 mars 2014 relative à la consommation (Loi n° 2014-344, JO 18 mars 20014, p. 5 400) a renforcé l'office du juge. En effet, désormais, dans la lignée de la jurisprudence de la CJCE (CJCE, 26 oct. 2006, aff. C-168/05, Mostaza Claro, pt. 38, D. 2006, 2910, Obs. V. Avena-Robardet ; CJCE 4 juin 2009, aff. C-243/08, Pannon GSM Zrt, D. 2009, 2312, note G. Poissonnier), le juge français a l'obligation, et non plus la faculté d'écarter d'office – sous réserve néanmoins du principe du contradictoire – l'application d'une clause dont le caractère abusif ressort des éléments soumis à son appréciation (art. L. 141-4 C. conso.). En outre, toutes les fois où le juge est saisi par la DGCCRF ou par une association de consommateurs dans le cadre d'une action en cessation de clauses illicites ou abusives à vocation collective (C. consom., art. L. 421-2 et L. 421-6) sa décision peut produire un effet erga omnes. Le jugement pourra donc produire des effets à l'égard de toutes les personnes qui ont souscrit un contrat identique.

958. La Commission dite « des clauses abusives » crée par la loi du 10 janvier 1978 (C. conso., art. L. 534-1) émet régulièrement des recommandations qui sont destinées aux professionnels afin de les inciter à modifier ou à supprimer les clauses léonines.

959. En matière de vente d'automobiles, la Commission a notamment émis les recommandations suivantes :
- Recommandation n° 2004-2 du 22 janvier 2004 relative aux contrats de vente de véhicules automobiles neufs (NOR : ECOC0400261X).
- Recommandation n° 94-05 (BOCC du 28/12/1994) relative aux bons de commande et contrat de garantie des véhicules d'occasion.

Ces recommandations n'ont aucune force obligatoire mais le plus souvent les juges du fond confrontés à une clause visée par une recommandation de la Commission conclura à son caractère abusif, et sera donc non opposable au consommateur.

960. Ainsi, ont été déclarées par exemple abusives les clauses suivantes figurant sur des bons de commande de voitures :
- la clause prévoyant que « le vendeur peut annuler la commande et conserver l'acompte versé si l'acheteur, après mise en demeure, n'a pas pris livraison du véhicule commandé dans les sept jours qui suivent la date de livraison convenue » est abusive car elle ne prévoit pas le droit, pour le consommateur, de percevoir une indemnité d'un montant équivalent de la part du professionnel lorsque c'est celui-ci qui y renonce, créant ainsi un déséquilibre entre les droits et obligations des parties au détriment du consommateur (Civ. 1re, 14 nov. 2006, n° 04-15.646) ;
- la clause qui, par sa généralité et par l'instauration d'une obligation de réparation, auprès d'un membre du réseau de distribution Citroën avait pour seul objet de contraindre le client à s'adresser à un réparateur de ce réseau et d'exclure ladite garantie même dans l'hypothèse où le client la revendiquerait pour des dégâts normalement couverts et sans lien avec des réparations mineures qu'il aurait fait effectuer par un réparateur indépendant est abusive (Civ. 1re, 14 nov. 2006, n° 04-15.890) ;
- la clause qui prévoit que le concessionnaire est responsable vis-à-vis de l'acheteur de tous les engagements qu'il a souscrits à son égard aux termes des conditions générales énoncées dans le bon de commande et qui laissait croire au consommateur qu'il était démuni envers le fabricant alors qu'une telle clause ne saurait exonérer celui-ci de la garantie légale des vices cachés présente un caractère abusif (Civ. 1re, 14 nov. 2006, n° 04-15.645) ;
- la clause, selon laquelle le constructeur se réserve le droit d'apporter toutes modifications mineures qu'il jugerait opportunes en fonction notamment de l'évolution technique, sans obligation d'appliquer ces modifications aux véhicules livrés ou en commande et qui ne précisait pas que ces modifications liées à l'évolution technique ne pouvaient entraîner aucune augmentation de prix ni altération de qualité est abusive (Civ. 1re, 14 nov. 2006, n° 04-17.578).

961. Ont été également déclarées abusives les clauses suivantes figurant sur les conditions de vente et de garantie d'un constructeur automobile et de ses concessionnaires :
- « la clause XI, § e, alinéa 7, des conditions de vente et de garantie, insérée sous la rubrique "Garantie contractuelle" et ainsi rédigée : "Interventions non couvertes par la garantie : les interventions exécutées par des réparateurs qui ne sont pas des concessionnaires ou agents Toyota" dans la mesure où pour la Cour de cassation « le caractère ambigu de la clause, né du rapprochement de l'intitulé de la rubrique sous laquelle elle figure et de sa propre teneur, a pour effet de laisser croire au consommateur qu'il est tenu, pour bénéficier de la garantie conventionnelle, de faire effectuer par un concessionnaire ou agent Toyota toutes les interventions exécutées sur son véhicule, quand bien même la garantie sollicitée serait sans lien avec ces travaux, créant ainsi à son détriment un déséquilibre significatif entre les droits et obligations des parties » (Civ. 1re, 20 mars 2013, n° 12-14.432).
- « la clause XI, § e, alinéa 6, des conditions de vente et de garantie, insérée sous la rubrique "Garantie contractuelle" et ainsi rédigée : « Incidents consécutifs à un abus d'utilisation, à la négligence, à la modification des caractéristiques de la voiture, résultant de l'utilisation du véhicule en compétition, course ou rallye, ou de leurs essais, accidents, utilisation de pièces non d'origine (les pièces détachées et accessoires complémentaires sont qualifiés de pièces non d'origine dès lors que les spécifications techniques et leurs qualités ne sont pas identiques à celles des pièces que le constructeur utilise pour la fabrication des véhicules neufs ou qu'il fournit pour la maintenance des véhicules en circulation), ainsi que le non-respect des entretiens réguliers conformément aux spécifications et instructions du constructeur définies dans le manuel du propriétaire » dans la mesure où pour la Haute juridiction : « le caractère ambigu de la clause, né du rapprochement de l'intitulé de la rubrique sous laquelle elle figure et de sa propre teneur, a pour effet de laisser croire au consommateur que l'utilisation de pièces non d'origine emporte en toute hypothèse exclusion de la garantie conventionnelle, la cour d'appel a violé, par refus d'application, le texte susvisé » (Civ. 1re, 20 mars 2013, n° 12-14.432).

Chapitre 2
Le devoir de conseil

962. Selon l'article 1602 du Code civil : « le vendeur est tenu d'expliquer clairement ce à quoi il s'oblige ».
En droit commun des contrats, l'étendue du devoir de conseil est plus vaste que celle de l'obligation d'information puisqu'il suppose : « une appréciation qui oriente la décision de l'autre partie » (J. Ghestin, La formation du contrat, 3e Ed., 1993, LGDJ, n° 594). En d'autres termes, le devoir de conseil porte sur l'aptitude du bien à répondre au besoin de l'acheteur, voire sur les préconisations d'emploi et de précaution d'utilisation de celui-ci. Ce devoir de conseil porte notamment sur les contrats relatifs aux choses dangereuses, aux choses complexes ou nouvelles.

963. Dans le domaine de l'automobile, le devoir de conseil se trouve cantonné essentiellement au contrat d'entreprise, et plus particulièrement sur le contrat d'entretien et de réparation des véhicules. Hypothèse dans laquelle le garagiste réparateur devra véritablement conseiller l'utilisateur d'une automobile, par exemple de la nécessité de procéder à telle ou telle réparation, voire lui déconseiller de faire réparer son véhicule très âgé et kilométré eu égard au montant très élevé des réparations qui sera supérieur à celui de la valeur argus, etc.

964. Une étude de la jurisprudence permet en effet de constater que le devoir de conseil ne semble donc pas concerner véritablement le contrat de vente d'automobiles avec l'obligation pour le professionnel de l'automobile de procéder à des mises en garde sur l'utilisation du véhicule, voire sur le conseil quant à l'opportunité du choix de l'acheteur.

965. Toutefois, selon la jurisprudence la violation du devoir de conseil n'est pas sanctionnée de manière autonome mais par le biais du droit commun :
- garantie des vices cachés (C. civ., art. 1641 s.) ;
- information non divulguée par l'un des contractants qui porte sur une qualité substantielle : annulation du contrat pour erreur sur les qualités substantielles (C. civ., art. 1110) ;
- réticence dolosive, etc.

966. Notons qu'en droit des contrats, l'obligation de renseignement est actuellement le centre de toutes les attentions. En effet, le projet et l'avant projet Catala de réforme du droit des contrats, qui viendra sans doute dans les prochaines années modifier le contenu du Code civil se réfère expressément à une obligation de renseignement.

Article 1110 de l'avant projet Catala :
« Celui des contractants qui connaît ou aurait dû connaître une information dont il sait l'importance déterminante pour l'autre a l'obligation de le renseigner.
Cette obligation de renseignement n'existe cependant qu'en faveur de celui qui a été dans l'impossibilité de se renseigner par lui-même ou qui a légitimement pu faire confiance à son cocontractant, en raison, notamment, de la nature du contrat, ou de la qualité des parties.
Il incombe à celui qui se prétend créancier d'une obligation de renseignement de prouver que l'autre partie connaissait ou aurait dû connaître l'information en cause, à charge pour le détenteur de celle-ci de se libérer en prouvant qu'il avait satisfait à son obligation
Seront considérées comme pertinentes les informations qui présentent un lien direct et nécessaire avec l'objet ou la cause du contrat ».

Chapitre 3
L'obligation de délivrance

BIBLIOGRAPHIE

L'Argus de l'assurance.

Articles. – C. Bourgeon, Un véhicule déjà immatriculer reste un véhicule neuf, JA n° 831, juil. août 2011, p. 44.

Autres documentations.

Ouvrages. – Code civil, Dalloz éd. - M. Alter, L'obligation de délivrance dans la vente des meubles corporels, 1972, LGDJ. – J. Ghestin, Conformité et garantie dans la vente, 1983, LGDJ.

Articles. - C. Atias, L'obligation de délivrance conforme, D. 1991, chron. 1 ; La distinction du vice caché et de la non-conformité, D. 1993, chron. 265 ; L'équilibre renaissant de la vente, D. 1993, chron. 1. – A. Bénabent, Conformité et vices cachés dans la vente : l'éclaircie..., D. 1994, chron. 115. – J. Calais-Auloy, Une nouvelle garantie pour l'acheteur : la garantie de conformité, RTD civ. 2005. 701. – L. Casaux-Labrunée, Vice caché et défaut de conformité : propos non-conformistes sur une distinction viciée, D.

1999, chron. 1. – C. Lièvremont, Manquement du vendeur à son obligation de délivrance, JCP 2005, II, 10184 ; Journaux de petites annonces automobiles : chronique d'une mort annoncée ?, RRJ 2006-1, pp . 421-428 - L. Mercié, Les contours de l'obligation de délivrance de la vente d'automobile, Petites affiches 7 mars 2000, n° 47, p. 4. – P. Sargos, Définition et étendue de l'obligation de délivrance dans la vente de meubles corporels, Defrénois 1988. 199. – O. Tournafond, Les prétendus concours d'actions et le contrat de vente (erreur sur la substance, défaut de conformité, vice caché), D. 1989, chron. 237. – P. le Tourneau, Conformités et garanties dans la vente d'objets mobiliers corporels, RTD com. 1980. 231 - Boulay, La conformité des biens dans la vente de meubles corporels. Étude comparative, thèse, Paris II, 1979.

967. Les présents développements concernent uniquement l'obligation de délivrance de droit commun, en droit civil. Le terme « conforme » est alors utilisé par le Code civil pour apprécier la délivrance du véhicule prévue par l'article 1604 du dit Code : obligation de délivrance de droit commun. En cette hypothèse, on se réfère alors à une délivrance conforme. Par exemple, une personne commande auprès d'un concessionnaire une voiture jaune et le vendeur lui livre une voiture bleue. En un tel cas de figure, l'obligation de délivrance pesant sur le vendeur est à l'évidence non conforme dans la mesure où la voiture livrée ne correspond pas à celle qui a été commandée (caractéristiques différentes).

968. Mais le terme « conforme » est ensuite employé en second lieu par le Code de la consommation dans le cadre de la garantie de conformité (C. conso., art. L. 211-1 à L. 211-18). On se réfère alors à la nouvelle garantie de conformité afin de pouvoir la distinguer aisément de celle de droit commun contenue dans le Code civil (sur la garantie de conformité, cf. : C. Lièvremont, Manquement du vendeur à son obligation de délivrance, note sous Civ. 1re, 25 juin 2005, n° 02-12.072, JCP, Ed. G., II, 10184). Cette nouvelle garantie de conformité sera étudiée ultérieurement (cf. Infra Titre 2, Les garanties dues par le vendeur et les garanties contractuelles attachées au véhicule, Chapitre 1 La garantie de conformité).

969. Selon le Code civil la délivrance en droit commun se définit comme : « le transport de la chose vendue en la puissance et possession de l'acheteur » (C. civ., art. 1604).
L'obligation de délivrance :
- doit être étudiée tout d'abord en son contenu et ses modalités (Section 1) ;
- doit être conforme aux caractéristiques annoncées par le vendeur (Section 2) ;
- ne concerne pas seulement la délivrance de la chose principale mais également la délivrance des fruits et accessoires de la chose (Section 3) ;
- pesant sur le vendeur doit être satisfaite. Il revient au vendeur de prouver qu'il a satisfait à la délivrance. Si ce n'est pas le cas, des sanctions seront prises à son égard (Section 4).

Section 1 ▪ Contenu et modalités de l'obligation de délivrance

970. L'obligation de délivrance peut être réalisée par le vendeur de différentes manières (sous-section 1), et doit être exécutée à la date prévue (sous-section 2).

Sous-section 1 ▪ Les modalités de la délivrance

971. Selon l'article 1606 du Code civil « La délivrance des effets mobiliers s'opère :
- ou par la remise de la chose ;
- ou par la remise des clefs des bâtiments qui les contiennent ;
- ou même par le seul consentement des parties, si le transport ne peut pas s'en faire au moment de la vente, ou si l'acheteur les avait déjà en son pouvoir à un autre titre ».

972. L'exécution de la délivrance se réalise le plus souvent par la remise matérielle de l'automobile à l'acheteur. Le lieu de délivrance, pour les choses déterminées comme un véhicule, se fera en principe, selon l'article 1609 du Code civil au lieu « où était, au temps de la vente, la chose qui en a fait l'objet...». Les parties peuvent néanmoins toujours se mettre d'accord pour que la délivrance s'opère à un autre lieu.

Sous-section 2 ▪ La date de la délivrance

973. Il est important de préciser que la charge de la preuve de la mise à disposition du bien à l'acheteur dans le délai convenu pèse toujours sur le vendeur. Il ne revient donc jamais à l'acheteur de démontrer que le vendeur n'a pas procédé à la délivrance dans le délai prévu (Civ. 1re, 19 mars 1996, n° 94-14.155).

974. Le moment de la délivrance de l'automobile :
- est en principe celui qui a été convenu par les parties (§1) ;
- en l'absence de précision dans la convention sur le moment de cette délivrance, celle-ci devra se réaliser dans un délai raisonnable (§2) ;
- peut avoir été précisé dans le contrat, mais il se posera alors la question du caractère indicatif ou impératif de ce moment (§3).

§ 1 ▪ Principe : « au temps convenu par les parties »

975. Selon l'article 1610 du Code civil, la délivrance devra s'opérer « dans le temps convenu entre les parties ». Il faudra donc se référer au contenu du contrat de vente automobile pour connaître le moment exact où devra s'opérer la délivrance du véhicule.

§ 2 ▪ Absence d'un délai quelconque de délivrance : le délai raisonnable s'applique

976. Si les parties n'ont pas prévu dans la convention un quelconque délai de délivrance, celle-ci devrait donc s'opérer dès que possible. Toutefois la jurisprudence est venue mettre un correctif à une délivrance immédiate en cette hypothèse en permettant au vendeur de bénéficier d'un délai raisonnable pour opérer cette délivrance (Civ. 3e, 10 avr. 1973, n° 72-11.436, Bull. civ. III, n° 274. Comp. en matière de vente internationale de marchandises, Conv. Vienne 11 avr. 1980, art. 33-c).

977. Ce délai raisonnable est apprécié par les juges du fond au cas par cas, eu égard à la nature du bien et circonstances de la vente. Ainsi ne constitue pas un délai raisonnable un délai de 7 mois et demi pour la livraison d'une automobile neuve et il est logique que le ven-

deur soit condamné à verser à l'acheteur des dommages et intérêts pour retard de livraison (Civ. 1re, 12 oct. 1977, Gaz. Pal. 1978, I, pano. 7).

§ 3 ▪ Exception : une date a été prévue dans la convention

978. Lorsqu'une date a été prévue entre les parties pour la délivrance, celle-ci devra s'effectuer à la date prévue. Toutefois se posera alors la question de savoir si cette date est impérative ou simplement indicative. Faute de précisions dans la convention sur ce point, il reviendra au juge de rechercher la commune intention des parties.

A ▪ Une date impérative

979. Le simple dépassement d'un jour de la date impérative prévue par les parties pour la délivrance du bien pourra donner lieu en principe à résolution de la vente (Civ. 1re, 9 févr. 1977, n° 75-13.275, pour un dépassement de 11 jours ; TI Paris, 9 mars 1977, Gaz. Pal. 1977, Somm. 398 pour un dépassement de 13 jours).
Le retard de délivrance pourra donner lieu, outre la résolution de la vente à une condamnation à des dommages et intérêts, voire à l'application d'une éventuelle clause pénale.

B ▪ Une date simplement indicative

980. Quand la date de livraison est simplement indicative, le juge tiendra compte des usages et des objectifs du contrat pour prononcer une éventuelle résolution de celui-ci.
Ainsi, s'il apparaît qu'une livraison rapide ne constituait pas une condition essentielle de la vente et que l'acheteur était d'accord sur le caractère indicatif de la livraison (CA Versailles, 25 févr. 1987, Gaz. Pal. 1987, II, Somm. 393), la délivrance du bien effectuée postérieurement au délai indicatif n'est pas une cause d'annulation de la vente (toutefois en sens contraire pour une livraison effectuée plus d'un an après passation de la commande : CA Colmar, 22 janv. 1981, Rev. Jur. D'Alsace et de Lorraine, mars 1981, p. 45).

Section 2 ▪ Une délivrance conforme du véhicule

981. Le véhicule qui doit être délivré par le vendeur doit être naturellement celui que l'acheteur a commandé tant dans sa marque que dans son modèle précis.
L'article 1614 du Code civil précise que : « La chose doit être délivrée en l'état où elle se trouve au moment de la vente ». Il revient au vendeur de veiller à la conservation de la chose vendue tant qu'elle n'a pas été délivrée à l'acheteur.

982. En droit commun, pour apprécier la conformité ou non du bien délivré et lorsque le contrat ne précise pas de manière précise les qualités que les marchandises doivent présenter, il faudra se reporter à l'article 1246 du Code civil qui précise que la marchandise doit être de « qualité loyale et marchande ».

983. Il convient de remarquer que la garantie légale de conformité prévue par le Code de la consommation (C. conso., art. L. 211-1 et s.) s'applique uniquement aux ventes de biens entre professionnels et consommateurs.

Le caractère conforme de la délivrance devra s'apprécier par rapport à différentes caractéristiques cumulatives. La délivrance devra être conforme :
- aux normes administratives (sous-section 1) ;
- aux qualités convenues dans le contrat (sous-section 2) ;
- à l'usage recherché par l'acquéreur (sous-section 3).

Sous-section 1 ▪ Une délivrance conforme aux normes administratives

984. Le véhicule délivré doit être obligatoirement conforme aux normes administratives auxquelles il est assujetti.

Ainsi la jurisprudence a considéré que la délivrance n'était pas conforme lorsque le vendeur a délivré à l'acheteur un véhicule automobile volé dont la carte grise a été falsifiée (Civ. 1re, 29 mai 1996, n° 94-15.263, Bull. civ. I, n° 230, D. 1997, somm. 346, obs. O. Tournafond).

La délivrance n'est également pas conforme lorsque le véhicule délivré ne correspond pas aux indications du contrôle technique (Civ. 1re, 29 janv. 2002, n° 99-21.728, Bull. civ. I, n° 35 ; rappr. ; Civ. 1re, 25 janv. 2005, n° 02-12.072, JCP 2005. II. 10184, note C. Lièvremont).

985. Manque également à cette obligation le vendeur qui délivre un véhicule doté d'un moteur qui ne correspond pas à celui mentionné sur la carte grise, étant observé qu'en l'espèce, le véhicule n'était de surcroît pas conforme à la réglementation technique et ne pouvait pas être assuré. Que de ce fait le véhicule ne correspondait naturellement pas aux spécifications convenues entre les parties (Civ. 1re, 25 janv. 2005, n° 02-12.072, JCP 2005. II. 10184, note C. Lièvremont).

Sous-section 2 ▪ Une délivrance conforme aux qualités convenues dans le contrat

986. Le véhicule doit être également conforme aux qualités prévues par les parties dans le contrat de vente

En matière de vente d'automobiles, le manquement à l'obligation de délivrance concerne surtout la différence entre le kilométrage réel et celui affiché au compteur du véhicule.

987. La jurisprudence a en effet toujours considéré que lorsqu'une voiture a été vendue d'occasion avec un kilométrage supérieur à celui affiché au compteur, la délivrance n'était pas conforme. En effet, l'inexactitude d'un kilométrage figurant au compteur est toujours constitutive d'un manquement du vendeur à son obligation de délivrer un véhicule conforme aux spécifications convenues par les parties.

988. C'est le cas par exemple quand le kilométrage réel du véhicule au jour de la vente est le double de celui affiché au compteur (Civ. 1re, 16 juin 1993, n° 91-18.924,D. 1994. 210). Il en va de même pour un véhicule dont le numéro de série avait été falsifié et dont le certificat de vente précisait que le véhicule avait parcouru 132 597 km alors que l'expertise judiciaire ordonnée à la suite d'incidents mécaniques avait révélé que ce kilométrage, au jour de la vente, était au minimum de 178 000 km (Civ. 1re, 15 mars 2005, n° 02-12.497 D. 2005, IR 919 - JCP 2005. IV. 1972).

989. Si le numéro de série frappé sur la caisse d'un véhicule de marque Porsche ne correspond pas au numéro d'origine mentionné sur le certificat d'immatriculation, ceci constitue un manquement à l'obligation de délivrance puisque la livraison de ce véhicule est non conforme aux spécifications contractuelles (Civ. 1re, 24 janv. 2006, n° 04-11.903).

990. Il a été jugé enfin que le vendeur avait manqué à son obligation de délivrance quand un véhicule qui avait été commandé spécialement pour le transport de handicapés s'est révélé par la suite inapte à un tel transport (Civ. 1re, 17 juin 1997, n° 95-13.389, Bull. civ. I, n° 206, Dalloz Affaires 1997. 1218).

Sous-section 3 ▪ Une délivrance conforme à l'usage recherché par l'acquéreur

991. La conformité du véhicule devra s'apprécier par rapport :
- un usage présumé convenu entre les parties (§1) ;
- un usage particulier expressément prévu entre les parties (§2).

§ 1 ▪ Un usage présumé convenu

992. Il arrive parfois que, sans que l'acheteur le précise expressément, l'usage du bien soit présumé être convenu entre les parties. Il peut être ainsi présumé comme convenu que l'acquéreur d'un véhicule automobile entende que celui-ci soit apte par définition à la circulation. Si ce n'est pas le cas, l'acheteur pourra se prévaloir d'un défaut de délivrance conforme.
Ensuite, en cas de litige entre l'acheteur et le vendeur, les juges doivent parfois se référer à des qualités présumées qui n'ont pas été prévues expressément par les parties au contrat.
En une telle hypothèse, les juges prendront en compte les caractéristiques de la chose en considération desquelles la vente a été passée et se référeront aux « qualités de la chose » qui, au regard de la nature de celle-ci, sont « présumées être entrées dans le champ contractuel » (P. Rémy, obs. RTD civ. 1988. 368). Par exemple, quand une personne commande une voiture neuve, quelles sont les caractéristiques que doit présenter un tel véhicule ?

993. En un premier temps, la Cour de cassation a considéré que « la commande d'une chose neuve s'entend normalement d'une chose sans défaut. Dans le cas contraire, l'acheteur est en droit de refuser la livraison » (Civ. 1re, 4 avr. 1991, Bull. civ., I, n° 130 – D. 1992, Somm. p. 201, note crit. O. Tournafond – Contrats, conc., 1991, comm. n° 197, Obs. approb. L. Leveneur). Si ce n'est pas le cas, le bien livré ne sera pas « conforme ».

994. Sur cette notion de véhicule neuf, la chambre commerciale de la Cour de cassation du 15 mars 2011, est venue préciser que « la seule immatriculation d'un véhicule ne suffit pas à lui conférer la qualité de véhicule d'occasion », mais qu'il appartient plutôt de rechercher si le véhicule litigieux a déjà été conduit sur route (Com., 15 mars 2011, n° 10-11.854, C. Bourgeon, Un véhicule déjà immatriculé reste un véhicule neuf, JA n° 831, juil. août 2011, p. 44).
Cela ne sera pas le cas par exemple lorsqu'un client commande une voiture de sport, Renault Alpine A 310, et que celle qui lui est délivrée présente des « ondulations imputables à une maîtrise insuffisante de la peinture sur des coques plastiques ». Il est permis de présumer qu'il entendait acquérir une automobile exempte de tout défaut de peinture, et d'en déduire que le vendeur n'a pas exécuté convenablement son obligation de délivrance (Civ. 1re, 1er déc. 1987, n° 85-12.565, Bull. civ. I, n° 325 ; RTD civ. 1988. 368).

995. Ensuite, dans un deuxième temps, la Haute juridiction dans un arrêt du 3 mai 2006 est venue préciser que « la commande d'une chose neuve s'entend d'une chose n'ayant subi aucune dégradation » (Civ. 1re, 3 mai 2006, n° 04-20.432).
Désormais, donc, en invoquant un manquement à l'obligation de délivrance, l'acheteur d'une chose neuve pourra certes toujours demander la résolution judiciaire de la vente si le véhicule présente un « défaut » (ex. : peinture) non réparé avant la vente, mais surtout il pourra également la solliciter auprès du juge si le bien a été néanmoins réparé. En effet, lors de la vente d'un bien neuf, les parties ont bien convenu que la chose devait être nécessairement neuve, donc par définition sans « défaut » et « n'ayant subi aucune dégradation », fût-ce t'elle réparée. En décider autrement reviendrait à faire accepter aux acheteurs d'une chose neuve une chose différente de celle qu'ils avaient commandée. La résolution judiciaire du contrat de vente est donc admise facilement par le juge lorsque la voiture est neuve et qu'elle présente des défauts, mêmes mineurs.

996. Il convient de souligner que lorsque la vente d'un véhicule a été conclue suite à une petite annonce parue dans un journal et que l'acquéreur constate ensuite que le véhicule n'est pas de première main contrairement à l'annonce et avait été de surcroît gravement accidenté, il est parfois possible de mettre en jeu la responsabilité de l'annonceur lorsqu'il est impossible de retrouver le vendeur. Un arrêt de la deuxième chambre civile de la Cour de cassation a en effet décidé : « Au regard des documents contractuels, la société, en laissant paraître une annonce comportant des mentions erronées sur le nombre des immatriculations antérieures et désignant un véhicule qui avait été gravement accidenté, avait commis une faute ayant concouru au dommage subi par M. Y... » (Civ. 2e, 10 juin 2004, n° 02-19.600 - C. Lièvremont, Journaux de petites annonces automobiles : chronique d'une mort annoncée ?, RRJ 2006-1, pp. 421-428).

§ 2 ▪ Un usage particulier

997. Parfois, même si la chose délivrée par le vendeur est bien celle qui était désignée par le contrat, il peut arriver que son usage ne corresponde pas à celui qui était souhaité par l'acquéreur.

998. Si cette utilisation particulière avait été précisée par l'acheteur lors de la conclusion de la vente, la délivrance ne sera naturellement pas conforme dans la mesure où le bien délivré ne correspond pas à la destination projetée.
Cela sera le cas par exemple si le véhicule qui avait été commandé spécialement pour le transport de handicapés s'est révélé par la suite inapte à un tel transport (Civ. 1re, 17 juin 1997, n° 95-13.389, Bull. civ. I, n° 206, Dalloz Affaires 1997. 1218). En une telle hypothèse, le défaut de conformité à la destination normale du véhicule vendu tient à un vice de réalisation des aménagements demandés pour le transport de personnes handicapées, qui avait entraîné « une surcharge très nette sur l'essieu arrière, surtout côté droit, et un délestage du train avant, d'où une mauvaise tenue de route, usure anormale des pneus avant et des freins arrière ».

Section 3 ▪ La délivrance des fruits et accessoires de la chose

999. Selon l'article 1615 du Code civil : « L'obligation de délivrer la chose comprend ses accessoires et tout ce qui a été destiné à son usage perpétuel ».Les accessoires de l'automobile délivrés sont tout d'abord les accessoires matériels tels que roue de secours, cric et manivelle, etc.

1000. Les accessoires dits juridiques sont ceux qui sont nécessaires pour l'utilisation normale de l'automobile, « pour assurer l'usage licite de la voiture » (Civ. 1re, 26 mars 1963, Bull. civ. I, n° 187). Ils concernent en premier lieu la délivrance de la carte grise du véhicule automobile (Civ. 1re, 26 mars 1963, Bull. civ. I, n° 187 ; Civ. 1re, 22 janv. 1991, n° 89-12.593, Bull. civ. I, n° 23, D. 1991, IR 56 ; Civ. 1re, 29 mai 1996, n° 94-15.263, n° Bull. civ. I, n° 230 - Contrats, conc., consom. 1996, comm. 165, obs. L. Leveneur). La jurisprudence qualifie en effet l'obligation de délivrance de la carte grise d'obligation essentielle (CA Chambéry, 2e ch., 23 janv. 2007, n° 06/01903 : JurisData n° 2007-324208). Ainsi, un particulier qui achète un véhicule qui s'avère avoir été volé et dont la carte grise était falsifiée devra se baser sur le défaut de délivrance, et non pas sur les vices cachés, pour obtenir la résolution de la vente (Civ. 1re, 29 mai 1996, n° 94-15.263).

1001. Mais ils englobent également le carnet d'entretien et le procès-verbal du service des mines (Cf. pour un tracteur routier : Com., 11 déc. 2001, n° 99-10.595, Contrats, conc., consom. 2002, comm. 58), le certificat de non-gage (CA Rennes, 1re ch., 12 déc. 1997 : JurisData n° 1997-049141), les documents administratifs nécessaires à l'immatriculation d'une motocyclette (Civ. 1re, 5 oct. 1994, n° 92-13.319 Contrats, conc., consom. 1995, comm. 4, obs. L. Leveneur), voire la vignette fiscale du véhicule vendu (TI Nîmes, 3 juill. 1969, JCP 1969. II. 16013, note J.A.).

1002. Enfin, ils concernent également le procès-verbal de contrôle technique ainsi que les éventuels procès-verbaux de contre-visite (T. Confl. Bordeaux, 15 sept. 1988, JA 1989, p.114 ; TGI Clermont-Ferrand, 4 avr. 1989, JA 1990, p. 208) qui doivent être impérativement remis à l'acquéreur simple particulier « avant la conclusion du contrat » (art. 3 al. 1, arrêté du 18 juin 1991 relatif à la mise en place et à l'organisation du contrôle technique. NOR : EQUS9100958A).

Section 4 ▪ Preuve et sanctions de l'obligation de délivrance

1003. La non exécution de l'obligation de délivrance une fois démontrée (sous-section 1), celle-ci peut entraîner des sanctions pour le vendeur (sous-section 2),

Sous-section 1 ▪ Preuve de la délivrance

1004. Conformément au droit commun, il appartient toujours au vendeur de démontrer que la délivrance a bien été effectuée afin d'obtenir le paiement du prix. Le vendeur ne peut exiger le paiement du prix du bien s'il n'a pas, au préalable, établi la délivrance de celui-ci (Com., 9 juill. 1991, n° 89-21.999,Bull. civ. IV, n° 253).

1005. L'accomplissement de l'obligation de délivrance se traduit concrètement par l'entrée en possession du véhicule par l'acheteur. Cette opération qui prend la terminologie de réception lorsqu'elle est accomplie sans réserves démontre que l'acheteur a accepté le bien qui lui a été délivré. Si en revanche l'acheteur formule des réserves, notamment lorsqu'un camion-benne a été délivré sans la benne et sans la roue de secours, le vendeur devra naturellement délivrer les éléments manquants (Com., 4 juin 1991, n° 88-17.247, Bull. civ. IV, n° 204, D. 1992, somm. 200, obs. G. Paisant).

Sous-section 2 ▪ Sanctions de l'obligation de délivrance

1006. L'exécution défectueuse de l'obligation de délivrance par le vendeur engage en principe sa responsabilité sauf si celle-ci n'a pu être réalisée du fait de certains événements (§ 1). Lorsque l'obligation de délivrance n'a pas été exécutée, l'acheteur dispose d'un certain nombre de prérogatives (§ 2).

§ 1 ▪ Causes d'exonération de la responsabilité du vendeur

1007. Les causes d'exonération de la responsabilité du vendeur sont en premier lieu la force majeure et le cas fortuit (A), et en second lieu la faute de l'acheteur (B).

A ▪ Force majeure et cas fortuit

1008. L'obligation de délivrance en ce qu'elle consiste à livrer une chose conforme à l'acheteur s'analyse toujours en une obligation de résultat (Cass. 1re civ., 27 mars 1990, n° 87-20.084). L'article 1148 du Code civil prévoit : « Il n'y a lieu à aucuns dommages et intérêts lorsque, par suite d'une force majeure ou d'un cas fortuit, le débiteur a été empêché de donner ou de faire ce à quoi il était obligé, ou a fait ce qui lui était interdit ».
La force majeure se définit selon la Cour de cassation comme un « événement, présentant un caractère imprévisible lors de la conclusion du contrat et irrésistible dans son exécution » (Cass. Ass. plén. 14 avr. 2006, n° 02-11.168, D. 2006. 1577, 2e esp., note P. Jourdain).

1009. Conformément au droit commun, la force majeure, à condition que l'événement soit tout à la fois imprévisible, irrésistible, extérieur à la volonté des parties dispensera donc le vendeur de son obligation de délivrance (cf. pour une vente relative à une pelle mécanique dont le fonctionnement est déficient : Cass. civ., I, 12 juin 1990, n° 88-19318). La preuve de la perte de la chose par cas fortuit pèse toujours sur le vendeur (Com. 19 mars 1963, n° 59-13.102, D. 1963, II, p. 345).

B ▪ Faute de l'acheteur

1010. Selon l'article 1612 du Code civil : « Le vendeur n'est pas tenu de délivrer la chose, si l'acheteur n'en paye pas le prix, et que le vendeur ne lui ait pas accordé un délai pour le paiement ».
Par conséquent, si l'acheteur n'exécute pas ses obligations, le vendeur peut tout à fait lui opposer l'exception d'inexécution prévue par cet article pour refuser d'exécuter la délivrance.

§ 2 ▪ Droits et prérogatives de l'acquéreur

1011. Selon l'article 1610 du Code civil : « Si le vendeur manque à faire la délivrance dans le temps convenu entre les parties, l'acquéreur pourra, à son choix, demander la résolution de la vente, ou sa mise en possession, si le retard ne vient que du fait du vendeur ».
Quand le vendeur n'exécute pas son obligation de délivrance, l'acheteur dispose d'une option entre l'exécution forcée de celle-ci (B) et la résolution judiciaire de la vente (C) et pourra également demander des dommages et intérêts (D). Toutefois, avant toute action judiciaire l'acheteur devra mettre en demeure le vendeur de lui délivrer la chose (A).

A ▪ Mise en demeure de délivrer

1012. Selon l'article 1146 du Code civil : « Les dommages et intérêts ne sont dus que lorsque le débiteur est en demeure de remplir son obligation, excepté néanmoins lorsque la chose que le débiteur s'était obligé de donner ou de faire ne pouvait être donnée ou faite que dans un certain temps qu'il a laissé passer. La mise en demeure peut résulter d'une lettre missive, s'il en ressort une interpellation suffisante ».

1013. En principe, avant la mise en œuvre de l'une de ces deux actions, l'acquéreur, conformément à l'article 1146 du Code civil doit mettre obligatoirement le vendeur en demeure d'exécuter son obligation par lettre simple, recommandée ou par exploit d'huissier de justice.

1014. Par exception à ce principe, l'acheteur peut néanmoins se dispenser d'effectuer une mise en demeure « Lorsque l'obligation ne pouvait être exécutée que dans un temps donné que le débiteur a laissé passer » (Civ. 1re, 14 mars 1962, n° 59-12.946, JCP 1962, IV, 61). Remarquons toutefois que selon la jurisprudence « l'assignation en résolution vaut mise en demeure » (Com., 26 avr. 1977, n° 1972-02-28, Bulletin 1972 IV, n° 118, p. 101).

B ▪ L'exécution forcée

1015. Si l'acheteur souhaite le maintien du contrat, il saisira le tribunal afin d'obtenir la condamnation du vendeur à l'exécution forcée de son obligation de délivrance. Les modalités de l'exécution forcée diffèrent selon que la délivrance ne s'est pas réalisée dans le délai convenu entre les parties ou que la délivrance a porté sur une chose non conforme.

1016. Si à l'échéance prévue par la convention, l'acheteur ne s'est pas vu délivré le bien, il intentera une procédure (au fond ou en référé), afin que le tribunal contraigne le vendeur à lui délivrer, au besoin sous astreinte, le véhicule.
Dans l'hypothèse d'une chose non conforme délivrée (ex. : délivrance incomplète d'un véhicule), l'acheteur pourra demander en justice également l'exécution de la délivrance des pièces manquantes.

C ▪ La résolution judiciaire du contrat de vente

1017. L'acheteur peut préférer mettre fin au contrat. L'article 1184 du Code civil lui permet en effet de demander en justice la résolution si la délivrance est tardive, défectueuse, inaccomplie en partie ou en totalité.

Article 1184 du Code civil :

« La condition résolutoire est toujours sous-entendue dans les contrats synallagmatiques, pour le cas où l'une des deux parties ne satisfera point à son engagement. Dans ce cas, le contrat n'est point résolu de plein droit. La partie envers laquelle l'engagement n'a point été exécuté, a le choix ou de forcer l'autre à l'exécution de la convention lorsqu'elle est possible, ou d'en demander la résolution avec dommages et intérêts. La résolution doit être demandée en justice, et il peut être accordé au défendeur un délai selon les circonstances ».

1018. La gravité du manquement de l'obligation de délivrance sera appréciée de manière souveraine par les juges du fond (Com., 4 juin 1980, n° 78-12.324, Bull. civ. IV, n° 239).
S'agissant d'une délivrance tardive, si dans le contrat de vente d'une automobile neuve figurait, à la demande de l'acheteur, un délai bien précis, le non respect de celui-ci entraine la résolution judiciaire du contrat (Civ. 1re, 9 févr. 1977, n° 75-13.275,Bull. civ. I, n° 78 - D. 1977, IR 260).

1019. En ce qui concerne les délivrances non conformes, il n'y a pas lieu de prononcer la résolution de la vente quand il existe une mention erronée relative à la puissance administrative d'un véhicule sur les documents administratifs dans la mesure où cette erreur n'avait eu aucune incidence sur l'utilisation du véhicule (Civ. 1re, 20 févr. 1996, n° 94-11.276, Bull. civ. I, n° 103). Il a été également jugé que « si la charge utile réelle du véhicule est inférieure à celle dont font état les documents techniques, les insuffisances ainsi constatées ne rendent pas le véhicule impropre à l'usage auquel il est destiné mais en diminuent seulement les possibilités d'utilisation » (Com., 4 juin 1980, n° 78-12.324, Bull. civ. IV, n° 239) et qu'en conséquence la gravité de l'inexécution ne justifiait pas la résolution du contrat.

1020. La résolution emporte l'anéantissement rétroactif du contrat et la remise des choses dans leur état antérieur (Civ. 3e, 22 juin 2005, n° 03-18.624,D. 2005. 3003, note M.-A. Rakotovahiny, JCP 2005. II. 10149, note Y. Dagorne-Labbe) ce qui impose la restitution des prestations déjà effectuées.

1021. En matière de ventes successives, le sous-acquéreur jouit de tous les droits et actions attachés à la chose qui appartenait à son auteur. Il dispose donc contre le vendeur initial d'une action contractuelle directe fondée sur la non-conformité de la chose livrée (Civ. 1re, 22 févr. 2000, n° 97-20731, CCC 2000, no 91, note Leveneur). « L'action résolutoire résultant d'un même défaut de conformité se transmet avec la chose livrée, de sorte que lorsqu'elle est exercée, d'une part, par le sous-acquéreur à la fois contre le vendeur intermédiaire et contre le vendeur originaire, à l'égard duquel le sous-acquéreur dispose d'une action directe contractuelle, d'autre part, par le vendeur intermédiaire contre le vendeur originaire, seule peut être accueillie l'action formée par le sous-acquéreur contre le vendeur intermédiaire et contre le vendeur originaire, le vendeur intermédiaire pouvant seulement agir en ce cas contre le vendeur originaire aux fins de garantie des condamnations prononcées contre lui en faveur du sous-acquéreur » (Civ. 1re, 20 mai 2010, n° 09-10.086, D. 2010. Actu. 1416, obs. Delpech; ibid. 1757, note Deshayes - JCP 2010, no 842, note Boucard - RLDC 2010/73, no 3870, obs. Le Gallou - RDC 2010. 1317, obs. Brun - RTD civ. 2010. 554, obs. Fages - RTD com. 2011. 165, obs. Bouloc). L'acheteur final ne pourra donc demander au vendeur intermédiaire la restitution du prix qu'il lui a payé si le juge a admis son action directe contre le vendeur initial et a prononcé la résolution de la première vente. Par conséquent, le vendeur initial sera obligé de restituer le prix payé par le vendeur intermédiaire à l'acheteur final et ce dernier devra en contrepartie restituer la chose au vendeur initial (Cass. com., 22 mai 2012, n° 11-13086 : JurisData n° 2012-012409 - Bull. civ. 2012, IV, n° 109 - RJDA 2012, n° 759).

1022. Il convient de noter que le vendeur ne peut pas obtenir d'indemnité pour l'usage de la chose dont l'acheteur a profité avant la résolution (Civ. 1re, 11 mars 2003, n° 01-01.673,Bull. civ. I, n° 74 - D. 2003. 2522, note Y.-M. Sérinet ; Comp. : Cass. Ch. mixte 9 juill. 2004, n° 02-16.302,D. 2004. 2175, note C. Tuaillon - JCP 2004. II. 10190, note G. François). Toutefois, si la chose a été dépréciée en raison de son utilisation qui en a été faite par l'acquéreur, le vendeur peut demander à l'acquéreur une indemnité de dépréciation s'il rapporte la preuve de son existence et de son étendue (Civ. 1re, 21 mars 2006, n° 02-19.236, JCP 2006. IV. 1883).

D ▪ Dommages et intérêts et clause pénale

1023. L'acheteur peut parallèlement à une demande en exécution forcée ou en résolution judiciaire demander la condamnation du vendeur à lui verser des dommages et intérêts si la délivrance défectueuse ou l'inexécution du contrat lui a causé un préjudice (Cass. Ch. mixte, 6 juil. 2007, n° 06-13.823).

Article 1611 du Code civil :
« Dans tous les cas, le vendeur doit être condamné aux dommages et intérêts, s'il résulte un préjudice pour l'acquéreur, du défaut de délivrance au terme convenu ».

1024. Certains contrats de vente contiennent parfois une clause pénale qui fixe par avance et de manière forfaitaire les dommages et intérêts dus par les parties en cas de non exécution de leurs obligations. Toutefois les juges peuvent réduire ou augmenter les montants mentionnés dans la convention si ceux-ci sont manifestement exagérés ou dérisoires eu égard à l'importance du préjudice subi.

1025. En effet, selon l'article 1152 du Code civil : « Lorsque la convention porte que celui qui manquera de l'exécuter payera une certaine somme à titre de dommages-intérêts, il ne peut être alloué à l'autre partie une somme plus forte, ni moindre. Néanmoins, le juge peut, même d'office, modérer ou augmenter la peine qui avait été convenue, si elle est manifestement excessive ou dérisoire. Toute stipulation contraire sera réputée non écrite ».

1026. Pour justifier le caractère excessif du montant prévu par la clause pénale autorisant sa réduction, les juges doivent se fonder sur la disproportion manifeste entre l'importance du préjudice effectivement subi et le montant conventionnellement fixé (Com., 11 févr. 1997, n° 95-10.851).

Titre 2 ■ Les obligations de l'acheteur

Par Christophe Lièvremont

BIBLIOGRAPHIE

L'Argus de l'assurance.

Articles. – L. Mercié, La courte prescription de l'action en paiement du prix d'un véhicule, JA n° 818, mai 2010, p. 42.

Autres documentations

Ouvrages. – Code civil, Dalloz éd.

1027. Prévues par le Code civil, les obligations de l'acheteur sont la contrepartie de celles du vendeur.
Toutefois, les obligations pesant sur l'acquéreur sont moins nombreuses et de surcroît plus simples que celles qui pèsent sur le vendeur.
L'obligation essentielle du vendeur est de payer le prix (Section 1 : Le paiement du prix). La deuxième obligation de l'acheteur est de prendre livraison du bien, ce que le Code civil dénomme le « retirement » en matière de livraison de bien meuble (Section 2 : Le retirement).

■ Chapitre 1 Le paiement du prix

1028. L'obligation principale de l'acheteur est de payer le prix (C. civ., art. 1650 à 1656).
Les modalités du paiement concernent le moment, le lieu et les modes de preuve de celui-ci (Sous-section 1 : Les modalités du paiement).
Si l'acheteur ne paie pas le prix, le vendeur pourra à certaines conditions demander à l'encontre de l'acquéreur des sanctions judiciaires (Sous-section 2 : Sanctions du non-paiement du prix).

Section 1 ▪ Modalités du paiement

1029. Selon l'article 1650 du Code civil : « La principale obligation de l'acheteur est de payer le prix au jour et au lieu réglés par la vente. ».
Cette obligation est la contrepartie de l'obligation de délivrance du vendeur puisque selon l'article 1612 du Code civil : « Le vendeur n'est pas tenu de délivrer la chose, si l'acheteur n'en paye pas le prix, et que le vendeur ne lui ait pas accordé un délai pour le paiement. ».

1030. Le montant du prix que doit payer l'acheteur est naturellement celui qui avait été fixé initialement par les parties dans le contrat, sauf référence à une clause d'indexation ou de clause d'ajustement de prix.
Le paiement des frais de la vente et des accessoires sont en principe, selon l'article 1593 du Code civil, à la charge de l'acheteur.

1031. Le paiement du prix, sauf disposition contraire des parties insérée dans la convention, est exécuté au moment de la livraison (C. civ., art. 1651), à condition naturellement que la délivrance ait été effectuée complètement.
Le lieu du paiement du prix est celui de l'endroit où la délivrance du bien s'effectuera (C. civ., art. 1651). Par conséquent, généralement le paiement s'effectuera à l'endroit où la chose se trouvait lors de la conclusion du contrat.

1032. S'agissant de la preuve du paiement, la charge de celle-ci incombe à l'acheteur, en vertu de l'article 1315, alinéa 2, du Code civil qui énonce : « Réciproquement, celui qui se prétend libéré doit justifier le paiement ou le fait qui a produit l'extinction de son obligation. »

Section 2 ▪ Sanctions du défaut de paiement

1033. Le vendeur qui n'a pas été payé par l'acheteur dispose de trois options :
- exercer son droit de rétention (sous-section 1) ;
- exercer une action en paiement du prix (sous-section 2) ;
- exercer une action en résolution de la vente (sous-section 3).

Sous-section 1 ▪ Le droit de rétention

1034. Le droit de rétention permet au créancier qui détient encore la chose de refuser de la délivrer tant que l'acheteur ne lui règle pas ce qu'il lui doit (C. civ., art. 2286).
Notons que la Cour de cassation est venue préciser que le droit de rétention est « un droit réel, opposable à tous, y compris aux tiers non tenus de la dette », et qu'il pouvait être opposables aux sous-acquéreurs (Civ. 1re, 24 sept. 2009, n° 08-10.152). Dans cette espèce, une société mise en liquidation judiciaire a acheté 3 camping-cars, les a immédiatement revendus, sans en payer le prix au vendeur initial. Selon la Cour de cassation, le vendeur initial, qui pouvait légitimement prétendre au paiement du prix des véhicules, pouvait opposer son droit de rétention aux sous-acquéreurs ; « la bonne foi de ceux-ci et l'insolvabilité de la société Hecla tourisme ne pouvant faire dégénérer en abus l'exercice de ce droit ».
Toutefois le droit de rétention du vendeur n'est par définition qu'une solution provisoire.

1035. Si l'acheteur persiste dans son refus injustifié de ne pas payer le prix, le vendeur peut décider de s'orienter vers une action en paiement du prix ou d'une action en résolution de la vente.

Sous-section 2 ▪ L'action en paiement

1036. Selon l'article 2272 alinéa 4 du Code civil, l'action en paiement d'un bien vendu par un professionnel à un particulier se prescrit par un délai de 2 ans.
En revanche l'action en paiement de marchandises vendues entre professionnels se prescrit dans un délai de 10 ans (C. com., art. L. 110-4).

1037. Cette action en paiement du prix consistera pour le vendeur à saisir la juridiction compétente afin de demander la condamnation de l'acheteur à lui verser le prix prévu au contrat ainsi qu'à des dommages et intérêts si le défaut de règlement du prix lui a causé un préjudice.

Sous-section 3 ▪ L'action en résolution de la vente

1038. L'article 1654 du Code civil prévoit que : « Si l'acheteur ne paye pas le prix, le vendeur peut demander la résolution de la vente ».
Pour obtenir la résolution de la vente, le vendeur doit saisir le tribunal compétent. Les juges ne sont jamais obligés de prononcer la résolution qui leur est demandée. Celle-ci est en effet laissée à leur appréciation (Civ. 3e, 20 févr. 1973, n° 72-10.629, Bull. civ. III, n° 147 ; Civ. 1re, n° 92-17.858, 4 janv. 1995, JCP 1995. IV. 536).

1039. Le juge peut, comme dans le cadre de l'article 1184 du Code civil, préférer prononcer l'exécution forcée, voire accorder à l'acheteur un délai de grâce pour le paiement du prix sauf « si le vendeur est en danger de perdre la chose et le prix ». (C. civ., art. 1655) ou encore écarter la résolution en décidant que le versement de dommages et intérêts suffit à réparer le préjudice subit du fait de l'inexécution (Com., 3 nov. 1972, n° 71-10.952, JCP 1972, IV, n° 285).

1040. La résolution judiciaire a pour but l'anéantissement rétroactif de la vente et a pour effet de remettre les choses en l'état antérieur à la vente. L'acheteur devra donc restituer la chose et le vendeur les éventuels acomptes versés par l'acheteur.

▪ Chapitre 2
L'obligation d'enlever le bien vendu : le retirement

1041. Si le vendeur a l'obligation de délivrer la chose à l'acheteur (cf. supra Chapitre 3 L'obligation de délivrance), corrélativement l'acheteur doit en prendre livraison.
Cette obligation de prendre livraison de la chose est appelée « retirement » par le Code civil lorsqu'elle porte sur une chose mobilière (C. civ., art. 1657).

Section 1 . Modalités du retirement

1042. L'opération de retirement consiste à un déplacement concret du bien acheté vers l'acheteur et donc par conséquent en sa détention matérielle.
Selon l'article 1608 du Code civil : « Les frais de la délivrance sont à la charge du vendeur, et ceux de l'enlèvement à la charge de l'acheteur, s'il n'y a eu stipulation contraire ».
Sauf mention contraire dans le contrat de vente, il revient à l'acheteur qui est devenu le propriétaire de la chose de faire procéder au retirement de celle-ci à l'endroit où elle se trouve.

1043. Le contrat peut préciser le délai dans lequel devra s'opérer l'opération de retirement. A défaut, en principe, le retirement devra s'opérer immédiatement après la réalisation de l'opération de délivrance (CA Paris, 5 févr. 1874, DP 1877. 2. 11 ; CA Poitiers, 30 mars 1925, Gaz. Pal. 1925. 2. 207).
Toutefois, remarquons que durant le délai accordé à l'acheteur pour procéder au retirement, le vendeur doit naturellement conserver la chose avec les soins d'un bon père de famille (C. civ., art. 1136 et 1137).

Section 2 . Sanctions du défaut de retirement

1044. L'acheteur est en droit de refuser de retirer la chose vendue dans l'hypothèse d'un cas de force majeure, d'une délivrance tardive, voire de non-conformité de la chose achetée.
En dehors de ces hypothèses spécifiques, l'acheteur est dans l'obligation de procéder au retirement.
A défaut, le vendeur pourra demander en justice :
- soit la résolution de la vente ;
- soit l'exécution forcée de la vente.

1045. Toutefois, le vendeur ne peut solliciter la résolution de la vente pour défaut de retirement lorsque le bien vendu (une fourgonnette d'occasion) est atteint d'un défaut (une fuite d'huile) couvert par la garantie des vices cachés, et dont la révélation autorise l'acheteur à refuser la délivrance (Civ. 1re, 25 mai 1992, n° 89-21.542,Bull. civ. I, n° 166, D. 1992, IR 216).

1046. Le vendeur qui choisit la voie de l'exécution forcée de la vente envers l'acquéreur demandera au juge de prononcer la condamnation de l'acheteur à payer et à retirer le bien.
Attention toutefois, le vendeur doit obligatoirement procéder à une mise en demeure de l'acheteur obligatoire et préalable à son action judiciaire en exécution forcée.

Article 1657 du Code civil

« En matière de vente de denrées et effets mobiliers, la résolution de la vente aura lieu de plein droit et sans sommation, au profit du vendeur, après l'expiration du terme convenu pour le retirement ».

1047. La résolution de la vente de plein droit, conformément à l'article 1657 du Code civil, pourra s'opérer si un terme a été convenu, si le défaut de retirement a été constaté, et qu'enfin le défaut de retirement soit dû au fait de l'acheteur. Contrairement à l'exécution forcée, en matière de résolution de la vente, la mise en demeure n'est pas un préalable obligatoire.

1048. Le juge doit rechercher si le vendeur a bien mis la chose à la disposition de l'acheteur avant l'échéance du terme avant de prononcer la résolution de la vente pour défaut de retirement (Civ. 1re, 24 oct. 2000, n° 98-17.663, Bull. Civ. I, n° 272).
La résolution permet enfin au vendeur de revendre à un tiers le bien vendu mais non retiré (Com., 27 mai 1983, n° 81-16.839, Bull. Civ. IV, n° 155).

Titre 3 ▪ Les effets réels de la vente automobile

Par Christophe Lièvremont

BIBLIOGRAPHIE

Autres documentations

Ouvrages - Bonhomme, La dissociation des risques et de la propriété, Mélanges Calais-Auloy, 2004, Dalloz, p. 69 et s. - F. Pérochon, La réserve de propriété dans la vente de meubles corporels, 1988, Litec.

Articles. - P. Bloch, L'obligation de transférer la propriété dans la vente, RTD civ. 1988. 673. - J.-P. Chazal et S. Vicente, Le transfert de propriété par l'effet des obligations dans le code civil, RTD civ. 2000. 477. - P. Crocq, La réserve de propriété, *in* Commentaire de l'ordonnance du 23 mars 2006 relative aux sûretés, JCP 2006, suppl. au no 20, p. 23 et s. - C. Ducouloux-Favart, Le transfert de propriété, objet du contrat de vente en droit français, allemand et italien, Petites affiches 27 avr. 1990, no 51, p. 21. - M. Fabre-Magnan, Le mythe de l'obligation de donner, RTD civ. 1996. 85. - A. Ghozi, Nature juridique et transmissibilité de la clause de réserve de propriété, D. 1986, chron. 317. -- F. Goré, Le transfert de la propriété dans les ventes de choses de genre, D. 1954, chron. 175 ; Le moment du transfert de la propriété dans les ventes de choses à livrer, RTD civ. 1947. 161. - D. Tallon, Le surprenant réveil de l'obligation de donner (À propos des arrêts de la chambre commerciale de la Cour de cassation en matière de détermination du prix), D. 1992, chron. 67. - D. Von Breitenstein, La clause de réserve de propriété et le risque de perte fortuite de la chose vendue, RTD com. 1980. 43.

1049. Les effets réels de la vente concernent le moment du transfert de la propriété de l'automobile ainsi que le moment de transfert des risques.

1050. Le transfert de la propriété de l'automobile ainsi que le transfert des risques s'opèrent en principe au même moment, ce qui sera abordé dans le Chapitre 1 « Principes relatifs au moment du transfert de propriété et du transfert des risques ». Par contre certains mécanismes juridiques permettent de retarder dans le temps ces moments. Ces mécanismes seront abordés dans un Chapitre 2 « Les exceptions aux principes de transferts immédiats de propriété et des risques.

Chapitre 1
Principes relatifs au moment du transfert de propriété et du transfert des risques

1051. En principe, le transfert de la propriété et des risques sont immédiats (Section 1 et Section 2). Par contre, ces règles n'étant pas d'ordre public, les parties peuvent toujours y déroger de manière conventionnelle (Chapitre 2).

1052. Sauf clause contraire, la propriété et les risques sont en principe transmis à l'acheteur indépendamment de la livraison (C. civ., art. 1583).

1053. Il existe en effet un principe de corrélation entre transfert de propriété et transfert des risques. En résumé, la chose est aux risques du créancier de l'obligation de livrer dès l'instant où il est devenu propriétaire de cette chose par l'effet du contrat, même si la livraison n'a pas été faite, sauf si le débiteur de l'obligation de livrer a été mis en demeure, auquel cas les risques sont à la charge de ce dernier à compter de la mise en demeure.

1054. Dans le contrat de vente, l'acheteur assume les risques de perte à partir du moment où, par l'effet du seul échange des consentements, il est devenu propriétaire, donc bien avant qu'il ne soit entré en possession de la chose.

1055. Par conséquent, si seule la livraison est reportée, l'acheteur n'en devient pas moins propriétaire et supporte la charge des risques dès la conclusion du contrat.

Section 1 Transfert immédiat de la propriété

1056. Le transfert immédiat de la propriété est prévu par l'article 1583 du Code civil. L'article 1583 du Code civil précise en effet : « Elle (la vente) est parfaite entre les parties, et la propriété est acquise de droit à l'acheteur à l'égard du vendeur, dès qu'on est convenu de la chose et du prix, quoique la chose n'ait pas encore été livrée ni le prix payé. » La propriété du véhicule est donc immédiatement transférée à l'acheteur dès qu'il y a eu accord sur la chose et le prix. C'est l'application du principe du consensualisme qui prévaut en droit des contrats.

1057. C'est donc la rencontre des consentements des parties à la vente qui entraîne le transfert immédiat de la propriété de l'automobile.
L'acheteur devenant propriétaire de la chose, il peut donc disposer de celle-ci comme bon lui semble.

1058. Le vendeur voit donc la chose sortir de son patrimoine, il perd en conséquence ses prérogatives de propriétaire sur celle-ci, et cette chose ne pourrait plus être saisie par ses créanciers. Il faut rappeler qu'en droit français, « la preuve de la propriété des biens mobiliers est libre » (Civ. 1re, 19 nov. 2002, n° 00-22.471).

1059. La transmission de la propriété est toujours distincte de la délivrance et de la livraison de la chose vendue. La délivrance constitue une obligation spécifique mise à la charge du vendeur. La livraison, pour sa part, n'incombe pas, en principe, au vendeur

1060. Naturellement, si les conséquences attachées au transfert immédiat de la propriété s'imposent entre les parties, elles ne sauraient, en revanche, s'appliquer à l'égard des tiers que si le contrat leur est valablement opposable.

Section 2 ▪ Transfert immédiat des risques

1061. Le transfert immédiat de la propriété à l'acquéreur entraîne pour ce dernier l'obligation de devoir supporter les risques de perte ou de détérioration de la chose : le transfert immédiat des risques. La charge des risques est liée en effet à la propriété, « res perit domino » (C. civ., art. 1138 al. 2).

1062. Ce sont les articles 1624 et 1138 alinéa 2 du Code civil qui prévoient le transfert immédiat des risques. En effet, l'article 1624 du Code civil précise que « La question de savoir sur lequel, du vendeur ou de l'acquéreur, doit tomber la perte ou la détérioration de la chose vendue avant la livraison, est jugée d'après les règles prescrites au titre "Des contrats ou des obligations conventionnelles en général" ». L'article 1138 alinéa 2 du Code civil ajoute : « Elle rend le créancier propriétaire et met la chose à ses risques dès l'instant où elle a dû être livrée, encore que la tradition n'en ait point été faite, à moins que le débiteur ne soit en demeure de la livrer ; auquel cas la chose reste aux risques de ce dernier ».

1063. Le droit français considère donc que, dès l'instant où le transfert de propriété s'est réalisé de par l'effet du seul échange des consentements, le contrat a produit vis-à-vis de l'acquéreur son principal effet. L'acquéreur-propriétaire doit en conséquence assumer les risques de la chose, même si celle-ci ne lui a pas encore été livrée, l'obligation de livraison qui pèse sur le vendeur n'étant qu'un effet secondaire du contrat. Si la chose vient à périr entre les mains du vendeur et ce avant livraison, l'acquéreur devra néanmoins payer le prix. Il subit en effet la perte de la chose en tant que propriétaire : res perit domino.

1064. Par exemple, si le vendeur prouve en produisant le bordereau d'expédition des ouvrages par les messageries que les livres commandés par l'acheteur lui ont été expédiés même si ce dernier ne les a pas reçus, les risques de leur disparition doivent être supportés par l'acheteur. Il sera donc tenu d'en payer le prix (Civ. 1re, 19 nov. 1991, n° 90-15731, Bull. civ. I, no 325).

1065. Le transfert de la propriété d'un bateau et de ses risques s'opère en principe par la prise de possession matérielle des acquéreurs puis par la mise à disposition de ce bateau résultant de sa mise à flot sans réserve de la part des acheteurs (CA Versailles, 3e Ch., 7 avr. 2006, n° 05/00468, SARL Ambiance Yachting c. / Xatart).

1066. En revanche, toujours en matière de nautisme, si un navire est volé avant qu'il ne puisse être livré à l'acheteur alors même que les parties avaient précisé dans leur convention qu'il revenait au vendeur de procéder aux formalités de transfert de propriété, les risques seront à la charge de l'acquéreur dans la mesure où les co-contractants n'ont pas entendu subordonner le transfert de propriété à la remise des documents administratifs (Civ. 1re, 10 oct. 1995, n° 93-18.457, D. 1995, IR, 246).

1067. Il convient de noter que le transfert immédiat des risques à l'acheteur suppose que la perte du bien mobilier soit du à un cas fortuit. Toutefois, si le vendeur a été mis en demeure de livrer la chose, les risques resteront pour lui.

Chapitre 2

Les exceptions aux principes de transferts immédiats de propriété et des risques

1068. Les principes de transferts immédiats de la propriété et des risques n'étant pas d'ordre public, les parties à la convention peuvent toujours décider d'y déroger. Ces exceptions sont donc, en majorité, des exceptions de nature conventionnelle aux principes vus précédemment.

1069. Toutefois, la loi elle-même déroge, dans une hypothèse particulière, à la règle res perit domino. Il existe en effet une exception légale aux transferts immédiats de la propriété et des risques. C'est l'hypothèse dans laquelle le débiteur de l'obligation de livrer a été mis en demeure de le faire (C. civ., art. 1138 in fine). La mise en demeure, suite à un retard du débiteur dans l'exécution de son obligation de livrer, constitue de sa part une faute. Une telle faute engage donc sa responsabilité à compter du moment où le retard a été formellement constaté par la mise en demeure. À titre de sanction, le législateur renverse donc la charge des risques. Bien que le vendeur ne soit plus le propriétaire, les risques de perte ou de destruction fortuite sont pour lui. Il ne pourra donc plus réclamer à l'acheteur le paiement du prix

1070. Ceci précisé, Il faut rappeler qu'en matière de vente, l'autonomie de la volonté prédomine. Par conséquent, les parties sont toujours libres d'aménager comme elles l'entendent ce double transfert (Cass. req. 26 juin 1935, DH 1935. 414 ; Civ. 1re 24 janv. 1984, n° 82-14841, Bull. civ. I, n° 31).

1071. Le double transfert immédiat de la propriété et des risques peut s'avérer en effet dangereux tant pour l'acheteur que pour le vendeur et les parties peuvent donc de manière conventionnelle aménager ce transfert différemment. Si elles ne le font pas, en ce qui concerne l'acheteur, dans l'hypothèse de la perte de la chose par cas fortuit avant la livraison, l'acquéreur demeure toujours tenu de payer le prix alors que le vendeur est déchargé de la délivrance. S'agissant du vendeur, celui-ci peut parfois se trouver dépouillé de son droit de propriété sur la chose avant d'avoir été payé.

1072. Même si dans les ventes conclues sous condition suspensive ou comportant un terme suspensif le vendeur se réserve en quelque sorte la propriété du bien jusque par exemple au moment du paiement intégral du prix, le mécanisme des clauses de réserve de propriété est juridiquement étranger à ces hypothèses.

1073. La clause de réserve de propriété s'analyse en effet à une clause qui trouve à s'appliquer uniquement en matière de vente à crédit. Cette clause permet au vendeur à crédit de livrer le bien tout en conservant la propriété de celui-ci à titre de garantie jusqu'au paiement complet du bien.

Nous verrons donc dans un premier temps, le mécanisme des clauses de réserve de propriété (Section 1), puis dans un second temps, nous approfondirons le régime particulier des ventes conclues sous condition suspensive ou à terme suspensif (Section 2).

Section 1 ▪ Les clauses de réserve de propriété

1074. Les parties au contrat de vente automobile peuvent toujours déroger au principe posé par l'article 1583 du Code civil (caractère immédiat du transfert de propriété) et souhaiter que le transfert de la propriété se réalise uniquement au moment où l'acheteur s'acquitte du paiement intégral de la voiture. Juridiquement, ils incluront donc dans la convention une clause de réserve de propriété.

1075. L'article 2367 du Code civil prévoit que : « La propriété d'un bien peut être retenue en garantie par l'effet d'une clause de réserve de propriété qui suspend l'effet translatif d'un contrat jusqu'au complet paiement de l'obligation qui en constitue la contrepartie. La propriété ainsi réservée est l'accessoire de la créance dont elle garantit le paiement ».

1076. La clause de réserve de propriété présente une singularité. En effet, toutes les fois où une clause de réserve de propriété figure dans une convention c'est l'acheteur qui est en possession des marchandises et qui, tout en n'étant que propriétaire virtuel, se comporte comme le véritable propriétaire, mais échappera néanmoins aux risques de la chose.

1077. L'intérêt de l'insertion d'une telle clause au contrat sera de tenter de se prémunir de la défaillance ou de l'insolvabilité de l'acheteur.

Cette clause présentera également un grand intérêt si l'acheteur qui ne paie pas à l'échéance convenue est soumis à une procédure collective. Le droit des entreprises en difficultés (loi n° 80-335 du 12 mai 1980 modifiant la loi n° 67-563 du 13 juillet 1967 relative au règlement judiciaire et à la liquidation des biens ; loi n° 85-98 du 25 janvier 1985 ; loi n° 94-475 du 10 juin 1994 ; loi n° 2005-845 du 26 juillet 2005 ; ordonnance n° 2008-1345 du 18 décembre 2008) a toujours reconnu la validité de telles clauses si elles respectaient un certain nombre de conditions (sur les clauses de réserve de propriété en matière de procédures collectives, cf. : C. Souweine, « Revendication du prix de revente par le bénéficiaire d'une clause de réserve de propriété : à la recherche d'une cohérence en droit des entreprises en difficulté », D. 2011. 2617).

1078. Une telle clause pour être valable doit être acceptée par l'acheteur et être nécessairement « convenue par écrit » (C. civ., art. 2368).

Le principal effet de cette clause est de permettre au vendeur (le créancier), à défaut de complet paiement à l'échéance, de « demander la restitution du bien afin de recouvrer le droit d'en disposer » (C. civ., art. 2371 al. 1). Cette demande pourra se faire par le biais d'une action en revendication.

1079. L'obligation de conservation de la chose dans le cadre d'une vente sous réserve de propriété s'analyse en une simple obligation de moyens. Cela sera toujours le vendeur qui doit supporter les risques de perte de la chose vendue, tant que le prix n'a pas été intégralement payé par l'acheteur, car ils sont liés à la propriété de la chose, en application de l'adage res perit domino.

1080. Toutefois, l'acheteur auquel la chose vendue a été livrée et qui se trouve désormais physiquement dans ses locaux n'échappe pas pour autant à toute responsabilité. En effet, à l'instar de tout locataire ou dépositaire, il est tenu d'une obligation de conservation, que la jurisprudence qualifie logiquement d'obligation de moyens, puisqu'elle la fonde sur l'article 1137, alinéa 1er, du Code civil. L'article 1137, alinéa 1er, du Code civil a exigé pendant longtemps que l'acquéreur apporte à la chose acquise « tous les soins d'un bon père de famille ».Cette référence au bon père de famille a été supprimée dans l'article l'article 1137 du code civil par l'article 26 de la loi n° 2014-873 du 4 août 2014 pour l'égalité réelle entre les femmes et les hommes (JO 5 août 2014) et remplacée par celle d'usage « raisonnable ».

1081. Enfin, le mécanisme de la clause de réserve de propriété appelle deux précisions. Tout d'abord, s'agissant de la validité de celle-ci, une telle clause ne peut jamais être imposée par le vendeur sans le consentement express de l'acquéreur. L'article 2268 du Code civil exige en effet que la réserve de propriété soit « convenue par écrit ». Ensuite, en ce qui concerne les effets de la réserve de propriété au cas de défaillance de l'acquéreur, l'article 2371 du Code civil précise « le créancier [en l'espèce, le vendeur] peut demander la restitution du bien afin de recouvrer le droit d'en disposer ». Une telle demande pourra, au besoin, prendre la forme d'une action en revendication.

Section 2 ▪ Les ventes conclues sous condition suspensive ou terme suspensif

1082. Même si les ventes conclues sous conditions suspensives concernent essentiellement les ventes immobilières où le terme consiste en la rédaction d'un acte authentique postérieur à un compromis de vente, en matière mobilière les parties peuvent tout à fait insérer un terme ou une condition dans leur contrat.

1083. La différence entre le terme et la condition est la suivante :
- l'article 1181 du Code civil prévoit que : « L'obligation contractée sous une condition suspensive est celle qui dépend ou d'un événement futur et incertain, ou d'un événement actuellement arrivé, mais encore inconnu des parties » ;
- l'article 1185 du Code civil, pour sa part, définit le terme de la manière suivante : « Le terme diffère de la condition, en ce qu'il ne suspend point l'engagement, dont il retarde seulement l'exécution ».

1084. Toutefois, en pratique si la convention est mal rédigée par les parties, il est parfois difficile de savoir si les parties ont voulu insérer dans leur accord un terme ou une condition. En un tel cas de figure, les juges du fond devront donc rechercher la commune intention des parties.
Les effets de la vente à terme sont différents de ceux de la vente sous condition suspensive.

Sous-section 1 ▪ Les effets de la vente à terme

1085. Dans la vente à terme, tant que le terme n'est pas survenu, le transfert de propriété n'aura pas lieu. Il en ira également de même du transfert des risques. Les parties peuvent par exemple préciser dans le contrat de vente que la vente ne deviendra définitive que lors du paiement intégral du prix par l'acheteur. La vente est alors formée le jour de l'échange des consentements, mais le transfert de propriété et des risques ne se fera qu'ultérieurement : le jour du terme fixé au contrat (ex. : jour du paiement intégral du prix de vente, remise des clefs etc.).

1086. Ainsi, s'agissant d'un navire de plaisance qui a fait naufrage au cours du trajet précédant sa livraison, à partir du moment où dans la commune intention des parties, le transfert de propriété n'avait pas été effectué à la date du naufrage, les risques demeuraient à la charge du vendeur. En effet, en cette espèce, les parties avaient choisi d'insérer un terme suspensif dans leur accord au terme duquel le transfert de propriété était différé jusqu'à la livraison du bateau (Civ., 1re, 7 juill. 1993, n° 91-18.592,Bull. civ. I, n° 254 - D. 1993, IR 208).

Sous-section 2 ▪ Les effets de la vente faite sous condition

1087. L'obligation conditionnelle est la première des obligations dont traite le chapitre IV du titre III du Code civil consacré aux contrats et obligations conventionnelles en général. Dix-sept articles lui sont réservés (C. civ., art. 1168 à 1184).

1088. Selon l'article 1168 du Code civil, la condition est un événement «futur et incertain». D'autres dispositions du même Code expriment également la même idée en parlant d'un événement qui «arrivera» ou «n'arrivera pas» (Ex. : C. civ., art. 1040, 1176 et 1177). Pour autant, comme l'avait très justement relevé Demogue en son temps : «tout événement futur et incertain n'est pas susceptible de jouer le rôle de condition» (RTD civ. 1905, p. 725).

1089. Si la naissance des effets de la vente est suspendue à la réalisation de cet événement : il s'agit alors d'une vente sous condition suspensive. Soit, les effets de la vente se produisent immédiatement mais si la condition se réalise après (l'événement se réalise), ceux-ci seront rétroactivement anéantis : il s'agit alors d'une vente sous condition résolutoire.

.A ▪ Les caractéristiques de la condition

1090. S'agissant de l'événement sur lequel porte la condition, celui-ci peut se définir par deux caractéristiques : l'incertitude de l'événement (1°) et son extériorité par rapport à la volonté des parties (2°).

1 ▪ L'incertitude de l'événement

1091. L'incertitude constitue selon Carbonnier le trait « essentiel » de la condition (J. Carbonnier, Droit civil, t. IV : PUF, éd. 2000, n° 135)

1092. Cette incertitude signifie que l'événement doit obligatoirement être susceptible de se réaliser ou de défaillir.

1093. De manière plus précise, cette incertitude de la condition doit être à la fois objective et subjective. L'événement doit, tout à la fois, paraître incertain pour tout observateur extérieur ainsi que pour les parties elles-mêmes

2 ▪ L'extériorité de l'événement par rapport à la volonté des parties

1094. La condition doit porter sur un événement soumis en partie au moins à des circonstances casuelles, indépendantes de la volonté des contractants.

1095. Cette exigence explique que le Code civil opère une classification des conditions en fonction des éléments de réalisation de l'événement. Les articles 1169 à 1171 distinguent ainsi trois sortes de conditions :
- la condition casuelle qui dépend du hasard et ne dépend donc pas du pouvoir du créancier ou du débiteur (C. civ., art. 1169).
- la condition potestative qui désigne un événement qu'il est au pouvoir de l'un ou l'autre des parties de faire arriver ou d'empêcher (C. civ., art. 1170).
- la condition mixte qui dépend tout à la fois de la volonté de l'une des parties et de la volonté d'un tiers (C. civ., art. 1171).

B ▪ Les effets de la condition

1096. La vente faite sous condition (suspensive ou résolutoire) se forme immédiatement dès la rencontre des volontés des parties, mais elle voit ses effets (transfert de la propriété et des risques) dépendre de la survenance d'un événement futur et incertain. Le Code civil précise que la condition « suspend l'engagement » (C. civ., art. 1185).

1 ▪ Situation des parties pendant l'incertitude

1097. L'engagement sous condition se présente comme une solution intermédiaire entre l'absence d'engagement et l'engagement pur et simple.

1098. Le créancier conditionnel se trouve donc durant la période d'incertitude dans une situation très particulière car :
- l'engagement n'a été pris envers lui que dans l'hypothèse où l'événement se produirait. Il ne peut pendente conditione logiquement en exiger l'exécution. Tant que la condition ne s'est pas réalisée, le débiteur ne doit rien et le créancier ne peut donc exécuter son droit (C. civ., art. 1181, al. 2). En d'autres termes, le débiteur ne peut obliger son créancier à recevoir son paiement. Parallèlement à ceci, le créancier conditionnel ne peut pas davantage procéder à des actes d'exécution ou de poursuites pendente conditione. En revanche, l'inaction du créancier conditionnel pendant la période d'incertitude ne peut se voir sanctionner par la prescription extinctive tant que la condition ne s'est pas réalisée. Selon l'article 2233 du Code civil : « La prescription ne court pas : 1° A l'égard d'une créance qui dépend d'une condition, jusqu'à ce que la condition arrive ... ». Enfin, pendente conditione l'acquéreur conditionnel ne peut en principe user et jouir de la chose ;
- dans la mesure où l'engagement a quand même été pris, le créancier conditionnel dispose nécessairement de prérogatives « intérimaires » qui lui permettent de protéger son acquisition. Il dispose notamment de la faculté de pouvoir prendre des mesures conservatoires (C. civ., art. 1180). Concrètement, le créancier conditionnel a le droit de se faire consentir des sûretés : caution et gage notamment.

2 ▪ Situation des parties après dissipation de l'incertitude

1099. L'incertitude peut disparaître de deux manières : soit la condition ne se réalise pas, soit au contraire elle se réalise.
- Quand la condition ne se réalise pas, l'obligation ne prendra pas naissance. En effet, selon la jurisprudence qui se fonde sur l'article 1181 du Code civil : « la défaillance de la condition suspensive empêche la naissance de l'obligation contractée sous cette condition » (Cass. civ. III, 9 octobre 1974, n° 73-12113, Bull. civ. 1974, III, n° 355). Les parties se retrouvent donc dans la même situation que si elles ne s'étaient jamais engagées dans un contrat ;
- Quand la condition se réalise, selon l'article 1179 du Code civil : « La condition accomplie a un effet rétroactif au jour auquel l'engagement a été contracté... ». Cette rétroactivité a pour

conséquence tout d'abord de rendre valable le paiement anticipé effectué par le débiteur. Elle a ensuite également pour conséquence « qu'une fois la condition réalisée, le caractère rétroactif de la condition, édictée par l'article 1170 du Code civil entraîne, sauf convention contraire des parties, la validité des actes accomplis avant ladite réalisation » (Cass. civ. III, 19 févr. 1976, n° 74-12154, Bull. civ. 1976, III, n° 76).

1100. Il existe toutefois une exception légale au principe de la rétroactivité de la condition. Nous avons vu précédemment en effet que tant que la condition est en suspens, le vendeur supporte les risques de la chose. Si la chose vient à périr et que la condition se réalise ultérieurement, l'application du principe de la rétroactivité devrait avoir pour conséquence que la perte soit supportée par l'acquéreur censé propriétaire dès le jour du contrat.

1101. Une telle solution est cependant écartée expressément par l'article 1182 du Code civil dans son alinéa premier qui précise : « lorsque l'obligation a été contractée sous une condition suspensive, la chose qui fait la matière de la convention demeure aux risques du débiteur qui ne s'est obligé de la livrer que pour le cas de l'événement de la condition ».

1102. Dans la vente faite sous condition suspensive, l'article 1182 du Code civil précise que « Lorsque l'obligation a été contractée sous une condition suspensive, la chose qui fait la matière de la convention demeure aux risques du débiteur qui ne s'est obligé de la livrer que dans le cas de l'événement de la condition ».

1103. Ce même article prévoit enfin la survenance de trois hypothèses de risques :
- si la chose est entièrement périe sans la faute du débiteur, l'obligation est éteinte (C. civ., art. 1182 al. 2).
- si la chose s'est détériorée sans la faute du débiteur, le créancier a le choix ou de résoudre l'obligation, ou d'exiger la chose dans l'état où elle se trouve, sans diminution du prix (C. civ., art. 1182 al. 3).
- si la chose s'est détériorée par la faute du débiteur, le créancier a le droit ou de résoudre l'obligation, ou d'exiger la chose dans l'état où elle se trouve, avec des dommages et intérêts (C. civ., art. 1182 al. 4).

Titre 4 ▪ Les garanties dues par le vendeur et les garanties contractuelles attachées au véhicule

Par Christophe Lièvremont

BIBLIOGRAPHIE

L'Argus de l'assurance.

Articles. L. Mercié, « Le périmètre étendu des préjudices connexes », JA n° 829, mai 2011, p. 44. – L. Mercié, « Le droit de rétractation est réservé aux contrats entre absents », JA n° 827, mars 2011, p. 44. – L. Mercié, « Le maquis du régime des restitutions après résolution », JA n° 823, nov. 2010, p. 44. – L. Mercié, « La portée des clauses d'exclusion de garantie », JA n° 816, mars 2010, p. 44.

1104. Il est important tout d'abord de rappeler un certain nombre d'éléments de terminologie dans la mesure où très souvent les particuliers procèdent à une confusion de par la simple référence au terme « conforme ».

1105. En premier lieu en effet, ce terme est utilisé par le droit civil pour apprécier la délivrance du véhicule prévue par l'article 1604 du Code civil (cf. *Supra*) : obligation de délivrance de droit commun. En cette hypothèse, on se réfère alors à une délivrance conforme. A titre d'exemple, une personne commande auprès d'un concessionnaire une voiture jaune et le vendeur lui livre une voiture bleue. En un tel cas de figure, l'obligation de délivrance pesant sur le vendeur est à l'évidence non conforme dans la mesure où la voiture livrée ne correspond pas à celle qui a été commandée (caractéristiques différentes).

1106. Mais le terme « conforme » est employé en second lieu par le Code de la consommation dans le cadre de la garantie de conformité (C. consom., art. L. 211-1 à L. 211-18). On se réfère alors à la nouvelle garantie de conformité, développée ci-après, afin de pouvoir la distinguer aisément de celle de droit commun contenue dans le Code civil (sur la garantie de conformité, cf. : C. Lièvremont, Manquement du vendeur à son obligation de délivrance, note sous Civ. 1re, 25 juin 2005, n° 02-12.072, JCP, Ed. G., II, 10184).

1107. Comme si cela ne suffisait pas, la confusion dans les esprits des profanes est encore renforcée par le fait que le défaut de conformité au sens du droit de la consommation peut regrouper à la fois le vice caché (C. civ., art. 1641 et s.) et le manquement à l'obligation de délivrance (C. civ., art. 1604 ; sur ce problème, cf. : C. Lièvremont, Manquement du vendeur à son obligation de délivrance, note sous Civ. 1re, 25 juin 2005, n° 02-12.072, JCP, Ed. G., II, 10184).

Chapitre 1
La garantie de conformité

BIBLIOGRAPHIE

L'Argus de l'assurance.

Articles. - Luc Grynbaum, « La concurrence pour objectif », JA n° 862, mai 2014 - L. Namin, « Points d'impacts de la loi Hamon sur le commerce automobile », JA n° 861, avril 2014 - L. Mercié, « Le périmètre étendu des préjudices connexes », JA n° 829, mai 2011, p. 44. – L. Mercié, « Le droit de rétractation est réservé aux contrats entre absents », JA n° 827, mars 2011, p. 44. – L. Mercié, « Le maquis du régime des restitutions après résolution », JA n° 823, nov. 2010, p. 44. – L. Mercié, « La portée des clauses d'exclusion de garantie », JA n° 816, mars 2010, p. 44. R. Maman, « Vente de véhicules d'occasion sur internet : une victoire pour les sociétés « d'enchères » ? », JA n° 850, avr. 2013, p. 44 – L. Mercié, « Vice caché ou défaut de conformité ? », JA n° 836, janv. 2012, p. 44. - Dossier « La responsabilité civile, un risque omniprésent pour les professionnels de l'automobile », JA n° 809, juil.-août 2009 - J. Speroni Le renouveau du droit de la consommation, JA n° 862, mai 2014 ; Une loi sur la consommation « automobile » ? JA n° 862, mai 2014 ; Consommation : La garantie commerciale du constructeur, J. Speroni, JA n° 863, juin 2014.

Autres documentations

Articles. - J. Calais-Auloy, « Une nouvelle garantie pour l'acheteur : la garantie de conformité », RTD civ. 2005. 701. – C. A. De Vincelles et N. Sauphanor-Brouillaud, « Loi du 17 mars 2014 : nouvelles mesures protectrices du consommateur », D. 2014, p. 879 s. - D. Ferrier, Loi du 17 mars 2014 « relative à la consommation »... et pour un encadrement renforcé des relations entre professionnels, D. 2014, p. 889 s. - Ferrier et Martin, JCP 2014, n° 376 (loi en faveur des consommateurs... et de certains professionnels). – Dossier, AJCA 2014. 9 (loi Hamon: quel impact sur les contrats d'affaires). - R. Fabre et D. Mainguy, « Les nouvelles dispositions gouvernant les contrats et la publicité depuis la loi du 18 janvier 1992 », Cah. dr. entr. 3/1992, p. 20 et s. - Grynbaum, RLDI avr. 2014. 73 (loi Hamon : une transposition d'importance). - Julien, LPA 28 nov. 2012 (les contrats du droit de la consommation). - Legrand, LPA 25 avr. 2014 (loi «consommation»: les Sages ont tranché). - A.-M. Leroyer, « Conformité des biens. Transposition de la directive 99/44 », RTD civ. 2005. 483. - G. Paisant, La transposition de la directive du 25 mai 1999 sur les garanties de la vente des biens de consommation, JCP 2005. I. 146. – Minet, RLDA mai 2014. 44 (loi Hamon: le mieux est-il l'ennemi du bien?). - G. Paisant, Vers une définition générale du consommateur dans le code de la consommation, JCP 2013, n° 589 - J.-P. Pizzio, La loi n° 92-60 du 18 janvier 1992 renforçant la protection des consommateurs, ALD 1992. 181. - Picod, Dr. et proc. mars 2014, suppl., p. 2 (loi Hamon : la force des faibles). – Piedelièvre, JCP E 2014, no 1176 (présentation générale). – Prod'homme, LPA 24 nov. 2011 (professionnel et consommateur: une loyauté réciproque?). - Poillot, ibid. (influence du droit de l'Union européenne et primauté de la loyauté: une protection incidente du consommateur?). - G. Raymond, Commentaire de la loi n° 92-60 du 18 janvier 1992 renforçant la protection des consommateurs, JCP, éd. E, 1992. I. 144. - P. Rémy-Corlay, La transposition de la directive 99/44 CE dans le code de la consommation, RTD civ. 2005. 345. - C. Rondey, Garantie de la conformité d'un bien au contrat : la directive du 25 mai 1999 enfin transposée !, D. 2005, chron. 562. - O. Tournafond, La nouvelle « garantie de conformité » des consommateurs. Commentaire de l'ordonnance n° 2005-136 du 17 février 2005 transposant en droit français la directive du 25 mai 1999, D. 2005, chron. 1557 - Quézel-Ambrunaz, RLDC nov. 2008. 65 (la durée de la garantie de conformité dans la transposition de la directive de 1999).

1108. La nouvelle garantie de conformité est instituée par l'ordonnance du 17 février 2005 et codifiée dans les articles L. 211-1 à L. 211-18 du Code de la consommation.

1109. Ces dispositions sur la garantie de conformité des biens meubles vendus aux consommateurs sont issues de la directive communautaire adoptée le 25 mai 1999 : directive 1999/44/CE du Parlement européen et du Conseil de l'Union Européenne « sur certains aspects de la vente et de la garantie des biens de consommation ».

1110. Il convient de souligner que cette nouvelle garantie de conformité offre à l'acheteur consommateur non satisfait un certain nombre de recours spécifiques en plus de ceux que tout acheteur dispose grâce au Code civil : défaut de conformité « de droit commun » (C. civ., art. 1604) dénommé également délivrance conforme et garantie des vices cachés (C. civ., art. 1641 et s.).

1111. Les considérants de la directive de 1999 expriment bien l'ambition de ses rédacteurs :
- la réalisation d'un grand marché au sein de la Communauté Européenne qui ne concerne que les professionnels ;
- la possibilité pour les consommateurs résidant dans un état membre de s'approvisionner librement dans un autre état membre.

1112. Les moyens proposés par la directive européenne de 1999 sont simples et supposés être efficaces selon les institutions communautaires : proposer « la création d'un socle minimal commun des règles de droit de la consommation, valables indépendamment du lieu de vente des biens dans la communauté » (Considérant n° 5). Adopter un « socle minimum commun » suppose non pas une harmonisation intégrale du droit de la vente entre les différents états européens, mais une harmonisation partielle limitée à certains aspects de la vente : la conformité au contrat.

1113. Une fois la directive européenne de 1999 adoptée, encore fallait-il la transposer dans le droit interne des différents États européens. Cette transposition donna lieu à de longs débats car deux possibilités étaient offertes aux États membres de la communauté européenne (CE) pour opérer cette opération juridique : Une transposition large ou stricte.

1114. La France, de par l'existence d'un Code civil qui contient la garantie essentielle des vices cachés (C. civ., art. 1641 et s.), choisit très intelligemment la transposition stricte de la directive de 1999. En effet, choisir l'autre branche de l'alternative aurait eu comme conséquences :
- la disparition pure et simple de la garantie des vices cachés (C. civ., art. 1641 et s.), garantie fondamentale issue directement du droit romain dans la mesure où la directive européenne se réfère uniquement à la conformité au contrat ;
- une diminution de la protection de l'acheteur : en effet le délai de l'action en garantie de conformité est de « deux ans à compter de la délivrance » du bien (C. conso., art. L. 211-12) alors que celui de la garantie des vices cachés est certes également de deux ans, mais « à

compter de la délivrance du vice » (C. civ., art. 1648 al. 1). La différence est donc d'importance.

1115. L'option choisie par la France permet donc concrètement à l'acheteur de toujours bénéficier d'une part des différentes garanties figurant dans le Code civil, ainsi que d'autre part de la nouvelle action en garantie de conformité issue de la directive communautaire de 1999 et transposée en droit français par l'ordonnance du 17 février 2005 (C. conso., actuels art. L. 211-1 à L. 211-18).

1116. Cette protection mise en place par l'ordonnance du 17 février 2005 est d'ordre public. En effet, l'article L. 211-17 du Code de la consommation prévoit : « Les conventions qui écartent ou limitent directement ou indirectement les droits résultant du présent chapitre, conclues entre le vendeur et l'acheteur avant que ce dernier n'ait formulé de réclamation, sont réputées non écrites ».

1117. La loi n° 2014-344 du 17 mars 2014 relative à la consommation (JO 18 mars 2014) introduit dans le code de la consommation un article L. 133-3 ainsi rédigé : « Les conditions générales de vente applicables aux contrats de consommation mentionnent : 1° Selon des modalités fixées par arrêté du ministre chargé de l'économie, l'existence, les conditions de mise en œuvre et le contenu de la garantie légale de conformité et de la garantie relative aux défauts de la chose vendue, dues par le vendeur ; 2° Le cas échéant, l'existence d'une garantie commerciale et d'un service après-vente ».

1118. Le champ d'application de la nouvelle garantie de conformité doit être précisé (Section 1) avant l'examen des conditions de cette garantie (Section 2) ainsi que l'étude de ses effets (Section 3).

Section 1 ▪ Champ d'application de la nouvelle garantie de conformité

1119. Le champ d'application de la nouvelle garantie de conformité peut se définir par la réunion cumulative de trois séries de conditions tenant à la nature du contrat (sous-section 1), à la chose, objet du contrat (sous-section 2) et enfin à la qualité des contractants (sous-section 3).

Sous-section 1 ▪ La nature du contrat

§ 1 ▪ Principe : Tout contrat de vente et contrat assimilable

1120. La nouvelle garantie de conformité du Code de la consommation concerne avant tout « les contrats de vente » (C. consom., art. L. 211-1).
Ensuite, une extension du champ d'application de la nouvelle garantie de conformité est opérée par les textes pour « les contrats de fourniture de biens meubles à fabriquer ou à produire qui sont assimilés aux contrats de vente » (C. consom., art. L. 211-1 al. 1).

§ 2 ▪ Exceptions

1121. L'article L. 211-1 du Code de la consommation exclut deux catégories de contrat de vente du champ d'application de la nouvelle garantie de conformité : les ventes par autorité de justice et les ventes aux enchères publiques.

A ▪ Les ventes par autorité de justice

1122. Les ventes par autorité de justice englobent essentiellement :
- les ventes forcées sur saisie (Décret du 31 juillet 1992, art. 110 à 116) ;
- les licitations aux fins de partage judiciaire (C. proc. civ., art. 1377).

B ▪ Les ventes aux enchères publiques

1123. L'exclusion des ventes aux enchères publiques de la nouvelle garantie de conformité ne concerne que les ventes qui se terminent par une véritable adjudication prononcée par un tiers, ventes dites « au mieux disant ».
En revanche, les opérations de « courtage aux enchères » visées par l'article L. 321-3 du Code de commerce qui concernent les ventes à distance par voie électronique dans lesquelles aucune véritable adjudication n'a lieu et dans lesquelles un tiers intervient, sont en revanche inclues dans le domaine d'application de la garantie de conformité.

1124. La première chambre civile est revenue, dans un arrêt de rejet du 19 février 2013, sur la notion de vente volontaire de meubles aux enchères publiques. En l'espèce, le Conseil des ventes volontaires de meubles aux enchères publiques (CVV), prétendait qu'une société organisait sur son site internet des enchères par voie électronique pour vendre des véhicules d'occasion. La Cour de cassation rejette cette qualification, et estime que l'activité litigieuse n'était pas soumise à la réglementation des ventes volontaires de meubles aux enchères publiques. Pour se positionner en ce sens, elle indique que « la société [...] était un intermédiaire qui mettait en relation vendeurs et acheteurs de véhicules d'occasion et définissait une procédure pour parvenir à la vente sans pour autant la conclure, et que son rôle restait celui d'un courtier ». Elle ajoute que « si la vente était proposée au plus offrant, ce dernier devait, par la suite, procéder seul, sans l'intervention de la société [...], à une nouvelle manœuvre pour confirmer son accord ». Ainsi, le « bien mis en vente n'était pas adjugé à l'issue des enchères » et « le dernier enchérisseur restait libre de ne pas contracter » (Civ. 1re,19 févr. 2013, n° 11-23.287 ; pour aller plus loin, lire R. Maman, Vente de véhicules d'occasion sur internet : une victoire pour les sociétés « d'enchères » ?, JA n° 850, avr. 2013, p. 44).

Sous-section 2 ▪ Les biens meubles corporels

1125. La nouvelle garantie de conformité s'applique uniquement aux ventes qui portent sur « les biens meubles corporels » (C. consom., art. L. 211-1 al. 1), que ces biens concernent des meubles corporels neufs ou d'occasion.
Ainsi, les ventes de véhicule neuf ou d'occasion peuvent bénéficier de cette garantie de conformité, à la condition, il est vrai que la vente litigieuse remplisse naturellement les autres conditions cumulatives.

1126. En revanche, sont donc nécessairement exclues de la garantie de conformité les ventes de biens meubles incorporels (ex. : créances, actions etc.) et les ventes immobilières.

Sous-section 3 • Les contrats entre professionnel et consommateur

1127. La nouvelle garantie de conformité trouve à s'appliquer uniquement pour les contrats conclus entre professionnel et consommateur.
L'article L. 211-3 du Code de la consommation restreint en effet le domaine d'application de la garantie de conformité en fonction de la qualité des contractants : « le présent chapitre est applicable aux relations contractuelles entre le vendeur agissant dans le cadre de son activité professionnelle ou commerciale et l'acheteur agissant en qualité de consommateur ».
Par conséquent, les ventes concernant des véhicules d'occasion conclues entre deux particuliers échappent à cette garantie de conformité issue du Code de la consommation et sont régies par le droit commun (Code civil). Il en va de même des ventes passées entre deux professionnels.

1128. Le vendeur professionnel peut se définir comme le vendeur qui agit « dans le cadre de son activité professionnelle ou commerciale » (C. consom., art. L. 211-3).

1129. Pendant longtemps la définition du consommateur était plus difficile dans la mesure où le droit de la consommation n'avait jamais véritablement défini celui-ci. On pouvait néanmoins tenter de le définir dans son acceptation classique comme « l'acquéreur non professionnel de biens de consommation destinés à son usage personnel » (Vocabulaire juridique, Association H. Capitant, G. Cornu, Paris, PUF, Verbo Consommateur). Cette définition devait être rapprochée de celle donnée par la directive du 25 mai 1999 dans son article premier qui précise : « on entend par consommateur, toute personne physique qui dans les contrats relevant de la présente directive, agit à des fins qui n'entrent pas dans le cadre de son activité professionnelle ou commerciale ».

1130. Cette incertitude sur la notion de consommateur a été dissipée récemment par la loi n° 2014-344 du 17 mars 2014 relative à la consommation (JO 18 mars) dite loi « Hamon ». Cette loi innove, en effet, en introduisant dans la loi française une définition du consommateur. Pour ce faire, elle transpose celle qui avait été retenue par la directive n° 2011/83/UE du 25 octobre 2011 relative aux droits des consommateurs (art. 2).

1131. Le code de la consommation comporte donc désormais un article préliminaire qui précise : « au sens du présent code, est considérée comme un consommateur toute personne physique qui agit à des fins qui n'entrent pas dans le cadre de son activité commerciale, industrielle, artisanale ou libérale » (C. consom., article préliminaire).

Section 2 • Les conditions relatives au défaut de conformité

1132. Ces conditions sont relatives à l'existence même d'un défaut de conformité (sous-section 1), ensuite à son antériorité (sous-section 2), et au fait que l'acheteur doit ignorer celui-ci lors de la délivrance du véhicule (sous-section 3). Enfin, le défaut doit être décelé dans un certain délai (sous-section 4).

Sous-section 1 ▪ L'existence d'un défaut de conformité

1133. L'exigence d'un défaut de conformité dans le bien est mentionnée dans plusieurs textes. L'article L. 211-4 du Code de la consommation oblige le vendeur à « livrer un bien conforme au contrat ». Cette disposition est inspirée de la Convention de Vienne du 11 avril 1980 sur la vente internationale de marchandises qui englobe la conformité aux spécifications contractuelles et la conformité à l'usage auquel le bien est destiné. Pour sa part, l'article L. 211-8 du Code de la consommation précise que « l'acheteur est en droit d'exiger la conformité du bien au contrat ».

1134. Toute la problématique de la définition du défaut de conformité du droit de la consommation réside dans le fait qu'elle recouvre à la fois la conformité relative à l'usage dénommée « conformité fonctionnelle » (notion généralement appréciée en matière de vice caché) et la « conformité au sens du droit commun » (obligation de délivrance). En d'autres termes, le défaut de conformité visé par le Code de la consommation englobe deux défauts prévus par le Code civil et que celui-ci distingue.

1135. Le Code de la consommation adopte donc une vision unitaire et élargie du défaut de conformité.
L'appréciation du défaut de conformité s'opérera différemment selon que le bien a été vendu dans le cadre d'un contrat d'adhésion (« dénomination doctrinale générique englobant tous les contrats dans la formation desquels le consentement de l'une des parties (client) consiste à se décider, à saisir une proposition qui est à prendre ou à laisser sans discussion, adhérant ainsi aux conditions (délais, tarifs, etc.) établies unilatéralement à l'avance par l'autre partie » ; Vocabulaire juridique, Association H. Capitant, PARIS, PUF, 1994 Verbo Adhésion) ou de gré à gré (contrats dénommés également contrats négociés, contrats dans lesquels il y a eu discussion entre les parties pour déterminer les stipulations du contrat de vente).

1136. Ainsi, si la vente procède d'un contrat d'adhésion, il faut pour que la délivrance soit conforme que le bien soit « propre à l'usage habituellement attendu d'un bien semblable » (C. conso., art. L. 211-5 1°). En outre, le Code de la consommation exige également que « le cas échéant » le même bien corresponde à la description donnée par le vendeur et possède les qualités que celui-ci a présentées à l'acheteur sous forme d'échantillon ou de modèles, et qu'il présente les qualités qu'un acheteur peut légitimement attendre eu égard aux déclarations publiques faites par le vendeur, par le producteur ou par son représentant, notamment dans la publicité ou l'étiquetage (C. consom., art. L. 211-5 1° et 2°).

1137. Pour exclure la non-conformité du bien au contrat, un arrêt retient que « la norme française invoquée n'étant pas obligatoire, elle ne saurait correspondre à l'usage habituellement attendu d'un bien semblable en France ; Qu'en se fondant sur une considération générale sans constater que le bien vendu était propre à l'usage habituellement attendu d'un bien semblable, la cour d'appel a privé sa décision de base légale au regard de l'art. L. 211-5 ». (Civ. 1re, 5 févr. 2014, n° 12-27927 : CCC 2014, no 144, obs. Raymond).

1138. Dans le cas où la vente résulte d'un contrat de gré à gré, le bien pour être conforme au contrat doit « présenter les caractéristiques définies d'un commun accord par les parties ou être propre à tout usage spécial recherché par l'acheteur, porté à la connaissance du vendeur et que ce dernier a accepté » (C. consom., art. L. 221-5 2°).

1139. Les illustrations de l'existence d'un défaut de conformité sont nombreuses. En matière de vente d'automobiles, il a été jugé que la différence importante entre le kilométrage réel du véhicule et le kilométrage annoncé par le vendeur constitue une non-conformité qui justifie la résolution de la vente et le remboursement du prix (CA Riom, 7 avr. 2011, Patrice T. c/ SARL Brunelin Pierre : JurisData n° 2011-005516).S'agissant de vente de mobilier, si le défaut d'un canapé ne permet pas de jouir du confort que la bonne tenue de son dossier doit procurer en raison de l'affaissement des coussins et que par conséquent celui-ci rend le canapé livré impropre à l'usage habituellement attendu d'un tel meuble, il y a défaut de conformité du canapé livré (CA Metz, 13 janv. 2011, Mahmoud L. c/ SA Seme, Inédit). Enfin, s'agissant de ventes d'animaux, il a été jugé qu'un chat abyssin doit répondre aux standards de sa race et être exempt de toute malformation pour que la conformité de l'animal délivré avec l'animal acheté soit établie (CA Reims, 8 févr. 2011, Patricia C. B. c/ Pascal D. : JurisData n° 2011-001774 - Contrats, conc. consom. 2011, comm. 180, obs. G. Raymond).

Sous-section 2 ▪ La condition d'antériorité du défaut de conformité

1140. Le défaut de conformité doit exister au moment de la délivrance. Le vendeur est en effet responsable uniquement des défauts qui existent « lors de la délivrance du bien » (C. consom., art. L. 211-4). Si en revanche les défauts ne sont apparus que postérieurement à la délivrance, la nouvelle garantie de conformité ne sera pas due par le vendeur.

1141. Toutefois, la règle de la présomption simple d'antériorité du défaut vient faciliter la preuve de l'antériorité par l'acheteur consommateur. En effet, l'article L. 211-7 du Code de la consommation prévoit qu'en principe : « les défauts qui apparaissent dans un certain délai à partir de la délivrance du bien sont présumés exister au moment de la délivrance ».

1142. La loi n° 2014-344 du 17 mars 2014 relative à la consommation, dite loi « Hamon », a tenu compte des critiques formulées par les auteurs et les praticiens envers la durée très courte de la présomption d'antériorité de six mois qui existait jusqu'à présent. En effet ; Cette loi a, suite à une initiative du Sénat, dans un article 15-1, modifié le délai de cette présomption de six mois en la portant à vingt quatre mois à compter du 19 mars 2016 (C. consom., art. L. 211-7 al. 1). Ce faisant, cette loi aligne la durée de la présomption d'antériorité sur le délai de prescription et renforce donc nettement la situation des consommateurs.

1143. Hélas, ce délai de vingt quatre mois ne concerne toujours pas les meubles d'occasion, ce qui est fort dommage. En effet, la loi « Hamon » a en effet ajouté un alinéa deux à l'article L. 211-7 du code de la consommation qui entrera en vigueur le 19 mars 2016 : « Pour les biens vendus d'occasion, la durée mentionnée au premier alinéa du présent article est ramenée à six mois.»

1144. On ne peut donc que regretter que les biens d'occasions (notamment les pièces de réemploi) soient ainsi envisagés par cette loi du 17 mars 2014 et que la durée de la présomption semble devoir rester, tout du moins pour les prochaines années, à une durée de 6 mois pour cette catégorie de biens. Une telle durée est, en effet, bien trop courte pour des biens de consommation qui ne sont pas neufs.

Code de la consommation, art. L. 211-7 : « Les défauts de conformité qui apparaissent dans un délai de (L. n° 2014-344 du 17 mars 2014, art. 15-I, en vigueur le 18 mars 2016) «vingt-quatre [ancienne rédaction: six]» mois à partir de la délivrance du bien sont présumés exister au moment de la délivrance, sauf preuve contraire.

(L. n° 2014-344 du 17 mars 2014, art. 15-I, en vigueur le 18 mars 2016) « Pour les biens vendus d'occasion, la durée mentionnée au premier alinéa du présent article est ramenée à six mois.»

1145. Le vendeur peut combattre cette présomption si celle-ci n'est pas compatible avec la nature du bien ou le défaut de conformité invoqué ».

1146. Le vendeur peut néanmoins toujours échapper à cette présomption simple de deux manières :
- il peut tout d'abord apporter « la preuve contraire » (C. consom., art. L. 211-7 al. 1) en démontrant que le défaut n'existait pas lors de la délivrance du bien ;
- il peut ensuite prétendre que cette présomption « n'est pas compatible avec la nature du bien ou du défaut invoqué » (C. consom., art. L. 211-7 al. 2).

Sous-section 3 ▪ Le défaut doit être ignoré par l'acheteur

1147. De la même manière qu'en ce qui concerne la garantie des vices cachés, le vendeur ne peut être déclaré responsable pour des vices apparents présents sur le véhicule (C. civ., art. 1642), en matière de défaut de conformité, l'acheteur ne peut invoquer « un défaut qu'il connaissait ou ne pouvait ignorer lorsqu'il a contracté » (C. consom., art. L. 211-8).

1148. Cette solution de bon sens ne peut qu'être approuvée. En effet, il suffit que l'acheteur soit un minimum vigilant lors de la délivrance du véhicule. Dès lors qu'il constaterait un défaut apparent sur celui-ci, on ne peut que lui conseiller d'émettre des réserves afin de pouvoir préserver ses droits.

Sous-section 4 ▪ Le défaut doit être décelé dans un certain délai

1149. La directive 1999/44 du 25 mai 1999 prévoyait que la responsabilité du vendeur « est engagée lorsque le défaut de conformité apparaît dans un délai de deux ans à compter de la délivrance du bien » (art. 5, al. 1). Elle prévoyait également que « ... dans les ventes de biens d'occasion les parties pourront convenir de réduire le délai de deux ans sans pouvoir toutefois le ramener en dessous d'un an » (art. 5, al. 2).

1150. Or lors de la transposition de la directive, la France n'a pas souhaité distinguer le délai selon que le bien soit neuf ou d'occasion. L'article L. 211-12 du Code de la consommation se réfère en effet à un délai unique de deux ans à compter de la délivrance : « l'action résultant du défaut de conformité se prescrit par deux ans à compter de la délivrance du bien ». L'acheteur qui souhaite agir contre son vendeur en garantie de conformité doit donc le faire impérativement dans les deux ans à compter de la délivrance.

1151. Ce délai de deux ans de l'article L. 211-12 du Code de la consommation ne doit surtout pas se confondre avec le délai prévu par l'article 1648 du Code civil relatif à la garantie des vices cachés. Selon l'article 1648 du Code civil : « L'action résultant des vices rédhibitoires doit être intentée par l'acquéreur dans un délai de deux ans à compter de la découverte du vice ». En matière de vices cachés, en effet, le délai ne court qu'à compter de la découverte du vice et non pas à compter de la date de la vente.

1152. Ce délai de prescription extinctive de deux ans relatif à la garantie de conformité nous paraît être extrêmement court pour des biens de consommation tels que les véhicules automobiles. En effet, il arrive fréquemment que des dysfonctionnements apparaissent sur le véhicule plus de deux ans après la délivrance. En un tel cas de figure, en principe, l'action en nouvelle garantie de conformité sera prescrite sauf à considérer qu'en l'espèce il existe éventuellement une cause de suspension (C. civ., art. 2233 à 2239) ou d'interruption de droit commun des délais de prescription (C. civ., art. 2240 à 2256).

1153. L'une des causes fréquentes de suspension du délai résultera d'une expertise demandée avant tout procès et ordonnée par le juge (C. civ., art. 2239). En une telle hypothèse, à la fin de la suspension, la prescription recommencera à courir et sa durée sera en principe égale au reste du délai de deux ans qui n'avait pas encore couru avant la suspension, sans que sa durée ne puisse jamais être inférieure à six mois (C. civ., art. 2238 al. 2 et 2239, al. 2). S'agissant des causes d'interruption, une demande en justice (au fond ou en référé) interrompra le délai de deux ans.

1154. En matière d'interruption de la prescription, il faut rappeler que celle-ci est interrompue par la reconnaissance que le débiteur fait du droit de celui contre lequel il prescrivait (Cass. 1re civ., 5 nov. 2009, Sté Nation-Literie c/ Mme Maria M., pourvoi n 08-14106, arrêt n° 1109, F-D : JurisData ° 2009-050223 - Contrats, conc. consom. 2010, comm. 60, obs. G. Raymond).

Section 3 ▪ Les effets de la nouvelle garantie de conformité

1155. Exception faite de l'hypothèse dans laquelle le vendeur et l'acheteur arrivent à une solution amiable, c'est à l'acheteur qu'il reviendra d'intenter une action en justice afin de pouvoir mettre en œuvre la nouvelle garantie de conformité.

1156. Le Code de la consommation impose à l'acheteur consommateur le choix de la sanction du non-respect de la nouvelle garantie de conformité. La liberté de ce dernier est donc toute relative (Sous-section 1).

Ensuite, l'application de la nouvelle garantie de conformité est exclusive de frais quelconques pouvant être mis à la charge de l'acquéreur mais l'octroi de dommages et intérêts à ce dernier est toujours possible (Sous-section 2).

Les effets de la nouvelle garantie de conformité doivent être ensuite précisés quant aux personnes (Sous-section 3). Enfin, doit être précisée la cohabitation de la nouvelle garantie de conformité avec les actions prévues par le Code civil (Sous-section 4).

Sous-section 1 ▪ Une hiérarchie dans les options offertes à l'acheteur consommateur

1157. Contrairement au Code civil qui laisse l'entier choix des moyens d'action à l'acheteur victime d'un vice caché (C. civ., art. 1644 s.) sur son véhicule entre l'action estimatoire (réduction du prix de vente) et l'action rédhibitoire (résolution de la vente), le Code de la consommation est nettement plus directif en imposant à l'acheteur consommateur ce que certains auteurs dénomment un « mécanisme à double détente » dans lequel l'acquéreur ne dispose jamais véritablement d'une totale liberté de choix quant à l'option proposée.

1158. Dans une première phase, le droit de la consommation tend à favoriser la satisfaction en nature de l'acquéreur (§ I) : réparation ou remplacement du véhicule. Dans une seconde phase, si cette satisfaction en nature est impossible, l'acheteur disposera alors d'une option subsidiaire : restitution du véhicule contre restitution du prix et conservation de l'automobile contre restitution d'une partie du prix (§ II).

§ 1 ▪ Première phase : les remèdes en nature (C. conso., art. L. 211-9)

1159. En principe, le choix de l'option entre réparation et remplacement du véhicule appartient à l'acheteur (A), mais parfois le vendeur peut imposer son choix à l'acquéreur (B). Ces deux options paraissent s'expliquer par le fait que le législateur a souhaité dans la première phase du « mécanisme à double détente » toujours privilégier la satisfaction en nature du consommateur.

A ▪ Principe : le choix de l'option appartient à l'acheteur

1160. L'article L. 211-9 alinéa un du Code de la consommation offre tout d'abord à l'acheteur consommateur une option : « en cas de défaut de conformité, l'acheteur choisit entre la réparation et le remplacement du bien ».
Le choix de l'option appartient donc en principe uniquement à l'acheteur.
Les deux branches de cette option (réparation ou remplacement du bien) exercées par l'acheteur tendent donc toutes deux à l'exécution en nature de la délivrance conforme.

B ▪ Exception : le vendeur peut imposer son choix

1161. L'article L. 211-9 alinéa deux du Code de la consommation précise que : « toutefois, le vendeur peut ne pas procéder selon le choix de l'acheteur si ce choix entraîne un coût manifestement disproportionné au regard de l'autre modalité, compte tenu de la valeur du bien ou de l'importance du défaut ». En une telle hypothèse, cet article impose au vendeur « de procéder, sauf impossibilité, selon la modalité non choisie de l'acheteur ».

1 ▪ La décision du vendeur, par exception, primera sur celle de l'acheteur

1162. Dans le cas où le choix de l'acheteur entraîne un coût manifestement disproportionné au regard de l'autre modalité, compte tenu de la valeur du bien ou de l'importance du défaut, le vendeur pourra choisir la modalité non choisie par l'acheteur.
Par exemple, le vendeur informera l'acheteur qu'il :
- procédera au remplacement au lieu de la réparation du véhicule ;

- procédera à la réparation du véhicule au lieu de son remplacement.

2 ▪ Les conditions du choix imposé par le vendeur

1163. Toutefois ce choix imposé à l'acheteur par le vendeur ne pourra avoir lieu que si :
- le mode de solution choisi par l'acheteur est impossible. Par exemple, le modèle de voiture n'est plus fabriqué et donc ne peut plus être remplacé ;
- ou si l'option choisie par l'acheteur est d'un coût manifestement disproportionné. Par exemple, un véhicule automobile de prestige présente un défaut minime et son propriétaire souhaiterait néanmoins son remplacement pur et simple. Dans la mesure où un tel défaut est susceptible d'être réparé facilement par le concessionnaire, le souhait de l'acquéreur de bénéficier d'un autre véhicule serait déraisonnable et disproportionné.

§ 2 ▪ Seconde phase : les remèdes en valeur (C. consom., art. L. 211-10)

1164. L'article L. 211-10 du Code de la consommation précise :
« Si la réparation et le remplacement du bien sont impossibles, l'acheteur peut rendre le bien et se faire restituer le prix ou garder le bien et se faire rendre une partie du prix.
La même faculté lui est ouverte :
1°) Si la solution demandée, proposée ou convenue en application de l'article L. 211-9 ne peut être mise en œuvre dans le délai d'un mois suivant la réclamation de l'acheteur
2°) Ou si cette solution ne peut l'être sans inconvénient majeur pour celui-ci compte tenu de la nature du bien et de l'usage qu'il recherche.
La résolution de la vente ne peut toutefois être prononcée si le défaut de conformité est mineur ».

1165. Il découle de cet article que lorsque la satisfaction en nature de l'acheteur est impossible (cf. Supra § I), l'inexécution de la vente est aménagée. L'acheteur consommateur disposera alors d'une autre option, mais cette fois-ci subsidiaire :
- résolution du contrat : restitution du véhicule contre restitution du prix ;
- conservation de l'automobile contre restitution d'une partie du prix.

1166. Pour que cette option subsidiaire soit ouverte à l'acheteur, encore faut-il néanmoins que :
- la réparation ou le remplacement du véhicule soit impossible (C. consom., art. L. 211-10 al. 1) ;
- ou les modalités en nature présentent un inconvénient majeur pour l'acheteur (C. consom., art. L. 211-10 2°) ;
- ou le vendeur n'ait pas mis en œuvre la solution initialement choisie au premier stade dans un délai d'un mois (C. consom., art. L. 211-10 1°).

1167. Il convient de remarquer que l'option subsidiaire offerte à l'acheteur n'existe pas lorsque le défaut de conformité est mineur (C. consom., art. L. 211-10 in fine). En effet, quand le défaut est mineur, l'acheteur ne peut jamais obtenir la résolution du contrat (restitution du véhicule contre la restitution du prix). L'acquéreur ne pourra obtenir en une telle hypothèse uniquement la conservation de l'automobile contre une réduction du prix. Cette solution du droit de la consommation semble être conforme à celle retenue par le droit civil dans la mesure où, selon le droit commun, le juge n'est jamais tenu de prononcer la résolution de la vente si le manquement du vendeur à son obligation de délivrance conforme n'est pas assez grave (cf. Supra).

Sous-section 2 ▪ Les frais et dommages et intérêts

1168. L'article L. 211-11 du Code de la consommation en son alinéa premier prévoit que l'application de la nouvelle garantie de conformité au premier ou au second stade précédemment étudié « a lieu sans aucun frais pour l'acheteur ».
Concrètement, le vendeur ne peut donc réclamer à l'acheteur de quelconques frais liés à la mauvaise exécution de la délivrance du véhicule tel que des frais au titre de réparation ou de remplacement.

1169. Par contre, le même article L. 211-11 du Code de la consommation en son alinéa deux précise : « ces mêmes dispositions ne font pas obstacle à l'allocation de dommages et intérêts ».

1170. Remarquons que l'allocation de quelconques dommages et intérêts ne peut se fonder sur des dispositions du Code de la consommation dans la mesure où celui-ci n'en prévoit pas. En revanche, l'octroi d'éventuels dommages et intérêts à l'acheteur est toujours possible en se fondant sur la responsabilité contractuelle (C. civ., art. 1137 et 1147) : manquement du vendeur à ses obligations, existence d'un préjudice et d'un lien de causalité entre le dommage et le manquement.

Sous-section 3 ▪ Les parties contre lesquelles peut être exercée la nouvelle garantie de conformité

1171. L'acheteur consommateur, nous l'avons vu, dispose d'un certain nombre de prérogatives dans le cadre de la nouvelle garantie de conformité.
Tous les droits de l'acquéreur s'exerceront naturellement contre le vendeur qui dans les hypothèses les plus simples aura directement contracté avec le consommateur.

1172. La question est éminemment plus complexe dans les chaînes de contrats de ventes. Hypothèse où par définition le véhicule en cause a fait l'objet de cessions successives. Par exemple, un véhicule a été vendu par A à B qui le revend ensuite à C. L'acheteur en bout de chaîne (C) dispose-t-il d'une action contre le premier vendeur (A) ?

1173. En ce cas de figure, seule l'action récursoire est prévue par le Code de la consommation. L'action récursoire est un « recours en justice de la personne qui a dû exécuter une obligation dont une autre était tenue contre le véritable débiteur de l'obligation pour obtenir sa condamnation » Vocabulaire, Association H. Capitant, Paris, PUF, 1994, Verbo Action – récursoire). L'article L. 211-14 du Code de la consommation précise en effet : « l'action récursoire peut être exercée par le vendeur final à l'encontre des vendeurs ou intermédiaires successifs et du producteur du bien meuble corporel, selon les principes du Code civil ».

1174. L'action directe pour sa part, n'est pas prévue expressément par le Code de la consommation ni par la directive européenne de 1999 même si à l'origine la Commission européenne avait envisagé son existence dans les chaînes de contrats de vente afin de permettre une action directe du consommateur contre chaque vendeur antérieur. L'action directe est une « action en justice que dans certains cas spécifiés (surtout lorsqu'une opération donne lieu à des sous-contrats ou des groupes de contrats), la loi ou la jurisprudence ouvre à une personne contre le débiteur de son débiteur, non point en lieu et place de ce dernier, mais en son nom personnel » (Vocabulaire, Association H. Capitant, Op. Cit., Verbo Direct - action).

Pour autant, en droit civil il ne fait aucun doute qu'un bien qui est transmis à différents acquéreurs l'est également avec ses droits et actions attachés à la chose. Dans ces conditions, une action directe semble être possible à la condition de nuancer les personnes intervenant dans la chaîne de contrats.

1175. De manière schématique, les solutions sont les suivantes :

- Premier exemple : A (vendeur professionnel) revend un véhicule à B (vendeur professionnel) qui le revend à C (consommateur). C ne disposera pas d'une action directe contre A.

- Second exemple : A (vendeur professionnel) revend un véhicule à B (consommateur) qui le revend à C (consommateur). C disposera d'une action directe contre A.

Sous-section 4 ▪ La cohabitation de la nouvelle garantie de conformité avec les autres règles classiques du Code civil

1176. Il arrive fréquemment que l'acquéreur malheureux d'une automobile dispose de plusieurs actions concurrentes basées sur des fondements juridiques différents contre son vendeur. Ses actions sont parfois mêmes contenues dans des Codes différents : Code civil ou Code de la consommation.

1177. Le Code civil contient ainsi des dispositions relatives à la garantie légale contre les vices cachés (C. civ., art. 1641 s., Cf. Infra) et au manquement du vendeur à son obligation de délivrance conforme (C. civ., art. 1604, Cf. Suprà). Le droit de la consommation réglemente pour sa part la nouvelle garantie de conformité (C. consom., art. L. 211-1 à L. 211-18).

1178. Conscient qu'une telle situation peut paraître difficilement compréhensible pour un profane, le législateur est venu préciser que « les dispositions (du Code de la consommation) ne privent pas l'acheteur du droit d'exercer l'action résultant des vices rédhibitoires telle qu'elle résulte des articles 1641 à 1649 du Code civil ou toute autre action de nature contractuelle ou extracontractuelle qui lui est reconnue par la loi » (C. conso., art. L. 211-13).

En vertu donc de ce texte, toutes les fois où un défaut de conformité d'un véhicule peut également constituer un vice caché, le consommateur pourra fonder son action sur l'article 1641 du Code civil ou sur les articles L. 211-1 et suivants du Code de la consommation.

1179. Selon les hypothèses, il pourra être plus judicieux pour l'acheteur de se fonder sur tels textes plutôt que tels autres. Il en ira ainsi notamment lorsque le délai de deux ans de la garantie de conformité sera déjà écoulé ; auquel cas, l'action en garantie des vices cachés pourra être, elle, toujours ouverte dans la mesure où cette action est possible dans les « deux ans de la découverte du vice » (C. civ., art. 1648).

1180. Mais l'article L. 211-13 in fine du Code de la consommation permet également au consommateur d'exercer « toute autre action de nature contractuelle ou extracontractuelle qui lui est reconnue par la loi ».

L'acquéreur pourra donc agir sur le droit commun de la responsabilité contractuelle envers son vendeur, voire en résolution du contrat pour manquement du vendeur à son obligation de délivrance conforme (C. civ., art. 1604).

Chapitre 2
La garantie légale des vices cachés

BIBLIOGRAPHIE

Argus de l'assurance

Articles. – C. Lièvremont, « devoir d'information du garagiste : vers une approche économique du vice caché en automobile », JA mars 2014, n° 860, p. 42 - Dossier « Le vice caché dans l'automobile », JA n° 820, juil.-août 2010, p. 10. - C. Lièvremont, « Y-a-t-il, un manquement à l'obligation d'information quand l'acheteur ignore l'accident et les réparations ? » JA. 2010, p. 42-46. - Procès-verbal de contrôle technique et vices apparents, JA. 2010, p. 42-45. – Rien ne sert de courir, il faut partir à point... (à propos du point de départ du délai en matière de vices cachés), JA, n° 855, Octobre 2013, pp. 44-46 – Vers une approche économique du vice caché en automobile, JA n°860, Mars 2014, pp. 42-45. L. Mercié, La gravité cachée du vice apparent et l'information de l'acquéreur, JA juil.-août 2012, n° 842, p. 42. – L. Arcelin Lécuyer, Garantie des vices cachés: attention à la condition d'antériorité, JA avril 2012, n° 839, p. 42. – L. Mercié, Vice caché ou défaut de conformité ?, JA janv. 2012, n° 836, p. 44.

Autres documentations

Ouvrages. - J. Ghestin, Garantie et conformité dans la vente, 1983, LGDJ. - J. Huet, Responsabilité du vendeur et garantie contre les vices cachés, 1987, Litec. - G.-J. Nana, La réparation des dommages causés par les vices de la chose, 1982, LGDJ.

Articles. - Henry, Contrôle technique et garantie des vices cachés, Contrats, conc., consom., déc. 1992, p. 1. - A. Hervio-Lelong, Le bref délai de l'article 1648 : chronique d'une mort annoncée, D. 2002, chron. 2069. - M.-L. Izorche, Le vendeur professionnel entre vices cachés et jurisprudence hermétique (à propos d'un arrêt de la première chambre civile de la Cour de cassation du 8 juin 1999), D. 2000, chron. 407. - G. Levy, Recherches sur quelques aspects de la garantie des vices cachés dans la vente de véhicules neufs et d'occasion : RTD civ. 1970, notamment, p. 6 s – C. Lièvremont, Journaux de petites annonces automobiles : chronique d'une mort annoncée ?, RRJ 2006-1, p . 421-428 ; Résolution de la vente d'un véhicule d'occasion pour vices cachés et responsabilité de la société de contrôle technique, JCP 2005, Ed. G., II, 10148 ; Indemnités et dommages et intérêts lors de la résolution de la vente d'un véhicule d'occasion pour vices cachés, JCP 2004, Ed. G., II, 10159 ; Nécessité de déterminer toutes les origines des vices cachés affectant la vente d'un véhicule d'occasion pour apprécier le régime de leur garantie, JCP 2004, Ed. G., II, 10112 - G. Paisant, La transposition de la directive du 25 mai 1999 sur les garanties de la vente des biens de consommation, JCP 2005. I. 146. - D. Plantamp, Le particularisme du remplacement dans la vente commerciale, Dalloz Affaires 2000. 243. - C. Radé, L'autonomie de l'action en garantie des vices cachés (à propos de Civ.. 1re. 14 mai 1996), JCP 1997. I. 4009. - H. Roland, Observations sur la vente des véhicules d'occasion, D. 1959, chron. 161. - Y.-M. Sérinet, Erreur et vice caché : variations sur le même thème..., Mélanges Ghestin, 2001, LGDJ, p. 789 et s. - A. Sudaka, Où en est la théorie des vices cachés dans la vente des véhicules d'occasion ?, Gaz. Pal. 1966. 1, doctr. 61. - O. Tournafond, Les prétendus concours d'actions et le contrat de vente (erreur sur la substance, défaut de conformité, vice caché), D. 1989, chron. 237 ; La nouvelle « garantie de conformité » des consommateurs. Commentaire de l'ordonnance n° 2005-136 du 17 février 2005 transposant en droit français la directive du 25 mai 1999, D. 2005, chron. 1557.

1181. Il est des a priori qui ont la vie dure.

Il en va ainsi notamment lorsqu'un particulier se porte acquéreur d'un véhicule neuf ou d'occasion qui se révèle par la suite défectueux. Bon nombre de profanes auront une tendance naturelle à prétendre que leur cher véhicule est atteint d'un vice caché quelque soit le défaut de celui-ci.

1182. Selon le type et la nature du dysfonctionnement dont est atteint l'automobile, cela peut être effectivement le cas, mais pas nécessairement dans la mesure où tout défaut au sens large ne constitue pas toujours un vice caché mais peut relever au contraire d'un autre fondement juridique, d'une autre action (par exemple : manquement à l'obligation de délivrance conforme du droit commun, etc.).

1183. De manière schématique et volontairement simpliste, prenons deux exemples qui illustreront la garantie légale des vices cachés.
Exemple 1 : supposons une personne qui commande une voiture neuve auprès d'un concessionnaire et que, par la suite, la peinture de ce véhicule se révèle avoir été mal réalisée. En une telle hypothèse, un vice caché est caractérisé.
Exemple 2 : un particulier achète auprès d'un autre particulier un monospace d'occasion. Peu de temps après la vente, la boîte de vitesse automatique se révèle défectueuse et nécessite son changement pur et simple. Ce défaut pourra être constitutif également d'un vice caché.

1184. La garantie des vices cachés trouve donc extrêmement fréquemment à s'appliquer dans les ventes automobiles, même si par définition cette garantie ne reste pas cantonnée au seul contrat de vente mais est également applicable aux contrats de bail ou de prêt à usage.
En effet, les automobiles étant de plus en plus complexes dans la mesure où elles comportent fréquemment de l'électronique embarquée ce qui les rapproche plus d'un airbus que d'un véhicule low cost, les dysfonctionnements liés à leur utilisation sont de plus en plus fréquents.

1185. La garantie des vices cachés apparaît donc comme un moyen efficace qui permet de protéger les acquéreurs déçus de l'achat de leur véhicule suite à l'existence sur celui-ci d'un défaut présentant un certain nombre de caractéristiques bien précises. La garantie légale des vices cachés est prévue par le Code civil et est réglementée de manière précise par les articles 1641 à 1649 dudit civil.

1186. Il convient de souligner que toute vente de véhicule ne bénéficie pas nécessairement de la garantie légale des vices cachés. En effet, cette garantie est exclue dans les « ventes faites par autorité de justice » (C. civ., art. 1649), donc des traditionnelles ventes aux enchères dans lesquelles l'acheteur ne peut agir contre son propre vendeur. Toutefois, il est néanmoins possible à l'acheteur de se retourner sur le fondement des vices cachés à l'encontre du fabricant du bien vendu par autorité de justice. Ainsi, une personne qui a acheté une DATSUN dans une vente aux enchères et dont ce véhicule faisait un bruit parasite qui rendait la conduite fatigante a été amenée à se retourner contre le fabricant dans la mesure où ce bruit constituait un défaut de fabrication (Civ. 1re, 3 mars 1992, n° 90-17.040, Contrats, conc., consom. 1992, commm. 112, Obs. L. Leveneur).

Section 1 ▪ Conditions d'application de la garantie des vices cachés

1187. L'article 1641 du Code civil précise : « le vendeur est tenu de la garantie à raison des défauts cachés de la chose vendue qui la rendent impropre à l'usage auquel on la destine, ou qui diminuent tellement cet usage, que l'acheteur ne l'aurait pas acquise, ou n'en aurait donné qu'un moindre prix, s'il les avait connus ».

Sous-section 1 ▪ La preuve du défaut du véhicule

1188. L'exigence de l'existence d'un défaut ou d'une défectuosité découle des termes mêmes de l'article 1641 du Code civil : « défauts cachés de la chose vendue ». La défectuosité empêchera la voiture de rendre de manière satisfaisante le service que l'on attend d'elle. Cela sera par exemple, le mauvais état ou le mauvais fonctionnement du véhicule, l'impossibilité de l'utiliser dans des conditions satisfaisantes, etc.

1189. La charge de la preuve du défaut affectant le véhicule incombera toujours à l'acquéreur. La preuve du défaut pourra être rapportée notamment grâce à une expertise. C'est en effet l'expertise qui permettra de démontrer au juge le caractère incontestable d'un défaut qui peut revêtir de multiples formes sur un véhicule. Nous verrons, dans un premier paragraphe, la charge et les modalités de la preuve du défaut du véhicule, puis dans un second paragraphe, nous illustrerons des défauts qui peuvent affecter un véhicule.

§ 1 ▪ Charge et modalités de la preuve du défaut du véhicule

1190. Conformément aux principes régissant la preuve, il reviendra en effet à l'acquéreur de démontrer par tous moyens que la voiture qu'il a acquise est atteinte d'un défaut. La question de la preuve du défaut se posera donc avec une particulière acuité devant la juridiction saisie d'une demande de résolution de la vente pour vices cachés. En effet, du succès ou non de la preuve incontestable de l'existence d'un défaut du véhicule dépendra ou non le succès de la future procédure judiciaire.

1191. Dans un certain nombre de cas, la preuve sera facile et simple à rapporter par l'acheteur lorsque la causalité entre le trouble et le défaut du bien paraît être évident. Toutefois, dans la majorité des cas, l'acheteur n'aura souvent pas d'autre choix que de recourir à une expertise afin de tenter de rapporter cette preuve.

1192. Par exemple, si un expert judiciaire, après avoir procédé à différentes opérations sur un véhicule, arrive à la conclusion suivante : « la question déterminante à régler est de savoir si la destruction constatée du catalyseur est la cause ou la conséquence des avaries subies par le moteur. Autrement dit, est-ce que cette dégradation est due à une contrainte mécanique (c'est à dire la conséquence d'un choc subi lors de l'accident antérieur) ou bien à une contrainte thermique (c'est à dire la conséquence d'une anomalie d'allumage ou d'injection en engendrant une désagrégation par combustion lente) », il peut suggérer aux parties de l'autoriser à mener des investigations complémentaires moyennant le règlement d'une provision complémentaire pour procéder à une analyse du catalyseur afin de trouver la cause exacte du défaut.

1193. Si l'acheteur refuse la réalisation de cette expertise complémentaire pour des raisons liées à son coût, il prend alors un gros risque pour le succès de son action au fond. En effet, s'il saisit ensuite le juge pour tenter d'obtenir la résolution de la vente pour vices cachés, les juges risquent de le débouter de sa demande aux motifs que « l'expert n'ayant pas retenu que le véhicule, avec lequel M. X avait parcouru 22 368 kms, était au moment de la vente, impropre à sa destination, la cour d'appel n'a pas dénaturé ses constatations et a tiré les justes conséquences de celles-ci en retenant qu'en l'absence d'expertise complémentaire, il ne pouvait être tenu pour acquis que l'accident de février 1999 ait été à l'origine d'une quelconque panne subie trois ans après » (Civ. 1re, 17 juin 2010, n° 09-15.843, JA. 2010, C. Lièvremont p. 42-46).

1194. Si pendant longtemps une expertise privée (dénommée aussi expertise amiable) était considérée comme suffisante par les juges du fond pour intenter avec succès une procédure judiciaire en garantie des vices cachés à l'encontre du vendeur, la jurisprudence actuelle de la Cour de cassation est beaucoup plus réservée sur la force probante d'une simple expertise amiable et sur son opposabilité à l'égard du vendeur (Ch. Mixte, 28 sept. 2012, n° 11-11.381 et n° 11-18.710 – JCP 2012, Ed. G, 1200, note S. Amrani Mekki – RTD Civ. 2012, p. 769 Obs. R. Perrot - RTD Civ. 2012, p. 771 Obs. R. Perrot).

1195. La chambre mixte de la Cour de cassation a en effet considéré : « si le juge ne peut refuser d'examiner une pièce régulièrement versée aux débats et soumise à la discussion contradictoire, il ne peut se fonder exclusivement sur une expertise réalisée à la demande de l'une des parties » (Ch. Mixte, 28 sept. 2012, n° 11-18.710). En d'autres termes, depuis ces arrêts de septembre 2012, le juge ne peut plus se baser exclusivement sur une expertise unilatérale qui démontre un vice caché. Il devra en effet se fonder également sur d'autres pièces versées aux débats par l'acheteur.

1196. Cette nouvelle jurisprudence met donc fin à celle qui permettait de se contenter de produire uniquement en justice une expertise amiable non contradictoire, diligentée par l'une des parties (généralement par sa protection juridique) avant toute procédure judiciaire. En cette ancienne conception, il était admis que cette expertise était valable dans la mesure où elle était ensuite régulièrement communiquée aux parties en litige dans le cadre de la procédure judiciaire. De ce fait, l'expertise devenait en quelque sorte contradictoire « après coup », puisque les parties pouvaient en débattre devant leur juge.
En effet, la Cour de cassation dans un arrêt de principe du 24 septembre 2002 avait considéré que : « tout rapport amiable peut valoir à titre de preuve, dès lors qu'il est soumis à la libre discussion des parties » (Civ. 1re, 24 septembre 2002, n° 01-10.739,JA 2002, p. 624 s. note G. Defrance ; Civ. 1re, 18 oct. 2005, n° 04-15.816 – Civ. 1re, 30 janv. 2007, n° 06-11.581, D. 2008. 2820, obs. P. Delebecque, J.-D. Bretzner et T.).
Désormais donc, cette attitude très compréhensive du juge face à une expertise amiable paraît être révolue.

1197. Certes, pour autant l'expertise amiable n'est pas désormais purement et simplement rejetée du prétoire puisque la chambre mixte précise : « ... le juge ne peut refuser d'examiner une pièce régulièrement versée aux débats et soumise à la discussion contradictoire... ». Toutefois, la chambre mixte apporte un correctif à ce principe, et formule une très grande réserve par rapport à la portée d'une telle expertise amiable. Elle précise en effet que le juge a l'interdiction de se « fonder exclusivement sur une expertise réalisée à la demande de l'une des parties ». En d'autres termes, il faut nécessairement que le demandeur apporte au débat d'autres éléments concordants... Eléments concordants qui seront naturellement laissés à l'appréciation souveraine des juges du fond... Par conséquent, à notre sens l'expertise judiciaire semble devenir incontournable en matière de preuve d'un défaut affectant un véhicule.

1198. Les parties pourront toujours décider, notamment pour des raisons évidentes de coût, de renoncer à une telle expertise mais ils le feront alors à leurs risques et périls. Le danger sera d'autant plus grand que le litige portera sur la vente d'un véhicule neuf qui, par définition, est plus cher que l'acquisition d'une voiture âgée de plus de dix ans qui n'est plus cotée officiellement à la côte de l'Argus.

1199. Il ne faut pas oublier en effet que l'avocat de l'acheteur ne se substitue jamais à l'homme de l'art. L'avocat devra « traduire » le langage technique de l'expert en vocabulaire juridique afin d'obtenir gain de cause dans la procédure au fond pour son client. Comment un résultat identique pourrait être obtenu si l'acheteur ne dispose d'aucun élément technique décrit et expliqué précédemment par un expert judiciaire ?

1200. Il en va de même pour le juge lors de l'élaboration de la décision juridictionnelle en matière de vices cachés. Celui-ci se reportera le plus souvent au rapport d'expertise judiciaire pour fonder sa décision. Une fois encore, si un tel document n'est pas versé aux débats le juge risque de débouter l'acheteur de sa demande, par exemple en annulation de la vente, aux motifs classiques que la preuve de l'existence d'un vice caché n'est pas rapportée en l'espèce...

§ 2 ▪ Illustration des principaux différents défauts pouvant affecter un véhicule

1201. Les défauts qui peuvent affecter un véhicule automobile sont nombreux et variés. Sans en dresser une liste exhaustive, on se contentera de citer à titre d'exemples :

- « Des séquelles d'accident très importantes – sur le véhicule - qui avaient fait l'objet sur les longerons arrière, de réparations grossières, masquées par une quantité de produit blackson importante » décelées par l'expert constituent des défauts assimilés à des vices cachés permettant d'obtenir la résolution judiciaire de la vente (Civ. 1re, n° 01-01.673, JCP 2004, Ed. G., II, 10159, note C. Lièvremont) ;

- le défaut de conception d'un moteur (Civ. 1re, n° 93-13.698, 23 mai 1995, Bull. civ. I, n° 217, D. 1996, Somm. 15, Obs. O. Tournafond) non décelable par l'acquéreur constituant un vice grave rendant le matériel impropre à l'usage auquel il était destiné ;

- une consommation d'essence anormalement élevée (CA Paris, 3 mai 1967, Gaz. Pal. 1967, 2, p. 34, note J. – P. – D.) ;

- L'existence d'un bruit anormal dans le pont arrière d'un véhicule de marque Mercedes (Civ. 1re, n° 97-17.511, 7 mars 2000, D. 2000, IR 102 – Bull. civ. 2000, I, n° 86 p. 58) ;

- une corrosion importante du soubassement d'un véhicule le rendant dangereux (CA Versailles, 3 févr. 1989, D. 1989, IR, 92) ;

- un vice caché de fabrication affectant le réchauffeur d'un véhicule ALFA-ROMEO ayant entraîné l'incendie de l'automobile, défaut connu par le constructeur qui avait alors organisé une campagne de rappel. De surcroît, en l'espèce une faute avait été commise par le concessionnaire qui n'avait pas procédé aux travaux nécessaires sur le véhicule (Com., 3 mai 2012, n° 11-15.154) ;

- vice de conception au niveau du système antipollution d'un véhicule CLIO ce qui a engendré l'encrassement du moteur puis sa détérioration (CA Bastia, 11 janv. 2012, n° 10/00594) ;

- une remise en ligne de la caisse d'une automobile sur marbre dissimulée à l'acheteur (Cass. civ. I, 11 décembre 2013, n° 12-23372 - Vers une approche économique du vice caché en automobile, JA n°860, Mars 2014, pp. 42-45) ;

Sous-section 2 ▪ Gravité nécessaire du défaut

1202. Tout défaut ne peut pas être pris en compte pour fonder une action en garantie des vices cachés. En effet, l'article 1641 du Code civil exige que ces défauts, soit :

- « rendent la chose impropre à l'usage auquel on la destine » (C. civ., art. 1641 In Limine) ;

- ou « diminuent tellement cet usage, que l'acheteur ne l'aurait pas acquise, ou n 'en aurait donné qu'un moindre prix, s'il les avait connus » (C. civ., art. 1641 In Fine).

1203. Cet article pose donc l'exigence que le défaut dont est affecté le véhicule doit impérativement affecter de manière très importante l'usage de celui-ci. On se référera alors selon les décisions de justice et la doctrine tantôt à :

- un vice rédhibitoire (Civ. 1re, n° 09-16.461) ;
- ou à un vice grave (Civ. 1re, 8 janv. 1991, n° 89-17.036).

1204. Cette exigence est appréciée souverainement par les juges du fond. Ce sont en effet ceux-ci qui vont décider si les défauts présents sur le véhicule sont suffisamment graves pour empêcher l'utilisation normale de celui-ci et si l'acheteur peut demander légitimement la résolution du contrat (Com. 4 juin 1980, n° 78.12.234, Bull. civ. 1980, IV, n° 239). Ainsi, si un véhicule présente une charge utile réelle inférieure à celle mentionnée dans les documents techniques, ces insuffisances « ainsi constatées ne rendent pas le véhicule impropre à l'usage auquel il est destiné mais en diminuent seulement les possibilités d'utilisation ». Par conséquent, en l'espèce, les juges ont donc décidé que l'action en résolution du contrat formée par l'acheteur était mal fondée (Com. 4 juin 1980, n° 78.12.234, précitée).

1205. Cette appréciation souveraine de la gravité du vice par les juges varie parfois, dans certaines décisions, selon que l'achat porte sur un véhicule neuf ou d'occasion. En effet, il est normal que « la commande d'une chose neuve s'entende normalement d'une chose sans défaut » (Civ. 1re, 4 avr. 1991, n° 89-17.550, Bull. civ. 1991, I, n° 130 pour une peinture formant, sur certaines parties de la carrosserie de polyester d'une Alpine A 310 des ondulations très légères et perceptibles en éclairage rasant). En revanche, lorsque la voiture est d'occasion, son acheteur doit s'attendre, en raison même de l'usure dont il est averti à un fonctionnement d'une qualité inférieure à celle d'un véhicule neuf.

1206. Un vice rédhibitoire ou un vice grave sera caractérisé :

- si par exemple, le moteur d'un véhicule ne permet pas de dépasser un régime de 2 500 tours minute (Civ. 1re, 8 janv. 1991, n° 89-170-36) ;
- si des réparations ont entraîné sur un 4 x 4 un déficit de puissance du moteur qui diminue l'usage auquel le véhicule était destiné (Civ. 1re, 11 mars 2003, n° 01-10.735, JA juillet-août 2003, p. 376 s.).

1207. Il arrive même parfois que les vices résultent de plusieurs causes : il en va ainsi lorsque ceux-ci résultent tout à la fois de l'accident et de réparations mal effectuées (Civ. 1re, 25 mars 2003, n° 00-21.114, JCP Ed. G, 2004, II, 10112, note C. Lièvremont). La jurisprudence déduit souvent la gravité du vice « du défaut rendant l'utilisation dangereuse du véhicule » (CA Dijon, 14 févr. 1986, Gaz. Pal. 1987, Somm. p. 144 – CA Saint-Denis (Réunion), 4 nov. 1988, Gaz. Pal. 1989, Somm. p. 432 – CA Chambéry, 5 avr. 2000, Juris-Data n° 2000-112075 – JCP Ed. G., 2000, IV, 2774 – CA Metz, 25 avr. 2002, Juris-Data n° 2002-183112 – JCP Ed. G., 2003, IV, 1366).

1208. Le vice grave sera dès lors celui qui rend le véhicule dangereux à conduire pour son conducteur. Ainsi un véhicule qui présentait de nombreuses et importantes avaries telles que « rupture de bielle par défaut de la pièce ou de son montage, une déformation très prononcée d'un longeron par refoulement et écrasement avec éclatement des soudures, ainsi qu'un jeu très important de la timonerie de commande des roues avant » sont constitutives de vices graves qui rendent le véhicule dangereux à conduire (Com., 21 déc. 1971, n° 70-13.868).

C'est également le cas pour un véhicule de marque Porsche qui a « été refait avec deux moitiés de voitures cassées, avec des pièces de récupération » et qui rend le véhicule dangereux (CA Dijon, Ch. B, 14 févr.2003, arrêt n°144 B, Jurisdata 2003-204943).

1209. En revanche, un vice qui affecte uniquement l'agrément d'une automobile, comme des turbulences d'air qui se produisent lors de l'ouverture d'une vitre arrière, ne sera jamais considéré comme suffisamment grave dans la mesure où celui-ci ne rend pas le véhicule impropre à l'usage auquel il est destiné (CA Nîmes, 18 déc. 1980, D. 1983, p. 29, note C. Larroumet. Un tel défaut diminue juste le confort d'utilisation de ce véhicule pour son propriétaire. Ne constitue pas davantage des vices rendant le véhicule impropre à sa destination « le montage à l'envers du pneumatique avant droit, l'usure irrégulière de ce pneumatique et le défaut de parallélisme des pneus avant » (CA Dijon, 27 mars 2003, JA. oct. 2003, p. 525 s.).

1210. Il faut préciser que la gravité du défaut du véhicule est appréciée selon son usage normal. Ainsi si un particulier acquiert une Jaguar de collection immatriculée avec une carte grise de collection et ensuite qu'à l'occasion d'un changement d'immatriculation il se fait délivrer une carte grise normale, une action en garantie des vices cachés fondée sur l'existence de différents défauts (châssis déformé suite à un accident) est vouée à l'échec. Les juges ont considéré en effet que le nouveau propriétaire avait changé la destination de la voiture qui à l'origine, grâce à la carte grise de collection, était destinée au seul usage de collection et n'était autorisée qu'à circuler de manière ponctuelle (Civ. 1re, 24 nov. 1993, n° 92-11.085 et n° 92-11.316 – Bull. civ. 1993, I, n° 347 p. 240).

1211. La Cour de cassation a récemment apporté des précisions intéressantes sur la nécessaire gravité du vice caché (Civ. 1re, 11 décembre 2013, n° 12-23372 - C. Lièvremont, Vers une approche économique du vice caché en automobile, JA n° 860, Mars 2014, pp. 42-45). Le fait de ne pas pouvoir revendre un véhicule à un autre particulier du fait d'un passage au marbre et d'un dépassement des tolérances admises par le constructeur constitue en effet pour la Cour de cassation un vice suffisamment grave, un vice « rédhibitoire » permettant d'obtenir la résolution de la vente. Désormais, l'usage d'une automobile consiste certes à rouler, mais également à pouvoir la revendre à un tiers : simple particulier ou professionnel (Cf. en ce sens : C. Lièvremont, Vers une approche économique du vice caché en automobile, JA n° 860, Mars 2014, pp. 42-45).

1212. Un vice sans importance ne sera pas pris en compte, sauf si naturellement sur le véhicule litigieux d'autres vices graves sont également caractérisés : si « des défauts purement esthétiques décelables lors de l'achat » peuvent être caractérisés sur un véhicule R 25, ceci ne constitue naturellement pas un vice caché. Mais lorsqu'en revanche sur le même véhicule il existe en plus « des défauts d'ordre techniques qui ne l'étaient pas », un vice caché grave pourra être alors caractérisé (Civ. 1re, 4 janv. 1995, n° 92-21.877).

1213. Enfin, il convient de remarquer que le caractère impropre du bien à sa destination est apprécié de manière souveraine uniquement par les juges du fond (juges du premier degré et Cour d'appel) d'où l'importance de bien caractériser l'importance du défaut dès le début de la procédure.

Sous-section 3 ▪ Caractère occulte du défaut

1214. L'exigence du nécessaire caractère caché du vice découle de la juxtaposition des articles 1641 et 1642 du Code civil :
- article 1641 du Code civil : « le vendeur est tenu de la garantie à raison des défauts cachés de la chose vendue ;
- article 1642 du Code civil « le vendeur n'est pas tenu des vices apparents et dont l'acheteur a pu se convaincre lui-même ».

Par conséquent, de par ces textes et de par la signification de l'adjectif « caché », il est évident qu'un vice caché, par définition, ne peut jamais être apparent.

1215. La charge de la preuve du caractère caché du vice pèse toujours sur l'acquéreur : il lui reviendra donc de démontrer que le vice présent sur le véhicule qu'il vient d'acheter était un vice caché. L'exigence du caractère occulte du vice peut paraître être évidente : à compter du moment où l'acheteur connaît le vice dont est atteint le véhicule, il contracte à ses risques et périls et ne peut donc ensuite se plaindre de la défectuosité apparente.
Le vice caché peut donc se définir de manière négative comme celui qui n'est pas apparent (§ 1) et qui n'est pas connu par l'acquéreur (§ 2).

§ 1 ▪ L'exclusion du vice apparent

1216. Une fois défini le vice apparent (A), il faut préciser que son appréciation par les juges sera différente en fonction des qualités de l'acheteur (B),

A ▪ Définition

1217. Le vice est apparent lorsque l'acquéreur aurait dû le déceler lors de ses premières vérifications, lesquelles ont lieu généralement lors de la prise de contact du véhicule et qui doivent témoigner de la part de l'acquéreur d'un minimum de curiosité.

B ▪ Appréciation différente du vice apparent par les juges en fonction de la qualité de l'acheteur

1218. Le juge appréciera toujours de manière souveraine les éléments de preuve pour considérer que le vice dont est affecté le véhicule est ou n'est pas caché (Cass. Req., 22 mai 1900, DP 1900, I, p. 454). Dans cette appréciation souveraine du caractère apparent ou non du vice, le juge se référera parfois à l'importance ou au faible montant du prix de vente du véhicule pour considérer ou non que l'acquéreur aurait dû se douter que celui-ci n'était pas dans un très bon état (Civ. 1re, 13 mai 1981, n° 80-10.876, Bull. civ. 1981, I, n° 165).
L'appréciation par les juges de la diligence que devra démontrer l'acheteur lors de l'achat d'un véhicule est effectuée généralement in concreto : c'est à dire soit, en fonction du bien (neuf ou occasion) et en fonction surtout de la qualité de l'acheteur (professionnel ou particulier). Ceci renvoie donc à la distinction traditionnelle :
- acheteur, simple particulier (1°) ;
- acheteur professionnel (2°).

1 ▪ Acheteur, simple particulier

1219. Le simple particulier peut parfois se rendre compte de l'existence d'un vice apparent en examinant lui même le véhicule (a), mais il peut aussi en prendre conscience en se reportant au procès-verbal de contrôle technique du véhicule (b).

a - Vice apparent décelé par l'acquéreur

1220. Si le vice est apparent sur un véhicule et que néanmoins l'acheteur accepte la délivrance de celui-ci, il paraît logique que l'acquéreur ne puisse se plaindre ensuite d'un défaut qu'il a constaté de visu et qu'il a pourtant accepté. L'acquéreur a en effet contracté à ses risques et périls.

Constituent ainsi des vices apparents sur un véhicule une rouille importante sur sa carrosserie.

1221. Si le véhicule est d'occasion, avant la vente, l'acquéreur aura tout intérêt à l'essayer lors d'un trajet effectué avec le propriétaire afin de pouvoir déceler d'éventuels défauts. Ceci semble être une précaution élémentaire qui semble devoir être incluse dans les vérifications. En effet, ne pas procéder à un essai préalable à la vente pourrait être considéré parfois par les juges comme constitutif d'une « négligence » (Civ. 1re, 22 juin 1999, n° 97-10.027). La jurisprudence est de manière générale assez tolérante envers l'acquéreur qui ne dispose pas de compétences techniques particulières. En effet, on ne lui demandera jamais de procéder sur le véhicule à des vérifications que seul un professionnel pouvait réaliser (Cf. en ce sens en matière immobilière : Cass. 3e civ., 3 nov. 2011, n° 10-21052 : JurisData n° 2011-023712 ; Bull. civ. 2011, III, n° 183 – solution constante en la matière : cf. Cass., ass. plén., 27 oct. 2006, n° 05-18977, D. 2006. AJ 2812, obs. Gallmeister ; RDI 2007. 256, obs. Trébulle ; JCP N 2007. II. 1101, note Leveneur). Un simple particulier se définit généralement comme une personne ne possédant pas de connaissances particulières en automobiles.

1222. C'est donc à tort qu'en matière de nautisme, il a été jugé que « pour débouter l'acheteur de ses demandes, l'arrêt énonce qu'il appartenait à ce dernier, quel que soit son niveau de qualification, de faire procéder aux essais nécessaires et de prendre toute initiative utile pour s'assurer de l'absence de vice affectant les moteurs, seule une sortie en mer, en présence de techniciens, étant de nature à établir ces vices, ce qui, compte tenu du prix du navire, constituait une précaution élémentaire ... » alors même qu'une expertise amiable préalable avait révélé le défaut affectant l'autre moteur (Cass. 1re civ., 26 sept. 2012, n° 11-22399 : JurisData n° 2012-021468 - Bull. civ. 2012, I, n° 192).

1223. En revanche, l'absence de compétences particulières chez un particulier ne l'empêche pas de procéder sur le véhicule à un examen superficiel ou à des vérifications élémentaires, soit à des diligences minimales.

1224. Il en va ainsi de l'usure prématurée de pneumatiques sur un véhicule d'occasion dont tout à chacun peut se rendre compte lui-même. En un tel cas de figure, il est donc impossible au particulier de prétendre à l'existence d'un vice caché suite à un accident de la circulation causé par l'éclatement d'un pneu de ce véhicule (Civ. 2e, 6 févr. 1964, Bull. civ. 1964, II, n° 121).

1225. Il en va de même lorsqu'un particulier achète un véhicule de marque PEUGEOT modèle 403 avec un état avancé de corrosion. C'est donc à tort que « pour accueillir la demande et ordonner la restitution partielle du prix de vente à l'acquéreur sur le fondement de la garantie des vices cachés, le juge de proximité énonce que le rapport de l'expert désigné par M. X... est « tout à fait éloquent sur l'état extrêmement dégradé du véhicule acheté «, que « les photographies sont également parlantes quant à l'état avancé de corrosion «, et « qu'il est manifeste que ce véhicule a été négocié à un prix nettement surévalué eu égard à son état de décrépitude en partie lié à son âge (45 ans) ». En effet, il résultait des propres constatations du premier juge que les vices dont étaient affectés le véhicule étaient apparents, tant pour l'expert que pour l'acquéreur qui avait pu se convaincre lui-même (Cass. 1re civ., 1er juill. 2010, n° 09-14900 : JurisData n° 2010-010724 - Contrats, conc. consom. 2010, comm. 243, obs. L. Leveneur).

1226. En revanche, un défaut, un vice qui aura été camouflé par l'un des précédents propriétaires du véhicule sera nécessairement caché. C'est le cas notamment lorsque l'expert a pu constater « Des séquelles d'accident très importantes – sur le véhicule - qui avaient fait l'objet sur les longerons arrière, de réparations grossières, masquées par une quantité de produit blackson importante » (Civ. 1re, n° 01-01.673, JCP 2004, Ed. G., II, 10159, note C. Lièvremont).

1227. L'hypothèse la plus fréquente en pratique sera celle d'un véhicule acheté qui a été précédemment accidenté et ensuite mal réparé voire plus ou moins bien maquillé afin que l'acheteur ne puisse s'en apercevoir :

- C'est le cas d'un véhicule gravement accidenté avant la vente et non réparé selon les règles de l'art (Civ. 1re, 25 mars 2003, n° 00-21.114, JCP Ed. G, 2004, II, 10112, note C. Lièvremont).
- Ainsi, lorsqu'un particulier se porte acquéreur d'un véhicule d'occasion présentant des défectuosités sur la coque qui avaient fait l'objet de dissimulation au moyen de toiles peintes, d'un véritable camouflage, de tels vices sont nécessairement cachés (Civ. 1re , 26 févr. 1960, Bull. civ. 1960, I, n° 134).
- Cela a également été le cas pour un artisan qui achète un camion benne, alors que ce véhicule a été gravement accidenté. En effet, l'un de ses précédents acquéreurs l'a acquis à l'état d'épave et l'a ensuite réparé au mépris des règles de l'art, notamment en s'abstenant de remplacer le bloc moteur. La Cour de cassation a considéré avec raison en l'espèce qu'un vice caché était caractérisé outre l'existence d'une fraude pour prononcer la résolution de la vente (Civ. 1re, 13 déc. 2005, n° 03-16.815).

1228. S'agissant du problème des réparations effectuées correctement, selon les règles de l'art sur un véhicule, il faut préciser que pour la Cour de cassation si « le véhicule avait été réparé convenablement aux dires de l'expert, qu'il avait été l'objet d'un contrôle technique n'ayant révélé aucune anomalie et que l'expert n'avait pas relevé que le prix de vente ait été excessif pour un véhicule accidenté, les juges du fond ont souverainement retenu que même si l'acquéreur avait été informé de l'accident survenu en 1999, il l'aurait tout de même acheté » (Civ. 1re, 17 juin 2010, n° 09-15.843, JA 2010, p. 42-46 note C. Lièvremont).

b - Vice apparent constaté par le contrôleur technique

1229. Si le vice apparent peut être décelé par l'acheteur en examinant le véhicule qu'il projette d'acheter, l'acquéreur peut également s'en rendre compte en lisant le procès verbal du contrôle technique du véhicule si ce dernier est âgé de plus de quatre ans (Sur le contrôle technique en général, cf. : La responsabilité du contrôleur technique, G. Defrance, JA. 2003, pp. 622-624 ; Les nouveautés du contrôle technique, G. Defrance, JA. 1995, pp. 488-491).

1230. En effet, tout propriétaire de voiture particulière ou de camionnette de plus de quatre ans doit la soumettre à un contrôle technique dit « ordinaire » dans les six mois précédant les quatre années à compter de la date de sa première mise en circulation et ensuite à un contrôle technique périodique renouvelé tous les deux ans. Ce contrôle a notamment pour but de vérifier l'état général des véhicules. Il n'exonère pas pour autant le propriétaire du véhicule de le maintenir en bon état de marche et en état satisfaisant d'entretien conformément aux dispositions du Code de la route et des textes pris pour son application (art. 1er, al. 2. arrêté du 18 juin 1991 relatif à la mise en place et à l'organisation du contrôle technique. NOR: EQUS9100958A). À l'origine, limité à 52 points, ce contrôle en comporte désormais 125 points et cela depuis le 1er janvier 2008.

1231. En cas de vente d'un véhicule âgé de plus de 4 ans, un contrôle technique dénommé « pour la revente » est également exigé et doit être fait moins de 6 mois avant la transaction. Toutefois, en sont exemptés les véhicules ayant subi un contrôle technique dans les 6 mois précédant la date de demande d'établissement du nouveau certificat d'immatriculation. Ce contrôle technique « pour la revente » a le même contenu que celui dit « ordinaire » et incombe au vendeur qu'il soit un professionnel de l'automobile ou non. Cependant, en cas de vente de ce véhicule à un acheteur professionnel, le vendeur n'est pas assujetti à cette obligation (art. 3 al. 1, arrêté du 18 juin 1991 précité).

1232. Chaque contrôle technique doit donner lieu à un procès-verbal qui « décrit notamment les contrôles effectués et les défauts constatés » (art. 6 al. 1, arrêté du 18 juin 1991 précité) sachant que « les contrôles sont effectués sans aucun démontage » (art. annexe I, 1°) et que les défauts les plus importants nécessitent une contre-visite (art. 7, arrêté du 18 juin 1991 précité).

1233. Naturellement, si le contrôleur technique n'effectue pas correctement sa mission, il pourra engager sa responsabilité contractuelle envers son client, mais également sa responsabilité délictuelle envers un tiers (l'acheteur) sur le fondement de l'article 1382 du Code civil (Cf. en ce sens : CA Douai, 1ère Ch. Section 1, 5 avr. 2004, SARL TUV DCTA Autosur c. / Godinou, JCP Ed. G, 2005, II, 10148, note C. Lièvremont).
Il faut souligner que le procès-verbal du contrôle technique ainsi que les éventuels procès-verbaux de contre-visite doivent être remis impérativement à l'acquéreur, simple particulier, « avant la conclusion du contrat » (art. 3 al. 1, arrêté du 18 juin 1991 précité) afin que celui-ci puisse contracter en toute connaissance de cause.

1234. Ne pas les remettre à l'acheteur pourrait d'ailleurs donner lieu à la résolution de la vente pour inexécution de l'obligation de délivrance de l'article 1615 du Code civil (TC. Bordeaux, 15 sept. 1988, JA. 1989, 114 ; TGI Clermont-Ferrand, 4 avr. 1989, JA. 1990, 208) (sur la résolution judiciaire de la vente pour non respect de l'obligation de délivrance, cf. Supra).

1235. En effet, dans le cadre d'une vente d'une automobile, ces documents permettent à l'acquéreur de savoir si le véhicule qu'il projette d'acheter répond aux impératifs élémentaires de sécurité fixés par l'arrêté (anomalie importante de fonctionnement du frein de service, niveau de réservoir de liquide de frein, détérioration de disques de freins, corrosion perforante d'amortisseurs etc.) et s'il répond également aux normes de pollution (opacité excessive des fumées d'échappements et teneur en dioxyde de carbone et valeur du lambda des gaz d'échappement etc.).

1236. Indépendamment de la délivrance à l'acheteur du carnet d'entretien et des éventuelles factures de réparations, le procès-verbal de contrôle technique est donc intéressant par les renseignements techniques qu'il dispense même si les défauts constatés l'ont été sans démontage. D'ailleurs les juges le soulignent régulièrement : « le contrôleur technique n'ignore pas l'usage qui est fait de son bilan, obligatoire pour procéder à une vente... » (CA Toulouse, 2ème Ch. 13 sept. 2000, D. 2001, p. 2328).

1237. En présence d'un contrôle technique soulignant des vices graves et des contre-visites obligatoires, il est raisonnable de penser qu'un acheteur potentiel ne devrait pas en principe contracter. La réalité est un peu différente.
En effet, les offres de vente de véhicules âgés, de petite cylindrée affichant un kilométrage au compteur important et mentionnant que le contrôle technique a démontré plusieurs défauts nécessitant une contre-visite obligatoire, sont de plus en plus nombreuses. Sur internet, les annonces précisent dans le même temps que la contre-visite n'a pas été réalisée. Un certain nombre de transactions se conclut dans ces conditions et engendre ensuite, dans la plupart des cas, la survenance de litiges entre vendeur et acheteur. En de telles hypothèses, le vendeur peut-il échapper à sa responsabilité en arguant que les défauts mentionnés sur le procès-verbal du contrôle technique sont des vices apparents ?

1238. Il est arrivé parfois que certaines décisions, notamment celles émanant des juges du fond, ont considéré que « le contrôle technique même s'il énumère des défauts à corriger avec contre-visite ne constitue pas une source de renseignements suffisante pour révéler un vice caché à l'acquéreur, « simple particulier » et qu'il en résulte que M. X... n'établit pas que celui-ci avait connaissance de l'état du véhicule avant la vente » (Jur. prox. Fort-de-France, 20 juil. 2006, Inédit). Une telle position revient certes à conférer une protection maximale à l'acquéreur simple particulier mais l'assimile selon nous à une personne dénuée de tout discernement.

1239. La Cour de cassation dans un arrêt très important daté du 19 novembre 2009 a infirmé la décision précédente en précisant : « en se déterminant ainsi sans préciser si les vices rendant le véhicule impropre à sa destination relevés lors de l'expertise effectuée après la panne n'étaient pas également révélés par les défauts mentionnés par le contrôle technique alors que le vendeur n'est pas tenu des vices apparents et que le rapport établi à la suite d'un tel contrôle peut révéler, par des énonciations claires et compréhensibles pour tout acquéreur, l'existence de vices rendus de la sorte apparent, la juridiction de proximité a privé sa décision de base légale » (note C. Lièvremont sous Civ. 1re, 19 nov. 2009, n° 08-14.460, Procès-verbal de contrôle technique et vices apparents, JA. 2010, p. 42-45).

1240. Ce faisant, la Haute juridiction confère une portée très importante au contenu clair et compréhensible du procès-verbal de contrôle technique qui faisait état de nombreux défauts, dont certains nécessitaient une contre-visite obligatoire (art. 7, arrêté du 18 juin 1991 précité). Elle confère donc une valeur indicative très importante au contenu du procès-verbal contrairement aux juges du fond qui avaient souligné le caractère insuffisant de cette « source de renseignements » en tenant compte de la qualité de simple particulier de l'acheteur. Pour la Cour de cassation, les énonciations figurant sur le procès-verbal de contrôle sont « claires et compréhensibles pour tout acquéreur », donc par définition même pour un non professionnel de l'automobile.

1241. La solution de la Cour de cassation est éminemment protectrice pour le vendeur, qui était en l'espèce également un simple particulier et nous semble être l'illustration d'un bon équilibre contractuel. En effet, si le vendeur est tenu de fournir des informations à l'acheteur sur la chose qu'il propose de vendre, l'acheteur doit néanmoins faire preuve d'un minimum de curiosité : emptor debet esse curiosus (« l'acheteur doit être curieux ») notamment envers le contenu du procès-verbal de contrôle technique.

1242. Par conséquent, si l'acheteur après lecture des défauts nécessitant une contre-visite, avait éprouvé certains doutes sur l'état réel du véhicule et le montant des travaux à effectuer, il lui était tout à fait possible de demander l'avis d'un garagiste pour parfaire son opinion.

1243. Ainsi, dans le prolongement de cette décision de principe datée de 2009, la Cour de cassation a rappelé depuis, à de nombreuses reprises, que c'est à bon droit qu'une Cour d'appel a pu décider qu'« après avoir constaté que le procès-verbal de contrôle technique du 18 octobre 2007 mentionnait l'état de corrosion avancé du châssis, l'arrêt retient que le vice ainsi décrit était apparent lors de la vente et n'était susceptible de fonder un recours en garantie que si sa gravité était cachée » (Cass. com., 13 mars 2012, n° 11-14459 : JurisData n° 2012-004269).

2 ▪ Acheteur professionnel

1244. L'acheteur professionnel est celui qui acquiert l'automobile dans et pour l'exercice de sa profession.

Lorsque cet acheteur professionnel est en présence d'un vendeur qui est un simple particulier, on considère que le premier est doté de compétences techniques qui lui permettent aisément de se rendre compte de l'état réel du véhicule proposé à la vente et par conséquent qu'il peut déceler plus facilement qu'un profane un éventuel vice sur le véhicule.

1245. Ainsi dans une espèce soumise devant la Haute juridiction, il a été jugé que deux garagistes qui avaient acheté un tracteur agricole à un agriculteur n'avaient pu ignorer les défectuosités du tracteur dans la mesure où ils étaient des professionnels spécialisés dans la vente du matériel agricole. Par conséquent, de telles défectuosités (« conséquences de l'usage du moteur, normales sur un objet d'usage ») ne pouvaient constituer à l'égard d'acheteurs professionnels un vice caché (Civ. 1re, 18 déc. 1962, Bull. civ. 1962, I, n° 554).

1246. La vente peut ensuite s'opérer entre deux professionnels de même spécialité. Il en va ainsi lorsque des entrepreneurs de transport achètent un nouveau camion à un grand garage contre la reprise d'un camion d'occasion et que ce dernier véhicule avait coulé une bielle au cours d'un voyage d'essai accompli par les parties quelques semaines avant la vente. Ceci prouvait bien que le moteur se trouvait en état d'usure avancée et que la réparation effectuée était un expédient n'offrant aucune garantie et que tout chauffeur de camion un tant soit peu expérimenté sait interpréter le sens d'une bielle coulée. Par conséquent, les deux chauffeurs de profession devaient connaître au moment de la vente l'état défectueux du moteur et aucun vice caché ne peut donc être caractérisé en l'espèce (Com., 5 oct. 1965, Bull. com. 1965, n° 481). En un tel cas de figure, l'appréciation de l'existence d'un éventuel vice sur le véhicule est effectuée par les juges de manière sévère.

1247. Il convient de noter que même en présence d'acheteurs professionnels, la Cour de cassation interdit toujours aux juges du fond de conclure à l'existence d'un vice sur un véhicule uniquement de par leur qualité de professionnels. Il faut en effet que les juges du fond recherchent impérativement si au moment de la vente l'acquéreur professionnel pouvait se rendre compte de l'existence d'un vice (Com., 25 mai 1982, n° 80-14.368, Bull. civ. 1982, IV, n° 201 pour une vente d'un tracto-chargeur agricole entre des professionnels du matériel agricole).

§ 2 ▪ L'exclusion du vice connu par l'acheteur

1248. En principe, lorsque le vice est connu par l'acheteur, il ne peut être considéré comme un vice caché car le défaut est présumé être accepté. En effet, le vendeur n'est jamais tenu des vices « dont l'acheteur a pu se convaincre lui-même » (Civ. 3e, 3 oct. 1969, Bull. civ. 1969, III, n° 624 ; Civ. 1re, 3 juil. 1985, n° 83-14.477, Bull. civ. 1985, I, n° 210 ; Civ. 3e, 16 nov. 1988, n° 87-14.988, Bull. civ. 1988, III, n° 164).

En revanche, attrait par l'acheteur dans une procédure destinée à constater l'existence d'un vice caché et à prononcer la résolution de la vente, il reviendra au vendeur de démontrer que son cocontractant connaissait l'existence de ce vice.

1249. Néanmoins, par exception à ce qui précède, il arrive parfois qu'un tel vice soit pris en compte par le juge pour prononcer la résolution de la vente.

En pratique, cette hypothèse concerne celle où dans le cadre d'une procédure judiciaire pour vice caché le vendeur, afin de tenter d'échapper à sa responsabilité, produit une attestation d'un témoin qui précise que l'acheteur « avait été informé des désordres qui affectaient le véhicule » (Civ. 1re, 8 mars 2005, n° 02-11.594, Bull. civ. 2005, I, n° 128 p. 110). En d'autres termes, le vendeur prétend que le vice du véhicule qu'il a vendu est apparent.

1250. Certes, l'acheteur a été informé succinctement des désordres présents sur le véhicule mais si cette attestation n'établit pas que l'acheteur ait « été informé de l'importance du choc subi par le véhicule et connaissait l'étendue et la gravité des désordres, par ailleurs indécelables par un acquéreur non professionnel, la cour d'appel en a souverainement déduit que ces vices étaient cachés pour l'acquéreur », la résolution de la vente pour vices cachés doit être prononcée (Civ. 1ere, 8 mars 2005, n° 02-11.594).

Sous-section 4 ▪ Antériorité du défaut

1251. Cette condition n'est pas expressément prévue par les articles 1641 et suivants du Code civil. Pourtant, il est acquis que le vice, pour donner lieu à la garantie, doit être antérieur, ou tout du moins concomitant au moment du transfert des risques : généralement le moment du transfert de la propriété. Une telle exigence semble être de bon sens. En effet, si le vice est postérieur à la vente cela implique que le contrat a porté sur un bien meuble en bon état et le vendeur ne pourrait alors être tenu à une quelconque garantie car il ne le possède plus.

1252. Il reviendra toujours à l'acquéreur de prouver l'antériorité du vice à la vente, voire sa concomitance (Com., 10 déc. 1973 : JCP G 1975, II, 17950, note Ph. Malinvaud). S'il s'agit d'un vice de fabrication, cette preuve sera assez aisée à rapporter car souvent l'antériorité découle de l'existence même du vice.

1253. Ainsi, une personne qui a acheté une Datsun, même si cela s'est fait dans une vente aux enchères (sur le problème de l'application de la garantie des vices cachés pour les biens vendus dans le cadre d'enchères, cf. Supra), peut se retourner contre le fabricant dans la mesure où un bruit parasite qui rendait la conduite fatigante constitue un défaut de fabrication (Civ. 1ere, 3 mars 1992, n° 90-17.040, Contrats, conc., consom. 1992, commm. 112, Obs. L. Leveneur). En un tel cas de figure, il ne fait aucun doute que le vice existait en effet dès la fin de la construction du véhicule.

1254. L'antériorité d'un vice caché de fabrication qui affecte le réchauffeur d'un véhicule et qui a entraîné l'incendie de celle-ci n'est pas davantage contestable. (Com., 3 mai 2012, n° 11-15.154).

Il en va de même également pour un défaut de conception entraînant la rupture de la courroie de distribution d'un monospace que le constructeur reconnaît d'ailleurs dans ses notes techniques. En une telle hypothèse, il ne fait aucun doute en effet que le véhicule était affecté d'un vice caché antérieur à son acquisition le rendant impropre à son usage (JA n° 754, août 2004).

1255. En revanche, si le véhicule ne présente pas un vice de fabrication, la preuve de l'antériorité de celui-ci peut être parfois extrêmement difficile à rapporter. Il en va ainsi notamment lorsque le vice est constitué par un mauvais fonctionnement de l'automobile.

1256. Une telle appréciation de l'antériorité du vice relève du pouvoir souverain d'appréciation des juges du fond ce qui explique que la jurisprudence est particulièrement fluctuante sur la question de l'antériorité. Tantôt, elle considère le peu de kilométrage effectué après la vente pour considérer que l'antériorité n'est pas caractérisée (TI, Jur. proxi., Boissy-Saint-Léger, 24 juil. 2009, n° 91-07-000305, JA, n° 812, nov. 2009), tantôt au contraire elle prend en

compte la durée courte de la période d'utilisation pour considérer qu'elle est remplie (Civ. 1re, 22 févr. 2000, n° 98-10.084 : Resp. civ. et ass. 2000, 163).
Ainsi, si le bien a été utilisé pendant une courte période après la vente, les juges peuvent considérer que « compte tenu de la courte période d'utilisation du navire, l'incendie révélait nécessairement l'existence d'un vice caché à l'origine du sinistre... » (Civ. 1re, 22 févr. 2000, n° 98-10.084 : Resp. civ. et ass. 2000, 163).
Au contraire, si les juges relèvent que le vice de la boîte de vitesse rendait le véhicule impropre à sa destination, ils peuvent estimer que rien n'établit que le vice soit antérieur à la vente dès lors que l'acheteur avait roulé plus de 5 000 km depuis le jour de la vente (TI, Jur. proxi., Boissy-Saint-Léger, 24 juil. 2009, n° 91-07-000305, JA, n° 812, nov. 2009).

1257. Il faut préciser enfin que les juges, saisis d'une action en garantie des vices cachés, doivent impérativement vérifier cette condition, sous peine de cassation (Civ. 1re, 26 janv. 2012, n° 10-20.785 et 10-23.197, JA n° 839, avril 2012, note Linda Arcelin Lécuyer ; Civ. 1re, 11 juin 2009, n° 08-16.081. - 20 mai 2010, n° 08-21.576 : Contrats, conc., consom. 2010, comm. n° 199, obs. L. Leveneur).

1258. Il convient de noter que pour satisfaire l'exigence de l'antériorité, il suffit que le vice soit en germe au moment de la vente, au moment du transfert des risques. Ainsi, si une panne d'un véhicule est le résultat de la rupture du joint de culasse, la preuve du vice caché existant au moins en germe antérieurement à la vente résulte de l'attestation établie par M. X lequel a procédé au dépannage du véhicule immobilisé sur l'autoroute aux alentours de Nîmes (CA Agen, 22 nov. 2000, S.A.R.L. A. Fernandes C/ Pierre X – arrêt disponible sur Légifrance).

Section 2 ▪ Mise en œuvre de la garantie des vices cachés

1259. Lorsque les conditions de l'article 1641 du Code civil sont réunies, l'acheteur malheureux et certaines autres personnes disposent d'une action spécifique dont l'objet est de les garantir contre les vices cachés affectant leur véhicule. Toutefois, une telle action est soumise à un régime procédural extrêmement rigoureux.

1260. La spécificité de l'action en garantie des vices cachés est toujours rappelée par la Cour de cassation : « le vice caché, lequel se définit comme un défaut rendant la chose impropre à sa destination, ne donne pas ouverture à une action en responsabilité contractuelle mais à une garantie dont les modalités sont fixées par les articles 1641 et suivants du code civil... » (Cass. com., 19 mars 2013, n° 11-26566 : JurisData n∞ 2013-004789).

1261. De la même manière, la Cour de cassation casse toujours les décisions des juges du fond qui considèrent à tort parfois que « l'action fondée sur l'obligation de délivrance conforme se confond avec celle fondée sur l'existence d'un vice caché » (Cass. 3e civ., 25 janv. 2012, n° 10-27.357 : JurisData n° 2012-000823 ; Bull. civ. 2012, III, n° 17).

Sous-section 1 ▪ Régime de l'action en garantie

§ 1 ▪ Transmission de l'action en garantie dans le cadre de ventes successives

1262. La garantie des vices cachés est due par le vendeur à l'acheteur. Toutefois, d'autres personnes peuvent également s'en prévaloir : c'est le cas notamment dans les ventes successives avec les différents propriétaires successifs de l'automobile. Le corollaire de ceci réside dans le fait qu'outre le vendeur, d'autres parties peuvent également être débitrices de cette garantie.

A ▪ Les bénéficiaires de la garantie

1263. Il s'agit en premier lieu de l'acquéreur immédiat du véhicule. Toutefois dans l'hypothèse particulière des ventes successives d'une même automobile, le sous-acquéreur dispose d'une option :
- soit agir contre son propre vendeur (1),
- soit agir contre les vendeurs antérieurs, voire contre le fabricant du véhicule (2).

1 ▪ Action contre son propre vendeur

1264. En une telle hypothèse, l'acheteur d'une voiture présentant un vice caché introduit une procédure en garantie des vices cachés contre son propre vendeur, donc contre la personne avec laquelle il a directement contracté. C'est en effet le vendeur qui lui a transféré la propriété de l'automobile. Naturellement les stipulations du contrat qui lient l'acheteur à son vendeur lui sont opposables. Du côté du vendeur, celui-ci dispose toujours d'une action récursoire contre son propre vendeur. C'est l'hypothèse est la plus courante dans la pratique.

2 ▪ Action contre les vendeurs antérieurs, voire contre le fabricant

1265. Le sous-acquéreur dispose toujours du droit d'agir contre son vendeur immédiat, acheteur précédent de l'automobile. Toutefois, le sous-acquéreur dispose aussi du droit d'attraire en garantie un vendeur antérieur, ou même le fabricant de la chose.

1266. En effet, le droit civil admet depuis longtemps que la garantie des vices cachés se transmet avec le bien meuble au sous-acquéreur, ce qui permet à ce dernier d'agir par voie contractuelle contre :
- un vendeur antérieur ;
- ou à l'encontre de son propre contractant ;
- ou le vendeur initial dès lors que le vice caché existait lors de la première vente (Civ., 5 janv. 1972, JCP 1973. II. 17340, note P. Malinvaud - Gaz. Pal. 1973. 2. 773).

1267. Ainsi, dans une espèce dans laquelle un accident de la route avait été causé par la brusque rupture d'une pièce de la direction du véhicule, le propriétaire du véhicule invoquant l'existence d'un vice caché a appelé en garantie d'une part le garagiste qui lui avait vendu la voiture d'occasion, d'autre part la personne morale qui avait vendu antérieurement la voiture au garagiste. Cette personne morale, à son tour avait appelé en garantie un autre garagiste qu'elle avait précédemment chargé d'effectuer des réparations sur cette voiture après un accident. La Cour de cassation, dans cette décision de principe, a considéré que : « la garantie, due par le vendeur pour les vices cachés, étant inhérente à l'objet même de la vente, appartient à l'acheteur comme détenteur de la chose en vertu d'un droit qui lui est propre et qu'il tient du contrat ; qu'à juste titre, la Cour d'appel a, dès lors, estimé que le sous-acquéreur pouvait intenter l'action rédhibitoire directement contre le vendeur originaire » (Civ. 1re, 4 févr. 1963, JCP G, 1963, II, 13159, note Savatier – RTD Civ. 1963, p. 564, Obs. G. Cornu).

1268. Il en ira de même lorsqu'un moteur d'un chalutier ne fonctionne pas normalement. À partir du moment où le moteur de cette embarcation était affectée dès sa fabrication d'un vice caché et que ce moteur était venu entre les mains de son propriétaire actuel par l'effet d'une suite ininterrompue de cessions régulières, ce dernier a le droit d'agir directement contre le fabricant en réparation du préjudice qu'elle a subi en conséquence de ce vice (Com., 3 févr. 1976, n° 74-12.615, D. 1976, IR 124).

1269. De la même manière, lorsqu'un véhicule atteint de vices cachés imputables au constructeur a été importé par une société qui l'a vendu à un garagiste, lequel l'a lui-même revendu à un client, c'est à bon droit que les juges du fond décident que le client dispose contre l'importateur d'une action directe contractuelle (Com., 24 nov. 1987, n° 86-14.437, Bull. civ. IV, n° 250, D. 1987, IR 254).

1270. L'intérêt de la transmission de la garantie des vices cachés avec l'automobile est naturellement de permettre au sous-acquéreur de pouvoir disposer de plusieurs débiteurs au lieu d'un seul. Ainsi, il pourra obtenir satisfaction plus facilement.
En résumé, le sous-acquéreur pourra alors agir soit :
- contre son propre cocontractant ou contre l'un des débiteurs précédents de la garantie ;
- voire de manière simultanée à l'encontre de l'un ou des autres ;
- voire également contre tous en demandant même leur condamnation in solidum.

Notons que l'action exercée directement par le sous-acquéreur contre le fabricant, voire contre un vendeur antérieur « est nécessairement de nature contractuelle » (Civ. 1re, 9 oct. 1979, aff. Lamborghini, n° 78-12.502, D. 1980 IR p. 222, Obs. Larroumet – RTD civ. 1980, p. 354, obs. Durry).

1271. Enfin, il est important de souligner que l'acheteur final, s'il peut se voir opposer, lors de l'exercice de l'action en garantie formée directement contre le vendeur originaire, les moyens de défense que ledit vendeur pourrait faire valoir contre l'acquéreur originaire (Civ. 1re, 7 juin 1995, D. 1996. 395, note D. Mazeaud - D. 1996, somm. 14, obs. O. Tournafond), ne peut pas, en revanche, se voir opposer les autres moyens de défense attachés aux ventes intermédiaires. Il en va ainsi du caractère caché du vice. En effet, dans une espèce où un véhicule atteint de vices cachés imputables au constructeur avait été importé par la société A, vendu à la société B qui l'avait elle-même revendu à M. C, la Cour de cassation a considéré que les juges du fond n'ont pas à rechercher, pour accueillir cette action, si les vices étaient cachés pour le vendeur intermédiaire (Com., 24 nov. 1987, n° 86-14.437, Bull. civ. IV, n° 250).

B ▪ Les débiteurs de la garantie

1272. Le débiteur de la garantie est naturellement tout d'abord le vendeur immédiat de la chose (1°) et ensuite les vendeurs antérieurs (2).

1 ▪ Le vendeur immédiat

1273. Il s'agit du vendeur immédiat avec lequel l'acheteur contracte, peu importe s'il s'agit d'un simple particulier ou d'un professionnel.
Le vendeur immédiat peut être par exemple un constructeur ou un importateur de véhicule, voire un simple particulier.

2 ▪ Les vendeurs antérieurs

1274. Les vendeurs antérieurs sont également tenus par la garantie des vices cachés à garantir l'acquéreur final de tout vice dont pourrait être affecté son véhicule. La seule condition est que le vice soit préexistant aux différentes ventes successives. Le fondement de la garantie due par le vendeur antérieur est le contrat qu'il a passé avec son propre acquéreur quand il a vendu l'automobile.

1275. Parfois cela sera le fabricant qui devra supporter finalement la garantie des vices cachés. Il en ira ainsi quand un acquéreur obtient tout à la fois :
- la résolution de la vente de son véhicule acheté auprès d'un garage fondée sur vices cachés ;
- la condamnation du constructeur à lui verser des dommages et intérêts pour la réparation de son préjudice de jouissance sur le fondement d'une action en responsabilité (Com., 14 mars 1977, n° 75-12.437 Gaz. Pal. 1977, II, Somm. p. 262).

1276. L'acheteur dispose toujours du choix d'agir contre un fabricant ou un revendeur. Toutefois, ceci n'est plus possible dès qu'on ne peut plus établir l'antériorité à l'une des ventes successives. En un tel cas de figure, en effet, l'acquéreur ne pourra plus choisir son débiteur.

§ 2 ▪ Délai d'exercice de l'action

1277. S'agissant du délai d'exercice dans lequel l'action en garantie des vices cachés peut s'exercer il faut préciser qu'il appartient au vendeur d'opposer à la demande de l'acheteur fondée sur cette garantie une éventuelle expiration du délai.
Le dépassement du délai constitue en effet toujours une fin de non-recevoir, mais celle-ci n'étant pas d'ordre public, elle ne peut jamais, en vertu de l'article 125 du Code de procédure civile, être soulevée d'office par le juge (Civ. 1re, 26 oct. 1983, n° 82-13.560, Bull. civ. I, n° 249).
Le délai d'exercice de l'action en garantie des vices cachés comporte comme tout délai un point de départ (A) et une durée (B).

A ▪ Point de départ du délai

1278. Selon l'article 1648 du Code civil, le délai dans lequel l'action résultant des vices rédhibitoires doit être intentée commence « ... à compter de la découverte du vice ».
Le point de départ du délai n'est donc jamais la date du contrat.
La détermination du jour de la découverte du vice par l'acheteur est donc une question extrêmement importante car elle fait courir le délai dans lequel l'action en garantie des vices cachés doit être obligatoirement effectuée.

1279. La Cour de cassation considère que le point de départ de ce délai est une question de fait relevant du pouvoir souverain d'appréciation des juges du fond (Civ. 2e, 27 juin 1887, DP 1887, I, p. 300 ; Civ. 1re, n° 84-14.840, 11 mars 1986, Bull. civ. I, n° 66).
Par contre, la Haute juridiction veille toujours à ce que les juges du fond ne déboutent pas l'acheteur de son action pour tardivité sans préciser de manière précise à quel moment exact ce dernier aurait eu connaissance du vice (Com., 29 nov. 1982, n° 81-12.947, Bull. civ. 1981, IV, n° 381).

1280. Le point de départ du délai de l'action en garantie est généralement explicité par la doctrine par le fait que l'acquéreur ne saurait être privé du droit de se plaindre avant d'avoir pu se trouver en position de le faire.

1281. En matière de ventes d'automobiles, domaine où l'électronique devient de plus en plus poussée, c'est généralement le rapport d'expertise judiciaire qui permet d'identifier les dysfonctionnements. C'est également la lecture de ce rapport qui permet à l'acheteur de prendre conscience de la nature et de l'étendue du vice dont est atteint son véhicule. C'est pourquoi de nombreuses décisions précisent que le point de départ du délai doit être en principe celui « du jour de la notification du rapport d'expertise judiciaire » (Civ. 1re, 11 janvier 1989, n° 87-12766, Bull. civ. I, n° 12 - Defrénois 1989. 1137, obs. Vermelle). Cette solution mérite d'être approuvée de par l'utilité fondamentale d'un rapport d'expertise judiciaire. Comment pourrait-on en effet exiger d'un acheteur qu'il doive agir en justice, et ce dans un certain délai, alors qu'il n'est pas à même de le faire tant que l'expertise judiciaire n'est pas réalisée et que l'expert ne s'est pas prononcé sur la nature et importance du vice ?

1282. Ainsi dans un arrêt du 22 mai 2013 (Cass. com. 22 mai 2013, n° 12-15853 - C. Lièvremont, Rien ne sert de courir, il faut partir à point... (à propos du point de départ du délai en matière de vices cachés), JA, n° 855, Octobre 2013, pp. 44-46), la Cour de cassation souligne que c'est donc à bon droit et « dans l'exercice de son pouvoir souverain d'appréciation que la cour d'appel a décidé que l'acheteur n'avait eu une connaissance complète de l'étendue du vice caché qu'au jour du dépôt du rapport d'expertise fixant à cette date le point de départ du bref délai requis par l'article 1648 du code civil » (C. Lièvremont, Rien ne sert de courir, il faut partir à point... (à propos du point de départ du délai en matière de vices cachés), JA, n° 855, Octobre 2013, pp. 44-46).

B ▪ Durée du délai

1283. Pendant longtemps l'article 1648 du Code civil précisait que pour pouvoir bénéficier de la garantie des vices cachés, l'acquéreur devait intenter son action contre le vendeur « dans un bref délai ». Cette notion a généré pendant longtemps un contentieux extrêmement abondant sur la durée qui devait être prise en compte : généralement de trois mois à un an selon l'ancienne jurisprudence. C'est pourquoi le législateur, par l'ordonnance du 17 février 2005 (art. 3) a modifié la rédaction de l'article 1648 du Code civil de la manière suivante : « L'action résultant des vices rédhibitoires doit être intentée par l'acquéreur dans un délai de deux ans ».

1284. Naturellement, « le délai de deux ans substitué au bref délai de l'article 1648 du code civil par l'ordonnance n° 2005-136 du 17 février 2005 n'est pas applicable aux contrats conclus avant l'entrée en vigueur de ce texte » (Cass. com., 16 mars 2010, n° 09-13.946 : JurisData n° 2010-002200 - Contrats, conc. consom. 2010, comm. 149, obs. L. Leveneur).

1285. Le délai de deux ans de l'article 1648 du Code civil peut être suspendu par une assignation en référé-expertise par laquelle l'acheteur demande au juge la désignation d'un expert judiciaire afin qu'il examine le véhicule acheté.

1286. Au vu de la jurisprudence actuelle de la Cour de cassation relative à l'expertise dite « amiable » (Ch. Mixtes, 28 sept. 2012, n° 11-18.710) précédemment examinée, on ne peut qu'une fois encore mettre en garde les acheteurs qui voudraient faire l'économie d'une expertise judiciaire et se contenter d'une simple expertise amiable pour demander la résolution de le vente pour vices cachés.

Une telle procédure d'expertise judiciaire, contrairement à une simple expertise amiable, est de nature à interrompre le délai de deux ans.

1287. « Une citation en justice, même en référé, interrompt le bref délai pour agir en garantie des vices rédhibitoires » (Civ. 1re, 21 nov. 1995, n° 94-10.686, Bull. civ. I, n° 428, D. 1996, IR 28, Contrats, conc., consom. 1996, comm. 20, obs. L. Leveneur ; dans le même sens : Civ. 3e, 5 nov. 1997, n° 94-21.440, Bull. civ. III, n° 199).

1288. Un acquéreur qui invoque la garantie des vices cachés en assignant son vendeur en référé, dans le bref délai édicté par l'article 1648 du Code civil, pour voir ordonner une expertise satisfait à l'exigence de ce texte et ne peut se voir alors ensuite opposer que la seule prescription de droit commun (Com., 6 mars 2001, n° 98-18.562, Bull. civ. IV, n° 52, D. 2001, IR 983 – solution identique rendue postérieurement avec le délai de deux ans de l'article 1648 C. civ. : Cass. 3e civ., 30 juin 2009, n° 08-19-479 : JurisData n° 2009-049016).

1289. En d'autres termes, la procédure de référé expertise suspend le délai de deux ans et exception faite d'une éventuelle péremption d'instance, c'est alors la prescription de droit commun qui commence à courir : l'interruption du délai de 2 ans ouvre ensuite un délai de droit commun pour saisir les juges du fond d'une action, par exemple, en résolution de la vente du véhicule (Com., 3 déc. 2003, n° 02-15.130, Bull. civ. 2003, IV, n° 197).

1290. Pendant longtemps la prescription applicable au contrat de vente était de 30 ans pour les contrats passés entre particuliers et de 10 ans lorsque la convention était passée avec un commerçant.
Depuis la réforme opérée par la loi du 17 juin 2008 (loi n° 2008-561 du 17 juin 2008, JO n° 0141 du 18 juin 2008 page 9856, texte n° 1) le délai de droit commun est de 5 ans entre particuliers : « Les actions personnelles ou mobilières se prescrivent par cinq ans à compter du jour où le titulaire d'un droit a connu ou aurait dû connaître les faits lui permettant de l'exercer » (C. civ., art. 2224).

1291. En ce qui concerne les actions entre commerçants ou entre commerçants et non-commerçants celles-ci se prescrivent désormais par 5 ans (C. com., art. L. 110-4).
En revanche, à partir de quelle date la prescription de droit commun commencera-t-elle à courir ?
La jurisprudence a parfois considéré que c'était à compter de l'ordonnance de référé (Civ. 1re, n° 95-19.755, 21 oct. 1997, Bull. civ. I, n° 292, D. 1998. 409, note M. Bruschi - D. 1999, somm. 17, obs. O. Tournafond - Dalloz Affaires 1997. 1418, JCP 1998. II. 10063, note Mouloungui) ou à compter de la date de la conclusion de la vente (Civ. 1re, 19 oct. 1999, n° 97-14.067, Bull. civ. I, n° 288, D. 2000, somm. 290, obs. O. Tournafond , D. 2001. 413, note I. Bufflier ; Civ. 1re, 5 oct. 2000, n° 98-22.524, Bull. civ. I, n° 241, D. 2001, IR 750 ; Civ. 1re, 12 déc. 2000, n° 98-21.789, Bull. civ. I, n° 324, D. 2001, IR 358).
Plus récemment, elle semble s'orienter plutôt vers la date de la livraison (Civ. 1re, 25 juin 2002, n° 00-16.840, Bull. civ. I, n° 176, Defrénois 2003. 406, note Y. Dagorne-Labbe).

C ▪ Prolongation du délai

1292. Si le délai d'action est donc en principe de deux ans à compter de la découverte du vice, il existe néanmoins par exception des hypothèses dans lesquelles le délai est prolongé.
La doctrine vise classiquement trois séries d'hypothèses dans lesquelles le délai de deux ans est prolongé :
- en cas de pourparlers ;
- lorsque le vendeur n'a pas réclamé immédiatement le prix de sorte que l'acheteur peut encore invoquer le vice à titre reconventionnel ;
- quand l'acquéreur n'agit qu'à titre récursoire lorsqu'il est poursuivi lui-même par un sous-acquéreur : le délai court du jour de cette action principale (A. Bénabent, Droit civil, Les

contrats spéciaux civils et commerciaux, Paris, PUF, Montchrestien, 2011, n° 366, p. 166-167).

1293. Toutefois, selon certains auteurs, certaines décisions semblent permettre de considérer que ce délai de deux ans peut être prolongé, outre l'hypothèse simple des pourparlers (1°), quand une faute du vendeur peut être caractérisée (2) ou, voire parfois lorsque des mauvaises réparations ont été effectuées par le vendeur (3) (Cf. en ce sens : J. Huet, Régime de la garantie. Parties à la garantie. Action en garantie et délai pour agir, Juris-classeur droit civil, Fasc. 40, 2012, n° 87 s.).

1 ■ Pourparlers

1294. Toutes les fois où l'acheteur, après avoir découvert le défaut, essaie de trouver un règlement amiable avec le vendeur et lorsque celui-ci se révèle ensuite être infructueux, le délai ne commence à courir que du jour de l'échec des pourparlers (pour une suspension de ce délai, cf. : Civ. 1re, 16 juil. 1987, n° 86-12.548, Bull. civ. I, n° 230, D. 1987, IR 182).

1295. Cela sera notamment le cas « lorsqu'un règlement amiable du litige avait été envisagé entre les parties, ce que confirme le fait qu'une société avait attendu jusqu'au 14 décembre 1981 pour assigner M. X... en paiement ; qu'en estimant, compte tenu de ces circonstances sur lesquelles les parties étaient à même de s'expliquer, que la demande de M. X... n'était pas tardive, la cour d'appel n'a fait qu'user du pouvoir souverain qui lui appartient de déterminer, d'après la nature des vices et les circonstances de la cause, la durée du délai prévu par l'article 1648 du Code civil ; que par ces seuls motifs, la décision est légalement justifiée » (Civ. 1re, 16 juil. 1987, n° 86-12.548).

1296. Encore faut-il pour que le délai puisse être prolongé qu'il s'agisse de véritables pourparlers et non pas de simples initiatives unilatérales.
Ainsi, il a été jugé que « les seules démarches unilatérales entreprises ... n'avaient eu pour effet que de faire confirmer le refus initial... et n'étant pas de nature à faire naître l'espoir d'un accord amiable, n'avait pu prolonger le délai prévu par la loi... » (Civ. 1re, 12 nov. 1975, n° 74-12.105, Bull. civ. 1975, I, n° 325).

2 ■ Faute du vendeur

1297. En cette hypothèse, le vendeur essaie de « jouer la montre ».
Cela sera le cas par exemple quand les acheteurs ont du pendant plus de trois années subir l'incompétence du vendeur qui n'a pas hésité à demander cinq fois le renvoi du bien à Paris et s'est contenté à chaque fois de faire « des réparations de fortune pour donner une satisfaction apparente à ses clients jusqu'à l'expiration de la période de garantie » (Com., 17 mars 1964, Bull. civ. 1964, III, n° 156).

3 ■ Mauvaises réparations

1298. Il arrive parfois que le constructeur n'arrive pas à solutionner le défaut d'une machine agricole consistant à « devoir arrêter le fonctionnement des arracheuses tous les 20 à 30 mètres pour débloquer les fanes coincées par le rouleau cranté et d'intervenir en permanence pour faire tomber les fanes à la main sans pouvoir éviter un bourrage fréquent ». En un tel cas de figure, les juges du fond on pu considérer à bon droit que les machines présentaient « un défaut de conception qui est à l'origine des vices du fonctionnement » et que les efforts du constructeur pour remédier à cet état ont été vains (Com., 21 oct. 1974, Bull. civ. 1974, IV, n° 261). La Cour de cassation tire logiquement la conséquence de ceci : à savoir que l'action de l'acheteur n'était pas tardive, d'autant plus que celui-ci avait effectué toutes les diligences pour faire constater le fonctionnement défectueux des machines.

1299. Il en va également de même lorsque des réparations et mises au point ont été effectuées sur une automobile sans succès durant la période de garantie et n'ont pas remédiées aux importantes et dangereuses défectuosités qui empêchaient l'utilisation normale de ce véhicule (Com., 18 déc. 1973, n° 72-11.219, Bull. civ. 1973, IV, n° 372).

Sous-section 2 ▪ Effets de la garantie : résolution de la vente ou diminution du prix

1300. L'action en garantie des vices cachés permet à l'acheteur d'obtenir certains résultats. Ainsi, l'article 1644 du Code civil prévoit que : « Dans le cas des articles 1641 et 1643, l'acheteur a le choix de rendre la chose et de se faire restituer le prix, ou de garder la chose et de se faire rendre une partie du prix, telle qu'elle sera arbitrée par experts ». L'acheteur a donc le choix entre deux options : obtenir la résolution du contrat (action rédhibitoire : restitution du véhicule et restitution du prix de vente) ou obtenir une diminution du prix (action estimatoire : remboursement partiel).

1301. Indépendamment des précédentes options, l'acheteur peut néanmoins préférer la remise en état ou le remplacement du véhicule. Enfin, indépendamment de l'option choisie, l'acheteur peut parfois obtenir des dommages et intérêts à titre de réparation du préjudice causé par le véhicule vendu.

1302. L'acheteur dispose toujours en principe d'une option quant au choix de l'action (1§) qu'il peut intenter contre son vendeur (action rédhibitoire ou action estimatoire) (§ 2 et 3). Mais il peut parfois préférer éviter l'action tendant à la résolution du contrat de vente automobile ainsi que celle en diminution du prix de vente pour décider d'obtenir l'exécution en nature de la garantie des vices cachés (4§).

Enfin, l'acheteur peut, dans un certain nombre d'hypothèses, demander des indemnités au vendeur (5§).

§ 1 ▪ Option de l'acheteur

1303. L'article 1644 du Code civil permet à l'acheteur de choisir entre l'action rédhibitoire et l'action estimatoire. Ce choix est entièrement libre : l'acheteur peut choisir l'option qu'il souhaite à partir du moment où le vice est d'une importance suffisante. Si on enlevait cette réserve, de nombreux abus pourraient être commis par les acheteurs qui en présence d'un vice peu important solliciterait la résolution de la vente. L'acheteur n'a pas davantage à justifier ce choix auprès du vendeur selon la jurisprudence (Civ. 1re, 5 mai 1982, n° 81-10.315, Bull. civ. I, n° 163, D. 1983, IR 478, obs. C. Larroumet). Ensuite, « le choix entre l'action estimatoire et l'action rédhibitoire prévu à l'article 1644 du code civil appartient à l'acheteur et non au juge qui n'a pas à motiver sa décision sur ce point ». (Cass. 3e civ., 20 oct. 2010, n° 09-16.788 : JurisData n° 2010-018989 - Contrats, conc. consom. 2011, comm. 2, obs. L. Leveneur).

1304. Un tel choix est discrétionnaire mais suppose naturellement que le bien n'ait pas encore été réparé. Ainsi, dès lors que des défectuosités d'un véhicule ont été réparées et ce avec l'accord de l'acheteur, ce dernier ne peut plus invoquer l'action en garantie puisque le vice originaire a disparu mais peut solliciter l'indemnisation du préjudice éventuellement subi du fait de ce vice (Com., 1er février 2011, n° 10-11.269).

1305. Toutefois, l'acheteur peut toujours modifier son choix :
- tant que le juge n'a pas rendu sur l'action en garantie des vices cachés une décision passée en force de chose jugée (« efficacité particulière qu'à (ou obtient) une décision de justice lorsque, n'étant pas (ou plus) susceptible d'une voie de recours suspensive, elle est (ou devient) exécutoire » Vocabulaire juridique, Assoc. H. Capitant, Paris, PUF, Verbo Force de chose jugée) ;
- ou que le vendeur n'a pas acquiescé (Com., 22 juil. 1953, D. 1953, p. 587 ; Civ. 2e, 11 juil. 1974, n° 73-10.415).

1306. Une telle faculté offerte à l'acheteur par le droit positif lui permettra de renoncer à l'action estimatoire pour préférer l'action rédhibitoire, voire l'inverse. De la même manière, l'acheteur peut, après avoir demandé en première instance une réduction de prix, engager en appel une action rédhibitoire sans que celle-ci constitue une demande nouvelle (Com., 22 juill. 1953, D. 1953. P. 587).

§ 2 ■ Action rédhibitoire

1307. L'action rédhibitoire a pour but l'anéantissement du contrat de vente.
De manière plus précise et plus juridique, elle s'analyse en une action en résolution de la vente.
La pratique judiciaire démontre que l'action rédhibitoire est utilisée de manière beaucoup plus fréquente par les acquéreurs d'une automobile qu'une demande en réduction du prix de vente. Il est vrai que le mérite de cette action est de permettre la résolution du contrat de vente. Par conséquent, l'acheteur rendra le véhicule au vendeur moyennant la restitution du prix (A) ainsi que certains frais (B). L'acheteur disposera donc à nouveau d'une certaine somme lui permettant d'acheter à nouveau un autre véhicule.

A ■ Restitution de la chose et du prix

1 ■ Principes

1308. La mise en œuvre de la restitution suppose naturellement que l'acheteur puisse matériellement rendre le véhicule à son vendeur.
La restitution du prix à l'acheteur, pour sa part, ne fait pas l'objet de difficultés particulières. Tout au plus qu'outre le prix, le vendeur pourra être tenu aux intérêts du prix de vente qui sont dus à compter de l'assignation en garantie si le vendeur était de bonne foi, et à compter du paiement dans le cas contraire (Civ. 1re, 4 avr. 1991, n° 88-11.856, Contrats, conc., consom. 1991, comm. 137, obs. L. Leveneur). L'impossibilité de restituer la chose par l'acheteur pourra ainsi découler de sa revente ou de sa destruction. À ce propos, si le bien est détruit suite à une faute commise par l'acquéreur, celui-ci ne pourra naturellement pas prétendre à la résolution.

1309. En ce qui concerne les ventes successives, il convient de détailler les exemples suivants :
- un acheteur malheureux (B) d'un tracteur agricole le revend à un tiers (C) après l'avoir révisé. Après cette vente, le nouvel acquéreur (C) constate d'importants dysfonctionnements du moteur de ce véhicule et demande à son propre vendeur (B) de procéder à des réparations. Celui-ci (B), pour se garantir, intente alors une action pour vices cachés contre son propre vendeur (A). La Cour de cassation constate que B n'étant plus propriétaire du véhi-

cule, il ne peut qu'obtenir une réduction du prix de vente convenu si celui-ci était excessif eu égard aux vices. En d'autres termes, une action en résolution de vente n'est plus possible de par l'impossibilité pour B de restituer un véhicule qu'il ne possède plus (Civ. 1re, 25 juin 1968, Bull . civ. 1968, I, n° 183) ;
- en revanche, si B qui a vendu son véhicule à C fait l'objet d'une demande en résolution de vente, il pourra appeler en garantie son propre vendeur (A) et intenter contre ce dernier une action rédhibitoire dans la mesure où une condamnation lui referait retrouver sa qualité de propriétaire.

1310. S'agissant de la restitution d'un véhicule suite à la résolution de la vente, la question de l'état dans lequel le véhicule devra être restitué se pose régulièrement. Il a été ainsi jugé que « le véhicule de la société SVA, acquis le 28 août 2006 par M. X..., était affecté, lors de l'achat, d'une usure anormale constituant une défectuosité au niveau du moteur... » et que si la juridiction de proximité avait à bon droit « prononcé la résolution de la vente et condamné cette société à restituer à l'acquéreur le prix de vente et à l'indemniser de divers frais » c'était à tort qu'elle avait « décidé que M. X... devra restituer le véhicule en état de marche ». En effet, en une telle hypothèse, « l'acquéreur n'est tenu, sauf faute non alléguée, de restituer le véhicule que dans l'état où il se trouvait lors de la résolution du contrat » (Cass. 1re civ., 8 déc. 2009, n° 08-21138).

1311. Toutefois, comme le précise l'article 1647 du Code civil, « Si la chose qui avait des vices a péri par suite de sa mauvaise qualité, la perte est pour le vendeur, qui sera tenu envers l'acheteur à la restitution du prix et aux autres dédommagements expliqués dans les deux articles précédents ». Le Code civil passe ainsi outre, en cette hypothèse (perte du bien résultant du vice lui-même) à l'impossibilité matérielle pour l'acquéreur de pouvoir restituer la chose. En un tel cas de figure, peu importe l'impossibilité matérielle de restituer la chose, le vendeur sera néanmoins tenu à restituer le prix et autres dédommagements à l'acquéreur (Cass. 1re civ., 8 déc. 2009, n° 08-21.138). En revanche, selon le deuxième alinéa de l'article 1647 du Code civil, dans l'hypothèse de la perte du bien par cas fortuit (« Evénement répondant à la même définition que la force majeure (imprévisible, irrésistible, extérieur) constitutif d'une cause exonératoire de responsabilité, ainsi nommée en raison de l'accent mis sur l'imprévisibilité de son origine... » Vocabulaire juridique, Assoc. H. Capitant, Paris, PUF, Verbo Cas fortuit) cela sera l'acheteur qui supportera cette perte.

2 ▪ Le problème des indemnités

1312. Si l'acheteur a droit à la restitution du prix de vente du véhicule, le vendeur peut-il prétendre, à son tour, à différentes indemnités ?
En effet, l'acheteur d'une automobile d'occasion, avant d'intenter une action rédhibitoire, a pu l'utiliser « tant bien que mal » jusqu'à l'annulation de la vente. En une telle hypothèse, le vendeur peut-il prétendre que la détention du véhicule par l'acquéreur jusqu'à sa restitution est source d'un profit pour ce dernier ? Profit qui ferait bénéficier le vendeur d'un droit à indemnité ? En d'autres termes, le vendeur privé de la jouissance du véhicule pendant une certaine durée a-t-il droit à une restitution de la jouissance sachant que l'acheteur, lui, a « profité » du bien ?

1313. A cette question, une réponse négative nous paraît s'imposer dans la mesure où toute résolution d'une vente à raison d'un vice caché suppose comme postulat que la chose soit impropre à l'usage auquel elle est destinée. À partir du moment où une chose est impropre à son usage habituel, il semble acquis qu'elle ne puisse générer une créance au profit du vendeur du fait de son utilisation par l'acheteur.
C'est cette position qu'a adopté la première chambre civile de la Cour de cassation dans une

décision de principe du 11 mars 2003 (Civ. 1re, 11 mars 2003, n° 01-01.673, JCP, Ed. G., 2004, II, 10159, note C. Lièvremont).

1314. La question d'une éventuelle indemnisation pour compenser l'usure du véhicule était pour sa part était encore plus discutée.

En effet, dans la mesure où le mécanisme des restitutions a pour objet de remettre les parties dans l'état où elles se trouvaient antérieurement au contrat résolu, le vendeur doit se faire restituer l'automobile dans le même état qu'au jour de la vente... Or le véhicule s'étant nécessairement déprécié entre le moment de la vente et le jour de la restitution, seule une indemnité financière peut tenter de la compenser. Ainsi, si le véhicule restitué au vendeur a parcouru 65 000 kms pendant une période inférieure à 2 années, il peut paraître normal que le vendeur puisse bénéficier d'une indemnité pour tenir compte de la dépréciation du véhicule due à l'usure (Civ. 1re, 22 nov. 1988, n° 86-18.586,Bull. civ. 1988, n° 334).

1315. C'est pourquoi des décisions rendues par la première chambre civile de la Cour de cassation ont reconnu pendant un certain temps au vendeur le droit d'être indemnisé pour « la dépréciation du véhicule due à l'usure » (Civ. 1re, 22 nov. 1988, n° 86-18.586,Bull. civ. 1988, n° 334 ; Civ. 1re, 2 mai 2001, n° 98-15.343, JA. oct. 2001, p. 453 ; Civ. 1re, 8 mars 2005, n° 02-11.594, Bull. civ. 2005, I, n° 128). Cette indemnité est en effet profondément différente de celle envisagée précédemment puisqu'elle tend simplement à indemniser le vendeur de l'usure et de la dépréciation de son véhicule.

1316. Toutefois, depuis 2006 (Civ. 1re, 21 mars 2006, n° 03-16.075) la jurisprudence semblent avoir mis fin à l'octroi de telles d'indemnités à la charge du vendeur en matière de vices cachés. Ainsi, la Cour de cassation est venue préciser le 21 mars 2006 : « En matière de garantie de vices cachés, lorsque l'acquéreur exerce l'action rédhibitoire prévue par l'article 1644 du Code civil, le vendeur, tenu de restituer le prix reçu, n'est pas fondé à obtenir une indemnité liée à l'utilisation de la chose vendue ou à l'usure résultant cette utilisation » (Civ. 1re, 21 mars 2006, n° 03-16.075, Bull. civ. 2006 I, n° 171 et 172 - D. 2006, IR 950, obs. I. Gallmeister, D. 2006. 1869, note C. Montfort ; dans le même sens ultérieurement : Civ. 1re, 30 sept. 2008, n° 07-16.876 ; Bull. civ. 2008, I, n° 216 ; Cass. com., 22 mai 2012, n° 11-13086 : JurisData n° 2012-012409 - Bull. civ. 2012, IV, n° 191 ; RTD civ. 2012, p. 141, obs. P.-Y. Gautier). La Cour de cassation a encore rappelé récemment ce principe dans une décision datée du 19 février 2014 : « le vendeur était tenu de restituer le prix qu'il avait reçu, sans diminution liée à l'utilisation de la chose vendue ou à l'usure en résultant » (Cass. 1re civ., 19 févr. 2014, n° 12-15.520 : JurisData n° 2014-002794 ; Bull. civ. 2014, I, n° 26).

1317. Il convient de noter qu'une solution contraire existe en matière de résolution de la vente du véhicule pour défaut de conformité, « si l'effet rétroactif de la résolution d'une vente pour défaut de conformité permet au vendeur de réclamer à l'acquéreur une indemnité correspondant à la dépréciation subie par la chose en raison de l'utilisation que ce dernier en a faite, il incombe au vendeur de rapporter la preuve de l'existence et de l'étendue de cette dépréciation » (Civ. 1re, 21 mars 2006, n° 02-19.236).

B ▪ Frais de la vente

1318. Les frais de la vente sont mentionnés par l'article 1646 du Code civil : « Si le vendeur ignorait les vices de la chose, il ne sera tenu qu'à la restitution du prix, et à rembourser à l'acquéreur les frais occasionnés par la vente ».

1319. Les frais de l'article 1646 doivent donc se limiter aux seules « dépenses directement liées à la conclusion du contrat » (Civ. 1re, 16 juill. 1998, n° 96-12.871 et 96-14.996, Bull. civ. I, n° 266, D. 1998, IR 210, Gaz. Pal. 1999. 2, somm. 457, obs. D. Guével ; Civ. 1re, 21 mars 2006, n° 03-16.407, Defrénois 2006. 1134, note Y. Dagorne-Labbe, JCP 2006. IV. 1884) qui ont été faites en vue de conclure le contrat, et qui sont liées, par exemple, aux frais d'acte, aux frais de déplacement, voire aux frais de transport de la marchandise.

§ 3 ■ Action estimatoire

1320. Si l'acquéreur peut récupérer le prix de vente du véhicule moyennant sa restitution (action rédhibitoire), il peut parfois préférer conserver le bien acheté malgré une valeur inférieure à celle estimée lors de l'achat. De par l'existence de cette moins-value, l'acheteur réclamera alors en justice une diminution du prix d'achat du véhicule.

1321. La restitution de cette différence de prix ne doit pas s'analyser juridiquement en l'allocation de quelconques dommages et intérêts. Ce différentiel que l'acquéreur souhaitera obtenir correspond en effet tout simplement en la diminution de la valeur réelle de la chose. Il sera toujours possible à l'acheteur qui choisit l'action estimatoire de demander la condamnation du vendeur à lui verser en plus du différentiel des dommages et intérêts correspondant à l'indemnisation de différents préjudices. Il convient de noter que le montant de la réduction du prix du véhicule ordonné par le juge pourra parfois aussi correspondre au montant des travaux de remise en état du véhicule.

1322. Selon les termes mêmes de l'article 1644 in fine du Code civil, le montant de la réduction du prix : « sera arbitrée par experts ».

La Cour de cassation répète cette exigence de manière fréquente (Civ. 3e, 10 nov. 1999, n° 98-10.909, Bull. civ. III, n° 217, D. 1999, IR 274 ; Civ. 1re, 3 mai 2006, n° 03-15.555, D. 2006, IR 1405).

Cette moins-value peut être calculée par exemple par un expert dans le cadre d'une expertise judiciaire prononcée par exemple suite à un référé-expertise (Com., 1er déc. 1964, Bull. civ. 1964, III, n° 532 ; Civ., 1re, 16 janv. 1985, n° 83-13.613, Bulletin Civ., 1985 I, n° 27).

1323. Naturellement, un tel chiffrage pourrait être également réalisé par un expert choisi amiablement par l'acheteur. Une telle évaluation de la moins-value réalisée de manière unilatérale sera-t-elle opposable à l'autre partie du contrat de vente malgré la position récente de la Cour de cassation sur la portée de l'expertise amiable (Ch. Mixtes, 28 sept. 2012, n° 11-11.381 et n° 11-18.710 – JCP 2012, Ed. G, 1200, note S. Amrani Mekki – RTD Civ. 2012, p. 769 Obs. R. Perrot - RTD Civ. 2012, p. 771 Obs. R. Perrot) ?

Une réponse négative à une telle question reviendrait à exiger de recourir à une expertise judiciaire pour tout calcul de moins-value concernant un véhicule. Situation qui serait totalement ubuesque. Par contre, il sera prudent dans une telle hypothèse de fournir au juge d'autres documents justificatifs de la valeur réelle du véhicule, tel qu'une côte argus récente.

1324. La revente de la chose par l'acheteur ne fait pas obstacle en principe à l'action estimatoire puisque ce dernier ne doit pas la restituer. Toutefois, ceci suppose néanmoins qu'on puisse encore vérifier la qualité de la chose vendue à nouveau. Une expertise antérieure du véhicule avant sa revente serait sans aucun doute alors une sage et utile précaution.

De la même manière, le fait que la chose ait été détruite (par cas fortuit ou faute de l'acheteur) n'a aucune incidence sur l'action estimatoire : l'acheteur – sous réserve de pouvoir prouver le défaut – pourra exercer cette action.

L'acquéreur qui exercera l'action estimatoire est enfin en droit de demander le remboursement des frais résultant de la vente.

§ 4 ▪ Action en réparation ou en remplacement de la chose : exécution en nature

1325. L'acheteur peut parfois préférer éviter l'action tendant à la résolution du contrat de vente automobile ainsi que celle en diminution du prix de vente. Il peut en effet décider d'obtenir l'exécution en nature de la garantie des vices cachés : une réparation du véhicule (A) ou un remplacement pur et simple de celui-ci (B).

1326. Il faut préciser que le choix de l'acquéreur est toujours discrétionnaire. L'acheteur ne peut jamais en effet se voir imposer par le vendeur par exemple une remise en état du bien ou un remplacement alors qu'il choisit l'action rédhibitoire (Civ. 1re, 11 juin 1980, n° 79-10.581, Bull. civ. I, n° 185, RTD com. 1981. 351, obs. J. Hémard).

A ▪ Remise en état du véhicule

1327. L'acheteur dispose toujours d'une autre option que celles classiques de l'action estimatoire et rédhibitoire. En effet, il peut formuler une demande de remise en état du véhicule auprès du vendeur.
La jurisprudence condamne assez facilement le vendeur professionnel au montant des réparations qui sont nécessaires à effectuer sur le véhicule vendu qui est affecté d'un vice caché (Civ. 1re, 28 avr. 1971, n° 69-14.617, JCP G 1972, II, 17280, note M. Boitard et A. Rabut).

1328. L'acheteur peut d'ailleurs menacer le vendeur qui est réticent à procéder à la remise en état du véhicule de changer d'avis et de choisir définitivement l'action rédhibitoire. Il est clair que pour un professionnel de l'automobile, il peut être plus intéressant de procéder lui-même aux réparations du véhicule que de devoir rendre le prix de vente de celui-ci contre la restitution de l'automobile.
A la question de savoir si le vendeur serait tenu à effectuer des réparations d'un montant astronomique sur un véhicule ayant une valeur réduite, une réponse négative paraît s'imposer pour des raisons de bon sens.

1329. Si l'acquéreur a déjà fait réaliser les réparations sur son véhicule par un autre garagiste, il pourra sans difficulté demander au juge de condamner son vendeur à lui rembourser celles-ci. La seule difficulté pratique en une telle hypothèse sera un problème de preuve. En effet, les réparations effectuées ne devront pas faire échec à la démonstration de l'état originaire de la chose (Com., 8 juil. 1981, n° 79-13.110, Bull. civ. 1981, IV, n° 316). En un tel cas de figure, on ne peut que conseiller de faire décrire préalablement par un expert le montant des travaux à devoir effectuer sur le véhicule.

1330. S'agissant du montant des réparations mises à la charge du vendeur professionnel, il faut préciser que celui-ci devra régler naturellement à l'acheteur, simple particulier, en vertu du principe de la réparation intégrale, « la taxe sur la valeur ajoutée, que M. X..., non professionnel, avait nécessairement acquittée... » (Cass. 1re civ., 1er juill. 2010, n° 09-16.114 : JurisData n° 2010-010717).

1331. L'acheteur est en droit de préférer choisir la résolution de la vente plutôt que la remise en état du véhicule offerte par le vendeur sans qu'il doive se justifier sur son choix. Le fait que les réparations à effectuer sur l'automobile seraient d'un montant modique ne remet pas en cause le principe du choix fait par l'acquéreur (Civ. 1re, 23 mai 1995, n° 93-17.367).

1332. Toutefois, si l'acheteur d'une chose comportant un vice caché accepte que le vendeur procède à la remise en état de ce bien, il ne peut plus ensuite invoquer l'action en garantie dès lors que le vice originaire a disparu. Il peut néanmoins solliciter l'indemnisation du préjudice éventuellement subi du fait de ce vice. En effet en une telle hypothèse, les défectuosités du véhicule litigieux avaient été réparées et ne le rendaient donc plus impropre à l'usage auquel il était destiné. C'est donc à bon droit que la cour d'appel a exactement décidé de rejeter la demande postérieure en résolution de la vente (Cass. com., 1er févr. 2011, n° 10-11269 : JurisData n° 2011-000948 - Contrats, conc. consom. 2011, comm. 111, obs. L. Leveneur).

B ▪ Remplacement du véhicule

1333. Une telle option semble réservée uniquement aux véhicules neufs. Comment en effet, pouvoir mettre à la charge du vendeur une telle obligation si celui-ci a vendu un véhicule d'occasion ?

1334. Si l'acheteur souhaite un remplacement de son véhicule neuf, le vendeur ne pourrait se voir opposer un autre choix que celui-ci.

De la même manière, si le vendeur propose un remplacement de la chose alors que l'acquéreur souhaite la résolution du contrat, le juge fera toujours droit à la demande de l'acheteur (Civ. 1re, 11 juin 1980, n° 79-10.581, Bull. civ. I, n° 185, RTD com. 1981. 351, obs. J. Hémard).

§ 5 ▪ Action indemnitaire

1335. Cette action indemnitaire a pour but, comme son nom l'indique, la condamnation du vendeur par le juge à verser des dommages et intérêts à l'acquéreur. L'action en garantie des vices cachés n'est naturellement pas une action en responsabilité mais lorsque les conditions de la responsabilité contractuelle sont réunies, l'acheteur peut solliciter la condamnation du vendeur à lui verser des dommages et intérêts.

1336. La condamnation du vendeur à verser des dommages et intérêts à l'acheteur peut s'opérer :

- en plus de la résolution de la vente, voire en complément d'une exécution en nature (réparation ou remplacement du véhicule) ;
- soit de manière isolée conformément aux principes du droit commun. En effet, la jurisprudence a toujours considéré que « l'action en paiement de dommages et intérêts n'est pas subordonnée à la résolution du contrat » (Com., 25 févr. 1981, n° 79-13.851). Une telle conception est rappelée très fréquemment par la Cour de cassation. Ainsi dans un arrêt du 19 juin 2012, la Haute juridiction a rappelé que « la recevabilité de l'action en réparation du préjudice éventuellement subi du fait d'un vice caché n'est pas subordonnée à l'exercice d'une action rédhibitoire ou estimatoire de sorte que cette action peut être engagée de manière autonome » (Com., 19 juin 2012, n° 11-13.176, Dalloz actualité, 10 juil. 2012, obs. Fleuriot ; Cass. 1re civ., 26 sept. 2012, n° 11-22399 : JurisData n° 2012-021468 - Bull. civ. 2012, I, n° 192). En cette dernière hypothèse, l'acheteur doit nécessairement et naturellement démontrer l'existence d'un lien de causalité entre le vice et le préjudice subi pour pouvoir se voir attribuer des dommages et intérêts par le juge.

1337. Il faut noter que pour la Cour de cassation, la prescription de l'action rédhibitoire n'entraîne pas celle de l'action indemnitaire (Cass. 3e civ., 25 juin 2014, n° 13-17254 : JurisData n° 2014-014348).

1338. Le Code civil distingue entre les différents dommages et intérêts qui peuvent être mis à la charge du vendeur en prenant en compte la qualité du vendeur (bonne foi ou mauvaise foi et vendeur professionnel ou vendeur occasionnel) :
- les frais occasionnés par la vente ;
- les autres frais.

A ▪ Frais occasionnés par la vente

1339. L'article 1646 du Code civil précise : « Si le vendeur ignorait les vices de la chose, il ne sera tenu qu'à la restitution du prix, et à rembourser à l'acquéreur les frais occasionnés par la vente ».
Les frais occasionnés par la vente seront donc systématiquement dus par le vendeur et ce quel que soit sa qualité (professionnel, vendeur occasionnel) ou son comportement (bonne ou mauvaise foi).

1340. En matière de vente de véhicules, que recouvrent exactement ces frais ?
Selon une jurisprudence constante, ils concernent essentiellement le coût de transfert de la carte grise du véhicule (Com., 12 déc. 1984, n° 83-13.883, JA. 1986, p. 125 ; TGI Aix-en-Provence, 27 mai 1999, JA. 1999, juill.-août. 1999, p. 365 ; Civ. 1re, 11 mars 2003, n° 01-01.673, JCP 2004, Ed. G., II, 10159 note C. Lièvremont ; Civ. 1re, 8 mars 2012, n° 11-10.207) et le coût du prix de l'ancienne vignette (CA, Versailles, 3e Ch., 3 nov. 2000, RG n° 98/08609, T. Beeau c. / P. Amirat, inédit).

B ▪ Dommages et intérêts

1341. L'acquéreur d'un véhicule peut tenter de demander au juge de condamner le vendeur à lui verser différentes sommes qui correspondent à des préjudices extrêmement divers et variés : coût de travaux, préjudice commercial etc.
Cette hypothèse est prévue par l'article 1645 du Code civil qui précise : « Si le vendeur connaissait les vices de la chose, il est tenu, outre la restitution du prix qu'il en a reçu, de tous les dommages et intérêts envers l'acheteur ».
La condition d'application de ce texte est donc liée à l'existence de la mauvaise foi du vendeur : « si le vendeur connaissait les vices de la chose ... ».

1342. Pour que l'acquéreur puisse donc obtenir des dommages et intérêts, il faut qu'il puisse prouver, conformément à l'article 1645 du Code civil, que le vendeur connaissait les vices de la chose lors de la vente. Toutefois, en un tel cas de figure, la jurisprudence ne met pas sur un même pied d'égalité tous les acheteurs puisque les solutions varient selon la qualité du vendeur.

1343. En effet, il convient de différencier l'hypothèse dans laquelle le bien est vendu par un professionnel et où dans ce cas l'acheteur d'une automobile d'occasion peut assez aisément obtenir la condamnation de ce dernier à lui verser des dommages et intérêts dans la mesure où cette catégorie de vendeur est assujettie à une présomption irréfragable de connaissance du vice (1). En revanche, si la vente a été effectuée entre simples particuliers, l'acquéreur devra faire la preuve directe de la mauvaise fois du vendeur (2).

1 ▪ Vendeur d'automobiles non professionnel et de bonne foi

1344. En une telle hypothèse, la charge de la preuve de la connaissance du vice par le vendeur, simple particulier, pèsera toujours sur l'acheteur. La plupart du temps, la démonstration d'une telle preuve par l'acheteur sera très difficile à rapporter. Si l'acheteur n'arrive pas à prouver que le vendeur occasionnel connaissait le vice, il n'obtiendra pas de dommages et intérêts. Il devra se contenter des « frais de la vente » (cf. Supra).

1345. Dans un arrêt daté du 11 mars 2003 (Civ. 1re, 11 mars 2003, n° 01-01.673, JCP 2004, Ed. G., II, 10159, note C. Lièvremont), la Cour de cassation a ainsi considéré que l'acheteur n'a pas droit à de quelconques dommages et intérêts dans la mesure où « la preuve n'est pas rapportée que le vendeur ait connu les vices de la chose vendue », puisqu'il « n'était pas un professionnel de l'automobile ».

1346. Il serait illogique, en effet, de faire peser sur le vendeur non-professionnel de bonne foi la présomption précédemment décrite. En conséquence, pour obtenir des dommages et intérêts, l'acheteur devra rapporter la preuve de la mauvaise foi du vendeur occasionnel. Ainsi, le vendeur non professionnel connaissant les vices décrits par l'expert peut être condamné « aux frais de dépannage et de remorquage du véhicule » (TGI Martigues, 26 mars 1986, JA. 1986, p. 327).

1347. En revanche, si les juges du fond considèrent qu'un vendeur occasionnel est de mauvaise foi, il sera condamné à payer à l'acheteur différentes sommes correspondant respectivement au coût du remplacement du moteur ainsi qu'au coût d'une autre réparation, au coût du contrôle technique, à la vignette, aux frais d'assurance et frais financiers résultant du prêt contracté pour l'acquisition du véhicule. Il en irait de même également d'un préjudice financier et d'un préjudice de jouissance (Civ. 1re, 8 févr. 2005, n° 02-11.276).

1348. Il faut souligner que si le vendeur non professionnel vend son véhicule après avoir effectué le contrôle technique obligatoire sans que ce dernier ne relève aucune anomalie sur le châssis, et que cinq mois après celui-ci le nouveau propriétaire procède à une autre visite technique qui souligne que « l'état de corrosion et la corrosion perforante des longerons arrières et coque du véhicule... rendent le véhicule impropre à la circulation », le vendeur, simple particulier, sera réputé être de bonne foi. En revanche, dans cette espèce, les juges du fond ont considéré que le centre de contrôle technique devait indemniser l'acheteur du préjudice résultant de l'immobilisation, de la privation de l'usage du véhicule (TGI Aix-en-Provence, 27 mai 1999, JA. juill.-août 1999, p. 365).

1349. Si l'acheteur échoue dans la démarche tendant à rapporter la preuve de la connaissance du vice par le vendeur, selon les termes de l'article 1646 du Code civil le vendeur occasionnel ne sera tenu « qu'à la restitution du prix, et à rembourser à l'acquéreur les frais occasionnés par la vente » (Civ. 3e, 8 oct. 1997, n° 95-19.808, Contrats. Conc., consom. 1998, comm. 5, Obs L. Leveneur ; Civ. 1re, 16 juill. 1998, n° 96-12.871 et 96-14.996, Bull. civ., I, n° 266).

2 ▪ Vendeur professionnel d'automobiles

1350. La notion de vendeur professionnel doit être tout d'abord précisée avant d'examiner la présomption irréfragable de connaissance du vice qui pèse sur celui-ci.

a - Notion de vendeur professionnel

1351. Le vendeur professionnel d'automobile est naturellement celui qui par définition fait sa profession du commerce de l'automobile (garage, concession etc.). Mais à partir de quel moment peut-on qualifier de vendeur professionnel d'automobiles un simple particulier qui vend souvent des véhicules ?

1352. La Cour de cassation a apporté des éléments de réponse intéressants à cette question importante dans la mesure où la qualité de professionnel du vendeur produit des effets juridiques tant pour celui-ci que pour l'acheteur.

1353. Dans une espèce qui concernait un chef d'agence bancaire qui achetait et revendait des véhicules à une fréquence inhabituelle pour un particulier (quarante ventes en deux ans) la première chambre civile de la Cour de cassation a considéré avec justesse qu'il « résultait de ces constatations qu'en se livrant de façon habituelle à des opérations d'achat et de revente de véhicule d'occasion dont il tirait profit, M. X... avait acquis la qualité de vendeur professionnel, de sorte qu'il était réputé connaître les vices de la chose vendue et tenu de tous les dommages-intérêts envers l'acheteur » (Civ. 1re, 30 sept. 2008, n° 07-16.876, Bulletin 2008, I, n° 216).

b - Présomption irréfragable de connaissance du vice

1354. Quand la vente est passée entre un vendeur professionnel et un acheteur, la tâche de ce dernier est éminemment plus simple. En une telle hypothèse, il pèse sur le vendeur professionnel d'automobiles une présomption irréfragable de connaissance du vice.

1355. En effet, depuis 1965, la Cour de cassation dispense l'acheteur de rapporter la preuve de la connaissance du vice par le vendeur professionnel. Dans l'affaire dite du « pain maudit de Pont-Saint-Esprit », la jurisprudence considéra qu'il convenait d'assimiler au vendeur connaissant les vices, la personne « qui par sa profession ne pouvait les ignorer » (Civ. 1re, 19 janv. 1965, n° 61-10.952, D. 1965, II, 389. Confirmé par : Civ. 1re, 21 nov. 1972, n° 70-13.898, JCP, 1974, II, 17890, note J. Ghestin). Ensuite, dans l'arrêt « Lamborghini », la Cour de cassation ne raisonna plus en termes d'assimilation mais en termes de présomption de connaissance du vice de la part du professionnel : « le garagiste était censé, en sa qualité de vendeur professionnel, connaître le vice dont l'automobile était affectée » (Sur cette évolution, cf. : M.-L. Izorche, Le vendeur professionnel, entre vices cachés et jurisprudence hermétique, D. 2000, I, 4071, Spéc. n° 20.).

1356. En d'autres termes, tout vendeur professionnel est réputé être de mauvaise foi. C'est cette solution qui prévaut encore à l'heure actuelle et peu importe si l'acheteur, à l'instar du vendeur, est lui aussi un professionnel (Com., 24 avr. 1990, n° 88-15.409, Bull. civ., IV, n° 126 ; Com., 23 nov. 1982, n° 81-14.802, Bull. civ. IV, n° 367) ou si les vices étaient indécelables (Com., 15 nov. 1971, n° 70-11.036, D. 1972, II, 212).

1357. Cette présomption irréfragable pesant sur le vendeur professionnel d'automobiles produit des conséquences pratiques importantes puisque ce dernier est tenu envers l'acheteur « de tous les dommages-intérêts » sans distinction (Civ. 3e, 8 oct. 1997, n° 95-19.808, CCC, 1998, n° 5, Obs. L. Leveneur) résultant d'un vice caché. L'acheteur pourra être indemnisé notamment du coût des réparations effectuées en pure perte sur le véhicule, mais surtout des dommages corporels causés par le véhicule au conducteur ou à des tiers.

Chapitre 3
Les garanties attachées au véhicule

BIBLIOGRAPHIE

Argus de l'assurance

Articles. – J. Speronil, « Consommation : La garantie commerciale du constructeur », JA 2014 - L. Mercié, « La portée des clauses d'exclusion de garantie », JA mars 2010, n° 816, p. 42.

Autres documentations

Ouvrages. – Code civil, Dalloz éd.

Articles – P. Ancel, « La garantie conventionnelle des vices cachés dans les conditions générales de vente en matière mobilière », RTD com. 1979. 203. - Bernheim-Desvaux, CCC 2012. Formule 2 ; RCA 2012. Formule 3 (la clause de garantie contractuelle ou commerciale). - J. Bigot, « Plaidoyer pour les clauses limitatives de garantie et de responsabilité dans les contrats de vente et de fourniture entre professionnels », JCP 1976. I. 2755. - P. Malinvaud, « Pour ou contre la validité des clauses limitatives de la garantie des vices cachés dans la vente », JCP 1975. I. 2690. - B. Starck, « Observations sur le régime juridique des clauses de non-responsabilité ou limitatives de responsabilité », D. 1974, chron. 157. S. Stijns, « Les garanties commerciales et l'action récursoire du vendeur final dans la directive sur la vente au consommateur, in La nouvelle garantie des biens de consommation et son environnement légal : Bruxelles », La Charte, 2005, p. 105.

1358. La garantie des vices cachés (C. civ., art. 1641 s.) est toujours susceptible d'être aménagée par les parties à la convention. En effet, le Code civil permet de la limiter ou de l'exclure mais la jurisprudence exige des conditions bien précises pour pouvoir limiter la garantie légale des vices cachés.

L'article 1643 du Code civil précise qu' : « Il est tenu des vices cachés, quand même il ne les aurait pas connus, à moins que, dans ce cas, il n'ait stipulé qu'il ne sera obligé à aucune garantie ».

1359. De très nombreuses et diverses clauses peuvent être insérées dans des contrats de vente automobiles par le vendeur.

Il sera donc difficile pour l'acheteur d'identifier juridiquement celles qui figureront ou celles qui ne figureront pas dans son contrat de vente. Cette difficulté est d'ailleurs renforcée dans la mesure où certains contrats de vente prévoient un certain nombre de services supplémentaires. En principe, de tels services ne devraient pas chevaucher ou se substituer à la garantie des vices cachés. Force pourtant est de constater qu'en pratique cela est souvent le cas.

1360. Par exemple, lorsque l'acquéreur qui achète un véhicule à un garage souscrit en même temps que la vente un contrat d'entretien ou de maintenance auprès du vendeur, une telle convention peut prévoir un bon nombre de vérifications périodiques du véhicule et un engagement d'intervenir en cas de pannes. Juridiquement, un tel contrat permet au client moyennant le versement d'une somme forfaitaire mensuelle au garagiste de bénéficier de certains services relatifs à l'entretien normal et courant du véhicule (graissage, nettoyage, changement du liquide de refroidissement pour un autre fluide plus adapté aux rigueurs de l'hiver etc.) (Civ. 1re, 23 oct. 1961, D. 1962, II, p. 45, note Rodiere).

En une telle hypothèse, une difficulté résidera dans le fait que ce contrat dit d'entretien commencera souvent en pratique à compter du jour de la vente alors qu'en bonne logique il devrait commencer à courir le jour de l'expiration de la période de garantie légale, spécialement pour la maintenance des organes qui ne rentrent pas dans la définition de l'entretien courant...

1361. De manière schématique, il semble possible de différencier trois types de clause qui peuvent être prévues dans les ventes d'automobiles et qui concernent la garantie des vices cachés.
Il peut s'agir, d'une part, de clauses qui étendent le champ de la garantie, en regard des dispositions prévues par la garantie légale des vices cachés (Section 1).
Il peut s'agir, d'autre part, de clauses qui, à l'inverse, suppriment ou limitent la garantie de droit commun (Section 2).
Enfin, il peut s'agir, de clauses qui combinent l'extension et la restriction, et qui, pour cette raison, sont dénommées « clauses mixtes » (Section 3).

Section 1 ▪ Clauses extensives de la garantie

1362. Il peut arriver que les parties décident d'insérer dans le contrat de vente portant sur un véhicule des clauses qui élargissent la garantie légale des vices cachés. Dans la mesure où de telles clauses confèrent à l'acheteur davantage de droits que les dispositions insérées dans le Code civil, celles-ci sont parfaitement valables.

1363. Ainsi, une telle clause peut prévoir quatre ou cinq années de garantie. Auquel cas, cette clause devra commencer à courir à compter de la signature du contrat. En une telle hypothèse, la garantie légale des vices cachés se superposera à celle conventionnelle et elle pourra néanmoins être utile à l'acheteur car cette garantie légale permettra de faire jouer la garantie dans « un délai de deux ans à compter de la découverte du vice » (C. civ., art. 1648). Certes, en pratique de telles clauses sont assez rares, mais elles ont au moins le mérite d'exister.

1364. Dans une espèce où un agriculteur avait cédé à un garagiste un tracteur d'occasion en mentionnant sur la quittance « en bon état de marche », la Cour de cassation est venue préciser qu'une telle clause ne doit pas être considérée comme « une clause aggravant la garantie de droit » (Civ., 18 déc. 1962, D. 1963. 114). Cette solution paraît s'expliquer par le fait que les défectuosités du tracteur n'auraient pas dû échapper à un professionnel spécialisé dans la vente du matériel agricole (Civ., 18 déc. 1962, préc.

1365. Le contenu de ces clauses peut-être parfois ambigu. Il reviendra donc au juge du fond de devoir interpréter de telles clauses obscures ou ambiguës et ce en principe en faveur de l'acheteur conformément à l'article 1602 du Code civil. Ainsi par exemple, un contrat « Volvo assistance » peut garantir à l'acheteur du véhicule, en cas de panne et durant deux ans, la prise en charge des frais de remorquage, de transport et d'hébergement des passagers, ainsi que les dépenses concernant l'envoi des pièces et la fourniture d'un véhicule de remplacement (Com., 26 avr. 1994, n° 92-13.862, Contrats, conc. consom. 2001, Hors-série, comm. 364, Obs. L. Leveneur – Bull. civ. 1994, IV, n° 159).

1366. Lorsqu'un véhicule d'occasion est vendu, outre avec la garantie légale, avec une garantie contractuelle, « pièces et main d'œuvre », les juges du fond peuvent considérer que la garantie implique la réparation des conséquences des défectuosités du véhicule et qu'elle couvre tous les éléments constitutifs du véhicule, y compris le moteur à partir duquel s'était déclaré l'incendie et surtout qu'elle comporte pour le vendeur une obligation de résultat, et doit donc s'appliquer à défaut de justification de la part du vendeur d'une cause étrangère exonératoire (Civ. 1re, 13 oct. 1993, n° 91-21.442, Contrats, conc., consom. février 1994, p. 14, obs. G. Raymond).

1367. Enfin, il est important de noter que la clause extensive de garantie est dénommée « garantie commerciale » dans l'ordonnance du 17 février 2005 relative à la garantie de la conformité du bien au contrat, due par le vendeur professionnel au consommateur.

1368. La loi n° 2014-344 du 17 mars 2014 relative à la consommation (JO 18 mars 2014) dite loi Hamon a modifié sensiblement la garantie commerciale en proposant une nouvelle rédaction de l'article L. 211-15 du Code de la consommation.

Nouvel article L. 211-15 du Code de la consommation :

« La garantie commerciale s'entend de tout engagement contractuel d'un professionnel à l'égard du consommateur en vue du remboursement du prix d'achat, du remplacement ou de la réparation du bien, en sus de ses obligations légales visant à garantir la conformité du bien.

La garantie commerciale fait l'objet d'un contrat écrit, dont un exemplaire est remis à l'acheteur.

Le contrat précise le contenu de la garantie, les modalités de sa mise en œuvre, son prix, sa durée, son étendue territoriale ainsi que le nom et l'adresse du garant et reproduit l'article L. 211-16.

En outre, il mentionne de façon claire et précise que, indépendamment de la garantie commerciale, le vendeur reste tenu de la garantie légale de conformité mentionnée aux articles L. 211-4 à L. 211-13 du présent code et de celle relative aux défauts de la chose vendue, dans les conditions prévues aux articles 1641 à 1648 et 2232 du code civil. Les articles L. 211-4, L. 211-5 et L. 211-12 du présent code ainsi que l'article 1641 et le premier alinéa de l'article 1648 du code civil sont intégralement reproduits.

En cas de non-respect de ces dispositions, la garantie demeure valable. L'acheteur est en droit de s'en prévaloir ».

1369. Il est important de souligner que depuis la loi n° 2014-344 du 17 mars 2014 relative à la consommation (JO 18 mars 2014) dite loi Hamon, le professionnel doit obligatoirement remettre au consommateur un écrit distinct qui montre que cette garantie commerciale est différente de celle dite « légale » (C. consom., art. L. 211-15 al. 2). L'article L. 211-15 du Code de la consommation impose donc au professionnel d'insérer dans le support écrit de la « garantie commerciale » de nombreuses mentions obligatoires énoncées (contenu de celle-ci, conditions de mise en oeuvre, durée, étendue territoriale, éléments d'identification (nom et adresse) du garant ; rappel des garanties de droit commun : défaut de conformité et vice caché dont le vendeur demeure tenu vis-à-vis de l'acquéreur ; insertion « intégrale et de façon apparente » des articles L. 211-4, L. 211-5 et L. 211-12 du Code de la consommation, ainsi que les article 1641 et 1648, alinéa 1er, du code civil). Toutefois, la méconnaissance de ces dispositions dans le support écrit ne porte pas atteinte à la validité de la garantie commerciale, dont l'acquéreur peut toujours se prévaloir (C. consom., art. L. 211-15, In Fine)

Article L. 211-16 du Code de la consommation : « lorsque l'acheteur demande au vendeur, pendant le cours de la garantie (L. n° 2014-344 du 17 mars 2014, art. 15-IV) « commerciale [ancienne rédaction : contractuelle] » qui lui a été consentie (L. n° 2006-406 du 5 avr. 2006) « lors de l'acquisition ou de la réparation d'un bien meuble », une remise en état couverte par la garantie, toute période d'immobilisation d'au moins sept jours vient s'ajouter à la durée de la garantie qui restait à courir. Cette période court à compter de la demande d'intervention de l'acheteur ou de la mise à disposition pour réparation du bien en cause, si cette mise à disposition est postérieure à la demande d'intervention ». Si le vendeur professionnel ne respecte pas les obligations contenues dans les articles L. 211-15 et L. 211-16 du Code de la consommation, il s'expose, de surcroît, à la condamnation d'amendes administratives.

Article L. 211-16-1 du Code de la consommation : Tout manquement aux articles L. 211-15 et L. 211-16 est passible d'une amende administrative dont le montant ne peut excéder 3 000 € pour une personne physique et 15 000 € pour une personne morale. L'amende est prononcée dans les conditions prévues à l'article L. 141-1-2 ».

1370. Des extensions contractuelles de cette garantie commerciale sont souvent proposées aux acheteurs de véhicules neufs. Dans l'hypothèse de véhicules importés ayant déjà été immatriculés, le professionnel doit veiller à informer le consommateur de la date à partir de laquelle la garantie commerciale a commencé à courir.

1371. Nous noterons qu'il est fortement recommandé de lire attentivement le détail des clauses de ce type de garanties commerciales pour identifier les éventuelles limites contractuelles à la couverture. De manière générale, les garanties contractuelles sont souvent conditionnées au strict respect du programme d'entretien défini par le constructeur (ex : intervalle des interventions, telles que vidanges ou remplacement courroie de distribution etc.). Il est donc prudent de conserver soigneusement tous les documents qui permettront de prouver la réalité de cet entretien (indications portées dans le carnet d'entretien par le garagiste et surtout les factures acquittées) en cas de survenance d'un sinistre.

1372. Même si la Cour de cassation, à de nombreuses reprises a rappelé que le constructeur ne peut opposer une déchéance de garantie commerciale à l'automobiliste qui a fait procéder à l'entretien ou la réparation de son véhicule en dehors du réseau agréé par le constructeur, force est de constater que certains constructeurs persistent toujours dans leurs errements.
Toutes les fois où de telles clauses sont appréciées par les tribunaux, elles sont inéluctablement déclarées abusives et donc réputées non opposables au consommateur.

1373. Sur la question des réparations hors réseau, La loi Hamon a enfin confirmé la jurisprudence de la Cour de cassation. Désormais, en effet, la loi Hamon du 17 mars 2014 relative à la consommation (Loi n° 2014-344, JO 18 mars 20014, p. 5 400) a ajouté un article 5-1 ainsi rédigé à l'arrêté du 28 juin 2000 (JO n° 149 du 29 Juin 2000, p. 9767, texte n° 10, NOR : ECOC0000054A) : « Art. 5-1. Lorsque le vendeur propose une garantie commerciale au sens de l'article L. 211-15 du code de la consommation, il informe le consommateur que son bénéfice n'est pas subordonné à la réalisation des prestations de réparation et d'entretien non couvertes par cette garantie, par un réparateur du réseau agréé par le constructeur. Cette information figure, de façon claire et lisible, dans le carnet d'entretien du véhicule, quel que soit son support. »

1374. Enfin, une dernière variété de garantie contractuelle est liée au financement de l'achat du véhicule. Le contrat de crédit souscrit auprès de certains organismes comprend parfois une garantie contractuelle même si celle-ci comprendra la plupart du temps de très nombreuses exclusions de la garantie.

Section 2 ▪ Clauses exclusives ou limitatives de la garantie

1375. Les clauses qui excluent la garantie pour tel ou tel vice, ou qui la limitent à une certaine durée ou qui écartent certaines sortes de préjudices sont les plus courantes en pratique. Elles tentent toutes à compliquer la tâche de l'acheteur en présence d'un vice caché sur le véhicule qu'il vient d'acheter. De telles clauses sont en principe licites (Sous-section 1). Toutefois, en un certain nombre d'hypothèses, elles sont interdites (Sous-section 2).

Sous-section 1 ▪ Le principe de validité des clauses exclusives ou limitatives de la garantie

1376. L'article 1643 du Code civil prévoit : « il (le vendeur) est tenu à la garantie des vices cachés, quand même il ne les aurait pas connus, à moins que, dans ce cas, il n'ait stipulé qu'il ne sera obligé à aucune garantie ». Cet article du Code civil prévoit donc la possibilité pour le vendeur de limiter les effets de la garantie légale, voire de s'exonérer de celle-ci par l'insertion de certaines clauses dans la convention.

1377. Cette possibilité, en revanche, n'existe plus :
- si le vendeur est de mauvaise foi, c'est à dire qu'il connaissait le vice de l'automobile qu'il a vendu ;
- si l'acheteur n'a pas accepté cette clause.

Il en a été jugé ainsi dans une espèce dans laquelle un particulier s'était porté acquéreur d'un véhicule neuf et auquel le vendeur avait remis lors du paiement une facture portant au verso une clause limitant la garantie du vendeur à une période déterminée. Les juges ont considéré que le vendeur n'apportait pas la preuve que l'acheteur ait connu et accepté, lors de la conclusion de la vente, l'existence de la clause limitative de garantie. Par conséquent, la clause limitative devait être écartée de la convention (Civ. 1re, 28 avr. 1971, n° 69-14.617,JCP G 1972, II, 17280, note Boitard et Rabut).

Sous-section 2 ▪ Exceptions au principe de validité

1378. La validité d'une clause limitative de garantie ou d'une clause de non-garantie dans un contrat de vente dépend étroitement de la qualité du vendeur. S'il s'agit d'un vendeur professionnel, il ne pourra jamais en principe s'exonérer de la clause (§ I). En revanche s'il s'agit d'un particulier qui vend son véhicule, il pourra se décharger de la clause de garantie (§ II).

§ 1 ▪ Vendeur professionnel

1379. Quand un vendeur professionnel tente de s'exonérer de sa garantie en insérant dans le contrat une clause limitative de garantie, voire une clause de non-garantie, de telles clauses sont dépourvues d'effet à l'égard de l'acheteur. En effet, le vendeur professionnel est assimilé de manière irréfragable à un vendeur de mauvaise foi.

1380. La solution n'est pas nouvelle puisque la jurisprudence, dès les années 1965 (Civ. 1re, 17 mai 1965, n° 62-12.790, Bull. civ. I, 1965, n° 324 ; Civ. 1re, 19 janv. 1965, n° 61-10.952, D. 1965. 389 ; Com., 22 nov. 1966, Bull. civ. 1966, III, n° 447) a procédé à une telle assimilation : « la mauvaise foi du vendeur professionnel est toujours présumée » (Civ. 1re, 17 mai 1965, précité).

1381. Les clauses restrictives ou de non-garantie sont donc dépourvues de tout effet juridique quand elles sont insérées dans les conventions par le fabricant (Com., 17 oct. 1977, n° 76-10.834, Gaz. Pal. 1978. 1. 221, note A. Plancqueel) ou par le simple revendeur. Peu importe également la terminologie utilisée dans leur rédaction : non garantie, « achat en l'état » « tel quel », aux « risques et périls » de l'acheteur, etc.

1382. Cette solution a été reprise également d'une part par la législation relative aux clauses abusives (C. conso., art. L. 132-1 combiné avec l'article R. 131-2 du même code), qui interdit purement et simplement au vendeur professionnel d'écarter la garantie légale dans les rapports entre les vendeurs professionnels et les consommateurs, et d'autre part, par les dispositions du Code de la consommation qui concernent la nouvelle « garantie légale de conformité » (C. conso., art. L. 211-17). L'article L. 211-17 du Code de la consommation précise en effet que : « Les conventions qui écartent ou limitent directement ou indirectement les droits résultant du présent chapitre, conclues entre le vendeur et l'acheteur avant que ce dernier n'ait formulé de réclamation, sont réputées non écrites ».

1383. Selon la jurisprudence, les stipulations qui exonèrent le vendeur professionnel ne trouvent également jamais à s'appliquer quand l'acheteur est également un professionnel : « Le vendeur professionnel ne peut ignorer les vices de la chose vendue, même à un professionnel » (Com., 27 nov. 1991, n° 89-19.546, Bull. civ. IV, n° 367).

1384. Toutefois, il en va différemment lorsque ces clauses sont insérées dans un contrat de vente passé entre deux professionnels de la même spécialité. « Dès lors qu'elle constatait ainsi qu'il s'agissait d'une vente entre professionnels de même spécialité et que cette vente sans garantie avait été conclue par l'acquéreur professionnel en pleine conscience des risques qu'il acceptait de prendre à sa charge, la Cour d'appel a pu considérer que celui-ci n'était pas fondé à invoquer, nonobstant la clause litigieuse (NB : clause exonératoire), la garantie du vendeur contre lequel aucune fraude n'était alléguée » (Com., 8 oct. 1973, n° 71-14322 (Com., 8 oct. 1973, n° 71-14.322, JCP 1975. II. 17927, note J. Ghestin ; Com., 8 juill. 1975, n° 72-12.602, JCP 1976. II. 18332 ; Civ. 3e , 30 oct. 1978, n° 77-11.354, et Com., 6 nov. 1978, n° 76-15.037, JCP 1979. II. 19178, note J. Ghestin ; Civ. 1re, 20 févr. 1996, n° 93-21.128, Bull. civ. I, n° 86 ; Com., 3 févr. 1998, n° 95-18.602, Bull. civ. IV, n° 60, D. 1998. 455, note J. Revel ; Civ. 3e, 27 sept. 2000, n° 99-10.297, D. 2001. 2628, note Storck). En un tel cas de figure, les clauses produiront donc leurs effets.

§ 2 ■ Vendeur occasionnel de bonne foi

1385. Le vendeur occasionnel en l'absence de toute clause insérée dans la convention, est tenu naturellement envers l'acheteur de la garantie légale des vices cachés. Il peut néanmoins tenter d'y échapper en insérant dans le contrat une clause limitative de responsabilité. Il convient de préciser que, contrairement au vendeur professionnel, le vendeur occasionnel de bonne foi n'est pas tenu de tous les dommages et intérêts.
Le vendeur occasionnel peut-être :
- le simple particulier ;
- ou le professionnel qui acquiert un bien mobilier pour l'utiliser dans son activité et ensuite qui le revend.

1386. Pour exemple, le tracteur d'occasion vendu « dans l'état » par une société de travaux et de constructions. La mention vendue « dans l'état » constitue une clause de non garantie qui est applicable à l'acheteur » (Civ. 1re, 25 juin 1968, Bull. civ. 1968, I, n° 183). Naturellement, ce professionnel ne doit pas exercer cette activité de vente de tracteur de manière habituelle, sinon il ne pourra être assimilé à un vendeur occasionnel.

Section 3 ■ Les clauses mixtes

1387. Les clauses mixtes sont des clauses qui sont insérées dans les contrats de vente par les vendeurs professionnels et aménagent la garantie. Ces clauses figurent souvent dans le contrat à la rubrique « conditions générales de vente ». Certains auteurs se réfèrent parfois à la terminologie de garantie contractuelle pour les qualifier.

1388. Pour notre part, nous préférons utiliser la terminologie de « clauses mixtes » dans la mesure où :
- sur certains points, ces clauses confèrent à l'acheteur des droits étendus (ex. : aucune nécessité de l'antériorité du vice) ;
- sur d'autres points, en revanche, elles restreignent les droits des acheteurs (ex. : durée de la garantie réduite).

1389. En présence de clauses mixtes dans un contrat de vente, la jurisprudence de la Cour de cassation semble refuser aux juges du fond de pouvoir apprécier de telles clauses de manière globale. Les juges considèrent en effet que :
- les aspects extensifs qui sont favorables à l'acheteur produisent leurs effets ;
- les aspects restrictifs qui sont défavorables à l'acheteur ne lui sont pas opposables (sauf s'il s'agit naturellement de deux professionnels de même spécialité, auquel cas l'acheteur professionnel est en mesure d'apprécier les vices de la chose achetée et par conséquent la clause mixte produira ses effets).

1390. Une telle dichotomie semble s'expliquer par le fait que les garanties contractuelles prévues dans les clauses mixtes ne se substituent jamais à la garantie légale, mais en revanche s'y ajoutent. L'acheteur est donc libre de choisir la garantie qui lui paraît être la plus favorable (Civ. 1re, 5 mai 1982, n° 81-10.315, Bull. civ. I, n° 163). Par exemple, si en présence de vices cachés, le vendeur refuse à l'acheteur le bénéfice de la garantie conventionnelle (remplacement des pièces défectueuses de la machine), l'acheteur est en droit d'invoquer les manquements du vendeur à ses obligations légales (Com., 28 juin 1994, n° 92-16.083,Bull. civ. IV, n° 248).

FOCUS
LA RÉGLEMENTATION EUROPÉENNE DE LA DISTRIBUTION AUTOMOBILE

Par Nathalie Giroudet-Demay, Cabinet Ravayrol & Giroudet

Avertissement : Au moment du bouclage de la mise à jour du présent ouvrage, le projet de loi pour la croissance, l'activité et l'égalité des chances économiques (« loi Macron ») est en cours de discussion parlementaire. Or, l'article 10 du projet de loi prévoit que les contrats, même conclus à durée indéterminée, devront obligatoirement se limiter à 9 ans et par conséquent faire l'objet d'une résiliation et d'une renégociation au terme de ces 9 années. Une autre disposition du projet de loi est de nature à susciter des inquiétudes : dès lors qu'un fournisseur voudra résilier un contrat le liant à l'un de ses distributeurs, il devra en réalité résilier tous les contrats le liant audit distributeur. Le constructeur ne pourra donc plus, si le texte est adopté en l'état, résilier le contrat de distribution de véhicules neufs sans résilier également le contrat de réparateur agréé…

Ces dispositions ont pour objectif principal de forcer à un assouplissement des règles dans le domaine de la grande distribution, mais auront, en cas d'adoption définitive et en l'état, des conséquences sur l'ensemble des relations contractuelles entre un fournisseur et un distributeur.

Ces dispositions, adoptées par l'assemblée nationale en 1ère lecture, ont été supprimées par la commission spéciale du Sénat lors de sa séance du 25 mars 2015. Cependant, un amendement déposé par le gouvernement début avril 2015 est venu en demander le rétablissement. Le texte, avec ou sans cet amendement, devrait être adopté par le Sénat le 6 mai 2015.

La relation juridique qui se crée entre le vendeur automobile et l'acquéreur est essentiellement régie par le droit commun de la vente et par les dispositions spécifiques prises par le législateur pour protéger le consommateur. Ces règles sont pour partie d'origine nationale, pour partie d'origine communautaire, tant l'harmonisation des droits des consommateurs constitue une priorité européenne.

Mais l'Europe ne s'intéresse pas uniquement à la relation vendeur / acheteur ; elle surveille, analyse et encadre également la relation qui lie le constructeur automobile aux distributeurs de sa marque afin de s'assurer du maintien d'un niveau concurrentiel suffisant sur le territoire européen. Le poids économique du secteur automobile en Europe est en effet considérable et justifie amplement que l'environnement juridique dans lequel il évolue soit le fruit d'une réflexion approfondie dont la remise en cause doit être régulière afin de tenir compte des éventuelles incidences liées à l'évolution du marché.

L'encadrement de la relation Constructeur - Distributeur : l'ambitieuse recherche d'un équilibre entre liberté contractuelle et liberté de la concurrence

Si l'on reprend la définition donnée par le Professeur Philippe Le Tourneau (Les contrats de concession, Litec, 2003, n° 2) le réseau de distribution s'analyse en « un système d'organisation de la distribution, par un circuit court, et de coopération contractuelle ». Il s'agit « d'un ensemble de distributeurs, animés par un intérêt commun (celui du réseau) au sein d'une organisation homogène, d'un système dirigé par le concédant ».

D'un point de vue pratique, l'organisation d'un réseau de distribution par un producteur révèle la volonté ce celui-ci de maîtriser la distribution de ses produits et l'utilisation de sa marque. Il n'entend pas laisser n'importe qui distribuer n'importe comment ses produits. Dès lors, si le réseau peut devenir « un merveilleux système de veille stratégique et d'incitation à l'innovation », il peut également se révéler « un instrument d'éventuelle domination d'une entreprise sur l'autre » (Ph. le Tourneau, Les contrats de concession, préc. n° 5-6).

D'un point de vue juridique, les réseaux de distribution génèrent des relations contractuelles très spécifiques qu'il a fallu encadrer. Considérés initialement comme une notion exclusivement économique, les réseaux sont aujourd'hui de véritables sujets de droit ayant même fait émerger un nouveau droit, celui de la distribution. Ce droit regroupe l'ensemble des règles applicables aux relations contractuelles de distribution, et tout particulièrement celles émanant du droit des obligations et du droit de la concurrence interne et communautaire.

Le droit de la distribution a pour ambition de concilier des principes qui peuvent parfois se révéler contradictoires comme celui de la liberté contractuelle et celui de la libre concurrence. Le principe de liberté contractuelle voudrait que le constructeur définisse librement avec les membres de son réseau la nature et la portée des engagements réciproques : les clauses relatives à l'enseigne, à la quantité de véhicules à commander, aux objectifs de vente, à la formation du personnel, au territoire concédé... Le principe de libre concurrence, tel qu'il est défini par le Traité de Rome, voudrait pour sa part interdire toute entente entre entreprises, toute action concertée, susceptible de fausser le jeu de la concurrence sur le marché. Or, la conclusion d'accords verticaux entre un constructeur et les membres de son réseau est de nature à faire obstacle au libre jeu de la concurrence dès lors que ces accords incluent des clauses visant à restreindre le développement de la concurrence intramaque – c'est-à-dire entre les distributeurs d'un même réseau - ou intermarque - entre distributeurs de réseaux de marque concurrents. Tel pourra être le cas de clauses organisant une exclusivité territoriale, une interdiction de distribuer des produits concurrents, etc. Le droit de la concurrence a donc un impact majeur sur la relation contractuelle liant le constructeur aux membres de son réseau.

Ainsi, historiquement, les accords verticaux étaient considérés par essence anticoncurrentiels et étaient donc interdits. Au fil du temps, une approche plus pragmatique s'est imposée considérant qu'il convenait de privilégier l'efficience économique plutôt qu'une théorie visant à garantir une concurrence pure et parfaite. Selon cette approche, consacrée par l'article 81 §3 du Traité de Rome, les accords verticaux de distribution peuvent apparaître comme d'efficaces alternatives au marché, dès lors qu'ils apportent des avantages économiques, notamment au profit du consommateur, qui surpassent globalement les inconvénients liés à la restriction de la concurrence.

La recherche de l'efficience économique implique de maîtriser parfaitement les données économiques du marché visé mais également de savoir anticiper le comportement concurrentiel de ses opérateurs. S'estimant dotée de cette compétence, c'est par le difficile exercice de l'adoption d'un texte dit « règlement d'exemption » que la Commission européenne définit périodiquement les conditions que doivent respecter les accords verticaux pour être exemptés de l'interdiction des ententes anticoncurrentielles posée par le Traité de Rome. Ainsi, après avoir adopté un premier règlement d'exemption spécifique au secteur automobile en 1985, la Commission européenne en a adopté un deuxième en 1995, puis un troisième en 2002, chacun adaptant le précédent à l'évolution du marché et les conditions de concurrence.

Le cadre juridique de la distribution automobile depuis mai 2010 : une entrée en vigueur en deux temps

Le règlement d'exemption automobile n° 1400/2002 est arrivé à échéance en mai 2010. Alors que depuis 1985 la Commission rappelait régulièrement que l'automobile devait bénéficier de mesures spécifiques, elle a finalement décidé de faire basculer ce secteur d'activité dans un règlement d'exemption dit « général » applicable à tout accord vertical quel que soit l'activité concernée.

Dans le rapport d'évaluation relatif à l'application du règlement 1400/2002 publié le 28 mai 2008, Madame Neelie Kroes, alors commissaire chargée de la concurrence, indiquait que le règlement d'exemption automobile n° 1400/2002 avait certes contribué à protéger la concurrence sur le marché de la distribution des véhicules neufs et des services après-vente, mais que l'évolution du marché permettait de penser qu'il n'était plus indispensable. Elle affirmait par ailleurs que beaucoup de ses mesures s'étaient avérées inefficaces, concluant alors qu'un cadre plus flexible devenait nécessaire. Elle préparait déjà les esprits à l'intégration de la distribution automobile au règlement général et donc à la fin de l'exemption spécifique à l'automobile.

Seulement, plus le changement de règles juridiques est important, plus il est nécessaire de laisser aux intervenants économiques impactés par l'évolution réglementaire du temps pour s'y préparer et s'adapter. À défaut, la réforme, même la plus légitime, risque de se solder par un échec.

Estimant que les activités de vente et les activités d'après-vente pouvaient suivre des régimes juridiques distincts, la Commission a choisi de soumettre celles de l'après-vente aux dispositions d'un règlement général dès le mois de juin 2010, prévoyant toutefois une période transitoire d'un an pour mettre les contrats déjà en vigueur au 1er juin 2010 en conformité avec le nouveau dispositif réglementaire.

En revanche, consciente de la complexité de la réorganisation qu'impliquerait nécessairement l'application du même cadre réglementaire aux accords verticaux portant sur la vente de véhicules neufs, la Commission a octroyé aux cocontractants concernés un délai supplémentaire pour leur permettre la mise en conformité de leur contrats : ce délai s'est achevé au 31 mai 2013.

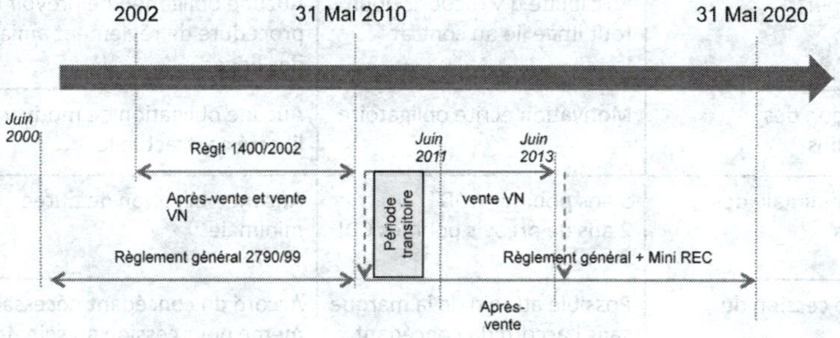

Désormais, la distribution automobile est ainsi encadrée :

- elle relève du règlement général d'exemption n° 330/2010 du 20 avril 2010 (JOCE, 23 avr. 2010) tant pour son activité de vente que pour son activité d'après-vente ;

- elle bénéficie d'un règlement spécifique, le règlement d'exemption n° 461/2010 du 27 mai 2010 (JOCE, 28 mai 2010), comportant quelques dispositions spécifiques à l'après-vente automobile.

Un équilibre modifié

La disparition du cadre réglementaire spécifique à la distribution automobile a entraîné d'importantes modifications quant aux droits des constructeurs et des concessionnaires automobiles. Les bouleversements sont tels qu'ils ont suscités, dès la parution du projet de règlement général destiné à accueillir les accords verticaux automobiles, de nombreuses réactions (Joseph Vogel, « Le projet de la Commission : un régime hybride, inattendu et problématique et Christian Bourgeon, « Une valse à deux temps pour la vente et l'après-vente automobile », JA n° 811, oct. 2009).

Parmi les évolutions marquantes, il convient de constater la disparition des règles dites « statutaires » favorables aux distributeurs. Dans l'ancien cadre réglementaire, la Commission considérait nécessaire d'assurer aux distributeurs, dont la grande majorité était composée de petites et moyennes entreprises, une plus grande indépendance commerciale vis-à-vis des constructeurs. Opérant finalement en 2009 une analyse très critique de la plupart des mesures précédemment adoptées en ce sens (tel le droit au multimarquisme, le droit à la motivation des résiliations, la liberté de cession du contrat à un repreneur déjà agréé au sein de la marque, la garantie d'une durée minimale du contrat ou du préavis de résiliation...), la Commission en a décidé la disparition pure et simple dans le cadre du nouveau régime juridique applicable à la distribution automobile. La Commission a justifié sa position par le constat que ces mesures n'auraient pas eu les effets attendus et qu'elles ne seraient par conséquent plus nécessaires au maintien d'une concurrence efficace sur le marché automobile.

Toutefois, par la négociation contractuelle, certains constructeurs ont pu redonner aux distributeurs plusieurs « acquis » du passé, telle la durée minimale des contrats ou le droit à la motivation des résiliations.

	Jusqu'au 31/05/13	À partir du 01/06/13
Multimarquisme	De droit si show room séparés. Obligation d'achat 30 % maximum	Possible uniquement si accord du concédant
Tiers expert	Possibilité d'y recourir pour tout litige lié au contrat	Aucune obligation de prévoir une procédure de règlement amiable des litiges
Motivation des résiliations	Motivation écrite obligatoire	Aucune obligation de motiver : liberté contractuelle
Durée minimale des contrats	5 ans pour les CDD 2 ans de préavis pour les CDI	Aucune obligation de durée minimale
Droit de cession du contrat	Possible au sein de la marque sans l'accord du concédant	Accord du concédant nécessaire, même pour cession au sein de la marque

La modification du cadre de la distribution automobile ne se traduit pas uniquement par une disparition de certains droits des concessionnaires automobiles tels qu'ils sont rappelés dans le tableau ci-dessus. Elle a également une influence sur le choix du mode de distribution, et donc d'organisation structurelle du réseau de distributeurs, que le concédant doit opérer.

Longtemps autorisée par les règlements d'exemption, la combinaison de la distribution sélective avec la distribution exclusive avait été interdite par le règlement (CE) n° 1400/2002 de la Commission du 31 juillet 2002, imposant dès lors aux constructeurs de choisir entre un réseau de distribution parfaitement étanche (distribution sélective) et un réseau dont ils maîtrisaient totalement l'implantation des points de vente (distribution exclusive).

La distribution exclusive au sens du règlement (CE) n° 1400/2002 permettait au concédant d'accorder au concessionnaire un territoire sur lequel aucun autre distributeur officiel de la marque ne pouvait être nommé pendant toute la durée du contrat. Dans ce cadre, le concédant ne pouvait toutefois s'opposer au droit des membres de son réseau de revendre les véhicules automobiles neufs à des revendeurs non agréés non tenus par les normes de commercialisation ou de présentation imposées contractuellement aux concessionnaires exclusifs. Ne pouvant accepter ces reventes de leurs véhicules neufs par des distributeurs non porteurs de l'image de leur marque, les constructeurs ont opté en 2002, en quasi totalité, pour l'organisation d'un réseau de distributeurs sélectifs, impliquant que tout distributeur répondant aux critères de sélection objectifs et qualitatifs déterminés par le concédant soit agréé pour la distribution des véhicules neufs de la marque. Cette contrainte d'agrément systématique, qui enlève au concédant une certaine maîtrise de l'organisation géographique de ses points de vente, mais qui permet d'empêcher la revente des véhicules neufs à des revendeurs non agréés, a été globalement compensée par la possibilité pour le constructeur d'instaurer une limitation quantitative du nombre de distributeurs agréés pour vendre ses produits contractuels. Cette limitation quantitative, exemptée par le règlement (CE) n° 1400/2002, est cependant encore la source de nombreux contentieux, les constructeurs considérant ne pas avoir à justifier le numerus clausus qu'ils fixent, alors que les concessionnaires dénoncent notamment la discrimination pouvant résulter de cette fixation arbitraire (pour un exemple : Com. 28 juin 2005, n° 04-15.279, publié au Bulletin).

Ces mesures visant à concilier la liberté du concédant d'organiser son réseau et le maintien d'une concurrence intra et inter-marque active ont largement été vécues par les concédants comme des contraintes. Or, le règlement (CE) n° 330/2010 permettrait depuis le 1er juin 2013, selon certains auteurs (Joseph et Louis Vogel, Le nouveau droit de la distribution, Revue Lamy Droit des Affaires, sept. 2010) le retour au modèle de distribution exclusive et sélective dans des conditions relativement proches de celles qui étaient autorisées avant 2002. Cette affirmation fait toutefois l'objet de quelques controverses. Il est vrai que la rédaction du point 57 des lignes directrices accompagnant le règlement (CE) n° 330/2010 indique que « sur le territoire sur lequel le fournisseur pratique la distribution sélective, ce système ne peut être combiné avec la distribution exclusive, car cela conduirait à une restriction caractérisée des ventes actives ou passives par les distributeurs (...) », tout en précisant au même paragraphe que « le fournisseur peut s'engager à n'approvisionner qu'un seul distributeur, ou un petit nombre de distributeurs, sur une partie donnée du territoire sur lequel le système de distribution sélective est appliqué ».

Ainsi, le concédant pourrait désormais accorder une exclusivité territoriale à un distributeur sélectif mais uniquement au sens où il s'interdirait de nommer un autre distributeur agréé sur ledit territoire. Les ventes actives à des utilisateurs finals ne pouvant être interdites hors territoire, il semble s'agir d'une forme atténuée de l'exclusivité territoriale.

Les mandataires automobiles

Le choix du mode de distribution par le concédant est sans incidence sur le devenir de l'activité de mandataire automobile : il lui est en effet impossible d'interdire aux membres de son réseau de revendre à un consommateur, que celui-ci prenne contact directement avec un concessionnaire de la marque ou qu'il le sollicite par l'intermédiaire d'un mandataire automobile muni d'un mandat conforme aux prescriptions de l'arrêté du 28 octobre 1996 (arrêté relatif à l'information des consommateurs sur les prix et services offerts par les mandataires automobiles).

L'activité de mandataires automobiles consiste à rechercher, pour le compte d'un utilisateur final, le véhicule correspondant à ses attentes. Il s'agit d'un intermédiaire et non d'un vendeur automobile. Comme le souligne Anne-Sophie Bonnault-Daly, avocate au Barreau de Paris, « l'activité de mandataire automobile n'est pas organisée en profession et n'est donc pas réglementée à ce titre. Elle est néanmoins soumise aux dispositions relatives au mandat du Code civil » (Anne-Sophie Bonnault-Daly, JA n° 823, nov. 2010).

Troisième Partie

L'après-vente automobile

Titre 1 ▪ Les obligations du réparateur automobile

Par Nathalie Giroudet-Demay, Cabinet Ravayrol & Giroudet, et Emmanuelle Peronet

▪ Chapitre 1 Obligations d'information et de conseil du réparateur automobile

BIBLIOGRAPHIE

Argus de l'assurance

Ouvrages. – Code de la route, Argus de l'assurance éd.

Articles. – Dossier « La responsabilité civile, un risque omniprésent pour les professionnels de l'automobile », JA n° 809, juil.-août 2009, p. 14. – Dossier « Les pratiques commerciales dans la réparation automobile », JA n° 829, mai 2011, p.14.

Autres documentations

Ouvrages. – Code civil, Dalloz éd. – Code de la consommation, Dalloz éd. – Code de commerce, Dalloz éd. - Lamy droit Economique - D. Voinot, Automobile, Répertoire de droit Commercial Dalloz, oct. 2004 - Précis Dalloz, Droit de la consommation, 8ème éd., 2010 - Memento pratique Francis Lefebvre Concurrence Consommation, éd. 2013-2014 - Droit de la responsabilité Etude : l'obligation d'information, de renseignement et de conseil Lexbase E030EXI.

Articles : - S. Hocquet-Berg, fasc. 385, Garagiste, Jurisclasseur Resp. civ. et Ass.

1390. Si le droit commun des contrats repose sur le postulat que les parties sont à égalité, qu'elles ont librement négocié leur convention et que par conséquent, chacune a une parfaite connaissance à la fois de ses obligations et de celles de son cocontractant, tel n'est pas le cas lorsque la relation se crée entre un professionnel et un consommateur. Les tribunaux considèrent en effet que le professionnel dispose d'informations spécifiques sur les produits ou les services qu'il commercialise alors que le consommateur est dans l'ignorance de ces

informations. C'est pourquoi, ils ont très rapidement mis à la charge du vendeur professionnel une obligation d'information et de conseil en vue d'assurer l'intégrité du consentement de l'acheteur consommateur ou profane. Elle lui garantit qu'il a été mis en situation de savoir, préalablement à son engagement, ce à quoi il s'engage véritablement.
Cette obligation d'information est devenue très dense au fil des années : elle recouvre un devoir très objectif, et donc relativement descriptif, d'information de l'acheteur sur les biens ou services qu'il entend obtenir. Mais elle va également bien au-delà en imposant au professionnel un véritable devoir de conseil et de mise en garde de l'acheteur. Le contenu de l'obligation d'information et de conseil dont est débiteur le réparateur est donc vaste (section 1). Dès lors, la responsabilité du garagiste trouve dans cette obligation une source non négligeable de mises en cause impliquant pour le professionnel d'en maîtriser le régime pour, le cas échéant, s'exonérer de sa responsabilité (section 2).

Section 1 ▪ Le contenu de l'obligation d'information et de conseil

1391. L'obligation d'information entre cocontractants a toujours existé, comme découlant naturellement de l'obligation de bonne foi qui doit présider à l'exécution des conventions. Dès 1804, la rédaction de l'article 1134 du Code civil faisait référence à la notion de bonne foi dans les relations contractuelles. L'obligation d'information et de conseil peut donc être comprise comme une manifestation d'un devoir plus général de loyauté.
D'abord limitée au contrat de vente, elle a ensuite été étendue sous l'impulsion de la jurisprudence à l'ensemble des contrats et notamment aux prestations d'entretien et de réparation automobiles.

1392. Le droit à l'information est donc aujourd'hui hissé au rang des droits fondamentaux du consommateur (« le droit communautaire en matière de protection des consommateurs considère l'information de ceux-ci comme l'une des exigences principales », CJCE, 7 mars 1990, aff. C-362/88), de nombreux auteurs ayant depuis longtemps attiré l'attention sur les dangers de l'absence d'information du consommateur car « non seulement celui-ci ignore les obligations qu'il contracte et les droits qu'il acquiert, perdu dans le maquis des textes, mais bien souvent il ne sait même pas ce qu'il achète et ignore les qualités essentielles de l'objet du contrat » (L. Bihl, Vers un droit de la consommation : Gaz. Pal. 1974, 1, doctr. p. 754).

1393. Toutefois, ce n'est qu'en 1992 que le législateur est intervenu (loi n° 92-60 du 18 janvier 1992) pour formaliser dans les relations de consommation l'obligation générale d'information préalablement admise par la jurisprudence. Cette obligation, longtemps édictée par l'article L. 111-1 du Code de la consommation, a été précisée et réorganisée au sein des articles L. 111-1 applicable au professionnel vendeur de biens et L. 111-2 applicable aux prestataires de services par la loi n° 2010-853 du 23 juillet 2010, puis, plus récemment, par la loi n° 2014-344 du 17 mars 2014, dite « Loi Hamon ». Le législateur a donc ressenti la nécessité d'adapter le contenu de cette obligation à la qualité de vendeur ou de prestataire de services de son débiteur.

1394. L'obligation d'information et de conseil, telle qu'elle existe dans le Code de la consommation, vient s'ajouter aux exigences d'informations déjà prévues par le droit commun.
Ainsi, elle doit être claire et compréhensible de manière que le consommateur puisse comprendre ce que lui dit le professionnel. Ensuite, en application de la loi n° 94-665 du 4 août 1994 et du décret n° 95-240 du 3 mars 1995, l'information doit être véhiculée en une langue

compréhensible par l'ensemble des consommateurs d'un même pays. Ainsi, l'usage de la langue française est imposée à tous les professionnels « dans la désignation, l'offre, la présentation, le mode d'emploi ou d'utilisation, la description de l'étendue et des conditions de garanties d'un bien, d'un produit ou d'un service, ainsi que dans les factures et quittances ».

1395. En matière de prestations d'entretien et d'après-vente automobiles, le respect de ces exigences de droit commun n'est pas susceptible de soulever de véritables difficultés.

1396. Pour autant, il ne suffit plus de répondre aux exigences de droit commun pour que l'obligation d'information et de conseil soit considérée comme parfaitement respectée par le garagiste réparateur en relation contractuelle avec un consommateur. Des obligations d'information spécifiques sont venues compléter les obligations de droit commun dans les contrats de consommation.

1397. Par l'article L. 111-1 du code de la consommation, dont la rédaction a maintes fois été modifiée au cours de la dernière décennie, le législateur précise notamment que l'obligation d'information doit être accomplie avant la conclusion du contrat et qu'elle doit porter sur les caractéristiques essentielles du bien ou du service (sous-section 1), sur le prix du bien ou du service (sous-section 2), sur le délai de livraison du bien ou d'exécution du service (sous-section 3) et sur un certain nombre d'informations relatives à l'identité du professionnel (sous-section 4)...

1398. Cet article L. 111-1 est ainsi devenu beaucoup plus détaillé que ses versions antérieures. Et selon les périodes, il recouvrait le devoir d'information du vendeur et du prestataire de service, ou seulement le devoir d'information du vendeur.

Version en vigueur du 27 juillet 1993 au 14 mai 2009 :

Article L. 111-1 :

« Tout professionnel vendeur de biens ou prestataire de services doit, avant la conclusion du contrat, mettre le consommateur en mesure de connaître les caractéristiques essentielles du bien ou du service. »

Version en vigueur du 14 mai 2009 au 25 juillet 2010

Article L. 111-1 :

« Tout professionnel vendeur de biens ou prestataire de services doit, avant la conclusion du contrat, mettre le consommateur en mesure de connaître les caractéristiques essentielles du bien ou du service. En cas de litige, il appartient au vendeur de prouver qu'il a exécuté cette obligation. »

Version en vigueur du 25 juillet 2010 au 14 juin 2014

Article L. 111-1 :

« I. - Tout professionnel vendeur de biens doit, avant la conclusion du contrat, mettre le consommateur en mesure de connaître les caractéristiques essentielles du bien.

II. - Le fabricant ou l'importateur de biens meubles doit informer le vendeur professionnel de la période pendant laquelle les pièces indispensables à l'utilisation des biens seront disponibles sur le marché. Cette information est obligatoirement délivrée au consommateur par le vendeur, avant la conclusion du contrat.

III. - En cas de litige portant sur l'application des I et II, il appartient au vendeur de prouver qu'il a exécuté ses obligations. »

Version actuelle :

Article L. 111-1 :

« Avant que le consommateur ne soit lié par un contrat de vente de biens ou de fourniture de services, le professionnel communique au consommateur, de manière lisible et compréhensible, les informations suivantes :

1° Les caractéristiques essentielles du bien ou du service, compte tenu du support de communication utilisé et du bien ou service concerné ;

2° Le prix du bien ou du service, en application des articles L. 113-3 et L. 113-3-1 ;

3° En l'absence d'exécution immédiate du contrat, la date ou le délai auquel le professionnel s'engage à livrer le bien ou à exécuter le service ;

4° Les informations relatives à son identité, à ses coordonnées postales, téléphoniques et électroniques et à ses activités, pour autant qu'elles ne ressortent pas du contexte, ainsi que, s'il y a lieu, celles relatives aux garanties légales, aux fonctionnalités du contenu numérique et, le cas échéant, à son interopérabilité, à l'existence et aux modalités de mise en œuvre des garanties et aux autres conditions contractuelles. La liste et le contenu précis de ces informations sont fixés par décret en Conseil d'Etat.

Le présent article s'applique également aux contrats portant sur la fourniture d'eau, de gaz ou d'électricité, lorsqu'ils ne sont pas conditionnés dans un volume délimité ou en quantité déterminée, ainsi que de chauffage urbain et de contenu numérique non fourni sur un support matériel. Ces contrats font également référence à la nécessité d'une consommation sobre et respectueuse de la préservation de l'environnement. »

1399. Le législateur a expressément précisé que les dispositions issues du chapitre I du Code de la consommation intitulé « Obligation générale d'information précontractuelle » sont d'ordre public (art. L. 111-7 du Code de la consommation).

1400. Ces modifications, introduites en droit interne par la loi Hamon n° 2014-344 du 17 mars 2014, sont largement issues de la directive 2011/83/UE relative aux droits des consommateurs. Cette directive, adoptée le 25 octobre 2011, aurait due être transposée en droit interne avant le 13 décembre 2013. Elle marque un premier pas vers l'européanisation du droit de la consommation, qui devrait se poursuivre avec le projet de droit européen des contrats, récemment remis à l'ordre du jour.

Sous-section 1 ▪ L'obligation d'information sur les caractéristiques essentielles de la prestation de réparation

1401. Cette obligation d'information sur les caractéristiques essentielles de la prestation proposée au consommateur est posée par l'article L 111-1 du Code de la consommation.

1402. A l'examen de la jurisprudence, l'information due au consommateur se traduit par trois obligations d'intensité croissante. Tout d'abord, il y a l'obligation d'information ou de renseignements qui a pour objet « de permettre au profane et plus généralement à celui qui n'a ni les connaissances ni les qualités nécessaires pour cela d'apprécier aussi précisément que possible l'utilité que doit lui procurer le contrat ». Il s'agit essentiellement d'exiger du professionnel de fournir au consommateur toutes les informations utiles, objectives, sur le service offert. Ensuite, le professionnel est débiteur d'une obligation de mise en garde qui consiste à exiger non seulement qu'il fournisse une information objective mais également qu'il indique les risques encourus au cas où les indications fournies ne seraient pas suivies. L'obligation de conseil, enfin, comporte un degré encore supplémentaire puisqu'il s'agit d'imposer au professionnel de se prononcer sur l'opportunité pour le consommateur de conclure le contrat en fonction de ses besoins que le professionnel aura donc dû évaluer.

1403. Si l'obligation d'information et de conseil s'applique à toutes les étapes de la relation contractuelle, c'est toutefois avant l'engagement du client qu'elle revêt une importance capitale puisqu'elle permet alors au consommateur de s'engager en parfaite connaissance de cause.
Pour atteindre ce résultat, le professionnel aura donc l'obligation d'informer le consommateur sur ce qu'il sait, mais aussi sur ce qu'il devrait savoir, étant un homme de l'art. Il devra aussi se renseigner sur les besoins réels du consommateur, ceux-ci permettant le cas échéant d'adapter la prestation envisagée.

1404. Dans le domaine des prestations d'entretien et de réparation automobiles, l'obligation d'information et le devoir de conseil sont en réalité deux notions très liées. Eu égard à la haute technicité du produit automobile, à l'écart manifestement important entre le niveau de connaissance du professionnel et celui du consommateur, au coût élevé qu'implique l'utilisation d'un véhicule, aux différentes options de réparation qui peuvent parfois se présenter, il apparaît que le professionnel informe et conseille le client simultanément (§1).
En tout état de cause, l'obligation du garagiste impliquera qu'il informe son client sur la nature de la prestation envisagée (§2), qu'il le mette en garde sur l'inutilité de travaux demandés ou l'opportunité de travaux non envisagés par le client (§3) et enfin, qu'il l'alerte, le cas échéant, sur les difficultés rencontrées en cours de réalisation de la prestation initialement convenue (§4).

§ 1 ▪ L'obligation d'information et le devoir de conseil : deux notions très liées en matière de réparation et d'entretien automobile

1405. L'obligation d'information consiste à donner de manière intelligible, divers renseignements circonstanciés, c'est-à-dire, exacts, pertinents et adaptés à la situation. Cette obligation pèse sur l'homme de l'art, qui devra donc prendre l'initiative de renseigner ou d'informer le futur contractant.
Pour informer efficacement son client, le professionnel devra le plus souvent obtenir de lui des précisions : il devra donc s'enquérir de ses besoins et de ses objectifs. Il lui appartiendra de l'interroger si nécessaire pour remplir au mieux son obligation et adapter son information à la situation précise qui lui est soumise.

1406. Plus étendue que l'obligation d'information, l'obligation de conseil oblige son débiteur (garagiste réparateur) à guider le choix et les décisions du créancier de l'obligation (consommateur), et même à l'inciter à adopter la solution la plus conforme à son intérêt.
Le devoir de conseil du garagiste apparaît donc comme un accessoire de son obligation principale de remettre en état le véhicule ou de l'entretenir. Il s'agit d'une obligation d'origine prétorienne, directement inspirée de l'obligation de loyauté qui doit présider aux relations contractuelles, mise à la charge de tout professionnel dans ses rapports avec des contractants profanes.

1407. En matière d'entretien et de réparation automobiles, le professionnel se doit de proposer une intervention complète en adéquation avec les conditions prévisibles de bon fonctionnement du véhicule. Ceci impliquera notamment de tenir compte de l'état de vétusté du véhicule. Le débiteur de l'obligation devra expliquer à son client les conséquences et les limites de son intervention.
Le réparateur devra donc discuter avec son client de l'opportunité de toute réparation, tant sur le plan technique que sur le plan économique.

§ 2 ▪ Information sur la nature de l'intervention envisagée

1408. En premier lieu, le réparateur devra informer le client sur la véritable nature de l'intervention à réaliser. Le véhicule est la propriété du client ; ce dernier doit savoir en quoi consistera exactement l'intervention du professionnel. Le fait que le consommateur ait un niveau de compétence relativement faible ne justifie nullement qu'il ne lui soit pas précisément expliqué les opérations qui vont être effectuées sur son véhicule.

Ainsi, le garagiste doit signaler à son client la nécessité de procéder à d'importantes réparations ou à un changement complet d'un organe.

1409. Cette obligation a pour conséquence, en tout premier lieu, que le réparateur sera considéré comme ayant manqué à son obligation de conseil s'il s'abstient de déconseiller au possesseur du véhicule de continuer à l'utiliser en présence de désordre constatés (Civ. 1ère, 15 octobre 2014, n° 13-19699).

1410. La question qui se pose ensuite est de savoir si le professionnel pourra respecter son obligation en réalisant une réparation précaire ? Il peut arriver en effet qu'une intervention de fortune soit effectuée en raison par exemple de la volonté du client de récupérer immédiatement son véhicule alors que le professionnel aurait besoin de le garder plus longuement, le temps notamment d'obtenir les pièces adaptées à la réparation exigée par l'état du véhicule.

1411. Il convient ici de distinguer l'obligation de résultat et le devoir d'information. Si l'obligation de résultat implique que le réparateur restitue un véhicule réparé selon les règles de l'art et dont l'utilisation est conforme aux exigences du Code de la route (cf. chapitre II), cela ne s'oppose pas à l'accomplissement d'une réparation précaire si le contexte l'y conduit et que le consommateur en est parfaitement informé.

1412. L'arrêt de rejet rendu par la 1ère chambre civile de la Cour de cassation le 30 mars 2004 (n° 02-11.954) illustre parfaitement cette situation. Un ressortissant allemand était tombé en panne par suite d'une rupture de la durite du radiateur. Le garagiste sollicité avait alors effectué une réparation provisoire destinée à permettre au client de rentrer en Allemagne pour y faire réparer son véhicule. Seulement, le lendemain, le véhicule subissait une nouvelle panne de radiateur qui endommageait le moteur décidant le propriétaire du véhicule à assigner le garage en paiement d'une somme correspondant au coût de remplacement du moteur et aux frais d'expertise. Les juges du fond rejetèrent sa demande et le client décida alors de se pouvoir en cassation. La Cour de cassation confirma la décision des juges du fond en retenant qu'ils avaient relevé que le client avait refusé l'immobilisation de son véhicule pendant deux jours pour que la réparation puisse être faite avec les pièces appropriées, et que le garage avait effectué, à sa demande, une réparation de fortune. La Cour conclut alors que les juges ont souverainement estimé qu'il résultait de l'ordre de réparation que le client avait connaissance du fait que cette intervention n'avait pu être réalisée dans les règles de l'art. Le client fut débouté.

1413. En revanche, la Cour a été conduite à prendre une position inverse dans une affaire où il est apparu que le garagiste réparateur avait prolongé à moindre frais un moteur fatigué alors que celui-ci devait être remplacé. En l'espèce, le professionnel n'avait pas averti son client de la précarité et des conséquences de ses interventions. Le véhicule ayant chauffé anormalement après avoir parcouru quelques kilomètres seulement, son propriétaire s'était adressé à un autre garagiste qui constatait alors des fissures sur la culasse. Le propriétaire décida alors de faire procéder, par ce second garagiste, au remplacement du moteur. Le premier garagiste fut condamné à payer le montant de la première réparation et les frais de dépannage (Civ. 1ère, 7 nov. 1995, n° 93-17.871 ; JA 1995. 580).

1414. Le professionnel ne peut se contenter d'informer le consommateur sur la nature des opérations qui vont être effectuées sur son véhicule. Tenu d'obtenir l'accord du client sur les réparations qui seront réalisées, s'il veut espérer en obtenir le paiement (cf. chapitre II), il doit conseiller utilement celui-ci afin que le consentement donné ait une réelle signification. A cet égard, il doit notamment informer le client du caractère opportun ou non d'une réparation (§2) et l'alerter, le cas échéant, s'il rencontre des difficultés imprévues lors de l'exécution de sa prestation (§3).

§ 3 ■ Le réparateur doit délivrer un conseil techniquement et économiquement adapté

1415. En sa qualité d'homme de l'art, le professionnel doit donc conseiller son client sur l'opportunité de réaliser ou non des réparations. Il doit avoir pour objectif premier la recherche et donc la proposition de la solution de réparation techniquement la plus efficace (A). Et lorsque plusieurs solutions envisageables s'avèrent techniquement comparables, il lui appartient de mettre en avant la solution économiquement la plus adaptée pour le consommateur (B).

A ■ La recherche de solutions techniquement efficaces

1416. La recherche de l'efficacité optimale de son intervention doit conduire le professionnel à toujours proposer l'opération technique la plus appropriée pour remettre en état le véhicule qui lui est confié. Homme de l'art face au profane, il lui appartient de définir la solution de réparation en conformité avec les prescriptions du constructeur. Ainsi, la responsabilité du garagiste est engagée lorsqu'il est intervenu à plusieurs reprises sur le véhicule, que les réparations se sont révélées inefficaces et que le remplacement de la pièce défectueuse aurait dû être proposé dès le début des travaux (Civ. 1ère, 8 juin 1999, n° 97-15.479 : Resp. civ. et assur. 1999, comm. 297). De même, la responsabilité du garagiste, spécialiste de l'automobile ancienne, se trouve engagée lorsqu'il effectue des réparations sur un véhicule ancien avec des pièces d'occasion alors que seules des pièces neuves auraient permis de remédier aux anomalies techniques du véhicule. Il lui appartenait d'en informer son client, lequel ne possédait aucune compétence particulière en ce domaine (Paris, 2 avr. 1998 : Juris-Data n° 1998-020890).

1417. Le devoir de conseil oblige le garagiste-réparateur à aller jusqu'à avertir son client de l'inutilité des travaux qu'il sollicite. Le client, techniquement incompétent, peut en effet croire à tort des réparations efficaces ou avantageuses. (Com., 12 mai 1966, Bull. civ. III, n° 243). Si l'on pouvait déjà considérer que l'obligation d'exécuter les conventions de bonne foi impliquait que le professionnel explique alors au consommateur l'inutilité des réparations envisagées, le devoir de conseil l'y oblige expressément. Quelle serait la portée d'une obligation de conseil si elle n'impliquait pas de faire le nécessaire pour convaincre un consommateur qu'il se trompe sur les effets de l'intervention qu'il réclame au réparateur ?

1418. Le professionnel devra même, le cas échéant, s'astreindre à donner le conseil de ne pas réparer (Civ. 1ère, 31 janv. 1995, n° 92-17.931). En l'espèce, la responsabilité du réparateur fut écartée : la Cour de cassation a retenu que celui-ci avait déconseillé au client de procéder au remplacement du joint de culasse, compte tenu de l'état général du véhicule, et c'est donc en parfaite connaissance de cause que celui-ci avait, néanmoins, insisté pour que la réparation soit effectuée. Dès lors, l'obligation de résultat ne pouvait être légitimement invoquée par le client à l'appui de sa demande d'indemnisation.

1419. À défaut d'informer le client de l'inutilité des travaux réclamés, le professionnel ne saurait prétendre réclamer au client le montant des travaux effectués en pure perte. Le garagiste ne peut, pour se dégager de sa responsabilité, soutenir que les travaux ont été correctement réalisés car, que les travaux aient été ou non effectués suivant les règles de l'art, il a manqué à son obligation de déconseiller à un client incompétent des réparations que ce dernier pouvait croire à tort possibles et efficaces (Com., 12 mai 1966 : Bull. civ. III, n° 243).

1420. Le réparateur a également le devoir d'informer son client de l'opportunité d'effectuer certains travaux que ce dernier n'avait pas demandé, mais que le professionnel juge nécessaires et adaptés pour réparer le véhicule. Ceci s'avérera particulièrement important s'agissant d'organes de sécurité, le professionnel s'exposant alors non seulement à une action en responsabilité pour manquement à son devoir d'information mais également pour manquement à son devoir de sécurité si la non réalisation desdits travaux risque de faire courir un danger au conducteur du véhicule ou à des tiers.

1421. Ainsi, en cas de vol d'un véhicule suivi d'un accident, le garagiste-réparateur auquel est confié une intervention sur la carrosserie, se doit d'attirer l'attention du client sur le risque de désordres mécaniques non apparents qui pourraient en résulter (Paris, 1er févr. 2002 : Juris-Data n° 2002-167654 ; Resp. civ. et assur. 2002, comm. 204, obs. L. Grynbaum).

B ▪ La recherche de la solution économiquement adaptée

1422. Lorsque pour remettre en état le véhicule, le garagiste-réparateur estime que le remplacement et la réparation sont deux options techniquement envisageables, il lui appartient d'apporter un conseil économique à son client, en appréciant le coût des travaux par rapport à la valeur du véhicule.

1423. Par conséquent, le garagiste doit informer le client de ce que le coût des travaux est hors de proportion avec la valeur du véhicule (Civ. 1re, 20 juin 1979 : Bull. civ. I, n° 190 ; D. 1980, inf. rap. p. 38, obs. Ch. Larroumet.). Dans cette affaire, la Cour de cassation a considéré que devait « être cassé l'arrêt qui condamne un client à payer à un garagiste le prix des travaux effectués sur son tracteur au motif que ces travaux avaient été "effectués consciencieusement et au juste prix", sans répondre aux conclusions de ce client qui soutenaient que le garagiste ne rapportait pas la preuve, qui lui incombait, que la totalité des travaux lui avait bien été commandée et, qu'en tout état de cause, ce garagiste avait manqué à son obligation de conseil à l'égard de son client, en ne l'ayant pas averti de ce que le coût des travaux par lui envisagés était hors de proportion avec la valeur du tracteur. »

1424. Cette position a maintes fois été réaffirmée (Rennes, 31 oct. 1997 : Juris-Data n° 1997-040713). Ainsi, en sa qualité de professionnel, un réparateur automobile doit, lorsqu'il est amené à effectuer des travaux dont le montant risque d'être supérieur au coût modeste initialement envisagé, établir un devis prévisionnel porté à la connaissance du client même si celui-ci a accepté le principe des travaux. Il a été jugé que, si le garagiste ne remplissait pas cette obligation en ne fournissant aucune estimation chiffrée à son client profane, il engageait sa responsabilité (Rennes, 29 juin 2001 : Juris-Data n° 2001-161535).

1425. Dans l'hypothèse où le remplacement du véhicule et sa réparation seraient évalués à coût sensiblement identique, le garagiste-réparateur devra conseiller celle dont la durabilité est supérieure. C'est en effet le choix le plus adapté aux intérêts financiers, à plus ou moins court terme, du client qui doit systématiquement l'emporter. Ainsi, les tribunaux ont estimé que la responsabilité du réparateur devait être retenue dès lors qu'il avait omis de recommander le remplacement d'un moteur plutôt que sa réparation, opérations d'un coût voisin (Civ. 1re, 15 mai 2001, n° 99-14.128 ; JA 2001-499 ; Resp. civ. et assur. 2001, comm. 266 ; Contrats, conc., consom. 2001, comm. 132, 1er arrêt, obs. L. Leveneur / Lyon, 26 mai 1999 : Juris-Data n° 1999-140038). Le professionnel doit donc donner à son client tous les éléments relatifs au rapport qualité/prix de la réparation envisagée, c'est-à-dire ceux lui permettant d'apprécier le coût des travaux par rapport à la valeur vénale du véhicule.

1426. Cette information est essentielle pour le client qui est alors en capacité de choisir entre faire réparer ou faire l'acquisition d'un véhicule équivalent pour un coût égal ou inférieur à celui de la réparation. S'en abstenir revient en outre à prendre le risque d'un contentieux qui pourrait le conduire à n'être payé qu'à hauteur de la valeur vénale du véhicule (Civ. 1re, 7 juin 1989, n° 87-16.937).

§ 4 ▪ Devoir d'alerte sur les difficultés rencontrées ou défauts découverts

1427. Enfin, après le commencement des travaux de réparation ou d'entretien, le professionnel peut rencontrer une défectuosité non envisagée lors de l'examen initial du véhicule. Les obligations qui pèsent sur le garagiste réparateur l'amènent alors à alerter son client notamment lorsqu'il relève une défectuosité relative à l'état de sécurité du véhicule (pneus lisses, par exemple).

1428. Le devoir d'information et de conseil s'appliquant en effet à tous les stades de la relation contractuelle, les tribunaux condamnent les professionnels qui omettent d'informer leurs clients de la survenance d'une difficulté. Ainsi, la Cour de cassation a reconnu la responsabilité d'un garagiste qui avait accepté sans réserve de réparer le véhicule avec les pièces fournies par le client. La réparation s'avérant défectueuse en raison d'un élément manquant que le garage avait en vain tenté de remplacer, le garagiste objecta que la fourniture d'un élément technique incomplet ou inadapté était une cause étrangère. Cette argumentation a été rejetée par la Cour qui relève que le professionnel n'a avisé à aucun moment son client que la fourniture d'une pièce incomplète posait problème et n'a pas refusé de procéder à la réparation (CA Versailles, 1re ch., 6 avr. 2011, n° 10-02.537).

Quid du devoir d'information du garagiste réparateur en cas de prêt d'un véhicule de remplacement pendant l'immobilisation du véhicule du client pour réparation ?

En cas de transfert par le client de son propre contrat d'assurance sur le véhicule prêté, le garagiste n'est débiteur d'aucun devoir d'information concernant l'étendue des garanties, relatif à un contrat auquel il est tiers (Civ. 1re, 11 mars 2010, n° 08-70.443, 271 : JurisData n° 2010-001668 ; Resp. civ. et assur. 2010, comm. 157).

En revanche, en l'absence de transfert du contrat d'assurance du client, le garagiste devra informer celui-ci de l'étendue des garanties dont il bénéficie au titre de l'assurance du garage. En effet, « le garagiste qui prête un véhicule de remplacement à un client est tenu d'informer celui-ci sur l'étendue des garanties de son contrat d'assurance et sur l'intérêt de souscrire, éventuellement, des garanties complémentaires » (Civ. 1re, 25 nov. 2003, n° 01-16.291, Bull. civ. I, n° 235 ou CCC 2004, n° 20, note Leveneur).

Sous-section 2 ■ L'obligation d'information sur le prix

1429. Le législateur aurait pu considérer que la référence aux « caractéristiques essentielles » suffisait à imposer au professionnel une information complète au consommateur. Il est en effet difficile de ne pas considérer que le prix constitue une caractéristique essentielle du produit ou du service proposé.

1430. Cependant, au fil des modifications législatives, l'article L. 111-1 s'est considérablement précisé et mentionne désormais expressément que le professionnel doit indiquer au consommateur, avant la conclusion du contrat, « le prix du bien ou du service, en application des articles L. 113-3 et L. 113-3-1 ». Il convient donc de se reporter à l'article L. 113-3, dont la rédaction a également été modifiée par la Loi Hamon n° 2014- 344 du 17 mars 2014, et à l'article L. 113-3-1 créé par cette même loi.

1431. C'est ainsi, que l'on découvre que l'obligation d'information ne porte pas uniquement sur le prix de la prestation de service que va assurer le réparateur mais également sur les conditions particulières éventuelles de sa prestation.

1432. L'article L. 113-3 est en effet désormais rédigé ainsi :

« Tout vendeur de produit ou tout prestataire de services doit, par voie de marquage, d'étiquetage, d'affichage ou par tout autre procédé approprié, informer le consommateur sur les prix et les conditions particulières de la vente et de l'exécution des services, selon des modalités fixées par arrêtés du ministre chargé de l'économie, après consultation du Conseil national de la consommation. »

1433. Cet article qui étend expressément l'obligation d'information aux conditions particulières d'exécution des services, supprime en revanche la référence aux limitations éventuelles de la responsabilité contractuelle initialement incluses dans ce texte. En effet, la version antérieure de l'article L. 113-3 indiquait : « Tout vendeur de produit ou tout prestataire de services doit, par voie de marquage, d'étiquetage, d'affichage ou par tout autre procédé approprié, informer le consommateur sur les prix, les limitations éventuelles de la responsabilité contractuelle et les conditions particulières de la vente, selon des modalités fixées par arrêtés du ministre chargé de l'économie, après consultation du Conseil national de la consommation. »

1434. Le législateur a complété ce dispositif par un nouvel article L. 113-3-1 inséré dans le Code de la consommation par la loi Hamon n° 2014-344 du 17 mars 2014, qui prévoit que

« Lorsque le prix ne peut être raisonnablement calculé à l'avance du fait de la nature du bien ou du service, le professionnel fournit le mode de calcul du prix et, s'il y a lieu, tous les frais supplémentaires de transport, de livraison ou d'affranchissement et tous les autres frais éventuels. Lorsque les frais supplémentaires ne peuvent raisonnablement être calculés à l'avance, le professionnel mentionne qu'ils peuvent être exigibles. »

1435. Une cinquantaine d'arrêtés ont été pris en application de cet article L 113-3 du code de la consommation. Certains sont de portée très générale, alors que d'autres ne visent qu'un secteur d'activité très spécifique. Ainsi, le secteur automobile se voit aujourd'hui concerné par une demi douzaines d'arrêtés :

1436. - Les arrêtés de portée générale :

- Arrêté n° 83-50/A du 3 octobre 1983 relatif à la publicité des prix de tous les services ;

• Arrêté n° 84- 64/A du 20 septembre 1984 relatif à la publicité des prix en cas de crédit gratuit ;

• Arrêté du 3 décembre 1987 relatif à l'information du consommateur sur les prix ;

• Arrêté du 31 décembre 2008 relatif aux annonces de réduction de prix à l'égard du consommateur.

1437. - Les arrêtés spécifiques au secteur automobile :

• Arrêté du 27 mars 1987 relatif à la publicité des prix pour les prestations d'entretien ou de réparation, de contrôle technique, de dépannage ou de remorquage, ainsi que de garage des véhicules ;

• Arrêté n° 87-07/C du 19 juin 1987 relatif à la publicité des prix des prestations d'enseignement de la conduite des véhicules ;

• Arrêté du 8 juillet 1988 relatif à la publicité du prix de vente des carburants ;

• Arrêté du 18 avril 1991 relatif à la publicité des prix dans le secteur de la location de véhicules ;

• Arrêté du 28 octobre 1996 relatif à l'information du consommateur sur les prix et services offerts par les mandataires automobiles ;

• Arrêté du 28 juin 2000 relatif à l'information des consommateurs et à la publicité des prix des véhicules automobiles.

1438. L'objet de la présente sous-section n'est pas d'examiner l'ensemble de ces arrêtés, mais seulement ceux susceptibles de s'appliquer spécifiquement l'activité d'entretien et de réparation automobiles.

1439. Ainsi, seront examinées, tant dans leur contenu que dans leurs modalités, l'obligation d'information sur les prix due par le garagiste réparateur au consommateur (§1), et l'obligation d'information relative aux conditions particulières de prestations de services appliquées par le professionnel (§2).

§ 1 ▪ Le contenu et les modalités de l'information sur les prix

1440. Le professionnel doit donc communiquer sur les prix qu'il pratique. Cette obligation a une double motivation : il s'agit, d'une part, d'assurer la transparence de l'information à l'égard du consommateur afin que le consentement qui sera donné par ce dernier soit éclairé et, d'autre part, de permettre au consommateur qui le souhaite de procéder à une comparaison efficace avec les prix éventuellement proposés par des concurrents. Il s'agit donc d'une exigence de publicité des prix qui vise à mettre le consommateur à l'abri de toute surprise quant au montant de la dépense totale qu'il aura à supporter pour la fourniture du service proposé. Il doit connaître d'emblée le prix qu'il aura réellement à débourser et non pas un prix qui ne serait pas significatif, parce qu'exprimé de façon incomplète.

1441. Les prestations d'entretien et de réparation automobiles n'échappent pas à cette obligation.

Les modalités d'application de l'article L 113-3 du Code de la consommation sont notamment précisées par l'arrêté du 3 décembre 1987 (modifié par l'arrêté du 21 mars 2005) et la circulaire du 19 juillet 1988 qui organisent l'affichage des prix des prestations de services.

A ▪ Le contenu de l'obligation d'information sur les prix

1442. Cette obligation concerne l'ensemble des professionnels proposant des biens ou des services à destination des consommateurs (1). Cependant, pour l'automobile, et afin de tenir compte des spécificités des prestations proposées par les garagistes réparateurs, le législateur est venu préciser le contenu de cette obligation d'information sur les prix (2).

1 ▪ Le principe général

1443. En application de l'article L. 113-3 du Code de la consommation, l'article 1er de l'arrêté du 3 décembre 1987 relatif à l'information du consommateur sur les prix précise que « toute information sur les prix de produits ou de services doit faire apparaître, quel que soit le support utilisé, la somme toutes taxes comprises qui devra être effectivement payée par le consommateur, exprimées en euros ».

1444. Ainsi, l'affichage consiste en l'indication sur un document unique, et parfaitement lisible par la clientèle, de la liste des prestations offertes et du prix exprimé en euros toutes taxes comprises de chacune d'elles (arrêté du 3 décembre 1987 relatif à l'information du consommateur sur les prix, art. 13, al 2).

Article 13 de l'arrêté du 3 décembre 1987 relatif à l'information du consommateur sur les prix

Le prix de toute prestation de services doit faire l'objet d'un affichage dans les lieux où la prestation est proposée au public.
L'affichage consiste en l'indication sur un document unique de la liste des prestations de services offertes et du prix de chacune d'elles. (...)

1445. Une circulaire en date du 19 juillet 1988, portant application des dispositions de l'arrêté du 3 décembre 1987 relatif à l'information du consommateur sur les prix, est venue préciser cette obligation d'information sur les prix.
Cette circulaire rappelle notamment que cette obligation d'information sur les prix s'impose même si le prestataire de services s'adresse le plus souvent à des utilisateurs professionnels, dès lors que les services sont également offerts à des consommateurs ou peuvent être achetés par eux (Crim., 15 juin 1987, n° 86-93.445).

1446. En outre, le prix annoncé doit comprendre l'ensemble des marges commerciales et des frais hormis ceux correspondant à des prestations supplémentaires peu habituellement demandées et qui seraient expressément réclamées par le client et feraient alors l'objet d'un accord contractuel sur la chose et le prix.
En revanche, cette obligation d'affichage des prix ne concerne pas les offres isolées répondant à une exigence particulière d'un consommateur. Dans ce cas toutefois, le prestataire devra faire connaître leur prix par tout moyen approprié (indication de prix verbale ou écrite, estimation, devis détaillé...).

1447. Enfin, il convient de préciser que « tout franchisé, distributeur ou prestataires de services, doit informer le consommateur de sa qualité d'entreprise indépendante, de manière lisible et visible, sur l'ensemble des documents d'information, notamment publicitaires, ainsi qu'à l'intérieur et à l'extérieur du lieu de vente » (C. com., art. A. 441-1). Ainsi, les enseignes de la réparation (Feu Vert, Midas, Norauto...) doivent préciser à leur clientèle leur qualité de franchisé et d'entreprise indépendante par voie d'affichage.

2 ▪ L'arrêté du 27 mars 1987 relatif à la publicité des prix pour les prestations d'entretien ou de réparation

1448. La publicité des prix pour les prestations d'entretien ou de réparation est soumise à un texte spécifique : l'arrêté du 27 mars 1987 relatif à la publicité des prix pour les prestations d'entretien ou de réparation, de contrôle technique, de dépannage ou de remorquage, ainsi que de garage des véhicules.

Cet arrêté, dans son article 1er, impose que les entreprises qui effectuent des prestations d'entretien ou réparation, procèdent à un affichage des taux horaires TTC et des prix TTC des différentes prestations forfaitaires proposées. Dans son article 2, l'arrêté précise que les entreprises qui déterminent le prix de leurs prestations sur la base d'un ou plusieurs taux horaires doivent préciser dans leur affichage le mode de calcul utilisé (référence au temps passé ou au barème de temps). En outre, dans le cas d'utilisation d'un barème, le garagiste réparateur doit tenir celui-ci à la disposition de la clientèle pour consultation et indiquer sur son affichage cette possibilité de consultation.

1449. L'arrêté impose également que les établissements qui pratiquent des taux horaires différents suivant les opérations effectuées affichent les principales catégories d'opérations correspondant à ces différents taux.

Exemples de prestations différentes pouvant relever de taux horaires différents :

- Tôlerie
- Peinture
- Mécanique...

1450. Dans son article 3, l'arrêté du 27 mars 1987 ajoute que les entreprises qui proposent des prestations forfaitaires doivent tenir à la disposition de leur clientèle la liste détaillée des opérations comprises dans les forfaits ainsi que des pièces et fournitures qui y sont éventuellement incluses. Il est précisé que la possibilité de consulter cette liste doit être mentionnée sur l'affichage.

1451. La circulaire précitée du 19 juillet 1988 précise toutefois qu'à titre exceptionnel, et lorsqu'un nombre très important de prestations est proposé, ou lorsque la grande diversité des conditions dans lesquelles les prestations peuvent être fournies, ne permet pas d'établir une affiche parfaitement lisible par la clientèle, ce mode de publicité pourra être remplacé par un catalogue complet. Ce catalogue devra alors être mis à la disposition du public dans les lieux de sa réception.

Toutes les prestations payantes doivent être mentionnées. Par exemple, si l'établissement d'un devis est payant, le prix doit être affiché.

3 ▪ La particularité des annonces de réduction de prix

1452. Les activités d'après-vente automobiles n'échappent pas aux opérations promotionnelles. Nombre de publicités proposent en effet le 2e pneumatique à 50 %, la vidange à moitié prix, le 4e amortisseur gratuit...

Selon la présentation de l'avantage consenti au client, la promotion pourra s'assimiler à une vente avec prime, un cadeau ou encore une annonce de réduction de prix et devra dès lors respecter la réglementation applicable à cette catégorie d'offres promotionnelles.

1453. Lorsqu'une annonce de réduction de prix est effectuée à l'intérieur d'un magasin, l'affichage doit comporter, outre le prix réduit du service, le prix de référence déterminé conformément à l'article 2, § 1 de l'arrêté du 31 décembre 2008, relatif aux annonces de réduction de prix à l'égard du consommateur, qui a remplacé l'arrêté n° 77-105/P du 2 septembre 1977.

1454. Le texte distingue selon le lieu dans lequel l'annonce de réduction de prix est réalisée. Ainsi, selon l'article 1er de l'arrêté, si la publicité comportant une réduction de prix est réalisée hors des lieux de vente (panneau publicitaire, encart dans un gratuit local...) ou sur des sites électroniques non marchands, elle doit préciser :
- l'importance de la réduction soit en valeur absolue, soit en pourcentage par rapport au prix de référence défini à l'article 2 ;
- les produits ou services ou les catégories de produits ou services concernés ;
- les modalités suivant lesquelles sont consentis les avantages annoncés, notamment la période pendant laquelle le produit ou le service est offert à prix réduit.

1455. Si la publicité est faite sur les lieux de vente ou sur des sites électroniques marchands, l'étiquetage, le marquage ou l'affichage des prix doivent faire apparaître, outre le prix réduit annoncé, le prix de référence qui lui-même doit répondre à la définition suivante : « Le prix de référence visé par le présent arrêté ne peut excéder le prix le plus bas effectivement pratiqué par l'annonceur pour un article ou une prestation similaire, dans le même établissement de vente au détail ou site de vente à distance, au cours des trente derniers jours précédant le début de la publicité. » (art. 2, arrêté du 31 décembre 2008).

1456. Pour que cette exigence ait un sens, il est imposé au professionnel d'être à même de justifier, à la demande des agents de la DGCCRF habilités à effectuer la bonne application de la présente réglementation, par des notes, bordereaux, bons de commande, tickets de caisse ou tout autre document, de l'ensemble des prix qu'il a effectivement pratiqués au cours de cette période.

1457. L'arrêté précise cependant que l'annonceur peut également utiliser comme prix de référence le prix conseillé par le fabriquant ou l'importateur du produit ou le prix maximum résultant d'une disposition de la réglementation économique (art. 2). Il est probable que le professionnel de l'automobile utilisera les prix barémés du constructeur, ou du franchiseur s'il appartient à un réseau de franchisés, comme prix de référence. Là encore, le professionnel devra être à même de justifier de la réalité de ces références et du fait que ces prix sont couramment pratiqués par les autres distributeurs du même produit.

1458. Pour éviter toute action en publicité trompeuse, le professionnel devra s'assurer que tout service commandé pendant la période à laquelle se rapporte une publicité de prix ou de réduction de prix sera bien fourni au prix indiqué par cette publicité.

Les informations objet de l'obligation d'affichage

Outre les prestations principales que constituent les opérations d'entretien et de réparation, le professionnel peut être amené à facturer des prestations complémentaires dont :

Le coût d'élimination des déchets

Pour pouvoir répercuter les coûts liés à la collecte et au traitement des déchets, l'information préalable de la clientèle doit être effectuée correctement : elle doit être exhaustive et reprendre les tarifs de gestion des déchets par type de produit ou de prestation effectivement rendue par le réparateur.

Les frais de gardiennage

Lorsque le client confie son véhicule pour travaux à un professionnel, celui-ci lui fait, en principe, signer un ordre de réparation (OR) sur lequel figure la date de mise à disposition du véhicule. A défaut de récupérer son véhicule à la date indiquée, le client s'expose au risque de facturation de frais de gardiennage dont le montant est généralement affiché dans le lieu d'accueil de la clientèle (cf. Chapitre III).

B ▪ Le lieu de l'affichage

1459. L'affiche des prix doit être parfaitement lisible de l'endroit où se tient normalement la clientèle ou de celui où elle est habituellement reçue (art. 13, arrêté du 3 décembre 1987). Ainsi, le prix des prestations d'entretien et de réparation doit être lisible dans la zone d'accueil de la clientèle du garagiste réparateur. L'objectif poursuivi est de permettre au client de prendre connaissance des prix pratiqués sans qu'il ait besoin de les solliciter auprès du professionnel.

1460. La circulaire du 19 juillet 1988, portant application des dispositions de l'arrêté du 3 décembre 1987 relatif à l'information du consommateur sur les prix, précise que pour satisfaire aux exigences de l'arrêté, il convient que l'affiche soit parfaitement lisible de l'endroit où se tient normalement la clientèle ou de celui où elle est habituellement reçue, et donc, en particulier, qu'elle ne soit ni masquée ni placée trop loin.
Par ailleurs, l'affichage des prix doit également être effectué de manière à permettre aux clients de prendre connaissance des tarifs pratiqués sans qu'il soit nécessaire d'entrer à l'intérieur du lieu de vente. L'affichage doit donc être visible et lisible également de l'extérieur du garage.

C ▪ La remise d'une note

1461. Pour assurer au mieux l'information du consommateur, l'article 5 de l'arrêté du 27 mars 1987 impose au réparateur de confirmer par la remise d'une note au consommateur les informations sur les prix le concernant.
En pratique, en sus de l'affichage obligatoire sur le lieu de réception de la clientèle et de celui visible et lisible de l'extérieur du garage, le garagiste réparateur remettra au client une facture rappelant le mode de calcul retenu s'il utilise plusieurs taux horaires ou, s'il applique une facturation au forfait, la liste détaillée des opérations comprises dans le forfait, ainsi que les pièces et fournitures éventuellement incluses.
Dans l'hypothèse de la facturation forfaitaire, il n'est toutefois pas tenu de mentionner le prix correspondant à chaque opération, pièce et fourniture.

1462. Il convient de souligner que l'obligation de délivrance d'une note doit se faire dans les conditions définies par l'arrêté n° 83-50/A du 3 octobre 1983.
Or, cet arrêté, modifié par l'arrêté du 15 juillet 2010 (art. 1er), n'impose la délivrance de cette note que si le montant de la prestation facturée est supérieur ou égal à 25 euros, TVA comprise. La note est donc facultative si le montant TTC facturé au consommateur est inférieur à 25 euros. Cependant, même dans cette hypothèse, le garagiste réparateur sera tenu de la lui remettre si le client la réclame.

1463. Cette note, ou « facture » (même si le terme est juridiquement réservé aux relations entre professionnels, il est communément utilisé par les professionnels indépendamment de la qualité de consommateur ou de professionnel de leur client), doit être établie dès que la prestation a été rendue et, en tous cas, avant le paiement du prix, en deux exemplaires, dont l'original sera remis au client. A des fins de contrôles, notamment par la Direction Générale de la Concurrence, de la Consommation et de la Répression des Fraudes (DGCCRF), il est imposé au professionnel de conserver le double de la note pendant une période de deux ans minimum, sous la forme d'un classement par ordre de date de rédaction.

1464. Cette note, concrètement, comportera a minima les informations suivantes :
- sa date de rédaction ;
- les coordonnées du professionnel ;
- les coordonnées du client (sauf si celui-ci s'y oppose) ;
- la date et le lieu d'exécution de la prestation ;
- le décompte détaillé, en quantité et prix, de chaque prestation et produit fourni ou vendu, soit : la dénomination, le prix unitaire et la désignation de l'unité à laquelle il s'applique, la quantité fournie ;
- la somme totale à payer hors taxes et toutes taxes comprises.

1465. L'arrêté du 3 octobre 1983 précise toutefois que le décompte détaillé précité sera facultatif chaque fois que la prestation de service aura donné lieu, préalablement à son exécution, à l'établissement d'un devis descriptif et détaillé, accepté par le client et conforme aux travaux exécutés.

§ 2 ▪ L'information sur les conditions particulières d'exécution des services

1466. L'article L 113-3 du Code de la consommation, dans sa version issue de la loi Hamon du 17 mars 2014, précise que : « Tout vendeur de produit ou tout prestataire de services doit, par voie de marquage, d'étiquetage, d'affichage ou par tout autre procédé approprié, informer le consommateur sur les prix, les limitations éventuelles de la responsabilité contractuelle et les conditions particulières de la vente et de l'exécution des services, selon des modalités fixées par arrêtés du ministre chargé de l'économie, après consultation du Conseil national de la consommation. »

1467. Le législateur estime donc que la communication au consommateur des informations relatives aux caractéristiques essentielles et au prix ne suffit pas pour considérer que le professionnel a efficacement exécuté son obligation d'information et de conseil. Pour y parvenir, il doit également communiquer sur les conditions particulières qu'il pratique (B). En revanche, et bien que poursuivant l'objectif d'informer toujours plus le consommateur, le législateur de 2014 a renoncé à l'obligation d'information relative aux limitations éventuelles de la responsabilité contractuelles (A)

A ▪ La suppression de l'obligation d'information sur les limitations éventuelles de la responsabilité contractuelle

1468. Dans sa version antérieure à l'entrée en vigueur de la loi Hamon, l'article L 113-3 indiquait que : « Tout vendeur de produit ou tout prestataire de services doit, par voie de marquage, d'étiquetage, d'affichage ou par tout autre procédé approprié, informer le consommateur sur les prix, les limitations éventuelles de la responsabilité contractuelle et les conditions particulières de la vente, selon des modalités fixées par arrêtés du ministre chargé de l'économie, après consultation du Conseil national de la consommation. »

1469. Cette obligation d'information relative aux limitations éventuelles de responsabilité contractuelle constituait une disposition « doublement critiquable » comme l'expliquent le Professeur Jean Calais-Auloy et le maître de conférence Henri Temple (Précis Dalloz, Droit de la consommation, p. 66) :
- « d'une part, elle est inutile, car les limitations de responsabilité font partie des conditions particulières de la vente également visées par l'article L. 113-3 ;
- d'autre part, elle est en contradiction avec l'article R. 132-1 du Code de la consommation, qui interdit, comme abusives, les clauses ayant pour objet ou pour effet de supprimer ou réduire le droit à réparation du consommateur. »

1470. En effet, l'article R. 132-1 du Code de la consommation, dans sa rédaction issue du décret n° 2009-302 du 18 mars 2009, indique que « Dans les contrats conclus entre des professionnels et des non professionnels ou des consommateurs, sont de manière irréfragable présumées abusives au sens des dispositions du premier et du troisième alinéa de l'article L. 132-1 et dès lors interdites, les clauses ayant pour objet ou pour effet de :
(...) 6° Supprimer ou réduire le droit à réparation du préjudice subi par le non-professionnel ou le consommateur en cas de manquement du professionnel à l'une quelconque de ses obligations. »

1471. L'article R. 132-1 vidait donc de son sens une partie de l'article L. 113-3 du code de la consommation dans sa version applicable avant la réforme de la loi Hamon de mars 2014. La suppression dans la nouvelle version de l'article L. 113-3 du code de la consommation de la référence aux limitations éventuelles de responsabilité ne peut donc qu'être approuvée.

B ▪ L'information relative aux conditions particulières de l'exécution des services

1472. A la différence de l'information sur les prix, les règles relatives à l'information à destination des consommateurs sur les conditions d'exécution des services n'ont fait l'objet que d'un très petit nombre d'arrêtés ministériels dont aucun ne concerne spécifiquement l'activité d'entretien et de réparation automobiles.

1473. Néanmoins, l'obligation d'information relative aux conditions particulières se justifie pleinement. En effet, limiter l'information au seul prix serait réducteur et empêcherait le consommateur de se faire une idée réelle de ce qu'il paie. Les conditions de livraison, les facilités de paiement, les services compris... peuvent influencer son consentement. La notion de conditions particulières de vente recouvre donc a priori tous les éléments à caractère commercial ou économique que le professionnel doit communiquer au consommateur pour lui permettre de s'engager contractuellement en toute connaissance de cause. Selon l'administration, il s'agit notamment des modalités de paiement (acompte, arrhes, délais de paiement...), modalités et délais d'exécution de la prestation, conditions de résiliation du contrat....

1474. Il convient de souligner que la loi Hamon n° 2014-344 du 17 mars 2014 est venue supprimer une ambiguïté notamment soulevée par Messieurs Jean Calais-Auloy et Henri Temple. Sa rédaction antérieure (« les conditions particulières de la vente ») laissait en effet supposer qu'il ne visait que les ventes et non les prestations de services. Ainsi, la question était posée : Fallait-il donc le lire de façon restrictive ou au contraire extensive ? « L'esprit du texte commande l'extension, mais celle-ci pourrait se heurter au principe d'interprétation stricte, dès lors qu'il s'agit de prononcer une sanction pénale. » (Précis Dalloz, Droit de la consommation, p. 67).

1475. L'ajout par la loi Hamon des termes « les conditions particulières de la vente et de l'exécution des services » a mis fin à toute incertitude. Le texte vise aussi bien les conditions particulières de la vente que celles relatives à l'exécution d'une prestation de services.

1476. En tout état de cause, dans le secteur de l'après-vente automobile, l'affichage des conditions générales de prestations de services cumulé à la remise d'un devis détaillé ou d'un ordre de réparation précisant, le cas échéant, les particularités de facturation de la prestation d'entretien ou de réparation (délai de paiement, montant de l'acompte...), permettra de respecter cette exigence.

Sous-section 3 ▪ L'obligation d'information sur les délais de livraison

1477. Le législateur oblige le professionnel vendeur ou prestataire de services à informer le consommateur sur la date limite à laquelle il s'engage à livrer le bien ou à exécuter la prestation de services.

1478. Avant l'entrée en vigueur de la loi Hamon n° 2014-344 du 17 mars 2014, l'article L 114-1, créé par la loi n° 93-949 du 26 juillet 1993, organisait ainsi le régime de cette obligation spécifique d'information :

« Dans tout contrat ayant pour objet la vente d'un bien meuble ou la fourniture d'une prestation de services à un consommateur, le professionnel doit, lorsque la livraison du bien ou la fourniture de la prestation n'est pas immédiate et si le prix convenu excède des seuils fixés par voie réglementaire, indiquer la date limite à laquelle il s'engage à livrer le bien ou à exécuter la prestation.

Le consommateur peut dénoncer le contrat de vente d'un bien meuble ou de fourniture d'une prestation de services par lettre recommandée avec demande d'avis de réception en cas de dépassement de la date de livraison du bien ou d'exécution de la prestation excédant sept jours et non dû à un cas de force majeure.

Ce contrat est, le cas échéant, considéré comme rompu à la réception, par le vendeur ou par le prestataire de services, de la lettre par laquelle le consommateur l'informe de sa décision, si la livraison n'est pas intervenue ou si la prestation n'a pas été exécutée entre l'envoi et la réception de cette lettre. Le consommateur exerce ce droit dans un délai de soixante jours ouvrés à compter de la date indiquée pour la livraison du bien ou l'exécution de la prestation (...). »

1479. Le seuil cité par cet article était fixé à 500 euros par le décret n° 2001-95 du 2 février 2001. (ancien article R. 114-1 du code de la consommation).

1480. Ainsi, dès lors que les réparations convenues avaient un coût qui s'élevait à plus de 500 €, et qu'elles ne faisaient pas l'objet d'une exécution immédiate, le professionnel était tenu d'indiquer au consommateur la date limite à laquelle il s'engageait à exécuter la prestation de réparation.

1481. Le terrain de prédilection de cet article était la vente automobile. Le dépassement de plus de sept jours de la date limite de livraison indiquée permettait en effet au client désireux de renoncer à son achat d'avoir un prétexte légitime pour le faire.

1482. Dans le domaine de l'après-vente, non seulement les prestations de réparation ne dépassent pas systématiquement les 500 € mais l'absence de signature de devis préalablement à l'intervention du professionnel faisait échec à l'application de ce texte.

1483. En effet, s'agissant d'une obligation qui n'existait que si « le prix convenu » s'avérait supérieur à 500 €, dès lors que le client n'avait pas signé de devis, mais un simple OR non chiffré, elle devenait inapplicable même si la facture correspondant à l'OR s'élevait au final à plus de 500 €.

1484. En outre, de façon pragmatique, il était difficilement imaginable que le consommateur décide, en cas de dépassement de plus de 7 jours du délai indiqué sur le devis, de renoncer à la prestation qui aurait déjà fort certainement eu un commencement d'exécution.

1485. La loi Hamon n° 2014-344 du 17 mars 2014 a purement et simplement supprimé l'article L. 114-1. La seule disposition relative aux délais de livraison ou d'exécution de la prestation de services est par conséquent celle comprise dans l'article L. 111-1 qui précise : « Avant que le consommateur ne soit lié par un contrat de vente de biens ou de fourniture de services, le professionnel communique au consommateur, de manière lisible et compréhensible, les informations suivantes : (...) 3° En l'absence d'exécution immédiate du contrat, la date ou le délai auquel le professionnel s'engage à livrer le bien ou à exécuter le service (...) »

1486. Ainsi, le professionnel devra indiquer sur l'ordre de réparation la date à laquelle il s'engage à restituer le véhicule réparé. Le non respect de la date indiquée devrait permettre au consommateur de rompre le contrat mais, en l'absence de dispositif spécifique, uniquement selon les conditions de droit commun, c'est-à-dire en principe après une mise en demeure de restituer le véhicule réparé restée sans effet. Ces situations devraient se révéler relativement anecdotiques dès lors que la prestation de réparation aura connu un commencement d'exécution.

1487. En revanche, l'absence de mention sur l'ordre de réparation de la date de restitution du véhicule réparé, le professionnel encourt une amende administrative de 3000 € s'il est une personne physique et de 15 000 € s'il est une personne morale même en l'absence de tout litige avec le consommateur concerné. Cette nouvelle sanction est prévue à l'article L. 111-6 du code de la consommation.

Sous-section 4. Les obligations d'information complémentaires imposées aux prestataires de services

1488. Avant la réforme de la loi HAMON, le Code de la consommation imposait au professionnel, prestataire de services, des obligations d'informations spécifiques dont le pendant n'existait pas pour le vendeur. Il s'agissait des obligations imposées par l'article L. 111-2-II du code de la consommation, dans sa rédaction issue de la loi n° 2010-853 du 23 juillet 2010, elle-même assurant la transposition en droit interne de l'article 22 de la directive 2006/123 du 12 novembre 2006 relative aux services dans le marché intérieur. Il s'agissait de fournir aux consommateurs des informations relatives à l'identité du professionnel, à la nature de son activité, aux recours possible en cas de litige, aux éventuels codes de bonne conduite applicables...

1489. La loi Hamon n° 2014-344 du 17 mars 2014 a remodifié les obligations des professionnels en ce domaine en prévoyant désormais que le professionnel doit communiquer spontanément au consommateur, préalablement à la conclusion du contrat :

- « Les informations relatives à son identité, à ses coordonnées postales, téléphoniques et électroniques et à ses activités, pour autant qu'elles ne ressortent pas du contexte, ainsi que, s'il y a lieu, celles relatives aux garanties légales, aux fonctionnalités du contenu numérique et, le cas échéant, à son interopérabilité, à l'existence et aux modalités de mise en œuvre des garanties et aux autres conditions contractuelles. (...) La liste et le contenu précis de ces informations sont fixés par décret en Conseil d'Etat. » (art. L. 111-1, 4°).

Il doit également mettre à la disposition du consommateur ou lui communiquer spontanément :

- « de manière lisible et compréhensible, les informations complémentaires relatives à ses coordonnées, à son activité de prestation de services et aux autres conditions contractuelles, dont la liste et le contenu sont fixés par décret en Conseil d'Etat. Ce décret précise celles des informations complémentaires qui ne sont communiquées qu'à la demande du consommateur. (...) » (art. L. 111-2).

1490. Les nouveaux articles R. 111-1 et R. 111-2 du Code de la consommation, instaurés par le décret n° 2014-1061 du 17 septembre 2014, détaillent les informations à fournir au consommateur relatives à l'identité des professionnels, leurs activités, les garanties légales et commerciales, les fonctionnalités et interopérabilité des contenus numériques et certaines conditions contractuelles.

1491. Article R. 111-1 :

« Pour l'application du 4° de l'article L. 111-1, le professionnel communique au consommateur les informations suivantes :

a) Son nom ou sa dénomination sociale, l'adresse géographique de son établissement et, si elle est différente, celle du siège social, son numéro de téléphone et son adresse électronique ;

b) Les modalités de paiement, de livraison et d'exécution du contrat ainsi que les modalités prévues par le professionnel pour le traitement des réclamations ;

c) S'il y a lieu, l'existence et les modalités d'exercice de la garantie légale de conformité mentionnée aux articles L. 211-4 à L. 211-13 du présent code et de celle des défauts de la chose vendue dans les conditions prévues aux articles 1641 à 1648 et 2232du code civil ainsi que, le cas échéant, de la garantie commerciale et du service après-vente au sens respectivement des articles L. 211-15 et L. 211-19 du présent code ;

d) S'il y a lieu, la durée du contrat ou, s'il s'agit d'un contrat à durée indéterminée ou à tacite reconduction, les conditions de sa résiliation ;

e) S'il y a lieu, toute interopérabilité pertinente du contenu numérique avec certains matériels ou logiciels dont le professionnel a ou devrait raisonnablement avoir connaissance ainsi que les fonctionnalités du contenu numérique, y compris les mesures de protection technique applicables. »

1492. Article R. 111-2 :

« I.- Pour l'application du I de l'article L. 111-2, outre les informations prévues à l'article R. 111-1, le professionnel communique au consommateur ou met à sa disposition les informations suivantes :

a) Le statut et la forme juridique de l'entreprise ;

b) Les coordonnées permettant d'entrer en contact rapidement et de communiquer directement avec lui ;

c) Le cas échéant, le numéro d'inscription au registre du commerce et des sociétés ou au répertoire des métiers ;

d) Si son activité est soumise à un régime d'autorisation, le nom et l'adresse de l'autorité ayant délivré l'autorisation ;
e) S'il est assujetti à la taxe sur la valeur ajoutée et identifié par un numéro individuel en application de l'article 286 ter du code général des impôts, son numéro individuel d'identification ;
f) S'il est membre d'une profession réglementée, son titre professionnel, l'Etat membre dans lequel il a été octroyé ainsi que, le cas échéant, le nom de l'ordre ou de l'organisme professionnel auprès duquel il est inscrit ;
g) Les conditions générales, s'il en utilise ;
h) Le cas échéant, les clauses contractuelles relatives à la législation applicable et la juridiction compétente ;
i) L'éventuelle garantie financière ou assurance de responsabilité professionnelle souscrite par lui, les coordonnées de l'assureur ou du garant ainsi que la couverture géographique du contrat ou de l'engagement.
II.- En outre, tout professionnel prestataire de services doit également communiquer au consommateur qui en fait la demande les informations complémentaires suivantes :
a) Lorsque le prix n'est pas déterminé au préalable par le prestataire pour un type de service donné, le prix du service ou, lorsqu'un prix exact ne peut pas être indiqué, la méthode de calcul permettant au destinataire de vérifier ce dernier, ou un devis suffisamment détaillé ;
b) En ce qui concerne les professions réglementées, une référence aux règles professionnelles applicables dans l'Etat membre de l'Union européenne sur le territoire duquel ce professionnel est établi et aux moyens d'y avoir accès ;
c) Des informations sur ses activités pluridisciplinaires et ses partenariats qui sont directement liés au service concerné et sur les mesures prises pour éviter les conflits d'intérêts. Ces informations figurent dans tout document d'information dans lequel le prestataire présente de manière détaillée ses services ;
d) Les éventuels codes de conduite auxquels il est soumis, l'adresse électronique à laquelle ces codes peuvent être consultés ainsi que les versions linguistiques disponibles ;
e) Les informations sur les conditions de recours à des moyens extrajudiciaires de règlement des litiges, lorsque ces moyens sont prévus par un code de conduite, un organisme professionnel ou toute autre instance.
III.- Au sens du d) du I, un régime d'autorisation s'entend de toute procédure qui a pour effet d'obliger un prestataire ou un destinataire à faire une démarche auprès d'une autorité compétente en vue d'obtenir un acte formel ou une décision implicite relative à l'accès à une activité de services ou à son exercice. »

1493. Le non-respect de ces obligations d'information est puni d'une amende 3 000 € pour les personnes physiques et de 15 000 € pour une personne morale. Les professionnels doivent se mettre rapidement en conformité avec les nouvelles dispositions de la loi Hamon afin d'éviter toute sanction, d'autant plus que la Secrétaire d'Etat en charge de la consommation a fait savoir dans un communiqué de presse du 20 septembre 2014 que « des contrôles seront effectués par la DGCCRF afin de s'assurer du respect par les professionnels de ces nouvelles mesures, qui sont d'application immédiate ».

L'obligation de remettre un écrit au consommateur

L'article L. 134-1 du Code de la consommation impose aux professionnels de remettre à toute personne intéressée qui en fait la demande un exemplaire « des conventions qu'ils proposent habituellement ».
Cette obligation permet donc au consommateur de demander, avant la signature de l'ordre de réparation, un exemplaire vierge de celui-ci.

En pratique, il ne semble pas y avoir eu de litige sur ce point. La signature d'un ordre de réparation n'étant encore à ce jour pas systématique, malgré les lourdes conséquences qui sont susceptibles d'en découler (cf. Chapitre II et III), il est peu probable que les consommateurs tentent d'en obtenir un exemplaire vierge avant de s'engager vis-à-vis du garage.
Cependant, c'est sur la base de ce texte que des associations de consommateurs peuvent se procurer directement le texte des conditions de réparation des professionnels pour y détecter et, le cas échéant, dénoncer d'éventuelles clauses abusives. Solliciter ainsi, le garagiste-réparateur ne pourra s'opposer à la transmission d'un ordre de réparation sans prendre le risque de se voir sanctionner sur la base de l'article R. 134-1 du Code de la consommation qui prévoit une peine de contravention de cinquième classe.

1495. Après avoir développé le contenu de l'obligation d'information et de conseil du réparateur automobile, il importe d'en appréhender le régime.

Section 2 ▪ Le régime de l'obligation d'information

1496. La recherche de la responsabilité du garagiste réparateur pour manquement à son obligation d'information et de conseil, telle qu'elle a été définie précédemment, implique de maîtriser les règles relatives à l'administration de la preuve (sous-section 1) et les limites jurisprudentielles posées à l'obligation du professionnel (sous-section 2). Mais dès lors que la responsabilité du professionnel sera retenue, il conviendra d'examiner s'il peut ou non invoquer un cas d'exonération (sous-section 3). A défaut d'y parvenir, sa responsabilité sera retenue et il encourra des sanctions pénales et/ou civiles selon les cas (sous-section 4).

Sous-section 1 ▪ La charge de la preuve de l'exécution du devoir d'information et de communication

1497. Il n'existe pas de droit sans preuve. La preuve des faits invoqués revêt une importance décisive puisqu'elle conditionne la solution du litige. En fait, « la preuve est la rançon des droits » (Ihéring, juriste allemand). La preuve est en effet nécessaire pour établir l'existence d'un droit.

§ 1 ▪ Le principe : la charge de la preuve incombe au demandeur

1498. « Necessitas probandi incumbit ei qui agit ».
Ainsi, la règle générale est que « la nécessité de la preuve incombe à celui qui se plaint ». Le principe est énoncé dans l'article 1315 du Code civil :
« Celui qui réclame l'exécution d'une obligation doit la prouver. Réciproquement celui qui se prétend libéré doit justifier le paiement ou le fait qui a produit l'extinction de son obligation. »
C'est un principe fondamental en matière du droit de la preuve.

1499. Dès lors, traditionnellement, il appartenait au consommateur s'estimant victime d'un mauvais conseil, ou d'une absence d'information, de prouver ce mauvais conseil ou cette absence d'information pour faire reconnaître la responsabilité du professionnel vendeur ou prestataire de services.

Cependant, apporter une telle preuve s'avérait particulièrement complexe pour le demandeur : il s'agissait en effet d'apporter la preuve d'un fait négatif. Or, il a souvent été souligné qu'une telle preuve est délicate à rapporter (Larguier, La preuve d'un fait négatif, RTD civ. 1953. 1).

§ 2 ▪ L'évolution : le renversement de la charge de la preuve opéré par la jurisprudence

1500. Cette difficulté a conduit la jurisprudence à renverser la charge de la preuve : la charge de la preuve de l'exécution de l'obligation d'information et de conseil incombe désormais au garagiste-réparateur.

1501. Si le Code de la consommation ne l'affirme que depuis 2009 (disposition introduite par la loi n° 2009-526 du 12 mai 2009), la jurisprudence l'affirmait déjà depuis longtemps et de façon constante. En effet, compte tenu des difficultés rencontrées par les consommateurs qui estimaient avoir été mal, ou pas, informés et voulaient à ce titre faire reconnaître la responsabilité du professionnel, la jurisprudence renforça l'obligation d'information et de conseil à l'égard du consommateur en exigeant du professionnel qu'il prouve l'exécution de celle-ci. Ainsi, celui qui est légalement ou contractuellement tenu d'une obligation particulière d'information doit rapporter la preuve de l'exécution de cette obligation (Civ. 1ère, 25 févr. 1997, n° 94-19.685 à propos d'un médecin ; Civ. 1ère, 15 mai 2002, n° 99-21.521 à propos d'un vendeur automobile : Bull. civ. 2002, I, n° 132 ; contrats, conc. consomm. 2002, comm. 135, obs. L. Leveneur).

1502. Cette position prétorienne a finalement été consacrée et précisée par le législateur qui a voulu protéger la partie la plus faible. Désormais, l'article L. 111-4 du code de la consommation (ancien article L. 111-2-V modifié par la loi Hamon du 17 mars 2014) impose que « En cas de litige relatif à l'application des articles L. 111-1 à L. 111-3, il appartient au prestataire professionnel de prouver qu'il a exécuté ses obligations. » Ainsi, le client n'a plus à démontrer qu'il n'a pas été parfaitement informé ; le professionnel, et lui seul, est tenu de rapporter la preuve qu'il a bien satisfait à son obligation. Le risque de la preuve pèse donc désormais sur le garagiste réparateur.

1503. Cette inversion de la charge de la preuve est d'autant plus exigeante pour le professionnel qu'il doit, d'une part être en mesure de prouver qu'il a donné le conseil, et d'autre part établir la teneur du conseil délivré. Ainsi, il ne suffit pas d'avoir informé et conseillé, il convient d'être en mesure de prouver l'avoir effectivement fait et de prouver en outre l'avoir fait de façon adaptée aux attentes et/ou besoins du consommateur.

§ 3 ▪ Les moyens de preuve

1504. Il ne suffit pas de savoir qui doit prouver ; il faut également savoir comment la preuve peut être rapportée, administrée, pour être juridiquement recevable.
L'administration de la preuve s'effectue au moyen de modes de preuve, définis comme les « moyens employés par un plaideur afin d'apporter au juge la démonstration des faits ou des actes qu'il allègue » (V. Depatd-Sebag, « Les conventions sur la preuve », v. infra, p. 13, spéc. p. 17).

1505. Les règles d'administration de la preuve varient selon que l'objet de la preuve est un acte juridique ou au contraire un simple fait juridique. Le professionnel qui doit prouver avoir satisfait à son obligation d'information et de conseil à l'égard du client doit en réalité prouver un acte juridique. L'acte juridique est en effet la conséquence d'une manifestation de la volonté d'une personne destinée à produire des effets de droit, alors que le fait juridique n'implique aucune manifestation de volonté pour qu'une situation génère des effets juridiques. Le contrat qui lie le garagiste réparateur à son client est bien destiné à produire des effets juridiques par la volonté même des parties.

1506. Selon l'article 1341 du Code civil, la preuve d'un acte juridique conclu après le 1er janvier 2005, d'une valeur supérieure à 1 500 euros, doit être rapportée par écrit. En outre, cet écrit doit répondre à la formalité du double original de l'article 1325 du Code civil, lorsque l'acte juridique est un contrat synallagmatique. Selon l'article L. 110-3 du Code de commerce, ces règles s'appliquent dans les actes mixtes lorsque c'est la partie commerçante qui entend prouver contre la partie non commerçante. En revanche, lorsque l'on est en présence d'un fait juridique (accident par exemple), la preuve est libre.

1507. Dès lors, la preuve de la délivrance de l'information ou du conseil peut être rapportée par tous moyens par le garagiste-réparateur chaque fois que la prestation facturée sera d'une valeur inférieure ou égale à 1 500 euros. Ce seuil a été fixé par le décret n° 2004-836 du 20 août 2004, applicable à compter du 1er janvier 2005. En pratique, le professionnel aura toutefois toujours intérêt à se ménager une preuve écrite de l'exécution de son devoir de conseil.

Article 1341 du Code civil

« Il doit être passé acte devant notaires ou sous signatures privées de toutes choses excédant une somme ou une valeur fixée par décret, même pour dépôts volontaires, et il n'est reçu aucune preuve par témoins contre et outre le contenu aux actes, ni sur ce qui serait allégué avoir été dit avant, lors ou depuis les actes, encore qu'il s'agisse d'une somme ou valeur moindre.
Le tout sans préjudice de ce qui est prescrit dans les lois relatives au commerce. »

1508. Quelques précisions quant à l'application de cette règle s'imposent toutefois. Elle comporte en effet plusieurs exceptions que le professionnel pourra invoquer. Tout d'abord, l'article 1341 in fine prévoit que ces dispositions doivent s'appliquer « sans préjudice de ce qui est prescrit dans les lois relatives au commerce ». Or, l'article 109 du Code de commerce admet la liberté des preuves et la jurisprudence a étendu le domaine de l'article 109 à toutes les opérations commerciales. En effet, le commerce a besoin de rapidité ce qui empêche souvent la rédaction d'actes écrits. Dès lors, dans les relations entre professionnels, la preuve de la délivrance de l'information pourra se faire par tous moyens.
En outre, lorsqu'un acte juridique d'une valeur supérieure à 1500 € n'est pas constaté par un écrit, mais qu'il existe un commencement de preuve écrit, il pourra être complété par n'importe quel moyen de preuve (témoignage, courriel, etc.).

1509. Le commencement de preuve par écrit constitue un point de départ et suppose la réunion :
- d'un écrit (missive, facture non contestée…) ;
- émanant de l'adversaire, c'est-à-dire du client ;
- rendant vraisemblable la prétention de celui qui l'invoque.

1510. Enfin, l'article 1348 du Code civil prévoit que s'il est impossible de produire un écrit, la preuve peut se faire par tous les moyens. Ainsi, la preuve est libre quand l'écrit pré-constitué a été perdu par une circonstance de force majeure, ou encore quand une des parties était dans l'impossibilité morale d'exiger un écrit (relation de famille, d'amitié, dans les rapports entre époux, fiancés, liens de subordination....). Les juges du fond disposent ici d'un très grand pouvoir d'appréciation. Enfin, la preuve devient libre lorsque le titre original a été détruit et quand on présente à la place une copie qui constitue une reproduction fidèle et durable.

1511. En tout état de cause, la prudence face au pouvoir d'appréciation des juges commanderait que le professionnel se pré-constitue systématiquement une preuve écrite du conseil qu'il communique, quelle que soit la valeur de la prestation qu'il sera amené à facturer.

En effet, les juges du fond ont déjà eu l'occasion d'ériger en faute le fait de ne pas avoir établi un devis écrit préalable. Ainsi, il a été jugé que pour l'exécution de son devoir de conseil, le garagiste doit établir un devis écrit préalable à la réalisation des travaux, en particulier lorsque le véhicule confié pour réparation était ancien, présentait 200 000 km et n'était plus côté à l'Argus (CA Lyon, 26 mai 1999 : Juris-Data n° 1999-140038).

1512. Cependant, en pratique, le professionnel n'établira un devis que sur demande expresse du client. Par conséquent, plus souvent, l'information et le conseil seront transmis par l'ordre de réparation. Il appartient donc au garagiste-réparateur d'apporter à sa rédaction toute la précision nécessaire pour qu'en cas de litige, il puisse s'appuyer sur cet ordre de réparation pour justifier du respect de son obligation d'information et de conseil.

1513. En pratique toutefois, il apparaît que bon nombre de réparations sont engagées sans qu'un écrit ait été remis au client. D'une part, de nombreuses interventions ne justifient pas la production d'un écrit pour démontrer que le client a été correctement informé ; tel est le cas des interventions se limitant à une révision, à une vidange, ou encore un changement d'essuie-glace... D'autre part, le professionnel hésite encore souvent à soumettre à la signature du client un ordre de réparation s'il le connaît depuis longtemps, craignant que cela ne s'interprète comme formalisant une certaine défiance à l'égard du client.

Et finalement, lorsque l'intervention du professionnel se déroule normalement et que le client est de bonne foi, la question de la preuve de l'exécution de l'obligation d'information et de conseil ne se pose pas.

Sous-section 2 ▪ Les limites au devoir d'information et de conseil

1514. La jurisprudence, relativement sévère à l'encontre des professionnels, ne permet toutefois pas au client d'abuser de la difficulté pour le garagiste réparateur de rapporter la preuve de l'exécution de son obligation d'information et de conseil pour le rendre systématiquement « responsable » d'une défaillance du véhicule.

1515. Face à l'augmentation du contentieux en ce domaine et aux abus de certains clients, la Cour de cassation a en effet été conduite à fixer un certain nombre de limites aux obligations du professionnel. Le professionnel ne peut donc voir sa responsabilité engagée si son cocontractant dispose de réelles compétences dans le domaine de la réparation automobile (§1), ou encore s'il n'existe pas de lien entre l'intervention réalisée et l'intervention qui s'avérait nécessaire (§2) ou enfin si l'intervention qui s'avérait nécessaire ne relevait pas de la compétence technique du réparateur (§3).

§ 1 ■ Un cocontractant disposant de compétences dans le domaine de la réparation automobile

1516. Le devoir de conseil a un caractère relatif : l'obligation peut être atténuée, voire supprimée, si le professionnel peut démontrer que le client a des compétences dans le domaine de l'entretien et de la réparation des véhicules qui lui permettent d'apprécier l'importance et l'utilité des réparations à effectuer.

1517. La Cour de cassation confirme ainsi le pouvoir d'appréciation des juges du fond quant aux compétences du client : « Mais attendu qu'après avoir relevé, par motifs propres et adoptés, que M. Legoy avait procédé lui-même quelques années auparavant au remplacement du vilebrequin, qu'il avait limité la mission de la société Trabisco à une remise en état au moindre coût, à l'aide des seules pièces détachées qu'il lui avait fournies à cet effet, et que la société Trabisco justifiait, par la production d'éléments de preuve dont elle a apprécié la portée, avoir effectué le plein d'huile avant de mettre en marche le moteur, la cour d'appel a souverainement estimé que M. Legoy n'était pas un profane en mécanique, qu'il avait accepté le risque d'une réparation sur place, sans les démontages complémentaires qui auraient été nécessaires pour une rectification du vilebrequin et que la mise en route sans huile du moteur n'était pas imputable à la société Trabisco ; qu'elle a pu en déduire que M. Legoy ne pouvait reprocher à cette société ni un manquement à son devoir de conseil ni une violation de son obligation de résultat… » (Civ. 1re, 30 nov. 2004, n° 01-13.632).

1518. Il en est de même lorsque le réparateur intervient dans le cadre de relations habituelles avec le client qui lui confie la réparation de sa flotte de véhicules. Ainsi, la Cour de cassation a considéré que le propriétaire d'un camion ne pouvait refuser de payer la réparation faite par un garagiste en raison de sa qualité de client habituel, le professionnel réparateur ayant fréquemment procédé à des interventions aussi importantes et dans des conditions similaires, circonstances qui expliquaient d'ailleurs la restitution du véhicule avant paiement : « Attendu que M. Gendron reproche au jugement attaqué de l'avoir condamné à verser à M. Lopes, garagiste, une somme de 4 262 francs 40 en paiement de la réparation de son camion, ainsi que des dommages-intérêts, alors que le réparateur en l'absence de bon de commande signé et si l'étendue de sa mission est contestée, doit établir que les réparations faites ont été commandées et qu'il a renseigné son client sur leur importance, leur coût prévisible et leur opportunité, de sorte que le tribunal d'instance aurait privé sa décision de base légale pour s'être abstenu de vérifier que tel avait été le cas en l'espèce et que M. Gendron avait l'habitude de laisser M. Lopes libre de procéder aux réparations qu'il jugeait nécessaires ;
Mais attendu que le jugement attaqué, constate que M. Gendron était un client habituel de M. Lopes, que les documents produits révèlent la fréquence et l'importance des interventions de celui-ci dans des conditions semblables à celles de l'espèce et qu'ainsi s'explique, du reste, que le garagiste ait restitué le véhicule sans avoir reçu paiement des travaux effectués ; Que le tribunal d'instance a pu en déduire que le paiement réclamé était indument refusé. » (Civ. 1re, 20 mars 1984, n° 83-12.371).

1519. Ces solutions sont relativement anciennes. Par un arrêt en date du 15 novembre 1978, la Cour de cassation prenait en effet déjà une décision illustrant ces deux situations : « Mais attendu qu'après avoir rappelé à juste titre que le devoir de conseil du garagiste envers son client doit s'apprécier principalement au regard a la fois de la compétence de ce dernier et du caractère habituel de leurs relations, la cour d'appel constate d'une part que M. XX, gérant de la société A et client de longue date de X, le laissait libre, lorsqu'il lui confiait des travaux et selon leurs usages, de faire les interventions que X jugeait nécessaires, d'autre part que la société X, dont l'activité principale concerne la manutention de matériaux divers de récupération, utilise à ce titre un certain nombre de grues, de sorte que son gérant ne pouvait ignorer en sa qualité de professionnel l'état d'usure de la mécanique et la nature probable des réparations nécessaires a la remise en état du moteur » (Com., 15 nov. 1978, n° 77-13.736, publié au bulletin).

§ 2 ▪ Une absence de lien entre l'intervention réalisée et l'intervention qui aurait été nécessaire

1520. Le devoir de conseil s'apprécie au regard de l'ampleur de la mission qui a été confiée au réparateur par le client.
Si le client tente d'engager la responsabilité pour défaut de conseil du garagiste réparateur, il n'aura des chances d'aboutir que s'il existe un lien entre l'intervention effectivement réalisée et l'intervention qui s'avérait en fait nécessaire et aurait dû être proposée par le professionnel. Se pose ici la question de l'opportunité qu'a eu ou non le professionnel de détecter une intervention nécessaire.
A défaut d'exiger ce lien pour pouvoir engager la responsabilité du réparateur reviendrait à lui imposer une révision générale de tout véhicule confié même en vue d'une intervention mineure.

1521. Cette approche n'est pas contradictoire avec l'obligation pour le garagiste d'alerter son client sur l'utilité et l'opportunité économique de procéder à une réparation de nature différente de celle qu'il sollicite (cf. Section I). Seulement, son obligation ne va pas jusqu'à l'obligation de rechercher si d'autres interventions sont nécessaires. Ainsi, lorsque la commande est limitée au changement d'un balai d'essuie-glace et de quatre bougies, le garagiste n'a pas l'obligation d'attirer l'attention du client sur la nécessité d'une vidange (Civ. 1re, 5 nov. 1996 : Resp. civ. et assur. 1997, comm. 25 ; Bull. civ. I, n° 369). En revanche, lorsque le garagiste procède à un changement de moteur, il doit conseiller à son client de procéder à la vérification du niveau d'huile (CA Lyon, 12 mars 1998 : Juris-Data n° 1998-040837).

1522. Cependant, la limite n'est pas toujours évidente pour le professionnel qui, par définition, n'est pas au fait de toute la jurisprudence en la matière. Pour exemple, un réparateur a manqué à son devoir d'information pour ne pas avoir averti son client, chargé du remplacement du filtre à huile, de la nécessité d'une remise en état complète du moteur (CA Douai, 17 mars 2003, Juris-data n° 2003-225477).

§ 3 ▪ Un conseil de la compétence du réparateur

1523. La responsabilité du garagiste-réparateur ne peut être recherchée que pour défaut d'information ou de conseil dans son domaine de compétence. Il n'a en effet l'obligation de renseigner son client que sur les conséquences purement techniques des travaux commandés.

1524. Ainsi, le garagiste n'engage pas sa responsabilité contractuelle même s'il a posé sur un véhicule automobile un système d'alarme non conforme aux exigences du contrat d'assurance. Il appartient à l'assuré d'en vérifier la conformité (CA Versailles, 5 févr. 1999 : Juris-Data n° 1999-040368).

1525. Dans le même ordre d'idées, le garagiste-réparateur n'a pas à l'obligation de renseigner son client sur les conséquences administratives comme par exemple la modification d'une carte grise (CA Aix-en-Provence, 2 déc 1981, bull. Cour d'Aix 1981/3.4, p. 18).

Précision concernant le contrôleur technique

Le contrôleur technique n'est pas tenu d'informer le client sur la meilleure façon de prévenir les désordres constatés, sa mission, définie par les textes, étant limitée à constater les désordres en question (Civ., 1re, 21 juin 2005, n° 02-19.222).

§ 4 ▪ Les cas d'exonération du professionnel

1526. Lorsque le professionnel ne pourra pas invoquer l'une des situations précitées (§1 à 3), sa responsabilité sera engagée. Or, s'agissant d'une obligation de résultat, il ne pourra s'en exonérer qu'en démontrant la faute de la victime, le client en l'occurrence, ou la cause étrangère présentant les caractères de la force majeure.

1527. L'obligation d'information et de conseil n'est pas qu'une obligation de résultat. En fait, elle se divise en deux obligations :
- l'obligation de conseiller utilement, efficacement, le client ;
- l'obligation de communiquer cette information ou ce conseil.
Ainsi, l'obligation d'information et de renseignement est une obligation de moyens quant à sa substance (qualité et pertinence des informations). Dès lors, le professionnel doit prouver qu'il a mis en œuvre tous les moyens pertinents pour conseiller efficacement son client. Cependant, la jurisprudence met à la charge du professionnel la preuve de l'exécution de son obligation d'information et de renseignement. L'accomplissement de cette obligation est donc de résultat.

1528. Le professionnel n'est toutefois pas tenu d'une obligation de convaincre son client. Ce dernier, en qualité de détenteur voire de propriétaire du véhicule, est le seul à pouvoir décider des réparations qui seront réalisées. Dès lors, si le garagiste réparateur est en mesure de démontrer qu'il avait utilement conseillé son client mais que ce dernier n'a pas souhaité suivre ses préconisations, sa responsabilité ne saurait être retenue.

1529. Ainsi, la Cour de cassation a considéré que dès lors que le garage avait fait signer à son client une attestation selon laquelle il récupérait son véhicule en connaissance de cause puisqu'il renonçait à changer les culasses dont la défectuosité était à l'origine de la panne, le garage n'avait pas manqué à son devoir de conseil (Civ. 1ère, 22 janvier 2014, n° 12-26579).

1530. Cependant, pour faire échec à l'action en responsabilité engagée par le client, il faudra que le garagiste réparateur avertisse réellement et formellement son client en mentionnant le défaut en question sur la facture, en attirant explicitement son attention sur le danger encouru et en conservant une copie de la facture signée, par lui, à titre de preuve de cette mise en garde. Au besoin, lorsqu'il s'agira d'organe de sécurité et que le client ne souhaitera pas procéder aux travaux nécessaires, le garagiste réparateur sera avisé de faire signer au client une décharge de responsabilité.

1531. Les réserves devront être aussi détaillées que possible, notamment quant aux conséquences de la non-réparation. C'est ainsi le seul moyen pour le professionnel de démontrer qu'il a rempli son devoir de conseil et a informé son client de la nécessité de faire réparer un organe et des risques encourus à ne pas le faire. Car rappelons-le, il appartient au professionnel de prouver qu'il a rempli son devoir de conseil : il doit établir non seulement l'existence du conseil délivré mais également son contenu.

1532. Ainsi, un client confie au réparateur son véhicule avec un moteur qui consomme beaucoup d'huile. Le garagiste réparateur déconseille la réparation du joint de culasse, mais le client insiste pour procéder au changement du joint défectueux. Par la suite, le véhicule tombe définitivement en panne, en raison de l'affaiblissement d'une pastille d'étanchéité du bloc moteur. Le client reproche au garagiste réparateur d'avoir accepté de procéder à une réparation impropre, mais le professionnel démontre qu'il a émis des mises en garde et des réserves sur la tenue de son intervention en produisant une « décharge de responsabilité ».

1533. Un tel document ne s'assimile pas pour autant à une véritable clause d'irresponsabilité en faveur du réparateur. Par la signature de ce document, le client acte simplement de ce que l'homme de l'art lui a fourni telle information ou prodigué telle mise en garde. Il s'agit donc d'un outil à disposition du réparateur pour prouver, en cas de litige, qu'il a parfaitement rempli son obligation d'information, son devoir de conseil et son obligation de sécurité.

1534. Il arrive parfois que le client s'oppose à la signature d'un tel document. Dans ce cas, le professionnel doit tenter d'obtenir une attestation sur l'honneur (d'un autre client, ou à défaut, d'un salarié) indiquant que le professionnel a effectivement déconseillé à son client de reprendre son véhicule en l'état. Il doit en outre adresser à ce client le jour même une lettre recommandée avec accusé de réception lui rappelant les réparations jugées nécessaires pour une utilisation en toute sécurité de son véhicule et actant de son refus de signer la décharge de responsabilité qui lui a été proposée.

Doubler l'envoi de la lettre recommandée par un mail ou une télécopie permettra de justifier de la date réelle à laquelle le conseil a été reçu par le client.

1535. Il conviendra d'être vigilant quant à la rédaction de la décharge de responsabilité, celle-ci ne pouvant être efficace que si elle est particulièrement précise. Ainsi, le modèle de décharge de responsabilité ci-après doit obligatoirement être renseigné et adapté en tenant compte de la situation réelle à laquelle est confronté le réparateur.

Le professionnel a également la possibilité, et non l'obligation, d'alerter la gendarmerie ou la police. Par ailleurs, il lui est impossible de retenir le véhicule du client même dans l'hypothèse où sa non réparation entraînerait un danger pour la sécurité du conducteur ou des tiers. Il ne dispose en effet d'aucune prérogative juridique pour contraindre son client.

A retenir...

Ainsi, la rédaction d'une décharge de responsabilité lui permettra de justifier tout à la fois de la transmission de conseils et de la qualité de ceux-ci si la décharge de responsabilité est suffisamment précise. Dans le même ordre d'idée, il a été jugé que la responsabilité ne saurait être retenue lorsque le garagiste, après s'être vu refuser une réparation, avait mis en garde le client des risques encourus par une mention sur la facture (Com., 26 avr. 2000, n° 96-21.093 : Juris-Data n° 2000-001782 ; RJDA 2000, n° 858).

1536. La question s'est posée de savoir si le professionnel pouvait invoquer le fait d'avoir suivi les ordres d'un expert automobile, mandaté par la compagnie d'assurance du client, pour s'affranchir de son devoir de conseil. La Cour d'appel de Paris a répondu par la négative estimant que l'intervention d'un expert automobile n'était pas de nature à supprimer l'obligation d'information et de conseil du réparateur automobile (CA Paris, 1er févr. 2002 : Juris-Data n° 2002-167654 ; Resp. civ. et assur. 2002, comm. 204, obs. L. Grynbaum).

Le cas des réparations urgentes

Le garagiste a toujours l'obligation de recueillir l'accord du client sur la réparation envisagée après l'avoir informé de l'opportunité de l'intervention. Il en a été jugé ainsi, alors même que le véhicule avait été confié au garagiste sans réserve sur le coût de l'intervention et que l'opportunité de la réparation ne se discutait pas (Civ. 1re, 2 mai 2001 : Juris-Data n° 2001-009399 ; Contrats, conc., consom. 2001, comm. 132, 2e arrêt, obs. L. Leveneur).

DÉCHARGE DE TOUTES RESPONSABILITÉS

Je soussigné *(nom et prénom du client)* .... *(à renseigner par le client)*
Demeurant à ....
Certifie avoir été averti de façon formelle par ....
(Nom du garagiste ou société / cachet)

1 Que les travaux effectués par lui sur le véhicule : *(à renseigner par le professionnel)*
Marque, type ....
Immatriculation ....
Date de première mise en circulation ....
Kilométrage au compteur ....

et ayant fait l'objet de la facture n° .... du .... d'un montant de .... €, sont insuffisants pour assurer la bonne marche de mon véhicule, ainsi que sa conformité aux règles de sécurité.

2 Que les travaux complémentaires indiqués ci-dessous sont indispensables au regard notamment des exigences de sécurité : *(à renseigner par le client sous la dictée du professionnel)*
....
....
....

3 Que la conduite de mon véhicule dans l'état où je le récupère présente notamment les risques suivants : *(à renseigner par le client sous la dictée du professionnel)* ....
....
....

et qu'il peut mettre en danger la vie et la sécurité des personnes et des biens.

4 Que l'entreprise .... *(nom du garagiste ou société)* se réserve la possibilité d'informer l'autorité administrative compétente *(préfecture, police, gendarmerie)*.

Malgré ces mises en garde expresses, je refuse les travaux complémentaires qu'exige la remise en état de marche normale du véhicule, conformément aux règles de sécurité.
J'exige, contre le gré de l'entreprise .... *(nom du garagiste ou société)* la livraison de mon véhicule dans cet état.
J'assume de ce fait la pleine et entière responsabilité des dommages et des pénalités pouvant en découler, tant en ce qui me concerne, qu'à l'égard des tiers.

A ...., le ....
Lu et approuvé *(écrit de la main du client)*
(Signature du client)

Sous-section 3 ▪ Les sanctions du défaut d'information

1538. Les sanctions du défaut d'information et de conseil sont multiples pour le professionnel de l'automobile.
La première des sanctions sera purement commerciale : il s'agira de l'impossibilité de réclamer au client le paiement des prestations conseillées à tort. Ainsi, le client ne peut être tenu de régler au garagiste réparateur les réparations préconisées ou acceptées par le professionnel sur propositions du client et qui s'avèrent par la suite totalement inefficaces ou inopportunes notamment d'un point de vue économique.

1539. Cependant, seules les interventions inutiles resteront à la charge du garagiste. Les autres, dont la nécessité n'est pas contestable, devront naturellement être réglées par le client (Civ. 1re, 7 nov. 1995 : Resp. civ. et assur. 1996, comm. 24 ; Bull. civ. I, n° 390).
En tout état de cause, dès lors que le professionnel aura manqué à ses obligations d'information et de conseil, il encourt le risque de sanctions tant pénales (§1) que civiles (§2). Depuis la loi Hamon n° 2014-344 du 17 mars 2014, il encourt également des sanctions administratives (§3).

§ 1 ▪ Les sanctions pénales

1540. Sur le plan pénal, plusieurs types de sanctions sont susceptibles d'être prononcées à l'encontre du garagiste réparateur selon la nature du manquement qui lui est reproché, certains ouvrant la voie à la sanction par la simple contestation de l'existence du manquement imputable au professionnel (A), d'autres en raison de la gravité des conséquences des manquements concernés (B).

A ▪ Les manquements sanctionnables en eux-mêmes

1541. Une sanction pénale spécifique est prévue par l'article R. 113-1 du Code de la consommation en cas de manquement relatif à l'information sur le prix et les conditions particulières de vente organisée par l'article L. 113-3 du code : la peine d'amende prévue pour les contraventions de 5ème classe, soit 1 500 euros par infraction et le double en cas de récidive.
Les agents de la concurrence, de la consommation et de la répression des fraudes sont compétents pour rechercher et constater ces infractions. Notamment, ils peuvent enjoindre au professionnel, en lui impartissant un délai raisonnable, de se conformer aux obligations résultant de l'article L. 113-3 du Code de la consommation et des arrêtés pris pour son application, ou de cesser les agissements illicites (C. conso., art. L. 141-1, V).

1542. Le refus de fournir le contrat type, en application de l'article L. 134-1 du Code de la consommation, est également sanctionné d'une amende de 1 500 euros, s'agissant d'une peine de contravention de 5e classe.
Le secteur de l'après-vente automobile a fréquemment donné lieu à de tels contrôles, tant au niveau de l'activité de vente de véhicules qu'au niveau de l'activité d'entretien et de réparation automobiles.

1543. Concernant l'obligation du professionnel de mentionner un délai de livraison lorsque la prestation est d'un prix supérieur à 500 euros, imposée par l'article L. 114-1 du Code de la consommation, le texte ne prévoit aucune sanction pénale.

1544. Comme le soulignent les Professeurs Jean Calais-Auloy et Henri Temple, les textes relatifs aux obligations d'information des consommateurs prévoient parfois des sanctions pénales, parfois non. Il existe donc une grande diversité de situations qui justifierait pleinement « un effort de cohérence et de simplification (...) en cette matière » (Précis Dalloz, Droit de la consommation). La transposition prochaine de la Directive européenne n° 2011/83 du 25 octobre 2011 relative aux droits des consommateurs pourrait être l'occasion d'une mise en cohérence des conséquences des divers manquements du professionnel à ses obligations d'information.

B ▪ Les manquements sanctionnables en raison de la gravité de leurs conséquences

1545. Si le silence a été délibérément gardé par le professionnel de manière à tromper le consommateur et l'amener à signer un contrat qu'il n'aurait pas signé s'il avait été correctement informé, ce dernier bénéficie d'un recours pour tromperie sur la nature ou les qualités substantielles de la prestation de services réalisée (C. conso., L. 213-1 ; par ex. : vente d'un véhicule d'occasion en attestant faussement que la batterie était neuve, TGI Rouen, 16 septembre 1993). Un recours pour abus de faiblesse dans les conditions précisées par l'art. L. 122-8 du Code de la consommation est parfois possible ou encore pour publicité mensongère (L. 121-1) selon le contexte.

1546. Le délit de tromperie s'applique aux contrats souscrits à titre onéreux, qu'ils aient été exécutés ou non, la tentative de tromperie étant également sanctionnée. Le contrat de vente est le domaine de prédilection de ce délit. Ce n'est en effet que depuis 1978 que la tromperie s'applique également aux prestations de services.

1547. S'agissant d'une infraction intentionnelle, la preuve de la mauvaise foi du professionnel, c'est-à-dire de son « intention frauduleuse » (Crim., 13 juin 1984 : D. 1985, IR 65, JCP 1984, I., 13711) doit être rapportée pour que celui-ci soit sanctionné. Cette mauvaise foi est appréciée par le juge au cas par cas. Elle peut être déduite de toute action, allégation ou présentation susceptible de masquer la réalité, voire du fait de garder le silence sur certains défauts ou caractéristiques du produit. La tromperie est punie d'un emprisonnement de deux ans et/ou d'une amende de 37 500 euros.

§ 2 ▪ Les sanctions civiles

1548. La sanction des manquements à l'obligation d'information est essentiellement civile. Les articles L. 111-1 et L. 111-2 du Code de la consommation ne prévoient pas de sanctions spécifiques au non-respect de l'obligation générale d'information qu'ils édictent. Il convient donc de se référer au droit commun.

1549. La question de savoir si les manquements aux obligations d'information sur les prix entraînaient la nullité du contrat s'est posée. En 1978, la Cour de cassation a considéré que le seul manquement aux exigences d'information des arrêtés pris en application de l'article L. 113-3 du Code de la consommation ne suffisait pas à entraîner la nullité du contrat si aucune altération du consentement n'est relevée ni une indétermination du prix (Civ. 1re, 15 déc. 1998, 385, obs. Mestre). Par un arrêt en date du 15 décembre 1998, la Cour de cassation confirma cette position en confirmant la décision de la Cour d'appel de Metz en date du 9 mai 1996 qui avait écarté la sanction de la nullité du contrat « laquelle ne pouvait résulter du seul manquement aux exigences d'information sur les prix formulées par l'article L. 113-3 du Code de la consommation » (Civ. 1re, 15 déc. 1998, n° 96-19.898).

1550. Seulement, la Cour s'est par la suite montrée plus sévère à l'égard du professionnel : en 2004, elle a jugé qu'un texte doté d'une sanction pénale est d'ordre public et que sa violation entraîne donc la nullité du contrat en vertu de l'article 6 du Code civil (Civ. 1ère, 7 déc. 2004, D Aff. 2005. AJ. 75, obs. Rondey). Toutefois, s'agissant d'une décision rendue à propos d'un décret rendant obligatoires certaines informations sur les caractéristiques du produit, il est possible qu'il s'agisse d'une décision isolée.

1551. En tout état de cause, si le manquement à l'obligation d'information (sur le prix ou sur toute autre caractéristique de la prestation de services) a été à l'origine d'un vice du consentement, le contrat pourra être annulé sur ce fondement (C. civ., art. 1109 et 1116). Pour prononcer l'annulation du contrat, le juge devra alors rechercher si le défaut d'information a effectivement eu pour effet de vicier le consentement du contractant (Civ. 3e, 19 nov. 2008, n° 07-17.880 ; Com., 20 mars 2007, n° 06-11.290).

1552. Plus précisément, la nullité peut être envisagée pour erreur, si la méconnaissance de l'information a déterminé le consentement du consommateur, voire pour dol, si le professionnel a intentionnellement dissimulé les informations pour inciter le consommateur à contracter. En effet, en droit français, le dol est une manœuvre d'un cocontractant dans le but de tromper son partenaire et provoquer chez lui un engagement contractuel. L'article 1116 du Code civil précise que : « le dol est une cause de nullité de la convention lorsque les manœuvres pratiquées par l'une ou l'autre des parties sont telles, qu'il est évident que, sans ces manœuvres, l'autre partie n'aurait pas contracté. Il ne se présume pas, et il doit être prouvé. »

1553. Les tribunaux rappellent régulièrement « qu'il faut que le cocontractant ait usé d'agissements malhonnêtes afin d'emporter le consentement de sa victime » pour que le dol soit reconnu (pour un exemple récent : TGI de Paris, 5e chambre 1re section, 27 juin 2012, n° 11/10838). La Cour d'appel de Versailles, par un arrêt en date du 10 mai 2012, rappelle que « le dol n'est une cause de nullité de la convention que si les manœuvres pratiquées par le vendeur (en l'espèce) sont telles qu'il est évident que sans ces manœuvres Monsieur (...) n'aurait pas contracté » (Versailles, 3e ch., 10 mai 2010, n° 10/07524). Il appartient donc à la victime de démontrer qu'elle n'aurait pas contracté si elle avait eu connaissance des informations volontairement dissimulées par le garagiste réparateur.

1554. Il sera souligné que le client, victime d'un dol, peut, outre une action en nullité du contrat, exercer une action en responsabilité délictuelle. Par un arrêt en date du 15 janvier 2002, rendu par la chambre commerciale, la Cour de cassation rappelle que la sanction du dol, qui consiste en principe en la nullité du contrat, peut également prendre la forme de dommages-intérêts versés par l'auteur du dol à la victime, par application des règles relatives à la responsabilité civile délictuelle pour faute. Cet arrêt confirme une jurisprudence déjà ancienne en la matière (voir notamment Civ. 1re, 4 févr. 1975, Bull. civ. I, n° 43 ; Civ. 1re, 4 oct. 1988, Bull. civ. I, n° 265).

1555. Dans cette affaire, la Cour censure la décision des juges du fond, au visa de l'article 1382 du code, en énonçant « qu'en statuant ainsi, alors que la victime de manœuvres dolosives peut exercer, outre une action en annulation du contrat, une action en responsabilité délictuelle pour obtenir de leur auteur réparation du dommage qu'elle a subi, la cour d'appel a violé le texte susvisé ».

1556. C'est en effet la nature délictuelle du dol qui explique que la victime puisse exercer une action en responsabilité civile sur le terrain de l'article 1382 du Code civil.
Ainsi, dans l'hypothèse où le client, bien que démontrant la réalité du dol, décide de maintenir le lien contractuel, il a la possibilité de se contenter d'engager une action en respon-

sabilité. « La mise en œuvre de la responsabilité civile délictuelle de l'auteur du dol conduit alors au rééquilibrage économique du contrat par le biais de la compensation entre la dette de réparation et l'engagement excessif du débiteur. » (David Bakouche, Professeur agrégé, Hebdo édition affaires n° 9 du 7 février 2002).

§3 ▪ Les sanctions administratives

1557. La loi relative à la consommation n° 2014-344 du 17 mars 2014, dite loi Hamon, tente de renforcer l'effectivité du droit de la consommation en recourant à la répression administrative en cas de manquement du professionnel à ses obligations d'information précontractuelles.

1558. Ainsi, les agents de la DGCCRF ont désormais le pouvoir d'administrer des amendes pouvant s'élever à 3 000 euros pour un professionnel personne physique et à 15 000 euros pour un professionnel personne morale (art. L. 111-6 et L. 1113-3-2 du Code de la consommation).

▪ Chapitre 2

Obligation de réparation et d'entretien

BIBLIOGRAPHIE

Argus de l'assurance

Articles. – L. Arcelin Lécuyer, Le vendeur/loueur professionnel est responsable des réparations, JA mars 2013, n° 849. – L. Grynbaum, Le lien de causalité entre la panne et l'intervention du garagiste, JA janv. 2013, n° 847. – C. Lièvremont, L'étendue de la responsabilité du garagiste réparateur, JA oct. 2012, n° 844. - – L. Arcelin Lécuyer, A l'impossible nul n'est tenu... sauf le garagiste, JA nov.-déc. 2011, n° 834-835. Dossier « La responsabilité civile, un risque omniprésent pour les professionnels de l'automobile », JA juil.-août 2009, n° 809. – Dossier « La pièce de rechange dans tous ses états », JA sept. 2009, n° 810.

Autres documentations

Ouvrages. – Code civil, Dalloz éd., Litec. - - Lexique des termes juridiques, Guillien R. et Vincent J., Dalloz 17e édition - Les contrats spéciaux, Malaurie Aynès & Gautier, 6e éd. Defrénois - Droit de la responsabilité et des contrats, Philippe Le Tourneau 2010, - Contrats d'affaires, François Xavier Testu – 2010. – Obligations, Yves Picod, Répertoire de droit civil –janv. 2009. - Preuve (modes de preuve et règles de preuve), J.L. Mouralis, Répertoire de droit civil –janv. 2011. - Lamy droit Economique. Automobile, D. Voinot, Répertoire de droit Commercial Dalloz, oct. 2004.

Articles. - Fasc. 385 – Garagiste, S. Hocquet-Berg, Jurisclasseur, Responsabilité civile et Assurances. – Chronique de responsabilité civile, D. Bakouche - Lexbase juin 2012, éd. Privée n° 488 7 juin 2012,

1559. Lorsque le garagiste effectue des travaux de réparation ou d'entretien sur le véhicule qui lui est confié, il se trouve engagé dans le cadre d'un contrat d'entreprise.
Un contrat que l'article 1710 du Code civil définit sous son ancienne appellation de « louage d'ouvrage ». Surnommée « la bonne à tout faire » par certains auteurs, cette catégorie de contrats recouvre des espèces hétérogènes (Les contrats spéciaux, Malaurie Aynès &

Gautier, 6e éd. Defrénois). Elle a pour objet des services appliqués à une chose matérielle, lorsque, comme dans le domaine qui nous intéresse, il s'agit de réparer un véhicule.

Article 1710 du Code civil

« Le louage d'ouvrage est un contrat par lequel l'une des parties s'engage à faire quelque chose pour l'autre, moyennant un prix convenu entre elles ».

1560. Le contrat d'entreprise est « le contrat par lequel une personne se charge de faire un ouvrage pour autrui, moyennant une rémunération, en conservant son indépendance dans l'exécution du travail » (R. Guillien et J. Vincent, Lexique des termes juridiques, Dalloz).
Il sera parfois appelé contrat de prestation de services. La personne qui s'oblige à exécuter le travail est désignée indifféremment sous l'appellation d'entrepreneur, de prestataire ou de fournisseur tandis que la personne qui passe commande à ce dernier est le client ou le maître d'ouvrage.
La tâche commandée est dénommée prestation, ouvrage ou encore entreprise.

1561. L'un – le garagiste, le réparateur, le professionnel de l'après-vente, le professionnel de la réparation, quelque soit la terminologie qu'on lui préfère – s'engage moyennant rémunération à accomplir de manière indépendante un travail au profit de l'autre – le client, le propriétaire du véhicule, consommateur ou professionnel, sans le représenter. Cette définition résulte d'un arrêt de la Cour de cassation qui distinguait clairement le contrat d'entreprise de son cousin le mandat (Civ. 1re, 19 févr. 1968, n° 64-14.315). Ainsi le client s'engage à payer le prix de la prestation, et le garagiste à assurer certains services.

1562. Les textes qui régissent le contrat d'entreprise sont de différentes sources. Tout d'abord, ce sont les articles 1787 à 1799-1 du Code civil qui décrivent précisément le régime du louage d'ouvrage.
Par ailleurs, on trouve des textes de source européenne. Soucieux de créer un véritable marché intérieur des services dès 2010, les instances européennes ont adopté la directive « services » - longtemps appelée « Directive Bolkestein » (Dir. n° 2006/123/CE du Parlement européen et du Conseil 12 déc. 2006, JOUE n° L 376, 27 Déc.). L'objectif de ce texte est de faciliter la liberté d'établissement des prestataires de services dans d'autres États membres et la liberté de prestation de services entre les États membres. La directive met en place un cadre juridique général pour tout service fourni contre rémunération économique (à l'exception de certains secteurs exclus) tout en tenant compte de la spécificité de certaines activités ou professions.

1563. Le délai de transposition avait été fixé au 29 décembre 2009. La France, renonçant à une loi cadre, a préféré adopter plusieurs textes législatifs, parmi lesquelles la loi de modernisation de l'économie n° 2008-776 du 4 août 2008. Rappelée à l'ordre par la Commission européenne pour son retard dans la transposition, la France a adopté d'autres mesures, notamment le décret n° 2010-561 du 27 mai 2010 portant diverses mesures réglementaires de transposition de la directive n° 2006/123/CE relative aux services dans le marché intérieur et la loi n° 2010-853 du 23 juillet 2010 relative aux réseaux consulaires, au commerce, à l'artisanat et aux services.

1564. L'obligation souscrite par le professionnel de la réparation est bien évidemment contractuelle. Il ne saurait être admis que, constatant qu'un contrat a été conclu entre un propriétaire et un entrepreneur pour l'exécution de travaux, la demande de dommages-intérêts du propriétaire soit accueillie sur le fondement de l'article 1382 du Code civil, inappli-

cable à la réparation d'un dommage se rapportant à l'exécution d'un engagement contractuel (Civ. 1re, 9 juin 1993, n° 91-13.156, JCP G 1993, IV, p. 245). Une solution tout à fait conforme au principe de non cumul des responsabilités contractuelle et délictuelle.
Ce n'est pas l'obligation de payer le prix qui caractérise le contrat d'entreprise. C'est l'obligation de l'entrepreneur qui est spécifique à ce contrat et permet de le distinguer de contrats voisins.

1565. Habituellement, on compare le contrat d'entreprise et le mandat. L'un et l'autre obligent à des services mais leur objet est bien distinct. S'agissant du mandat, il a pour objet principal des actes juridiques, par exemple une vente pour le compte du mandant, alors que le contrat d'entreprise suppose généralement des actes matériels ; ainsi une prestation de réparation sur un véhicule.
Par ailleurs, le mandataire représente son client ; il joue le rôle d'un intermédiaire. Le service que le mandant attend du mandataire est de le mettre en relations avec d'autres personnes. Au contraire, l'entrepreneur n'est pas un représentant. Il est chargé par son client d'accomplir un travail dont il assume la responsabilité.

1566. A priori, les deux contrats ne devraient pas se confondre s'agissant du domaine automobile. Pourtant, que penser d'un garagiste qui accepterait de mettre en vente le véhicule d'un de ses clients ? Après avoir effectué une révision ? Et quelques réparations ? Dans un tel cas, il sera prudent de prévoir deux contrats distincts : l'un s'analysera en un contrat d'entreprise et prévoira le contrôle et la révision générale du véhicule, le second aura pour objet la mise en vente du véhicule, le professionnel servant en général d'intermédiaire et percevant une commission de ce fait.

1567. On distingue aussi le contrat d'entreprise et le contrat de travail. L'un et l'autre ont pour objet un travail pour autrui. Le critère qui les démarque tient à l'indépendance de l'entrepreneur quand le salarié est tenu par un lien de subordination à son employeur, c'est-à-dire qu'il est soumis au pouvoir de contrôle et de direction de ce dernier.

1568. Le contrat d'entreprise est un contrat synallagmatique, c'est-à-dire qu'il lie deux parties. Le contrat d'entreprise est nécessairement à titre onéreux, ce qui le distingue d'une convention d'entraide, formule contractuelle d'exploitation collective fondée sur la réciprocité et la gratuité des services, où la responsabilité de celui qui agit à titre bénévole est allégée.

1569. Préoccupé du paiement effectif de l'entrepreneur, le législateur a mis en place des mécanismes de garantie, au rang desquels on compte le droit de rétention dont bénéficie le garagiste sur le véhicule confié, et prévu par l'article 2286 du Code civil. L'article 2286 du Code civil prévoit en effet que « Peut se prévaloir d'un droit de rétention sur la chose :
1° Celui à qui la chose a été remise jusqu'au paiement de sa créance ;
2° Celui dont la créance impayée résulte du contrat qui l'oblige à la livrer ;
3° Celui dont la créance impayée est née à l'occasion de la détention de la chose ;
4° Celui qui bénéficie d'un gage sans dépossession.
Le droit de rétention se perd par le dessaisissement volontaire. »

1570. Nous verrons tout d'abord quelle est l'obligation du professionnel de la réparation automobile, en définissant le contenu de cette obligation (section 1) qui s'analyse en une obligation de faire. Puis nous déterminerons la force de cette obligation (section 2). Si certains contrats d'entreprise obligent le débiteur à une simple obligation de moyens (par exemple l'avocat), au contraire, s'agissant du réparateur automobile, il est soumis à une obligation de résultat que la jurisprudence n'atténue que sous certaines conditions très strictes.

Section 1 ■ Contenu de l'obligation

1571. Le Code civil recense les obligations et distingue notamment l'obligation de donner – qui caractérise par exemple le contrat de vente – de l'obligation de faire. Le contrat d'entreprise exige de l'entrepreneur une obligation de faire (sous-section 1) dont nous déterminerons les contours. Nous verrons ensuite quelles difficultés particulières suscite ce contrat (sous-section 2).

Sous-section 1 ■ Obligation de faire

1572. Qu'il soit tenu de réparer ou d'entretenir le véhicule, le garagiste est débiteur d'une obligation de faire. L'obligation de faire se définit comme « l'obligation dont l'objet est une prestation quelconque, matérielle ou intellectuelle » : ainsi transporter, prodiguer des soins, et bien entendu réparer sont autant d'obligations de faire (Lexique des termes juridiques, Dalloz 17e édition). Le prestataire contracte nécessairement, au profit du maître d'ouvrage, une obligation de faire ou d'exécuter un travail, au sens de l'article 1142 du Code civil. C'est la démonstration de l'activité de l'entrepreneur au service du maître d'ouvrage qui caractérise cette catégorie de contrat.

Article 1142 du Code civil

« Toute obligation de faire ou de ne pas faire se résout en dommages et intérêts en cas d'inexécution de la part du débiteur.»

1573. L'obligation d'entretien est préventive. Il s'agira pour le professionnel d'exécuter des opérations nécessaires à la conservation du véhicule. Curative, l'obligation de réparer consiste à effectuer des opérations de remise en état sur un organe ou sur la carrosserie du véhicule (S. Hocquet-Berg, Jurisclasseur Responsabilité civile et Assurances, fasc. 385 n° 12). Ces deux prestations ont la même finalité : elles permettent d'assurer le bon fonctionnement du véhicule automobile. Mais encore faut-il déterminer comment va se définir cette prestation ?

1574. Ce qui présente une difficulté en matière de réparation automobile, c'est que celui qui confie son véhicule en vue de sa remise en état ignore la plupart du temps le détail de la prestation qui doit être effectuée pour parvenir au résultat attendu. Est-ce une courroie de distribution à changer ? Une pompe à eau à remplacer ? Un simple réglage à effectuer ? Comme en matière médicale où le patient ignore le mal dont il souffre et ne peut que décrire des symptômes, le client ne peut qu'indiquer les dysfonctionnements observés sur son véhicule. Ce sera au professionnel de déterminer la nature des diligences à effectuer pour la remise en état du véhicule, comme c'est au médecin de définir le protocole qu'il préconise pour soigner le malade.

1575. Par quels moyens le client va-t-il indiquer au réparateur la panne à réparer ? Le professionnel pourra établir un ordre de réparation (§1). Autre possibilité, l'établissement d'un devis (§2). Mais que penser d'un simple accord verbal donné par le client (§3) ? Ou encore de la seule remise du véhicule (§4) ?

§ 1 ▪ L'ordre de réparation

1576. A titre liminaire, il faut rappeler qu'en vertu de l'article 1341 du Code civil, le professionnel doit être en mesure de prouver par écrit l'accord du client sur les travaux effectués (Civ. 1ère, 14 déc. 1999, n° 97-19.044. D. 2000 IR 20 ; Civ. 1ère, 6 janv. 2004, n° 00-16.545).

Article 1341 du Code civil

« Il doit être passé acte devant notaires ou sous signatures privées de toutes choses excédant une somme ou une valeur fixée par décret, même pour dépôts volontaires, et il n'est reçu aucune preuve par témoins contre et outre le contenu aux actes, ni sur ce qui serait allégué avoir été dit avant, lors ou depuis les actes, encore qu'il s'agisse d'une somme ou valeur moindre. Le tout sans préjudice de ce qui est prescrit dans les lois relatives au commerce».

Valeur fixée à 1 500 € par décret n° 80-533 du 15 juil. 1980 modifié par décret n° 2004-836 du 20 août

1577. Le support écrit utilisé par les professionnels est un ordre de réparation (voir encadré ci-dessous) qui fixe le contenu du marché et, par conséquent, les limites de l'intervention du garagiste réparateur. C'est l'ordre de réparation qui fixe le périmètre dans lequel la responsabilité du professionnel pourra être recherchée.

Ainsi un garagiste réparateur, intervenu pour la révision générale du véhicule, échappe à sa responsabilité dès lors que les anomalies non décelables et imprévisibles – en l'espèce un dysfonctionnement de la courroie de l'alternateur - ne peuvent pas être comprises dans cette révision (Civ. 1re, 6 mai 2003, n° 01-00.305).

1578. Lors de l'établissement de l'ordre de réparation, le réparateur s'engage à indiquer l'origine des pièces (indication du fournisseur). Le client peut demander à conserver les pièces remplacées autres que les échanges standards et celles sous garantie. Ces indications seront reprises sur l'ordre de réparation et la facture. C'est le propriétaire du véhicule qui signe ce document dont un exemplaire lui est remis, après avoir pris connaissance de l'estimation ou au vu du devis établi par le réparateur, ou encore après l'expertise lorsque le dommage est consécutif à un accident.

1579. L'ordre de réparation fixe les limites de l'intervention du garagiste. Lors du déroulement des travaux, s'il apparaît nécessaire d'effectuer des opérations complémentaires, il y aura nécessité de signer un avenant à l'ordre de réparation. C'est au garagiste réparateur qu'il incombe d'établir que le client a bien commandé l'ensemble des travaux de remise en état réalisés (Civ. 1re, 6 janv. 2004, préc.). En l'espèce, le professionnel avait omis de faire signer au client un ordre de réparation complémentaire visant les travaux qu'il jugeait nécessaire d'effectuer. Ne pouvant prouver que le client avait accepté ces travaux, il ne pouvait en solliciter le paiement.

L'ordre de réparation (OR)

C'est un bon de commande des travaux à effectuer (sans évaluation) signé par le client.

Caractéristiques :

L'OR n'est pas obligatoire (le contrat de réparation est consensuel).

L'OR est un contrat écrit établi en deux exemplaires.

L'OR indique les instructions données par le client au garagiste.

Mentions :
- l'identification du propriétaire du véhicule et du réparateur ;
- l'identification du véhicule, son kilométrage ainsi que le niveau de carburant affiché ;
- la nature des réparations ;
- une référence au devis, s'il existe ;
- la date limite de livraison.

1580. Encore récemment, la Cour de cassation n'a pas souscrit au raisonnement d'une juridiction de proximité qui, sur le fondement de l'équité, avait fait droit à la demande en paiement de factures d'un garagiste, malgré l'absence d'ordre de réparation. Le premier juge avait retenu que si le propriétaire ne réglait pas les factures du garage, il se trouvait pourvu d'un véhicule en bon état de fonctionnement sans avoir déboursé la moindre somme, ce qui constituait un enrichissement sans cause visé par l'article 1371 du Code civil (Civ. 1re, 28 juin 2012, n° 11-20.336). Si l'analyse est séduisante, elle ne saurait convaincre, dans la mesure où il n'est nullement constaté le consentement du client aux opérations effectuées.

1581. Dans un autre cas, le client contestait le paiement de la facture et invoquait un faux ordre de réparation pour ne pas payer les travaux réalisés sur son véhicule confié au garage qui fournissait une facture « proforma » mentionnant « remise en état carrosserie » avec le détail de la main d'œuvre et des pièces, une mention manuscrite et sa signature sur la facture proforma. Le client ne soutenant pas que son consentement ait été vicié, la Cour de cassation a estimé que la preuve était rapportée du contenu du contrat (prestations effectuées à hauteur de la somme réclamée) (Civ. 1re, 5 mars 2015, N° 13-20175, non publié).

1582. Dans une autre espèce, la Cour d'appel a estimé que l'ordre de réparation portant la mention « problème d'embrayage », complété par une fiche adressée dans les jours suivants et détaillant les travaux nécessaires à la seule réparation de l'embrayage pour laquelle le véhicule avait été déposé chez le professionnel, démontraient suffisamment que les obligations de réparation pour le garage et de leur paiement pour le client étaient entrées dans le champ contractuel. En revanche, n'a pas été pas admise la facturation des travaux complémentaires effectués par le professionnel au titre d'une sécurité dont il ne démontre ni le caractère de nécessité immédiate, ni leur acceptation par le client (Bourges, ch. civ., 17 janv. 2013, n° 12/00278).

1583. La signature de l'ordre de réparation fait obstacle au transfert du véhicule chez un autre réparateur. Le garagiste est en effet gardien du véhicule. En l'absence d'ordre de réparation, le transfert doit s'effectuer sur ordre écrit et signé du propriétaire.
L'obligation principale du réparateur est la remise en état du véhicule. Le réparateur réalise les travaux qui lui ont été commandés par son client. Cette obligation s'apprécie par référence à l'ordre de réparation, ou le devis signé du client.
L'un ou l'autre matérialise le lien juridique entre les parties au contrat.

1584. Par ailleurs, le législateur a depuis longtemps sanctionné certaines pratiques commerciales agressives visant à forcer le consentement du consommateur. Il en est ainsi de la vente forcée sanctionnée par l'article L. 122-3 du Code de la consommation. Au cours de l'année 2014, cet article a subi deux remaniements consécutifs. Tout d'abord c'est la loi Hamon qui a modifié cet article en ces termes.

Article L. 122-3 du Code de la consommation :

Modifié par LOI n° 2014-344 du 17 mars 2014 - art. 138 - Modifié par LOI n° 2014-344 du 17 mars 2014 - art. 19

« Il est interdit d'exiger le paiement immédiat ou différé de biens ou de services fournis par un professionnel ou, s'agissant de biens, d'exiger leur renvoi ou leur conservation, sans que ceux-ci aient fait l'objet d'une commande préalable du consommateur.

Le premier alinéa du présent article s'applique aux contrats portant sur la fourniture d'eau, de gaz ou d'électricité lorsqu'ils ne sont pas conditionnés dans un volume délimité ou en quantité déterminée ainsi que sur la fourniture de chauffage urbain et de contenu numérique non fourni sur support matériel.

La violation de cette interdiction est punie des peines prévues aux articles L. 122-12 à L. 122-14.

Tout contrat conclu consécutivement à la mise en œuvre de la pratique commerciale illicite visée au premier alinéa du présent article est nul et de nul effet.

Le professionnel doit, en outre, restituer les sommes qu'il aurait indûment perçues sans engagement exprès et préalable du consommateur. Ces sommes sont productives d'intérêts au taux légal calculé à compter de la date du paiement indu et d'intérêts au taux légal majoré de moitié à compter de la demande de remboursement faite par le consommateur. »

1586. Quelques mois plus tard, l'article est à nouveau modifié :

Article L. 122-3 du Code de la consommation :

Modifié par LOI n° 2014-1545 du 20 décembre 2014 - art. 54

« Il est interdit d'exiger le paiement immédiat ou différé de biens ou de services fournis par un professionnel ou, s'agissant de biens, d'exiger leur renvoi ou leur conservation, sans que ceux-ci aient fait l'objet d'une commande préalable du consommateur.

La violation de cette interdiction est punie des peines prévues aux articles L. 122-12 à L. 122-14.

Tout contrat conclu consécutivement à la mise en œuvre de la pratique commerciale illicite visée au premier alinéa du présent article est nul et de nul effet.

Le professionnel doit, en outre, restituer les sommes qu'il aurait indûment perçues sans engagement exprès et préalable du consommateur. Ces sommes sont productives d'intérêts au taux légal calculé à compter de la date du paiement indu et d'intérêts au taux légal majoré de moitié à compter de la demande de remboursement faite par le consommateur.

Le présent article s'applique également aux contrats portant sur la fourniture d'eau, de gaz ou d'électricité lorsqu'ils ne sont pas conditionnés dans un volume délimité ou en quantité déterminée ainsi que sur la fourniture de chauffage urbain et de contenu numérique non fourni sur support matériel. »

1588. Cet article vise tout particulièrement le cas des ventes forcées, par exemple des colis postaux adressés par certains professionnels sans commande préalable. Une fois le colis reçu, le consommateur se voit réclamer le paiement de la facture correspondante alors même qu'il n'a fait aucune démarche pour recevoir le matériel reçu. Une pratique illicite constitutive d'un délit.

1589. Si l'article L. 122-3 du Code de la consommation concerne les ventes de biens, il s'applique également aux prestations de services. Cette situation serait aisément transposable au professionnel de la réparation automobile à qui un véhicule aurait été confié en vue d'une réparation particulière et qui procéderait sans accord, ni commande du client au changement d'autres pièces, imposant ainsi au consommateur leur facturation. Une telle pratique s'analyserait en une vente forcée et exposerait le professionnel à des poursuites et aux sanctions pénales prévues par les articles L. 122-12 à 14 du Code de la consommation.

Article L. 122-12 du Code de la consommation :

Modifié par LOI n° 2014-344 du 17 mars 2014 - art. 130

« Le fait de mettre en oeuvre une pratique commerciale agressive est puni d'un emprisonnement de deux ans et d'une amende de 300 000 € au plus.

Le montant de l'amende prévue au premier alinéa peut être porté, de manière proportionnée aux avantages tirés du manquement, à 10 % du chiffre d'affaires moyen annuel, calculé sur les trois derniers chiffres d'affaires annuels connus à la date des faits. »

Article L. 122-13 du Code de la consommation :

Créé par LOI n° 2008-3 du 3 janvier 2008 - art. 39

« Les personnes physiques coupables du délit prévu à l'article L. 122-12 encourent une interdiction, pour une durée de cinq ans au plus, d'exercer directement ou indirectement une activité commerciale. »

Article L. 122-14 du Code de la consommation :

Modifié par LOI n° 2014-344 du 17 mars 2014 - art. 130

« Les personnes morales déclarées pénalement responsables du délit prévu à l'article L. 122-12 encourent, outre l'amende suivant les modalités prévues à l'article 131-38 du code pénal, les peines prévues aux 2° à 9° de l'article 131-39 du même code. L'interdiction mentionnée au 2° du même article 131-39 porte sur l'activité dans l'exercice ou à l'occasion de l'exercice de laquelle l'infraction a été commise. Les peines prévues aux 2° à 7° dudit article ne peuvent être prononcées que pour une durée de cinq ans au plus. »

1593. Pour se mettre à l'abri de poursuites, le professionnel de la réparation automobile devra se montrer vigilant en établissant un écrit validant la commande préalable du consommateur : que ce soit par un ordre de réparation ou un devis.

§ 2 ■ Le devis

1594. Le devis est une liste détaillée et chiffrée des opérations à réaliser avec un démontage éventuel ou une longue étude préalable (voir liste des mentions ci-dessous).

Le devis, tout comme l'ordre de réparation, n'est pas obligatoire. C'est par nature un écrit. Il est détaillé, et non global comme dans le marché à forfait. Il est descriptif. Et il est gratuit, sauf si un démontage est nécessaire.

Le devis pourra être établi en l'absence d'ordre de réparation, ou parfois le compléter.

Mentions du devis :
- la date de rédaction ;
- le nom et l'adresse du prestataire ;
- le nom du client et le lieu d'exécution de la prestation ;
- la description précise de la nature des travaux à effectuer ;
- le décompte détaillé, en quantité et en prix, de chaque prestation et produit nécessaire à l'opération prévue, soit : dénomination, prix unitaire et désignation de l'unité à laquelle il s'applique, notamment le taux horaire de main d'œuvre, la quantité fournie ;
- les délais de réparations ;
- la durée de validité du devis.
- le kilométrage du véhicule (Décret du 4 octobre 1978, modifié) ;
- la somme globale à payer HT et TTC ;
- le cas échéant, les mises en garde que le professionnel voudra faire au client.

1595. On distinguera selon que le devis est ou non signé par le client.
Dans le cas où le devis n'a pas été signé par le client, celui-ci est totalement libre de s'adresser à un autre professionnel et le garagiste consulté ne peut pas exiger de faire les réparations. Cependant, si le garagiste a dû démonter le véhicule pour établir le devis, il est en droit de facturer ce démontage (dans la pratique, environ 5 à 10 % du prix de la réparation) à condition d'en avoir auparavant avisé son client, notamment par un affichage dans l'établissement (article 13 de l'arrêté du 3 décembre 1987 relatif à l'information du consommateur sur les prix).

1596. Au contraire, dans le cas où le devis est signé par le client, il devient un contrat qui doit être respecté par les parties. Le client est censé avoir accepté les conditions qui y figurent ; la signature est un engagement définitif.
Dès lors, le client ne peut renoncer aux travaux, et le garagiste ne peut présenter une facture d'un montant supérieur au devis qu'il a établi. Le garagiste est donc tenu d'effectuer les travaux décrits au prix indiqué. Le devis constitue donc une évaluation précise engageant le professionnel qui ne pourra pas ensuite dépasser le montant prédéterminé.

1597. Si au cours des travaux, le réparateur se trouvait néanmoins dans l'obligation de changer d'autres pièces, il ne pourra en être réclamé une somme supplémentaire que si le client a accepté ces travaux complémentaires consignés sur un document avec la rédaction d'un devis annexe. Faute d'un devis complémentaire, le professionnel ne pourra facturer les travaux (Civ. 1re, 24 mai 2005, n° 03-13.534). Dans cette espèce, la Cour de cassation rejette la demande de paiement du professionnel excédant le montant du devis accepté par le client. Elle annule la décision du tribunal qui avait condamné le client au seul paiement des pièces remplacées non prévues au devis, sur le fondement d'un enrichissement sans cause. Un jugement de Salomon réfuté par la Cour.
Toutefois, si le devis est chiffré avec des réserves d'imprévus en cours de travaux, le garagiste pourra alors présenter une facture d'un montant supérieur au devis qu'il a établi (Civ. 1re, 3 juin 2003, n° 00-19.885). Le client ne pourra dans ce cas refuser de payer le montant des réparations, soumis au pouvoir souverain d'appréciation des juges du fond.

1598. Qu'il s'agisse d'un ordre de réparation ou d'un devis, ils constituent des écrits facilitant la tâche probatoire des parties. Qu'en est-il d'un accord verbal ? Quelle peut être sa portée ?

§ 3 ■ Les incertitudes de l'accord verbal

1599. Le contrat de service automobile, comme tout contrat d'entreprise, est selon une jurisprudence constante un contrat consensuel (Civ. 3e, 17 déc. 1997, n° 94-20.709 ; Bull. civ. III, n° 226). Le contrat d'entreprise n'étant soumis à aucune forme particulière, rien n'oblige les parties à recourir à un accord écrit. L'accord verbal est donc tout à fait valable mais il est aux risques et périls du garagiste. Il lui appartient en effet de rapporter la preuve que son client lui a demandé d'exécuter les travaux contestés (Civ. 1re, 14 déc. 1999, n° 97-19.044, JA avr. 2000, p. 199, Gaz. Pal. 1 juil. 2000, n° 183, p. 21). Ici la cliente soutenait n'avoir confié le véhicule qu'aux fins de faire procéder « aux vérifications nécessaires ». Le Tribunal pour accueillir la demande du professionnel s'était borné à retenir que la remise du véhicule au garagiste ne pouvait s'expliquer que par la nécessité de faire réparer le véhicule acheté d'occasion au prix de 8 000 euros environ, et qui serait resté inutilisable sans les travaux effectués. Un raisonnement censuré par la Cour qui estime qu'il appartenait au garagiste d'établir que sa cliente avait bien commandé les travaux de remise en état effectués.

1600. De même, dans une espèce où le professionnel avait procédé au remplacement d'un moteur sans faire signer d'ordre de réparation à celui qui le lui avait remis, en l'occurrence celui qui l'utilisait sans en être le propriétaire (Civ. 1re, 28 fév. 1989, n° 87-17.766, JA 1989, p. 524). Dans un tel cas, il appartiendra au réparateur de prouver tant le principe que le montant des travaux. La rémunération pourra être fixée par le juge en fonction des éléments du dossier qui lui sont soumis : difficulté de l'intervention, temps passé, etc.

1601. Pour faire cette double preuve, le professionnel peut, au soutien de ses allégations, avoir recours aux témoignages ou aux présomptions de fait. Ce sera notamment le cas lors d'opérations d'entretien courant, ou en présence de relations habituelles d'interventions. Il en fut ainsi dans une espèce où le tribunal avait constaté que les documents fournis révélaient la fréquence et l'importance des interventions du garagiste dans des conditions semblables ce qui expliquait du reste que le professionnel ait restitué le véhicule sans avoir reçu paiement des travaux effectués (Civ. 1re, 20 mars 1984, n° 83-12.371, JA 1984, p. 444).

1602. Enfin, on peut considérer que le garagiste dispose d'un commencement de preuve par écrit rendant vraisemblable la commande de travaux nécessaires pour les pannes déclarées lorsqu'il produit un document intitulé « commande de travaux » avec la mention des dysfonctionnements relevés sur le véhicule (Rennes, 29 juin 2001 ; JurisData n° 2001-161535 ; S. Hocquet-Berg, Jurisclasseur Resp. civ. et Ass., fasc. 385 n° 19).

1603. En revanche, le procès-verbal d'expertise ne vaut pas ordre de réparation (Paris, 8e ch. sect. A, 27 sept. 1994). Pas plus qu'un remorquage ne peut tenir lieu d'accord pour les réparations (Versailles, 20 mars 1998, n° 1995-10069).

§ 4 ■ La remise du véhicule

1604. Le formalisme peut-il s'amoindrir au point que la simple remise du véhicule au garage engagerait le professionnel ? Peut-on y voir une source d'obligation ? La jurisprudence accepte facilement le transfert de la garde lorsque le propriétaire d'un véhicule le remet à un professionnel. Il en est ainsi de la remise des clés d'une voiture à un garagiste, qui suffit pour en déduire le transfert de la garde de l'automobile (Colmar 1re ch., 17 mars 1982 ; JurisData n° 1982-043910). Toutefois, ces décisions sont en général rendues au visa de l'article 1384 alinéa 1 du Code civil relatif à la responsabilité des choses dont on a la garde. Il s'agit là d'une responsabilité délictuelle et non contractuelle, responsabilité limitée aux seuls dommages causés aux tiers durant la garde.

Article 1384 alinéa 1 du Code civil
« On est responsable non seulement du dommage que l'on cause par son propre fait, mais encore de celui qui est causé par le fait des personnes dont on doit répondre, ou des choses que l'on a sous sa garde. »

1605. Le professionnel de l'automobile à qui l'on remet un véhicule pourrait être tenu aux obligations du dépositaire prévues par le Code civil. La qualification de dépôt suppose en effet la remise effective de la chose au dépositaire. Les juges doivent relever l'existence de cet élément (Civ. 3e, 26 oct. 1977, n° 76-11.155). Toutefois, si c'est une condition nécessaire, ce n'est pas une condition suffisante. En l'espèce, la Cour a reproché aux juges du fond d'avoir qualifié le contrat de dépôt sans avoir cherché à savoir si le dépositaire s'était engagé à assurer la garde et la conservation des véhicules et à restituer ceux-ci à leur propriétaire, dans l'état où ils lui avaient été remis.

1606. La simple remise ne suffit donc pas, dans cette hypothèse, à caractériser le dépôt. Elle doit s'accompagner de la volonté de mettre à la charge du dépositaire, une obligation de garde, c'est-à-dire de conservation et de surveillance de la chose remise (Civ. 1re, 3 févr. 1982, n° 80-16.589). En l'espèce, une caravane avait été placée en stationnement moyennant une redevance sur un terrain de camping. Le gérant du camping avait remis à la propriétaire du véhicule un titre ainsi rédigé : « M X.., place Pierre-Poncet, rentré le 20 mars 1977 », sans autre indication. La Cour en a déduit qu'il n'était pas établi que le gérant ait eu la volonté de se charger de la garde du véhicule et de toutes les obligations d'un dépositaire et a seulement interprété la convention en un contrat de louage n'entraînant aucune obligation de garde.

1607. Dans le même sens, le juge ne peut accueillir la demande d'un garagiste en paiement de factures de travaux effectués sur un véhicule, en se bornant à retenir que la remise du véhicule au garagiste ne peut s'expliquer que par la nécessité du client de faire réparer son véhicule qu'il a acheté d'occasion et qui serait resté inutilisable sans les travaux effectués (Civ. 1re, 14 déc. 1999, n° 97-19.044, JA Avril 2000, p. 199 ; D. 2000, inf. Rap. p. 20). La Cour rappelle ici qu'il appartient au garagiste d'établir que son client a bien commandé les travaux de remise en état effectués et qu'on ne saurait se contenter de cette déduction pour établir le consentement de ce dernier.

1608. La simple remise du véhicule ne nous paraît donc pas de nature à faire naître les obligations de conservation et de restitution à la charge du professionnel dépositaire, sauf circonstances particulières qui établiraient la volonté des parties : relations habituelles, entretien régulier du véhicule, etc.
Il convient maintenant d'examiner les différentes situations particulières auxquelles le professionnel peut se trouver confronté, et face auxquelles il devra prendre certaines précautions, pour éviter de voir sa responsabilité engagée.

Sous-section 2 ■ Les difficultés liées au contrat d'entreprise

1609. Deux difficultés peuvent se présenter : d'une part, il se peut qu'en cours de réparation, le professionnel découvre que d'autres travaux sont nécessaires (§1), qu'il n'avait pas envisagé lors de l'engagement initial. D'autre part, et c'est un point particulièrement épineux, se pose la question du prix de la prestation (§2) qui, comme on l'a vu, n'est pas toujours déterminé lors de la signature de l'ordre de réparation.

§ 1 ▪ Travaux complémentaires

1610. L'accord du client est un préalable nécessaire au commencement des travaux initiaux. Il va sans dire qu'il en est de même s'agissant des travaux complémentaires, que le professionnel ne devrait pas débuter sans un nouvel accord (A). La question est toutefois soulevée de savoir selon quelles modalités cet accord peut être recueilli (B).

A ▪ De la nécessité d'obtenir l'accord du client

1611. Comme nous l'avons vu, le professionnel apprécie la nature des réparations à effectuer au vu des indications données par le propriétaire du véhicule, et notamment des informations contenues dans l'ordre de réparation. Or lors de l'intervention sur le véhicule, et particulièrement après les premiers démontages, il arrive que le professionnel découvre qu'il y a lieu d'effectuer des réparations qu'il n'avait pas envisagé de prime abord, et pour lesquelles, et c'est là que réside la difficulté, il n'a pas obtenu l'accord du client.

1612. Le professionnel pourra être tenté de se dispenser de recueillir l'accord de son client dans la mesure où, tenu à une obligation de résultat, il ne peut la remplir sans procéder à cette réparation complémentaire. Un raccourci qui pourrait le persuader qu'il est autorisé par la responsabilité qui pèse sur lui à passer outre cette « légère » difficulté, tout particulièrement s'il s'agit d'une réparation complémentaire urgente, ou indispensable.

1613. Or, qu'il s'agisse des travaux initiaux ou des travaux complémentaires, il appartient toujours au professionnel d'apporter la preuve que le client a bien commandé et accepté la totalité des travaux qu'il aura réalisés. Ainsi, c'est en violation de l'article 1315 du Code civil qu'un tribunal accueille la demande en paiement d'un garagiste en se bornant à retenir que le professionnel avait satisfait à son obligation de résultat lui imposant de restituer au client son véhicule en bon état de marche, en l'absence de volonté contraire exprimée par celui-ci (Civ. 1ère, 6 janv. 2004, n° 00-16.545, Resp. civ. et assur. 2004, chron. 10, S. Hocquet-Berg). En l'occurrence, le professionnel avait remis en état un joint de culasse alors que l'ordre de réparation ne portait que sur une fuite d'eau sur une durite.

Article 1315 du Code civil

« Celui qui réclame l'exécution d'une obligation doit la prouver.
Réciproquement, celui qui se prétend libéré doit justifier le paiement ou le fait qui a produit l'extinction de son obligation. »

1614. Le garagiste ne pourra donc tirer argument de son obligation de résultat pour se lancer dans des réparations pour lesquelles il n'aurait pas recueilli l'accord du client. Son obligation de résultat ne s'étend qu'aux réparations convenues avec le client. Le professionnel ne pourra ainsi forcer la main d'un propriétaire de véhicule et le contraindre à des réparations en invoquant son obligation de résultat ou encore son obligation de sécurité.

1615. C'est ainsi que la Cour de cassation a cassé une décision d'appel qui, pour condamner le garagiste à procéder à l'installation d'un équipement neuf aux frais du client, retient que, pour le remplacement de la boîte de vitesse défectueuse, le garagiste était tenu d'une obligation de résultat, alors qu'il ressort de ses constatations que le client avait refusé le remplacement de l'organe défaillant par une pièce neuve (Civ. 1re, 14 juin 2007, n° 05-22.081 ; JurisData n° 2007-039523). Cette cassation sous le visa de l'article 1787 du Code civil rappelle que le professionnel ne peut ainsi outrepasser la volonté du client, l'accord de volonté étant le fondement de l'obligation souscrite par le professionnel.

Article 1787 du Code civil

« Lorsqu'on charge quelqu'un de faire un ouvrage, on peut convenir qu'il fournira seulement son travail ou son industrie, ou bien qu'il fournira aussi la matière. »

1616. Pourtant il arrive que la Cour de cassation nuance cette analyse. Ainsi, dans un arrêt inédit, a-t-elle retenu qu'en présence de travaux non commandés par le client mais nécessaires, et le montant de la facture n'étant pas contesté, il y avait seulement pour le client la perte d'une chance de refuser l'exécution des travaux, compte tenu en particulier de son impécuniosité (Civ. 1ère, 22 oct. 2008, n° 07-17.544). Elle a alors constaté que la Cour d'appel avait souverainement apprécié le montant de cette seule perte de chance, dont on sait qu'il est forcément dévalué par rapport à l'indemnisation d'un préjudice avéré (Hocquet Berg op. préc. n° 19 mise à jour 14/05/2012).

1617. Il est vrai que les mentions portées sur les ordres de réparation sont souvent assez générales et permettent d'englober des travaux que le professionnel n'avait sans doute pas envisagé à l'origine, mais qui sont ainsi couverts par les instructions imprécises du client. A titre d'exemple, la description de la panne suivie de la mention « faire le nécessaire ». Dans certains cas, la jurisprudence a donc pu décider que le garagiste puisse se passer du consentement écrit du client. Il en est ainsi en cas d'opérations d'entretien courant. On pourra considérer qu'il y a accord implicite du propriétaire du véhicule pour cette extension de réparations, tout particulièrement si le client faisait régulièrement l'entretien du véhicule, laissant supposer qu'il l'aurait acceptée en tout état de cause.

1618. La jurisprudence accepte aussi cette situation en présence de réparations importantes si elles sont urgentes - c'est-à-dire qu'elles concernent un organe de sécurité, nécessaires – critère apprécié par rapport à la demande initiale du client, et justifiées d'un point de vue économique – on comparera ainsi le coût des travaux par rapport à la valeur du véhicule (voir §3 – Les incertitudes de l'accord verbal).

B ▪ Les modalités de cet accord

1619. Dès lors qu'il appartient au réparateur de prouver qu'il a obtenu l'accord du client pour effectuer les réparations complémentaires, la solution juridiquement idéale consisterait à demander au client de revenir au garage pour signer un ordre de réparation complémentaire. Cette solution est cependant peu pragmatique : d'une part, le client n'a généralement pas la possibilité de venir immédiatement signer l'ordre de réparation et d'autre part, l'intervention sur le véhicule a commencé et devrait être suspendue, dans l'attente de la confirmation écrite du client. Une interruption dont se passerait volontiers le professionnel tout particulièrement dans des structures trop chargées, ou trop petites pour supporter une telle immobilisation.

1620. Pour gagner du temps, le professionnel pourra recourir aux techniques modernes de communication. Mais l'accord donné par télécopie ou courriel sera-t-il suffisant pour protéger le garagiste contre un éventuel refus de paiement des réparations complémentaires par le client, tenté d'arguer de l'absence de mention des réparations complémentaires sur l'ordre de réparation initial ?

L'article 1348 al. 2 du Code civil admet la preuve des actes juridiques par copie. Cet article précise que l'exigence prévue à l'article 1341 du Code civil reçoit exception « lorsqu'une partie ou le dépositaire n'a pas conservé le titre original et présente une copie qui en est la reproduction non seulement fidèle mais aussi durable. Est réputée durable toute reproduction indélébile de l'original qui entraîne une modification irréversible du support. »

1621. La valeur autonome de la photocopie et de la télécopie (ou fax) a ainsi été admise, malgré la facilité avérée avec laquelle on peut falsifier un tel support.

Dans un premier temps, la jurisprudence a d'abord reconnu la photocopie comme un commencement de preuve par écrit (Civ. 1ère, 14 févr. 1995, n° 92-17.061 ; Civ. 1ère, 9 mai 1996, n° 94-13.310, RTD Civ. 1997 p. 163, Pierre-Yves Gautier).

Puis, la Cour de cassation a adopté une position plus radicale en décidant qu'une photocopie fidèle et durable fait pleine preuve de l'existence d'un contrat (Civ. 1ère, 25 juin 1996, n° 94-11.745, Contrats, conc. consom. nov. 1996, n° 183, obs. L. Leveneur).

Une télécopie a également été admise comme preuve d'une acceptation de cession de créance professionnelle (Com., 2 déc. 1997, n° 95-14.251). On peut ainsi déduire de cet arrêt un régime de la preuve par copie (photocopie ou télécopie).Lorsque l'intégrité de la copie et l'imputabilité de son contenu ne sont pas contestées, la copie vaut preuve. Une solution déjà adoptée lorsque la conformité à l'original n'était pas contestée. Néanmoins, l'arrêt du 2 décembre 1997 ajoute que cette copie peut se réaliser par tous moyens et sur tous supports (dans le même sens, Rép. min. n° 44981, Rouquet : JOAN 9 oct. 2000).

1622. L'adoption de l'article 1316 du Code civil conforte la force probante de la copie. En effet, en admettant que tout signe sur tout support constitue une preuve littérale ou preuve par écrit, il n'est plus possible d'écarter purement et simplement la photocopie ou la télécopie parce qu'elles ne constitueraient que des copies. Ces dernières entrent parfaitement dans la définition de la preuve littérale.

1623. Il semble que la seule dénégation de l'engagement ne suffise plus à évincer la copie fournie comme mode de preuve ; il n'y aurait plus de « fin de non recevoir » probatoire fondée uniquement sur la production d'une copie. Désormais, la discussion s'engagera sur la valeur de la copie à chaque fois que l'original ne peut pas être produit. Il appartiendra alors au juge de vérifier que la copie n'est pas le résultat d'un montage, qu'elle est « sincère et fidèle » (Civ. 1ère, 30 mai 2000, n° 98-16.519 JCP 2001. II. 10505, note Nizard, à propos d'une photocopie). Le moyen pour le professionnel de se ménager des éléments de preuve de l'acceptation des travaux par le client.

Valeur du courriel en tant que preuve

Le courrier électronique est aujourd'hui l'un des premiers moyens de communication, aussi bien dans l'entreprise et que dans les rapports commerciaux. Assimilé et utilisé par certains comme un véritable courrier, il contient parfois des informations dont l'émetteur ne mesure ni l'importance, ni la portée.

La Cour de cassation a eu l'occasion de faire le point sur la valeur du courriel en tant que moyen de preuve (Civ. 1re 30 sept. 2010, n° 09-68.555 ; RLDI 2010/65, n° 2151 note Grynbaum ; RLDC 2011/80, n° 4152, obs. Cachard).

Définition du courriel

« Constitué d'une suite de lettres, de caractères, de chiffres ou de tous autres signes ou symboles dotés d'une signification intelligible », le courriel est un écrit au sens de l'article 1316 du Code civil.

Il a la particularité de pouvoir être diffusé à un seul destinataire ou à une liste, et de pouvoir être ainsi « transféré », sans que l'émetteur en soit systématiquement informé.

Cependant, à la différence de la lettre missive sur papier, il n'est que rarement assorti d'une signature fiable. En effet, seule une véritable signature électronique – usage d'un procédé fiable d'identification garantissant son lien avec l'acte auquel elle s'attache tel que le définit l'article 1316-4 du Code civil – lui conférerait la valeur d'un écrit électronique, outre les exigences de sécurité dans sa création et d'intangibilité dans sa conservation.

Le courriel ne peut donc être assimilé à un écrit électronique au sens de l'article 1316-1 du Code civil puisque l'utilisateur ne dispose pas en général d'un procédé de signature électronique sécurisé.

L'admissibilité du courriel en tant que moyen de preuve

Dans quelles situations pourra-t-on recevoir le courriel comme moyen de preuve ?

En fait, chaque fois que l'exigence d'une preuve par écrit ne sera pas requise.

Ce sera donc le cas lorsqu'il s'agira de faire la preuve de faits juridiques, ou pour prouver des actes juridiques d'une valeur inférieure à 1 500 € (C. civil, art. 1341).

De même en matière commerciale (C. com., art. 110-3) où la preuve est libre.

Le courriel pourra être utilisé comme mode de preuve dès lors qu'on l'oppose au commerçant. En revanche, si on l'oppose au non-commerçant, l'acte d'une valeur supérieure à 1 500 € devra être prouvé par écrit. Pour ces transactions, le commerçant devra recourir à l'écrit papier, ou mettre en place un processus de signature électronique fiable, ou encore prévoir par convention le recours à ce mode de preuve.

Dans le cas où la preuve est libre, le courriel est une preuve imparfaite au même titre que les simples documents écrits – actes sous seing privé irréguliers, lettres missives, papiers domestiques, témoignage, ou présomptions de fait.

La valeur probante du courriel

En tant que preuve imparfaite, le courriel sera dès lors soumis à l'appréciation souveraine du juge qui sera libre de le retenir ou de l'écarter (voir les développements sur la valeur probante du courriel en cas de commencement de preuve par écrit - chapitre I).

§ 2 ■ Prix

1624. Il résulte de l'article 1710 du Code civil que le contrat d'entreprise ne peut être qu'à titre onéreux. En l'absence de prix, nous serions en présence d'une convention d'entraide.

Comme nous l'avons déjà relevé, le prix n'est pas une condition de validité du contrat. Il n'est donc pas nécessaire qu'il soit préalablement déterminé (Civ. 1re, 20 fév. 1996, n° 94-14.074, Bull. Civ. I, n°91, dans un domaine autre que l'automobile « En cas de contrat de louage d'ouvrage, l'article 1129 du Code civil n'est pas applicable à la détermination du prix »). On peut d'ailleurs souligner que le contrat d'entreprise se caractérise par une relative indétermination du prix, source de contentieux.

Le professionnel et son client peuvent toutefois faire de la détermination du prix une condition de validité du contrat (Paris, 19 sept. 1994, RJDA 2/95, n°137 ; Répertoire de droit Commercial Dalloz « Automobile », D. Voinot, oct. 2004 n° 285). Mais les parties peuvent aussi attendre que la prestation soit effectuée pour déterminer le coût de celle-ci.

En présence d'un contrat liant un professionnel à un consommateur, la doctrine fait du prix une condition de validité du contrat, s'appuyant sur les nombreux textes relatifs à l'information du consommateur (voir Chapitre 1).

1625. La forme du contrat étant soumis au droit commun de la preuve, le montant du prix peut être établi par tous moyens. Trois méthodes de fixation du prix existent.
Bien souvent, le prix n'est pas fixé à l'avance, il y aura paiement sur facture. En réalité, le prix dépend d'une activité humaine, dont l'importance ne peut être déterminée à l'avance. Cette variable rend difficile d'en préciser le coût exact. Le prix peut être fixé par un accord des parties à l'issue de la prestation. En cas de désaccord, ce sera au juge d'en fixer le prix, d'après la valeur de la prestation.
En l'absence de clause précise, c'est à l'entrepreneur d'établir que le prix qu'il exige n'est pas excessif et que le client lui a bien commandé le travail pour lequel il sollicite un paiement (Civ. 1re, 2 nov. 2005, n° 02-18.723, D. 2006.841). Il appartient en effet au garagiste d'établir que son client a commandé ou accepté les travaux effectués sur son véhicule et, en l'absence d'une telle preuve, il ne peut obtenir le paiement de ces travaux sur le fondement du contrat qui les lie ou exercer une action « de in rem verso » en faisant abstraction de celui-ci.

1626. Les parties peuvent également convenir d'un prix forfaitaire. Dans ce cas, le prix est fixé par les parties de manière globale, avant l'exécution du contrat. Il ne pourra ensuite être modifié unilatéralement, ni par l'une, ni par l'autre. Ainsi le professionnel ne pourra-t-il réclamer une augmentation, et ce même si le coût de la prestation excède ses prévisions. Les professionnels ont ainsi recours à des forfaits « changements des pneumatiques » ou « changement des plaquettes de frein » par exemple, ainsi que pour des opérations ponctuelles, voire promotionnelles. Dans ce cas, les travaux supplémentaires ne peuvent être facturés que si le professionnel établit que son client les a acceptés (Civ. 1re, 25 mars 1997, n° 95-15.766, CCC 1997, n° 95, note Leveneur). Faute de pouvoir établir cet accord, il devra se contenter du prix initialement prévu. Le garagiste pourra aussi alléguer que ces travaux ont constitué un bouleversement de l'économie du contrat, ce qui pourrait être le cas si le client commande des prestations complémentaires (Civ. 3e, 24 janv. 1990, D. 1990.257 note. A. Bénabent à propos de travaux de construction - « Automobile », D. Voinot op. préc. n°286).

1627. Enfin, il pourra y avoir paiement sur devis. Ce procédé, nous l'avons vu, présente l'avantage de délimiter précisément l'intervention promise par le garagiste. Si l'accord des parties s'est fait sur la base d'un devis, le garagiste devra obtenir l'accord du client sur d'éventuels travaux supplémentaires (Civ. 1ère, 25 mars 1997, préc.). Encore faudra-t-il que le devis soit assez précis (Colmar, 26 juin 2002, JurisData n° 2002-192435 ; « Automobile », D. Voinot op. préc. n°286). Il s'agissait en l'espèce d'un devis approximatif permettant au garagiste de facturer le coût des réparations apparaissant au fur et à mesure du démontage du moteur. Si le devis est suffisamment précis, il devra être respecté même si le coût des pièces n'a pu être fixé préalablement, sauf clause contraire (Rouen, 25 août 1993, JCP 1994, IV. 379).

1628. Le juge pourra être amené à intervenir en cas de contestation sur le prix de la prestation. Ainsi le juge, saisi d'une contestation, pourra réduire le prix facturé si la réparation s'est avérée inefficace (Com., 6 juil. 1993, Bull. Civ. IV, n° 280) ou insuffisante (Paris, 22 nov. 2002, JurisData n° 2002-209303).
Le juge pourra alors procéder à la réfaction du contrat.
A défaut d'accord entre les parties, il appartiendra au juge de fixer le prix de la prestation. Il le fera en tenant compte des éléments de la cause et notamment de la qualité du travail fourni (Civ. 1ère, 18 nov. 1997, n° 95-21.161 ; RTD Civ. 1998.402 à propos d'une consultation faite par un expert-comptable). Il convient de préciser qu'il s'agit ici de « compléter le contrat » en l'absence de tout accord entre les parties, et non de résoudre le cas conflictuel où la rému-

nération aurait bien été préalablement déterminée par les parties, mais où le client, nouant un contentieux, demanderait néanmoins au juge de la réviser, pour excès.

1629. Reste à savoir quelle est la force de cette obligation souscrite par le professionnel. Nous verrons qu'elle s'analyse aujourd'hui en une obligation de résultat. Néanmoins, la jurisprudence n'a eu de cesse d'évoluer autour de cette question cruciale, et rien ne permet d'augurer que la réponse actuelle serait définitive.

Section 2 ■ Force de l'obligation

1630. Le garagiste est tenu de l'obligation de remettre en état le véhicule conformément à l'engagement qui le lie à son client. Il engage sa responsabilité au titre de l'article 1147 du Code civil. Reste à déterminer l'étendue de l'obligation souscrite.
L'article 1147 du Code civil prévoit que « Le débiteur est condamné, s'il y a lieu, au paiement de dommages et intérêts soit à raison de l'inexécution de l'obligation, soit à raison du retard dans l'exécution, toutes les fois qu'il ne justifie pas que l'inexécution provient d'une cause étrangère qui ne peut lui être imputée, encore qu'il n'y ait aucune mauvaise foi de sa part. »
S'il est un point qui ne soulève pas de difficultés, c'est ce à quoi le garagiste n'est pas tenu : la garantie des vices cachés. Il est en effet une jurisprudence constante qui écarte toute possibilité de rechercher le professionnel de la réparation sur ce point (Civ. 1re, 2 juin 1982, n° 81-11.743, Bull. civ. I, n° 204). Le contrat intervenu étant un contrat d'entreprise, l'article 1648 du Code civil relatif au délai d'action de la garantie des vices cachés ne saurait lui être appliqué.

1631. Plus délicate, est la question de déterminer exactement l'obligation du professionnel. Avant de tenter d'y apporter une réponse, il paraît nécessaire de commencer par un petit rappel des notions applicables en matière d'obligations.

1632. On classifie traditionnellement les obligations en deux catégories : les obligations de moyens et les obligations de résultat.

1633. L'obligation de moyens s'analyse en l'obligation en vertu de laquelle le débiteur n'est pas tenu d'assurer un résultat précis. La plus célèbre des obligations de moyens est celle du médecin qui s'engage seulement à tout mettre en œuvre pour obtenir la guérison du malade, sans garantir cette dernière.
Le créancier d'une telle obligation ne peut mettre en œuvre la responsabilité de son débiteur que s'il prouve que ce dernier a commis une faute, n'a pas utilisé tous les moyens promis (Lexique des termes juridiques, Dalloz 17e éd.).

1634. Au contraire, l'obligation de résultat se définit comme l'obligation en vertu de laquelle le débiteur est tenu d'un résultat précis. Ainsi le transporteur de personnes s'engage envers le voyageur à le déplacer d'un endroit à un autre. L'existence d'une telle obligation permet au créancier de mettre en jeu la responsabilité de son débiteur par la simple constatation que le résultat promis n'a pas été atteint, sans avoir à prouver une faute (Lexique des termes juridiques, op. prec.).

1635. Entre ces deux catégories un peu figées, la jurisprudence a découvert des graduations supplémentaires au rang desquelles l'obligation de moyens renforcée et l'obligation de résultat atténuée.

L'obligation de résultat atténuée (ou allégée) se définit comme celle au terme de laquelle le débiteur peut renverser la présomption de responsabilité en démontrant qu'il a exécuté ses prestations sans commettre de faute (Civ. 1ère, 30 nov. 2004, n° 01-13.632 , Bull. civ. I, n° 296). Comme pour l'obligation de résultat classique, la faute du débiteur est présumée du seul fait de l'inexécution. En revanche, la preuve de l'absence de faute est suffisante pour libérer le débiteur : il y a ici une simple présomption de faute au sens précis de cette expression (Droit de la responsabilité et des contrats, P. Le Tourneau 2010).

1636. L'obligation de résultat atténuée est quelquefois assimilée à l'obligation de moyens renforcée (ou aggravée) (F.- X. Testu – 2010 contrats d'affaires, Dalloz Action).
Toutefois, elles ne se confondent pas exactement puisqu'on a eu recours à cette notion, à côté de la notion d'obligation de moyens simple pour tenir compte de la qualité professionnelle du débiteur (P. Le Tourneau, Droit de la responsabilité et des contrats, 2010, Dalloz Action, n° 3238 ; G. Viney et P. Jourdain, Les conditions de la responsabilité, 3e éd., 2006, LGDJ, n° 521 et s. n° 533-1). Dans cette hypothèse, une faute légère suffit à retenir la responsabilité du débiteur, tenu non pas à une diligence normale, mais à une exécution particulière stricte. « On passe alors insensiblement d'une obligation de moyens à une obligation de résultat dans la mesure où, en pratique, il appartiendra au débiteur de prouver qu'il n'a pas commis de faute » (Répertoire de droit civil – Obligations Y. Picod janv. 2009).

1637. Ces précisions étant faites, le contrat d'entreprise crée-t-il systématiquement l'une ou l'autre catégorie d'obligations ? A vrai dire, non. Le fait que nous soyons en présence d'un contrat d'entreprise n'induit pas qu'il s'agisse d'une obligation de résultat. Pas plus d'ailleurs que d'une obligation de moyens. L'entrepreneur s'engage à exécuter une prestation mais il peut tantôt promettre un résultat – comme dans le contrat de transport, tantôt promettre sa prestation – comme c'est le cas de l'avocat.

1638. Traditionnellement, on distingue selon que la prestation attendue sera intellectuelle, auquel cas le débiteur sera tenu d'une obligation de moyens, ou matérielle, c'est-à-dire relative à une chose, où on attendra du débiteur un résultat.
S'agissant de la remise en état d'un véhicule, et si l'on se fie à notre présentation assez schématique des situations, nous serions donc face à une obligation de résultat. En réalité, la réponse n'est pas aussi limpide. A tout le moins faut-il quelques précisions complémentaires sur cette obligation de résultat pour le moins évolutive (sous-section 1), avant de voir dans quels cas le professionnel pourra s'exonérer de la responsabilité qui pèse sur lui (sous-section 2).

Sous-section 1. Une obligation de résultat à caractère variable

1639. La jurisprudence considéra longtemps l'obligation de réparation du professionnel comme une obligation de résultat qui engageait très systématiquement la responsabilité du réparateur. Evoluant au fil des années, elle avait finalement retenu que le réparateur automobile pouvait échapper à sa responsabilité en démontrant son absence de faute. Cette échappatoire n'était certes pas aisée à mettre en œuvre, une telle démonstration restant difficile à faire, mais avait le mérite d'exister. L'obligation du garagiste devenait ainsi une obligation de résultat atténuée, qui permettait à celui-ci de s'exonérer, la présomption de responsabilité pesant sur lui n'étant plus irréfragable.

1640. Par un arrêt de la 1re chambre civile du 28 mars 2008 (n° 06-18.350, bull. civ. I, n° 94 ; D. 2008. AJ 1059 ; JCP 2008. IV. 1819; LPA 24 juin 2008, note El Badawi ; RJDA 2009, n° 209 ;

RLDC mai 2008. 30, obs. Pichon; RCA 2008, n° 196), la Cour de cassation marqua un nouveau tournant, récemment accentué par d'autres décisions particulièrement pédagogiques (Civ. 1re, 4 mai 2012, n° 11-13.598 ; Civ. 1re, 31 oct. 2012, n° 11-24.324).

Mais à quoi s'engage le professionnel de l'automobile ? Simplement, à effectuer une prestation complète destinée à assurer le bon fonctionnement du véhicule lors de sa restitution à son propriétaire.

Comme nous l'avons vu précédemment, le client peut ainsi lui confier le véhicule en le chargeant de l'entretenir, ou de le réparer, voire attendre de lui les deux prestations à la fois.

1641. Quelles qu'elles soient, ses interventions devront être faites conformément aux données actuelles de la technique et aux règles de l'art (à titre d'exemple, Besançon 2e Ch. Civ. 7 déc. 2011, n° 11/00223 concernant les réfections de peinture réalisées à moindre frais, sans respect des règles de l'art et n'ayant eu aucun caractère durable). Il devra veiller à vérifier et respecter les prescriptions techniques du constructeur (Caen 2e Ch. Civ. et Com., 15 nov. 2012, n° 09/02466). Il pourra aussi suivre les conseils donnés par des spécialistes. Il devra fournir les pièces nécessaires à la remise en état du véhicule. En fin de prestation, il devra s'assurer du fonctionnement du véhicule et procéder à des essais pour ce faire. Enfin, il devra poursuivre l'exécution des travaux confiés jusqu'à leur parfait achèvement. Ainsi, si le véhicule ne fonctionne pas après son intervention, il ne pourra prétendre au paiement de la facture.

1642. Difficile de résumer sans s'y perdre le cheminement de la jurisprudence applicable à l'engagement souscrit par le réparateur automobile. Dans un souci de simplification, il nous a paru utile de reprendre son évolution dans l'ordre chronologique, en retenant quelques décisions marquantes et pédagogiques (§1), avant de disséquer le raisonnement actuellement retenu par la jurisprudence (§2).

§ 1 ▪ Evolution de la jurisprudence relative à l'obligation de résultat du réparateur

1643. Rappelons tout d'abord que le garagiste qui accepte de réparer un véhicule est ainsi tenu de le remettre en état de marche. Il ne saurait se contenter d'efforts pour réparer le véhicule, « les aléas tenant aux mystères de la machine ne sont pas tels qu'ils puissent n'imposer au garagiste qu'une simple diligence, et ne sont d'ailleurs pas normalement acceptés par le client profane qui s'attend légitimement à ce que le véhicule qui lui est remis après réparation marche correctement » (P. Jourdain, RTD Civ. 1994, p. 613).

1644. Partant d'une solution qui consistait à retenir une présomption de faute et une présomption de causalité (A), la cour finit par renoncer à la présomption de causalité (B), avant de délimiter le périmètre de l'obligation de résultat du professionnel (C).

A ▪ Une double présomption de faute et de causalité

1645. C'est sur la base de ce constat que la jurisprudence retint dans un premier temps qu'une obligation de résultat pesait sur le garagiste (Civ. 1ère, 16 février 1988, n° 86-14.918 ; D. 1988.767). La Cour énonçait ici que l'obligation de résultat emportait à la fois présomption de faute et présomption de causalité entre la prestation fournie et le dommage invoqué. Dans cette espèce, la Cour exonérait le garagiste en soulignant l'absence de causalité puisque l'intervention remontait à un mois et que le véhicule avait parcouru plus de 6 000 km.

1646. Fut ensuite un temps où le professionnel de l'automobile pouvait s'exonérer de sa responsabilité ainsi présumée en démontrant qu'il n'avait pas commis de faute (Civ. 1re, 12 janv. 1994 Bul. Civ. I n° 9 ; Civ. 1re, 2 fév. 1994, Bull. Civ. I n° 41). Le professionnel de l'automobile était ainsi tenu à cette fameuse obligation de résultat atténuée, évoquée précédemment. Un auteur soulignait alors qu'une telle catégorie d'obligations attendait toujours sa justification théorique. Pourquoi en effet permettre à celui qui doit un résultat dont il est établi qu'il n'a pas été obtenu, de s'exonérer en prouvant qu'il n'a pas commis de faute ? L'absence du résultat promis n'établit-elle pas l'inexécution ? (P. Jourdain, RTD Civ. 1994, p. 614).

1647. L'obligation était partiellement de résultat puisque le créancier de l'obligation, le propriétaire du véhicule, insatisfait de sa réparation, n'avait pas à démontrer la faute du garagiste. Il se contentait de rapporter la preuve que le professionnel était intervenu sur le véhicule, et que celui-ci ne fonctionnait toujours pas, ou plus. La faute du professionnel était ainsi déduite de cette démonstration.

L'auteur observe qu'en dépit de ce qu'elle énonce, la Cour de cassation ne présume pas le lien de causalité, c'est à la victime d'établir qu'une intervention du garagiste est la cause de son dommage. Il n'y aurait donc pas présomption de causalité malgré ce qu'affirme alors la Haute juridiction.

La lecture de Patrice Jourdain sera d'ailleurs finalement retenue par la Cour lorsqu'il conclut que plutôt que d'atténuer l'obligation de résultat du garagiste en l'autorisant à prouver son absence de faute, il aurait mieux valu ne pas affirmer que son obligation emportait une présomption de causalité.

1648. En résumé, il n'appartient pas au client de démontrer que le garagiste a commis une faute, mais à ce dernier de démontrer qu'il n'en a pas commis (« Automobile », D. Voinot op. préc. n° 274). Cette solution, favorable au profane et pleine de bon sens, repose sur le constat, que celui qui a réalisé la prestation est plus à même que quiconque de déterminer s'il a commis ou non une erreur et où elle se situe. Ce n'est évidemment pas au client qui n'a pas participé ou assisté à la réparation de faire une telle démonstration.

1649. La Cour de cassation rappela ensuite que « la responsabilité de plein droit qui pèse sur le garagiste réparateur ne s'étend qu'aux dommages causés par le manquement à son obligation de résultat » (Civ. 1ère, 14 mars 1995, n° 93-12.028, RTD Civ 1995 p. 635 P. Jourdain). La Cour revient alors sur la position qu'elle avait précédemment adoptée qui permettait au garagiste de renverser la présomption simple de faute qui pesait sur lui.

En parlant de responsabilité de plein droit – par assimilation avec la responsabilité délictuelle – la Cour n'autorise plus le débiteur à démontrer son absence de faute. Seule la preuve de la cause étrangère lui permettra d'échapper à une condamnation.

Une solution jugée satisfaisante puisqu'elle écarte la présomption de causalité précédemment retenue par la Cour de cassation, et qui avait fait l'objet de critiques.

1650. Cette dernière position paraissait toutefois particulièrement inique à l'égard du propriétaire du véhicule. En l'occurrence, l'expertise n'avait pas permis de déterminer avec certitude l'origine de l'incendie qui avait ravagé son camion. La défaillance du circuit électrique provenait soit d'un vice préalable à la vente conclue six mois plus tôt, soit d'une réparation défectueuse du garagiste trois semaines avant le sinistre. La Cour reprochait à la victime de ne pas avoir établi que l'incendie avait trouvé son origine dans le circuit électrique sur lequel le professionnel était intervenu. La pluralité de causes hypothétiques a ainsi conduit la cour d'appel, puis la Cour de cassation à débouter la victime de son action. Une solution critiquée car on pouvait estimer que la victime était parvenue à établir avec un degré de probabilité suffisante que la cause pouvait être imputée à ceux qu'elle poursuivait. Il s'agissait alors d'admettre une simple présomption de fait, sans revenir sur la présomption de droit de causalité, écartée à juste titre (P. Jourdain, op. précit.).

Présomption de droit et présomption de fait

L'article 1349 du Code civil définit les présomptions comme « des conséquences que la loi ou le magistrat tire d'un fait connu à un fait inconnu ». Elles consistent donc toujours à considérer un fait comme établi à partir de la preuve d'un autre événement, appelé indice, à la suite d'un raisonnement généralement qualifié d'inductif et qui s'apparente à un calcul des probabilités : le fait à prouver est difficile à établir mais il est constaté qu'il accompagne le plus souvent un autre événement déterminé par conséquent, si le second est établi, il est très probable que le premier se soit produit.
Ce même article distingue deux sortes de présomptions : les présomptions légales (de droit) et les présomptions judiciaires (du fait de l'homme ou de fait).

L'article 1353 du Code civil abandonne « les présomptions de fait aux lumières et à la prudence du magistrat » ; ce faisant, il règle la question de leur force probante. Cependant, les juges ne doivent admettre que des « présomptions graves, précises et concordantes ». Cette condition spécifique implique que, la plupart du temps, l'administration de la preuve par présomptions suppose la réunion de plusieurs indices. Les présomptions de fait sont les seules qui soient vraiment des modes de preuve.

La présomption légale se définit comme « une conséquence que la loi... tire d'un fait connu à un fait inconnu ». Elle ne modifie donc pas la charge de la preuve puisque le plaideur qui bénéficie d'une telle présomption a l'obligation de prouver le « fait connu » dont la loi tire l'existence du fait inconnu. Certes, ce déplacement du fait à prouver constitue un avantage pour le plaideur, car la preuve du « fait connu » est plus aisée.
La présomption légale facilite l'administration de la preuve par celui qui en a la charge mais elle ne le dispense pas de la preuve des faits qui déclenchent la présomption. Simplement, le jeu de la présomption permet de faire la preuve avec des moyens réduits.

Si la présomption est simple, elle pourra être renversée par des preuves contraires. En revanche, si la présomption est irréfragable, la preuve qui en résulte est définitive puisque celui à qui on l'oppose ne peut pas la renverser ; tel est le cas de l'article 1282 du Code civil selon laquelle « la remise volontaire du titre original sous signature privée, par le créancier au débiteur, fait preuve de la libération ».

1651. Dans une autre espèce, la Cour de cassation refusa de consacrer la responsabilité de plein droit du professionnel. Elle rejette ici le pourvoi du demandeur qui l'invoque, énonçant que « le garagiste, tenu d'une obligation de résultat, laquelle emporte seulement présomption de faute et présomption de causalité entre la faute et le dommage, pouvait cependant s'exonérer de sa responsabilité en apportant la preuve de son absence de faute » (Civ. 1re, 26 avril 2000, n° 96-21.093). Une solution alors accueillie favorablement par les professionnels, même si, il faut en convenir, la démonstration de l'absence de faute n'était pas aisée. A tout le moins avait-elle le mérite d'exister, et permettait-elle au réparateur de faire la démonstration qu'il avait mis tous les moyens en œuvre pour parvenir au résultat espéré et non obtenu.

1652. Cette échappatoire permettant au professionnel de s'exonérer en démontrant qu'il n'avait pas commis de faute émaillait déjà quelque décisions antérieures (par exemple Civ. 1ère, 12 janv. 1994, n° 91-17.386 ; voir L. Arcelin-Lecuyer, JA n° 829 p. 29 « L'intensité des obligations du contrat de service automobile »). Ainsi le garagiste pouvait échapper à sa responsabilité en prouvant que l'usure de la pièce défectueuse n'exigeait pas qu'elle fût remplacée (Civ. 1ère, 26 mai 1999, n° 97-11.725). Ou en démontrant que la panne survenue après la réparation résultait de la défectuosité d'une pièce fournie par le client (Civ. 1ère, 24 oct. 1995, Bull. civ. I, n° 376).

B ▪ L'abandon de la présomption de causalité

1653. Dans le prolongement de l'arrêt de 1995, la Cour de cassation renonça finalement à attacher une présomption de causalité à l'obligation de résultat du garagiste en énonçant que la responsabilité de plein droit qui pèse sur le débiteur ne s'étend qu'aux dommages causés par le manquement à son obligation de résultat et qu'il incombe au demandeur de prouver que son dommage trouve son origine dans la prestation effectuée (Civ. 1ère, 16 oct. 2001, n° 99-16.854 ; Com., 22 janv. 2002, n° 00-13.510, RTD Civ. 2002, 514 obs. P. Jourdain). « L'obligation de résultat n'emporte aucune présomption de causalité, et en tout cas de présomption de droit. Tout au plus peut-on présumer en fait, lorsque les circonstances s'y prêtent, que le dommage résulte d'une inexécution contractuelle. Mais cela suppose une coïncidence entre le dommage et l'absence de résultat ; ce qui implique d'abord que la victime établisse, outre son dommage, le contenu de l'obligation contractuelle et donc la prestation promise ». Une solution d'autant plus remarquée qu'elle émanait de deux chambres distinctes qui retenaient des termes identiques pour énoncer ce nouveau principe selon lequel la victime n'est plus dispensée de faire la preuve du lien de causalité (dans le même sens, Civ. 1ère, 14 déc. 2004 ; Bull. civ. I, n° 322 pour une panne concernant le même organe mais survenue 97 000 km après l'intervention).

1654. Au cours de l'année 2008, la Cour de cassation dût rappeler à l'ordre un certain nombre de juridictions qui simplifiaient à outrance la tâche probatoire de la victime en la dispensant même d'établir le lien de causalité avec le désordre. Une dérive selon certains (M. Bellaiche & E. Devin, « Le garagiste réparateur doit réparer », Tribune JA n° 838, p. 15), prônant une conception « maximaliste » de la responsabilité de plein droit du garagiste, sans doute destinée à protéger le consommateur (C. Lièvremont, JA n° 844 « L'étendue de la responsabilité du garagiste réparateur, p. 45), à laquelle la Haute cour se devait de mettre un terme.

C ▪ L'étendue de la responsabilité de plein droit du garagiste

1655. Elle énonça alors que la responsabilité de plein droit qui pèse sur le garagiste réparateur ne s'étendant qu'aux dommages causés par le manquement à son obligation de résultat, il appartenait au demandeur de rapporter la preuve que la rupture de la turbine à l'origine de la panne était due à une défectuosité déjà existante au jour de l'intervention du garagiste ou était reliée à celle-ci (Civ. 1re, 28 mars 2008, n° 06-18.350 ; dans le même sens Civ. 1ère, 22 mai 2008, n° 07-13.658 ; Civ. 1re, 30 sept. 2008, n° 07-14.176). Le garagiste n'est donc pas responsable de plein droit, si la victime n'établit pas le nécessaire lien de causalité qui fonde la responsabilité. Une omission qui revenait à condamner un peu trop facilement le malencontreux dernier intervenant, selon la formule consacrée...

1656. Autrement dit, la responsabilité de plein droit qui pèse sur le garagiste réparateur ne s'étend qu'aux dommages causés par le manquement à son obligation de résultat, de sorte qu'il incombe au client de démontrer que le dommage subi par son véhicule trouve son origine dans la prestation fournie par le garagiste réparateur (Toulouse, 2e ch. sect. 1, 19 mars 2008, n° 07/00561).

1657. Plus récemment encore, est cassée au visa de l'article 1147 du Code civil, la décision qui avait retenu la responsabilité d'un garagiste en raison d'une panne de turbo compresseur survenue un mois après une révision générale, alors que, d'une part, il n'était pas établi que la défectuosité du turbo préexistait à l'intervention, et que d'autre part, elle était décelable et réparable à un coût moindre que celui du remplacement de la pièce, et partant, que le dommage invoqué avait pour origine un manquement du professionnel à son obligation de résultat (Civ. 1ère, 4 mai 2012, n° 11-13.598 Contrats concurrence consommation n° 8, août 2012 note L. Leveneur, D. 2012 p. 1265).

1658. Il s'agissait ici de préciser l'objet de l'obligation de résultat. Lorsque la mission confiée consiste en la réparation d'une panne, le professionnel doit parvenir à la réparation promise. Mais que penser d'une révision générale ?

1659. Lors de cette intervention, le garagiste doit détecter les défectuosités de la voiture qui sont décelables à ce moment et proposer au client les réparations voire les changements préventifs de pièces qui s'avèrent nécessaires. On ne saurait exiger du garagiste qu'il mette le véhicule à l'abri de toute défaillance ultérieure, même de celles dont la cause n'existerait pas encore au moment où il intervient. Au garagiste, on peut seulement reprocher de ne pas avoir décelé ce qui pouvait l'être. C'est à la victime de prouver le lien de causalité entre l'inexécution et le dommage, quitte à recourir à des présomptions de fait soumises à l'appréciation du juge. La victime devra donc prouver que c'est l'intervention du réparateur qui est la cause du dommage. La Cour explique ainsi à la juridiction de renvoi les éléments de preuve que le demandeur devra fournir : d'une part, la préexistence de la défectuosité et d'autre part, son caractère décelable (RTD Civ. 2012 p. 531 P. Jourdain).

1660. La cour n'a de cesse de rappeler la démonstration à la charge du client. Ainsi dans un récent arrêt (F-P+B+I) indique-t-elle à nouveau que la responsabilité de plein droit qui pèse sur le garagiste réparateur ne s'étend qu'aux dommages causés par le manquement à son obligation de résultat et qu'il appartient à celui qui recherche cette responsabilité, lors de la survenance d'une nouvelle panne de rapporter la preuve que les dysfonctionnements allégués sont dus à une défectuosité déjà existante au jour de l'intervention ou sont reliés à celle-ci (Civ. 1ère, 31 oct. 2012 n° 11-24.324, JA n° 847 L. Grynbaum, D. 2012. 2659). Reprenons rapidement les faits : le garagiste procédait en décembre 2004 à la réparation de la boite de vitesse. En novembre 2005 et en mars 2006, le véhicule tombait à nouveau en panne conduisant les propriétaires du véhicule à solliciter une expertise judiciaire. La Cour d'appel les ayant débouté de leurs demandes, ils formaient en vain un pourvoi. Ici la Cour d'appel avait souligné que le véhicule avait parcouru près de 12 000 km et qu'il s'était écoulé une période de 11 mois entre l'intervention et la nouvelle panne. De quoi sérieusement douter du rapport entre l'intervention et la panne. Ce qui résultait d'ailleurs des conclusions de l'expertise judicaire qui indiquaient qu'il n'était pas possible que le véhicule ait pu parcourir normalement une telle distance avec des axes de fourchettes oxydés. Ainsi il n'était pas établi que cette oxydation à l'origine des désordres affectant la boite de vitesse existât déjà en décembre 2004, ni que le garagiste eût dû la découvrir lors de son intervention. D'où le rejet de la demande du client.

1661. La responsabilité de plein droit qui pèse sur le garagiste réparateur ne s'étend qu'aux dommages causés par le manquement à son obligation de résultat et qu'il appartient au client de rapporter la preuve que l'origine du sinistre dont le véhicule a été l'objet est reliée à l'intervention du garagiste ; ni la localisation peu précise du point de départ de l'incendie « dans la zone d'intervention » du professionnel, ni l'éventuelle manipulation de tuyaux de carburant gazole et de tuyaux hydrauliques dont rien n'établit qu'elle n'aurait pas été effectuée par celui-ci dans les règles de l'art, ni la concomitance de l'incendie et de la réparation, ne sont à eux seuls suffisants à établir un lien entre le sinistre et la réparation effectuée. La cause de l'incendie n'est en définitive pas déterminée et la responsabilité de plein droit du garagiste réparateur de ce fait pas engagée (civ. 1ère 29 octobre 2014, N°13-22694, non publié).

1662. Il en est de même dans une espèce où un professionnel avait installé un kit d'adaptation à l'éthanol. Celui-ci n'étant pas litigieux, aucune présomption de responsabilité ne pèse sur le garagiste et il appartient à l'appelant de prouver la faute que celui-ci aurait commise lors de son intervention. Ainsi en l'absence de preuve de la faute qu'aurait commise le garagiste, le client est débouté (Angers, Ch. 01 A, 27 nov. 2012, n° 11/01749). Une solution confirmée par la Cour suprême : la responsabilité de plein droit qui pèse sur le garagiste réparateur ne s'étendant qu'aux dommages causés par le manquement à son obligation de résultat, la cour d'appel a constaté l'absence de lien entre le dommage invoqué et l'objet de l'intervention du garagiste et estimé à bon droit que la preuve du fait qui lui était imputé à faute n'était pas rapportée, confirmant la solution de la cour d'Angers 27 nov. 2012. (Civ. 1ère 4 juin 2014, N° 13-12162, non publié). Dans un autre cas, l'expert avait caractérisé le mauvais diagnostic du garagiste avant de remplacer le turbo. La cour considéra que la faute du garagiste étant ainsi établie et étant directement et exclusivement la cause des désordres affectant le véhicule en cause, la responsabilité du professionnel devait être retenue (Toulouse, Ch. 3 Sect. 01, 19 fév. 2013, n° 12/01823).

1663. Il y aura sans doute lieu à d'autres rappels à l'ordre, certaines juridictions retenant encore les présomptions de faute et présomption de causalité entre la faute et le dommage, pour conclure qu'il appartient au garagiste de démontrer qu'il n'a pas commis de faute (Orléans, 7 janv. 2013, n° 12/00813), même si en l'espèce, la Cour ajoute que, la responsabilité de plein droit qui pèse sur le garagiste réparateur ne s'étendant qu'aux dommages causés par le manquement à son obligation de résultat, il incombe au client de démontrer que le dommage trouve son origine dans l'élément sur lequel le garagiste devait intervenir. En somme, un arrêt qui persiste dans des formulations pourtant abandonnées par la Cour.

Ce qu'il faut retenir

Le demandeur à l'action – le client propriétaire du véhicule – bénéficie d'une présomption d'imputabilité dans la mesure où le dommage ne peut s'expliquer a priori que par la défaillance du dernier intervenant sur le véhicule : le dernier intervenant est présumé avoir mal fait son travail.

Jusqu'à quel moment s'applique cette présomption d'imputabilité ?

Le temps et la distance sont de bons repères d'imputabilité. Pour la Cour de cassation, le lien entre la dernière intervention du réparateur et la nouvelle panne s'estompe avec le temps et la distance parcourue. On a permis pendant un certain temps au garagiste de renverser cette présomption en rapportant la preuve de son absence de faute, on parlait alors d'une obligation de résultat atténuée. La décision de la 1re chambre civile de la Cour de cassation du 28 mars 2008 (n° 06-18.350) met un terme à cette faculté en rappelant qu'il s'agit d'une responsabilité de plein droit qui implique que le responsable ne peut s'exonérer qu'en démontrant la force majeure, ou la faute de la victime, ou une intervention causale extérieure.

Cependant, si la Cour de cassation renforce à nouveau la responsabilité du garagiste réparateur, elle exige que la victime fasse la démonstration que la nouvelle panne est due à une défectuosité déjà existante au jour de l'intervention ou est reliée à celle-ci.
Dans cet arrêt, il y a cassation d'une décision où la Cour d'appel avait simplifié à outrance la tâche probatoire de la victime.
De même, la responsabilité de plein droit du garagiste ne s'étend qu'aux dommages causés par le manquement à son obligation de résultat.
S'il n'est pas établi que le dommage résulte de l'action du garagiste, sa responsabilité ne sera pas retenue. Mais sa responsabilité sera de plein droit si le client démontre que la prestation effectuée constitue la cause du dommage.

§ 2 ▪ L'analyse retenue par la jurisprudence

1664. Reprenons le principe retenu par la Cour de cassation (A) avant de détailler les étapes de son raisonnement (B).

A ▪ Une responsabilité de plein droit limitée aux dommages résultant du manquement à son obligation de résultat par le professionnel

1665. La solution qui prédomine actuellement est la suivante : la responsabilité du garagiste est une responsabilité de plein droit. Cette notion – qu'on évoque surtout en matière de responsabilité délictuelle – implique que le responsable ne peut s'exonérer de sa responsabilité en démontrant son absence de faute.
Cette position pourrait paraître particulièrement sévère à l'égard du professionnel si elle ne s'accompagnait d'une précision d'importance. Ladite responsabilité se limite aux seuls dommages causés par le manquement du professionnel à son obligation de résultat.

1666. Il n'est donc pas question de rendre le professionnel responsable de toute panne survenant sur le véhicule après son intervention. Le professionnel n'encourt une responsabilité que pour les dommages survenus dans le périmètre de son intervention initiale ou reliés à celle-ci. La dérive constatée au fil de décisions qui sanctionnaient un peu facilement le garagiste intervenu sur le véhicule devrait ainsi être endiguée, si la Cour maintient la position sur laquelle elle campe maintenant fermement depuis plusieurs années.

1667. La Cour de cassation indique donc les moyens que devra utiliser la victime pour mettre en cause la responsabilité du professionnel.
Première hypothèse, il doit rapporter la preuve que les dysfonctionnements allégués sont dus à une défectuosité déjà existante au jour de l'intervention initiale. Autrement dit que la réparation effectuée par le garagiste n'a pas permis de remédier aux désordres. Ainsi la panne subsiste après l'intervention, ou se produit à nouveau.

1668. Deuxième hypothèse, il doit établir que les dysfonctionnements allégués sont reliés à l'intervention initiale. Ce sera notamment le cas lorsque le professionnel aura commis une erreur lors de son intervention, provoquant ainsi une nouvelle panne. Il en sera ainsi à titre d'exemple pour un garagiste qui aura changé une courroie de distribution ; la courroie mal tendue provoquant un décalage de la distribution, puis un blocage du moteur.

1669. S'agissant d'une obligation de résultat, l'absence de résultat laisse présumer l'existence d'une faute. Il y a donc présomption de faute si le résultat promis n'est pas atteint. En revanche, il n'y a pas de présomption de causalité entre la prestation fournie et le dommage invoqué. S'il est vrai que bien souvent le dommage permet de présumer l'inexécution et le lien de causalité, les circonstances ne permettent pas toujours de fonder raisonnablement une quelconque probabilité de relation causale (P. Jourdain RTD Civ 2012, p. 531). Il en sera ainsi si la panne survient longtemps après que les travaux aient été effectués par un garagiste (Civ. 1ère, 28 mars 2008, précit.) ou que le dommage ne correspond pas exactement à l'inexécution de la prestation contractuelle promise. La présomption dont il s'agit alors serait une présomption de fait et non de droit.

1670. L'absence de présomption de causalité oblige donc la victime à faire la preuve du lien de causalité entre la nouvelle panne et le manquement contractuel qu'elle soupçonne. Quitte à recourir dans ce cas à des présomptions de fait qu'il appartiendra au juge de retenir ou d'écarter.
La victime ne pourra se contenter d'invoquer la nouvelle panne et l'intervention du garagiste qui l'aura précédée. Elle devra faire la preuve que le professionnel est intervenu sur le véhicule et que la nouvelle panne est en rapport avec cette intervention ou qu'elle préexistait à cette intervention.
Cette exigence, à laquelle renonçaient trop de juridictions, oblige à nouveau le client à réunir les preuves minimales de ses allégations.

1671. La jurisprudence a ainsi opéré une évolution qui n'est pas au détriment du professionnel. Certes, elle ne lui permet plus d'invoquer l'absence de faute pour s'exonérer de sa responsabilité. Mais elle exige de la victime une preuve dont celle-ci se dispensait trop souvent. Par là-même, si elle ferme une issue de secours au professionnel, elle réduit les angles d'attaque du client qui ne peut plus envisager aussi aisément une action.

B ▪ Éléments clés

1672. Détaillons les étapes qui permettent de retenir la responsabilité du professionnel. Tout d'abord, si une présomption de faute repose toujours sur le professionnel (2), il n'est plus question d'une présomption de causalité (1).

1 ▪ L'abandon de la présomption de causalité

1673. La Cour de cassation finit par renoncer à cette formule jugée malheureuse par certains auteurs (P. Jourdain, RTD Civ. 2002, p. 514). Sophie Hocquet Berg soulignait d'ailleurs l'ambiguïté de la formule puisqu'existent en réalité « deux liens de causalité, dont un seul fait l'objet d'une présomption ». L'expression « présomption de causalité » ne concernait en fait que le lien entre le dommage et l'inexécution, lien qui ne peut disparaître que par la preuve d'une cause étrangère. Cela ne dispensait pas en amont le client d'établir le lien entre l'intervention et la nouvelle défaillance.

1674. Il n'existe donc plus désormais de présomption de causalité, du moins au sens d'une présomption de droit. Il appartient bel et bien au client de faire la démonstration du lien de causalité existant entre l'intervention du professionnel et le dommage ultérieur. Une solution encore reprise dans un arrêt récent. Un professionnel avait procédé au remplacement d'un faisceau peu de temps avant l'incendie qui ravageait le véhicule. La cour d'appel a jugé que ni la localisation peu précise du point de départ de l'incendie dans la zone d'intervention du garagiste, ni l'éventuelle manipulation de tuyaux de carburant dont rien n'établit qu'elle n'aurait pas été effectuée dans les règles de l'art, ni la concomitance de l'incendie et de la réparation ne sont à eux seuls suffisant à établir un lien entre le sinistre et la réparation effectuée. D'autant que le faisceau, qui n'a aucune puissance électrique, n'a pu être en lui-même la source de l'embrasement, et que la cause de l'incendie n'est finalement pas déterminée. La preuve n'est, dans ces conditions, pas rapportée que le dommage trouve son origine dans les travaux exécutés par le garagiste, et sa responsabilité de plein droit ne peut donc être retenue. (Douai, Ch. 2 Sect. 2, 14 mars 2013, n° 12/01881).

1675. Il faut et il suffit que le client établisse que le dommage résulte ou est relié à l'intervention pour que la faute soit présumée. L'arrêt constate que le demandeur n'a pas fait la preuve que le dommage trouve son origine dans les travaux du professionnel. Si cette preuve avait été rapportée, la responsabilité du professionnel aurait été engagée de plein droit, ne permettant à celui-ci que de chercher une cause extérieure pour s'exonérer.

1676. Comme l'expliquait très clairement un auteur, la preuve s'effectue en deux temps (S. Hocquet-Berg, Jurisclasseur responsabilité civile et assurances, fasc. 385, n° 27 & 28). Dans un premier temps, le demandeur doit rapporter la preuve que l'intervention du garagiste concernait l'élément défaillant à l'origine de la panne ou de l'accident invoqués. Plus précisément, il incombe au client de démontrer que le dommage subi par son véhicule trouve son origine dans la prestation fournie par le garagiste (Chronique de responsabilité civile juin 2012, D. Bakouche Lexbase éd. Privée n° 488, 7 juin 2012).

1677. Il s'agira alors de comparer les documents relatifs à l'intervention initiale (ordre de réparation, devis, et facture) à l'analyse qui sera faite de la nouvelle panne ou défaillance par le biais bien souvent d'une expertise. Ainsi la responsabilité du garagiste ne pourra être retenue pour une panne mécanique survenue peu de temps après qu'il a effectué des travaux de carrosserie (Versailles, 20 mars 1998, Jurisdata n° 1998-046903, S. Hocquet-Berg, op. préc.).

1678. De même, une décision condamnant un garagiste soupçonné d'avoir mal positionné le bouchon de vidange lors de la révision effectuée, provoquant ainsi une fuite d'huile, a été infirmée à la suite de l'expertise judiciaire qui excluait une perte d'huile et par là-même un mauvais positionnement du bouchon de vidange, et concluait que la panne résultait d'une usure prématurée du moteur. La cour considère que la preuve est ainsi rapportée que le professionnel n'a pas failli à son obligation de résultat lors de la révision des 100 000 km, ayant accompli correctement les tâches lui incombant lors de cette révision et notamment la vidange moteur. Sa responsabilité contractuelle n'est donc pas engagée (Grenoble, Ch. Civ. 1, 31 mars 2008, n° 05/04736).
De l'absence de causalité, la Cour déduit l'absence de faute.

1679. Au contraire, lorsque le client prouve que la panne résulte d'un élément sur lequel est déjà intervenu le garagiste, la défaillance de cet élément est présumée avoir pour origine une mauvaise réparation antérieure. En l'espèce, l'expert concluait que « le mauvais état des paliers de l'arbre à cames est dû au fait que lors de la réparation d'octobre 2003 cet organe n'a fait l'objet d'aucune réfection alors que le moteur avait souffert d'un défaut de graissage sur le haut du moteur » (Toulouse, Ch. 3 Sect. 1, 30 sept. 2008, n° 07/02416). Cette omission engage la responsabilité du professionnel.

1680. Dans un deuxième temps, et cette première démonstration étant faite, les juges présument la faute en imputant la défaillance à l'intervention du garagiste. Sa responsabilité est alors engagée de plein droit, sans possibilité de prouver son absence de faute, mais elle ne concerne que les dommages causés par le manquement à son obligation de résultat (Com., 22 janv. 2002, n° 00-13.510).

2 ■ Présomption de faute

1681. L'obligation de résultat du garagiste est présentée comme instaurant une présomption de faute. La faute se déduit de l'absence de résultat de la prestation. Rappelons que le débiteur de l'obligation a promis un résultat. Si le résultat n'est pas atteint, c'est donc qu'il a failli. La présomption de faute du garagiste est à vrai dire « quasi irréfragable puisqu'elle ne cède que devant la preuve d'une cause étrangère » (P. Jourdain, RTD Civ. 2002, p. 514).

1682. Le garagiste qui s'engage à réparer un véhicule est tenu de le remettre en état de marche. Il y aura donc présomption de faute s'il n'y parvient pas, que la réparation soit défectueuse ou imparfaite (Civ., 16 mai 1960, n° 57-12.604, D. 1960, p. 737, note A. Tunc). Une solution rappelée à maintes reprises et encore récemment dans une espèce où le réparateur soutenait que la défaillance du véhicule – son manque de puissance – ne lui était pas imputable puisqu'elle préexistait à son intervention, et que cette défaillance restait inexpliquée et donc non attribuable à quiconque. Un raisonnement écarté par la Cour qui rappelle que le garagiste est tenu à une obligation de résultat. Ainsi le constat que le manque de puissance - qui existait déjà au jour de la première intervention du garagiste destinée à y remédier - persistait et ce, malgré ses interventions successives, suffisait à engager la responsabilité du professionnel (Com., 6 sept. 2011, n° 10-30.647 ; JA n° 834-835 p. 45, L. Arcelin-Lécuyer). « L'obligation de résultat du garagiste suppose de réparer le dysfonctionnement, mais avant tout de diagnostiquer l'origine de la panne ».

1683. Une fois présumé fautif, le garagiste serait-il perpétuellement responsable de ses interventions ? La réponse va sans dire : la présomption s'étiolera bien entendu avec le temps et le kilométrage parcouru...
Cette idée n'est pas nouvelle, la Cour ayant depuis longtemps pris en compte le temps écoulé depuis la réparation et le nombre de kilomètres les séparant pour écarter l'imputabilité du dommage à la réparation.

1684. Si la réparation défectueuse est constatée immédiatement après l'intervention, le garagiste, débiteur d'une obligation de résultat, sera responsable de plein droit.
Si la panne survient peu après, le client devra faire la démonstration du lien de causalité entre la nouvelle panne et l'intervention. Dès lors, le garagiste se trouve à nouveau débiteur au titre de son obligation de résultat.
Toutefois, le lien de causalité deviendra de plus en plus difficile à établir avec le temps. Ainsi en est il de « l'érosion temporelle de la preuve » (JA n° 847, janv. 2013 p. 45 L. Grynbaum). Le lien s'étiole avec le temps, les kilomètres parcourus, les incidents survenus, les petites réparations, les révisions... autant d'événements qui rompent la chaîne causale, pouvant aller bien sûr jusqu'à exclure toute recherche de responsabilité du garagiste.

1685. Ainsi dans une récente affaire, le véhicule avait parcouru en onze mois 12 000 km, depuis la réparation de la boite de vitesse effectuée par le professionnel. Selon l'expert, il n'était pas possible que le véhicule ait pu parcourir une telle distance avec des axes de fourchettes oxydés, ce qui permettait de conclure que l'oxydation à l'origine des désordres n'existait pas lors de la première intervention, ni que le professionnel aurait dû la découvrir. La cour en concluait à juste titre que le dommage n'était pas imputable à un manquement du garagiste à ses obligations contractuelles (Civ. 1re, 31 oct. 2012, n° 11-24.324, L. Grynbaum op. préc.).

1686. De même, un véhicule avait parcouru, sans incident, 96 761 kilomètres au cours des cinq années suivant l'intervention du professionnel. L'expertise judiciaire, réalisée alors que le véhicule avait été réparé et revendu, s'était limitée à l'examen de pièces de la boîte de vitesses démontée dix mois plus tôt. La cour a souverainement déduit qu'il n'était pas établi que le défaut de fixation de la boîte de vitesses, présumé mais non constaté par l'expert, était imputable au garagiste, et, par ces seuls motifs, elle a légalement justifié sa décision (Civ. 1re, 14 déc. 2004, n° 02-10.179 : JurisData n° 2004-026143 ; S. Hocquet-Berg, op. préc.).

1687. A la lecture des décisions, on constate en réalité que la causalité se déduit le plus souvent de la détection d'une faute par commission ou omission du réparateur. Simplement, ce travail expertal n'est pas exigé par la jurisprudence pour condamner le professionnel. En tout état de cause, il paraît plus équitable de mettre à la charge du client l'obligation de prouver la causalité, ce qui reviendra bien souvent à détecter l'erreur commise, que de permettre au professionnel dont la responsabilité aurait été établie par une preuve a minima, telle l'ouverture du capot (JA n° 838, mars 2012 p. 17, M. Bellaiche & E. Devin) de faire la difficile démonstration de son absence de faute.

Sous-section 2 ■ Causes d'exonération

1688. Si la victime démontre que la nouvelle panne s'est produite dans le périmètre où est intervenu le professionnel, sa responsabilité est engagée. Seules échappatoires, il devra démontrer que le dommage est dû à une cause étrangère (§1), ou du fait d'un tiers ou de la victime (§2). S'agissant d'une responsabilité de plein droit, il ne serait plus admis qu'il s'exonère par la preuve de son absence de faute (§3), hypothèse que nous examinerons toutefois. Enfin, resteront les cas où les causes du sinistre seront restées inconnues (§4), ainsi que certaines situations particulières où le professionnel n'est en fait tenu qu'à une obligation de moyens (§5).

§ 1 ■ La cause étrangère

1689. Le garagiste pourra invoquer la cause étrangère, pour tenter de s'exonérer de sa responsabilité. Conformément à l'article 1147 du Code civil, il lui appartiendra alors de démontrer qu'une cause étrangère qui ne lui est pas imputable est à l'origine des dommages ou de la panne constatés sur le véhicule. Pour être exonératoire, cette cause étrangère devra présenter les caractères de la force majeure, à savoir : être extérieure à la personne du débiteur de l'obligation, imprévisible et irrésistible.
La jurisprudence est extrêmement exigeante et ne retient guère cette cause exonératoire, pourtant souvent invoquée devant les juges du fond.

1690. Ainsi dans une espèce où la responsabilité du professionnel était recherchée suite à un équilibrage des roues et une intervention sur la valve ainsi que sur la jante. Le lendemain de cette intervention, la perte d'une roue entraînait la quasi-destruction du véhicule. Pour l'exonérer, l'assureur du professionnel invoqua comme cause étrangère, le fait que le véhicule ait été stationné à proximité d'une fête foraine. La cour écarta cette hypothèse d'une tentative de vol de jantes, qui n'était corroborée par aucun élément objectif tel que, par exemple, des constatations sur les autres roues. Le garagiste ne pouvait ainsi s'exonérer de la présomption de faute qui pesait sur lui (Grenoble, Ch. Civ. 1, 20 nov. 2012, n° 10/03614).

1691. De même, la défectuosité du turbo compresseur fourni par le professionnel à son client en remplacement de celui d'origine n'est pas une cause étrangère. Bien que n'ayant commis personnellement aucune faute, celui-ci ne peut donc s'exonérer de sa responsabilité, car comme tout prestataire de service professionnel, le garagiste doit répondre du défaut des pièces qu'il utilise pour l'exécution du contrat (Douai, Ch. 1 Sect. 1, 10 janv. 2011, n° 09/05810).

1692. Plus simplement, la cause étrangère pourra consister en l'usure normale du véhicule. Il en fut ainsi dans une espèce où le garagiste, avait procédé au changement du joint de culasse. Après quelques kilomètres seulement, le véhicule chauffait à nouveau anormalement, imposant la remise en état complète du moteur. La cour rejeta la demande du propriétaire du véhicule qui souhaitait obtenir le remboursement de la seconde réparation alors même qu'elle était en tout état de cause nécessaire, puisqu'il était démontré que le remplacement du moteur n'était pas imputable aux fautes du professionnel (Civ. 1re, 7 nov. 1995, n° 93-17.871, Bull. 1995 I n° 390), mais sans doute à son usure normale.

§ 2 ▪ La faute d'un tiers ou de la victime

1693. Le professionnel peut aussi tenter de démontrer que le dommage résulte de la faute de la victime, c'est-à-dire bien souvent du propriétaire ou de l'utilisateur du véhicule. La faute de la victime pourra consister en la persistance à l'utilisation, le défaut d'entretien, ou la faute de conduite.

1694. Il pourra s'agir de l'utilisation par le client, à l'insu des garagistes, d'un produit spécial – qui n'est autre qu'un explosif - dans un moteur (Civ. 1re, 19 mars 1968, Bull. Civ. I, n° 106). Elle pourra aussi résulter du refus du propriétaire d'effectuer les investigations utiles sur un régulateur pour détecter les anomalies, ce qui faisait ressortir l'absence d'une faute du garagiste en relation avec les anomalies constatées (Com., 26 avr. 2000, n° 96-21.093 ; S. Hocquet Berg, op. préc. n° 40). D'autant que le professionnel avait pris la précaution d'indiquer sur sa facture la mention selon laquelle « régime moteur constaté : 2700 tours/minute. A la demande du client les régimes n'ont pas été modifiés. A savoir que cela a une conséquence sur la durée de vie du moteur » ; précaution qui démontrait que le garagiste, après s'être vu refuser une réparation, avait mis en garde la société devant les conséquences du déplombage.

1695. Le garagiste pourra tenter de démontrer que le dommage résulte de la faute d'un tiers, tiers qui ne pourra bien entendu être ni un salarié, ni même un sous-traitant du professionnel. Mais dans une telle hypothèse, il appartiendra au professionnel de démontrer que l'inefficacité de la réparation ne lui pas imputable, et qu'elle est la conséquence de la faute d'un tiers (Civ. 1re, 8 déc. 1998, n° 94-11.848, Bull. civ. I n° 343). Elle devra être la cause exclusive du dommage, pour libérer le garagiste de toute condamnation. Si tel n'était pas le cas, il en résulterait un partage de responsabilité qui aboutirait à la condamnation *in solidum* des deux co-responsables (S. Hocquet Berg, op. préc. n° 41).

§ 3 ▪ Absence de faute

1696. Nous l'avons vu, la Cour de cassation semble aujourd'hui exclure la possibilité pour le garagiste d'invoquer son absence de faute pour s'exonérer de sa responsabilité. Cette analyse résulte de la qualification retenue : le garagiste est tenu d'une responsabilité de plein droit. « Son absence de faute est indifférente, accentuant par là-même la force de l'obligation de résultat » (L. Arcelin-Lécuyer « A l'impossible nul n'est tenu... sauf le garagiste ! », JA n° 834-835, nov. dec. 2011, p. 45).

1697. Toutefois, à une époque où la Cour raisonnait différemment, il a été admis que le garagiste établisse son absence de faute. Comme nous l'avons déjà évoqué, cette preuve était particulièrement fastidieuse à établir. Pour démontrer son absence de faute, le professionnel devait faire la preuve qu'il avait « apporté tous les soins nécessaires à la remise en état du véhicule (...) en démontrant que l'usure de la pièce défectueuse n'exigeait pas qu'elle fût alors remplacée » (Civ. 1re, 12 janv. 1994, n° 91-17.386, RTD Civ. 1994, p. 613 et s. obs. P. Jourdain). Si l'on doit aujourd'hui douter qu'une telle faculté subsiste, il est vrai aussi qu'elle présente moins d'intérêt au regard de nos précédents développements.

§ 4 ■ Indétermination des causes du sinistre

1698. Il est des situations où le demandeur ne peut établir les causes du sinistre survenu sur son véhicule. Il en sera ainsi notamment si les experts intervenus parviennent à des conclusions divergentes. Si la victime ne peut imputer le dommage à l'intervention du garagiste, la responsabilité du professionnel ne devrait pas être retenue. Comme nous l'avons vu, la présomption de faute du professionnel requiert un préalable nécessaire, la démonstration par le client que la panne résulte d'un élément sur lequel est déjà intervenu le garagiste.
Ainsi sera débouté de sa demande le client qui ne rapporte pas la preuve que le dommage a trouvé son origine dans les travaux effectués par le réparateur (Com., 22 janv. 2002, n° 00-13.510, RTD Civ. 2002 p. 514 p. Jourdain, s'agissant d'un garagiste auteur d'une réparation électrique et considéré non responsable d'une panne du système frigorifique du véhicule).

1699. De même, dans une espèce où le propriétaire du véhicule avait fait l'économie d'une expertise, alors même qu'il sollicitait l'indemnisation consécutive à l'explosion de son moteur. La Cour relève que, sans cette démonstration d'ordre technique, la cause du sinistre demeurait inconnue et qu'ainsi la responsabilité du garagiste n'était pas susceptible d'être mise en cause, que ce soit au titre de la réparation, comme à celui de l'immobilisation du véhicule, le professionnel ne s'étant pas opposé à la reprise du véhicule et n'ayant d'ailleurs pas facturé de frais de gardiennage (Montpellier, Ch. 1 D, 21 juin 2006, n° 05/04250).

1700. Enfin, les juges ne peuvent se contenter de constater que le fait que les trois causes possibles retenues par l'expert engagent toutes trois le constructeur, sans qu'il soit nécessaire de déterminer plus exactement les causes du sinistre, pour retenir la responsabilité de celui-ci au titre d'une garantie sécurité dont elle n'établissait pas le fondement juridique (Civ. 1re, 16 oct. 2001, n° 99-16.255 : Bull. civ. I, n° 259, S. Hocquet Berg op. précit. n° 29).

§ 5 ■ D'autres cas d'exonérations

1701. Difficile d'évoquer la question de la responsabilité du garagiste, sans relever les cas particuliers où le professionnel ne souscrit qu'une obligation de moyens. De ce fait, il sera en mesure de s'exonérer plus aisément de sa responsabilité, la faute devant alors être prouvée par le demandeur. Il en sera ainsi de la réparation d'un véhicule qui aura un usage particulier et inhabituel (A), en présence d'un client professionnel auquel aura seulement été promis une réparation précaire (B), ou encore en cas d'immixtion du maître de l'ouvrage.

A ■ Usage particulier et inhabituel

1702. Il s'agissait d'une espèce où le garagiste opérait selon les recommandations de l'expert technique d'une compagnie d'assurance, afin d'adapter un système de filtration sur le véhicule. Ces travaux étant destinés à remédier aux conséquences d'un usage particulier et inhabituel, le garagiste n'était, selon la Cour, tenu que d'une obligation de moyens (Aix-en-Provence, 4 déc. 1996 Bull. Aix n° 1996/190 n° 2 obs. M. Boudot-Ricoeur).

B ▪ Client professionnel et réparation précaire

1703. La Cour suprême valide ici la position d'une cour d'appel qui avait souverainement retenu que le client – professionnel - avait limité la mission du réparateur à une remise en état aux moindres frais, à l'aide des seules pièces détachées qu'il lui avait fournies à cet effet. Elle considère ici que ce professionnel dont le treuil était l'outil de travail principal, avait accepté le risque d'utiliser un engin dont il savait mieux que quiconque qu'il avait subi une réparation de fortune et dont il connaissait aussi quels seraient les efforts quotidiens. La cour a ainsi conclu qu'on ne pouvait reprocher au réparateur ni un manquement à son devoir de conseil, ni une violation de son obligation de résultat (Civ. 1re, 7 juin 1995, n° 93-14.916, Bull. Civ. I n° 235).

C ▪ Immixtion du maître de l'ouvrage

1704. Il est admis que l'immixtion du maître de l'ouvrage peut être exonératoire de responsabilité pour l'entrepreneur, si celui-ci est notoirement compétent. Cependant, le garagiste doit en tout état de cause refuser d'exécuter les travaux, ou à tout le moins se faire donner acte de ses réserves, si les indications données par le maître de l'ouvrage sont contraires aux règles de l'art (TGI Metz 1re ch. civ. 16 oct. 1996, n° 97-99 Bull. inf. C. Cass. 15 avril 1997 p. 33 ; Lamy droit Economique, n° 5618).

1705. Dans une espèce voisine, le client s'était immiscé dans le choix des modalités d'intervention d'un prestataire de services chargé de la réparation d'un appareil industriel soumis à des impératifs techniques. La Haute juridiction a considéré que, compte tenu de la compétence technique du client et de son immixtion, l'obligation de résultat disparaissait au profit d'une obligation de conseil qui est une obligation de moyens (Com., 28 nov. 2000, n° 98-14.748, RJDA 2001, n° 298).

D ▪ Problématique du produit fourni

1706. Le contrat d'entreprise comprend la fourniture de la main d'œuvre et des pièces nécessaires à la remise en état. Lorsque le professionnel fournit la pièce, il en est le « vendeur », et de ce fait, il doit répondre de ses éventuels défauts ou vices. A charge pour lui de se retourner le cas échéant vers son propre fournisseur, qu'il devra appeler à la cause. En tout état de cause, il ne pourra invoquer le défaut du produit comme cause étrangère (Douai, Ch. 1 Sect. 1, 10 janv. 2011, n° 09/05810 précit.).

1707. Que penser du cas où la pièce est fournie par le client ? Une pratique qui tend à se développer avec l'émergence d'un marché des pièces de réemploi et la multiplication des sites de vente de pièces sur Internet.

Dans un tel cas, le professionnel n'est plus vendeur de la pièce et devrait pouvoir s'exonérer de sa responsabilité s'il est établi que la défaillance provient de la pièce elle-même. Ainsi, la panne n'est pas imputable au garagiste mais à une cause qui lui est étrangère, lorsqu'elle trouve son origine dans la défectuosité d'une pièce – en l'occurrence un alternateur - fournie par le client et dont il n'est pas établi qu'elle aurait été modifiée par le garagiste (Civ. 1re, 24 oct. 1995, n° 93-19.695, Resp. civ. et assur. 1996, comm. 58).

1708. Concernant les pièces fournies par le client pour la réparation, les conditions générales de réparation tentent également de limiter la responsabilité du professionnel. Ainsi elles peuvent prévoir que : « Le réparateur est libre d'accepter ou de refuser de monter des pièces fournies par le client. Lorsqu'il l'accepte et qu'une avarie est provoquée par la défectuosité de l'une de ces pièces, la responsabilité du réparateur ne saurait être engagée. Dans ce cas, mention obligatoire en sera faite sur l'ordre de réparation ou sur la facture correspondante, avec indication des pièces fournies. »

1709. Toutefois, le fait que la pièce défectueuse ait été fournie par le client ne suffira pas toujours à exonérer le professionnel.
Ainsi dans une espèce où le garagiste avait procédé au remplacement de la pompe immergée au moyen d'une pièce fournie par les clients, le véhicule retombant en panne, le juge a estimé qu'il y avait manquement du professionnel à son obligation de résultat. Le professionnel ne pouvait invoquer comme cause étrangère le fait que le client ait fourni une pompe de direction inadaptée. Il lui appartenait en qualité de professionnel de refuser d'effectuer la prestation au moyen de pièces inadaptées et non conformes à celles préconisées par le constructeur (TGI Pontoise, 2 févr. 2010, n° 07/06582 ; JA n° 817 avr. 2010, p. 45 & 46).

1710. Dans une espèce similaire, le garagiste a été condamné suite à la réparation inefficace du dispositif de direction à l'aide d'une pompe fournie par la cliente. Le professionnel, soutenait que la fourniture d'un élément mécanique incomplet ou inadapté constituait une cause étrangère. Un argument écarté par la Cour qui lui reproche de ne pas avoir avisé la cliente des difficultés liées à la fourniture d'une telle pompe, ni de l'impossibilité de réaliser un montage satisfaisant entre la poulie et la pompe fournie (Versailles Ch. 14, 6 avr. 2011, n° 10/02537 ; JA n° 829 mai 2011, p. 48).

FOCUS
LE SORT DES PIÈCES REMPLACÉES

Par Nathalie Giroudet-Demay, Cabinet Ravayrol & Giroudet, et Emmanuelle Peronet

Lorsque le professionnel procède au remplacement d'une pièce, se pose la question du devenir de la pièce remplacée. Est-elle propriété du garagiste ? Celle du client ?

Il est certain que le client ne se préoccupe généralement pas du sort de la pièce qu'il considère comme usagée, voire défectueuse, dès lors que son véhicule est remis en état. Cependant, la question de la propriété de la pièce pourrait prendre de l'ampleur en raison du développement actuel du marché de la pièce d'occasion. Car, comme le soulignait Charles Aronica, « la vente de pièces d'occasion répond à un besoin des automobilistes de pouvoir faire réparer leurs véhicules à un moindre coût et pour une qualité perçue comme suffisante. Cela répond par ailleurs au besoin de recyclage qui ne cesse de croître.

Les véritables pièces d'occasion sont les pièces de réemploi, lesquelles ont déjà été utilisées sur un véhicule, et qui sont ensuite vendues pour être réutilisées en l'état. Il s'agit des pièces que l'on peut se procurer chez les démolisseurs automobiles. Pour celles-ci, il convient de respecter des règles de démontage, de contrôle et de stockage. » (JA n° 810, sept. 2009, Les multiples facettes de la pièce de rechange automobile p. 19). Bon nombre de professionnels de la démolition automobile ont en outre mis en place des méthodes de rénovation des pièces afin d'assurer la qualité de celles-ci.

Il existe donc un véritable marché de la pièce de rechange d'occasion, marché que le garagiste réparateur peut largement approvisionner par la revente des pièces récupérées lors des interventions d'entretien et de réparation dans son atelier. L'enjeu économique est donc réel.

Or, sur le plan du principe, et sauf si l'intervention du garagiste est faite gratuitement dans le cadre de la garantie ou d'une opération de rappel du constructeur, la pièce remplacée reste la propriété du client.

Le professionnel ne peut donc commercialiser des pièces d'occasion récupérées à l'occasion des réparations qu'il effectue sans en obtenir préalablement la propriété. A défaut, il s'exposerait à une action en revendication de la part du propriétaire des pièces. En effet, l'article 1599 du Code civil prévoit que « La vente de la chose d'autrui est nulle. Elle peut donner lieu à des dommages-intérêts lorsque l'acheteur a ignoré que la chose fut à autrui. »

Cependant, s'agissant d'une nullité relative, seul l'acheteur (qui n'y a pourtant pas intérêt) peut la réclamer. Le véritable propriétaire de la pièce vendue sans son accord ne peut exercer que l'action en revendication.

En tout état de cause, afin de sécuriser juridiquement la revente éventuelle des pièces qu'il aura changées, le professionnel sera bien avisé d'obtenir préalablement la cession des pièces concernées. Sans aller jusqu'à conseiller la mise en place d'un certificat de cession, non compatible avec le volume de pièces remplacées chaque jour dans un atelier, il appartient au garagiste réparateur d'organiser l'information et le transfert de propriété des pièces remplacées.

C'est la raison pour laquelle, la plupart des ordres de réparation prévoient la possibilité pour le client de récupérer les pièces changées s'il le souhaite. Cette information prendra généralement la forme d'une mention insérée au recto de l'ordre de réparation et ainsi rédigée « Le client demande que les pièces changées lui soient présentées lors de la restitution du véhicule », accompagnée de deux cases dont l'une doit être cochée par

le client « oui ¨ non ¨ ». Une explication plus détaillée sera communiquée par les conditions générales de réparation affichées au lieu d'accueil de la clientèle et reproduites au verso de l'ordre de réparation. Ainsi, la quasi unanimité des ordres de réparation prévoient que : « Le client peut voir les pièces remplacées s'il en a fait la demande sur l'ordre de réparation ou au plus tard au moment de la livraison du véhicule réparé. Ces pièces pourront lui être restituées à l'exception des pièces d'échange standard ou sous garantie. Les pièces non réclamées au moment de la livraison ne seront pas récupérables par le client ; elles deviennent la propriété du réparateur. »
Le client dispose donc de deux options : céder au réparateur, à titre gratuit, ses pièces remplacées ou les récupérer au moment où son véhicule réparé lui est restitué.

Chapitre 3
Obligations du professionnel gardien du véhicule

BIBLIOGRAPHIE

L'Argus de l'assurance

Ouvrage. - Code des assurances, L'Argus éd.

Articles. - G. Defrance, JA n°764, juin 2005, Le point sur les privilèges du garagiste dépositaire. – E. Peronnet, Facturation des frais de gardiennage: vers un assouplissement du formalisme, JA n° 813, déc. 2009. - Dossier « La responsabilité civile, un risque omniprésent pour les professionnels de l'automobile », JA n° 809, juil.-août 2009.

Autres documentations

Ouvrages. – Code civil, Dalloz éd. – Code civil, Litec éd. - Lexique des termes juridiques, Dalloz, 17e éd. - P. Puig, Contrats spéciaux, 3e éd., 2009, Dalloz - Les contrats spéciaux, Malaurie Aynès Gautier, éd. Defrenois, 6e éd. - Lamy, Droit de la responsabilité - A. Bénabent Droit Civil, Les contrats spéciaux civils et commerciaux, Montchrestien, 8e éd. 2008.

Articles. - S. Hocquet-Berg, Jurisclasseur Responsabilité civile et assurance, fasc. 385 n° 2 - G. Pignarre, Dépôt, RDC, n° 12 - M.-N. Jobard-Bachelier, Existe-t-il encore des contrats réels en droit français ?, RTD Civ. 1985. 1 -- Resp. civ. Et Assur. 2007, comm. 351, Note Groutel H. - G. Cornu, obs. RTD civ. 1975, p. 559 - J. Carbonnier, obs. RTD civ. 1959, p. 344 - JurisClasseur Contrats – distribution Fasc. 2130 dépôt, Brigitte Lotti, n° 115 - JurisClasseur Contrats – distribution Fasc. 2130 dépôt, Brigitte Lotti, n° 22 - JurisClasseur Contrats – distribution Fasc. 2130 dépôt, Brigitte Lotti, n° 72.

1711. Le professionnel de l'automobile à qui un client remet son véhicule en vue de sa réparation se trouve de facto tenu de conserver le véhicule, et ce indépendamment de sa remise en état.
Se trouverait-il ainsi obligé en tant que gardien du véhicule ? C'est ce qui ressort de la jurisprudence en la matière. « L'existence d'un contrat d'entreprise portant sur une chose remise à l'entrepreneur n'exclut pas que celui-ci soit tenu des obligations du dépositaire » (Civ. 1ère, 11 juil. 1984, n°83-13.754, Bull. civ. I, n°230). Ainsi, en cas de dommages subis par le véhicule confié, ou pire de sa disparition, les magistrats empruntent-ils au contrat de dépôt le régime applicable à l'obligation de garde de l'entrepreneur, soumis de ce fait aux articles 1927, 1928 et 1933 du Code civil.

1712. L'article 1789 du Code civil relatif à la responsabilité de l'entrepreneur paraissait pourtant à même de s'appliquer à ces situations. En effet, selon l'article 1789 du Code civil : « Dans le cas où l'ouvrier fournit seulement son travail ou son industrie, si la chose vient à périr, l'ouvrier n'est tenu que de sa faute. »
Ce texte ne retient la responsabilité de l'entrepreneur qu'en cas de faute, et a été interprété par la jurisprudence comme mettant à la charge de l'entrepreneur une obligation de moyens renforcée, en cas de détérioration ou de vol de la chose confiée. Un régime finalement identique à celui appliqué aux obligations du dépositaire salarié. Mais la jurisprudence préfère se référer aux dispositions relatives au dépôt.

1713. Il existe d'autres situations où le professionnel de l'automobile se trouve amené à conserver le véhicule. Certaines l'engagent en tant que dépositaire. D'autres non. Au rang

des premières, nous citerons le cas où le véhicule lui est remis en vue de sa vente : tel est le cas du dépôt vente, appellation qui recouvre des réalités aussi nombreuses que variées. Au rang des suivantes, le cas où le professionnel mettra des emplacements à la disposition de sa clientèle, pour y entreposer leur véhicule.
Nous verrons que, dans la plupart des situations contractuelles en vertu desquelles le professionnel se trouve engagé, il est soumis aux obligations mises à la charge du dépositaire et engage alors sa responsabilité en vertu des articles 1927, 1928 et 1933 du Code civil.

1714. Nous reprendrons les différents points clés relatifs au dépôt (section 1), et verrons notamment que le dépôt souscrit par le professionnel de l'automobile est considéré le plus souvent comme une obligation accessoire. Il n'en demeure pas moins que le dépositaire se trouve tenu à des obligations, analysées comme des obligations de moyens renforcées (section 2). Nous examinerons ensuite les cas d'exonérations du dépositaire (section 3) et nous terminerons enfin sur les droits dont il bénéficie pour garantir le paiement de sa prestation (section 4).

Section 1 . Généralités

1715. Il convient dans un premier temps d'examiner le dépôt, et ses caractéristiques (sous-section 1), avant de le distinguer de situations voisines (sous-section 2).

Sous-section 1 . Caractéristiques du dépôt

1716. Si l'on veut revenir à la source, il faut se souvenir que le contrat de garage consistait au remisage des véhicules. Le terme « garage » vient du verbe garer, qui veut dire stationner (un véhicule). L'activité d'origine du garagiste était de remiser les véhicules qui lui étaient confiés dans un local lui appartenant (S. Hocquet-Berg, Jurisclasseur Responsabilité civile et assurance, fasc. 385 n° 2). Ce n'est qu'à titre accessoire, qu'il pouvait être amené à entretenir, réparer, voire vendre le véhicule. Il est étonnant de voir comment, ces activités alors accessoires de ce rôle de gardien du véhicule, sont au fil du temps devenues les activités principales du garagiste, le dépôt devenant l'accessoire de la réparation.

1717. Aujourd'hui, en effet, l'obligation de garde du véhicule s'analyse surtout comme une obligation accessoire à celle de réparer le véhicule (Civ. 1re, 7 juil. 1992 ; n° 91-10.259), ou même à celle de le vendre lorsque le véhicule a été remis en dépôt vente au garagiste. Dans un souci de simplification, la jurisprudence parle volontiers d'un contrat de dépôt et applique au garagiste le régime retenu pour le dépositaire et prévu aux articles 1915 et suivants du Code civil relatifs au contrat de dépôt. L'article 1915 du Code civil définit le dépôt comme « un acte par lequel on reçoit la chose d'autrui, à la charge de la garder et de la restituer en nature ».

1718. Le dépôt est le contrat par lequel une personne (le déposant) remet une chose mobilière à une autre (le dépositaire) qui accepte de la garder et s'engage à la restituer lorsque la demande lui en sera faite (Lexique des termes juridiques, Dalloz, 17e éd.).
Selon la conception classique, le dépôt est considéré comme un contrat réel. La cause du contrat de dépôt est la remise de la chose qui en est l'objet, thèse confortée par l'article

1919 du Code civil :« (Le dépôt) n'est parfait que par la remise réelle ou fictive de la chose déposée.»

1719. La doctrine contemporaine retient qu'il s'agit surtout d'un contrat consensuel. Il est « le plus consensuel des contrats réels » (P. Puig, Contrats spéciaux, 3e éd., 2009, Dalloz, n° 966). « La saisissante formule en forme d'oxymore juridique met l'accent sur les singularités irréductibles à cette figure juridique » (G. Pignarre, Dépôt, RDC, n° 12). Son prétendu caractère réel traduirait seulement cette règle de bon sens que les obligations de restitution du dépositaire ne sauraient naître avant la remise de la chose. La remise de la chose ne serait donc pas une condition de formation du contrat mais le premier acte d'exécution de ce contrat. Cette opinion est appuyée par l'article 1921 du même code qui énonce que « Le dépôt volontaire se forme par le consentement réciproque de la personne qui fait le dépôt et de celle qui le reçoit ». Il faut alors comprendre que l'article 1919 signifie que les obligations du dépositaire ne peuvent commencer avant qu'il ait reçu la chose.
Une idée qui s'inscrirait dans le courant doctrinal qui depuis plusieurs années met à mal la catégorie des contrats réels (M.-N. Jobard-Bachelier, Existe-t-il encore des contrats réels en droit français ?, RTD Civ. 1985. 1).

1720. Le dépôt présente cinq caractères. Trois résultent de l'article 1915 du Code civil qui définit le dépôt : la tradition, la garde et la restitution et feront l'objet de plus amples développements. L'article 1917 y ajoute la gratuité, et l'article 1918 le caractère mobilier de l'objet du dépôt. Si le caractère mobilier ne présente aucune difficulté dans le contexte qui nous intéresse, le caractère gratuit mérite qu'on s'y arrête (§1). Nous verrons également ce que recouvre la notion de garde (§2).

§ 1 ▪ Caractère gratuit

1721. Le caractère gratuit du dépôt résulte de l'article 1917 du Code civil. Cela induirait que le contrat où serait prévue une rémunération ne pourrait être un dépôt. A vrai dire, cette gratuité du dépôt n'est vraie qu'historiquement. Le contrat de dépôt était en effet à l'origine exclusivement conçu comme un service d'ami, qui naissait de circonstances particulières comme un départ en voyage (Les contrats spéciaux, Malaurie Aynès Gautier, éd. Defrenois, 2012, n° 847).

1722. Il résulte de la lecture combinée des articles 1927 et 1928 du Code civil une aggravation de responsabilité du dépositaire en cas de dépôt salarié.
Le Code civil prévoyant lui-même l'hypothèse d'un dépôt salarié, il fallait en conclure que le dépôt pouvait être salarié sans cesser d'être un dépôt, et la jurisprudence s'est ralliée à cette analyse en ne faisant plus de la gratuité l'essence du contrat (JurisClasseur Contrats – distribution Fasc. 2130 dépôt, Brigitte Lotti, n° 22).

1723. Dans le dépôt moderne, il est un fait que si le contrat continue à reposer sur la confiance, la philanthropie est devenue l'exception. D'où un certain pragmatisme de la jurisprudence qui, malgré la lettre de l'article 1917 (C. civ., art. 1917 : « Le dépôt proprement dit est un contrat essentiellement gratuit »), ne considère plus que la gratuité est essentielle à ce contrat.

1724. Ainsi, la Cour de cassation a eu l'occasion à propos d'un dépôt accessoire d'un contrat d'entreprise de rappeler qu'il appartenait au propriétaire du véhicule de rapporter la preuve du caractère gratuit du contrat (Civ. 1ère, 5 avr. 2005, n°02-16.926 ; RDC 2005, n°4 p. 1029, note A. Bénabent). En l'espèce, le dépôt du véhicule était l'accessoire d'une réparation confiée à un garagiste, le véhicule étant resté près de trois mois chez le professionnel et le client refusant de payer cette prestation : « le contrat de dépôt d'un véhicule auprès d'un garagiste, accessoire à un contrat d'entreprise, est présumé fait à titre onéreux ». Solution encore récemment confirmée (Civ. 1ère 26 novembre 2014, N° 13-26760, Non publié au bulletin).

1725. Lorsque la remise du véhicule intervient pour faciliter sa vente par un professionnel, la qualification de dépôt salarié ne présente guère de difficulté puisque la rémunération escomptée constitue la contrepartie d'une opération économique unique dans laquelle le dépôt n'est que l'accessoire du mandat de vente. Le fait que la perception de la commission soit aléatoire n'enlève rien au caractère onéreux de l'opération contractuelle qui s'insère dans l'activité professionnelle du garagiste (Montpellier, 26 mars 2002 ; Juris-Data n° 2002-179678 ; S. Hocquet-Berg, op. préc. n° 79).

1726. Dans le cadre d'un contrat d'entreprise, il n'y a guère d'hésitation sur le fait que le dépôt du véhicule auprès d'un garagiste professionnel n'est pas gratuit. La rémunération de cette prestation spécifique se fond dans la facturation globale présentée par le garagiste à son client. S'il faut s'en convaincre, rappelons les frais de gardiennage facturés par le réparateur qui conserve le véhicule au delà de ce qui était convenu. Toutefois, il y a des cas où la rigueur de l'article 1928 peut être écartée : il en sera ainsi si le garagiste garde la voiture du déposant en raison de relations personnelles d'amitié ou s'il apparaît que le garagiste n'avait aucun intérêt à consentir à recevoir le véhicule (Lyon, 16 nov. 1972, D. 1973 somm. p. 78 ; B. Lotti op. préc. n° 69).
Ainsi en est-il d'un véhicule confié à un garagiste pour des réparations qui ne furent jamais effectuées, la cour retenant que le dépôt est par essence gratuit (Besançon, 1er ch. civ., 10 févr. 2001 ; JurisData n°2001-133555 ; B. Lotti op. préc. n° 22).

§ 2 ▪ Notion de garde

1727. Pour que le professionnel de l'automobile devienne responsable du véhicule, encore faut-il qu'il en soit devenu le gardien. Cette garde se caractérise par la détention matérielle du véhicule.
La garde se définit comme une obligation imposée à un contractant de garder et surveiller une chose (Lexique des termes juridiques, Dalloz, 17e éd.).
La question est alors de savoir à quel moment le professionnel devient gardien du véhicule. C'est en fait au moment du dessaisissement du véhicule que le transfert s'opère, c'est-à-dire au moment où le propriétaire va remettre le véhicule au professionnel, afin qu'il soit en mesure de procéder aux opérations qui lui incombent : recherche de panne, réparation, entretien, etc.

1728. Certaines décisions déduisent même un transfert de la garde dès le transfert des clés du véhicule (Civ. 2e, 13 oct. 1965, JCP G 1966, II, 14503 obs. P. Eismein).Le propriétaire avait laissé son automobile dans le parc de stationnement et remis au gardien dudit parc les clefs de la voiture, lui conférant ainsi les pouvoirs d'usage, de direction et de contrôle qui caractérisent la garde. Une décision rendue au visa de l'article 1384 alinéa 1 du Code civil, dont il résulte une responsabilité délictuelle, et non contractuelle.

1729. De même le garagiste devient-il gardien du véhicule dès le moment où il en prend le contrôle, c'est-à-dire lorsqu'il accepte les clés du véhicule (CA Douai, 6 janv. 2000, n° 98/02150 inédit ; Lamy, Droit de la responsabilité n° 492-60).
Ainsi un réparateur a-t-il été considéré comme gardien du véhicule qui lui avait été confié pour réparations, alors que l'accident était survenu lors d'un essai effectué par le chauf-

feur du propriétaire accompagné du préposé du professionnel, pendant qu'ils ramenaient le véhicule au domicile du propriétaire. (Civ. 2e, 8 mai 1964 ; bull. civ ; II, n° 356 ; RTD civ. 1965, p. 128, obs. R. Rodière). Il était prévu que si un nouveau réglage s'avérait nécessaire, ils reviendraient au garage. Dans ces conditions, la réparation n'étant pas achevée, et le véhicule n'ayant pas été restitué définitivement, le professionnel conservait les pouvoirs d'usage, de direction et de contrôle qui en faisaient le gardien au moment de l'accident.

1730. Consentir momentanément la conduite d'un véhicule au client qui demande à l'essayer ne saurait constituer un transfert de la garde (Civ. 2e, 3 févr. 1966 ; RTD Civ. 1966, p. 541, note R. Rodière). Il en est ainsi lorsque l'essai se déroule au cours d'une période précontractuelle, alors que le professionnel et l'acquéreur éventuel ne sont liés par aucun contrat (Riom, 27 mars 1962).

1731. C'est à compter de ce transfert que le garagiste est responsable contractuellement vis-à-vis du propriétaire du véhicule de tous les dommages causés au véhicule, sauf à démontrer que le dommage résulte d'un vice interne du véhicule
Il faut cependant relever une particularité lorsqu'un véhicule est impliqué dans un accident au sein même des locaux du garage. Dans ce cas, la loi du 5 juillet 1985 est applicable. Ce n'est donc pas l'assureur du garage qui prendra en charge la réparation des préjudices lorsque le propriétaire du véhicule aura la qualité de conducteur, et ce même à l'occasion d'une manœuvre de descente d'un pont élévateur (Civ. 2e, 25 oct. 2007, n° 05-21.807 ; D. 2008 p. 648 n° 14). En l'occurrence, le propriétaire du véhicule confié à un garagiste pour une vidange avait pris place au volant de son véhicule, installé sur un pont élévateur, et tourné la clé de contact, à la demande expresse du professionnel de la réparation. La Cour suprême a néanmoins considéré qu'il avait la qualité de conducteur et était tenu de ce fait d'indemniser la victime. Une solution jugée très contestable à la lecture des articles L. 211-1 et R. 211-3 du Code des assurances (Resp. civ. Et Assur. 2007, comm. 351, Note Groutel H.).

1732. Jusqu'à quel moment le professionnel de l'automobile reste-t-il gardien du véhicule ? L'est-il toujours au cours des essais du véhicule ? La jurisprudence considère que oui, qu'il s'agisse des essais antérieurs à la réparation (cette solution est indiscutable) ou même postérieurs à celle-ci. Elle juge même que le garagiste est encore gardien du véhicule alors même que c'est le client qui le conduit.
C'est lorsque le garagiste remet le véhicule au propriétaire après un essai satisfaisant que s'opère le transfert de la garde (Civ. 2e, 21 juil. 1982, n° 81-13.058, D. 1982, I.R., p. 509). En l'espèce, le professionnel avait rendu le volant à son client après l'essai et l'accident était survenu alors que le client reconduisait le garagiste à son domicile.

1733. Le réparateur cesse d'être gardien lorsqu'il transfère la possession matérielle du véhicule à son propriétaire. Toutefois, la jurisprudence n'hésite pas à prolonger la responsabilité du professionnel et à l'étendre au-delà de la dépossession, en estimant que celui-ci est également garant des suites de la remise en état du véhicule. Dans ce cas, la jurisprudence utilise comme critère de la garde le temps passé depuis la restitution et la distance parcourue depuis la remise du véhicule au client (Civ. 1re, 19 juil. 1988, n°88-10.072).Une solution qui utilise la notion de garde non plus comme une condition relative au fait générateur de la responsabilité, mais comme un élément d'appréciation de la causalité (Lamy, Droit de la responsabilité, n°492-60).

1734. Le garagiste serait donc gardien du véhicule jusqu'à ce que celui-ci soit repris par son propriétaire. Que pensez de la situation – rencontrée par bien des professionnels de la réparation – du client qui tarde à venir récupérer son véhicule ? Le professionnel souscrit une obligation lourde de conséquences. Est-il gardien ad vitam eternam dudit véhicule ? Certes non. Mais la Cour de cassation ne libère le gardien qu'à la restitution effective du véhicule ou à la mise en œuvre dans les délais requis de la procédure particulière prévue par la loi du 31 décembre 1903 sur la vente de certains objets abandonnés. Ainsi la négligence du propriétaire du véhicule qui ne vient pas récupérer son véhicule ne suffit-elle pas à elle seule à exonérer le réparateur de ses obligations de dépositaire (Com., 7 avr. 2010, n° 09-12.486). En l'espèce, la mise en demeure adressée à la cliente traduisait nettement la volonté du garagiste de ne plus répondre du véhicule, mais n'a pas eu pour effet de transférer les risques à celle-ci. Ainsi le réparateur restait tenu des obligations liées au dépôt du véhicule à la date du vol, survenu 11 mois après la date à laquelle le véhicule devait être restitué, faute d'avoir mis en œuvre la procédure sur les véhicules abandonnés.

1735. Pour finir sur cette question, il faut noter qu'à l'égard des tiers, le transfert de la garde est sans incidence sur la nature de la responsabilité encourue. Elle repose sur l'article 1384 al. 1er du Code civil et est délictuelle.

Sous-section 2 ▪ Nécessaires distinctions

1736. Parmi les activités des professionnels de l'automobile, se trouvent le dépannage et le remorquage (§1), le stationnement de véhicule (§2), ou encore le dépôt vente (§3). Autant de situations qui n'impliquent pas les mêmes obligations pour celui qui s'y trouve confronté, et qu'il convient de distinguer.

§ 1 ▪ Dépôt et dépannage-remorquage

1737. Lorsque le professionnel de l'automobile intervient dans une opération de dépannage ou de remorquage, il n'est considéré comme gardien que s'il a la maîtrise effective du véhicule. Le critère qui sera retenu pour clarifier ce point résidera dans la liberté de manœuvre conférée au client lors du déplacement de son véhicule. Ainsi, un professionnel a vu sa responsabilité engagée dans le cas d'un remorquage d'automobile où le propriétaire n'avait eu aucune initiative dans l'opération (Civ. 2e, 30 mai 1953 Bull. civ. II n° 183 ; Lamy op. préc. n° 492-60).Ce ne serait pas le cas si l'automobiliste, resté au volant du véhicule, disposait d'une réelle liberté de manœuvre.

1738. A ce sujet, il convient de préciser que le contrat de remorquage n'est pas assimilé par la jurisprudence à un contrat de transport. Elle le considère comme un contrat de louage d'ouvrage. Ceci permet au professionnel d'échapper à l'obligation de résultat attachée au contrat de transport. Il est, du fait de cette assimilation, seulement tenu de mettre en œuvre « ses moyens matériels et ses connaissances techniques en vue de mener à bien l'entreprise envisagée » (Civ. 1re, 11 mai 1971, n°70-10.637, D. 1971, Jur., p. 477). L'automobiliste qui aura subi un dommage lors des opérations de remorquage devra donc démontrer la faute du garagiste pour obtenir réparation. En l'espèce, le remorquage avait été rendu particulièrement difficile en raison du verglas. La Cour rappelle à l'occasion de cet arrêt que rien n'interdit aux parties de prévoir par convention que le remorqueur sera tenu d'une obligation de résultat.

§ 2 ▪ Dépôt et contrat de stationnement

1739. Le contrat de stationnement oblige le professionnel à mettre à la disposition de son client un emplacement destiné à parquer son véhicule. Le contrat de stationnement constitue en principe une variété de bail, l'objet du contrat portant finalement sur l'emplacement, plus que sur le véhicule. Il est exclusif de toute idée de garde.

1740. Le contrat se nommera parking, location ou réservation de place, stationnement, etc. L'économie du contrat dépend en réalité de la volonté des parties : il y aura dépôt si une obligation de garde est promise à titre principal. Sinon le contrat sera un bail qui oblige le bailleur à assurer au locataire une jouissance paisible. Dans certains cas, le contrat obligera le bailleur à un gardiennage ou à une surveillance mais l'obligation sera moins contraignante que celle qui pèse sur le dépositaire (Les contrats spéciaux, op. préc., n° 870).

1741. Les juges devront donc vérifier la volonté des parties, et notamment si le professionnel s'était engagé à « assurer la garde et la conservation du véhicule et à le restituer dans l'état où il lui avait été remis » (Civ. 3e, 26 oct. 1977, n° 76-11.155, Bull. Civ. III, n° 362). En l'espèce, il s'agissait d'un garagiste mis en cause suite au vol d'un autoradio dans le véhicule confié. La Cour a ici censuré le tribunal d'instance qui l'avait condamné en tant que dépositaire sans s'assurer qu'il s'agissait réellement d'un contrat de dépôt. Les magistrats devront rechercher l'intention des parties pour qualifier la convention litigieuse. Ils prendront en considération différents éléments matériels : ainsi la disposition des lieux, la circulation des véhicules au sein de l'établissement, la présence ou au contraire l'absence de dispositifs de surveillance ou d'un gardien, la délivrance automatique de tickets de contrôle de durée, la pénétration indépendante des piétons par des accès divers, etc. (G. Cornu, obs. RTD civ. 1975, p. 559). En cas de doute, il faudra présumer le bail et non le dépôt, l'aggravation de responsabilité du « gardien » devant être clairement voulue ou prévue.

1742. Qu'en est-il de l'utilisation d'un parking à barrière automatique ? La Cour de cassation a tranché la question en ne qualifiant une telle convention, ni de dépôt, ni même de contrat lorsque le parking est géré par un établissement public (Civ. 1re, 10 mars 1981, n° 80-10.996 ; Aff. de l'Aéroport d'Orly ; D. 1981.395). De ce fait, l'exploitant n'est pas responsable en cas de vol du véhicule, sauf à démontrer qu'il ait commis une faute. Le parking offre en réalité un stationnement sans garde, et ne promet pas la surveillance.

1743. Dans le cadre d'un contrat de stationnement, le professionnel souscrit donc les obligations d'un bailleur. Cette convention ne l'oblige pas à assurer « le gardiennage ou la surveillance étrangères à l'esprit et à la destination d'un tel type de parking » (Rouen, 22 janv. 1975 ; RTD Civ. 1975, p. 558 obs. G. Cornu ; Gaz. Pal. 1975, 1, Jurispr. P. 359). Ainsi, le vol du véhicule stationné sur cet emplacement n'entraîne pas à lui seul la responsabilité du bailleur (Civ. 3e, 12 juin 1996, n°94-19.052 ; Bull. civ. III, n°137), sauf à démontrer que l'exploitant du parking ait commis une faute. Il en serait ainsi par exemple s'il laissait un véhicule quitter le parc sans exiger de ticket horodateur.

1744. En réalité, le professionnel doit assumer les obligations mises à la charge du bailleur par les articles 1719 et suivants du Code civil. « A la différence d'un garage surveillé, le parking offre simplement un stationnement sans garde » (Les contrats spéciaux, op. préc., n° 870).

Rappelons que l'article 1719 du Code civil prévoit : « Le bailleur est obligé, par la nature du contrat, et sans qu'il soit besoin d'aucune stipulation particulière :

1° De délivrer au preneur la chose louée .../... ;

2° D'entretenir cette chose en état de servir à l'usage pour lequel elle a été louée ;

3° D'en faire jouir paisiblement le preneur pendant la durée du bail ;

4° D'assurer également la permanence et la qualité des plantations. »

1745. Ainsi l'exploitant doit assumer l'entretien de l'emplacement loué pour permettre au locataire d'en faire usage, et ne pas faire obstacle à son utilisation. Pour que sa responsabilité soit engagée en cas de vol ou de détérioration du véhicule, le locataire devra prouver sa responsabilité en établissant la faute du bailleur. Une preuve plus difficile à rapporter en l'absence de la présomption qui existe en matière de dépôt.

1746. L'exploitant d'un tel parking ne pourra toutefois pas prévoir une clause qui aurait pour but d'écarter l'obligation qui est l'essence même du contrat : celle d'assurer la jouissance paisible d'un emplacement (Civ. 1ère, 23 févr. 1994, n° 92-11.378, Bull. Civ. I, n° 76 ; JCP G 1994.I.3809, n° 15, obs. G. Viney). En l'occurrence, le ticket indiquait : « les usagers circulent et stationnent à leurs risques et périls. L'utilisation du présent ticket donne droit au stationnement du véhicule mais ne constitue nullement un droit de garde et de dépôt du véhicule, de ses accessoires et des objets laissés à l'intérieur ». Cette clause exonératoire fut écartée par le juge pour condamner l'exploitant suite à l'inondation du parc qui avait endommagé les véhicules.

§ 3 ■ Le cas particulier du dépôt-vente

1747. Le professionnel de l'automobile est bien souvent amené à pratiquer l'activité de vente de véhicules, activité qui fait l'objet d'un autre chapitre. A la frontière de cette activité spécifique, se situe le cas où le professionnel propose à la vente des véhicules qui sont déposés au sein de son établissement par leur propriétaire. Dans ce cas, les véhicules sont remis au garagiste dans ce seul but, et non pour leur entretien (Civ. 1ère, 29 mai 1996, n° 94-13.333, Bull. civ. I, n° 225 ; RTD Com. 1997 p. 135, B. Bouloc). En l'espèce, le véhicule, confié en vue de sa vente, avait été détruit par un incendie, et comme le souligne l'auteur, « il n'était pas contestable que le garagiste n'était pour rien dans la survenance de l'incendie du véhicule qu'il n'avait pas reçu mission spécifique de le réviser. »

1748. Dans cette situation, le professionnel de l'automobile ne fait pas l'acquisition du véhicule. Il se « contente » de mettre en relation un acheteur potentiel – un client de son établissement par exemple – et un vendeur – bien souvent un particulier qui bénéficie d'un espace de vente propice à finaliser la transaction. C'est bien souvent le cas lorsque le client a passé commande d'un véhicule neuf auprès d'un garagiste qui accepte de recevoir en dépôt-vente le véhicule d'occasion de son acheteur.

1749. Il peut alors agir en qualité de mandataire et proposer la vente de véhicules d'occasion en permettant ainsi le rapprochement des parties à la vente. Le vendeur aura remis le véhicule en dépôt-vente au professionnel. Le contrat de mandat de vendre le véhicule d'occasion a, pour accessoire nécessaire, le dépôt du véhicule dans les locaux du mandataire dépositaire. Accessoirement à ce mandat de vendre, le professionnel et son client ont conclu un contrat de dépôt, en vertu duquel le professionnel est dépositaire du véhicule dont la propriété ne lui est pas transférée.

1750. En effet, si le garagiste est seulement mandataire, il ne fait pas l'acquisition du véhicule. Ce point revêt une importance particulière pour ce dernier car, n'étant pas propriétaire du véhicule, il n'en est pas le vendeur et n'a pas en principe à répondre de la garantie des vices cachés prévue par les articles 1641 et suivants du Code civil. Encore faut-il qu'il n'y ait aucune méprise sur le rôle joué par le garagiste lors de la transaction (Nîmes, 15 mai 2001 ; Juris-Data n° 2001-160567 ; S. Hocquet-Berg, op. préc. n° 79). Plus récemment, un garagiste, professionnel de l'automobile, avait engagé sa responsabilité du fait des vices cachés affectant le véhicule, en dissimulant à l'acquéreur sa qualité de mandataire et en se comportant comme le vendeur du véhicule. L'acheteur avait contracté sur le site internet « ebay. fr » avec un certain « pierrot 92220 », se trouvant être garagiste. Il avait pris livraison du véhicule auprès de lui et lui avait réglé le prix de la vente contre remise par celui-ci des certificats de cession et d'immatriculation, le garagiste omettant de lui indiquer sa qualité de mandataire (civ. 1ère 18 décembre 2014, N° 13-23868 Non publié au bulletin).

1751. Dans la pratique, on s'aperçoit que bien souvent, l'acheteur ignore qu'il achète le véhicule à un particulier. Le fait que le véhicule se trouve chez un professionnel l'induit en erreur, une erreur qui peut être provoquée ou entretenue en fonction de l'attitude de ce dernier.
Il faut par ailleurs préciser que le professionnel ne souscrit qu'une obligation accessoire de garde au contrat de mandat. Il n'est dans ces circonstances pas tenu de vérifier les organes du véhicule (Civ. 1re, 29 mai 1996, préc.). Dans l'espèce précitée, la Cour de cassation a écarté la responsabilité du professionnel dépositaire d'un véhicule, lequel a subi des dommages lors d'un essai à la suite d'un incendie provoqué par une fuite du système d'injection. Une solution bien différente de celle retenue lorsque le véhicule est laissé en dépôt chez un professionnel en vue de sa remise en état.

1752. Le client vendeur peut toutefois souhaiter que le professionnel entretienne son véhicule durant la période de dépôt. Les parties prévoiront alors un contrat d'entretien aux termes duquel le professionnel s'engagera à assurer certains services. Les juges devront dans ce cas rechercher l'étendue des obligations mises à la charge du professionnel. Cette démarche relève de leur pouvoir souverain d'appréciation. Ce pourra être le cas lorsque l'usage de l'établissement est de comprendre dans le prix du garage, l'entretien des voitures remisées.
Si rien ne permet de retenir une telle intention des parties, le professionnel ne pourra voir sa responsabilité engagée en cas de dommage causé au véhicule entreposé dans le garage, et ce, même si le dommage résulte d'un défaut d'accomplissement d'une mesure d'entretien courant du véhicule (Civ. 1re, 23 oct. 1961 ; D. 1962, Jurispr. p. 45, note R. Rodière).

Sous-section 3 ▪ Dépôt, obligation accessoire

1753. Nous reprendrons rapidement les différentes situations qui lient le dépositaire à son client (§ 1) avant de rappeler les règles de formation du contrat (§ 2).

§ 1 ▪ Les différentes situations

1754. Le professionnel de l'automobile sera dépositaire du véhicule, à titre accessoire dans la plupart des cas, comme dans le contrat d'entreprise (A) ou dans le mandat (B). De manière plus marginale, ce sera son obligation principale (C).

A ▪ Contrat de dépôt pur

1755. Professionnel et propriétaire du véhicule peuvent convenir que le professionnel ne sera tenu que de conserver le véhicule et de le restituer à une date fixée par les parties. Dans ce cas, la garde du véhicule est l'unique finalité du contrat. Le professionnel ne souscrit aucune obligation de réparation. Le dépôt se fera moyennant le versement d'une somme ou au contraire sera gratuit. Les règles applicables seront dès lors celles qui régissent le contrat de dépôt et qui résultent des articles 1915 et suivants du Code civil.

B ▪ Dépôt, accessoire d'un contrat d'entreprise

1756. Dans la majorité des cas, le véhicule est remis au professionnel pour l'exécution d'un contrat d'entreprise. Les parties conviennent alors que le garagiste va effectuer des opérations d'entretien et/ou de réparation du véhicule.

1757. S'agit-il d'un contrat de dépôt ou d'une obligation accessoire ? Dans la plupart des cas, la remise du véhicule intervient à titre accessoire, pour l'exécution du contrat d'entreprise que les parties ont souscrit. Le professionnel devra nécessairement examiner le véhicule dans son atelier pour procéder à sa remise en état. De fait, le véhicule lui est remis pendant le temps indispensable à sa réparation. Les juges appliquent bien souvent aux rapports entre le garagiste et son client les règles relatives au dépôt. Cette qualification est parfois critiquée car elle ne serait pas adaptée aux liens existant entre les parties. En matière de qualification contractuelle, il faut effectivement rechercher le mobile économique qui inspire les parties. Or le plus souvent, la remise du véhicule intervient à titre accessoire pour permettre au garagiste d'effectuer la prestation de réparation voulue par le client. Ce serait donc une fausse analyse que de voir dans ces cas, un contrat de dépôt accessoire au contrat d'entreprise (A. Tunc, note sous CA Lyon 30 juil. 1946, D. 1947, Jurispr. P. 377). En effet, la garde doit être le mobile du déposant ce qui n'est manifestement pas le cas du client qui confie son véhicule pour sa réparation ou son entretien. La finalité du contrat n'est nullement la garde mais bel et bien la remise en état du véhicule. Il s'agit donc d'un contrat d'entreprise et le dépôt du véhicule en vue de sa réparation n'est évidemment qu'un préalable nécessaire à son accomplissement (S. Hocquet-Berg, op. préc. n° 74).

1758. Cependant, la jurisprudence applique au garagiste le régime de l'obligation du dépositaire, et use du terme de contrat de dépôt dans maintes décisions relatives à cette obligation, et du renvoi aux articles 1927 et suivants du Code civil.

C ▪ Dépôt, accessoire d'un mandat

1759. Tel sera le cas lorsque le véhicule sera déposé en vue de sa mise en vente au sein des locaux du mandataire dépositaire (voir le cas particulier du dépôt-vente, supra). Le professionnel et son client s'engagent dans un contrat de mandat conférant au garagiste le pouvoir de vendre le véhicule. Accessoirement à ce mandat, les deux parties concluent un contrat de dépôt, au terme duquel le professionnel est dépositaire du véhicule sans que la propriété ne lui en soit jamais transférée.

§ 2 ▪ Formation du contrat

1760. Comme toute convention, le dépôt suppose le consentement des parties, leur aptitude à contracter, un objet et une cause. Concernant le dépôt d'un véhicule, ces différents points n'appellent pas d'observation particulière s'agissant d'un contrat souscrit en même temps que le contrat d'entreprise dont il est l'accessoire.

1761. Il faut cependant évoquer le cas particulier du dépôt imposé par la loi. Il s'agit d'une hypothèse très paradoxale. Le contrat suppose une volonté, ce qui ne paraît pas compatible avec la contrainte qu'impose alors la loi. Ce cas ne s'apparente en principe ni au dépôt volontaire, ni au dépôt nécessaire.

1762. Evoquons toutefois la situation où le véhicule est remis en dépôt à un professionnel par les services de police (Metz 1ère ch., 4 oct. 2007, JCP E 2008, n° 25. 8827). Le dépôt n'est pas volontaire au sens des articles 1921 et 1922 du Code civil, mais nécessaire au sens de l'article 1949 du Code civil : « Le dépôt nécessaire est celui qui a été forcé par quelque accident, tel qu'un incendie, une ruine, un pillage, un naufrage ou autre événement imprévu».La remise de la voiture volée n'a pas été effectuée par le propriétaire de celle-ci, mais par les services de police. En l'occurrence, aucun contrat de dépôt n'avait ensuite été établi entre la compagnie d'assurance et le dépositaire.

1763. La responsabilité du garagiste dépositaire résulte des deux obligations principales qui lui incombent : celle de conserver le véhicule et celle de le restituer. Il pourra écarter sa responsabilité en prouvant son absence de faute ou le cas de force majeure. Ou encore pourra-t-il prévoir de limiter sa responsabilité.

Section 2 . Obligations du dépositaire

1764. La première des obligations du dépositaire est celle de garder le bien confié, en y apportant le même soin qu'à sa propre chose (sous-section 1). On verra d'ailleurs que la jurisprudence pourra exiger davantage du dépositaire. La seconde obligation - et non des moindres - est celle de restituer la chose (sous-section 2), au risque si il s'abstient d'engager sa responsabilité.

Sous-section 1 . Obligation de conservation

1765. Qu'on l'appelle conservation ou garde, cette obligation résulte de l'article 1927 du Code civil : « Le dépositaire doit apporter, dans la garde de la chose déposée, les mêmes soins qu'il apporte dans la garde des choses qui lui appartiennent. ».Il s'agit d'une obligation essentielle du dépositaire. Sans garde, il n'existe pas de dépôt.

1766. L'obligation de garde est délimitée du point de vue temporel et du point de vue matériel. Le dépositaire n'est débiteur de la garde du véhicule que durant le temps où celui-ci lui est confié. Si un dommage survient avant la remise du véhicule, le dépositaire ne pourra en être tenu pour responsable. Encore faut-il déterminer à quel moment le dommage a eu lieu. On considérera qu'en l'absence de réserves émises par le dépositaire, ce dernier est présumé avoir reçu la chose en bon état (Com., 18 févr. 1969 ; bull. civ. 1969, IV, n° 64 pour un bien autre qu'automobile).

1767. L'obligation de garde se caractérise par des « devoirs sans pouvoirs » (A. Bénabent Droit Civil, Les contrats spéciaux civils et commerciaux, Montchrestien, 8e éd. 2008, n° 1044). La garde comporte en effet des devoirs : ainsi le dépositaire se charge de la surveillance du bien confié. Il doit veiller à sa conservation, prendre des mesures pour éviter qu'il ne se dégrade ou disparaisse. Il y a toutefois des limites. Ainsi le garagiste qui accepte de garder un véhicule devra-t-il l'entretenir mais il n'aura pas à le réparer (Civ. 1re, 29 mai 1996, préc., dans une espèce où le professionnel n'était pas engagé dans un contrat d'entreprise).

1768. La garde ne comporte pas de pouvoirs. Cela signifie que le dépositaire ne dispose d'aucun droit car selon Alain Bénabent, « la conservation de la chose qu'il doit assurer est toute entière effectuée dans l'intérêt du déposant ». On notera cependant que l'article 1930 du Code civil qui interdit au dépositaire d'user de la chose, envisage la possibilité pour le déposant de l'autoriser : «Il (le dépositaire) ne peut se servir de la chose déposée sans la permission expresse ou présumée du déposant. » Ce qui dans ce cas lui confère un pouvoir. Par ailleurs, puisqu'il est tenu d'assurer la conservation de la chose confiée, le dépositaire n'est pas totalement dépourvu de prérogatives : il lui appartiendra de prendre l'initiative de certaines opérations destinées à assurer cette conservation.

1769. Nous verrons quelle est la force de l'obligation de conservation qui pèse sur le professionnel dépositaire (§1), avant d'examiner l'étendue de cette obligation et les précautions qu'il devra prendre (§2). Cette obligation de conservation se complète d'une obligation négative, celle de ne pas se servir de la chose (§3).

§ 1 ▪ Force de l'obligation de conservation

1770. Comme le prévoit l'application combinée des articles 1927 et 1928, le garagiste, en tant que dépositaire salarié, est tenu de veiller en bon père de famille au véhicule qui lui a été confié pour réparation.
L'article 1137 du Code civil renvoie aux soins attendus d'un bon père de famille.

Article 1137 du Code civil

« L'obligation de veiller à la conservation de la chose, soit que la convention n'ait pour objet que l'utilité de l'une des parties, soit qu'elle ait pour objet leur utilité commune, soumet celui qui en est chargé à y apporter tous les soins d'un bon père de famille.»

1771. Mais qu'entend-t-on par bon père de famille ? Le bon père de famille, c'est ce standard de référence représentant un individu moyennement diligent, raisonnable ou avisé. On le définit comme un « homme de vertu ordinaire, normalement avisé, soigneux, diligent, servant de référence abstraite pour apprécier si tel comportement a été fautif ou non, ou pour déterminer si la personne en charge des intérêts d'autrui ou détentrice d'un de ses biens a correctement rempli son obligation » (Lexique des termes juridiques, Dalloz, 17e éd.). S'agissant d'un professionnel, on appréciera son attitude en se référant au comportement normalement prudent, diligent et avisé attendu dans sa profession. L'appréciation de la faute du garagiste est ainsi faite *in abstracto* par comparaison avec cet être abstrait, c'est-à-dire sans tenir compte des qualités et facultés propres de l'individu considéré (appréciation in concreto).

1772. A la différence du dépôt salarié, le dépositaire non rémunéré doit apporter, dans la garde de la chose déposée, les mêmes soins qu'il apporte dans la garde des choses qui lui appartiennent (C. civ., art. 1927). Il faudra dans cette situation faire une appréciation in concreto : bien souvent, on comparera le sort des biens confiés avec celui des biens appartenant au dépositaire pour déterminer s'il a ou non commis une faute.

1773. On observe une confusion entre le régime de l'article 1927 et celui de l'article 1928 du Code civil, les décisions appliquant le régime du dépôt gratuit à celui du dépôt salarié, et inversement. C'est pourquoi, on le verra, on exonère parfois le garagiste dépositaire en constatant qu'il a apporté à la chose confiée les mêmes soins qu'aux choses lui appartenant, alors que cette appréciation *in concreto* ne s'applique en principe qu'au dépôt gratuit.

1774. Quelles précautions le professionnel devra-t-il prendre pour assurer la conservation des véhicules ? En matière de dépôt, on se réfère à la valeur des biens confiés pour déterminer l'ampleur des mesures à prendre. On comprend que le garagiste dépositaire devra prendre toutes mesures de sécurité pour éviter les détériorations ou le vol, l'exigence de précautions étant proportionnée à la valeur des véhicules confiés. Ainsi en principe, l'installation d'un système d'alarme n'était-elle pas exigée du garagiste. Toutefois, qu'en serait-il s'agissant d'un professionnel qui entreposerait des véhicules haut de gamme ? On pourra ainsi lui reprocher de ne pas avoir mis en place un système d'alarme ou une surveillance nocturne (Civ. 1re, 22 avr. 1997, n° 95-11.927). En l'espèce, il s'agissait d'un véhicule d'une valeur de 69000 € incendié chez le garagiste à qui il avait été confié. Les juges du second degré ont estimé que le garagiste avait pris des précautions suffisantes en entreposant le véhicule dans un enclos protégé par un grillage et deux portails. A tort estime la Cour, d'où la cassation de la décision.

1775. Lorsqu'il s'agit de déterminer la nature de l'obligation de conservation, on se heurte à l'écueil propre à tous les contrats faisant naître des obligations entrecroisées, avec une obligation de garde ou de conservation, et une obligation de délivrance, ou de restitution (JurisClasseur Contrats – distribution Fasc. 2130 dépôt, Brigitte Lotti, n° 72). C'est le cas par exemple du louage de chose ou du contrat de réparation. Rien de difficile si les obligations ainsi croisées sont de même nature. Mais qu'en est-il lorsque, comme dans le cas du dépôt, l'obligation de conservation est généralement perçue comme une obligation de moyens, alors que l'obligation de restitution est par nature une obligation de résultat ?

1776. Une fraction minoritaire de la jurisprudence a considéré que la responsabilité du dépositaire était présumée en cas d'inexécution ou de mauvaise exécution de son obligation de conservation, et que seule la cause étrangère pouvait l'exonérer (notamment une série d'arrêts de la Cour d'appel de Paris : Paris, 7e ch. 2 mars 1994 ; JurisData n° 1994-020601 ; Paris, 25e ch. sect B, 11 mai 1990, JurisData n° 1990-021964 ; Paris, 7e ch. 21 févr. 1996 ; JurisData n° 1996-021910, Brigitte Lotti op. préc. n° 73). La Cour d'appel a d'ailleurs jugé que l'absence de faute de la part du dépositaire ne l'exonérait pas, à défaut de prouver un cas de force majeure. L'obligation de conservation est ici analysée comme une obligation de résultat, une solution sévère trop éloignée de la nature de l'obligation de conservation qui n'est en réalité que de moyens.

1777. La jurisprudence dominante voit plutôt dans cette obligation de garde une obligation de moyens renforcée. Une solution médiane qui certes oblige le professionnel à faire la preuve de ses diligences, mais lui permet de s'exonérer en démontrant son absence de faute ou la survenance d'un cas de force majeure.

1778. Deux échappatoires sont ainsi à sa disposition. Soit le garagiste dépositaire prouve qu'il est étranger à la détérioration du véhicule, en démontrant qu'il n'a commis aucune faute (Civ 1re, 7 oct. 1997, n° 95-20.418, Resp. civ. et assur. 1997, comm. 367). L'espèce concernait deux véhicules confiés et détruits à l'intérieur du garage à la suite d'un attentat. Tout en affirmant que l'attentat n'était pas un cas de force majeure, ou un cas fortuit, la Cour a exonéré le garagiste de sa responsabilité en retenant que la détérioration des véhicules n'était pas imputable à sa faute.

1779. Encore faut-il parvenir à prouver l'absence de faute (Civ. 1re, 11 juil. 1984, n° 83-13.754 ; JA 1985, p. 126). En l'occurrence, un véhicule accidenté avait été déposé dans les ateliers d'un professionnel de l'automobile, sans qu'aucune vérification n'ait été faite de son état. Un incendie le détruisit malgré une intervention rapide des pompiers. Les juges du fond ont pu estimer que la preuve de l'absence de faute n'était pas établie parce qu'il était prévisible qu'un véhicule accidenté puisse avoir des défauts qui pourraient être la cause de l'incendie qui l'a détruit.

1780. Il appartient au dépositaire, auquel est imputée la détérioration d'une chose confiée aux fins de réparations ou d'entretien, de prouver qu'il y est étranger, en établissant soit que cette détérioration préexistait à la remise de la chose ou n'existait pas lors de sa restitution, soit, à défaut, qu'il a donné à sa garde les mêmes soins que ceux qu'il aurait apportés à celle des choses lui appartenant.

1781. Il incombait au garage d'apporter la preuve que les moisissures - apparues dans l'habitacle du véhicule - ou l'excès d'humidité qui en était la cause n'existaient pas lors de la restitution du véhicule, ou, à défaut, celle des soins qu'elle avait apportés pour éviter ce type de désordres pendant les trois mois où le véhicule lui avait été confié (civ. 1ère 5 février 2014, N° 12-23467, Publié au bulletin).

1782. Deuxième échappatoire, le professionnel prouve que le dommage est dû à un cas de force majeure. Dans ce cas, les tribunaux tendent à exiger d'une part la preuve de l'imprévisibilité, d'autre part celle de l'irrésistibilité. Aucun événement ne peut être a priori un cas de force majeure. Ainsi, si le dépositaire invoque un incendie pour s'exonérer de sa responsabilité, il devra établir que cet événement était imprévisible et insurmontable par sa soudaineté et sa violence.

1783. Une fois de plus, le professionnel se trouve confronté à une présomption de faute qu'il lui appartient de renverser en prouvant que le dommage causé au véhicule confié ne résulte pas de son fait. Il devra prouver qu'il a pris toutes les précautions nécessaires dans la surveillance du véhicule. Une solution qui s'explique pour des raisons pratiques, comme le souligne S. Hocquet. Berg (op. préc. n° 86). Car qui est mieux placé que le dépositaire pour fournir des informations sur les causes du dommage ? (G. Defrance, JA n° 764, juin 2005, Le point sur les privilèges du garagiste dépositaire). Autrement dit « c'est le dépositaire qui est dans le secret de la place, c'est à lui de se justifier » (J. Carbonnier, obs. RTD civ. 1959, p. 344).

§ 2 ▪ Étendue de l'obligation de conservation

1784. Les textes imposent au garagiste – dépositaire salarié - d'apporter au véhicule les soins d'un bon père de famille (Civ. 1re, 7 juil. 1992, n° 91-10.259), et non seulement ceux qu'il aurait portés à ses propres affaires. Ainsi le garagiste ne peut tirer argument du fait que ses propres biens ont péri dans l'incendie qui a détruit le véhicule qui lui était confié pour soutenir qu'il a rempli ses obligations de dépositaire et s'exonérer de sa responsabilité (Civ. 2e, 13 oct. 1965, bull. civ. 1965, II, n° 729 ; B. Lotti op. préc. n° 80).

1785. Pourtant, il est fréquent que les magistrats exigent seulement que le professionnel ait donné au véhicule confié les mêmes soins qu'il aurait apportés à des choses lui appartenant, pour considérer qu'il est étranger au dommage (Civ. 1re, 28 mai 1984, n° 83-11.264). Dans ce cas, il est seulement fait application de l'article 1927 du Code civil, qui vise pourtant le dépôt à titre gratuit.

1786. Très récemment, la Cour de cassation a à nouveau repris cette seule notion : en l'espèce, la Cour d'appel avait débouté les déposants de leur demande indemnitaire en relevant que la date des dégradations constatées sur le véhicule était inconnue. La Cour suprême a prononcé la cassation en rappelant qu'il incombait au dépositaire de prouver que les détériorations existaient avant la mise en dépôt ou, à défaut, qu'il avait donné au véhicule confié les mêmes soins qu'il aurait apportés à la garde des choses lui appartenant (Civ. 1re, 5 mars 2009, n° 07-21.519 ; RDC 2009/3. 1135 s., obs. P. Puig).

1787. C'est certes sous le visa des articles 1927, 1928 et 1933 du Code civil que la Cour de cassation sanctionne la Cour d'appel, rappelant la rigueur avec laquelle doivent être appréciés les soins prodigués par le garagiste, mais nulle référence n'est ici faite au bon père de famille qui pourrait être tenu à plus de soins encore que ceux apportés à ses propres affaires.

> **Article 1933 du Code civil**
> « Le dépositaire n'est tenu de rendre la chose déposée que dans l'état où elle se trouve au moment de la restitution. Les détériorations qui ne sont pas survenues par son fait sont à la charge du déposant.»

1788. Quoi qu'il en soit, et en dépit de ce hiatus, la solution reste défavorable au professionnel, qui avait bénéficié à tort d'une inversion de la charge de la preuve.

1789. On relève que les derniers arrêts en la matière n'évoquent plus le critère des soins d'un bon père de famille, mais bien plus souvent ceux apportés aux biens appartenant au dépositaire (également en ce sens Civ. 1re, 5 juin 2008, n° 07-10.988 ; Civ. 1re, 30 mai 2012, n° 11-14.408 ; Com., 30 mai 2012, n° 10-17.803 & 10-18.527), sans pour autant exonérer aisément le professionnel de ses obligations.

1790. Quoi qu'il en soit, le dépositaire doit veiller à la conservation du véhicule, prendre les mesures nécessaires pour éviter qu'il ne se dégrade ou disparaisse. Le garagiste pourra ainsi être tenu d'entretenir le véhicule, si l'on décèle dans la convention l'intention des parties en ce sens, mais non de le réparer (Civ., 23 oct. 1961). Ici, le propriétaire du véhicule s'était déchargé sur le garagiste professionnel de l'entretien courant de sa voiture, et était en droit de compter qu'il ferait procéder à la vidange de l'eau de refroidissement du moteur, alors que la température hivernale imposait cette mesure élémentaire et peu onéreuse de protection contre le gel.

1791. Mais dans un cas où le véhicule avait été confié au garagiste en vue de sa vente et non pour son entretien, aucune faute n'a été retenue à son encontre pour n'avoir pas vérifié l'organe responsable du sinistre (Civ. 1re, 29 mai 1996, précit.).

1792. Rien n'interdit aux parties d'adjoindre au contrat entraînant la garde du véhicule, un autre contrat d'entretien, en vertu duquel le professionnel propose au client certains services. Dans un tel cas, les juges devront rechercher dans l'exercice de leur pouvoir souverain d'appréciation l'étendue des obligations mises à la charge du professionnel.

§ 3 ▪ Obligation de ne pas se servir du véhicule déposé

1793. Le dépositaire est également tenu d'une obligation de ne pas faire ; celle de ne pas utiliser le bien qui lui a été confié sans autorisation (C. civ.,art. 1930 : « Il (le dépositaire) ne peut se servir de la chose déposée sans la permission expresse ou présumée du déposant.».). Bien entendu, le déposant pourra autoriser le dépositaire à user de la chose confiée. A défaut d'autorisation expresse, il faudra rechercher un consentement tacite.

Le garagiste dépositaire étant chargé par ailleurs de remettre en état le véhicule, il paraît difficile de soutenir qu'il n'ait pas l'autorisation tacite d'user du véhicule pour les essais nécessaires à la remise en état, puis la vérification du véhicule.

1794. Toutefois, une jurisprudence ancienne interdit au garagiste d'utiliser ou même de sortir l'automobile déposée dans son garage, sans autorisation du déposant (Civ. 1re, 2 févr. 1965, Bull. Civ. I, n° 91, JCP G 1965, IV, p. 34 ; B. Lotti. Op. préc. n° 108). Il sera donc prudent de prévoir dans l'ordre de réparation cette possibilité laissée au dépositaire de faire des essais avec le véhicule.

1795. En tout état de cause, un garagiste pourrait être condamné pour avoir utilisé le véhicule de son client, en diminuant ainsi la valeur, si bien entendu l'ampleur des essais ne se justifiait pas (par exemple plusieurs milliers de kilomètres parcourus, ou essai au cours d'un week-end vers une destination en bord de mer, etc.).

Sous-section 2 ▪ Obligation de restitution

1796. Cette seconde obligation est l'essence même du contrat de dépôt. Nous verrons la force de cette obligation (§1) avant de nous pencher sur son étendue (§2). Il nous faudra ensuite examiner le corollaire de cette obligation, qu'est le devoir de retirement à la charge du déposant (§3).

§ 1 ▪ Force de l'obligation de restitution du véhicule

1797. L'obligation de restitution résulte de l'article 1933 du Code civil. La restitution caractérise le dépôt. On parle d'ailleurs de contrats de restitution, parmi lesquels on compte également le prêt à usage. Le dépositaire, comme l'emprunteur, est tenu de restituer en fin de contrat la chose même qui lui a été remise (Les contrats spéciaux, op. précit. n° 845).
En restituant le véhicule confié, le dépositaire s'exécute de son obligation, il l'éteint. Conformément à l'article 1315 du Code civil, c'est donc au débiteur – le dépositaire – de prouver qu'il s'est libéré et qu'il a donc restitué le véhicule (JurisClasseur Contrats – distribution Fasc. 2130 dépôt, Brigitte Lotti, n° 115).

1798. Le garagiste devra rendre le véhicule confié ainsi que son contenu dès qu'il lui sera réclamé. Le principe résultant de l'article 1932 du Code civil est que le dépositaire doit restituer la « chose même» qui a été déposée : « Le dépositaire doit rendre identiquement la chose même qu'il a reçue ». Il s'agit bien sûr d'une restitution en nature, obligation essentielle du contrat tel que le définit l'article 1915 du Code civil. Par nature, l'obligation de restituer est une obligation de résultat : seule la restitution effective est en mesure de satisfaire le déposant. Cependant, l'obligation de garde et l'obligation de restitution se confondent bien souvent. En effet, l'impossibilité de restituer le bien en l'état découle la plupart du temps d'une violation de l'obligation de garde, hormis le cas du déposant qui souhaiterait conserver le bien, hypothèse quelque peu marginale s'agissant d'une obligation souscrite dans le cadre d'un contrat d'entreprise.

1799. Si le professionnel ne peut restituer le bien en l'état, c'est qu'il a disparu, ou qu'il a subi des détériorations. Les deux obligations sont si imbriquées qu'il est dès lors difficile de leur appliquer des régimes distincts. Quel serait l'intérêt de permettre au dépositaire de s'exonérer d'un manquement à son obligation de garde, s'il devait être ensuite, de toute façon, condamné au titre de son obligation de restitution ? C'est pourquoi la jurisprudence applique au garagiste dépositaire le régime plus favorable de l'obligation de conservation (obligation de moyens renforcée) et permet au garagiste de s'exonérer de sa responsabilité en rapportant la preuve qu'il n'a pas commis de faute.

1800. Ainsi tant dans la conservation que lors de la restitution, il existe une présomption de faute causale du garagiste dépositaire dans la survenance du dommage subi par le véhicule confié, présomption qu'il devra renverser s'il veut s'exonérer de sa responsabilité.

1801. Le dépositaire est tenu à la restitution de la chose dans l'état où elle se trouve. Il ne pourra être tenu des dommages qui préexistaient à la remise du véhicule. Encore faut-il qu'il soit en mesure de prouver que la détérioration existait avant la mise en dépôt (Civ. 1re, 22 mai 2008, n° 06-17.863, RTD Com. 2009 p. 201, dans une espèce concernant des meubles). D'où l'importance des réserves qui seront émises par le professionnel lors du dépôt du véhicule et qui lui permettront de se constituer une preuve de son absence de faute.

1802. L'obligation de restitution est si impérieuse qu'en cas de pénurie, la condamnation à des dommages et intérêts ne réparera pas le préjudice subi par le déposant et l'obligation de restituer des objets de même nature plutôt que d'indemniser la victime pourrait être imposée au professionnel, comme ce fût le cas pendant la guerre s'agissant d'un garagiste qui s'était fait voler des pneus de bicyclettes ou d'automobiles (Paris, 21 juin 1945, Gaz. Pal. 1945, 2, jurispr. P. 65, B. Lotti op. préc. n° 161).

§ 2 ▪ Etendue de l'obligation de restitution du véhicule

1803. L'obligation de restitution du véhicule (et donc l'obligation préalable de conservation) s'étend aux biens qui se trouvent à l'intérieur de celui-ci. On a tenté de distinguer les éléments considérés comme les accessoires du véhicule tels que l'autoradio, les housses, le siège auto... des objets laissés par le conducteur comme les bagages, dont le dépositaire peut ignorer qu'ils sont dans le véhicule.

1804. La jurisprudence n'accepte pas cette différenciation et applique les règles du dépôt tant au véhicule qu'à son contenu. Il en est ainsi pour le vol de l'outillage entreposé à l'intérieur du véhicule (Civ. 1ère, 7 juil. 1992, précit.). De même, dans un cas où la direction et le personnel du garage avaient connaissance du fait que le déposant, client habituel, laissait dans sa voiture automobile le matériel encombrant, nécessaire à l'exercice de sa profession (Civ. 1re, 6 févr. 1963 ; RTD Civ. 1963, P. 753 obs. G. Cornu), et ce alors qu'il existait une clause limitative de responsabilité écartée par la Cour.

1805. Le garagiste est donc tenu d'une véritable obligation de surveillance, tant à l'égard du véhicule que de son contenu. A moins bien entendu, que le dommage soit imprévisible au sens de l'article 1150 du Code civil, ce qui l'exonère de sa responsabilité : « Le débiteur n'est tenu que des dommages et intérêts qui ont été prévus ou qu'on a pu prévoir lors du contrat, lorsque ce n'est point par son dol que l'obligation n'est point exécutée. » Il en serait ainsi si le propriétaire avait laissé dans son véhicule des objets de valeur, comme des bijoux par exemple.

1806. L'obligation du dépositaire demeure jusqu'à la restitution effective du véhicule confié : un garagiste a ainsi été jugé responsable du vol du véhicule commis dans l'enceinte de son établissement, alors que le propriétaire venu le récupérer était présent. La Cour a jugé que les relations contractuelles des parties n'étaient pas terminées et a condamné le dépositaire (Douai, 2e, Ch ., 17 juin 1993, jurisdata n° 1993-044260, B. Lotti n° 114).

§ 3 ▪ Corollaire de l'obligation de restitution : obligation de retirement du client

1807. Certes, le professionnel est tenu de restituer le véhicule à son propriétaire. Mais il est des situations où ce n'est pas le dépositaire qui n'est pas en mesure de restituer le véhicule, mais bel et bien le déposant qui s'abstient de récupérer son bien. Tel est le cas du véhicule abandonné chez le professionnel de l'automobile.
Selon les termes du contrat d'entreprise qui le lie à son client, le professionnel de la réparation automobile s'engage à effectuer les réparations prévues et à restituer le véhicule réparé, tandis que le client s'engage à régler la facture correspondante et à récupérer son véhicule.

1808. Lorsque le client ne se présente pas pour reprendre son véhicule, le laissant encombrer le garage aux risques et aux frais du professionnel, ce dernier reste en outre créancier du montant des réparations effectuées. Si le client ne se manifeste pas, ni le droit de rétention du garagiste, ni la procédure d'injonction de payer n'est efficace, surtout si l'absence de réaction du client tient à son insolvabilité.

1809. La loi du 31 décembre 1903 « relative à la vente de certains objets abandonnés » offre une alternative intéressante : le garagiste peut prendre l'initiative de la vente du véhicule pour que le produit de celle-ci lui soit attribué à hauteur de sa créance. Préalablement, il doit cependant être en mesure de justifier de la réalité de sa créance et d'un abandon du véhicule de plus de trois mois (délai ainsi réduit par l'article 29 de la loi n° 2011-525 du 17 mai 2011). Ce qui exige d'avoir mis le client en demeure, par lettre recommandée avec accusé de réception, de venir récupérer son véhicule, lui précisant le cas échéant que des frais de gardiennage lui seront facturés à compter de telle date.

1810. L'inaction du client pendant trois mois autorisera le réparateur à revendiquer l'application de la loi de 1903. Il adressera alors une requête au juge d'instance du ressort du garage (voir exemple ci-dessous), reprenant l'ensemble des faits et accompagnée des justificatifs correspondants (devis, OR, LRAR, facture, etc.). Le juge rendra ensuite une ordonnance autorisant la vente du véhicule aux enchères publiques en fixant les modalités de celle-ci. Une fois la vente réalisée, le réparateur fera valoir sa créance, telle qu'elle résulte de la facture impayée (augmentée le cas échéant des frais de gardiennage), sur le prix de vente du véhicule.
En cas de faible valeur du véhicule - ce qui est très souvent le cas - la créance pourra ne pas être entièrement payée, mais le garagiste parviendra cependant à se débarrasser d'un bien encombrant.

A **MONSIEUR LE PRÉSIDENT COMPOSANT LE TRIBUNAL D'INSTANCE DE ....**

**REQUETE A FIN D'AUTORISER
LA VENTE AUX ENCHERES D'UN VEHICULE ABANDONNE**

La Société ....
Société .... *(SA, SARL…)* au capital de .... euros
Dont le siège social est à .... *(ville)* .... *(code postal)*, ... *(adresse)*
Immatriculée au Registre du Commerce et des Sociétés de .... sous le numéro ....
Prise en la personne de son représentant légal, M. *(ou Mme)*........, domicilié en cette qualité audit siège.

A L'HONNEUR DE VOUS EXPOSER :
Que par un .... *(devis signé, ordre de réparation)* en date du ../../...., M. ou Mme .... a demandé les interventions suivantes sur le véhicule .... *(marque / modèle)*, immatriculé .... ;
Qu'il (elle) n'est jamais venu récupérer son véhicule, malgré une mise en demeure adressée par lettre recommandée en date du .../../.... ;
Qu'il (elle) n'a manifesté aucune réserve quant aux réparations réalisées ou au montant de la facture de réparation qui s'élève à .... euros TTC ;
Que ce véhicule, par sa seule présence, constitue pour la Société..... une charge à laquelle il convient de mettre fin dans les meilleurs délais.

C'EST POURQUOI :
La Société .... requiert qu'il vous plaise, conformément à la loi du 31 décembre 1903 relative à la vente de certains objets abandonnés, de :
- Constater l'abandon de plus de trois mois dudit véhicule et en ordonner la vente aux enchères publiques
- Désigner un huissier de justice ou un commissaire-priseur pour y procéder et fixer la date, l'heure et le lieu de cette vente
- Autoriser le versement du prix de vente du véhicule au profit de la Société..... à hauteur de sa créance, soit pour un montant de .... euros.

Fait à ...., le ../../.....

Section 3 . Cas d'exonérations du dépositaire

1811. Pour s'exonérer de sa responsabilité et écarter la présomption de responsabilité qui pèse sur lui, le garagiste dépositaire pourra invoquer l'absence de faute (sous-section 1) ou le cas de force majeure (sous-section 2).

Sous-section 1 . Absence de faute

1812. Le garagiste devra prouver son absence de faute, en établissant qu'il a rempli les exigences de l'article 1927 du Code civil et apporté à la chose les mêmes soins qu'aux choses lui appartenant (Civ. 1ère, 24 juin 1981, n° 80-13.585), voire ceux attendus d'un bon père de famille, si l'on se souvient qu'il s'agit d'un dépôt salarié. Cependant, la jurisprudence n'exige pas que les conditions de la force majeure soient réunies. La seule preuve de l'absence de faute suffit à exonérer le garagiste dépositaire sans qu'il ait à établir le caractère imprévisible de l'événement à l'origine du dommage (Civ. 1re, 7 oct. 1997, n° 95-20.418, RCA 1997, n° 367).

1813. En revanche, la faute d'une autre personne, mais d'une personne qui ne soit pas extérieure au dépositaire, ne constitue pas pour ce dernier une cause d'exonération : ainsi le dépositaire doit-il répondre des personnes (par exemple un salarié, un apprenti) qu'il emploie pour exécuter ses obligations (Civ. 1re, 14 janv. 1959 ; bull. Civ. 1959, I, n° 27).

Nous examinerons le cas du véhicule incendié (§1), celui du véhicule volé (§2) et enfin celui où les causes de détériorations du véhicule demeurent inconnues (§3).

§ 1 ▪ Incendie du véhicule

1814. Là encore le garagiste devra prouver qu'il n'a pas seulement pris les précautions nécessaires à la protection du véhicule, mais plus encore, toutes les précautions possibles pour éviter l'incendie (Civ. 1re, 22 avr. 1997, n° 95-11.927). Ce n'était pas le cas en l'espèce, où le véhicule était entreposé dans un enclos protégé par un grillage et deux portails, sans que la cour d'appel ait relevé l'existence d'un système d'alarme, ni d'une surveillance nocturne pour éviter l'incendie criminel à l'origine du dommage.

1815. En revanche, la responsabilité du garagiste a pu être exonérée lorsqu'à la suite d'un attentat, les deux véhicules placés en dépôt ont été détruits à l'intérieur du garage où ils étaient entreposés (Civ. 1re, 7 oct. 1997, précit.), la Cour ayant relevé l'absence de faute du professionnel (un garagiste corse, victime d'un attentat). Le garagiste sera également exonéré s'il établit que l'incendie est le fait d'un tiers étranger au garage. Tel était le cas lors d'un incendie criminel alors qu'aucun précédent ou signe particulier n'augurait de la survenance d'un incendie dans de telles circonstances (Montpellier, 26 mars 2002, JurisData n° 2002-179678, S. Hocquet-Berg, op. préc. n° 91).

1816. Il en est de même quant aux précautions nécessaires à prévenir toute détérioration du véhicule. Il a ainsi été jugé qu'il était prévisible qu'un véhicule accidenté puisse avoir des défauts pouvant causer l'incendie qui l'a détruit quelques heures seulement après son dépôt (Civ. 1re, 11 juil. 1984, précit.)

§ 2 ▪ Vol du véhicule

1817. Si le véhicule a été volé, le dépositaire n'est pas non plus en mesure de restituer le véhicule. Pour s'exonérer, il devra prouver l'absence de faute ou le cas de force majeure. Dans ce cas, la faute réside dans le fait que le garagiste n'a pas pris les mesures de précautions suffisantes pour éviter le vol. Si au contraire, le vol a été facilité par la faute du garagiste, c'est-à-dire sa défaillance ou l'insuffisance des précautions prises pour protéger le véhicule, il ne pourra écarter sa responsabilité.

1818. Le fait que le garagiste ait pris les précautions nécessaires à la protection du véhicule confié à sa garde ne suffit pas à l'exonérer, encore faut-il selon la Cour qu'il ait pris toutes les précautions utiles pour empêcher le dommage. La jurisprudence dominante va dans le sens d'une grande sévérité envers le garagiste dépositaire qu'elle n'exonère pas volontiers de sa responsabilité.

1819. Ainsi l'absence de faute n'a pas été retenue pour un garagiste qui a laissé le véhicule confié sur la voie publique, véhicule volé à l'aide des clefs que les voleurs avaient pris dans son bureau (Paris 7e ch., 20 mars 1987 ; D1987, inf. rap. P. 99).De même, est responsable le professionnel qui a laissé le véhicule sans surveillance durant deux heures, les clés sur l'antivol, permettant ainsi le vol du matériel qui y était entreposé (Civ. 1re, 7 juil. 1992, précit.) ou celui qui facilite le vol en ne verrouillant pas le véhicule et en laissant les clés sur le contact (Paris, 14 janv. 2002, JurisData n° 2002-167566) ou dans le pare-soleil (Paris, 24 janv. 1999, JurisData n° 1999-020461, S. Hocquet-Berg, op. préc. n° 92). Ou encore le dépositaire qui laisse un véhicule de grande valeur en stationnement dans une cour clôturée par un grillage et un portail à claire-voie, exposé ainsi aux regards et à la convoitise de tous (Aix, 9 avr. 1993).

1820. Pour exonérer le garagiste, l'événement extérieur (vol, attentat, incendie) doit être la cause exclusive du dommage. La jurisprudence se montre très réticente à exclure la responsabilité du garagiste en cas de détérioration ou de vol du véhicule ou de son contenu. Le vol fait en effet partie des risques que le garagiste ne peut ignorer, et c'est pourquoi les juges se montrent comme on l'a vu aussi exigeants envers les professionnels quant aux précautions dont ils doivent s'entourer. Précautions qui doivent être à la mesure de la valeur des biens confiés (Civ. 1re, 22 avr. 1997, Resp. civ. et Assur. 1997, comm. 234, H. Groutel).

1821. Cette sévérité ne se dément pas. Dans une récente espèce, la Cour a dénié au professionnel la possibilité de s'exonérer de sa responsabilité, rappelant qu'il restait tenu de ses obligations de dépositaire jusqu'à la restitution du véhicule et répondait, en conséquence, de la perte de ce véhicule sauf à rapporter la preuve que celle-ci est survenue sans sa faute (Com., 7 avr. 2010, n° 09-12.486 : JurisData n° 2010-003447 ; Resp. civ. et assur. 2010, comm. 158, note S. Hocquet-Berg).

1822. Le dépositaire sera également condamné lorsque ses fautes d'imprudence auront facilité le vol du véhicule. Ainsi il devra indemniser les préjudices subis par le gardien de la paix blessé lors de l'intervention suite à une attaque faite avec le véhicule volé (Paris, 24 févr. 1999 : JurisData n° 1999-020461 ; S. Hocquet-Berg op. préc. n° 88).

Si la responsabilité du garagiste dépositaire est retenue, il devra réparer l'intégralité du préjudice, à moins bien sûr que le dommage soit imprévisible comme ce serait le cas du vol d'objets précieux laissés dans un véhicule.

§ 3 ■ Indétermination des causes de la détérioration du véhicule

1823. Lorsque la cause du dommage reste inconnue, la jurisprudence exige du garage dépositaire qu'il prouve qu'il était étranger à la destruction du véhicule, en établissant qu'il avait apporté à la garde du véhicule confié les mêmes soins qu'à celles des choses lui appartenant (Civ. 1ère 24 juin 1981, n° 80-13.585 précit. s'agissant d'un incendie d'origine inconnue).

1824. Le garagiste dépositaire souscrit, on l'aura compris, une obligation lourde de conséquences et dont il n'est pas aisé de s'exonérer. Il a cependant la possibilité de s'affranchir – au moins partiellement - de sa responsabilité ou de la limiter par le biais de clauses limitatives de responsabilité.

Sous-section 2 ■ Clauses limitatives de responsabilité

1825. Conscients de la lourde responsabilité qu'ils souscrivent, les professionnels cherchent bien souvent à limiter leur responsabilité en cas de vol ou de détérioration des véhicules. Rien ne l'interdit. Ils pourront ainsi prévoir, dans leurs documents contractuels, des clauses limitatives de responsabilité, ou bien procéder par voie d'affichage.

S'agissant de ce dernier cas, il faut s'interroger sur la connaissance et l'acceptation par le client d'une telle clause affichée dans les locaux. La charge de la preuve de leur acceptation incombe à celui qui l'invoque, et la jurisprudence, très protectrice des intérêts du déposant, retient rarement une telle acceptation.

1826. Ces clauses peuvent limiter le montant des dommages et intérêts ou alléger les obligations de garde du dépositaire. Ainsi le contrat peut prévoir que le garagiste décline toute responsabilité en cas de vol des objets laissés dans le véhicule (Paris, 19 mars 1984) ou que le garagiste « ne répond pas du gel » (Riom, 12 janv. 1932).

1827. En revanche, les clauses limitatives de responsabilité sont inopérantes en cas de faute lourde ou de dol du dépositaire (Civ 1re, 18 nov. 1980, bull. civ. I, n° 297) que le déposant devra démontrer. La jurisprudence admet aussi que le dépositaire, en acceptant l'habitude d'un client de laisser son matériel à l'intérieur du véhicule confié, habitude que connaissait le garagiste, aurait tacitement renoncé au bénéfice de la clause (Civ. 1re, 6 févr. 1963, précit.).

1828. Enfin, dans les rapports entre un professionnel et un non professionnel ou un consommateur, l'article L. 132-1 du Code de la consommation confère au juge le pouvoir d'écarter les clauses dites abusives, c'est-à-dire celles « qui ont pour objet ou pour effet de créer, au détriment du non-professionnel ou du consommateur un déséquilibre significatif entre les droits et obligations des parties au contrat ». Il pourrait en être ainsi d'une clause excluant totalement la responsabilité du garagiste en cas de dommage au véhicule, ou limitant sa responsabilité au point de créer un déséquilibre significatif au sens de l'article L. 132-1 du Code de la consommation.

Section 4 ▪ Droits du dépositaire

1829. Il convient enfin d'examiner comment le professionnel de l'automobile sera indemnisé de l'obligation souscrite en tant que dépositaire du véhicule. En effet, bien souvent, si la rémunération due au titre de son obligation principale est arrêtée par un devis, ou en fin de réparation, qu'en est-il lorsque le propriétaire du véhicule tarde à venir récupérer celui-ci ? D'une part, il pourra percevoir des frais de gardiennage, rétribution propre à sa qualité de dépositaire. D'autre part, de quelles garanties bénéficie-t-il pour être rémunéré ?

1830. N'oublions pas que le professionnel de l'automobile est considéré comme un dépositaire salarié. De ce fait, la personne qui laisse son véhicule accidenté dans les ateliers d'un réparateur, sans solliciter de devis ou donner ordre de réparation, doit rembourser les frais de parking correspondant à la location d'un emplacement de véhicule (Paris, 1ère ch. urg., 25 nov. 1985 ; D. 1986, inf. rap. P. 272).

1831. Le déposant devra rembourser au dépositaire toutes les dépenses qu'il aura exposées pour la conservation de la chose (Civ. 1re, 7 mars 1973, n° 71-14.809, Bull. Civ. I, n° 88).
Au rang de ses prérogatives, le dépositaire dispose d'un droit de rétention (sous-section 1) qui l'autorise à retenir le véhicule. Par ailleurs, le dépôt étant salarié, la jurisprudence lui reconnaît la possibilité de facturer des frais de gardiennage (sous-section 2).

Sous-section 1 ▪ Droit de rétention

1832. Afin de garantir le paiement de ses frais, le professionnel dispose d'un droit de rétention prévu à l'article 1948 du Code civil : « Le dépositaire peut retenir le dépôt jusqu'à l'entier paiement de ce qui lui est dû à raison du dépôt.»

1833. La Cour de cassation a eu l'occasion de rappeler qu'il existe nécessairement un contrat de dépôt accessoire au contrat d'entreprise qu'est le contrat de réparation, et ce indépendamment de tout accord de gardiennage (Civ. 1re, 8 oct. 2009, n° 08-20.048). En l'espèce, un particulier avait confié son véhicule à un garagiste et n'en avait repris possession qu'un an après l'achèvement des réparations. Outre le prix de la réparation, le professionnel lui avait réclamé des frais de gardiennage alors qu'aucun contrat de gardiennage n'avait été conclu entre les parties. Le juge de proximité avait alors débouté le garagiste de sa demande sur ce fondement. Une solution condamnée par la Cour de cassation. Le garagiste réparateur peut donc se prévaloir du droit de rétention pour obtenir paiement de frais de gardiennage, même en l'absence de contrat de dépôt formel.

1834. Une solution de nature à faciliter la facturation par les garagistes de leurs frais de gardiennage, et ce même lorsqu'ils n'auront pas pris la précaution de mettre en demeure leur client de venir chercher leur véhicule et de les informer des frais de gardiennage qu'ils leur réclameront.

Sous-section 2 ▪ Facturation de frais de gardiennage

1835. Indépendamment de tout accord de gardiennage, il existe donc un contrat de dépôt qui entraîne pour le professionnel l'obligation de conserver et de restituer le véhicule et pour le propriétaire du véhicule celle d'assumer la rémunération éventuelle de cette prestation.

1836. Sachant que le contrat de dépôt d'un véhicule auprès d'un garagiste, accessoire à un contrat d'entreprise, est présumé fait à titre onéreux (Civ. 1re, 5 avr. 2005, n° 02-16.926 précit.). Non seulement le garagiste n'a pas à prouver l'existence d'un contrat de gardiennage, le dépôt étant finalement induit dans le contrat d'entreprise qui le lie à son client, mais ce contrat de dépôt - accessoire de la prestation principale - est présumé être fait à titre onéreux. Il faudra donc que le propriétaire du véhicule qui prétend n'être redevable d'aucune somme envers le garagiste au titre du gardiennage, établisse que ce dépôt était fait à titre gratuit.

1837. Tel pourrait être le cas d'un véhicule confié à un garagiste pour des réparations qui ne seront jamais effectuées. Dans cette espèce antérieure à la jurisprudence de 2005, la Cour d'appel avait retenu que le contrat de dépôt est par essence un contrat gratuit (Colmar, 2e ch. Civ. Sect. A, 20 janv. 2000 ; JurisData n° 2000-122739).Ou encore lorsque le garagiste en raison de relations personnelles d'amitié garde la voiture du déposant, ou d'une manière générale, lorsque les circonstances de l'espèce font apparaître que le professionnel n'avait aucun intérêt à consentir à recevoir l'automobile (Lyon, 16 nov. 1972, D1973 somm p 78).

1838. Hormis ces espèces particulières, le dépôt sera rémunéré. Mais quel en sera le prix ?Dans une autre affaire, la Cour de cassation n'a pas retenu la violation de l'article 1134 du Code civil avancée à l'appui du pourvoi. La cour d'appel avait condamné un client au paiement de frais de gardiennage sans s'assurer qu'ils aient été contractuellement convenus et que le client ait pu prendre connaissance de l'étendue de ces frais. La Cour rappelait alors que le contrat de dépôt d'un véhicule auprès d'un garagiste, accessoire à un contrat d'entreprise, est présumé fait à titre onéreux, et que la cour d'appel a retenu à bon droit que le professionnel était fondé à réclamer le paiement de frais de gardiennage afférents à la détention de ce véhicule dont elle a souverainement apprécié le montant (Civ. 1ère, 28 nov. 2007, n° 05-16.543).

1839. Autrement dit, le juge pourra estimer le montant de la prestation, en fonction des circonstances de la cause et des éléments qui seront produits par les parties (affichage de tarif, information, mise en demeure, durée du dépôt etc.). Bien entendu, cette facturation sera d'autant plus aisée en présence de stipulations claires, ou de tarifs affichés.

FOCUS
L'OBLIGATION DE SÉCURITÉ DU RÉPARATEUR AUTOMOBILE

Par Nathalie Giroudet-Demay, Cabinet Ravayrol & Giroudet, et Emmanuelle Peronet

Le garagiste réparateur a pour obligation principale de restituer le véhicule réparé. Cette obligation en implique plusieurs autres telle l'obligation d'information et de conseil et l'obligation de garde du véhicule. A chaque étape de sa relation avec le client, le professionnel sera débiteur d'une obligation de sécurité conformément à l'article L. 221-1 du Code de la consommation qui dispose que « Les produits et les services doivent, dans des conditions normales d'utilisation ou dans d'autres conditions raisonnablement prévisibles par le professionnel, présenter la sécurité à laquelle on peut légitimement s'attendre et ne pas porter atteinte à la santé des personnes ».

Ainsi le professionnel doit-il notamment informer son client de l'existence d'un risque s'il constate que le véhicule confié pour entretien ou réparation présente des défauts dangereux pour la sécurité de l'automobiliste. Si le client refuse par exemple le remplacement de ses pneus lisses lors de la dépose de son véhicule pour une vidange, le professionnel, qui ne peut intervenir sans l'accord du client, devra pour se protéger d'une éventuelle action en manquement à son devoir d'information et de conseil, voire pour manquement à son devoir de sécurité en cas d'accident lié à l'état des pneumatiques, justifier avoir précisément informé son client. Il pourra, à cet effet, produire une décharge de responsabilité dûment renseignée et signée par le client (cf. Chapitre I supra, section 2).

En pratique, très souvent l'obligation de sécurité sera confondue avec l'obligation principale de réparation du réparateur puisque l'obligation de réparation implique la réalisation d'une intervention de qualité, effectuée dans le respect des règles de l'art.

L'arrêt de référence en matière d'obligation de sécurité est l'arrêt de principe rendu le 9 juin 1993 par la première chambre civile de la Cour de cassation. Dans cette décision, la Cour expose que « le garagiste est tenu, envers ses clients qui lui confient un véhicule en vue d'une réparation, d'une obligation de sécurité dont il peut s'exonérer en prouvant qu'il n'a pas commis de faute » et conclut que le garagiste pouvait invoquer l'absence de faute de son préposé « pour s'exonérer de la présomption de responsabilité pesant sur lui » (Civ. 1re, 9 juin 1993 : Resp. civ. et assur. 1993, comm. 347 et chron. 35, par Ch. Lapoyade Deschamps ; Contrats, conc. consomm. 1993, comm. 205, obs. L. Leveneur ; Bull. civ. I, n° 209).

Comme le souligne Sophie Hocquet-Berg, « l'obligation de sécurité du garagiste est, en réalité, une obligation de moyens renforcée emportant présomption simple de faute et de causalité. » (Jurisclasseur responsabilité civile et assurances- fasc. 385 – Garagiste). En effet, il apparaît que le garagiste peut s'exonérer de sa responsabilité en apportant la preuve de son absence de faute. Un auteur encourage toutefois à faire de cette obligation de sécurité une véritable obligation de résultat car « l'exécution des travaux sans danger ne présente pas des difficultés et un aléa non maîtrisable tels que l'on ne puisse imposer au débiteur une quasi-garantie de sécurité » (P. Jourdain : obs. RTD civ. 1993, p. 830). Il est possible qu'il soit désormais entendu au vu des dernières évolutions de la jurisprudence en matière d'obligation de réparation (cf. Chapitre II). La disparition de la faculté d'exonération par la preuve de l'absence de faute en matière d'obligation de réparation pourrait aboutir à remplacer la qualification d'obligation de moyens renforcée attribuée à l'obligation de sécurité par celle d'obligation de résultat atténuée.

La pluralité de fondements susceptibles d'être invoqués pour retenir la responsabilité du réparateur au titre de son obligation de sécurité complique encore un peu la matière. L'article L. 221-1 du Code de la consommation n'est pas le seul à imposer au professionnel une obligation de sécurité. Les articles 1386-1 et suivants du Code civil ont parfois également servi de fondement pour condamner un réparateur. Ainsi, lorsque le garagiste réparateur monte deux pneus neufs sur un véhicule, il est responsable de plein droit, sur le fondement de l'article 1386-7 du Code civil, de l'accident subi par la conductrice qui a perdu le contrôle de son véhicule, suite à l'éclatement d'un pneu, dont le défaut d'étanchéité est établi (CA Toulouse, 7 nov. 2000 : Juris-Data n° 2000-135125 ; Resp. civ. et assur. 2001, comm. 199, obs. L. Grynbaum).

En tout état de cause, l'autonomie de l'obligation de sécurité fait largement débat dans la doctrine, d'aucuns y voyant une obligation « impliquée par la nature même des travaux » (P. Jourdain : obs. RTD civ. 1993, p. 829), alors que d'autres en contestent l'existence au motif que « nous sommes en présence d'un contrat d'entreprise, dont l'objet ne porte évidemment pas sur la personne même du cocontractant, de sorte que le garagiste ne s'engage nullement à veiller sur l'intégrité corporelle de ceux qui lui confient leur véhicule en réparation » (Ch. Lapoyade Deschamps, « L'obligation de sécurité du garagiste réparateur », Resp. civ. et assur. novembre 1993. chr. 35, n° 3, p. 5).

Il existe une situation dans laquelle l'obligation de sécurité ne peut qu'être détachée de l'obligation de réparation, constituant alors une obligation accessoire. En effet, les clients peuvent, à l'occasion de la remise ou de la récupération de leur véhicule, être victimes d'un dommage pour lequel ils chercheront réparation : blessure liée à un sol glissant ou à une chute d'un outil... Dans ce cas, le dommage n'a aucun lien avec la réparation effectuée sur le véhicule.

Dans un premier temps, en cas de dommages accidentels survenus au client dans l'atelier de réparation, la jurisprudence a retenu la responsabilité du professionnel sur le terrain délictuel (Civ. 2e, 3 juil. 1968, Bull civ. II, n° 197) en application des articles 1382 et suivants du Code civil, notamment dans le cas d'une chute du client sur un sol mouillé rendu glissant par la présence d'un liquide gras à un endroit accessible aux clients (Civ. 3e, 27 nov. 1970). Toutefois, dans un arrêt de principe de la première chambre civile en date du 9 juin 1993 (n° 91-17.387), la Cour de cassation a semblé vouloir qualifier de façon relativement systématique l'obligation de sécurité du garagiste d'obligation contractuelle. La rédaction de l'article L. 221-1 du Code de la consommation disposant que « les services doivent, dans des conditions normales d'utilisation, ou dans d'autres conditions raisonnablement prévisibles par le professionnel, présenter la sécurité à laquelle on peut légitimement s'attendre » semble, d'après certains auteurs, encourager l'évolution jurisprudentielle en ce sens (Huet, Les principaux contrats spéciaux, LGDJ, 2e éd., 2001, n° 32277).

C'est ainsi, que « la jurisprudence la plus récente tend à intégrer l'obligation de sécurité des clients dans le champ contractuel » (P. Martini, Dossier L'obligation de sécurité, une notion à clarifier, JA n° 849, mars 2013), citant pour exemple un arrêt en date du 15 décembre 2011 par lequel la Cour de cassation a considéré que « l'obligation contractuelle de sécurité à laquelle était tenu le centre de contrôle technique envers ses clients était exclusive de toute responsabilité délictuelle » (Civ. 1re, 15 déc. 2011, n° 10-27.641). Il s'agit dès lors d'une obligation de moyens

obligeant le client victime à démontrer la faute du professionnel.
L'évolution s'avère par conséquent favorable au professionnel, d'autant qu'elle ne remet pas en cause la jurisprudence antérieure selon laquelle le client peut lui-même voir sa propre responsabilité engagée, délictuelle dans ce cas, lorsque le garagiste démontrera que le client a activement participé à la survenance de son dommage. Ainsi, la Cour d'appel de Paris (ch. 17, section A, 3 oct. 1995, Juris Data n° 1995-023885) a opportunément décidé que « répond de sa faute, conformément aux règles de la responsabilité civile délictuelle ou quasi-délictuelle, le conducteur d'un semi porte-chars qui, après avoir reculé son véhicule dans l'atelier du garage qui avait accepté d'effectuer une réparation, prend l'initiative de retirer la chaîne de sécurité retenant la rampe de la remorque, agissant ainsi de sa propre autorité en dehors de toute consigne ou directive du chef d'atelier du garage dont il n'était par conséquent pas le préposé occasionnel, blessant un des employés du garage alors qu'il avait conservé sur l'ensemble articulé les pouvoirs de contrôle d'usage et de direction, lesquels n'avaient pas encore été transférés au garage dépositaire. »
Pour conclure, il convient de souligner qu'au-delà de la responsabilité civile, c'est la responsabilité pénale du garagiste réparateur qui peut être recherchée en cas de manquement à son obligation de sécurité. Toutefois, le professionnel n'aura jamais la volonté de causer un dommage. Dès lors, seuls les textes sanctionnant les atteintes involontaires seront susceptibles de trouver à s'appliquer. Les sanctions seront donc celles prévues par les articles suivants :
- article 221-6 du Code pénal réprimant le délit d'homicide involontaire (3 ans d'emprisonnement / 45 000 € d'amende) ;
- article 222-19 du Code pénal en cas d'atteinte involontaire à l'intégrité de la personne ayant entraîné une incapacité de travail pendant plus de trois mois ; il s'agit alors d'un délit (2 ans d'emprisonnement / 30 000 € d'amende) ;
- article R. 625-2 du Code pénal en cas d'atteinte involontaire à l'intégrité de la personne ayant entraîné une incapacité de travail d'une durée inférieure ou égale à trois mois ; il s'agit alors d'une contravention de 5e classe (1 500 € d'amende) ;
- article R. 622-1 du Code pénal en cas d'atteinte involontaire à l'intégrité de la personne n'ayant entraîné aucune incapacité de travail ; il s'agit alors d'une contravention de 2e classe (150 € d'amende).
Si c'est la personne morale qui est reconnue responsable des infractions commises, le montant de l'amende pourra être porté au quintuple.

Titre 2 ■ Les obligations des professionnels de l'expertise

Par Lionel Namin

■ Chapitre 1
La profession d'expert en automobile

BIBLIOGRAPHIE

Argus de l'assurance

Ouvrages. – Code de la route, Argus éd. – Code des assurances, Argus éd.

Articles. - Dossier « Expertise et sécurité routière », JA Mars 2015, n° 871 - Dossier « Le nouveau visage de l'expert automobile », JA mars 2011, n° 827. - P. Ravayrol, Le Conseil d'Etat déjuge la CNEA, JA, n° 805, mars 2009.

Section 1 ■ Les activités professionnelles

1840. Les activités professionnelles de l'expert en automobile sont définies par la loi. L'article L. 326-4 du Code de la route vise, en premier lieu, les opérations d'évaluation des dommages subis par les véhicules à moteur et la détermination de leur valeur. Mais cette définition légale est très large et bien d'autres interventions sont réservées à l'expert en automobile notamment dans le domaine de la sécurité routière lorsque les véhicules sont considérés comme dangereux, suite à un accident, ou lors d'une mise en fourrière. L'expert en automobile peut enfin assister ses clients en dehors de tout litige ou à l'occasion d'un différend pour la recherche des causes, circonstances et origine d'une malfaçon.

Sous-section 1 ■ La mission d'évaluation

1841. Elle connaît plusieurs objets : l'évaluation des dommages subis par un véhicule à moteur, mais aussi la détermination de la valeur d'un véhicule à moteur en amont comme en aval de tout sinistre.

§ 1 ■ Les dommages subis par un véhicule à moteur

1842. C'est la mission traditionnelle, celle à laquelle les assureurs automobiles ont le plus souvent recours. Elle emporte selon ce qu'en donne la pratique les opérations suivantes : identifier le véhicule, procéder au relevé des dommages et à leur imputation, définir une méthodologie de réparation, chiffrer le coût de la remise en état ainsi que la valeur du véhicule s'il y a lieu.

1843. Cette mission a pour support juridique un contrat qui s'apparente usuellement au louage d'ouvrage (C. civ., art. 1792 et s.). C'est bien un contrat car, par principe, la relation établie entre le donneur d'ordre (l'assureur automobile) et l'expert en automobile résulte d'un libre choix mutuel. Ce service d'expertise est assimilé à un contrat de louage d'ouvrage puisque la prestation intellectuelle et humaine de l'expert en automobile est réalisée en toute indépendance à l'égard du donneur d'ordre, en dehors de tout lien de subordination (CA Chambéry, 5 mai 2009, n° 08/01125, JA 2009, n° 808). L'expert en automobile doit exercer sa mission d'évaluation relativement à tous types de véhicules à moteur ainsi qu'aux cycles et à leurs dérivés et pour tous dommages concernant le corps du véhicule (C. route, art. L. 326-4).

A ■ Véhicule à moteur et remorque

1844. En premier lieu, les attributions de l'expert en automobile, réservées par le Code de route, portent sur un véhicule à moteur. Aux termes de l'article L. 110-1,1° du Code de la route, il s'agit de : « tout véhicule terrestre pourvu d'un moteur de propulsion, y compris les trolleybus, et circulant sur route par ses moyens propres, à l'exception des véhicules qui se déplacent rails ».
Le véhicule visé se meut par ses propres moyens puisqu'il est pourvu d'un moteur à propulsion, quel que soit son mode : à explosion, à gaz, électrique... Il doit comporter un siège pour le conducteur, ce qui élimine les motoculteurs ou les tondeuses à gazon tenues à la main par une personne qui les suit ou les guide en marchant. Enfin, la circonstance selon laquelle un véhicule à moteur est un engin « circulant sur route » n'est pas exclusive, à notre sens, de tout déplacement hors des routes : dans des champs ou des terrains privés.

1845. Cet article vise explicitement les trolleybus, désignés comme des véhicules reliés à une ligne électrique et ne circulant pas sur les rails, car les moyens de transport empruntant des voies qui leurs sont propres (train, métro, funiculaire, tramway...) sont exclus du Code de la route. En conséquence, ils n'entrent pas dans le champ des activités réservées aux experts en automobile. En conséquence, l'évaluation des dommages subis par ces véhicules par ne relève des activités confiés à titre exclusif à la profession d'expert automobile.

1846. Cette notion de véhicule peut être rapprochée de celle retenue par l'article L. 211-1 al. 1 du Code des assurances, en ce qui concerne les véhicules soumis à l'obligation d'assurance. Cependant avec une nuance concernant la remorque, présentée implicitement dans le Code de la route comme un véhicule sans moteur, mais assimilée pour les nécessités de l'assurance automobile à un véhicule terrestre à moteur : « on entend par "véhicule" tout véhicule terrestre à moteur, (...), ainsi que toute remorque, même non attelée ». Toutefois cette assimilation ne vaut que pour la définition de la remorque donnée par le Code de la route (C. route, art. L. 110-1,2°) ; c'est-à-dire véhicule sur roues conçu pour être attelé. Dès lors même dételé, ce véhicule conserve sa qualité de véhicule à moteur par destination. Par conséquent pour les dommages causés aux remorques, le recours à l'expert en automobile s'impose à l'assureur automobile.

1847. Pour les appareils terrestres qui ne sont pas des remorques : bétonnière, presse à paille, girobroyeur, ils ne sont considérés comme véhicules à moteur que lorsqu'ils sont tractés : la jurisprudence fait alors jouer ici la règle de l'accessoire. Dans ce cas, l'évaluation des dommages causés à ces appareils doit être confiée à un expert en automobile.

B ▪ « Cycles et dérivés »

1848. Le terme de « cycle » a le sens qui lui est donné par le Code de la route (C. route, art. R. 311-1) : « véhicule ayant au moins deux roues et propulsé exclusivement par l'énergie musculaire des personnes se trouvant sur ce véhicule, notamment à l'aide de pédales ou de manivelles ». Cette définition permet de faire entrer les bicyclettes, tandems ou triporteurs dans le champ des expertises dévolues aux experts en automobile.

1849. Le renvoi aux dérivés de l'automobile est suffisamment large pour y inclure les pièces détachées incorporées à un véhicule. Par opposition, les pièces détachées en cours d'usinage ou stockées sont des marchandises (en ce sens : Serge Pinguet, Experts, oct. 2001, p. 5).

C ▪ « Tous dommages »

1850. La mission d'évaluation réservée par la loi concerne tous les véhicules endommagés ainsi que les cycles et leurs dérivés. En général, cette situation résulte de l'action accidentelle d'agents extérieurs (collision avec un autre véhicule, choc contre un corps fixe, tempête, catastrophe naturelle, communication d'incendie, etc.) provoquant des atteintes matérielles au corps du véhicule : destruction, altération ou détérioration. Parmi les autres facteurs de dommages, il y a aussi la défectuosité inhérente au véhicule portant sur l'un de ses organes ou l'une de ses fonctions (défaut, avarie, dysfonctionnement...).

1851. Enfin, on note que les préjudices annexes (privation de jouissance, location d'un véhicule de remplacement...) ne sont pas réservés à l'activité de l'expert en automobile, car ils sont à proprement parlé extérieurs au corps du véhicule à moteur. Mais ils font habituellement partie de sa mission d'évaluation.

§ 2 ▪ La valeur des véhicules à moteur

1852. L'expert en automobile a pour mission de rechercher la valeur d'un véhicule à moteur. C'est en principe sa valeur vénale, c'est-à-dire sa valeur marchande : prix auquel un véhicule à moteur pourrait se vendre à un moment donné (celui de l'expertise) sur le marché de l'occasion dans les conditions normales du jeu de l'offre et de la demande.

1853. Dans l'automobile, cette valeur résulte souvent des cotes publiées dans les journaux spécialisés, tel l'Argus de l'automobile, qui se présente comme le « cours moyen » des véhicules « en état standard » (RM n° 9806, 8 déc. 1978, JOANQ, 31 mars 1979. 2069). Comme les valeurs issues de ces cotes ne procèdent pas d'opérations et d'études individualisées sur des véhicules à moteur déterminés, on observe que la loi n'a pas réservé cette activité aux seuls experts en automobile. Sans le monopole, les experts en automobile peuvent toutefois fabriquer ou participer à l'élaboration de ces cotes. Toutefois, en pratique pour pouvoir répondre à des besoins professionnels ou à des demandes ponctuelles, l'expert en automobile doit connaître d'autres acceptations de cette notion de valeur en matière de véhicule.

A ▪ Valeur de remplacement

1854. On retient en général que la valeur de remplacement correspond au montant que devrait exposer le propriétaire d'un véhicule en perte totale pour acheter un véhicule identique comparable (prix de revient total d'un véhicule d'occasion de même type et dans un état semblable : Civ. 2e, 12 févr. 1975, n° 73-13.263, Bull. civ. II, n° 49) plutôt qu'à son prix de vente (valeur vénale).

1855. Ainsi définie cette valeur intègre les frais qui s'ajoutent à la valeur intrinsèque de l'automobile : démarches de recherche, nouveau certificat d'immatriculation, marge bénéficiaire si le véhicule est acheté auprès d'un revendeur professionnel. En assurance automobile, elle sert à fixer la mesure du coût de remplacement d'un véhicule à moteur détruit. Dans les faits, pour calculer le montant de cette valeur la profession des experts en automobile a élaboré une méthode d'évaluation dite de la valeur de remplacement à dire d'expert (VRADE).

B ▪ Valeur d'assurance

1856. C'est la valeur pour laquelle un véhicule à moteur est assuré auprès d'une société d'assurance. Cette estimation sert de base de calcul au versement des primes annuelles d'assurance et de base de discussion pour le montant éventuel des indemnités, sans préjudice pour l'assureur de rapporter la preuve qu'au jour du sinistre la valeur réelle du véhicule à moteur est inférieure à sa valeur agréée (Civ. 1re, 24 févr. 2004, n° 02-14.005, Bull. civ. I, n° 58).

Le recours à l'assurance en valeur agréée concerne avant tout les véhicules de collection où les véhicules anciens, qui ne sont plus cotés dans les journaux professionnels, et conservés dans un très bon état de fonctionnement. Par cette technique, les propriétaires desdits véhicules veulent mettre leur patrimoine à l'abri d'une indemnisation dérisoire en cas de vol, d'incendie ou encore de collisions graves.

1857. La valeur d'assurance est fixée par un expert en automobile à l'occasion d'une expertise privée. Dans son rapport, l'expert en automobile établit un descriptif détaillé du véhicule : désignation, description, appréciation de l'état général (carrosserie, sellerie...), mention des accessoires hors série.
S'agissant des véhicules de collection, l'expert en automobile doit, pour établir leur valeur, entreprendre des recherches importantes s'il est ancien et procéder à une étude de marché. Dans les autres cas, la valeur des véhicules sont arrêtées selon le procédé du bilan technique.

C ▪ Valeur d'apport

1858. C'est la valeur qui peut être affectée à un véhicule à moteur dans le cadre d'une opération d'apport déterminée ou de transfert d'actif. Elle est fonction de la nature de l'opération et de la destination des biens convenus entre les parties. La valeur l'apport n'existe donc pas de façon intrinsèque mais bien dans le cadre d'une opération précise. C'est donc aux parties (apporteurs et apportés) de définir quels types de valeurs (et partant, quelles modalités de calculs) doivent être choisis et ce, sous le contrôle des commissaires aux apports, désignés par les associés, auxquels ils incombent d'apprécier l'évaluation faite d'un apport en nature.

Sous-section 2 ▪ La mission associée à la sécurité routière

1859. L'État est garant de la sécurité sur les routes, il est de sa responsabilité de faire en sorte que, quel que soit le dommage causé à un véhicule, celui-ci puisse de nouveau circuler sans être un danger pour son conducteur mais également pour les autres usagers. Aussi, depuis 1986 les pouvoirs publics ont cherché progressivement à associer les experts en automobile à cette notion de sécurité routière, en leur déléguant des missions de service public à travers la mise en place des procédures dites des véhicules gravement endommagés initiation forces de l'ordre (VGE/FO), et des véhicules économiquement irréparables (VEI), lors d'une mise en fourrière (voir Partie 1, Titre 3) ou encore à l'occasion d'une demande d'immatriculation d'un véhicule en provenance des domaines dont le certificat de vente porte la mention « véhicule impropre à la circulation ». Pour cette raison, l'expert en automobile joue un rôle primordial lorsqu'un véhicule endommagé est dangereux ou irréparable (économiquement). Il est de sa responsabilité d'examiner le véhicule dans son intégralité, déterminer la méthodologie de réparation qui respecte la sécurité, et d'effectuer les contrôles nécessaires avant de lui donner son sauf conduit.

1860. Dans le cadre d'une mission habituelle, et conformément à l'article R. 326-2 du Code de la route, l'expert en automobile informe aussi, sans délai, le propriétaire du véhicule des déficiences découvertes au cours de ses investigations susceptibles de mettre en danger la vie de toute personne. Enfin, depuis le 1er juin 2009, il doit signaler au ministre de l'Intérieur les véhicules en raison de leur dangerosité post accidentelle (C. route, art. L. 327-5), de façon à les retirer provisoirement de la circulation, le temps de leur réparation. Ces missions revêtent beaucoup plus d'importance, dans les faits, que ne le laissent apparaître les chiffres : le comportement du conducteur étant en cause dans 90 % des accidents : l'état du véhicule est souvent un facteur aggravant : dans 35 % de ces mêmes accidents des problèmes de tenue de route ont été mis en évidence.

§ 1 ▪ Véhicules gravement endommagés (VGE)

1861. À la suite d'un accident, les forces de l'ordre peuvent notamment immobiliser toute voiture particulière et retirer, à titre conservatoire, son certificat d'immatriculation, en jugeant qu'elle n'est plus en état de circuler sans danger (C. route, art. L. 327-4). Lorsque l'expert qualifié pour le contrôle des véhicules endommagés (VE) confirme la présomption de dangerosité établie par les forces de l'ordre (C. route, art. R. 327-2-II), il détermine une méthodologie des réparations. Ces dernières feront alors l'objet d'un suivi et le véhicule sera remis en circulation qu'avec la garantie de « l'homme de l'art » (C. route, art. R. 327-2-IV).

1862. Toutefois, les nombreuses failles de ce dispositif, initié en 1986 sous la dénomination « véhicule gravement accidenté » (VGA), permettaient à 54 % des véhicules endommagés et présentant après un accident un danger immédiat de continuer à circuler. C'est pourquoi une réforme de cette procédure a été engagée par la loi n° 2003-495 du 12 juin 2003 renforçant la lutte contre la violence routière (JO du 13 juin 2003). Dorénavant elle permet de conjuguer la capacité de l'expert en automobile à intervenir directement sur des véhicules gravement endommagés à celle des forces de l'ordre.

1863. En d'autres termes, la nouvelle procédure qualifiée maintenant de « procédure VGE » est initiée de deux façons :

- par les forces de l'ordre qui interviennent dans le cadre d'une présomption de dangerosité infirmée ou confirmée par l'expert en automobile agréé ;

- par les experts en automobile eux-mêmes qui sont autorisés à informer le ministre de l'Intérieur lorsqu'ils constatent que les dommages relevés sur le véhicule mettent en cause la sécurité. À son tour, le ministre de l'Intérieur saisi par ce signalement avertit le propriétaire que son véhicule fait l'objet d'une interruption de circulation (C. route, art. L. 327-5).

§ 2 ▪ Véhicules économiquement irréparables (VEI)

1864. L'intervention de l'expert en automobile dans le processus de remise en circulation des véhicules accidentés par le biais d'un contrôle et d'un suivi des réparations, s'est étendue par la suite de la mise en place, en 1993, de la procédure dite des véhicules économiquement irréparables (VEI) : articles L. 327-1 à L. 327-3 du Code de la route. Certes, l'aspect déclencheur de la procédure est lié à la valeur des réparations par rapport à celle du véhicule assuré, mais il convient d'y associer, une fois encore, l'aspect sécuritaire, étroitement dépendant du critère de réparabilité technique.

1865. Cette procédure crée également l'obligation, pour l'assureur, de proposer au propriétaire du véhicule accidenté une indemnisation en perte totale avec cession du véhicule à son profit. Ce dernier dispose alors d'un délai de 30 jours pour l'accepter. Cette singulière obligation d'achat a le mérite d'assainir le parc des véhicules, ce qui sans nul doute, est un gage de sérieux pour tendre vers une meilleure sécurité.

1866. En cas de cession du véhicule à l'assureur, celui-ci est tenu de revendre à un acheteur professionnel pour destruction, récupération des pièces ou réparation. Dans cette dernière hypothèse, la procédure de remise en circulation est identique à celle des VGE, puisqu'il faut un rapport d'expertise garantissant que les véhicules ont fait l'objet des réparations prévues par le premier rapport et qu'il peut circuler dans les conditions normales de sécurité (C. route, art. L. 327-2).

1867. Lorsque l'assuré refuse la cession de son véhicule à l'assureur, on lui interdit de transférer le certificat d'immatriculation tant que le véhicule n'a pas fait l'objet des réparations touchant à sa sécurité. Quand le propriétaire décide de faire les travaux, il saisit un expert en automobile aux fins de veiller à ce que les opérations de remise en état se fassent correctement et de certifier, en fin de travaux, que le véhicule est en bon état de marche et de fonctionnement en conformité avec les normes de sécurité (C. route, art. L. 327-3).

Sous-section 3 ▪ La mission d'assistance

1868. L'expert en automobile n'est pas cantonné à un rôle d'évaluateur et la définition donnée par l'article L. 326-4 du Code de la route ouvre d'autres horizons. Il peut notamment exercer une mission d'assistance pour apporter sa compétence et son expérience en vue d'élucider les circonstances d'un sinistre, les causes techniques d'une difficulté ou d'un litige et d'établir justement les pertes éprouvées par le lésé.

§ 1 ▪ Lors d'un sinistre

1869. La mission d'assistance est en général mise en place, à la suite d'un sinistre, pour les besoins d'un assureur automobile ou d'un assureur de responsabilité civile.

A ▪ En assurance automobile

1870. Un accident de la circulation est le produit d'une relation défectueuse entre un ou plusieurs êtres humains, un ou des moyens de transports et un environnement routier. La recherche des facteurs qui ont déterminé l'accident est une mission parfois confiée à un expert en automobile. La compréhension de l'accident, par l'établissement des circonstances exactes dans lesquelles il est survenu, peut servir à aider les juristes à fixer les responsabilités.

1871. Le travail de l'expert en automobile repose sur l'observation de la réalité et sur une approche scientifique. Dans un premier temps, il est conduit à recueillir et réunir tous les éléments, souvent fugaces, d'un sinistre automobile (procès-verbal de gendarmerie, constat amiable, lieu de l'accident, photos des dommages, impacts sur une carrosserie,...). L'expert en automobile met tout en œuvre pour sauvegarder les éléments de preuve par la prise de mesures conservatoires adaptées.

1872. L'étude d'un accident comprend deux autres phases de travail : la reconstitution cinématique à l'aide de logiciels et l'analyse du scénario de l'accident et des paramètres accidentogènes.
L'expert en automobile s'attache à appliquer et respecter une méthode de travail au cours de toutes ses opérations.

B ▪ En assurance responsabilité civile

1873. Dans ce cas,l'expert en automobile est le prestataire de service privé de l'assureur de responsabilité civile (RC) du professionnel de l'automobile mis en cause. Il en résulte que ses investigations touchent à la détermination des causes techniques et circonstances du sinistre de responsabilité civile. L'expert en automobile dit si la réparation litigieuse a été effectuée conformément aux règles de l'art, aux prescriptions établies par le constructeur, décrit l'état dans lequel se trouve le véhicule expertisé et se vérifie que le dommage réclamé est imputable à l'intervention du professionnel, etc. En revanche, au cours des réunions d'expertise, l'expert RC se contente de vérifier et, le cas échéant, de critiquer les éléments de preuve apportés par le demandeur. Ses investigations doivent aussi permettre à l'assureur RC de contrôler que les conditions de la garantie sont remplies. L'expert signale audit assureur des faits qui pourrait poser des problèmes de garantie ou les risques d'un dépassement du montant de la garantie :

- l'activité mise en cause par le sinistre est-elle garantie ? Par exemple, il a été jugé pour le cas d'un professionnel qui a installé un téléphone dans un ensemble routier provoquant un incendie dans un établissement et la perte de quatre poids lourds, que son assureur RC ne peut être tenu à garantie pour cette activité, qui constitue un risque distinct : dans son contrat d'assurance l'activité indiquée est uniquement une activité de vente, et non d'installation, de différents matériels (civ. 2e, 5 févr. 2015, n° 13-27.854) ;
- le fait générateur du dommage ne rentre-t-il pas dans le champ d'application d'une clause d'exclusion ?
- tel poste de dommage n'est-il pas exclu de la garantie (dommages non garantis) ?
- les dommages n'excèdent-ils pas les plafonds de garantie stipulés dans le contrat d'assurance?

L'expert va enfin aller constater le dommage matériel, réclamé par le lésé, pour l'évaluer. Il communiquera cette prévision à l'assureur RC en même temps qu'il lui signalera tout dommage qui pourrait se révéler ou s'aggraver dans le temps (immatériels notamment).

§ 2 ■ Lors d'un litige

1874. L'expert en automobile est en général sollicité par un acheteur s'il s'agit d'un litige de la vente et par un donneur d'ordre si la réclamation concerne l'exécution d'un ordre de réparation. Au niveau d'un acheteur, plusieurs cas peuvent révéler ce besoin d'assistance, comme le fait d'être en possession d'un véhicule affecté d'un désordre le rendant inutilisable, ou d'un véhicule qui présente de graves faiblesses dissimulées par le vendeur. Tandis que le client d'un garagiste peut lui reprocher de ne pas avoir su le réparer.

1875. Dans ces situations, l'assistance de l'expert en automobile est requise pour :

- rechercher et préciser les causes d'un litige automobile, d'une anomalie de fonctionnement, ainsi qu'un défaut de fabrication ou de conception ou d'une malfaçon, afin de permettre de déterminer la responsabilité juridique éventuelle ;
- vérifier les éléments d'une réparation et d'une facturation.

À l'inverse, le vendeur et le maître d'œuvre peuvent pour eux-mêmes également être intéressés par une mission d'assistance dans le cadre de l'instruction du litige.

1876. Ces dernières années, l'assurance de protection juridique (V. B. Cerveau, L'assurance de protection juridique, éd. L'Argus, 2006.) a beaucoup favorisé le développement de cette activité d'assistance des experts en automobile. Pour cela, deux types de mission ont été élaborés (S. Maignan, L'expertise protection juridique, L'expert, n° 35, juill. 1999. 27) :

- la mission d'information, dont le but est d'apprécier l'environnement du sinistre. Elle permet d'estimer les coûts financiers du litige, de le dater et, enfin, d'apprécier l'identité de l'adversaire. Dans ce cadre, l'expert ne rencontre que l'assuré ;
- la mission contradictoire : l'expert intervient en présence de l'adversaire ou des adversaires. Son objet est d'apprécier le litige, de déterminer les solutions techniques et de les chiffrer, mais aussi de rechercher un accord amiable dont l'aboutissement sera la rédaction d'un protocole d'accord, dans lequel les engagements pris par les parties seront concrétisés par écrit.

Cette seconde mission montre que l'expert en automobile peut aussi assister son client pour toute mise au point d'une transaction. Le conseiller, le cas échéant, au cours de la négociation afin qu'il souscrive à l'offre de transaction que la partie adverse envisage.

Section 2 ▪ L'expert en automobile

Sous-section 1 ▪ Formation

1877. Pour devenir expert en automobile, il faut obtenir le diplôme d'expert en automobile délivré par le ministère de l'Éducation nationale. Ce diplôme d'enseignement supérieur sanctionne une formation post-secondaire et/ou professionnelle d'une durée de cinq ans comprenant :
- un enseignement théorique d'une durée moyenne de deux années, partiellement harmonisé avec certains diplômes de l'enseignement supérieur en relation avec l'automobile (BTS, DUT, écoles d'ingénieurs) et, organisé en deux parties :
  • l'enseignement général (unité A),
  • l'enseignement technologique (unité B) ;
- une période d'activité d'expertise de deux ans, organisé par le cabinet d'expertise d'accueil, permettant l'accès aux épreuves finales du diplôme d'expertise en automobile (unité C).

1878. À noter que le législateur fait une distinction entre l'acquisition de la qualité d'expert en automobile et l'exercice de l'activité, définie par l'article L. 326-4 du Code de la route, subordonné à l'inscription sur la liste nationale des experts en automobile (V. Section 4).

§ 1 ▪ Présentation du diplôme

A ▪ Historique

1879. En 1974 est créé un brevet professionnel d'expert en automobile délivré par le ministère de l'Éducation nationale (décr. n° 74-472 du 17 mai 1974 : JO du 19 mai 1974). Les épreuves de cet examen théorique et pratique étaient ouvertes soit aux candidats ayant exercé, pendant cinq années au moins, une activité leur conférant une pratique de la réparation automobile, soit aux titulaires de diplômes de l'enseignement supérieur dans le secteur industriel et technologique : brevet de technicien supérieur, diplôme universitaire de technologie, diplôme d'ingénieur.

1880. L'évolution constante des techniques (construction et réparation automobile) et des matériaux ont conduit la profession et les pouvoirs publics à travailler sur une nouvelle version de l'examen. Depuis le décret n° 95-493 du 25 avril 1995 (JO du 2 mai 1995), c'est le diplôme d'expert en automobile qui donne accès à la profession, en application de l'article L. 326-1 du Code de la route (modif. par ord. n° 2008-507 du 30 mai 2008 : portant transposition de la directive 2005/36/CE du Parlement européen et du Conseil du 7 septembre 2005 relative à la reconnaissance des qualifications professionnelles). Ce texte institue un diplôme d'État classé niveau III dans la nomenclature des niveaux de formation de l'éducation nationale et exige du candidat de posséder au minimum un diplôme de niveau IV reconnu par l'Éducation nationale pour se présenter aux épreuves.

1881. Le nouveau diplôme a supprimé l'accessibilité à la profession par la reconnaissance professionnelle, après cinq ans de pratique de la réparation automobile. Elle avait permis notamment à d'anciens militaires ou garagistes d'entrer dans la profession sans avoir, au préalable, à justifier d'un niveau d'étude minimum.

B ▪ Épreuves

1882. L'examen conduisant à la délivrance du diplôme d'expert en automobile comprend trois unités de contrôle. Il est organisé une session d'examens par an dans le cadre académique ou inter-académique.

1 ▪ Unité A

1883. L'unité de contrôle A est composée de deux épreuves :
-culture générale et expression (4 heures) ;
-mathématiques (2 heures) et sciences physiques (2 heures).
Ces épreuves de cette unité répondent aux mêmes finalités, objectifs et modes d'évaluation que celles du brevet de technicien supérieur « après-vente automobile » défini par l'arrêté du 26 juin 2007 modifié, exception faite des coefficients.
Les candidats qui ont obtenu une moyenne égale ou supérieure à 10 sur 20 sont déclarés admis.

2 ▪ Unité B

1884. L'unité de contrôle B est composée d'une épreuve : analyse des systèmes et contrôle des performances (6 heures).
Les candidats qui ont obtenu une moyenne égale ou supérieure à 10 sur 20 sont déclarés admis.

3 ▪ Unité C

1885. L'unité de contrôle C est composée de trois épreuves professionnelles :
- analyse et contrôle des véhicules (3 heures) ;
- véhicule gravement endommagé (1 heure) et connaissances juridiques (2 heures) ;
- expertise d'un véhicule (2 heures).
Les candidats qui ont obtenu une moyenne égale ou supérieure à 10 sur 20 à chaque épreuve de l'unité de contrôle C sont déclarés admis.

4 ▪ Conditions d'admission

1886. Les candidats réputés admis à l'examen sont ceux qui ont obtenu l'unité C.
Les candidats peuvent s'ils le souhaitent conserver les notes égales ou supérieures à 10 sur 20 obtenues à une des épreuves constitutives d'une unité de contrôle pendant cinq ans.
Les candidats conservent pendant cinq années suivant la date de l'examen le bénéfice des unités de contrôle auxquelles ils ont été déclarés admis.

C ▪ Régime des dispenses

1887. L'arrêté du 31 juillet 2012 portant définition du diplôme d'expert en automobile (JO du 29 août 2012) détermine les dispenses d'unités de contrôle accordées à certains candidats en raison des diplômes qu'ils ont acquis antérieurement.

1 ▪ Dispense de l'unité de contrôle A

1888. Sont dispensés de l'unité A, les titulaires des diplômes suivants :
- brevet de technicien supérieur du secteur industriel ;
- diplôme universitaire de technologie du secteur industriel ;
- diplôme d'ingénieur.

2 ▪ Dispense de l'unité de contrôle B

1889. Sont dispensés de l'unité B, les titulaires des diplômes suivants :
- brevets de technicien supérieur :
  - maintenance et après-vente des véhicules option VP et VI », option VP et VI,
  - après-vente Automobile, option VP, VI, Motocycles,
  - exploitation des véhicules à moteur,
  - moteur à combustion interne,
  - agroéquipement,
  - machinisme agricole,
  - génie des équipements agricoles,
  - maintenance après-vente des engins de travaux publics et de manutention.
- diplôme universitaire de technologie :
  - génie mécanique option automobile.
- diplôme d'ingénieur :
  - diplôme de l'École supérieure des techniques aéronautiques et de construction automobile (ESTACA), « option automobile »,
  - ISAT (Nevers).

Les titulaires de ces diplômes ne devront subir que les épreuves de l'unité de contrôle C.

§ 2 ▪ L'expert en formation

A ▪ La finalité

1890. Dans la hiérarchie des études d'expertise en automobile, la période d'activité d'expertise en qualité d'expert en formation se situe immédiatement après l'acquis des connaissances théoriques de base.
Cette période doit être effectuée au sein d'un cabinet ou d'une entreprise d'expertise pour permettre de placer l'intéressé dans des situations lui donnant la faculté d'appréhender l'ensemble des tâches relatives au métier d'expert en automobile.
Les capacités de l'expert en formation sont mises à contribution dans trois types de domaine : technique, administratif, communication et relations humaines.

1 ▪ Technique

1891. L'expert en formation doit acquérir progressivement les compétences nécessaires à :
- la mise en œuvre d'une procédure d'expertise en respectant les lois et règlements dans le cadre de sa mission ;
- l'analyse des causes et des incidences d'un sinistre, d'une anomalie, d'un vice caché... et des dommages causés sur les différentes fonctions et les constituants qui assurent ses fonctions ;
- l'analyse des incidents et accidents dans le cadre de la prévention des sinistres : il proposera et élaborera des procédures de remise en état et calculera un coût (d'intervention, d'immobilisation, d'investissement...).

2 ▪ Administratif

1892. L'expert en formation s'intéressera à l'organisation et aux actions à conduire dans un cabinet ou une entreprise d'expertise (productivité, gestion, qualité...).

B ▪ Les conditions de fond

1893. Aux termes de la loi, un candidat peut être recruté au sein d'un cabinet d'expertise en qualité d'expert en formation que si ce dernier réunit les conditions requises touchant : au niveau d'étude ; à l'expérience professionnelle ; aux conditions d'honorabilité.

1 ▪ Le niveau d'étude

1894. Le candidat doit être en principe titulaire d'un diplôme de niveau IV reconnu par l'Éducation nationale (baccalauréat, baccalauréat professionnel, brevet de technicien, brevet de maîtrise ou encore brevet professionnelle).
Dans la pratique, ce minimum légal est en général jugé insuffisant par un cabinet d'expertise intéressé. L'impétrant sera recruté que si dernier possède déjà les unités A et B du diplôme d'expert en automobile ou un diplôme qui en exempte.

2 ▪ L'expérience professionnelle

1895. Il est exigé que le candidat justifie, sur trois années au minimum, de l'exercice d'une activité lui conférant une pratique de la réparation automobile.
Les activités visées par cette expérience professionnelle sont : mécanique, carrosserie, peinture, électricité automobile. Le candidat devra en justifier de l'exercice, mais la loi ne précise pas les conditions dans lesquelles a été obtenu l'exercice de ladite activité.
Les périodes de formation en alternance sont admises et retenues par l'Éducation nationale, au prorata du temps passé en entreprise (environ 50 % du temps).

1896. La durée de cette expérience professionnelle peut être ramenée à un an (ou une année post-BTS) s'il possède certains diplômes :
- brevet de technicien supérieur (« maintenance et après-vente des véhicules, option voiture particulière et véhicule industriel » devenu « après-vente des véhicules automobiles », option VP, VI, Motocycles, « exploitation des véhicules à moteur », « moteur à combustion interne », « agroéquipement », « machinisme agricoles », « maintenance après vente des engins de travaux publics et de manutention »;
- diplôme universitaire de technologie « génie mécanique option automobile » ;
- diplôme d'ingénieur (diplôme délivré par l'ESTACA, par l'ISAT à Nevers et diplômes d'ingénieur délivrés par les écoles figurant sur la liste des établissements habilités à délivrer un diplôme d'ingénieur en application du Code de l'enseignement technique).

1897. L'année post-BTS « maintenance et après-vente des véhicules, option VP et VI », devenu « après-vente des véhicules automobiles », « exploitation des véhicules à moteur », « moteur à combustion interne », dispensée dans certains lycées professionnels et reconnue par l'Éducation nationale, équivaut à l'année d'expérience professionnelle en réparation automobile.

3 ▪ Conditions d'honorabilité

1898. Les qualités relatives à l'honorabilité du candidat sont contrôlées au moment de son inscription au diplôme, par le service des examens qui doit refuser le dossier de celui qui ne les possède pas.
Ces qualités correspondent aux exigences légales de l'article L. 326-2 du Code de la route :
- ne pas avoir été l'auteur de faits ayant donné lieu à une condamnation pour vol, escroquerie, recel, abus de confiance, agressions sexuelles, soustraction commise par un dépositaire de l'autorité publique, faux témoignages, corruption ou trafic d'influence, faux ;

- n'avoir pas été condamné pénalement pour un délit puni des peines du vol, de l'escroquerie ou de l'abus de confiance.

1899. Ce renvoi *in fine* à tout délit puni des peines du vol, de l'escroquerie ou de l'abus de confiance. À notre sens, il faut l'interpréter à la lumière de faits de même nature que ceux visés. Nous pensons à la condamnation d'un candidat pour tout fait constituant un manquement à l'honneur ou à la probité. Aussi, lorsque le casier judiciaire n'est pas vierge et que le délit ne figure pas dans l'énoncé de l'article L. 326-2 du Code de la route, cette opération de qualification (de faits contraires à l'honneur ou à la probité) revient au recteur d'académie chargé de vérifier si les mentions inscrites sur le bulletin n° 2 sont compatibles avec l'exercice de la profession d'expert en automobile. Par exemple, la qualification serait envisageable pour un candidat sanctionné auparavant en tant qu'expert comptable pour violation du secret professionnel, mais pas pour un candidat puni pour homicide involontaire à l'occasion de la conduite d'un véhicule.

C ▪ Période d'activité en qualité d'expert en formation

1 ▪ Le statut

1900. La période de formation professionnelle dure deux ans. Elle doit être accomplie à temps complet pour que le candidat soit admis, en fin de période, à subir les épreuves de l'unité C du diplôme d'expert en automobile.
C'est au 1er octobre de l'année de l'examen que les candidats au diplôme d'expert en automobile doivent avoir accompli les deux années de la période de formation professionnelle en cabinet ou entreprise d'expertise automobile.

1901. Au cours de cette période d'activité, l'expert en formation est salarié d'un cabinet ou d'une entreprise d'expertise. A ce titre, il occupe un poste de travail et est intégré au fonctionnement de l'entreprise.
L'expert en formation peut accomplir certains actes de la profession sous la condition de rendre compte à son maître de stage qui dirige l'exécution de son travail. Ce qui le place sous la dépendance technique et intellectuelle de ce dernier.
Aux termes de l'annexe V de l'arrêté du 31 juillet 2012, les actes visés sont : l'examen du véhicule sinistré, son identification, le relevé des dommages, la discussion contradictoire avec le réparateur, le chiffrage des dommages et/ou calcul de la valeur du véhicule.

1902. Cette activité est licite puisque c'est une condition réglementaire pour accéder à la profession d'expert en automobile (décr. n° 95-493 du 25 avr. 1995, art. 5, c : JO 2 mai 1995). Toutefois l'expert en formation veillera durant sa pratique à ne pas à usurper le titre d'expert en automobile.
Le délit d'usurpation peut être retenu contre un expert en formation. Les éléments de l'infraction, tant matériels qu'intentionnels, sont caractérisés lorsqu'un expert en formation s'arroge au cours de ses activités le titre d'expert en automobile en signant dans le cadre réservé à l'expert le procès-verbal d'expertise, sans qu'apparaisse sa qualité d'expert en formation (Crim., 10 mai 2000, n° 99-81.214).

1903. L'expert en formation doit satisfaire à certaines obligations comme de participer aux cours de perfectionnement dans le cadre du plan de formation de l'entreprise ou du cabinet d'accueil. Selon la convention collective nationale des cabinets ou entreprises d'expertises en automobile (art. 11.11), « le stagiaire effectue une période de formation en relation directe avec l'activité du salarié, dans l'intérêt de la profession, de huit jours minimum consécutifs ou non, par année civile, jusqu'à l'obtention de son diplôme d'état en vigueur ».

1904. Par ailleurs, les experts en formation étant titulaire d'un contrat à durée indéterminée, une formation spécifique peut être mise en œuvre pour préparer les épreuves de l'unité C du diplôme d'expert en automobile dans le cadre d'une période de professionnalisation. Elle se déroule sur le principe de l'alternance en associant séquences de formation et activités professionnelles dans le cabinet. Cette formation à l'unité C (droit, expertise, contrôle technique, dossier VGE) est organisée par la profession.

2 ▪ Le déroulement du stage

a - Phase d'observation

1905. Durant cette période, l'expert en formation suit son maître de stage dans ses différentes activités. Cette durée est fonction des aptitudes de l'intéressé et est laissée à l'appréciation du maître de stage. Il prend connaissance du milieu professionnel (historique, textes réglementaires, monographie/déontologie et environnement), du traitement administratif (mission, déroulement d'une expertise, conclusions/rapports, archivage) et des manuels techniques. Cette phase permet notamment à l'expert en formation de percevoir avec acuité l'organisation d'un cabinet d'expertise ou d'une entreprise d'expertise, les moyens utilisés et leur exploitation informatique.

b - Phase « d'immersion professionnelle »

1906. Au cours de cette période, l'expert en formation réalise, en situation opérationnelle, toutes formes d'expertises de difficultés croissantes. À la différence des experts en automobile diplômés, l'expert en formation, placé sous le contrôle et la responsabilité de son maître de stage, reçoit des instructions pour l'exécution de son activité d'expertise (du point de vue technique). Si, au début, le maître de stage peut être amené à l'accompagner sur le terrain son rapidement, il contrôle l'exécution de son activité au cours de séances de travail, aménagées entre eux, et réservées aux rendus d'expertise. À leur issue, le maître de stage peut, parfois, décider d'examiner à nouveau certains véhicules.

1907. Bien que non diplômé, l'expert en formation peut donc pratiquer certains actes de la profession (voir supra). Par contre, elle doit être effectuée sous la tutelle d'un expert en automobile diplômé et dans un cadre déterminé. Par exemple, il faut prendre toute mesure pour éviter de laisser croire que l'expert en formation agit en qualité d'expert diplômé: comme mettre à sa disposition des documents (procès-verbal d'expertise) sur lesquels est prévue une case réservée à la signature de l'expert en formation. Pour ne pas l'avoir fait, le délit de complicité d'usurpation peut-être retenu contre un maître de stage (Crim., 10 mai 2000, n° 99-81.214).

1908. Enfin, toutes les productions des experts en formation doivent être contresignées par le maître de stage ou signées sous la qualité d'expert en formation. Le rapport d'expertise est, dans tous les cas, établi sous le nom du maître de stage. Le travail accompli n'engage pas la responsabilité civile personnelle de l'expert en formation. Par contre, sa faute engage sa responsabilité.
Durant cette phase, le candidat rédige un mémoire qu'il devra présenter pour l'épreuve de l'unité C de l'examen.

Sous-section 2 . Déontologie

1909. On enseigne traditionnellement que la règle morale est autonome par rapport à la règle juridique. À cet égard, la déontologique cristallise cet entre-deux et même s'il ne faut pas nécessairement accorder un crédit absolu à l'affirmation de ces règles, il en existe un certain nombre qui guident le juge.

1910. Toutes les règles de conduite de l'expert en automobile sont insérées dans les codes d'honneur ou de déontologie publiés par les organismes professionnels (CSNEAF et CSNEAMI devenus ANEA et UPEAS), ou encore à travers des chartes de bonne conduite établies dans les relations qu'entretient un particulier avec les réparateurs automobiles. Ils renferment ainsi l'ensemble des devoirs qui s'imposent au technicien notamment sur les plans suivants : qualités individuelles, relations avec les parties au sinistre et confraternelles.

§ 1 . Au niveau national

A . Qualités individuelles

1911. Il est beaucoup demandé à l'expert en automobile quant à ses qualités individuelles, et cela est bien normal, en raison de l'importance du rôle qu'il est amené à jouer directement ou indirectement dans le règlement du sinistre automobile et plus largement en matière de sécurité routière. Si l'existence de ces qualités fait l'objet d'un examen extérieur par l'autorité de contrôle qui établit la liste annuelle des experts en automobile, il n'en demeure pas moins que l'expert en automobile lui-même doit vérifier qu'il possède bien toutes les qualités requises pour effectuer la mission qui lui est confiée.

1 . Probité

1912. L'honnêteté de l'expert en automobile ne saurait donner prise à la moindre critique. La qualité d'expert en automobile est incompatible avec tout fait contraire à l'honneur ou à la probité. C'est pourquoi, en cas de condamnation, pour de tels faits, le tribunal peut, à titre de peine complémentaire, lui interdire l'exercice temporaire ou définitif de la profession (C. route, art. L. 326-9). Peu importe que le comportement répréhensible ait été commis dans ou en dehors de l'exercice de l'activité professionnelle de l'expert.

2 . Caractère

a - Autorité

1913. À aucun moment l'expert en automobile ne doit faire acte d'autoritarisme ou d'arbitraire, ce qui ne ferait que ternir les relations de collaboration qui doivent nécessairement s'instaurer entre lui et la où les parties. Il doit faire autorité. Celle-ci doit être propre à l'expert en automobile : mais elle est, le plus souvent, la résultante normale de l'étendue de ses connaissances techniques et de son expérience qui lui permette avec sûreté et rapidité d'évaluer les dommages au véhicule, de déterminer les causes réelles d'un accident ou d'une panne.

b - Sang-froid

1914. L'expert en automobile doit savoir en toute circonstance conserver son calme et avoir une grande maîtrise de soi comme un parfait sang-froid. Dès lors qu'il est amené à entrer en discussion avec les parties ou leurs conseils (techniques et/ou juridiques), il doit se montrer aimable et courtois avec eux.

c - Humilité

1915. Il importe aussi que l'expert en automobile reste humble. Il doit étudier les observations de ses clients et des autres intervenants. Mais aussi reconnaître ses erreurs qui ne doivent en aucun cas être dissimulées. Dans le cas de l'expert en automobile salarié, la seule conduite à tenir consiste à informer sa hiérarchie dès la constatation de l'erreur. Enfin, l'expert en automobile doit savoir refuser les missions qui lui sont hors du champ de sa compétence technique, en donnant à celui qui le désigne, la raison de ce refus.

3 ■ Compétence

1916. L'expert en automobile est avant tout un homme compétent. Grâce à ses connaissances, la pratique qui apporte l'expérience, il doit posséder une parfaite maîtrise des techniques utilisées dans son domaine, qu'il s'agisse d'électricité automobile, de mécanique, de tôlerie, de peinture et depuis ces dernières années, d'électronique.

1917. L'expert en automobile s'attache donc à :
- consacrer à chaque mission le temps et le soin qu'elle requiert, de manière à ne conclure qu'avec certitude et ne rien affirmer qu'il ne puisse justifier ;
- donner son avis sans égard au désir, même secret, de celui qui le consulte et se prononcer avec la plus absolue sincérité ;
- parfaire l'ensemble des connaissances nécessaires à l'exercice de sa profession.

4 ■ Indépendance

1918. L'indépendance est une valeur inhérente au statut légal de l'expert en automobile. Aussi doit-il veiller en permanence à ce que son impartialité ne puisse être mise en doute. En particulier, on relève dans les règles de conduite d'une grande société d'expertise que l'expert en automobile s'interdit de détenir des intérêts financiers directs dans une entreprise relevant des secteurs du négoce, de la réparation automobile et de l'assurance (activité d'intermédiation notamment : C. assur., art. L. 500 et s.). Mais aussi que l'expert automobile ne sera pas affecté dans une zone géographique comprenant un établissement du négoce de la réparation automobile avec lequel il entretient des relations personnelles. La prudence doit convenir à l'acceptation des cadeaux et, le cas échéant, ils doivent être restitués à leur donateur si leur valeur n'est pas raisonnable. L'expert en automobile s'interdit encore de profiter de son activité professionnelle pour retirer des avantages tarifaires qui ne seraient pas accessibles à un public averti à l'occasion de l'achat ou de la vente de son véhicule personnel neuf ou d'occasion. En tout état de cause, l'achat et la réparation de véhicules accidentés sont proscrits.

B ■ Relations avec les parties au sinistre

1 ■ Les clients

1919. L'expert en automobile met au service de son client (entreprise d'assurance, professionnel, particulier...) son concours et son savoir, ainsi que son expérience et son honnêteté pour l'exécution de la mission qui lui a été confiée dans le respect de son cahier des charges et de la réglementation qui s'impose à lui. Il veille à donner un avis impartial, en ne cédant à aucune pression ou influence de quelque nature que ce soit. Il accorde aussi une attention toute particulière pour éviter, par ses propos ou son attitude, de laisser croire qu'il est chargé de représenter son client.

1920. L'expert en automobile doit se récuser de lui-même s'il s'aperçoit qu'il ne peut être indépendant. Par exemple, lorsque dans l'affaire pour laquelle il reçoit une mission, l'une des parties prenantes (assuré, garagiste, etc.) fait partie de ses relations étroites (familiales ou privées) ou que sont en jeu les intérêts d'une personne pour laquelle il aurait déjà effectué une mission. Le code de déontologie de la profession laisse la faculté à l'expert en automobile d'user, « pour des raisons dont il reste seul juge », de sa clause de conscience pour se dégager de sa mission en cours, mais à condition « de ne jamais nuire à son mandant » (au sens de client). Un manquement au devoir de coopération du client de l'expert en automobile est un motif légitime permettant à l'expert de se dégager de sa mission (CA Caen, 27 janv. 1998, JA mars 1998. 146).

1921. Il s'interdit d'émettre toute critique à l'égard de ses clients ou de nuire à leurs intérêts. On relève ainsi que l'expert en automobile envisageant de cesser son activité s'impose d'en informer ses donneurs d'ordre institutionnels au moins six mois avant la cessation effective et s'engage à terminer les dossiers en cours, dans le respect des règles d'usage.

1922. Le propre du professionnel libéral est d'établir avec ses clients un climat de confiance indispensable à l'accomplissement de sa mission. Le devoir de discrétion garantit au client la confidentialité des informations qu'il peut confier à l'expert en automobile et/ou celles dont ce dernier a connaissance dans l'exercice de sa profession.

1923. À noter toutefois, que le statut légal ne soumet pas expressément les experts en automobile au secret professionnel et que les obligations réglementaires ou les usages suivants imposent certaines communications d'informations :
- transmission d'une copie du rapport au propriétaire du véhicule ;
- informations sur les désaccords ou le caractère dangereux du véhicule ;
- conseils au propriétaire du véhicule ;
- communication des conclusions à un confrère dûment missionné à la suite du même sinistre ;
- information aux autorités officielles (administration, justice...).

1924. L'expert en automobile facture ses honoraires à son juste prix au regard de la qualité du service rendu, de la technicité développée et du niveau des responsabilités encourues. Il doit communiquer à la personne qui envisage de faire appel à lui le prix de sa prestation (C. route, art. R. 326-1) et s'interdit de réduire ses honoraires dans un intérêt concurrentiel, comme de solliciter une clientèle soit par le rabais, soit par des ristournes en argent ou en nature, soit par des promesses à des tiers.

2 ▪ Les propriétaires de véhicules

1925. Il est indispensable que l'expert en automobile entretienne des relations courtoises avec les propriétaires des véhicules qu'il expertise. L'expert en automobile doit :
- être disponible pour effectuer la mission confiée avec la meilleure diligence dès lors que la privation temporaire d'un véhicule ou un retard dans la gestion du dossier peut porter préjudice ;
- faire l'effort de rendre immédiatement compréhensible des considérations techniques qui influent sur le dossier ;
- informer de tout élément pouvant entraîner la mise à la charge du propriétaire d'une dépense inattendue ;

- fournir des explications techniques ou des conseils relatifs à sécurité routière.

3 ▪ Les réparateurs

1926. Dans tout les cas de figure, l'expert en automobile s'attache à conserver une attitude neutre, dictée par son impartialité, et à respecter les règles de l'expertise amiable et contradictoire.

1927. L'expert en automobile doit :
- rappeler que seul le propriétaire du véhicule expertisé a qualité pour donner l'ordre de réparation ;
- rechercher avec le réparateur un accord librement négocié tenant compte des règles de l'art et de la concurrence locale ;
- informer simultanément les parties concernées (réparateur, assureur, client) de tout désaccord sur une évaluation. L'expert en automobile s'explique alors par des arguments techniques, objectifs et s'interdit tout jugement de valeur sur le réparateur ;
- reprendre dans le rapport d'expertise les termes de la proposition de réparation établie contradictoirement avec le réparateur. Sachant que les travaux seront, le cas échéant, effectués sous la seule autorité du réparateur choisi : l'expertise n'est pas une prestation de maîtrise d'œuvre.

1928. Enfin, on observe que les règles de conduite, en vigueur au sein du BCA, prévoient de soumettre les différents entre experts en automobile et réparateurs à une commission paritaire chargée de donner un avis technique argumenté sur le respect des règles de l'art et de la concurrence locale.

Charte de bonne conduite

Depuis juillet 2008 les organisations professionnelles de la réparation automobile (CNPA, FNAA, et GNCR) et de l'expertise (ANEA) ont signé une charte de bonne conduite prônant la nécessitent d'établir entre experts et réparateurs des relations équilibrées et durables. Le document met en avant le fondement premier des rapports entre ces professionnels à savoir le respect mutuel. L'expertise reste donc contradictoire et les experts en automobile et les réparateurs s'engagent par conséquent à « faciliter » leurs discussions en réglant au mieux les éventuels litiges qui surviendraient dans leurs relations quotidiennes.
Dans ce sens, une information tracée assure le suivi des travaux, et les opérations d'expertise sont encadrées par des délais qui s'imposent aux deux techniciens.
Tout désaccord entre l'expert et le réparateur est mentionné sur le document de référence. À cet égard, des procédures alternatives de règlement des litiges (PARL) et des commissions de recours régionales ont été mises en place. Par ailleurs, en cas de contestation sur une question de principe, le différend est porté devant une commission nationale de recours.
Enfin, un comité de suivi composé de différents signataires se réunit annuellement pour suivre l'évolution du texte et assurer son application.

C ▪ Devoirs envers ses confrères

1929. Les relations confraternelles sont empreintes à la fois de beaucoup de décence et de solidarité, sans oublier les règles de conduites qui doivent être observées dans un même dossier.

1 ▪ Décence

1930. La décence exige de l'expert en automobile qu'il observe scrupuleusement les règles que la conscience édicte dans ses rapports avec ses confrères. Aussi s'interdit-il de porter atteinte au respect de l'un de ses confrères par la tenue de propos malveillants (dénonciations) de nature à le discréditer, au contraire il s'obligera à défendre son honneur en toute circonstance. D'une façon générale, il s'abstient de tout écrit public ou privé, toute manœuvre susceptible de nuire à ses confrères. En cas de dissentiment avec un confrère, l'intéressé est tenu pour le moins de tenter de se réconcilier avec celui-ci. S'il n'y parvient pas, il est prévu que l'organisme professionnel désigne un conciliateur.

2 ▪ Attitude à tenir dans un dossier commun

1931. Les principes suivants doivent être appliqués :
- informer aussitôt son confrère de sa désignation ;
- proposer un échange de vue dans le respect du principe de la contradiction ;
- faire part de leurs conclusions respectives pour s'efforcer de les harmoniser sans attendre qu'elles soient établies unilatéralement ;
- proposer en cas d'opinions résolument divergentes la nomination d'un tiers expert ;
- prendre en considération les dires d'un confrère et y répondre dans le rapport ;
- tenir informer son confrère de toute difficulté survenue après le dépôt de ses conclusions.

1932. Si après une première expertise, le dossier du même véhicule endommagé est confié à un confrère, il y a lieu de lui communiquer les constatations effectuées, la méthode d'évaluation et les éléments retenus pour les calculs et, plus largement, toutes informations utiles en cas de procédure réglementée (type VGE ou VEI).

3 ▪ Solidarité

1933. La solidarité évoque l'entraide que les experts en automobile doivent se porter mutuellement. L'accomplissement de cette obligation morale s'impose notamment toutes les fois qu'un confrère est empêché (maladie) ou disparu (décès).

a - Confrère remplacé

1934. Avant d'accepter une mission en remplacement d'un confrère, l'expert en automobile doit en informer ce dernier.
Par ailleurs, il s'assure que ce changement n'est pas motivé par des considérations illégitimes et que les honoraires dus à son prédécesseur ont été payés. Au cours de cette mission, il se garde bien de faire toute critique personnelle ou professionnelle, à l'encontre de celui qu'il aura remplacé.

b - Confrère empêché

1935. L'absence d'un confrère pour des raisons médicales crée obligation pour son voisin de lui porter assistance. Au préalable, un accord est pris avec le confrère ou le collègue empêché ou sa famille sur la fixation des honoraires.

c - Confrère décédé

1936. Les organisations professionnelles n'ont pas mis en place de convention organisant, dans ces situations, l'intervention d'un confrère pour administrer provisoirement le cabinet, à la demande - bien entendu - des héritiers ou ayants droit du de cujus.

Elles ont jugé plus favorable de se réserver, durant une période de six mois au minimum, l'exclusivité des démarches auprès des clients du cabinet aux fins d'assurer la sauvegarde des intérêts des ayants droit du disparu, sauf décision contraire de ces derniers.
Dans ce même ordre d'idée, l'expert en automobile s'interdit vis-à-vis d'un confrère décédé de prendre des initiatives sans l'agrément formel de son organisation professionnelle.

d - Clientèle d'un confrère

1937. Les obligations confraternelles sont à considérer sous le double rapport des relations entre un ancien salarié ou associé et le cabinet d'expertise pour lequel il a exercé et celles d'un succédé à l'égard de son successeur.

1938. Le devoir de délicatesse interdit à l'expert en automobile salarié tout agissement visant à détourner la clientèle de son ancien employeur. Aussi après son départ, il évite d'exercer dans un lieu le mettant en concurrence directe avec lui, de provoquer et d'accepter des missions d'expertise de toute société d'assurances ou autres clients pour le compte desquels ledit cabinet d'expertise opère.
En cas de succession à la tête d'un cabinet d'expertise, l'expert en automobile qui se retire s'empêche, pour les mêmes raisons, à ne plus exercer la profession sur les territoires ou se trouve la clientèle de son succédé.

1939. En pratique, ces obligations déontologiques se sont transformées en de véritables obligations juridiques compte tenu de leur généralisation à l'intérieur, pour la première, des contrats individuels de travail et, pour la seconde, des conventions dite de « présentation de clientèle ».

§ 2 ▪ Au niveau européen

A ▪ Directive « services »

1940. La libre circulation à intérieur de l'Union européenne (UE) des activités de services fournies par les experts en automobile repose sur les libertés fondamentales garanties par les articles 43 et 49 du Traité CE, à savoir la liberté d'établissement (LE) et la libre prestation de service (LPS). Le recours à ces libertés reste toutefois assujetti à la condition, en régime de libre établissement, de satisfaire aux règles en vigueur dans l'État d'accueil justifiées par des raisons impérieuses d'intérêt général, relatives notamment à la protection des consommateurs, et à condition, en régime de libre prestation de services, de satisfaire aux règles communautaires régissant le droit applicable aux obligations contractuelles et non contractuelles (V. Traités « Rome I » et « Rome II »), y compris celles garantissant que les consommateurs bénéficient de la protection contenue dans la législation de consommation en vigueur dans leur État membre.

1941. À cet égard, la directive 2006/123/CE du Parlement européen et du Conseil du 12 décembre 2006, relative aux services dans le marché intérieur (JOUE, n° L376 du 27 déc. 2006) représente une avancée importante en vue de faciliter la mobilité du prestataire parallèlement à la liberté de choix du consommateur. Pour réaliser ce véritable marché, la directive impose, d'ici le 28 décembre 2009 (fin de la période de transposition de la directive), aux États membres de supprimer un certain nombre d'exigences constitutives d'obstacles aux activités de services (telles que l'exigence de nationalité). De plus elle favorise la valorisation de la qualité des services en encourageant l'élaboration de codes de conduite européens par les organisations professionnelles (dir. 2006/123, art. 37 § 1). L'objectif est de fixer dans le cadre d'une démarche, dite d'autorégulation, des règles minimales de conduite et de compléter les exigences juridiques des États membres, mais sans avoir pour objectif d'interdire aux États membres, conformément toutefois au droit communautaire, de légiférer de manière plus stricte.

1942. En effet, l'édiction d'un code de conduite au niveau européen doit permettre de facilité l'accès d'un marché dans lequel le prestataire n'est pas établi. En consacrant une vision européenne du marché des prestations de services, le code de conduite européen rassure les consommateurs sur la qualité de ces services et accroît la confiance dans les services transfrontaliers. D'autant plus si le service concerné est délivré par un acteur d'une profession réglementée. En effet, au titre de l'une de leur caractéristique principale, on trouve la volonté des professionnels de se conformer à des normes déontologiques qui dépassent les conditions légales minimales. Et tous ceux qui ont recours à de tels services s'attendent à ce qu'il soit fourni dans le même cadre de normes éthiques et les standards de pratique qui s'appliquent dans leur État.

1943. S'agissant de la profession d'expert en automobile, il est apparu à la Fédération internationale des experts en automobile (FIEA) que les règles nationales concernant l'exercice de l'activité d'expert en automobile demeurent disparates selon les États membres, en dépit des progrès de l'harmonisation communautaire. Aussi dans le prolongement direct des réflexions menées au niveau communautaire, tant par la commission européenne que par les associations professionnelles comme le Conseil européen des professions libérales (CEPLIS), la FIEA a pris l'initiative de fédérer les professionnels européens de l'expertise automobile pour qu'ils se mettent d'accord entre eux sur l'établissement de règles communes de conduite au niveau européen.

B ▪ Le code de déontologie européen des experts en automobile

1944. De par son objet, ce code a vocation à contribuer à l'édification du marché intérieur des services d'expertise en automobile de haute qualité. L'objectif de ce texte étant de fixer un contenu déontologique minimal qui sera garanti partout dans l'UE dans l'intérêt des multiples personnes qui peuvent être impliquées dans un accident ou par une défaillance mécanique (consommateurs, auteurs d'accidents et victimes, constructeurs, assureurs, réparateurs...). Il rassemble les principes essentiels qui gouvernent l'exercice de la profession d'expert en automobile et l'accès à la reconnaissance du titre d'expert européen agréé FIEA. À cet égard, le code consacre l'acquis communautaire en ce qui concerne la reconnaissance des qualifications professionnelles (art. 4). Le code n'a qu'une valeur déclaratoire et ne peut être contraignant à l'égard des membres de l'organisation nationale.

1 ▪ Les principales composantes du code

1945. En premier lieu, la code situe l'indépendance de l'expert européen agréé FIEA au niveau de la multiplicité des activités possibles pour un expert en automobile (règle de la spécialisation de l'exercice). Ainsi pour éviter les risques de conflits d'intérêts, il lui est interdit de cumuler l'activité d'expertise avec une autre activité professionnelle relevant des secteurs de la distribution automobile et de l'assurance. Cette règle veille à ce que l'impartialité de jugement de l'expert ne soit pas remise en cause par certaines autres activités extérieures.

1946. Toutefois, les conflits d'intérêts peuvent survenir à d'autres niveaux, et apparaître aussi bien au début de la mission qu'au cours de son exécution. Le code vise alors non seulement les conflits que l'expert rencontrerait avec « ses propres intérêts » (art. 8, al. 1), mais également ceux qui peuvent impliquer des tiers par rapport à une mission d'expertise donnée (art. 8, al. 2). Pour résoudre ses conflits, le texte prévoit d'une part la manière dont l'expert européen agrée FIEA doit réagir, et d'autre part comment régler des situations comme le déportement de l'expert, ou la succession d'experts.

1947. En raison de son obligation de loyauté, l'expert européen agrée FIEA avertit toutes les personnes avec lesquelles il entre en contact de l'identité de son donneur d'ordre et la possibilité qui est la leur de choisir un autre expert. Le client est informé du déroulement de la mission, du contenu du rapport final, de l'état de fiabilité général du véhicule et, le cas échéant, du mode de calcul des honoraires (art. 9). Par ailleurs, l'expert européen agrée FIEA s'abstient de tout comportement déloyal à l'égard des autres experts (art. 17).

1948. En principe, même si elle n'est pas judiciaire, lorsque l'expertise amiable implique plusieurs personnes elle doit alors se dérouler en respectant le principe du contradictoire. Celui-ci fait l'objet de dispositions abordant la circulation des informations et des mémoires en cours d'expertise, ainsi que la mesure de la confidentialité (art. 14).

1949. La détention par l'expert de compétences techniques suffisantes est incontestablement un point central du code, sinon la profession indépendante d'expert en automobile ne peut être pleinement reconnue. Cela implique bien sûr des règles de prudence et de modestie de l'expert européen agrée FIEA lorsqu'il accepte une mission (art. 6), des principes de qualification conformes aux textes de droit dérivé applicables, et l'obligation de formation professionnelle (art. 7). Les compétences techniques et l'exigence générale de déontologie de l'expert européen agrée FIEA sont évidemment garanties par l'exigence d'une assurance professionnelle couvrant sa responsabilité civile (art. 19).

Enfin, le code prévoit un mécanisme de contrôle et de sanctions en cas de violation des principes qu'il contient. Selon le type de violations, sont mises en œuvre des sanctions allant de l'avertissement, au blâme, à la suspension de l'agrément d'expert européen agrée FIEA (art. 23).

2 ▪ Effectivité et visibilité du code de déontologie

a - Agrément individuel

1950. L'effectivité du code de déontologie européen repose sur une procédure d'agrément individuel réservée à toute personne physique salariée ou non-salariés, où toute personne morale reconnue comme expert en automobile de son pays d'origine, siège de son établissement principal et membre d'un organisme national affilié auprès de la FIEA.

Toute personne souhaitant s'afficher comme experte européen agrée FIEA doit en faire la demande, par lettre recommandée avec avis de réception, au secrétariat de son organisme national, accompagnée notamment des pièces nécessaires à justifier notamment de sa qualification professionnelle.

1951. La supervision du dossier de candidature est transmise par les organismes nationaux incombe à la FIEA. Cette dernière veille également au respect du code édicté, avec la coopération des organismes nationaux chargés de l'instruction des faits.

b - Octroi d'un label et inscription sur un registre

1952. De manière à assurer la transparence vis-à-vis des destinataires de services et la visibilité des règles de conduite contenues dans le code européen, il est prévu de mettre en place un signe distinctif tel qu'un logo (art. 4, al. 2). Sa mise en place permettra de faciliter la

mobilité des professionnels de l'expertise des différents États membres en leur permettant de démontrer leur appartenance à la FIEA et leur respect de son code de déontologie.
Les experts européens agréés FIEA sont inscrits sur un registre public, consultable sur Internet. Ce dispositif recense les professionnels appliquant le code de déontologie et garanti auprès des tiers le respect dudit code.

Sous-section 3 ▪ Responsabilités personnelles

§ 1 ▪ La responsabilité civile

A ▪ Principes généraux

1953. Selon le droit commun, la responsabilité civile (RC) de l'expert en automobile est de nature soit contractuelle (dans les rapports avec son donneur d'ordre), soit délictuelle (dans les rapports avec les tiers, comme le propriétaire du véhicule).

1954. L'exécution de la prestation de l'expert en automobile donne lieu à une obligation générale de prudence et de diligence. Il appartient à l'expert en automobile d'utiliser toutes ses compétences professionnelles pour mener à bien sa mission (obligation de moyens). Mais il ne s'engage pas sur son succès (pas d'obligation de résultat) : son travail ne consiste pas à déterminer avec certitude la cause du dommage dès lors que ses investigations ont été menées sérieusement, ou encore à évaluer au centime près le montant des dommages.
Dans ces conditions, sa responsabilité civile professionnelle ne peut être engagée du seul fait d'une erreur d'appréciation qui l'aurait amené à sous-estimer ou surestimer la valeur d'un véhicule à moteur.

1955. Aussi conformément au standard de la responsabilité civile (C. civ., art. 1382), celle de l'expert en automobile ne saurait être établie que par la réunion des trois éléments suivants :
- une faute, résultant par exemple du fait d'avoir mal conduit sa mission relative à la remise en circulation d'un véhicule gravement accidenté en laissant repartir, après réparation, un véhicule encore dangereux (Civ. 1re, 17 oct. 2000, n° 98-19.397) ;
- un préjudice, il peut être de différentes natures : matériel, corporel ou encore moral ;
- un lien de causalité entre la faute, prise ici comme fait générateur, et le préjudice (CA Besançon, 1er ch. civ., 23 févr. 1999, n° 96/02235 - décision qui rappelle l'obligation d'établir ce lien entre l'intervention de l'expert en automobile et le défaut constaté mettant en cause la sécurité du véhicule). Il est admis, en général, que les agissements fautifs de l'expert en automobile participent directement à la réalisation du dommage, parce qu'ils ont induit en erreur celui qui a fait ou décidé, à la suite de l'expertise. Lorsque la faute commise porte sur les préconisations de l'expert en automobile des réparations à effectuer, un partage de responsabilité reste néanmoins possible avec le réparateur chargé de l'exécution matérielle des travaux (TI Évreux, 13 oct. 1982 : Gaz. Pal. 1983, 1. 348.).

Applications - Dommage matériel et dommage moral

- **Pour un dommage matériel**

C'est le cas du propriétaire du véhicule qui se trouve dans l'obligation de faire reprendre une malfaçon sur son véhicule et qui doit en supporter le coût (prix des réparations et frais d'immobilisation).

- **Pour un dommage moral**

Il est constitué lorsque l'expert en automobile est l'auteur d'un dénigrement : dérapage manuscrit ou verbal à l'égard d'un réparateur (TGI Nanterre, 1re ch., sect. A, 22 nov. 1995 : jugement allouant 30 000 francs – env. 4 573 € – de dommages-intérêts).

1956. Avant d'analyser plus dans le détail la typologie des fautes les plus souvent reprochées à l'expert en automobile, un mot sur l'importance qu'il faut attacher au contenu de la mission. L'expert en automobile veillera toujours à ce que l'objet de sa mission soit bien précisé puisqu'il fixe les limites de son intervention. Notons que les expertises RC matérielles effectuées à la demande des entreprises d'assurances font l'objet d'une mission type, en application d'une convention professionnelle de gestion des sinistres automobiles.

B ▪ La faute de l'expert en automobile dans l'exécution de sa mission

1957. La faute de l'expert en automobile se manifeste à travers les différentes facettes de son rôle au cours de l'exécution de sa mission : technique, économique et préventif. D'une manière générale, l'éventuelle faute sera retenue en comparant son comportement à l'attitude d'un expert en automobile avisé, consciencieux et attentif.

1958. Par exemple, la faute de l'expert dans la rédaction d'un « canevas d'expertise » s'apprécie par rapport aux usages en la matière (approche in abstracto) qui prévoient qu'un tel document a pour objet de décrire les dégâts causés par l'accident et d'indiquer les réparations correspondantes. Le fait que le canevas litigieux (illisible, non rempli et non signé) soit présenté conformément aux habitudes de l'expert (approche in concreto) ne doit pas être retenu (Civ. 2e, 19 nov. 1986, n° 85-16.177, Gaz. Pal. 20 févr. 1987. 7.).

1 ▪ Dans son rôle technique

a - Grossière erreur dans le diagnostic

1959. Le jugement de l'expert en automobile n'est pas infaillible. Toutefois, il lui appartient de tirer enseignement de ses constatations et observations pour vérifier la cohérence entre la déclaration de l'assuré et le choc. Toute omission grossière engage sa responsabilité civile. Positivement, le manquement consistera à prendre en compte des dommages non imputables au sinistre pour lequel il intervient ; négativement, à ne pas signaler toutes les incohérences entre le dommage constaté et les circonstances de l'accident.

1960. Il arrive également que l'expert en automobile doive se prononcer sur l'origine du sinistre (incendie du véhicule), sur la nature des désordres (défaut de fabrication, malfaçons...), dans le but de permettre un recours contre un constructeur, un réparateur ou un tiers. À ce titre, il procède avec rigueur et fait toute les recherches et investigations nécessaires pour conclure avec certitude. Le cas échéant, on pourra relever une insuffisance fautive dans son travail susceptible d'engager sa responsabilité. Par exemple, pour retenir la responsabilité d'un expert, une cour d'appel relève que l'expert chargé par un assureur d'examiner un véhicule accidenté et endommagé se doit de faire toutes les vérifications nécessaires à la détermination de la cause des dommages constatés ou de la panne mécanique survenue et dans ses rapports avec son « mandant », comme avec l'assuré, d'indiquer les vérifications et constatations effectuées qui l'ont amené ou l'amènent à ses conclusions quant aux causes des dommages ou de la panne et par suite aux réparations nécessaires ou envisageables ainsi que leur coût (CA Agen, 4 juin 2014, n° 12-01876)..

b - Non-respect des règles de l'art

1961. Dans le cadre de sa mission, l'expert en automobile fixe, contradictoirement avec le réparateur, la méthodologie de réparation. S'il fait des choix qui n'auraient pas dû être faits, en référence aux règles de l'art applicables, la faute de l'expert en automobile est alors établie. Par exemple, le remplacement du bloc avant et le redressage de la caisse sur marbre au lieu de préconiser, selon les conclusions de l'expert judiciaire, le remplacement de la carrosserie complète (CA Rennes, 1re ch. B, 23 févr. 1995, n° 78). Dans une affaire récente, il a été jugé à propos d'un sinistre matériel (chute d'un arbre) qui endommage une partie de la cabine d'un tracteur forestier que la méthodologie de la réparation évaluée par l'expert était insuffisante. Il avait conclu au remplacement des pièces endommagées du tracteur alors que seul le remplacement de la cabine tracteur était de nature à garantir à ses utilisateurs la sécurité imposée par la législation du travail. L'assureur a été condamné au paiement d'une indemnité complémentaire correspondant au coût de ce remplacement (Civ. 2e, 11 déc. 2014, n° 13-27.311).

2 ▪ Dans son rôle économique

1962. L'expert en automobile doit évaluer la remise en état du véhicule à son plus juste prix dans le respect des règles de l'art, mais sans s'interdire de faire jouer la concurrence locale. Le calcul des valeurs se rapportant au véhicule en perte totale sera objectif et motivé.

a - Examen superficiel

1963. L'attention portée à l'examen du véhicule endommagé détermine la qualité de l'évaluation des travaux faite par l'expert en automobile. Un examen rapide ou peu consciencieux conditionne le plus souvent une sous-estimation fautive des travaux. Inversement, admettre une méthode de réparation plus onéreuse qu'une autre respectant également les règles de l'art est constitutif d'un manquement, sauf à démontrer qu'elle apporte une véritable plus-value en terme de sécurité automobile.

1964. Sauf à être superficiel, l'expert en automobile ne peut pas se satisfaire des seuls dommages apparents pour évaluer la réparation. Pour illustration, un expert en automobile procède à une première estimation sur la base d'un examen « à vue » (avant démontage) et établi un rapport, sans formuler de réserve, précisant les réparations nécessaires et le montant de celles-ci, soit pour un total de 5 204 Fr. (env. 793 €). Trois mois après ce même professionnel réalise un second examen du véhicule et chiffre les réparations à 9 237 Fr. (env. 1 408 €). Dans cette affaire, il est reproché à l'expert en automobile de s'être contenté d'un examen un peu trop superficiel, sans demander à faire procéder au démontage, pour un examen et une évaluation corrects (CA Nancy, 2e ch., 12 janv. 1984 : Gaz. Pal. 10 et oct. 1984. 9.).

1965. L'expert en automobile doit toujours se mettre en situation de donner une information fiable sur la valeur des travaux. Et donc de réserver, si nécessaire, son appréciation définitive au démontage du véhicule surtout si le sort du véhicule est en jeu : réparation ou mise en épave (Civ. 1re, 8 févr. 2000, n° 98-12.999). En revanche, une fois rentrée dans une procédure épave, la première évaluation chiffrée des travaux est nécessairement donnée à titre indicatif

(C. route, art. R. 327-6). Dans ces conditions, il ne peut être reproché à l'expert en automobile d'avoir sous-évalué la réparation (TI Carvin, 24 mai 2007, n° 11-05-000686).

b - Atteinte à la libre concurrence

1966. L'appréciation du juste coût de la réparation est aussi fonction de la concurrence entre les réparateurs. S'il est admis que l'expert en automobile est libre, pour arrêter son évaluation, de faire jouer cette concurrence, il devra dans cet exercice se montrer d'autant plus vigilant que le véhicule à réparer se trouve déjà dans un atelier. Pour éviter les réclamations de toute nature, son comportement devra être exempt de tout reproche.
L'expert tient compte des tarifs pratiqués sur le marché local. Ainsi, pour apprécier les taux facturés par un garagiste réparateur, l'expert en automobile doit les comparer à ceux pratiqués par les autres garagistes, proches géographiquement, de compétence, technicité et équipement identiques. A ce propos, la juridiction du commerce a tranché qu'un assureur était fondé à procéder à l'indemnisation de ses assurés sur la base des tarifs horaires d'indemnisation fixés par son expert, qui lui-même s'en était tenu à une estimation de « tarifs moyens » après une analyse du marché (TC Lille, 28 janv. 2014).

1967. Si, pour faire jouer la concurrence, l'expert en automobile est parfois conduit à refuser la prise en charge des surcoûts résultant des tarifs à un réparateur non agréé par rapport aux tarifs des réparateurs agréés » (Cons. conc., 3 nov. 1998, avis n° 98-A-15, BOCCRF, 31 août 1999, p. 481), il ne saurait, en tout cas, se fonder uniquement sur les prix retenus par les réparateurs conventionnés (TGI Nanterre, 1re ch., sect. A, 22 nov. 1995, non publié à notre connaissance ; dans le même sens, TGI Versailles, 2e ch., 4 mai 1998, non publié à notre connaissance ; TGI Lille, 4e ch., 27 mai 1999, non publié à notre connaissance).

1968. Il est admissible en droit que l'appréciation du coût de la réparation faite par l'expert diffère du prix offert pour ladite réparation par le garagiste dépositaire. Si le désaccord persiste entre l'expert et le réparateur, la bonne pratique conduira l'expert à notifier par écrit au garagiste dépositaire son refus avant la mise en travaux du véhicule. Si la réalité d'un désaccord, intervenu à ce moment-là avec le réparateur, n'est pas établie, les juges en déduisent que l'expert a commis une faute en cherchant à imposer un prix (T. com. Grenoble, 17 févr. 2014).

1969. En cas de désaccord sur le prix de la réparation, l'expert en automobile notifie donc son refus au garagiste dépositaire et en informe l'assureur et le propriétaire du véhicule. À cette occasion, l'expert en automobile évite de se livrer à une appréciation subjective sur l'attitude d'un carrossier (« il est trop cher ») ou de s'immiscer dans les relations entre le client et le garage en offrant de vérifier le devis de réparation, ou encore en proposant dans un courrier d'information au propriétaire assuré une liste de réparateurs (T. com. Mâcon, 23 mars 2012, n° 2010J406).

c - Valeur mal calculée

1970. L'expertise n'étant pas une science exacte, la détermination des valeurs des véhicules est essentiellement subjective. Néanmoins, l'expert en automobile doit tenir compte dans son calcul de tous les justificatifs (factures d'achat, d'entretien, etc.) qu'il a pu se procurer. En outre, la législation professionnelle lui impose de motiver son refus et de prendre en considération les documents qui lui ont été communiqués par le propriétaire du véhicule. En conséquence, l'arbitraire de l'expert est blâmable, comme toutes ses fautes d'attention qui l'amèneraient à arrêter une valeur éloignée de la réalité. Entre l'évaluation de l'expert en automobile et la valeur supposée exacte, l'écart doit être substantiel pour que la réalité d'un préjudice puisse être démontrée.

3 ▪ Dans son rôle de conseil

1971. L'information que l'expert en automobile doit fournir à ses donneurs d'ordre revêt des formes diverses et variées. Elle prend l'aspect d'un renseignement pertinent, en passant par une mise en garde, pour aller le plus souvent jusqu'à l'accompagnement dans la prise de décision (devoir de conseil) :

- l'expert explique à son client l'intérêt de son intervention. L'expert en automobile doit donner toutes les explications nécessaires à son cocontractant pour lui permettre d'apprécier l'utilité de son intervention en relation avec le cas de figure exposé : aider à apprécier l'état réel d'un véhicule, s'assurer de la qualité des travaux de remise en état, nécessité de mettre en cause un tiers... ;
- l'expert suscite les décisions de l'assureur. Dans le cadre de l'exercice des recours, l'expert incite l'assureur à prendre, lorsqu'elles se justifient, certaines mesures conservatoires (mise sous scellés, constat d'huissier..), pour éviter le dépérissement des preuves en cas de mise en évidence de la responsabilité technique d'un tiers ;
- un devoir de coopération pèse sur le client de l'expert. Lorsque la remise en état d'un véhicule est faite avec le concours de pièces d'occasion, l'expert recommande ou déconseille leur utilisation en fonction de ses démarches et vérifications. Si le propriétaire fournit les pièces, il doit répondre à l'expert qui lui demande des compléments d'information sur l'origine des pièces d'occasion utilisées (CA Caen, 1re ch., sect. civ., 27 janv. 1998 ; JA mars 1998. 146) ;
- l'objet de la mission fixe l'étendue du devoir de conseil. L'expert amiable est, pour ce qui le concerne, chargé d'une mission technique qui l'amène à apprécier le préjudice subi et à proposer une évaluation des biens sinistrés, sans pour autant lui conférer la qualité de mandataire, ni celle de professionnel de l'assurance. L'étendue de son devoir de conseil est donc limitée à l'objet de sa mission (Civ. 1re, 19 déc. 2000, n° 98-14.166, CECAR c/GE PlasticsABS et autres).

4 ▪ Dans son rôle de prévention

1972. En matière de sécurité routière, l'expert en automobile contribue désormais à assurer la sécurité des personnes et des biens en amont et en aval de la réparation. Il est tenu d'informer le propriétaire du véhicule des défauts qui établissent sa dangerosité de nature à provoquer la suspension de son droit à circuler (C. route, art. L. 327-5, TI Rennes, 14 oct. 2013, RG n° 11-12-000374) et, plus généralement, de tous les dangers liés à son état (C. route, art. R. 326-2). Dans le cadre des procédures réglementées relatives à certains types de sinistres automobiles (VEI et VGE), il délivre une attestation dans laquelle il s'engage sur la sécurité du véhicule une fois réparé (C. route, art. L. 327-2 à L. 327-5). Dans ces deux cas, c'est l'abstention qui caractérise mieux la faute de l'expert en automobile : il n'a pas signalisé les déficiences visibles à l'œil du véhicule, il n'a pas contrôlé l'état de tous les organes du véhicule concernés par le sinistre. Mais, dans ce dernier cas, les pièces d'usure non visibles et étrangères à la sa mission (les freins, par exemple) échappent à l'obligation de l'expert en automobile (TGI Bourgoin-Jalieu, 3 mars 2005, n° 02/00577).

1973. On observera que dans le cadre des procédures concernant les véhicules endommagés visés par le code de la route (C. route, art. L. 327-1 et svts), l'expert chargé du suivi et du contrôle de la réparation du véhicule doit effectuer une réception des travaux pour délivrer son rapport de conformité. A ce titre en cas de mauvaise gestion, l'expert engage sa responsabilité pour faute en qualité de mandataire (TGI Reims, 31 oct. 2013, RG n°12/01195).

1974. L'intensité de ces obligations relatives à la détermination de la méthodologie pourrait aussi servir de justification à la responsabilité sans faute de l'expert à l'origine d'une prestation défectueuse atteignant la sécurité physique des personnes ou la sécurité matérielle des véhicules. La responsabilité de l'expert pourra être engagée, par la victime, dans un accident de la circulation impliquant un véhicule précédemment réparé et remis en circulation sous son contrôle et dont l'état (direction défectueuse par exemple) est une cause directe et certaine de l'accident.

1975. En la circonstance, il suffira pour le propriétaire du véhicule accidenté de rappeler que l'intervention de l'expert, à la suite du précédent sinistre, n'a pas permis, en tout état de cause, de préserver la sécurité matérielle du véhicule, voire l'intégrité corporelle de son utilisateur ou celle d'autrui.

1976. Nous garderons à l'esprit que l'expert, ne pouvant en aucune manière effectuer lui-même les travaux de réparation, doit encore pouvoir opposer son absence de faute (travaux mal exécutés, prescriptions non suivies par le réparateur...). Mais à défaut, il convient de retenir à la charge de l'expert, et seulement pour les dommages corporels, une faute virtuelle.

§ 2 ▪ La responsabilité pénale

1977. À l'opposé de la faute civile, concept général, déduite d'un écart volontaire de comportement par rapport à la référence abstraite de « l'homme raisonnable », la faute pénale est toujours prévue par un texte (principe de légalité des délits et des peines) et nommée (vol, escroquerie, abus de confiance...).

1978. Aucun texte d'incrimination ne concerne en propre l'expert en automobile, mais il n'en reste pas moins tenu d'observer toutes les prescriptions générales contenues dans le code pénal. À cet égard, nous ne retiendrons que les actes délictueux les plus courants que les experts en automobile sont susceptibles de commettre à l'occasion de l'accomplissement de leurs missions. Certaines de ces infractions seront plus propices selon la nature de l'expertise (amiable ou judiciaire), d'autres, en revanche, y seront indifférentes.

A ▪ Les infractions communes à toutes les missions

1979. Parmi toutes les infractions réunies dans le Code pénal, les faux sont certainement celles qui guettent le plus les professionnels de l'expertise en automobile, dès lors que les constatations qu'ils consignent dans leurs rapports sont sciemment mensongères.

1 ▪ De la fabrication et de l'usage du faux en écriture

1980. Le Code pénal a pris le soin de donner une définition générale du faux en écritures, valable pour toutes les variétés de faux (faux en écritures privées, publiques ou authentiques, de commerce...). L'article 441-1 du Code pénal précise que « Constitue un faux toute altération frauduleuse de la vérité, de nature à causer un préjudice et accomplie par quelque moyen que ce soit, dans un écrit ou tout autre support d'expression de la pensée qui a pour objet ou qui peut avoir pour effet d'établir la preuve d'un droit ou d'un fait ayant des conséquences juridiques ». Le faux suppose donc un support de la pensée (écrit, bande magnétique, film, disque, disquette, Cd-rom, clef USB...) à vocation probatoire, un préjudice, un acte matériel et une intention coupable (altération frauduleuse de la vérité).

1981. Le rapport écrit de l'expert en automobile est un document qui a pour effet d'établir la preuve d'un fait (matérialité des dommages, existence d'un vice ou d'une malfaçon) ayant des conséquences juridiques (indemnisation de l'assureur, annulation d'une vente, reprise d'une malfaçon). Par conséquent, le rapport contenant de fausses énonciations est de nature à occasionner à autrui un préjudice actuel ou éventuel, car il influera sur la prise en charge par l'assureur du sinistre matériel, sur la réparation du préjudice consécutif à un vice ou une malfaçon...

1982. L'altération de la vérité par l'expert en automobile est caractérisée toutes les fois où il affirme qu'une personne était présente au cours des opérations d'expertise alors qu'il n'en était rien (supposition d'une personne), qu'il ajoute des dommages qu'il n'a pas vus et/ou se tait sur ceux qu'il a observés (supposition et omission d'un fait). Dans toutes ces hypothèses, le délit n'est constitué que si, et seulement si, l'expert sait qu'il ment (élément intentionnel de l'infraction).

1983. Prenons par exemple une arnaque aux assureurs de grande envergure qui a touché plus d'un millier de faux dossiers sinistres. Celle-ci, estimé à 8 millions d'euros, reposait notamment sur de faux constats d'accidents et la corruption d'experts. En ce qui concerne ces derniers, ils ont été condamnés pour avoir établi et produit de fausses expertises dans lesquelles le montant des réparations est volontairement surévalué (TGI Paris, 13e ch., 9 oct. 2008).

1984. L'expert judiciaire qui commet de fausses écritures est poursuivi pour faux en écritures publiques ou authentiques (C. pén., art. 441-4). Tandis que, l'expert qualifié « VE », qui remet au propriétaire du véhicule un faux rapport attestant que les dommages constatés ne mettent pas en cause la sécurité du véhicule alors que des organes de sécurité sont endommagés, se rend coupable du délit de complicité d'obtention indue de document administratif (restitution du certificat d'immatriculation du véhicule), prévu par l'article 441-6 du Code pénal. Enfin, toutes les fausses attestations et faux certificats délivrés par l'expert en automobile l'exposent aux sanctions de l'article 441-7 du Code pénal. Le délit est consommé dès l'instant où l'expert en automobile a communiqué le faux rapport aux parties.

2 ▪ La corruption

1985. Les dispositions relatives à la corruption sont scindées dans des articles distincts du Code pénal, selon quelles sont commises par un fonctionnaire (C. pén., art. 432-11), ou par un particulier (C pén., art. 433-1), et s'agissant des experts, le délit de corruption est prévu par l'article 434-9 du Code pénal sous le chapitre intitulé « Des atteintes à l'action de justice ». Ainsi, les experts en automobile qui acceptent (corruption passive) ou sollicitent (corruption active), un avantage matériel pour donner une opinion favorable ou défavorable à une partie, tombent sous le coup de la loi. La rédaction de l'article 434-9 du Code pénal fait explicitement référence à l'application de cette incrimination aussi bien aux experts amiables (nommés par les parties), qu'aux experts judiciaires (nommés par une juridiction).

3 ▪ Le secret professionnel

1986. L'expert en automobile est-il juridiquement tenu au respect du secret professionnel ? La réponse est négative car la législation professionnelle n'a pas prévu de soumettre l'expert en automobile au respect du secret professionnel. Dans le cadre amiable, il faut évoquer la situation singulière des experts en automobile qui interviennent au titre d'un contrat d'assurance de protection juridique. L'article L. 127-7 du Code des assurances soumet au respect du secret professionnel toutes les personnes (préposés d'entreprises d'assurance, experts, avocats...) qui ont à connaître des informations données par l'assuré pour les besoins de sa cause.

1987. En revanche, les dispositions du Code de procédure civile (C. pr. civ., art. 244) et du Code de procédure pénal (C. pr. pén., art. 11) interdisent aux experts judiciaires de révéler certaines informations recueillies au cours de leurs missions. Le secret est caractérisé par une confidence exprès ou par une connaissance acquise par et pour l'exercice de sa mission temporaire. La seule révélation de cette information en ayant conscience de trahir le secret d'autrui suffit à constituer l'infraction incriminée par l'article 226-13 du Code pénal.

1988. Dans le cadre judiciaire, l'expert est lié par son serment duquel découle une obligation de sincérité vis-à-vis du juge qui l'a commis. Le technicien se doit donc de divulguer toutes les informations qui apportent un éclaircissement sur les questions examinées et ce dans la limite de sa mission. Au-delà, il s'interdit de révéler les secrets dont il est le dépositaire, aussi bien à l'égard des tiers que du juge. Ainsi en est-il de l'expert qui a connaissance, à l'occasion de sa mission, d'informations techniques confidentielles de la part d'un constructeur automobile.

B ▪ Les infractions propres au cadre amiable

1 ▪ Fraudes et falsifications : tromperie sur les qualités substantielles

1989. Depuis 1978, la loi sur les fraudes et falsifications en matière de produits a été étendue aux prestations de service. L'expert en automobile est un prestataire de service, et, à ce titre, il peut être poursuivi pour le délit de tromperie, bien que les dispositions originelles de la loi de 1905 prévues pour des marchandises s'adaptent mal aux prestations de service. Néanmoins, cette infraction est appliquée par les tribunaux, qui ont déjà sanctionné par le passé des professionnels de l'automobile, tels que le réparateur ou le contrôleur technique (Crim., 11 oct. 1989 ; RTD. com. 1990. 450). Le délit de tromperie en matière de prestation de services est généralement retenu sous l'angle de ses qualités substantielles.

2 ▪ La qualité substantielle

1990. Il s'agit des qualités habituellement déterminantes des prestations considérées. Dans le cadre d'une expertise « collision », on retiendra la sincérité du rapport de l'expert en automobile relative à l'identification du véhicule, l'imputation et l'évaluation des dommages. Tandis qu'une expertise réalisée à la demande d'une des parties lors d'une vente d'un véhicule se doit de révéler le véritable état de ce dernier.

3 ▪ L'intention coupable

1991. Elle sera notamment caractérisée dans l'hypothèse de collusion avec un tiers (assuré, vendeur), au préjudice du contractant (assureur, acheteur).

4 ▪ Tromperie et complicité

1992. Des faits de complicité peuvent également être reprochés à l'expert notamment lorsque son intervention peut aider et/ou assister un vendeur à tromper son acheteur sur les qualités substantielles d'un véhicule (année, modèle, gravité des accidents antérieurs, qualité de la remise en état...).

1993. L'expert en automobile apporte son aide s'il délivre à un professionnel de la vente un certificat de conformité pour un véhicule qui n'a pas été réparé selon les règles de l'art. Cette action favorise forcement une revente frauduleuse. Il a été jugé, qu'un expert qualifié « VGA » se rendait coupable de complicité de tromperie; sa contribution a permis au vendeur professionnel, en reconstituant un véhicule à partir de deux véhicules gravement accidentés au sens des articles R 326-1 et suivants du Code de la route, de reprendre possession du seul certificat d'immatriculation disponible (CA Rennes, 3e ch., 20 juill. 1995, n° 1288).

C ▪ Homicide et les atteintes involontaires à l'intégrité physique

1994. Le Code pénal réprime les atteintes non délibérées à la vie ou l'intégrité physique (C. pénal, art. L. 121-3). On peut même affirmer que dans le temps ces incriminations se sont durcies face aux fléaux des accidents de la route et du travail. Toutefois, le législateur a, par la loi n° 2000-647, du 10 juillet 2000, assoupli les conditions de la répression lorsque la personne physique n'a pas causé directement le dommage.

1995. Aussi en cas d'engagement de la responsabilité pénale de l'expert en automobile en raison d'une imprudence dommageable, il faudra rechercher s'il en est l'auteur direct ou indirect afin de déterminer la nature de sa faute pénale. En principe, les défaillances de contrôle imputables aux personnes investies d'une autorité ne sont pas considérées par la jurisprudence comme cause directe des dommages. Dans ce cas, le fait générateur immédiat est un incident technique ou la maladresse ou l'inattention d'autrui.

1996. Rapporté à l'expert en automobile, on peut notamment considérer qu'à l'occasion du suivi et du contrôle des réparations d'un véhicule endommagé au sens des articles L. 327-1 et suivants du Code de la route, il est justement chargé d'une opération de contrôle.
En conséquence, l'expert en automobile en qualité d'auteur indirect ne serait responsable que s'il est établi qu'il a violé de façon manifestement délibérée une obligation particulière de prudence ou de sécurité prévue par la loi et le règlement (faute délibérée), ou est l'auteur d'une faute caractérisée.
En présence d'une réglementation particulière relative à la sécurité routière imposée par le Code de la route pour le cas de la remise en circulation des véhicules endommagés (C. route, art. L. 327-2 à L. 327-5), il faudra donc vérifier si l'expert a commis une faute délibérée.

1997. Tout manquement à l'une des obligations prévues par l'annexe 3 de l'arrêté du 29 avril 2009 relative à la méthodologie du suivi et du contrôle de la réparation pourrait caractériser une telle faute.
Même si les poursuites, contre un expert en automobile, des chefs d'inculpation d'homicide ou de blessures involontaires sont encore à ce jour, et à notre connaissance, inexistantes, il faut rester très vigilant et ce souvenir que ce n'est pas un cas d'école...

D ▪ La mise en danger d'autrui

1998. Cette infraction est constituée sans résultat dommageable. Cette caractéristique la distingue des autres textes d'incrimination se rapportant aux atteintes à la personne humaine. La commission de cette infraction résulte de cette alchimie composée d'une mise en danger manifestement délibérée en violation d'une obligation particulière de sécurité ou de prudence et d'un risque, à cette occasion, de mort ou de blessures graves pour autrui. Même si à l'époque, les travaux préparatoires du Code pénal ont souligné qu'il s'agissait en priorité, avec ce texte, de poursuivre le conducteur qui, sur la route adopte un comportement dangereux pour autrui ; les termes de l'infraction, ont déjà permis de déclarer coupable d'autres profils de prévenus (propriétaire de chien, utilisateur de scooter des mers, garagiste...). Sans trop d'excès d'imagination, on peut concevoir que l'expert en automobile qui n'informerait pas le propriétaire du véhicule d'une déficience grave (fuite au circuit hydraulique de freinage par exemple) qu'il a découvert au cours de sa mission, exposerait pénalement sur le fondement de l'article 223-1 du Code pénal. La mécanique de cette infraction, en consacrant la théorie du dol éventuel, conduit irrémédiablement à considérer dans cette hypothèse que l'omission de l'expert en automobile traduit son acquiescement à faire peser un risque « sécuritaire » sur autrui au mépris d'un règlement.

§ 3 ▪ Sanctions disciplinaires

1999. En cas de faute ou de manquement par un expert aux conditions d'exercice de son activité, il convient que des sanctions puissent être prononcées contre les contrevenants éventuels.

2000. Le législateur a confié à une autorité administrative (la Commission nationale des experts en automobile et, depuis 2011, le ministre chargé des Transports), le soin de veiller au respect des règles de conduite dans la profession d'expert en automobile, qui dispose donc à cet effet d'un contrôle *a posteriori*. Ce contrôle est exercé dans le cadre d'une procédure disciplinaire. La discipline se distingue de la répression pénale en ce qu'elle a pour but de sanctionner des infractions non à des règles valables pour l'ensemble du corps social mais pour l'exercice de telle ou telle activité professionnelle. Il est donc normal que les sanctions envisagées touchent le praticien dans l'exercice de son art.

2001. Classiquement le contenu du droit disciplinaire qui définit les devoirs que les praticiens se doivent de respecter dans l'exercice de leur art, est contenu dans des codes de déontologie de nature réglementaire. La profession d'expert connaît plusieurs documents (V. supra) contenant les règles régissant le comportement du professionnel, tant dans l'exercice de son art que dans ses relations avec ses clients et ses confrères et parfois même dans sa vie privée, mais aucune ne procède d'un acte à caractère réglementaire. C'est pourquoi, on admettra que les « fautes » ou « manquements » professionnels des experts trouvent en général leur origine dans des règles réglementaires, coutumières et jurisprudentielles et qui constituent un fond commun par-delà la pluralité des documents déontologiques existants dans la profession.

2002. Au vu des développements précédents, il serait périlleux de donner une liste exhaustive des fautes disciplinaires. Nous pouvons toutefois nous en tenir à certaines généralités et citer quelques exemples parmi ceux qui nous semblent les plus importants.

2003. Les praticiens doivent toujours apporter le plus grand soin pour rédiger des rapports fidèles et sincères à la vérité technique et attester de la véracité de tout contrôle touchant à la sécurité du véhicule.
Pour cela, ils doivent agir avec la plus grande attention et mettre en œuvre les meilleures techniques, sans pour autant que celles-ci soient dangereuses ou encore trop peu éprouvées. Ainsi, constitue une faute professionnelle pour un expert, le fait d'agir de manière imprudente ou légère, de prescrire une méthodologie désavouée, dangereuse ou d'une efficacité limitée. De même, constitue une faute professionnelle, le fait pour un expert d'établir des rapports sans avoir examiné le véhicule. De ne pas contrôler dans une mission de suivi de la réparation, que les pièces de rechange délivrées soient conformes à celles prescrites. De ne pas effectuer ou de réaliser de manière insatisfaisante les contrôles imposés pas les textes dans l'intérêt de la sécurité routière.

2004. Il faut aussi surveiller l'activité de ses employés, c'est particulièrement vrai pour ce qui concerne les experts vis-à-vis de leurs stagiaires, ce qui explique que leur absence pro-

longée soit elle-même constitutive d'une faute. Les professionnels ne doivent pas tromper les clients qui s'adressent à eux. Il en va ainsi, par exemple, du fait de signer des actes que le professionnel n'a pas lui-même réalisés, des faux rapports ou des certificats de complaisance ; de l'utilisation de qualifications non autorisées (comme par exemple une référence au ministère des transports) ; de l'indication sur des plaques et papiers en tête de titres trompeurs.
L'examen de la jurisprudence rendue par la Commission nationale des experts en automobile (CNEA) jusqu'en 2011 montre que les fautes et manquements professionnels reprochés à l'égard des experts poursuivis relèvent de trois catégories.

A ▪ Manquements aux obligations du statut

2005. Ce sont les manquements aux conditions d'exercice de l'activité de l'expert qui sont appréhendés par la CNEA. Ainsi l'expert encourt un avertissement en n'envoyant pas, sans aucune condition préalable, son rapport au propriétaire du véhicule (CNEA, 30 nov. 2001).

B ▪ Manquements aux prescriptions administratives

2006. Ces manquements se rapportent aux opérations de suivi et de contrôle dans la procédure VEI et à la rédaction des rapports qui en résultent. Ainsi l'expert est sanctionné lorsque l'instruction établit que lesdits rapports sont rendus avec des erreurs, comportent des mentions controuvées ou remises avec complaisance (absence du suivi des réparations).

C ▪ Manquements envers la CNEA

2007. L'expert qui ne communique pas à la CNEA dans les 30 jours de leur survenance les événements pouvant avoir des conséquences sur l'inscription, notamment les changements de lieux d'exercice professionnel, et les cessations temporaires ou définitives d'activité, viole l'ancien article 327-13 du Code de la route et peut donc être radié.
Ainsi, l'expert en automobile qui ne communique pas à la CNEA une ordonnance du juge d'instruction comportant une interdiction d'exercer peut être radié (CNEA, 29 sept. 2003).

2008. De même, l'expert tombe sous le coup de la radiation en cas de non communication à la commission d'un jugement de condamnation pénale entraînant l'incapacité d'exercer l'activité d'expert en automobile (CNEA, 5 juill. 2005) ou lorsque l'expert ne respecte pas une suspension (CNEA, 2 avr. 2004).
Dans la majorité des cas, la CNEA marque sa « préférence » pour les sanctions les plus graves : la suspension ou la radiation. Cette sévérité a néanmoins été souvent contestée. Ainsi 19 décisions de la CNEA ont fait l'objet d'une requête devant le Conseil d'État.

Section 3 ■ Organisation de la profession

Sous-section 1 ■ La protection du titre

2009. L'article L. 326-8 du Code de la route incrimine l'usage sans droit de la qualité d'expert en automobile avec renvoi aux articles 433-17 et 433-22 du Code pénal. Le premier de ces textes réprime l'usurpation de titre puni d'un an d'emprisonnement et de 15 000 € d'amende. Le second prévoit, à titre de peines complémentaires : l'interdiction des droits civiques, civils et de famille, le droit d'exercer pendant cinq ans au plus une fonction publique ou une activité professionnelle ou l'activité à l'occasion de laquelle l'infraction a été commise ainsi que l'affichage ou la diffusion de la condamnation.

§ 1 ■ Objet de la protection

2010. La loi protège le titre attaché à la possession du diplôme d'expert en automobile (V. *supra)*. Ce faisant, le titre est, pour son utilisateur, une sorte de « label de qualité » destiné au public et relatif à la compétence et à la confiance que les pouvoirs publics lui accordent.

2011. L'infraction est caractérisée par un élément matériel (l'usage sans droit) et par un élément moral.
Sur le plan matériel, l'usage ne coïncide pas forcément avec l'accomplissement d'actes professionnels puisque la loi vise le seul fait, pour l'agent, de se réclamer de la qualité d'expert en automobile. L'infraction peut donc se faire verbalement ou bien par écrit (apposition d'une plaque sur la porte d'un local, carte de visite, papier en tête, courrier et rapport, annonce et insertion dans la presse...).

2012. En signant le procès-verbal d'évaluation sous la rubrique pré-imprimée « l'expert », un stagiaire a été condamné pour le délit d'usurpation de la qualité d'expert en automobile (Crim., 10 mai 2000, n° 99-81.214).
Pour la Cour de cassation : une volonté délibérée de tromper le public n'est pas un élément constitutif du délit d'usurpation de qualité ou de titre (Crim., 8 juin 1995, n° 94-84.386). Cela signifie que l'élément moral du délit d'usurpation du titre est caractérisé par son seul usage sans droit. Puisque c'est forcément en connaissance de cause que l'usurpateur utilise un titre auquel il ne peut prétendre : n'en étant pas titulaire, il ne peut l'ignorer.

2013. L'infraction est également constituée, tant dans ses éléments matériel et moral, par l'utilisation d'une dénomination voisine pouvant susciter une confusion avec le titre protégé dans l'esprit du public (expert en véhicule de collection, expert en automobile de prestige...).

§ 2 ■ Portée de la protection

2014. Sur le plan pénal, la profession d'expert en automobile s'est vu reconnaître qu'une exclusivité de port de titre, mais non d'exercice d'activité. Néanmoins dans les faits, de part sa large portée, cette seule protection du titre suffit à éliminer la plupart des cas d'exercice illicite de la profession.
La publication, depuis sa création en juillet 1999, de la liste officielle des experts en automobile tend à limiter le recours à des usurpateurs pour des missions d'expertise. Elle protège ainsi en amont les experts en automobile contre l'usage illicite de leur titre.

2015. Au surplus, une responsabilité pénale en tant que complice peut être recherchée à l'encontre de celui qui confie, à une personne qui n'a pas la qualité requise, une mission d'expertise sur un véhicule à moteur. Dans ces conditions, sa complicité résulterait du fait qu'en agissant en connaissance de cause (par référence à la publication de la liste officielle), il a aidé ou assisté l'agent à la consommation de l'infraction. Sinon, celui qui donne la mission doit prendre les dispositions nécessaires pour ne pas tromper les tiers sur la véritable la qualité de leur interlocuteur au cours des opérations d'expertise. Un maître de stage a été condamné pour avoir favorisé la commission de l'infraction, en remettant à son stagiaire des documents comportant, sous l'emplacement réservé à la signature, une mention pré-imprimée « l'expert » (Crim., 10 mai 2000, n° 99-81.214).

2016. Concernant l'expertise judiciaire, les juges peuvent, en matière civile, avoir recours à toute personne compétente de leur choix (L. n° 2004-130 du 4 févr. 2004, art. 46). L'inscription sur les listes dressées par les cours d'appel, dans la spécialité automobile, n'est donc pas réservée aux seules personnes possédant le titre d'expert en automobile.

Sous-section 2 ▪ L'obligation d'indépendance

2017. Dès sa rédaction originelle en 1972, la loi a consacré l'indépendance de l'expert en automobile par l'énoncé d'une série d'incompatibilités avec l'exercice de la profession. Au fil du temps, ce dispositif a été complété par une reconnaissance juridique de sa liberté.

2018. La loi pose une règle de spécialisation relative de l'exercice qui instaure une incompatibilité entre l'activité d'expertise et certaines activités professionnelles en relation directe avec l'expertise, et interdit en conséquence à tout expert en automobile de cumuler la pratique de l'expertise avec celle des activités déclarées incompatibles. À cet égard, la loi situe le principe d'indépendance au niveau de l'exercice de la profession.

§ 1 ▪ La garantie d'indépendance par les incompatibilités légales

2019. En premier lieu, l'exercice de la profession d'expert en automobile est assorti d'incompatibilités édictées par le législateur. Elles établissent l'indépendance « qui se donne à voir » : en évitant l'apparence d'un conflit d'intérêt, qui peut s'avérer suffisante pour compromettre le crédit de l'expert en automobile. Mais aussi, en permettant d'éloigner le plus possible ce professionnel de tous les intérêts sur lesquels il a prise. Cette question est véritablement cruciale pour les experts en automobile dont l'activité régule un secteur économique : celui du commerce de la réparation automobile.

A ▪ Le principe de l'incompatibilité, ses modalités et son interprétation

1 ▪ Modalités du principe

2020. Dans la loi, les incompatibilités sont visées à la fois sous la forme d'une liste d'activités et/ou fonctions incompatibles pour énoncer les exemples les plus nets, mais également sous la forme d'un principe général (C. route, art. L. 326-6 modifié par la loi n° 2011-12 du 5 janvier 2011).

Les incompatibilités de l'article L. 326-6 du Code de la route

« I. - Est incompatible avec l'exercice de la profession d'experts en automobile :
1° La détention d'une charge d'officier public ou ministériel ;
2° L'exercice d'activités touchant à la production, la vente, la location, la réparation et la représentation de véhicules à moteur et des pièces accessoires ;
3° L'exercice de la profession d'assureurs ;
I bis - Les conditions dans lesquelles un expert en automobile exerce sa profession ne doivent pas porter atteinte à son indépendance ». [...]

2021. Les incompatibilités couvrent en particulier des activités et/ou fonctions qui, en cumul, sont interdites à un expert en automobile, sous peine de le mettre en conflit d'intérêts avec notamment les réparateurs et les assureurs.
À cet égard ce principe d'incompatibilité donne lieu à différentes interprétations émanant des juridictions civiles et de la commission nationale. Même si, depuis 2011, cette dernière n'est plus chargée de vérifier que l'intéressé remplit la condition d'indépendance et que celle-ci demeure valide dans le temps, sa jurisprudence sera utile au ministre chargé des Transports lui succédant dans ce rôle (C. route, art. R. 326-5 et R. 326-12).

2 ▪ Interprétations jurisprudentielles

a - Juridictions civiles

2022. À notre connaissance, il existe deux décisions qui relèvent en particulier l'incompatibilité entre la profession d'assureur et la profession d'expert en automobile. Commençons par le cas d'un groupement d'intérêt économique (GIE) ayant pour membres des sociétés d'assurance et pour objet un service d'expertise des véhicules à moteur. La nullité de ce groupement a été prononcée car le fait pour des assureurs d'être partie prenante d'un tel organisme doit être considéré comme l'exercice de la profession d'expert en automobile, qui leur est interdit (Civ. 1re, 13 nov. 2003, n° 01-11.072 : Rev. sociétés 2004. 369 ; RTD com. 2004. 120).
Par ailleurs, la jurisprudence a appliqué le principe de l'incompatibilité pour affirmer que l'existence d'un contrat de travail est interdit entre un assureur et un expert en automobile en raison du nécessaire lien de subordination que suppose une telle relation (CA Paris, 22e ch., sect. B, 29 mai 2007, n° 04/10574).

2023. Ces deux décisions témoignent ensemble d'une interprétation stricte du principe de l'incompatibilité. La sévérité des juges se justifient par leur volonté d'éviter ainsi d'éventuels conflits d'intérêt, au nom de l'indépendance qui se donne à voir, plus que de dénoncer de véritables situations illicites sur le plan du droit.

b - Les décisions de la Commission nationale des experts en automobile

2024. Jusqu'en 2011, la Commission nationale des experts en automobile vérifiait chaque année que l'expert inscrit sur la liste continue de remplir les conditions requises pour l'inscription. La perte d'une condition d'inscription était une cause de radiation (C. route, art. R. 326-12, version antérieure au décret n° 2011-760 du 28 juin 2011). À ce titre, la Commission avait rendu plusieurs décisions de radiation motivées sur la perte de la condition d'indépendance de l'expert inscrit (V. tableau).

Décisions de la CNEA		
Situation	**Motivation CNEA**	**Critères**
Expert en automobile employé comme « facturier » dans un garage	L'intéressé exerce une activité étrangère et incompatible avec la profession automobile	Inaptitude (activité extra-expertale) Incompatibilité fonctionnelle directe (du côté expert)
Expert en automobile employé comme « conseil » d'une entreprise d'assurance	L'intéressé exerce une activité étrangère et incompatible avec la profession d'expert en automobile	Inaptitude (activité extra-expertale) Incompatibilité fonctionnelle directe (du côté expert)
Expert en automobile employé comme « coordinateur des achats de véhicules d'occasion » d'une entreprise de négoce de véhicules	L'intéressé exerce une activité étrangère et incompatible avec la profession d'expert en automobile	Inaptitude (activité extra-expertale) Incompatibilité fonctionnelle directe (du côté expert)
L'expert en automobile employé comme expert dans une entreprise dont l'activité est la gestion des accidents	L'intéressé ne satisfait pas à la condition d'indépendance, car il est employé par une entreprise dont l'activité est visée par les incompatibilités.	Incompatibilité fonctionnelle indirecte (du côté de l'employeur de l'expert)
L'expert en automobile employé comme expert d'un distributeur automobile, mais pour le compte des seuls véhicules appartenant à son employeur	L'intéressé ne satisfait pas à la condition d'indépendance, car il est employé par une entreprise dont l'activité est visée par les incompatibilités. Au surplus, l'intéressé rédige des rapports qui ne sont adressés à des tiers	Inaptitude (activité extra-expertale) Incompatibilité fonctionnelle indirecte (du côté de l'employeur de l'expert)
Expert en automobile employé comme expert d'un loueur automobile	L'intéressé ne satisfait pas à la condition d'indépendance, car il est employé par une entreprise dont l'activité est visée par les incompatibilités.	Incompatibilité fonctionnelle indirecte (du côté de l'employeur de l'expert)
L'expert en automobile employé comme expert dans une entreprise ayant pour objet l'expertise en automobile mais dont le capital appartient à un loueur	L'intéressé ne satisfait pas à la condition d'indépendance, car devra rendre des comptes à l'associé propriétaire de la société dont l'activité est visée par les incompatibilités	Incompatibilité patrimoniale indirecte (au niveau du ou des propriétaires de la société qui emploie l'expert)

2025. La CNEA va plus loin que la loi, puisqu'elle s'attache à garantir directement l'indépendance de l'expert en automobile spécialisé, en l'empêchant d'exercer pour un employeur visé par les incompatibilités ou dans une entreprise ayant des liens avec une profession visée par les incompatibilités.

B ▪ Les exceptions de l'incompatibilité

1 ▪ Dans le prolongement des opérations d'expertise

2026. La profession d'expert en automobile, qui bénéficie d'un statut légal (C. route, art. L. 326-1 à L. 326-9), est concernée par les dispositions de la loi n° 71-1130 du 31 décembre 1971 modifiée ayant trait aux professions réglementées. Pour les experts en automobile, le seul fait d'appartenir à une profession réglementée les autorise à donner des consultations et à rédiger des actes qui constituent l'accessoire direct de la prestation fournie. Cette habilitation législative soumet à la condition de licence en droit ou, à défaut, de « compétence juridique appropriée », les experts en automobile qui exercent une activité juridique accessoire dans le cadre de leur profession.

2027. Pour tous ceux qui ne sont pas titulaires d'une licence en droit, ils tiennent leur « compétence juridique appropriée » pour cet exercice des textes régissant la profession d'expert en automobile. Autrement dit, ce sont les conditions d'accès à la profession d'expert en automobile qui comprennent les exigences de connaissances juridiques suffisantes (le droit de la responsabilité civile et des assurances) pour l'exercice du droit qui s'y attache (en ce sens : Doc. Sénat 1996/1997, n°176).

2028. En conséquence, les experts en automobile ne peuvent faire que des consultations ou des actes juridiques relatifs au règlement amiable des sinistres matériels (délivrance de la fiche de prise en charge, enlèvement conservatoire du véhicule, appel d'offres...) et des litiges automobiles (protocoles de transaction, constats de conciliations d'arbitrage et d'expertise...). La consultation juridique est « une prestation intellectuelle personnalisée qui tend à fournir un avis, parfois un conseil qui concourt, par les éléments qu'il apporte, à la prise de décision du bénéficiaire de la consultation » (Rép. min. n° 19358, JOAN Q 28 mai 1992).

2 ▪ En cumul de l'activité d'expert en automobile

a - Expertise et contrôle technique

2029. On notera avec intérêt que le cumul des activités de contrôle technique automobile (Arr. 4 et 5 juill. 1985 : JO 12 juill., et circ. n° 85-50 du 8 juill. 1985 : BO Transp. 28 août 1985) et d'expertise automobile est possible. Mais, les experts sont alors en concurrence avec d'autres professionnels.

b - Expertise et mandat électif public

2030. « La charge d'officier public ou ministériel » au sens de l'article L. 326-6 du Code de la route vise l'office conférée à vie à une personne par l'autorité publique et pour lequel le titulaire a le droit de présenter un successeur (avoués, notaires, greffiers des tribunaux de commerce, huissiers de justice...). Le mandat électif public, comme celui de maire, ne présente pas à cet égard d'incompatibilité avec les fonctions momentanées d'officier de police judiciaire et d'état civil exercées le temps d'un mandat (TA Strasbourg, 12 juin 2001, n° 011263).

§ 2 ▪ La garantie d'indépendance par la liberté

2031. L'indépendance de l'expert en automobile c'est aussi la faculté reconnue à ce professionnel de se déterminer par sa seule volonté et d'accomplir sa mission en toute liberté. L'expression de cette liberté est : juridique, intellectuelle et économique.

A ▪ La liberté juridique

2032. C'est le fait pour un expert en automobile de ne pas être lié dans son exercice professionnel par un contrat ou une situation susceptible d'affecter son libre arbitre.

1 ▪ Du point vu contractuel

2033. La jurisprudence dominante regarde l'expert en automobile comme un prestataire indépendant dans ses relations avec sa clientèle. Et prenant en compte ce critère, elle retient la qualification de contrat d'entreprise, plus satisfaisante que celle de contrat de mandat : le mandataire (l'expert) devant agir au nom et pour le compte de son mandant (l'assureur).

a - Opération de qualification

2034. Dans sa fonction traditionnelle, l'expert en automobile reçoit mission de l'assureur de déterminer les dommages subis par un véhicule à moteur. Il contracte alors une obligation de faire (exécution d'un travail) portant sur des travaux d'ordre matériel et intellectuel (œuvre d'estimation), par opposition aux actes juridiques (conclure une vente par exemple), et conserve, dans l'accomplissement de sa mission, son indépendance technique et d'esprit (libre arbitre).
La description détaillée « des opérations et études » permet d'éclater en deux les travaux de l'expert en automobile : les prestations matérielles d'une part et les prestations intellectuelles d'autre part.

2035. Relèvent des prestations matérielles : la vérification de l'identification du véhicule et de l'exactitude des déclarations contenues dans le constat amiable ou encore la description des dégâts. Tandis que la recherche de l'origine et des causes d'un événement dommageable, le choix de la méthodologie de réparation, la détermination de la valeur des dommages au véhicule et, le cas échéant, celle du véhicule endommagé caractérisent les prestations d'ordre intellectuel.

2036. La réunion des trois éléments précités, l'obligation de faire, la nature matérielle et intellectuelle des actes réalisés et l'indépendance juridique du prestataire de services, caractérise le contrat d'entreprise qui unit deux personnes : l'assureur et l'expert en automobile. L'expert en automobile n'est pas un mandataire. « L'expert désigné par l'assureur [...] doit être considéré comme le conseiller technique chargé d'une œuvre d'estimation matérielle dans le cadre d'un contrat d'entreprise ou de prestation de services » et non comme celui chargé d'une mission juridique de mandataire (comme procéder au nom de l'assureur au règlement de gré à gré du dommage). Cette différence de rôle explique justement pourquoi l'expert ne peut pas prétendre à la qualité de mandataire. (CA Chambéry, 1re ch., 5 mai 2009, JA, juin 2009, p.36 ; CA Rouen, 1re civ., 19 mai 1987, GFA c/ Picard et autres, D. 1988. 159. note C.-J. Berr ; Civ. 3e, 2 mars 1983,n° 81-15.232).

b - Soubresauts jurisprudentiels

2037. La question de la nature du contrat d'expertise est toujours périodiquement soulevée et certaines décisions de cours d'appel (CA Nancy, 2e ch., 12 janv. 1984 : Gaz. Pal. 10 oct. 1984. 9.) ont qualifié ce contrat de mandat. L'explication de cette jurisprudence est peut être à rechercher dans la complexité de la mission qui fait cohabiter des actes relevant de la nature du mandat (comme de remettre au réparateur l'engagement de règlement direct par l'assureur) et d'autres relevant de celle du louage d'ouvrage. Dans ce cas on observe, que le juge préfère une qualification globale au détriment de la motivation même de la décision rendue. Cependant, le juge peut parfois considérer qu'un contrat de mandat se superpose au contrat d'entreprise, par exemple lorsque l'expert est mandaté par l'assureur pour contacter un réparateur afin qu'il effectue les travaux de réparation (Civ., 1re, 8 févr. 2000 : JA 2000. 410).

2038. Mais il convient également de dire que la prétendue qualité de mandataire de l'expert en automobile découle d'une autre circonstance. L'attitude les juges qui mettent en doute son impartialité, ce à travers le comportement des entreprises d'assurance en général vis-à-vis de leur réseau d'experts. Partant, ils considèrent qu'il est vain de penser que les experts en automobile, recevant régulièrement des instructions de l'assureur automobile pour réduire le coût des sinistres, pourraient conserver leur liberté de jugement dans l'accomplissement de leurs missions. Ainsi, il a pu être jugé qu'un assureur devait solidairement répondre de la faute de son expert sur le fondement de l'article 1384 al. 5 du Code civil relatif à la responsabilité civile du commettant (CA Bordeaux, 1re ch., sect. B, 27 sept. 2007, Maif c/ Marcel B : L'Argus 2008, n° 7060, p. 36).

2 ▪ D'un point de vu circonstanciel

2039. Si, au cours des opérations qu'il a reçu mission d'accomplir, l'expert se trouve confronté à une situation qui l'empêcherait de conduire la mission qu'il a acceptée à son terme, ou qui caractériserait un conflit d'intérêt, ou encore qui ferait douter raisonnablement de son impartialité, il doit en informer sans délai les parties concernées par l'expertise avec lesquelles il a été en rapport, et interrompre sa mission

2040. Cette faculté de renonciation a été consacrée par la jurisprudence pour qui l'expert en automobile peut se récuser ou se dégager de sa mission en cours, pour un motif légitime, en usant de sa clause de conscience déontologique : CA Caen, 1re ch., 27 janv. 1998 : JA mars 1998. 146).

B ▪ La liberté intellectuelle

2041. Elle implique qu'un donneur d'ordres ne saurait davantage s'immiscer dans l'organisation du travail de l'expert. Sur ce point une recommandation du ministère des Transports sur l'expertise à distance affirme, par exemple : « L'expert est libre d'employer, les moyens, les outils et les techniques lui semblant les plus appropriés pour mener à bien toute mission lui étant confiée ».

C ▪ La liberté économique

2042. L'expertise en automobile est un secteur libre à l'exception des missions pour les fourrières qui font l'objet d'une tarification officielle. Donc en principe, les honoraires de l'expert en automobile sont l'affaire des parties. C'est la loi du contrat. Une convention préalable d'honoraires peut s'imposer comme mode de fixation des honoraires dans les dossiers importants. À défaut la liberté économique permet à l'expert en automobile de faire dépendre ses honoraires de la compétence développée (technique, administrative et relationnelle), de la qualité du service rendu et du niveau des responsabilités encourues. D'une manière générale, il veille à ne pas brader ses connaissances et surtout à ne pas travailler en deçà des coûts d'exploitation du cabinet. Le cas échéant, ses exagérations peuvent toujours être soumises au pouvoir de réduction du juge (Pour une application aux honoraires d'un expert comptable : Civ. 1re, 3 juin 1986,n 85-10.486 ; Bull. civ. I, n° 150. Pour une application aux honoraires d'un conseil en gestion : Com., 2 mars 1993, n° 90-20.289,JCP 1993. IV. n 1152.

2043. De même, toute mauvaise exécution des travaux commandés à l'expert sera sujette à une réduction du prix demandé. Le juge peut aussi, dans ces circonstances, réviser les honoraires en opérant, comme en matière de vente, une réfaction du prix.

Sous-section 3 ▪ Contrôle de la profession d'expert en automobile

2044. La réglementation applicable en France à la profession des experts en automobile est aujourd'hui codifiée. Elle met en œuvre un contrôle de ce secteur d'activité, par le ministre chargé des Transports, qui n'a pas pour seul objectif la protection des assurés automobilistes. Il permet aussi d'associer les experts en automobile à la défense de l'intérêt général dans le cadre des politiques de sécurité routière.

§ 1 ▪ Rôle de l'autorité administrative

2045. Le contrôle de l'État sur les experts en automobile est directement exercé par le ministre chargé des Transports (C. route, art. R 326-5 à R. 326-8). C'est désormais l'autorité administrative compétente qui inscrit les experts en automobile sur la liste et vérifie, chaque année, qu'ils continuent à remplir les conditions y figurer.

2046. Jusqu'en 2011 ce rôle était assuré par la Commission nationale des experts en automobile (CNEA). Cette instance collégiale était une autorité administrative indépendante (AAI), laquelle a été supprimée par la loi n° 2011-12 du 5 janv. 2011 (JO 6 janv.). Toutefois, en matière disciplinaire la CNEA demeure, sous la nature d'une commission administrative, mais dans un rôle exclusivement consultatif.

2047. Aux termes de l'article D. 326-15 du Code de la route, la CNEA est aujourd'hui composée de treize membres :
- un président ;
- quatre représentants de l'État désignés par le ministre chargé des Transports;
- quatre experts en automobile désignés par le ministre chargé des Transports, sur proposition des organisations professionnelles ;
- deux représentants d'associations d'usagers de la route désignés par le ministre chargé des Transports ;
- deux représentants des entreprises d'assurances désignés par le ministre chargé des Transports.

Les représentants des associations d'usagers de la route ne peuvent appartenir aux catégories mentionnées aux 3° et 5° du présent article.
Un suppléant de chaque membre titulaire de la commission est désigné dans les mêmes conditions.
Les membres titulaires et suppléants de la commission sont nommés pour trois ans par arrêté du ministre chargé des Transports.
Tous les membres de la commission sont nommés par arrêté du ministre chargé des Transports pour une durée de trois ans.

A ▪ Inscription sur la liste nationale

2048. Le ministre chargé des Transports est donc la nouvelle autorité administrative compétente pour inscrire les experts en automobile sur la liste nationale. Aux termes de l'article R.

326-5 du Code de la route, les intéressés doivent lui en faire la demande en réunissant les pièces justificatives. Le dossier ainsi constitué est adressé au ministère des Transports, plus précisément à la Mission interministérielle de l'expertise automobile (MIEXA).
A réception du dossier du demandeur, soit un accusé de réception lui est retourné dans un délai d'un mois, soit il est informé de tout document manquant. Le ministre chargé des Transports rend une décision motivée sur la demande d'inscription dans un délai de trois mois à compter de la réception du dossier complet (C. route, art. R. 326-5, in fine).

2049. Une fois que l'expert est inscrit sur la liste nationale, sa situation est contrôlée tous les ans (C. route, art. R. 326-12). Si le ministre chargé des Transports constate qu'il ne remplit plus les conditions légales pour exercer la profession, dans un premier temps il est sommé de régulariser. Pour cela, il dispose d'un délai d'un mois et, en l'absence de régularisation, le ministre chargé des Transports peut alors décider de la suspension de l'expert.

2050. Chacune des décisions rendues par le ministre chargé des Transports fait grief et donc est susceptible de faire l'objet d'une contestation devant la juridiction administrative compétente.
La décision de refus est, en droit administratif, une décision individuelle défavorable. Il en résulte notamment qu'elle doit être motivée. Lorsque le ministre chargé des Transports décide de suspendre un expert en automobile de la liste, il ne peut le faire qu'après lui en avoir notifié le motif et donné un délai pour présenter ses observations (C. route, art. R. 326-12). De même, lorsqu'elle impose des sujétions pour s'inscrire ou être maintenu sur la liste, comme par exemple : ne pas être salarié au sein d'une entreprise touchant une activité visée par les incompatibilités de l'article L. 326-6 du Code de la route.

2051. Quant à l'octroi de l'inscription, c'est à l'évidence une décision individuelle créatrice de droits. Même si le ministre chargé des Transports a en l'espèce un pouvoir lié, se bornant à constater que les candidats remplissent effectivement les conditions légales.
La liste des experts en automobile est consultable sur le site internet de la sécurité routière. La mise à jour de cette liste intervient à tout moment suite à un changement de situation ou de condition d'exercice professionnel nécessitant une mise à jour ou encore suite à une décision de suspension ou de radiation d'un expert. Les décisions de suspension ou de radiation sont consultables sur ce site pendant la durée de leur effet (C. route, art. R. 326-13).

B ▪ Discipline sur la liste nationale

2052. La discipline de la profession relève aussi des attributions du ministre chargé des Transports. Il prononce des sanctions après une procédure contradictoire, engagée de sa propre initiative ou s'il est saisi d'une demande dans ce sens.
Le ministre commence par notifier à l'expert mis en cause les griefs formulés à son encontre par lettre recommandée avec avis de réception ou par remise contre récépissé. Il est informé qu'il peut prendre connaissance et copie, en personne ou par mandataire, des pièces du dossier qui sera soumis aux membres de la commission, notamment du rapport établi par le rapporteur et des éventuelles restitutions écrites de ses auditions. Il est également averti de la possibilité de se faire assister d'un défenseur et du délai dont il dispose, qui ne peut être inférieur à un mois, pour présenter ses observations écrites (C. route, art. R. 326-14, II).

2053. Pour chaque affaire, le ministre désigne un rapporteur en dehors des membres de la CNEA. Le rapporteur nommé peut se faire assister de toute personne nécessaire à l'exercice de sa mission. Il entend l'expert si celui-ci le demande ou s'il le juge utile ainsi que toute personne nécessaire à l'instruction ou dont la demande est à l'origine de la procédure engagée.

Il consigne le résultat de ses auditions par écrit. Il établit un rapport, au vu de l'ensemble des éléments du dossier, qui sera mis à la disposition de la Commission nationale des experts en automobile (CNEA).

2054. A l'appui de ce rapport, la CNEA donne son avis sur la sanction susceptible d'être prononcée par le ministre chargé des Transports à l'encontre de l'intéressé
Au vu de l'avis fourni, le ministre chargé des Transports notifie à l'expert mis en cause la sanction envisagée. Celui-ci dispose d'un délai d'un mois pour présenter ses observations. A l'issue de ce délai, compte tenu, le cas échéant, des observations formulées par l'expert mis en cause, le ministre chargé des Transports prend une décision, qu'il notifie à l'intéressé. La notification mentionne que la décision peut faire l'objet d'un recours de pleine juridiction devant la juridiction administrative compétente.

2055. Le ministre chargé des Transports peut prononcer l'une des sanctions suivantes : un avertissement, un blâme, la suspension de l'exercice de son activité professionnelle pour une durée ne pouvant excéder trois ans ou la radiation de la liste nationale des experts en automobile avec interdiction de solliciter une nouvelle inscription pendant cinq ans La radiation peut être limitée à la qualification mentionnée à l'article R. 326-11. Les sanctions peuvent être assorties d'un sursis total ou partiel (C. route, art. R. 326-14).

C ▪ Le contentieux du contrôle

2056. Toutes les décisions émanant de l'autorité administrative compétente (la CNEA jusqu'en 2011, le ministre chargé des Transports depuis) peuvent faire l'objet d'un recours pour excès de pouvoir. Elles sont soumises au principe de légalité puisqu'une décision d'inscription ou de retrait de la liste nationale, mais aussi de sanction, modifie la situation juridique antérieure. Au surplus, ces décisions sont susceptibles de causer des dommages et donc de nature à engager la responsabilité de l'État.
En outre, la juridiction compétente en la matière est le Conseil d'État, qui statuera alors en premier et dernier ressort (CJA, art. R. 311-1). En effet, la haute juridiction détient une compétence exclusive pour les recours concernant les décisions rendues par les autorités administratives.

2057. Le délai pour agir, dans le cadre du recours pour excès de pouvoir, est de deux mois. Le point de départ de ce délai est le jour où la décision a été portée officiellement à la connaissance de l'intéressé. S'agissant d'une décision individuelle, nous retiendrons la date de sa notification au demandeur à la condition qu'elle mentionne le délai ainsi que les voies de recours (art. 9, décr. 83-1025 du 28 nov. 1983 : JO du 3 déc. 1983).

2058. Comme la décision de l'autorité administrative compétente est exécutoire et que le recours en annulation n'a pas d'effet suspensif, l'expert en automobile concerné a tout intérêt par débuter son contentieux par un référé-suspension (CJA, art. L. 521-1). Lorsqu'en raison de la décision attaquée, l'intéressé est soit suspendu, soit retiré et/ou radié de la liste nationale, l'urgence se conçoit aisément dans ces cas : le préjudice résultant de l'exécution de la mesure en cause serait difficilement réparable. Reste que pour obtenir la suspension de la décision, il faut en plus disposer d'un moyen sérieux paraissant en l'état de l'instruction de nature à justifier de l'annulation.

2059. Plusieurs fois, le Conseil d'État s'est prononcé sur la condition d'urgence après une décision de suspension ou de radiation prise par la commission nationale. Celle-ci a été admise au motif que la décision de radiation fait obstacle à la poursuite de l'activité de l'expert en automobile et le prive de toute ressource professionnelle (CE, 6 avr. 2004, n° 265638). Aussi lorsque l'expert en automobile suspendu est obligé de s'adresser à des experts en automobile extérieurs à son cabinet pour lui permettre d'établir les rapports qui lui avaient été précédemment confiés, faute de disposer dans son propre cabinet de collaborateurs inscrits sur la liste nationale (CE, 14 avr. 2005, n° 278868). Par contre, la condition d'urgence n'est pas remplie : si les circonstances révèlent que le maintien en exercice de l'intéressé fait peser des menace sur la sécurité routière, en raison du caractère répété et grave de ses manquements professionnelle (CE, 14 janv. 2004, n° 259106).

2060. Une fois saisi au fond d'un recours pour excès de pouvoir, le juge de la légalité se prononce sur la régularité de la décision de la commission nationale. À ce stade la jurisprudence, déjà rendue en matière d'expertise en automobile, nous permet de distinguer parmi les illégalités retenues : celles de forme et celles de fond.

1 ▪ Sur la forme

2061. En matière disciplinaire, les droits de la défense de l'expert en automobile mis en cause sont assurés par l'organisation d'une procédure contradictoire (C. route, art. R. 326-14 et R. 326-15). Le respect de cette garantie à donc une importance spéciale pour le Conseil d'État, qui en cas d'irrégularité de procédure n'hésite pas à annuler la décision entachée alors d'illégalité.

2062. Dans ce sens : les griefs retenus par la commission nationale pour sanctionner l'intéressé doivent lui être notifiés et l'expert en automobile mis en cause doit disposer de l'ensemble du dossier de la procédure comprenant les éléments de l'instruction comme les procès-verbaux d'auditions et, le cas échéant, le rapport écrit du rapporteur (CE, 19 nov. 2004, n° 257848, n° 259524, Lebental c/Ministère des transports : Lebon) ; la décision de la commission national est entachée d'illégalité si l'expert en automobile poursuivi n'a pas disposé du délai de 15 jours, prévu par les textes, pour prendre connaissance des pièces du dossier qui sera soumis à la commission (CE, 14 avr. 2005, n° 278868).

2 ▪ Sur le fond

2063. On s'intéresse ici en particulier au contrôle exercé, par le Conseil d'État, sur les motifs de la décision rendue par la commission nationale. Il porte systématiquement sur l'exactitude matérielle des faits, en vérifiant que les faits reprochés, qui fondent la décision, ont bien existé. Au delà, le Conseil d'État peut, par un contrôle de l'erreur manifeste d'appréciation, accepter de vérifier la qualification juridique donnée aux faits ayant motivé la décision, mais aussi l'adéquation de la décision aux motifs. C'est justement dans le cadre de ce contrôle que le Conseil d'État a rendu illégal une décision de la commission nationale parce que les faits matériellement reprochés à l'expert en automobile, s'agissant d'une présentation formelle critiquable de ses rapports d'expertise, n'étaient pas constitutifs d'une faute disciplinaire (CE, 24 févr. 2004, n° 263988). Il a aussi eu pour objet de permettre d'apprécier si la sanction est proportionnée à l'importance des fautes commises (CE, 6 avril 2004, n° 265638).

§ 2 ▪ Organisme professionnel

A ▪ ANEA

2064. La majorité des professionnels de l'expertise adhère à l'Alliance Nationale des Experts en Automobile (ANEA). Cette organisation, créée officiellement le 9 décembre 2006 à Lyon, a été déclarée comme syndicat, régi par la loi du 21 mars 1884, en janvier 2007 et enregistrée à la Mairie de Paris sous le n° 20 392. Son siège est installé au 43, rue des Plantes à Paris (14e).

ANEA se substitue aux deux anciennes chambres syndicales, la CSNEAF (créée en 1931) et la CSNEAMI (créée en 1960), dissoutes depuis le 30 novembre 2007. Elle regroupe principalement les experts dits libéraux et leur cabinet, répartis en France sur environ 650 structures allant de 1 à 40 salariés. Aujourd'hui, sa représentativité sur l'ensemble du territoire français (métropole et DOM) est la suivante :

- 2 000 adhérents parmi des dirigeants de cabinets, salariés et stagiaires experts ;
- 630 cabinets ou entreprises d'expertise répartis.

2065. L'objet premier d'ANEA, c'est la défense de la profession ; ce qui l'autorise à agir au nom de son intérêt collectif. Le législateur ayant expressément accordé aux syndicats professionnels le pouvoir général d'agir, devant toutes les juridictions, en réparation de tout préjudice, même indirect, « à l'intérêt collectif de la profession qu'ils représentent » (C. trav., art. L. 2132-3).

L'action syndicale est recevable lorsqu'il y a violation d'un texte qui a pour objet la défense des intérêts de la collectivité représentées (usurpation du titre d'expert en automobile par exemple). Cette action est aussi admise, devant les juridictions civiles, en l'absence d'infraction pénale (exercice de l'action en concurrence déloyale par exemple).

2066. L'ANEA bénéficie pleinement de la reconnaissance des pouvoirs publics justifiée par sa représentativité nationale au niveau de la profession d'expert en automobile. Elle a notamment participé aux travaux, menés sous l'égide du ministère de l'Écologie, de l'Énergie, du Développement durable et de l'Aménagement du territoire (MEEDDAT), relatifs aux procédures relatives aux véhicules endommagés.

2067. Elle siège dans différent(e)s autorités, organismes et commissions :

- Commission nationale des experts en automobile (CNEA) : chargée d'arrêter la liste des experts en automobile ;
- Association paritaire des affaires sociales des experts en automobile (APASEA) : gère la collecte des fonds dédiés aux actions sociales et culturelles ainsi que celles relatives au fonctionnement des institutions paritaires instituées par la branche des experts en automobile. Elle propose aux salariés de la branche des réductions ou des subventions telles que classes vertes ou l'inscription à une activité sportive ou culturelle. Elle intervient comme un comité d'entreprise au bénéfice des personnels des cabinets d'expertise ;
- Organisme paritaire collecteur agrée des professions libérales (OPCA PL) : chargé de collecter et gérer les contributions versées par les entreprises libérales au titre de la formation professionnelle ;
- Fonds d'assurance formation des professions libérales (FIF PL) : porte sur la formation continue des travailleurs indépendants et professionnels libéraux ;
- INTERFIMO : spécialisée dans les financements destinés aux professions libérales ;
- SIDEXA : opère dans la gestion centralisée des bases de données automobile ;
- DARVA : spécialisée dans l'échange de données informatisées entre les différents intervenants dans la gestion des sinistres.

2068. De nombreuses commissions permanentes et/ou ad hoc sont mises en place au sein d'ANEA. On distingue :

- les commissions consultatives : elles permettent au comité directeur, chaque fois que cela est nécessaire, d'organiser des groupes de travail afin d'approfondir ou de prendre en considération des réflexions ;

- les commissions fonctionnelles : elles font des propositions visant à valoriser la profession d'expertise et mettent à disposition des cabinets le résultat de leur recherche afin d'optimiser leur organisation. Elles s'articulent autour de trois thèmes :
  • les commissions « métiers » venant concrétiser ces dernières années, une démarche de diversification des activités d'expertise. Plusieurs métiers sont ainsi identifiés par le biais d'une approche clientèle reposant sur une : appréciation du marché, organisation pour satisfaire les besoins, définition des perspectives. Cette réflexion autour du concept de métiers amène les cabinets d'expertise à gérer, aujourd'hui, non plus une activité, centrée sur les sinistres automobiles, mais un véritable portefeuille de métiers. Une commission a été créée par métier : expertise dommages véhicules accidentés, expertise à distance, expertise protection juridique, expertise judiciaire, expertise responsabilité civile – bris de machines, accidentologie – reconstitution d'accidents, expertise flotte parc retour location labellisation, expertise conseil et expertise avarie transport,
  • les commissions « spécialités » : chargées de la veille et de l'adaptation des techniques d'expertise aux évolutions de la technologie selon les catégories de véhicules à moteur : poids lourds, tracteur et machinisme agricole, etc.,
  • les commissions « organisation » : qualité, bilan technique, etc.
  • les commissions interprofessionnelles : elles permettent à ANEA de participer à différentes commissions ayant pour objet des travaux concernant plusieurs professions.

2069. ANEA met aussi à la disposition de ses adhérents un certain nombre de services associés à la cotisation tels que, la protection juridique, l'assurance responsabilité civile, des services d'assistance divers comme l'accession au crédit facilité pour les projets d'installation (partenariat avec l'organisme bancaire Interfimo).

2070. L'ANEA réalise, enfin, des supports d'information et de communication avec la diffusion auprès des adhérents d'une newsletter et la publication, auprès d'un plus large lectorat (experts, assureurs, pouvoirs publics, professionnels de l'automobile..), d'une revue trimestrielle : « Cheval mécanique ». Un site Internet (www.anea.fr), permet également de faire découvrir la profession à un plus grand public.
En outre, l'UPEAS (Union Professionnelle des Experts en Automobile Salariés) regroupe tous les salariés des cabinets et entreprises d'expertises en automobiles.

B ▪ FIEA

2071. Seize pays adhérent à la Fédération International des Experts en Automobile (FIEA) : Angleterre, Allemagne, Autriche, Belgique, Espagne, Grèce, Hongrie, France, Italie, Luxembourg, Portugal, Pays-Bas, Pologne, Suisse, Maroc, Tunisie.

2072. Cette organisation poursuit les objectifs suivants :
- regrouper les techniciens de l'automobile qui sont chargés par les autorités judiciaires et civiles, les sociétés d'assurances, les collectivités et les particuliers, d'examiner et vérifier les voitures automobiles, véhicules industriels, tracteurs, cycles et motocycles, en déterminer la valeur, fixer le montant des dommages qu'ils ont subis et étudier les problèmes techniques que comportent leurs missions ;
- échanger les informations internationales et la documentation présentant un intérêt pour la profession ;
- comparer l'aspect juridique de l'expertise dans les différents pays en vue de tenter de l'harmoniser ;
- recueillir les renseignements et statistiques relatifs aux accidents, afin de diffuser les méthodes et moyens propres à en réduire le nombre ;

- promouvoir des règles professionnelles adaptées, resserrer les liens confraternels entre les membres et préconiser l'application du code de déontologie.

2073. Dans la perspective de la réalisation de ce dernier objectif, depuis 2005, la FIEA favorise notamment la rédaction de règles de déontologie qui s'appliqueront à toutes personnes, physiques ou morales, qui exercent une activité d'expertise, ou qui se proposent d'offrir leurs services en la matière. Aussi, sous son impulsion, il a été décidé de mettre en œuvre un code de déontologie européen rassemblant les principes essentiels qui gouvernent l'exercice de la profession d'expert et l'accès à la reconnaissance européenne du titre d'expert. Avec ce code, la FIEA accompagne et d'encadre le développement et l'avenir des experts en automobile en Europe.

Section 4 ▪ Les règles d'exercice

Sous-section 1 ▪ Inscription sur la liste

§ 1 ▪ La nécessité d'une inscription

A ▪ Les personnes physiques concernées

2074. L'activité réservée aux experts en automobile et dont l'exercice requiert l'inscription sur une liste, est déterminée par l'article L. 326-4 du Code de la route.

B ▪ Activités visées

2075. L'article L. 326-4 du Code de la route prévoit :
« I. — Seuls les ressortissants mentionnés à l'article L. 326-1 inscrits sur la liste nationale des experts en automobile peuvent exercer les activités suivantes :
1° Rédaction à titre habituel de rapports destinés à être produits à des tiers et relatifs à tous dommages causés aux véhicules à moteur ainsi qu'aux cycles et à leurs dérivés, notamment toutes opérations et études nécessaires à la détermination de l'origine, de la consistance, de la valeur de ces dommages et à leur réparation ;
2° Détermination de la valeur des véhicules mentionnés au 1° du I du présent article. II. - Tout ressortissant d'un État membre de la Communauté européenne ou d'un autre État partie à l'Espace économique européen, légalement établi, pour l'exercice de l'activité d'expert en automobile, dans un de ces États, peut exercer cette profession de façon temporaire et occasionnelle en France. Il est inscrit à titre temporaire sur la liste nationale des experts en automobile.
Toutefois, lorsque la profession d'expert en automobile ou la formation y conduisant n'est pas réglementée dans l'État d'établissement, le prestataire doit avoir exercé cette profession dans cet État pendant au moins deux ans au cours des dix années qui précèdent la prestation.
Lorsque le prestataire fournit pour la première fois des services en France, il en informe au préalable l'autorité compétente par une déclaration écrite qui donne lieu à une vérification de ses qualifications professionnelles.

III. - Par dérogation aux I et II ci-dessus, les activités exercées dans le cadre d'une procédure judiciaire ou intéressant la sécurité de l'État ou la défense nationale relèvent des seules dispositions particulières qui les réglementent.
IV. - Les conditions d'application du présent article sont fixées par décret en Conseil d'État. »

2076. La loi n'interdit pas à des personnes quelconques de :
- rédiger à titre non habituel des rapports destinés à être produits à des tiers ;
- rédiger à titre habituel des rapports non destinés à être produits à des tiers.
Les précisions de cette définition relatives à la qualité des personnes destinataires des rapports d'expertise (« les tiers » par rapport au contrat d'expertise) étaient rendues nécessaires pour permettre aux garagistes de continuer à renseigner préalablement le client, qui demande combien va lui coûter une réparation, sans tomber sous le coup des activités réservées aux experts en automobile.

2077. L'expert en automobile doit être capable d'exécuter les actes suivants (Doc. AN 1984, n° 2138) :
- procéder à l'identification d'un véhicule ;
- apprécier les dommages et les chiffrer exactement ;
- rechercher et préciser l'origine et les causes d'un sinistre, d'une anomalie de fonctionnement, ainsi qu'un vice caché, une malfaçon, afin de permettre de déterminer la responsabilité technique éventuelle ;
- déterminer la valeur de tout véhicule ;
- apprécier le mode de réparation en conformité avec les règles de l'art et la réglementation ;
- contrôler le bon état de marche et de fonctionnement et la conformité aux normes de sécurité de tout véhicule ;
- vérifier les éléments d'une réparation et d'une facturation.

2078. À l'issue de sa formation (V. supra), le titulaire du diplôme doit savoir procéder à l'ensemble de ces opérations, à propos de tout véhicule à moteur, cycle ou dérivé.

C ▪ Activités exclues

1 ▪ Opérations d'expertise dans le cadre judiciaire

2079. Les dispositions organisant la profession d'expert en automobile confirment le principe général du libre choix de l'expert par les magistrats. Ceux-ci ne sont donc pas liés par le statut conférant l'exclusivité de l'activité d'expertise automobile aux seules personnes qui ont la qualité d'expert en automobile (C. route, art. L. 326-4, II).

2080. La circonstance qu'un expert travaille habituellement pour une société d'assurance n'est pas suffisante pour conclure qu'il n'est pas indépendant. Dès lors, il peut cumuler le fait de réaliser des missions pour des sociétés d'assurances avec l'exercice de missions judiciaires d'expertise (Civ. 2e, 22 mai 2008,n° 08-10.840 ;Civ. 2e, 22 mai 2008,n° 08-10.314, lire L. Namin, Expertise des dommages et missions judiciaires : deux activités compatibles, JA 2009, n° 804, p. 64). A comparer avec Civ. 2e, 14 mai 2009, n° 09-11.466, pour la cas du médecin expert accomplissant à titre quasi exclusif des missions (près de 200 par an) pour des assureurs privés.

2 ▪ Opérations d'expertise au profit de véhicules de l'État

2081. Depuis peu seuls sont concernés par cette exclusion, les véhicules intéressant la sécurité de l'État ou la défense nationale : véhicules de polices ou de gendarmerie, véhicules militaires. Par conséquent, l'expertise des dommages à ces véhicules à moteur est effectuée par des agents de l'État. L'expertise des dommages causés aux véhicules civils de l'État, tels que ceux appartenant aux administrations, est du ressort exclusif de l'expert en automobile.

§ 2 ▪ Les conditions d'inscription sur liste

2082. Depuis 1999, une liste nationale a été instituée dans la profession d'expert en automobile. Elle comprend toutes les personnes remplissant les conditions posées par la loi pour y être inscrites (C. route, art. L. 326-1 et s.).

A ▪ Pour les nationaux

1 ▪ Conditions légales

2083. L'inscription sur la liste nationale est subordonnée :
- la justification de sa qualité d'expert en automobile : diplôme d'expert en automobile (depuis 1995), brevet professionnel (de 1977 à 1994) et dispositions transitoires (1974-1975 et 1985-1986) ;
- l'absence d'une des condamnations prévues aux articles L. 6 et L. 7 du Code électoral ;
- le respect des incompatibilités professionnelles visées par la loi (V. supra) ;
- la justification d'une assurance de responsabilité professionnelle (V. supra).

2 ▪ Documents à fournir

2084. L'article R 326-5 du Code de la route énumère la liste des pièces à fournir en vue de l'inscription du candidat sur la liste officielle :
- pièces justifiant l'état civil ;
- copie certifiée conforme de l'attestation de qualification ;
- déclaration sur l'honneur suivant laquelle le demandeur affirme ne pas détenir de charge d'officier public ou ministériel ni exercer une activité incompatible avec la qualité d'expert en automobile conformément aux dispositions de l'article L. 326-6 du Code de la route, n'avoir fait l'objet d'aucune des condamnations pénales citées dans l'article L. 326-2 du Code de la route, ne pas être sous le coup d'un jugement rendu en application de l'article L. 326-9 du Code de la route, l'interdisant d'exercer l'activité d'expert en automobile. Le ministre chargé des Transports peut encore demander à l'intéressé de fournir tout document ou renseignement nécessaire, notamment le contrat de travail s'il s'agit d'un expert salarié, afin de lui permettre de vérifier que la condition d'indépendance est remplie ;
- l'attestation délivrée par une entreprise d'assurance du contrat souscrit individuellement ou par l'employeur concerné pour les salariés, dans les conditions prévues par l'article L. 326-7 du Code de la route, et garantissant expressément la responsabilité civile pouvant être encourue à raison de l'activité d'expert en automobile, dans les termes de l'arrêté conjoint du ministre de l'Économie et des Finances et du garde des sceaux, ministre de la Justice en date du 13 août 1974, JO 28 août (Arr. 13 août 1974 : JO 28 août 1974) ;
- un extrait du casier judiciaire n° 3 ;
- copie de l'attestation justifiant que le demandeur a suivi la formation continue prévue à l'article R. 326-11 du Code de la route, lorsqu'il sollicite la reconnaissance de sa qualification pour le contrôle des véhicules endommagés prévue par les articles L. 327-1 à L. 327-6 du Code de la route.

2085. Les personnes qui ne produisent pas l'attestation justifiant que le demandeur a suivi la formation dans les conditions prévues à l'article R. 326-11 obtiennent de plein droit leur inscription sur la liste nationale des experts en automobile. En revanche, elles ne peuvent pas prétendre à la qualification leur conférant la capacité d'exercer dans le cadre des procédures VE (VGE et VEI).

B ▪ Pour les ressortissants étrangers

1 ▪ Régime général

2086. Aux termes de la directive 2005/36/CE relative à la reconnaissance des qualifications professionnels (JOUE L 255 du 30 sept. 2005. 22), l'installation en France d'un migrant expert ne doit pas être liée à la détention d'un diplôme. La reconnaissance de la qualité d'expert en automobile doit pouvoir être accordée aux personnes pouvant seulement justifier d'une expérience professionnelle. C'est pourquoi, le législateur a modifié les conditions d'accès à la profession d'expert en automobile pour les rendre compatibles avec le régime de reconnaissance de l'expérience professionnelle du chapitre II du titre III de la directive. Dorénavant, ont la qualité d'expert en automobile les ressortissants européens qui remplissent les conditions de qualification professionnelles déterminées par le règlement (C. route, art. L. 326-1). Aux termes de l'article R 326-5 du Code de la route, ceux qui sont détenteurs :

- soit d'un titre délivré par un autre État membre de l'Union européenne ou un autre État partie à l'accord sur l'Espace économique européen ou d'un titre reconnu par l'un de ces États, équivalents à la possession d'un des titres délivrés en France pour justifier de la qualification professionnelle d'expert en automobile (C. route, art. R. 326-10, al. 2).
- soit de toute pièce de nature à établir l'expérience professionnelle (3 années consécutives) acquise par l'intéressé en matière d'expertise automobile dans l'un des États mentionnés précédemment dans des conditions fixées par arrêté du ministre chargé des Transports.

2087. La nécessité de prendre en compte l'expérience professionnelle de candidats européens souhaitant s'installer comme experts automobiles en France a été mise en évidence par l'arrêt du Conseil d'État du 31 mars 2008 « Fédération internationale des experts automobiles ». Il sanctionne le décret n° 2006-1808 relatif à l'organisation de la profession d'expert en automobile, parce qu'il réservait la possibilité d'inscription sur la liste des experts en automobile aux seuls personnes justifiant d'un titre délivré par un État membre de l'Union européenne ou un autre État partie à l'accord sur l'Espace économique européen reconnu équivalent (CE, 6e et 1re sous-section, 31 mars 2008, n° 302119).

2088. Ces dispositions doivent permettre à des ressortissants communautaires qui en font la demande d'exercer en France la profession d'expert en automobile en s'inscrivant sur la liste nationale. Ainsi, il leur est reconnu le droit de venir s'installer sous le régime du libre établissement dit LE (art. 43, Traité de Rome) ou de la libre circulation des travailleurs (art. 39, Traité de Rome).

2 ▪ Régime de la libre prestation de service

2089. Pour permettre l'exercice, en France, des activités d'expertise en libre prestation de services (LPS), il est possible d'inscrire temporairement sur la liste nationale un ressortissant d'un Etat membre de la Communauté exerçant sa profession dans l'un de ces Etats (C. route, art. L. 326-4, II). Pour ce faire l'intéressé devra transmettre au ministre chargé des Transports une déclaration préalable accompagnée des documents suivants :

- une preuve de l'identité et de la nationalité du prestataire ;
- une attestation certifiant que l'intéressé est légalement établi dans un autre Etat membre de l'Union européenne ou dans un autre Etat partie à l'accord sur l'Espace économique euro-

péen pour y exercer la profession d'expert en automobile, et qu'il n'encourt, lorsque l'attestation est délivrée, aucune interdiction même temporaire d'exercer ;
- une preuve de ses qualifications professionnelles ;
- une preuve justifiant de l'exercice de la profession pendant au moins deux années au cours des dix années précédentes, lorsque la profession ou la formation y conduisant l'activité n'est pas réglementée ;
- une preuve que le prestataire est couvert par un contrat d'assurance garantissant son risque de responsabilité civile qu'il peut encourir en raison de l'exercice des activités visées par l'article L. 326-4 du Code de la route ;
- le cas échéant, sur demande expresse, une justification de ses connaissances linguistiques nécessaires à l'exercice des fonctions d'expert en automobile en France (C. route, art. R. 326-7).

2090. En premier lieu, le prestataire est soumis à l'obligation d'informer l'autorité compétente avant sa première prestation, au moyen donc d'une déclaration écrite, sous peine de poursuite pour exercice illégal de la profession (C. route, art. L. 326-8). Ensuite, le ministre chargé des Transports statue sur sa demande dans un délai d'un mois à compter de la réception des documents par l'intéressé. Son inscription temporaire sur la liste est automatique si dans ce délai, le prestataire n'a pas reçu de demande de complément d'information ou de notification du résultat de la vérification (C. route, art. R. 326-8).

2091. On relèvera que le ministre chargé des Transports est habilité à contrôler les qualifications professionnelles du prestataire afin de s'assurer que la prestation ne portera pas atteinte à la sécurité du bénéficiaire du service. Sachant qu'en France l'expert en automobile est investi d'une mission de sécurité publique notamment dans le cadre des procédures VE (VGE et VEI), ce contrôle est justifié en l'espèce. Il peut-être alors décidé de soumettre le prestataire à un entretien professionnel, si l'examen des documents fait apparaître une différence substantielle entre les qualifications professionnelles du prestataire et celles requises pour exercer l'activité en France, et dans la mesure où cette différence est de nature à nuire à la sécurité des personnes.

2092. Dans les quinze jours qui suivent l'entretien conduit dans les conditions déterminées par l'arrêté du 23 février 2010, le ministre chargé des Transports prend sa décision relative à l'inscription sur la liste du prestataire.

2093. Pour la Commission européenne, la formation d'expert en automobile en France remplit les conditions pour être qualifiée de « certificat ». Cela correspond à une formation du niveau de l'enseignement secondaire soit technique ou professionnel, soit général, complété par un cycle professionnel.

Sous-section 2 ▪ Statuts juridiques d'exercice

2094. Les activités d'expertise en automobile sont exercées aussi bien par des personnes physiques, que par les sociétés.

§ 1 ■ Exercice individuel

A ■ Gestion en nom propre

2095. L'exercice en nom propre résulte de l'exploitation de la profession faite par une personne physique, en qualité de travailleur indépendant. C'est *a priori* la situation la plus simple ; l'expert en automobile au statut indépendant n'a pas à s'immatriculer au registre du commerce et des sociétés (ses travaux ne sont pas des actes de commerce tels que définis par les articles L. 110-1 et L. 110-2 du Code de commerce), ni au répertoire des métiers (l'exécution de ses travaux n'est pas exclusivement matérielle au sens de l'article premier du décret de 1962 relatif aux artisans).

2096. Compte tenu que la profession d'expert en automobile est une profession intellectuelle, indépendante et réglementée (C. route, art. L. 326-1 à L. 326-9), l'exercice individuel est la forme qui traduit le mieux les caractères essentiels de cette profession libérale.
La qualité de travailleur indépendant n'est pas incompatible avec celle d'employeur. L'expert indépendant peut donc avoir du personnel salarié au sein de son cabinet.
La souplesse de cette forme d'exercice engendre une lourde contrepartie patrimoniale : le patrimoine privé et le patrimoine professionnel ne font qu'un. La responsabilité financière du travailleur indépendant est donc illimitée, et, si les affaires tournent mal, il répondra de tous ses engagements contractuels sur son patrimoine personnel.

2097. Depuis plusieurs années, d'autres inconvénients sont venus s'ajouter qui rendent l'exercice individuel plus difficile :
- l'accroissement au cours du temps des charges d'exploitation de la profession d'expert en automobile : personnel, matériel informatique et logiciels ;
- le niveau d'exigence des clients « assureurs » : l'expert doit s'engager à disposer de locaux adapter à l'accueil des assurés et/ou sociétaires, à assurer un accueil administratif dans ses locaux dans une plage horaire de plus en plus étendue, à exploiter la mission dès réception...

2098. L'époque est révolue où l'expert exerçait chez lui, avec son épouse... Cette évolution est un puissant facteur qui pousse les experts en automobile à s'organiser en société. Pour satisfaire aux contraintes de l'exercice professionnel, les experts en automobile peuvent, d'abord, penser à mettre en commun tous les moyens utiles à l'exercice de leur profession, pour poursuivre un exercice individuel. Cette solution est possible par l'intermédiaire d'une société civile de moyens.
Notons que l'expert en automobile qui exerce à titre individuel doit prendre la précaution, en se mariant, d'adopter un régime de séparation de biens ou, en s'installant, de transformer son régime de communauté légale en régime de séparation de biens. De cette façon, il évite, en cas de dettes, que ses créanciers se servent également sur le patrimoine de son épouse.

B ■ Moyens de gestion en commun

2099. L'expert en automobile, plutôt que d'exercer seul, peut choisir d'exercer en commun avec un ou plusieurs autres experts.
La société civile de moyens a pour objet la fourniture de prestations de services ou la fourniture de moyens matériels à destination de ses membres. Dans cette hypothèse, la société civile de moyens d'experts sert de structure commune aux associés, qui, par ailleurs, continuent à exercer individuellement leur profession, en mettant à leur disposition des moyens tels que locaux, mobilier, personnel, matériel informatique, logiciels de gestion, accès à des banques de données...

2100. Contrairement aux sociétés d'expertise qui exercent elles-mêmes la profession d'expert en automobile (sociétés civiles ou de capitaux), la société civile de moyens ne perçoit pas de recette au titre des honoraires versés par la clientèle. Elle n'a donc pas de ressources propres. Ce sont les statuts qui fixent alors les contributions de chacun des membres associés pour couvrir les frais et charges de la société.

2101. Le recours à cette forme sociale permet de parer, dans une certaine mesure, aux inconvénients de l'exercice individuel, en partageant l'ensemble des frais généraux (loyer, secrétariat, informatique...) et en structurant son service pour faire face à l'ensemble des exigences fixées dans les cahiers des charges des donneurs d'ordres.
Dans la mesure où les experts en automobile ne peuvent pas constituer entre eux une société civile professionnelle, ils peuvent trouver un intérêt à créer une société civile de moyens.

2102. Les statuts de ce type de société pourront prévoir notamment :
- les modes de gestion de la société. Il convient de noter qu'à défaut de désignation d'un gérant, tous les associés auraient alors la qualité de gérant ;
- l'obligation de chaque membre de verser au sein de la société les redevances nécessaires pour couvrir les frais et charges ;
- la détermination des dépenses qui seront assurées par la société et celles qui resteront personnelles à chaque membre ;
- les conditions d'admission de nouveaux membres et les modalités de cession ou transmission des parts sociales ;
- la poursuite de la société, en cas de décès ou d'incapacité de l'un des membres ;
- l'interdiction d'exercer la profession en dehors de la société. En cas d'infraction à cette interdiction, l'associé peut recourir à l'exclusion ;
- une clause de non-concurrence, en cas de départ d'un associé.

2103. Dans une société civile de moyens les apports effectués peuvent uniquement être en numéraire ou en nature (biens mobiliers par exemple). L'apport en industrie, qui consiste à mettre à la disposition de la société son activité, son travail et ses connaissances professionnelles, n'est pas compatible avec cette forme de société dont l'objet est précisément étranger à l'exercice de la profession.

C ▪ Passage en société

2104. La réalisation de cette opération peut être effectuée au moyen de trois montages juridiques principaux. Aussi nous envisagerons successivement la vente du droit de présentation à une société en constitution, l'apport de celui-ci au capital d'une telle société, ou enfin la location de la clientèle civile au profit d'une société spécialement constituée à cet effet.

1 ▪ La constitution d'une société par voie de vente

2105. Cela consiste à vendre le cabinet d'expertise à une société en constitution (de type SARL, par exemple). Préalablement, il convient de déterminer la valeur du cabinet d'expertise en ventilant celle-ci selon les éléments corporels et incorporels (valeur de la clientèle). L'expert en automobile qui réalise cette opération pourra ensuite choisir son statut au sein de la société constituée soit salarié, soit le gérant majoritaire.

a - Le statut de salarié

2106. Dans cette hypothèse, le gérant ne doit pas détenir, avec son conjoint, plus de 50 % des parts de la société. Ce statut lui permet de bénéficier des garanties offertes par le régime général de la Sécurité sociale, en matière d'indemnités journalières, retraite... Au niveau fiscal, l'intéressé bénéficie des abattements sur l'impôt sur le revenu comme pour tous les salariés.

b - Le statut de gérant majoritaire

2107. À l'inverse, le gérant doit détenir, avec son conjoint ou non, plus de 50 % des parts sociales. Il relève des caisses des travailleurs non salariés, comme en cas d'exercice sous la forme individuelle.

2108. Sur le plan fiscal, le Code général des impôts assimile les revenus perçus au titre de la rémunération de gérant majoritaire à des salaires, ce qui lui permet au niveau de l'impôt sur le revenu de voir appliquer l'abattement dont bénéficient les salariés. En outre, les charges sociales sont dorénavant calculées sur le montant de la rémunération effectivement perçue par le gérant, et non sur le montant du bénéfice réalisé par l'entreprise comme en cas d'exercice individuel.

2 ▪ La constitution d'une société par voie d'apport

2109. Dans ce cas, il s'agit de faire l'apport au capital d'une société spécialement créée à cet effet (de type SARL, par exemple) des éléments corporels et/ou incorporels du cabinet.

Notons que le régime fiscal de l'apport est plus favorable que celui de la vente dans la mesure où les plus-values constatées lors de l'apport à la société ne seront imposées que la cession des parts remises en contrepartie de l'apport. Il faut également relever qu'au niveau du cabinet apporté, cette opération entraîne l'imposition immédiate des bénéfices en cours et la régularisation immédiate de la TVA.

À la suite de cet apport, l'expert en automobile devient le gérant majoritaire de la société, et bénéficie en conséquence des avantages inhérents à cette fonction (voir supra).

3 ▪ La constitution d'une société par voie de location de clientèle

2110. La clientèle du cabinet d'expertise est concédée, totalement ou partiellement, à un tiers (une société en constitution de type SARL, par exemple) qui l'exploite à ses risques et périls, contre paiement d'un loyer. Cette opération est donc une location ayant pour objet une clientèle. Cet acte juridique n'est pas réglementé, ce qui autorise une grande liberté contractuelle.

2111. Comme la location de clientèle n'entraîne pas une cessation d'activité, il n'y a pas de plus-value, même latente, à l'occasion de cette opération. Le montant du loyer doit être fixé de manière à éviter tout risque de requalification en matière fiscale. Il est d'usage que son montant ne dépasse pas 30 % de la valeur du cabinet d'expertise.

2112. Un dépôt de garantie peut s'avérer nécessaire pour se prémunir contre les effets d'une mauvaise gestion du locataire, laquelle est susceptible d'entraîner une diminution importante de la valeur du cabinet d'expertise.

Comme pour la vente, cette solution permet à l'expert automobile de choisir son statut social soit salarié, soit travailleur non salarié.

§ 2 ▪ Exercice en société

A ▪ Cabinets d'expertise exploités en société

1 ▪ « Toutes les formes sociales sauf... »

2113. Les experts en automobile qui veulent quitter l'exercice individuel peuvent se tourner vers l'exercice collectif de la profession. Il consiste en la mise en commun de la clientèle, qui appartient dès lors à la société exploitée dont l'objet est de partager les bénéfices tirés de l'activité exercée.
Bien que la profession soit dotée d'un statut législatif et que l'usage de son titre soit protégé, aucune forme sociale (civile ou commerciale) n'est a priori interdite pour l'exploitation de la profession d'expert en automobile.

2114. Le ministre de l'Économie a d'ailleurs été questionné sur la légitimité de l'exercice du métier d'expert en automobile par des sociétés de capitaux telles les SARL. Il a répondu que « la réglementation de la profession et les incompatibilités énoncées par la loi du 11 décembre 1972, n'interdisent pas (...) de constituer des SARL » (RM n° 17048, 25 juill. 1994, JOANQ 5 déc. 1994. 6041.).
Même si la forme commerciale de ces sociétés n'est pas en parfaite adéquation avec l'esprit d'une profession réglementée, l'aspect libéral de l'activité professionnelle de l'expert en automobile est toutefois préservé à travers l'objet civil des sociétés d'expertise (pas de fonds de commerce).

2115. Beaucoup d'experts en automobile sont passés en sociétés de capitaux pour bénéficier d'une meilleure fiscalité, limiter leur responsabilité passive et structurer en interne leur cabinet. Il s'agit essentiellement des sociétés commerciales « classiques » : sociétés à responsabilité limitées (SARL) sociétés anonymes (SA) ou encore société par actions simplifiée (SAS).

2116. Ces sociétés sont obligatoirement constituées avec un capital social dont un seuil minimum a été fixé par la loi (1 euro pour les SARL, 37 000 euros pour les SA ou les SAS). La responsabilité des membres associés est en revanche limitée aux apports de chacun. Enfin, en matière de fiscalité, ces sociétés relèvent de l'impôt sur les sociétés.

2 ▪ Formes sociales techniquement impossibles

2117. À ce jour, les experts en automobile ne peuvent techniquement constituer ni des sociétés civiles professionnelles (L. n° 66-879, 29 nov. 1966 : JO 30 nov. 1966), ni des sociétés d'exercice libéral (L. n° 90-1258, 31 déc. 1990 : JO 5 janv. 1991, relative à l'exercice sous forme de sociétés de professions libérales soumises à un statut législatif ou réglementaire, ou dont le titre est protégé). Ces formes de sociétés sont subordonnées à la publication d'un décret d'application pour chaque type de profession concerné. L'expertise automobile n'a fait l'objet d'aucun de ces décrets, alors que le champ d'application des lois précitées la concerne, sans aucune ambiguïté.

B ▪ Sociétés d'expertise et statut professionnel

1 ▪ Société d'expertise et exercice de la profession

2118. La personne morale ne peut évidement expertiser, conseiller, rédiger un rapport par elle-même ; elle le fait nécessairement par l'un de ses associés et/ou salariés ayant la qualité d'expert en automobile. La société d'expertise est donc juridiquement engagée pas seulement par son (ou ses) dirigeants sociaux, mais par tous ceux exerçant leurs fonctions d'expert en automobile au nom de ladite société (implicite pour le cas des associés). Donc l'exercice proprement dit de la profession d'expert en automobile reste sur le plan individuel. C'est ensuite par le mécanisme de la représentation que l'acte effectué par l'expert en automobile personne physique est attribué à la personne morale. Elle reçoit, d'ailleurs en contrepartie, les honoraires correspondant à la mission. Fort logiquement, la responsabilité des actes professionnels accomplis au nom de la société d'expertise peut alors lui être imputée : c'est une hypothèse de responsabilité civile du fait d'autrui.

2119. L'associé non lié par un contrat de travail à la société d'expertise répond personnellement des dommages consécutifs à ses actes professionnels, la société est solidairement responsable avec lui, le tout sous réserve de la mise en œuvre de l'assurance professionnelle. Par contre, pour les dettes relatives au fonctionnement de la société d'expertise sa responsabilité est limitée au montant de ses apports.

2 ▪ Ni inscription, ni visa

2120. Les experts en automobile, qui constituent une société d'expertise, ne doivent procéder ni à l'inscription de celle-ci sur la liste nationale des experts (allusion à l'obligation d'inscription des sociétés d'avocats au tableau du barreau), ni à l'envoi d'un exemplaire des statuts à la commission nationale pour obtenir un quelconque visa.

2121. La question posée est de savoir comment concilier l'exercice en société avec la garantie de l'indépendance de l'expert en automobile. On notera que la réglementation n'a rien prévu de spécifique dans ce domaine : les sociétés commerciales d'expertise en automobile sont régies par le Code de commerce. Il n'existe donc pas d'obstacles juridiques à ce qu'une société d'expertise puisse être constituée, en partie ou en totalité, à partir de capitaux extérieurs à la profession d'expert en automobile. Pas plus à ce que les fonctions de dirigeants, dans une société d'expertise, soient attribuées à des non-professionnels. Néanmoins, il convient de limiter cette apparente liberté en raison des incompatibilités professionnelles prévues par le statut (C. route, art. L. 326-4).

2122. Certes, l'on pourrait considérer que les causes incompatibilités doivent être strictement interprétées en ce qu'elle limite l'exercice de la profession d'expert en automobile, mais il faut au contraire affirmé que les incompatibilités étant ce qui établit l'indépendance qui se donne à voir doivent être interprétées largement. Pour accorder plus de force et de sécurité à cela, il faut considérer comme contraire, à l'esprit des dispositions statutaires, le fait pour une ou plusieurs personnes (physique(s) ou morale(s) exerçant des activités visées par les incompatibilités professionnelles de détenir plus de la moitié du capital social d'un cabinet d'expertise. De même, si les fonctions de dirigeant d'une société d'expertise devaient être confiées à une personne (physique ou morale) dont l'activité est visée par les incompatibilités professionnelles. À notre sens, cette double restriction touche les officiers publics ou ministériels (commissaire-priseur, huissier de justice, notaire..), les professionnels de l'automobile (constructeur, concessionnaire, loueur, garagiste réparateur, démolisseur...), les professionnels de l'assurance (entreprises d'assurance, les intermédiaires : agent d'assurance ou courtier...).

§ 3 ▪ Transmission du cabinet d'expertise

2123. Les experts en automobile sont confrontés, comme toutes les autres professions libérales, à la nature civile de leur clientèle, qui la place hors du commerce (Civ. 1re, 3 juill. 1996, n° 94-13.239 : Bull. civ. I, n° 287 ; RTD civ. 1997. 659). Il s'agit, ici, d'une prohibition d'ordre public qui trouve sa justification dans la liberté du choix des clients (Civ. 1re, 7 nov. 2000 : D. 2000, IR. 290) et sur la confiance personnelle qu'ils accordent aux professionnels : qualités de savoir, d'habilité et de conscience professionnelle (CA Rouen, 25 févr. 1968).

2124. Toutefois, cette impossibilité juridique est, en pratique, contournée par la possibilité de se faire rémunérer en contrepartie d'un engagement de présenter un tiers comme successeur et d'une obligation de non concurrence (Cass., 29 avr. 1954, JCP 1954, II, 8249 ; lire L. Fialletout et A. Teston, Le patrimoine du Professionnel Libéral, Les guides Interfimo 1999).

A ▪ Cession d'un cabinet d'expertise exploité en nom propre

2125. Si l'activité est exercée à titre individuel, la cession d'un cabinet libéral prend la forme d'une convention « de présentation d'un successeur ».

1 ▪ Les obligations du successeur

2126. Dans la plupart des cas, cette convention se limite en général à l'exécution d'une obligation de faire (la présentation du successeur à la clientèle), une obligation de ne pas faire (l'engagement de non concurrence de la part du cédant) et à la cession de quelques éléments corporels (matériel et mobilier de bureau, matériel informatique et logiciels, aménagements effectués dans les locaux professionnels, l'ensemble de la documentation professionnelle). Ces éléments d'actifs corporels sont parfois valorisés à part et à partir des coûts de remplacement ou des coûts d'origine auxquels sont appliqués des coefficients de vétusté. En l'absence d'un seul et véritable marché du matériel d'occasion, cette méthode n'est pas toujours bien probante.

2127. S'agissant de la transmission des contrats, il s'agit essentiellement de la cession du droit au bail qui a souvent une valeur négligeable. Lorsque le successeur prévoit de poursuivre l'exécution du bail en cours, le propriétaire devra être tenu informé du changement de locataire. Le propriétaire donnera son consentement à la cession du droit au bail ; celui-ci ne peut s'y opposer. Mais il serait en droit de rompre le contrat de bail, si ce formalisme n'est pas respecté. Un mot sur la continuation des contrats de travail en cours qui s'imposent au successeur (C. trav., anc. art. L. 122-12) : rémunérations, primes d'ancienneté, avantages sociaux...

2128. Des licenciements peuvent intervenir avant la cession (pour des raisons économiques par exemple), mais ils ne doivent pas être prononcés pour faire échec à la loi: licenciement d'un salarié exigé par l'éventuel acquéreur (Soc., 17 juill. 1990, n° 86-40.155 : Bull. V, n° 372).

2 ▪ L'indemnité de cession

2129. Quant à de la détermination de la valeur du droit de présentation, elle est encore assise sur la méthode qui consiste à valoriser la clientèle au moyen d'un coefficient multiplicateur du chiffre d'affaires ou de l'EBE (excédent brut d'exploitation) calculés sur la moyenne des trois dernières années. Cette dernière solution s'attache à effacer les disparités qui peuvent exister entre deux cabinets qui réalisent le même volume d'honoraires mais dont l'un supporterait des charges d'exploitation plus importantes.

2130. La variation de ce coefficient s'opérant selon des considérations subjectives et objectives :
- considérations subjectives : la réputation personnelle du cédant (cela suppose que le cessionnaire accorde à son successeur le droit, pendant quelques années, de se prévaloir de son nom : X...., successeur de Y...) ;
- considérations objectives :
  - la situation géographique du cabinet,
  - la taille et structure du cabinet,
  - la répartition de la clientèle dans le chiffre d'affaires (une entreprise ne possédant qu'un nombre limité d'assureurs dans son portefeuille est plus facilement à la merci d'une brusque chute d'activité, en cas de rupture d'une de ses collaborations).

2131. La convention de présentation de successeur doit, en tout cas, prévoir un mode de fixation du prix qui ne soit pas laissé à la discrétion d'une des parties (condition potestative) sous peine d'être tenue pour nulle, en application de l'article 1147 du Code civil. Tel n'est pas le cas lorsque la cession des éléments transmissibles d'un cabinet d'expert automobile dont le prix est déterminé par une redevance minimale fixée dans le cas d'un paiement comptant et, pour le surplus, par un prix payable en 96 mensualités d'une valeur égale à un pourcentage du chiffre d'affaires mensuel (10 %) arrêté le dernier jour de chaque mois, avec indication du nombre d'affaires reçues et du nombre d'affaires parties, chaque annuité ne pouvant être inférieure à une somme minimale prévue dans l'acte de cession (Civ. 1re, 28 juin 1988, Bull. I, n° 212).

2132. En pratique, l'exécution d'une convention « de présentation d'un successeur » dans la profession d'expert en automobile se réalise par :
- la remise au successeur de la liste des clients, la nature des missions assurées pour chacun d'eux, les particularités des dossiers en cours, les honoraires perçus ou restant à percevoir avec mention de la base de perception ;
- l'envoi de lettres, circulaires pour prévenir les clients du changement de dirigeant de cabinet d'expertise et les inviter à reporter leur confiance sur le successeur ;
- une présentation personnelle du successeur aux clients qui se traduit par une période de collaboration commune qui doit nécessairement être limitée dans le temps ; sinon elle risquerait d'être requalifiée en contrat d'exercice en commun.

2133. Le cédant ne peut faire plus, en garantissant au successeur que les clients continueront de confier au cabinet d'expertise leurs missions.

Clause de révision des prix

L'insertion de cette clause permet de réduire l'indemnité de présentation de successeur toutes les fois où, pour une autre clause qu'une faute lourde de l'acquéreur, certains clients cesseraient d'accorder leur confiance au cabinet d'expertise, dans un délai usuel d'une année.

Fiscalité

Les droits d'enregistrement exigibles sont ceux des cessions de fonds de commerce.

Illustrations

Engagement de non-rétablissement.

« A compter de la date d'entrée en possession de son successeur, le cédant s'interdit d'exercer la profession d'expert en automobile, soit directement, soit indirectement, pour son propre compte ou pour celui d'autrui, sur le territoire de ... et pendant une durée de ... années, le tout sous peine de dommages-intérêts envers le cessionnaire ou ses ayants droit et sans préjudice du droit de ceux-ci à faire cesser toute infraction au présent engagement ».

Transmission au sous-acquéreur de la clause de non-rétablissement.

En cas de revente du cabinet libéral, la clause de non-rétablissement est de plein droit cédée aux acquéreurs successifs. En pratique, cette clause devient un élément incorporel du cabinet (Civ. 1re, 3 déc. 1996 : JCP, II, 22799).

B ▪ Cession d'un cabinet exploité en société

2134. Dans ce cas de figure, la société (personne morale) qui exploite la profession d'expert en automobile est propriétaire du droit de présentation d'un successeur ; la clientèle lui appartenant. Il ne s'agit donc pas de rémunérer « une présentation de clientèle », qui ne peut avoir lieu qu'entre une personne qui se retire et un successeur qui arrive, mais d'acheter des titres sociaux permettant d'exercer sa profession au sein de la société d'expertise automobile.

2135. Dans les sociétés d'expertise automobile, l'entrée et la sortie des associés sont contrôlés par les règles d'agréments qui relèvent des dispositions légales, ou de clauses statutaires. Comme pour le droit de présentation, la valeur des titres est liée au chiffre d'affaires réalisé par le cabinet d'expertise automobile.

§ 4 ▪ Exercice salarié

A ▪ La compatibilité indépendance et lien de subordination

2136. Le salariat n'est pas incompatible avec la profession d'expert en automobile. On pourrait en douter compte tenu de la contradiction existante entre la nature indépendante de la profession d'expert automobile (C. route, R. 326-6) et l'état de subordination, du salarié envers son employeur, qu'implique le contrat de travail. Comme pour les autres professions libérales, la solution est venue de la distinction entre la déontologie propre à l'expert en automobile (V. supra) et les conditions de travail du salarié. Lorsque le salarié accomplit des actes professionnels, il conserve sa liberté et donc son indépendance, la subordination se limite aux seules conditions de travail : horaires, planning des tournées, détermination des périodes de congés, forme des rapports, informations dues à l'employeur...

2137. Reste à concilier la surveillance et de contrôle exercé par l'employeur sur l'activité de ses salariés avec l'indépendance technique et intellectuelle de ces derniers. Concrètement, la question se pose avec la pratique de la « double signature » du rapport d'expertise. On serait tenter de la valider au motif que les actes professionnels de l'expert salarié engage juridiquement son employeur (C. civ., art. 1384, al. 5). Mais il faut rester prudent car, s'agissant d'un avocat salarié, elle a déjà été jugée contraire à son indépendance (CA Nîmes, 16 nov. 1993 : Juris-data n° 047278). En tout état de cause, l'employeur ne saurait prendre à son compte, sous sa seule signature, un rapport d'expertise dont il n'est pas l'auteur.

2138. L'expert en automobile peut donc exercer sa profession en qualité de salarié d'un cabinet d'expertise, mais aussi plus largement en dehors de celui-ci. En comparaison avec l'exercice individuel, le contrat de travail est plus protecteur et donne à l'expert en automobile salarié plus d'avantages sociaux et fiscaux.

Préambule du contrat de travail individuel d'un expert en automobile

« (Le salarié) déclare qu'il n'est concerné par aucune des activités incompatibles avec l'exercice de la profession d'expert en automobile visées à l'article L. 326-6 du Code de la route.

Au titre de l'exécution du présent contrat, le salarié conserve sa liberté et son indépendance dans l'accomplissement de ses actes professionnels et ce dans le cadre des règles de conduites déontologiques observées dans la profession et qui intègrent le présent contrat. Le salarié n'est subordonné à son employeur qu'en ce qui concerne les conditions de travail qui en font l'objet. »

B ▪ Catégorie d'experts en automobile salariés

1 ▪ Les salariés internes à la profession

2139. L'évolution du salariat dans les cabinets d'expertise dans les vingt dernières années a été marquée par une augmentation du nombre de salariés par cabinet, par une pérennisation de l'emploi. Le récent avènement de la Convention collective nationale (CCN) qui régit les relations de travail et le positionnement des experts en automobile au sein des cabinets y a largement contribué. L'entrée des jeunes dans la vie professionnelle repose exclusivement sur l'accès par la voie du salariat dans les cabinets. Le jeune professionnel y reçoit les compléments indispensables de formation pratique et professionnelle et est mis progressivement en situation d'assumer sa mission d'expert en automobile.

2140. La loi s'est orientée vers l'insertion du jeune professionnel, ce qui facilite leur entrée dans la profession en leur permettant d'acquérir, en début de carrière, l'expérience pratique qui leur fait défaut à la sortie des écoles (le stage et le renforcement de la formation pratique). Ce qui engage les professionnels installés à prendre en charge la formation et l'intégration des jeunes confrères.

2141. Les experts en automobile salariés ont vocation à être inscrits sur la liste nationale et la reconnaissance de cette qualité doit être facilitée par l'employeur qui leur reconnaît, dans le cadre de la convention collective la qualité « d'expert en automobile en titre ».

En particulier, les experts en automobile salariés signent les rapports dont ils sont les auteurs réels, sous condition de régler au sein du cabinet les questions de la responsabilité et de l'assurance et de ne pas faire à leur employeur une concurrence déloyale condamnée par la déontologie.

2142. Dans les rapports avec la clientèle du cabinet d'expertise et les tiers, l'expert en automobile salarié engage sa responsabilité personnelle eu égard à l'indépendance professionnelle dont il bénéficie dans l'exercice de son art (en référence sur ce sujet à la jurisprudence du médecin salarié : Civ. 1re, 13 nov. 2002, n° 00-22.432 : Bull. civ. I, n° 263). Il répond du dommage causé à la victime soit directement, soit indirectement en cas de recours subrogatoire du cabinet d'expertise employeur. Mais il faut savoir, compte tenu que l'employeur de l'expert en automobile salarié est obligatoirement assuré, que le droit des assurances atténue considérablement l'intérêt cette responsabilité personnelle du salarié. Puisqu'en principe, il interdit tout recours de l'assureur contre les employés de l'assuré, sauf malveillance (C. assur., art. L. 121-12 al. 3).

2 ▪ Les salariés externes à la profession

2143. Cette question n'est pas explicitement traitée dans la loi sur la profession d'expert en automobile. Mais il convient de l'analyser au regard des incompatibilités légales définissant l'indépendance de l'expert en automobile par rapport à toute activité touchant à la production, la vente, la location, la réparation, la représentation de véhicules et de pièces accessoires, mais aussi avec l'exercice de la profession d'assureur. Plus fondamentalement, les dispositions de l'article L. 326-6 du Code de la route interdisent tout acte de nature à porter atteinte à l'indépendance d'expert automobile. On peut alors légitimement se poser la question de la compatibilité de l'exercice de la profession réglementée d'expert en automobile et la présence de nombreux experts salariés dans le secteur de l'automobile et de l'assurance. Même si, à défaut de disposition légale contraignante, il faut permettre l'exercice régulier de la profession libérale d'expert en automobile auprès d'un employeur qui n'est pas un confrère, cette situation est-elle encore admissible si l'employeur exerce l'une des activités visées par les incompatibilités professionnelles ?

2144. Le sujet est complexe. D'une part, il est de toute évidence essentiel que les experts en automobile, en tant que tels, sans perdre leur titre et la reconnaissance de leur spécificité, participent aux activités des acteurs de la filière « réparation-collision » et contribuent de l'intérieur à la prise en compte des valeurs et des principes qui animent la profession ; d'autre part, le prix à payer peut être élevé et incompatible avec la déontologie des experts en automobile et l'intérêt public de l'expertise en automobile.

2145. Cette seconde considération semble avoir pris le dessus sur le première puisqu'il a été jugé que l'article L. 326-6 du Code la route interdit l'existence d'un contrat de travail entre en expert en automobile et une entreprise d'assurance en raison du nécessaire lien de subordination que suppose une telle relation (CA Paris, 22e ch., sect. B, 29 mai 2007, n° 04/10574).

Oui, mais seulement en apparence car cette décision se cristallise sur l'incompatibilité de l'indépendance professionnelle et du lien de subordination. Ce qui juridiquement est contraire à la jurisprudence de la Cour de cassation (Crim., 5 mars 1992, n° 91-81.888 : RTD civ. 1993. 137. obs. Jourdain).

Au surplus il peut être soutenu que la profession étant pourvue d'une autorité de contrôle, l'expert en automobile salarié ne peut pas décider se soumettre à l'ordre de son employeur justifié par son intérêt économique, sans risque de sanction disciplinaire. Son indépendance demeure donc garantie par la mission d'intérêt public conduite par la commission nationale. Encore faudrait-il penser à parfaire le dispositif légal.

2146. Comme, il n'est pas satisfaisant qu'un expert en automobile salarié d'une entreprise d'assurance ou d'un professionnel de l'automobile perde sa qualité d'expert en automobile, on pourrait envisager une inscription en annexe sur la liste nationale et l'insertion d'une clause de conscience dans le contrat individuel de travail qui lie l'expert en automobile avec son employeur. Celui-ci étant déjà par ailleurs obligatoirement communiqué à la demande du ministre chargé des Transports, il est donc habilité à faire des observations sur sa teneur s'agissant notamment du respect de la condition d'indépendance (C. route, art. R. 326-5).

C ▪ Contenu du contrat de travail

2147. Dans la profession d'expert en automobile, le contrat de travail est encadré par la loi et les dispositions conventionnelles : une convention collective a été signée le 20 novembre 1996.

2148. En premier lieu, le contrat de travail de l'expert en automobile salarié doit être constaté par écrit. Même si la loi française ne l'impose pas expressément, la convention collective en fait l'obligation : chaque embauche est confirmée par un contrat établi en double exemplaire signé par l'employeur et le salarié et sa remise matérielle à l'intéressé est effectuée avant son entrée en fonction et au plus tard le jour de l'embauche (CCN, art. 3.2).

Les mentions obligatoires du contrat de travail de l'expert en automobile salarié

- le régime juridique du contrat, à durée déterminée ou indéterminée, conformément aux dispositions légales ;
- l'emploi exact occupé, les activités du salarié ainsi que le secteur géographique où il les exercera ;
- le niveau et l'échelon correspondant à l'emploi ;
- la date de début du contrat ainsi que la durée de la période d'essai ;
- le salaire à la date d'embauche et ses modalités de paiement (nombre de mensualités, périodicité de versement) ;
- les avantages sociaux de l'entreprise ou du cabinet ;
- l'horaire individuel du travail hebdomadaire ou mensuel ;
- la référence à la convention collective et ses annexes ;
- les coordonnées de l'institution de prévoyance ;
- les coordonnées de la caisse de retraite complémentaire.

2149. Nous allons examiner quelques unes des clauses qui doivent (ou peuvent) figurer dans le contrat de travail individuel de l'expert en automobile salarié et/ou stagiaire : temps de travail, respect de l'indépendance et de la clientèle, dédit-formation, prêt de véhicule.

1 ▪ Temps de travail

2150. La durée normale de travail dans les cabinets d'expertise est fixée à 35 heures (CCN, art. 3.10). La définition de cette durée a pour seule conséquence de fixer le seuil au-delà duquel les heures sont majorées. Elle n'impose pas la réduction de la durée collective et individuelle du travail au sein de chaque cabinet d'expertise en automobile, précédemment établie à 38 heures.
En règle générale, le travail effectif de la semaine répartie sur cinq jours, afin de permettre le repos de deux jours consécutifs dont le dimanche.

2151. Depuis le 1er juin 2004, les cabinets d'expertise en automobile peuvent, en application de l'accord sur le temps de travail du personnel des cabinets ou entreprises d'expertises en automobile du 13 juin 2003, décider de réduire le temps de travail. La réduction du temps de travail peut se concrétiser de plusieurs manières et en fonction des besoins distincts selon les catégories de personnel visé : administratif et technique.
L'accord du 13 juin 2003 tient compte des particularités liées à l'activité de ce type de personnel qui, pour une grande part, s'exerce en dehors du cabinet d'expertise. Par ailleurs, l'expert automobile est soumis au respect d'une déontologie, ce qui l'amène à déterminer de manière autonome son temps de travail. Deux types d'aménagement ont ainsi été prévus par l'accord RTT :
- la conclusion d'un forfait annuel de 1580 heures par an ;
- la conclusion d'un forfait annuel de 215 jours par an.

2 ▪ Respect de l'indépendance

2152. La loi n'a pas prévu expressément une « clause de conscience » pour l'expert en automobile salarié. Mais son introduction systématique dans le contrat individuel de travail nous paraît devoir être fortement recommandée puisqu'il faut tenir compte du fait que la commission nationale a le pouvoir de vérifier que la condition d'indépendance de l'expert en automobile salarié est bien respectée.

Clause-type de conscience

« (Le salarié) déclare qu'il n'est concerné par aucune des activités incompatibles avec l'exercice de la profession d'expert en automobile visées à l'article L. 326-6 du Code de la route.
(Le salarié) peut demander à être déchargé d'une mission qu'il estime contraire à sa conscience ou susceptible de porter atteinte à son indépendance ».

3 ▪ Respect de la clientèle

2153. Les problèmes touchant au respect de clientèle de l'employeur sont posés tant au cours de l'exécution du contrat individuel de travail qu'au moment de sa rupture.
Tant que l'expert en automobile salarié reste lié par un contrat individuel de travail au cabinet d'expertise, il peut être soumis à une clause d'exclusivité l'empêchant d'avoir une clientèle personnelle, sauf si un accord intervient avec son employeur.

Clause type d'exclusivité

« (Le salarié) s'oblige à consacrer toute son activité professionnelle à son employeur. Il ne peut exercer personnellement, directement ou indirectement, aucune activité professionnelle sans autorisation expresse et écrite de (l'employeur) ».

2154. À la séparation, l'employeur peut vouloir protéger sa clientèle. Une obligation de non-concurrence peut alors s'imposer au salarié expert en automobile, si la clause a bien été insérée dans son contrat individuel de travail : cette obligation ne se présume pas. Elle a pour objet de défendre les intérêts de l'employeur en tenant, après son départ, l'expert en automobile salarié éloigné de sa clientèle pour sur une durée et un espace donné. Ce afin qu'une partie de celle-ci ne puisse pas suivre le salarié. Sous les réserves habituelles, pareille clause semble licite dans la mesure où, sur le plan statutaire, elle ne heurte une quelconque liberté d'établissement ultérieur reconnue à l'expert en automobile salarié. Aussi, selon la jurisprudence, les limites de temps et/ou d'espace imposées par la clause ne doivent pas être excessives. À notre sens, la clause prévue par la CCN des cabinets ou entreprises d'expertise est tout à fait raisonnable, puisqu'elle cristallise la restriction de retrouver une activité professionnelle similaire à un département et quelques autres limitrophes et seulement sur une durée d'un an. Même s'il faut relever qu'elle a défini très largement les actes de concurrence, qui sont interdits au salarié. Enfin, cette clause de non-concurrence est assortie d'une contrepartie financière.

Clause type de non-concurrence (CCN, art. 3.21)
« (Le salarié) s'interdit, à la rupture du présent contrat de travail, pour quelque motif que ce soit, à l'exclusion d'une rupture pour motif économique ou suite à une cession partielle ou totale de l'activité de (l'employeur), d'entrer au service d'un cabinet ou d'une entreprise concurrents ou de créer son propre cabinet ou entreprise, ni à s'intéresser directement ou indirectement aux secteurs d'activités, attribués par les mandants, pouvant influencer ou concurrencer (l'employeur).
Les activités sus-citées ne pourront pas être exercées, pendant une durée de UN AN à compter de la rupture effective du contrat de travail, sur le secteur géographique territorialement affecté à (l'employeur).
En contrepartie de cette obligation de non concurrence, (le salarié) perçoit, pendant toute la durée de l'interdiction, une indemnité mensuelle égale au quart du salaire moyen de ses six derniers mois d'appartenance au cabinet (de l'employeur). Cette indemnité est payée mensuellement et supporte les charges sociales employeurs/salariés. Il est établi un justificatif.
(L'employeur) se réserve le droit de libérer (le salarié) de l'interdiction de concurrence, en notifiant sa décision de renonciation à l'application de la présente clause dans un délai de quinze jours suivant la rupture effective du contrat de travail par lettre recommandée avec AR.
En cas de rupture du contrat de travail de la part de (l'employeur), (le salarié) sera informé de la levée ou non de la clause de non concurrence dans un délai de quinze jours à compter de la notification de licenciement.
En cas de violation de la présente clause de non concurrence, (l'employeur) qui s'estime lésé peut poursuivre (le salarié) devant la juridiction compétente qui déterminera l'indemnité due ».

4 ▪ Dédit-formation

2155. La clause de délit-formation a pour objet de permettre à l'employeur de bénéficier des formations financées par lui et qui représentent un coût particulier. Pour en tenir compte, le salarié est alors soumis à une obligation de stabilité durant une certaine durée. En cas de départ prématuré, la clause prévoit une indemnité à la charge du salarié. Dans la profession d'expert en automobile, cette disposition intéresse, en particulier, le contrat individuel de travail de l'expert en formation. Encore faut-il pour cela que son employeur décide lui faire suivre le cursus de formation, sur deux ans, de préparation aux épreuves du diplôme d'expert en automobile. Car dans ce cas, on peut affirmer que les conditions qui jalonnent la validité juridique de cette clause sont remplies, à savoir :
- une formation n'entrant pas entièrement dans le cadre du plan de formation du cabinet d'expertise ;
- une formation ne faisant pas l'objet d'un co-investissement ;
- même forfaitaire l'indemnité doit correspondre à des frais réellement engagé ;
- la charge des rémunérations maintenues durant la formation ne doit pas revenir à l'employeur en vertu d'une disposition de la CCN ;
- une durée suffisamment limitée pour ne pas porter atteinte à la liberté du travail (C. trav., anc. art. L. 120-2).

2156. L'exécution de cette clause révèle une difficulté pratique lorsque le départ l'expert en formation intervient avant la fin de sa formation. En conséquence, il est utile de prévoir une possibilité de mettre en œuvre cette clause dès le commencement de la formation. Faute de quoi on s'expose à ce que son effectivité soit limitée à compter de l'obtention du diplômé sanctionnant la formation de l'intéressé.

5 ▪ Indemnités de fin de carrière

2157. En cas de départ à la retraite ou de mise à la retraite, il est alloué au salarié une indemnité égale à (CCN, art. 6.1 et s.) :
- un mois du salaire brut mensuel (10 ans d'ancienneté dans la profession) ;
- deux mois du salaire brut mensuel (15 ans d'ancienneté dans la profession) ;
- trois mois de salaire brut mensuel (20 ans d'ancienneté dans la profession) ;
- quatre mois de salaire brut mensuel (30 ans d'ancienneté dans la profession).

Toutefois, cette indemnité est plafonnée à 16 000 € ; et elle due par l'employeur sous réserve que l'indemnité de départ prévue par le Code du travail ne soit pas plus favorable (C. trav., art. L. 1237-5).

2158. Le régime de l'indemnité de fin de carrière des salariés concernés par le champ d'application de la convention collective nationale est entré en vigueur le 24 janvier 2009. À titre transitoire, pour tous les salariés, déjà dans la profession au 24 janvier 2009, l'ancienneté prise en compte dans la profession remonte à la date d'extension de la Convention collective fixée au 8 avril 1998.

Sous-section 3 ▪ Les obligations s'appliquant aux experts en automobile

§ 1 ▪ Dans les rapports avec son donneur d'ordre

A ▪ Contexte contractuel

1 ▪ Forme des relations expert-assureur

2159. La pratique retient deux formes.

a - Conventions à exécution successives

2160. Le donneur d'ordre confie à ses cabinets des missions d'expertise automobile dans le cadre d'une succession d'ordres de mission, sans aucun contrat cadre écrit. Ces relations peuvent alors s'analyser en des conventions à exécution successive et à durée indéterminée.

b - Accord de partenariat

2161. Autrement, il s'agit de contrats d'adhésion présentés sous la forme « d'accord de partenariat ». Ces conventions écrites fixent les principes d'organisation de chacune des prestations d'expertise qui seront confiées au cabinet d'expertise.

2 ▪ Contenu

2162. Sans préjudice du respect des dispositions légales, réglementaires et déontologiques applicables à l'expert en automobile, les protocoles et autres chartes de partenariat énoncent les obligations réciproques de l'expert en automobile et de l'entreprise d'assurances.

Ces obligations ont pour objet la qualité de l'expertise, la circulation des informations et d'éventuelles extensions de mission.

a - Qualité de l'expertise

2163. La qualité du service d'expertise procède en particulier du respect des délais. Ils ne sont pas fixés par le législateur, c'est pourquoi l'assureur prévoit d'encadrer l'intervention de l'expert en automobile par des obligations de célérité et de ponctualité. En pratique, il est retenu 48 heures maximum à réception de la mission pour l'exécution des opérations d'expertise, 72 heures après les opérations d'expertise à 20 jours au maximum pour la remise du rapport. Parfois, il est même prévu entre l'expertise et le dépôt du rapport définitif, la transmission d'informations chiffrées (48 heures après les opérations d'expertise). Dans ces hypothèses, la responsabilité de l'expert en automobile reste soumise à la démonstration d'un préjudice au droit de l'assureur.

2164. Pour raccourcir les délais d'immobilisation comme d'indemnisation, l'expert en automobile peut également être tenu de recourir à une expertise à distance (EAD) en lieu et place d'une expertise sur site dès lors que ses conditions de mise en œuvre sont réunies (équipement du réparateur, nature des dommages).

b - Circulation des informations

2165. À ce titre, l'expert en automobile doit informer les experts conseils des entreprises d'assurances dès lors qu'un problème apparaît (anomalie, fraude, litige...). De même, il avise la compagnie de la qualification « épave » du véhicule, lorsque le montant d'un dommage est supérieur à 6 500 € HT (plafond de la Convention IRSA juin 2014). Il respecte aussi face les procédures permettant au donneur d'ordre d'engager un recours auprès d'un tiers présumé responsable.

c - Extension de mission

2166. La convention de partenariat peut même aller encore plus loin en prévoyant une série d'obligations relevant du mandat pour régler le réparateur au nom de l'assureur ou pour archiver les dossiers ou encore, pour participer à la mise en place de la politique d'agrément des réparateurs. Dans toutes ces circonstances, l'expert en automobile agit avec diligence (promptement), efficacité, loyauté (fidèlement) et informe son mandant de l'exécution de sa mission. Seule l'inexécution ou la faute dans l'exécution engagera la responsabilité de l'expert mandataire.

3 ▪ Rupture des relations

a - Collaboration à durée indéterminée

2167. Des facultés de résiliation unilatérale sont ouvertes aux parties et notamment dans toutes les hypothèses où le contrat est à exécution successive sans limite de durée : c'est-à-dire lorsque la relation contractuelle suppose la répétition des obligations dans le temps. Ce droit de résiliation est lié au principe légal de la prohibition des engagements perpétuels. Les experts en automobile sont tenus par des engagements à exécution durable dès lors qu'ils reçoivent de façon régulière des missions d'une même compagnie dans une aire géographique donnée.

2168. Cette collaboration à durée indéterminée parfois fondée sur un accord ou un contrat-cadre (V. supra) peut donc être dénoncée par les parties à n'importe quel moment.

Néanmoins, les parties se doivent de respecter un préavis raisonnable, condition appréciée par les tribunaux par la mise en œuvre de la théorie de l'abus de droit (CA Bordeaux, 1re ch., sect. B, 21 févr. 2000).
On peut songer que la durée de ce préavis pourrait varier dans les usages sur la base de l'ancienneté du courant d'affaires et de l'importance du flux des relations entre l'expert et l'assureur.

2169. La Cour de cassation affirme que seul un comportement grave d'une partie à un contrat à exécution successive, peu important qu'il soit à durée déterminée ou non, peut justifier que l'autre partie y mette fin unilatéralement (Civ. 2e, 20 févr. 2001, n° 99-15.170 : RTD civ. 2001. 363, obs. Mestre et Fages ; D. 2001. 3239).
La rupture sans préavis est justifiée en cas de manquement fautif de l'expert en automobile à ses obligations (CA Paris, 1re ch., sect. B, 26 mars 1986).

2170. On observera que la responsabilité de l'assureur peut également être retenue en cas de rupture de la relation contractuelle avec le cabinet d'expertise en l'application de l'article L. 442-6-5° du Code de commerce. Il a été jugé que si l'activité de l'expertise automobile est civile ou libérale, le législateur n'a pas expressément interdit aux experts automobiles une activité commerciale comme cela a été rapporté par un arrêt de la Cour de cassation relatif à la profession de conseil en propriété industrielle (Com., 14 mars 2012, n°10/15338). Dans ces conditions, les dispositions du Code du commerce sont applicables si les l'activité civile est exercée sous la forme sociétale ce qui rend cette activité commerciale et qui justifie la notion de relations commerciales entre l'assureur et la société d'expertise automobile (TC Lille, 6 janv. 2015, n° 2013004495).

b - Marché à forfait

2171. Les entreprises qui pratiquent la technique du marché à forfait en fixant d'avance, pour une année, les honoraires des experts appartenant à leur réseau, peuvent - à tout moment dans ce cas précis - résilier leur engagement vis-à-vis de l'un de leurs collaborateurs extérieurs. Cette faculté de résiliation est fondée sur les dispositions de l'article 1794 du Code civil qui prévoient, en contrepartie, d'indemniser le collaborateur extérieur de toutes ses dépenses, de ses travaux et de tout ce qu'il aurait pu gagner dans cette entreprise.

B ▪ Contexte réglementaire

1 ▪ Communication des honoraires

2172. Le Code de la route charge l'expert en automobile d'une obligation d'information préalable du donneur d'ordre sur les conditions de sa rémunération au titre de sa prestation (C. route, art. R. 327-1). En pratique, cette exigence s'impose davantage vis-à-vis des particuliers, qui n'ont pas de point de repère, que des clients professionnels comme les assureurs. Cette obligation ne remet toutefois pas en cause, le cas échéant, la validité civile du contrat de service d'expertise. Contrairement au contrat de vente, le prix de la prestation de service peut, dans un contrat d'entreprise, ne pas être fixé dès l'origine (Com., 29 janv., 1991, n° 89-16.446 : JCP 1991. II. 21751. note Leveneur). En cas de contestation, c'est alors au tribunal qu'il appartiendra de fixer les honoraires.

2 ▪ Obligation d'information des défauts de conformité du véhicule

2173. Cette information concerne tous les défauts de conformité ou d'homologation des accessoires du véhicule expertisé, entendu par rapport à sa réception (C. route, art. R. 321-6).

Il s'agit des caractéristiques techniques telle la vitesse, l'habitacle, le mécanisme des roues, la hauteur du garde sol, auxquelles chaque type de véhicule, produit et commercialisé par le constructeur, doit répondre pour circuler sans risque pour la sécurité routière sur la voie publique. Si le véhicule expertisé n'est plus identique à son type réceptionné parce qu'il a été transformé, cela doit être consigné dans le rapport d'expertise si la modification met en cause la sécurité des usagers. Pareille hypothèse se rencontre de plus en plus fréquemment en cas de modification des performances du moteur « le déridage » ou de l'éclairage, le changement des suspensions (accompagné ou non de l'abaissement de la caisse) et de l'augmentation des dimensions des pneumatiques et des jantes. L'expert en automobile doit également juger de la conformité de certains accessoires, le cas échéant, se prononcer sur le caractère dangereux de ces dispositifs. Nous pensons tout particulièrement à tous les systèmes de protection frontale (pare-buffles – push-bar et pare-chocs tubulaires) montés sur un véhicule neuf, qui depuis le 25 mai 2007, doivent avoir satisfait à la procédure d'homologation et porter la marque de réception CE (arr. 28 juill. 2006, JO 6 août).

Incidence sur le contrat d'assurance

Informé par le rapport de l'expert, l'assureur peut exploiter ces circonstances nouvelles qui affectent le véhicule pour soulever la non assurance du risque. Le véhicule transformé non déclaré au contrat devient un modèle particulier puisque son propriétaire est alors tenu de lui faire subir une nouvelle réception (C. route, art. R. 321-16). Aussi, l'assuré perd sa garantie car son contrat ne couvre sa responsabilité que pour le véhicule identifié dans les conditions particulières, sous entendu par rapport à son type réceptionné. En tout état de cause, ce défaut de conformité révélé à l'occasion d'un sinistre doit permettre à l'assureur d'obtenir la nullité du contrat d'assurance (TGI Béthune, 12 juin 2007, RG n° 06/00570, SA MRACA c/J.L. et Fonds de garantie).

§ 2 ▪ Dans les rapports avec les parties intéressées à l'expertise

2174. Les règles professionnelles des experts en automobile concernent, pour l'essentiel, les relations entre l'expert en automobile et le propriétaire du véhicule (C. route, art. R. 326-1 et s.). Cela s'explique par des considérations d'ordre public d'inspiration consumériste, tendant à protéger le propriétaire en l'informant mieux, plus et de façon transparente. Dans une certaine mesure, ces dispositions renforcent même l'impartialité de l'expert en automobile vis-à-vis de la société d'assurance qui le désigne habituellement. Elle lui impose dans toutes les expertises amiables le respect du contradictoire (C. route, art. R. 326-3 et R. 326-4) ainsi que la communication d'une « copie du rapport d'expertise et de tout rapport complémentaire au propriétaire du véhicule » (C. route, art. R. 326-3).

A ▪ Respect du contradictoire

2175. L'expert en automobile doit, en toutes circonstances, respecter et faire respecter le principe du contradictoire (C. route, art. R. 326-3 et R. 326-4). En particulier, l'expertise donne lieu à une évaluation de la réparation réalisée contradictoirement entre techniciens. L'expert en automobile doit s'assurer de la bonne circulation des informations et des pièces auprès de toutes les parties intéressées par l'expertise, notamment le propriétaire du véhicule et le professionnel dépositaire du véhicule.

2176. Aussi, il les informe de la survenance d'une contestation portant sur ses conclusions techniques ou sur le coût des dommages ou des réparations (C. route, R. 326-4). Précisons qu'à la lettre du texte, l'intervention de l'expert en automobile se limite nécessairement à cette information ; il n'est pas invité à tenter de résoudre, par lui-même, le différend. Lorsque la contestation porte, par exemple, sur les taux horaires, cela doit amener l'expert en automobile à les considérer objectivement, en informant les intéressées, sans pour autant chercher à les négocier « coûte que coûte » avec le réparateur.

2177. Avant de déposer ses conclusions définitives, l'expert doit veiller à ce que chacune des parties puisse formuler ses observations dans un délai raisonnable. Il laisse ainsi le temps au réparateur d'accomplir les opérations de démontage pour permettre, dans le respect du contradictoire, la prise en compte d'imprévu pouvant être constaté au cours d'une réparation.

2178. Le rapport rappelle les opérations d'expertise effectuées en précisant le nom et la qualité des personnes présentes lors de l'examen du véhicule. Les conclusions du rapport de l'expert sont motivées : il indique les raisons pour lesquelles les éléments d'évaluation communiqués par le propriétaire n'ont pas été retenus. Une copie du double du rapport d'expertise et de tout rapport complémentaire est adressée au propriétaire du véhicule (C. route, art. R. 326-3).

B ▪ L'obligation d'alerte

2179. L'expert en automobile doit, sans délai, mettre en garde le propriétaire des déficiences ou défauts de conformité du véhicule pouvant entraîner des conséquences sur la sécurité des personnes (C. route, art. R. 326-2). L'étendue de cette obligation est d'abord circonscrite à la mission reçue par l'intéressé. Il s'agit de superviser tous les organes directement concernés par la mission. Cependant, la nécessité de délivrer cette information a vocation à maintenir la vigilance de l'expert en automobile au-delà même de son intervention stricto sensu. Notons que le droit d'alerte ainsi reconnu à l'expert en automobile est « une obligation de contrôle qui dépasse les limites de sa mission de constatation des dommages et de rendu des conclusions quant à la réparation du sinistre survenu » (F. Leplat, magistrat et conseiller technique Justice auprès de la Délégation interministérielle à la Sécurité routière).

2180. Le bon accomplissement de cette obligation requiert donc un examen approfondi. L'expert en automobile « fait le tour » du véhicule : il relève toutes les anomalies, visibles à l'œil, relatives à son état de sécurité. Un simple examen visuel n'est toutefois pas suffisant dans toutes les situations. Si l'intéressé a des doutes, il doit imposer le démontage des pièces. Car son obligation de curiosité doit l'amener à s'interroger, par exemple, sur la qualité des pièces et/ou organes qui lui sont cachés, seulement s'il est envisageable qu'elles aient pu être endommagées à la suite du sinistre expertisé. La jurisprudence exclut de l'obligation d'information le contrôle de l'état d'usure des pièces cachées et non touchées par le dommage (TGI Bourgoin-Jalieu, 3 mars 2005, n° 02/00577, s'agissant des freins défectueux d'un camion). L'exécution de cette obligation impose à l'expert en automobile d'adresser au propriétaire du véhicule, le jour même de la constatation des faits, un courrier recommandé avec accusé de réception pour l'informer. Ce formalisme aidera à la préconstitution de la preuve nécessaire à l'expert si sa responsabilité devait être ultérieurement recherchée tant sur le plan civil que pénal.

Chapitre 2
L'expertise en cas de dommages au véhicule

BIBLIOGRAPHIE

Argus de l'assurance

Ouvrages. – Code de la route, Argus éd. – Code des assurances, Argus éd.

Articles. – G. Cavalier, Une position mi-figue mi-raison sur l'expertise unilatérale, JA mars 2013, n° 849. - C. Pastor, Expertise judiciaire et principe de la contradiction, JA août 2010, n° 820. – Dossier « Règlement des sinistres matériels automobiles : du droit commun à la procédure VGE », JA juin 2009, n° 808. – Dossier « L'expertise en protection juridique », JA mars 2010, n° 816. – Dossier « Le nouveau visage de l'expert automobile », JA mars 2011, n° 827. - Dossier « L'expertise judiciaire en automobile, quand la confusion s'installe », JA oct. 2011, n° 833.

Section 1 ▪ Les facteurs techniques de l'expertise

2181. L'expertise procède en général d'une demande d'une entreprise d'assurance susceptible d'avoir à indemniser en tout ou partie les dommages subis par le véhicule assuré. Pour cela, elle s'adresse à expert en automobile, tenu de la renseigner sur l'importance des dommages et d'authentifier, à l'occasion de l'examen du véhicule, les déclarations de l'assuré.

2182. Son rôle consiste alors à accomplir les « opérations et études » suivantes :
1° Identifier le véhicule ;
2° Procéder au relevé des dommages et à leur imputation ;
3° Définir une méthodologie de réparation ;
4° Chiffrer le coût de la remise en état ainsi que la valeur du véhicule s'il y a lieu.

Sous-section 1 ▪ Constatations

2183. L'expert entame son expertise par l'identification du véhicule et la poursuit par une série de relevés. Ses constatations constituent un élément de preuve qui n'encourt pas l'inopposabilité pour non respect du contradictoire même si l'expert a procédé à ses opérations sans convoquer l'assuré (CA Versailles, 1re ch. 2e sect. A., 6 sept. 2002, n°2002/06260).

§ 1 ▪ L'identification du véhicule

2184. L'expert en automobile vérifie que le véhicule expertisé est bien le véhicule assuré : il compare les informations reportées sur le certificat d'immatriculation par rapport à celles relevées sur le véhicule (numéro d'immatriculation et numéro de châssis).

2185. D'autre part, l'expert confronte les numéros portés sur la plaque du constructeur avec le numéro d'identification du véhicule frappé à froid sur le châssis conformément aux prescriptions de l'article R. 317-9 du Code de la route.
Cette opération permet de repérer les trafics d'épaves lorsque le numéro du châssis a été meulé.

2186. L'expert cherche aussi à identifier la version du véhicule (appellation commerciale) et s'appuie pour cela sur plusieurs sources : certificat d'immatriculation, plaque du constructeur, étiquette peinture, ou encore facture d'achat et autres documents, émanant du constructeur (tarif en particulier). Rappelons que le certificat d'immatriculation est une pièce administrative permettant la mise en circulation d'un véhicule. Ce n'est pas un titre de propriété et si le document renseigne le nom du propriétaire, il ne peut s'agir que d'une simple présomption (CA Paris, 8e ch. B, 14 sept. 2000). L'identification porte enfin sur le nom du propriétaire du véhicule.

§ 2 ▪ Les relevés

2187. Les dommages existants sont examinés par l'expert. Il note leurs emplacements sur le véhicule (point d'impact initial, sens du choc, importance de la déformation...) et reporte l'information sur la figure imprimée dans le document utilisé durant l'expertise. L'expert ne se limite dans ses recherches à l'impact principal. Il examine toutes les conséquences possibles d'une pluralité de chocs liés à l'événement.

2188. L'expert en automobile procède à un examen visuel du véhicule (sans démontage). Lorsque les dommages sont importants et qu'il estime que le véhicule sera en tout état de cause économiquement réparable, il pourra réserver son appréciation (sans en donner l'ordre) au démontage préalable pour vérifier si certains organes mécaniques sont touchés. Au contraire, si l'expert n'est pas certain de son jugement il ne doit pas hésiter à ordonner le démontage, en suscitant une décision de l'assureur qui devra prendre en charge ces frais nécessaires pour la bonne instruction du sinistre. L'évolution de la conception des véhicules (notamment l'introduction de boucliers en plastique) amène de plus en plus les professionnels à démonter partiellement les voitures pour que l'estimation de l'expert soit plus précise.

L'analyse du choc

- Intensité du choc. Le choc peut se caractériser de la manière suivante :
  - léger : griffure, rayure ;
  - moyen : enfoncement faible (véhicule roulant) ;
  - fort : enfoncement profond (véhicule non roulant, mise au banc) ;
  - violent : véhicule dont les organes de sécurité sont fortement endommagés ;
  - très violent : pour destruction quasi totale du véhicule.
- Sens du choc. Le choc est défini suivant sa zone, localité, sens, orientation (avant, arrière latéral)
- Conséquences induites. Poteau percuté à l'avant du véhicule (point d'impact principal) et plis au centre du pavillon (conséquence liée à la chute du poteau).

2189. L'expert en automobile consigne les indications significatives de l'état d'entretien du véhicule. Elles concernent principalement : le kilométrage au compteur, les pneumatiques (contrôle de leur usure), la peinture (qualité, traces de retouches), la carrosserie (relevé de chocs antérieurs, traces d'oxydation) et la sellerie (propreté, déchirure, brûlure...).

Sous-section 2 ■ Analyse des dommages au véhicule

§ 1 ■ L'imputabilité

2190. L'examen attentif des dommages amène l'expert en automobile à les ventiler selon qu'ils sont ou non imputables au sinistre pour lequel il intervient. Plusieurs situations peuvent se présenter.

A ■ Pluralité de chocs

2191. L'expert constate des impacts de chocs situés à différents endroits de la carrosserie. Il retient seulement parmi tous ces dommages ceux qui sont la conséquence immédiate et directe du sinistre pour lequel il intervient.
Les autres seront quant même relevés, voire estimés, surtout si l'expert a besoin d'un complément d'information pour se prononcer définitivement. À l'égard des dégâts qui sortiraient a priori de sa mission, l'expert émet les réserves nécessaires auprès du réparateur et en informe l'assureur et le propriétaire du véhicule. Il faut que toutes les parties concernées puissent agir en toute connaissance de cause.

B ■ Superposition de dommages

2192. L'expert constate deux chocs d'origines différentes, mais dont le siège est identique. Il cherche à retracer la chronologie des dommages pour faire la discrimination des détériorations résultant des deux accidents. Une fois analysé les circonstances du second accident ainsi que l'étendue des dommages sur le véhicule adverse, il déduit de son appréciation les dommages imputables au premier accident.

C ■ Aggravation du dommage

2193. Le véhicule expertisé a fait l'objet de deux ou plusieurs chocs consécutifs à des accidents différents mais qui se sont produits à des intervalles rapprochés en divers endroits du véhicule. Comme précédemment, la tâche de l'expert consiste à répartir les dommages entre les deux accidents. Mais il doit toujours veiller à discerner les causes des conséquences, notamment quand les dommages successifs sont de nature différente : collision et incendie. Si l'incendie constitue l'aggravation d'un sinistre consécutif à un accident dont la réalisation ne serait pas garantie, l'assuré peut légitimement demander son indemnisation au titre de la garantie incendie.

§ 2 ■ Classement du véhicule

A ■ Véhicule réparable techniquement

2194. L'expert en automobile déclare irréparables les véhicules dont la réparation n'est pas techniquement raisonnable (véhicule broyé dans un choc violent). Pour clarifier la notion de réparabilité, les assureurs (FFSA et GEMA) et les experts en automobile (CSNEAF, CSNEAMI - devenus ANEA - et UPEAS) ont élaboré une définition des véhicules techniquement irréparables.

2195. Les critères retenus sont les suivants :
1° Véhicules complètement brûlés.
2° Véhicules immergés au-dessus de l'assise des sièges.
3° Véhicules dont un élément de sécurité, n'est à dire d'expert ni réparable ni remplaçable (éléments de liaison au sol, de suspension, de direction, de freinage et leurs organes de commandes ; les fixations et articulations des sièges ; les coussins gonflables, prétentionneurs, ceintures de sécurité et leurs éléments périphériques de fonctionnement ; la coque, le châssis et le cadre pour les deux roues).
4° Véhicules dont tout ou partie des éléments de structure et de sécurité sont atteints de défauts techniques irréversibles.
5° Véhicules dont la réparation nécessite l'échange de l'ensemble moteur-boîte et coque ou châssis ou cadre (pour les deux roues) qui entraîne la perte de leur identité d'origine.
6° Véhicules qui sont définitivement non identifiables après épuisement des moyens de recherche et des démarches permettant de les identifier.

Notion de réparabilité

La doctrine des experts retient deux éléments :
- l'identification : véhicule irréparable si dépourvu de ses éléments d'identification (plaque du constructeur et numéro d'identification figurant sur le châssis) ;
- le remplacement des éléments de sécurité : en partant du constat que les professionnels de la réparation affirment ne jamais utiliser de pièces de réemplois pour tous les éléments touchant à la sécurité, un véhicule doit être déclaré irréparable lorsque le coût de remplacement des éléments de sécurité (active et passive) atteint 55 à 60 % de sa valeur.

2196. Dorénavant dans le cadre d'une mission relevant de ses activités définies par la loi (C. route, art. L. 326-4), l'expert se prononce systématiquement sur la réparabilité du véhicule endommagé (art. 4, arr. 29 avr. 2009, JO 14 mai 2009). Il utilise pour cela les mêmes critères techniques qui figurent désormais dans l'annexe 1 de l'arrêté.

B ▪ Véhicule économiquement réparable

2197. D'après ses constatations, avant démontage, il ne fait pas de doute, pour l'expert en automobile, que l'estimation des travaux de remise en état est inférieure à la valeur du véhicule. Si, au contraire, le montant des travaux dépasse la valeur du véhicule, la réparation est possible, mais elle est subordonnée à l'application du dispositif concernant les véhicules économiquement irréparables (C. route, L. 327-1 à L. 327-3).

2198. L'expert en automobile peut refuser le démontage si le montant des réparations excède 85 % de la valeur de remplacement du véhicule. Il propose alors au propriétaire du véhicule de céder son épave. Lorsque le propriétaire décide de faire réparer, l'expert en automobile prend accord avec le réparateur et établit son rapport (Circ. APSAD n° 14/1998, 31 mars 1998).

Sous-section 3 ▪ Évaluation des dommages

§ 1 ▪ Détermination de la méthodologie de réparation

2199. L'expert en automobile fixe contradictoirement avec le réparateur la nature et les modalités de la remise en état. Selon ses constatations, il se prononce alternativement sur :
- le remplacement ou le redressage des pièces de forme abîmées par l'accident (carrosserie) ;
- le remplacement ou la réparation des pièces mécaniques touchées ;
- l'étendue des travaux de peinture (nombre d'éléments à peindre, peinture complète ou partielle du véhicule, ou voile simplement...).

	VEHICULE B - Coque utilisée pour la reconstruction (le véhicule A est le véhicule accidenté)		
	Situation administrative de la coque B	**Type des véhicules**	**Observations**
CAS n° 1	Neuve (identique au type A)		Pas de RTI si A dispose d'une carte grise valide. Plaque et n° de châssis de A reportés sur B. Le propriétaire garde la carte grise de A. RTI reconstruit si A a fait l'objet d'une procédure VGA échue ou d'une procédure VEI lorsque A est techniquement irréparable ou réparé à l'étranger sans justificatif ou rendu non conforme à un type réceptionné.
CAS n° 2.1	Carte grise valide	identiques	Pas de RTI. Les éléments de A sont récupérés pour équiper B. La carte grise de A est renvoyée à la préfecture.
CAS n° 2.2	Carte grise valide	différents	Réparation après avis des services techniques du constructeur. RTI de B (type B MOD) Si B n'a pas de n° de châssis : TRI après enquête favorable de police diligentée par le préfet, n° châssis de B refrappé.
CAS n° 3.1	Sans carte grise avec récépissé de retrait de carte grise	identiques	Le véhicule garde son numéro d'identification. Si B n'a pas de numéro de châssis : RTI après enquête favorable de police diligentée par le préfet, attribution d'un numéro d'identification spécial.

		différents	Le véhicule garde son numéro d'identification. Reconstruction après avis des services techniques du constructeur. RTI de B (type B MOD) Si B n'a pas de n° châssis : RTI après enquête de police favorable diligentée par le préfet, attribution d'un numéro d'identification spécial.
CAS n° 3.2	Sans carte grise sans récépissé de retrait de carte grise		RTI après enquête de police diligentée par le préfet. Si enquête favorable et B dispose d'un numéro de châssis : le véhicule garde son numéro d'identification. Attribution d'un numéro d'identification spécial si l'enquête fait apparaître qu'un véhicule dispose du même numéro de série. Si enquête favorable et B ne dispose pas de n° de châssis : B assimilé à un véhicule original et attribution d'un numéro d'identification spécial.

§ 2 ■ Calcul de la valeur des dommages au véhicule

A ■ Chiffrage du prix de la remise en état

2200. La ventilation des éléments à remplacer étant faite, l'estimation de la réparation est alors possible. Il semble opportun de déterminer d'abord le nombre d'heure de main-d'œuvre à chaque opération distincte et dont l'ensemble constitue la poste main-d'œuvre.

1 ■ Détermination des temps réels de réparation

2201. C'est généralement cette détermination des temps alloués qui fait l'objet des discussions entre l'expert en automobile et le réparateur. L'expert en automobile fixe sous sa responsabilité les temps opératoires pour les opérations suivantes (Déc. n° 82-2/DC, 18 févr. 1982, BOCCRF 5 août 1982, p. 264) :
- travaux de réparation ou de redressage ;
- travaux d'échange de pièces ;
- travaux de peinture.

2 ■ Le prix de la main d'œuvre

2202. Depuis le 1er janvier 1987 les taux horaires des réparations sont libres. À cet égard, il n'appartient pas à l'expert en automobile de s'immiscer dans le prix de revient pratiqué par les réparateurs. Le taux horaire est le reflet d'une analyse de gestion spécifique à l'entreprise du réparateur automobile concerné (salaires, équipements, situation géographique, volume d'affaire...).

2203. Dans les garages conventionnés, les taux horaires étant déjà négociés entre l'assureur et le réparateur, l'expert en automobile s'assure qu'il est respecté. Le conventionnement exclut, en principe, toute contestation entre experts et professionnels sur les tarifs de réparation automobile.

Lorsque les prix ne sont pas agréés, l'expert en automobile peut, en revanche, se faire une opinion objective sur les taux horaires pratiqués grâce notamment à sa connaissance du marché local. Seule la part anormale du prix peut être contestée par l'expert qui prendra soin alors de ne pas faire une appréciation économique fautive.

Les tarifs de la main d'œuvre se décomposent en deux catégories: la première relative aux travaux de carrosserie et la seconde aux travaux de mécanique.

Dans la plupart des ateliers de carrosserie, trois taux de main-d'œuvre selon la catégorie des travaux à exécuter :

- le T1 concerne les travaux de ferrage ou de dépose et de repose ;
- le T2 exige une main d'œuvre qualifiée et concerne les travaux de redressage et le remplacement d'éléments soudés ;
- le T3 de haute technicité concerne les travaux exigeant une main d'œuvre très qualifiée et implique l'utilisation de bancs de mesure et/ou de contrôle.

L'ensemble des travaux de mécanique peut être également ventilé en trois taux, selon la technicité qu'ils exigent et l'utilisation d'appareils de contrôle :

- le M1 concerne dépose/repose des éléments mécaniques ;
- le M2 pour la réparation d'organes (ex. : boite de vitesse) ;
- le M3 pour mesure avec banc électronique et impression du relevé des valeurs.

3 ▪ Choix des pièces de rechange

a - Le marché de la pièce de rechange

2204. C'est un sujet majeur puisque la pièce de rechange représente 50,2 % du coût de la réparation. L'ouverture progressive du marché de la réparation automobile à la concurrence dynamise l'offre des pièces de rechange. Corrélativement, elle place les professionnels de la filière automobile devant des choix difficiles entre telle ou telle variété de pièces : pièces d'origine, pièces équivalentes à l'origine, pièces adaptables, pièces de réemplois. Le prix des pièces de rechange varie selon la nature du marché. Plusieurs marchés coexistent : celui de la pièce captive, celui des pièces concurrencées ou encore celui de la pièce de réemploi.

Glossaire des pièces de rechange

La diversité de nature des pièces de rechange distribuées sur le marché oblige à donner pour chacune d'entre elles une définition claire et précise.

- Pièces d'origine : pièces de même qualité que les composants utilisés lors du montage d'un véhicule automobile et produites selon les spécifications et les normes de production fournies par le constructeur automobile (V. règl. CE n° 1400/02 du 31 juill. 2002, JOCE L203 du 1er août 2002, aussi dir. n° 2007/46/CE du 5 sept. 2007 établissant un cadre pour la réception des véhicules à moteur, de leurs remorques et des systèmes, des composants et des entités techniques destinés à ces véhicules, JOCE L 236/1 du 9 oct. 2007).
- Pièces équivalentes à l'origine : pièces fabriquée par toute entreprise capable de certifier a tout moment que la qualité en est équivalente à celle des composants qui sont utilisés pour le montage des véhicules automobiles (art. 1. 1.u, règlement CE n° 1400/2002 de la Commission du 31 juill. 2002).
- Pièces adaptables: pièces substituables aux pièces utilisées lors du montage du véhicule mais qui ne sont ni d'origine ni de qualité équivalente.
- Pièces de réemploi: pièces déjà utilisées sur un véhicule et revendues pour être réutilisées en l'état.

- Pièces de contrefaçon : pièces réalisées par un fabriquant en violation des droits de propriété intellectuelle et/ou industrielle d'un tiers (marque, brevet, dessin et modèle) et dont la fabrication, l'importation, la commercialisation, la détention ou l'utilisation peuvent donner lieu à des sanctions pénales.

i. Le marché la pièce captive

2205. Il concerne essentiellement les pièces de forme (carrosserie) et reste encore aujourd'hui fermé à la concurrence par l'effet d'une réglementation nationale. Ces pièces disposent, en effet, d'une protection légale, acquise pour cinquante ans sur simple dépôt, en raison des droits qui s'appliquent aux dessins et modèles (L. 14 juill. 1909, JO 19 juill. : devenu art. L. 511-1 et s. du Code de la propriété intellectuelle). L'entrée en vigueur, le 28 octobre 2001, de la directive européenne sur la protection juridique des dessins et modèles (Dir. Cons. CE n°98/71 du 13 octobre 1998, JOCE 28 oct. 1998, n° L289/28) n'a pas assoupli, sur ce point, la protection nationale car elle exclut de son champ d'application les pièces qui permettent « la réparation d'un produit complexe », or la voiture est un produit complexe.

À savoir - Initiative des assureurs

En attendant la libéralisation du marché, certains assureurs s'impliquent dans l'approvisionnement en pièce de rechange de leurs réparateurs agrées. Depuis 2007, on dénombre la signature de plusieurs accords de partenariat avec des distributeurs de pièces de carrosserie. Dans ce cadre, l'assureur préconise à son réseau de réparateurs agrées la commande des pièces de carrosserie auprès de son partenaire et lui offre ainsi la possibilité de disposer de ces pièces à des conditions tarifaires privilégiées. Ce faisant, assureurs et distributeurs respectent le principe de concurrence sur le marché tout en maîtrisant les coûts. L'expert joue un rôle moteur dans la préconisation de la pièce de qualité équivalente plutôt que la pièce d'origine dès lors que la réglementation le permet (Cheval Mécanique n° 49, 2009, Congrès de l'Amicale COVEA AIS).

ii. Le marché de la pièce concurrencée

2206. La production des autres pièces, dites concurrencées, est libre : en pratique, elle est partagée entre les constructeurs et les équipementiers automobiles. Nonobstant, la concurrence effective sur ce marché est directement influencée par les accords de distribution de pièces de rechange qui contrôlent l'approvisionnement des professionnels de l'après-vente. C'est justement la raison pour laquelle ces accords sont jusqu'à présent régis par le règlement n° 1400/02, 31 juill. 2002, JOCE 1er aout, n° L203, lequel s'efforce d'ouvrir le marché de la réparation à la concurrence. Pour cela, il impose une liberté d'approvisionnement au bénéfice des distributeurs et des réparateurs agrées d'au moins 70 % de leurs achats auprès des tiers tels qu'équipementiers ou distributeurs indépendants. À l'intérieur de ces 70 %, le règlement prévoit que le constructeur peut prescrire à ses distributeurs et réparateurs agrées l'obligation d'utiliser uniquement des pièces de rechange d'origine ou de qualité équivalente.

iii. Le marché de la pièce de réemploi (PRE)

2207. Aucune disposition du Code de la route n'interdit d'utiliser des pièces de rechange usagées pour la réparation des véhicules à moteur (RM, n° 8347, 23 janv. 1989, JOANQ 20 mars 1989, p. 1409). Toutefois, l'absence de statut juridique clair de la pièce de réemploi freine aujourd'hui le développement de son utilisation.

b - Attitude de l'expert en matière de préconisation de pièce de rechange

2208. L'expert en automobile peut-il faire un chiffrage en s'appuyant sur n'importe quelle catégorie de pièce de rechange ?
La réponse à cette question renvoie à une double considération : technique et juridique.

i. Technique

2209. Il convient ici de se référer aux usages en matière de réparation automobile (norme NFX 50-210) qui fixent les spécifications techniques de restructuration des véhicules à partir de l'ordre de réparation jusqu'à l'essai après travaux. La réparation doit être effectuée en restituant les caractéristiques de forme, d'aspect, de couleur, de structure et de performance selon les règles de l'art en tenant compte des prescriptions du constructeur (utilisation des pièces d'origine ou de qualité équivalente et des pièces homologuées lorsqu'une réglementation l'exige) lorsqu'elles sont publiques, des prescriptions des fabricants d'outillage et de produits de réparation pour leur mise en œuvre et respectant la réglementation en vigueur.
Selon les usages décrits, l'expert en automobile peut, sans risque juridique, préconiser et/ou prescrire des pièces d'origine ou de qualité équivalente, ces dernières répondant aux mêmes spécifications techniques que les premières.

Pratique - Précaution à prendre

Concernant les pièces de rechange de qualité équivalente, le fabricant est tenu de délivrer un certificat attestant de sa conformité. Il est important que l'expert vérifie que ce certificat est joint avec la pièce montée (Cheval Mécanique n° 31, 2004, p. 4).

2210. Par ailleurs, l'utilisation des pièces adaptables ou de réemploi pose de nombreux problèmes non résolus (notamment par l'instauration d'un suivi systématique des pièces) portant sur la qualité et la sécurité des pièces. Ces questions soulevées sont importantes car pour que les prescripteurs (en occurrence les experts en automobile) soient libres de prescrire encore faut-il qu'ils n'encourent pas de responsabilité. Néanmoins, certains éléments pourraient être acceptés en raison des contrôles mis normalement à la disposition de l'expert (examen visuel, vérification avec le matériel du réparateur ou du centre de contrôle technique agrée), de la facture du réparateur ayant monté la pièce sur le véhicule avec mention de son fournisseur, du certificat établi par le fournisseur de la pièce (exemple : facture, attestation, bon de livraison ou autres justificatifs), de la traçabilité justifiant de l'origine de la pièce (marque, modèle et identification du véhicule source)... Seules les pièces de rechange de sécurité sont exclues. À cet égard, comme il n'en existe pas de définition légale, les professionnels concernés ont engagé des travaux pour dresser la liste de ces pièces.

ii. Juridique

2211. La question touche deux problèmes : celui de la protection légale de la pièce et celui du respect du principe de la réparation intégrale. Dès lors que la réglementation rend le consommateur captif d'une catégorie de pièce, l'expert ne peut légitimement s'en tenir qu'au tarif de la pièce autorisée : la pièce de rechange d'origine. Quant au respect du principe de la réparation intégrale, celui-ci s'impose pour les sinistres RC matériels. Dans ce cas, il ne permet pas à l'expert de chiffrer spontanément selon le tarif de la pièce de réemploi. Cela serait assimilé à l'application d'une vétusté dénoncée par la jurisprudence. On admettra cependant que les dommages au véhicule puissent être évalués dans le rapport sur la base de pièces de réemploi sous la condition que le propriétaire ait donné son aval par écrit à l'expert.

2212. Quid d'un éventuel détournement de la législation VEI si l'expert s'appuie en partie sur des PRE, pour déterminer le montant des réparations dans son rapport d'expertise (C. route, art. L. 327-1 et s) ? A notre connaissance, il n'existe aucune disposition dans le Code de la route venant préciser que le chiffrage des réparations dans le premier rapport d'expertise doit être établi exclusivement sur la base de pièces neuves.

2213. Dans le même temps, un des seuils exprimé par la loi, qui sert à définir qu'un véhicule endommagé est un véhicule irréparable économiquement, renvoie à la valeur de la chose assurée au moment du sinistre. Or en droit des assurances (C. assur., L. 121-1), cette dernière est entendue comme une valeur d'usage (vétusté déduite). D'un point de vue réglementaire, il n'y a donc rien d'incohérent à ce que l'autre seuil visé par loi, « le montant des réparations », puisse lui aussi être chiffré en partie sur la base de PRE.

c - Calcul du prix des pièces

2214. La recherche du prix des pièces de rechange neuves ne pose, en règle générale, pas de problèmes particuliers. Ils sont à la disposition des experts sur support papier ou sur support informatique si l'expert utilise l'assistance d'un système informatique. Dans ce dernier cas, l'expert trouve le prix de certaines pièces concurrencées, émanant des équipementiers. La mémorisation dans les systèmes informatiques d'aide à l'expertise des prix des pièces concurrencées est conforme à l'avis rendu par le Conseil de la concurrence pour favoriser le libre jeu de la concurrence (Déc. n° 87-D-09, 12 mai 1987, BOCCRF 23 mai 1987, p. 133). La concurrence dans ce domaine résulte davantage de la volonté des experts d'aller s'informer sur les remises consenties ou sur l'origine des pièces utilisées pour la remise en état.

4 ▪ Prix des petites fournitures

2215. Il s'agit de toutes les fournitures utilisées à l'occasion de la réparation et ne dépassant pas quelques euros, telles que : adhésif double face, agrafes, boulons, rondelles, écrous, vis, rivets, colles, tapis de sol, lames de cutter, fil à souder... Ces prix ne sont d'ailleurs pas mémorisés dans les systèmes informatiques.
L'administration avait admis en période de réglementation des prix que les garagistes retiennent un pourcentage du prix de la facture au titre des petites fournitures et divers. Ce chiffre était en pratique de 2 %.

2216. Le contrôle ayant laissé la place en 1987 à la liberté des prix, ces 2 % sont devenus illégaux. En mars 1996, l'administration a exigé des entreprises de réparation automobile qu'elles se mettent en conformité avec les termes de l'arrêté du 27 mars 1987, JO 2 oct., relatif aux règles de publicité des prix pour les prestations d'entretien ou de réparation. Le texte impose des forfaits en valeur absolue, indiquant « la liste détaillée des opérations comprises dans le forfait ainsi que le détail des prix et fournitures éventuellement inclus ». L'arrêté du 27 mars 1987, précité, faisant référence à des prestations de service, précise que le prix des petites fournitures sera accompagné de la main-d'œuvre correspondante.

2217. Pour être complet, il convient de souligner qu'il est toujours possible d'inclure les petites fournitures dans le tarif horaire (solution rejetée par les compagnies) ou dans celui des pièces changées.
Enfin, les plus courageux peuvent facturer ligne par ligne tous les produits et toutes les pièces utilisés.
Les experts s'en tiennent à vérifier la conformité, à la réglementation, de la méthode de facturation des petites fournitures retenue par les réparateurs.

5 ■ Taxe sur la valeur ajoutée

2218. La taxe sur la valeur ajoutée fait partie du préjudice réparable et doit donc à ce titre être ajoutée au prix de la main-d'œuvre, des pièces détachées et des petites fournitures.

Mais avant de la compter dans son rapport, l'expert en automobile doit vérifier que le débiteur de la taxe sur la valeur ajoutée n'est pas juridiquement en situation de la déduire.

Dans une étude consacrée à la taxe sur la valeur ajoutée dans le règlement des sinistres automobiles (Herrbach, À propos de la TVA dans le règlement des sinistres automobiles, Gaz. Pal. 1974, 1, doct., p. 353), l'auteur avait précisé qu'il s'agissait notamment de savoir « si le véhicule pour ouvrir droit ou non à récupération de cette taxe, est ou non réparé, les conditions et circonstances de la réparation ou dans le cas contraire, la destination donnée à ce véhicule et, autant que possible, le contexte de la transaction, c'est-à-dire donner tous éléments nécessaires à (l'assureur) pour lui permettre de prendre une décision en connaissance de cause et en toute opportunité concernant le paiement de la TVA ».

2219. Le propriétaire du véhicule renseigne utilement l'expert en automobile car la jurisprudence exige qu'il établisse qu'il ne peut pas récupérer la TVA pour lui en accorder le montant (Com., 18 juin 1991, n° 89-16.967, n° 966, Lexis, Via assurances c/sté Sogelco).

Enfin, l'expert se gardera de réserver le bénéfice du montant de la taxe sur la valeur ajoutée à l'effectivité de la remise en état.

La situation particulière des véhicules en leasing

Situation	Véhicule réparé	Véhicule détruit ou volé
Locataire	- Conclusions en réparation TVA comprise (si le locataire ne récupère pas TVA) - Conclusions en réparation TVA comprise (si le locataire récupère la TVA et que véhicule n'ouvre pas droit à déduction) exemple : voitures particulières - Conclusions en réparation hors TVA (si le locataire récupère la TVA) exemple : véhicules utilitaires (biens qui ouvrent droit à déduction)	À l'occasion de la destruction ou du vol du véhicule, le locataire ne peut pas exercer son droit d'option car la perte totale du bien entraîne la résiliation anticipée du contrat de leasing. L'indemnité d'assurance doit donc être réglée au nom de la société financière qui demeure propriétaire du véhicule tant que le locataire n'a pas exercé son droit d'option.
Propriétaire	Conclusions en réparation hors TVA (si société de leasing récupère la TVA que le bien ouvre droit ou non à déduction : Com., 18 juin 1991, n° 89-16.967,Via assurances c/stéSogelco).	- Valeur de remplacement à dire d'expert (VRADE) hors TVA (CE 29 juill. 1998, n° 146333, SNC Cofiroute, JCP 1998, I, 10212). - Indemnité de résiliation TVA comprise exemple : (18 500 HT (valeur financière) – 13 000 HT (VRADE)) x 1,196 = 6 578 € Total : 19578 €

B ■ Estimation de la valeur du véhicule

1 ■ Technique d'évaluation

2220. La technique de détermination de la valeur des véhicules automobiles est laissée au savoir-faire des praticiens : les experts en automobile (Rép. min. n° 10936, 2 mars 1998).

La valeur de remplacement à dire d'expert (VRADE) est une méthode d'évaluation, conçue par les experts en automobile et destinée à répondre aux critères de la valeur de remplacement définis par la jurisprudence, c'est-à-dire le montant que devrait exposer le propriétaire pour racheter un véhicule identique ou comparable (prix de revient total d'un véhicule d'occasion de même type et dans un état semblable) plutôt qu'à son prix de vente (valeur vénale). Tel est le but poursuivi par les règles mises en place par la profession traduite dans la méthode de calcul.

2 ▪ Méthode de calcul

2221. Le calcul de la valeur du véhicule prend en compte le prix catalogue du véhicule (ou son actualisation pour un véhicule qui n'est plus commercialisé) au jour du sinistre auquel on applique une dépréciation temporelle.
À cette somme, s'ajoutent des correctifs permettant d'individualiser le calcul de la valeur par rapport à l'état du véhicule endommagé avant le sinistre : kilométrage, état et entretien, marché local.

a - Dépréciation temporelle

2222. Elle résulte de l'établissement par la profession réunie en une commission composée de représentants de l'ANEA et de l'UPEAS, de tables de dépréciation des véhicules sous immatriculation française basées sur une analyse du marché des véhicules d'occasion sur le territoire métropolitain.
Les tables définissent, par catégorie de véhicules (petits véhicules, moyenne inférieure, supérieure, haute...), un taux de valeur résiduelle en fonction de l'âge du véhicule exprimé en nombre de mois révolus entre la date de mise en service (date de première mise en circulation) et la date de l'évaluation.
Les véhicules ayant plus de dix ans d'âge sont évalués au cas par cas, en tenant compte en particulier de leur état d'entretien, c'est-à-dire de leur potentiel d'utilisation, et de leur marché.

b - Véhicule neuf acquis avec une remise

2223. Les tables de dépréciation s'appliquent au prix catalogues français des véhicules neufs (ayant jusqu'à un mois environ) mais il faut tenir compte, pour l'évaluation, de la situation réelle du propriétaire : taux de remise que le propriétaire est susceptible d'obtenir pour le rachat d'un véhicule neuf (les prix préférentiels obtenus à l'étranger ou par l'intermédiaire d'un mandataire sont à assimiler à des remises par rapport au catalogue français). Si le taux de remise est supérieur au taux de dépréciation du premier mois donné par le tableau, la valeur catalogue sera minorée de la différence entre le taux de remise et celui de la dépréciation correspondant au premier mois donné par le tableau. Dans tous les autres cas, la valeur catalogue ne sera pas minorée.

c - Correctifs

i. Incidence du kilométrage

2224. Elle ressort d'un écart significatif (+ de 10 %) entre le kilométrage standard dressé sur des tables de kilométrage moyen parcouru en fonction de l'âge du véhicule et le kilométrage réel. Cette constatation entraîne une correction dans l'évaluation :
- moins-value si le kilométrage est supérieur à la norme ;
- plus-value s'il est inférieur.

2225. Une plus value à ce titre n'est admise que si le kilométrage réel est incontestable. Il appartient au propriétaire du véhicule d'en apporter la preuve par tous moyens, notamment par la production de factures d'entretien échelonnées dans le temps et faisant mention du kilométrage.

ii. Incidence de l'état du véhicule

2226. Elle se mesure par référence à l'état standard d'un véhicule : c'est l'état dans lequel se trouve un véhicule normalement entretenu ayant l'âge et le kilométrage du véhicule considéré. Des correctifs donnant lieu à l'application de plus-values seront apportés lorsque le véhicule sinistré a fait l'objet d'un entretien excessivement soigneux. Les moins-values seront la résultante des dégradations observées sur le véhicule : corrosion, rayures importantes, peinture délavée... ou de l'usure avancée des organes dont la durée de vie est inférieure à celle du véhicule (pneu, amortisseur, batterie).

iii. Incidence du marché

2227. Les tables sont définies pour la moyenne des véhicules d'un segment commercial du marché des véhicules d'occasion. Une correction sera apportée en fonction de l'intérêt (négociation courante ou recherchée) que suscite le véhicule considéré sur le marché local.

3 ▪ Calcul de la valeur de remplacement

2228. Le calcul de l'expert est consigné dans un document intitulé « bilan technique » et communiqué à chaque fois que c'est nécessaire pour expliquer le mode d'évaluation. Il comprend en premier lieu tous les renseignements nécessaires à l'identification du véhicule (propriétaire, marque, type, carrosserie, numéro de série et d'immatriculation, couleur, puissance...) et recense les informations qui concernent l'état général du véhicule avant sinistre : la carrosserie, la suspension, les essieux, la direction, le moteur, l'embrayage, la boîte de vitesses, le pont, les freins, l'éclairage, les pneus et les éventuelles séquelles d'accidents antérieurs.

2229. Toutefois, il conviendra de limiter la valeur obtenue par l'application de la méthode de calcul :
- après plus-values : à la valeur d'un véhicule d'un an plus récent ;
- après moins-value : à la valeur d'un véhicule de deux ans plus âgé, excepté les moins-values pour choc(s) antérieur(s).

2230. Lorsque l'âge devient significatif (+ de 7 ans), la limitation de la plus-value à un an de correction n'a plus lieu d'être. Il existe des véhicules de huit ou dix ans dont l'état exceptionnel justifie l'évaluation à une valeur très supérieure à celle donnée par les tables. Enfin, l'expert en automobile est toujours en mesure, si cela lui est demandé, d'étayer son évaluation par des exemples précis de propositions de vente de véhicules. Il s'agira de véhicules identiques ou comparables à celui qui est expertisé. A défaut de tels véhicules, l'expert se réferera à des véhicules de caractéristiques voisines pour montrer à quel prix un véhicule identique à celui expertisé aurait été acquis s'il avait été trouvé sur le marché.

§ 3 ▪ Calcul des préjudices annexes

A ▪ Accessoires hors série

2231. Les accessoires sont des équipements que le propriétaire du véhicule a fait monter et qui ne font pas partie du catalogue du vendeur. Suivant les cas, les accessoires viennent s'ajouter au véhicule (galerie) ou se substituent à des équipements d'origine (jantes spéciales).

L'évaluation de ces accessoires est dans la pratique différenciée de la valeur du véhicule, les contrats d'assurance dommages ne les couvrant que dans une certaine limite.
L'estimation des accessoires hors série résultera, pour les autoradios, de l'application de la table de dépréciation correspondante, tandis que, pour les autres, deux évaluations successives seront nécessaires pour apprécier la plus-value qu'ils apportent aux véhicules.

2232. La plus-value sera dans un premier temps fixée au moment de la réalisation des travaux par rapport au prix de l'accessoire (suivant facture d'achat) ajouté ou à la différence entre le coût des travaux d'aménagement et le prix de l'équipement d'origine. Cette plus-value est ensuite actualisée au jour du sinistre par application de la même dépréciation que celle afférente au véhicule ou, le cas échéant, la dépréciation correspondant à l'âge de l'accessoire s'il est très différent de celui du véhicule.

2233. L'évaluation des accessoires hors série est différenciée de la valeur du véhicule, les contrats d'assurance dommages ne les couvrant que dans une certaine limite. L'évaluation des accessoires montés de série ou en option lors de la fabrication du véhicule (autoradio) est comprise dans le calcul de la valeur de remplacement.

B ▪ Remorquage

2234. Le montant de la facture est contrôlé par l'expert et déterminé ou rectifié sur la base d'une prise en charge accompagnée d'une redevance kilométrique fixée à partir du lieu de l'accident jusque chez le réparateur compétent le plus proche.

2235. L'expert s'assurera de la conformité des tarifs facturés à la réglementation, lorsqu'ils sont fixés d'autorité - comme c'est le cas pour les autoroutes et routes express (arr., 19 sept. 2008, JO 1er oct., relatif au tarif de dépannage des véhicules sur les autoroutes et routes expresses, pris en application du décr. n° 89-477, 11 juill. 1989, JO 12 juill.) et vérifie le respect de l'affichage obligatoire à l'entrée de l'établissement et dans la cabine des véhicules d'intervention (arr., 27 mars 1987, BOCCRF 28 mars 1987, p. 84, fixant les règles de publicité des prix pour les prestations d'entretien ou de réparation, de contrôle technique, de dépannage ou de remorquage ainsi que de garage des véhicules). L'expert se prononce aussi sur l'opportunité de prendre en charge le remorquage lorsque les dommages relevés sur le véhicule ne nécessitaient pas le déplacement d'une dépanneuse.

C ▪ Gardiennage

2236. Les frais de garde facturés sont également contrôlés, déterminés, voire rectifiés par l'expert. Le montant et les conditions d'application de ces frais doivent figurer impérativement dans une clause des conditions générales apparaissant clairement sur le devis ou l'ordre de réparation mais également dans l'affichage obligatoire des tarifs : à l'entrée du garage et sur le lieu de réception de la clientèle (arr. 27 mars 1987, préc.). Ils sont rejetés par l'expert s'ils sont la conséquence de la négligence du propriétaire du véhicule qui, mis en demeure par lettre recommandée, n'a pas fait enlever son véhicule.

D ▪ Immobilisation

2237. La pratique de l'expert consiste à estimer l'immobilisation en durée, calculée sur la base d'une journée pour huit heures de main-d'œuvre. Elle exprime en général le temps strictement nécessaire pour exécuter les travaux de remise en état. Cette méthode d'évaluation est contestée par certains assureurs qui demandent à leurs experts de tenir compte de la durée réelle prévisible d'immobilisation dans leurs rapports, en fonction : de la charge du travail du réparateur, des délais prévisibles de livraison des pièces de rechange, du fait que le véhicule endommagé est ou pas en état de circuler.

2238. L'expert contrôle également les factures de location lorsqu'un véhicule de remplacement a été utilisé et applique, le cas échéant, un abattement forfaitaire (20 % à 30 %) en compensation de l'absence de dépréciation du véhicule accidenté durant l'immobilisation. Les tribunaux rejettent de telles déductions (TI Angoulême, 29 févr. 1984, JA 1985, p. 345 ; TI Caen, 9 déc. 1987, précité).

Soulignons que la méthode d'évaluation expertale de la durée de l'immobilisation est unanimement rejetée par la jurisprudence. Au gré des décisions, on peut lire « il est de commune renommée que les délais fictifs de réparation préconisés par (les) experts sont très inférieurs aux temps réels nécessaires » (TI Caen, 9 déc. 1987, Gaz. Pal. 1988, 1, som., p. 202, note S. Chéron) ; « bien que l'expert de la compagnie d'assurances mentionne dans son rapport une durée des travaux de réparation de douze jours, il s'agit là d'une durée tout à fait théorique... » (TI Angoulême, 1er mars 1990, Gaz. pal. 1991, 1, pan., p. 229).

E ▪ Dépréciation et vétusté

2239. La dépréciation est très rarement calculée par l'expert en automobile, qui dispose néanmoins d'une formule élaborée par un technicien (Tornaghi, Béraud R., Le préjudice matériel et « l'expertise automobile », Librairie du Journal des notaires et des avocats, 1966, p. 34). Le pourcentage de dépréciation est fixé à partir d'une équation faisant intervenir la valeur du véhicule avant sinistre, le coût de la main-d'œuvre et un coefficient fixe en fonction de l'âge du véhicule.

2240. La vétusté c'est la différence entre la pièce neuve utilisée pour la réparation et la pièce usagée endommagée. Compte tenu de la fiabilité des véhicules et du fait qu'il n'y a pas d'enrichissement sans cause par le montage des pièces neuves, la vétusté est limitée, dans le cadre contractuel, aux pneumatiques, aux batteries d'accumulateurs et aux échappements ainsi qu'aux moteurs en cas d'avarie mécanique.

Section 2 ▪ Les facteurs de sécurité routière associés à l'évaluation des dommages

2241. Le Code de la route a confié aux experts en automobile une mission de sécurité routière à double niveau : d'une part, une mission générale d'information, en dehors de tout accident de la circulation, qui s'apparente à une mission de prévention (C. route, art. R. 326-2) et d'autre part, une mission de suivi et de réception des réparations effectuées sur les seuls véhicules qui auront été qualifiés de « véhicules gravement endommagés (VGE)» (C. route, art. L. 327-5).

2242. Cette procédure VGE a démarré le 1er juin 2009 peu de temps après la mise en place effective du nouveau système d'immatriculation des véhicules dit « SIV ». Le SIV est un traitement automatisé de données ; mis en œuvre par le ministère de l'Intérieur, il gère les autorisations administratives de circuler pour les véhicules à moteur. Aussi l'information sur tous les cas de véhicules gravement endommagés est transmise au SIV en principe de manière électronique, par des connexions sécurisées. Pour ce faire, les experts en automobile sont devenus des tiers autorisés à accéder au SIV, dans la limite de leurs attributions (CNIL déc. n°2008-001 du 10 janv. 2008).

Sémantique

« Véhicules endommagés » (VE) n'est pas une procédure, mais un titre générique destiné à chapeauter trois corps de règles sous le Chapitre VII du Titre II du Livre 3 du Code de la route :

- « Véhicules Economiquement Irréparables » (C. route, art. L. 327-1 à L. 327-3, R. 327-1 et nouvel art. R 327-4) ;
  - les « Véhicules Gravement Endommagés » initiée par les Force de l'Ordre - VGE/FO (C. route, art., L. 327-4 et nouvel art. R. 327-2) ;
  - les « Véhicules Gravement Endommagés » initiée par l'Expert en Automobile – VGE/EA – (C. route, art. L. 327-5 et nouvel art. R. 327-3).

L'unité obtenue à partir de ce titre générique n'a pas pour effet juridique de faire disparaître le pluralisme des procédures relatives aux véhicules endommagés. Même si les procédures VEI et VGE se ressemblent, voire parfois se chevauchent, des intérêts pratiques sont attachés à la distinction entre ces trois dispositifs. D'abord au niveau du champ d'application, mais également des critères de déclenchement.
Autre intérêt : les limitations relatives à la mutation en l'état du véhicule endommagé. De plus les conséquences du VEI, qui à la différence du VGE n'interdit pas au propriétaire de circuler avec son véhicule; au contraire, les régimes de remise en circulation des procédures VGE et VEI sont identiques. D'où l'importance de s'accommoder des terminologies spécifiques à chacune des procédures (VEI, VGE/FO ou VGE/EA), plutôt que de s'en remettre à une dénomination trompeuse quant au réel sens à lui donner.

Sous-section 1 ■ Fonctionnement de la procédure VGE

2243. Le chapitre 7 du Code de la route relatif aux véhicules endommagés (C. route, art. L. 327-4 et L. 327-5) constitue le support de la mission légale de l'expert. À la suite d'un accident de la circulation, un véhicule peut être affecté de dommages consécutifs suffisamment graves pour rendre en l'état celui-ci dangereux pour les autres usagers, s'il est maintenu en circulation. Le législateur a donc souhaité écarter tous les véhicules gravement endommagés pour lesquels les réparations n'auront pas été effectuées, par inconscience ou impécuniosité de leurs propriétaires, et surtout rendre celles-ci effectives lorsqu'elles auront été prescrites. À cette fin, informé qu'un véhicule est gravement endommagé, le ministère de l'Intérieur notifie au propriétaire une interdiction momentanée de circuler assortie d'une inscription d'opposition au transfert du certificat d'immatriculation (C. route, art L. 327-5). La remise en circulation du véhicule ne peut dès lors plus s'effectuer qu'au vu d'un rapport établi par un expert en automobile, certifiant que celui-ci est en état de circuler « dans des conditions normales de sécurité » (C. route, art. L. 327-5). De nombreux textes sont venus préciser les modalités d'application de ce dispositif : C. route R. 327-1 à R 327-5 (décret n° 2009-397 du 10 avril 2009 ; arr. 29 avr. 2009, JO 14 mai ; Circ, 28 mai, BOMEDD, n°2009/11, 25 juin 2009).

§ 1 ■ Champ d'application

2244. La procédure VGE s'applique uniquement aux voitures particulières, aux camionnettes et aux remorques attelées à ces véhicules lorsque ceux-ci sont immatriculés en France (art. 13 de l'arrêté du 29 avril 2009 relatif aux véhicules endommagés pour les voitures particulières et les camionnettes) et affectés au moins d'une déficience. En cas de doute, c'est le genre du véhicule qui fait foi. La liste des genres en vigueur est fixée par l'annexe 5 de l'arrêté du 9 février 2009 relatif aux modalités d'immatriculation des véhicules. A cet égard, les véhicules concernés par la procédure correspondent exclusivement aux trois genres et aux abréviations nationales correspondantes inscrites sur le certificat d'immatriculation : Voitures particulières (VP), Camionnette (CTTE) et Remorque immatriculée (REM).

Véhicules à moteur hors champ d'application. Toutes les autres catégories de véhicule visées par l'article R. 311-1 du Code de route sont exclus du dispositif à l'instar des : voitures de collection, deux roues, poids lourds, mais aussi les véhicules d'intérêt général (ambulance) ou encore les véhicules et matériels agricole (tracteur)...

2245. Cette procédure s'applique aux seuls dommages consécutifs à un accident de la circulation, lequel accident doit constituer l'objet particulier de la mission d'expertise confiée. C'est la raison pour laquelle la circulaire du 29 mai 2009 relative aux véhicules endommagés mentionne que la procédure VGE ne concerne pas les sinistres ayant d'autres origines : événement climatique, catastrophe naturelle, catastrophe technologique, attentat, émeute, vandalisme, incendie non consécutif à un accident de la circulation (Circ., 28 mai, BOMEDD, n°2009/11, 25 juin 2009). En cas de vol, on peut déclencher la procédure si le véhicule déclaré volé a, lors de son usage en circulation, involontairement été endommagé par le voleur (accord interprofessionnel ANEA/FFSA/GEMA/UPEAS du 21 janvier 2010).

§2 ■ Déclenchement de la procédure

A ■ Conditions de fond

2246. Quand l'expert en automobile est chargé par un assureur automobile de déterminer les dommages, il doit, parmi les véhicules endommagés suite à un accident de la circulation (voir supra), détecter ceux qui présentent un danger pour la sécurité. L'annexe 2, II de l'arrêté du 29 avril 2009 (préc.) dresse la liste des déficiences permettant d'établir que le véhicule accidenté ne peut circuler dans des conditions normales de sécurité.

Liste des critères
- Déformation importante des éléments de carrosserie compris entre les zones d'ancrage des éléments de liaison au sol : longerons, plancher, passages de roue, châssis, traverses.
- Déformation importante des éléments de direction : colonne, crémaillère ou boîtier, biellettes et timonerie.
- Déformation importante des éléments de liaisons au sol : berceau, éléments de suspension, essieux et jantes.
- Dysfonctionnements (y compris mauvaise fixation) des éléments de sécurité des personnes: ceintures, coussins gonflables, prétensionneurs et boîtiers de commande.

2247. L'expert doit constater la déficience à l'occasion de l'examen initial du véhicule effectué « sur dommages apparents sans démontage » (annexe 2, I, arr. du 29 avril 2009). Ce qui induit que les déficiences découvertes une fois les travaux de réparation réellement commencés relèvent, non pas l'article L. 327-5 du code de la route, mais de l'obligation générale d'information de l'expert (C. route, art. R. 326-2, voir supra).

2248. Lorsque le véhicule est dangereux sur la base de l'une au moins de ces déficiences, l'expert effectue sa déclaration au SIV dans laquelle il précise si le véhicule est techniquement réparable ou non selon les critères définis à l'annexe 1 de l'arrêté du 29 avril 2009 (préc.).

2249. L'information de l'expert est enregistrée dans le SIV : le ministre de l'Intérieur notifie au titulaire du certificat d'immatriculation que le véhicule VGE n'est plus autorisé à circuler sur les voies ouvertes à la circulation publiques et qu'une opposition au transfert d'immatriculation est inscrite (C. route, art. R. 327-3 I). Le fait de refuser de se soumettre à cette injonction est puni d'une amende forfaitaire de 135 € (C. route, art. R 327-5). La décision administrative d'interdiction de circuler peut faire l'objet, dans le délai de deux mois suivant sa notification, d'un recours administratif auprès du ministère de l'Intérieur (aménagé par l'arrêté du 29 avril 2009, art. 11) ou d'un recours contentieux auprès du tribunal administratif du lieu de résidence du titulaire du certificat d'immatriculation.

B ▪ Conditions de forme

2250. La loi n'exige aucun formalisme particulier pour que l'expert effectue sa déclaration relative à la dangerosité du véhicule expertisé. Toutefois, elle a prévu de rendre possible la dématérialisation de cette opération et de toutes les autres relatives à la procédure. Dans ce dernier cas, à réception de sa déclaration, le nouveau système d'immatriculation des véhicules (SIV) retourne un message d'acquittement à l'expert. De même lorsque l'expert transmet au ministère de l'Intérieur les éléments de son premier rapport.

2251. L'expert constatant une erreur dans l'établissement de l'un de ses rapports, même enregistré dans le SIV, dispose d'une possibilité de correction en se rendant à cette fin en préfecture (point 4-2, Circ. 29 mai 2009, BO MEEDDAT n° 2009/11). En cas de réclamation, l'expert doit être en mesure de rapporter la preuve qu'il a rempli ses obligations. Il est donc préférable pour lui de choisir la voie électronique, s'il veut éviter d'envoyer les informations par lettre recommandée.

C ■ Les échanges d'informations préalables à la notification des mesures administratives

2252. L'article L. 327-5 du Code de la route repose sur un mécanisme à double détente. Au départ, il prévoit la délivrance d'une information par l'expert en automobile suivi, dans un second temps, d'une décision du ministre de l'Intérieur pour interdire au véhicule de circuler et inscrire une opposition au transfert du certificat d'immatriculation (C. route, art. R. 327-3). Même si la dématérialisation des opérations, par le biais du SIV, participe à rapprocher ces deux temps, en pratique, l'expert prend les devant pour assurer une information tripartite : au professionnel dépositaire, à l'assuré et à l'assureur.

1 ■ Professionnel dépositaire

2253. L'expert s'attache à respecter le contradictoire et même le valorise en associant le professionnel dépositaire quant à l'application du critère. Il l'informe ensuite sur les étapes de la procédure, et met en place une fiche de suivi des prestations matérialisant le déroulé des opérations d'expertise durant la remise en état du véhicule.

2 ■ Propriétaire/assuré

2254. L'expert déclenche instantanément un contact par téléphone pour :
- informer le titulaire du certificat d'immatriculation que son véhicule fait l'objet de la procédure VGE ;
- justifier l'application du critère technique et expliquer les incidences, notamment l'impossibilité temporaire de faire circuler le véhicule en l'état ;
- prévenir également le titulaire du certificat d'immatriculation que, s'il décide de faire réparer son véhicule, les travaux seront suivis et réceptionnés par un expert en automobile. Ce d'autant que le véhicule ne pourra être remis en circulation qu'au vu d'un rapport d'expertise certifiant que ledit véhicule est en état de circuler dans des conditions normales de circulation (C. route, art. L. 327-5) ;
- inviter l'intéressé à lui confier les opérations de suivi et de contrôle des travaux en retournant la lettre de mission type, de façon à ce que la mise en réparation du véhicule ne soit pas retardée. L'expert adresse ensuite une copie de sa déclaration de dangerosité au titulaire du certificat d'immatriculation (art. 3, arr. 29 avr. 2009, JO du 14 mai 2009).

Pour ne pas avoir informé le propriétaire d'un véhicule qu'il le qualifie de dangereux, l'expert a engagé sa responsabilité dans une espèce où l'administration n'a pas été en mesure d'aviser le titulaire du certificat d'immatriculation, lequel a été empêché de céder son véhicule réparé plusieurs mois après (TI Rennes, 14 oct. 2013, RG n°11-12-000374).

3 ■ Assureur

2255. L'expert informe l'assureur par un échange de données informatisées du déclenchement de la procédure et lui indique immédiatement le montant prévisionnel des travaux. Dès que possible, s'il s'agit d'un VEI, mais il conviendra alors de lui donner aussi une estimation de la VRADE (laquelle pourra être par la suite affinée).

§ 2 ■ Suivi et contrôle des réparations

2256. Les procédures dites des « véhicules endommagées », rassemblées sous le chapitre VII du titre II du livre 3 du Code de la route, prévoient et organisent une mission de suivi des réparations, des véhicules concernés, confiée à un expert en automobile. L'intérêt de ces

procédures, en termes de sécurité routière, réside d'ailleurs dans les conséquences attachées à leur déclenchement.
Une fois missionné par le titulaire du certificat d'immatriculation, l'expert en automobile est alors tenu de : fixer contradictoirement la méthodologie des travaux avec le réparateur ; suivre les travaux jusqu'à leur achèvement ; réceptionner le véhicule une fois les travaux terminés.
L'expert doit examiner le véhicule à toutes les étapes de la réparation ; soit au minimum : la première visite de suivi (lorsque le véhicule est démonté), la deuxième visite de suivi en cours de réparation enfin la troisième visite inclut, en présence de l'expert le contrôle final du véhicule tel que défini par l'expert. Au terme de cette mission, l'expert délivre un certificat de conformité dans lequel il atteste que « le véhicule est désormais apte à de nouveau circuler dans des conditions normales de sécurité ».

A ▪ La pratique du suivi des réparations

2257. L'expert prélude par la vérification que le dépositaire du véhicule en charge des réparations est bien un professionnel de l'automobile. Ensuite, il peut entamer ses opérations de suivi et de contrôle des travaux. Dans ce cadre, l'expert s'implique pour une obtenir la meilleur harmonisation possible, en accord avec le réparateur, entre le cadencement des travaux et son suivi. La prestation de l'expert ne doit pas servir à allonger inutilement la durée d'immobilisation du véhicule.

2258. Lorsque le véhicule est démonté, l'expert l'examine contradictoirement avec le réparateur: il valide l'estimation des travaux faite avant démontage et contrôle les éléments de sécurité autres que ceux endommagés par le sinistre ; il fait procéder à tous les démontages nécessaires aux contrôles et mesures statiques et dynamiques des éléments de sécurité. Le cas échéant, s'il constate la nécessité de remise en état de certains de ces éléments, il fournit au propriétaire une estimation chiffrée complémentaire.

2259. Notons que l'estimation initiale peut être modifiée. Il convient de rappeler que dans l'esprit la réglementation le premier rapport d'expertise constitue la référence pour les réparations à effectuer sur le véhicule déclaré VGE et/ou VEI. À cet égard, un second expert en automobile ne saurait a priori s'affranchir des éléments du premier rapport d'expertise définissant la méthodologie de la réparation. Mais en présence de certaines circonstances (erreur grossière du premier expert, conditions de l'examen...), le second expert en automobile en automobile peut, dans ces conditions, prendre la responsabilité de modifier les prescriptions fixées par le premier rapport d'expertise. Pour ce faire, il devra alors absolument justifier des raisons qui le conduisent à prévoir une autre solution technique et d'en faire mention expresse sur les documents ad hoc.

2260. Comme cette expertise de suivi concerne la mise en réparation du véhicule, l'expert se prononce sur les conditions effectives de la réparation du véhicule. Il peut ainsi décider, en accord avec les souhaits du propriétaire du véhicule, d'utiliser des pièces de réemploi. Un tel usage est licite ; mais il est régulé par l'expert, contradictoirement avec le réparateur, auquel il incombe d'avaliser la sécurité du véhicule réparé (point 1-6 de l'annexe 3, arrêté du 29 avr., JO 14 mai 2009). Par contre, son action le conduit à empêcher toute réparation avec des pièces de rechange dont on ne saurait prouver sans ambiguïté l'origine (absence de facture, authenticité douteuse de la facture...) ou dont l'origine (pièce adaptable) n'est pas de nature suffisante pour garantir sa qualité.

2261. Notons que ce recours aux pièces de réemploi ne vise pas à remettre en cause les principes juridiques, sur le fondement desquels, les experts chiffrent lors du premier examen en pièces neuves, sauf accord des parties à l'expertise. Sinon les estimations faites risqueraient rapidement de devenir insuffisantes au regard du principe de la réparation intégrale (Civ. 2e, 23 janv. 2003,n° 01-00.200), voire des termes du contrat en assurance de dommages.

2262. La deuxième visite de suivi s'effectue en cours de réparation. Si des opérations de restructuration sont prévues, une ou plusieurs visites sont même nécessaires pour les vérifications des soudures, des éléments de structure, des cotes d'assemblage, etc... Cette visite doit avoir lieu avant toute application de produits de protection (corps creux, insonorisants, anticorrosion, ...).

2263. Toutefois selon la nature des travaux nécessaires à la remise en état du véhicule, la première et la deuxième visite peuvent n'en faire qu'une : le suivi en cours de la réparation n'est pas systématique, il ne l'est que dans le cadre des restructurations. Aussi, il appartient à l'expert de bien adapter la fréquence de ces visites à l'ampleur des désordres et opérations de remise en état. Par exemple pour le remplacement de quelques pièces du demi-train (bras, biellette, jante), la visite à la fin des travaux est suffisante (Circ. ANEA, 30 juin 2009, VGE : point de situation).

2264. Enfin les opérations de contrôle du véhicule après réparation et avant la délivrance du rapport de conformité sont définies au cas par cas par l'expert. Celui-ci contrôle les éléments de sécurité passive (carrosserie, fixation des sièges, énergie et sécurité des personnes), ainsi que les éléments de sécurité dynamique. Dans ce dernier cas sont vérifiés sur bancs : la géométrie des trains roulants, l'efficacité du freinage et de la suspension.
Le résultat des mesures ne constitue pas en soi la validation de l'« acceptation » du véhicule. C'est œuvre d'expert d'interpréter les résultats en se fondant sur les mesures, les données constructeur, l'essai, etc.

2265. À l'occasion des contrôles finaux, l'expert n'est pas tenu de soumettre le véhicule au contrôle technique (celui prévu par le Code de la route). Selon les règles professionnelles, l'expert doit dispenser le véhicule endommagé du contrôle technique lorsque celui-ci a déjà été effectué moins de deux mois avant l'accident et que le procès-verbal de ce contrôle ne fait apparaître aucune déficience, ni insuffisance au niveau des freins et amortisseurs. Aussi lorsque le véhicule est récent et a parcouru peu de kilomètres, l'expert peut alors préférer préconiser un essai routier.

B ▪ Le formalisme du suivi des réparations

2266. Le respect strict de la procédure décrite ci-dessus permet à l'expert de se conformer à ses obligations et de démontrer qu'il a bien mis tout en œuvre pour garantir la sécurité du véhicule tant pour ses passagers que pour les autres usagers utilisant les voies ouvertes à la circulation publique. C'est pourquoi, il lui faut formaliser tout cela via d'abord le verbal d'expertise qui synthétise les différentes étapes du déroulé des opérations. Ce document doit contenir la liste des réparations effectuées sur le véhicule précisant celles touchant à la sécurité ainsi que la nature des pièces remplacées (pièces neuves d'origine ou de qualité équivalente ou de réemploi). Il mentionne aussi le nom, la qualité et l'identification du ou des professionnels ayant participé à la remise en conformité du véhicule.
Le second rapport constitue ensuite l'aboutissement du travail de l'expert. À cet égard, il est important que ce rapport contienne : les informations générales relatives au véhicule (critères d'identification complétés par l'appellation commerciale du véhicule, le kilométrage et sa couleur), au propriétaire (nom et adresse), au destinataire du rapport, aux coordonnées du réparateur (raison social, adresse et numéro de siret), aux références du premier rapport ;

les renseignements particuliers liés au suivi de la réparation et à son contrôle : les différentes étapes (dates) du suivi des réparations avec le nom des personnes présentes et le lieu ou les lieux de réparation, la nature des travaux complémentaires et des contrôles effectués, la partie relative à l'attestation de conformité ; les informations spécifiques concernant l'expert : ses nom et prénom suivi par son numéro d'agrément sur la liste nationale, ses coordonnées. Notons que ce second rapport ou autrement dénommé « rapport de conformité » n'est pas le second rapport qui sert à déclencher le règlement de l'assureur automobile. Ce dernier, établi une fois les travaux réalisés, est destiné à valider la facture du réparateur. Il fait suite au premier rapport listant les travaux à réaliser.

2267. Une fois le rapport établi, l'expert le transmet au titulaire du certificat d'immatriculation et au ministre de l'Intérieur, par voie électronique s'il y est habilité. L'interdiction de circuler et l'opposition sont alors levées une fois les données enregistrées dans le SIV. L'expert est averti par un accusé d'enregistrement délivré par le ministre de l'Intérieur via le système informatique utilisé. Il en informe le professionnel dépositaire du véhicule. La bonne circulation de cette information est importante puisqu'elle permet de faire cesser l'immobilisation du véhicule (cette dernière obligation est importante car elle permettra audit professionnel d'informer son client qu'il est autorisé à repartir avec son véhicule).

2268. L'ensemble des documents obligatoires de la procédure notamment la ou les lettre(s) de mission, les rapports d'expertise, photographies prises lors des différentes étapes de la méthodologie, documents contradictoires, relevés de mesures, l'original du procès verbal d'expertise, copies des factures des réparations doit être conservé pendant cinq ans (annexe 3, arr. du 29 avr. 2009, JO 14 mai 2009).

D ▪ VGE à l'initiative des forces de l'ordre

2269. La capacité de l'expert en automobile à intervenir directement sur des véhicules gravement endommagés se conjugue à celle des forces de l'ordre (C. route, art. L 327-4). Ces derniers interviennent à la suite d'un accident de la circulation pour immobiliser les véhicules présentant un réel danger du point de vue de la sécurité routière et retirer à titre conservatoire le certificat d'immatriculation. Cette immobilisation est enregistrée dans le SIV qui inscrit une interdiction de circuler du véhicule (C. route, art. R 327-2 I). Le titulaire du certificat d'immatriculation peut ensuite saisir un expert pour examiner le véhicule et confirmer ou infirmer la position de l'agent de constatation (C. route, art. R 327-2 II). Si le véhicule n'est pas dangereux, l'expert l'indique dans son rapport soit télétransmis au SIV, soit adressé par courrier à la préfecture de son choix. L'interdiction de circuler est levée et le tire restitué à son titulaire. Au contraire, quand la dangerosité est confirmée, la réparation de ce véhicule est contrôlée par l'expert (voir supra).

§2 ▪ Mission de prévention générale

2270. L'expert en automobile doit informer sans délai le propriétaire d'un véhicule des déficiences découvertes sur celui-ci au cours de l'accomplissement de sa mission et qui sont susceptibles de mettre en danger la vie de toute personne (C. route, art. R. 326-2). Cette mission réglementaire de prévention de l'expert ne semble pas nécessairement se cumuler avec sa mission légale (C. route, art. L. 327-5) dès lors que toute déficience de nature à mettre en danger la vie d'autrui peut parfois être sans lien avec « l'état » d'un véhicule, qui peut être très bon au demeurant. Ainsi en sera-t-il du véhicule neuf aux pneus manifestement sous gonflés, qui oblige l'expert à en informer son propriétaire sans qu'il s'agisse pour autant d'un véhicule gravement endommagé. La déficience évoquée à l'article R. 326-2 du Code de la route doit ainsi être distinguée de l'état du véhicule visé à l'article L. 327-5 en ce sens que la première induit simplement une ou plusieurs imperfections du véhicule tandis que le second implique sa généralisation à l'ensemble de celui-ci. Toutefois, en dehors de l'examen visuel global ne nécessitant aucune intervention particulière, cette obligation d'information du propriétaire du véhicule par l'expert ne porte que sur les seuls organes directement concernés par sa mission. En effet, le pouvoir réglementaire n'a pas entendu exiger ici une certification de la sécurité complète du véhicule par l'expert à l'occasion de son intervention.

2271. L'expert ne sera en mesure de satisfaire son obligation d'information que s'il est à même de rapporter la preuve qu'il a complètement informé le propriétaire du véhicule de la déficience découverte, par analogie à une jurisprudence constante applicable à tous les professionnels, prestataires de services. Ainsi en est-il, par exemple, pour le médecin (Civ. 1re, 25 févr. 1997,Bull. civ. I, n° 75) ou l'avocat (Civ. 1re, 29 avr. 1997, Bull. civ. I, n° 132). La preuve écrite par télécopie ou lettre recommandée avec accusé de réception sera fortement conseillée à l'expert en pareille hypothèse s'il entend justifier de l'accomplissement de son obligation.

2272. Dernièrement, il a été jugé qu'il n'y a pas d'abus pour l'expert à révéler au propriétaire du véhicule expertisé un défaut de conformité revêtant un caractère de dangerosité : en l'espèce le véhicule présentait une double anomalie, taille des pneumatiques et surbaissement (CA Nancy, 30 août 2010, JA avril 2011, p. 30, obs. L Namin).

Section 3 . Evaluation du dommage garanti

2273. L'expertise des sinistres automobiles recouvre plusieurs types d'expertises : l'expertise établie à la demande d'une des parties, l'expertise amiable et contradictoire et la tierce expertise. La présente section développera les caractéristiques propres à chacune de ces trois formes d'expertise.

§ 1 . Expertise sans tiers impliqué

A . Fondement de l'expertise

2274. Il s'agit ici d'évaluer les dommages subis par un véhicule à moteur en dehors de tout contexte de responsabilité civile, donc sans tiers impliqué, pour l'application d'une garantie de dommage souscrite par l'assuré (vol, tous risques). Le fondement de l'expertise est alors purement contractuel avec la force que lui confère l'article 1134 du Code civil, les assureurs sont libres par conséquent de définir dans les conditions générales de leurs polices l'option qu'ils entendent choisir. Certains contrats obligent ainsi l'assuré à « subir » le choix de l'assureur qui désignera l'expert avec lequel il travaille habituellement sur le secteur géographique concerné ; mais la plupart des clauses d'expertise offre aujourd'hui une faculté de remise en cause de l'évaluation proposée par l'expert de l'assureur via l'instauration d'un débat contradictoire avec un autre expert que choisira personnellement l'assuré, à ses frais dans la grande majorité des cas. On relèvera que s'il est prévu contractuellement que les dommages, qui ne sont pas fixés de gré à gré, feront l'objet d'une expertise amiable, ce préalable sans pour autant constituer un préliminaire obligatoire de conciliation doit être respecté par les parties avant d'agir en justice (Civ. 2e, 25 févr. 2010, n°09-14.044).

2275. On observera aussi que la désignation d'un expert n'est pas sans conséquence sur le jeu de la garantie puisqu'elle interrompt la prescription et peut, dans certaines circonstances, valoir renoncement de l'assureur à se prévaloir qu'une exception de garantie.

1 ■ Interruption de la prescription biennale

2276. Selon l'article L. 114-2 du Code des assurances « la prescription est interrompue (...) par la désignation d'experts à la suite d'un sinistre ». La question de la désignation de l'expert en automobile est, à cet égard, essentielle puisqu'elle a pour effet d'interrompre le délai de prescription.

2277. Peu importe que cette désignation soit faite à l'amiable, du moment que l'expert intervient dans un cadre contradictoire avec l'assuré. Dans la mesure où l'expert en automobile est tenu de respecter et faire respecter le principe de la contradiction, le respect de cette condition ne sera pas à rechercher dans l'intention des parties au contrat d'assurance. C'est l'acte de nomination de l'expert qui fixe la date exacte à partir de laquelle un nouveau délai de deux ans se décompte. Car, l'interruption de la prescription biennale est acquise dés la désignation d'un expert à la suite d'un sinistre et ne court pas aussi longtemps que dure les opérations d'expertise (Civ. 1re, 19 mai 1999, n° 97-10.278, n° 947, Dargelosse c/Groupe Azur et Gavoille).

2278. Il appartient à l'assureur d'informer explicitement l'expert que sa mission est terminée. Sinon, le dépôt d'un rapport de carence ne met pas automatiquement fin à la mission de l'expert qui peut donc la reprendre dès lors que l'assuré à transmis les documents demandés (Civ. 1re, 13 juin 1995, RGAT 1995, p. 57).

2 ■ Renoncement aux exceptions de garantie

2279. La participation d'un expert en automobile à des opérations d'expertise constitue un engagement de garantie de la part de l'assureur. Le rôle de l'expert en automobile, dans l'application des garanties, souvent déterminant de par ses explications relatives aux causes, origines et circonstances du sinistre, incite l'assureur à émettre des réserves sur la garantie lorsqu'il intervient. Ce qui permet à l'assureur, une fois documenté, de se prononcer sur l'acquisition de la garantie et éventuellement d'opposer une exclusion ou une cause de non-assurance. En l'absence de réserves expresses, le déroulement de l'expertise implique donc l'acceptation par l'assureur de garantir le sinistre (Civ. 1re, 7 juill. 1969, Bull. civ. I, n° 263).

2280. Mais, pour tenir compte du fait que les circonstances commandent parfois de dépêcher rapidement un expert sur les lieux du sinistre (pour prendre des mesures conservatoires par exemple), la jurisprudence a assoupli sa position. Il ne saurait se déduire du seul fait qu'un technicien désigné par l'assureur a assisté au côté de l'assuré aux opérations d'expertise aux cours desquelles il n'a émis aucune réserve, que ledit assureur a entendu renoncer à se prévaloir des stipulations de son contrat (Civ. 1re, 10 janv. 1995, n° 93-10.602, n° 86 : pour une limitation de garantie, CA Limoges, ch. civ., 1re sect., 4 févr. 1999 M. Rongier c/ M. Malonie : pour une renonciation aux déchéances ou exceptions de garantie).

3 ■ Portée de l'expertise

2281. Cette expertise est une mesure d'information destinée au donneur d'ordre. Mais dans ce cadre, l'expert n'a pas le pouvoir d'agir au nom et pour le compte de l'assureur automobile dont il a reçu mission (contra : CA Bordeaux, 1re ch., sect. B, 27 sept. 2007, Maif c/ Marcel B, L'Argus, 2008, n° 7060, p. 36). Par conséquent les éléments du rapport d'expertise ne saurait pas « lier ceux dont (l'expertise) apprécie les droits » (CA Poitiers, 2e ch., 9 avr. 1930, Roux c/

Jeanneau ; CA Nancy, 2e civ., 25 févr. 1930, Sté des papeteries de Clairefontaine c/ Roux ; CA Rouen, 2e ch., 13 févr. 1930, Roux c/ Levigneron, RGAT 1930, p. 544 et s., note Picard). Ce qui est conforme à la condition d'indépendance requise pour exercer la profession (V. Chapitre 1).

B ▪ Mission de l'expert

2282. Il devra constater les dégâts affectant le véhicule et déterminer le coût des réparations nécessaires. Les conditions générales du contrat d'assurance de dommage peuvent stipuler que « l'expert (...) évalue le coût des réparations et du remplacement des pièces détériorées en tenant compte des règles de l'art (et donc de sécurité) ainsi que des meilleures conditions économiques locales ». A ce titre, la juridiction du commerce a tranché qu'un assureur était fondé à procéder à l'indemnisation de ses assurés sur la base des tarifs horaires d'indemnisation fixés par son expert, qui lui-même s'en était tenu à estimation de « tarifs moyens » après une analyse du marché (TC Lille-Métropole, 28 janvier 2014 RG n°2011/02737).

2283. En règle générale, les travaux sont suspendus à la survenance de deux conditions cumulatives : la signature conjointe par l'expert et le réparateur du procès-verbal d'expertise et la signature par le client de l'ordre de réparation établi par le garagiste. L'assuré, dans l'immense majorité des cas, ne participe pas aux opérations d'expertise, même s'il peut le faire : il n'est pas nécessaire que le procès-verbal d'expertise soit signé de sa main car il a accepté, lors de la conclusion du contrat d'assurance, de confier à l'assureur l'évaluation technique de son propre dommage. A cet égard, le fait pour l'assureur d'avoir donné mission à son expert d'examiner le véhicule ne vaut pas ordre de procéder aux réparations jugées nécessaires (CA Paris, 27 sept. 1994, Juris-Data n° 023302). A l'inverse on peut estimer que si l'automobiliste ordonne les travaux avant même le passage de l'expert, il s'expose le cas échéant à une déchéance de garantie car l'assureur n'aura pas eu la possibilité de recueillir l'avis de son technicien.

2284. L'expert missionné par l'assureur de dommages opère aussi divers contrôles servant à débusquer la fraude. En assurance automobile, la fraude concerne principalement les événements suivants : vol, accident et incendie. Dès que ses opérations lui permettent de détecter d'importantes anomalies, l'expert veille à prendre des mesures conservatoires afin de figer la situation. Un soin particulier doit être apporté à la prise de photos, au stockage de l'épave en cas de véhicule incendié, au respect du contradictoire, ou encore au relevé de certaines informations (kilométrage du véhicule, identification du véhicule).

2285. Dans le cadre de l'expertise, les photos constituent les seules preuves mises à la disposition de l'enquêteur d'assurance. Dès lors, une méthodologie doit être appliquée afin que ces dernières soient utilisables : des vues générales du véhicule sous les quatre angles doivent être prises en dehors des prises de vue des points de dommages, objets de l'expertise.

2286. Face à un cas de fraude, l'expert en automobile se doit d'en informer l'assureur, qui prendra en charge le traitement du dossier, parfois par le biais d'une procédure spécifique (telle que recommandée par l'Agence pour la Lutte contre la Fraude à l'Assurance – ALFA –).

2287. Dans les trois domaines de fraude les plus courant en assurance automobile : vol, accident, incendie ; le rapport intitulé « La détection de la fraude au cours de la gestion de sinistres automobiles » élaboré en 2009 au sein de son groupe de liaison « experts en automobile/assureurs » l'ALFA, recense la liste des indices de fraude en correspondance avec les différents éléments objet de la mission d'expertise. À toutes fins utiles, il est rappelé que chacun de ses indices, pris isolément, ne peuvent être interprétés comme constituant une preuve de fraude.

2288. Les assureurs ont enfin, par l'effet de la subrogation dans les droits des assurés, un droit de recours contre les tiers responsables des dommages subis par les véhicules qu'ils couvrent (suite à un incendie par exemple). Le rôle de l'expert est alors de conserver le recours de l'assureur et, pour ce faire, il est d'usage de convoquer aux opérations de l'expert les éventuels garants (vendeur ou constructeur) ou responsables (garagiste après révision ou réparation) et/ou leurs assureurs, en les invitant à venir participer à l'examen du véhicule, toutes les fois où les désordres déclarés sont susceptibles de donner lieu à l'exercice d'un recours au bénéfice de l'assureur. Ainsi, l'expert établira de façon scrupuleuse les causes et circonstances d'un sinistre et prendra toutes mesures nécessaires à la conservation des preuves, soit donc de façon contradictoire, soit, le cas échéant, par voie d'auxiliaire de justice (huissier).

C ▪ Contestation de l'expertise

2289. Le rapport d'expertise établi à la demande du seul assureur automobile est une mesure d'information qui lui est destinée. Dans ce cadre, l'expert n'a pas le pouvoir d'agir au nom et pour le compte de l'assureur dont il a reçu mission (contra : CA Bordeaux, 1re ch., sect. B, 27 sept. 2007, Maif c/ Marcel B, L'Argus, 2008, n° 7060, p. 36). Par conséquent les éléments du rapport d'expertise ne saurait pas « lier ceux dont (l'expertise) apprécie les droits » (CA Poitiers, 2e ch., 9 avr. 1930, Roux c/ Jeanneau ; CA Nancy, 2e civ., 25 févr. 1930, Sté des papeteries de Clairefontaine c/ Roux ; CA Rouen, 2e ch., 13 févr. 1930, Roux c/ Levigneron, RGAT 1930, p. 544 et s., note Picard). Ce qui est conforme à la condition d'indépendance requise pour exercer la profession (V. Chapitre 1).

2290. Dans ces conditions l'assureur n'est pas lié par les résultats de l'expertise et, de son côté, l'assuré peut contester l'évaluation des dommages issue du rapport d'expertise. Pour cette raison, les clauses relatives au règlement des sinistres automobiles prévoient habituellement le recours à une procédure d'expertise dite amiable et contradictoire. Dans ce cas, l'assuré d'abord tenu de se soumettre à cette procédure amiable, avant d'envisager de solliciter une expertise judiciaire. Il a même été jugé que la violation de cette clause par l'assuré peut être sanctionnée par la perte de son droit à indemnisation. En l'espèce, la démolition du véhicule avait empêché l'assureur de faire évaluer les dommages (Civ. 2e, 29 mars 2006, n° 04-19.867).

1 ▪ L'expertise amiable contradictoire

2291. Cette expertise amiable permet l'organisation d'une tentative de règlement du litige entre l'assureur et l'assuré autrement que par la voie judiciaire. Elle débouche sur un accord amiable toutes les fois où les parties décident de s'en remettre aux conclusions communes des deux experts. Au demeurant les parties ne sont jamais obligées d'accepter les résultats de l'expertise amiable contradictoire : elles peuvent encore discuter le contenu de l'expertise même si les conclusions ont recueilli l'accord des deux experts. Dans tous les cas, l'expertise est toujours réalisée sous réserve des droits respectifs des parties.

2292. En matière d'expertise amiable, le contradictoire résulte de ce que chaque partie désigne son expert, qui la représente et qui doit échanger avec l'autre expert afin de parvenir à des conclusions communes. En cela, chaque partie (assureur et assuré) est représentée aux opérations d'expertise et mise sur un pied d'égalité ; l'une et l'autre étant assistées de la même manière. A notre sens, l'expertise amiable contradictoire, qui fait intervenir les experts concomitamment, présente une meilleure garantie d'efficacité que la simple « contre-expertise ». Dans cette dernière hypothèse le risque est grand de se trouver alors en présence de deux rapports qui se contredisent, avec d'autant plus de facilité que l'expert d'assuré n'a pas participé au constat initial. En cas de sinistre automobile, le caractère subsidiaire de l'expertise amiable contradictoire se trouve renforcé puisque dans la pratique l'assureur détermine lui-même la valeur des dommages au véhicule, en se faisant aider d'un expert en automobile qui chiffre les dommages.

2293. Ce constat avait d'ailleurs nourri les craintes de la Commission des clauses abusives, qui à l'époque préconisait d'informer « l'assuré qu'il a la possibilité, chaque fois que l'assureur requiert l'intervention d'un expert, de contester son appréciation ou ses conclusions et de solliciter la désignation d'un autre expert agissant contradictoirement » (Recom. Com. cl. abusives n° 89-01, 19 mai 1989, BOCCRF 14 juill. 1989). La démarche de la Commission des clauses abusives n'a toutefois pas été assortie d'une prise en charge des honoraires par l'assureur. Mais dans les faits, il faut reconnaître que le dispositif de l'expert unique agissant, comme en automobile, contradictoirement fonctionne bien. Sur les 1 800 000 sinistres de dommages automobile annuelle, rare sont ceux qui font l'objet d'une procédure judiciaire.

2 ▪ La tierce expertise

2294. Ce dispositif s'enclenche à la suite d'un aveu de désaccord entre les deux experts. Dans ce cas, aux termes de la clause d'expertise, ils peuvent s'adjoindre un troisième expert.

a - Désignation d'un tiers expert

2295. Le choix du tiers expert revient aux experts des parties en conflit. Ils sont, en effet, bien placés pour trouver, parmi leurs confrères, celui qui détient les compétences techniques pour les départager. L'expert le plus diligent prend l'initiative et invite son collègue à choisir entre plusieurs experts (souvent trois), dont il dresse la liste et précise, le cas échéant, leur spécialité. Le destinataire n'est pas tenu d'accepter l'un des trois experts proposés. Il peut, à son tour, en proposer d'autres. Si les deux experts ne parviennent pas à s'entendre sur ce point, ils le mentionnent sur leur procès-verbal et s'adressent aux parties au litige (assureur et assuré) pour qu'elles fassent procéder par voie judiciaire à la nomination d'un troisième expert, conformément aux dispositions contractuelles.

2296. En effet, à défaut d'accord, le tiers expert est choisi par le président du tribunal de grande instance ou du tribunal de commerce du lieu du sinistre. Lorsque sa désignation s'effectue par une ordonnance sur requête, rendue par un magistrat, cela ne lui confère pas, pour autant, la qualité d'expert judiciaire. L'ordonnance est, en effet, une décision gracieuse. Les deux experts ou le magistrat ont liberté totale pour désigner le tiers expert de leur choix. Avec la seule réserve, en assurance automobile, qu'il soit inscrit sur la liste nationale des experts en automobile. Si le tiers expert refuse la mission proposée, il faut, selon le cas, que les deux experts en litige se choisissent un autre expert ou que les parties présentent une nouvelle requête pour obtenir une nouvelle désignation part le président du tribunal.

b - Mission du tiers expert

2297. Elle est définie dans le contrat d'assurance ou, à défaut, par le protocole d'expertise signé par les parties prenantes. Le tiers expert est chargé de procéder à une nouvelle expertise, qu'il conduit en association avec les deux autres experts, dans le but de parvenir à une solution qui retienne l'accord de tous les experts, sinon la majorité d'entre eux. Mais sa mission se limite à l'examen des seuls points litigieux, tels que consignés dans le procès-verbal des premiers experts.

2298. Le rôle du tiers expert est de départager les deux experts en conflit. A cette fin, il n'est pas tenu d'adopter l'avis de l'un ou de l'autre de ses collègues, il peut aussi chercher à faire adopter sa propre solution. Il propose, pour chaque point litigieux, son opinion aux deux premiers experts et ils statuent ensemble à la majorité des voix. Même si l'intervention du tiers expert doit permettre de parvenir à la formation d'une majorité, il n'est tenu d'aucune obligation de résultat. Son rôle se borne à agir auprès de ses confrères avec le maximum d'assurance et de tact, de veiller à motiver techniquement son avis, dans le but de rapprocher les points de vue et obtenir, si possible, leur convergence.

2299. Une fois les opérations d'expertise terminées, le tiers expert se charge de la rédaction du procès-verbal. Dans ce document, il reprend tous les points en litige et, pour chacun d'entre eux, indique la solution retenue par les trois experts. Il précise, le cas échéant, si elle a recueilli l'unanimité ou la majorité. Lorsque les experts ne parviennent pas à adopter des conclusions à la majorité, les opinions divergentes sont consignées dans le procès-verbal. À partir de cette base de discussion, les parties pourront rechercher un accord transactionnel. De même, le magistrat pourra puiser dans les opinions des experts les renseignements et les éléments d'appréciation pour fixer, lui même, le montant des dommages.

c - Portée de la tierce expertise

2300. La tierce expertise, comme toutes les autres expertises amiables, est faite sous réserve des droits des parties. Même si ses conclusions ont recueilli l'accord unanime des experts ou tout au moins la majorité d'entre eux, elles ne sont jamais obligées d'en accepter les résultats. Les parties peuvent donc les contester et saisir le tribunal compétent. Mais ce n'est pas pour autant que le travail des experts est réduit à néant. Si les juges constatent que la tierce expertise, qui s'est terminée par un accord, est régulière en la forme, il n'y a pas de raison pour qu'ils refusent de la déclarer valable et acceptent d'en ordonner une nouvelle. Reste qu'en pratique la tierce expertise laisse la porte ouverte à la contestation.

2301. Selon le médiateur de la FFSA, pour lever l'hypothèque qui pèse sur l'intérêt de la tierce expertise, les assureurs ne devraient plus la proposer au réclamant « sans recueillir au préalable son accord sur un protocole d'expertise définissant la mission du tiers expert, rappelant le droit de l'assuré à se faire assister par un praticien de son choix et formalisant l'engagement des parties à ne pas contester les réponses du tiers experts (6e rapport annuel du médiateur de la FFSA 1998/1999).

§2 ▪ Expertise en présence d'un tiers impliqué

A ▪ Fondement de l'expertise

2302. Il s'agit ici d'évaluer les dommages subis par un véhicule terrestre à moteur dans un contexte de responsabilité civile, c'est-à-dire en cas de choc impliquant au moins deux véhicules ou un véhicule et une chose. S'il s'avère que l'assuré responsable bénéficie lui-même d'une garantie d'assurance de dommages, il sera indemnisé sur le fondement de son contrat : sa situation se confond alors avec celle décrite ci-avant. Ce point vient d'ailleurs d'être tranché à l'encontre d'un assuré prétendant se faire indemniser, sur le fondement de l'article 1382 du code civil, de la totalité des frais de réparation, pour un cout dépassant la valeur de remplacement à dire d'expert (VRADE), ainsi que des honoraires de l'expert ayant suivi les travaux, En considérant qu'il était couvert en « dommages tous accidents », sa demande à l'égard de son assureur ne pouvait concerner que la mise en œuvre des conditions contractuelles d'indemnisation (C. civ., art. 1134), limitées à la VRADE (Cass. 2e civ., 27 mars 2014, n°13-14354). L'expertise automobile dans un contexte de responsabilité civile s'organise aujourd'hui principalement par le jeu d'une convention connue sous l'acronyme « IRSA » (Indemnisation directe de l'assuré et de Recours entre Sociétés d'assurance Automobile) conclue entre les assureurs, afin d'éviter, dans la mesure du possible, des discussions lancinantes sur la consistance du préjudice subi par les uns et les autres.

B ▪ Contractualisation du sinistre automobile de responsabilité

2303. La convention IRSA constitue aujourd'hui la forme élaborée d'un partenariat entre les sociétés d'assurance automobile qui a débuté dès 1968 avec la convention IDA (Indemnisation Directe de l'Assuré) ayant donné naissance au constat amiable et au barème de partage des responsabilités qui lui est attaché : en ce sens, elle constitue véritablement un « code des assureurs » en matière automobile. La philosophie originelle du système, peu répandue en Europe, était la suivante : chaque société d'assurances indemnisait son assuré non responsable en respectant les règles fixées par la convention et présentait ensuite un recours forfaitaire à l'assureur du responsable. La convention IRSA a parachevé le mécanisme en prévoyant aujourd'hui de nombreuses hypothèses d'abandon de recours de l'assureur du véhicule non responsable auprès de celui du responsable, la loi des grands nombres compensant en définitive à peu de choses près les comptes annuels entre les sociétés d'assurances, notamment au regard des économies d'échelle réalisées sur la gestion du sinistre. Il se crée alors une sorte de contractualisation de la responsabilité civile en dissipant dans l'esprit de la victime assurée le véritable auteur de la réparation qui n'est plus « le responsable » mais devient au contraire « son assureur ». Elle fait parfois perdre de vue aux rédacteurs des compagnies le fondement de l'intervention de l'assureur pour le compte duquel ils agissent, dont l'oubli génère quelque fois certains « dérapages », à l'instar de celui consistant à opposer une franchise contractuelle à l'assuré qui n'est en réalité qu'un tiers, « non assuré » pourrait-on dire, face au responsable. Certains aménagements ont donc été effectués en 2003 pour limiter les risques de confusion : le traditionnel « barème de responsabilité » conventionnel s'intitule dorénavant « barème de répartition des recours entre adhérents », pour accentuer l'inopposabilité aux tiers victimes.

2304. La convention IRSA s'applique à toutes les compagnies signataires en dehors de l'État, la plupart des sociétés d'assurance automobile en est aujourd'hui adhérente (le pourcentage serait proche de 99 %), qu'il s'agisse de sociétés membres du GEMA ou de la FFSA. Les sociétés qui souhaitent adhérer à la convention s'engagent également à adhérer à la convention IRCA en matière de dommages corporels ainsi qu'au protocole d'accord conclu entre les assureurs et les organismes sociaux. Sont concernés tous les accidents de la circulation survenus en France métropolitaine et dans les départements d'outre-mer ainsi que la principauté de Monaco, outre les accidents survenus dans le monde entier s'ils impliquent des véhicules immatriculés en France ou à Monaco, assurés auprès de sociétés adhérentes.

C ▪ Mise en œuvre de la convention IRSA

2305. En présence d'un accident de la circulation impliquant au moins deux véhicules terrestres à moteur soumis à l'obligation d'assurance (C. assur., art. L. 211-1), l'assureur de la victime, dénommé « assureur direct » s'engage à indemniser lui-même son propre assuré : « quels que soient la typologie de l'accident, la nature et le montant des dommages, les sociétés adhérentes s'obligent, préalablement à l'exercice de leurs recours, à indemniser elles-mêmes leurs assurés dans la mesure de leur droit à réparation, déterminé selon les règles du droit commun » (art. 1.1). Les assureurs, par la signature de la convention, se donnent réciproquement un mandat de gestion pour tout sinistre futur entrant dans le champ d'application de celle-ci. La convention IRSA ne s'applique pas en revanche lorsque l'assuré automobile est entièrement responsable de l'accident selon le droit commun car il devient alors responsable et non victime de l'accident mais elle s'appliquera s'il est partiellement responsable de celui-ci, dans la mesure de son droit à réparation, déterminé selon un barème figurant en annexe (Conv. IRSA, Ann. A1.2).

2306. Le système fonctionne quasiment sans accroc car pour la victime, seul le résultat compte, c'est-à-dire l'indemnisation intégrale de son préjudice, ce dernier est toujours évalué en droit commun. La Direction Générale de la Concurrence de la commission européenne n'a pas jugé critiquable cette convention, compte tenu de l'accélération des procédures d'indemnisation qu'elle entraîne. Le mécanisme n'est toutefois viable que si l'assureur du responsable s'engage de son côté à ne pas remettre en cause l'évaluation du dommage effectuée par l'assureur direct : ce sont les règles conventionnelles dites « d'incontestabilité » de l'expertise automobile (Conv. IRSA, art. 3.1), appuyées par une justice privée rendue par une commission d'arbitrage inter-sociétés, précédée d'une tentative de conciliation obligatoire (Titre 7 Conv. IRSA). Ainsi, les compagnies adhérentes s'engagent-elles à ne jamais contester l'évaluation des dommages matériels, lorsqu'elle est inférieure à la somme de 6 500 € hors taxes pour l'année 2014 (Conv. IRSA, art. 2.1.3.a). Lorsque les dommages subis par le véhicule excèdent le seuil de 6 500 € HT, une expertise automobile contradictoire en présence de l'expert de l'assureur adverse peut être réalisée. La convention IRSA n'est jamais opposable aux assurés ni aux victimes qui n'en sont pas les signataires. Cependant, exceptionnelles sont les décisions de justice ayant eu à statuer sur un litige par nature peu fréquent car les sociétés d'assurances refusent en règle générale de s'engager dans un conflit judiciaire nécessairement arbitré par l'effet relatif des contrats, édicté par l'article 1165 du Code civil. Une rare décision a rappelé l'inopposabilité de la convention IRSA aux assurés (TI Sète, 9 nov. 1983, JA 1984, p. 95).

2307. Une expertise automobile, confiée à un expert en automobile inscrit sur la liste nationale, sera réalisée par le seul expert désigné par l'assureur de la victime, hors la présence de l'expert de l'assureur du responsable : elle n'est obligatoire que si le montant des dommages dépasse, à compter du 1er janvier 2010, 10 % (au lieu de 5% précédemment) du plafond d'incontestabilité de 6 500 € (Conv. IRSA, Ann. 2), soit la somme de 650 € HT, et facultative en deçà. De plus pour tous les dossiers d'accidents survenus à compter du 1er mars 2010, la tolérance de dépassement est ramenée de 20% à 10%. En conséquence dorénavant, le recours à l'expertise en RC matériel est laissé à la discrétion de chacun des assureurs automobiles jusqu'à 715 €. Dans cette hypothèse, la facture des réparations, la facture ou le bordereau des fournitures nécessaires à la remise en état sont alors acceptés à titre de justification dans le cadre du recours forfaitaire présenté à l'assureur du responsable (voir infra). Cette souplesse favorise l'apparition sur le marché de nouveaux modes d'évaluation des sinistres sans expertise tel que le contrôle automatique des devis effectués par les réparateurs.

2308. Si l'estimation des dommages au véhicule dépasse le plafond de 6 500 €, l'expert de l'assureur direct informe l'assureur du responsable de ce dépassement afin de provoquer une expertise contradictoire en présence de l'expert de l'assureur du responsable. Ce dernier dispose alors d'un délai de 15 jours pour indiquer s'il participera ou non à l'expertise, car elle est facultative pour lui, faute de quoi celle-ci lui sera conventionnellement opposable (Conv. IRSA, art. 2.1.4).

Section 4. Lecture indemnitaire du rapport

§1. Véhicule réparable

A. Application du contrat d'assurance sans tiers impliqué

2309. L'assuré engage une discussion indemnitaire avec l'assureur sur le seul fondement du contrat d'assurance. Celle-ci constituant la loi des parties en vertu de l'article 1134 du Code civil, l'assuré percevra une indemnité qui correspond à un coût (de remise en état) et non à une valeur car, par définition, le véhicule est ici réparable. En matière d'assurance de choses, l'indemnité est évaluée en considération « de la valeur de la chose assurée au moment du sinistre » (C. assur., art. L. 121-1). Au préalable, l'expert en automobile aura estimé que le véhicule est économiquement réparable, ce qui signifie alors que le montant des réparations n'excèdera pas la valeur du véhicule assuré au moment de l'accident, en application du principe indemnitaire susvisé. L'expert définira toujours dans son rapport la valeur de remplacement du véhicule lors du sinistre, que l'on peut définir comme une valeur abstraite correspondant à un prix d'achat moyen sur un marché fictif de l'occasion. L'expert a l'obligation d'adresser une copie de son rapport au propriétaire du véhicule, pour lui permettre le cas échéant de le contester (C. route, art. R. 327-4).

2310. La plupart des contrats d'assurance indemnise l'assuré par le paiement du coût des réparations directement imputables à l'accident sous deux limites : d'une part, la valeur du véhicule, notion abstraite qui renvoie à la valeur de la chose assurée au moment du sinistre (C. assur., art. L. 121-1) et d'autre part, le plafond de garantie défini dans le contrat. De nombreuses difficultés naissent essentiellement de la conception que peut se faire l'assuré de la notion de « valeur au moment du sinistre » car il se percevra souvent comme la « victime » d'un accident pour lequel il attendra légitimement de son assureur une réparation intégrale, bien éloignée de toute référence contractuelle dans son esprit. Prenant en compte cet aspect psychologique fondamental, sur un marché fortement concurrentiel, certaines compagnies d'assurance élargissent leur concept de « valeur garantie ».

B. Difficulté contractuelle de la notion de valeur

2311. Les contrats automobiles prévoient souvent une clause de vétusté pour tenir compte du fait que le dommage de l'assuré se rapporte à la perte d'un organe du véhicule déjà usagé. Le « taux de vétusté » est soit déterminé au contrat soit déterminable « à dire d'expert », auquel cas ce dernier appliquera alors un coefficient de vétusté dans son chiffrage des réparations, raison pour laquelle la vétusté est fréquemment perçue par l'assuré comme une « franchise masquée ». En règle générale, elle ne concerne que certains éléments du véhicule, tels les pneumatiques, appareils électriques, batterie, échappement, autoradio, souvent garantis moyennant un abattement forfaitaire de vétusté. Le principe indemnitaire a conduit une partie de la doctrine française (V. M.-E. Roujou de Boubée, Essai sur la notion de réparation, LGDJ, coll. Bibl. dr. priv., t. 135, p. 374) à estimer que la déduction d'un coefficient de vétusté était nécessaire afin d'éviter tout enrichissement sans cause de la victime. La Cour de cassation sanctionne les juges qui refusent de retenir la vétusté dans l'évaluation de l'indemnité fondée sur le contrat : « en statuant ainsi, sans évaluer le coût des travaux à la date du sinistre et sans procéder à une déduction de la vétusté, alors, d'une part, que seule était en cause une garantie de choses, la cour d'appel a méconnu la loi des parties » (Civ. 1re, 26 avr. 2000,Juris-Data n° 001663).

C ▪ Réparation contractuelle du véhicule assuré

2312. L'assuré est-il tenu d'employer l'indemnité d'assurance à la réparation de son véhicule ? Une réponse ministérielle précise qu'au titre d'une garantie dommages une police d'assurance peut légitimement prévoir une clause selon laquelle l'indemnité ne sera versée que sur présentation de l'original des factures de réparation (Rép. Min. n° 2232, JO Sénat Q, 26 déc. 2002, p. 3236). La Cour de cassation a aussi jugé que l'affectation de l'indemnité d'assurance à la réalisation des travaux de réparation est obligatoire au titre de certaines assurances, telle l'assurance dommages ouvrage, parce qu'il existe en ce domaine une procédure spécifique de préfinancement des travaux de réparation (Civ. 3e, 17 déc. 2003,Bull. civ. III, n° 232). Il n'existe pas néanmoins de jurisprudence relative à une éventuelle transposition de ce raisonnement en assurance automobile au regard de l'existence d'une procédure légale d'offre d'indemnisation des dommages matériels instaurée par la loi du 1er août 2003 (C. assur., art. L 211-9).

2313. Afin de mieux contrôler le coût de la réparation, les assureurs ont développé au fil du temps des réseaux de réparateurs agréés ou conventionnés auprès desquels l'assuré est invité à confier son véhicule. Le Conseil de la concurrence a jugé que « ces pratiques ne sont pas de nature à fausser le jeu de la concurrence sur le marché de la réparation collision » (Cons. Conc., Avis n° 98-A-15, BOCCRF 31/08/99, p. 481). Toutefois pour remédier aux tensions liées au développement des accords pris par les assureurs avec les carrossiers pour orienter leurs assurés, les syndicats représentants les réparateurs, la FFSA et le GEMA pour les assureurs, sous les auspices de la Commission d'examen des pratiques commerciales (CEPC), ont adopté une charte en mai 2008 (JA, mai 2011, p. 26).

2314. Bien que les assurés demeurent libres de confier leurs véhicules aux réparateurs non agréés, et encore plus avec l'obligation pour l'assureur leur rappeler (loi n°2014-344 du 17 mars 2014, JO 18 mars, art. 21 ter), la pratique, non démentie à ce jour, démontre que les assurés sont favorables aux conventions conclues entre les assureurs et leurs réparateurs : le système de « tiers payant » qu'instaure ce mécanisme les dispense de faire l'avance des fonds nécessaires à la réparation du véhicule, et le réparateur agréé reste soumis aux mêmes contraintes juridiques que le réparateur non agréé, conformément aux dispositions de l'article 1147 du Code civil, s'agissant de son obligation de résultat quant à la qualité des réparations effectuées (L. Arcelin-Lécuyer, L'intensité des obligations du contrat de service automobile, JA mai 2011, p. 28).

D ▪ L'assuré victime d'un tiers

2315. Dans ce cas de figure, l'assuré sollicite le bénéfice de l'indemnité d'assurance non pas sur le fondement du contrat d'assurance conclu avec l'assureur de son véhicule, mais en qualité de victime d'un accident dont la responsabilité incombe à un tiers. Par le jeu de la convention IRSA, c'est souvent l'assureur direct du véhicule qui indemnisera son propre assuré, comme s'il était en réalité l'assureur du tiers responsable. Jusqu'à la transposition de la 4e directive sur l'assurance automobile par la loi n° 2003-706 du 1er août 2003, il n'existait pas d'obligation incombant à l'assureur de responsabilité civile d'effectuer une offre à la victime pour les dommages matériels qu'elle a pu subir, celle-ci ne s'imposant que pour les seuls dommages corporels. Désormais, l'article L. 211-9 du Code des assurances issu de la loi du 1er août 2003 institue une procédure légale d'offre à la victime « quelle que soit la nature du dommage ».

2316. L'assureur qui garantit la responsabilité civile du véhicule responsable est tenu de présenter à la victime une offre d'indemnité motivée dans le délai de trois mois à compter de la demande d'indemnisation qui lui est présentée. Cette offre s'impose si la responsabilité du conducteur n'est pas contestée et si le dommage a été entièrement chiffré. Si la responsabilité en revanche est discutée ou n'est pas clairement établie et lorsque le dommage n'a pas été entièrement chiffré, l'assureur doit alors donner une réponse motivée à la demande qui lui est présentée dans le même délai de trois mois à compter de la demande. En cas de décès de la victime, l'offre sera présentée aux héritiers du propriétaire du véhicule (C. assur., art. L. 211-9). Cette transposition aux dommages matériels d'une procédure initialement conçue pour les dommages corporels ne devrait pas fondamentalement bouleverser les procédures de règlement dans la mesure où l'assureur sera toujours en mesure de prendre position sur le chiffrage matériel des réparations ou sur la valeur du véhicule avant ce nouveau délai légal de 3 mois, compte tenu de la célérité habituelle des procédures d'expertise automobile et du développement de nouvelles techniques d'expertise à distance. Toutefois, s'il ne défère pas à cette obligation, il encourt les mêmes sanctions que celles prévues pour la procédure d'offre relative à l'indemnisation des dommages corporels.

2317. La victime de l'accident sera indemnisée selon le droit commun car le juge doit « replacer la victime dans la situation où elle se serait trouvée si l'acte dommageable n'avait pas eu lieu ». (Civ. 2e, 8 mai 1964, JCP G 1965, II, 14410, note P. Esmein). De nombreuses difficultés surviennent du fait de l'application malheureuse de la vétusté ou des franchises que tente parfois d'opposer l'assureur du responsable à la victime. Celle-ci bénéficie d'un droit à indemnisation intégral de son préjudice, aucune vétusté ne peut donc lui être opposée, ni même aucune franchise en raison de l'existence d'une réglementation dérogatoire à ce niveau (C. assur., art. R. 211-13 1).

2318. Les frais de remise en état du véhicule ne constituent pas le seul chef de préjudice indemnisable pour la victime. Tous les préjudices subis par cette dernière seront indemnisés par le responsable de l'accident et son assureur : les frais de garage et de dépannage (CA Rennes, 6 mai 1980, Juris-Data n° 080198), la privation de jouissance du véhicule en raison de l'indisponibilité du véhicule accidenté (CA Douai, 26 sept. 1986, RGAT 1987. 575) ainsi que la dépréciation du véhicule : « on ne peut pas vendre un véhicule qui a subi un accident aussi important au même prix qu'un véhicule n'ayant jamais été l'objet d'un tel choc » (TI Angoulême, 29 févr. 1984, JA 1984, p. 345). A condition bien sûr d'apporter la preuve de son préjudice : pour être indemnisé de son préjudice d'immobilisation consécutivement à un accident de la circulation (frais de location d'un véhicule de remplacement), le lésé doit établir que la durée du séjour de son véhicule chez le garagiste est en rapport direct avec ledit accident. (Civ. 2e, 18 mars 2010, pourvoi n° 09-66.737) ou encore que son indemnisation a objectivement été évaluée s'agissant des frais de locations d'un véhicule de remplacement pris en compte sur la base d'une facture annulée et non réglée (Civ. 2e, 18 février 2010,n°09-65.817). Par contre, la Cour de cassation rappelle la nécessaire détermination d'un dommage constaté dans son principe aux juges du fond qui avaient subordonné l'existence du préjudice de jouissance à la preuve de son évaluation précise (Civ. 2e, 8 juill. 2010, n°09-66.735, n° 1508). En l'espèce, il était reproché au demandeur de ne pas avoir justifié de la valeur d'utilisation de la voiture avant l'accident, elle-même fonction de la catégorie du véhicule et de sa fréquence d'utilisation pour rapporter la preuve d'un préjudice, actuel, direct et certain. On signalera tout de même que, par cette motivation exigeante censurée par la Cour de cassation, les juges du fond cherchaient en fait à endiguer une pratique commerciale peu scrupuleuse consistant à facturer à des prix supérieurs au marché la location d'un véhicule de remplacement à l'assureur du véhicule responsable.

2319. La victime d'un dommage causé par un responsable assuré ne peut jamais se voir opposer l'application d'une vétusté (Ch. mixte, 25 avr. 1975 et Civ. 2e, 28 avr. 1975, RGAT 1976. 225). La jurisprudence rappelle notamment qu'il ne saurait y avoir application d'un coefficient de vétusté aux pièces remplacées sur un véhicule accidenté : Civ. 2e, 8 juill. 1987, RGAT 1989. 345, note F. Chapuisat ; Civ. 2e, 3 oct. 1990, Bull. civ. II, n° 183). Il en résulte que si l'expert en automobile évalue la vétusté applicable aux pièces remplacées dans son rapport d'expertise, notamment sur les « pièces d'usure » des automobiles comme les freins, les amortisseurs, pneumatiques, la batterie, le pot d'échappement, celle-ci ne peut jamais être déduite du préjudice de la victime. Pour un arrêt ayant appliqué à tort un abattement pour vétusté à une victime : Civ. 2e, 23 janv. 2003, JCP G, II, 10110, note Barbieri. Sauf à ce que la victime renonce à son droit à une indemnisation intégrale, si par exemple en sa qualité de propriétaire du véhicule endommagé elle est intéressée à le faire pour éviter sa mise en épave; l'indemnisation pourra, dans ce cas, être déterminée à partir d'une évaluation au moins pour une part, chiffrée en pièces de réemploi.

2320. Le contrat d'assurance prévoit souvent une franchise par laquelle l'assureur ne couvre pas les dommages inférieurs à une somme déterminée ou à une fraction déterminée du dommage (C. assur., art. L. 121-1), afin d'éliminer essentiellement les petits sinistres. Cette franchise, qui est opposable à l'assuré signataire du contrat d'assurance, est-elle opposable à la victime ? La franchise n'est pas opposable aux tiers lésés en assurance automobile mais l'assureur conserve le droit d'en solliciter le remboursement auprès du responsable de l'accident (C. assur., art. R. 211-13).

§2 ▪ Véhicule non réparable

A ▪ L'assuré réclame le bénéficie de son contrat

2321. En matière d'assurance de choses, l'indemnité est évaluée en considération « de la valeur de la chose assurée au moment du sinistre » (C. assur., art. L. 121-1). L'expert en automobile, dont la mission consiste à chiffrer le montant des réparations, peut déposer un rapport par lequel il estimera que le coût des réparations est supérieur à la valeur du véhicule au moment du sinistre : le véhicule est alors considéré comme « économiquement irréparable » et fait l'objet d'une procédure réglementée par le Code de la route, au terme de laquelle l'assureur sera tenu de proposer à l'assuré une indemnisation en perte totale avec cession de l'automobile à son profit (C. route, art. L. 327-1 et suivants).

2322. Cette procédure applicable aux véhicules économiquement irréparables (VEI) oblige les compagnies d'assurances à proposer à leurs assurés l'achat des véhicules concernés, c'est-à-dire ceux pour lesquels le coût des réparations est supérieur à leur valeur au moment du sinistre. Le montant de ces réparations peut être chiffré en partie en pièce de réemploi : aucun texte ne vient prescrire que le premier rapport soit établi sur la base exclusive de pièces neuves. Cette procédure s'applique à tous les véhicules à moteur immatriculés en France, y compris aux remorques ou semi-remorques. Elle ne distingue pas néanmoins selon l'origine du dommage : il peut s'agir d'un accident, qu'il soit matériel ou corporel, ou même d'un sinistre quelconque (incendie, dégâts des eaux). L'assureur dispose d'un délai de 15 jours à compter de la réception du rapport d'expertise pour proposer à son assuré une indemnisation en perte totale, le propriétaire disposant en ce qui le concerne d'un délai de 30 jours pour donner sa réponse (C. route, art. L. 327-1). Cette procédure ne doit toutefois pas être confondue avec la procédure VGE (véhicules gravement endommagés) qui impose le contrôle du rétablissement de la sécurité du véhicule par un expert en automobile avant sa remise en circulation, si certains critères de dangerosité sont caractérisés (C. route, art. L. 327-4 et L. 327-5).En revanche, les deux procédures peuvent se cumuler : un véhicule est susceptible d'être qualifié à la fois de VGE et VEI à la suite d'un même événement dommageable (Circ., 28 mai, BOMEDD, n° 2009/11, 25 juin 2009).

2323. L'assuré fera parvenir à l'assureur un certificat de cession accompagné du certificat d'immatriculation pour percevoir l'indemnité. Celle-ci sera évaluée en considération de la valeur contractuelle de remplacement du véhicule sans en déduire la valeur de sauvetage, c'est-à-dire la valeur résiduelle de l'épave à la suite de l'accident. L'assureur informera le système d'immatriculation des véhicules (SIV) au moyen d'une déclaration d'achat dans les quinze jours suivants la transaction (C. route, art. R. 327-1). Si l'assureur procède à l'enregistrement de sa déclaration d'achat dans le SIV par voie électronique, il conserve le certificat d'immatriculation : l'article R 322-4 du code de la route est complémentaire des autres textes législatifs (notamment l'article L 327-2 du code de la route) avec lesquels il s'articule dans une déclinaison précise du processus à mettre en œuvre (note d'information du ministère de l'Intérieur du 18 décembre 2009 : S. Rougon-Andrey, D'utiles précisions autour du SIV et de la procédure VE, JA février 2010, p. 6).

2324. Le véhicule sera ensuite obligatoirement vendu par l'assureur à un acheteur professionnel aux fins de destruction, de réparation ou de récupération des pièces (C. route, art. L. 327-2). Sur le fondement de cette disposition, un démolisseur automobile commet une faute et engage sa responsabilité civile pour avoir revendu, en l'état, un véhicule acquis d'un assureur gravement accidenté et déclaré économiquement irréparable à un simple particulier (Civ. 2, 9 juillet 2009, n° 08-16.453, JA sept. 2009, p. 40, obs. L. Namin).

2325. Si le propriétaire refuse de céder son véhicule à l'assureur ou s'il garde le silence pendant un délai de 15 jours, l'assureur informera alors le ministère de l'Intérieur qui procédera à l'inscription d'une opposition à son transfert si la valeur du véhicule avant accident était égale ou supérieur à 152 € (C. route, art. L. 327-3, arr. du 3 avril 1998, art. 1er). Cette disposition réglementaire n'a pas pour objet de contraindre le propriétaire à céder son véhicule à l'assureur mais simplement à garantir sa sécurité une fois réparé : en effet, tout véhicule déclaré économiquement irréparable faisant l'objet d'une réparation par un professionnel ne pourra être remis en circulation qu'au vu d'un rapport d'expertise certifiant qu'il a fait l'objet des réparations touchant à la sécurité prévues par le premier rapport d'expertise et qu'il est en état de circuler dans des conditions normales de sécurité (C. route, art. L. 327-2 et L. 327-3).

2326. Le leasing permet de financer l'acquisition d'un véhicule à crédit, sous forme de location avec option d'achat : une société financière achète un véhicule qu'elle loue à un locataire qui l'utilise à son seul profit. À l'issue du contrat, une option lui est offerte : il peut restituer l'automobile ou l'acquérir à sa valeur résiduelle. En matière de crédit-bail, un litige peut survenir en cas de disparition du véhicule devenu économiquement irréparable si le locataire reste redevable d'une indemnité de résiliation à l'égard de la société crédit bailleresse. En cas de perte du véhicule, c'est la société de location qui percevra l'indemnité car elle reste propriétaire du véhicule. Toutefois, la société financière aura souvent récupéré la TVA lors de l'acquisition du véhicule tandis que l'indemnité de résiliation à la charge du locataire est souvent soumise à TVA. Or, l'assureur indemnisera le crédit-bailleur sur la base d'une valeur vénale évaluée hors taxes : cette indemnisation du propriétaire évaluée hors taxes ne méconnaît pas le principe indemnitaire édicté par l'article L. 121-1 du Code des assurances selon la jurisprudence (Civ. 1re, 17 juill. 2001, L'Argus 2001, n° 6760, p. 52). Il appartiendra alors à l'assuré de souscrire une assurance complémentaire lui permettant de compenser ce différentiel de TVA.

B ▪ L'assuré victime d'un tiers

2327. L'automobiliste victime d'un accident imputable à un tiers sera indemnisé selon les règles prévues par le Code de la route pour les véhicules économiquement irréparables (C. route, art. L. 327-1 et s.) : l'assureur sera tenu de proposer à l'assuré une indemnisation en perte totale avec cession du véhicule à son profit. Bien souvent, les conflits surgissent relativement à la notion de « valeur » du véhicule : n'étant plus effectivement concerné par l'application d'un contrat d'assurance, il n'est plus question ici de déterminer la « valeur de la chose assurée au moment du sinistre », par référence au contrat. La jurisprudence a donc progressivement posé le principe de la réparation intégrale par l'indemnisation à la valeur de remplacement du véhicule : « la réparation intégrale d'un dommage causé à une chose n'est assurée que par le remboursement des frais de remise en état de la chose ou par le paiement d'une somme d'argent représentant la valeur de son remplacement » (Civ. 2e, 4 févr. 1982, JCP 1982, II, 19894, note Barbiéri). Dans ces conditions pour fixer le quantum de l'indemnisation, les juges du fond doivent rechercher si le montant évalué par l'expert en automobile ne correspond pas aux frais de remise en état du véhicule endommagé et n'excède pas sa valeur de remplacement (Civ. 1re , 18 nov. 2010, n° 09-17.301).Cette valeur s'entend alors comme « le prix de revient total d'un véhicule d'occasion de même type et dans un état semblable » (Civ. 2e, 12 févr. 1975, Bull. civ. II, n° 49).

2328. Concrètement, il s'agit du prix que la victime devra débourser pour acheter un véhicule en tous points semblable au sien tandis que la valeur vénale s'entend comme une valeur abstraite correspondant à une cote moyenne d'un marché fictif de l'occasion sur un secteur géographique donné. Le principe de l'indemnisation du véhicule de la victime au regard de sa valeur de remplacement n'est pas une spécificité du sinistre automobile car il s'agit d'un principe concernant la réparation intégrale de tout préjudice, la valeur de remplacement devant s'apprécier in concreto, selon les qualités propres du véhicule sinistré (Civ. 2e, 13 janv. 1988, Gaz. Pal. 1988, 1, somm. 261, note F. Chabas). Il a été jugé toutefois que la réparation intégrale du préjudice occasionné par la perte, en France, d'un véhicule immatriculé en Belgique ne peut être assurée que par son évaluation dans ce dernier pays (Civ. 2e, 31 mai 2000, Bull. civ. II, n° 95). Afin que la réparation ne soit pas supérieure au préjudice, l'épave sera alors laissée pour compte au responsable qui en fera ce que bon lui semblera (Civ. 2e, 4 févr. 1982, JCP G 1982, II, 19894).

2329. Une victime peut-elle solliciter la remise en état intégrale de son véhicule si le coût des réparations excède la valeur de remplacement ? La jurisprudence a posé le principe de l'évaluation du dommage de la victime selon la valeur de remplacement du véhicule, le fait de lui octroyer la somme nécessaire pour procéder aux réparations, si le coût de celles-ci dépasse la valeur de remplacement du véhicule, peut constituer une violation du principe indemnitaire car la victime ne doit pas s'enrichir du fait de l'accident. La valeur de remplacement constitue alors le plafond de l'indemnisation versée par l'assureur de responsabilité. Il a ainsi été jugé que le remboursement des frais de remise en état du véhicule s'effectue « sous réserve de la valeur de remplacement de celui-ci » (CA Aix-en-Provence, 26 juin 2003, Juris-Data n° 223743). Cette jurisprudence, dégagée par la deuxième Chambre civile de la Cour de cassation, vient récemment d'être adoptée par la Chambre criminelle : le droit à réparation intégrale de l'assuré victime doit s'entendre du remboursement des frais de remise en état du véhicule endommagé mais limité à sa valeur de remplacement (Crim. 22 sept. 2009, n° 08-88.181, E. Peronet, une réparation intégrale sans perte, ni profit, JA n° 812, nov. 2009, p. 34).

2330. La valeur de remplacement du véhicule ne constitue pas le seul chef de préjudice indemnisable pour la victime. Tous les préjudices subis par cette dernière seront indemnisés par le responsable de l'accident et son assureur : les frais de garage et de dépannage (CA Rennes, 6 mai 1980, Juris-Data n° 080198), la privation de jouissance du véhicule en raison de l'indisponibilité du véhicule accidenté (CA Douai, 26 sept. 1986, RGAT 1987. 575), les frais d'obtention d'un nouveau certificat d'immatriculation (CA Nîmes, 2 juill. 1993, JA 1994, p. 236).

Quatrième Partie

L'accident de la circulation et assurance

Titre 1 ▪ Le véhicule assuré

Par Philippe Ravayrol, Cabinet Ravayrol & Giroudet

BIBLIOGRAPHIE

L'Argus de l'assurance

Ouvrages. – J. Landel et L. Namin, Manuel de l'assurance automobile, L'Argus 4e éd. 2008. – J.-P. Marcq, Risques et assurances transports et logistique, L'Argus éd. 2011. – Code de la route-Infracode, L'Argus éd. – J. Landel, Lexique des termes d'assurance, L'Argus éd. – J. Bigot (sous dir.), Code des assurances, L'Argus éd.

Articles. – Dossier, « La fraude à l'assurance automobile », JA novembre-décembre 2014, n° 867-868, p. 8 - Dossier, « Recours et accidents de la circulation », JA juin 2014, n° 863, p. 8 - L. Ray, « Assurance auto et aviation, une cohabitation difficile », JA fév. 2013, n° 848, p. 34. - Dossier « L'assurance du risque automobile », JA nov.-déc 2012, n° 845-846, p. 14. - L. Namin, « Les conséquences d'un accident avec un véhicule prêté », JA fév. 2012, n° 837, p. 32. - « Le vol automobile à l'épreuve de la garantie et de la fraude », JA fév. 2011, p. 16. - Les flottes, l'assurance collective de l'automobile (dossier), JA juin 2010, p. 12. – J. Landel, « La location d'un quad transfère la garde sur le conducteur », JA févr. 2010, p. 36. - E. Peronet, « Valeur de remplacement : une réparation intégrale, sans perte ni profit », JA nov. 2009, p. 34. - L. Namin, « Revente des véhicules accidentés classés VEI », JA sept. 09, p. 30. - G. Bruguière-Fontenille, « Garantie d'assistance au véhicule et assurance auto », même taxation, JA juin 2009, p. 34. - Le règlement des sinistres matériels : du droit commun à la procédure VGE (dossier), JA juin 2009, p. 16. - Vente du véhicule et suspension de la garantie d'assurance, JA janv. 2009, p. 12. - S. Gobert, RC automobile, les exclusions légales de garantie, L'Argus 2004, n° 6870, p. 32. – G. Defrance, Droit des assurances, L'Argus 2003, n° 6820, p. 38. – G. Defrance, L'assurance du véhicule volé, JA 1993, p. 544 ; Le toilettage de l'assurance auto, JA 1993, p. 393. – D. Tribondeau, Comment lutter contre le vol automobile, L'Argus 1993, n° 6302 p. 45.

Autres documentations

Ouvrages. – Cl. -J. Berr et H. Groutel, Rép. civ. D. 2e éd., Assurances de dommages, n° 318 s. – G. Durry, L'assurance automobile, Dalloz Connaissance du Droit 1998. – M. Picard et A. Besson, Les assurances terrestres, T. 1 « Le contrat d'assurance », LGDJ 1982. – Traité de droit des assurances, entreprises et organismes d'assurance, sous dir. J. Bigot, LGDJ 1996. – F. Chabas, Le droit des accidents de la circulation, Litec, 2e éd., 1988. – Lamy Assurances 2009. – Code pénal, Dalloz 2009.

Articles. – F. Chapuisat et F. Chaumet, La renonciation de l'assureur aux prérogatives du Code des assurances, RGAT 1993. 483. – H. Groutel, Assurance, état alcoolique : mode d'emploi, RCA 1999, n° 7-8 repères. – G. Thiry, Assurance automobile : libres propos sur les conventions de règlement de sinistres, Gaz. Pal. 8 janv. 1999, p. 4. – C.-E. Lucy, Vol automobile, le cycle infernal, L'Assur. fr. 1993 p. 26. – H. Margeat et J. Péchinot, Les nouvelles obligations de garantie dues par l'assureur automobile aux victimes d'accidents de la circulation, RGAT 1987. 9.

2331. Le concept de « véhicule terrestre à moteur » est fondamental en assurance automobile. C'est lui qui risque de causer au minimum des blessures à une victime, seul ou par l'effet de son utilisation par un conducteur. La plupart des règles fondamentales concernant l'assurance automobile obligatoire sont contenues à l'article L. 211-1 du Code des assurances, fruit d'une constante évolution de l'obligation de s'assurer imposée en 1958. Ce texte, plusieurs fois revisité par le législateur, constitue la clef de voûte de l'obligation d'assurance, il est relativement exhaustif et compréhensible : toutes les grandes règles ou presque y sont contenues, c'est pourquoi nous le citerons régulièrement tout au long de ce dossier.

2332. L'article L. 211-1 du Code des assurances dispose que : « toute personne physique ou morale autre que l'État, dont la responsabilité civile peut être engagée en raison de dommages subis par des tiers résultant d'atteintes aux personnes ou aux biens dans la réalisation desquels un véhicule terrestre à moteur, ainsi que ses remorques, ou semi-remorques, est impliqué, doit, pour faire circuler lesdits véhicules, être couverte par une assurance garantissant cette responsabilité, dans les conditions fixées par décret en Conseil d'État. [...] ».

2333. Il est ainsi possible d'affirmer que :
– une « personne physique » (un particulier) ou une « personne morale autre que l'État » (une association, une société civile ou commerciale, une fondation, un groupement au sens large) ;
– qui possède un « véhicule terrestre à moteur », c'est-à-dire essentiellement une voiture, une moto, un camion, une remorque « au sens large » ;
– se trouve alors obligée de souscrire un contrat d'assurance automobile mais à condition de « faire circuler » ce véhicule. L'État, compte tenu de sa solvabilité, est autorisé à se comporter comme une compagnie d'assurances y compris pour les dommages les plus graves.

Chapitre 1

Véhicules assujettis à l'assurance obligatoire

Section 1 . Qu'est-ce qu'un véhicule terrestre à moteur ?

Sous-section 1 . Recherche d'un critère

2334. La « chose » que la loi oblige à assurer est un véhicule terrestre à moteur selon les termes employés par les articles L. 211-1 du Code des assurances et L. 324-1 du Code de la route. La loi du 17 décembre 2007 (L. n° 2007-1774, JO 18 déc.) est venue compléter l'article L. 211-1 en ces termes : « Pour l'application du présent article, on entend par « véhicule » tout véhicule terrestre à moteur, c'est-à-dire tout véhicule automoteur destiné à circuler sur le sol et qui peut être actionné par une force mécanique sans être lié à une voie ferrée, ainsi que toute remorque, même non attelé ». Il faut exclure d'emblée les « chemins de fer et tramways » (SNCF, RATP, sociétés d'économie mixte) qui circulent sur des voies qui leur sont propres et ne sont donc pas soumis à cette obligation. Le sont, en revanche, les trolleybus (Civ. 2e, 12 mai 1993, RCA 1993, comm. n° 264). On oublie souvent que l'assurance obligatoire porte d'abord sur un véhicule, la personne qui doit être assurée ne doit l'être que parce qu'elle est susceptible d'encourir une responsabilité relative à l'utilisation de celui-ci, parce qu'elle se trouvera aux commandes dans la plupart des cas, mais ce n'est pas une règle. La première difficulté qui s'est posée aux juges a consisté à définir le « périmètre » de ce concept de véhicule terrestre à moteur.

2335. La doctrine y a vu un « véhicule destiné au transport de choses ou de personnes, circulant sur le sol et mû par une force motrice quelconque » (V. F. Chabas, Le droit des accidents de la circulation, Litec, 2e éd., 1988) ou « tout engin qui est susceptible de se déplacer seul, même s'il n'est apte à transporter que son propre conducteur ». Le Code de la route, dont les dispositions sont longtemps restées muettes, précise dorénavant par son article L. 110-1 qu'il s'agit de « tout véhicule terrestre pourvu d'un moteur de propulsion, y compris les trolleybus, et circulant sur route par ses moyens propres, à l'exception des véhicules se déplaçant sur des rails ».

§ 1 . Transport de personnes ou de choses

2336. Dans la plupart des configurations accidentelles, le véhicule mis en cause est un engin à deux, trois, quatre roues ou plus, à l'instar d'une voiture, une moto, un camion, un autocar ou autobus, un cyclomoteur, un vélomoteur, un side-car, une mobylette ou motocyclette, un camping-car, c'est-à-dire au sens large « un engin familier des voies publiques » et qui répond de toute évidence à la définition posée. On considère comme véhicule tout engin qui transporte des personnes ou des choses ou dont c'est la destination. Il en serait de même des « trottinettes à moteur » que l'on voit fleurir sur les trottoirs des grandes villes dès lors qu'elles sont aptes à transporter leur conducteur. Peu important le fait que la trottinette thermique soit un véhicule non homologué (Civ. 2e, 17 mars 2011, n° 10-14.938).

A ▪ Véhicule

2337. Nature du véhicule : c'est un engin spécialement conçu pour le transport de personnes ou de choses quel qu'en soit la nature. Il est ainsi indifférent de savoir si le véhicule est ou non soumis à une obligation d'immatriculation, circonstance de plus en plus inopérante au regard de l'obligation faite aux cyclomoteurs de s'immatriculer depuis un décret n° 2003-1186 du 11 décembre 2003. On considère que l'engin est nécessairement un appareil destiné à porter son conducteur depuis une réponse ministérielle de 1959 concernant les motoculteurs et tondeuses à gazon dirigés par un conducteur marchant à pied (Rép. min. n° 286, JO Sénat 7 oct. 1959, p. 736 ; Rép. min. TP n° 362, JO Sénat 12 déc. 1959, p. 1733) mais l'exigence ou non d'un permis de conduire est inopérante à ce niveau pour l'appréciation du critère, de même que l'absence d'obligation d'immatriculation du véhicule, qui demeure sans influence sur sa qualification (V. une lettre de la Direction des assurances, RGAT 1960. 128).

2338. Si la technique permet aujourd'hui d'asseoir un conducteur sur un motoculteur tractant une remorque, le motoculteur sera dès lors assujetti à l'obligation d'assurance. Le juge a exclu du concept « une dameuse à moteur » manœuvrée à la main par un ouvrier des travaux publics (Civ. 2e, 20 mars 1996, D. 1996, IR, 112). En revanche, les matériels agricoles tels un tracteur tondeuse ou une tondeuse autoporteuse à moteur dotée de quatre roues extra-larges lui permettant de circuler, équipée d'un siège pour le conducteur et d'un tableau de bord complet satisfont parfaitement à la définition (CA Paris, 17e Ch. A, 9 sept. 2002, Juris-Data n° 189542). Le véhicule doit-il être équipé de roues ? Les juges n'y ont pas vu là un critère essentiel en soumettant les engins de damage des pistes de ski, dépourvus de roues, à cette obligation (CA Grenoble, 9 févr. 1987, D. 1987. 245, note F. Chabas).

B ▪ Moteur

2339. Autopropulsion du véhicule : Il s'agit évidemment de l'organe technique permettant l'autopropulsion du véhicule, quelle que soit sa puissance même faible, peu important le type d'énergie utilisée (essence, gasoil, kérosène, gaz, électricité, GLD, DKV). Toutefois, les véhicules manœuvrés uniquement par force humaine ou par traction animale n'embrassent pas cette définition : sont donc exclus par exemple les bicyclettes (Civ. 2e, 7 oct. 1987,D. 1987, IR, 296).

C ▪ Caractère « terrestre »

2340. On admet généralement qu'il s'agit uniquement des véhicules circulant sur la terre ferme, sur le sol. Les avions n'entrent pas dans cette catégorie selon les juges, même pour la phase postérieure à l'atterrissage ou préalable au décollage, une assurance spécifique étant souscrite pour l'activité aérienne : « un avion est un appareil de locomotion aérienne et non un véhicule terrestre susceptible d'entrer dans le champ d'application de la loi » (CA Paris, 19 nov. 1993, Gaz. Pal. 1994, I, somm. 560). Par analogie, ce type de raisonnement doit pouvoir se transposer aux engins amphibies lorsqu'ils circulent sur le sol.

§ 2 ▪ Applications jurisprudentielles

A ▪ Véhicule-outil

2341. Les tribunaux ont eu l'occasion de se prononcer sur ce concept dès l'instauration de l'obligation d'assurance par la loi n° 58-208 du 27 février 1958, applicable à tout « véhicule terrestre à moteur ». La difficulté est née de l'existence de véhicules spécifiques, souvent conçus d'ailleurs pour un usage ludique ou professionnel, industriel ou agricole, et ce, afin d'être en mesure de respecter à leur égard l'obligation d'assurance légale. La jurisprudence a admis que toutes les machines agricoles équipées d'un moteur servant à les propulser sont soumises à cette obligation d'assurance de même que tous les engins de chantier et de carrière qui bénéficient d'un tel équipement moteur, ou les véhicules utilitaires.

2342. C'est la raison pour laquelle pour régler les problèmes de frontière entre l'assurance automobile et celle de la responsabilité civile (RC) exploitation, les assureurs automobiles étendent en principe l'assurance circulation des engins de chantier au cas où ils sont utilisés dans leur fonction « outil ». De leur côté, les assureurs de la RC exploitation excluent ces engins de leur contrat. Dans un cas d'espèce où ces engins n'étaient pas assurés pour le risque circulation par un contrat d'assurance automobile, l'assureur RC exploitation a été mis hors de cause en application d'une clause de la police prévoyant l'exclusion de sa garantie des dommages causés par les véhicules terrestres à moteur tel que visés à l'article L. 211-1 du Code des assurances (Civ. 2e, 9 déc. 2010, n° 09-72.395). On relèvera, ici, que la Cour de cassation estime, à tort dans l'esprit, que cette clause d'exclusion n'a pas été dénaturée alors qu'elle comportait une dérogation pour les dommages causés à autrui par l'utilisation à l'intérieur des locaux de la société assurés d'engins de chantier ou de manutention pour les risques de fonctionnement et de circulation. Cependant à notre sens, la rédaction à lettre de cette exception à l'exception était trop ambiguë sur sa portée pour qu'elle puisse être appliquée.

B ▪ Machines roulantes

2343. Engins de chantiers et matériels agricoles : Sont ainsi concernés notamment les engins de manutention (Civ. 1re, 4 janv. 1983, JCP G 1983, IV, 85), une drague mobile (TC, 20 févr. 1960, JCP G 1960, II, 11874), un chasse-neige (TC, 20 nov. 1961, JCP G 1961, II, 12410), un engin de chantier (CA Montpellier, 23 janv. 2001, Juris-Data n° 159768), un chariot élévateur (Civ. 2e, 25 mai 1994, Bull. civ. II, n° 132), les tracteurs agricoles (Civ. 2e, 25 juin 1986, D. 1987, somm. 87, obs. H. Groutel) ou tractopelles (Crim., 12 janv. 1993,Bull. crim., n° 15), une pelle mécanique (Civ. 1re, 6 oct. 1966, D. 1967. somm. 4), les véhicules à chenilles (CA Agen, 24 oct. 1963, D. 1964. somm. 15), les bacs qui assurent la continuité du trafic sur une route (TC, 15 oct. 1973, Barbou, JCP G 1975. II. 18045, note J.-F. Lachaume), du moment qu'ils causent un accident en tant que véhicule. Depuis 1958, le critère du véhicule à assurer continue de poser de nombreux problèmes pratiques même si le débat se clôt peu à peu : il a été jugé ainsi qu'une grue de levage monté sur roues constitue un engin mobile soumis à l'obligation d'assurance de l'article L. 211-1 du Code des assurances (CA Rouen, 7 mars 2002, Juris-Data n° 217948).

Sous-section 2 ▪ Identification du véhicule

§ 1 ▪ Lors de la conclusion du contrat

A ▪ Véhicule identifié

2344. L'objet de tout contrat d'assurance de responsabilité civile est de prémunir l'assuré contre la survenance d'un risque qui l'exposerait à débourser des sommes importantes pour indemniser la victime si l'assureur n'était pas présent pour « payer à sa place ». La problématique de l'assurance automobile consiste à savoir si le facteur du risque, de l'accident, est le véhicule lui-même ou la personne qui le conduit, ou les deux à la fois ? Les assureurs considèrent que le risque qu'ils prennent porte tant sur le véhicule que sur la personne même du conducteur, et c'est pourquoi l'identification du véhicule assuré est fondamentale au sein des conditions particulières du contrat. La jurisprudence le rappelle : « un contrat d'assurance automobile ne couvre la responsabilité de l'assuré que pour les accidents causés avec le véhicule mentionné aux conditions particulières » (Civ. 1re, 12 janv. 1982, RGAT 1982. 365 ; Crim., 13 janv. et 3 févr. 1993,RGAT 1993. 579).

2345. Le « document clé » exigé lors de la déclaration du risque est évidemment la carte grise du véhicule, délivrée par les préfectures à l'occasion de l'immatriculation de l'engin, laquelle tend à se généraliser par l'obligation faite aux cyclomoteurs de s'immatriculer par un décret nº 2003-1186 du 11 décembre 2003. Cette nouvelle obligation concernant les cyclomoteurs facilitera l'identification de ce type d'engin dans les polices d'assurance qui avaient coutume de référencer le numéro du moteur ou du cadre fourni par le constructeur, la cylindrée ou le nom commercial notamment, pour parer la difficulté de l'absence d'immatriculation. Rappelons également que la jurisprudence considère qu'en cas de remplacement du véhicule, même parfaitement identique au précédent, une nouvelle désignation s'impose aux conditions particulières car la garantie ne peut se reporter automatiquement sur le nouveau véhicule : en cas de sinistre occasionné par un véhicule différent de celui désigné au contrat, même s'il s'agit d'un véhicule similaire ou de puissance identique, la garantie ne peut fonctionner (Civ. 1re, 5 juin 1973, RGAT 1973. 248).

B ▪ Règles de preuve

2346. En vertu des règles de preuve fixées par l'article 1315 du Code civil, il appartient à celui qui réclame l'exécution d'une obligation de la prouver : l'assuré qui sollicitera ainsi l'indemnisation de son assureur au titre d'un véhicule immatriculé figurant au contrat devra prouver que « le véhicule en cause » dans l'accident est bien « le véhicule désigné » aux conditions particulières et pour lequel le contrat a été souscrit (Crim., 3 févr. 1993, RGAT 1993. 578, note J. Landel). La jurisprudence considère en effet que le contrat d'assurance automobile ne peut couvrir la responsabilité de la personne assurée que pour les accidents qui sont causés par le véhicule référencé au contrat de l'assureur (Civ. 1re, 11 févr. 1992, RGAT 1992. 317). D'une manière générale, le numéro d'immatriculation, la marque et le type de véhicule figure systématiquement à la souscription dans les contrats pour éviter cette difficulté. Mais il importe peu que le certificat d'immatriculation n'ait pas fait l'objet d'une déclaration de mutation si l'assureur a accepté de couvrir le risque en connaissance de cause et a délivré corrélativement une attestation d'assurance (CA Aix-en-Provence, 10e ch., 25 avr. 2002, Juris-Data nº 211495).

§ 2 ▪ En cours de contrat

A ▪ Modification technique

2347. Le véhicule désigné au contrat peut néanmoins faire l'objet de modifications techniques, cette hypothèse se rencontre de plus en plus fréquemment en présence de propriétaires d'automobile qui modifient radicalement les caractéristiques techniques de celle-ci, notamment afin de la rendre plus puissante pour participer à des « rodéos sauvages ». Il arrive aussi parfois que quelques assurés modifient la puissance du cyclomoteur afin de dépasser la vitesse maximum de 45 km heure imposée à ce type d'engin : peut-on alors soutenir qu'il y a modification du risque pour l'assureur, car le véhicule n'est plus identique à celui identifié lors de la souscription du contrat ? Il n'y a pas aujourd'hui à notre connaissance de décision récente rendue par les tribunaux sur ce type de difficulté.

2348. Néanmoins, il semble que le Code de la route, par son article R. 321-16, puisse constituer un élément de réponse car il oblige un véhicule ayant subi une « transformation notable » à subir une nouvelle réception, le concept de la transformation notable étant défini par l'article 13 de l'arrêté du 19 juillet 1954 (JO 21 juill.). On peut soutenir alors que la circonstance de la « modification notable », si elle avait été connue de l'assureur lors de la souscription du contrat, l'aurait peut être conduit à refuser d'assurer ou à tout le moins, la prime sollicitée eut-elle été différente.

B ▪ Enjeux

2349. Toute modification des caractéristiques techniques du véhicule garanti au départ telle la vitesse, l'habitacle, le mécanisme des roues, la hauteur du garde-sol doit faire l'objet d'une déclaration à l'assureur en ce qu'elle est susceptible d'avoir une influence sur le risque de responsabilité civile, entendu ici comme le risque d'avoir un accident provoqué par cette modification. Les sanctions de l'omission intentionnelle de la déclaration d'une aggravation de risque en cours de contrat, prévues par l'article L. 113-8 du Code des assurances, sont applicables en pareille hypothèse, tout comme la règle proportionnelle réduisant l'indemnité de l'article L. 113-9. Il est possible d'y voir une modification de « l'instrument du risque » selon la formule employée dans les années 70 par la Cour de cassation concernant les remorques non déclarées (Cass. ass. Plén., 13 déc. 1974, RGAT 1975. 259, note A. Besson).

2350. Trois conditions cumulatives sont nécessaires pour l'application de la nullité pour fausse déclaration intentionnelle (C. assur., art. L. 113-8) : l'existence d'une réticence ou d'une fausse déclaration, commise par l'assuré avec l'intention de tromper l'assureur et sur un point changeant l'objet du risque ou en diminuant l'opinion pour l'assureur, même si le risque omis ou dénaturé n'a eu aucune influence sur la survenance du sinistre. En l'absence de mauvaise foi, et avant tout sinistre, l'assureur a le droit soit de maintenir le contrat, moyennant une augmentation de prime acceptée par l'assuré, soit de résilier le contrat dix jours après notification adressée à l'assuré par lettre recommandée, en restituant la portion de la prime payée pour le temps où l'assurance ne court plus (C. assur., art. L. 113-9). Si la circonstance aggravante n'est découverte que postérieurement à la survenance d'un sinistre, l'indemnité est réduite en proportion du taux de prime payé par rapport au taux de prime qui aurait dû l'être si le risque avait été exactement déclaré (Civ. 1re, 5 juill. 1967,RGAT 1968. 406). Ceci n'est possible que pour les risques dont le taux de prime a été influencé par la déclaration inexacte (Civ. 1re, 8 juill. 1997, RGDA 1997. 1012, note L. Mayaux).

§ 3 ▪ Usage déclaré du véhicule

A ▪ Usage privatif, usage professionnel

2351. Il ne suffit pas de posséder un véhicule terrestre à moteur pour se croire « automatiquement assuré », encore faut-il définir l'usage que l'on fera du véhicule, circonstance importante pour l'assureur. En effet, celui-ci peut estimer que la fréquence de l'accident sera d'autant plus importante que la personne assurée conduira son véhicule une bonne partie de la journée, notamment pour des besoins professionnels, ou si au contraire elle ne le conduira que très épisodiquement. Il y a là une dimension fondamentale touchant aux probabilités de survenance de l'accident. Néanmoins, l'usage du véhicule n'est pas considéré comme un « risque » susceptible d'être « exclu » contractuellement selon les circonstances d'usage, faute de quoi l'usage du véhicule deviendrait une nouvelle clause d'exclusion non prévue par la loi (Civ. 1re, 9 juill. 2003, RCA 2003, comm. n° 300, note H. Groutel). Les assureurs ont distingué dans la pratique l'usage privé du véhicule souvent dénommé « promenades » ou « privatif » de l'usage « professionnel » ou encore d'un usage combiné privé et professionnel dénommé « tous déplacements », la prime d'assurance étant évidemment majorée en cas d'utilisation intensive du véhicule. L'usage déclaré du véhicule est source de nombreuses difficultés car l'assureur tient de la loi la faculté de refuser sa garantie pour fausse déclaration intentionnelle (C. assur., art. L. 113-8) ou en cas d'omission intentionnelle de déclaration d'une circonstance aggravante (C. assur., art. L. 113-2 3°). Trois conditions cumulatives seront donc nécessaires pour l'application de la nullité pour fausse déclaration intentionnelle :

- l'existence d'une réticence ou d'une fausse déclaration ;
- commise par l'assuré avec l'intention de tromper l'assureur et sur un point changeant l'objet du risque ou en diminuant l'opinion pour l'assureur ;
- même si le risque omis ou dénaturé n'a eu aucune influence sur la survenance du sinistre.

B ▪ Conséquences

2352. La Cour d'appel de Paris a ainsi jugé une affaire dans laquelle un assuré avait déclaré à l'origine son véhicule en « usage privé » uniquement pour la promenade. Le contrat excluait par définition les déplacements professionnels et les trajets de travail effectués avec le véhicule assuré. Or l'assuré, qui exerçait la profession de maître-chien, commence à utiliser intensivement son véhicule pour ses besoins professionnels nécessitant de fréquents déplacements. À l'occasion d'un accident, cette circonstance est découverte par l'assureur qui obtient devant la Cour d'appel de Paris la nullité du contrat sur le fondement de l'article L. 113-8 du Code des assurances car il « savait que l'usage de son véhicule était devenu professionnel » et qu'une déclaration lui aurait fait payer une prime supérieure (CA Paris, 25 janv. 1995, Juris-Data nº 021646 ; également CA Limoges, 5 avr. 1993, Juris-Data nº 045215). Ce qui est sanctionné ici, c'est la mauvaise déclaration du risque et non une exclusion relative à un usage imprévu à l'origine.

Section 2 ▪ Qu'est-ce qu'une remorque ou semi-remorque ?

Sous-section 1 ▪ Remorque assurée

§ 1 ▪ Nécessaire désignation des remorques

2353. À l'instar du véhicule, la remorque ou semi-remorque doit faire l'objet d'une désignation aux conditions particulières du contrat d'assurance avec cette circonstance que toutes les remorques ne sont pas nécessairement immatriculées : il faudra donc, à défaut de numéro d'immatriculation, les identifier par leurs caractéristiques techniques ou administratives (marque, type, numéro de série). La remorque est définie par l'article L. 110-1 du Code de la route comme « tout véhicule destiné à être attelé à un autre véhicule ». Le Code de la route utilise aussi dorénavant le terme de « train routier » ainsi défini : « ensemble constitué d'un véhicule à moteur auquel est attelée une remorque ou une semi-remorque dont l'avant repose sur un avant-train » (C. route, art. R. 311-1). Un nouvel article R. 211-4-1 du Code des assurances précise également que lorsqu'un train routier est impliqué dans un accident de la circulation, la personne lésée peut exercer l'action directe au choix contre l'assureur du véhicule tracteur ou contre l'assureur de la remorque. L'assureur saisi de l'action doit garantir la responsabilité de l'ensemble du véhicule articulé à l'égard de la personne lésée, pour le compte de qui il appartiendra et dans les limites du contrat. L'assureur qui aura pris en charge l'indemnisation des personnes lésées, que ce soit l'assureur du véhicule à moteur ou celui de la remorque ou de la semi-remorque, disposera, le cas échéant, d'un droit de recours contre l'assureur de l'autre partie de l'ensemble articulé, ou contre toute autre partie qui porterait finalement la responsabilité des dommages.

A ▪ Déclaration à l'assureur

2354. En pratique, un assuré acquiert rarement son véhicule avec remorque, une caravane par exemple, le même jour, de sorte qu'il ne pense pas nécessairement, lorsqu'il procède dans un second temps à l'acquisition d'une remorque, à effectuer une déclaration à son assureur. Or, l'article L. 211-1 du Code des assurances fait obligation à son propriétaire d'assurer également la remorque car celle-ci ne bénéficie pas « automatiquement » de la garantie obligatoire du véhicule par l'attelage à celui-ci. Et il se peut, dans certaines circonstances, que la remorque ait joué un rôle dans la survenance d'un accident de la circulation. Par exemple : Crim., 6 nov. 1996, JA 1997, p. 186. En l'espèce, un contrat flotte d'une entreprise couvrait un certain nombre de tracteurs et remorques. Or la remorque impliquée ne figure pas dans les véhicules désignés au contrat. La Cour de cassation censure la cour d'appel et retient, en visant l'article L. 211-1 du Code des assurances, qu'un contrat d'assurance couvre la responsabilité de l'assuré pour les véhicules désignés au contrat. Et ce n'était pas le cas de la remorque en question.

B ▪ Sort de la remorque non déclarée

2355. La définition de la remorque, autrefois prévue par le Code des assurances, a disparu dans le Code depuis un décret du 26 mars 1993 : avant sa modification par l'article 2-1 du décret n° 93-581 du 26 mars 1993, l'article R. 211-4 définissait les remorques ou semi-remorques citées par l'article L. 211-1 comme étant les véhicules terrestres « construits en vue d'être attelés à un véhicule terrestre à moteur et destinés au transport de personnes ou de choses ou tout appareil terrestre attelé à un véhicule terrestre à moteur ». La première difficulté posée a consisté à rechercher si la remorque non assurée, se trouvant attelée au véhicule lui-même assuré, pouvait créer un « ensemble global » assuré par le jeu du contrat garantissant le véhicule tracteur. La jurisprudence traitait sévèrement cette question et refusait d'accepter l'application de la garantie également à la remorque car elle estimait que le risque se modifiait : il y avait donc plus qu'une simple « aggravation du risque » et c'est l'ensemble routier composé du véhicule tracteur et de la remorque tractée qui se trouvait non assuré, quel qu'ait pu être le rôle de la remorque dans l'accident (Cass. ass. Plén., 13 déc. 1974, RGAT 1975. 259, note A. Besson ; Civ. 1re, 18 juin 1996,RGDA 1996. 651, note J. Landel). Cette sévérité conduisait les juges à appliquer la même solution lorsque l'assuré avait correctement déclaré sa caravane mais l'avait ensuite remplacée par une autre, d'un poids total en charge supérieur à celui de la précédente (Civ. 1re, 10 juin 1981, RGAT 1982. 91). La fermeté des juridictions ne se démentira pas, et la Cour de cassation continue à délivrer les assureurs de leur garantie pour des accidents impliquant des remorques de 800 kg, excédant le seuil autrefois fixé par décret de 750 kg, pour les affaires qu'elle juge sous l'empire de l'ancienne réglementation, toujours applicable selon la date des faits jugés (Civ. 1re, 19 déc. 2000, Juris-Data n° 007602). Plus récemment, il a été jugé que l'adjonction à un véhicule terrestre à moteur d'une remorque dont les caractéristiques n'entrent pas dans les prévisions de la police constitue une aggravation du risque couvert par le contrat garantissant ce véhicule, qui ne peut être sanctionnée que par la réduction de l'indemnité (Civ. 1re, 23 mars 2004, RGDA 2004. 426, note J. Landel). De même, dénature les termes clairs et précis du contrat d'assurance la cour d'appel qui décide qu'une remorque n'est pas assurée si elle est attelée à un ensemble routier ne correspondant pas aux conditions particulières qui ne faisaient aucune allusion au véhicule chargé de tracter la remorque et ne soumettaient donc pas la garantie à la condition que ce véhicule soit le véhicule de l'assuré (Civ. 1re, 23 mars 2004, RGDA 2004. 426, note J. Landel).

§ 2 ▪ Modération d'une rigueur

A ▪ Article R. 211-4 du Code des assurances

2356. Depuis 1993, l'article R. 211-4 du Code des assurances impose aux assureurs de préciser dans leurs contrats les caractéristiques des remorques qui ne constitueront pas « une aggravation du risque » du véhicule tracteur. Il s'agit d'une position destinée à assouplir la rigueur qui régnait autrefois pour éviter une brutale « non assurance » de l'ensemble routier. Chaque assureur se trouve ainsi invité à proposer dans son contrat les caractéristiques techniques des remorques tractables, souvent énoncées en terme de poids total, et ne peut dès lors opposer à son assuré qu'une réduction de l'indemnité versée à la victime ou la nullité du contrat en cas de mauvaise foi s'il s'avère que la remorque dépasse le poids autorisé. On considère en quelque sorte que l'accord de l'assureur est donné « une fois pour toutes » lors de la conclusion du contrat, pour tout type de remorque n'excédant pas un poids défini dans les conditions générales de la police.

2357. Ainsi tel assureur indiquera que « toute adjonction d'une remorque ou caravane de plus de 750 kg constitue une aggravation du risque que vous devez immédiatement nous signaler ». Son assuré saura alors qu'il peut tracter « n'importe quelle remorque » dans la mesure où son poids n'excède pas 750 kg. Telle autre compagnie d'assurance déclare dans ses conditions générales que « les remorques dont le pois total autorisé en charge est inférieur à 1 750 kg ne constituent pas une aggravation du risque ». Il devient donc nécessaire à l'assuré de consulter son propre contrat pour s'informer de la politique précise de son assureur en la matière. Et si l'assureur n'énonce aucune caractéristique particulière dans son contrat, il devra garantir toutes les remorques mais conserve le droit d'appliquer une règle proportionnelle à son assuré (Civ. 1re, 9 nov. 1999, RGDA 2000. 102).

2358. Ces nouvelles règles, issues de l'article R. 211-4 du Code des assurances et interprétées par la jurisprudence ont partiellement pour effet de contourner l'obligation d'assurer les remorques et semi-remorques, telle qu'elle est fixée par l'article L. 211-1 du Code des assurances puisqu'une remorque non assurée se trouve garantie sans avoir à être déclarée jusqu'à un certain seuil et au delà, ce n'est qu'une réduction de l'indemnité que peut encourir l'assuré. Mais l'on insistera jamais assez sur la nécessité de déclarer ces remorques sous peine d'encourir la sanction de la nullité du contrat en cas de mauvaise foi (C. assur., art. L. 113-8).

B ▪ Notion d'aggravation du risque

2359. Il faut rappeler ici que l'aggravation de risque est un mécanisme juridique qui permet à l'assureur de résilier le contrat ou de proposer à l'assuré une prime majorée si la circonstance aggravante, en l'occurrence la remorque, est découverte avant tout sinistre ou de réduire l'indemnité versée si elle est découverte après sinistre (C. assur., L. 113-9). Si l'assuré circule avec une remorque dont le poids est supérieur à celui défini contractuellement (par ex. 750 kg) l'assureur indemnisera totalement les tiers en cas de dommage mais pourra réclamer à son assuré le remboursement d'une part de l'indemnité qu'il lui a versée en application d'une règle proportionnelle calculée au prorata de la cotisation d'assurance qui aurait du être payée si la remorque avait été déclarée. Il semble alors que la réduction de l'indemnité soit la seule sanction possible en cas de bonne foi de l'assuré (Crim., 7 déc. 1999, RGDA 2000. 102) tandis que la mauvaise foi continue d'entraîner la nullité du contrat par application de l'article L. 113-8 du Code des assurances. La convention dite « IRSA » (Indemnisation directe de l'assuré et de Recours entre Sociétés d'Assurance), conclue entre assureurs, prévoit aujourd'hui le cas d'un conflit – et non d'un cumul – d'assurances lorsque la compagnie garantissant le véhicule tracteur est distincte de celle garantissant la remorque : les dommages-intérêts versés aux victimes se trouvent répartis entre eux selon le poids de la remorque et sans tenir compte du rôle joué par chaque élément de l'attelage dans la survenance de l'accident (Conv. IRSA, art. 2.5).

Sous-section 2 ▪ Remorquage occasionnel

§ 1 ▪ Position du problème

2360. Il s'agit là de l'hypothèse classique du véhicule tombé en panne et qui se trouve remorqué par un autre véhicule. Ce type de dépannage « non professionnel » s'effectue d'ailleurs souvent à l'aide d'un attelage de fortune. Les incidents posés par ces remorquages occasionnels ont conduit les assureurs à inclure dans leurs polices une clause garantissant l'assuré pour ce type d'activité, mais il ne s'agit nullement d'une généralité, chaque compagnie d'assurances restant libre d'apprécier ce risque et de fixer sa propre politique en ce domaine. L'article R. 317-21 du Code de la route prévoit que le remorquage nécessite des véhicules spéciaux. Un arrêté définit les caractéristiques techniques auxquelles doivent répondre les véhicules spécialisés dans les opérations de remorquage ainsi que leurs conditions de circulation.

§ 2 ▪ Amorce de solution

2361. Il est possible de se demander si le véhicule remorqué ne devient pas une « remorque » à part entière et s'il faut lui appliquer les dispositions de l'article R. 211-4 du Code des assurances concernant les remorques ? Un arrêt rendu en 1980 par la Cour de cassation considérait qu'il y avait là un cas de non-assurance global par modification du risque, mais il s'agissait à cette époque de l'application classique de la position de la Cour concernant les remorques (Civ. 2e, 19 nov. 1980, Gaz. Pal. 81, Pan. 91). La convention IRSA conclue entre assureurs, non opposable aux assurés, précise en son article 2.5.3 que tous les accidents survenus à l'occasion du remorquage d'un véhicule à titre gratuit ou onéreux sont gérés selon les règles du droit commun.

2362. Un accident se produit le 10 mars 1985 impliquant trois véhicules dont l'un B constituait la remorque de l'autre A. La collision se produit entre le véhicule remorqué B et le véhicule d'un tiers C. Le contrat d'assurance du véhicule tracteur A contenait une clause d'exclusion en cas « de remorquage d'un autre véhicule » si bien que l'assureur du véhicule tracteur ne doit pas sa garantie selon le tribunal saisi. La Cour de cassation jugera que l'assureur du véhicule remorqué B, impliqué dans l'accident, doit garantir le dommage des victimes (passagers de C) par le jeu de l'obligation d'assurance de l'article L. 211-1 du Code (Civ. 1re, 16 juill. 1991, Bull. civ. I, n° 242). Le Code des assurances définit aujourd'hui précisément les exclusions autorisées aux assureurs, si bien que la Cour de cassation considère aujourd'hui qu'il y a là une exclusion de garantie non prévue par le Code, donc interdite (Crim., 31 mars 1998, RGDA 1998. 722).

Section 3 ▪ Mise en circulation du véhicule

Sous-section 1 ▪ Concept de « circulation » du véhicule

§ 1 ▪ En droit des assurances

2363. L'article L. 211-1 du Code des assurances précise que l'obligation d'assurer le véhicule ne concerne que celui qui « circule », elle n'est nécessaire que pour « faire circuler » des véhicules. La question essentielle est évidemment la suivante : dans quelles situations le véhicule pourra-t-il être considéré comme étant « en circulation » et donc assujetti à l'obligation d'assurance ? La circulation du véhicule n'est pas une notion dynamique laissant supposer que le moteur doit être en fonctionnement et le conducteur aux commandes pour que celui-ci soit considéré comme étant « en circulation ». Le concept de circulation au sens des textes doit être compris à la fois comme la circulation active du véhicule supposant un mouvement et un fonctionnement du moteur ou des arrêts momentanés sur une voie publique ou privée, notamment pour y effectuer un chargement ou un déchargement, mais aussi toutes les hypothèses de circulation passive du véhicule par lesquelles celui-ci se trouve en stationnement sur une voie privée ou publique, même pendant une longue période. On peut en revanche considérer qu'un véhicule entreposé dans en endroit privé et clos, où l'on ne peut accéder, tel un garage, n'est pas en circulation, et échappe ainsi à l'obligation d'assurance.

2364. Depuis l'instauration de l'obligation d'assurance en 1958, la jurisprudence a constamment fait évoluer la notion de circulation vers une conception extensive, les difficultés étant essentiellement apparues avec les compétitions sportives car la loi Badinter du 5 juillet 1985 s'applique même sur les « circuits fermés » tandis que l'obligation d'assurance peut également faire l'objet d'une exclusion relative aux « courses et épreuves sportives » (Civ. 1re, 14 janv. 1992, RGAT 1992. 304, note J. Landel). Il faut ainsi considérer, si par exemple une collision se produit entre deux motocyclettes évoluant sur un terrain de motocross exploité par une association, en dehors de toute compétition sportive, que l'obligation d'assurance s'applique (Crim., 18 déc. 2001, Juris-Data n° 012476).

§ 2 ▪ Circulation administrative

2365. La notion de « circulation » en assurance automobile n'est pas nécessairement concomitante à la délivrance de la « carte grise » qui constitue simplement une pièce administrative exigée pour la circulation du véhicule au sens du Code de la route, de sorte que la notion de circulation visée par ce code n'embrasse pas nécessairement celle de l'assurance obligatoire. L'article R. 322-1 du Code de la route dispose ainsi que : « tout propriétaire d'un véhicule à moteur, d'une remorque dont le poids total autorisé en charge est supérieur à 500 kilogrammes ou d'une semi-remorque, qui souhaite le mettre en circulation pour la première fois, doit adresser au préfet du département de son domicile une demande de certificat d'immatriculation en justifiant de son identité et en déclarant son domicile ». Au terme des dispositions du Code de la route, c'est donc toujours le propriétaire qui met en circulation administrative un véhicule tandis que l'article L. 211-1 du Code des assurances fait peser l'obligation de s'assurer sur « toute personne physique ou morale autre que l'État », donc éventuellement sur une autre personne que le propriétaire. Cette personne est celle qui « fait circuler » le véhicule au sens du Code des assurances même si, en règle générale, l'assuré sera souvent le propriétaire du véhicule.

Sous-section 2 ▪ Circulation et vente amiable du véhicule

§ 1 ▪ Fondement légal

2366. Le développement du parc automobile a contribué à l'émergence d'un phénomène croissant : la vente de véhicules d'occasion. Souvent, en pratique, le vendeur ne procède qu'à un changement de son véhicule pour en acheter un autre, neuf ou d'occasion, sur lequel il souhaitera poursuivre sa relation contractuelle avec « son » assureur, c'est-à-dire l'assureur du véhicule cédé. Cette situation est réglée par l'article L. 121-11 du Code des assurances concernant « l'aliénation » du véhicule, c'est-à-dire concrètement tous les modes de transfert de propriété habituels en droit tels la vente, la cession, la donation, la dation en paiement ou l'héritage. Ainsi est-il prévu qu'en cas d'aliénation du véhicule, objet du contrat d'assurance, ledit contrat « est suspendu de plein droit à partir du lendemain de la date de la cession à 0 heure » (C. assur., L. 121-11). Il faut distinguer cette hypothèse de celle du décès du propriétaire du véhicule qui entraîne le transfert de plein droit du contrat au profit de ses héritiers et non une suspension le lendemain de la date du décès, en application de l'article L. 121-10 du Code des assurances.

A ▪ Exemple de cession

2367. Dans l'hypothèse ci-dessous présentée, l'assureur du véhicule du vendeur garantira la responsabilité de l'acheteur pour l'accident survenu le 3 janvier 2004 à 23 heures, tout comme celle des conducteurs autorisés par l'acheteur, car la garantie n'est suspendue de plein droit qu'à partir du lendemain de la date de la vente à 0 heure, c'est-à-dire le soir même à minuit. Si un accident survient après la suspension de la garantie, l'assureur ne sera pas tenu d'indemniser les victimes car il s'agit là d'une exception qui leur est opposable (V. art. R. 211-13, C. assur. qui n'interdit pas cette hypothèse). Il a ainsi été jugé que l'assureur n'est plus tenu de garantir les conséquences d'un accident de la circulation survenu le lendemain de la vente du véhicule conduit par le nouvel acquéreur, même s'il reste encore la régularisation administrative de la carte grise à effectuer (CA Paris, 17e Ch. A, 24 nov. 1987, Juris-Data n° 027707).

B ▪ Date et preuve de la vente

2368. Les juridictions saisies ont eu à connaître des difficultés relatives à la date précise de la vente dont la preuve devient un élément déterminant du mécanisme (CA Grenoble, 20 déc. 2011, n°09/04632, dans une espèce où le nouvel acquéreur ne justifie pas être devenu le propriétaire du véhicule préalablement à la conclusion du contrat d'assurance en cause, de sorte qu'il a été retenu que la vente avait eu lieu après la souscription dudit contrat et donc que ce dernier était suspendu à la date du sinistre). Il faut rappeler pour résoudre ce type de difficulté que la vente d'un véhicule demeure une vente « classique » soumise aux dispositions de l'article 1583 du Code civil, c'est-à-dire qu'elle est parfaite et valable dès qu'une rencontre de volonté s'est produite entre l'acheteur et le vendeur sur le véhicule vendu et sur son prix. La vente du véhicule n'est pas considérée ici comme la « matérialisation des formalités administratives » imposées par le Code de la route comme celle du changement d'immatriculation. Ainsi, la vente sera démontrée si l'acheteur et le vendeur ont reconnu devant les gendarmes la vente du véhicule, et que leurs déclarations ont été consignées au procès-verbal de gendarmerie (Civ. 1re, 5 nov. 1991, RGAT 1992. 99). Une vente « parfaite et valable », cela signifie également qu'elle ne doit pas être soumise à une condition suspensive préalable telle la réalisation d'un contrôle technique favorable : dans ce cas le véhicule n'est pas considéré comme vendu et l'assurance du vendeur continue de fonctionner comme s'il s'agissait du prêt d'un véhicule (Crim., 24 août 1993, RGAT 1994. 137, note J. Landel).

C ▪ Essai du véhicule

2369. La vente d'un véhicule est souvent précédée d'une phase d'essai du véhicule par le candidat acheteur. Les risques d'essais avant la vente sont couverts pour la responsabilité civile par le contrat du vendeur puisque le candidat acheteur devient un conducteur « autorisé par le propriétaire » au sens de l'obligation d'assurance (C. assur., art. L. 211-1), que celui-ci soit ou non présent dans le véhicule. Les dommages aux tiers provoqués par le candidat à l'achat sont donc toujours garantis par le contrat du vendeur. Bien souvent, une clause insérée au contrat d'assurance réglemente cet usage pour assurer également le maintien des garanties facultatives en cas d'accident.

§ 2 ▪ Maintien de la garantie

2370. L'assuré qui dispose d'un contrat le couvrant pour plusieurs véhicules continuera évidemment à bénéficier de la garantie d'assurance pour les véhicules non vendus, étant précisé que la garantie s'appliquera en faveur du nouveau propriétaire du véhicule vendu jusqu'à minuit, même si l'ancien a sollicité auprès de son assureur le transfert immédiat de son contrat sur un nouveau véhicule qu'il aurait acheté lui-même quelques heures avant la vente du véhicule précédent. Il n'est d'ailleurs pas possible de déroger aux dispositions de l'article L. 121-11 du Code des assurances lors de la vente, car ce texte est d'ordre public (C. assur., art. L. 111-2). Toutefois, le nouveau véhicule acheté doit toujours donner lieu à une nouvelle désignation auprès de l'assureur, qui émettra un avenant au contrat ou de nouvelles conditions particulières.

Chapitre 2
Événements provoqués par le véhicule

2371. L'assurance automobile est obligatoire mais pour quels événements et dans quelles circonstances précises peut-elle fonctionner ? Un accident de la circulation est souvent conçu comme un choc impliquant un ou plusieurs véhicules. Cette hypothèse, certes fréquente en pratique, n'est pas la seule situation accidentelle possible. L'accident peut bien sûr être provoqué par le comportement du conducteur, ce qui justifie l'assurance obligatoire de la responsabilité de certaines personnes mais il peut aussi être le fait d'une situation indépendante de la conduite. Il n'est plus nécessaire, comme autrefois, que les événements en cause interviennent à l'occasion de la « circulation du véhicule », cette condition qui figurait autrefois sous l'article R. 211-5 du Code des assurances a été supprimée par un décret n° 86-21 du 7 janvier 1986.

2372. La loi Badinter a élargi les événements susceptibles d'entraîner la garantie de l'assureur tout en réduisant au maximum les exclusions de garantie possibles, dans le seul but d'indemniser le plus grand nombre de victimes. Néanmoins, les « faits » garantis par l'assurance peuvent provoquer des dégâts dont l'utilité de les réparer peut apparaître controversée : il s'agit de « dommages exclus » par le Code des assurances mais qui résultent pourtant d'un événement garanti. Il s'agit donc ici d'examiner les différents événements causés par le véhicule et qui sont susceptibles d'entraîner la garantie de l'assureur, ainsi que certains dommages particuliers, directement provoqués par ces événements, mais qui ne seront pas réparés pour autant car la loi permet qu'ils ne le soient pas. Lorsque l'événement assuré intervient, l'assureur devra indemniser les victimes sans limitation de somme en ce qui concerne les dommages corporels : il s'agit là d'une disposition protectrice pour les victimes, les accidents corporels les plus graves pouvant rapidement être provisionnés par l'assureur à hauteur de 4 à 5 millions d'euros. Pour les dommages matériels, un plafond de garantie est fixé à une somme d'au moins 1 120 000 € par sinistre matériel quel que soit le nombre de victimes selon les termes de l'article R. 211-7 et A. 211-1-3 du Code des assurances. Toutefois celui-ci est sans réelle incidence car, en pratique, on sait que le marché délivre en majorité des couvertures allant de 50 à 100 millions d'euros. En revanche, il s'applique au Fonds de garantie des assurances obligatoires (C. assur., art. A. 421-1-1) et pour les sociétés d'assurance qui répondent au bureau centrale de tarification en limitant leur engagement au minimum.

Section 1 Accidents, incendies ou explosions causés par le véhicule

2373. L'obligation d'assurance s'applique, selon l'article R. 211-5 du Code des assurances, à la réparation des dommages corporels ou matériels résultant : « des accidents, incendies ou explosions causés par le véhicule, les accessoires et produits servant à son utilisation, les objets et substances qu'il transporte ; de la chute de ces accessoires, objets, substances ou produits ». L'article R. 211-5 du Code des assurances fixe l'étendue de l'obligation d'assurance qui s'applique à toute une série de dommages corporels ou matériels provoqués par des situations bien précises. Toutefois, il ne donne pas pour autant une liste limitative des événements garantis par l'assurance car il faut considérer que tout événement se rapportant directement ou indirectement au véhicule impliqué ou à ses remorques et semi-remorques, sera garanti.

Sous-section 1 ▪ Accidents légalement garantis

§ 1 ▪ Notion d'accident

2374. Indiquer que l'assurance automobile doit permettre d'indemniser des accidents peut sembler une lapalissade. Une lecture attentive de l'article R. 211-5 permet néanmoins de comprendre que l'assurance garantit des « accidents » causés par un véhicule et non pas simplement des « accidents de la circulation », ce qui constitue une nuance non négligeable. Il peut donc y avoir « accident » sans que le moteur du véhicule ne fonctionne. On pourrait dire ainsi que si tous les accidents de la circulation sont bien des « accidents » au sens du Code des assurances, tous les « accidents garantis » ne sont pas pour autant des « accidents de la circulation » au sens où le grand public les définit habituellement, c'est-à-dire comme un choc concernant au moins un véhicule. Il s'agit également d'une spécificité indépendante de l'application de la loi du 5 juillet 1985 qui elle, s'attache à réglementer l'indemnisation des victimes à l'occasion de la survenance d'un accident de la circulation, et non pas d'un accident « au sens large » même si, en pratique, cette nuance s'atténue car tous les accidents de la circulation dans lesquels un véhicule est impliqué permettront de faire fonctionner l'assurance obligatoire, si les conditions de mise en œuvre en sont réunies. Et tous les véhicules qui sont intervenus à quelque titre que ce soit dans la genèse de l'accident sont considérés dorénavant comme impliqués au sens de la loi du 5 juillet 1985 (Civ. 2e, 24 avr. 2003, Bull. civ. II, no 104).

§ 2 ▪ Accident banal du véhicule

2375. L'accident est un événement qui arrive par hasard, il est considéré comme imprévu, soudain et extérieur, c'est-à-dire essentiellement indépendant du comportement intentionnel de celui qui en est à l'origine. À chaque fois qu'un conducteur ou toute personne sera susceptible d'avoir recherché volontairement l'accident, il ne pourra s'agir d'un événement garanti par l'assurance car il n'y a plus d'aléa. C'est le cas de cambrioleurs qui dérobent un véhicule pour s'en servir comme « bélier » afin de défoncer la vitrine d'un magasin. La Cour de cassation considère qu'il ne peut s'agir d'un accident de la circulation en raison du comportement volontaire des auteurs (Civ. 2e, 7 mai 2002, RCA 2002, comm. n° 255). Cependant, il sera demandé à la famille de la victime de prouver que le décès est bien la conséquence de l'accident dans les hypothèses les plus litigieuses (Civ. 1re, 7 juill. 1998, D. 1998, IR, 205).

2376. Plus complexes sont en revanche les situations dans lesquelles il sera permis de se demander si le véhicule a participé à la réalisation du préjudice de la victime. Il a ainsi été jugé que le décès de l'automobiliste après un malaise provoqué par la discussion qui a suivi l'accident, alors qu'il en était sorti indemne, peut être lié à celui-ci : sa famille sera donc indemnisée par l'assureur du conducteur adverse (Civ. 1re, 22 janv. 1964, RGAT 1964. 491).

§ 3 ■ Accident provoqué par un accessoire ou un produit du véhicule

2377. L'article R. 211-5 du Code des assurances envisage également la garantie de l'assureur pour les accidents provoqués par un accessoire ou un produit servant à l'utilisation du véhicule, par des objets ou des substances qu'il transporte, ou par les dégâts que provoque la chute de l'ensemble de ces éléments. Il s'agit ici de garantir les conséquences de tout produit, qu'il soit solide, liquide ou gazeux, provenant du véhicule assuré : il peut s'agir d'un produit nécessaire au fonctionnement du véhicule, souvent lié à l'utilisation du moteur, ou d'une pièce qui se détache de l'automobile (pot d'échappement, antenne d'autoradios, galerie, bâche, pare-chocs, poignée de portière, etc.). En revanche, les substances ou objets transportées par le véhicule devront avoir été chargées volontairement dans celui-ci (Civ. 1re, 15 janv. 1980, D. 1981, IR, 173, obs. Cl. -J. Berr et H. Groutel), ce qui exclut la boue rejetée par les roues.

2378. Le 25 juillet 1991, à l'occasion du chargement d'une cargaison de farine sur un navire se produit un accident particulier : un raccord des tuyaux flexibles utilisés pour ravitailler le navire en carburant s'est rompu et le carburant répandu endommage alors le navire et sa cargaison. La Cour de cassation considère que cet accident relève bien du champ d'application de l'obligation d'assurance puisqu'un « accessoire » du camion citerne se trouve en cause dans cette affaire, indépendamment de toute notion d'accident de la circulation (Civ. 1re, 10 juin 1997, Bull. civ. I, n° 190). Il en va de même pour la victime blessée par une palette chargée, tombée du hayon situé à l'arrière d'un camion. Cet accessoire est étranger à la fonction de déplacement du véhicule terrestre à moteur, il s'agit néanmoins d'un accessoire dudit véhicule dont la manipulation est à l'origine du dommage (CA Douai, 8 déc. 2011, n° 09/05258). D'une manière générale, la jurisprudence distingue l'accident dû à « une faute de l'être humain » de celui provoqué par la manœuvre du véhicule ou la manipulation de l'un de ses accessoires sans rapport avec sa fonction de déplacement ; le premier relève de l'assurance de responsabilité générale et le second de l'assurance automobile. Par exemple, la destruction de plants de bruyère provoquée par la projection d'un liquide désherbant au moyen d'un pulvérisateur attelé à un tracteur en mouvement ne relève pas de l'assurance automobile, car c'est la « faute de l'homme » qui est en cause (le pulvérisateur aurait dû contenir de l'eau) et non une défectuosité du matériel roulant (Civ. 1re, 9 déc. 1992, Bull. civ. I, n° 305). Cette position est confirmée pour les blessures d'un spectateur d'une épreuve sportive tombé d'une nacelle improvisée, placée sur la fourche d'un chariot élévateur, qui se trouvait stationné à l'arrêt (Civ. 1re, 8 juill. 2003, Bull. civ. I, n° 160).

Sous-section 2 ■ Incendie ou explosion du véhicule

§ 1 ■ Objet de la garantie incendie ou explosion

2379. Ce sont des événements obligatoirement garantis par l'assurance. Il s'agit ici de la garantie accordée aux victimes par l'assureur suite à un incendie ou à une explosion du véhicule ou de ses accessoires, qu'il ne faut pas confondre avec la garantie facultative et contractuelle « d'incendie » dont peut bénéficier l'assuré pour son propre dommage, qui peut jouer indépendamment de l'assurance obligatoire ou fonctionner de concert avec elle. En pratique, l'explosion est souvent la conséquence d'un incendie mais il peut y avoir incendie sans forcément explosion. La garantie s'appliquera quelle que soit l'origine de l'événement qui peut être simplement d'origine mécanique (électrique, électronique ou simplement « moteur »), sur un véhicule en stationnement ou en mouvement.

§ 2 ▪ Limites de la garantie

2380. L'incendie criminel peut permettre un recours de l'assureur contre l'auteur des faits, la garantie s'appliquera en cas de blessures aux tiers car l'article R. 211-5 du Code des assurances ne distingue pas selon l'origine du sinistre. Cette hypothèse concerne souvent l'incendie volontaire du véhicule par escroquerie à l'assurance, lorsqu'il y a des blessés. Bien sûr, le propriétaire du véhicule ne sera pas indemnisé des dommages subis en cas d'incendie criminel s'il en est l'auteur, le coauteur ou le complice, car il n'y a plus alors l'aléa nécessaire à tout contrat d'assurance. On pourra considérer en revanche, selon les cas, que si l'incendiaire a souhaité la destruction de son véhicule, il n'aura pas nécessairement souhaité blesser des victimes par la réalisation de son acte, de sorte que la victime sera indemnisée par l'assurance obligatoire en cette hypothèse. Il s'agit là de l'application des règles relatives à la faute intentionnelle de l'assuré (C. assur., art. L. 113-1). Cette faute intentionnelle suppose la volonté de créer le dommage consécutif à l'accident, « tel qu'il est survenu » (Civ. 2e, 18 mars 2004, D. 2004, IR, 1065 ; Civ. 1re, 6 avr. 2004, D. 2004, IR, 1426).

Section 2 ▪ « Trous de garantie » de l'assurance obligatoire

Sous-section 1 ▪ Conséquences non assurées de l'événement légalement garanti

2381. L'article R. 211-8 du Code des assurances énonce une série d'hypothèses dans lesquelles le dommage subi ne sera pas garanti alors même qu'il peut provenir d'un événement légalement garanti, telle la chute d'un accessoire du véhicule par exemple. Certaines ont trait à la personne humaine et d'autres à l'engin que constitue le véhicule : il s'agit ainsi pour ce dernier cas des dommages causés notamment par des produits particulièrement dangereux, de nature nucléaire notamment, mais cela ne se justifie que par l'existence d'une assurance spécifique garantissant les professionnels qui manipulent et transportent ces produits.

§ 1 ▪ Biens loués ou confiés au conducteur

2382. Cette exclusion relative aux « dommages atteignant les immeubles, choses ou animaux loués ou confiés au conducteur à n'importe quel titre » est visée au 4° de l'article R. 211-8 du Code des assurances. Cette disposition a essentiellement vocation à exclure le dommage matériel subi par le propriétaire du véhicule lorsque celui-ci est confié à une autre personne, et complète ainsi les dispositions de l'article 5 alinéa 2 de la loi du 5 juillet 1985. En l'absence de ces textes, le propriétaire du véhicule pourrait se prétendre lui même lésé en cas de destruction de son véhicule, qu'il aurait confié au conducteur responsable. Cette protection est toutefois accordée au propriétaire par le jeu des garanties facultatives, telle la « tous risques » mais non par l'assurance obligatoire.

2383. Cette clause a aussi pour objet d'exclure la réparation des dommages atteignant le garage ou le box loué au conducteur, qui sera souvent propriétaire du véhicule, lorsqu'il se trouve endommagé par incendie ou accident ; il s'agit alors d'un « immeuble » loué au conducteur : on veut éviter ainsi l'indemnisation du propriétaire d'un pavillon par l'assureur automobile en cas de choc avec le véhicule. La formule « à n'importe quel titre » signifie qu'il peut s'agir d'un prêt, d'une location ou de tout acte n'ayant pas vocation à transférer la propriété des biens concernés, ce qui exclut la vente ou la donation. Rien n'interdit toutefois aux assureurs d'accorder une extension de garantie facultative pour couvrir certains de ces dommages, comme ceux affectant le garage ou le box. Il s'agit donc d'une exclusion légale « rachetable ».

§ 2 ■ Dommages causés aux marchandises et objets transportés

2384. Cette disposition de l'article R. 211-8 du Code des assurances permet à l'assureur de ne pas s'engager sur des coûts de sinistre qu'il ne pourrait maîtriser lors de la conclusion du contrat si l'assuré transporte dans son véhicule des objets de grande valeur, ce qui l'exposerait à une indemnisation importante (bijoux, matériel informatique haut de gamme, objets d'art…). On considère que de tels dommages relèvent davantage des assurances facultatives. Ce n'est pas le cas en revanche des « vêtements endommagés » des passagers et de l'appareillage médical, en cas d'accident corporel uniquement, lesquels sont toujours garantis selon les textes (L. 5 juill. 1985, art. 5).

Sous-section 2 ■ Clauses d'exclusion relatives au véhicule assuré

§ 1 ■ Définition de la clause d'exclusion

2385. Le contrat d'assurance automobile est un contrat « réglementé », ce qui signifie que la partie réglementaire du Code des assurances définit précisément les exclusions que les assureurs peuvent insérer dans leurs polices : il s'agit des seules clauses possibles et toute autre clause non prévue par les textes serait déclarée nulle comme le décide habituellement la jurisprudence. La réforme Badinter de 1985 a modifié le droit applicable en matière d'exclusions pour en réduire le nombre. Néanmoins, il ne s'agit que des exclusions de la garantie de la responsabilité civile de l'assuré bien évidemment, l'assureur reste libre de fixer les clauses d'exclusion qu'il désire pour les garanties de dommages au véhicule, qui demeurent facultatives. Parmi ces clauses d'exclusion, certaines concernent le comportement de l'assuré ou les documents nécessaires à la conduite, d'autres sont relatives plus précisément aux dommages que cause le véhicule lors de sa circulation, du fait de ses conditions de transport, de son utilisation atypique ou des choses qu'il contient.

A ■ Respect du formalisme

2386. La clause d'exclusion se justifie alors par l'augmentation de la probabilité de survenance du risque que de telles conditions provoquent, raison pour laquelle le Code des assurances l'autorise alors. Avant d'en aborder l'étude, il convient de ne pas perdre de vue que pour être autorisées, ces clauses d'exclusion n'en demeurent pas moins soumises au régime habituel des clauses d'exclusion des assurances : elles devront être notamment formelles et limitées, rédigées en caractères très apparents, c'est-à-dire, en caractère gras par rapport au reste du texte, et l'on serait tenté de dire « rédigées tout simplement ». En effet, un assureur ne pourrait invoquer une clause d'exclusion autorisée par le Code qu'il n'aurait pas lui-même réinsérée dans les propres conditions générales de son contrat.

B ▪ Opposabilité de l'exclusion

2387. La pratique démontre que toutes ces clauses autorisées par le Code des assurances se retrouvent dans tous les contrats des assureurs car il est de leur intérêt de les y faire figurer. La présence d'une clause d'exclusion doit également conduire systématiquement à se poser la question de l'opposabilité aux victimes car les textes privilégient le droit des victimes au détriment de la communauté des assurés que représente l'assureur, si bien qu'aujourd'hui, de très nombreuses exclusions autorisées ne sont plus opposables aux victimes (C. assur., art. R. 211-13). Cependant, si la clause d'exclusion « n'existe pas » à l'égard des victimes, elle continue d'exister toutefois à l'égard de l'assuré auprès duquel l'assureur pourra théoriquement se faire rembourser après avoir procédé au paiement intégral des dommages et intérêts à la victime. C'est la raison pour laquelle les clauses d'exclusion ne doivent pas être négligées car elles peuvent se révéler dramatiques pour le patrimoine de l'assuré qui perd en quelque sorte le bénéfice de la garantie puisqu'il se trouve lui-même tenu de rembourser son assureur. Cette possibilité sauve la philosophie du système faute de quoi l'assureur deviendrait une simple caution. Il faut distinguer également les exclusions classiques communes à toutes les assurances de responsabilité civile et de dommages et celles qui sont propres à l'assurance de responsabilité civile automobile, spécialement issues de la loi Badinter du 5 juillet 1985.

§ 2 ▪ Circonstances systématiquement exclues

2388. L'article L. 211-1 du Code des assurances a vocation à garantir la responsabilité civile de l'assuré du fait de son véhicule, parce qu'il risque de provoquer un dommage à une victime. Les dommages subis par le véhicule assuré ne peuvent donc pas être indemnisés par l'assurance automobile obligatoire de ce véhicule car l'assuré ne peut être responsable du dommage qu'il s'est causé à lui-même en vertu d'un principe fondamental : on ne peut être responsable envers soi-même. Ainsi, en sa qualité de conducteur, le souscripteur du contrat ne peut obtenir, de son propre assureur, la réparation des préjudices qu'il a personnellement subis directement ou par ricochet (Civ. 2e, 3 nov. 2011, n° 10-27.041, Resp. civ. et assur. 2012, comm. 45). Il en résulte bien évidemment que les règles du contrat continuent de s'appliquer aussi bien pour le véhicule objet de l'assurance que pour les véhicules et les biens de la victime, même si les conventions existant entre les assureurs, notamment la convention IRSA, ont pour effet de modifier sensiblement ce droit, l'État lui-même, qui est son propre assureur pour ses véhicules, ayant adhéré à ces conventions. Le législateur a voulu imposer à l'assuré le respect de conditions de sécurité du transport minimales, qui touchent aussi bien à la sécurité des passagers transportés dans le véhicule qu'aux matières dangereuses qui peuvent s'y trouver. Le non-respect de ces règles élémentaires entraînera alors l'absence de garantie du responsable de l'accident.

A ▪ Sécurité insuffisante des passagers

2389. L'article R. 211-10 du Code des assurances autorise les assureurs à insérer dans leurs contrats une clause d'exclusion pour les dommages subis par les personnes transportées dans le véhicule, c'est-à-dire les passagers, lorsque le transport n'est pas effectué dans les « conditions suffisantes de sécurité » définies à l'article A. 211-3 du Code des assurances. Il est admis aujourd'hui pour les voitures de tourisme, les taxis, les autobus et les camions que la sécurité est suffisante lorsque les personnes sont transportées à l'intérieur du véhicule, le nombre de places possibles indiquées sur la carte grise et préconisées par le constructeur est sans influence sur cette appréciation. De même, le port ou l'absence de la ceinture de sécurité est indifférent. La règle vaut également pour les remorques et semi-remorques qui doivent être conçues pour transporter des personnes. Pour les véhicules à deux roues tels que les motos, la sécurité est suffisante si un seul passager seulement est transporté avec le conducteur, un troisième est possible s'il s'agit uniquement d'un tandem.

2390. Définie par le Code des assurances, la sécurité se distingue de celle imposée par le Code de la route. Concernant par exemple l'usage des motos, l'article R. 431-5 du Code de la route précise que « sur les motocyclettes, tricycles et quadricycles à moteur, cyclomoteurs et cycles, le transport de passagers n'est autorisé que sur un siège fixé au véhicule, différent de celui du conducteur ». Au sens de la clause d'exclusion de l'assurance automobile obligatoire, la sécurité sera considérée comme suffisante même si le passager n'est pas transporté sur un siège réglementaire défini par le Code de la route, seul compte le fait qu'il n'y ait qu'un seul passager en sus du conducteur de la moto. Peu importe également que le siège du passager de la moto ne « soit pas muni d'une courroie d'attache, d'au moins une poignée et de deux repose-pied », condition posée par le Code de la route (art. R. 431-11).

2391. L'article A. 211-3 du Code des assurances définit pour les autres types de véhicule les conditions suffisantes de sécurité, en ces termes : « en ce qui concerne les véhicules utilitaires, lorsque les personnes transportées ont pris place, soit à l'intérieur de la cabine, soit sur un plateau muni de ridelles, soit à l'intérieur d'une carrosserie fermée et lorsque leur nombre n'excède pas huit en sus du conducteur ; en outre, le nombre des personnes transportées hors de la cabine ne doit pas excéder cinq. Pour l'application des précédentes dispositions, les enfants de moins de dix ans ne comptent que pour moitié ; en ce qui concerne les tracteurs n'entrant pas dans la catégorie b, lorsque le nombre des personnes transportées ne dépasse pas celui des places prévues par le constructeur ; en outre, lorsque le véhicule est muni d'un side-car, le nombre des personnes transportées dans celui-ci ne doit pas dépasser celui des places prévues par le constructeur ; la présence d'un enfant de moins de cinq ans, accompagné d'un adulte, n'implique pas le dépassement de cette limite ».

B ▪ Participation à une épreuve sportive

2392. Le Code des assurances déclare valable les clauses d'exclusion lorsque l'accident du véhicule survient « au cours d'épreuves, courses, compétitions ou leurs essais, soumis par la réglementation en vigueur à l'autorisation préalable des pouvoirs publics » (C. assur., R. 211-11 4°). Cette exclusion, qui n'est pas opposable aux victimes, se justifie évidemment par l'aggravation du risque que provoque l'utilisation d'un véhicule dans le cadre d'une course sportive puisque la vitesse notamment y joue un rôle prépondérant. Il ne faut pas y voir cependant la volonté de « lutter contre les épreuves sportives » en matière automobile mais plutôt le règlement d'un conflit potentiel d'assurances pouvant survenir avec l'organisateur de celles-ci car l'autorisation préalable des pouvoirs publics est toujours subordonnée à la justification de l'existence d'une garantie d'assurance de l'organisateur. Rien n'interdit également à un assureur d'accorder une extension contractuelle de garantie à son assuré pour ces événements. On relèvera, à ce propos, que la Cour de cassation a abandonné la théorie des risques acceptés dans la pratique sportive en retenant le principe de la responsabilité sans faute définie à l'article 1384 du Code civil (Civ. 2e, 4 nov. 2010, n° 09-65.947). Pour le sport automobile ou la moto, cette décision a pour effet de mettre en péril la pratique de ces activités car les fédérations, soumises à une obligation d'assurance, pour les dommages résultant d'un accident survenu en compétition, peuvent se trouver dans l'incapacité de supporter le coût de la hausse des primes d'assurances en découlant. C'est pourquoi, il a été proposé d'amender l'article L 321-3 du Code du sport visant à écarter la responsabilité sans faute du fait des choses pour les dommages matériels (proposition de loi n° 4197, JOAN, 24 janv. 2012).

2393. Une course poursuite entre deux véhicules sur une route nationale, par jeu imprudent, peut-elle entraîner l'exclusion de la garantie sur ce fondement ? Le texte de l'article R. 211-11 ne vise que les dommages survenant au cours d'un acte sportif soumis à une autorisation préalable des pouvoirs publics de sorte que cette exclusion ne peut être invoquée contre deux automobilistes impliqués dans un accident, même s'il est démontré que ceux-ci « faisaient la course ». En revanche, l'accident pourrait ne pas être considéré comme un véritable « accident de la circulation » selon la loi du 5 juillet 1985 si un fait volontaire se trouve à l'origine du choc. Il n'existe toutefois pas de jurisprudence significative sur ce point précis à ce jour.

§ 3 ▪ Choses transportées dans le véhicule

A ▪ Sources de rayonnements ionisants

2394. Il s'agit là de l'une des exclusions classiques définies à l'article R. 211-11 du Code des assurances dont l'objet est de soumettre à une obligation d'assurance spéciale les véhicules industriels lorsqu'ils transportent des produits dont la détention est réglementée par ailleurs. Cette exclusion, que l'on retrouve dans tous les contrats, n'a aucune portée pratique pour l'immense majorité des véhicules en circulation.

B ▪ Transport de produits dangereux

2395. L'hypothèse envisagée ici est celle d'un accident causé par un véhicule qui transporterait « des matières inflammables, explosives, corrosives ou comburantes ». Le Code des assurances autorise les assureurs à insérer dans leurs contrats une clause d'exclusion de garantie en pareille hypothèse, que l'on retrouve en pratique dans tous les contrats. Il faut néanmoins que ces produits dangereux aient contribué à provoquer ou aggraver l'accident pour que la clause puisse fonctionner. Ce sera, par exemple, l'hypothèse d'un accident ayant déclenché l'embrasement du véhicule, lui-même considérablement aggravé par la présence d'un produit inflammable se trouvant dans le coffre. Pour conserver la cohérence de l'exclusion, le Code des assurances exclut de la liste des produits considérés comme dangereux le carburant nécessaire au moteur ainsi que certains produits comparables à l'huile ou aux essences minérales ne dépassant pas 500 kg ou 600 litres.

Chapitre 3
Protection facultative du véhicule

2396. Les progrès technologiques réalisés, s'ils permettent chaque jour d'accroître le confort de conduite de l'usager, ne rendent que plus coûteux l'achat du véhicule pour lequel nombre d'utilisateurs ont recours au crédit. L'endommagement du véhicule mal assuré peut ainsi conduire son propriétaire à assumer la poursuite du remboursement d'un crédit alors qu'il se trouvera privé de l'objet qui en avait été la raison. Or, seule l'assurance de responsabilité civile est obligatoire car on ne peut obliger en droit le propriétaire d'une chose à l'assurer, à de rares exceptions près. Néanmoins, l'obligation légale ne peut suffire à elle seule à garantir l'automobiliste contre tous les aléas de la circulation qui peuvent survenir sans que la responsabilité de quiconque soit engagée, et qui augmentent d'autant plus que le parc automobile se développe : les garanties complémentaires facultatives permettent ainsi de répondre efficacement à tous ces aléas qui se trouvent « hors la loi ». Par exemple, la loi du 5 juillet 1985, qui réglemente l'indemnisation des victimes, prévoit en son article 5 alinéa 2 que la faute du conducteur peut être invoquée à l'encontre du propriétaire de l'automobile qui chercherait à obtenir la réparation des dommages subis par son véhicule en s'adressant directement à l'assureur de la responsabilité obligatoire. Cette règle justifie d'autant la souscription de garanties facultatives pour les dommages subis par le véhicule.

2397. Sous l'effet de la concurrence économique, et parce qu'ils ont bien compris cette dimension essentielle, les assureurs proposent aujourd'hui de véritables « packs crédits » destinés à financer l'achat du véhicule, ce qui constitue un service annexe « étranger » au métier de l'assureur. La tendance consiste à offrir aux clients des packs complets de garantie qui limitent la liberté contractuelle du client qui ne peut plus comme auparavant « panacher » ses garanties mais sera obligé d'adhérer à l'une des trois ou quatre grandes formules proposées par l'assureur, chaque formule regroupant une variété de garanties.

Section 1 Agencement des garanties facultatives

Sous-section 1 Offres « à la formule »

2398. Les assureurs proposent essentiellement deux types de couverture en assurance de dommages : la garantie « tierce collision » couvre les dommages résultant d'un accident survenu avec un tiers identifié, souvent conducteur d'un véhicule, mais qui peut être aussi un animal si son propriétaire est identifié. La garantie « dommages tous accidents », plus complète, garantit tous les accidents y compris lorsque le conducteur est seul en cause comme la chute du véhicule dans un ravin ou le choc contre un platane. La seconde formule a tendance à monopoliser le marché pour des raisons concurrentielles évidentes : moyennant une franchise à la charge de l'assuré en cas d'accident responsable ou sans tiers identifié, celui-ci se trouve couvert dans de nombreux cas y compris lorsqu'il est seul en cause. On peut résumer l'offre faite aux consommateurs en trois grandes catégories, étant précisé que chaque assureur définit sa propre politique et qu'il n'y a pas de « règle absolue » en la matière concernant l'agencement de ces différentes garanties.

2399. L'assuré devrait pouvoir ne souscrire que la garantie de responsabilité civile obligatoire auprès d'un assureur s'il ne souhaite pas bénéficier d'une couverture complémentaire. Toutefois, le marché est aujourd'hui organisé de manière à limiter les possibilités de choix du consommateur car la garantie obligatoire de la responsabilité civile se trouve presque systématiquement incluse dans une « formule minimum » qui comprend également des garanties facultatives.

§ 1 ▪ Formules « minimum »

2400. Elles comprennent la responsabilité civile obligatoire, la protection juridique et, de plus en plus, la garantie du conducteur dont l'objet est d'accorder à celui-ci des indemnités en cas de blessures s'il est le seul responsable de l'accident. C'est un peu la formule destinée à la « clientèle sociale » de l'assureur pour des véhicules anciens à faible valeur et à risque de vol peu élevé et pour une cotisation d'assurance attractive au regard des autres formules.

§ 2 ▪ Formules « médianes »

2401. Elles se composent du bloc de garanties de base (RC, protection juridique et garantie du conducteur) auxquelles s'ajoutent souvent le vol, l'incendie et le bris de glaces. Pour caricaturer un peu, on pourrait dire que c'est la formule réservée au véhicule « qui n'est plus neuf sans être vieux ».

§ 3 ▪ Formules « intégrales »

2402. Elles résultent de l'addition des deux précédentes formules auxquelles s'ajoutent la garantie des dommages subis par le véhicule si le conducteur est responsable et l'assistance. Ce dernier type de formule est connue du grand public sous le vocable « tous risques », qui ne signifie pas pour autant que tous les événements susceptibles de se produire sont nécessairement garantis. Par exemple, le sinistre d'inondation d'un véhicule, qui ne résulte pas d'une catastrophe naturelle définie par arrêté interministériel pris en application de l'article L. 121-5 du Code des assurances, ne sera pas indemnisé même si le véhicule est garanti en formule « tous risques ». Ce fut le cas, ces dernières années, pour quelques crues de rivières n'ayant pas donné lieu pour autant à arrêté interministériel, condition nécessaire à la constatation de l'état de catastrophe naturelle ouvrant droit au bénéfice de la garantie obligatoire des catastrophes naturelles. De même, la garantie « tous risques » n'interdit évidemment pas à l'assureur d'invoquer une franchise ou une clause d'exclusion. Il en résulte une incompréhension traditionnelle de l'assuré qui se croit victime « d'une escroquerie » alors qu'il a payé une garantie « tous risques ».

Sous-section 2 ▪ Droit commun du contrat d'assurance

2403. Si l'assurance obligatoire de la responsabilité civile a créé un corps de règles dérogatoires interdisant par exemple à l'assureur d'opposer certaines exclusions de garantie aux victimes, cette réglementation spécifique ne s'applique plus concernant les garanties facultatives du véhicule pour lesquelles le contrat d'assurance reprend alors un rôle primordial par le jeu de la liberté contractuelle : les clauses d'exclusion des garanties facultatives seront donc opposables à l'assuré comme aux tiers.

2404. Le problème juridique majeur posé par les garanties facultatives consiste souvent à savoir si une « circonstance » énoncée au contrat doit être regardée comme une exclusion de risque ou si, au contraire, elle participe de la définition même de la garantie. Par exemple, si l'assureur garantit le « vol du véhicule avec effraction », faudra-t-il considérer que l'effraction est une circonstance qui exclut la garantie si elle ne se produit pas ou inversement, qui subordonne son application lorsqu'elle survient ?

§ 1 ▪ Enjeux de forme

2405. Les enjeux se situent essentiellement sur le plan du formalisme et de la preuve : formalisme d'abord car l'exclusion de risque doit revêtir certaines conditions de forme et de fond pour être valable, ce qui n'est pas le cas de la définition de la garantie ; l'exclusion doit ainsi être « formelle et limitée » (C. assur., art. L. 113-1) et rédigée en caractères très apparents (C. assur., art. L. 112-4), définis concrètement comme des « caractères gras » dans le texte.

2406. La Cour de cassation a jugé notamment que les règles de validité des clauses d'exclusion fixées par l'article L. 113-1 du Code des assurances ne sont pas applicables aux clauses qui définissent simplement la garantie (Civ. 1re, 12 mai 1993, RCA 1993, comm. n° 277). De même, le formalisme de l'article L. 112-4 du Code civil qui impose la rédaction des clauses d'exclusion en caractères très apparents ne s'applique pas à la simple définition de la garantie (Civ. 1re, 11 déc. 1990, RCA 1991, comm. n° 70).

2407. Application pratique : une dame Y a souscrit un contrat d'assurance auprès d'une compagnie prévoyant une assurance facultative des dommages subis par le véhicule. L'assureur oppose un refus de garantie au motif qu'au moment de l'accident son époux, qui conduisait le véhicule, se trouvait sous l'emprise de l'alcool. La compagnie d'assurances invoque alors une clause d'exclusion concernant la garantie facultative de dommages au véhicule qui exclut la réparation « du dommage subi par le véhicule en cas d'imprégnation alcoolique du conducteur ». La Cour de cassation juge alors au visa de l'article L. 113-1 du Code des assurances que la clause n'est pas formelle et limitée au sens de ce texte car « elle ne met pas l'assuré en mesure de connaître exactement l'étendue de ses droits à garantie » (Civ. 1re, 9 déc. 1997, Bull. civ. I, n° 352). La Cour a considéré en quelque sorte que l'assureur pouvait améliorer la définition de son exclusion en faisant référence, par exemple, au taux d'alcool au-delà duquel l'exclusion s'appliquerait : n'oublions pas que les assureurs sont libres de déterminer l'étendue de leurs clauses d'exclusion, la simple référence « au taux d'alcoolémie » dans un contrat ne signifie pas implicitement que le taux visé est nécessairement celui prévu par le Code de la route pour la répression pénale de la conduite en état d'ivresse.

§ 2 ▪ Enjeux de preuve

2408. L'assuré devra prouver que les conditions de définition de la garantie sont réunies en application de l'article 1315 du Code civil tandis que l'assureur devra apporter la preuve, sur le même texte, que les conditions de mise en œuvre de son exclusion de garantie sont remplies (voir L. Namin, Preuve du vol, mode d'emploi, JA fév. 2011, p. 22). Aussi peut-il être tentant pour se faciliter la vie – et donc la preuve – de soutenir qu'une exclusion de risque est en réalité une définition de la garantie et vice et versa : on aura reconnu qui de l'assuré ou de l'assureur s'engagera dans cette voie !

2409. S'agissant des règles de preuve, s'il appartient à l'assureur de prouver l'exclusion de risque, l'assuré devra en revanche prouver qu'il justifie des conditions requises par la police d'assurance pour bénéficier de l'indemnité (Civ. 1re, 25 janv. 1989,Bull. civ. I, n° 36). Peu importe d'ailleurs l'incidence de la distinction sur la survenance du sinistre (Civ. 1re, 7 juill. 1992, RCA 1992, comm. n° 429).

Section 2 ▪ Protection contre la disparition du véhicule : le vol

2410. Pour lutter contre le vol, les constructeurs ont développé une gamme de systèmes antivol et le gravage des vitres pour permettre une identification plus aisée du véhicule, avec toujours un souci commercial : le véhicule « plus sûr » sera « moins cher » à assurer. L'indemnité est alors versée au propriétaire du véhicule par l'assureur, qui sera l'assuré de la garantie vol dans la majorité des cas. Cette garantie a longtemps été le « casse-tête chinois » des assureurs car elle est le moyen de fraude le plus naturel d'un assuré malhonnête : nos fleuves et rivières regorgeraient de véhicules déclarés volés, en réalité « malencontreusement abandonnés » par leurs propriétaires.

Sous-section 1 ▪ Étendue de la garantie

2411. La garantie vol couvre à la fois le vol du véhicule et les détériorations que le voleur a pu causer pour s'en emparer, outre les accessoires. Il s'agit pour ces derniers d'une difficulté habituelle car les propriétaires se voient proposer une gamme d'accessoires pour améliorer leurs véhicules : autoradios, jantes en aluminium, etc. Presque tous les contrats n'assurent les accessoires en cas de vol que s'ils disparaissent en même temps que le véhicule ou à l'occasion d'une tentative de vol, et ils ne garantissent souvent que les accessoires montés en série par le constructeur. En revanche, les dommages aux tiers que le voleur a pu provoquer en utilisant le véhicule volé sont couverts par l'assurance obligatoire sur le fondement de l'article L. 211-1 du Code des assurances. L'objet de l'assurance est ici le véhicule lui-même, c'est lui qui est protégé contre le vol mais uniquement parce que le patrimoine de son propriétaire peut se trouver aussi affecté. Celui-ci devra en effet souvent se procurer un nouveau véhicule.

§ 1 ▪ Définition de la garantie

2412. La mise en œuvre de la garantie vol est souvent la source de nombreux procès car il n'est pas toujours aisé de savoir si les circonstances énoncées au contrat participent de la définition de la garantie ou, au contraire, constituent des exclusions de celles-ci. La preuve de la réunion des conditions de la garantie appartient à l'assuré en application de l'article 1315 du Code civil (Civ. 2e, 7 sept. 2011, n° 09-70.993). Il incombe ainsi à l'assuré de démontrer la matérialité du vol dont il a fait l'objet : le dépôt de plainte et la déclaration de sinistre ne peuvent être considérés comme suffisants (Civ. 2e, 13 janv. 2012, n° 10-28.355, Resp. civ. et assur. 2012, comm. 123).

A ▪ Qu'est-ce qu'un vol ?

2413. De la même manière que la référence au « taux d'alcoolémie » dans une clause d'exclusion d'une garantie facultative ne signifie pas nécessairement que l'assureur a entendu faire référence au « taux prévu par le Code de la route » pour la répression de la conduite en état d'ivresse, la garantie contre le vol insérée dans les conditions générales ne signifie pas non plus que l'assureur a entendu implicitement se référer à la « définition du vol » telle que celle-ci est donnée par le Code pénal en son article 311-1, c'est-à-dire comme « la soustraction frauduleuse de la chose d'autrui ». Le Code pénal ne prévoit d'ailleurs pas uniquement le vol simple mais également la répression de circonstances particulières dans lesquelles celui-ci est commis (avec violence, par surprise, par effraction, en bande organisée, à main armée, etc.).

B ▪ Une variété de définitions

2414. En pratique, les situations sont très variées car certains assureurs élaborent une définition du vol proche de celle figurant au Code pénal tandis que d'autres ne parlent que du « vol du véhicule » sans plus de précision. Parfois, le véhicule est garanti y compris en cas d'abus de confiance. D'autres encore s'appuient sur le fait que bien souvent le véhicule est retrouvé dans les trente jours, le vol ne sera alors garanti a posteriori que si des indices probants sont relevés sur le véhicule (traces matérielles de forcement de la direction, de la serrure du contact électrique, des fils électriques ou du système antivol). Mais il s'agit là d'une définition de la garantie et non d'une exclusion de sorte que l'on ne peut reprocher à l'assureur de n'avoir pas été suffisamment précis dans la définition contractuelle qu'il donne du vol garanti. Gageons toutefois qu'une imprécision de la définition en cas de litige pourrait se retourner contre lui car les clauses d'assurance ambiguës s'interprètent toujours dans le sens le plus favorable à l'assuré.

C ▪ L'éternelle difficulté de l'effraction

2415. Dans la plupart des contrats, cette garantie est subordonnée à l'existence d'une « effraction » du véhicule. Faut-il alors considérer que « l'effraction » est une exclusion ou une définition de la garantie ? La réponse ne souffre plus de difficulté : c'est une définition de la garantie et non une clause d'exclusion, elle doit donc être prouvée par l'assuré. Toutefois, la définition de l'effraction est-elle nécessairement celle donnée par le Code pénal ? Celui-ci la définit comme consistant « dans le forcement, la dégradation ou la destruction de tout dispositif de fermeture ou de toute espèce de clôture » (C. pén., art. 132-73). Est assimilée à l'effraction par cet article du Code pénal « l'usage de fausses clefs, de clefs indûment obtenues ou de tout instrument pouvant être frauduleusement employé pour actionner un dispositif de fermeture sans le forcer ni le dégrader ». Il appartient à l'assureur de préciser sa définition de l'effraction car le Code pénal prévoit qu'il peut y avoir parfois effraction sans dégradation du dispositif de fermeture. Si aucune trace de forcement n'a été observée sur la colonne de direction, l'assureur est en droit d'opposer à l'assuré sa définition de l'effraction définie comme « le forcement de la direction et de la serrure de blocage de celle-ci et des dégradations de l'appareillage électrique de démarrage » (CA Paris, 7e Ch A, 10 juin 2003, D. c/ Axa Courtage RG 2000/22335).

2416. De nombreux contrats d'assurance imposent aujourd'hui l'existence de traces d'effraction constatées sur les serrures ou sur le neiman : la garantie peut être écartée si le véhicule est retrouvé sans traces d'effraction (Civ. 2e, 9 déc. 2010, n° 09-71.669). Ainsi, la garantie ne peut jouer en l'absence d'effraction car la jurisprudence estime que cette condition est un élément de la définition contractuelle du vol (CA Grenoble, 24 mars 2003, Juris-

Data n° 230890). Si le contrat prévoit la nécessité d'une double effraction, le vol ne sera pas garanti s'il n'y a eu qu'effraction de la poignée extérieure du véhicule sans effraction du dispositif de mise en route (CA Paris, 8e Ch A, 6 mars 2003, Direct Assurances c/ Nocquet, RG 2002/09193). Dans le même sens, il a été jugé que les conditions de la garantie ne sont pas réunies, en l'absence de preuve d'effraction du véhicule avec détérioration des organes de direction et de mise en route (CA Paris 5 mai 2011, n° 08/02389, SA GMF c/Zaim). Bien sûr, les consommateurs ont tenté de faire juger cette clause abusive mais il fut décidé que la clause qui impose l'effraction tant pour pénétrer dans le véhicule que pour le faire démarrer ne présente pas un caractère abusif (CA Versailles, 6 sept. 2002, JA 2003, p. 242). En revanche, la jurisprudence assimile le vol des clés d'un véhicule, suite à l'effraction du domicile, à l'effraction du véhicule lui même s'il y a eu vol de ce dernier : l'assureur doit donc sa garantie (Civ. 1re, 16 mai 1995, Bull. civ. I, n° 208). Cette dernière jurisprudence de la Cour de cassation semble même s'appliquer par extension en l'absence d'effraction du domicile. Des voleurs avouent être entrés dans une maison, avoir pris un blouson dans lequel ils ont trouvé les clés du véhicule qu'ils ont ensuite volé : la preuve de la réalité du cambriolage à son domicile par l'assuré est apportée par le fait que les voleurs sont condamnés au pénal, outre les aveux. L'assureur tentera de refuser sa garantie en soutenant qu'il n'y a pas eu « effraction du véhicule » et qu'il s'agit d'un cas assez proche de son exclusion contractuelle de garantie relative au véhicule « volé à l'aide des clés » se trouvant à l'intérieur de celui-ci. La Cour condamne néanmoins l'assureur à indemniser son assuré (CA Montpellier, 13 févr. 2001, Juris-Data n° 159791). Cette solution est maintenant démentie pas la Cour de cassation qui conditionne, dans tous les cas, le bénéficie de la garantie à la matérialité d'une effraction : à propos d'un vol non couvert par l'assureur parce que commis avec les clés du véhicule laissées dans un local facilement accessible (Civ. 2e, 16 déc. 2010, n° 09-69.829) ou encore d'un véhicule retrouvé totalement calciné (Civ. 2e, 30 juin 2011, n° 10-23.309).

D ▪ Mesures de prévention

2417. L'effraction n'est pas la seule condition de la garantie qui doit être prouvée par l'assuré, ce peut être aussi le cas des mesures de prévention préalables, telle l'installation d'un dispositif antivol. Ces systèmes, même s'ils sont souvent imposés à des véhicules « haut de gamme » comme les grosses cylindrées, se retrouvent également sur des véhicules plus anciens en raison de l'augmentation des trafics de véhicules vers les pays de l'est pour lesquels un véritable marché de la « pièce détachée » pour voitures moyennes existe aujourd'hui, de par leur ouverture européenne et un parc automobile démodé. La Cour de cassation a jugé que la police d'assurance qui impose en préalable à l'existence de l'assurance l'installation d'un dispositif anti-vol agréé par l'assureur, constitue une condition de la garantie dont la preuve pèse sur l'assuré (Civ. 1re, 29 oct. 2002, Bull. civ. I, n° 243). Il s'agit bien d'une condition de la garantie car le système doit être installé avant la survenance du sinistre. Toutefois, l'assureur peut librement choisir la sanction réservée à l'assuré en cas de non-respect des mesures de prévention du vol : refus de garantie ou simple franchise additionnelle.

2418. Les assureurs ont tenté d'endiguer la vague incessante du vol des véhicules en imposant à leurs assurés contractuellement de sécuriser leurs véhicules par des précautions particulières telles l'installation d'une alarme homologuée, le gravage du numéro d'immatriculation ou de série sur les vitres, la pose d'un système antivol performant, parfois même l'installation d'un système électronique de repérage du véhicule. En pratique, l'assuré devra être en mesure de fournir une facture ou un document certifiant l'inscription du marquage des vitres au fichier central de l'organisme de marquage car il s'agit d'une condition de la garantie dont la preuve pèse sur lui. La Cour de cassation rappelle ainsi que la clause qui oblige l'assuré à équiper son véhicule d'un système d'alarme volumétrique, d'un coupe-circuit et du gravage des vitres constitue une condition de la garantie et non une clause d'exclusion de celle-ci (Civ. 1re, 3 mars 1998, Juris-Data n° 001101). Parfois l'assureur subordonne la garantie à certaines conditions de stationnement du véhicule, qui devra par exemple être impérativement « stationné la nuit dans un garage fermé à clé ». Le vol intervenant ainsi dans un garage public entraînerait la déchéance de la garantie (Civ. 1re, 27 févr. 1997, RGDA 1997. 578).

2419. Afin d'atténuer la rigueur des règles de preuve pour l'assuré, qui parfois aura correctement installé le système réclamé mais aura perdu les factures pour le justifier, la jurisprudence récente tente d'aplanir les difficultés de preuve auxquelles peut être confronté l'assuré en imposant à l'assureur, et plus souvent aux intermédiaires d'assurance, de rapporter la preuve qu'ils se sont acquittés d'une obligation d'information à l'égard de l'assuré.

2420. La Cour de cassation reproche ainsi à un assureur de ne pas avoir porté à la connaissance de son assuré une clause du contrat d'assurance qui imposait à celui-ci de faire graver le numéro d'immatriculation sur les vitres du véhicule assuré (Civ. 1re, 27 mars 2001, Juris-Data n° 008911). Dans le prolongement de ce raisonnement, un courtier d'assurance peut aussi engager sa responsabilité envers son client en cas de changement de véhicule, emportant transfert de la garantie du contrat sur un nouveau véhicule, s'il n'attire pas l'attention de son client sur la nécessité de faire procéder au gravage des vitres afin de bénéficier de la garantie vol, car l'assureur serait alors en droit de refuser sa garantie (Civ. 1re, 21 oct. 2003, Juris-Data n° 020679). Néanmoins, il suffit à un agent général de rappeler à son assuré verbalement à maintes reprises le caractère indispensable du gravage pour que l'information soit suffisante. Point n'est besoin de réitérer la demande par écrit et de vérifier que l'assuré a satisfait à cette obligation avant de percevoir les primes (CA Dijon, 12 janv. 1999, Juris-Data n° 041170).

§ 2 ■ Clauses d'exclusion

2421. L'enjeu est ici assez simple : l'existence de la clause d'exclusion doit être prouvée par l'assureur. La Cour de cassation énonce que la clause d'exclusion est celle qui prive l'assuré du bénéfice de la garantie du risque de vol « en considération de circonstances particulières de réalisation du risque » (Civ. 1re, 26 nov. 1996, Bull. civ. I, n° 413). Quelles sont ces « circonstances particulières » de réalisation du risque qui constituent une exclusion et non une définition de la garantie ? À la différence de l'installation préalable du système de sécurité dont la preuve pèse sur l'assuré car il s'agit d'une condition de la garantie, la mise en fonction du système lors du vol est, en revanche, une exclusion de la garantie dont la preuve « de l'oubli par l'assuré » pèse sur l'assureur, par le jeu de l'article 1315 du Code civil.

2422. Le vol du véhicule survenu alors que les clés se trouvent encore sur le tableau de bord est devenu la source de nombreux conflits entre assurés et assureurs. On estime même aujourd'hui que plus de 50 % des véhicules sont volés avec leurs clés. Il suffit souvent au voleur de se poster près d'une boulangerie ou d'un distributeur automatique de billets et d'y guetter le ballet des arrêts momentanés des voitures des clients, pour partir avec l'une d'elles « clés en mains », profitant de la naïveté de ceux qui pensent qu'un véhicule « à portée de vue » dissuadera le toupet du voleur. Celui-ci n'ayant du reste plus de limites, il suffira même parfois de se trouver simplement arrêté à un feu rouge pour se faire « détrousser » son véhicule par des voleurs peu scrupuleux. Le vol du véhicule de l'assuré, survenu alors que celui-ci avait stationné son automobile, moteur en marche, pour descendre ouvrir la porte de son garage, n'est pas garanti dès lors que le dispositif de sécurité contractuellement prévu en cas de vol n'a pas été actionné (CA Paris, 7e Ch A, 24 juin 2003, MACSF c/ Haroun, RG n° 2002/784).

C'est la raison pour laquelle de nombreux contrats excluent la garantie de l'assureur si le vol survient avec les clés au volant. S'agissant d'une exclusion de garantie, il appartiendra à l'assureur de prouver que les clés ont été laissées sur le volant : cette preuve n'est pas facile pour lui mais il est souvent aidé par la déclaration systématique auprès des forces de l'ordre qu'effectue le propriétaire, puisque l'obligation lui en est faite par le contrat : bien souvent, ce dernier avouera spontanément avoir laissé les clés sur le véhicule, persuadé qu'il reste bien victime d'un vol même en cette circonstance. De même, lorsque l'assuré déclare, après s'être fait volé son véhicule à la suite d'un essai effectué par un acquéreur potentiel, « qu'il n'avait pas eu le temps de réagir lorsque ce dernier était remonté dans la voiture et avait pris la fuite » (Civ. 2e, 3 fév. 2011, n° 10-14.633). Il a été jugé que l'assureur ne peut se prévaloir d'une clause qui prévoit l'exclusion de la garantie lorsque le conducteur a laissé les clés à l'intérieur de son véhicule, puisque le vol de cette automobile a été commis avec violence sur le gardien (CA Aix-en-Provence, 23 oct. 2003, Juris-Data n° 229821). Dans d'autres cas, la découverte du véhicule sans traces d'effraction apparentes fera présumer qu'il a été volé avec ses clés. Cependant, les procédés technologiques utilisés par les voleurs deviennent si perfectionnés qu'ils peuvent parfois tromper la vigilance d'experts en automobile, lesquels pratiquent de plus en plus des analyses de spectre sur contacteur ou neiman pour rechercher l'existence d'un forçage de la direction, dont le dépistage devient quasi impossible à l'essai ou à l'œil nu.

2423. Certains assureurs, ceux des véhicules haut de gamme en général, imposent à leurs assurés la remise du second jeu de clés après le sinistre de « la quatrième clé » du véhicule, que l'on appelle dans le jargon la « clé porte-monnaie », à seule fin de déclencher le bénéfice de la garantie. Si l'assuré ne peut remettre à la compagnie d'assurance le deuxième jeu de clés de son véhicule, celui-ci se trouvant dans le véhicule volé, l'assureur est en droit de refuser sa garantie (CA Paris, 7e Ch A, 2 sept. 2003, Moukhatatif c/ Axa Courtage, RG n° 2002/4754). Il en va de même si l'assuré ne peut produire qu'une seule clé de son véhicule, celui-ci étant équipé de deux clés, alors que les circonstances du vol allégué demeurent suspectes (CA Paris, 7e Ch A, 9 sept. 2003, D'hulst c/ ACM, RG n° 2002/1683).

Sous-section 2 ■ Bénéfice de la garantie

2424. Pour bénéficier de la garantie en cas de vol, l'assuré sera tenu systématiquement de fournir à son assureur la preuve du dépôt de plainte effectué auprès des forces de l'ordre. C'est le moyen le plus simple dont dispose l'assuré pour prouver le vol, qui doit être déclaré à l'assureur dans les deux jours ouvrés. Les juges estiment généralement que ce dépôt peut suffire à établir la réalité du vol, ce qui constitue une démarche aisée à mettre en œuvre pour l'assuré et constitue toujours le préalable indispensable au fonctionnement de cette garantie, pour toutes les compagnies d'assurances. Cette plainte n'est pas pour autant un sésame qui déclenche automatiquement la garantie car l'assureur est autorisé à refuser celle-ci si des éléments précis sont de nature à faire douter de l'honnêteté de l'assuré (Civ. 1re, 7 juin 2001, RGDA 2001. 1035). Par exemple, s'il s'avère que les circonstances qui entourent la découverte du véhicule volé sont suspectes, les témoignages versés aux débats par l'assuré étant au surplus contradictoires au regard de ses propres déclarations (CA Paris, 7e Ch A, 29 avr. 2003, Marques c/ Axa France, RG n° 2001/15870). De même, il a été jugé que « la déclaration de sinistre et la plainte ne sauraient constituer la preuve du vol par indices ou présomptions suffisamment précis et concordants, ni renverser la charge de la preuve (...). L'assureur n'a pas la charge de démontrer qu'il n'y a pas eu en réalité vol » (Civ.,1re, 25 mars 1991, n° 89-21.608). Par un autre arrêt rendu le 10 juin 1992, la Cour de cassation statue en ces termes : « Attendu que la MACIF fait encore grief à l'arrêt attaqué de l'avoir condamnée à garantir le vol alors que, selon le moyen, les juges du second degré, en procédant par simple affirmation, n'ont pas motivé leur décision en ce qui concerne la réalité du vol ; Mais attendu que la cour d'appel a souverainement estimé qu'aucun élément matériel ou témoignage ne pouvait faire douter de la réalité du vol dans la nuit du 13 au 14 février 1984 ; qu'elle a ainsi légalement justifié sa décision » (Civ., 1re, 10 juin 1992, n° 89-12513).Dans cette décision, la haute juridiction confère une valeur probante à la déclaration de sinistre lorsqu'elle n'est contredite par aucun élément matériel ou témoignage. La mise en jeu de la garantie varie toujours selon que le véhicule sera ou ne sera pas retrouvé à la suite du vol : la plupart des contrats fixent alors un délai pour le « retour » du véhicule.

2425. Ce sera, par exemple, le cas du vol commis « pendant une période où l'assuré ne réglait plus les loyers du véhicule en location-vente » (CA Paris, 8 nov. 2000, Juris-Data nº 146567). L'assureur ne doit pas sa garantie lorsque le véhicule de son assuré a été retrouvé accidenté dans des conditions indéterminées et que le procès verbal de police mentionne la présence des clés du véhicule sur le contact électrique, en l'absence d'effraction. En revanche, il devra indemniser les dommages causés à ce véhicule, au titre de la garantie « dommages tous accidents », si le contrat ne contient aucune exclusion relative aux dommages subis par le véhicule à la suite d'un vol (CA Lyon, 31 oct. 2002, Juris-Data nº 212166). De même, un assureur, actionné pour une indemnisation suite à un vol de véhicule, ne peut arguer de la non conformité de l'engin avec la réglementation en France pour lui nier une existence juridique et refuser de le garantir (CA Riom, 19 juin 2003, Juris-Data nº 225717).

2426. La fausse déclaration sur les circonstances du sinistre permet toutefois à l'assureur de dénier sa garantie : la deuxième chambre civile de la Cour de Cassation a rejeté le pourvoi intenté par un assuré contre l'arrêt ayant donné gain de cause à son assureur qui avait refusé sa garantie en soutenant que l'assuré aurait fait une fausse déclaration sur les circonstances de l'accident (Civ. 2e, 12 septembre 2013 pourvoi n° 12-24.650)

§ 1 ▪ Le véhicule est retrouvé dans les délais contractuels

2427. Si le véhicule « revient » avant un délai de trente jours en général, fixé au contrat, le vol se transforme alors en un sinistre « dommages » classique car le véhicule est alors retrouvé mais sera souvent affecté de dégâts, après avoir été abandonné par les voleurs suite à un accident notamment. L'assuré en sera généralement informé par les autorités de police qui lui délivreront un avis de découverte. L'assureur ne prend ici en charge que les dégradations dues au vol et non celles inhérentes au vandalisme qui peut être couvert par le biais d'une autre garantie facultative indépendante du vol. L'assureur doit prouver l'effraction en revanche, s'il y a eu accident provoqué par le voleur après le vol, dans l'hypothèse où la clé électronique de l'assuré ne serait plus reconnue par le véhicule en raison d'un probable endommagement du dispositif de démarrage par le voleur (CA Paris, 14e ch. B, 7 juill. 2006, RG n° 05/24911).

§ 2 ▪ Le véhicule est retrouvé en dehors des délais contractuels

2428. Dans cette hypothèse l'assuré aura souvent déjà fait l'objet d'une indemnisation par l'assureur pour le vol de son véhicule, avant la découverte ultérieure de celui-ci. Il dispose alors d'une « option » qui lui est offerte : il peut décider d'abandonner son véhicule à l'assureur et conserver l'indemnité reçue en échange, ce que l'on nomme : le délaissement du véhicule ; la propriété du véhicule volé puis retrouvé se trouve alors transférée à l'assureur. Toutefois, il peut aussi décider de reprendre son bien, par exemple s'il y est attaché pour des raisons affectives particulières (par ex. : cadeau familial), il devra alors rembourser à l'assureur les indemnités perçues déduction faite néanmoins du coût des réparations en cas de dommages provoqués par les voleurs au véhicule.

§ 3 ■ Le véhicule n'est jamais retrouvé

2429. Si le véhicule n'est pas retrouvé, l'assureur indemnisera son assuré à hauteur de la valeur du véhicule, à l'issue d'une période fixée contractuellement entre les parties, et qui varie en pratique de un à deux mois. En contrepartie de l'indemnité, l'assuré devra s'engager à remettre à sa compagnie d'assurances les documents administratifs du véhicule ainsi que les clés. Il y a là une multiplication de situations conflictuelles entre les parties au contrat car l'assuré considérera souvent que l'indemnisation proposée par l'assureur est plus faible que celle à laquelle il peut prétendre. Pour contourner la difficulté, les assureurs fixent aujourd'hui souvent une valeur minimale du véhicule en cas de vol d'une voiture ancienne et inversement, ils prévoient aussi de rembourser au propriétaire du véhicule de moins d'un an le prix de celui-ci au tarif constructeur au jour du vol. Sur le plan de la responsabilité civile, la convention IRSA conclue entre assureurs prévoit que la garantie reste due à l'assuré au plus jusqu'à l'échéance annuelle du contrat lorsque la responsabilité du propriétaire du véhicule volé est recherchée en raison d'un dommage causé à un ouvrage public (Conv. IRSA, art 1.2.2. b).

A ■ Valeur du véhicule

2430. De nombreux litiges sont relatifs à la valeur du véhicule car pour beaucoup d'utilisateurs, un véhicule qui n'a quasiment plus de « valeur vénale » peut s'avérer fort utile s'il continue de rouler à peu près convenablement. Inversement, si le véhicule volé est un véhicule neuf - hypothèse plus probable car le voleur intègre parfaitement cette notion de valeur ! - l'amortissement important du véhicule sur les premières années lui fait perdre rapidement de sa valeur alors que son propriétaire a encore parfaitement en mémoire « le prix qu'il lui en a coûté ». Il faut donc se référer essentiellement aux clauses du contrat d'assurance qui fixent la règle du jeu de l'indemnisation.

B ■ Réaction du marché

2431. Le contrat indemnise souvent l'assuré sur le fondement de la « valeur vénale », c'est-à-dire schématiquement sur le prix qu'un éventuel acheteur aurait été prêt à payer le jour du vol, si celui-ci n'avait pas eu lieu, pour le type de véhicule concerné. L'assuré attend ainsi souvent une valeur de remplacement tandis que l'assureur lui offrira parfois une valeur vénale : la première peut-être plus élevée que la seconde surtout si le véhicule était correctement entretenu au regard de son kilométrage. En général, les valeurs vénales se trouvent par les cotations officielles des journaux automobiles qui donnent une bonne « photographie » du marché de l'occasion, à l'instar de l'argus de l'automobile, mais ces cotations ne peuvent évidemment intégrer le plus ou moins bon état de chaque véhicule dans la série du type. La pression concurrentielle du marché de l'assurance a conduit les assureurs à prévoir aujourd'hui majoritairement une indemnisation sur la base de la valeur de remplacement pour satisfaire leurs assurés : il s'agit dans la plupart des cas d'une valeur de remplacement « à dire d'expert » que l'on nomme par le sigle « VRADE » (Valeur de Remplacement À Dire d'Expert). Concrètement, les experts en automobile ont recours à des « tables de dépréciation mensuelle des véhicules », établies par les organismes professionnels d'experts en automobile à partir de la valeur à neuf du véhicule, pondérée par certains correctifs tenant compte, par exemple, de l'état du véhicule dûment justifié, et des tendances régionales du marché de l'occasion.

Section 3 ▪ Autres garanties de dommages au véhicule

Sous-section 1 ▪ Garantie incendie

2432. Le véhicule est souvent garanti ici à la fois contre les risques d'incendie, d'explosion et de chute de la foudre. Cette garantie est une assurance de dommages car c'est le véhicule lui-même qui est protégé contre l'incendie tandis que les dommages provoqués aux tiers par l'incendie du véhicule relèvent de la garantie de responsabilité civile obligatoire. La garantie incendie joue de moins en moins car, si l'on excepte l'hypothèse de l'incendie volontaire notamment dans certaines banlieues, les véhicules modernisés d'aujourd'hui ne brûlent quasiment plus spontanément, d'autant qu'ils sont parfois équipés de systèmes de détection électronique du court-circuit perfectionnés, pour les plus modernes d'entre eux. Il est vrai pourtant que la période actuelle a vu aussi migrer la fraude habituelle de la garantie vol vers celle de l'incendie du véhicule selon un schéma hélas classique : le propriétaire abandonne son véhicule dans une « zone sensible » et le déclare ensuite incendié par des délinquants. L'existence d'une garantie incendie protège aussi automatiquement le véhicule contre les effets de la tempête depuis une loi du 25 juin 1990 (C. assur., art. L. 122-7) : la garantie des effets du vent en raison des tempêtes, ouragans ou cyclones, est obligatoirement incluse dans les assurances contre l'incendie des biens situés en France.

Sous-section 2 ▪ Garantie bris de glaces

2433. La garantie bris de glaces est sans doute la garantie la plus simple qui soit. Elle permet le remplacement ou la réparation du pare-brise et des vitres latérales quant ils sont heurtés par un objet quelconque. Elle concerne toutes les glaces et parties vitrées du véhicule aussi bien latérales qu'avant et arrière ainsi que les toits vitrés, phares compris, sauf clause contraire fréquemment stipulée. Cette garantie est parfois étendue aux optiques de phare. Le tarif de cette garantie peut varier selon la zone géographique car l'état d'entretien de la voirie joue un rôle essentiel sur le bris de glaces, notamment sur les routes départementales où les collectivités locales procèdent à l'épandage de gravillons.

§ 1 ▪ Mise en jeu de la garantie

2434. C'est une garantie qui fonctionne également en marge du règlement des autres sinistres : l'assuré procède au changement de son pare-brise et envoie directement la facture à l'assureur qui ne désigne pratiquement jamais d'expert en automobile pour examiner le véhicule, et n'applique donc pas de vétusté. Il y a là de toute évidence des impératifs de saine gestion au regard des coûts de règlement : ceci explique qu'elle fonctionne pratiquement sans litige au quotidien. Les sinistres de bris de glaces seuls ne donnent pas lieu à application du système de bonus malus.

§ 2 ▪ Fraude à l'assurance

2435. Les conditions de son règlement en font l'une des garanties les plus fraudées car indemnisée sans véritable contrôle : il se raconte ainsi que les sociétés d'assurances remboursent chaque année plus de pare-brise qu'il ne s'en fabrique et importe en France. Nombreux seraient les garagistes qui factureraient « à titre commercial » un pare-brise à leurs clients pour de menus travaux d'entretien exécutés sur le véhicule, financés ainsi. Les assureurs ont donc largement encouragé les formules de réparation des pare-brise qui ne se changent pratiquement plus aujourd'hui grâce à l'utilisation d'une colle de très haute performance : les réparations ne peuvent se faire que par des spécialistes conventionnés avec les assureurs, et qui n'ont aucun intérêt à la fraude, comme le font certains réparateurs spécialisés.

Sous-section 3 ▪ Garantie des catastrophes naturelles

2436. La garantie des dommages au véhicule est complétée en France par une garantie des catastrophes naturelles. Elle a vocation à intervenir quant des véhicules sont emportés dans des inondations ou endommagés lors de tempêtes. Cette garantie, instaurée en France depuis une loi du 13 juillet 1982 fonctionne en assurance automobile car elle est contenue notamment dans les contrats couvrant les dommages « aux corps de véhicules terrestres à moteur » (C. assur., art. L. 125-1). Elle est financée par une surprime de 6 % des primes vol et incendie ou de 0,8 % des garanties dommages.

2437. La garantie des catastrophes naturelles est souvent confondue avec la garantie contre la tempête. On exposera que la garantie des catastrophes naturelles ne couvre que des dommages aux biens directement provoqués par l'intensité anormale d'un agent naturel. Les événements le plus souvent constatés sont les inondations, les coulées de boue, et, dans une moindre mesure, les avalanches, les tremblements de terre, l'action mécanique des vagues, les glissements et affaissements de terrain. Elle est obligatoirement attachée à toute garantie dommages depuis la loi du 13 juillet 1982. Il ne s'agit donc pas d'une assurance obligatoire mais simplement d'une garantie obligatoirement attachée à un contrat-socle, c'est-à-dire à toute garantie dommage : l'assuré qui ne protège ainsi son véhicule à aucun titre en dehors de l'assurance obligatoire ne bénéficiera pas de cette garantie (Civ. 1re, 10 févr. 2004,D. 2004, IR, 604). Toute clause d'un contrat excluant les conséquences matérielles des catastrophes naturelles sur le véhicule couvert serait réputée nulle et non écrite. La mise en jeu de la garantie suppose l'intervention d'un arrêté interministériel officialisant le caractère de catastrophe naturelle : c'est lui qui crée juridiquement l'obligation à la charge de l'assureur qui doit alors s'exécuter dans un délai de 3 mois (C. assur., art. L. 125-2 al. 4) L'assureur désignera ainsi un expert en automobile avec mission de procéder à l'évaluation du dommage subi par le véhicule et l'indemnisation se déroulera comme dans une assurance « tous risques », c'est-à-dire la formule la plus complète. La franchise applicable ne sera pas celle prévue au contrat d'assurance automobile mais la franchise imposée par les clauses types de l'article A. 125-1 du Code des assurances en son annexe 1, c'est-à-dire 380 € pour chaque véhicule endommagé sauf s'il s'agit d'un véhicule à usage professionnel, auquel cas la franchise prévue par le contrat sera appliquée si elle est supérieure à cette somme.

Sous-section 4 ▪ Garantie des forces de la nature

2438. Cette garantie prend en charge les conséquences d'événements naturels non officiellement déclarés catastrophes naturelles (v. supra). Elle couvre en général les dommages au véhicule provoqué par la grêle, la tempête, une chute de pierres, de neige de toiture d'immeuble... La victime d'un accident après avoir dérapée sur une plaque de verglas n'est pas garantie pour les dommages causés à son véhicule, si le verglas ne figure pas sur la liste des risques couverts par la garantie du fait des forces de la nature (Civ. 2e, 8 juill. 2010, n° 09-16.012).

Sous-section 5 ▪ Dommages provoqués par un attentat

2439. Les contrats d'assurance automobile ne peuvent exclure la garantie de l'assureur pour les dommages résultant d'actes de terrorisme ou d'attentats (C. assur., art. L. 126-2). L'attentat peut-être défini comme un acte hostile et violent commis en infraction aux lois en vigueur. Aujourd'hui, c'est l'exemple presque systématique de l'acte de terrorisme, qu'il soit national ou international. La garantie sera ici accordée en cas de détérioration ou de destruction totale ou partielle du véhicule assuré en raison d'un attentat, comme par exemple la destruction du véhicule situé à proximité de celui qui est piégé. Comme la garantie des catastrophes naturelles, elle est obligatoirement incluse avec des garanties dommages de sorte que l'assureur ne peut exclure la garantie des dommages subis par le véhicule lorsqu'un acte de terrorisme se produit, s'il a accordé bien évidemment, au préalable, une garantie de dommages au véhicule (C. assur., art. L. 126-2).

Sous-section 6 ▪ Assistance du véhicule immobilisé

2440. À des fins commerciales, les assureurs ont rapidement compris l'intérêt de se démarquer par l'intégration d'une garantie « assistance » au sein d'un contrat d'assurance automobile. Tous les grands groupes d'assurance disposent aujourd'hui d'une société d'assistance ou ont constitué un groupement de moyens pour assurer ce service. La clé de fonctionnement de la garantie d'assistance résulte de l'utilisation du véhicule. Le panel des garanties dépend des contrats souscrits mais tend à s'élargir par le jeu de la sphère concurrentielle : au départ, la garantie n'était accordée qu'en cas d'accident mais elle va aujourd'hui du simple dépannage après un « incident » mécanique au rapatriement sanitaire en cas d'accident survenu à l'étranger ou même parfois de la maladie survenue à l'étranger au cours d'un voyage effectué avec le véhicule assuré et partant, assisté. L'évolution du « critère du kilométrage » relate parfaitement la guerre tarifaire que se livre les compagnies : pendant longtemps l'assistance n'était accordée à l'utilisateur que si l'incident mécanique survenait à plus de 50 km au moins de son domicile mais cette limite est presque systématiquement abandonnée aujourd'hui car la plupart des contrats garantit le véhicule en cas de panne survenue « dans le garage ».

Titre 2 ▪ La personne assurée

Par Philippe Ravayrol, Cabinet Ravayrol & Giroudet

BIBLIOGRAPHIE

L'Argus de l'assurance

Ouvrages généraux. – J. Landel et L. Namin, Manuel de l'assurance automobile, L'Argus 4e éd 2008. –J.P. Marcq, Risques et assurances transports et logistique, L'Argus éd. 2011. – Code de la route-Infracode, L'Argus éd. – J. Landel, Lexique des termes d'assurance, L'Argus 5e éd. 2010 – J. Bigot (sous dir.), Code des assurances, L'Argus éd.

Articles. – Dossier, « La fraude à l'assurance automobile », JA novembre-décembre 2014, n° 867-868, p. 8 - Dossier, « Recours et accidents de la circulation », JA juin 2014, n° 863, p. 8 - Dossier, « Evaluer et indemniser le dommage corporel », JA Juillet-aout 2013, n° 853, p. 14 - Dossier, « L'assurance du risque automobile », JA nov.-déc 2012, n° 845-846, p. 14. - P. Chaulet, « L'assureur peut renoncer tacitement, mais de façon non équivoque », JA oct. 2012, n° 844, p. 34. - S. Chanh, « Le conducteur, victime de la loi du 5 juillet 1985 ? », JA juil.-août 2012, n° 842, p. 32. – C. Pastor, « Victime d'un accident pendant ses fonctions, le fonctionnaire reste avant tout fonctionnaire », JA mai 2012, n° 840, p. 32. – S. Chanh, « Quelles couvertures en cas de conduite en état d'ébriété ? », JA oct. 2011, n° 833, p. 32. - Vol automobile à l'épreuve de la garantie et de la fraude (dossier), JA févr. 2011, p. 16. – Pleins phares sur l'actualité du conducteur (dossier), JA janv. 2011, p. 16. - J.-B. Le Dall, « L'unicité du permis de conduire ou comment cumuler les points de deux permis », JA avr. 2010, p. 28. - F. Couilbault, « Faute du conducteur victime », JA mars 2010, p. 36. - L. Mercié, « Contrôle d'alcoolémie : pas de grief dans l'absence de respect du temps d'attente », JA janv. 2010, p. 30. - N. Giroudet-Demay, « L'information relative au retrait de points », JA déc. 2009, p. 32. - A. Velle, « Le conducteur, une victime à part », JA déc. 2009, p. 38. - A. Le Roc'h, « Le permis blanc n'est pas de retour », JA oct. 2009, p. 30. - P. Ravayrol, « FGA : droit fondamental à l'information de l'auteur de l'accident », JA sept. 2009, p. 36. - A. Le Roc'h, « L'information préalable au retrait de points », JA juill-août 2009, p. 30. - D. Fenouillet, « Victime contre préposé : la lutte des classes au 21e siècle », JA juill-août 2009, p. 36. - L'accident complexe, JA janv. 2009, p. 4. - L'accident de circulation du salarié victime, JA avr. 2009, p. 192. - L'exclusion des conducteurs ivres, JA janv. 2009, p. 8. - Dommages corporels : de la réparation à la réinsertion (dossier), JA nov. 2009, p. 14. - Le permis à points au regard de l'assurance (dossier), JA janv. 2010, p. 14. - S. Gobert, RC automobile, les exclusions légales de garantie L'Argus éd. 2004, n° 6870, p. 32. – G. Defrance, Droit des assurances, L'Argus éd. 2003, n° 6820, p. 38. – G. Defrance, Le toilettage de l'assurance auto, JA 1993, p. 393.

Autres documentations

Ouvrages généraux. – Cl.-J. Berr et H. Groutel, Rép. civ. Dalloz. 2e éd., V. Assurances de dommages, n° 318 s. – G. Durry, L'assurance automobile, Dalloz, Connaissance du Droit 1998. – J. Bigot (dir.), Traité de droit des assurances, Le contrat d'assurance, T. 3, LGDJ 2002. - M. Picard et A. Besson, Les assurances terrestres, T. 1 Le contrat d'assurance, LGDJ 1982. – Traité de droit des assurances, entreprises et organismes d'assurance, J. Bigot (dir.), LGDJ 1996. – Code de la route, Dalloz 2010. – J. Kullmann (dir.), Lamy Assurances 2009. – Code pénal, Dalloz 2009.

Articles. – F. Chapuisat et F. Chaumet, La renonciation de l'assureur aux prérogatives du Code des assurances, RGAT 1993. 483. – H. Groutel, Assurance, état alcoolique : mode d'emploi, RCA 1999, n° 7-8 Repères. – G. Thiry, Assurance automobile libres propos sur les conventions de règlement de sinistres Gaz. Pal., 8 janv. 1999, p. 4. – H. Margeat et J. Pechinot, Les nouvelles obligations de garantie dues par l'assureur automobile aux victimes d'accidents de la circulation, RGAT 1987. 9. – A. Favre Rochex, le conducteur inconnu et les assureurs, Gaz. Pal., 18 juin 1999, p. 3.

2441. L'assurance automobile s'est aujourd'hui considérablement développée puisqu'elle est obligatoire dans la plupart des pays européens. Elle représente en France un chiffre d'affaires de 6,8 milliards d'euros réalisé (soit 38 % de l'encaissement automobile) sur 39,3 millions de véhicules qui permet d'indemniser 1,7 million d'accidents matériels, moins de 4 000 morts et environ 80 000 blessés. C'est la sous-branche la plus importante de l'assurance dommages. Sa dimension sociale est importante car elle porte sur un bien de consommation, la voiture ou la moto, hautement symbolique pour nos concitoyens : à ce point indispensable, puisque obligatoire, elle est même parfois vécue comme une sorte « d'impôt ». Lorsque l'on pense « assurance », on pense souvent « automobile ». De plus en plus fréquents sont les ménages qui disposent d'au moins un véhicule à deux ou quatre roues. Simple moyen de locomotion, outil de travail ou signe extérieur de richesse, le législateur de l'assurance s'est intéressé surtout à son pouvoir meurtrier depuis 1958 en instaurant l'obligation d'assurance par une loi n° 58-208 du 27 février 1958, connue du public sous le terme « assurance aux tiers », elle-même suscitée par l'évolution antérieure de la jurisprudence. L'augmentation importante du parc automobile, l'accroissement corrélatif du nombre d'accidents et l'importance de leurs dommages pour lesquels de moins en moins de propriétaires et d'utilisateurs se préoccupaient de souscrire un contrat d'assurance, a justifié cette obligation, le Fonds de garantie créé en 1951 ne pouvant seul y faire face

2442. L'assurance automobile a bien connu ses détracteurs à l'époque de son instauration. Les intégristes d'une responsabilité absolue y voyaient un « pousse au crime » en faveur des chauffards inconscients, les modifications textuelles qu'elle a connues ont constamment été orientées vers un seul souci, érigé progressivement en consensus national : l'amélioration du sort des victimes blessées ou de leurs familles lorsqu'elles sont décédées. De la première hippomobile à l'automobile, du fameux arrêt Jand'heur (Ch. réun., 13 févr. 1930, DP 1930, 1, p. 57, rapp. Le Marc'Hadour) au projet TUNC de 1966 jusqu'à la réforme « Badinter » du 5 juillet 1985, il n'est plus possible de comprendre les règles légales actuellement posées en perdant de vue cette constante volonté de « privilégier » la victime jusqu'aux limites les plus extrêmes. En ce sens, les grandes réformes de cette matière ont certainement fait germer l'avènement d'une conscience sociale de protection de l'individu, beaucoup plus large, contre tous les dangers créés par la société moderne, l'origine et la responsabilité de la menace n'ayant alors qu'une importance secondaire. La distribution de l'assurance automobile a aussi connu une lente migration vers de nouveaux acteurs : essentiellement l'apanage des compagnies d'assurances traditionnelles, des agents généraux d'assurances et des courtiers en 1958, les « mutuelles sans intermédiaires » en sont devenues des distributeurs croissants au début des années 60 puis majeurs, pour être aujourd'hui elles-mêmes quasiment détrônées par les « banque-assureurs » qui, forts de leur succès dans la commercialisation de produits d'assurance vie, ont souhaité investir un créneau fortement « affectif » pour leur clientèle, avec laquelle ils entretiennent un lien privilégié car alimenté par les visites régulières de leurs clients dont ils conservent les fonds. Cette dynamique concurrentielle conduit en permanence les opérateurs du marché à remettre en cause leur politique commerciale, même si l'économie numérique et l'émergence de l'Internet ne semblent pas pour l'heure consacrer une nouvelle révolution de cette distribution.

Chapitre 1 Qui est la personne assurée ?

Section 1 Assuré principal : le « conducteur habituel »

Sous-section 1 Notion d'assuré automobile

§ 1 Risque envers les tiers

2443. La personne assurée est celle qui est exposée au risque de devoir indemniser des victimes à la suite d'un événement provoqué par le véhicule, qui n'est pas systématiquement un « accident de la circulation », tel l'incendie du véhicule, s'il occasionne des blessures à des tiers ou endommage des biens leur appartenant. Bien sûr, dans la plupart des cas l'assuré sera la personne souscripteur du contrat auprès de l'assureur, surtout si elle est elle-même propriétaire du véhicule et le conduit à titre habituel. Avant la réforme « Badinter » du 5 juillet 1985, la personne assurée était soit le souscripteur du contrat, le propriétaire du véhicule s'il était différent, et toute personne à qui ceux-ci confiaient la « garde » ou la « conduite » du véhicule, ce qui provoquait un contentieux judiciaire important relatif à l'autorisation de conduite.

§ 2 Élargissement progressif de la notion

2444. La réforme du 5 juillet 1985 a eu pour effet d'élargir la notion d'assuré si bien que les assureurs n'ont plus le droit aujourd'hui de restreindre celle-ci par les clauses de leurs contrats. Elle a notamment fait du voleur un assuré du contrat automobile ainsi que toute personne conduisant le véhicule à l'insu de l'assuré, dans le but de freiner les obstacles possibles à l'indemnisation des victimes. Toutefois, l'assureur conserve le droit d'exercer un recours contre le responsable de l'accident car il ne s'agit pas ici d'accorder une « récompense » au voleur. Il en résulte un système relativement simple mais qui se trouve opacifié par le fait que l'assuré légal est susceptible d'avoir, le cas échéant, une double qualité : celle de « responsable/assuré » s'il a provoqué le dommage et celle « d'assuré/bénéficiaire » de l'indemnisation s'il en est la victime. Cette dernière hypothèse suppose qu'il n'encourt pas de responsabilité, les membres de la famille du conducteur étant considérés comme des tiers (C. assur., art. L. 211-1), y compris l'assuré transporté en qualité de passager.

2445. Il y a là une spécificité certaine au regard d'un contrat d'assurance de responsabilité classique dont l'objet est d'assurer une personne en cas de faute, laquelle ne peut jamais bénéficier de la garantie d'assurance puisque l'on ne peut être à la fois responsable et victime d'un même dommage. Ceci est concevable en assurance automobile car il n'y a pas un assuré mais plusieurs, de sorte qu'il reste possible de différencier la victime du responsable.

§ 3 ▪ Montant de la couverture de l'assuré

2446. Un contrat d'assurance souscrit par une personne assujettie à l'obligation légale est, nonobstant toutes clauses contraires, réputé comporter des garanties au moins équivalentes à celles fixées dans le règlement d'administration publique définissant les conditions de l'assurance automobile (C. assur., art. L. 211-5 al. 2). L'assurance doit être souscrite sans limitation de somme en ce qui concerne les dommages corporels. Pour les dommages aux biens, l'assurance doit être souscrite pour une somme au moins égale « à celle fixée par arrêté du ministre chargé de l'Économie, laquelle ne pourra être inférieure à 1 million d'euros par sinistre et quel que soit le nombre de victimes » (C. assur., art. R. 211-7). Cette somme est précisément de 1 million d'euros selon l'arrêté du 19 juillet 2007 (C. assur., art. A. 211-1-3). Ces montants minimum résultent de la deuxième directive n° 84/5/CEE du Conseil du 30 décembre 1983 concernant le rapprochement des législations des États membres relatives à l'assurance de la responsabilité civile résultant de la circulation des véhicules automoteurs ainsi que de la directive n° 2005/14/CE du Parlement européen et du Conseil du 11 mai 2005 (5e directive sur l'assurance automobile).

Sous-section 2 ▪ Désignation du conducteur

§ 1 ▪ Enjeux de la désignation

2447. Il n'est nullement interdit aux assureurs d'identifier la ou les personnes qui conduiront le véhicule à titre habituel afin de mieux cerner le risque et d'en définir le prix. Les contrats peuvent n'exiger que la désignation d'un « conducteur principal » ou imposer également la désignation des autres conducteurs, souvent définis comme « conducteurs occasionnels » et pour lesquels la désignation revêt une importance majeure notamment pour l'application des garanties dommages. Tout conducteur occasionnel non déclaré au contrat et qui conduit avec l'accord du propriétaire ou du gardien du véhicule bénéficiera de l'assurance obligatoire s'il est responsable d'un accident car la garantie profite à « toute personne » ayant la garde ou la conduite d'un véhicule, y compris si le conducteur responsable n'est pas désigné au contrat (C. assur., art. L. 211-1 al. 2). En revanche, ne bénéficieront des garanties facultatives de dommages que les seuls conducteurs désignés au contrat. La conduite d'un véhicule par une personne non désignée la prive d'une indemnité contractuelle destinée à réparer son propre dommage corporel, si elle est entièrement responsable, et prive, par voie de conséquence, le propriétaire du véhicule du jeu de ses garanties dommages, quand bien même serait-il assuré avec une garantie « tous risques ».

§ 2 ▪ Enjeux de la définition contractuelle

2448. La définition du conducteur principal ou habituel est d'autant plus importante que tout mensonge relatif à ce concept ne pourra s'apprécier qu'au regard de la définition contractuelle donnée par chaque assureur dans son contrat, s'il s'agit notamment d'apprécier une fausse déclaration intentionnelle. Le Code des assurances ne donne effectivement aucune définition d'un conducteur « principal » ou « habituel » car ce sont les assureurs qui ont pris pour usage, dans leurs conditions générales, d'imposer au souscripteur la désignation du conducteur principal du véhicule. Une fausse déclaration concernant le conducteur principal devra donc toujours s'analyser au regard de la définition spécifique qui en est donnée par les clauses des conditions générales du contrat d'assurance et l'assureur devra prouver que la fausse déclaration est caractérisée au regard de sa définition du « conducteur principal », le doute profitant toujours au souscripteur.

2449. Certains contrats d'assurance prévoient la déclaration du « conducteur principal » sans en donner la définition, d'autres précisent qu'il s'agit du conducteur qui « parcourt le plus grand nombre de kilomètres au volant du véhicule assuré », ou encore simplement qu'il est « celui qui a l'usage le plus fréquent du véhicule ». Il arrive aussi que les conditions générales le désignent par simple renvoi aux conditions particulières : « le conducteur principal est celui désigné aux conditions particulières ».

§ 3 ▪ Recueil des informations personnelles

2450. Le Code des assurances fait peser sur le candidat à l'assurance l'obligation de répondre exactement au formulaire de déclaration du risque que lui soumet l'assureur, dans le but pour ce dernier d'apprécier les circonstances du risque qu'il prend en charge (C. assur., art. L. 113-2 2°). Assez souvent, l'assureur demandera la production d'un relevé d'informations. Ce relevé ne dispense pas néanmoins l'assuré d'informer son futur assureur de l'existence de tout sinistre survenu postérieurement à sa délivrance et qui n'y serait pas mentionné, sous peine de commettre une fausse déclaration (CA Montpellier, 21 nov. 2001, Juris-data n° 168885).

2451. L'article L. 113-2 du Code des assurances ne prévoit lors de la souscription que l'existence d'un « formulaire de déclaration du risque » et laisse aux assureurs la libre appréciation technique de celui-ci, qui peut prendre la forme d'une proposition d'assurance à renseigner avant l'émission informatisée des conditions particulières ou même simplement être constitué directement des réponses données par le souscripteur, intégrées aux conditions particulières. En effet, il n'y a aucune obligation imposée à l'assureur de remettre à l'assuré un questionnaire obligatoire préalable à l'émission des conditions particulières. La chambre mixte de la Cour de cassation, par un important arrêt rendu le 7 février 2014, n'a pas davantage posé l'exigence d'un questionnaire écrit en phase précontractuelle. Elle retient au visa des articles L 113-2 2°, L 112-3, alinéa 4, et L 113-8 du code des assurances : « Attendu, selon le premier de ces textes, que l'assuré est obligé de répondre exactement aux questions précises posées par l'assureur, notamment dans le formulaire de déclaration du risque par lequel celui-ci l'interroge, lors de la conclusion du contrat, sur les circonstances qui sont de nature à lui faire apprécier les risques qu'il prend en charge ; qu'il résulte des deux autres que l'assureur ne peut se prévaloir de la réticence ou de la fausse déclaration intentionnelle de l'assuré que si celles-ci procèdent des réponses qu'il a apportées auxdites questions ».(Ch. Mixte, 7 février 2014 pourvoi n° 12-85.107). Aussi, si la preuve de l'existence du questionnement de l'assuré prévue à l'article L 113-2 du code des assurances ne peut plus se déduire d'une déclaration pré-imprimée, la chambre mixte de la Cour de cassation n'a pas pour autant subordonné la preuve de ce questionnement à la production impérative d'un questionnaire, lequel ne constitue qu'un mode de preuve parmi d'autres.Le texte de l'article L 113-2 du code des assurances prévoit :

- Une obligation : un questionnement de l'assuré
- Un mode de preuve suggéré : un questionnaire

2452. Il en résulte donc que d'autres modes de preuve du questionnement demeurent recevables. Les informations personnelles de l'assuré telles la date de naissance du conducteur et la date de délivrance de son permis de conduire ne peuvent résulter que d'un questionnement préalable de l'assureur, certes oral, mais il convient de rappeler une nouvelle fois que le questionnaire n'est que l'un des modes de preuve énumérés par le code des assurances. La chambre mixte de la Cour de cassation a simplement condamné la pratique des clauses pré-imprimées en ce qu'elles ne sont pas suffisantes à rapporter la preuve d'un questionnement préalable de l'assuré par l'assureur ; elle n'a nullement entendu imposer systématiquement un questionnaire comme unique mode de preuve du questionnement. Or si les conditions particulières font ressortir des informations personnelles inconnues de l'assureur et qui n'ont pu être révélées que par l'assuré, la preuve de la réalité d'un questionnement préalable de l'assuré par l'assureur se trouvera rapportée. La doctrine a elle-même souligné la recevabilité d'autres modes de preuve que le questionnaire : « Ils distinguent deux pratiques : celle qui consiste à faire figurer dans les conditions particulières une formule stéréotypée (du type : l'assuré déclare être en bonne santé), dont le contenu très général l'apparente au mieux à une déclaration pour autrui, au pire à une clause de style (d'un style plutôt douteux) mais sûrement pas au rappel d'une réponse à une question antérieure. L'autre pratique revient à poser oralement (pour gagner du temps et donc de l'argent) les questions à l'assuré, et à consigner ultérieurement ses réponses par écrit. Elle peut être prouvée quand les informations figurant dans les conditions particulières, par exemple le numéro de permis de conduire de l'assuré, supposent nécessairement que ce dernier a été préalablement questionné ». (« Déclaration pré-rédigée des risques : deux voix pour un arrêt » RGDA n° 4 avril 2014 p. 196).

2453. L'assuré qui désire être garanti par un nouvel assureur s'engage à fournir à celui-ci le relevé d'informations délivré par l'assureur du contrat qui le garantissait précédemment (C. assur., art. A. 121-1, Ann., art. 13). Il s'agit d'un document qui comporte notamment l'indication du nombre, de la nature et de la date de survenance des sinistres intervenus au cours des cinq périodes annuelles précédant l'établissement du relevé, ainsi que la part de responsabilité retenue et le coefficient de réduction-majoration appliqué à la dernière échéance annuelle. Il constitue une sorte de « casier » des antécédents de sinistre. L'article 12 de l'annexe à l'article A. 121-1 du Code des assurances précise que ce document est délivré à la demande du souscripteur ou lors de la résiliation du contrat par l'une des parties.

2454. L'assureur est tenu de délivrer un relevé d'informations conforme à la réalité et sur lequel ne pourront figurer que les accidents donnant lieu à application de la clause de bonus-malus : pour refuser de délivrer un relevé d'informations ne mentionnant pas l'accident contesté, l'assureur engage sa responsabilité à l'égard de son assuré, lequel est en droit d'obtenir sa condamnation sous astreinte à délivrer un nouveau relevé (TI Pontoise, 10 sept. 2002, Juris-data n° 213203). Toutefois, quand bien même le conducteur d'un véhicule aurait bénéficié d'une ordonnance de référé lui accordant une provision, cette circonstance ne peut justifier la condamnation de l'assureur à rectifier le relevé d'informations imputant une responsabilité totale au dit conducteur (CA Aix-en-Provence, 17 févr. 2000, Juris-data n° 116859).

§ 4 ▪ Mise à jour des informations personnelles

2455. L'obligation de désigner le conducteur principal d'un véhicule ne s'impose pas uniquement lors de la conclusion du contrat mais également pendant son déroulement si la personne qui conduit le véhicule à titre principal vient à changer. Selon les termes de l'article L. 113-2 3° du Code des assurances, l'assuré est obligé de déclarer en cours de contrat les circonstances nouvelles qui ont pour conséquence soit d'aggraver les risques, soit d'en créer de nouveaux et rendent de ce fait inexactes ou caduques les réponses faites à l'assureur notamment dans le formulaire de déclaration du risque.

Section 2 ▪ Mensonges relatifs au conducteur habituel

2456. La sanction la plus lourde énoncée par le Code des assurances au titre d'une mauvaise déclaration du risque par le souscripteur résulte de la nullité du contrat pour fausse déclaration intentionnelle (C. assur., art. L. 113-8). Cette nullité est opposable aux tiers qui seront alors indemnisés, selon leur droit à indemnisation, par le Fonds de garantie des assurances obligatoires de dommages. L'assureur devra prouver la réunion des trois critères cumulatifs de la fausse déclaration intentionnelle, énoncés par l'article L. 113-8 du Code des assurances pour invoquer avec succès la nullité du contrat d'assurance automobile, à savoir :
- une fausse déclaration ;
- présentant un caractère intentionnel ;
- et ayant provoqué un changement de l'objet du risque ou une diminution de l'opinion qu'il peut en avoir.

2457. Dérivant du contrat d'assurance, l'action en nullité du contrat intentée par l'assureur est soumise à la prescription biennale de l'article L. 114-1 du Code des assurances. Toutefois, l'assureur sera recevable à opposer la nullité par voie d'exception bien après l'expiration du délai biennal en vertu du principe selon lequel l'exception de nullité du contrat est perpétuelle (Civ. 2e, 19 oct. 2006, n° 05-17.599, RGDA 2007 p. 80).

Sous-section 1 ▪ Fausse déclaration

§ 1 ▪ Lors de la souscription du contrat

A ▪ Mensonge à la souscription

2458. La fausse déclaration peut consister en un « mensonge », acte positif, si elle est effectuée lors de la conclusion du contrat. A cet égard, les déclarations faites par l'assuré en signant les conditions particulières du contrat comprenant l'affirmation litigieuse sont prises en compte (Civ. 2e, 17 fév. 2011, n° 09-72.793, JA avril 2011, p. 41). Le mensonge portera souvent sur l'identité du conducteur habituel du véhicule. L'assureur n'est pas tenu de vérifier les déclarations du souscripteur sauf s'il existe une raison objective de douter de leur sincérité (Crim., 16 avr. 1992, RGAT 1993. 114, note J. Landel). Il faut néanmoins toujours se placer à la date de la souscription du contrat pour apprécier la fausse déclaration (Civ. 1re, 12 mars 1991, RCA 1991, comm. n° 223).

2459. La fausse déclaration intentionnelle est ainsi commise par un assuré, à la retraite, qui avait déclaré faire de son véhicule un « usage retraité » alors que celui-ci était en réalité utilisé par son fils pour des besoins professionnels (CA Paris, 29 nov. 1999, Juris-data n° 101899). Il s'agira aussi parfois d'un mensonge sur l'activité professionnelle réellement exercée par le souscripteur (Civ. 1re, 16 avr. 1991, RGAT 1991. 547 note H. Margeat et J. Landel) ou sur l'identité du conducteur habituel (Civ. 1re, 4 juin 1996, et Civ. 1re, 21 mai 1996,RGDA 1996. 605, note A. Favre Rochex ;Civ. 1re, 18 mars 1997,RGDA 1997. 722, note L. Mayaux). Néanmoins, la nullité semble exclue si l'assureur ne rapporte pas la preuve de ce que l'assuré est devenu le conducteur principal du véhicule en cours de contrat (CA Paris 7e ch. A, 29 avr. 2003 MMA c/Hervé, RG n° 2001/17358). En revanche, la nullité est prononcée à l'encontre du souscripteur désigné comme conducteur principal, mère du conducteur responsable et elle-même déjà conductrice principale d'un autre véhicule assuré, son fils ayant obtenu son permis de conduire 4 jours avant la souscription du contrat d'assurance annulé (CA Paris 7e ch. A, 28 oct. 2003, Azur Assurances c/Dos Santos, RG n° 2002/10836).

B ▪ Omission à la souscription

2460. L'omission propre à caractériser la nullité du contrat sur le fondement de l'article L. 113-8 du Code des assurances porte, souvent, sur les antécédents de l'assuré (condamnations pénales, suspensions du permis, résiliation d'un précédent contrat auprès d'un autre assureur...). La nullité sera ainsi encourue au titre de l'omission de déclaration d'une condamnation pénale ayant notamment entraîné la suspension du permis (Crim., 10 févr. 1993, RGAT 1993 583, note J. Landel) ou du silence gardé sur la sinistralité antérieure (Civ. 1re, 16 févr. 1988, RGAT 1988. 473, note J. Bigot ; Civ. 2e, 17 mars 2011, n° 10-16.254, JA mai 2011, p.42).

C ▪ Spécificité de la police multirisque

2461. En présence d'une police multirisque automobile, la fausse déclaration concernant l'un des risques garantis par le contrat (par exemple risque de vol) ne peut entraîner la nullité globale de tout le contrat qui demeure valable pour les autres risques (par exemple risque de responsabilité). Il a été jugé « qu'en cas de réticence ou de fausse déclaration intentionnelle faite par l'assuré à l'occasion d'une police garantissant plusieurs risques distincts, l'appréciation de la portée de cette réticence ou fausse déclaration sur l'opinion du risque pour l'assureur doit se faire par rapport à chaque risque en litige, mais indépendamment des circonstances du sinistre ». La nullité ne peut donc frapper le contrat en ses entières garanties (Civ. 1re, 21 oct. 2003, Juris-data n° 020691 ; Civ. 1re, 3 janv. 1996, RGDA 1996. 74 ; Civ. 2e, 12 mai 2011, n° 10-10.412).

2462. La fausse déclaration sur l'identité du conducteur habituel n'entraîne que la nullité du risque de responsabilité civile et non celui de l'incendie (Civ. 1re, 3 juill. 1990, RCA 1990, comm. n° 389) ou celui du bris de glaces (Civ. 1re, 19 mai 1992, RGAT 1992. 537, note J. Landel). On citera cependant cette décision qui affirme que la Cour d'appel a recherché si la fausse déclaration sur la personne du conducteur habituel a affecté l'appréciation de l'assureur des risques au titre de l'« accident » et du « vol » : en relevant, d'une part, que le véhicule en cause modèle sport de couleur jaune était de nature à susciter la convoitise, du moins, attirer l'attention des malfaiteurs, d'autre part, que le véritable conducteur (le fils) ne disposait pas de la même expérience de conduite que l'assuré (le père) (Civ. 2e, 2 avr. 2009, n° 08-12.942).

§ 2 ▪ En cours de contrat

2463. La Cour de cassation a jugé que l'omission de mauvaise foi de la déclaration d'une aggravation de risque telle que, s'il avait connu cette aggravation, l'assureur aurait résilié le contrat ou proposé un nouveau taux de cotisation, est une cause d'annulation du contrat. (Civ. 1re, 16 mars 1994, Bull. civ. I, n° 97). Elle a jugé également que : « la dissimulation intentionnelle d'une circonstance nouvelle aggravant le risque au sens de l'article L. 113-2 3°, du Code des assurances est sanctionnée par la nullité du contrat en application de l'article L. 113-8 de ce code » (Crim., 30 oct. 2000, Bull. crim., n° 319).

Sous-section 2. Démonstration de la mauvaise foi

2464. Les juges se placent au jour de la conclusion du contrat pour apprécier la mauvaise foi de l'assuré. Ce critère est apprécié aujourd'hui par les seuls juges du fond car la Cour de cassation précise qu'il relève du pouvoir souverain de ces juges (Civ. 1re, 15 juin 2000, RGDA 2000. 816, note A. Favre Rochex).

2465. Pratiquement, le juge tiendra compte des « qualités personnelles de l'assuré », de sa « conscience » de commettre une fausse déclaration et de la « rédaction même des questions posées ». En fonction des qualités personnelles de chacun le juge examine si la mauvaise foi est manifeste ou non car il faut être en mesure de comprendre les questions posées pour y répondre correctement. Dès lors, la mauvaise foi d'un analphabète sera presque systématiquement rejetée par le juge. (Civ. 1re, 20 oct. 1993, RGAT 1994. 111, note J. Kullmann).

2466. La bonne foi est toujours présumée et la preuve de la mauvaise foi incombe à l'assureur (Crim., 18 juill. 1989, RGAT 1989. 794 note Margeat et Landel). La preuve de la mauvaise foi peut se faire par tous moyens.

Sous-section 3. Opinion de l'assureur sur le risque assuré

2467. Selon les textes (C. assur., L. 113-8), la fausse déclaration ne doit pas seulement être commise de mauvaise foi mais doit aussi avoir pour conséquence de modifier l'opinion de l'assureur sur le risque assuré. Le « mobile » de la fausse déclaration est souvent le même : il s'agira, par exemple, de ne pas déclarer, en qualité de conducteur principal, un jeune conducteur qui vient d'obtenir son permis de conduire afin d'éviter de payer la cotisation majorée prévue par la réglementation (V. C. assur., art. A. 335-9-1). Il s'agit également de profiter d'une tarification bien meilleure en déclarant un conducteur titulaire d'un bonus supérieur à celui dont est titulaire la personne qui conduira habituellement le véhicule, à l'insu de l'assureur.

2468. Dans toutes les hypothèses pour lesquelles le « profil » du conducteur habituel est proche de celui du conducteur déclaré aux conditions particulières, que ce soit au niveau des antécédents déclarés ou de la date d'obtention du permis de conduire ou encore du bonus malus, la nullité semble exclue. Et ceci, même s'il y a bien une fausse déclaration commise de mauvaise foi. Par exemple, l'indication erronée de l'identité du propriétaire du véhicule ne constitue pas à elle seule une cause de nullité du contrat (Civ. 1re, 10 mai 1989, Bull. civ. I, n° 186). Tel est aussi le cas si l'assuré n'avait aucun intérêt financier à cacher l'identité du conducteur habituel du véhicule (CA Nancy, 3 juin 2002, Juris-data n° 223256). En revanche, cette opinion est bien modifiée concernant un véhicule, assuré par un artisan se présentant à l'assureur comme le seul conducteur habituel, qui est en réalité un véhicule d'entreprise conduit pour des besoins professionnels par les préposés du souscripteur (CA Douai, 3e ch., 31 janv. 2002, Juris-data n° 205178).
L'assureur doit prouver que la fausse déclaration a modifié son opinion (Crim., 13 juin 1991 et 28 juin 1991, RCA 1991, comm. n° 441).

Section 3 ▪ Personnes légalement assurées

2469. Le conducteur principal du véhicule n'est pas la seule personne « qui a le droit » de le conduire. Le propriétaire peut parfaitement décider de confier, temporairement, son véhicule à une autre personne dans la mesure où celle-ci n'en devient pas au fil du temps le conducteur habituel, sous peine d'encourir la sanction de la nullité. La liste des assurés de plein droit est donnée par l'article L. 211-1 du Code des assurances, en ces termes : « Les contrats d'assurance [...] doivent également couvrir la responsabilité civile de toute personne ayant la garde ou la conduite, même non autorisée, du véhicule, à l'exception des professionnels de la réparation, de la vente et du contrôle de l'automobile, ainsi que la responsabilité civile des passagers du véhicule objet de l'assurance. ». L'article R. 211-2 prévoit aussi que la responsabilité du « souscripteur » du contrat et celle du « propriétaire » doivent être garanties. Les textes distinguent ainsi implicitement les personnes ayant un intérêt juridique avec le véhicule où l'assureur, lors de la conclusion du contrat, de celles qui n'en ont pas.

Sous-section 1 ▪ Personnes directement intéressées par l'assurance

2470. Fréquente est l'hypothèse par laquelle une seule personne réunit sur sa tête tous les « statuts » envisagés par le Code des assurances : propriétaire d'un véhicule dont elle est également le conducteur et le gardien, elle acquiert aussi la qualité de souscripteur du contrat lorsqu'elle se présente chez l'assureur pour satisfaire à l'obligation légale. Toutefois, il n'en va pas toujours ainsi et la situation juridique de l'assuré devient plus complexe lorsque, transporté dans le véhicule, il peut avoir vocation à bénéficier de l'assurance obligatoire en qualité de victime de l'accident. Il convient donc d'examiner le sort réservé par la loi à chaque assuré légal.

§ 1 ▪ Assuré, conducteur du véhicule

2471. C'est la personne physique qui conduit le véhicule, c'est-à-dire celle qui se sert de l'ensemble des organes techniques prévus et montés par le constructeur pour la conduite de l'engin (siège, volant ou guidon, pédales de commande, boîte de vitesse, etc.). Ne peut être considérée comme conducteur d'un véhicule selon la Cour de cassation « que la personne qui, à la place qu'elle occupe, dispose de tous les organes nécessaires à la conduite de ce dernier. » (Crim., 1er mars 1988, Bull. crim., nº 106).

A ▪ Garantie de la responsabilité du conducteur

2472. Le conducteur est la personne qui se trouve la plupart du temps responsable de l'accident et est visée comme le premier débiteur de l'indemnisation due aux victimes par l'article 2 de la loi « Badinter » du 5 juillet 1985, au même titre que le « gardien » du véhicule. La garantie légale de la responsabilité du conducteur résulte d'une application stricte des dispositions de l'article L. 211-1 du Code des assurances et ne pose quasiment aucune difficulté technique de mise en œuvre, en l'absence d'exceptions contractuelles propres à la situation envisagée.

B ▪ Garantie du dommage subi par le conducteur

2473. Plus délicate est la situation par laquelle le conducteur se trouve lui même victime de l'accident dans une configuration par laquelle son véhicule est seul en cause. En l'absence d'un autre conducteur impliqué, toute possibilité d'indemnisation par l'assureur d'un tiers est de facto exclue, de sorte que le conducteur recherchera souvent la garantie de l'assureur du véhicule qu'il conduisait. La haute juridiction s'y refuse (Civ. 2e, 13 juill. 2006, RCA 2006, arrêts nº 3 et 4, Étude 12, H. Groutel). Le Code des assurances déroge sur ce point à la garantie légale (C. assur., art. L. 211-1) en énonçant que l'obligation d'assurance ne s'applique pas à la réparation des dommages subis « par la personne conduisant le véhicule » (C. assur., art. R. 211-8 1º a). Cette dérogation prive ainsi le conducteur de toute indemnisation, en l'absence d'extension spécifique de garantie insérée dans le contrat, car ce texte s'applique même si le conducteur n'a pas « à assumer la responsabilité civile de l'accident » (Civ. 1re, 13 mai 1986, Bull. civ. I, nº 119 ; Civ. 1re, 12 oct. 1976, D. 1977, IR, 33). La dérogation de l'article R. 211-8 doit effectivement recevoir application à l'accident du véhicule « même si celle-ci (la conductrice) n'en est en rien responsable » (CA Agen, 2 avr. 1998, Juris-data nº 055916, statuant sur renvoi après cassation de Crim., 24 sept. 1997, RGDA 1997. 1042, note J. Landel ; il s'agissait pourtant d'une affaire dans laquelle la faute du gardien du véhicule, personne distincte de la conductrice, était judiciairement établie tandis que cette dernière invoquait l'impossibilité d'une dérogation réglementaire à un texte de nature législative, en l'occurrence l'article L. 211-1 alinéa 2 du Code des assurances réputant garantie de plein droit la responsabilité civile du gardien du véhicule). Il appartiendra également à la seule personne impliquée dans un accident avec son propre véhicule, en l'occurrence une moto volée, de rapporter la preuve qu'une autre personne était le conducteur du véhicule, ce qu'aucun indice matériel ne vient corroborer (Civ. 2e, 5 avr. 2007, RCA 2007, comm. n° 213).

2474. L'article R. 211-8 du Code des assurances qui dispose que l'obligation d'assurance ne s'applique pas à la réparation des dommages subis par la personne conduisant le véhicule, ne distingue pas selon la nature des dommages (Civ. 1re, 13 juin 1995, RGAT 1995. 592, note J. Landel). Une décision contraire a jugé cependant que le préjudice par ricochet, qui ne se confond pas avec le préjudice personnel directement subi par le conducteur, n'est pas exclu au sens de ce texte (Civ. 2e, 13 juill. 2000, RCA 2000, comm. n° 340, obs. H. Groutel). Toutefois, la deuxième Chambre civile de la Cour de cassation semble rejoindre la position adoptée par la première Chambre : celui qui possède à la fois la qualité de conducteur et de gardien de son propre véhicule ne peut se prévaloir de la garantie légale à l'encontre de son propre assureur pour obtenir l'indemnisation des dommages qu'il a subis, directement ou par ricochet (Civ. 2e, 7 déc. 2006, RCA 2007, comm. n° 85, obs. H. Groutel). Un arrêt rendu par la Cour de cassation a retenu la garantie de l'assureur d'un véhicule seul impliqué dans un accident de la circulation au bénéfice de son conducteur, ce qui semble contrevenir aux dispositions réglementaires susvisées, alors que le gardien du véhicule, passager transporté, avait commis une faute à l'origine de l'accident (Civ. 2e, 8 mars 1995, L'Argus Cahier jur. et tech. 29 mars 1996, p. 31 ; Bull. civ. II, nº 72). Toutefois, le moyen unique de cassation de l'assureur invoquait la seule violation de l'article 1er de la loi du 5 juillet 1985 et non celle des dispositions de l'article R. 211-8 du Code des assurances.

2475. En cas de décès du conducteur, les dispositions de l'article R. 211-8 ne font pas obstacle à la garantie des ayants droit de celui-ci car la dérogation ne concerne que la réparation des dommages subis par le conducteur, et non ceux subis par sa famille : les ayants droit sont indemnisés par l'assureur du véhicule pour leur préjudice par ricochet (Civ. 2e, 2 juill. 1997, D. 1997, p. 448, note H. Groutel ; Crim., 4 déc. 2001, Bull. crim., nº 249).

§ 2 ▪ Assuré, propriétaire du véhicule

2476. Il s'agit ici de garantir la personne physique ou morale, propriétaire du véhicule, pour la responsabilité qu'elle peut encourir en raison de sa qualité de propriétaire. Le propriétaire d'une chose, en l'occurrence une automobile, est présumé en être le gardien en application de l'article 1384 alinéa 1er du Code civil (Civ. 2e, 19 juin 2003, RCA 2003, comm. n° 233).

A ▪ Propriétaire « gardien de la structure »

2477. Le propriétaire est toujours obligatoirement assuré par le contrat (C. assur., art. R. 211-2). En règle générale, le propriétaire de l'automobile est le titulaire de la carte grise mais ce n'est pas toujours le cas car le certificat d'immatriculation n'est qu'une pièce administrative nécessaire à la mise en circulation du véhicule et non un titre de propriété. Si le propriétaire n'est pas le conducteur du véhicule, sa responsabilité peut être engagée en cas d'accident s'il s'avère que celui-ci est la conséquence d'un défaut de l'automobile, en application de la jurisprudence relative à la garde de la structure, le propriétaire étant présumé gardien de son véhicule au regard de l'article 1384 alinéa 1er du Code civil. La jurisprudence considère que le propriétaire d'un véhicule terrestre à moteur ne peut céder à son conducteur que la garde du comportement de l'automobile mais conserve néanmoins toujours la garde de la structure en cas de prêt de courte durée uniquement. Le propriétaire devra alors prouver que l'accident trouve sa cause dans une action de la victime, dérivant de la garde du comportement, en cas de dommage impliquant la structure du véhicule (CA Aix-en-Provence, 26 oct. 2000, Juris-data n° 131393).

B ▪ Propriétaire, garant des défectuosités

2478. La responsabilité du propriétaire sera directe si l'accident est la conséquence d'un défaut d'entretien pouvant lui être reproché (pneus lisses ou sous gonflés, freins déréglés, amortisseurs usés) ou s'il a lui-même tenté de réparer son véhicule, ce qui légitime d'autant sa qualité d'assuré légal. Dans d'autres hypothèses, sa responsabilité ne sera qu'indirecte et permettra à son assureur d'exercer un recours contre un tiers responsable. Tel est le cas si l'accident est soit la conséquence d'une mauvaise réparation, auquel cas le propriétaire aura lui-même un recours judiciaire possible contre le réparateur du véhicule, soit la conséquence d'un vice caché, ce qui lui offre également un recours possible contre le constructeur ou le vendeur du véhicule.

2479. La responsabilité du propriétaire n'est pas simplement théorique, surtout si une avarie technique est en cause dans l'accident ; dans la plupart des cas, il s'agira de savoir qui est demeuré « gardien du véhicule », la « garde » étant ici une notion juridique rattachée au pouvoir d'usage, de contrôle et de direction de l'automobile. Le gardien n'est pas toujours la personne « qui se trouve aux commandes » du véhicule mais la jurisprudence présume que le propriétaire en reste toujours le gardien. La Cour de cassation a jugé que la personne qui conduit un véhicule affecté d'un défaut de freinage, et qui en est parfaitement avertie avant d'en prendre la conduite, devient « gardien du système de freinage » de sorte que le propriétaire ne sera pas inquiété (Civ. 2e, 13 déc. 1989, Bull. civ. II, n° 222). L'idée à retenir est qu'une personne avertie doit pouvoir adapter sa conduite ou ne pas conduire. En revanche, si le conducteur n'est pas averti des malfaçons éventuelles du véhicule, le propriétaire restera tenu pour responsable des défauts de structure du véhicule, s'ils sont seuls en cause à l'exception de toute faute du conducteur, c'est-à-dire qu'il demeure gardien de celui-ci pour la jurisprudence, à charge pour lui d'exercer un recours contre un tiers (Civ. 2e, 11 avr. 2002, Bull. civ. II, n° 72).

C ▪ Propriétaire, bénéficiaire de la garantie légale

2480. L'assurance obligatoire n'a pas vocation en théorie à indemniser les dommages subis par les personnes ayant la qualité d'assuré légal, qui de ce fait ne devraient pas être considérées comme des tiers au contrat. Néanmoins, l'article L. 211-1 alinéa 5 du Code des assurances précise que les membres de la famille du conducteur ou de l'assuré sont considérés comme des tiers susceptibles de subir un dommage garanti par l'assurance obligatoire. À la lecture de ce texte, le propriétaire, transporté en qualité de passager à l'intérieur de son véhicule, bénéficie donc de la garantie légale pour la réparation de ses dommages corporels.

2481. La garantie des dommages matériels du propriétaire victime est exclue par l'article 5, alinéa 2 de la loi du 5 juillet 1985, s'agissant de son véhicule : « lorsque le conducteur d'un véhicule terrestre n'en est pas le propriétaire, la faute de ce conducteur peut être opposée au propriétaire pour l'indemnisation des dommages causés à son véhicule. Le propriétaire dispose d'un recours contre le conducteur ». La jurisprudence rappelle fréquemment ces dispositions légales (Civ. 2e, 28 juin 1995, D. 1995, IR, 184).

§ 3 ▪ Assuré, souscripteur du contrat

2482. Le souscripteur est la personne qui doit payer la prime ou cotisation d'assurance automobile et qui se trouve de ce seul fait réglementairement assurée (C. assur., art. R. 211-2). Dans la sphère de la vie privée, le souscripteur est par exemple distinct du conducteur en matière d'assurance souscrite - donc payée - par les parents d'un mineur pour garantir le scooter que leur enfant s'est offert avec ses économies, et qu'il conduit régulièrement. Il y a là peu d'intérêt pratique car le souscripteur qui n'est pas également conducteur du véhicule ni propriétaire de celui-ci a peu de chance de se voir reprocher une faute en cas d'accident. Lui donner la qualité d'assuré obligatoire ne s'explique pas davantage par le fait que le souscripteur est susceptible d'emprunter occasionnellement le véhicule car toute personne autorisée par le propriétaire devient légalement assurée. Seule demeure l'hypothèse de la responsabilité civile du souscripteur occasionnée par une intervention manuelle de sa part sur le véhicule, devenue source d'accident. Il s'agira par exemple du père de famille ayant tenté une réparation de fortune sur le scooter de son fils, pour lequel il n'est ni propriétaire ni conducteur de l'engin mais simplement souscripteur du contrat d'assurance. Sa faute se trouve ainsi garantie en cas d'accident corporel de la circulation provoquée par la défectuosité de l'engin à la suite de cette réparation.

2483. L'article L. 211-1 alinéa 5 du Code des assurances précise que les membres de la famille du conducteur ou de l'assuré sont considérés comme des tiers susceptibles de subir un dommage garanti par l'assurance obligatoire. Le souscripteur du contrat, transporté en qualité de passager à l'intérieur du véhicule, bénéficie donc de la garantie légale pour la réparation de ses dommages matériels et corporels. Toutefois, parce qu'il est une victime mieux informée que les autres, la jurisprudence précise que les exclusions de garantie de l'article R. 211-13 du Code des assurances, qui en principe ne sont pas opposables aux victimes ou à leurs ayants droit, sont opposables au souscripteur du contrat d'assurance qui s'est lui-même placé en connaissance de cause dans une situation exclusive de la garantie (Civ. 1re, 6 juin 2001,D. 2002, somm. 3176, obs. H. Groutel ; Civ. 2e, 20 nov. 1996, RCA 1997, comm. n° 65, note H. Groutel).

Sous-section 2 ■ Personnes inconnues de l'assureur lors de la conclusion du contrat

2484. Le Code des assurances donne la qualité d'assuré à toutes les personnes qui ont « la garde ou la conduite même non autorisée » du véhicule (C. assur., art. L. 211-1) et qui, par définition, sont ignorées de l'assureur lors de la conclusion du contrat, à la différence du conducteur principal et des autres conducteurs. La loi a souhaité garantir les accidents provoqués par le voleur du véhicule pour transférer progressivement l'indemnisation des accidents qu'ils provoquent du Fonds de garantie vers les assureurs. Le passager, également inconnu de l'assureur, devient aussi « un assuré » du contrat pour les dommages qu'il peut provoquer, essentiellement lors de l'ouverture et de la fermeture des portières.

2485. L'article 1er du décret n° 59-135 du 7 janvier 1959 portant règlement d'administration publique pour l'application de la loi n° 58-208 du 27 février 1958, ayant instauré l'obligation d'assurance, prévoyait que les contrats « doivent couvrir la responsabilité civile du souscripteur du contrat, du propriétaire du véhicule et de toute personne ayant, avec leur autorisation, la garde ou la conduite de ce véhicule ». Il s'en suivait alors de multiples conflits relatifs à la preuve de l'autorisation conférée. Afin de remédier à ces difficultés, la loi du 5 juillet 1985 a supprimé la nécessité d'une autorisation : sont dorénavant garanties toutes les personnes qui ont « la garde ou la conduite même non autorisée » du véhicule y compris si l'usage du véhicule a été obtenu contre le gré du propriétaire, hypothèse ouvrant alors droit à recours pour l'assureur (C. assur., art. L. 211-1).

§ 1 ■ Voleur du véhicule

A ■ Garantie obligatoire des victimes de l'accident

2486. Le vol du véhicule enlève toute responsabilité à son propriétaire depuis un célèbre arrêt rendu par la Cour de cassation (arrêt Franck : Ch réunies, 2 déc. 1941, JCP G 1942, II, 1766, note G. Mihura). Peu importe l'infraction se trouvant à l'origine de la dépossession du véhicule par son propriétaire : il s'agira essentiellement d'un vol dans la plupart des cas mais l'abus de confiance commis par l'auteur de l'accident se trouve aussi garanti, car seul compte le critère de l'absence d'autorisation. Sont dorénavant garantis, afin de protéger les victimes, tous les accidents de la circulation provoqués par des voleurs car l'assurance obligatoire profite à ceux qui ont « la garde ou la conduite même non autorisée » du véhicule, à l'instar d'un voleur (C. assur., art. L. 211-1). Toutes les victimes blessées par le voleur à l'occasion de la conduite du véhicule, ou ayant même simplement subi des dégâts matériels, seront indemnisées par l'assureur du véhicule volé à condition toutefois que l'on puisse identifier le voleur, sinon la charge de l'indemnisation est transférée sur le Fonds de garantie.

2487. L'accident provoqué par le voleur doit être qualifiable « d'accident » au sens de la loi du 5 juillet 1985, c'est-à-dire un événement aléatoire, à l'exclusion des faits volontaires. Le dommage subi par la victime qui est la conséquence directe de l'action volontaire du conducteur ne résulte pas d'un accident de la circulation selon les juges : la loi du 5 juillet 1985 ne peut donc pas s'appliquer à cette situation (Civ. 2e, 22 janv. 2004, RCA 2004, comm. n° 134). La volonté des cambrioleurs qui ont dérobé les véhicules en cause pour s'en servir comme bélier, afin de défoncer une vitrine, pour perpétrer des vols dans un magasin, était bien de créer un dommage : la situation accidentelle n'est donc pas qualifiable d'accident de la circulation (Civ. 2e, 7 mai 2002, RCA. 2002, comm. n° 255).

B ▪ Exclusion des dommages subis par le voleur

2488. Si les victimes de l'accident sont « les auteurs, coauteurs ou complices du vol », la réparation de leur dommage se trouve exclue de la garantie légale car « en cas de vol d'un véhicule, ces contrats ne couvrent pas la réparation des dommages subis par les auteurs, coauteurs ou complices du vol » (C. assur., art. L. 211-1 al. 2). Il a été jugé que des mineurs qui dérobent sur un parking un véhicule abandonné, parce que déjà volé précédemment par un tiers, commettent « un second vol » et non un simple recel de vol : en cas d'accident, l'assureur serait tenu d'indemniser les tiers victimes à l'exception des dommages subis par le mineur victime, en l'espèce coauteur du vol, lui même blessé dans l'accident (Civ. 2e, 7 mai 2003, Bull. civ. II, n° 129).

2489. L'article L. 211-1 alinéa 2 du Code des assurances doit s'interpréter de manière restrictive de sorte que seuls les dommages subis par les auteurs, coauteurs et complices du vol et, en cas de décès, leurs ayants droit (Civ. 2e, 17 mars 2011, n° 10-10.232), ne seront pas couverts par l'assureur du véhicule. Ainsi, l'assureur doit sa garantie si la victime, passagère transportée, n'a pas participé au vol, ni comme auteur, ni comme coauteur ou comme complice (Civ. 2e, 13 mai 2004, RCA 2004, comm. n° 270). Toutefois, le receleur doit être indemnisé par l'assureur du véhicule s'il se trouve blessé dans un accident de la circulation impliquant le véhicule volé, dans lequel il est transporté, même s'il a profité du produit du vol en connaissance de cause (CA Paris, 13 janv. 2003, Juris-data n° 206773). Il en va de même de la personne dont il est prouvé qu'elle avait connaissance du vol et qui a été blessée alors qu'elle se trouvait transportée dans le véhicule : dès lors qu'elle n'a fait l'objet d'aucune poursuite pénale en qualité d'auteur ou de complice du vol, l'assureur sera tenu de l'indemniser (CA Paris, 10 oct. 2002, Juris-data n° 203970).

2490. Enfin, l'article L. 211-1 du Code des assurances qui exclut les dommages subis par les auteurs, coauteurs ou complices du vol d'un véhicule ne régit que l'assurance obligatoire des véhicules terrestres à moteur et ne s'applique pas à un contrat d'assurance multirisque habitation garantissant la responsabilité civile des parents d'un mineur. Précisément la clause de cette police qui assure, dans ce cas, la responsabilité que les parents peuvent encourir ne constitue pas une partie d'un contrat visé à l'article L. 211-1 du Code des assurances. Dès lors, l'assureur responsabilité civile du chef de famille doit sa garantie, ne pouvant se retrancher ni derrière l'exception légale, ni derrière une clause d'exclusion qui serait en l'espèce applicable dans le contrat souscrit (Crim., 8 fév. 2011, n° 10-81.568).

C ▪ Vol et résiliation du contrat

2491. Afin d'éviter la difficulté susceptible d'être posée par une résiliation immédiate du contrat d'assurance par l'assureur, en cas de vol du véhicule, un accord est intervenu entre les organisations d'assureurs et le Fonds de garantie, dont les bases sont reprises dans la convention d'indemnisation directe de l'assuré et de recours entre sociétés d'assurance automobile, dénommée convention IRSA. Il en résulte que tout sinistre survenu après le 1er janvier 1986 doit être pris en charge par les assureurs pendant un délai de trente jours commençant à courir à compter de la suspension ou de la résiliation du contrat à moins que le contrat n'ait été transféré sur un autre véhicule de remplacement avant l'expiration du délai de trente jours. La garantie restera acquise à l'assuré, en application de cette convention, jusqu'à l'échéance annuelle du contrat lorsque la responsabilité du propriétaire est susceptible d'être recherchée en raison d'un dommage causé à un ouvrage public (Conv. IRSA, art 1.2.2.b). Notons toutefois que cette convention n'est pas opposable aux victimes car elles ne l'ont pas signée.

§ 2 ▪ Assuré, passager du véhicule

2492. Les passagers transportés à quelque titre que ce soit dans le véhicule ou sur celui-ci, pour les deux ou trois roues, sont obligatoirement couverts pour les dommages qu'ils peuvent provoquer, essentiellement du fait de l'ouverture et de la fermeture des portières pour les véhicules à quatre roues (C. assur., art. L. 211-1 al. 2). La couverture de la responsabilité des passagers constitue ainsi une innovation instituée par la loi Badinter au regard du droit antérieur. Toutefois, cette garantie obligatoire de la responsabilité du passager ne saurait constituer une forme d'immunité lorsque celui-ci, bien que victime de l'accident et intégralement indemnisé, a contribué par sa faute personnelle à la réalisation de l'accident : « la qualité de victime d'un accident de la circulation ne peut exonérer celle-ci de sa responsabilité encourue à l'égard d'autres victimes » (Civ. 2e, 3 févr. 2005, RCA 2005, comm. n° 138).

2493. Avant 1985, sauf clause contractuelle insérée au contrat, le passager du véhicule engageait sa responsabilité civile personnelle pour les accidents de portière qu'il provoquait, en qualité de gardien de la portière sur le fondement de l'article 1384 alinéa 1er du Code civil. Le passager transporté devient, avec la loi Badinter, à la fois un assuré garanti pour la responsabilité civile des dommages qu'il peut causer aux tiers mais aussi un bénéficiaire potentiel de la garantie s'il est lui-même blessé alors qu'il se trouve transporté dans le véhicule. Néanmoins, l'accident provoqué par un passager n'est pas exclusif le cas échéant de la responsabilité du conducteur : le chauffeur de taxi qui s'arrête ainsi en double file dans une rue étroite en sens unique pour laisser descendre son passager, lequel heurte avec la portière un motocycliste en train de dépasser le taxi, manque à son obligation de sécurité et commet une faute de conduite même si le passager a également commis une imprudence en descendant du véhicule sans s'assurer de l'absence de danger (CA Paris, 8 juin 1999, Juris-data n° 101114). La difficulté relative à la responsabilité du passager se pose rarement car c'est toujours l'assureur du véhicule impliqué qui réglera à la victime le montant de son dommage quelle que soit la personne responsable (conducteur ou passager).

§ 3 ▪ Assuré, gardien du véhicule

A ▪ Notion civile de garde

2494. La garde du véhicule est une notion qui reçoit une définition juridique, qui peut se confondre ou non avec la conduite de celui-ci selon les hypothèses. Le gardien est défini par la Cour de cassation comme la personne qui a cumulativement « l'usage, la direction et le contrôle du véhicule » (Ch. réunies, 2 déc. 1941 ; arrêt Franck DC 1942, jur. p. 25, note G. Ripert ; S. 1941, 1, p. 217, note H. Mazeaud ; JCP G 1942, II, 1766, note G. Mihura). Cette personne pourra être le propriétaire du véhicule, qui en est toujours présumé gardien (Civ. 2e, 19 juin 2003, RCA 2003, comm. n° 233), mais aussi tous ceux auquel ce dernier en aura confié la garde. Le gardien du véhicule est obligatoirement assuré par la loi (C. assur., art. L. 211-1). Un auteur a récemment rappelé la définition de chaque critère : « L'usage, c'est le fait de se servir de la chose, d'en tirer profit; le contrôle, c'est l'aptitude du gardien à surveiller la chose, mais également à la maîtriser, à l'utiliser dans toutes ses fonctionnalités malgré une complexité éventuelle d'utilisation ; enfin la direction, c'est l'utilisation indépendante de la chose, le gardien l'utilise à sa guise, décide librement de la finalité de son emploi ». (S. Rétif : « Un critère unique de la garde d'une chose : la faculté de prévenir le préjudice qu'elle peut causer ? » Resp. civ. et assur. 2004, étude 24). La doctrine semble militer actuellement pour un abandon de la distinction entre la garde matérielle et la garde juridique de la chose afin de ne retenir comme gardien que la seule personne qui se trouvait en mesure d'empêcher le dommage. En ce sens : A. Bénabent, Droit civil, Les obligations : Montchrestien, 7e éd., n° 612 : "est gardien celui qui détient « l'usage, la direction et le contrôle » de la chose : c'est en effet celui-là qui, ayant la maîtrise de la chose, avait (en théorie du moins) la possibilité d'empêcher qu'elle ne cause un dommage". En matière d'accident de la circulation, il semble que la détermination du gardien du véhicule suive cette tendance doctrinale. Un arrêt rendu en 2009 par la Cour de Cassation en apporte une illustration. Il s'agissait d'une affaire dans laquelle le conducteur d'un quad, seul victime de l'accident, recherchait la responsabilité du loueur de l'engin dont le préposé dirigeait la promenade à bord d'un autre quad. Ayant été seul victime de l'accident à bord de son quad, l'assureur de l'engin avait logiquement refusé de l'indemniser en considérant qu'il avait conservé la double qualité de conducteur et de gardien. Or la cour d'appel avait jugé qu'en dirigeant la promenade devant lui à bord d'un autre engin, le préposé du loueur était demeuré également gardien du véhicule du locataire victime. Mais la Cour de Cassation a cassé l'arrêt en ces termes : « Qu'en statuant ainsi, alors qu'il résultait de ces constatations que M. Penasa avait seul la maîtrise du quad et que le rôle du préposé du loueur s'était limité au choix du circuit et à l'accompagnement de l'excursion, ce dont il résultait que la garde du véhicule avait été transférée au conducteur, la cour d'appel a violé les textes susvisés » (Civ. 2e, 10 nov. 2009, Resp. civ. et assur. 2010, comm. 13). Il semble donc que la Cour de Cassation fasse prévaloir y compris dans le régime des accidents de la circulation la position de la doctrine selon laquelle le gardien de la chose doit être celui qui était le plus en mesure d'empêcher la survenance du dommage.

B ▪ Conservation et transfert de garde

2495. Les conflits habituels dérivent souvent de la notion « d'autorisation » de conduite du véhicule par le gardien, de sorte qu'il faudra systématiquement rechercher qui est réellement demeuré gardien du véhicule, afin de savoir si l'assureur disposera ou non d'un recours contre le conducteur en cas de doute ou de contestation. La recherche du gardien s'avérera aussi utile si les circonstances de l'accident imposent la recherche d'un « responsable » car les victimes d'un accident de la circulation disposent d'un droit à indemnisation à l'encontre du conducteur du véhicule mais aussi du gardien de celui-ci, selon les dispositions de l'article 2 de la loi du 5 juillet 1985.

2496. La loi Badinter n'a pas développé une notion juridique autonome de la garde, les solutions dégagées par la jurisprudence au visa de l'article 1384 alinéa 1er du Code civil demeurent ainsi applicables. L'hypothèse la plus classique du transfert de garde est bien sûr celle du vol : dépossédé de son véhicule par une personne qu'il n'a jamais autorisé à conduire, le propriétaire de l'automobile transfert ainsi à son insu la garde au voleur (Ch. réunies, 2 déc. 1941 ; arrêt Franck DC 1942, jur. p. 25, note G. Ripert). Ce sera également le cas lorsque le véhicule est confié pour réparation à un garagiste, loué à un tiers ou même prêté en longue durée à toute personne. Si le véhicule est conduit par un préposé, c'est logiquement le commettant qui se verra attribuer la garde (Civ. 2e, 24 janv. 1996, Bull. civ. II, n° 6). En effet, il a été décidé que la qualité de préposé est incompatible avec celle de gardien. De même, la Cour de cassation a jugé que la personne qui conduit un véhicule affecté d'un vice de freinage, et qui en est parfaitement avertie avant d'en prendre le volant, devient gardien du véhicule, de sorte que le propriétaire ne sera pas inquiété (Civ. 2e, 13 déc. 1989, Rép. Defrenois 1990, n° 15.16, p. 874, note Champenois). En revanche, il a été jugé que le propriétaire reste le gardien de son véhicule lorsqu'il se trouve lui même transporté dans son propre véhicule par un conducteur autorisé (Civ. 2e, 3 oct. 1990, RCA 1990, p. 411). Le propriétaire d'un véhicule automobile qui le prête à une personne n'ayant pas le permis de conduire en conserve la garde dans la mesure où il ne le confie que pour un bref parcours en limitant les initiatives du conducteur, devant lequel il circule en mobylette (CA Dijon 1re ch., 26 mars 1999, Juris-data n° 103726). Il convient également de relever que si l'accident est provoqué par un incident technique du véhicule, tel l'éclatement d'un pneumatique, le propriétaire de l'automobile conserve « la garde de la structure » de son véhicule et peut ainsi être déclaré responsable de l'accident en l'absence de faute de conduite du conducteur (Civ. 2e, 24 janv. 1996, RCA 1996, comm. n° 91). Si le conducteur n'est pas averti des malfaçons éventuelles du véhicule, le propriétaire restera tenu pour responsable des défauts de structure du véhicule, s'ils sont seuls en cause à l'exception de toute faute du conducteur, c'est-à-dire qu'il demeure gardien de celui-ci à charge pour lui d'exercer le cas échéant un recours contre un tiers (Civ. 2e, 11 avr. 2002, Bull. civ. II, no 72).

C ▪ Mise à disposition de véhicules et de chauffeurs

2497. Il n'est pas rare qu'une société fasse « mettre à sa disposition » des véhicules terrestres à moteur, parfois avec chauffeur, notamment pour la conduite d'engins de travaux. Les contrats de mise à disposition, ignorés du Code civil, posent presque systématiquement le problème de la détermination du gardien du véhicule en cas d'accident de la circulation, qui plus est en présence d'une difficulté relative à l'application de la garantie. Qui, du commettant habituel ou occasionnel, sera déclaré gardien du véhicule ?

2498. En cas d'accident de la circulation provoqué par la seule faute du conducteur préposé, la recherche du commettant de la personne mise à la disposition d'autrui s'avérera souvent nécessaire, notamment pour déterminer le gardien débiteur de l'indemnisation. L'employeur d'un salarié conserve ainsi la qualité de commettant au regard des dispositions de l'article 1384 alinéa 5 du Code civil tant qu'il n'apporte pas la preuve qu'il a transféré à autrui l'autorité qui fonde la responsabilité du commettant (Civ. 2e, 17 déc. 1964, JCP G 1965, II, 14125, note R. Rodière) ou si subsiste, au profit de l'employeur habituel, un lien de dépendance (Com., 16 juin 1966, JCP G 1968, II, 15330, note J. Bigot). La Cour de cassation a également jugé que le commettant n'est pas celui qui donne en fait des ordres au préposé mais celui à qui appartient en droit le pouvoir de donner éventuellement des instructions (Com., 26 janv. 1976, D. 1976, jur. p. 449).

2499. Illustration : une pelleteuse appartenant à une société A, transportée sur une semi-remorque appartenant à une société B, à laquelle elle est confiée, est véhiculée par un tracteur appartenant à une société C, contractuellement choisie par B, l'ensemble étant conduit par un préposé de l'entreprise C. Survient un accident de la circulation, au cours d'un trajet personnellement choisi par le préposé de C, au cours duquel la pelleteuse heurte le tablier d'un pont surplombant la route. Il en résulte que, même si le préposé de C avait lui même choisi le trajet emprunté, l'entreprise B, pendant le trajet, « en la personne d'un convoyeur à son service, avait le pouvoir de diriger le chauffeur, et de choisir l'itinéraire » de sorte que « ledit chauffeur était devenu, en l'espèce, le préposé occasionnel » de B. (Com., 7 mars 1977, Bull. civ. IV, no 68). On admet toutefois que la responsabilité du fait des préposés peut peser sur plusieurs personnes (V. F. Bénac-Schmidt et Ch. Larroumet, Rép. civ. Dalloz, V. Responsabilité du fait d'autrui, no 91). Ainsi, l'accident survenu à un vélomotoriste blessé en tentant d'éviter le troupeau de chevaux qui circulait de nuit sur la chaussée engage la responsabilité des propriétaires des chevaux, du fait du gardien, car ils sont considérés comme commettants du gardien du troupeau (Civ. 2e, 9 nov. 1967, Bull. civ. II, no 321).

2500. La société qui obtient la mise à sa disposition d'un véhicule utilitaire ou d'un engin de travaux, avec leurs conducteurs, assume l'entière responsabilité du commettant du fait de son préposé dès lors qu'elle les utilise uniquement sous son autorité, sans aucun contrôle de la part de l'entreprise ayant fourni matériel et personnel. Il en va ainsi pour des dommages causés au cours de terrassements exécutés à l'aide d'un bulldozer loué à une entreprise de travaux, l'utilisateur ayant le contrôle et la direction de l'engin : « la cour d'appel, justifiant légalement sa décision, a pu déduire que la société était devenue gardienne du bulldozer » (Civ. 2e, 7 févr. 1990, Bull. civ. II, no 25). De même pour les dommages causés à un immeuble voisin par une tracto-pelle utilisée dans un chantier de démolition (Civ. 2e, 24 févr. 1971, Bull. civ. II, no 62). S'agissant d'un contrat de location, c'est la société locataire qui est reconnue gardienne du véhicule impliqué dans l'accident au sens de l'article 2 de la loi du 5 juillet 1985 (Civ. . 2e, 13 déc. 2012, n° 11-28.181, F-D, SA Covea fleet c/ SA Axa France IARD).

Sous-section 3 ▪ Recours contre la personne non autorisée

§ 1 ▪ Majeurs et mineurs

2501. L'assureur du véhicule dispose d'un recours intégral contre la personne responsable de l'accident lorsque la garde ou la conduite du véhicule a été obtenue contre le gré du propriétaire (C. assur., art. L. 211-1 al. 3). Bien souvent, l'assureur d'un véhicule volé tentera un recours contre l'assureur de responsabilité civile des parents du voleur lorsque celui-ci est un mineur à seule fin de trouver un payeur. Les recours contre les voleurs s'avèrent presque systématiquement illusoires au regard de l'insuffisance de leur patrimoine personnel propre à couvrir la dette. Lorsque le voleur est majeur, son assureur personnel de responsabilité civile ne pourra garantir le sinistre en raison de l'existence généralisée d'une clause contractuelle d'exclusion de garantie relative à la responsabilité découlant de l'utilisation d'un véhicule, insérée dans la totalité des assurances « multirisque habitation ». Les dispositions de l'assurance automobile obligatoire autorisant le recours de l'assureur contre la personne non autorisée ne peuvent pas faire l'objet d'aménagements conventionnels entre les parties à ce contrat, afin d'exclure la garantie légale définie à l'article L. 211-1 du Code des assurances (Civ. 1re, 4 avr. 1995, Bull. civ. I, no 151 ; Civ. 1re, 4 juill. 2000, Juris-data no 002823).

2502. Il a ainsi été jugé que l'assureur d'un véhicule volé par un enfant mineur, responsable d'un accident, ne dispose d'un recours que contre le mineur lui-même et ses parents, civilement responsables de sa faute sur le fondement de l'article 1384 alinéa 4 du Code civil, mais non à l'encontre de l'assureur personnel de responsabilité des parents, lorsque celui-ci a inséré dans son contrat d'assurance une clause « excluant les dommages causés par le mineur utilisant un véhicule volé » (CA Paris, 10 oct. 2002, Juris-data no 203970). Par ailleurs, la subrogation édictée par l'article L. 121-12 et l'immunité édictée par l'article L. 121-12 alinéa 3 du Code des assurances ne trouvent application que lorsque l'assuré dans les droits duquel l'assureur est subrogé, après paiement, a été la victime du dommage (Civ. 1re, 14 nov. 1995, RGDA 1996. 129, note J. Landel).

§ 2 ▪ Conduite contre le gré du propriétaire

2503. Lorsque la personne qui utilise le véhicule n'est pas un voleur mais qu'elle le conduit néanmoins contre le gré du propriétaire, la sanction légale qui la frappe peut être très lourde car l'assureur aura un recours intégral contre elle (C. assur., art. L. 211-1 al. 3). On citera l'exemple du salarié, chauffeur-livreur, qui utilise le véhicule que lui confie son employeur pendant les horaires de travail à des fins personnelles. La jurisprudence semble faire peser sur les assureurs l'obligation de démontrer que la conduite est bien intervenue « contre le gré du propriétaire » afin d'atténuer la rigueur de la sanction légale, ce qui supposera davantage la preuve d'une véritable interdiction manifeste plutôt qu'une simple absence d'autorisation

(Civ. 1re, 9 juin 1993, D. 1993, IR, 201). Cette preuve sera rapportée si un dépôt de plainte est intervenu, car la plainte constitue alors une manifestation procédurale de l'interdiction. Ce sera aussi le cas si le propriétaire a déclaré lors de son audition par les gendarmes qu'il avait formellement interdit l'utilisation de son véhicule à la personne concernée.

2504. Un client laisse son véhicule en stationnement, moteur arrêté, avec la marche arrière enclenchée à proximité d'un mur. Un employé du fournisseur se trouve sur les lieux pour effectuer pour le compte de son entreprise un chargement de colis et de courrier. Il s'introduit discrètement dans la cabine du véhicule « par curiosité », et actionne malencontreusement le contact, provoquant un bond en arrière du véhicule qui coince alors contre le mur le client, lui occasionnant des blessures. Il en résulte que le responsable a agi « contre le gré du propriétaire » puisqu'il a pénétré dans la cabine du véhicule et a mis le moteur en marche à l'insu du propriétaire Civ. 2e, 3 juin 2004, RCA 2004, comm. n° 271, obs. H. Groutel). De même, la condamnation définitive pour vol par une juridiction pénale matérialise nécessairement une conduite contre le gré du propriétaire, même si le voleur a pu s'introduire dans le véhicule sans effraction, les clés étant sur le tableau de bord (Crim., 19 juin 2007, RCA 2007, comm. n° 284). Il n'y a pas en revanche de conduite contre le gré du propriétaire lorsque le conducteur a emprunté à son propriétaire les clés du véhicule laissées de façon très apparente et accessible dans l'appartement que lui avait confié celui-ci, avec lequel il entretenait des liens d'amitié, et qui n'avait manifesté aucune interdiction de conduite de son véhicule (CA Riom 1re ch., 16 nov. 1989, Juris-data nº 049102).

§ 3 ▪ Location de véhicule et autorisation

2505. Dans cette hypothèse, le locataire d'un véhicule ne restitue pas celui-ci à la date convenue ou confie le volant du véhicule à une autre personne, inconnue du propriétaire, qui ne peut dès lors avoir autorisé un inconnu. Il ne fait aucun doute que toutes ces personnes sont assurées, en cas de dommages aux tiers, puisque l'assurance obligatoire bénéficie même à la personne non autorisée (C. assur., art. L. 211-1). L'assureur peut-il toutefois exercer un recours contre elles ? En pareille hypothèse, il semble que l'assureur puisse effectivement exercer un recours contre le conducteur responsable de l'accident, s'il n'est pas le locataire du véhicule ou désigné comme conducteur au contrat de location, mais il n'existe pas de jurisprudence sur ce point, à notre connaissance.

2506. La Cour de cassation a approuvé une cour d'appel d'avoir déclaré inopposable au locataire la clause d'un contrat de location de véhicule, excluant la garantie de l'assureur pour les dommages causés à la partie avant du véhicule, faute d'avoir été portée à la connaissance de ce dernier (Civ. 1re, 27 févr. 1996, RCA 1996, comm. n° 136, note H. Groutel). Faut-il en déduire que le loueur de véhicule devra porter à la connaissance du locataire l'existence éventuelle d'un recours contre le responsable de l'accident en cas de prêt de volant ? À ce jour, la jurisprudence n'a apporté aucune réponse significative à cette question depuis l'abrogation par le décret nº 93-581 du 26 mars 1993 de l'article R. 211-13-1 du Code des assurances qui avait autorisé le locataire à confier son véhicule à toute personne de son choix.

Chapitre 2
Droit de ne pas garantir la personne responsable

Section 1 Circonstances qui excluent la garantie

2507. Si l'assureur accepte de prendre le risque de garantir un conducteur pour la responsabilité qu'il peut encourir à l'occasion de la conduite d'un véhicule, il ne peut en revanche accepter d'assurer tous les comportements du conducteur, même les plus répréhensibles, sous peine de mettre en péril l'économie du système, de l'accident volontairement provoqué à la conduite sans permis ou celle effectuée en état d'ivresse.

Sous-section 1 Faute intentionnelle

§ 1 Faute intentionnelle et contrat d'assurance

2508. Il est une règle dans toutes les assurances de responsabilité civile, obligatoires ou non, selon laquelle la faute intentionnelle de l'assuré n'est jamais garantie car en provoquant volontairement le dommage, celui-ci fait disparaître l'aléa nécessaire à l'existence du contrat d'assurance (C. assur., art. L. 113-1 al. 2). L'hypothèse la plus topique est celle de la « voiture bélier » utilisée par des voleurs pour défoncer volontairement la vitrine d'un commerçant (Civ. 2e, 7 mai 2002, RCA 2002, comm. n° 255). Cela signifie que l'assureur ne garantira jamais les conséquences civiles de l'accident automobile intentionnellement provoqué par l'assuré, ni même les conséquences pénales car il ne paye jamais les amendes prononcées par le tribunal à l'encontre du conducteur. L'accident n'est intentionnel que si et seulement si le responsable a voulu provoquer à la fois l'accident et les conséquences de l'accident, ce qui suppose la volonté de créer également le dommage « tel qu'il est survenu » et non pas tel qu'il était simplement envisageable (Civ. 2e, 18 mars 2004, D. 2004, IR, 1065). Si en revanche l'accident intentionnel atteint par maladresse une victime supplémentaire ou différente de celle initialement visée, l'assureur devra garantir l'accident.

2509. La faute intentionnelle doit toujours s'apprécier lors de la survenance de l'accident. La volonté de provoquer le dommage de la victime différencie la faute intentionnelle de la faute simplement volontaire ou même de la faute grave pour laquelle le responsable n'aura pas nécessairement voulu les conséquences dommageables pour autrui. C'est ce qui explique notamment que le suicide de l'assuré qui positionne son véhicule sur une voie ferrée pour être happé par un train n'est pas une faute intentionnelle car la victime a simplement souhaité s'infliger un dommage personnel mais non à la SNCF (Civ. 1re, 14 oct. 1997, L'Argus 31 oct. 1997, p. 35). En revanche, il faudra considérer qu'un conducteur qui heurte volontairement à l'arrière un autre véhicule pour provoquer un accident commet bien une faute intentionnelle, surtout s'il est condamné pour coups et blessures volontaires (Crim., 6 juin 1990, RGAT 1990. 846). Mais la « frontière » de l'intention peut parfois s'avérer délicate : un assuré qui entreprend une manœuvre de dépassement et se rabat brutalement avant de s'arrêter à un feu tricolore conduit certes dangereusement, sans avoir voulu néanmoins se faire percuter par le véhicule le suivant (CA Besançon 2e ch., 21 oct. 2003, Juris-data n° 223985). La faute intentionnelle causée par un préposé, sauf abus flagrant de fonction, est toujours garantie pour la mise en œuvre de la responsabilité des commettants, en raison de l'existence d'un texte spécial obligeant les assureurs à la garantir (C. assur., art. L. 121-2).

§ 2 ▪ Faute intentionnelle et loi Badinter

A ▪ Accident intentionnel

2510. La loi du 5 juillet 1985 ne s'appliquera pas en cas de faute intentionnelle car il faudra considérer que l'accident intentionnel n'est pas un « accident de la circulation » au sens de la loi : le Fonds de garantie n'interviendra donc pas non plus. En revanche, la victime pourra saisir le Fonds d'indemnisation des victimes d'infractions.

B ▪ Frontières de l'intention

2511. L'accident est bien volontaire lorsque le véhicule de la victime a été volontairement percuté à l'arrière par un véhicule conduit par un tiers (Civ. 2e, 23 janv. 2003, RCA 2003, comm. n° 105, note H. Groutel) ou si l'accident a été provoqué par un conducteur pourchassant des jeunes gens qui participaient à une soirée en cherchant à les heurter (Civ. 2e, 12 déc. 2002, RCA 2003, comm. n° 66, note H. Groutel). L'action volontaire ne doit cependant pas être conçue trop largement : ainsi, un conducteur qui provoque un accident en effectuant une manœuvre répréhensible, sans s'assurer préalablement qu'il pouvait l'effectuer sans danger, ne peut être considéré comme ayant volontairement provoqué l'accident ; la loi Badinter sera ici applicable (Civ. 2e, 23 janv. 2003, Bull. civ. II, no 7).

Sous-section 2 ▪ Défaut de permis de conduire

2512. Seuls les conducteurs titulaires d'un permis de conduire valide et adapté à la catégorie du véhicule conduit sont garantis par l'assurance obligatoire. Les difficultés se sont développées autour de deux axes : la notion de validité du permis de conduire d'une part et celle du respect des conditions restrictives d'utilisation, afférentes au permis, d'autre part. L'enjeu relatif au permis de conduire résulte pour l'essentiel de l'existence d'un droit de remboursement conféré à l'assureur auprès du « responsable » conduisant sans permis (C. assur., art. R. 211-13).

§ 1 ▪ Validité du permis

A ▪ Mise en œuvre de l'exclusion légale

2513. L'assureur est en droit de refuser de garantir le sinistre à chaque fois qu'il constate que le conducteur impliqué dans l'accident « n'a pas l'âge requis ou ne possède pas les certificats, en état de validité », exigés par la réglementation en vigueur pour la conduite du véhicule sauf si celui-ci a été volé ou utilisé à l'insu de l'assuré (C. assur., art. R. 211-10, 1°). Cette exclusion ne joue qu'en présence d'une clause contractuelle dûment insérée dans la police (Civ. 1re, 12 nov. 1986, D. 1986, IR, 441). L'assureur devra alors prouver le défaut de permis de conduire (Civ. 1re, 6 oct. 1981, D. 1983, IR, 217, obs. Berr et Groutel) et sera considéré comme ayant renoncé à invoquer la clause d'exclusion s'il savait que le permis n'était pas valable (Civ. 1re, 21 déc. 1981,RGAT 1982. 532). L'assureur indemnisera néanmoins la victime de l'accident car il ne peut pas se prévaloir d'un défaut de validité du permis à son égard (C. assur., art. R. 211-13). Il conservera bien évidemment le droit, après paiement, de se faire rembourser par le conducteur responsable à condition de prouver l'absence de permis, car les textes précisent qu'il paie en réalité « pour le compte du responsable » (C. assur., art. R. 211-13).

B ▪ Catégories de permis

2514. Le permis concerné est celui relatif à la catégorie réglementaire considérée, c'est-à-dire les catégories A, B, C, D et E (C. route, art. R. 221-4). Si le véhicule ne peut se conduire qu'à partir d'un âge déterminé, sans délivrance nécessaire d'un certificat administratif (permis A1 et B1), il faut avoir l'âge requis pour le conduire, c'est-à-dire 16 ans révolus (C. route, art. R. 221-5). Il convient de noter toutefois que le nombre de places assises au maximum concernant le permis de catégorie B est indifférent en cas d'accident. Si le conducteur transporte par exemple plus de huit personnes dans son véhicule, seul importe le fait que ces personnes soient transportées à l'intérieur du véhicule, quel que soit leur nombre (C. assur., art. A. 211-3). Le poids total en charge du véhicule est important s'agissant de la catégorie E car si le total des poids totaux en charge du véhicule tracteur et de la remorque est supérieur à 3,5 tonnes, le conducteur sera considéré comme étant sans permis valable s'il n'est pas titulaire du permis E(B). Il a ainsi été jugé que les conditions relatives au permis E(B) sont alternatives et non cumulatives de telle manière que si une seule des conditions alternatives n'est pas remplie, l'assureur n'est pas tenu à garantie (Civ. 1re, 20 janv. 1987, JCP G 1987, IV, 102). Si le permis est valable seulement pour la conduite des véhicules munis d'un embrayage automatique (art. 9, Arr. 8 févr. 1999, JO 20 févr.) le permis doit être considéré comme valable pour la conduite d'un véhicule à embrayage mécanique, car il ne s'agit là que d'une restriction d'utilisation. En cas de perte ou de vol du titre justifiant de l'autorisation de conduire, le récépissé de déclaration de perte ou de vol tient lieu de titre pendant un délai de deux mois au plus (C. route, art. R. 233-1).

2515. Les ressortissants des États membres de l'Union européenne ou de l'Espace économique européen ne sont pas soumis à la condition d'échange de leur permis de conduire, qui demeure facultative sauf exception (C. route, art. R. 222-2). Les ressortissants des autres pays sont tenus de procéder à l'échange de leur permis contre un permis français dans le délai d'un an à compter de la date de résidence normale en France (C. route, art. R. 222-3). Deux arrêtés du 8 février 1999 (JO 20 févr.) réglementent les conditions de reconnaissance et d'échange de ces permis. Le brevet militaire de conduite peut être converti en permis de conduire civil sans nouvel examen (C. route, art. R. 222-7). Il est réputé rétroactivement valable au jour de la demande de conversion (Civ. 1re, 18 févr. 1986, JA 1986, p. 123).

2516. Le conducteur d'un taxi ou d'une ambulance, d'un véhicule affecté au ramassage scolaire ou au transport public de personnes doit être titulaire des autorisations préfectorales nécessaires à la conduite après vérification médicale de l'aptitude physique (C. route, art. R. 221-10 III). Le Code de la route n'établissant aucune distinction entre l'usage d'un taxi à des fins personnelles et l'usage à des fins professionnelles, l'exclusion de la garantie d'assurance doit jouer dès lors que le conducteur n'a pas le certificat médical qui doit accompagner le permis B, peu important que, au moment de l'accident, il ait conduit à des fins strictement personnelles (Civ. 1re, 7 avr. 1992, RCA 1992, comm. n° 295). Il en va de même de la personne détentrice du seul permis de catégorie B, qui conduit une ambulance dès lors qu'elle ne possède pas l'attestation médicale réglementaire, même sans transporter des blessés ou des malades (Civ. 1re, 16 déc. 1981, D. 1983, IR, 215, obs. Berr et Groutel).

C ▪ Présomption de permis de conduire

2517. En cas d'accident de la circulation impliquant un véhicule pour lequel le conducteur n'a pu être identifié, la jurisprudence institue une présomption de conduite par une personne titulaire du permis de conduire : la présence dans la voiture du propriétaire assuré, titulaire du permis de conduire, constitue donc une présomption que celle-ci était conduite par une personne titulaire du permis (Civ. 1re, 6 mars 1993, Bull. civ. I, n° 82 ; Civ. 1re, 16 déc. 1981, Gaz. Pal. 1982, 170).

§ 2 ▪ Suspension ou annulation du permis

A ▪ Effets de la suspension ou de l'annulation

2518. Le permis ne doit être ni suspendu ni annulé ou périmé pour que le sinistre soit garanti par l'assureur. Il ne doit pas non plus être invalidé pour perte totale de points. Toute personne qui a reçu la notification d'une décision prononçant la suspension ou l'annulation du permis de conduire est tenue de restituer le permis à l'autorité chargée de son exécution (C. route, art. L. 224-17). Une mesure de suspension du permis de conduire ne prend effet que du jour de la remise du permis à l'agent de l'autorité chargée de l'exécution (Crim., 4 nov. 1999, JA 2000, p. 69). C'est donc à compter de ce jour que le conducteur responsable pourra se voir opposer l'exclusion légale de l'article R. 211-10 du Code des assurances. Toutefois, lorsque l'annulation du permis est assortie de l'exécution provisoire, elle est exécutoire le jour où le prévenu en a connaissance, c'est-à-dire le jour du prononcé, à l'audience, du jugement s'il est contradictoire (Crim., 3 sept. 1998, JCP G 1998, IV, 3220). La suspension d'un permis de conduire entraîne, pour la même durée et dans les mêmes conditions, celle de tous les autres, quelle que soit la catégorie concernée, dont le conducteur est titulaire (CA Amiens, 22 sept. 1977, JCP G 1977 II, 19162, note Chambon). Il en va de même de l'annulation de plein droit du permis de conduire qui s'étend à toutes les catégories de permis dont le prévenu est titulaire (Crim., 29 oct. 1997, JA 1998, p. 19).

2519. La suspension du permis ne prend effet en principe que du jour où la notification en a été faite à l'intéressé (Crim., 24 mai 1966, Gaz. Pal. 1966, 2, p. 210, note Vassas), étant entendu qu'aucune forme particulière n'est exigée pour cette notification (Crim., 5 nov. 1997, JA 1998, p. 332). Elle peut être prononcée également à l'encontre du titulaire d'un permis étranger car la convention de Vienne du 8 novembre 1968 l'autorise expressément (Crim., 11 juin 1963, D. 1964, somm. p. 35). L'amnistie éventuelle n'affecte pas le jeu de l'exclusion lorsque le sinistre est survenu pendant l'application de la peine de suspension : en l'espèce, la loi d'amnistie du 4 août 1981 n'a pas fait disparaître le fait que le conducteur avait été interpellé, conduisant sans permis au mois de mai 1981, et que la compagnie d'assurance était en droit de se prévaloir de l'exclusion de garantie prévue au contrat ; l'amnistie ne devant pas préjudicier aux droits des tiers, l'assureur ne lui devait pas sa garantie (Civ. 1re, 20 déc. 1988,RGAT 1989. 67, note F. Chapuisat).

2520. Si le conducteur perd la totalité des points qui affectent son permis, celui-ci n'est plus valable (C. route, art. L. 223-1), étant précisé que le droit de conduire se perd alors dès réception de l'injonction délivrée par l'autorité administrative de remettre le permis (C. route, art. L. 223-5). L'assureur serait ainsi tenu de garantir l'accident provoqué par un conducteur ayant déjà perdu l'ensemble des points de son permis s'il survient avant cette notification préfectorale. Tout permis régulièrement annulé, suspendu ou invalidé (c'est-à-dire ayant perdu la totalité des points) caractérise la conduite sans permis au regard de l'assurance.

B ▪ Influence sur l'indemnisation des victimes

2521. L'article R. 211-13 du Code des assurances déclare l'exclusion de garantie pour défaut de permis de conduire inopposable aux victimes ou à leurs ayants droit : celles-ci sont donc intégralement indemnisées par l'assureur du responsable sans permis. Toutefois, cette inopposabilité ne s'applique pas lorsque la victime, en l'occurrence le propriétaire du véhicule, était informée de l'absence de permis du conducteur, la jurisprudence considère alors qu'elle se place volontairement « en situation exclusive de garantie » (Civ. 1re, 6 juin 2001, JCP G 2001, IV, 2436).

§ 3 ▪ Conditions restrictives d'utilisation

A ▪ Restrictions de validité du permis

2522. Il appartient au ministre des Transports de déterminer les conditions dans lesquelles doit être établi le permis de conduire ainsi que les restrictions de validité des catégories de ce permis (C. route, art. R. 221-19). La liste de ces restrictions est fixée par l'article 12.3 de l'arrêté du 8 février 1999 (JO 20 févr.), le port de verres correcteurs en constituant l'exemple le plus fréquent. Si le permis mentionne « port de verres correcteurs » et que le conducteur, au moment de l'accident, ne porte ni lunettes, ni lentilles cornéennes, l'assureur ne peut invoquer le défaut de validité du permis de conduire et refuser sa garantie depuis un décret nº 86-21 du 7 janvier 1986 ayant modifié l'article R. 211-10 du Code des assurances. Ce texte prévoit dorénavant que le non-respect des conditions restrictives d'utilisation par le titulaire, autres que celles relatives aux catégories de véhicules, ne peut être opposé à celui-ci de sorte que l'assurance fonctionnera régulièrement même si le conducteur ne les a pas respectées (C. assur., art. R. 211-10 in fine).

B ▪ Position jurisprudentielle

2523. L'assureur n'est plus en droit d'invoquer le non-respect du port des verres correcteurs lorsque survient un accident (CA Paris 7e ch., 13 mars 2001, JA 2001, p. 233). Le port de verres correcteurs ne peut être imposé comme condition d'aptitude à la conduite d'un véhicule automobile que par une commission médicale : la mention portée d'office sur le permis par l'inspecteur qui a fait passer l'examen, sans que la commission médicale ait été saisie et ait été en mesure d'examiner le candidat, est donc illégale (T. corr. Nantes, 29 avr. 1985, Gaz. Pal., 1985, 2, somm. 235). Le Code des assurances précise que toutes les conditions restrictives d'utilisation qui ne sont pas relatives aux catégories de véhicules ne peuvent entraîner un refus de garantie à l'égard de l'assuré lorsqu'elles ne sont pas respectées. La jurisprudence récente considère ainsi que si l'assuré ne se soumet pas à la visite médicale obligatoire prévue pour la validité d'un permis, la garantie est due par l'assureur en cas d'accident car il s'agit de raisons médicales indépendantes de « la catégorie du véhicule » (CA Paris 7e Ch., 13 mars 2001, Juris-data nº 138631).

§ 4 ▪ Leçons de conduite

2524. L'assureur peut refuser de garantir le conducteur, non titulaire du permis, qui reçoit une leçon de conduite, le plus souvent dans un contexte familial, et en dehors du cadre réglementaire de la conduite accompagnée, régulièrement déclarée à l'assureur. Certains contrats d'assurance prévoient une extension de garantie pour les leçons données aux enfants mineurs par des proches sous réserve de la présence aux côtés de ceux-ci d'un parent titulaire du permis de conduire. En effet, la présence, aux côtés du conducteur démuni de permis, d'une personne habilitée à conduire et qui donne une leçon, peut, lorsque le contrat l'accepte, écarter le jeu de l'exclusion de garantie (Civ. 1re, 4 mars 1981, RGAT 1982. 201). Cette extension de garantie s'est développée en pratique pour s'adapter à la progression de la conduite accompagnée mais elle demeure toujours purement facultative. L'assureur qui refuse une telle extension contractuelle est donc en droit d'exclure la garantie de la responsabilité du jeune conducteur sans permis, du fait de l'accident provoqué au cours d'une leçon de conduite familiale.

§ 5 ▪ Action de l'assureur en remboursement

2525. L'assureur dispose d'une action en remboursement contre le « responsable » lorsque la conduite intervient sans permis (C. assur., art. R. 211-13). Cette action en remboursement au visa de l'article R. 211-13 est différente de celle prévue par l'article L. 211-1 alinéa 3 du Code des assurances, en cas de conduite intervenue « contre le gré » du propriétaire, le défaut de permis étant souvent indépendant de l'autorisation. L'assureur peut donc être remboursé par le conducteur responsable, non titulaire du permis, sans avoir à prouver que celui-ci utilisait également le véhicule contre le gré du propriétaire (Civ. 1re, 23 sept. 2003, RCA 2003, comm. n° 327, note H. Groutel). Ce remboursement s'opère pour toutes les sommes que l'assureur a versées à la victime pour le compte du responsable (Civ. 1re, 21 nov. 2000, Bull. civ. I, no 295). Le « responsable » visé par le texte peut cependant ne pas être exclusivement le conducteur, il peut s'agir du gardien du véhicule.

A ▪ Remboursement par un majeur

2526. Si le conducteur est majeur, il est civilement responsable de ses actes et s'exposera personnellement au recours de l'assureur. Le propriétaire ou le souscripteur du contrat qui aura cédé « son » volant en connaissance de cause à un conducteur sans permis ne sera pas garanti par le contrat ni pour sa responsabilité civile éventuelle en qualité de gardien du véhicule, ni pour le préjudice qu'il subit lui même en qualité de victime, du fait de l'accident. La Cour de cassation considère ici que le souscripteur du contrat se place volontairement dans « une situation exclusive de garantie » (Civ. 1re, 6 juin 2001, RGDA 2001. 971 ; Civ. 2e, 20 nov. 1996, RCA 1997, comm. n° 65, note H. Groutel). S'il est aussi passager du véhicule, il sera néanmoins indemnisé en qualité de victime par le Fonds de garantie des assurances obligatoires de dommages en l'absence de faute inexcusable de sa part au regard de la loi Badinter (CA Aix-en-Provence, 6 sept. 2001, Juris-data no 154415).

2527. L'accident provoqué par un conducteur sans permis sera cependant toujours garanti « en cas de vol, de violence ou d'utilisation du véhicule à l'insu de l'assuré » (C. assur., art. R. 211-10 1°). La conduite sans permis, dans ces circonstances précises, confère au conducteur du véhicule la qualité d'assuré : l'assureur ne pourra donc invoquer la clause d'exclusion pour « défaut de permis » en semblable hypothèse. Toutefois, il conservera toujours en ce cas une action en remboursement contre le voleur ou la personne non titulaire du permis qui utilise le véhicule à l'insu de l'assuré.

2528. En cas de vol ou de violence, le propriétaire sera garanti par l'assurance obligatoire, au titre de sa responsabilité civile ou de ses dommages corporels, par l'assureur de son propre véhicule, contre les conséquences d'un accident provoqué par un conducteur sans permis (Civ. 1re, 24 juin 1997,RGDA 1997. 1035) sauf pour les dommages subis par son véhicule, en raison d'une exclusion légale à ce niveau (art. 5 al. 2, L. n° 85-677, 5 juill. 1985). Ce pourrait être le cas par exemple du propriétaire pris en otage dans son propre véhicule conduit par un malfaiteur sans permis. Il convient de relever toutefois que la notion de conduite du véhicule, sans permis, à l'insu de l'assuré, critère posé par l'article R. 211-10 1°, ne suppose pas nécessairement que le conducteur soit un étranger : lorsque l'assuré ignore que le conducteur n'a pas de permis, on assimile alors cette hypothèse à la conduite « à l'insu de l'assuré », pour permettre l'indemnisation du propriétaire qui ignorait le défaut de permis du conducteur (Civ. 1re, 14 mai 1974,Gaz. Pal. 1975, I, 371 ; CA Colmar, 8 oct. 1982, Juris-data n° 042347). La charge de la preuve d'une conduite sans permis, intervenue à l'insu de l'assuré, repose sur l'assureur (Civ. 2e, 5 juill. 2001, RGDA 2002. 104).

B ▪ Remboursement par un mineur

2529. Si le conducteur sans permis est un mineur, l'article 1384 alinéa 4 du Code civil énonce que les parents sont responsables civilement des dommages causés par leurs enfants mineurs habitant avec eux. Si l'enfant mineur provoque alors des dommages en conduisant sans permis le véhicule familial, l'assureur automobile des parents devra garantir le tiers victime, blessé par le mineur, car il s'agira bien d'un cas de conduite du véhicule à l'insu de l'assuré n'autorisant pas l'assureur à exclure sa garantie (C. assur., art. R. 211-10 1°). Néanmoins, l'assureur peut-il utiliser les dispositions de l'action en remboursement prévue par le Code des assurances (C. assur., art. R. 211-13) pour exercer ensuite un recours contre les parents ? Le remboursement est d'abord exclu contre le mineur lui même car l'assureur n'a légalement pas le droit d'exercer un recours contre le mineur s'il vit habituellement au foyer de l'assuré, sauf cas de malveillance (C. assur., art. L. 121-12 al. 3). L'assureur conserve cependant la faculté d'exercer un recours contre les parents civilement responsables du fait de leur enfant mineur, lesquels ne peuvent s'exonérer de leur responsabilité en invoquant, par exemple, la faute du propriétaire du véhicule qui savait que le mineur n'était pas titulaire du permis de conduire, seule la force majeure pouvant exonérer les parents de leur responsabilité (CA Douai 3e ch., 28 févr. 2002, Juris-data n° 178234). L'action récursoire peut effectivement être exercée par l'assureur subrogé dans les droits de la victime contre les parents du mineur (Civ. 2e, 9 mars 2000, RCA 2000, ss chron. 13, H. Groutel).

2530. Pour résoudre la difficulté d'un recours auxquels peuvent se trouver confrontés les parents de l'enfant mineur, les assureurs multirisques habitation insèrent presque systématiquement dans leurs polices une extension de garantie pour la responsabilité que les parents peuvent encourir sur le fondement de l'article 1384 alinéa 4 du Code civil lorsque leurs enfants mineurs vivant avec eux utilisent un véhicule à l'insu de son propriétaire. Il pourra en effet s'agir d'un véhicule n'appartenant pas aux parents, notamment en cas de vol commis par un enfant mineur (Crim., 8 fév. 2011, n° 10-81.568). À défaut d'assurance multirisque habitation, laquelle n'est pas obligatoire, les parents subissent l'action en remboursement de l'assureur ayant indemnisé l'accident provoqué par leurs enfants mineurs, sur leur patrimoine personnel. Si le véhicule leur appartient ou s'ils ne sont que souscripteurs du contrat d'assurance automobile, les parents seront garantis en leur seule qualité de propriétaires du véhicule ou de souscripteurs du contrat (C. assur., art. R. 211-2). Seule la preuve d'un cas de force majeure ou d'une faute de la victime, présentant les caractères de la force majeure, peut aujourd'hui exonérer les parents de la responsabilité de plein droit qu'ils encourent du fait des dommages causés par leur enfant mineur habitant avec eux (Civ. 2e, 9 mars 2000, Bull. civ. II, n° 44).

2531. La jurisprudence déclare également responsables de plein droit les associations qui reçoivent des mineurs au titre d'une mission judiciaire d'assistance éducative, sur le fondement de l'article 1384 alinéa 1er du Code civil, pour tout accident de la circulation commis par un mineur qui s'y trouve placé, même s'il habite avec ses parents, dès lors qu'aucune décision judiciaire n'a suspendu ou interrompu la mission éducative (Civ. 2e, 7 mai 2003, Bull. civ. II no 129 ; Civ. 2e, 20 janv. 2000, Bull. civ. II, no 15).

Sous-section 3 ■ Non-respect des conditions de sécurité

§ 1 ■ Définition des conditions de sécurité

2532. L'article R. 211-10 du Code des assurances prévoit que les assureurs sont en droit d'insérer dans leurs contrats une clause d'exclusion des dommages subis par les personnes transportées dans le véhicule lorsque le transport n'est pas effectué dans les « conditions suffisantes de sécurité » fixées à l'article A. 211-3 du dit code. Il est admis aujourd'hui pour les voitures de tourisme, les taxis, les autobus et les camions que la sécurité est suffisante lorsque les personnes sont transportées à l'intérieur du véhicule, le nombre de places assises indiqué sur la carte grise et préconisé par le constructeur est sans influence sur cette appréciation. De même, le port ou l'absence de port de la ceinture de sécurité est indifférent au regard de l'application de ce texte, le passager sans ceinture étant ainsi obligatoirement garanti. La règle vaut également pour les remorques et semi-remorques qui doivent être conçues pour transporter des personnes. Pour les véhicules à deux roues tels les motos, la sécurité est suffisante si un seul passager seulement est transporté avec le conducteur, un troisième est possible, s'il s'agit uniquement d'un tandem.

§ 2 ■ Usage d'un téléphone mobile

2533. Le fait de conduire avec un téléphone mobile constitue une imprudence mais qui ne permet pas à elle seule, à l'assureur d'exclure la garantie obligatoire de ce fait en présence d'un accident de la circulation. Effectivement, les contrats d'assurance automobile ne peuvent prévoir que les seules exclusions réglementaires définies à l'article R. 211-10 du Code des assurances, sauf en présence d'une garantie facultative, et l'usage d'un téléphone mobile ne figure pas au rang de ces exclusions. Le décret no 2003-293 du 31 mars 2003 (JO 1er avr.) a inséré un article R. 412-6-1 dans le Code de la route ainsi rédigé : « l'usage d'un téléphone tenu en main par le conducteur d'un véhicule en circulation est interdit. Le fait, pour tout conducteur, de contrevenir aux dispositions du présent article est puni de l'amende prévue pour les contraventions de 2e classe. Cette contravention donne lieu de plein droit à la réduction de deux points du permis de conduire ». L'usage d'un téléphone mobile constitue ainsi une faute pénale susceptible d'affecter le droit à indemnisation du conducteur, pour l'application de l'article 4 de la loi Badinter, sans toutefois exclure la garantie légale.

Section 2 ▪ Circonstances susceptibles de limiter la garantie du responsable

Sous-section 1 ▪ Mise en œuvre des déchéances

2534. La déchéance est la perte d'un droit qui sanctionne unilatéralement le manquement commis par l'assuré aux obligations qui lui incombent à la suite d'un sinistre, à condition d'être prévue par le contrat, à la différence de l'exclusion de risque qui suppose que le droit à garantie n'ait pas existé dès la survenance de l'événement. Elle doit figurer en caractères très apparents dans le contrat d'assurance (C. assur., art. L. 112-4). Le contrat demeure toutefois valable et se maintient pour l'avenir, sauf si la déchéance est prononcée : l'assuré est ainsi tenu du paiement des primes (V. Besson, RGAT 1936. 225 et 473).

2535. Toutes les obligations contractuelles mises à la charge de l'assuré en cas de sinistre peuvent être sanctionnées par la déchéance à condition qu'elle soit expressément prévue. Les déchéances sont néanmoins inopposables aux victimes en assurance automobile. Le non-paiement des cotisations par le souscripteur ne constitue pas une déchéance et demeure opposable aux victimes (C. assur., art. R. 211-13). L'assureur devra donc les indemniser avant d'exercer une action en remboursement contre l'assuré, hypothèse très souvent utopique pour les sinistres les plus graves. Les clauses de déchéance de garantie ne sont pas fréquemment appliquées dans la pratique en raison de leur inopposabilité systématique aux tiers ; les assureurs ne les invoquent généralement que pour les cas les plus propices et pour des assurés solvables sur des sinistres de moyenne ampleur.

§ 1 ▪ Déchéance pour déclaration tardive du sinistre

2536. L'assuré dispose d'un délai de cinq jours ouvrés pour déclarer son sinistre à l'assureur, ramené à deux jours en cas de vol (C. assur., art. L. 113-2). S'il ne respecte pas ce délai, l'assureur pourra invoquer une déchéance de garantie s'il prouve que le retard dans la déclaration lui a causé un préjudice, hypothèse rarissime en pratique (ibid.).

§ 2 ▪ Déchéance pour conduite en état d'ivresse

A ▪ Clause réputée non écrite

2537. Si l'assureur insère dans le contrat une clause de déchéance de la garantie légale pour conduite de l'assuré en état d'ivresse, celle-ci sera réputée non écrite. En effet, il résulte des dispositions de l'article L. 211-6 du Code des assurances qu'est « réputée non écrite toute clause stipulant la déchéance de la garantie de l'assuré en cas de condamnation pour conduite en état d'ivresse ou sous l'empire d'un état alcoolique ». En présence d'une telle clause, la jurisprudence l'a réputée non écrite (Civ. 1re, 6 juin 2001, RGDA 2001. 971). Les tiers victimes d'un conducteur en état d'ébriété seront donc indemnisés par son assurance, quel que soit le véhicule concerné. Si celui-ci est immatriculé ou assuré dans un État membre de l'Union européenne, les contrats d'assurance ne peuvent pas prévoir que, dans le cas où le conducteur du véhicule était en état d'ivresse, l'assureur n'est pas tenu d'indemniser les dommages corporels et matériels causés à des tiers par le véhicule assuré (CJCE, 28 mars 1996, Gaz. Pal., 1er déc. 1996, no 3368, pan. p. 32).

2538. L'assureur qui a indemnisé la victime peut-il exercer un recours contre l'assuré conduisant en état d'ivresse ? La Cour de justice des Communautés européennes en admet le principe : le contrat d'assurance obligatoire peut prévoir que, dans de telles hypothèses (conduite en état d'ivresse), l'assureur disposera d'une action récursoire contre l'assuré (CJCE, 28 mars 1996, Gaz. Pal., 1er déc. 1996, n° 3368, pan. p. 32). Toutefois, ce recours semble être exclu en droit français dans la mesure où toute déchéance de cette nature est nécessairement réputée non écrite (C. assur., art L. 211-6) en cas de condamnation pour conduite en état d'ivresse, de sorte que l'action de l'assureur ne peut reposer sur un fondement légal ou contractuel. Il est permis de s'interroger sur la possibilité d'un recours lorsque l'assuré, qui conduisait en état d'ivresse, n'a pas été pénalement condamné en raison d'une circonstance procédurale (par exemple, la prescription de l'action publique). En effet, le texte de l'article L. 211-6 du Code des assurances subordonne l'interdiction de la déchéance à l'existence d'une condamnation pénale.

B ▪ Ivresse et garanties facultatives

2539. La déchéance de la garantie visée à l'article L. 211-6 du Code des assurances ne concerne que la garantie légale de responsabilité civile ; une déchéance frappant les seules garanties facultatives du contrat d'assurance (par exemple la garantie complémentaire du conducteur) demeure valable et ne saurait être réputée non écrite. Il a ainsi été jugé que l'article L. 211-6 du Code des assurances ne s'applique qu'à l'assurance obligatoire des véhicules terrestres à moteur prévue à l'article L. 211-1 du Code des assurances (Civ. 1re, 5 juill. 1989, JCP G 1989, IV, 335 ; Civ. 2e, 7 avr. 2011, n° 10-10.868, JA mai 2011, p. 42). La clause de déchéance pour conduite en état d'ivresse, insérée dans une assurance automobile facultative est licite et doit s'appliquer en l'espèce, le procès-verbal de gendarmerie ayant révélé l'état alcoolique du conducteur accidenté (CA Lyon, 26 févr. 1998, Juris-data n° 044497).

2540. Toutes les garanties facultatives sont concernées par le jeu de la déchéance pour conduite en état d'ivresse (vol, tous risques, dommages-collision, protection juridique, garantie du conducteur). Toutefois, c'est en matière de « garantie du conducteur », incluse dans la police automobile, ou d'assurance contre les accidents corporels, souscrite distinctement, que le problème se pose avec plus d'acuité, surtout si le conducteur en état d'ébriété est seul victime de lui-même et ne peut compter que sur la mise en œuvre de cette garantie pour être indemnisé. Les contrats comportent souvent une clause d'exclusion de garantie – et non de déchéance - concernant les dommages subis par le conducteur lorsqu'au moment de l'accident, il était sous l'empire d'un état alcoolique ou en état d'ivresse constaté en vertu des dispositions légales du Code de la route. La clause dont s'agit ne s'analyse pas comme une clause de déchéance inopposable aux victimes par ricochet mais comme une clause d'exclusion de garantie qui est opposable aux bénéficiaires du contrat (CA Paris, 11 juin 2002, JA 2003, p. 132). La preuve de l'exclusion est à la charge de l'assureur : une compagnie ayant indemnisé le coût des réparations du véhicule endommagé au cours d'un accident ne peut obtenir remboursement des sommes versées lorsque la preuve de la condition d'exclusion de garantie, notamment la conduite sous l'empire d'un état alcoolique, n'est pas rapportée (Civ. 1re, 5 juill. 1989, JCP G 1989, IV, 335).

§ 3 ▪ Déchéance pour conduite après usage de stupéfiants

2541. La déchéance contractuelle de la garantie de l'assuré pour conduite après usage de substances ou plantes classées comme stupéfiants est dorénavant impossible à la suite du vote de la loi no 2003-87 du 3 février 2003 ayant modifié l'article L. 211-6 du Code des assurances. La jurisprudence rendue en matière de déchéance pour conduite en état d'ivresse, réputant la clause non écrite, est donc transposable à l'usage de ces substances (Civ. 1re, 6 juin 2001, RGDA 2001. 971). Il demeure possible, comme en matière de déchéance pour conduite en état d'ivresse, de stipuler une déchéance des garanties facultatives pour conduite après usage de stupéfiants.

Sous-section 2 ▪ Limitation de l'indemnité versée

§ 1 ▪ Franchise

2542. En matière fiscale, le vocable « franchise » signifie la dispense de droits, de taxe ou de prix d'affranchissement normalement exigible. En assurance, c'est la part du dommage que l'assureur ne garantit pas par le jeu d'une clause insérée dans le contrat d'assurance et pour laquelle l'assuré demeure en quelque sorte son propre assureur. Cette franchise prévue par les textes (C. assur., art. L. 121-1) n'est pas opposable aux victimes en assurance automobile, qu'il s'agisse de victimes matérielles ou corporelles (C. assur., art. R. 211-13) de sorte que l'assureur récupérera le montant de celle-ci directement auprès de son assuré après avoir indemnisé totalement la victime. En pratique, la franchise est rarement récupérée par l'assureur auprès de son assuré. L'assuré peut aussi racheter avec l'accord de l'assureur le montant de sa franchise si elle est simple : en cas d'accident, il sera pleinement assuré et ne supportera aucune somme à sa charge. En revanche, la franchise absolue ou découvert, quel que soit le montant du sinistre, ne peut jamais faire l'objet d'un rachat.

§ 2 ▪ Réduction d'indemnité

2543. En cas de fausse déclaration non intentionnelle ou de réticence pour laquelle la mauvaise foi de l'assuré n'aura pu être prouvée, l'assureur est autorisé à appliquer une réduction proportionnelle de l'indemnité versée à la victime en application de l'article L. 113-9 du Code des assurances. La réduction proportionnelle de l'article L. 113-9 n'est pas opposable aux victimes qui seront totalement indemnisées (C. assur., art. R. 211-13 3°) ; l'assureur pourra cependant récupérer auprès de son assuré la quote-part d'indemnité ainsi réduite. L'indemnité est réduite par l'assureur en proportion de ce qui aurait dû être payé s'il n'y avait pas eu fausse déclaration, par rapport à ce qui a été effectivement payé par le souscripteur du contrat. Si la fausse déclaration est découverte par l'assureur avant tout sinistre, l'assuré pourra payer la différence auprès de son assureur à moins que ce dernier ne décide de résilier purement et simplement le contrat. En revanche, si la situation n'est découverte qu'à la suite d'un sinistre, l'assureur ne réglera le montant des dommages qu'en tenant compte du caractère erroné de la déclaration, ce qui aboutira systématiquement au versement d'une indemnité inférieure au regard de l'insuffisance du prix payé.

2544. Un souscripteur déclare à son assureur habiter et travailler dans une petite commune rurale de 2 000 habitants dans le nord de la France alors qu'il habite en réalité à Paris et utilise son véhicule à des fins professionnelles. Compte tenu des critères utilisés pour la tarification automobile, qui intègrent notamment le lieu de garage et l'utilisation du véhicule, l'assureur va s'apercevoir qu'il paye en réalité une cotisation d'assurance, par exemple, d'un montant de 650 €, c'est-à-dire 40 % moins cher que celle qu'il aurait dû payer s'il avait correctement déclaré son domicile et sa profession, donc évaluée à 910 €, selon les critères propres de l'assureur. À supposer ainsi qu'il soit responsable d'un accident ayant provoqué 3 000 € de dommages infligés à une victime, il serait injuste d'imposer à l'assureur le règlement intégral de cette somme sans tenir compte de l'insuffisance du prix qu'il a reçu en amont, qui peut se chiffrer précisément ici à 260 €. L'assureur règlera donc en application de la formule suivante : Dommage Ð Prime réellement payée par l'assuré / Prime qui aurait dû être payée. Il règlera alors à son assuré l'indemnité suivante : 3 000 € 650 / 910 = 2 142, 86 €. Cette règle proportionnelle n'est pas opposable à la victime ce qui signifie qu'elle percevra 3 000 € de dommages et intérêts puis l'assureur sollicitera le remboursement auprès de son assuré de la différence correspondant ici à : 3 000 – 2 142, 86 = 857, 14 €.

Chapitre 3
Influence de la tarification sur le coût de la garantie

Section 1 . Réduction et majoration de la prime

Sous-section 1 . Fondement de la clause de bonus malus

§ 1 . Réglementation applicable

2545. L'arrêté du 14 juin 1976 a imposé aux compagnies d'assurances une clause type de réduction-majoration, plus couramment dénommée « bonus malus », prise en application des dispositions permettant à l'autorité administrative d'imposer des clauses types dans les contrats d'assurance (V. C. assur., art. L. 111-4). Figurant en annexe à l'article A. 121-1 du Code des assurances, elle consiste à moduler la prime ou cotisation d'assurance en fonction de la sinistralité individuelle. Il ne s'agit pas d'une clause pénale susceptible d'être réduite par le juge. Tous les contrats d'assurance automobile souscrits par des particuliers sont réputés contenir le texte de la clause insérée en annexe de l'article susvisé à l'exception des contrats garantissant soit des cycles, tricycles ou quadricycles à moteur dont la cylindrée est inférieure ou égale à 80 cm³, soit des véhicules et appareils agricoles, matériels forestiers ou de travaux publics, ainsi que les véhicules des services de secours et de lutte contre l'incendie visés par le Code de la route (C. route, art. R. 311-1, R. 312-25, R. 313-5). L'article A. 121-1 du Code des assurances fait une obligation aux assureurs d'adopter la clause de réduction ou de majoration de prime figurant à l'annexe qu'il prévoit (Civ. 1re, 20 mars 1984, RGAT 1984. 420, note J. Bigot). Par dérogation, certains contrats peuvent toutefois comporter une clause différente. Il s'agit essentiellement des contrats couvrant plus de trois véhicules appartenant à un même propriétaire, des risques agricoles, des véhicules de transport public de voyageurs (C. assur., art. A. 121-2).

2546. La Commission européenne a exprimé ses réserves sur la clause de bonus malus qu'elle considère comme contraire aux principes de liberté tarifaire issus de la troisième directive non-vie n° 92/49/CCE du 18 juin 1992 (V. Projet de communication interprétative

IV, 2, I, 1, RGDA 1997. 1188 ; G. Parléani, Observations sur le projet de communication de la Commission : Liberté de prestation de services et intérêt général dans le secteur des assurances : RGDA 1997. 1197). Saisie à l'initiative de la Commission européenne, la Cour de justice des Communautés européennes a validé le système réglementaire français et luxembourgeois, par deux arrêts, de sorte que le bonus malus n'est pas illégal : « Il s'ensuit que la Commission n'a pas démontré que, en ayant institué et maintenu en vigueur son système de bonus malus, la République française aurait agi en violation du principe de la liberté tarifaire et de la suppression des contrôles préalables ou systématiques sur les tarifs et les contrats d'assurance posé par les articles 6, 29 et 39 de la directive 92/49 » (CJCE n° C-347/02, 7 sept. 2004, Commission des Communautés européennes c/ République Française et CJCE, n° C-346/02, 7 sept. 2004, Commission des Communautés européennes c/ Grand-duché de Luxembourg).

§ 2 ▪ Période de référence et assiette de prime

2547. La période annuelle prise en compte pour l'application du bonus malus est celle de 12 mois consécutifs précédent de deux mois l'échéance annuelle du contrat (C. assur., art. A. 121-1, Ann. art. 9). Ainsi, pour le calcul de reconduction en 2004 d'un coefficient relatif à un contrat conclu le 5 janvier 2000, la période de référence court du 5 novembre 2002 au 5 novembre 2003. L'assiette de la prime sur laquelle s'impute le coefficient est celle établie par l'assureur pour le risque présentant les mêmes caractéristiques techniques que celles présentées par l'assuré (C. assur., art. A. 121-1, Ann. Art. 2) et ne comprend pas les majorations prévues par le Code des assurances pour les circonstances aggravantes (par exemple une condamnation pour conduite en état d'ivresse). Elle intègre toutefois la surprime prévue pour les jeunes conducteurs (C. assur., art. A. 335-9-1).

Sous-section 2 ▪ Mise en œuvre de la clause de bonus malus

§ 1 ▪ Acquisition d'un bonus (réduction)

2548. Le coefficient « d'origine » pour tout assuré est de 1 (C. assur., art. A. 121-1, Ann. art. 1). Lors de la tacite reconduction annuelle du contrat, la prime due par l'assuré n'ayant eu aucun sinistre au cours de la période de référence est affectée d'une réduction de 5 % (coefficient multiplicateur de 0, 95), arrêtée à la deuxième décimale et arrondie par défaut, la réduction étant portée à 7 % lorsque le contrat garantit un véhicule utilisé pour un usage « tournées » ou « tous déplacements ». Le bonus ne peut continuer à croître lorsque l'assuré atteint 50 % (coefficient de 0,50) et un malus ne peut être appliqué pour le premier sinistre survenu après une première période d'au moins trois ans au cours de laquelle le bonus a été égal à 0,50 (C. assur., art. A 121-1, Ann. art. 4). Le tableau reproduit ci-après expose le « schéma idéal » d'acquisition d'un bonus maximum sans sinistre pendant 13 ans, hors usage « tournées » ou « tous déplacements » :

Années sans sinistres	Bonus acquis
1re	0,95 (1 € 0,95)
2e	0,90
3e	0,85
4e	0,80

Années sans sinistres	Bonus acquis
5e	0,76
6e	0,72
7e	0,68
8e	0,64
9e	0,60
10e	0,57
11e	0,54
12e	0,51
13e	0,48 plafonné à 0,50

§ 2 ▪ Acquisition d'un malus (majoration)

2549. Un sinistre survenu au cours de la période de référence majore le coefficient de 25 % (coefficient multiplicateur de 1,25) ainsi que pour chaque sinistre supplémentaire, y compris au cours d'une même année, la majoration n'est que de 20 % par sinistre pour un véhicule utilisé en usage « tournées » ou « tous déplacements » (C. assur., A. 121-1, Ann. art. 5). Il doit toutefois s'agir d'un sinistre à part entière, une simple condamnation pénale ou suspension administrative du permis de conduire ne saurait justifier une majoration, en l'absence de tout sinistre. Le « malus maximum » ne peut pas être supérieur à un coefficient de 3,50 (250 % de la prime de référence). En cas de pluralité de sinistres, quelle que soit la période, un coefficient majoré continue d'acquérir le bonus de 5 % pour toute année sans sinistre faisant suite à une année sinistrée. Afin de permettre une « descente rapide » du malus, le coefficient de réduction-majoration ne peut jamais être supérieur à 1 après deux années sans sinistre (C. assur., art. A. 121-1, Ann. art. 5). Lorsque la responsabilité du conducteur n'est que partiellement engagée, la majoration est réduite de moitié, soit 12,5 % (C. assur., art. A. 121-1, Ann. art. 5 al. 4). La « spirale » d'acquisition d'un malus maximum est ci-après reproduite :

Accidents (assuré entièrement responsable)	Malus
1er	1,25
2e	1,56
3e	1,95
4e	2,43
5e	3,04
6e	3,80 plafonné à 350

2550. Tous les événements assurés entraînent-ils l'application réglementaire d'un malus ? L'article 7 de l'annexe à l'article A. 121-1 du Code des assurances définit le socle de la majoration applicable. Ainsi, un malus ne peut pas être imputé si le sinistre met en jeu uniquement l'une des garanties suivantes : vol, incendie, bris de glaces. Il en va de même du sinistre « survenu à un véhicule en stationnement par le fait d'un tiers non identifié alors que la responsabilité de l'assuré n'est engagée à aucun titre ». En revanche, le malus demeure applicable aux garanties dommages au véhicule à l'exception de celles énumérées à l'article 7 susvisé. Ces sinistres ne font pas non plus obstacle à la poursuite du bonus lorsqu'ils surviennent, interruption autrefois dénommée « gel du bonus ».

Sous-section 3 ▪ Transfert du coefficient de bonus malus

2551. Le coefficient acquis au titre du véhicule désigné dans la police d'assurance, qu'il s'agisse d'un bonus ou d'un malus, est automatiquement transféré en cas de remplacement de ce véhicule ou en cas d'acquisition d'un ou plusieurs véhicules supplémentaires, à condition que le ou les conducteurs habituels demeurent les mêmes, sauf en cas de réduction du nombre des conducteurs (C. assur., art. A. 121-1, Ann. art. 10).

Sous-section 4 ▪ Conflits éternels du bonus malus

§ 1 ▪ Les conflits de preuve

2552. C'est à l'assuré qu'il incombe, en cas de litige, de faire la preuve que le sinistre ne met pas en cause, même partiellement, sa responsabilité (Civ. 1re, 21 déc. 1981, Gaz. Pal., 1982, 1, pan jur. p. 169 ; TGI Dunkerque, 7 juill. 1983, Gaz. Pal., 1983, 2, somm. p. 403). L'assuré doit démontrer qu'il n'a encouru aucune responsabilité dans la survenance du sinistre (TI Nantes, 15 mars 1984, RGAT 1985. 253). D'une manière générale, la clause obligatoire de bonus malus s'applique, en dehors de toute démonstration d'une faute du conducteur assuré, dans tous les cas autres que les exceptions énumérées à l'article 4 de l'annexe à l'article A. 121-1 du Code des assurances (Civ. 1re, 26 mars 1985, RGAT 1985. 382).

2553. Le caractère d'ordre public de la clause de bonus malus ne justifie pas néanmoins le refus d'information de l'assureur sur l'augmentation des cotisations, si ce refus a empêché l'assuré de vérifier les calculs faits par lui : l'assureur est débouté de sa demande en paiement de la cotisation recalculée (CA Paris, 15 févr. 1989, Juris-data n° 020479).

§ 2 ▪ Conflits relatifs à la responsabilité

2554. L'article 6 de l'annexe à l'article A. 121-1 du Code des assurances énumère trois circonstances ne pouvant donner lieu à prise en considération d'un malus :

- lorsque l'auteur de l'accident conduit le véhicule à l'insu du propriétaire ou de l'un des conducteurs désignés, sauf s'il vit habituellement au foyer de l'un de ceux-ci ;
- lorsque la cause de l'accident est un événement, non imputable à l'assuré, ayant les caractéristiques de la force majeure ;
- ou lorsque le sinistre est entièrement imputable à la victime ou à un tiers. La majoration est exclue lorsque le sinistre pouvant la justifier n'est pas garanti par l'assureur (Civ. 1re, 17 mai 1982, Bull. civ. I, n° 181 ; RGAT 1983. 223).

2555. De même, l'assureur ne peut se fonder pour appliquer la clause sur le barème de la convention IRSA si cela aboutit à une responsabilité plus lourde qu'en droit commun (TGI Angers, 17 janv. 1983, Gaz. Pal., 11 août 1983).

2556. Si le sinistre ne correspond pas à la qualification qui lui avait été initialement donnée, la rectification de la cotisation peut être opérée dans un délai de deux ans suivant l'échéance annuelle postérieure au sinistre litigieux (C. assur., art. A. 121-1, Ann. Art. 8). La rectification doit s'effectuer alors rétroactivement à la première échéance litigieuse, et non pas simplement pour l'avenir (Civ. 1re, 20 mars 1984, D. 1984, IR, 401, obs. Berr et Groutel).

Section 2 . Réglementation des surprimes

Sous-section 1 . Surprime du « jeune conducteur »

2557. La réglementation autorise les compagnies d'assurances à adapter le niveau de la prime perçue en fonction de l'expérience du conducteur (C. assur., art. A. 335-9-1).
Les conducteurs concernés sont les assurés ayant un permis de moins de trois ans et les assurés ayant un permis de trois ans et plus mais qui ne peuvent justifier d'une assurance effective au cours des trois dernières années précédant la souscription du contrat. La surprime ne peut dépasser 100 % de la prime de référence, montant réduit à 50 % pour les conducteurs novices ayant obtenu leur permis de conduire par la procédure de la conduite accompagnée. Elle est réduite de la moitié de son taux initial après chaque année, consécutive ou non, sans sinistre engageant la responsabilité.

Sous-section 2 . Surprimes du comportement routier

2558. Pour tenir compte du comportement du conducteur assuré, essentiellement pénal, le Code des assurances énonce une série d'hypothèses autorisant les compagnies d'assurances à majorer le montant de la prime de référence d'une surprime (C. assur., art. A. 335-9-2). Ces hypothèses sont les suivantes, le cumul de ces majorations ne pouvant toutefois excéder 400 % de la prime de référence :
- pour les assurés responsables d'un accident et reconnus en état d'imprégnation alcoolique au moment de l'accident : 150 % ;
- pour les assurés responsables d'un accident ou d'une infraction aux règles de la circulation qui a conduit à la suspension ou à l'annulation du permis de conduire : 50 % (suspension de deux à six mois), 100 % (suspension de plus de six mois) ; annulation ou plusieurs suspensions de plus de deux mois au cours de la même période de référence que celle prise en compte pour l'application du bonus malus : 200 % ;
- pour les assurés coupables de délit de fuite après accident : 100 % ;
- pour les assurés n'ayant pas déclaré à la souscription d'un contrat une ou plusieurs des circonstances aggravantes indiquées ci-dessus ou n'ayant pas déclaré les sinistres dont ils ont été responsables au cours des trois dernières années précédant la souscription du contrat : 100 % ;
- pour les assurés responsables de trois sinistres ou plus au cours de la période annuelle de référence : 50 %.

Titre 3 ▪ Le responsable de l'accident de la circulation

Par Philippe Ravayrol, Cabinet Ravayrol & Giroudet

BIBLIOGRAPHIE

L'Argus de l'assurance

Ouvrages. – J. Landel et L. Namin, Manuel de l'assurance automobile, L'Argus 4e éd. 2008. – Code de la route-Infracode, L'Argus éd.

Articles. – Dossier « L'assurance du risque automobile », JA nov.-déc. 2012, n° 845-846, p. 14. – Dossier « Médiation et l'assurance auto », JA oct. 2012, n° 844. - S. Chanh, La loi "Badinter" mise à l'épreuve du feu, JA janv. 2013, n° 847. - Faute inexcusable de l'employeur et accident de la circulation, deux régimes non exclusifs, JA nov.-déc. 2012, n° 845-846. - C. Pastor, Prédisposition pathologique et petit doigt du pianiste: variations sur le thème du lien de causalité, JA sept. 2012, n° 843. – Dossier « Protection juridique automobile, une assurance qui se décarcasse », JA juin 2012, n° 841. p. 16. – Dossier « Les accidents de la route au travail, champ, régime et indemnisation », JA mai 2012, n° 840. - Victime d'un accident pendant ses fonctions, le fonctionnaire reste avant tout fonctionnaire, JA mai 2012, n° 840. - A. Velle, Modalités d'indemnisation de l'assistance par tierce personne, JA mars 2012, n° 838. - P. Chaulet, Chaque poste de préjudice corporel doit être indemnisé séparément, JA nov.-déc. 2011, n° 834-835. - S. Chanh, Quelles couvertures en cas de conduite en état d'ébriété ?, JA oct. 2011, n° 833. - B. Berdou et T.Bernard, Evaluation du préjudice matériel des victimes par ricochet en cas de décès de la victime principale, JA sept. 2011, n° 832. - C. Pastor, La contribution à la dette entre les coauteurs d'un accident de la circulation, JA mai 2011, n° 829. - L. Namin, Elargissement de la loi Badinter à l'ordre du jour, L'Argus 2011, n° 7206, p. 46. - Pleins phares sur l'actualité du conducteur (dossier), JA janv. 2011, p. 16. - X. Ridel, La faute inexcusable du piéton intempérant, JA janv. 2011, p.38. - S. Chanh, Accident complexe : conducteur ou piéton ?, JA nov. 2010, p. 38. – P. Ravayrol, Changement de direction sur l'acceptation des risques, JA fév. 2011, n° 826, p. 36. - J. Landel, Suicide de la victime non conductrice et recherche volontaire du dommage subi, JA mai 2010, p. 36. - J.-B. Le Dall, L'unicité du permis de conduire ou comment cumuler les points de deux permis, JA avr. 2010, p. 28. - F. Couilbault, Faute du conducteur victime, JA mars 2010, p. 36. - L. Mercié, Contrôle d'alcoolémie : pas de grief dans l'absence de respect du temps d'attente, JA janv. 2010, p. 30. - N. Giroudet-Demay, L'information relative au retrait de points, JA déc. 2009, p. 32. - A. Velle, Le conducteur, une victime à part, JA déc. 2009, p. 38. - L. Namin, Responsabilité de la puissance publique en cas de défaut d'entretien de la voirie, JA nov. 2009, p. 28. - P. Ravayrol, FGA : droit fondamental à l'information de l'auteur de l'accident, JA sept. 2009, p. 36. - D. Fenouillet, Victime contre préposé : la lutte des classes au 21e siècle, JA juill-août

2009, p. 36. – G. Defrance, L'accident complexe, JA janv. 2009, p. 4. - L'exclusion des conducteurs ivres, JA janv. 09, p. 8. - Fonds de garantie : un recours en indemnisation sous conditions (dossier), JA déc. 2009, p. 18. - Le permis à points au regard de l'assurance (dossier), JA janv. 2010, p. 14. - Réglementation des voies : pouvoirs, responsabilités, indemnisation (dossier), JA avr. 2010, p. 14. - S. Gobert, RC automobile, les exclusions légales de garantie, L'Argus éd. 2004 n° 6870, p. 32. – G. Defrance, Alcool au volant, L'Argus 2003, n° 6820, p. 38. – G. Defrance, Le toilettage de l'assurance auto, JA 1993, p. 393.

Autres documentations

Ouvrages. – Cl.-J. Berr et H. Groutel, Rép. civ. Dalloz. 2e éd., Assurances de dommages, n° 318 s. – G. Durry, L'assurance automobile, Dalloz Connaissance du Droit 1998. – J. Bigot (dir.), Traité de droit des assurances, Le contrat d'assurance, T. 3, LGDJ 2002. – M. Picard et A. Besson, Les assurances terrestres, T. 1, Le contrat d'assurance, LGDJ 1982. – Traité de droit des assurances, Entreprises et organismes d'assurance, T. 1, J. Bigot (dir.), LGDJ 1996.

Articles. – F. Chapuisat et F. Chaumet, La renonciation de l'assureur aux prérogatives du Code des assurances, RGAT 1993. 483. – H. Groutel, Assurance, état alcoolique : mode d'emploi, RCA 1999 no 7-8 Repères. – H. Margeat et J. Péchinot, Les nouvelles obligations de garantie dues par l'assureur automobile aux victimes d'accidents de la circulation, RGAT 1987. 9. – A. Favre Rochex, Le conducteur inconnu et les assureurs, Gaz. Pal. 18 juin 1999, p. 3. – La notion d'accident de la circulation. À propos des accidents liés à une partie du véhicule étrangère à la circulation, D. 1999, Jur. p. 256 par Jean Mouly.

2559. Après de très longs débats, parfois vifs, dans la suite logique de la création du Fonds de garantie automobile en 1951 et de l'instauration de l'obligation d'assurance de responsabilité civile automobile en 1958 et 1959, de nombreux projets et contre projets élaborés sur près de trente ans, le législateur a adopté la loi n° 85-677 du 5 juillet 1985 dite plus couramment « loi Badinter » tendant à une meilleure indemnisation des victimes d'un accident de la circulation. La recherche de la responsabilité d'un accident de la circulation ne peut se comprendre aujourd'hui qu'à travers le prisme des deux grands objectifs fixés par la loi Badinter : l'amélioration de l'indemnisation des victimes de l'accident, qui suppose un corps de règles réduisant les sources de conflit, et l'accélération des procédures d'indemnisation de celles-ci, afin de réduire le contentieux judiciaire. Pour satisfaire ces objectifs, la loi du 5 juillet 1985 est entrée immédiatement en vigueur, c'est-à-dire qu'elle a été appliquée aux affaires pendantes y compris devant la Cour de cassation.

Chapitre 1
La loi Badinter s'applique-t-elle à l'accident envisagé ?

Section 1 ▪ Émergence d'une nouvelle loi

Sous-section 1 ▪ Régime antérieur à la loi du 5 juillet 1985

2560. Le seul régime applicable à l'indemnisation des accidents de la circulation se trouvait dans le Code civil aux articles 1382 et 1384 alinéa 1er essentiellement. Les tribunaux avaient décidé que le gardien d'un véhicule, qu'il soit ou non équipé d'un moteur, avait l'obligation de réparer le dommage qu'il provoquait (art. 1384 alinéa 1er, C. civ.). Toutefois, le gardien disposait néanmoins d'arguments pour échapper à cette responsabilité, totalement ou partiellement. Ainsi, il pouvait s'exonérer de sa responsabilité en démontrant que l'accident était dû en réalité à un cas de force majeure ou au comportement d'un autre automobiliste (un tiers) ou même simplement à la faute commise par la victime de l'accident. Par exemple, un enfant traversant la rue pour chercher son ballon et se « jetant pratiquement » sous les roues du véhicule n'était pas indemnisé si l'automobiliste roulait à faible vitesse sans avoir pu anticiper cette circonstance (Cass. ass. plén., 9 mai 1984, Derguini et Lemaire, D. 1984, p. 525).

2561. En revanche, si la faute de la victime ou du tiers automobiliste ne présentait pas les critères juridiques de la force majeure, c'est-à-dire un événement irrésistible, extérieur et imprévisible, il s'ensuivait un partage de responsabilité entre le gardien du véhicule d'une part et le tiers ou la victime d'autre part. Cette faute potentielle de la victime aboutissait à priver celle-ci d'une partie plus ou moins importante de son indemnisation selon la part de responsabilité fixée à sa charge par le juge. Pour tenter d'atténuer autant que de mesure la rigueur parfois dramatique du système, la jurisprudence avait fini par développer un système « du tout ou rien » notamment par un célèbre arrêt Desmares rendu par la Cour de cassation le 21 juillet 1982 (D. 1982, p. 449, concl. Charbonnier, note Ch. Larroumet) ayant posé les règles suivantes : soit la faute de la victime exonère totalement le gardien du véhicule si elle présente les caractéristiques de la force majeure, de sorte qu'elle ne sera pas indemnisée. Soit cette faute ne présente pas les caractères de la force majeure, sa responsabilité de « victime » ne peut plus être partagée avec celle du gardien du véhicule qui devient pour sa part « totalement responsable » de l'accident, alors même que la victime a pu commettre une « faute ».

Sous-section 2 ▪ Régime en vigueur depuis la loi du 5 juillet 1985

2562. Le législateur a estimé que la seule façon de réduire le contentieux judiciaire de l'accident tout en protégeant les victimes consistait à instaurer un système limitant au maximum la discussion relative à la responsabilité des uns et des autres, tout en réduisant les hypothèses permettant de reprocher une faute à la victime de l'accident. Toutes les victimes, qu'elles soient conducteur ou non conducteur d'un véhicule, se voient reconnaître un véritable droit à indemnisation : il n'est donc plus question de rechercher si « la faute commise par l'un » a pu provoquer le « préjudice de l'autre » mais au contraire de savoir si le droit à indemnisation qui est de 100 % pour chacun au départ dans tous les cas de figure pourra se trouver réduit ou non selon la situation accidentelle examinée. La réforme réalise donc une refonte philosophique profonde de la notion de responsabilité automobile, en évitant toute discussion relative au rôle causal du véhicule dans la genèse de l'accident, mais sans aller aussi loin que le système américain ou suédois qui est un système d'absolution totale et automatique pour tout le monde en matière d'accident de la circulation. La loi Badinter aboutit ainsi à protéger presque systématiquement la victime passager, piéton ou cycliste, par une indemnisation quasi automatique, mais laisse sur le bas-côté de la route le conducteur du véhicule dont le sort est aujourd'hui encore assez différent des autres victimes non conductrices.

2563. À l'occasion d'une décision récente, la Cour de cassation a rappelé le caractère d'ordre public de la loi Badinter du 5 juillet 1985 (Civ. 2e, 12 mai 2010, n° 09-13.297). Aux termes de l'article 1er de la loi du 5 juillet 1985, l'indemnisation d'une victime d'un accident de la circulation dans lequel est impliqué un véhicule terrestre à moteur ne peut être fondée que sur les dispositions d'ordre public de cette loi. Une question essentielle s'est posée néanmoins après l'entrée en vigueur de la loi, à savoir celle de son « autonomie » éventuelle. Fallait-il considérer que la loi excluait totalement les dispositions du Code civil, relatives à la garde, ou au contraire qu'elle se cumulait avec celles-ci ? Après diverses hésitations jurisprudentielles, la thèse de l'autonomie a été consacrée par la Cour de cassation notamment par quatre arrêts rendus les 28 janvier et 4 février 1987 par la deuxième Chambre civile (Civ. 2e, 28 janv. 1987, D. 1987 jur., p. 187, note H. Groutel ; Civ. 2e, 4 févr. 1987, D. 1987 jur., p. 187, note H. Groutel). Un tribunal ne peut ainsi juger que le propriétaire d'un véhicule prêté en conserve la garde sur le fondement de l'article 1384 du Code civil et qu'il doit ainsi répondre des dommages causés par le dit véhicule sur ce fondement (Civ. 2e, 23 janv. 2003, RCA 2003, comm. n° 104), l'implication du véhicule commande obligatoirement l'application de la loi du 5 juillet 1985.

Section 2 ▪ Champ d'application du droit à indemnisation

2564. Qui est responsable de l'accident ? La réponse à cette question nécessite toujours l'étude du « support » de la loi : il faut d'abord rechercher si elle est « applicable » enseignerait l'éminent juriste de la Palisse avant de l'appliquer. Le champ d'application est défini à l'article 1er de la loi, qui a été inséré dans divers codes (C. assur., art. L. 211-8 et C. route, art. L. 122-1) : « les dispositions du présent chapitre s'appliquent, même lorsqu'elles sont transportées en vertu d'un contrat, aux victimes d'un accident de la circulation dans lequel est impliqué un véhicule terrestre à moteur ainsi que ses remorques ou semi-remorques, à l'exception des chemins de fer et des tramways circulant sur des voies qui leur sont propres ». Pour appliquer la loi, il faut donc rechercher la présence d'un véhicule terrestre à moteur, lui même impliqué dans un accident de la circulation. Ces trois notions cumulées forment un ensemble nécessaire à la mise en œuvre de la loi Badinter.

Sous-section 1 ▪ Véhicule à l'origine de l'accident

2565. Selon l'article 1er de la loi Badinter, il faut d'abord caractériser l'existence d'un « véhicule terrestre à moteur » pour que la loi puisse s'appliquer. Pendant longtemps, aucun texte n'a donné la définition précise de cette notion de véhicule terrestre à moteur. On en trouve aujourd'hui une définition approchante dans le Code de la route au terme d'un article nouvellement créé : « le terme « véhicule à moteur » désigne tout véhicule terrestre pourvu d'un moteur de propulsion, y compris les trolleybus, et circulant sur route par ses moyens propres, à l'exception des véhicules qui se déplacent sur rails » (C. route, art. L. 110-1).

§ 1 ▪ Critères de qualification

2566. Il faut considérer selon la jurisprudence qu'un « véhicule terrestre à moteur » désigne en général tout véhicule ou engin mécanique doté d'un moteur destiné au transport de choses ou de personnes, monté sur des roues et circulant sur le sol à l'aide d'une force motrice propre à alimentation quelconque (essence, gas-oil, gaz, etc.). Les véhicules manœuvrés uniquement par force humaine ou par traction animale n'embrassent pas cette définition : sont donc exclus par exemple les bicyclettes (Civ. 2e, 7 oct. 1987, D. 1987, IR, 296). L'engin doit aussi permettre de transporter son conducteur, ce qui semble exclure une voiture téléguidée, depuis une réponse ministérielle de 1959 concernant les motoculteurs et tondeuses à gazon dirigés par un conducteur marchant à pied (Rép. min. n° 286, JO Sénat, 7 oct. 1959, p. 736 ; Rép. min. TP n° 362, JO Sénat 12 déc. 1959, p. 1733) mais l'exigence ou non d'un permis de conduire est inopérante à ce niveau pour l'appréciation du critère, de même que l'absence d'obligation d'immatriculation du véhicule, qui demeure sans influence sur sa qualification (V. une lettre de la Direction des assurances, RGAT 1960. 128). Cela va de la simple mobylette de type « vélo Solex » au plus gros poids lourd imaginable quel que soit le nombre de roues, en passant par des engins de travaux publics et divers triporteurs. L'objet du déplacement importe peu car la loi s'applique également au transport effectué à titre onéreux, c'est-à-dire le voyage en taxi ou en autobus essentiellement. On comprend aisément que, dans la plupart des hypothèses, ce critère ne pose aucune difficulté, celle-ci survient essentiellement pour des engins dont le rôle ne consiste pas seulement à transporter des personnes ainsi que ceux circulant sur des « voies propres ».

A ▪ « Machines roulantes »

2567. Entrent dans le champ d'application de la loi les engins de manutention (Civ. 1re, 4 janv. 1983, JCP G 1983, IV, p. 85), une drague mobile (T. confl., 20 févr. 1960,JCP G 1960, II, 11874), un chasse-neige (T. confl., 20 nov. 1961,JCP G 1961, II, 12410), un engin de chantier (CA Montpellier, 23 janv. 2001, Juris-Data n° 159768), un chariot élévateur (Civ. 2e, 25 mai 1994,Bull. civ. II, n° 132), les tracteurs agricoles (Civ. 2e, 25 juin 1986,D. 1987, somm., p. 87, obs. H. Groutel) ou tractopelles (Crim., 12 janv. 1993,Bull. crim., n° 15), une pelle mécanique (Civ. 1re, 6 oct. 1966, D. 1967, somm., p. 4), les véhicules à chenilles (CA Agen, 24 oct. 1963, D. 1964, somm., p. 15), les bacs qui assurent la continuité du trafic sur une route (T. confl., 15 oct. 1973, Barbou, JCP G 1975, II, 18045, note J.-F. Lachaume), du moment qu'ils causent un accident en tant que véhicule. La Cour de cassation rappelle que la loi du 5 juillet 1985 est applicable à l'accident dans lequel est impliquée une pelleteuse mécanique qui se déplaçait par ses propres moyens au moment de l'accident (Civ. 2e, 30 juin 2004, RCA 2004, comm. n° 335).

B ▪ Engins spécifiques

2568. Il convient d'exclure tout d'abord les engins qui ne circulent pas exclusivement sur le sol tels les avions : « un avion est un appareil de locomotion aérienne et non un véhicule terrestre susceptible d'entrer dans le champ d'application de la loi » (CA Paris, 19 nov. 1993, Gaz. Pal., 1994, Somm. 560). Certains engins qui confinent plus au jouet qu'au véhicule demeurent toutefois soumis à la loi comme le kart dès lors qu'ils peuvent transporter leur conducteur (Crim., 29 juin 1999, L'Argus suppl. jur., 7 mars 2000, p. 34).

2569. Une tondeuse à gazon est un engin à moteur doté de quatre roues lui permettant de circuler, équipée d'un siège sur lequel une personne prend place pour le piloter. Elle répond ainsi à la notion de véhicule terrestre à moteur au sens de l'article premier de la loi Badinter et est assujettie à l'assurance automobile obligatoire. La Cour de cassation approuve ainsi une cour d'appel d'avoir déclaré la loi du 5 juillet 1985 applicable à l'accident subi par un jeune garçon, qui se tenait sur les genoux du conducteur, et qui en a chuté (Civ. 2e, 24 juin 2004, JCP G 2004, act. 345).

C ▪ Remorques

2570. L'article 1er de la loi Badinter précise que la remorque ou semi-remorque relève également du champ d'application de la loi, encore faut-il définir la notion de remorque. Les textes précisent que « le terme de « remorque » désigne tout véhicule destiné à être attelé à un autre véhicule » (C. route, art. L. 110-1). La loi s'appliquera donc à une remorque à chaque fois que celle-ci se trouvera attelée à un véhicule terrestre à moteur. Une remorque, même dételée, a pu être considérée comme « impliquée » dans un accident au sens de la loi Badinter (CA Toulouse, 24 nov. 1986, Bull. transp. 1987, 145). Se trouve toujours impliquée la remorque qui a percuté la victime alors qu'elle se trouvait dételée en raison du choc, finissant sa course sur la voie de circulation (CA Grenoble, 3 juin 2003, Juris Data n° 2003-233882). La loi de 1985 n'est effectivement pas applicable lorsque se trouve en cause une remorque dont il n'était démontré ni qu'elle était attelée à un tracteur ni qu'elle était en mouvement au moment de l'accident (Civ. 2e, 14 juin 2006, n° 03-17.815).

2571. Une cour d'appel a retenu à bon droit que l'auteur du dommage qui circulait dans son champ, conduisant un tracteur auquel était attelé un giro-broyeur ayant projeté une pierre dans l'œil de la victime, était devenu la remorque d'un véhicule terrestre à moteur, impliquée dans un accident de la circulation (Civ. 2e, 31 mars 1993, JCP G 1993, IV, 1441).

§ 2 ▪ Véhicules circulant sur des voies propres

2572. Sont des véhicules circulant sur des voies qui leur sont propres, au sens de la loi, tous les trains et métros sur chemins de fer. Cependant, l'autobus qui circule dans son couloir de bus n'est pas considéré comme un véhicule circulant sur une voie propre car d'autres véhicules peuvent emprunter cette voie, tels les taxis. Une difficulté est apparue avec les tramways qui peuvent circuler sur une partie de la chaussée commune avec des véhicules à moteur. Le tramway ne circule pas sur une voie propre lorsqu'il se trouve sur une voie empruntée par d'autres véhicules ou des piétons (Civ. 2e, 6 mai 1987, JCP G 1987, IV, 235). La Cour de cassation a précisé la notion de site propre : « Un tramway qui circule sur une voie ferrée implantée sur la chaussée, dans un couloir de circulation qui lui est réservé et délimité d'un côté par le trottoir et de l'autre par une ligne blanche continue, circule sur une voie qui lui est propre » (Civ. 2e, 18 oct. 1995, n° 93-19.146, Bull. civ. 1995, II, n°239). S'agissant plus précisément des intersections, la difficulté d'application est née notamment de leur délimitation précise ainsi que de la présence de passages protégés pour lesquels il a été jugé que ceux-ci ne font pas perdre au tramway sa circulation en site propre. La Cour d'appel de Colmar a ainsi jugé : « Attendu que le fait qu'à certains carrefours il existe des passages autorisés aux véhicules, assimilables à des passages à niveau en matière de chemins de fer, n'empêche pas de considérer que ce tramway circule sur une voie qui lui est propre » (Colmar, 20 sept. 2002, GAN c/ T.). Par un arrêt rendu le 16 décembre 1992, la Cour d'appel de Lyon a également jugé : « Que l'existence d'un passage pour piétons ne fait pas perdre à la voie du tramway son caractère de site propre et n'entraîne pas l'application de la loi du 5 juillet 1985 ». La loi de 1985 ne s'applique pas s'il circule dans son couloir réservé, par exemple séparé de la rue par un terre-plein planté d'arbustes formant une haie vive (Civ. 2e, 29 mai 1996, D. 1997, no 17 jur., p. 213, note Blanc). Il semblerait toutefois qu'un revirement de jurisprudence se dessine sur la notion de « voie propre », la Cour de cassation ayant jugé qu'un tramway qui traverse un carrefour ouvert aux autres usagers de la route ne circule pas sur une voie qui lui est propre. (Civ. 2e, 16 juin 2011, n° 10-19.491, RCA 2011 comm. 326). S'agissant de la SNCF, si l'accident a lieu sur un passage à niveau, à l'intersection commune du passage du train et des véhicules automobiles, il faut considérer que le train circule toujours sur une voie qui lui est propre au sens de l'article 1er de la loi, qui ne sera pas applicable alors à cette configuration accidentelle (Civ. 2e, 19 mars 1997, D. 1997, no 16, IR, 100). Il faut comprendre qu'à chaque fois que les juges estimeront que le véhicule circule réellement sur ses voies propres, la loi ne sera pas applicable et la victime sera indemnisée sur le fondement du droit commun.

Sous-section 2 ▪ S'agit-il bien d'un accident de la circulation ?

2573. La loi ne peut s'appliquer qu'en présence d'un « accident de la circulation ». Ce critère ne pose aucune difficulté dans toutes les hypothèses pour lesquelles un véhicule terrestre à moteur entrera en collision avec un autre véhicule, un piéton ou un cycliste. Deux conditions cumulatives doivent être réunies : il faut bien sûr qu'il y ait d'une part survenance d'un accident et d'autre part, que celui-ci intervienne lors de la circulation du véhicule.

§ 1 ▪ Notion d'accident selon la loi Badinter

2574. En règle générale, l'accident désigne un événement imprévu, aléatoire et soudain qui provoque un dommage. Le critère fondamental résulte de l'aléa : à chaque fois que le conducteur ou la victime aura volontairement provoqué l'accident, il ne pourra s'agir d'un « accident de la circulation » au sens de la loi du 5 juillet 1985. Une cour d'appel a donné récemment cette définition synthétique de l'accident : « constitue un accident de la circulation, au sens de l'article 1er de la loi no 85-677 du 5 juillet 1985, tout événement dommageable, imprévu et soudain, dans lequel est impliqué un véhicule terrestre à moteur, visé audit texte, qui a été mis en circulation sur une voie publique ou privée, peu important que ce véhicule soit en mouvement ou en stationnement au moment de la survenance de l'événement. » (CA Nîmes, 4 avr. 2002, Juris-Data no 206228).

A ▪ Accident volontaire

2575. Le dommage subi par la victime qui est la conséquence directe de l'action volontaire du conducteur ne résulte pas d'un accident de la circulation : la loi du 5 juillet 1985 ne peut donc s'appliquer à cette situation (Civ. 2e, 22 janv. 2004, RCA 2004, comm. n° 134). L'accident est bien volontaire lorsque le véhicule de la victime a été volontairement percuté à l'arrière par un véhicule conduit par un tiers (Civ. 2e, 23 janv. 2003, RCA 2003, comm. n° 105, note H. Groutel) ou si l'accident a été provoqué par un conducteur pourchassant des jeunes gens qui participaient à une soirée en cherchant à les heurter (Civ. 2e, 12 déc. 2002, RCA 2003, comm. n° 66, note H. Groutel). L'action volontaire ne doit cependant pas être conçue trop largement : ainsi, un conducteur qui provoque un accident en effectuant une manœuvre répréhensible, sans s'assurer préalablement qu'il pouvait l'effectuer sans danger, ne peut être considéré comme ayant volontairement provoqué l'accident ; la loi Badinter sera ici applicable (Civ. 2e, 23 janv. 2003, Bull. civ. II, no 7).

2576. En matière d'accident intentionnel, les dispositions du dernier alinéa de l'article 3 de la loi du 5 juillet 1985 sont susceptibles de s'appliquer en ce qu'elles disposent que la victime n'est pas indemnisée lorsqu'elle a volontairement recherché le dommage qu'elle a subi. En cas de suicide, s'il est possible de démontrer que l'accident résulte bien d'un acte suicidaire du conducteur, il ne pourra s'agir ainsi d'un accident de la circulation (Civ. 2e, 31 mai 2000, Juris-Data no 002345). L'accident intentionnel ne peut être assimilé à un accident de la circulation soumis à l'application de la loi Badinter. Il constituera aussi souvent la faute intentionnelle du droit des assurances qui suppose la volonté de créer le dommage consécutif à l'accident, « tel qu'il est survenu » (Civ. 2e, 18 mars 2004, D. 2004, IR, 1065 ; Civ. 1re, 6 avr. 2004, D. 2004, IR, 1426).

2577. L'intention doit s'apprécier par rapport à la situation accidentelle globale même si l'un des deux conducteurs n'a pas souhaité participer à l'acte intentionnel. Ainsi, le passager transporté dans un véhicule lui-même percuté à l'arrière à plusieurs reprises par un conducteur malveillant au volant d'une voiture volée ne peut être indemnisé sur le fondement de la loi de 1985. Cette situation ne constitue pas un accident de la circulation, quand bien même le véhicule percuté se trouve victime de l'acte intentionnel du voleur (Civ. 2e, 23 janv. 2003, Bull. civ. II, no 8). Cependant, en pareille hypothèse, la victime pourra souvent invoquer un texte pénal à l'encontre du conducteur responsable et obtiendra réparation de ses préjudices devant la commission d'indemnisation des victimes d'infractions (CIVI) (Crim., 6 févr. 1992, RGAT 1992. 54). Tel peut être le cas dans l'hypothèse suivante : la conductrice d'un scooter est poussée par un piéton en état d'ivresse sous la roue d'un autobus qui lui écrase le bras. Après avoir vainement recherché à exécuter une décision de condamnation à l'égard du piéton responsable mais insolvable, la victime recherche un recours envers le conducteur de l'autobus impliqué, lequel sera rejeté en présence d'un fait volontaire excluant l'application de la loi du 5 juillet 1985 (Civ. 2e, 11 déc. 2003, JA 2004, p. 79).

B ▪ Incendie du véhicule

2578. L'incendie du véhicule peut-il être considéré comme un accident de la circulation au sens de la loi Badinter ? La Cour de cassation répond par l'affirmative à cette question en considérant qu'il s'agit alors de dommages qui résultent bien d'un accident de la circulation, afin d'écarter le droit commun en matière d'incendie. La loi du 5 juillet 1985 s'applique aux incendies de véhicules lorsque l'incendie se rattache à un fait de circulation : un ensemble constitué par le tracteur et l'engin attelé à celui-ci qui procède au débroussaillage des bas-côtés d'un chemin départemental est bien en circulation : l'incendie provoqué par la gerbe d'étincelles produite par le heurt du rotor de la débroussailleuse relève alors de la loi Badinter (Civ. 2e, 17 déc. 1997, Bull. civ. II, no 314). En revanche, si l'incendie du véhicule a été provoqué volontairement par des voleurs et que le feu se propage à un bâtiment voisin, la loi du 5 juillet 1985 ne sera pas applicable car il s'agit d'un fait volontaire (Civ. 2e, 15 mars 2001, RCA 2001, comm. n° 186, note H. Groutel).

2579. Lorsque le véhicule est en stationnement dans un parking public, la loi Badinter est applicable (Civ. 2e, 22 nov. 1995, D. 1996, jur., p. 163, note P. Jourdain). L'incendie survenu dans un parking privé, situé dans un sous-sol à usage purement privatif et exclusif des occupants de la résidence, en stationnement et, en dehors de tout fait de circulation, relève également de l'application de la loi du 5 juillet 1985 (Civ. 2e, 18 mars 2004,RCA 2004, comm. n° 183, note H. Groutel, sur cassation de CA Nancy, 28 janv. 2002, L'Argus suppl. jur. mars 2003, p. 43). La loi s'applique à plus forte raison si le parking privé est ouvert au public (CA Chambéry, 10 déc. 2001, Juris-Data n° 192789). Si le véhicule ayant pris feu, en l'espèce une motocyclette, était stationné non dans un parking privé mais dans un hall d'immeuble, la loi Badinter ne s'applique pas car il s'agit « d'un lieu d'habitation impropre à cette destination » (Civ. 2e, 26 juin 2003, RTD Civ. 2003, p. 720, obs. P. Jourdain).

2580. Le véhicule volontairement incendié ne peut provoquer un accident de la circulation. La loi Badinter ne s'appliquera donc pas à ces circonstances. Il en va ainsi des malfaiteurs qui ont utilisé deux véhicules automobiles pour défoncer le pilier d'un bâtiment abritant des locaux commerciaux qu'ils voulaient cambrioler, et ont détérioré par leur fait un boîtier électrique provoquant un court-circuit et l'incendie de l'immeuble (Civ. 2e, 7 mai 2002, RCA 2002, comm. n° 255). Il en va de même du préjudice subi par la propriétaire du véhicule auquel s'était communiqué l'incendie volontairement allumé sur un autre véhicule (Civ. 2e, 23 mai 2002, RCA 2002, comm. n° 256). Toutefois, le doute relatif à l'incendie volontaire du véhicule entraînera l'application de la loi Badinter : une cour d'appel se trouve ainsi censurée pour avoir écarté l'application de la loi de 1985 alors que « selon le rapport de police, la cause exacte de l'incendie n'avait pu être déterminée avec certitude, le caractère volontaire des dégradations n'étant qu'une hypothèse, (l'arrêt) retient que le feu s'est déclaré au milieu de la nuit, dans un véhicule en stationnement depuis plusieurs heures comme ceux auxquels il s'est propagé, et que cet incendie n'est donc pas un accident de la circulation au sens de l'article 1er de la loi du 5 juillet 1985 » (Civ. 2e, 8 janv. 2009, n° 08-10.074).

C ▪ Accident de « machine-outil »

2581. De nombreux véhicules ne sont pas affectés uniquement au transport de personnes et ne circulent sur les routes que pour se rendre ou revenir d'un chantier industriel ou agricole, pour lesquels ils ont été conçus. Toutefois, ces véhicules (chariots élévateurs, pelles mécaniques, presses à paille, moissonneuses-batteuses, pulvérisateurs attelés à un tracteur, giro-broyeurs, etc.) provoquent régulièrement des accidents pour lesquels il faut se demander si ceux-ci constituent ou non des accidents de la circulation ? Les tribunaux ont adopté la position pragmatique suivante : la loi ne s'appliquera que si le véhicule est en mouvement, quand bien même s'agirait-il d'un mouvement involontaire, moteur à l'arrêt et véhicule au travail, car celle-ci s'attache essentiellement aux conséquences du risque automobile, nécessairement induit par cette notion de déplacement. Si au contraire la fonction « outil » du véhicule se trouve seule à l'origine de l'accident, en dehors de tout déplacement du véhicule, volontaire ou non, la loi ne s'appliquera pas car il n'y a dès lors plus grande différence entre cette situation et un accident industriel ou domestique banal.

2582. C'est ainsi que la Cour de cassation ne qualifie pas la situation d'accident de la circulation lorsqu'une partie totalement étrangère à la fonction de déplacement du véhicule se trouve en cause (Civ. 2e, 9 juin 1993, RCA 1993, comm. n° 328, obs. H. Groutel). Par exemple, il n'y a pas accident de la circulation si le camion se trouve à l'arrêt dans un lieu fermé à la circulation et qu'il est utilisé « exclusivement dans son activité spécifique de machine-outil », totalement étrangère à sa fonction de déplacement (Civ. 2e, 23 oct. 2003, RCA 2004, comm. n° 6). De même, pour le dommage provenant de l'ouverture de l'auvent d'une remorque dans laquelle une boulangère vendait des pizzas (Civ. 2e, 8 mars 2001, JCP G 2001, IV, 1802). Toutefois, la pelle mécanique mal positionnée qui écrase la victime avec ses chenilles en basculant sur le côté provoque bien un accident de la circulation suite au déplacement de l'engin, fût-il involontaire (Civ. 2e, 19 nov. 1998, D. 1999, IR, 15).

2583. Il semble bien ainsi que le seul critère d'application de la loi Badinter à ce type d'accident soit celui de l'intervention du véhicule, lui-même au titre d'un déplacement quelconque. Le seul élément d'équipement utilitaire étranger à la fonction de déplacement dudit véhicule intervenu dans l'accident ne permet pas la qualification d'accident de la circulation ; peu important qu'il s'agisse d'un appareil de levage ou non.

2584. La jurisprudence la plus récente confirme bien la pertinence de ce seul critère. Par un arrêt rendu le 28 mai 2009, la Cour de cassation a rappelé que l'accident survenu alors que le véhicule était immobile, lors d'une opération de déchargement du camion au moyen d'un appareil de levage étranger à la fonction de déplacement, ne constitue pas un accident de la circulation : « Vu l'article 1er de la loi du 5 juillet 1985, ensemble les articles L. 211-1 et R. 211-5 du Code des assurances ; Attendu que n'est pas un accident de la circulation au sens du premier de ces textes, l'accident impliquant un élément d'équipement d'un véhicule terrestre à moteur étranger à sa fonction de circulation ; que selon le second de ces textes, l'obligation d'assurance des véhicules terrestres à moteur s'applique à la réparation des dommages corporels ou matériels résultant des accidents causés par le véhicule et les accessoires servant à son utilisation » (Civ. 2e, 28 mai 2009, n° 08-16.942). Il s'agissait d'un accident survenu par la chute d'une palette en cours de déchargement, tombée du hayon d'un camion. Au surplus, cet arrêt de la deuxième chambre civile a été rendu non seulement au visa de la loi du 5 juillet 1985 mais également au visa des articles L. 211-1 et R. 211-5 du Code des assurances, qui régissent l'obligation et l'étendue de la couverture d'assurance. De même, par un arrêt rendu le 8 octobre 2009, la Cour de cassation a cassé un arrêt de cour d'appel ayant retenu l'implication du véhicule dans un accident alors que seul était en cause l'élément d'équipement utilitaire du véhicule : « Qu'en statuant ainsi, alors qu'elle retenait par motifs propres et adoptés que Monsieur L. avait été retrouvé à proximité d'un camion à l'arrêt au cours de déchargement de marchandises et qu'il avait chuté du hayon, lequel avait été dans ces circonstances étranger à la fonction de circulation du véhicule, la cour d'appel, qui n'a pas tiré les conséquences... » (Civ. 2e, 8 oct. 2009, n° 08-15.967).

2585. Il a été jugé cependant que l'accident provoqué par la chute d'un élément transporté, au moment du déchargement de la remorque d'un camion, sans l'intervention d'un appareil de levage, alors que le véhicule se trouvait arrêté sur un chantier ouvert à une circulation restreinte est un accident de la circulation (Civ. 2e, 29 mars 2006, n° 03-19.843, RCA 2006, comm. n° 189). Cependant, par un arrêt postérieur, la Cour de Cassation a cassé un arrêt ayant retenu l'implication d'un camion-citerne dans un accident de la circulation alors que le chauffeur, descendu de son véhicule, était affairé à manœuvrer la pompe servant au transvasement du gaz : « En statuant ainsi, alors qu'elle constatait que le camion-citerne était immobile au moment du sinistre, et que seule était en cause la pompe servant au transvasement du gaz liquide de sa citerne vers la cuve de stockage externe, élément d'équipement utilitaire étranger à sa fonction de déplacement, ce dont il résultait que ce véhicule n'était pas impliqué dans un accident de la circulation, la cour d'appel a violé l'article 1er de la loi du 5 juillet 1985 » (Civ. 2e, 19 oct. 2006, n° 05-14.338, RCA 2007 comm. 15).

D ▪ Accident d'entraide agricole

2586. L'entraide agricole obéit au régime de l'article L. 325-3, alinéa 1er, du Code rural qui institue une immunité comparable à celle de l'article L. 451-1 du Code de la Sécurité sociale qui interdit à la victime et à ses ayants droits d'exercer une action en réparation contre l'employeur. La jurisprudence jugeait que « la loi du 5 juillet 1985 n'a apporté aucune dérogation, expresse ou implicite, à la règle particulière édictée à l'article 20 de la loi du 8 août 1962 (devenu l'article L. 325-3 du Code rural) qui laisse au prestataire la charge des accidents, quelle qu'en soit la nature, survenus au cours d'une opération d'entraide » (Soc., 25 janv. 1990, Bull. civ. V, 1990, n° 33). Toutefois, la Cour de cassation semble dorénavant appliquer la loi du 5 juillet 1985 en matière d'accident d'entraide agricole en accueillant le recours d'une victime participant à une opération d'ensilage soumise au régime de l'entraide agricole prévue par les articles L. 325-1 à L. 325-3 du Code rural (Civ. 2e, 17 nov. 2005,RCA 2005, chron. 19, H. Groutel).

§ 2 ▪ Lieu de circulation du véhicule

2587. Un accident de la circulation est susceptible de survenir sur le territoire national ou « à l'étranger », concept qu'il faut définir aujourd'hui au regard de l'espace européen. S'agissant de l'accident survenu en France, il faut rechercher si l'accident est certes d'abord un accident au sens propre du terme mais aussi s'il s'agit bien d'un accident dit de « circulation », pour permettre l'application de la loi du 5 juillet 1985.

A ▪ Voie publique et voie privée

2588. Le lieu de survenance de l'accident devient aujourd'hui indifférent : la loi de 1985 est applicable à tous les accidents qui surviennent sur une voie publique ou sur une voie privée, ce que rappelle la jurisprudence : « peu importe que l'accident soit survenu sur une voie ouverte à la circulation ou dans une propriété privée » (CA Paris, 9 sept. 2002, JA 2003, p. 447). L'accident provoqué par un véhicule qui renverse un piéton en effectuant une marche arrière dans un parking souterrain est un accident de la circulation régi par la loi de 1985 (Civ. 2e, 7 mai 2002, RCA 2002, comm. n° 257). De même, la loi du 5 juillet 1985 est applicable à l'indemnisation des dommages subis par les spectateurs lors d'un exercice de cascade réalisé durant le tournage d'un film à l'aide d'un véhicule terrestre à moteur, ce dont il résulte qu'elle s'applique, par suite, à ceux subis par le producteur, victime par ricochet (Civ. 2e, 14 juin 2012, n° 11-13.347).

B ▪ Compétition sportive

2589. La loi de 1985 s'applique même sur les circuits fermés où se déroulent des compétitions automobiles à condition toutefois que les victimes soient des spectateurs (Civ. 2e, 10 mars 1988, RGAT 1988. 810). Elle ne s'applique pas en revanche pour les accidents survenus entre les concurrents de la course (Civ. 2e, 28 févr. 1996, D. 1996, IR, 96 ; Civ. 2e, 19 juin 2003, RCA 2003, comm. n° 235). Il a été jugé que l'accident qui survient entre des concurrents à l'entraînement évoluant sur un circuit fermé exclusivement dédié à l'activité sportive n'est pas considéré comme un accident de la circulation (Civ. 2e, 4 janv. 2006, RCA 2006, comm. n° 113, note H. Groutel). C'est d'ailleurs à l'occasion d'un accident survenu sur circuit fermé à l'entraînement que la Cour de cassation a abandonné sa théorie de l'acceptation des risques : « Attendu que la victime d'un dommage causé par une chose peut invoquer la responsabilité résultant de l'article 1384 alinéa 1er du Code civil, à l'encontre du gardien de la chose, instrument du dommage, sans que puisse lui être opposée son acceptation des risques ». (Civ. 2e, 4 nov. 2010, n° 09-65.947).

C ■ Accident survenu à l'étranger

2590. La loi du 5 juillet 1985 promulguée pour la France métropolitaine s'applique bien sûr dans les départements d'outre-mer et dans la collectivité territoriale de Saint-Pierre-et-Miquelon. Cependant, cette loi n'est pas applicable lorsque l'accident s'est produit à l'étranger (Civ. 2e, 11 janv. 1995, RCA 1995, comm. n° 98). En principe, la loi applicable est celle du lieu de l'accident : si un accident survient par exemple en Espagne, c'est le droit espagnol qui devra s'appliquer devant les tribunaux français saisis par la victime française, et non la loi du 5 juillet 1985. En effet, la loi Badinter n'est pas d'ordre public (Civ. 1re, 12 juill. 2001, RGDA 2001. 963).

2591. Le juge français étant chargé d'appliquer une loi étrangère, il appartiendra à la personne qui invoque cette loi d'apporter la preuve de son contenu exact. À défaut, la juridiction française pourra y suppléer en appliquant la loi du 5 juillet 1985 (Civ. 1re, 8 Janv. 1991, RCA 1991, p. 14). Un tribunal français peut toutefois faire application de la loi Badinter à la responsabilité extra contractuelle résultant d'un accident survenu à l'étranger entre deux français, si les deux parties réclament expressément l'application de leur loi nationale (Civ. 1re, 19 avr. 1988, Bull. civ. I, no 104).

Sous-section 3 ■ Le véhicule est-il « impliqué » dans l'accident ?

2592. La loi Badinter apporte un exemple particulièrement explicite de la précision du vocabulaire juridique, à travers la notion « d'implication ». Permettre une plus large indemnisation des victimes supposait une habileté du texte, suffisante à provoquer une rupture avec un principe essentiel de la responsabilité civile : la causalité. En effet, la relation « de cause à effet » constitue habituellement le lien fondamental qui rattache la faute commise par une personne au préjudice subi par la victime. Si l'on avait subordonné alors simplement la mise en œuvre de cette loi à l'existence d'un accident causé par un véhicule, cela n'aurait quasiment pas modifié le régime juridique antérieur : la notion de « l'implication » devient ainsi la pierre angulaire du nouveau système d'indemnisation.

§ 1 ■ Implication « n'implique » pas responsabilité

2593. Tous les véhicules qui sont intervenus « à quelque titre que ce soit » dans la survenance de l'accident sont considérés dorénavant comme impliqués au sens de la loi du 5 juillet 1985 (Civ. 2e, 24 avr. 2003, Bull. civ. II, no 104). Toutefois, c'est le véhicule qui est impliqué dans l'accident et non pas seulement la personne qui le conduit ou en est propriétaire, raison pour laquelle « être impliqué » dans l'accident ne signifie pas systématiquement en « être responsable ». Supposons par exemple qu'un motard ayant brûlé un feu rouge vienne s'encastrer dans une voiture en stationnement, celle-ci se trouverait impliquée dans l'accident au sens de la loi sans pour autant que son propriétaire ou gardien n'encourt aucune responsabilité, le motard étant seul fautif. Parfois l'implication entraînera la responsabilité du conducteur ou du gardien du véhicule, d'autres fois elle n'entraînera aucune responsabilité pour ces personnes, car cette notion n'est qu'une condition d'application de la loi du

5 juillet 1985. Par analogie avec la matière pénale, on pourrait presque affirmer que l'implication réalise une sorte de « mise en examen » civile du véhicule, qui ne préjuge en rien de sa « culpabilité » finale au titre de l'accident, le véhicule reste « présumé innocent » tant que le juriste n'a pas pris position sur le droit à indemnisation des uns et des autres. L'implication devient alors simplement le « sésame » qui permet de faire « entrer le véhicule en loi Badinter ». Selon la doctrine, « cette notion est dépourvue de tout aspect subjectif et moral » (Marie-Pierre Camproux, D. 1994, Chron. p. 109). Une fois franchi ce cap de l'implication, le véhicule se transforme alors en « une sorte de phare » vers lequel toutes les victimes non motorisées, qu'elles soient piéton, cycliste ou passager, ont le droit de se diriger pour solliciter l'indemnisation de leurs blessures, même si celui-ci « n'y est pour rien ». Il reste alors principalement à déterminer les hypothèses d'implication et de non-implication du véhicule.

§ 2 ▪ Implication, le contact et la victime

2594. Le simple « contact » ou effleurement déclenche infailliblement l'implication du véhicule : viole ainsi l'article 1er de la loi du 5 juillet 1985 la cour d'appel qui décide que le véhicule stationné sous l'arbre qui s'est abattu sur lui en écrasant le passager qui venait de descendre n'est pas impliqué (Civ. 2e, 23 mai 2002, RCA 2002, comm. n° 258). On notera que dans le cadre de la convention d'indemnisation directe de l'assuré et de recours entre sociétés d'assurance automobile dénommée « convention IRSA », les assureurs ont entendu limiter le concept de l'implication tel que celui-ci ressort de la jurisprudence : la convention énonce ainsi qu'en l'absence de collision, le véhicule n'est impliqué que lorsque le conducteur a commis une faute au sens du barème de répartition des recours entre adhérents à la convention (Conv. IRSA, art. 1.2.1). Cette convention n'est toutefois pas opposable aux assurés pour lesquels seule la définition jurisprudentielle de l'implication doit prévaloir.

A ▪ Absence « active » de contact

2595. Il s'agit ici de toutes les hypothèses dans lesquelles le véhicule n'a pas « touché » matériellement la victime mais a joué néanmoins un rôle assez actif dans la survenance de l'accident, il sera de ce seul fait impliqué dans l'accident. Il peut s'agir notamment de l'hypothèse du véhicule stationné irrégulièrement. La Cour de cassation censure ainsi les décisions qui énoncent que « le rôle causal du véhicule n'est pas démontré puisqu'il n'y a pas eu de choc avec la moto » (Civ. 2e, 14 nov. 2002, RCA 2003, comm. n° 37). Par exemple, la victime a pu subir l'accident en raison de son éblouissement provoqué par les phares d'un autre véhicule qui se trouvera impliqué de ce seul fait, sans qu'il y ait eu contact entre eux (CA Pau, 4 déc. 1996, Juris-Data n° 046429). Ce sera le cas également du véhicule zigzaguant et obligeant l'autre à se serrer à droite (Civ. 2e, 3 oct. 1990, RCA 1990, p. 414) ou du camion qui empiète sur l'axe médian d'une route (Civ. 2e, 7 nov. 1990, RCA 1991, p. 61). Il a également été jugé qu'un véhicule est impliqué dans l'accident de la circulation du seul fait de sa position insolite sur le terre-plein central ayant provoqué le ralentissement d'un ensemble routier dont le conducteur venait de l'apercevoir (Civ. 2e, 8 mars 2012, n° 11-11.532). C'est aussi l'hypothèse du camion de balayage qui projette des gravillons sur un trottoir, provoquant la glissade de la victime (Civ. 2e, 24 avr. 2002, RCA 2003, comm. n° 199). En cas de dépassement d'un cyclomotoriste par un ensemble routier, l'implication du véhicule peut se déduire de la « quasi concomitance » entre le dépassement de ce dernier et la chute (Civ. 2e, 10 mai 1991, D. 1991, IR, 159). Le véhicule dépassé, qui roulait normalement, et qui n'a pas été heurté dans l'accident survenu entre deux autres véhicules ne saurait être impliqué dans l'accident de la circulation (Civ. 2e, 21 oct. 2004, RCA 2004, comm. n° 368, note Groutel). La seule présence d'un véhicule sur les lieux d'un accident de la circulation ne suffit pas à caractériser son implication au sens de l'article 1er de la loi du 5 juillet 1985 (Civ. 2e, 13 déc. 2012, n° 11-19.696, Resp. civ. et assur. 2013, comm. 84).

B ▪ Absence « passive » de contact

2596. Il s'agit là de toutes les hypothèses pour lesquelles il n'est pas évident a priori de suspecter un rôle actif quelconque du véhicule, qui peut même se trouver régulièrement stationné dans une position normale : celui-ci peut néanmoins être impliqué au sens de la loi Badinter du seul fait qu'il a perturbé, même malgré lui, la conduite des autres usagers de la route, quand bien même aucune infraction au Code de la route ne lui serait reprochée. Ainsi, un camion de travaux est impliqué au sens de la loi du 5 juillet 1985 dès lors qu'il a simplement masqué légèrement la visibilité à deux véhicules entrés en collision à une intersection, même si le balisage des lieux était parfait et qu'aucune faute ne peut lui être reprochée (CA Paris, 19 févr. 2001, Juris-Data n° 140230). Le camion est effectivement intervenu « à quelque titre que ce soit » dans la survenance de l'accident, selon le seul critère défini par la Cour de cassation. Cependant, la victime doit néanmoins prouver que la présence du véhicule a produit un effet quelconque sur son comportement. À défaut, le véhicule ne peut être impliqué dans l'accident (Civ. 2e, 5 janv. 1994, RCA 1994, p. 139).

2597. Il en va de même en l'absence de choc entre les véhicules, et en dépit des déclarations contradictoires des deux conducteurs sur les circonstances de l'accident, si le conducteur d'une motocyclette a masqué la visibilité d'un obstacle heurté par le motocycliste qui se préparait à le dépasser par la droite (Civ. 2e, 3 juill. 2003, RCA 2003, comm. n° 292). L'implication sera aussi caractérisée lorsque le déclenchement du système d'alarme d'un véhicule stationné irrégulièrement provoque l'affolement de chevaux devant participer à un spectacle « son et lumière », lesquels percutent un autre véhicule (Civ. 2e, 13 juill. 2000, RGDA 2000. 867, note J. Landel).

C ▪ Carambolage multiple

2598. Jusqu'à une période récente, la jurisprudence exigeait l'implication du véhicule non pas seulement dans l'accident mais également dans le dommage subi par la victime (Civ. 2e, 21 mai 1990, n° 89-11.904, JCP éd G. 1990, IV, 416).Le défendeur dont l'implication était recherchée était donc autorisé à soutenir que le dommage de la victime n'était pas imputable à l'accident que son propre véhicule avait pu causer au sein de l'accident global (Civ. 2e, 28 juin 1989, n° 88-16.149, RTD Civ. 1990, p. 94).Il en ressortait une distinction entre, d'une part, « l'implication dans l'accident » et, d'autre part, «l'implication dans le dommage » : un véhicule impliqué dans l'accident n'était pas nécessairement impliqué dans le dommage de la victime lorsque les circonstances propres du dossier révélaient qu'il fut impossible que le dommage eut été provoqué par ledit véhicule. Confrontée à la problématique du carambolage multiple, la Cour de cassation répondit que dès lors que tous les véhicules sont bien intervenus à quelque titre que ce soit dans la survenance de l'accident, ils sont tous impliqués. Y compris ceux qui n'ont peut-être pas eu de « contact matériel » avec la victime (Civ. 2e, 11 juill. 2002, n° 01-01.666, RCA 2002, comm. n° 331). Il a aussi été jugé que les collisions successives intervenues, dans un même laps de temps et dans un enchaînement continu, constituaient le même accident, de sorte que la cour d'appel ne pouvait écarter l'implication de certains véhicules (Civ. 2e, 21 oct. 2004, n° 03-13.006, RCA 2004, comm. n° 369).

2599. Ainsi depuis un arrêt de la deuxième chambre civile du 24 juin 1998 (Bull. civ. II, n° 205), la jurisprudence n'évoque plus la notion « d'implication dans le dommage » mais celle « d'accident complexe ». L'accident complexe unique globalise l'ensemble de la scène accidentelle dans le but de limiter au minimum les sources de contestation sur l'implication des véhicules sans avoir égard à leur rôle plus ou moins causal. Les critères juridiques de l'accident complexe seront énoncés en 2004. En effet, un arrêt du 13 mai 2004 retient l'existence d'un accident complexe y compris pour des accidents survenus avec un intervalle de 10 minutes entre chaque choc : tous les véhicules sont impliqués dans un accident complexe unique (Civ. 2e, 13 mai 2004, n° 02-17.545, JCP éd G. 2004 IV 2367). Cette jurisprudence a été confirmée ensuite par un arrêt du 3 mai 2006 (Civ. 2e, 3 mai 2006, n° 05-13.251) puis par un arrêt du 2 octobre 2008 : « Les collisions successives étaient intervenues dans un enchaînement continu, ce dont il résultait que tous les véhicules étaient impliqués dans un accident complexe » (Civ. 2e, 2 oct. 2008, n°07-15.902, RCA 2008 comm. 323). Le Professeur Jourdain a tracé la frontière de l'accident complexe : « Pour qu'il y ait accident unique, il faut, selon nous, que chacun d'eux ait joué un rôle dans le déroulement de l'accident considéré globalement. Cela suppose un enchaînement causal entre ces événements, de telle sorte que chaque événement, hormis le tout premier, trouve son explication dans les autres. » (RTD civ. 2004 p. 744). Les juges du fond doivent toutefois relever l'absence d'enchaînement continu : deux véhicules étant passés sur le corps de la victime qui gisait sur la chaussée, les motifs de la cour d'appel pour reconnaître à celle-ci la qualité de piéton étaient impropres à caractériser l'existence de deux chocs successifs sans enchaînement continu (Civ. 2e, 8 mars 2012, n° 10-28.755).

2600. Néanmoins, l'accident complexe ne constitue pas pour la Cour de cassation une rupture totale avec la causalité. Il s'agissait d'éviter de poser le débat relatif à la causalité en amont, c'est-à-dire au stade du principe même de l'application de la loi de 1985 (pas d'implication, pas de procédure d'offre) pour le faire ressurgir en aval, c'est-à-dire au stade de la contribution (sur quel véhicule doit reposer la charge finale parmi les différents co-impliqués ?). La causalité sera sauve dès lors que ceux qui supporteront la charge finale de l'indemnisation sont bien ceux qui auront causé le dommage de la victime. Rien n'étant parfait toutefois, la doctrine relève : « La seule incidence fâcheuse de la thèse de l'accident complexe se rencontre lorsque le véhicule devant supporter la charge finale n'est pas assuré. Du fait de son rôle subsidiaire, le Fonds de garantie des assurances obligatoires de dommages ne peut faire l'objet d'un recours en contribution » (H. Groutel, RCA 2008, comm. 308, note in fine, ss. Crim., 10 juin 2008). La jurisprudence sur l'accident complexe semble aujourd'hui bien assise : « est impliqué dans un accident complexe, se matérialisant par des collisions successives intervenues dans un même laps de temps et dans un enchaînement continu, tout véhicule qui est intervenu à quelque titre que ce soit dans la survenance de l'accident, peu important que l'un des véhicules ne soit pas entré en collision avec celui dans lequel se trouvait la victime » (Civ. 2e, 7 juil. 2011, n° 10-19.960, RCA 2011 comm. 358).

§ 3 ▪ Implication et la manifestation du dommage

2601. Lorsque le dommage apparaît concomitamment à la survenance de l'accident, il n'y a en général que peu de difficultés sur la preuve de l'implication du véhicule. Il se peut néanmoins que le dommage subi par la victime ne se produise que de façon différée dans le temps, si bien que l'on pourra douter du rôle réellement joué par le véhicule à ce titre. Sur le fondement de l'article 1315 alinéa 1 du Code civil, la victime doit toujours prouver que la présence du véhicule a eu un effet sur son comportement et donc sur le dommage qu'elle a subi (Civ. 2e, 31 mars 1993, RCA 1993, p. 232 ; Civ. 2e, 5 janv. 1994, RCA 1994, p. 139). Par exemple, cette preuve n'est pas rapportée par la victime cycliste ayant chuté dans un tournant après avoir été aidée dans sa propulsion par un cyclomoteur l'ayant poussée, dès lors que le véhicule à moteur avait cessé de pousser la victime lors de la survenance de la chute (Civ. 2e, 12 déc. 2002, RCA 2003, comm. n° 106). Si le choc intervenu entre le véhicule et la victime, qu'elle soit elle-même véhiculée ou non, est absolument incontestable, notamment parce qu'il y a des témoins, il appartiendra alors au conducteur du véhicule impliqué de démontrer qu'il n'y a pas de lien entre l'accident et le dommage subi par la victime, s'il prétend que son véhicule n'est pas impliqué. Cette preuve sera de toute évidence quasiment impossible.

2602. Si la victime subit un dommage peu de temps après l'accident, sans que celui-ci ne se manifeste pour autant de façon concomitante avec le choc, la jurisprudence présumera fortement que le préjudice est bien lié à l'accident. C'est le cas par exemple d'un piéton décédé d'une crise cardiaque après avoir été heurté par une voiture : les juges ont présumé que l'émotion ressentie à la suite de l'accident avait pu jouer un rôle dans le processus mortel pour décider que le dommage résulte bien de l'implication du véhicule (Civ. 2e, 19 févr. 1997, D. 1997, IR, 94). Supposons en revanche que la passagère blessée dans un accident et hospitalisée vienne à décéder par suite d'une cause déclarée inconnue, on ne pourrait alors considérer que le véhicule est impliqué dans le décès de cette victime (Civ. 2e, 6 juill. 1994, L'Argus suppl. nº 6418, p. 28).

Chapitre 2
Responsabilité du conducteur

2603. Si les trois conditions cumulatives nécessaires à l'application de la loi du 5 juillet 1985 sont bien réunies, à savoir l'existence d'un accident de la circulation dans lequel se trouve impliqué un véhicule terrestre à moteur, il devient alors possible d'examiner la responsabilité susceptible d'être encourue par les différents acteurs d'un accident de la circulation. La loi Badinter réserve un traitement différent à la victime « conducteur » par opposition aux autres victimes généralement dénommés « les victimes non conducteurs », à savoir principalement le piéton, le cycliste et le passager d'un véhicule.

Section 1 Identification du conducteur

2604. La qualité de piéton ou de conducteur est fondamentale pour l'application de la loi Badinter : la faute du conducteur peut limiter ou exclure son indemnisation, celle de la victime non conductrice devra être inexcusable et expliquer à elle seule la genèse de l'accident pour conduire à une déchéance totale d'indemnisation (art. 3, L. 5 juill. 1985).

2605. Le conducteur est celui qui « à la place qu'il occupe, dispose de tous les organes nécessaires à la conduite » du véhicule (Crim., 1er mars 1988, Bull. crim., nº 106). La victime aura souvent intérêt à prétendre qu'elle obéit à la définition du piéton plutôt qu'à celle du conducteur car la loi Badinter est plus favorable en cette hypothèse. Il est donc important de savoir précisément si la victime avait ou non la qualité de « conducteur » lors de l'accident, étant précisé que dans la plupart des cas cette difficulté ne se pose pas.

2606. Si l'accident survient alors que l'automobiliste ou le motard se trouve respectivement derrière leur volant et guidon, en phase de circulation, la question ne se posera naturellement pas car le conducteur est ici bien identifié. Seules présentent une difficulté les situations les plus complexes au cours desquelles le conducteur et son passager auront notamment été éjectés de l'engin lors du choc : en ce cas, toute personne autre que le gardien du véhicule est présumée non-conducteur car l'indemnisation des victimes est la règle (Civ. 2e, 5 nov. 1998, RGDA 1999. 121). Le gardien du véhicule doit prouver que la victime avait bien la qualité de conducteur lors de l'accident (Civ. 2e, 16 mai 1994, RCA 1994, comm. n° 291, et chron 24, H. Groutel, Civ. 2e, 17 mars 2005,RCA 2005, comm. n° 149). Ainsi, la qualité de conducteur du propriétaire n'étant pas établie, une cour d'appel en a exactement déduit que l'intéressé pouvait se prévaloir de la qualité de passager transporté (Civ. 2e, 4 nov. 2004, RCA 2005, comm. n° 16). La Cour de cassation semble dorénavant exclure le gardien d'un véhicule terrestre à moteur du bénéfice de la présomption « de non conducteur » s'il est lui même victime de l'accident (Civ. 2e, 10 mars 2004, RCA 2004, comm. n° 181, note H. Groutel). Il faut rappeler que tout propriétaire d'un véhicule en est présumé être le gardien (Civ. 2e, 19 juin 2003, RCA 2003, comm. n° 233).

Sous-section 1 ▪ Conducteur s'apprêtant à monter ou à descendre

2607. Il peut s'agir de l'automobiliste encore debout à côté de sa voiture, portière ouverte et clés en mains, lorsque survient l'accident ou du motard positionné à proximité de sa moto, en train de s'équiper pour la conduite. La jurisprudence considère que si le conducteur est éloigné de son véhicule et qu'il n'a pas encore eu le temps de s'asseoir sur son siège, il devra être traité par la loi commune un piéton. Pour les véhicules à deux roues, il importe d'être descendu du véhicule pour devenir un piéton au sens de la loi. Ce n'est pas le cas de celui qui court sur la chaussée en poussant son cyclomoteur pour tenter l'allumage du moteur, qui conserve bien la qualité de conducteur et non celle de piéton (CA Rennes, 15 mai 2002, Juris-Data n° 189439). De même, en procédant au milieu de la chaussée à la fixation sur sa tête de son casque réglementaire tout en se tenant debout, les deux pieds au sol, le cyclomoteur entre les jambes, la victime se trouvait ainsi aux commandes de cet engin et avait, de ce fait, la qualité de conducteur. (Civ. 2e, 29 mars 2012, n° 10-28.129, Resp. civ. et assur. 2012, comm. 162).

2608. Demeure piéton, le conducteur occupé à changer une roue à la suite d'une crevaison ou même celui qui pousse à pied son véhicule en panne d'une main en tenant le volant de l'autre (Crim., 22 mars 1988, D. 1988, IR, 52). Il a aussi été jugé que l'automobiliste qui ouvre la portière de son véhicule après en avoir coupé le moteur et qui est en train de descendre de celui-ci perd la qualité de conducteur et doit donc être considéré par la loi commune une victime piéton (Civ. 2e, 31 mai 1995, RCA 1995, comm. n° 97). De même, la victime qui n'a pas pris place sur son cyclomoteur, n'a pas la qualité de conducteur (Civ. 2e, 7 oct. 2004, RCA 2004, comm. n° 370).

Sous-section 2 ▪ Conducteur assis mais ne conduisant pas

2609. Il s'agira par exemple de l'automobile heurtée par un tiers alors que le conducteur se trouve assis au volant, moteur arrêté, ou plus généralement du motocycliste assis sur son siège prêt à démarrer mais qui ne conduit pas et se trouve lui aussi à l'arrêt, moteur coupé.

2610. Pour les voitures et camions, le seul fait d'être assis derrière le volant confère à la personne la qualité de conducteur même si l'accident survient alors que l'automobiliste avait calé et tentait de faire redémarrer son véhicule (Civ. 2e, 15 avr. 1999, RCA 1999, comm. n° 213). Pour les véhicules à deux roues, la solution est également claire : le conducteur cyclomotoriste qui se tient assis à l'arrêt sur son engin, que le moteur soit ou non en fonctionnement, doit être considéré au sens de la loi comme un conducteur et non comme un piéton (Civ. 2e, 4 févr. 1987, Bull. civ. II, n° 33). Cette solution s'applique même pour les véhicules à deux roues qui peuvent s'utiliser comme une bicyclette : il s'agit bien du conducteur d'un véhicule terrestre à moteur en pareil cas (Civ. 2e, 13 janv. 1988, Gaz. Pal., 6- 8 mars 1988, p. 7). Selon la Cour de cassation, demeure aussi conducteur celui qui reste au volant de son véhicule remorqué par un autre (Civ. 2e, 14 janv. 1987, Bull. transp. 1987, 146).

Sous-section 3 ▪ Conducteur, victime d'un accident séquentiel ou d'un accident complexe

2611. Il s'agit de toutes les hypothèses dans lesquelles le conducteur d'une automobile ou d'un cyclomoteur sera soit éjecté de son véhicule à la suite d'un premier choc puis blessé dans un second choc faisant suite au premier accident, soit simplement blessé après avoir eu le temps de descendre de son véhicule. Le conducteur, simplement éjecté du véhicule sans être heurté à nouveau par un tiers est considéré par la jurisprudence comme « conducteur ». C'est le cas par exemple de l'automobiliste ou du cyclomotoriste, qui heurte le trottoir après avoir été expulsé de son véhicule lors de la collision, l'accident se produisant alors en un seul trait de temps (Civ. 2e, 4 oct. 1989, JCP G 1991, II, 21600 ; Civ. 2e, 11 janv. 1995, L'Argus 1995, n° 6409, p. 47). En revanche, que se passe-t-il s'il vient à être heurté une seconde fois par un autre véhicule alors qu'il se trouve immobilisé sur la chaussée, sans avoir peut être été même simplement blessé par le premier accident ? Le conducteur éjecté aura intérêt à prétendre qu'il est devenu piéton pour bénéficier d'un régime d'indemnisation plus favorable accordé ici par la loi du 5 juillet 1985.

2612. Si le conducteur est éjecté à la suite d'une faute de conduite qu'il a pu lui-même commettre, lui conférer alors le statut de piéton lui donne un avantage « de circonstance » dont il n'eût pas bénéficié s'il était demeuré conducteur de son engin « dans d'autres circonstances ». La jurisprudence récente évolue vers la prise en compte de cet « avantage » et considère par exemple que le cyclomotoriste fautif circulant à vitesse excessive, heurté par un second cyclomoteur alors qu'il se trouve allongé sur la chaussée à la suite d'un premier choc dont il est responsable, conserve la qualité de conducteur (Civ. 2e, 6 févr. 2003, Bull. civ. II, n° 26). Cette même analyse est effectuée par la Cour de cassation pour la conductrice d'une voiture, considérée comme responsable d'un premier choc pour avoir franchi une ligne continue, lorsqu'elle se trouve elle même victime d'un second choc (Civ. 2e, 20 juin 2002, RGDA 2002. 978, note J. Landel). De même, un motocycliste éjecté sur la chaussée dans les suites immédiates de l'accident doit conserver la qualité de conducteur et non celle de piéton (Civ. 2e, 8 oct. 2009, n° 08-16.915 et 08-16.943, resp. civ. et ass. 2009 comm. 351, note Groutel). Faut-il en déduire qu'un cyclomotoriste conserve la qualité de piéton après une première chute dont il n'est pas responsable ? La réponse est négative car le cyclomotoriste ayant chuté sur le sol « en tentant d'éviter un véhicule qui circulait en sens inverse » reste conducteur s'il est heurté ensuite par le véhicule même qu'il tentait d'éviter : « sa chute sur le sol fait partie du processus de l'accident » (Civ. 2e, 5 juin 2003, RCA 2003, comm. n° 260). Toutefois, la chambre criminelle de la Cour de cassation adopte en la matière une position divergente de la deuxième chambre civile en reconnaissant au conducteur d'une motocyclette, tombé sur la chaussée puis heurté par un véhicule le suivant, la qualité de non-conducteur (Crim., 9 mars 2004,RCA 2004, comm. n° 184).

2613. Une autre difficulté se rencontre en matière d'accident complexe. En effet, en cette matière et au gré des circonstances, le conducteur peut avoir « plus ou moins le temps » de sortir de son véhicule et se retrouver piéton sur la chaussée alors même qu'il sera parfois le conducteur responsable de l'accident. Envisagé comme piéton, son droit à indemnisation serait nécessairement intégral alors qu'un autre conducteur confronté aux mêmes circonstances mais qui, par un hasard défavorable, ne serait pas parvenu à sortir immédiatement de son véhicule serait considéré comme conducteur et pourrait voir son indemnisation totalement exclue dans le pire des cas. La cour de cassation a donc jugé que « la qualité de conducteur ou de piéton de la victime ne pouvait changer au cours de l'accident reconnu comme un accident unique et indivisible » (Civ. 2e, 1er juil. 2010, n° 09-67.627 ; RCA 2010 comm. 251).

Sous-section 4 ■ Leçon de conduite

2614. L'élève d'une auto-école ne dispose pas des « pouvoirs de commandement » selon les juges, il est donc considéré comme non conducteur du véhicule dans lequel il prend une leçon de conduite et qui se trouve impliqué dans un accident. Ceci se justifie par l'équipement spécifique du véhicule : dispositif de double commande permettant au moniteur d'intervenir à tout moment pour l'immobiliser ou pour agir sur le volant tenu par l'élève (Civ. 2e, 29 juin 2000, Bull. civ. II, n° 105). Les élèves d'un établissement d'enseignement de la conduite des véhicules terrestres à moteur en cours de formation ou d'examen sont d'ailleurs considérés comme des tiers au sens de l'article L. 211-1 alinéa 1 du Code des assurances, au regard de l'obligation d'assurance, depuis une loi n° 99-505 du 18 juin 1999. Il a d'ailleurs été jugé qu'a seul la qualité de conducteur le mineur, stagiaire agricole, aux commandes d'un tracteur alors que le maître de stage, monté sur la flèche arrière, est privé de tout moyen de direction et de contrôle de l'engin (Civ. 2e, 22 mai 2003, n° 01-15.311, Bull. Civ. 2003, II, n° 157).

Sous-section 5 ■ Passager qualifié de conducteur

2615. Une cour d'appel a qualifié de conducteur un passager qui avait appuyé sur la jambe droite du conducteur et donné une impulsion au volant : elle a pu en déduire qu'il avait contrôlé la vitesse et la direction du véhicule, pris la qualité de conducteur et commis une faute, dont elle a pu souverainement apprécier qu'elle était de nature à exclure le droit à indemnisation de ses ayants cause (Civ. 2e, 31 mai 2000, Bull. civ. II, n° 91).

Section 2 ■ Accidents du conducteur

2616. Dans quelles circonstances le conducteur sera-t-il considéré comme le responsable de l'accident ? La loi du 5 juillet 1985 a instauré au profit de toutes les victimes d'un accident un droit à indemnisation, et le conducteur n'échappe pas à la règle. Cela signifie que dans chaque configuration accidentelle il faut considérer que le conducteur dispose au départ « d'un capital d'indemnisation » évalué à 100 %, qui ne peut être réduit ou anéanti qu'en fonction de la faute qu'il a pu lui-même commettre.

Sous-section 1 ▪ Un seul véhicule est en cause dans l'accident

2617. Lorsque le conducteur se trouve seul impliqué dans l'accident, en dehors de tout véhicule tiers, piéton ou cycliste, il ne peut invoquer les dispositions de la loi du 5 juillet 1985 car on ne peut être responsable envers soi-même du préjudice que l'on s'inflige. C'est l'hypothèse de principe du véhicule qui heurte un platane sur une route nationale : cet automobiliste ne sera pas indemnisé sur le fondement de la loi du 5 juillet 1985 (Civ. 2e, 19 nov. 1986, Gaz. Pal. 1987, 1, jur. p. 141, note F. Chabas). L'assurance automobile obligatoire ne s'applique d'ailleurs pas à la réparation des dommages subis par la personne conduisant le véhicule, pour asseoir définitivement ce principe (C. assur., art. R. 211-8 1). Le conducteur ne peut donc présenter aucune réclamation dans ce cas à l'assureur de son propre véhicule s'il est juste assuré « aux tiers ». C'est la raison pour laquelle on a pu notamment estimer que la loi Badinter demeurait insuffisante à protéger le conducteur du véhicule, la « garantie du conducteur », accordée de façon facultative par les assureurs, destinée à palier cette insuffisance, étant devenue un impératif majeur dans ce contexte. Cependant, la mise en œuvre de la garantie du conducteur suppose la démonstration que le dommage subi par le conducteur procède d'une cause extérieure. (Civ. 2e, 13 janv. 2012, n° 10-25.144)

§ 1 ▪ Garantie complémentaire du seul conducteur

2618. Cette assurance totalement facultative permet au conducteur d'un engin motorisé, seul impliqué dans un accident de la circulation, d'obtenir une indemnité en réparation de son propre préjudice s'il est seul victime de l'accident. Il en existe aujourd'hui principalement deux catégories, qui relèvent du régime des assurances de personnes.

A ▪ Individuelle accident

2619. Il s'agit d'une garantie qui prévoit le versement d'une indemnité déterminable à l'avance : l'assureur peut être amené à indemniser des frais de soins, des indemnités journalières en cas d'arrêt de travail, un capital au conducteur en cas d'infirmité, ou même un capital décès à sa famille le cas échéant. Toutefois, le conducteur blessé ne perçoit pas la même indemnité que s'il était un conducteur « victime d'un autre automobiliste » dans un contexte de responsabilité civile car les sommes ici versées sont prévues contractuellement par un barème, inséré dans les conditions générales du contrat d'assurance. L'application de ce barème peut donc conduire au versement, au profit du conducteur assuré, d'une indemnité très inférieure à la réparation intégrale de son préjudice dans un contexte de responsabilité civile de droit commun. Le droit du contrat retrouve ici ses marques de sorte qu'il faudra vérifier que la situation accidentelle correspond bien à « l'accident » défini au contrat d'assurance : il a ainsi été jugé que le choc du véhicule contre un arbre peut constituer une « cause extérieure » au sens de l'article du contrat définissant la notion d'accident garanti (Civ. 1re, 18 févr. 2003, RCA 2003, comm. n° 145).

2620. Supposons un contrat d'assurance automobile souscrit pour un capital de 100 000 € en cas d'accident pour une invalidité totale. Si le médecin désigné contractuellement par l'assureur évalue le taux d'incapacité du conducteur à 30 %, celui-ci touchera donc la somme de 30 000 € alors même que la jurisprudence peut accorder une « somme supérieure » par une évaluation « en droit commun » de l'IPP, qui tient compte notamment de l'âge de la victime lors de l'accident.

B ▪ Assurance conférée par référence « au droit commun »

2621. L'indemnité versée au conducteur n'est plus calculée ici par référence à un barème contractuel qui la rend déterminable le jour de l'accident mais, au contraire, en raisonnant comme si le conducteur était la victime de la faute commise par un autre : il n'y a alors plus de différence entre le statut de « victime conducteur » ou « non conducteur » tel que celui-ci est défini par la loi Badinter ; le conducteur sera certain d'être toujours intégralement indemnisé même s'il est lui-même fautif au titre de l'accident, par le jeu de cette assurance, sous réserve toutefois des clauses d'exclusion contractuelles applicables et des exceptions habituelles du droit des assurances. Le jeu du contrat ne doit pas cependant être mésestimé : l'automobiliste ne portant pas sa ceinture de sécurité peut être déchu de la garantie si une clause d'exclusion prévoit cette hypothèse, à condition toutefois d'être formelle et limitée (CA Montpellier, 4 avr. 2002, Juris-Data n° 188533).

§ 2 ▪ Action contre un « fautif non motorisé »

2622. Le conducteur du véhicule seul impliqué dans un accident, ayant choisi d'assurer a minima son véhicule, ne disposant pas dès lors d'une garantie complémentaire du conducteur, sera souvent tenté de rechercher la faute « d'une autre personne » au titre de son accident afin d'obtenir une indemnisation.

A ▪ Entretien de la voie publique

2623. L'automobiliste seul victime de l'accident sera parfois tenté de rechercher la responsabilité de la puissance publique s'il estime que l'accident a été provoqué par le mauvais état de celle-ci ou une défectuosité de la signalisation, notamment au regard du signalement de la présence de brouillard ou de verglas. Peut-il exercer une telle action ? Selon les circonstances, la justice administrative peut estimer que la responsabilité de l'accident est due par exemple pour un tiers à l'imprudence de la victime et pour les deux tiers au département, responsable de l'entretien de la voirie (CE 5e et 7e sous-sections, 17 mai 2000, Dép. de la Dordogne, Juris-Data n° 060738).

2624. La juridiction de l'ordre administratif est aussi seule compétente pour connaître de l'action en responsabilité opposant une société publique d'autoroutes à un particulier, à la suite d'un accident de la circulation au cours duquel le véhicule de ce dernier, glissant sur une nappe de liquide répandue sur la chaussée, a endommagé les glissières de sécurité de l'autoroute (Civ. 1re, 3 déc. 2002,Bull. civ. I, n° 297). Un département a été déclaré entièrement responsable d'un accident survenu la nuit sur une route départementale en raison de la chaussée devenue brutalement gravillonnée à l'endroit de l'accident et alors même qu'aucun panneau de signalisation ne prévenait les usagers du risque que présentait l'état de la chaussée à moins de 3 km de l'endroit où est survenu l'accident (CAA Bordeaux, 26 juin 2001, Dép. de la Corrèze et société d'assurance AXA, Juris-Data n° 166188).

2625. Les tribunaux administratifs ne sont compétents que pour juger du recours du conducteur, seul victime face à la puissance publique (État, collectivités territoriales). Les tribunaux de l'ordre judiciaire demeurent seuls compétents en revanche pour tout accident impliquant un véhicule appartenant à la puissance publique depuis la loi n° 57-1424 du 31 décembre 1957 (véhicule du domaine, d'un établissement public, d'une collectivité territoriale, de l'État). L'article R. 311-4 du Code des assurances précise que la compétence d'attribution appartient aux tribunaux de grande instance et aux tribunaux d'instance « en dernier ressort ou à charge d'appel selon le cas, pour connaître de toute action en responsabilité délictuelle ou quasi-délictuelle tendant à la réparation des dommages de toute nature causés par un véhicule quelconque ». Cette solution est applicable même si l'accident s'est produit à l'occasion d'une activité commerciale.

B ▪ Faute d'un passager

2626. Le conducteur d'un véhicule terrestre à moteur cherchera ici à démontrer qu'un passager avait la qualité de gardien du véhicule, à seule fin d'être indemnisé par ce dernier. On suppose par exemple qu'un véhicule a heurté un platane, étant seul impliqué, mais le conducteur a pu estimer que sa conduite a été perturbée par l'intervention, même involontaire, d'un passager de son véhicule. Est-il en droit de rechercher la responsabilité du passager pour être indemnisé de ses blessures ? La qualité de « gardien » éventuel du véhicule, qui peut s'appliquer au passager le cas échéant, devient alors déterminante. En effet, l'article 2 de la loi du 5 juillet 1985 fait peser la responsabilité sur le conducteur ou le gardien du véhicule si bien que la reconnaissance de cette qualité de gardien au passager peut permettre alors au conducteur d'obtenir une indemnisation sur le fondement de la loi Badinter. La qualité de « gardien » au sens de la loi Badinter diffère-t-elle alors de celle retenue par la jurisprudence pour l'application de l'article 1384 alinéa 1 du Code civil ? Les mêmes règles devront être appliquées, un arrêt récent rappelle d'ailleurs à ce sujet que le propriétaire d'un véhicule terrestre à moteur est présumé en être le gardien, en conformité avec la jurisprudence relative à la garde de la chose (Civ. 2e, 19 juin 2003, RCA 2003, comm. n° 233).

2627. Les tribunaux ont d'abord jugé que le conducteur d'un véhicule terrestre à moteur, victime d'un accident de la circulation dans lequel ce véhicule est seul impliqué, peut se prévaloir des dispositions de la loi du 5 juillet 1985, lorsque le gardien de ce véhicule a commis une faute à l'origine de l'accident, ce qui suppose bien évidemment que le gardien soit une personne systématiquement différente de celle du conducteur. (Civ. 2e, 8 mars 1995, L'Argus Cahier jur. et tech. 29 mars 1996, p. 31). On estime effectivement que le propriétaire de la voiture, resté à son bord à côté du conducteur, peut intervenir dans la conduite en donnant des indications de direction, de sorte qu'il reste le gardien du véhicule. Depuis 1997, il n'est même plus nécessaire de prouver une faute à la charge du gardien : une auto-stoppeuse ayant pris le volant d'un véhicule qui s'est arrêté pour la prendre à son bord, le propriétaire étant toujours présent à ses cotés, sera indemnisée par le gardien en cas d'accident, c'est-à-dire le propriétaire en l'occurrence, même s'il s'avère qu'elle n'est pas titulaire du permis de conduire, circonstance ignorée d'ailleurs par le gardien du véhicule (Civ. 2e, 2 juill. 1997, D. 1997, p. 448, note H. Groutel). Les tribunaux rappellent que le gardien est celui qui a « le pouvoir d'usage, de direction et de contrôle sur une chose ». De son côté, la personne reconnue gardienne du véhicule ne pourra pas invoquer la force majeure ou le fait d'un tiers pour échapper à sa responsabilité, en application de l'article 2 de la loi Badinter.

2628. La Cour de cassation a confirmé la responsabilité du passager sur le fait personnel : « viole l'article 1382 du Code civil, une cour d'appel qui déboute une société d'assurances, ayant indemnisé les passagers d'un véhicule impliqué dans un accident de la circulation, de son action récursoire en contribution à la dette exercée contre un tiers, passager transporté, lui-même victime de l'accident, en invoquant sa faute personnelle. » (Civ. 2e, 3 févr. 2005, n° 04-10.342, Bull Civ II n° 22 page 19).

C ▪ « Défaillance mécanique »

2629. Il s'agit aujourd'hui d'une hypothèse de plus en plus rare compte tenu tant de l'instauration du contrôle technique automobile que de normes de sécurité aujourd'hui drastiques régissant la construction des véhicules. D'autant plus que le Code de la route donne pouvoir aux experts en automobile de signaler les véhicules dangereux à la suite d'un accident dans le cadre d'une procédure dénommée « véhicules gravement endommagés » (C. route, art. L. 327-5). Un recours du conducteur contre le propriétaire sera possible le cas échéant car le propriétaire est juridiquement présumé gardien de sa chose. La jurisprudence considère que le propriétaire d'un véhicule terrestre à moteur ne peut céder à son conducteur que la garde du comportement de l'automobile mais conserve néanmoins toujours la garde de la structure en cas de prêt de courte durée uniquement. Le conducteur devra alors prouver que l'accident trouve sa cause dans une action de la victime, dérivant de la garde du comportement (CA Aix-en-Provence, 26 oct. 2000, juris-Data n° 131393).

2630. Si le propriétaire est lui même un commettant, par exemple une entreprise de transport routier, il conserve la garde des éléments de la structure du véhicule ayant causé le dommage, s'ils sont seuls en cause à l'exception de toute faute du conducteur, de sorte que le préposé n'est pas considéré comme gardien des dits éléments sur le fondement de la loi du 5 juillet 1985 (Civ. 2e, 11 avr. 2002, Bull. civ. II, n° 72). La qualité de gardien est incompatible avec celle de préposé.

2631. La responsabilité est donc possible si une avarie technique est en cause dans l'accident. Dans la plupart des cas, il faudra savoir au préalable qui est réellement la personne demeurée gardienne du véhicule : le propriétaire ou le conducteur qui l'utilise ? La Cour de cassation considère par exemple que la personne qui conduit un véhicule affecté d'un défaut de freinage, et qui en est parfaitement avertie avant d'en prendre la conduite, devient « gardien du système de freinage » de sorte que le propriétaire ne sera pas inquiété (Civ. 2e, 13 déc. 1989, Bull. civ. II, n° 222). S'agissant du constructeur ou du vendeur d'un véhicule, leur responsabilité ne peut se concevoir aussi qu'en qualité de « gardien de la structure » de l'organe technique ayant directement provoqué l'accident, fait rarissime en pratique car il sera fréquemment possible de reprocher une faute de conduite à l'utilisateur, faisant perdre à la défaillance technique son rôle causal dans la survenance de l'accident. S'il est démontré que l'accident est essentiellement dû à l'absence de vigilance et de maîtrise du conducteur, il n'y a plus lieu d'engager la responsabilité du vendeur (CA Nîmes, 10 mai 2001, Juris-Data n° 160560). Au contraire, si la cause d'un accident corporel imputée par les enquêteurs à une vitesse excessive ne constitue qu'une hypothèse en l'absence de traces de freinage, la responsabilité contractuelle du garagiste ayant réparé le véhicule sera engagée au visa de l'article 1147 du Code civil dès lors qu'il est établi par une expertise que le système de freinage n'était pas en conformité avec les normes constructeur et que lors de la révision des 10 000 km, les disques de freins étaient hors d'usage et auraient dû être remplacés ainsi que les plaquettes de freins (CA Lyon, 20 janv. 2000, Juris-Data n° 103158).

Sous-section 2 ▪ Faute d'un cycliste ou d'un piéton

2632. Il s'agit ici de savoir si la faute éventuelle commise par un cycliste ou un piéton peut permettre à l'automobiliste ou cyclomotoriste d'obtenir la réparation de son propre dommage. Le sort de la réparation des blessures éventuelles du piéton ou du cycliste sera envisagé ultérieurement. Les juges précisent que la loi Badinter ne s'applique pas dans cette configuration et qu'il faut revenir au droit commun de l'article 1382 du Code civil (responsabilité civile du fait personnel et responsabilité du fait des choses de l'article 1384 alinéa 1er du Code civil) car l'auteur d'un accident autre que le conducteur ou le gardien d'un véhicule terrestre à moteur ne peut être tenu que selon le droit commun de la responsabilité. Si un véhicule à moteur est impliqué dans l'accident, le conducteur victime est ainsi en droit d'agir contre le piéton sur le fondement du droit commun, même si ce dernier a été lui-même accidenté (Civ. 2e, 17 févr. 1993, L'Argus 1994 suppl. jur. p. 31 ; Civ. 2e, 18 mars 1998,RCA 1998, comm. n° 191). En ce cas, sur le fondement du droit commun, le piéton ou le cycliste peut opposer au « conducteur victime » sa faute de conduite, mais aussi celle d'un tiers ou la force majeure, situation que ne permettrait pas la loi Badinter pour ces deux derniers cas, si elle était applicable (art. 2, L. 5 juill. 1985).

2633. Il convient de relever toutefois que le recours contre un coauteur n'ayant pas la qualité de conducteur ou de gardien d'un véhicule terrestre à moteur ne peut être exercé que dans la limite de la part de responsabilité encourue par ce dernier à l'égard de la victime (Civ. 2e, 10 mars 2004, RCA 2004, comm. n° 185, note H. Groutel).

2634. Monsieur X circule en moto et heurte l'arrière d'un vélo conduit par l'enfant mineur Y qui lui a brutalement coupé la route pour tourner à gauche. Monsieur X est blessé dans l'accident et le mineur Y, décédé. Si Monsieur X souhaite obtenir réparation de son dommage corporel auprès des parents du mineur, il ne pourra pas le faire sur le fondement de la loi du 5 juillet 1985 et devra invoquer la responsabilité des parents prévue par l'article 1384 alinéa 4 du Code civil (Civ. 2e, 18 mars 1998, Bull. civ. II, n° 87). La responsabilité civile du cycliste sera souvent engagée car celui-ci devra prouver que sa faute présente les caractères de la force majeure pour pouvoir s'exonérer de sa responsabilité de gardien de la bicyclette, sur le fondement de l'article 1384 du Code civil, à l'égard de l'automobiliste.

Sous-section 3 ■ Deux ou plusieurs véhicules sont en cause

2635. En pareille hypothèse, comment savoir qui est (ou qui sont) « le ou les » responsable(s) de l'accident ? L'article 4 de la loi du 5 juillet 1985 réglemente ainsi le sort de la faute commise par le conducteur d'un véhicule : « la faute commise par le conducteur du véhicule terrestre à moteur a pour effet de limiter ou d'exclure l'indemnisation des dommages qu'il a subis ». La nature des dommages, matériels ou corporels, est indifférente pour le conducteur, à la différence d'une victime non-conducteur, car l'article 5 de la loi Badinter précise également que « la faute commise par la victime a pour effet de limiter ou d'exclure l'indemnisation des dommages aux biens qu'elle a subis ».

2636. La loi de 1985 ne définit pas les « pourcentages de responsabilité » que l'on doit appliquer aux uns et aux autres selon la contravention au Code de la route qui aura pu être commise : elle laisse le pouvoir au juge de dire, dans chaque cas, si la faute commise par le conducteur réduira ce capital d'indemnisation de 100 % qui lui est conféré au départ (et le juge dira alors souverainement dans quelles proportions il faut le réduire) ou au contraire anéantira totalement ce capital en excluant l'indemnisation, hypothèse également laissée à l'appréciation souveraine des tribunaux. Le « comportement de l'autre » n'est donc plus un élément important. Bien sûr, le juge s'appuiera dans sa tâche sur les règles fixées par le Code de la route pour apprécier la faute commise par le conducteur mais celles-ci ne permettent que de sanctionner des infractions pénales à la circulation routière sans préciser pour autant si leur violation doit entraîner la réduction ou l'exclusion de l'indemnisation du conducteur qui les transgresse. Il s'ensuit un régime selon lequel le conducteur fautif peut être indemnisé partiellement par l'autre, même si « l'autre » n'a pas commis de faute, si les juges considèrent que la faute commise n'a pour effet que de limiter le droit à indemnisation du conducteur. Chacun sera indemnisé respectivement à 100 % « par l'autre » si aucune faute ne peut être relevée à la charge ni de l'un ni de l'autre, ou encore chacun sera renvoyé

« dos à dos », c'est-à-dire laissé sans indemnisation, si chaque conducteur en présence a commis une faute excluant totalement son propre droit à indemnisation.

§ 1 ▪ Analyse de la faute du conducteur

2637. Une situation accidentelle étant par nature imprévisible et multiple dans les circonstances de sa survenance et la diversité du processus, il est quasiment impossible de « réglementer par avance » la faute commise par un conducteur en violation du Code de la route afin de dire si elle doit limiter ou exclure son indemnisation. Tout est question d'appréciation d'autant plus que les conditions climatiques peuvent jouer un rôle majeur parfois dans la genèse d'un accident. C'est la raison pour laquelle la loi du 5 juillet 1985 laisse le soin aux juges de dire si la faute relevée doit simplement limiter l'indemnisation du conducteur fautif ou, au contraire, l'exclure totalement.

A ▪ Indemnisation totale

2638. Le conducteur impliqué dans un choc avec un autre véhicule, s'il n'a commis aucune faute sur le fondement de l'article 4 de la loi du 5 juillet 1985, sera totalement indemnisé. En ce cas, chaque conducteur doit être considéré comme impliqué à l'égard de l'autre, on dit qu'ils sont « co-impliqués » dans l'accident. L'indemnisation est aussi intégrale en cas de collision entre deux véhicules si les circonstances sont indéterminées et ne permettent pas de relever une faute à la charge de l'un ou de l'autre (Rép. Min. n° 9929, 16 févr. 1995, JO Sénat Q, 30 mars 1995, p. 772). La jurisprudence est constante sur ce point (Civ. 2e, 9 déc. 1992, RCA 1992, comm. n° 93).Et dans l'hypothèse où l'un des deux conducteurs aurait indemnisé un tiers, le remboursement doit se faire « en proportion des fautes respectives » s'il y a faute ou « par parts égales » si aucune faute n'a pu être prouvée à l'encontre des conducteurs impliqués (Civ. 2e, 20 juin 2002, Bull. civ. II, n° 136).

B ▪ Limitation ou exclusion du droit à indemnisation ?

2639. Lajurisprudenceaproposéaufildutempsdeuxanalysespossiblesdelafauteduconducteur :
- un premier examen « à la lumière des dispositions du Code de la route » pour sanctionner ou absoudre le conducteur au regard de la gravité de la « contravention commise », c'est-à-dire de la faute. Elle considérait donc que le conducteur ayant commis une faute de conduite, même insignifiante, se trouvait privé de toute indemnisation face à celui qui n'en avait commis aucune ;
- puis une seconde analyse au regard de l'impact produit par la faute personnelle de chacun sur son propre préjudice : une faute « légère » en infraction au Code de la route comme le défaut de port de la ceinture de sécurité pouvant ainsi s'avérer « dramatique » dans ses conséquences là où une faute « lourde » telle le non respect d'un feu rouge peut connaître un dénouement plus ou moins heureux selon la localisation du point de choc accidentel.

2640. Dans la première hypothèse, la faute s'appréciera souvent « par comparaison » avec celle qui a pu être commise par l'autre conducteur, c'est-à-dire son « rôle causal », tandis que dans la seconde, chaque conducteur est renvoyé à sa propre faute. Depuis 1997, la Cour de cassation tient compte des fautes commises par les deux conducteurs dans la réalisation de l'accident pour limiter la réparation de leurs dommages (Ch. mixte, 28 mars 1997, D. 1997 n° 23, p. 294, note H. Groutel). Lorsque l'accident implique une faute de comportement du conducteur, l'Assemblée plénière de la Cour de cassation a exigé la preuve d'un lien de causalité par exemple entre l'état d'alcoolémie du conducteur et la réalisation de son dommage (Ass. plén., 6 avr. 2007, n° 05-81.350, JCP éd G. 2007 II, 10078 note Jourdain). Elle précise que la faute du conducteur victime ayant contribué à la réalisation de son préjudice doit être appréciée en faisant abstraction du comportement du conducteur de l'autre véhicule impliqué dans l'accident (Civ. 2e, 14 nov. 2002, RCA 2003, comm. n° 35, Civ. 2e, 24 févr. 2005, RCA 2005, comm. n° 126, note Groutel ; Crim., 31 mai 2005, RCA 2005 comm. n° 246 ; Crim., 18 oct. 2005, RCA 2006 comm. n° 17, note H. Groutel ; Civ. 2e, 15 déc. 2011, n° 10-25.714).

2641. Par exemple, un conducteur A circulant à 30 km/h provoque un accident à une intersection sans signalisation particulière, par refus de priorité au conducteur B, par temps de brouillard en raison d'une mauvaise visibilité. Les deux conducteurs ont chacun subi un dommage de 100 €, peu importe qu'il soit corporel ou matériel. Des deux approches suivantes, seule la seconde est conforme à l'interprétation actuelle de l'article 4 de la loi du 5 juillet 1985 depuis 1997.

- Première approche : A est l'auteur de « la faute », il n'a « droit à rien » et B sera indemnisé pour l'intégralité de son dommage, c'est-à-dire 100 €. On expliquait jusqu'à un arrêt rendu en 1997 que A ne pouvait s'adresser à B « parce qu'il avait commis une faute tandis que B n'en avait pas commise » (Ch. mixte, 28 mars 1997, D. 1997, jur., p. 503, note H. Groutel).- Deuxième approche : Commençons par B ; visiblement, celui-ci n'a commis aucune faute et sera indemnisé pour son entier dommage, c'est-à-dire 100 €. Examinons ensuite le sort de A : certes, celui-là a commis une faute mais le juge pourra considérer que sa « gravité » n'explique pas qu'il soit entièrement privé de toute indemnisation (le brouillard est d'ailleurs une circonstance atténuante pour lui). On peut donc estimer par exemple que son droit à indemnisation sera limité à 50 % : il sera ainsi indemnisé à hauteur de 50 € par le conducteur B et son assureur. Pourquoi pas 10 % ou 70 % ? C'est le juge qui décide souverainement selon la Cour de cassation de la sanction retenue et de sa proportion. Pourtant B n'a commis aucune faute ? Peu importe, car chaque conducteur dispose selon la loi de 1985 d'un « droit à indemnisation » envers l'autre, c'est-à-dire d'une sorte de « capital de départ » évalué à 100 %, détachable de la notion de faute. On pourrait presque comparer le système au permis à point pour lequel chaque nouvelle infraction fait perdre des points au conducteur, à ceci près qu'ici c'est le juge qui décide souverainement et pour chaque accident de l'ampleur de la perte...

§ 2 ▪ Application pratique

2642. Le conducteur impliqué dans un accident de la circulation souhaitera souvent connaître « objectivement » la sanction de sa faute, c'est-à-dire soit une limitation de son indemnisation, et si tel est le cas, en connaître la proportion, ou son exclusion. Malheureusement, il n'est pas possible aujourd'hui d'établir un « canevas général » des infractions au Code de la route permettant d'anticiper la décision du juge car le critère du choix entre l'exclusion ou la limitation du droit du conducteur est identique selon la loi (art. 4), à savoir « une faute ». La différence de traitement s'opérera alors en fonction de la relation entre la faute et le dommage du conducteur. La Cour de cassation rappelle au surplus que la faute du conducteur ne doit pas nécessairement être la cause exclusive de l'accident pour que la déchéance de son droit puisse être retenue (Civ. 2e, 18 mars 2004, RCA 2004, comm. n° 182, note H. Groutel). On aboutit parfois à des décisions inégales selon la carte judiciaire, dont la motivation peut sembler contestable. Ainsi, l'automobiliste ayant calé à un carrefour et qui pousse son véhicule en s'appuyant sur sa jambe gauche positionnée à l'extérieur de celui-ci, tout en restant assis au volant, commet une faute excluant totalement son droit à indemnisation (Civ. 2e, 15 avr. 1999, RCA 1999, comm. n° 213). En revanche, le cyclomotoriste qui conduit la nuit sans casque son engin dépourvu d'éclairage, vêtu de vêtements sombres, en le faisant avancer avec les pieds, ne commet qu'une faute limitant d'un quart son droit à indemnisation (CA Rennes, 24 mars 2000, juris-Data n° 114765).

2643. Il n'est donc pas aisé d'y voir clair, tout juste peut-on tenter de dégager quelques « grandes lignes », axées sur le renforcement de la « morale routière » : la faute de conduite proprement dite n'est plus un critère exclusif, le fait de conduire ainsi sous l'empire d'un état alcoolique peut avoir une incidence sur le droit à indemnisation même en l'absence de faute de conduite (Civ. 2e, 4 juill. 2002,D. 2003, p. 859, note H. Groutel ; Civ. 2e, 10 mars 2004, RCA 2004, comm. n° 180, note H. Groutel). Et lorsque chaque conducteur blessé se trouvait sous l'empire d'un état alcoolique, quelle que soit la configuration de l'accident, chacun d'eux a nécessairement commis une faute sur le fondement de l'article 4 de la loi Badinter (Civ. 1re, 21 oct. 2003, RCA 2004, comm. n° 36, note H. Groutel ; Civ. 2e, 13 oct. 2005, RCA 2005, comm. n° 348).

2644. S'inspirant du dispositif mis en place pour lutter contre l'alcool au volant, la loi du 3 février 2003 étend les hypothèses de dépistage et crée un délit spécifique, sanctionné des mêmes peines que le délit de conduite sous l'empire d'un état alcoolique. Aux termes du nouvel article L. 235-1 du Code de la route, « toute personne qui conduit un véhicule ou qui accompagne un élève conducteur alors qu'il résulte d'une analyse sanguine qu'elle a fait usage de substances ou plantes classées comme stupéfiants est punie de deux ans d'emprisonnement et de 4 500 € d'amende ». Si elle se trouve également sous l'empire d'un état alcoolique, les peines sont portées à trois ans et 9 000 €.

A ▪ Faute qui limite l'indemnisation

2645. Le juge va estimer ici que la faute commise par le conducteur n'est pas « suffisamment grave » pour exclure totalement son indemnisation. Or bien souvent, si une telle faute n'est pas suffisamment grave, c'est sans doute parce qu'un « autre conducteur » en a lui aussi commise une. Il en résulte alors une série hétérogène de décisions de justice, faisant souvent ressortir en marge de la limitation du droit à indemnisation d'un conducteur, la faute commise par un autre automobiliste ou cyclomotoriste, alors même que la faute du conducteur doit s'apprécier « en faisant abstraction du comportement de l'autre conducteur du véhicule impliqué dans l'accident » ! (Civ. 2e, 5 juin 2003, RCA 2003, comm. n° 261). Le dépassement d'un véhicule aux abords d'une intersection en violation du Code de la route entraîne par exemple la réduction du droit à indemnisation à hauteur d'un tiers (CA Toulouse, 26 févr. 2002, Juris-Data n° 174534).

B ▪ Faute qui exclut l'indemnisation

2646. La tendance actuelle, dont on ne sait si elle sera durable, réintègre l'examen du comportement global du conducteur, causal ou non, tant au regard de la réglementation routière que du comportement « d'un bon père de famille » pour exclure le droit à indemnisation. Assez souvent, les juges prennent en considération le nombre d'infraction au Code de la route : l'absence de ceinture de sécurité, ajoutée au non respect des balises de priorité et de la signalisation horizontale complémentaire fait ainsi « pencher la balance » et la sanction tombe tel un couperet : exclusion totale du droit à indemnisation (CA Grenoble, 3 juin 2003, Juris-Data n° 233882).

2647. Il en va de même du conducteur qui circulait à très vive allure, à proximité de la jonction de deux autoroutes, avec un ensemble routier totalisant plus de 70 tonnes, sur le couloir central d'une autoroute déjà encombrée d'au minimum quatre poids lourds devant lui (Civ. 2e, 11 juill. 2002, RCA 2002, comm. n° 329). Les magistrats peuvent néanmoins hésiter pour les accidents les plus graves à prononcer une exclusion totale du droit à indemnisation qui laisserait le conducteur victime entièrement démuni. Les rapports établis ainsi par la police ou la gendarmerie à l'occasion de chaque accident corporel grave fournissent une précieuse indication sur les circonstances de l'accident et les infractions relevées a priori par les forces de l'ordre à l'encontre de chaque conducteur, au regard du Code de la route.

C ▪ Défaut de port du casque et de la ceinture de sécurité

2648. Lorsque l'accident survient alors que l'automobiliste n'était pas porteur de la ceinture de sécurité, il n'y a pas là une sanction « couperet » ayant pour effet d'exclure totalement l'indemnisation du conducteur sur le fondement de l'article 4 de la loi Badinter. Néanmoins, cette situation sera systématiquement examinée sous l'angle de l'aggravation du dommage subi par le conducteur, ce que résume parfaitement la Cour de cassation : « La victime n'avait pas bouclé sa ceinture de sécurité, ce qui n'a pu que contribuer à l'aggravation des conséquences de l'accident » (Civ. 2e, 22 janv. 2004, RCA 2004, comm. n° 94). Une décision précise également que « le port de la ceinture aurait permis à la victime d'éviter le traumatisme crânien à la suite du choc frontal » pour limiter son droit à indemnité (CA Lyon, 14 janv. 2004, Juris-Data n° 231249). Le même raisonnement peut évidemment être transposé au défaut de port du casque par les cyclomotoristes : « Il ne portait pas de casque de protection. Cette omission est en rapport direct avec le dommage qu'il a subi puisqu'il a été victime d'un traumatisme crânien » (CA Toulouse, 3 déc. 2002, Juris-Data n° 202940). La Cour de cassation considère que « le défaut de port de casque protecteur et le défaut d'éclairage du véhicule constituaient des fautes du conducteur de nature à réduire ou à exclure son droit à indemnisation (Civ. 2e, 17 mars 2005, RCA 2005, chron. 10, H. Groutel).

2649. Un conducteur ayant renversé une moto avec un passager non équipé d'un casque pourrait-il invoquer cette circonstance à l'encontre du conducteur de la moto pour lui demander le remboursement des sommes versées au passager ? La Cour de cassation autorise, sur le fondement de l'article 1382 du Code civil, le recours de l'automobiliste à l'encontre du conducteur d'une moto pour le remboursement des sommes qu'il a dû verser au passager de la moto au regard de la faute commise par son conducteur qui savait que son passager n'était pas équipé d'un casque protecteur (Civ. 2e, 18 sept. 2003, RCA 2004, comm. n° 7, note H. Groutel).

D ▪ Usage d'un téléphone mobile

2650. Conduire avec un téléphone entre les mains constitue une imprudence qui mérite d'être sanctionnée. En l'absence d'un texte spécial, les condamnations (3 774 en 1996 ; 234 279 en 2002) se fondaient sur l'article R. 412-6 du Code de la route ainsi rédigé : « tout conducteur doit se tenir constamment en état et en position d'exécuter commodément et sans délai toutes les manœuvres qui lui incombent », sous peine d'amende prévue pour les contraventions de 2e classe, soit un maximum de 150 €. Dans une affaire jugée par la Cour de cassation le 2 octobre 2001, un individu critiquait le raisonnement des juges du fond, pour lesquels « le conducteur qui utilise un téléphone est nécessairement dans l'impossibilité d'effectuer toute manœuvre utile ». Ils auraient dû, selon le pourvoi, tenir compte « des circonstances particulières de l'espèce tenant aux lieu et conditions de la circulation ou à la vitesse et aux caractéristiques du véhicule ». La Cour de cassation a toutefois confirmé que « le conducteur d'un véhicule en mouvement qui tient en main un appareil téléphonique n'est pas en état d'exécuter commodément et sans délai toutes les manœuvres qui lui incombent ». (Crim., 2 oct. 2001, Dr. pénal 2002, comm. 7, note J.-H. Robert). Le décret n° 2003-293 du 31 mars 2003 (JO 1er avr.) a finalement créé un article R. 412-6-1 dans le Code de la route ainsi rédigé : « L'usage d'un téléphone tenu en main par le conducteur d'un véhicule en circulation est interdit. Le fait, pour tout conducteur, de contrevenir aux dispositions du présent article est puni de l'amende prévue pour les contraventions de deuxième classe. Cette contravention donne lieu de plein droit à la réduction de deux points du permis de conduire ». Une faute de nature à limiter ou exclure le droit à indemnisation pourrait donc être reprochée au conducteur, en cas d'accident, sur le fondement de ce texte.

Sous-section 4 ▪ Conducteur, salarié en service

2651. Le régime de l'indemnisation des salariés, victimes d'un accident de la circulation, a beaucoup évolué depuis 1993. Jusqu'à cette date, les salariés étaient exclus du bénéfice de l'assurance automobile obligatoire car ils relevaient du régime des prestations prévues par la législation sociale sur les accidents du travail. Ils ne bénéficiaient donc pas de la réparation intégrale de leurs préjudices saufs le cas de la faute inexcusable de l'employeur, ouvrant droit à une réparation complémentaire. Dorénavant, l'article R. 211-8 du Code des assurances prévoit que les salariés victimes peuvent réclamer « la couverture de la réparation complémentaire, prévue à l'article L. 455-1-1 du Code de la Sécurité sociale, pour les dommages consécutifs à un accident défini à l'article L. 411-1 du même code ». Il n'est donc plus nécessaire, lorsqu'un salarié est victime d'un accident de la circulation qui peut être qualifié d'accident du travail, de prouver l'existence d'une faute inexcusable de l'employeur pour bénéficier d'une indemnisation complémentaire. Les victimes peuvent s'adresser à leur employeur ou à un co-préposé pour solliciter la réparation intégrale de leurs préjudices à la suite d'un accident de la circulation, qualifié d'accident du travail.

Section 3 ▪ Recours entre conducteurs impliqués

Sous-section 1 ▪ La responsabilité de l'accident est clairement établie

§ 1 ▪ Fondement du recours

2652. L'assureur du véhicule terrestre à moteur qui a indemnisé une ou plusieurs victimes est subrogé dans les droits de celles-ci envers le tiers coauteur de l'accident, si ce dernier a la qualité de conducteur ou de gardien d'un véhicule terrestre à moteur. En ce cas, le recours exercé contre un autre conducteur impliqué est uniquement fondé sur les articles 1251 et 1382 du Code civil : « l'action récursoire d'un coobligé fautif contre le conducteur impliqué dans un accident de la circulation ne peut s'exercer que dans les conditions prévues par les articles 1382 et 1251 du Code civil ; la contribution à la dette a lieu en proportion des fautes respectives » (Civ. 2e, 9 oct. 2003, Bull. civ. II, n° 294 ; Civ. 2e, 11 déc. 2003, Bull. civ. II, n° 376).

§ 2 ▪ Limite du recours

2653. Le conducteur fautif qui exerce un recours ne peut rechercher la contribution à la dette du conducteur qui n'a pas commis de faute (Civ. 2e, 13 nov. 1991, Bull. civ. II, n° 299). Il ne suffit donc pas d'être déclaré conducteur ou gardien d'un véhicule pour qu'un recours puisse

« automatiquement prospérer », en l'absence de toute faute commise, quelle que soit la qualité de la personne à l'encontre de laquelle le recours est exercé.

Sous-section 2 ■ La responsabilité demeure indéfinie

2654. L'indemnisation est intégrale en cas de collision entre deux véhicules si les circonstances sont indéterminées et ne permettent pas de relever une faute à la charge de l'un ou de l'autre (Rép. Min. n° 9929, 16 févr. 1995, JO Sénat Q, 30 mars 95, p. 772). La jurisprudence est constante sur ce point (Civ. 2e, 9 déc. 1992, RCA 1992, comm. n° 93). Il a été jugé que « les dispositions des articles 1382 et 1251 du Code civil, seules applicables, permettent au conducteur d'un véhicule terrestre à moteur impliqué dans un accident de la circulation et condamné à réparer les dommages causés à un tiers d'exercer un recours contre d'autres conducteurs impliqués ; que la contribution à la dette a lieu en proportion des fautes respectives ; qu'en l'absence de faute prouvée à la charge des conducteurs impliqués, la contribution se fait entre eux à parts égales » (Civ. 2e, 11 déc. 2003, Bull. civ. II, n° 376). Les praticiens nomment cette situation « le double article quatre », par référence à l'application réciproque de l'article 4 de la loi Badinter, car l'indemnisation de chaque conducteur sera intégrale en l'absence de faute démontrée en application de ce texte. S'il y a plus de deux conducteurs, le partage de responsabilité entre deux des coauteurs est opposable au troisième qui a indemnisé la victime (Civ. 2e, 20 juin 2002, RCA 2002, comm. n° 291).

Sous-section 3 ■ Subrogation du responsable dans les droits et actions de la victime

2655. Selon l'article 1251 alinéa 3 du Code civil, la subrogation a lieu de plein droit au profit de celui qui, étant tenu avec d'autres ou pour d'autres au paiement de la dette, avait intérêt de l'acquitter : « viole cette disposition l'arrêt qui accueille un recours subrogatoire contre l'assureur du responsable de l'accident, alors que celui-ci ou son assureur n'étaient tenus d'aucune dette de responsabilité envers les membres de sa famille du fait de son décès » (Civ. 2e, 28 juin 1995, Bull. civ. II, n° 202). De même, l'assureur d'un véhicule, subrogé dans les droits de la famille d'un conducteur sorti de son véhicule, devenu piéton décédé lors du choc, qu'il avait indemnisée, ne peut exercer un recours contre l'assureur du véhicule de la victime devenue piéton au motif que celle-ci n'encourt aucune responsabilité à l'égard de sa propre famille, du simple fait de son décès, l'action étant subrogatoire (Civ. 2e, 27 mars 2003, RCA 2003, comm. n° 174, note H. Groutel). Toutefois, la qualité de victime d'un accident de la circulation ne peut exonérer celle-ci de sa responsabilité encourue à l'égard d'autres victimes (Civ. 2e, 3 févr. 2005, RCA 2005, comm. n° 127).

Chapitre 3
Responsabilité des victimes non motorisées

Section 1 ▪ Piéton, cycliste et passager

Sous-section 1 ▪ Indemnisation quasi-systématique du dommage corporel

2656. La loi du 5 juillet 1985 a fixé une règle : les victimes non conductrices d'un véhicule terrestre à moteur, qu'il s'agisse d'une automobile ou d'une moto au sens large, ont le droit d'être indemnisées de leur dommage corporel par le responsable motorisé d'un accident de la circulation dès lors que le véhicule se trouve impliqué. Par victime « non conductrice », il faut entendre le piéton, le cycliste mais aussi le passager d'un véhicule. La faute que ces personnes ont pu commettre ne pourra être invoquée à leur encontre que très exceptionnellement et c'est là la véritable réussite du système instauré depuis 1985. Toutes ces victimes non conducteurs se moquent alors éperdument du nombre de véhicule impliqué dans l'accident car elles ont le droit de demander réparation de leurs dommages à n'importe lequel des véhicules impliqués dans l'accident, peu importe que celui auquel elles s'adressent n'ait pas contribué au préjudice qu'elles subissent. La loi distingue toutefois parmi ces victimes corporelles celles qui sont « normalement protégées » de celles que l'on définit comme « super privilégiées ».

§ 1 ▪ Victimes normalement protégées

2657. Il s'agit de toutes les victimes âgées de plus de 16 ans ou de moins de 70 ans ainsi que de celles qui ne sont pas frappées d'une invalidité au moins égale à 80 %. Pour elles, le régime juridique est défini par l'article 3 de la loi du 5 juillet 1985 en ces termes : « les victimes hormis les conducteurs de véhicules terrestres à moteur, sont indemnisées des dommages résultant des atteintes à leur personne qu'elles ont subis, sans que puisse leur être opposée leur propre faute à l'exclusion de leur faute inexcusable si elle a été la cause exclusive de l'accident ». Ces victimes sont donc systématiquement indemnisées quelle que soit la configuration de l'accident, sauf s'il est possible de relever à leur encontre une faute en pratique rarissime définie comme « inexcusable » ayant seule provoqué l'accident, mais aussi s'il s'avère que la victime a volontairement recherché le dommage qu'elle a subi en application du dernier alinéa de l'article 3 de la loi, situation presque exclusivement constituée par le suicide.

§ 2 ▪ Victimes « super privilégiées »

2658. On pourrait dire de façon caricaturale que ce sont celles qui ont aujourd'hui « tous les droits sauf celui de se suicider ». Toutes les victimes ayant moins de 16 ans ou plus de 70 ans, ou qui sont frappées d'une invalidité au moins égale à 80 % seront indemnisées systématiquement sauf si elles recherchent volontairement le dommage qu'elles subissent ; il n'est même plus possible en ce qui les concerne de leur opposer leur propre faute inexcusable (L. 5 juill. 1985, art. 3 al. 2). Il ne faut pas perdre de vue néanmoins qu'un mineur de 16 ans ou une personne de plus de 70 ans ne bénéficie plus d'une quelconque protection si elle se trouve victime en qualité de conducteur d'un véhicule à moteur car ces dispositions ne protègent que les « non-conducteurs ».

§ 3 ▪ Recherche volontaire du dommage

2659. Il résulte des dispositions de l'article 3 alinéa 3 de la loi du 5 juillet 1985 que la victime n'est pas indemnisée par l'auteur de l'accident des dommages résultant des atteintes à sa personne lorsqu'elle a volontairement recherché le dommage qu'elle a subi. Il s'agira presque systématiquement de l'hypothèse du suicide de la victime. Il a été jugé notamment que la victime passager qui laisse le conducteur circuler en complet état d'ivresse à plus de 170 km/h en lui passant une bouteille d'alcool fort à boire, et sans porter sa ceinture de sécurité, ne recherche pas volontairement son propre dommage au sens de ce texte, de sorte qu'elle sera logiquement indemnisée (Crim., 22 mai 2002, RCA 2002, comm. n° 259, note H. Groutel).

Sous-section 2 ▪ Faute inexcusable de la victime d'un accident de la circulation

2660. Afin de ne pas ôter toute morale au système d'indemnisation, le législateur n'a prévu qu'un seul cas involontaire d'exclusion de l'indemnisation du dommage corporel de la victime non conducteur : sa faute inexcusable, si elle a été la cause exclusive de l'accident. La définition de la faute inexcusable, inspirée du droit social, a été fixée en 1987 par onze arrêts de la Cour de cassation rendus le même jour, en ces termes : « seule est inexcusable, au sens de la loi du 5 juillet 1985, la faute volontaire d'une exceptionnelle gravité, exposant sans raison valable son auteur à un danger dont il aurait dû avoir conscience » (Civ. 2e, 20 juill. 1987, RGAT 1987. 584). Cette définition a été reprise dans un arrêt rendu par l'assemblée plénière le 10 novembre 1995 (Cass. ass. plén., 10 nov. 1995,D. 1995, jur., p. 633, rapp. Y. Chartier ; RTD civ. 1996, p. 1987, obs. P. Jourdain).

§ 1 ▪ Analyse de la faute inexcusable

2661. La faute inexcusable de la victime d'un accident de la circulation routière se situe entre la faute lourde et la faute intentionnelle, elle doit réunir plusieurs caractères cumulatifs : être volontaire, présenter un caractère exceptionnel, et être commise « en connaissance de cause ». Si elle présente tous ces caractères, elle devra aussi constituer la cause exclusive de l'accident. Cela signifie par exemple qu'une victime renversée par un conducteur ne respectant pas la limitation de vitesse qui lui est imposée, même très légèrement, ne pourra jamais commettre une faute inexcusable puisqu'elle ne sera plus « la cause exclusive » de l'accident, en présence d'un facteur « extérieur » même faiblement causal. Ce sera également le cas dès lors que le conducteur aura été pénalement condamné : l'existence de la sanction pénale ne pouvant plus rendre « exclusif » le rôle causal de la faute de la victime.

2662. La faute des victimes non conductrices ne peut coïncider, pour la réparation de leurs dommages corporels, avec l'éventuelle responsabilité du conducteur ou du gardien d'un véhicule : l'indemnisation partielle du dommage corporel de la victime n'est effectivement pas conciliable avec la cause exclusive que doit revêtir sa faute, nécessairement caractérisée « d'inexcusable ». Il en résulte alors un système de « tout ou rien » : la victime est soit totalement indemnisée en l'absence de faute inexcusable, soit totalement déchue de son droit à indemnisation, la faute éventuellement commise par le conducteur ne peut ainsi lui permettre d'obtenir une réparation partielle, en présence d'une faute de la victime définie comme inexcusable.

A ▪ Volonté et recherche du dommage

2663. Le caractère volontaire de la faute inexcusable de la victime non conducteur est souvent confondu avec la déchéance intégrale de l'indemnisation prévue au dernier alinéa de l'article 3 de la loi du 5 juillet 1985, encourue lorsque la victime « a volontairement recherché le dommage qu'elle a subi ». La volonté de commettre la faute inexcusable signifie l'intention de ne pas respecter les règles les plus élémentaires de sécurité imposées par la réglementation en vigueur, à la différence de la déchéance pour recherche volontaire du dommage qui implique dès l'origine la volonté d'aboutir au résultat final, c'est-à-dire l'accident de la circulation.

B ▪ Dimension « exceptionnelle »

2664. On cherche par la notion de faute inexcusable à exclure toutes les fautes « ordinaires » commises par des victimes non conducteurs, que l'on observe fréquemment sur les routes pour les cyclistes, ou à la traversée pour les piétons. Effectivement, si la faute pouvait perdre rapidement son caractère exceptionnel, l'édifice législatif finirait par s'écrouler : il faudra donc considérer que toutes les imprudences habituelles (et même parfois inhabituelles) du piéton ou du cycliste ne présentent pas le caractère exceptionnel requis par la loi.

C ▪ Conscience du danger

2665. On doit résonner ici par référence au critère civil traditionnel du « bon père de famille », c'est-à-dire le piéton ou le cycliste normalement prudent. L'alcool étant susceptible d'altérer les facultés mentales, les tribunaux y ont vu progressivement une circonstance ne permettant pas de retenir une faute inexcusable à la charge de la victime (Cass. ass. plén., 10 nov. 1995, D. 1995, jur., p. 633, rapp. Y. Chartier). Le même raisonnement est bien sûr valable s'agissant de la victime sous l'emprise de produits stupéfiants ou de toute substance psychotrope.

§ 2 ▪ Application jurisprudentielle

2666. La jurisprudence est aujourd'hui bien assise en ce qui concerne toutes les fautes d'imprudence usuelles : le piéton traversant la chaussée sans prêter attention aux véhicules ou le cycliste inattentif ne respectant pas les règles de priorité. Toutes ces situations ne constituent pas des fautes inexcusables de la victime. Il a également été jugé que ne commet pas de faute inexcusable la victime descendue sur la piste d'un circuit de karting pour pousser un kart tombé en panne, ayant été alors heurtée par un autre kart dont le conducteur avait perdu le contrôle (Civ. 2e, 11 avr. 2002, RCA 2002, comm. n° 228). Il ne reste donc aujourd'hui que deux hypothèses majeures de faute inexcusable de la victime : l'accident de voie rapide « après franchissement d'obstacle » et la « configuration accidentelle rarissime ».

A ▪ Accident de voie rapide

2667. La « scène de l'accident » est souvent la suivante : un piéton se trouve sur une voie rapide à laquelle il n'aura pu accéder qu'après avoir franchi les mesures réglementaires de protection du site routier tel un parapet, une glissière de sécurité ou un terre-plein central. Ce franchissement préalable d'un obstacle permet ainsi de qualifier la conscience du danger qu'aurait dû avoir la victime, qui se sera nécessairement engagée dans une démarche active pour le franchir.

2668. La faute inexcusable, cause exclusive de l'accident, est ainsi retenue à l'encontre de celui qui délaisse un passage souterrain pour piétons pour s'engager en courant sur une voie rapide comportant deux doubles couloirs de circulation délimités par des glissières de sécurité, séparés par un terre-plein central planté d'arbustes, après avoir franchi la rambarde de protection interdisant l'accès de la chaussée aux piétons (Crim., 12 mai 1993, Bull. crim., n° 173). De même, commet une telle faute la victime qui, fuyant une patrouille de police, dévale de nuit la pente abrupte conduisant à la chaussée et débouche en courant sur celle-ci, sur la droite du véhicule, la précipitation avec laquelle elle avait abordé la chaussée rendant le choc inévitable (Civ. 2e, 5 févr. 2004, RCA 2004, comm. n° 136). La faute inexcusable du piéton est également retenue à l'encontre d'une victime qui avait franchi différents obstacles et qui n'ignorait pas emprunter un parcours non aménagé, la conduisant à une voie de circulation à double sens qui l'exposait à un danger d'une exceptionnelle gravité (Civ. 2e, 16 déc. 2004, RCA 2005, comm. n° 90). Toutefois, la faute inexcusable n'est pas retenue à l'encontre de la victime décédée à une heure du matin sur la voie centrale d'une autoroute avec un taux d'alcoolémie de plus de 4 grammes par litre de sang alors qu'elle a été abandonnée par son épouse sur une aire de stationnement après une dispute conjugale et n'a donc franchi aucune barrière de sécurité pour accéder à la scène de l'accident (Civ. 2e, 14 nov. 2002,RCA 2003, comm. n° 36).

B ▪ Configuration accidentelle rarissime

2669. Ce sont presque uniquement des cas pour lesquels la victime se place elle même dans une configuration atypique face à l'engin automobile, à l'instar du supporter de football montant sur le toit d'une voiture pour fêter la victoire de son équipe. Le juge doit trancher alors au regard d'une situation hors normes.

2670. Par exemple, ne commet pas de faute inexcusable l'animatrice d'une association qui se blesse grièvement en chutant d'un véhicule sur lequel elle avait pris place en montant sur le pare-choc arrière alors que l'engin circulait à faible allure dans l'enceinte d'une école (Civ. 2e, 3 juill. 2003, RCA 2003, comm. n° 236). En revanche, la faute inexcusable a été retenue dans l'hypothèse ci-après : l'exploitant d'une entreprise déplace avec un chariot élévateur un véhicule stationné juste devant l'entrée de son entreprise, afin de le déposer dans un champ voisin. Le propriétaire de la voiture qui, de colère frappe sur la voiture et se blesse, commet une faute inexcusable (Civ. 2e, 5 juin 2003, RCA 2003, comm. n° 237).

Sous-section 3 ▪ Dommage corporel du passager

2671. Le passager d'une automobile ou d'une moto est indemnisé selon les mêmes règles que celles applicables aux piétons et aux cyclistes : seule sa faute inexcusable, si elle a été la cause exclusive de l'accident, le privera d'indemnisation. Néanmoins, sa situation est parfois rendue complexe car il peut aussi avoir une « autre qualité » que celle de « passager-victime

» au titre de l'accident : celle de propriétaire de l'engin, de gardien au sens de l'article 2 de la loi du 5 juillet 1985 ou même de souscripteur du contrat d'assurance. À la différence d'une victime piéton ou même d'un cycliste, il conserve ainsi un lien spécifique avec le véhicule, d'autant plus qu'il lui aura fallu souvent respecter lui-même certaines règles de sécurité comme le port de la ceinture pour une automobile ou celui du casque pour un cyclomoteur. S'agissant de ces deux derniers points, il est admis bien évidemment que le défaut de port du casque ou celui de la ceinture de sécurité ne peut constituer une faute inexcusable à la charge du passager pour le priver d'indemnisation. De même, la faute que commet le propriétaire d'un véhicule qui en confie la conduite à une personne qu'il sait sous l'empire d'un état alcoolique, si elle est inexcusable au sens de l'article 3 de la loi du 5 juillet 1985, n'est pas la cause exclusive de l'accident dont il a été victime en tant que passager transporté (Civ. 2e, 4 nov. 2004, RCA 2005, comm. n° 17).

§ 1 ■ Passager confie « son » véhicule à un conducteur

A ■ Passager responsable

2672. Le passager décide ici de confier le volant ou le guidon de son véhicule à une autre personne. Il confie « son » véhicule soit parce qu'il en sera lui-même le propriétaire, auquel cas il en reste gardien puisque présent dans ou sur le véhicule, soit parce qu'il en sera simplement le gardien au sens de l'article 2 de la loi Badinter pour l'avoir reçu lui-même du propriétaire avec lequel il aura souvent un lien familial (exemple : le jeune majeur utilisant exclusivement le véhicule des parents). La responsabilité du passager, à l'instar de celle du conducteur, se conçoit comme un « droit à indemnisation » du passager : seule sa faute inexcusable si elle a été la cause exclusive de l'accident le privera donc d'indemnisation. La faute inexcusable du passager est quasi inexistante en pratique : il s'agit presque uniquement du passager qui ouvre délibérément la portière durant la marche pour se jeter dans le vide (Crim., 28 juin 1990, Bull. crim., n° 268). Ne commet pas non plus une faute inexcusable le passager transporté dans un véhicule, victime d'un accident, qui s'y trouvait sous l'empire de la boisson en ayant insisté pour y prendre place, sans attacher sa ceinture de sécurité, puis s'était affalé sur le conducteur (Civ. 2e, 20 mars 1996, Bull. civ. II, n° 68). Le passager ne commet pas davantage de faute inexcusable, cause exclusive de l'accident, s'il s'est assis sur la portière, vitre baissée, et a été grièvement blessé en chutant sur le sol alors que le conducteur avait fait redémarrer son véhicule. (Crim., 2 nov. 2011, n° 10-86.060, Resp. civ. et assur. 2012, comm. 107).

B ■ Passager victime

2673. La question principale a porté ici sur la mise en œuvre de l'assurance automobile : le passager blessé qui sera demeuré gardien du véhicule peut-il bénéficier d'une indemnisation en cas de blessures, de la part de l'assureur de son propre véhicule, considéré alors comme « son » assureur ? Si le conducteur, non gardien et non propriétaire du véhicule, est responsable de l'accident, il est lui-même nécessairement assuré selon la loi pour la responsabilité qu'il encourt (C. assur., art. L. 211-1). Le gardien, passager victime, sera indemnisé car tous les passagers sont considérés comme des tiers au regard du contrat d'assurance, même ceux qui ont un lien contractuel avec l'assureur (Civ. 2e, 3 oct. 1990, RGAT 1991. 365). Ainsi, la victime propriétaire du véhicule mais passagère au moment de l'accident, est en droit de demander à l'assureur garantissant la responsabilité civile du fait de ce véhicule, la réparation de son préjudice (Civ. 2e, 4 nov. 2004, RCA 2005, comm. n° 15). Le passager transporté, lui-même blessé dans l'accident, qu'il soit gardien du véhicule, propriétaire de celui-ci ou même souscripteur du contrat d'assurance, sera donc indemnisé par l'assureur du véhicule seul impliqué dans l'accident, si le conducteur en est responsable. L'assureur de responsabilité doit nécessairement le considérer comme un tiers auquel seule une faute inexcusable, cause exclusive de l'accident, pourra être opposée.

2674. Supposons en revanche que la responsabilité du conducteur n'ait pu être démontrée, le passager victime, demeuré gardien du véhicule, serait-il en droit d'agir contre l'assureur de responsabilité civile garantissant son propre véhicule ? La Cour de cassation répond par la négative, à propos d'un accident de la circulation : « Il résulte de l'article L. 124-1 du Code des assurances que l'assureur de responsabilité ne peut être tenu envers la victime lorsque celle-ci ne peut elle-même se prévaloir contre l'assuré d'une créance née de la responsabilité de celui-ci » (Civ. 1re, 4 nov. 1986, Bull. civ. I, n° 248).

§ 2 ▪ Passager est le souscripteur du contrat d'assurance

2675. Quel sort doit-on réserver au passager qui confie délibérément son véhicule à un conducteur non titulaire du permis de conduire ? En toute logique, il faudrait considérer qu'en confiant son véhicule à un conducteur sans permis, le passager commet une faute qui n'est pas inexcusable, ce qui lui permettrait d'être indemnisé. Toutefois, les juges se fondent sur les exclusions légales pour empêcher l'indemnisation. Ainsi, la victime, souscripteur du contrat, qui confie son véhicule à une personne non titulaire du permis de conduire se place alors « volontairement dans une situation exclusive de garantie » (car le défaut de permis est une exclusion autorisée par l'article R. 211-10 du Code des assurances), de sorte que le souscripteur ne sera pas indemnisé de son dommage corporel par l'assureur. Il conserve cependant le droit d'agir contre le conducteur sur le fondement de l'article 3 de la loi Badinter (Civ. 1re, 6 juin 2001, Bull. civ. I, n° 159).

Sous-section 4 ▪ Préjudice matériel de la victime

2676. Si l'indemnisation du préjudice corporel d'une victime non motorisée fait l'objet d'une attention particulière du législateur de 1985, il n'en va pas de même des dommages matériels qui ne justifient pas en eux-mêmes une protection spécifique. C'est la raison pour laquelle l'article 5 de la loi du 5 juillet 1985 dispose : « la faute commise par la victime a pour effet de limiter ou d'exclure l'indemnisation des dommages aux biens qu'elle a subis ». Cet article ne prévoit qu'une exception relative aux « fournitures et appareils délivrés sur prescription médicale » qui donnent lieu à indemnisation selon les règles de l'article 3, c'est-à-dire qu'ils sont indemnisés intégralement sauf faute inexcusable de la victime, si elle a été la cause exclusive de l'accident. Ce sera le cas notamment des appareils auditifs et des lunettes. Le régime de la faute peut être comparé ici à celui existant pour les conducteurs car il s'agit également d'un droit à indemnisation accordé par la loi au profit de la victime d'un dommage matériel, qui ne peut être exclu qu'à l'examen de la relation existant entre la faute et le dommage matériel subi. La faute demeure le seul critère permettant de répartir les situations accidentelles entre « indemnisation totale » et « limitation du droit ». Le propriétaire, qui dispose d'un recours contre le conducteur, pourra obtenir notamment paiement de la franchise de son contrat d'assurance et le cas échéant des frais de gardiennage du véhicule (Civ. 2e, 22 sept. 2005, RCA 2005, comm. n° 321).

Section 2 ■ Préjudice de la famille ou des proches des victimes, victimes par ricochet

Sous-section 1 ■ Famille ou les proches n'étaient pas transportés dans le véhicule

2677. La famille ou les proches, est constituée en ce domaine par toutes les personnes qui ont personnellement souffert de l'accident subi par la victime directe : elles sont appelées les « victimes par ricochet ». Leur sort est régi par l'article 6 de la loi du 5 juillet 1985 en ces termes : « le préjudice subi par un tiers du fait des dommages causés à la victime directe d'un accident de la circulation est réparé en tenant compte des limitations ou exclusions applicables à l'indemnisation de ces dommages ».

§ 1 ■ Parallélisme des conséquences

2678. La loi a opté ici pour un parallélisme des conséquences de l'accident entre les victimes directes et les victimes par ricochet : une faute du conducteur limitant par exemple son droit à indemnisation de 30 % limitera alors dans la même proportion celui de sa famille, car elle lui est opposable. Et cette règle s'applique aussi bien en cas de blessures que de décès. Cette logique place la victime par ricochet dans une situation passive au regard de l'accident puisqu'elle elle est contrainte de tenir compte de la faute commise par le parent concerné. Si la victime directe était piéton, cycliste ou passager, la preuve d'une faute inexcusable ayant été la cause exclusive de l'accident, commise par cette dernière, sera nécessaire pour priver la famille ou les proches de toute indemnisation car l'article 3 de la loi du 5 juillet 1985 lui eut été applicable si elle avait survécu, pour la réparation de ses dommages corporels.

2679. Les victimes par ricochet ne peuvent prétendre être indemnisées en l'absence de faute commise par la victime directe que si la responsabilité de l'accident incombe à un tiers. Il résulte de l'article L. 124-1 du Code des assurances « que l'assureur de responsabilité ne peut être tenu envers la victime lorsque celle-ci ne peut elle-même se prévaloir contre l'assuré d'une créance née de la responsabilité de celui-ci » (Civ. 1re, 4 nov. 1986, Bull. civ. I, n° 248).

§ 2 ■ Dommage matériel du propriétaire du véhicule, victime par ricochet

2680. La situation est ici un peu différente. L'article 5 de la loi du 5 juillet 1985 prévoit que lorsque le conducteur d'un véhicule n'en est pas le propriétaire, sa faute peut être opposée au propriétaire pour l'indemnisation des dommages causés à son véhicule, le propriétaire étant souvent un membre de la famille. Supposons ainsi qu'un conducteur se voit réduire de 10 % seulement son droit à indemnisation au titre de son dommage corporel parce qu'il a commis une faute, cette faute pourrait exclure totalement la réparation du préjudice matériel subi par le propriétaire pour l'indemnisation des dommages à son véhicule, sur le fondement de l'article 5.

§ 3 ▪ Recours exercé contre la famille du responsable

2681. Une même personne peut avoir la qualité de victime par ricochet et d'héritier suite au décès d'un proche dans un accident. De même, la responsabilité civile des parents peut conduire à rechercher leur responsabilité alors même qu'ils seront eux-mêmes victimes par ricochet en cas de blessures ou de décès de leur enfant mineur. Il convient d'examiner ces deux situations.

A ▪ Victime par ricochet est aussi l'héritier de la personne décédée

2682. Par exemple, une jeune fille souffre du décès de ses deux parents dans un accident de la circulation, son père ayant la qualité de conducteur responsable de l'accident. Elle devient alors héritière en raison du décès et va ainsi hériter des créances et des dettes de chacun de ses parents. Or parmi les dettes, il peut y avoir toutes les sommes dues par son père au conducteur adverse, blessé, et à son assureur, lesquels auront peut être indemnisé d'autres victimes. Et si la jeune femme vient solliciter ici l'indemnisation de son préjudice par ricochet en raison du décès de sa mère (celui relatif au décès du père étant exclu par l'article 6 de la loi car il a commis une faute), peut-on autoriser le conducteur « adverse » et son assureur à solliciter auprès de la jeune femme le remboursement de la somme qui a été versée au titre du préjudice par ricochet relatif au décès de sa mère ? En effet, la somme qui lui est versée à ce titre entre alors « au passif » de la succession de son père, en sa qualité d'héritière : on lui reprend d'une main ce qui est versé par l'autre. Pour éviter cet effet pervers du droit successoral, la Cour de cassation reconnaît un caractère « d'ordre public » à l'indemnisation de la victime par ricochet au titre de l'article 6 de la loi Badinter : cette action en remboursement n'est donc pas autorisée (Civ. 2e, 28 juin 1989, Bull. civ. II, no 139).

B ▪ Victimes par ricochet sont les parents d'un enfant mineur

2683. Imaginons qu'un enfant mineur, conducteur d'une mobylette, se voit attribuer une limitation de 50 % de son droit à indemnisation en raison de sa faute (art. 4 de la loi). Les parents, victimes par ricochet au titre du préjudice moral notamment, n'obtiendront donc que 50 % d'indemnisation de leur dommage par ricochet (art. 6 de la loi). Cependant, sur le fondement de l'article 1384 du Code civil, ils sont aussi responsables de la faute commise par leur enfant mineur au titre de la responsabilité du fait d'autrui. Le conducteur adverse et son assureur pourront-ils demander aux parents le remboursement de l'indemnisation versée au mineur, ce qui peut priver d'effet leur propre droit de victimes par ricochet ? La Cour de cassation a jugé que le recours en garantie, exercé par le coauteur d'un accident contre le parent d'un mineur victime a pour effet de priver directement ou indirectement le mineur lui même de la réparation intégrale de son préjudice : ce recours est donc irrecevable (Civ. 2e, 20 avr. 1988, D. 1988, jur., p. 580, note Y. Lambert-Faivre).

Sous-section 2 ▪ Famille ou les proches se trouvaient eux-mêmes transportés dans le véhicule

2684. C'est malheureusement souvent le cas lorsque deux personnes ayant un lien de parenté entre elles se trouvent dans un même véhicule ou sur une motocyclette. L'article 6 de la loi du 5 juillet 1985 qui réglemente le sort du préjudice des victimes par ricochet prévoit que l'on doit opposer aux proches de la victime directe d'un accident les éventuelles limitations ou exclusions applicables au dommage subi par cette dernière. Or il peut arriver que deux membres d'une même famille puissent se trouver véhiculés par le même engin au titre d'un même accident pour lequel ils n'auront pas la même qualité, à savoir celle de responsable ou de victime. Le préjudice par ricochet doit-il alors suivre le sort réservé au responsable ou à la victime, ou être réparé en individualisant chaque victime ?

§ 1 . Famille ou les proches du responsable sont aussi ceux de la victime

2685. Par exemple, le frère était conducteur responsable et sa sœur, passager blessée dans l'accident. Dans cette hypothèse, l'exclusion totale du droit à indemnisation du conducteur responsable peut-elle permettre néanmoins l'indemnisation du préjudice subi par la famille du passager ? La Cour de cassation admet ici le recours des victimes par ricochet pour la réparation de leur propre préjudice moral subi en raison des blessures ou du décès du passager bien qu'ils soient également les « ayants droit » du conducteur fautif, c'est-à-dire de la même famille (Civ. 1re, 25 mai 1992, RGAT 1992. 533).

§ 2 . Conducteur responsable est lui-même une victime par ricochet

2686. Il faut considérer ici par exemple qu'un conducteur responsable a également infligé des blessures à un membre de sa famille se trouvant passager transporté. Doit-on opposer au conducteur du véhicule sa propre faute pour lui refuser la réparation de son préjudice par ricochet en cas de blessures ou de décès du passager, membre de sa famille ? La règle a été posée en 1997 par l'intervention de la Cour de cassation qui a décidé de fusionner en quelque sorte le préjudice par ricochet du conducteur dans le traitement habituel que lui réserve la loi, au titre de l'indemnisation de son propre préjudice (art. 4) : la faute commise par celui-ci a pour effet de limiter ou d'exclure l'indemnisation de tous les dommages qu'il a subis, ce qui signifie le dommage direct mais aussi le dommage par ricochet. (Ch. mixte, 28 mars 1997, JCP G 1997, I, 4025, chron. G. Viney). Le conducteur se trouve ainsi, peut être excessivement, doublement sanctionné au titre de sa faute.

2687. Il faut, noter toutefois que cette position adoptée en 1997 par la chambre mixte de la Cour de cassation n'est pas systématiquement suivie par certaines chambres de la Cour. Ainsi, la deuxième Chambre civile juge que le conducteur responsable est un tiers au sens de l'article 6, relatif à l'indemnisation de la famille des victimes, et qu'il ne peut donc se voir opposer de limite au droit à l'indemnisation de son préjudice par ricochet (Civ. 2e, 13 juill. 2000, no 98-15.004). Elle considère ainsi qu'un conducteur ayant commis une faute au sens de l'article 4 de la loi pourra être intégralement indemnisé de son préjudice par ricochet sur le fondement de l'article 6.

§ 3 . Victime passager et absence de responsable

2688. La victime passager étant décédée, l'indemnisation de sa famille sera intégrale en présence d'un responsable assuré clairement identifié, en l'absence naturellement de toute faute inexcusable commise par le passager. Qu'en est-il toutefois si la responsabilité du conducteur n'a pu être prouvée ? La qualité éventuelle de gardien du véhicule conférée au passager permet-elle à sa famille, victime par ricochet, de solliciter une indemnisation auprès de l'assureur du véhicule seul impliqué ? La Cour de cassation expose que, en l'absence de responsabilité établie, le propriétaire demeuré gardien du véhicule n'avait, du fait de sa propre mort, aucune dette de responsabilité envers sa famille, circonstance entraînant alors l'absence de garantie du sinistre par l'assureur (Civ. 1re, 4 nov. 1986, Bull. civ. I, n° 248).

Titre 4 ▪ Les procédures de règlement de sinistre automobile

Par Philippe Ravayrol, Cabinet Ravayrol & Giroudet

BIBLIOGRAPHIE

L'Argus de l'assurance

Ouvrages. – I. Bessières-Roques, H. Hugues-Béjui, Précis d'évaluation du dommage corporel, L'Argus 4e éd. – J. Landel et L. Namin, Manuel de l'assurance automobile, L'Argus 4e éd. 2008. – L. Namin, L'expertise automobile, coll. Plus, L'Argus 3e éd. 2009. – J. Bigot (sous dir.), Code des assurances, L'Argus éd. – Code de la route-Infracode, L'Argus éd.

Articles. – Dossier « Médiation et l'assurance auto », JA oct. 2012, n° 844. – Dossier « L'offre d'indemnité, sous l'œil du juge », JA sept. 2012, n° 843. - P. Chaulet, Le préjudice d'établissement, distinct du déficit fonctionnel permanent et à l'existence propre, JA juin 2012, n° 841. – T. Bernard et V. Dubois, La sanction de l'assureur pour absence d'offre d'indemnisation, JA avr. 2012, n° 839. – A. Velle, Modalités d'indemnisation de l'assistance par tierce personne, JA mars 2012, n° 838. – P. Chaulet, Chaque poste de préjudice corporel doit être indemnisé séparément, JA nov.-déc. 2011, n° 834-835. –B. Berdou et T. Bernard, Evaluation du préjudice matériel des victimes par ricochet en cas de décès de la victime principale, JA sept. 2011, n° 832. - Dossier « Nouveaux éclairages sur les véhicules endommagés », JA mars 2012, n° 838, p. 18. – Dossier « Accidents en chaîne et carambolages : des mécanismes d'indemnisation bien huilés », JA juil. août 2011, n° 831, p. 12 - A. Velle, L'autonomie de la transaction issue de la loi du 5 juillet 2005, JA avril 10, p. 36. – L. Namin, Maintien sur la liste de l'expert sans emploi, JA fév. 10, p. 30. – A. Velle, Rentes accidents du travail : les modalités de recours précisées, JA janv. 10, p. 36. – L. Namin, Responsabilité de la puissance publique en cas de défaut d'entretien de la voirie, JA nov. 09, p. 28. - P. Ravayrol, Nouvelles règles d'imputation des rentes d'accident du travail et prestations assimilés, JA oct. 09, p. 36. - D. Fenouillet, Victime contre préposé : la lutte des classes au 21e siècle, JA juill-août 09, p. 36. - P. Ravayrol, Expertise de dommages et missions judiciaires : deux activités compatibles, JA avril 09, p. 197. - Le règlement des sinistres matériels : du droit commun à la procédure VGE (dossier), JA juin 09, p. 16. - L. Namin, Les véhicules dangereux ne pourront plus circuler, Argus 2009, n° 7123, p.38. – L. Namin, Expertise de dommages et missions judiciaires : deux activités compatibles, JA avril 09, p. 197. – Dommages corporels : de la réparation à la réinsertion (dossier), JA nov. 09, p. 14. - Fonds de garantie : un recours en indemnisation sous conditions (dossier), JA déc. 09, p. 18. - L'expertise en protection juridique (dossier), JA mars 10, p. 14. – G. Defrance, Instructions pratiques, l'intervention de l'assureur au pénal, JA 2002, p. 4 ; Assurances de dommages, le constat amiable fait peau neuve, L'Argus 2001, no 6765, p. 22. – Le nouveau visage de l'expert en automobile (dossier), JA mars 11, p. 16. – Le point sur le constat amiable (cas pratique), JA déc. 10, p. 50.

Autres documentations

Ouvrages. – Cl.-J. Berr et H. Groutel, Rép. civ. Dalloz. 2e éd., Assurances de dommages, no 318 s. – G. Durry, L'assurance automobile, Dalloz Connaissance du Droit, 1998. – J. Bigot (dir.), Traité de droit des assurances, Le contrat d'assurance, Tome 3, LGDJ 2002. – M. Picard et A. Besson, Les assurances terrestres, T. 1, Le contrat d'assurance, LGDJ 1982.

Articles. – H. Groutel, La procédure de l'offre sur tous les fronts, RCA 2003, chron. 24. – J. Bigot, La loi sur la sécurité financière et l'assurance, JCP G. 2003, I, 177. – G. Courtieu, Droit des assurances, JCP E 2002, I, 951. – B. Cerveau et A. Toublanc, Experts et expertises, colloque du 13 février 2004, le point de vue de deux assureurs, Expertises 2004, no 62, p. 28. – L. Namin et Ph. Ravayrol, L'expertise en automobile, Trib. Ass. 2001, no 48 p. 54. – L. Namin, Expertise automobile, la suppression des listes départementales, Trib. Ass. 2000, no 34 p. 19. - J. Landel, Accident de la circulation, une convention pour le corporel, Trib. Ass. 2002, no 56, p. 20.

2689. Si la concurrence pour la commercialisation des contrats d'assurance automobile est de mise, il n'en va pas de même du règlement des sinistres qui a fait l'objet depuis 1968 d'une coopération accrue entre sociétés d'assurances afin de mettre en commun leurs outils de gestion pour gérer aujourd'hui environ 1,7 million de sinistres matériels chaque année. L'efficacité du système repose aujourd'hui sur les conventions conclues entre les assureurs, inopposables aux assurés, qui décident ainsi par le jeu du contrat de s'astreindre à une loi spécifique, parfois dérogatoire du droit commun, limitant dans la mesure du possible l'intervention du juge, afin d'accélérer l'indemnisation. Ces conventions, qui concernent aujourd'hui aussi bien les dommages matériels que corporels, s'accompagnent également d'une part de partenariats avec les garagistes et carrossiers, lesquels s'engagent à réparer les véhicules des assurés moyennant rabais tarifaires pour les compagnies et avantages divers pour l'assuré, et d'autre part, d'une rationalisation de la gestion par le développement de centres d'appels (call centers) relayés par de véritables « plate-formes d'externalisation » de la gestion du sinistre au service notamment des filiales d'assurance des grands groupes bancaires (L. Grynbaum, Accords commerciaux dans l'après-vente, les relations du réparateur avec l'assureur et l'expert automobile, JA mai 2011, p. 21).

2690. Les premières relations structurées sur le plan juridique entre les compagnies d'assurances remontent aux années 1960 au cours desquelles des accords interprofessionnels limités à l'expertise automobile ont été signés. Ils permettaient de nommer un expert unique pour constater les dommages d'un véhicule accidenté pour le compte de tous les assureurs intéressés. Deux conventions importantes réglementent aujourd'hui le sinistre matériel et corporel automobile :

- la convention IRSA (Convention d'Indemnisation directe de l'assuré et de Recours entre Sociétés d'assurance Automobile), pour le matériel ;
- la convention IRCA (Convention d'Indemnisation et de Recours Corporel Automobile), pour le corporel.

L'édition au 1er janvier 2003 de la convention IRSA a fait l'objet d'une harmonisation avec la convention IRCA.

Ainsi, la gestion d'un sinistre, qu'il soit corporel ou matériel, repose sur la désignation d'un assureur mandaté, qui agira pour le compte de tous les assureurs des véhicules impliqués dans l'accident, et la mise en œuvre d'une expertise par celui-ci afin de permettre rapidement l'indemnisation de la victime. Cette convention s'applique aux accidents de la circulation survenus en France métropolitaine et dans les départements d'outre-mer ainsi que dans la principauté de Monaco. Ces accords entre assureurs, destinés à optimiser la gestion des sinistres, ont été validés par la Commission de Bruxelles (Com. (1999) 192 Final, 12 mai 1999, RGDA 1999. 1132).

Chapitre 1
Procédure d'indemnisation du sinistre matériel

Section 1 Connaissance du sinistre par l'assureur

Sous-section 1 Information sur les circonstances du sinistre

§ 1 Établissement du constat amiable

A Rôle du constat amiable

2691. Le constat amiable constitue la partie émergée pour l'assuré du système conventionnel mis en place entre les assureurs : il s'agit d'un document issu de la convention IDA (indemnisation directe des assurés) instaurée en 1968 à laquelle a succédé aujourd'hui la convention IRSA. Il est construit en reprenant sous forme de tableau à deux colonnes tous les cas d'accidents possibles les plus fréquents, observés dans la pratique. Sa validité est étendue aujourd'hui à l'ensemble des pays européens. Le constat amiable prédétermine les cas et parts de responsabilité en cas de collision classique entre deux véhicules, en vue de l'application ultérieure d'un barème sur lequel figure 20 hypothèses de responsabilité, réparties en trois sous-catégories : non responsable (0), responsable (1), et responsable pour moitié (1/2). Il constitue par conséquent un document permettant d'apprécier les responsabilités de manière quasi forfaitaire en fonction du comportement respectif des conducteurs et à partir d'éléments plus ou moins objectifs des circonstances de l'accident. Toutefois, ce système s'éloigne parfois des règles définies par la jurisprudence en matière de droit à indemnisation : ainsi le cas n° 56 du barème de répartition des recours, inséré en annexe de la convention IRSA, prévoit-il un partage de responsabilité pour moitié entre les conducteurs lorsque l'accident est indéterminé alors même que la jurisprudence retient l'indemnisation intégrale de chaque conducteur en présence d'un accident dont les circonstances n'ont pu être établies (Civ. 2e, 9 déc. 1992,RCA 92-93 ; Rép. Min. n° 9929, 16 févr. 1995, JO Sénat Q, 30 mars 1995, p. 772). Il convient donc de rappeler que les conventions entre assureurs ne peuvent être opposées aux assurés qui n'y sont pas parties : une rare décision a réaffirmé l'inopposabilité de la convention IRSA aux assurés (TI Sète, 9 nov. 1983, JA 1984, p. 95). En revanche, l'assuré peut solliciter l'application de la convention lorsque celle-ci lui est plus favorable que le droit commun (TI Marseille, 17 mars 1994, JA 1994, p. 303).

2692. Parce qu'il permet de recueillir des informations essentielles pour l'assureur, le constat amiable constitue aujourd'hui la clef de voûte du règlement matériel des sinistres. Les deux automobilistes en cause doivent remplir et signer le constat amiable qui permet ainsi d'identifier les assureurs des conducteurs impliqués dans l'accident, avec les références complètes de leurs contrats. Il constitue également un outil efficace de lutte contre la fraude à l'assurance en permettant à l'expert en automobile ultérieurement désigné par l'assureur de vérifier la pertinence des déclarations de l'assuré, tenu de mentionner les dégâts apparents affectant son véhicule, au regard du choc constaté.

2693. Le modèle d'origine retenu par le Comité Européen des Assurances (CEA) a fait l'objet d'une constante évolution dans le but de l'adapter aux nouvelles technologies de transmission et faciliter ainsi la rapidité de son acheminement vers l'assureur : il comporte souvent aujourd'hui un « code barre » permettant à l'assureur automobile de mémoriser les informations de l'assuré depuis l'année 2001 afin d'éviter le retard de gestion inhérent aux constats insuffisamment renseignés, lorsque l'automobiliste est seul en cause pour l'application d'une garantie de dommages. Le centre de documentation et d'information de l'assurance met à la disposition du public des conseils pratiques afin de remplir correctement le constat amiable, via un système de plaquettes informatives téléchargeables sur internet (www.ffsa.fr).

B ▪ Portée juridique du constat amiable

2694. Contrairement à une idée reçue, le constat amiable n'est nullement un document de nature législative ou réglementaire (RM n° 105954, 3 oct. 2006, JOAN, 9 janv 2006, p. 584). On, notera à cet égard que l'article R. 231-1 du Code de la route, relatif au comportement du conducteur en cas d'accident, n'impose pas la rédaction du constat amiable. Un automobiliste qui refuserait ainsi de remplir un constat amiable à la suite d'un accident ne commettrait pas de délit de fuite s'il s'est arrêté (CA Paris, 7 Janv. 2004, Juris-Data n° 231926). Toutefois, les assureurs lui ont donné une valeur contractuelle en le faisant figurer parmi les obligations de l'assuré en cas de sinistre : selon les contrats, l'assuré sera alors tenu de transmettre à son assureur un exemplaire du constat amiable en cas d'accident, parfois même sans tiers impliqué pour les seules garanties dommage, tandis que pour d'autres polices d'assurance, la transmission du constat amiable sera simplement conseillée en cas d'accident. Les difficultés juridiques posées par le constat amiable ont tourné essentiellement autour de deux axes : celui de la preuve du contrat d'assurance par le constat amiable auquel s'ajoute la force probante des observations qui y sont consignées par les conducteurs.

2695. Le constat amiable ne déroge pas à la règle fixée par l'article 1315 du Code civil selon laquelle celui qui réclame l'exécution d'une obligation doit la prouver. Il appartient à l'assuré d'établir l'existence du contrat d'assurance. Néanmoins, il suffira parfois à un assuré de mentionner dans le constat amiable le numéro de son contrat pour que l'imprimé du constat amiable, renseigné contradictoirement avec le conducteur adverse, puisse constituer alors une preuve du contrat d'assurance, l'assureur ne rapportant pas selon la Cour de cassation un commencement de preuve du contraire (Civ. 1re, 3 janv. 1991, RCA 1991, comm. n° 113, note H. Groutel). Il a été décidé en revanche que ne rapporte pas la preuve de l'existence du contrat d'assurance automobile, l'assuré qui omet d'indiquer le numéro d'immatriculation du véhicule sur le constat amiable tandis que la société de location contestait que le véhicule fasse partie de sa flotte (Civ. 2e, 24 juin 1998, JCP G 1998, IV, 2891).

§ 2 ▪ Force probante du constat amiable

2696. Le constat amiable permet de renseigner l'assureur sur les causes et circonstances exactes de l'accident afin de déterminer les responsabilités encourues. Sa vocation consiste toutefois à simplifier la situation accidentelle, pour permettre à l'assureur d'identifier rapidement le traitement juridique qu'il conviendra de lui appliquer, par le jeu d'un barème de répartition des recours entre adhérents (Ann. AI.2 de la convention IRSA). Cependant, l'assuré aura parfois tendance à contester l'analyse qui en sera faite par l'assureur, soucieux de trouver dans l'état de la chaussée, les circonstances climatiques ou la vitesse de son adversaire, des arguments exonératoires de sa responsabilité. Le recto du constat amiable, s'il est signé des deux parties, présente seul un caractère contradictoire : la signature de chaque conducteur emporte acquiescement à la version des faits décrite par l'autre, le verso, non opposable à la partie adverse, renseigne chaque assureur à titre complémentaire.

2697. La validité du constat amiable n'est plus discutée aujourd'hui, les tribunaux ayant admis son opposabilité au conducteur adverse en cas de signature conjointe. Il a ainsi été jugé que l'assuré n'ayant émis aucune réserve sur la portée des observations consignées sur le constat contradictoire signé avec l'autre conducteur, si les mentions manuscrites portées par ce dernier en langue espagnole étaient inintelligibles pour l'assuré, il aurait dû ne pas signer (CA Paris, 9 mai 2000, Juris-Data n° 128072). Parfois, le constat amiable corrobore d'autres éléments : une cour d'appel peut ainsi retenir qu'il s'induit tant de la position des véhicules que de l'emplacement de leurs dommages et des mentions contradictoirement apposées sur le constat amiable que l'accident était dû au fait que le conducteur d'un camion avait manqué de maîtrise (Civ. 2e, 11 oct. 1989, Bull. civ. II, n° 159). Il faut même considérer qu'un constat amiable peut être opposable à une partie n'ayant pas elle-même la qualité de conducteur d'un véhicule à moteur, et en l'absence de choc. Par exemple, dans un contexte où un automobiliste a glissé sur la boue répandue sur la chaussé provenant du passage d'une remorque d'ensilage, le maître d'œuvre des travaux agricoles effectués dans les champs situés à proximité de la chaussée a admis implicitement sa responsabilité en participant au constat amiable (CA Rouen, 29 avr. 2003, Juris-Data n° 216266).

2698. En présence de témoins inscrits sur le constat, les assureurs sont convenus d'écarter les témoignages émanant des personnes transportées, des conjoints ou concubins, des ascendants ou collatéraux, subordonnés ou préposés, commettants ou associés des conducteurs, gardiens ou propriétaires des véhicules impliqués (Conv. IRSA, Ann. A1.1.1).

2699. Les assureurs ont entendu aménager la force probante du constat amiable en cas d'omission de certaines mentions, pour les accidents ne donnant pas lieu à intervention des forces de l'ordre, auquel cas la foi des procès-verbaux des autorités est seule prise en compte. Ainsi, en présence d'un constat signé des deux conducteurs mais ne comportant aucun élément d'information sur les circonstances, ou n'en comportant que sur les points de choc des véhicules, il faudra déterminer au sein du barème de responsabilité conventionnel le « type d'accident » (véhicules circulant dans le même sens, véhicules circulant en sens inverse, etc.) et le numéro du cas s'y rapportant, en fonction des éléments communs des déclarations des conducteurs (Conv. IRSA, Ann. A1.1.1) S'il n'y a qu'une seule déclaration signée, celle-ci est seule prise en compte en toute hypothèse, tandis qu'en l'absence des deux signatures des protagonistes de l'accident, seules les déclarations unilatérales des deux conducteurs présentant des éléments communs, s'il y en a, seront retenues. La convention IRSA se rapproche sur ce point de la jurisprudence : il a été jugé que pour apprécier l'existence d'une faute, une juridiction peut prendre en considération les mentions du constat amiable sur lesquelles les parties sont tombées d'accord, à l'instar du croquis de l'accident dressé entre les parties et qui figure immédiatement au-dessus de leurs signatures (CA Angers, 12 nov. 1997, Juris-Data n° 055897).

Sous-section 2 ■ Déclaration du sinistre automobile

§ 1 ■ Régime de la déclaration

A ■ Cas général

2700. Selon les termes de l'article L. 113-2 4° du Code des assurances, l'assuré est tenu « de donner avis à l'assureur, dès qu'il en a eu connaissance et au plus tard dans le délai fixé par le contrat, de tout sinistre de nature entraîner la garantie de l'assureur. Ce délai ne peut être inférieur à 5 jours ouvrés ». Le délai se compte par des jours francs, c'est-à-dire sans compter les samedis, dimanches et jours fériés qui reportent le délai légal systématiquement d'un jour supplémentaire. Le point de départ du délai est le lendemain du jour où l'assuré prend connaissance de l'événement (Civ.1re, 6 janv. 1993, RGAT 1993. 357, note J. Bigot). La forme de la déclaration du sinistre et son délai sont donc définis par le contrat car la loi ne fixe qu'un délai minimum, la déclaration ne pouvant être inférieure à 5 jours ouvrés, délai ramené à deux jours ouvrés en cas de vol. Cependant, il faut relever que le contrat d'assurance ne peut imposer selon les juges une forme particulière pour l'accomplissement de la déclaration du sinistre car l'article L. 113-2, 4° du Code des assurances « n'autorise pas d'autres modifications conventionnelles que la prorogation du délai et n'exige aucune forme particulière pour la déclaration imposée à l'assuré » (Civ. 1re, 20 oct. 1992, RGAT 1993. 99, note R. Maurice). En pratique, presque tous les contrats d'assurance reprennent les délais prévus par le code, c'est-à-dire 5 jours pour tout sinistre automobile, à l'exception du vol qui doit être déclaré dans les deux jours ouvrés. Ces délais peuvent être prolongés d'un commun accord entre les parties contractantes.

B ■ Déclaration téléphonique

2701. Aucun texte légal ou réglementaire n'impose à l'assuré une forme particulière concernant la teneur de la déclaration du sinistre, les parties sont donc libres d'adopter la forme qu'elles jugent appropriée. La jurisprudence a confirmé que tout moyen de communication de celle-ci à l'assureur est admis (Civ. 1re, 5 oct. 1994, RGAT 1994. 1126, note L. Mayaux). Toutefois, les assureurs imposent contractuellement et fréquemment à l'assuré des formalités spécifiques pour s'acquitter de cette obligation, tel l'usage du téléphone, moyen de communication aujourd'hui dominant en assurance automobile pour effectuer cette déclaration : il s'agit là d'un système peu contraignant pour l'assuré qui est parfois hésitant sur la teneur des informations à fournir, et qui se trouvera ainsi guidé par un interlocuteur. L'essor des centres d'appel a « révolutionné » ainsi la déclaration du sinistre automobile, l'enregistrement simultané sur informatique de la déclaration de l'assuré, à laquelle se trouve immédiatement affecté un numéro de sinistre, ne générant quasiment aucun contentieux relatif à la preuve de l'accomplissement de cette formalité.

C ■ Preuve de la déclaration

2702. L'assuré doit prouver l'exécution de son obligation, c'est-à-dire l'existence et la remise de sa déclaration (Civ. 1re, 19 mai 1999, RGDA 1999. 613, note L. Fonlladosa). Si l'assuré effectue sa déclaration à un agent général, et que l'assureur ne conteste pas ce fait, l'assureur devra établir la fausseté des éléments de preuve fournis par le déclarant quant à la date de son envoi (Civ. 1re, 27 avr. 1994, RGAT 1994. 781, note J. Kullmann).

§ 2 ■ Sanction d'une déclaration tardive

2703. L'article L. 113-2 alinéa 4 du Code des assurances autorise les assureurs à insérer dans leurs contrats une clause de déchéance pour déclaration tardive du sinistre s'ils établissent que le retard dans la déclaration leur a causé un préjudice. Cette clause est peu invoquée en pratique par les assureurs compte tenu des difficultés de sa mise en œuvre, qui suppose trois conditions :
- avoir été prévue par le contrat (Civ. 1re, 3 nov. 1982, RGAT 1983. 350) ;
- pour un retard non imputable à un cas de force majeure : ainsi, la perte de mémoire à la suite de l'accident (Req., 15 déc. 1908, DP 1910, jur., p. 527) ou le fait de se trouver dans un état comateux (Civ. 1re, 3 déc. 1956, Bull. civ. I, n° 433) peuvent être assimilés à la force majeure ;
- la preuve d'un préjudice par l'assureur dont l'appréciation relève toujours du pouvoir souverain des juges du fond (Civ. 1re, 7 janv. 1997, RGDA 1997. 159, note J. Bigot ; Civ. 1re, 23 mars 1999, RGDA 1999. 616, note A. Favre Rochex ; Civ. 2e, 7 mai 2009, n° 08-11.391, RD Imm. 2009. 488, obs. Noguero, RCA 2009.228, 2e esp).

2704. L'assureur sera alors en mesure d'invoquer avec succès cette clause de déchéance s'il prouve que le retard l'a empêché de prendre toutes les mesures nécessaires pour défendre au mieux ses intérêts (CA Paris, 22 mai 2001, Juris-Data n° 143089). Toutefois, s'il prend position sur la responsabilité sans faire de réserves sur la garantie, il ne pourra pas ensuite invoquer la déchéance pour déclaration tardive (CA Paris, 21 sept. 1983, L'Argus 1984, p. 1459).

Section 2 ■ Préalable à l'indemnisation : l'expertise automobile

2705. Contrairement à une idée reçue, l'expert en automobile n'est pas un salarié de l'assureur, c'est un professionnel libéral qui reçoit une mission d'un assureur en contrepartie du versement d'honoraires. Sa mission essentielle consiste à déterminer l'origine du dommage subi par le véhicule, à rechercher son imputabilité et à chiffrer le montant des réparations. Notons toutefois qu'il n'a jamais pour mission de définir lui même les responsabilités susceptibles d'être encourues.

2706. L'article L. 326-4 du Code de la route fixe l'activité traditionnelle des experts en automobile, quelle que soit la mission confiée. Il est ainsi précisé que ces professionnels rédigent « à titre habituel des rapports destinés à être produits à des tiers et relatifs à tous dommages causés aux véhicules à moteur ainsi qu'aux cycles et à leurs dérivés, notamment toutes opérations et études nécessaires à la détermination de l'origine, de la circonstance, de la valeur de ces dommages et à leur réparation ». Ce texte ajoute que leur mission s'étend à la « détermination de la valeur des véhicules ».

2707. En assurance automobile, l'expert intervient soit sur le fondement du contrat conclu entre l'assureur et l'assuré, soit sur le fondement de la convention interprofessionnelle signée par les assureurs automobiles (voir infra). Dans ces deux cas, il conduit en sus une action en matière de sécurité routière qui jalonne le règlement du sinistre matériel.

Sous-section 1 ■ Action sécuritaire corrélative à l'évaluation des dommages

2708. Le Code de la route a confié aux experts en automobile une mission de sécurité routière à double niveau : d'une part, une mission générale d'information, en dehors de tout accident de la circulation, qui s'apparente à une mission de prévention (C. route, art. R. 326-2) et d'autre part, une mission de suivi et de réception des réparations effectuées sur les seuls véhicules qui auront été qualifiés de « véhicules gravement endommagés (VGE) » (C. route, art. L. 327-5).

2709. Cette procédure VGE a démarré le 1er juin 2009 peu de temps après la mise en place effective du nouveau système d'immatriculation des véhicules dit « SIV ». Le SIV est un traitement automatisé de données ; mis en œuvre par le ministère de l'Intérieur, il gère les autorisations administratives de circuler pour les véhicules à moteur. Aussi l'information sur tous les cas de véhicules gravement endommagés est transmise au SIV en principe de manière électronique, par des connexions sécurisées. Pour ce faire, les experts en automobile sont devenus des tiers autorisés à accéder au SIV, dans la limite de leurs attributions (CNIL déc. n° 2008-001 du 10 janv. 2008).

2710. Le chapitre 7 du Code de la route relatif aux véhicules endommagés (C. route, art. L 327-4 et L 327-5) constitue le support de la mission légale de l'expert. À la suite d'un accident de la circulation, un véhicule peut être affecté de dommages consécutifs suffisamment graves pour rendre en l'état celui-ci dangereux pour les autres usagers, s'il est maintenu en circulation. Le législateur a donc souhaité écarter tous les véhicules gravement endommagés pour lesquels les réparations n'auront pas été effectuées, par inconscience ou impécuniosité de leurs propriétaires, et surtout rendre celles-ci effectives lorsqu'elles auront été prescrites. À cette fin, informé qu'un véhicule est gravement endommagé, le ministère de l'Intérieur notifie au propriétaire une interdiction momentanée de circuler assortie d'une inscription d'opposition au transfert du certificat d'immatriculation (C. route, art L 327-5). La remise en circulation du véhicule ne peut dès lors plus s'effectuer qu'au vu d'un rapport établi par un expert en automobile, certifiant que celui-ci est en état de circuler « dans des conditions normales de sécurité » (C. route, art. L. 327-5). De nombreux textes sont venus préciser les modalités d'application de ce dispositif : C. route R. 327-1 à R 327-5 (décret n° 2009-397 du 10 avril 2009 ; arr. 29 avr. 2009, JO 14 mai ; Circ, 28 mai, BOMEDD, n° 2009/11, 25 juin 2009).

§ 1 ■ Champ d'application

2711. La procédure VGE s'applique uniquement aux voitures particulières, aux camionnettes et aux remorques attelées à ces véhicules lorsque ceux-ci sont immatriculés en France (art. 13 de l'arrêté du 29 avril 2009 relatif aux véhicules endommagés pour les voitures particulières et les camionnettes) et affectés au moins d'une déficience. En cas de doute, c'est le genre du véhicule qui fait foi. La liste des genres en vigueur est fixée par l'annexe 5 de l'arrêté du 9 février 2009 relatif aux modalités d'immatriculation des véhicules. A cet égard, les véhicules concernés par la procédure correspondent exclusivement aux trois genres et aux abréviations nationales correspondantes inscrites sur le certificat d'immatriculation : Voitures particulières (VP), Camionnette (CTTE) et Remorque immatriculée (REM).

2712. Tous les autres genres recensés figurant sur la liste annexée par l'arrêté du 9 février 2009 relatif aux modalités d'immatriculation des véhicules ne sont pas concernés par la procédure des VGE, tels que : Motocyclettes (MTT1), Camions (CAM), Véhicules automoteurs spécialisés (VASP) dont les campings car, Tracteurs agricoles (TRA), Caravanes (RESP)... En l'état actuel des textes les véhicules de collection sont concernés par la procédure VGE.

2713. Cette procédure s'applique aux seuls dommages consécutifs à un accident de la circulation, lequel accident doit constituer l'objet particulier de la mission d'expertise confiée. C'est la raison pour laquelle la circulaire du 29 mai 2009 relative aux véhicules endommagés mentionne que la procédure VGE ne concerne pas les sinistres ayant d'autres origines : événement climatique, catastrophe naturelle, catastrophe technologique, attentat, émeute, vandalisme, incendie non consécutif à un accident de la circulation (Circ., 28 mai, BOMEDD, n° 2009/11, 25 juin 2009). En cas de vol, on peut déclencher la procédure si le véhicule déclaré volé a, lors de son usage en circulation, involontairement été endommagé par le voleur (accord interprofessionnel ANEA/FFSA/GEMA/UPEAS du 21 janvier 2010).

§ 2 ■ Déclenchement de la procédure

2714. Quand l'expert en automobile est chargé par un assureur automobile de déterminer les dommages, il doit, parmi les véhicules endommagés suite à un accident de la circulation (voir supra), détecter ceux qui présentent un danger pour la sécurité. L'annexe 2, II de l'arrêté du 29 avril 2009 (préc.) dresse la liste des déficiences permettant d'établir que le véhicule accidenté ne peut circuler dans des conditions normales de sécurité. Selon ce texte, les critères sont au nombre de quatre :
- déformation importante de la carrosserie compris entre les zones d'ancrage des éléments de liaison au sol : longerons, plancher, passages de roue, châssis, traverses ;
- déformation importante de la direction : colonne, crémaillère ou boîtier, biellettes et timonerie ;
- déformation importante des éléments de liaisons au sol : berceau, les éléments de suspension, essieux et jantes ;
- dysfonctionnements (y compris mauvaise fixation) des éléments de sécurité des personnes : ceintures, coussins gonflables, prétensionneurs, et boîtiers de commande.

2715. L'expert doit constater la déficience à l'occasion de l'examen initial du véhicule effectué « sur dommages apparents sans démontage » (annexe 2, I, arr. du 29 avril 2009). Ce qui induit que les déficiences découvertes une fois les travaux de réparation réellement commencés relèvent, non pas l'article L 327-5 du code de la route, mais de l'obligation générale d'information de l'expert (C. route, art. R 326-2, voir supra).

2716. Lorsque le véhicule est dangereux sur la base de l'une au moins de ces déficiences, l'expert effectue sa déclaration au SIV dans laquelle il précise si le véhicule est techniquement réparable ou non selon les critères définis à l'annexe 1 de l'arrêté du 29 avril 2009 (préc).

2717. L'information de l'expert est enregistrée dans le SIV : le ministre de l'Intérieur notifie au titulaire du certificat d'immatriculation que le véhicule VGE n'est plus autorisé à circuler sur les voies ouvertes à la circulation publiques et qu'une opposition au transfert d'immatriculation est inscrite (C. route, art. R. 327-3 I). Le fait de refuser de se soumettre à cette injonction est puni d'une amende forfaitaire de 135 € (C. route, art. R 327-5).

2718. Toutefois cette décision administrative peut faire l'objet, dans le délai de deux mois suivant sa notification, d'un recours administratif auprès du ministère de l'Intérieur (aménagé par l'arrêté du 29 avril 2009, art. 11) ou d'un recours contentieux auprès du tribunal administratif du lieu de résidence du titulaire du certificat d'immatriculation.

§ 3 ▪ Modalités de remise en circulation

2719. En cas de réparation du véhicule déclaré « VGE », la règlementation impose que sa remise en état soit suivie par un expert en automobile justifiant de la qualification prévue à l'article R 326-17 du Code de la route. Une fois missionné par le propriétaire du véhicule, l'expert intervient à toutes les étapes de la réparation : avant travaux, en cours et après réparation.

2720. L'expert inscrit ses opérations dans une véritable démarche méthodologique déterminée dans l'annexe 3 de l'arrêté du 29 avril 2009 (préc.). A l'issu de ses contrôles finaux, l'expert établit son rapport de conformité dans lequel il certifie que : « les réparations touchant à la sécurité prévue par le premier rapport ont été effectuées et que le véhicule est en état de circuler dans des conditions normales de sécurité ; que le véhicule n'a pas subi de transformation notable au sens de l'article R 321-16 du Code de la route, ni transformation susceptible de modifier les caractéristiques dur le certificat d'immatriculation » (C. route, art. R. 327-3 III). C'est à cette condition que la procédure subordonne la remise en circulation du véhicule et la levée de l'OTCI.

2721. A cette occasion, l'expert engage lourdement sa responsabilité personnelle. On notera qu'il atteste qu'un véhicule endommagé, au sens de l'article L. 327-5 du Code de la route, admis à circuler sur les voies ouvertes à la circulation publique par le biais de sa réception initiale continue, après un accident et une fois réparé, à remplir les conditions pour lesquelles l'autorisation administrative a été accordée (C. route, art. R 327-3).

2722. Au final, cette action de l'expert constitue une sorte de réception des travaux effectués sur le véhicule liés à la sécurité constatant leur achèvement, leur bonne exécution et leur conformité à l'ordre de réparation.

§ 4 ▪ VGE à l'initiative des forces de l'ordre

2723. La capacité de l'expert en automobile à intervenir directement sur des véhicules gravement endommagés se conjugue à celle des forces de l'ordre (C. route, art. L. 327-4). Ces derniers interviennent à la suite d'un accident de la circulation pour immobiliser les véhicules présentant un réel danger du point de vue de la sécurité routière et retirer à titre conservatoire le certificat d'immatriculation. Cette immobilisation est enregistrée dans le SIV qui inscrit une interdiction de circuler du véhicule (C. route, art. R. 327-2 I). Le titulaire du certificat d'immatriculation peut ensuite saisir un expert pour examiner le véhicule et confirmer ou infirmer la position de l'agent de constatation (C. route, art. R. 327-2 II). Si le véhicule n'est pas dangereux, l'expert l'indique dans son rapport soit télétransmis au SIV, soit adressé par courrier à la préfecture de son choix. L'interdiction de circuler est levée et le tire restitué à son titulaire. Au contraire, quand la dangerosité est confirmée, la réparation de ce véhicule est contrôlée par l'expert (voir supra).

§ 5 ▪ Mission de prévention générale

2724. L'expert en automobile doit informer sans délai le propriétaire d'un véhicule des déficiences découvertes sur celui-ci au cours de l'accomplissement de sa mission et qui sont susceptibles de mettre en danger la vie de toute personne (C. route, art. R. 326-2). Cette mission réglementaire de prévention de l'expert ne semble pas nécessairement se cumuler avec sa mission légale (C. route, art. L. 327-5) dès lors que toute déficience de nature à mettre en danger la vie d'autrui peut parfois être sans lien avec « l'état » d'un véhicule, qui peut être très bon au demeurant. Ainsi en sera-t-il du véhicule neuf aux pneus manifestement sous gonflés, qui oblige l'expert à en informer son propriétaire sans qu'il s'agisse pour autant d'un véhicule gravement endommagé. La déficience évoquée à l'article R. 326-2 du Code de la route doit ainsi être distinguée de l'état du véhicule visé à l'article L. 327-5 en ce sens que la première induit simplement une ou plusieurs imperfections du véhicule tandis que le second implique sa généralisation à l'ensemble de celui-ci. Toutefois, en dehors de l'examen visuel global ne nécessitant aucune intervention particulière, cette obligation d'information du propriétaire du véhicule par l'expert ne porte que sur les seuls organes directement concernés par sa mission. En effet, le pouvoir réglementaire n'a pas entendu exiger ici une certification de la sécurité complète du véhicule par l'expert à l'occasion de son intervention.

2725. L'expert ne sera en mesure de satisfaire son obligation d'information que s'il est à même de rapporter la preuve qu'il a complètement informé le propriétaire du véhicule de la déficience découverte, par analogie à une jurisprudence constante applicable à tous les professionnels, prestataires de services. Ainsi en est-il, par exemple, pour le médecin (Civ. 1re, 25 févr. 1997, Bull. civ. I, nº 75) ou l'avocat (Civ. 1re, 29 avr. 1997, Bull. civ. I, nº 132). La preuve écrite par télécopie ou lettre recommandée avec accusé de réception sera fortement conseillée à l'expert en pareille hypothèse s'il entend justifier de l'accomplissement de son obligation.

2726. Dernièrement, il a été jugé qu'il n'y a pas d'abus pour l'expert à révéler au propriétaire du véhicule expertisé un défaut de conformité revêtant un caractère de dangerosité : en l'espèce le véhicule présentait une double anomalie, taille des pneumatiques et surbaissement (CA Nancy, 30 août 2010, JA avril 2011, p. 30, obs. L Namin).

Sous-section 2 ▪ Évaluation du dommage garanti

§ 1 ▪ Expertise sans tiers impliqué

A ▪ Fondement de l'expertise

2727. Il s'agit ici d'évaluer les dommages subis par un véhicule à moteur en dehors de tout contexte de responsabilité civile, donc sans tiers impliqué, pour l'application d'une garantie de dommage souscrite par l'assuré (vol, tous risques). Le fondement de l'expertise est alors purement contractuel avec la force que lui confère l'article 1134 du Code civil, les assureurs sont libres par conséquent de définir dans les conditions générales de leurs polices l'option qu'ils entendent choisir. Certains contrats obligent ainsi l'assuré à « subir » le choix de l'assureur qui désignera l'expert avec lequel il travaille habituellement sur le secteur géographique concerné ; mais la plupart des clauses d'expertise offre aujourd'hui une faculté de remise en cause de l'évaluation proposée par l'expert de l'assureur via l'instauration d'un débat contradictoire avec un autre expert que choisira personnellement l'assuré, à ses frais dans la grande majorité des cas. On relèvera que s'il est prévu contractuellement que les dommages, qui ne sont pas fixés de gré à gré, feront l'objet d'une expertise amiable, ce préalable sans pour autant constituer un préliminaire obligatoire de conciliation doit être respecté par les parties avant d'agir en justice (Civ. 2e, 25 févr. 2010, n° 09-14.044).

B ▪ Mission de l'expert

2728. Il devra constater les dégâts affectant le véhicule et déterminer le coût des réparations nécessaires. En règle générale, les travaux sont suspendus à la survenance de deux conditions cumulatives : la signature conjointe par l'expert et le réparateur du procès-verbal d'expertise et la signature par le client de l'ordre de réparation établi par le garagiste. L'assuré, dans l'immense majorité des cas, ne participe pas aux opérations d'expertise, même s'il peut le faire : il n'est pas nécessaire que le procès-verbal d'expertise soit signé de sa main car il a accepté, lors de la conclusion du contrat d'assurance, de confier à l'assureur l'évaluation technique de son propre dommage. A cet égard, le fait pour l'assureur d'avoir donné mission à son expert d'examiner le véhicule ne vaut pas ordre de procéder aux réparations jugées nécessaires (CA Paris, 27 sept. 1994, Juris-Data n° 023302). A l'inverse on peut estimer que si l'automobiliste ordonne les travaux avant même le passage de l'expert, il s'expose le cas échéant à une déchéance de garantie car l'assureur n'aura pas eu la possibilité de recueillir l'avis de son technicien.

C ▪ Contestation de l'expertise

2729. Si l'assuré refuse l'évaluation unilatérale du dommage par l'expert, le contrat d'assurance lui offrira souvent la faculté de déclencher une procédure proche du mécanisme de la clause compromissoire en matière d'arbitrage : il pourra alors choisir « son » expert, souvent à ses frais, en vue de participer à une expertise contradictoire avec l'expert initialement désigné par l'assureur. Dans l'esprit de l'assuré, il s'agira d'une « contre-expertise », terme impropre en réalité. La commission des clauses abusives a préconisé du reste la nécessité d'informer l'assuré qu'il dispose de la possibilité de solliciter la désignation d'un autre expert agissant contradictoirement (Recom. CCA n° 89-01, 19 mai 1989, BOCCRF 14 juill. 1989). Une réponse ministérielle faisant suite à une question relative au coût de prise en charge des honoraires de l'expert de l'assuré est demeurée plus qu'évasive sur le sujet, évoquant une possible extension de garantie pouvant avoir « des répercussions sur le montant des primes » (JO Sénat Q., 29 août 1985, p. 1604). En cas de désaccord entre les deux experts, ceux-ci peuvent s'adjoindre les services d'un troisième expert avec lequel ils opéreront en commun et le rapport d'expertise sera établi à la majorité des voix. Ce troisième expert n'est donc pas un départiteur avec voix prépondérante mais vient seulement composer le collège expertal pour créer l'imparité nécessaire. Le président du tribunal de grande instance désignera ce troisième technicien si les deux premiers experts ne parviennent pas à s'entendre sur son choix, hypothèse exceptionnelle en pratique.

§ 2 ▪ Expertise en présence d'un tiers impliqué

A ▪ Fondement de l'expertise

2730. Il s'agit ici d'évaluer les dommages subis par un véhicule terrestre à moteur dans un contexte de responsabilité civile, c'est-à-dire en cas de choc impliquant au moins deux véhicules ou un véhicule et une chose. S'il s'avère que l'assuré responsable bénéficie lui même d'une garantie d'assurance de dommages, il sera indemnisé sur le fondement de son contrat : sa situation se confond alors avec celle décrite ci-avant. L'expertise automobile dans un contexte de responsabilité civile s'organise aujourd'hui principalement par le jeu d'une convention connue sous l'acronyme « IRSA » (Indemnisation directe de l'assuré et de Recours entre Sociétés d'assurance Automobile) conclue entre les assureurs, afin d'éviter, dans la mesure du possible, des discussions lancinantes sur la consistance du préjudice subi par les uns et les autres.

B ▪ Contractualisation du sinistre automobile de responsabilité

2731. La convention IRSA constitue aujourd'hui la forme élaborée d'un partenariat entre les sociétés d'assurance automobile qui a débuté dès 1968 avec la convention IDA (Indemnisation Directe de l'Assuré) ayant donné naissance au constat amiable et au barème de partage des responsabilités qui lui est attaché : en ce sens, elle constitue véritablement un « code des assureurs » en matière automobile. La philosophie originelle du système, peu répandue en Europe, était la suivante : chaque société d'assurances indemnisait son assuré non responsable en respectant les règles fixées par la convention et présentait ensuite un recours forfaitaire à l'assureur du responsable. La convention IRSA a parachevé le mécanisme en prévoyant aujourd'hui de nombreuses hypothèses d'abandon de recours de l'assureur du véhicule non responsable auprès de celui du responsable, la loi des grands nombres compensant en définitive à peu de choses près les comptes annuels entre les sociétés d'assurances, notamment au regard des économies d'échelle réalisées sur la gestion du sinistre. Il se crée alors une sorte de contractualisation de la responsabilité civile en dissipant dans l'esprit de la victime assurée le véritable auteur de la réparation qui n'est plus « le responsable » mais devient au contraire « son assureur ». Elle fait parfois perdre de vue aux rédacteurs des compagnies le fondement de l'intervention de l'assureur pour le compte duquel ils agissent, dont l'oubli génère quelque fois certains « dérapages », à l'instar de celui consistant à opposer une franchise contractuelle à l'assuré qui n'est en réalité qu'un tiers, « non assuré » pourrait-on dire, face au responsable. Certains aménagements ont donc été effectués en 2003 pour limiter les risques de confusion : le traditionnel « barème de responsabilité » conventionnel s'intitule dorénavant « barème de répartition des recours entre adhérents », pour accentuer l'inopposabilité aux tiers victimes.

2732. La convention IRSA s'applique à toutes les compagnies signataires en dehors de l'État, la plupart des sociétés d'assurance automobile en est aujourd'hui adhérente (le pourcentage serait proche de 99 %), qu'il s'agisse de sociétés membres du GEMA ou de la FFSA. Les sociétés qui souhaitent adhérer à la convention s'engagent également à adhérer à la convention IRCA en matière de dommages corporels ainsi qu'au protocole d'accord conclu entre les assureurs et les organismes sociaux. Sont concernés tous les accidents de la circulation survenus en France métropolitaine et dans les départements d'outre-mer ainsi que la principauté de Monaco, outre les accidents survenus dans le monde entier s'ils impliquent des véhicules immatriculés en France ou à Monaco, assurés auprès de sociétés adhérentes.

C ▪ Mise en œuvre de la convention IRSA

2733. En présence d'un accident de la circulation impliquant au moins deux véhicules terrestres à moteur soumis à l'obligation d'assurance (C. assur., art. L. 211-1), l'assureur de la victime, dénommé « assureur direct » s'engage à indemniser lui-même son propre assuré : « quels que soient la typologie de l'accident, la nature et le montant des dommages, les sociétés adhérentes s'obligent, préalablement à l'exercice de leurs recours, à indemniser elles-mêmes leurs assurés dans la mesure de leur droit à réparation, déterminé selon les règles du droit commun » (art. 1.1). Les assureurs, par la signature de la convention, se donnent réciproquement un mandat de gestion pour tout sinistre futur entrant dans le champ d'application de celle-ci. La convention IRSA ne s'applique pas en revanche lorsque l'assuré automobile est entièrement responsable de l'accident selon le droit commun car il devient alors responsable et non victime de l'accident mais elle s'appliquera s'il est partiellement responsable de celui-ci, dans la mesure de son droit à réparation, déterminé selon un barème figurant en annexe (Conv. IRSA, Ann. A1.2).

2734. Le système fonctionne quasiment sans accroc car pour la victime, seul le résultat compte, c'est-à-dire l'indemnisation intégrale de son préjudice, ce dernier est toujours évalué en droit commun. La Direction Générale de la Concurrence de la commission européenne n'a pas jugé critiquable cette convention, compte tenu de l'accélération des procédures d'indemnisation qu'elle entraîne. Le mécanisme n'est toutefois viable que si l'assureur du responsable s'engage de son côté à ne pas remettre en cause l'évaluation du dommage effectuée par l'assureur direct : ce sont les règles conventionnelles dites « d'incontestabilité » de l'expertise automobile (Conv. IRSA, art. 3.1), appuyées par une justice privée rendue par une commission d'arbitrage inter-sociétés, précédée d'une tentative de conciliation obligatoire (Titre 7 Conv. IRSA). Ainsi, les compagnies adhérentes s'engagent-elles à ne jamais contester l'évaluation des dommages matériels, lorsqu'elle est inférieure à la somme de 6 500 € hors taxes pour l'année 2011 (Conv. IRSA, art. 2.1.3.a). Lorsque les dommages subis par le véhicule excèdent le seuil de 6 500 € HT, une expertise automobile contradictoire en présence de l'expert de l'assureur adverse peut être réalisée. La convention IRSA n'est jamais opposable aux assurés ni aux victimes qui n'en sont pas les signataires. Cependant, exceptionnelles sont les décisions de justice ayant eu à statuer sur un litige par nature peu fréquent car les sociétés d'assurances refusent en règle générale de s'engager dans un conflit judiciaire nécessairement arbitré par l'effet relatif des contrats, édicté par l'article 1165 du Code civil. Une rare décision a rappelé l'inopposabilité de la convention IRSA aux assurés (TI Sète, 9 nov. 1983, JA 1984, p. 95).

2735. Une expertise automobile, confiée à un expert en automobile inscrit sur la liste nationale, sera réalisée par le seul expert désigné par l'assureur de la victime, hors la présence de l'expert de l'assureur du responsable : elle n'est obligatoire que si le montant des dommages dépasse, à compter du 1er janvier 2010, 10 % (au lieu de 5 % précédemment) du plafond d'incontestabilité de 6 500 € (Conv. IRSA, Ann. 2), soit la somme de 650 € HT, et facultative en deçà. De plus pour tous les dossiers d'accidents survenus à compter du 1er mars 2010, la tolérance de dépassement est ramenée de 20 % à 10 %. En conséquence dorénavant, le recours à l'expertise en RC matériel est laissé à la discrétion de chacun des assureurs automobiles jusqu'à 715 €. Dans cette hypothèse, la facture des réparations, la facture ou le bordereau des fournitures nécessaires à la remise en état sont alors acceptés à titre de justification dans le cadre du recours forfaitaire présenté à l'assureur du responsable (voir infra). Cette souplesse favorise l'apparition sur le marché de nouveaux modes d'évaluation des sinistres sans expertise tel que le contrôle automatique des devis effectués par les réparateurs.

2736. Si l'estimation des dommages au véhicule dépasse le plafond de 6 500 €, l'expert de l'assureur direct informe l'assureur du responsable de ce dépassement afin de provoquer une expertise contradictoire en présence de l'expert de l'assureur du responsable. Ce dernier dispose alors d'un délai de 15 jours pour indiquer s'il participera ou non à l'expertise, car elle est facultative pour lui, faute de quoi celle-ci lui sera conventionnellement opposable (Conv. IRSA, art. 2.1.4).

Sous-section 3 ▪ Lecture indemnitaire du rapport de l'expert

§ 1 ▪ Véhicule réparable

A ▪ Application du contrat d'assurance sans tiers impliqué

2737. L'assuré engage une discussion indemnitaire avec l'assureur sur le seul fondement du contrat d'assurance. Celle-ci constituant la loi des parties en vertu de l'article 1134 du Code civil, l'assuré percevra une indemnité qui correspond à un coût (de remise en état) et non à une valeur car, par définition, le véhicule est ici réparable. En matière d'assurance de choses, l'indemnité est évaluée en considération « de la valeur de la chose assurée au moment du sinistre » (C. assur., art. L. 121-1). Au préalable, l'expert en automobile aura estimé que le véhicule est économiquement réparable, ce qui signifie alors que le montant des réparations n'excèdera pas la valeur du véhicule assuré au moment de l'accident, en application du principe indemnitaire susvisé. L'expert définira toujours dans son rapport la valeur de remplacement du véhicule lors du sinistre, que l'on peut définir comme une valeur abstraite correspondant à un prix d'achat moyen sur un marché fictif de l'occasion. L'expert a l'obligation d'adresser une copie de son rapport au propriétaire du véhicule, pour lui permettre le cas échéant de le contester (C. route, art. R. 327-4).

2738. La plupart des contrats d'assurance indemnise l'assuré par le paiement du coût des réparations directement imputables à l'accident sous deux limites : d'une part, la valeur du véhicule, notion abstraite qui renvoie à la valeur de la chose assurée au moment du sinistre (C. assur., art. L. 121-1) et d'autre part, le plafond de garantie défini dans le contrat. De nombreuses difficultés naissent essentiellement de la conception que peut se faire l'assuré de la notion de « valeur au moment du sinistre » car il se percevra souvent comme la « victime » d'un accident pour lequel il attendra légitimement de son assureur une réparation intégrale, bien éloignée de toute référence contractuelle dans son esprit. Prenant en compte cet aspect psychologique fondamental, sur un marché fortement concurrentiel, certaines compagnies d'assurance élargissent leur concept de « valeur garantie ».

B ▪ Difficultés contractuelles de la notion de valeur

2739. Les contrats automobiles prévoient souvent une clause de vétusté pour tenir compte du fait que le dommage de l'assuré se rapporte à la perte d'un organe du véhicule déjà usagé. Le « taux de vétusté » est soit déterminé au contrat soit déterminable « à dire d'expert », auquel cas ce dernier appliquera alors un coefficient de vétusté dans son chiffrage des réparations, raison pour laquelle la vétusté est fréquemment perçue par l'assuré comme une « franchise masquée ». En règle générale, elle ne concerne que certains éléments du véhicule, tels les pneumatiques, appareils électriques, batterie, échappement, autoradio, souvent garantis moyennant un abattement forfaitaire de vétusté. Le principe indemnitaire a conduit une partie de la doctrine française (V. M.-E. Roujou de Boubée, Essai sur la notion de réparation, LGDJ, coll. Bibl. dr. priv., t. 135, p. 374) à estimer que la déduction d'un coefficient de vétusté était nécessaire afin d'éviter tout enrichissement sans cause de la victime. La Cour de cassation sanctionne les juges qui refusent de retenir la vétusté dans l'évaluation de l'indemnité fondée sur le contrat : « en statuant ainsi, sans évaluer le coût des travaux à la date du sinistre et sans procéder à une déduction de la vétusté, alors, d'une part, que seule était en cause une garantie de choses, la cour d'appel a méconnu la loi des parties » (Civ. 1re, 26 avr. 2000, Juris-Data n° 001663).

C ▪ Réparation contractuelle du véhicule assuré

2740. L'assuré est-il tenu d'employer l'indemnité d'assurance à la réparation de son véhicule ? Une réponse ministérielle précise qu'au titre d'une garantie dommages une police d'assurance peut légitimement prévoir une clause selon laquelle l'indemnité ne sera versée que sur présentation de l'original des factures de réparation (Rép. Min. n° 2232, JO Sénat Q, 26 déc. 2002, p. 3236). La Cour de cassation a aussi jugé que l'affectation de l'indemnité d'assurance à la réalisation des travaux de réparation est obligatoire au titre de certaines assurances, telle l'assurance dommages ouvrage, parce qu'il existe en ce domaine une procédure spécifique de préfinancement des travaux de réparation (Civ. 3e, 17 déc. 2003, Bull. civ. III, n° 232). Il n'existe pas néanmoins de jurisprudence relative à une éventuelle transposition de ce raisonnement en assurance automobile au regard de l'existence d'une procédure légale d'offre d'indemnisation des dommages matériels instaurée par la loi du 1er août 2003 (C. assur., art. L 211-9).

2741. Afin de mieux contrôler le coût de la réparation, les assureurs ont développé au fil du temps des réseaux de réparateurs agréés ou conventionnés auprès desquels l'assuré est invité à confier son véhicule. Le Conseil de la concurrence a jugé que « ces pratiques ne sont pas de nature à fausser le jeu de la concurrence sur le marché de la réparation collision » (Cons. Conc., Avis n° 98-A-15, BOCCRF 31/08/99, p. 481). Toutefois pour remédier aux tensions liées au développement des accords pris par les assureurs avec les carrossiers pour orienter leurs assurés, les syndicats représentants les réparateurs, la FFSA et le GEMA pour les assureurs, sous les auspices de la Commission d'examen des pratiques commerciales (CEPC), ont adopté une charte en mai 2008 (JA, mai 2011, p. 26).

2742. Bien que les assurés demeurent libres de confier leurs véhicules aux réparateurs non agréés et que ce principe ait été réaffirmé par le Comité économique et social européen (« La réparation automobile en cas de collision : comment garantir la liberté de choix et la sécurité du consommateur » par W. Robyns de Schneidauer, 6 sept. 2010, INT/501 – CESE 395/2010 fin, EN-LL/cc/gl), la pratique démontre que les assurés sont favorables aux conventions conclues entre les assureurs et leurs réparateurs : le système de « tiers payant » qu'instaure ce mécanisme les dispense de faire l'avance des fonds nécessaires à la réparation du véhicule, et le réparateur agréé reste soumis aux mêmes contraintes juridiques que le réparateur non agréé, conformément aux dispositions de l'article 1147 du Code civil, s'agissant de son obligation de résultat quant à la qualité des réparations effectuées.(L. Arcelin-Lécuyer, L'intensité des obligations du contrat de service automobile, JA mai 2011, p. 28).

D ▪ L'assuré victime d'un tiers

2743. Dans ce cas de figure, l'assuré sollicite le bénéfice de l'indemnité d'assurance non pas sur le fondement du contrat d'assurance conclu avec l'assureur de son véhicule, mais en qualité de victime d'un accident dont la responsabilité incombe à un tiers. Par le jeu de la convention IRSA, c'est souvent l'assureur direct du véhicule qui indemnisera son propre assuré, comme s'il était en réalité l'assureur du tiers responsable. Jusqu'à la transposition de la 4e directive sur l'assurance automobile par la loi n° 2003-706 du 1er août 2003, il n'existait pas d'obligation incombant à l'assureur de responsabilité civile d'effectuer une offre à la victime pour les dommages matériels qu'elle a pu subir, celle-ci ne s'imposant que pour les seuls dommages corporels. Désormais, l'article L. 211-9 du Code des assurances issu de la loi du 1er août 2003 institue une procédure légale d'offre à la victime « quelle que soit la nature du dommage ».

2744. L'assureur qui garantit la responsabilité civile du véhicule responsable est tenu de présenter à la victime une offre d'indemnité motivée dans le délai de trois mois à compter de la demande d'indemnisation qui lui est présentée. Cette offre s'impose si la responsabilité du conducteur n'est pas contestée et si le dommage a été entièrement chiffré. Si la responsabilité en revanche est discutée ou n'est pas clairement établie et lorsque le dommage n'a pas été entièrement chiffré, l'assureur doit alors donner une réponse motivée à la demande qui lui est présentée dans le même délai de trois mois à compter de la demande. En cas de décès de la victime, l'offre sera présentée aux héritiers du propriétaire du véhicule (C. assur., art. L. 211-9). Cette transposition aux dommages matériels d'une procédure initialement conçue pour les dommages corporels ne devrait pas fondamentalement bouleverser les procédures de règlement dans la mesure où l'assureur sera toujours en mesure de prendre position sur le chiffrage matériel des réparations ou sur la valeur du véhicule avant ce nouveau délai légal de 3 mois, compte tenu de la célérité habituelle des procédures d'expertise automobile et du développement de nouvelles techniques d'expertise à distance. Toutefois, s'il ne défère pas à cette obligation, il encourt les mêmes sanctions que celles prévues pour la procédure d'offre relative à l'indemnisation des dommages corporels.

2745. La victime de l'accident sera indemnisée selon le droit commun car le juge doit « replacer la victime dans la situation où elle se serait trouvée si l'acte dommageable n'avait pas eu lieu ». (Civ. 2e, 8 mai 1964, JCP G 1965, II, 14410, note P. Esmein). De nombreuses difficultés surviennent du fait de l'application malheureuse de la vétusté ou des franchises que tente parfois d'opposer l'assureur du responsable à la victime. Celle-ci bénéficie d'un droit à indemnisation intégral de son préjudice, aucune vétusté ne peut donc lui être opposée, ni même aucune franchise en raison de l'existence d'une réglementation dérogatoire à ce niveau (C. assur., art. R. 211-13 1).

2746. Les frais de remise en état du véhicule ne constituent pas le seul chef de préjudice indemnisable pour la victime. Tous les préjudices subis par cette dernière seront indemnisés par le responsable de l'accident et son assureur : les frais de garage et de dépannage (CA Rennes, 6 mai 1980, Juris-Data n° 080198), la privation de jouissance du véhicule en raison de l'indisponibilité du véhicule accidenté (CA Douai, 26 sept. 1986, RGAT 1987. 575) ainsi que la dépréciation du véhicule : « on ne peut pas vendre un véhicule qui a subi un accident aussi important au même prix qu'un véhicule n'ayant jamais été l'objet d'un tel choc » (TI Angoulême, 29 févr. 1984, JA 1984, p. 345). A condition bien sûr d'apporter la preuve de son préjudice : pour être indemnisé de son préjudice d'immobilisation consécutivement à un accident de la circulation (frais de location d'un véhicule de remplacement), le lésé doit établir que la durée du séjour de son véhicule chez le garagiste est en rapport direct avec ledit accident. (Civ. 2e, 18 mars 2010, n° 09-66.737) ou encore que son indemnisation a objectivement été évaluée s'agissant des frais de locations d'un véhicule de remplacement pris en compte sur la base d'une facture annulée et non réglée (Civ. 2e, 18 février 2010, n° 09-65.817). Par contre, la Cour de cassation rappelle la nécessaire détermination d'un dommage constaté dans son principe aux juges du fond qui avaient subordonné l'existence du préjudice de jouissance à la preuve de son évaluation précise (Civ. 2e, 8 juill. 2010, n° 09-66.735, n° 1508). En l'espèce, il était reproché au demandeur de ne pas avoir justifié de la valeur d'utilisation de la voiture avant l'accident, elle-même fonction de la catégorie du véhicule et de sa fréquence d'utilisation pour rapporter la preuve d'un préjudice, actuel, direct et certain. On signalera tout de même que, par cette motivation exigeante censurée par la Cour de cassation, les juges du fond cherchaient en fait à endiguer une pratique commerciale peu scrupuleuse consistant à facturer à des prix supérieurs au marché la location d'un véhicule de remplacement à l'assureur du véhicule responsable.

2747. La victime d'un dommage causé par un responsable assuré ne peut jamais se voir opposer l'application d'une vétusté (Ch. mixte, 25 avr. 1975 et Civ. 2e, 28 avr. 1975, RGAT 1976, 225). La jurisprudence rappelle notamment qu'il ne saurait y avoir application d'un coefficient de vétusté aux pièces remplacées sur un véhicule accidenté : Civ. 2e, 8 juill. 1987, RGAT 1989. 345, note F. Chapuisat ; Civ. 2e, 3 oct. 1990, Bull. civ. II, no 183). Il en résulte que si l'expert en automobile évalue la vétusté applicable aux pièces remplacées dans son rapport d'expertise, notamment sur les « pièces d'usure » des automobiles comme les freins, les amortisseurs, pneumatiques, la batterie, le pot d'échappement, celle-ci ne peut jamais être déduite du préjudice de la victime. Pour un arrêt récent ayant appliqué à tort un abattement pour vétusté à une victime : Civ. 2e, 23 janv. 2003, JCP G, II, 10110, note Barbieri. Sauf à ce que la victime renonce à son droit à une indemnisation intégrale, si par exemple en sa qualité de propriétaire du véhicule endommagé elle est intéressée à le faire pour éviter sa mise en épave; l'indemnisation pourra, dans ce cas, être déterminée à partir d'une évaluation au moins pour une part, chiffrée en pièces de réemploi.

2748. Le contrat d'assurance prévoit souvent une franchise par laquelle l'assureur ne couvre pas les dommages inférieurs à une somme déterminée ou à une fraction déterminée du dommage (C. assur., art. L. 121-1), afin d'éliminer essentiellement les petits sinistres. Cette franchise, qui est opposable à l'assuré signataire du contrat d'assurance, est-elle opposable à la victime ? La franchise n'est pas opposable aux tiers lésés en assurance automobile mais l'assureur conserve le droit d'en solliciter le remboursement auprès du responsable de l'accident (C. assur., art. R. 211-13).

§ 2 ▪ Véhicule non réparable

A ▪ L'assuré réclame le bénéfice de son contrat

2749. En matière d'assurance de choses, l'indemnité est évaluée en considération « de la valeur de la chose assurée au moment du sinistre » (C. assur., art. L. 121-1). L'expert en automobile, dont la mission consiste à chiffrer le montant des réparations, peut déposer un rapport par lequel il estimera que le coût des réparations est supérieur à la valeur du véhicule au moment du sinistre : le véhicule est alors considéré comme « économiquement irréparable » et fait l'objet d'une procédure réglementée par le Code de la route, au terme de laquelle l'assureur sera tenu de proposer à l'assuré une indemnisation en perte totale avec cession de l'automobile à son profit (C. route, art. L. 327-1 et suivants).

2750. Cette procédure applicable aux véhicules économiquement irréparables (VEI) oblige les compagnies d'assurances à proposer à leurs assurés l'achat des véhicules concernés, c'est-à-dire ceux pour lesquels le coût des réparations est supérieur à leur valeur au moment du sinistre. Le montant de ces réparations peut être chiffré en partie en pièce de réemploi : aucun texte ne vient prescrire que le premier rapport soit établi sur la base exclusive de pièces neuves. Cette procédure s'applique à tous les véhicules à moteur immatriculés en France, y compris aux remorques ou semi-remorques. Elle ne distingue pas néanmoins selon l'origine du dommage : il peut s'agir d'un accident, qu'il soit matériel ou corporel, ou même d'un sinistre quelconque (incendie, dégâts des eaux). L'assureur dispose d'un délai de 15 jours à compter de la réception du rapport d'expertise pour proposer à son assuré une indemnisation en perte totale, le propriétaire disposant en ce qui le concerne d'un délai de 30 jours pour donner sa réponse (C. route, art. L. 327-1). Cette procédure ne doit toutefois pas être confondue avec la procédure VGE (véhicules gravement endommagés) qui impose le contrôle du rétablissement de la sécurité du véhicule par un expert en automobile avant sa remise en circulation, si certains critères de dangerosité sont caractérisés (C. route, art. L. 327-4 et L. 327-5). En revanche, les deux procédures peuvent se cumuler : un véhicule est susceptible d'être qualifié à la fois de VGE et VEI à la suite d'un même événement dommageable (Circ, 28 mai, BOMEDD, n° 2009/11, 25 juin 2009).

2751. L'assuré fera parvenir à l'assureur un certificat de cession accompagné du certificat d'immatriculation pour percevoir l'indemnité. Celle-ci sera évaluée en considération de la valeur contractuelle de remplacement du véhicule sans en déduire la valeur de sauvetage, c'est-à-dire la valeur résiduelle de l'épave à la suite de l'accident. L'assureur informera le système d'immatriculation des véhicules (SIV) au moyen d'une déclaration d'achat dans les quinze jours suivants la transaction (C. route, art. R. 327-1). Si l'assureur procède à l'enregistrement de sa déclaration d'achat dans le SIV par voie électronique, il conserve le certificat d'immatriculation : l'article R. 322-4 du Code de la route est complémentaire des autres textes législatifs (notamment l'article L. 327-2 du Code de la route) avec lesquels il s'articule dans une déclinaison précise du processus à mettre en œuvre (note d'information du ministère de l'Intérieur du 18 décembre 2009 : S. Rougon-Andrey, D'utiles précisions autour du SIV et de la procédure VE, JA févr. 2010, p. 6).

2752. Le véhicule sera ensuite obligatoirement vendu par l'assureur à un acheteur professionnel aux fins de destruction, de réparation ou de récupération des pièces (C. route, art. L. 327-2). Sur le fondement de cette disposition, un démolisseur automobile commet une faute et engage sa responsabilité civile pour avoir revendu, en l'état, un véhicule acquis d'un assureur gravement accidenté et déclaré économiquement irréparable à un simple particulier (Civ. 2e, 9 juillet 2009, n° 08-16.453, JA sept. 2009, p. 40, obs. L. Namin).

2753. Si le propriétaire refuse de céder son véhicule à l'assureur ou s'il garde le silence pendant un délai de 15 jours, l'assureur informera alors le ministère de l'Intérieur qui procédera à l'inscription d'une opposition à son transfert si la valeur du véhicule avant accident était égale ou supérieur à 152 € (C. route, art. L. 327-3, arr. du 3 avril 1998, art. 1er). Cette disposition réglementaire n'a pas pour objet de contraindre le propriétaire à céder son véhicule à l'assureur mais simplement à garantir sa sécurité une fois réparé : en effet, tout véhicule déclaré économiquement irréparable faisant l'objet d'une réparation par un professionnel ne pourra être remis en circulation qu'au vu d'un rapport d'expertise certifiant qu'il a fait l'objet des réparations touchant à la sécurité prévues par le premier rapport d'expertise et qu'il est en état de circuler dans des conditions normales de sécurité (C. route, art. L. 327-2 et L. 327-3).

2754. Le leasing permet de financer l'acquisition d'un véhicule à crédit, sous forme de location avec option d'achat : une société financière achète un véhicule qu'elle loue à un locataire qui l'utilise à son seul profit. À l'issue du contrat, une option lui est offerte : il peut restituer l'automobile ou l'acquérir à sa valeur résiduelle. En matière de crédit-bail, un litige peut survenir en cas de disparition du véhicule devenu économiquement irréparable si le locataire reste redevable d'une indemnité de résiliation à l'égard de la société crédit bailleresse. En cas de perte du véhicule, c'est la société de location qui percevra l'indemnité car elle reste propriétaire du véhicule. Toutefois, la société financière aura souvent récupéré la TVA lors de l'acquisition du véhicule tandis que l'indemnité de résiliation à la charge du locataire est souvent soumise à TVA. Or, l'assureur indemnisera le crédit-bailleur sur la base d'une valeur vénale évaluée hors taxes : cette indemnisation du propriétaire évaluée hors taxes ne méconnaît pas le principe indemnitaire édicté par l'article L. 121-1 du Code des assurances selon la jurisprudence (Civ. 1re, 17 juill. 2001, L'Argus 2001, n° 6760, p. 52). Il appartiendra alors à l'assuré de souscrire une assurance complémentaire lui permettant de compenser ce différentiel de TVA.

B ■ Assuré victime d'un tiers

2755. L'automobiliste victime d'un accident imputable à un tiers sera indemnisé selon les règles prévues par le Code de la route pour les véhicules économiquement irréparables (C. route, art. L. 327-1 et s.) : l'assureur sera tenu de proposer à l'assuré une indemnisation en perte totale avec cession du véhicule à son profit. Bien souvent, les conflits surgissent relativement à la notion de « valeur » du véhicule : n'étant plus effectivement concerné par l'application d'un contrat d'assurance, il n'est plus question ici de déterminer la « valeur de la chose assurée au moment du sinistre », par référence au contrat. La jurisprudence a donc progressivement posé le principe de la réparation intégrale par l'indemnisation à la valeur de remplacement du véhicule : « la réparation intégrale d'un dommage causé à une chose n'est assurée que par le remboursement des frais de remise en état de la chose ou par le paiement d'une somme d'argent représentant la valeur de son remplacement » (Civ. 2e, 4 févr. 1982, JCP 1982, II, 19894, note Barbiéri). Dans ces conditions pour fixer le quantum de l'indemnisation, les juges du fond doivent rechercher si le montant évalué par l'expert en automobile ne correspond pas aux frais de remise en état du véhicule endommagé et n'excède pas sa valeur de remplacement (Civ. 1re , 18 nov. 2010, n° 09-17.301). Cette valeur s'entend alors comme « le prix de revient total d'un véhicule d'occasion de même type et dans un état semblable » (Civ. 2e, 12 févr. 1975, Bull. civ. II, no 49).

2756. Concrètement, il s'agit du prix que la victime devra débourser pour acheter un véhicule en tous points semblable au sien tandis que la valeur vénale s'entend comme une valeur abstraite correspondant à une cote moyenne d'un marché fictif de l'occasion sur un secteur géographique donné. Le principe de l'indemnisation du véhicule de la victime au regard de sa valeur de remplacement n'est pas une spécificité du sinistre automobile car il s'agit d'un principe concernant la réparation intégrale de tout préjudice, la valeur de remplacement devant s'apprécier in concreto, selon les qualités propres du véhicule sinistré (Civ. 2e, 13 janv. 1988, Gaz. Pal. 1988, 1, somm. 261, note F. Chabas). Il a été jugé toutefois que la réparation intégrale du préjudice occasionné par la perte, en France, d'un véhicule immatriculé en Belgique ne peut être assurée que par son évaluation dans ce dernier pays. (Civ. 2e, 31 mai 2000, Bull. civ. II, no 95). Afin que la réparation ne soit pas supérieure au préjudice, l'épave sera alors laissée pour compte au responsable qui en fera ce que bon lui semblera (Civ. 2e, 4 févr. 1982, JCP G 1982, II, 19894).

2757. Une victime peut-elle solliciter la remise en état intégrale de son véhicule si le coût des réparations excède la valeur de remplacement ? La jurisprudence a posé le principe de l'évaluation du dommage de la victime selon la valeur de remplacement du véhicule, le fait de lui octroyer la somme nécessaire pour procéder aux réparations, si le coût de celles-ci dépasse la valeur de remplacement du véhicule, peut constituer une violation du principe indemnitaire car la victime ne doit pas s'enrichir du fait de l'accident. La valeur de remplacement constitue alors le plafond de l'indemnisation versée par l'assureur de responsabilité. Il a ainsi été jugé que le remboursement des frais de remise en état du véhicule s'effectue « sous réserve de la valeur de remplacement de celui-ci » (CA Aix-en-Provence, 26 juin 2003, Juris-Data no 223743). Cette jurisprudence, dégagée par la deuxième Chambre civile de la Cour de cassation, vient récemment d'être adoptée par la Chambre criminelle : le droit à réparation intégrale de l'assuré victime doit s'entendre du remboursement des frais de remise en état du véhicule endommagé mais limité à sa valeur de remplacement (Crim. 22 sept. 2009, n° 08-88.181, E. Peronet, une réparation intégrale sans perte, ni profit, JA n° 812, nov. 2009, p. 34).

2758. La valeur de remplacement du véhicule ne constitue pas le seul chef de préjudice indemnisable pour la victime. Tous les préjudices subis par cette dernière seront indemnisés par le responsable de l'accident et son assureur : les frais de garage et de dépannage (CA Rennes, 6 mai 1980, Juris-Data n° 080198), la privation de jouissance du véhicule en raison de l'indisponibilité du véhicule accidenté (CA Douai, 26 sept. 1986, RGAT 1987. 575), les frais d'obtention d'un nouveau certificat d'immatriculation (CA Nîmes, 2 juill. 1993, JA 1994, p. 236).

Chapitre 2
Procédure d'indemnisation du sinistre corporel

Section 1 Offre d'indemnité de l'assureur

Sous-section 1 Instruction préalable de l'offre

2759. La loi n° 2003-706 du 1er août 2003, transposant en droit interne la 4e directive automobile (Dir. 2000/26/CE, 16 mai 2000) a amélioré le régime de l'offre préalable d'indemnité que l'assureur de responsabilité est tenu de présenter à la victime d'un dommage corporel résultant d'un accident de la circulation (C. assur., art. L. 211-9). Cette procédure, dont l'objet participe de l'amélioration de la situation des victimes conformément au souhait du législateur de 1985, n'a pas été jugée contraire aux dispositions de l'article 6.1 de la Convention européenne de sauvegarde des droits de l'homme et des libertés fondamentales (Civ. 2e, 9 oct. 2003, JCP G 2003, IV, 2857). La plupart des accidents corporels de la circulation fait l'objet de la rédaction d'un rapport de police ou de gendarmerie qui servira de support à la formalisation de l'offre de l'assureur.

§ 1 Émetteur de l'offre

2760. L'assureur tenu de présenter une offre à la victime est l'assureur de responsabilité du véhicule impliqué dans l'accident : il s'agit plus précisément d'une « offre de transaction » (C. assur., art. L. 211-16). Et il convient de rappeler que tous les véhicules qui sont intervenus à quelque titre que ce soit dans l'accident sont considérés dorénavant comme impliqués au sens de la loi (Civ. 2e, 24 avr. 2003, Bull. civ. II, n° 104).

A Organismes émetteurs

2761. L'État et les collectivités publiques sont assimilés à un assureur (C. assur., art. L. 211-21). Si plusieurs assureurs sont impliqués dans l'accident, un seul assureur sera tenu de présenter l'offre, précisément « celui mandaté par les autres » (C. assur., art. L. 211-9 in fine). Les règles de désignation de l'assureur mandaté par les autres sont définies par une convention conclue entre assureurs et dénommée « convention IRCA » (convention d'indemnisation et de recours corporel automobile, art 2) : l'assureur logiquement désigné est celui qui assure le véhicule dont la responsabilité semble dominante. La jurisprudence confirme toutefois que cette convention n'est pas opposable à la victime qui demeure libre de s'adresser à tout assureur impliqué dans l'accident et non pas nécessairement à celui désigné au titre de la convention (Civ. 2e, 15 nov. 2001, Juris-Data n° 011832). Il convient également de relever que la procédure d'offre s'impose au représentant de l'assureur situé dans chaque État partie à l'accord sur l'Espace économique européen, en cas de sinistre causé par un véhicule immatriculé dans l'un de ces États (C. assur., art. L. 310-2-2).

2762. Afin de ne pas laisser la victime sans offre d'indemnité, le Code des assurances a prévu de contraindre l'assureur qui s'estime en droit d'invoquer une exception légale ou contractuelle de garantie à présenter une offre « pour le compte de qui il appartiendra », c'est-à-dire pour le compte de celui qui sera en définitive tenu d'assumer la charge du sinistre (C. assur., art. L. 211-20).

B ▪ Consistance de l'offre

2763. L'indemnité est déterminée par la loi en ces termes : « L'offre comprend alors tous les éléments indemnisables du préjudice, y compris les éléments relatifs aux dommages aux biens lorsqu'ils n'ont pas fait l'objet d'un règlement préalable » (C. assur., art. L. 211-9 al. 2). L'article R. 211-40 du Code des assurances en précise le détail : l'évaluation de chaque chef de préjudice, les créances de chaque tiers payeur et les sommes qui reviennent aux bénéficiaires. Le texte précise qu'elle doit être accompagnée de la copie des décomptes produits par les tiers payeurs.

§ 2 ▪ Bénéficiaire de l'offre

2764. Le bénéficiaire de l'offre est « la victime » sans autre précision (C. assur., art. L. 211-9 al. 1). L'assureur est donc tenu de présenter une offre à toutes les victimes directes de l'accident mais aussi aux victimes par ricochet, quel que soit le nombre de celles-ci. Il faut distinguer toutefois les victimes par ricochet, qui devront être indemnisées dans le délai de trois mois courant à compter de leur demande d'indemnisation pour leurs préjudices personnels, de la victime agissant en qualité d'héritier, pour l'indemnisation du préjudice de la victime directe, pour laquelle le délai de huit mois demeure toujours applicable à défaut de demande d'indemnisation. En effet, en cas de décès de la victime directe, l'assureur doit présenter dans un délai maximum de huit mois une offre aux héritiers de la victime et, s'il y a lieu, à son conjoint (C. assur., art. L. 211-9 al. 2).

§ 3 ▪ Information réciproque

2765. Une information réciproque est aménagée par la loi pour faciliter le processus d'indemnisation, qui suppose d'abord une initiative de l'assureur, lequel a l'obligation d'informer dès sa première correspondance la victime de l'étendue de ses droits (C. assur., art. L. 211-10). La victime sera alors tenue de répondre à l'assureur pour le mettre en mesure de présenter son offre (C. assur., art. R. 211-37).

A ▪ L'assureur informe la victime

2766. Il doit informer la victime qu'elle peut obtenir, sur simple demande, une copie du procès-verbal de l'enquête de police ou de gendarmerie et lui rappeler qu'elle peut se faire assister d'un avocat et d'un médecin en cas d'examen médical (C. assur., art. L. 211-10). L'assureur ne sera toutefois en mesure d'adresser une copie du procès-verbal de police à la victime que s'il l'a lui-même reçue de TRANS-PV, service dépendant de l'AGIRA (Association pour la gestion des informations sur le risque automobile) chargé de centraliser tous les procès-verbaux d'accidents de la circulation en provenance des services de police et de gendarmerie, pour les diffuser aux sociétés d'assurance concernées. L'assureur émetteur de l'offre ne recevra parfois la copie du procès-verbal que 6 mois après l'accident, délai souvent très variable selon la gravité de l'accident, le nombre de parties en cause et la surcharge éventuelle de travail des forces de l'ordre.

B ▪ La victime informe l'assureur

2767. La victime est tenue de fournir à l'assureur les renseignements listés par le Code des assurances (C. assur., art. R. 211-37) et notamment son adresse, son état civil, le montant de ses revenus, son activité professionnelle et l'adresse de son employeur, la nature de ses dommages, la liste des tiers payeurs appelés à verser les prestations, le lieu où les correspondances doivent être adressées. Ces renseignements doivent cependant être sollicités de la victime par la compagnie d'assurance, tenue de lui en faire la demande. A défaut, elle ne pourrait se dispenser de l'offre au motif que la victime ou ses ayants droit ne lui ont pas spontanément communiqué ces renseignements (CA Paris, 20 oct. 1999, Juris-Data nº 103904). Itérativement, l'assureur devra prouver l'envoi de sa demande de renseignements et sa réception par la victime (CA Paris, 9 sept. 1998, D. 1998, IR, 227). La victime est également tenue de se soumettre à un examen médical pendant lequel elle pourra être assistée d'un médecin de son choix (C. assur., art. R. 211-43). En cas de refus, l'assureur est autorisé à proroger d'un mois son offre à la victime (C. assur., art. R. 211-34).

Sous-section 2 ▪ Présentation de l'offre à la victime

2768. La compagnie d'assurance du responsable est tenue de par la loi (C. assur., art. L. 211-9) de présenter une offre à la victime en respectant divers délais, qui varient selon l'initiative de la victime. Toutefois, le Code des assurances ne décrit que les mentions que doit comporter l'offre de transaction (C. assur., art. L. 211-16) sans préciser la forme de sa transmission (C. assur., art. R. 211-40) : l'usage de la lettre recommandée avec accusé de réception a bien évidemment été adopté par la pratique mais il ne s'agit nullement d'une obligation réglementaire, une offre présentée par lettre simple satisfait vraisemblablement aux exigences du texte, muet sur le formalisme.

§ 1 ▪ La victime sollicite l'offre

A ▪ Délai de trois mois

2769. Dans le cas où la responsabilité de l'assuré n'est pas contestée et où le dommage est entièrement quantifié, l'assureur du responsable doit présenter une offre à la victime dans un délai de trois mois à compter non de l'accident mais de la demande d'indemnisation effectuée (C. assur., art. L. 211-9 al. 1). La jurisprudence s'achemine vers une conception assez souple de la notion de « demande d'indemnisation » qui peut ainsi se déduire de la demande de condamnation du prévenu par la victime devant le tribunal, l'assureur étant présent aux débats, en l'absence de demande formelle adressée à l'assureur par la victime

(Crim., 24 juin 2003,RCA 2003, comm. n° 264 et chron. 26, H. Groutel). Le dommage corporel de la victime sera-t-il considéré comme « entièrement quantifié » uniquement si la victime se trouve consolidée sur le plan médical ? La date de la consolidation étant définie au demeurant comme « le moment où les lésions se fixent et prennent un caractère permanent, tel qu'un traitement n'est plus nécessaire, si ce n'est pour éviter une aggravation, et qu'il est possible d'apprécier un certain degré d'incapacité permanente réalisant un préjudice définitif » (Y. Lambert-Faivre, Le droit du dommage corporel, Précis Dalloz n° 57). La jurisprudence tranchera cette difficulté issue de la loi n° 2003-706 du 1er août 2003 (C. assur., art. L. 211-9 al. 1), qui semble néanmoins implicitement opérer une distinction entre l'entier dommage de la victime, dont la possible quantification est soumise à l'obligation d'offrir, du simple « chef de préjudice », composante de l'entier dommage. Cette interprétation rejoint la logique du texte, la consolidation médicale de la victime étant conçue comme la pierre angulaire du passage de l'offre provisionnelle à l'offre définitive, l'assureur ayant au surplus la faculté de contester l'opinion de la victime relative à la quantification du dommage, par une réponse motivée (C. assur., art. L. 211-9).

B ▪ Évidence de la responsabilité

2770. Lorsque la responsabilité est rejetée ou n'est pas clairement établie ou lorsque le dommage n'est pas entièrement quantifié, l'assureur doit, dans le même délai de trois mois, donner une réponse motivée aux éléments invoqués dans la demande d'indemnisation (C. assur., art. L. 211-9 al. 1). L'assureur du responsable, tenu de présenter une offre à la victime, peut-il se dispenser de cette obligation s'il estime que la responsabilité de la victime est totale ? Cette hypothèse ne concerne presque exclusivement que les accidents impliquant une victime conducteur, la victime non conducteur bénéficiant d'un droit à indemnisation quasi systématique, sauf preuve à sa charge d'une faute inexcusable (voir, en ce sens Civ. 2e, 27 mai 1999, RGDA 1999. 634, note J. Landel). La Cour de cassation précise que l'assureur ne peut « se retrancher derrière son opinion subjective quant au droit à indemnisation de la victime » : il devra donc proposer une offre à la victime même s'il estime que le droit à indemnisation de celle-ci peut être considérablement réduit (Civ. 2e, 1er avr. 1999, JCP G 1999, IV, 1967). L'assureur ne peut donc préjuger d'une éventuelle décision judiciaire en refusant de faire une offre à la victime, il doit faire cette offre en « précisant les limitations ou exclusions d'indemnisation retenues » (C. assur., art. R. 211-40). Certains auteurs y ont vu l'obligation de proposer une « offre zéro » (H. Margeat, L'offre d'indemnité « zéro » jugée nécessaire, Gaz. Pal. 1988, n° spécial, p. 47). Il a été jugé que « la contestation par l'assureur du lien de causalité entre le préjudice de la victime et l'accident en cause ne le dispense pas de faire, dans le délai requis, l'offre imposée par l'article L 211-9 du Code des assurances » (Civ. 2e, 11 sept. 2008, n° 07-16.340, Resp. civ. et assur. 2008, comm. 324 obs Groutel). La contestation de la responsabilité par l'assureur ne le dispense pas de faire une offre (Civ. 2e, 25 oct. 2012, n° 11-22.686, Resp. civ. et assur. 2013, comm. 19 obs Groutel).

§ 2 ▪ La victime conserve le silence

A ▪ Principe

2771. L'assureur du véhicule terrestre à moteur dispose d'un délai de 8 mois, à compter de l'accident, pour faire l'offre d'indemnité à la victime qui a subi une atteinte à sa personne si celle-ci conserve le silence. L'assureur est tenu de présenter son offre à toutes les victimes directes de l'accident mais aussi aux victimes par ricochet, quel que soit le nombre de celles-ci. En cas de décès, l'assureur doit présenter une offre aux héritiers de la victime et, s'il y a lieu, à son conjoint (C. assur., art. L. 211-9 al. 2). Toutefois, si la victime vient à présenter une demande d'indemnisation à tout moment au cours de ce délai, l'assureur du responsable sera tenu de lui répondre sous trois mois car il faut alors appliquer « le délai le plus favorable à la victime » (C. assur., art. L. 211-9 al. 4).

B ▪ Indétermination des responsabilités

2772. L'assureur qui invoque une exception de garantie, légale ou contractuelle, reste tenu de satisfaire à l'obligation d'offre pour le compte de qui il appartiendra (C. assur., art. L. 211-20), cette obligation cesse toutefois lorsque le contrat est annulé par le juge (Civ. 1re, 3 janv. 1996, RCA 1996, comm. n° 133). La compagnie d'assurance ne peut également « se retrancher derrière son opinion subjective quant au droit à indemnisation de la victime » : elle devra donc proposer une offre même si elle estime que le droit à indemnisation peut être considérablement réduit (Civ. 2e, 1er avr. 1999, JCP G 1999, IV, 1967).

§ 3 ▪ Incidence de l'état de santé de la victime

A ▪ Offre provisionnelle

2773. L'offre peut avoir un caractère « provisionnel », c'est-à-dire incomplet, lorsque l'assureur n'a pas, dans les trois mois de l'accident, été informé de la consolidation de l'état de la victime. La consolidation est un concept juridique défini comme étant « le moment où les lésions se fixent et prennent un caractère permanent, tel qu'un traitement n'est plus nécessaire, si ce n'est pour éviter une aggravation, et qu'il est possible d'apprécier un certain degré d'incapacité permanente réalisant un préjudice définitif » (Y. Lambert-Faivre, Le droit du dommage corporel, n° 57). La fixation de la date de la consolidation appartient au seul médecin expert, le juriste n'a pas compétence pour l'arrêter. Si la victime sollicite une offre sans être consolidée, le Code des assurances ne fixe pas de délai de rigueur à l'assureur pour présenter une offre à caractère provisionnel, raison pour laquelle la victime peut être tentée de saisir le juge des référés pour obtenir une provision même si, dans l'immense majorité des cas, cette offre provisionnelle est présentée spontanément par les inspecteurs corporels désignés par les compagnies. Il ne semble pas également que le nouveau délai d'offre de trois mois issu de la loi n° 2003-706 du 1er août 2003 ait vocation à régir les offres provisionnelles car en cette matière le dommage n'est jamais, par nature, « entièrement quantifié », condition imposée par le texte pour l'application du délai de trois mois (C. assur., art. L. 211-9 al. 1). Ce que confirme la Cour de cassation dans un arrêt où elle juge qu'une cour d'appel a violé l'article L. 211-9 du Code des assurance, en condamnant l'assureur pour absence d'offre dans les délais impartis (parce qu'il n'avait pas fait d'offre à caractère provisionnel dans les trois mois de l'accident) tout en constatant qu'il avait fait une offre dans les cinq mois à compter de sa connaissance de la date de consolidation (Civ. 2e, 8 mars 2012, n° 11-11.095).

B ▪ Offre définitive

2774. L'offre définitive d'indemnisation est prorogée et doit être faite dans un délai de cinq mois suivant la date à laquelle l'assureur aura été informé de la consolidation (C. assur., art. L. 211-9, al. 3). Néanmoins, des différents délais prescrits, le « délai le plus favorable à la victime s'applique » (C. assur., art. L. 211-9, al. 4). Ainsi, si une victime présente une demande d'indemnisation le jour de sa consolidation, l'assureur sera tenu de présenter son offre, s'il en a connaissance le même jour, non dans le délai de cinq mois suivant la consolidation mais dans celui de trois mois, délai plus favorable à la victime. Toutefois, le médecin expert ayant seul compétence pour arrêter la date de la consolidation, c'est souvent la connaissance du rapport d'expertise médicale, qu'il soit judiciaire ou amiable, qui permettra à l'assureur d'être informé de la consolidation, en l'absence de demande de la victime. Aussi il a été jugé que ce n'est pas la date du rapport d'expertise fixant la consolidation qui fait courir le délai de 5 mois pour faire une offre définitive mais la date à compter de laquelle l'assureur a été informé de la consolidation (Civ. 2e, 21 févr. 2008, n° 07-11.438).

§ 4 ■ Calcul des délais d'offre

A ■ Computation ordinaire du délai

2775. Le Code des assurances énonce que « la computation des délais... est faite conformément aux articles 641 et 642 du Nouveau Code de Procédure Civile ». (C. assur., art. R. 211-36). Les délais de procédure se calculent différemment selon qu'ils sont fixés en heures, en jours, en mois ou en années. Or le Code des assurances fixe ici des délais d'offre exprimés en mois : ils seront donc calculés de quantième à quantième, sans tenir compte de la durée réelle de chaque mois. Ainsi, le délai d'un mois qui commence le 12 janvier prendra fin le 12 février (CA Orléans, 19 déc. 1967, RTD civ. 1968, p. 777, obs. P. Raynaud).

2776. Le délai court toujours à compter du jour de l'accident. Si la victime présente une demande écrite d'indemnisation, le point de départ du délai pour l'assureur sera constitué par le jour de la réception de la lettre, selon une jurisprudence constante (CA Toulouse, 8 juin 1995, Juris-Data n° 046083). S'agissant de l'information de la consolidation, le délai court du jour où l'assureur en aura eu connaissance par un moyen quelconque (CA Paris, 7 mars 1977, JCP G 1978, II, 18870, note Chartier). Pour les années bissextiles, le calcul s'effectuera sans tenir compte du fait que le mois de février ne comporte que vingt-huit jours (Soc., 19 juill. 1988, JCP G 1988, IV, 350). Et s'il n'existe pas de quantième identique, le délai expirera alors le dernier jour du mois, que celui-ci comporte 30 ou 31 jours (C. pr. civ., art. 641 al. 2). Il en est ainsi, par exemple, du délai de trois mois dont le point de départ est le 30 avril, qui expirera toujours le 31 juillet et non le 30 juillet. Tout délai expire le dernier jour à vingt-quatre heures et le délai qui expirerait normalement un samedi, un dimanche ou un jour férié ou chômé, est prorogé jusqu'au premier jour ouvrable suivant (C. pr. civ., art. 642).

B ■ Prolongation du délai

2777. Le délai imparti à l'assureur pour présenter une offre à la victime est prorogé d'un mois quand la victime demeure dans un département d'outre-mer ou à l'étranger (C. assur., art. R. 211-35). Cette prorogation d'un mois s'effectue également si la victime ne se soumet pas à l'examen médical initié par l'assureur (C. assur., art. R. 211-34). Le délai d'offre définitive d'indemnisation est aussi prorogé de cinq mois suivant la date à laquelle l'assureur aura été informé de la consolidation, en l'absence de demande d'indemnisation de la victime (C. assur., art. L. 211-9 al. 3).Si la victime décède plus d'un mois après le jour de l'accident, le délai est prorogé « du temps écoulé entre la date de l'accident et le jour du décès diminué d'un mois » (C. assur., art. R. 211-30). Par exemple, si l'accident de la circulation survient le 5 novembre 2003 et le décès de la victime le 8 février 2004, le délai sera prorogé de 3 mois et 3 jours, auquel il faudra déduire un mois : le délai sera alors prorogé en définitive de 2 mois et trois jours.

C ▪ Suspension du délai

2778. La victime est tenue réglementairement de renseigner l'assureur pour le mettre en mesure de présenter son offre (C. assur., art. R. 211-37). Si la victime ne répond pas dans un délai de six semaines à compter de la présentation de la première correspondance que lui adresse l'assureur, le délai de trois mois accordé à ce dernier pour présenter une offre à la victime qui en fait la demande, est suspendu jusqu'à réception des renseignements demandés (C. assur., art. R. 211-31). Toutefois, la réforme opérée par la loi n° 2003-706 du 1er août 2003 ayant eu pour effet de modifier la structure des alinéas de l'article L. 211-9 du Code des assurances, et en l'absence de modification corrélative de l'article R. 211-31, la question relative au maintien de l'application de cette suspension au délai de huit mois (C. assur., art. L. 211-9 al. 2) reste posée à ce jour. On peut considérer que l'absence de réponse de la victime a pour effet de suspendre également ce délai de huit mois car cette solution est conforme à l'esprit du pouvoir réglementaire : la réforme législative du 1er août 2003 n'aboutit à une difficulté d'interprétation sur ce point qu'en raison d'un pur problème d'adéquation de forme, et non de fond.

2779. L'assureur doit normalement être avisé de l'accident dans un délai d'un mois, cet avis étant souvent donné par la victime. (C. assur., art. R. 211-29). Les dispositions réglementaires susvisées s'appliquaient sans difficulté jusqu'à la loi n° 2003-706 du 1er août 2003 au délai de huit mois imposé par l'ancien alinéa 1er de l'article L. 211-9 du Code des assurances aux assureurs pour présenter à la victime une offre d'indemnisation. Depuis la loi du 1er août 2003, le seul délai imposé par l'alinéa 1er de l'article L. 211-9 aux assureurs est un délai de 3 mois à compter de la demande d'indemnisation de la victime, de sorte que la question du maintien de la suspension possible du délai de huit mois visé dorénavant au deuxième alinéa de l'article L. 211-9 demeure posée, même si elle résulte manifestement d'un pur problème de coordination entre pouvoir législatif et réglementaire. La logique supposerait néanmoins que l'on ne puisse faire courir ce délai de huit mois contre un assureur ne pouvant offrir une indemnisation à une victime dont il ignore même l'existence.

Sous-section 3 ▪ Sanction des dysfonctionnements

§ 1 ▪ Offre présentée hors délai

2780. Le non-respect des délais de 3,8 et 5 mois mentionnés à l'article L. 211-9 du Code des assurances applique de plein droit au montant de l'indemnité offerte par l'assureur ou allouée par le juge à la victime, à titre de sanction, des intérêts au double du taux de l'intérêt légal. Les intérêts courent à compter de l'expiration du délai d'offre et jusqu'au jour de la présentation de l'offre ou du jugement définitif, si le juge a été saisi (C. assur., art. L. 211-13). La violation de ces dispositions légales est sanctionnée par les juges, que l'offre soit provisionnelle ou définitive (Crim., 24 janv. 1996, RGDA 1996. 639, note J. Landel). Ceux-ci peuvent toutefois réduire la pénalité en présence de circonstances non imputables à l'assureur (C. assur., art. L. 211-13 ; Crim., 23 janv. 1992, JCP G 1992, IV, 1819). La charge de la preuve du respect des délais d'offre incombe à l'assureur selon la jurisprudence : « il appartient à l'assureur, tenu de faire une offre, d'établir qu'il a satisfait à cette obligation » (Civ. 2e, 24 févr. 2000, JCP G 2000, IV, 1631). Il s'agit ici de l'application des dispositions de l'article 1315 du Code civil aux termes desquelles celui qui se prétend libéré doit justifier le paiement ou le fait qui a produit l'extinction de son obligation.

A ▪ Durée de la pénalité

2781. Le Code des assurances précise que la sanction est susceptible d'être encourue à l'expiration du délai imparti à l'assureur pour présenter une offre (C. assur., art. L. 211-13). La jurisprudence a ainsi précisé que la pénalité pour absence d'offre court toujours à compter de l'expiration des délais indiqués, que l'indemnité soit offerte par l'assureur ou allouée par le juge (Crim., 10 janv. 2001, RGDA 2001. 334, note J. Landel). La sanction du doublement de l'intérêt légal s'applique jusqu'au jour de l'offre ou du jugement définitif (C. assur., art. L. 211-13), la survenance de l'un quelconque de ces deux évènements marquera l'arrêt du calcul de la majoration des intérêts (Civ. 2e, 14 déc. 2000, RCA 2001, comm. n° 113, note H. Groutel).

B ▪ Assiette de la pénalité

2782. L'assiette de la pénalité pour offre tardive est l'indemnité offerte par l'assureur et non pas celle offerte par le juge (Civ. 2e, 10 avr. 2008). Elle comprend la totalité de l'indemnité allouée à la victime à titre de dommages et intérêts (Civ. 2e, 19 févr. 2004, RCA 2004, comm. n° 135) : l'assiette de la pénalité ne peut être limitée au solde éventuel restant du après déduction des provisions éventuellement versées (Civ. 2e, 20 avr. 2000, Bull. civ. II, n° 60). Il s'agit de l'indemnité calculée avant imputation de la créance des organismes sociaux, solution plus favorable aux victimes (Civ. 2e, 13 mars 2003, RCA 2003, comm. n° 175 ; Civ. 2e, 5 oct. 2006, n° 05-18.786). En outre, si l'indemnité a été accordée sous forme de rente, l'assiette du calcul est constituée de la rente elle-même et non du capital représentatif de celle-ci (Civ. 2e, 28 janv. 1999, JCP G 1999, IV, 1503 ; Civ. 2e, 7 févr. 2008, n° 07-10.297).

§ 2 ▪ Offre manifestement insuffisante

A ▪ Principe

2783. L'offre doit avoir un caractère suffisant, qu'elle soit provisionnelle ou définitive, à défaut de quoi l'assureur encourt une pénalité financière (C. assur., art. L. 211-14). Le juge apprécie souverainement si une offre est manifestement insuffisante, souvent au regard de la jurisprudence régionale pour des victimes aux préjudices de même ampleur. Deux sanctions possibles sont proposées au juge par le texte susvisé, qui peuvent le cas échéant se cumuler : la condamnation de l'assureur à verser au Fonds de garantie des assurances obligatoires de dommages une pénalité financière égale à 15 % maximum de la somme allouée à la victime, outre le versement possible de dommages et intérêts à celle-ci, s'ils sont réclamés et fondés (Civ. 2e, 5 avr. 2007, n° 06-12.952, RGDA 2007-628). Face au silence du juge sur le taux appliqué de pénalité prononcée en vertu de l'article L. 211-14 du Code des assurances, il faudra considérer que celui-ci est nécessairement évalué à 15 %, c'est-à-dire le maximum légal (Crim., 24 juin 2003, RCA 2003, comm. n° 264 et chron. 26, H. Groutel)

B ▪ Cumul des sanctions légales

2784. La jurisprudence assimile une offre manifestement insuffisante à une absence d'offre (Civ. 2e, 4 mai 2000, D. 2000, IR, 173 et dernièrement Civ. 2e, 9 déc. 2010, n° 09-72.393, A. Velle, Sanctions des offres transactionnelles manifestement insuffisantes ou tardives, JA n° 828, avr. 2011, p. 36) : il en résulte alors une double sanction pour l'assureur qui sera condamné à verser tant une indemnité majorée (C. assur., art. L. 211-13) qu'une pénalité financière (C. assur., art. L. 211-14). Cette règle est à double sens, c'est-à-dire qu'une absence totale d'offre constitue aussi de fait une offre insuffisante, entraînant un cumul de sanctions (Civ. 2e, 18 mars 1999, RCA 1999, comm. n° 175). En conséquence, l'offre insuffisante présentée dans les délais légaux reçoit le même sort que l'offre tardive : mieux vaut ne rien offrir qu'offrir à moitié en quelque sorte. Par contre, dans l'hypothèse où une seconde expertise ordonnée par le juge a conclu à la persistance des troubles et a fixé une seconde date de consolidation, l'assureur ayant indemnisé en se fondant sur le premier rapport d'expertise ne peut se voir appliquer les sanctions prévues en cas d'offre manifestement insuffisante (Civ. 2e, 17 mars 2011, n° 10-16.103).

2785. L'appréciation erronée de l'assureur sur la parfaite quantification d'un dommage, suivie d'une réponse motivée adressée à la victime, formulée au surplus dans le délai légal, constitue-t-elle une absence d'offre ? L'article L. 211-9 du Code des assurances requiert simplement une réponse motivée de l'assureur dans le délai de trois mois, qui n'exclut pas un contrôle du juge sur la bonne foi de la motivation de la réponse effectuée. La jurisprudence semble néanmoins faire peser sur l'assureur le risque d'une interprétation erronée : « l'assureur ne peut se retrancher derrière son opinion subjective quant au droit à indemnisation de la victime » (Civ. 2e, 1er avr. 1999, RCA 1999, chron. 15, H. Groutel).

Section 2 ▪ Acceptation de l'offre : la transaction

Sous-section 1 ▪ Conclusion de la transaction

§ 1 ▪ Règles de validité

2786. La loi du 5 juillet 1985 incite les acteurs de l'indemnisation à conclure entre eux une transaction qui demeure toujours une faculté pour la victime quand bien même la présentation de l'offre constitue une obligation pour l'assureur. Si la victime accepte la transaction, et pour ce faire elle n'est soumise à aucun délai, l'acte devra contenir obligatoirement une clause reproduite en caractères très apparents, c'est-à-dire en caractères gras, informant la victime de son droit de dénoncer la transaction dans les 15 jours de sa conclusion (C. assur., art. L. 211-16). On relèvera que la transaction conclue en matière d'accident de la circulation est dérogatoire au droit commun. Celle-ci ne peut être remise en cause à raison de l'absence de concessions réciproques : la transaction se forme lors de l'acceptation par la victime de l'offre de l'assureur (Civ. 2e, 16 nov. 2006, n° 05-18.631,JCP 2006. II. 10032, obs. L. Mayaux).

2787. Si la victime est un mineur ou un majeur en tutelle, le projet de transaction devra être soumis au préalable pour approbation au juge des tutelles ou au conseil de famille (C. assur., art. L. 211-15). Cette communication est obligatoire non seulement pour le cas d'une transaction amiable, mais également si le dit accord est intervenu entre les parties dans le cadre d'une procédure judiciaire (Civ, 1re, 20 janv. 2010, n° 08-19.627). Si la transaction est conclue à l'insu d'un responsable, en présence des seuls assureur d'un coresponsable et victime, celle-ci n'en demeure pas moins opposable au responsable selon la jurisprudence : « l'assureur étant subrogé dans les droits de son assuré, lui-même subrogé dans ceux de la victime, la transaction conclue par celle-ci avec l'assureur du conducteur d'un véhicule impliqué est opposable à l'auteur du dommage » (Civ. 2e, 1er avr. 1999, JCP G 1999, IV, 1966).

§ 2 ■ Remise en cause de la transaction

A ■ Faculté de dénonciation

2788. A compter de la signature de la transaction, la victime peut dénoncer celle-ci par lettre recommandée avec accusé de réception dans un délai de 15 jours (C. assur., art. L. 211-16). Il faut simplement que la lettre soit expédiée dans le délai de 15 jours et non reçue dans ce délai. Cette faculté perdure sans limitation de temps si la transaction n'obéit pas au formalisme imposé par le texte susvisé, la demande judiciaire d'indemnisation de la victime sera alors recevable même si elle n'a pas dénoncé la transaction (CA Montpellier, 15 déc. 1998, Juris-Data n° 110567).En tout état de cause, ce droit de dénonciation ne se transmet pas aux héritiers (Civ. 2e, 29 avr. 1997, n° 95-16.177).

B ■ Annulation de la transaction

2789. Le Code des assurances sanctionne les transactions conclues au mépris du devoir d'information de la victime par l'assureur. Ce sera le cas du non respect de la procédure de prise de contact de la victime, qui impose à l'assureur la fourniture de divers renseignements lors de la première correspondance adressée aux victimes, ce manquement étant sanctionné par la nullité relative de la transaction (C. assur., art. L. 211-10). La carence dans le respect du formalisme entraîne également la nullité relative de la transaction (C. assur., art. L. 211-16 al. 3). Le droit commun de la nullité résultant du Code civil demeure cependant applicable. Il en est ainsi par exemple de la nullité pour erreur sur l'objet de la transaction concernant un accident ayant fait ressortir des lésions qui se sont révélées en réalité plus graves après la signature de la transaction (en l'espèce une épilepsie consécutive à l'accident, dont le diagnostic définitif n'avait été effectué qu'après la transaction ; Civ. 2e, 10 janv. 1990, JCP G 1990, IV, 95).

Sous-section 2 ■ Exécution de la transaction

§ 1 ■ Délai de paiement

2790. La victime doit recevoir l'indemnité dans le mois qui suit l'expiration du délai de 15 jours qui lui est accordé pour dénoncer le cas échéant la transaction, ce qui diffère l'obligation à paiement de l'assureur d'un mois et demi à compter de la signature de l'acte (C. assur., art. L. 211-17). Afin de sanctionner le retard éventuel de l'assureur, le texte susvisé énonce que la somme portera intérêt au taux légal majoré passé ce délai.

§ 2 ■ Aggravation du dommage

2791. Le Code des assurances a réservé l'hypothèse de l'aggravation éventuelle du dommage de la victime : celle-ci peut demander dans un délai de 10 ans la réparation de l'aggravation de son dommage auprès de l'assureur qui lui a versé l'indemnité (C. assur., art. L. 211-19). L'aggravation est considérée comme un dommage nouveau et donnera lieu à une nouvelle expertise médicale majorant le taux de déficit fonctionnel global de la victime, si elle est avérée : une nouvelle procédure d'offre s'enclenche alors, concrétisée par une nouvelle transaction.

Section 3 ■ Saisine concomitante des juridictions

Sous-section 1 ■ La victime a saisi une juridiction

§ 1 ■ Maintien de la procédure d'offre

2792. L'assureur peut-il considérer que la saisine d'une juridiction civile par la victime, en général celle des référés, le dispense de facto de respecter la procédure d'offre imposée par le Code des assurances (C. assur., art. L. 211-9) ? La jurisprudence répond que l'introduction d'une procédure à l'initiative de la victime ne dispense pas l'assureur de faire, dans le délai requis, l'offre imposée par la loi (Civ. 1re, 20 janv. 1993, RGAT 1993. 298, note Landel ; CA Paris, 12 juin 1996, Gaz. Pal. 1997, 1, somm., p. 29).

§ 2 ■ Formalisation de l'offre

A ■ Règles de forme

2793. L'assureur représenté au tribunal par un mandataire effectuera souvent son offre par voie de conclusions écrites ou orales : la jurisprudence accepte que l'offre soit émise par cette voie, notamment dans le cadre d'une instance en référé engagée par la victime (Crim., 23 févr. 1999, RGDA 1999. 364, note J. Landel). Toutefois, c'est à l'assureur d'établir qu'il a satisfait à son obligation (Civ. 2e, 24 févr. 2000, Juris-Data n° 000595), notamment dans les délais requis. Cette preuve ne pose aucune difficulté sur le délai pour toutes les procédures judiciaires à représentation obligatoire, la signification des conclusions étant authentifiée par ministère d'huissier audiencier, mais peu s'avérer délicate pour toutes les procédures orales (juridictions pénales, référés), dispensées par nature de signification préalable des conclusions, si le délai d'offre expire avant l'audience.

B ■ Application des sanctions

2794. Les sanctions pour offre tardive ou offre manifestement insuffisante demeurent applicables même si une juridiction est saisie. Si la victime présente ainsi une demande d'indemnisation par voie de conclusions visées à l'audience du tribunal correctionnel, l'assureur présent aux débats est tenu, en cas de renvoi d'audience, de respecter les délais légaux pour présenter une offre (Crim., 24 juin 2003, JCP G 2003, IV, 2491). De même, la Cour de cassation a jugé que l'assureur ne satisfait pas à l'obligation légale en subordonnant son offre d'indemnité à la reconnaissance, par décision de justice, de la responsabilité de son assuré (Civ. 2e, 23 sept. 1999, Bull. civ. II, n° 138).

2795. L'indemnité fixée par voie judiciaire, si la décision rendue est assortie de l'exécution provisoire, emporte application d'un taux d'intérêt légal majoré de 50 % à l'expiration d'un délai de deux mois, doublé à l'expiration d'un délai de quatre mois à compter du jour de la décision de justice, lorsque celle-ci est contradictoire et, dans les autres cas, du jour de la notification de la décision (C. assur., art. L 211-18). Les articles L. 211-9 et L. 211-13 du Code des assurances ne dérogeant pas aux dispositions de l'article 1154 du Code civil, l'anatocisme est applicable (Crim., 2 mai 2012, n° 11-85.416).

Sous-section 2 ▪ Présence de l'assureur au procès pénal

2796. La loi n° 83-608 du 8 juillet 1983 a introduit dans le Code de procédure pénale les articles 385-1, 388-1, 388-2, et 388-3, et a modifié les articles 509 et 515 afin de permettre aux assureurs, sous certaines conditions, d'intervenir au cours d'un procès pénal. La loi de 1983 est entrée en vigueur le 1er septembre 1983 (L. 8 juill. 1983, art.. 23) avec application immédiate aux instances en cours.

§ 1 ▪ Périmètre de l'intervention

A ▪ Infractions concernées

2797. Le code de procédure pénale ne vise que « l'infraction d'homicide ou de blessures involontaires » (C. pr. pén., art. 388-1 al. 1) à l'exception de toute autre. Cette lecture restrictive ressort notamment de la circulaire d'application du 25 juillet 1983 (BO min. just. 1983, n° 11, p. 111). Sont donc concernés les articles 221-6, 222-19 et suivants, R. 622-1 et 625-2 et suivants, du Code pénal. La chambre criminelle de la Cour de cassation refuse ainsi de déclarer recevable l'intervention volontaire ou forcée d'un assureur au sein d'un procès engagé sous une autre qualification pénale que celle visée à l'article 388-1 alinéa 1 du code pénal (Crim., 8 avr. 1986, RGAT 1987. 141 ; Crim., 7 sept. 2004, Juris-Data n° 2004-025110).

2798. Les juges du fond suivent habituellement cette voie tracée par la Cour de cassation, qu'il s'agisse du vol (CA Rennes, 5 juill. 1984, RGAT 1985. 290), du délit de fuite ou de défaut de maîtrise d'un véhicule (CA Aix-en-Provence, 25 juin 1993, Juris-Data n° 045107), de coups et blessures volontaires avec dégradation volontaire d'objets mobiliers appartenant à l'assuré (CA Paris, 8 févr. 1996, Juris-Data n° 021074) ou d'une infraction de pollution des cours d'eaux (CA Agen, 18 oct. 2001, Juris-Data n° 2001-187206).

B ▪ Assurances concernées

2799. Les assurances concernées sont toutes celles pour lesquelles un « dommage quelconque » peut « être garanti par un assureur » (C. pr. pén., art. 388-1 al. 1). On admet généralement que seules les assurances à caractère indemnitaire sont concernées par cette lecture du code de procédure pénale car sont intéressés le prévenu, le civilement responsable et leurs assureurs ainsi que l'assureur de la victime de l'infraction. L'intervention de l'assureur d'un conducteur d'un véhicule impliqué dans l'accident mais non pénalement poursuivi, doit ainsi d'office être déclarée irrecevable par application de l'article 388-1, dont les dispositions sont d'ordre public (Crim., 12 déc. 1991, D. 1992, IR, 81). En revanche, l'assureur de dommages de la victime, lorsqu'il bénéficie d'un recours subrogatoire, est admis à intervenir (Crim., 26 mai 1988, RGAT 1989. 334, note H. Margeat et J. Landel).

§ 2 ▪ Mise en œuvre de l'intervention

A ▪ Juridiction pénale, siège de l'intervention

2800. L'intervention volontaire ou forcée de l'assureur est recevable devant le tribunal correctionnel ainsi que devant la chambre des appels correctionnels, devant laquelle il peut intervenir même pour la première fois (C. pr. pén., art. 388-1 al 2). L'intervention est également possible devant le tribunal de police (C. pr. pén., art. 533) et les juridictions pour mineurs (L. n° 83-608, 8 juill. 1983, art. 21). En ce qui concerne la cour d'assises, l'intervention de l'assureur est recevable lorsque la cour requalifie un homicide ou des violences volontaires en homicide ou violences involontaires et qu'elle statue sur les intérêts civils (Crim., 30 mai 1985, Rev. Sc. crim. 1986, p. 131, obs. Braunschweig).

2801. Le législateur a voulu exclure l'intervention des assureurs devant le juge d'instruction en insérant la loi de 1983 dans le titre deuxième du Code de procédure pénale, consacré aux juridictions de jugement. L'intervention volontaire ou forcée d'un assureur devant le juge d'instruction au premier degré ou devant la chambre de l'instruction au second degré n'est donc pas recevable.

B ▪ Exercice nécessaire de l'action en réparation

2802. L'intervention de l'assureur n'est recevable qu'à la condition que la victime elle-même exerce l'action en réparation qui lui appartient en vertu de l'article 2 du Code de procédure pénale. À défaut, l'intervention volontaire ou forcée de cet assureur est sans objet et la décision rendue ne peut être opposable à la victime (Crim., 12 oct. 1994, RGAT 1995. 984, note J. Beauchard). Il faut aussi que la juridiction elle-même soit compétente pour connaître de l'action civile : une cour d'appel ne peut ainsi se prononcer sur la garantie de l'assureur, dès lors qu'elle était incompétente pour statuer sur l'action en réparation, par la victime salariée, du dommage résultant d'un accident du travail (Crim., 5 févr. 2002, RCA 2002, comm. n° 186).

2803. La Cour de cassation a consacré une dissociation entre le droit d'agir et celui d'être indemnisé en reconnaissant une double nature à l'action civile, qui n'est pas seulement une action en réparation. En effet, « l'intervention d'une partie civile peut n'être motivée que par le souci de corroborer l'action publique et d'obtenir que soit établie la culpabilité du prévenu » (Crim., 15 mars 1977, JCP G 1979, II, 19148, note Bonjean). Cette jurisprudence est depuis lors constante : le fait que le préjudice ait été éventuellement réparé intégralement ne fait pas obstacle à la recevabilité de la constitution de partie civile car celle-ci peut n'être motivée que par la volonté de corroborer l'action publique. (Crim., 30 oct. 2001, Juris-Data n° 012254 et Crim., 22 oct. 1996, Juris-Data n° 004850). Il est donc possible de considérer que l'intervention de l'assureur est recevable même si la victime ne réclame pas des dommages et intérêts devant la juridiction pénale. La Chambre criminelle considère que l'article 418 alinéa 3 du Code de procédure pénale, relatif à la demande de dommages et intérêts venant à l'appui d'une constitution de partie civile, « prévoit une simple faculté dont la partie civile est libre de ne pas user » (Crim., 10 oct. 1968, Bull. crim., n° 248).

C ▪ Formalisation de l'intervention

2804. La mise en cause de l'assureur est faite par « toute partie qui y a intérêt » (C. proc. pén., art. 388-2). Le rapport du projet de loi devant l'Assemblée nationale (JOAN CR 5 mai 1983, p. 899) et la circulaire n° 83-21 du 25 juill. 1983 (BO min. just. 1983, p. 111) ont précisé la liste des parties intéressées : le prévenu, les co-auteurs et complices comparant devant la même juridiction, le civilement responsable, la partie civile ainsi que l'assureur de la victime. Le régime de l'intervention est dual : l'assureur peut être admis à intervenir au titre d'une intervention volontaire ou il peut être mis en cause devant la juridiction répressive au titre d'une intervention forcée (C. proc. pén., art. 388-1) « à l'initiative de toute partie qui y a intérêt » (C. proc. pén., art. 388-2).

2805. Si l'assureur souhaite intervenir volontairement, il peut le faire le jour de l'audience pénale et n'a donc pas de délai particulier à respecter. En revanche, en matière d'intervention forcée, la personne qui a intérêt à mettre en cause l'assureur doit respecter un délai de 10 jours (C. proc. pén., art. 388-2). On peut supposer que ce délai est un délai franc, c'est-à-dire que la partie concernée doit faire la mise en cause 10 jours au moins avant l'audience : 10 jours révolus doivent s'écouler entre la notification faite au domicile de l'assureur et le jour de l'audience. La jurisprudence précise simplement que l'intervention n'est recevable que si l'assureur « a été mis en cause dans les formes et délais prévus par l'article 388-2 du Code de procédure pénale » (Crim., 10 nov. 1987, Bull. crim., n° 395 ; Crim., 29 févr. 2000, Bull. crim., n° 87). La mise en cause s'effectuera, selon l'article 388-2, par un acte d'huissier ou une lettre recommandée avec accusé de réception, au choix de la partie. L'acte d'huissier ou la lettre recommandée doivent mentionner « la nature des poursuites engagées, l'identité du prévenu, de la partie civile et, le cas échéant de la personne civilement responsable, le numéro des polices d'assurance, le montant de la demande en réparation ou, à défaut la nature et l'étendue du dommage, ainsi que le tribunal saisi, le lieu, la date et l'heure de l'audience ».

2806. Aucun texte du Code de procédure pénale n'impose la mise en cause concomitante du souscripteur du contrat d'assurance devant la juridiction pénale. Toutefois, afin de respecter le caractère contradictoire des débats, la jurisprudence a progressivement imposé la mise en cause du souscripteur, notamment par deux arrêts rendus par la Chambre criminelle de la Cour de cassation le 14 décembre 1989, ayant opéré un revirement de jurisprudence (Crim., 14 déc. 1989, RGAT 1990. 98, note H. Margeat et J. Landel). La partie tenue de procéder à la mise en cause du souscripteur est l'assureur qui soulève devant la juridiction répressive une exception de nullité ou de non garantie (Crim., 26 avr. 1990, RGAT 1990. 566, note H. Margeat et J. Landel). Le souscripteur régulièrement cité acquiert alors au procès pénal la qualité de partie à part entière mais une citation à comparaître en qualité de témoin a été jugée insuffisante (Crim., 2 juill. 1996, Dr. Pén. 1996, comm. n° 277, note A. Maron).

§ 3 ▪ Effets de l'intervention de l'assureur

A ▪ À l'égard de l'assureur

2807. La juridiction pénale peut mettre hors de cause l'assureur intervenu volontairement ou mis en cause devant elle si elle reconnaît le bien-fondé de son exception. Cette exception doit toujours être « de nature à exonérer totalement l'assureur de son obligation de garantie à l'égard des tiers » (C. pr. pén., art. 385-1). Il s'agit selon ce texte d'une exception fondée sur une « cause de nullité » ou sur « une clause du contrat d'assurance ». Il s'agira donc la plupart du temps d'une exception de nullité pour fausse déclaration intentionnelle sur le fondement de l'article L. 113-8 du Code des assurances ou d'une suspension de garantie, notamment en raison du non-paiement des primes. Toutes les exceptions de nature à entraîner une garantie partielle de l'assureur sont au contraire irrecevables (Crim., 9 avr. 1992, RGAT 1993, 354).

2808. L'exception de garantie doit être présentée par l'assureur « avant toute défense au fond » (C. proc. pén., art. 385-1) c'est-à-dire avant l'interrogatoire du prévenu sur les faits (Crim., 29 mars 1995, Bull. crim., n° 137). Ce texte institue une forclusion : l'assureur perd le droit de se prévaloir de son exception si elle n'est pas invoquée avant toute défense au fond. Cependant, l'assureur qui n'a pas comparu devant le tribunal correctionnel peut encore invoquer en appel l'exception de garantie fondée sur une nullité du contrat (Crim., 16 janv. 2007, n° 06-80.185).

2809. L'intervention volontaire ou forcée de l'assureur à l'audience pénale n'a pour objet que de lui rendre « opposable » la décision rendue sur les intérêts civils (Crim., 5 févr. 2002, Dr. Pén. 2002, comm. n° 78 ; Crim., 5 oct. 1994, Bull. crim., n° 316), selon les termes mêmes de l'article 388-3 du code de procédure pénale. En conséquence, l'assureur régulièrement mis en cause et qui n'intervient pas au procès pénal « est réputé renoncer à toute exception » (C. pr. pén., art. 385-1 al 2). Cette opposabilité s'opère même à l'égard de l'assureur qui est intervenu pour la première fois en cause d'appel et s'est contradictoirement expliqué sur l'indemnisation (Crim., 6 nov. 2001, RCA 2002, comm. n° 86).

2810. L'intervention volontaire ou forcée de l'assureur ne peut pas permettre la condamnation de celui-ci : cette impossibilité totale de condamnation fait perdre à la mise en cause, pour les victimes, beaucoup de son attrait. La jurisprudence confirme régulièrement que le juge pénal ne peut pas, sans excéder ses pouvoirs, prononcer une condamnation à l'encontre de l'assureur, qu'il s'agisse d'une condamnation de l'assureur à payer au Fonds de garantie une majoration de l'indemnité allouée à la victime (Crim., 3 avr. 2001, RCA 2001, comm. n° 243, note H. Groutel) ou des dommages et intérêts aux partie civiles (Crim., 12 févr. 1997, Gaz. Pal. 1997 n° 169-170, chron. p. 129 ; Crim., 23 sept. 1998, RGDA 1999. 238, note Beauchard). L'assureur ne peut pas non plus encourir une condamnation au titre de l'article 475-1 du Code de procédure pénale, relatif à l'indemnité correspondant aux frais non payés par l'État et exposés par la partie civile (Crim., 11 janv. 1995, Bull. crim., n° 16).

B ▪ À l'égard de la partie civile

2811. Si l'intervention de l'assureur ne peut pas conduire à une condamnation prononcée à son encontre, une partie civile ne peut pas non plus être condamnée à verser à l'assureur mis en cause une indemnité en application de l'article 475-1 du Code de procédure pénale (Crim., 27 nov. 1990, Bull. crim., n° 405).

2812. Les accidents de la circulation donnent lieu fréquemment à une intervention de l'assureur de responsabilité du prévenu, ou de la personne civilement responsable, devant la juridiction répressive. De tels accidents reçoivent en effet souvent une qualification pénale au titre d'une infraction involontaire, dès lors qu'il y a dommage corporel. Le Code des assurances oblige l'assureur automobile du responsable à effectuer une offre de transaction à la victime « pour le compte de qui il appartiendra », c'est-à-dire pour le compte du Fonds de garantie, même s'il s'estime en mesure d'invoquer une exception de garantie légale ou contractuelle (C. assur, art. L. 211-20). Depuis 1992, la Cour de cassation admet la condamnation de l'assureur de responsabilité mis en cause devant la juridiction pénale, pour le compte de qui il appartiendra (Crim., 7 oct. 1992, RCA 1993, comm. n° 102 et Chron. n° 8 préc.). L'assureur verse ainsi une indemnité, souvent provisionnelle, à la victime ou même aux victimes par ricochet, pour le compte du Fonds de garantie, que son exception soit reçue ou non par le juge pénal.

Titre 5 ■ Le fonds de garantie

Par François Couilbault

BIBLIOGRAPHIE

L'Argus de l'assurance

Ouvrages. – F. Couilbault, S. Couilbault-Di Tommaso, V. Huberty, Les grands principes de l'assurance, L'Argus, juin 2013. – L. Ray, L'assurance des flottes automobiles, L'Argus éd., 2008. - J. Landel, L. Namin, Manuel de l'assurance automobile, L'Argus éd., 2008. – J. Bigot (sous dir.), Code des assurances, L'Argus éd. – Code de la route commenté 2015- L'Argus éd.

Articles. – C. Pastor, Circulez, le Fonds de garantie veille !, JA janv. 2012, n° 836. - Fonds de garantie : un recours en indemnisation sous conditions (dossier), JA déc. 09, p. 18. - G. Defrance et J.-P. Pié, Loi sur la sécurité financière, ce qu'il faut retenir, L'Argus 18 juill. 2003. – A. Farshian, Fonds de garantie, une sécurité faisant appel à la solidarité, L'Argus, 16 juin 2000. – Y. Mezou, Le fonds de garantie veut dépoussiérer son image, L'Argus 21 avr. 2000.

Autres documentations

Ouvrages. – S. Abravanel-Jolly, Fonds de garantie, Répertoire civil Dalloz, sept. 2002. – Ph. Casson, Les fonds de garantie, LGDJ, 1999, coll. « droit des affaires ». - A. Favre Rochex et G. Courtieu, Fonds d'indemnisation et de garantie, LGDJ, coll. « droit des affaires ». – Y. Lambert-Faivre, L. Leveneur, Droit des assurances, Précis Dalloz, 12e éd. – Ph. Le Tourneau et L. Cadiet, Droit de la responsabilité et des contrats, Dalloz Action 2002-2004.

Articles. – S. Abravanel-Jolly, Le fonds de garantie des accidents de circulation et de chasse rebaptisé fonds de garantie des assurances obligatoires de dommages, RCA 2004, p. 4. – A. Bourdelat, Les nouvelles missions du fonds de garantie automobile, Trib. ass. n° 75, janv. 2004, p. 25. – F. Chapuisat et F. Chaumet, Le juge, l'assureur de responsabilité civile et les fonds d'indemnisation, RGAT 1992. 787. – H. Groutel, Quelle prise en charge ?, RCA, hors série juin 2001, p. 66. ; Irrecevabilité de l'appel du Fonds en l'absence d'appel du prévenu, RCA 1989, chron. 31 ; La spécificité du paiement pour le compte de qui il appartiendra, dans la législation sur le Fonds de garantie automobile, RCA 92-15. – J. Landel, Sécurité financière, le projet de Fonds dommages, Trib. ass. mars 2003-1. – V. Mikalef-Toudic, Réflexions critiques sur les systèmes spéciaux de responsabilité et d'indemnisation, RGDA 2001, n° 2.

Divers. – S. Levindrey, L'indemnisation des victimes par les fonds de garantie, mémoire de DESS Assurances, Paris II Panthéon-Assas, juin 2004.

Chapitre 1
L'origine du Fonds de garantie

Section 1 ▪ L'insuffisance de l'assurance automobile

2813. Malgré les efforts du législateur et de la jurisprudence pour améliorer toujours davantage le sort de la victime, il reste des cas dans lesquels son indemnisation par le responsable du préjudice s'avère impossible. Ainsi en est-il lorsque la victime ne parvient pas à identifier l'auteur de son dommage, ou encore lorsque celui-ci, bien qu'identifié, ne soit pas en mesure d'assumer quelque réparation que ce soit, étant insolvable, et notamment dans l'hypothèse où le responsable n'aurait pas pris le soin de contracter une assurance automobile.

2814. Par ailleurs, l'assurance automobile a été rendue obligatoire par la loi n° 58-208 du 27 février 1958 alors que le nombre de véhicules en circulation n'a cessé de croître après la seconde guerre mondiale. Pour cette raison, dès 1951, un Fonds de garantie automobile a été mis en place (loi n° 51-1508 du 31 décembre 1951 et décret n° 52-763 du 30 juin 1952).

Section 2 ▪ Le rôle du Fonds de garantie pour les accidents causés par un véhicule terrestre à moteur

2815. Le Fonds de garantie automobile a été créé en 1951, bien avant la loi sur l'assurance automobile obligatoire qui date de 1958. Il trouve son origine et son développement dans l'essor constant de la circulation automobile et l'augmentation des accidents qui en résultaient. Il avait pour objet l'indemnisation des victimes d'accidents corporels de la circulation, causés par des véhicules terrestres à moteur, dont l'auteur est inconnu, n'est pas assuré, ou est assuré par une compagnie défaillante. Cette hypothèse pourrait se rencontrer quand le responsable est assuré auprès d'une société d'assurance de responsabilité civile automobile en liquidation judiciaire, après le retrait de son agrément administratif.

2816. Cette création originale a rapidement fait ses preuves, de sorte que le législateur est, par la suite, intervenu à plusieurs reprises pour étendre le champ d'intervention du Fonds de garantie. Sa mission s'est ainsi étendue aux accidents matériels automobile (L. n° 66-882, 30 nov. 1966), puis aux accidents de chasse, ainsi qu'à ceux de la circulation sur le sol ne mettant pas en cause des véhicules terrestres à moteur (L. n° 77-574, 6 juin 1977 et son décret d'application du 14 janv. 1981). Ainsi les victimes d'un accident de ski, de patins à roulettes, de bicyclette dont l'auteur n'est pas assuré, peuvent présenter une demande d'indemnisation au Fonds pour obtenir la réparation de leur préjudice. Il en va de même des victimes de morsures d'animaux dont les propriétaires ne sont pas assurés. Le Fonds de garantie intervient également pour des dommages causés à l'étranger par des véhicules immatriculés en France et non assurés.

2817. Enfin, la loi de sécurité financière n° 2003-706 du 1er août 2003 (JO 2 août), a institué le Fonds de garantie des assurances obligatoires de dommages. Pour l'essentiel, les attributions du Fonds de garantie automobile ont été transférées au Fonds de garantie des assurances obligatoires de dommages. Depuis cette loi, le Fonds de garantie est également chargé de l'indemnisation des victimes d'accidents causés par des animaux sans maître, tels les sangliers ou cerfs des forêts.

Section 3 . Les Fonds de garantie automobile dans l'Union européenne

2818. Un Fonds de garantie automobile a été rendu obligatoire par la directive européenne n° 72-16626. Les nouveaux pays membres de l'Union Européenne, depuis le 1er mai 2004, ont du préalablement à leur entrée dans l'Union européenne, instaurer chacun à leur niveau national un Fonds de garantie automobile. Il en sera de même des futurs États adhérents.

2819. En terme d'effectifs, le Fonds de garantie français est le plus important, non pas que les dommages à sa charge soient plus nombreux, mais parce que le Fonds français gère lui même ses dossiers, depuis leur ouverture jusqu'à l'indemnisation de la victime. Les autres pays de l'Union n'ont pas choisi ce système, et préfèrent laisser aux assureurs la charge de gérer les dossiers, pour le compte des fonds de garantie.

Chapitre 2
Dommages ouvrant droit à réparation

Section 1 . Lieu de l'accident

2820. La loi du 31 décembre 1951 prévoyait que seuls les accidents survenus sur le territoire métropolitain seraient concernés par la garantie du Fonds. Depuis, la compétence territoriale du Fonds s'est accrue.

2821. L'article L. 421-11 du Code des assurances dispose en effet que « le Fonds de garantie est chargé de l'indemnisation des victimes d'accidents causés par les véhicules dont la circulation entraîne l'application d'une obligation d'assurance de la responsabilité civile et qui ont leur stationnement habituel en France métropolitaine ou à Monaco lorsque ces accidents surviennent sur le territoire d'un État visé à l'article L. 211-4 du Code des assurances à l'exception de la France et de Monaco ».

2822. Sont donc concernés les États membres de l'Union européenne ainsi que les territoires de tout État tiers pour lequel les bureaux nationaux de tous les États membres de l'Union européenne se portent individuellement garants du règlement des sinistres survenus sur leur territoire et provoqués par la circulation des véhicules ayant leur stationnement habituel dans cet État tiers.

2823. Cependant, l'intervention du Fonds de garantie est subordonnée à deux conditions :
- le responsable des dommages ne doit pas disposer de la garantie d'assurance obligatoire de responsabilité civile ;
- l'indemnisation doit s'effectuer dans les conditions prévues par la législation nationale de l'État sur le territoire duquel s'est produit l'accident.

2824. L'article L. 421-12 du Code des assurances prévoit encore que le Fonds de garantie est chargé de l'indemnisation des victimes lorsque l'accident causé par un véhicule mentionné à l'article L. 421-11 s'est produit pendant le trajet reliant directement deux territoires où le traité instituant la Communauté économique européenne est applicable.

2825. Dans cette hypothèse, plusieurs conditions sont alors exigées :
- le responsable des dommages ne doit pas disposer de la garantie d'assurance obligatoire de responsabilité civile ;
- l'indemnisation doit s'effectuer dans les conditions prévues par la législation nationale de l'État sur le territoire duquel s'est produit l'accident ;
- il ne doit exister pour le territoire parcouru aucun bureau national d'assurance ;
- les victimes doivent être ressortissantes d'un État membre de la Communauté européenne ou d'un territoire de tout État tiers pour lequel les bureaux nationaux de tous les États membres de la Communauté européenne se portent individuellement garants du règlement des sinistres survenus sur leur territoire et provoqués par la circulation des véhicules ayant leur stationnement habituel dans cet État tiers.

Section 2 ▪ Nature de l'accident

2826. Le Fonds de garantie est susceptible d'intervenir pour trois types d'accidents :
- les accidents impliquant des véhicules terrestres à moteur ;
- les accidents résultant de la circulation sur le sol et n'impliquant pas de véhicule terrestre à moteur ;
- les accidents causés par les animaux.

Sous-section 1 ▪ Les accidents impliquant des véhicules terrestres à moteur

§ 1 ▪ La notion de véhicule terrestre à moteur

2827. Selon l'article L. 421-1 du Code des assurances, issu de la loi du 5 juillet 1985, le Fonds est compétent pour intervenir à l'occasion d'un accident dans lequel est impliqué un véhicule terrestre à moteur, c'est-à-dire tout véhicule automoteur destiné à circuler sur le sol et qui peut être actionné par une force mécanique sans être lié à une voie ferrée, ainsi que toute remorque, même non attelée.
La Cour de cassation a défini la notion de véhicule terrestre à moteur et a estimé qu'il s'agissait des engins destinés au transport de personnes ou de choses, qui incluaient les matériels à vocation diverses tels un tracteur agricole (Civ. 2e, 25 juin 1986, D. 1987, somm. 87), un

chariot automoteur (Crim., 12 janv. 1993, Gaz. Pal. 21 nov. 2003), ou un chasse neige (T. confl., 20 nov. 1961, JCP 1961, II, 12835).

§ 2 ▪ La notion de circulation

2828. Un véhicule terrestre à moteur est en circulation lorsqu'il est en mouvement (Civ. 2e, 22 nov. 1995, RCA 1996, 11), et lorsqu'il est en stationnement, ou à l'arrêt. Les machines outils qui se déplacent sont également considérées comme des véhicules terrestres à moteur en circulation, même dans l'exercice de leur activité, sauf lorsqu'elles sont en position fixe. En revanche, le dommage causé par un élément d'équipement utilitaire du véhicule, étranger à sa fonction de déplacement ne résulte pas d'un accident de la circulation (Civ. 2e, 5 nov. 1998, D. 1999. 256).

2829. Un véhicule est impliqué dans un accident dès lors qu'il intervient d'une manière ou d'une autre dans la réalisation de cet accident, à quelque titre que ce soit. Le véhicule est impliqué, qu'il soit en mouvement, ou à l'arrêt, même régulièrement stationné et même en l'absence de choc.

Sous-section 2 ▪ Les accidents résultant de la circulation sur le sol n'impliquant pas de véhicule terrestre à moteur

2830. L'article L. 421-1 II du Code des assurances précise que le Fonds de garantie indemnise également les victimes ou les ayants droit des victimes de dommages nés d'un accident de la circulation causé, dans les lieux ouverts à la circulation publique, par une personne circulant sur le sol ou un animal.
Dans ce cas, le fonds de garantie indemnise les dommages résultant d'atteintes à la personne lorsque la personne responsable du dommage est inconnue ou n'est pas assurée.

2831. Le fonds de garantie indemnise les dommages aux biens, sous certaines conditions et limites :
- lorsque la personne responsable du dommage est identifiée mais n'est pas assurée ;
- lorsque la personne responsable du dommage est inconnue, sous réserve que l'accident ait causé une atteinte à la personne.

2832. Aux termes de cet article, le législateur a posé une double condition :
- l'accident doit être survenu dans des lieux ouverts à la circulation publique ;
- il doit être le fait de personnes circulant sur le sol ou bien être causé par un animal.

2833. Les victimes directes d'un accident de ski, de patins à roulettes, de bicyclette, ou d'une chose quelconque en circulation sont concernées, dès lors qu'elles subissent un dommage corporel, ou leurs ayants droit. Par exemple, constitue un accident de la circulation sur le sol, la chute d'une personne provoquée par des chiens dont le propriétaire n'a pas été identifié, alors qu'elle descendait l'escalier d'accès à une bibliothèque municipale ; cet escalier étant un lieu ouvert à la circulation publique (Civ. 2e, 27 mai 1999, Bull. civ. II, n° 103). Il faut cependant que le dommage soit rattachable à un accident de la circulation ce qui n'est pas le cas lorsqu'un piéton en agresse un autre dans une rue sans motif (Civ. 1re, 5 juill. 1988, D. 1988, IR, 209). De même, le Fonds de garantie n'intervient pas dans le cas d'un adolescent projeté par une vague sur une baigneuse blessée ; l'adolescent ne peut être considéré comme circulant sur le sol (Civ. 1re, 4 avr. 1995, DJTA 26 mai 95-III, note G. Defrance ; RGAT 1995. 430, note A. Favre Rochex).

2834. Autre exemple : Prise en charge de l'accident causé par un ballon, ce ballon, cause du dommage, ayant été lancé par des personnes circulant sur le sol, en l'occurrence un groupe d'enfants (Civ. 1re, 15 sept. 2011, Dal. 2011.2276, obs. De Ravel d'Esclapon ; RGDA 2012. 60, obs. Landel).

Sous-section 3 ▪ Les accidents causés par les animaux

2835. Le Fonds de garantie indemnise également les victimes ou les ayants droit des victimes de dommages nés d'un accident de la circulation causé, dans les lieux ouverts à la circulation publique, par un animal.
Dans ce cas, le fonds de garantie indemnise les dommages résultant d'atteintes à la personne lorsque l'animal responsable du dommage n'a pas de propriétaire ou que son propriétaire est inconnu ou n'est pas assuré.

2836. Le Fonds de garantie indemnise les dommages aux biens, sous certaines conditions et limites :
- lorsque le propriétaire de l'animal responsable du dommage n'est pas assuré ;
- lorsque l'animal responsable du dommage est identifié mais n'a pas de propriétaire ;
- lorsque l'animal responsable du dommage n'est pas identifié, sous réserve que l'accident ait causé une atteinte à la personne.

Section 3 ▪ Conditions relatives à l'auteur du dommage

2837. Le Fonds de garantie indemnise la victime quand l'auteur du dommage est inconnu. Il appartient à la victime de prouver l'intervention et la responsabilité d'un auteur inconnu à l'origine de l'accident.
L'auteur de l'accident peut encore être connu et non assuré, s'il n'a pas pris la précaution de souscrire un contrat d'assurance de responsabilité civile automobile préalable à l'accident, ou si l'assureur oppose à la victime un refus de garantie.

2838. L'intervention du Fonds se trouve donc exclue, lorsque le conducteur d'un véhicule heurte volontairement un autre véhicule, à la condition toutefois que le fait puisse être qualifié de faute intentionnelle au sens de l'article L. 113-1 du Code des assurances (Crim., 6 juin 1990, RGAT 1990. 846, note Chapuisat). L'intervention du Fonds de garantie se trouve également exclue lorsqu'un cyclomotoriste fait tomber une passante en lui arrachant son sac à main (Crim., 8 août 1990, Bull. crim., n° 302). Encore que dans cette hypothèse, la victime pourra toujours soutenir que le cyclomotoriste a voulu lui voler son sac et non pas la blesser ce qui, dans ce cas, écarterait la faute intentionnelle.

2839. Enfin, l'auteur de l'accident peut avoir souscrit une assurance auprès d'une entreprise devenue insolvable. Dans cette hypothèse, l'insolvabilité de l'assureur peut être une cause d'intervention du Fonds de garantie, si le ministère de l'Économie et des Finances a retiré l'agrément administratif d'une entreprise d'assurance. Le retrait de l'agrément administratif que doit obtenir toute entreprise d'assurance a pour conséquence que l'assureur ne pourra plus verser les indemnités qui sont dues par lui au titre des contrats souscrits auprès de l'entreprise défaillante. Par une loi du 30 novembre 1966, le Fonds s'est vu substitué à l'assureur dans pareille situation. Il assume toutes les obligations de l'assureur de responsabilité civile automobile vis-à-vis des tiers victimes. C'est aux victimes que revient la charge de la preuve de l'insolvabilité de l'assureur.

Section 4 . Nature des dommages

Sous-section 1 . Les dommages corporels

2840. A l'origine, le Fonds de garantie automobile n'indemnisait que les atteintes à la personne. Son intervention s'est étendue par la suite aux dommages matériels causés par un auteur identifié, mais dépourvu d'assurance ou insolvable. Le dommage corporel qui porte atteinte à l'intégrité physique ou intellectuelle de la victime et qui entraîne une diminution de son patrimoine est évalué et pris en charge dans les conditions de droit commun.

Sous-section 2 . Le dommage moral

2841. Le dommage moral, contrairement aux dommages corporels, n'affecte pas le patrimoine de la victime. Celle-ci subit néanmoins un préjudice qu'il convient de réparer. Le Fonds de garantie intervient pour indemniser la victime de l'ensemble de ses préjudices moraux :
- pretium affectionis (prix de l'affection) : douleur morale éprouvée du fait du décès ou de l'infirmité d'un proche ;
- pretium doloris (prix de la douleur) : souffrances physiques de la victime ;
- préjudice esthétique : cicatrice, mutilation ;
- préjudice d'agrément : impossibilité de poursuivre une activité sportive ou culturelle à la suite d'un accident.

Ces préjudices sont évalués et indemnisés dans les conditions de droit commun. Par ailleurs, le Fonds de garantie peut être condamné à verser une provision, comme tout autre débiteur d'une obligation de réparer un préjudice corporel, dès lors que l'obligation à réparer n'est pas sérieusement contestable. Ainsi, la Cour de cassation a rappelé qu'aucune disposition légale ne permet au Fonds de garantie de se soustraire au versement d'une provision lorsque le droit à indemnité pour souffrances physique, sur laquelle la sécurité sociale ne peut exercer aucun recours, ne saurait être sérieusement contesté. (Civ. 2e, 2 févr. 1977, Bull. civ. II, n° 24 ; D. 1977. 523, note Groutel).

Sous-section 3 ▪ Les dommages matériels

§ 1 ▪ Accidents de la circulation causés par un véhicule terrestre à moteur

2842. Le Fonds de garantie intervient pour les dommages aux biens résultant d'un accident de la circulation dans lequel est impliqué un véhicule terrestre à moteur :
- lorsque le responsable des dommages est inconnu, sous réserve que l'accident ait causé une atteinte à la personne ;
- lorsque le responsable des dommages est identifié mais n'est pas assuré, sauf par l'effet d'une dérogation légale à l'obligation d'assurance ;
- lorsque l'assureur du responsable est totalement ou partiellement insolvable.

§ 2 ▪ Autres accidents de la circulation

2843. Le Fonds de garantie indemnise également les victimes ou les ayants droit des victimes de dommages aux biens nés d'un accident de la circulation causé, dans les lieux ouverts à la circulation publique, par une personne circulant sur le sol ou un animal :
- lorsque la personne responsable du dommage est identifiée mais n'est pas assurée ;
- lorsque la personne responsable du dommage est inconnue, sous réserve que l'accident ait causé une atteinte à la personne.

§ 3 ▪ Montant de l'indemnisation des dommages matériels

2844. L'indemnisation des dommages matériels est limitée à 1 120 000 € par sinistre.

Sous-section 4 ▪ Indemnisation des préjudices immatériels

2845. Le Fonds de garantie prend également en charge les préjudices immatériels qui sont consécutifs aux dommages matériels lorsque l'auteur des dommages est identifié mais non assuré (Civ. 2e, 13 juill. 1999, Trib. ass., oct. 1999, cahiers jur. III, note L. D.). Ainsi, la Cour de cassation a affirmé que doivent être indemnisées par le Fonds de garantie les pertes d'exploitation d'un commerce défoncé par un véhicule non assuré, dès lors que ce dommage est en relation de causalité directe avec l'accident. (Civ. 2e, 27 mars 2003, RGDA 2003. 504, note J. Landel).

Chapitre 3
Conditions relatives à la victime

Section 1 . Situation de la victime

Sous-section 1 . La qualité de la victime

2846. Les victimes d'un accident de la circulation peuvent invoquer la garantie du Fonds de garantie. Il peut s'agir des victimes directes, qui ont subi personnellement le dommage, ou des ayants droit agissant en réparation du dommage subi par la victime directe, ou agissant en leur nom propre pour la réparation de leur préjudice par ricochet. Les ayants droit, victimes par ricochet, peuvent demander la réparation pour leur préjudice résultant des atteintes dans leurs sentiments d'affection (préjudice moral) et du préjudice résultant du fait qu'elles sont privées de ressources (préjudice économique) à la suite du décès ou d'une grave invalidité de la victime.

2847. Ont généralement la qualité d'ayants droit, les membres de la famille de la victime d'un dommage corporel, lorsque celle-ci est décédée des suites de ses blessures (ou lorsqu'elle est gravement handicapée : Civ. 1re, 1er mars 1978, Bull. civ. I, no 51).

2848. En revanche, n'ont pas la qualité de victimes au regard du Fonds de garantie, les organismes qui versent des prestations à la victime et qui sont subrogés dans ses droits. Ainsi, la Cour de cassation a pu décider que n'avait pas la qualité d'ayant droit de la victime, l'employeur de celle-ci qui a versé diverses sommes à sa veuve. Civ. 2e, 2 déc. 1971, D. 1972, Somm. 105).

Sous-section 2 . La nationalité de la victime

§ 1 . Cas général

2849. Les victimes d'accidents ou leurs ayants droit sont tenus de justifier :
- soit qu'ils sont français ;
- soit qu'ils ont leur résidence principale sur le territoire de la République française ;
- soit qu'ils sont ressortissants d'un État ayant conclu avec la France un accord de réciprocité et qu'ils remplissent les conditions fixées par cet accord.

§ 2 . Accidents causés par un véhicule terrestre à moteur

2850. Pour les accidents dans lesquels sont impliqués des véhicules terrestres à moteur, peuvent également bénéficier de la garantie du Fonds, les ressortissants d'un État membre de la Communauté économique européenne, du Saint-Siège, de Saint-Marin ou de Monaco, ainsi que ceux qui ont leur résidence principale dans un de ces États.

§ 3 ▪ Conditions exigées

2851. Les victimes doivent établir que l'accident ouvre droit à réparation à leur profit dans les termes de la législation française sur la responsabilité civile et qu'il ne peut donner droit à indemnisation complète à aucun titre. Si la victime ou ses ayants droit peuvent prétendre à une indemnisation partielle à un autre titre, le Fonds de garantie ne prend en charge que le complément.
La nationalité de la victime s'apprécie au jour de la demande. (Civ. 2e, 24 oct. 2002, RCA 2003, comm. n° 25, obs. Groutel ; RGDA 2003. 72, note J. Landel).

Section 2 ▪ Les victimes exclues

Sous-section 1 ▪ L'exclusion du conducteur

2852. Aux termes de l'article R. 421-2 du Code des assurances, sont exclus du bénéfice du Fonds de garantie, les dommages causés au conducteur provenant d'un accident dans lequel est impliqué un véhicule terrestre à moteur. Cependant, il incombe au Fonds d'établir que la victime était conducteur du véhicule lors de l'accident, sinon il doit prendre à sa charge les dommages subis par celle-ci (Civ. 2e, 14 juin 1995, L'Argus 25 août 1995, p. 19). On retrouve ici la traditionnelle exclusion des dommages atteignant le conducteur de l'assurance automobile obligatoire. Toutefois le conducteur peut invoquer la garantie du Fonds de garantie lorsque l'accident a été causé en tout ou partie par la circulation d'un tiers et dans la mesure de la responsabilité de ce tiers. Ainsi le conducteur non responsable pourra obtenir l'indemnisation de ses préjudices par le Fonds de garantie. Seule sa responsabilité partielle ou totale pourra lui être opposée.

Sous-section 2 ▪ Les autres personnes exclues

2853. Sont également exclus, lorsque les dommages ont été causés par un animal ou par une chose autre qu'un véhicule terrestre à moteur :
- le propriétaire ou la personne qui a la garde de l'animal ou de la chose au moment de l'accident ;
- son conjoint, ses ascendants et descendants, ainsi que les représentants légaux de la personne morale propriétaire de l'animal ou de la chose.

2854. En cas de vol du véhicule impliqué dans l'accident, de vol de l'animal ou de la chose qui a causé l'accident, sont également exclus du bénéfice du Fonds de garantie les complices du vol et, d'une manière générale, toutes les personnes transportées dans le véhicule ou sur l'animal. Cette exclusion n'est applicable que si le Fonds de garantie apporte la preuve de la connaissance du vol du véhicule ou de l'animal par les personnes transportées.
Cependant, toutes ces personnes exclues peuvent invoquer la garantie du Fonds de garantie lorsque l'accident a été causé en tout ou partie par la circulation d'un tiers ou d'une chose ou d'un animal appartenant à un tiers ou sous sa garde et dans la mesure de la responsabilité de ce tiers.
L'exclusion des responsables trouve son origine dans le fait que l'indemnisation de la victime suppose que celle-ci dispose contre l'auteur de son dommage, d'un droit à réparation. Or,

le tiers auteur ne saurait être responsable vis-à-vis de lui-même des dommages qu'il s'est causé.

Chapitre 4
Procédure pour saisir le FGAO

Section 1 Le Fonds de garantie supplée la carence du responsable

2855. Le rôle du Fonds de garantie n'est pas de faciliter l'indemnisation de la victime, mais de suppléer la carence d'un responsable inconnu ou insolvable lorsque la victime n'a pas droit à une indemnité complète à un autre titre (art. L. 421-1 al. 1, C. assur.). Autrement dit, le Fonds de garantie n'intervient que subsidiairement ; il n'est tenu d'indemniser la victime d'un accident ou ses ayants droit que dans la mesure où cette indemnisation n'incombe à aucune autre personne ou aucun autre organisme (Crim., 14 mars 1972, Gaz. Pal. 72-2-818 ; Civ. 1re, 31 janv. 1989, L'Argus 1989, 895 ; Soc. 21 déc. 1989, Gaz. Pal. 90-som. 627, note H. Margeat et J. Landel ; Civ. 2e, 4 déc. 1996, RGDA 1997. 172, note J. Landel). Cette subsidiarité conduit à écarter toute condamnation du Fonds de garantie conjointement avec le tiers responsable et à le mettre hors de cause dès lors qu'un seul des conducteurs des différents véhicules impliqués dans l'accident est assuré (Civ. 1re, 15 déc. 1998, RCA 1999, 91). D'un point de vue procédural, il en résulte que la victime ne doit s'adresser directement au Fonds de garantie que lorsque le responsable est inconnu.

2856. Le Fonds de garantie des assurances obligatoires (FGAO) paie les indemnités dues aux victimes ou à leurs ayants droit qui ne peuvent être prises en charge à aucun autre titre lorsque l'accident ouvre droit à réparation. Dès lors, en raison du caractère subsidiaire de cette mission, le FGAO ne peut être condamné au paiement des dépens, qui ne figurent pas au rang des charges qu'il est tenu d'assurer (Civ. 2e, 3 nov. 2011, n° 10-19.572).

2857. Dans les autres cas, la victime doit agir selon les règles de droit commun afin de faire fixer l'indemnité due et, après établissement de l'insolvabilité ou du refus de payer de l'assureur, s'adresser au Fonds de garantie.

2858. Les indemnités doivent résulter soit d'une décision judiciaire exécutoire, soit d'une transaction ayant reçu l'assentiment du Fonds de garantie. Le principe de subsidiarité a pour conséquence que certains recours contre le Fonds de garantie se trouvent écartés. Ainsi, la Sécurité sociale ne peut demander au Fonds le remboursement des prestations par elle versées à la victime ou à ses ayants droit (Civ. 1re, 15 déc. 1998, L'Argus 12 févr. 1999, p. 39). De même, l'employeur n'a pas de recours contre le Fonds pour les salaires versés et les charges sociales (Civ. 2e, 2 déc. 1971, JCP 1972, II, 17021). Cependant, dès lors que l'indemnisation de la victime n'a été que partielle, le Fonds est tenu de prendre en charge les préjudices personnels non réparés par la Sécurité sociale : préjudice d'agrément, préjudice esthétique, pretium doloris... (Civ. 2e, 15 juin 1977, RGAT 1978. 70 ; Civ. 1re, 6 juin 1978, RGAT 1979. 213). Par ailleurs, dans l'hypothèse de responsabilité in solidum, le co-responsable identifié doit indemniser la victime pour la totalité de son préjudice et ne peut ensuite exercer aucun recours contre le Fonds de garantie. Ce principe a été clairement posé tant par la chambre criminelle que par la première Chambre civile de la Cour de cassation (Crim., 26 févr. 1975, RGAT 1975. 546 ; Civ. 2e, 21 janv. 1976, RGAT 1976. 545). La deuxième chambre civile adopte une position identique en affirmant que le Fonds ne peut être condamné à relever le coauteur de son obligation d'indemniser la victime à concurrence de la part laissée à la charge du conducteur inconnu (Civ. 2e, 27 juin 1973, JCP 1973, IV, 310). En revanche, l'assureur automobile qui a indemnisé la victime, pour le compte de qui il appartiendra, et qui a invoqué avec succès la nullité du contrat d'assurance, peut demander le remboursement au Fonds, dont le caractère subsidiaire de l'intervention est alors exclu (Civ. 1re, 3 mai 1995, RGAT 1995. 601, note J. Landel). Le Fonds ne peut pas demander la condamnation de conducteurs responsables si la victime de l'accident ne le fait pas ; le Fonds, dont l'obligation est subsidiaire, doit dans cette hypothèse demander sa mise hors de cause (Civ. 2e, 29 nov. 2001, RCA 2002, comm. n° 57 et n° 85).

2859. En raison du caractère subsidiaire de son obligation, le Fonds de garantie des assurances obligatoires de dommages n'est tenu d'indemniser la victime d'un accident de la circulation que dans la mesure où cette indemnité n'incombe à aucune autre personne ou à aucun autre organisme. Doit être cassé l'arrêt qui a débouté le fonds de sa demande tendant à ce que soient déduites, du poste de déficit fonctionnel permanent, les sommes que la victime aurait dû percevoir au titre d'une rente accident du travail qui lui aurait été versée, si elle n'avait pas laissé éteindre son droit à indemnisation en ne se rendant pas aux convocations du médecin de la caisse primaire d'assurance maladie (Crim., 5 oct. 2010, D. 2011, pan. 1926, obs. Groutel).

Section 2 ▪ Les procédures préalables à la saisine du Fonds

2860. Lorsque le responsable du dommage subi par la victime est connu, la victime ou ses ayants droit doivent conclure avec lui une transaction, ou engager une procédure judiciaire contre lui dans le délai de cinq ans à compter de l'accident. L'action doit être intentée contre le responsable et non uniquement contre l'assureur de celui-ci qui dénie toute garantie. (Civ. 1re, 17 nov. 1998, RGDA 1999. 116). La transaction fixant les indemnités dues par le responsable doit être notifiée par lui au Fonds de garantie, par lettre recommandée avec demande d'accusé de réception, et dans le délai d'un mois, sous peine de l'amende prévue pour les contraventions de troisième classe.

2861. Cette étape préalable a pour but d'établir la responsabilité de l'auteur du dommage, et ainsi d'alléger la tâche du Fonds de garantie. Ainsi, il n'est pas nécessaire qu'il se lance dans des investigations préalables à la demande d'indemnisation. La victime et le responsable assumeront eux mêmes cette tâche. Le protocole transactionnel est opposable au Fonds de garantie, qui pourra décider ensuite d'accepter ses conditions ou de les refuser. La victime aura un an, à compter de la transaction ou de la décision judiciaire passée en force de chose jugée, pour présenter sa demande d'indemnisation au Fonds de garantie.

2862. Lorsque les dommages de la victime ne sont que matériels, celle-ci ne dispose que de six mois à compter de l'absence d'assurance pour saisir le Fonds de garantie et lui faire parvenir un état estimatif de ses dommages, accompagné des justificatifs relatifs à l'identité de l'auteur de l'accident, à sa responsabilité et à l'absence ou à l'insuffisance d'assurance ou de garantie de la personne présumée responsable des dommages. La connaissance du défaut d'assurance peut résulter de la notification faite par un assureur, à la compagnie d'assurance mandataire de la victime, de son refus de garantie du sinistre causé par l'auteur du dommage. (Civ. 1re, 19 déc. 1983, Bull. civ. I, n° 303).

2863. Si la victime décide de recourir à la voie judiciaire, elle doit, pour que le jugement soit opposable au Fonds de garantie, lui adresser une copie de l'acte introductif d'instance ou, si la procédure se déroule devant les juridictions pénales, lui envoyer par lettre recommandée sa constitution de partie civile. Le Fonds de garantie pourra intervenir à tout moment pour contester le principe de la responsabilité ou son étendue, ou le montant de l'indemnité.

2864. Lorsque l'auteur du dommage est inconnu, aucune procédure préalable à la saisine du Fonds de garantie n'est imposée à la victime ou à ses ayants droit. Ils disposent de trois ans pour présenter leur demande d'indemnisation au Fonds de garantie, à compter de l'accident, par lettre recommandée avec demande d'accusé de réception, sous peine de forclusion. Lorsqu'une information pénale a été ouverte contre « X » à la suite d'un accident de la circulation dont l'auteur est resté inconnu, le point de départ du délai de trois ans ne commence à courir qu'à compter de l'ordonnance de non lieu constatant l'impossibilité de retrouver l'auteur de l'accident. En effet, jusqu'à cette date la victime est dans l'impossibilité de justifier que l'auteur est resté inconnu. (Civ. 2e, 9 nov. 1971, D. 1972. 60). Si la victime laisse passer un délai de trois ans pour agir contre le responsable et qu'elle apprend, en cours de procès, que celui-ci n'est pas assuré, elle ne peut plus agir contre le Fonds ; son action est forclose. (Civ. 1re, 20 déc. 1988, D. 1989, IR, 9).

Section 3 . Saisine du Fonds de garantie

Sous-section 1 . La demande d'indemnité

2865. Lorsque le responsable des dommages corporels est connu mais non assuré, la victime doit accompagner sa demande d'indemnité d'une expédition de la décision de justice intervenue ou d'une copie certifiée conforme de l'acte portant règlement transactionnel pour la fixation définitive de l'indemnité. Si le Fonds de garantie et la victime sont en désaccord sur la transaction intervenue, sur la fixation de l'indemnité, ou sur l'existence des diverses conditions d'ouverture du droit à indemnité, la victime ou ses ayants droit peuvent saisir le tribunal compétent.

Sous-section 2 . Les justificatifs

2866. La demande d'indemnité adressée au Fonds de garantie par lettre recommandée avec demande d'accusé de réception doit être accompagnée de plusieurs justificatifs. Les demandeurs doivent prouver que les conditions relatives à leur nationalité sont remplies, que l'accident leur ouvre bien droit à réparation dans les termes de la législation française et qu'il ne peut donner droit à indemnisation complète à aucun titre. Si la victime ou ses ayants droit peuvent prétendre à une indemnisation partielle à un autre titre, le Fonds de garantie ne prend en charge que le complément. Pour permettre de déterminer le préjudice complémentaire de la victime ou de ses ayants droit, les tiers payeurs, définis par la loi Badinter du

5 juillet 1985, doivent faire connaître au Fonds de garantie le montant des versements effectués au profit de ceux-ci, au plus tard dans un délai de quatre mois à compter de la demande émanant du Fonds de garantie.

2867. La victime ou ses ayants droit doivent encore justifier que le responsable de l'accident n'a pas pu être identifié, ou n'est pas assuré, ou que son assureur est totalement ou partiellement insolvable après la fixation de l'indemnité par une transaction ou une décision de justice exécutoire.

2868. La non identification du responsable peut être établie par la production du rapport de police ou de gendarmerie. L'insolvabilité de l'assureur résulte du retrait de l'agrément administratif.

2869. Lorsqu'un jugement définitif a condamné un prévenu non assuré à verser une indemnité à la victime, celle-ci doit adresser au Fonds de garantie, par lettre recommandée avec accusé de réception, une demande d'indemnité accompagnée du jugement et des autres pièces justificatives. (Civ. 1re, 27 nov. 1990, D. 1991. 327, note Couzinet).

2870. Lorsque les dommages ne sont que matériels, et l'auteur identifié, le législateur prévoit que la déclaration au Fonds de garantie doit être accompagnée de l'état descriptif des dommages et des justificatifs relatifs à l'identité de l'auteur de l'accident, à sa responsabilité et à l'absence ou à l'insuffisance d'assurance ou de garantie de la personne présumée responsable des dommages. Cette demande doit être adressée dans le délai de six mois à compter du jour où la victime a eu connaissance de l'absence ou de l'insuffisance de garantie de la personne présumée responsable des dommages, et au plus tard, dans le délai de douze mois à compter du jour de l'accident.

2871. Lorsque l'auteur des dommages est inconnu, toute victime de dommages aux biens doit, sous peine de déchéance de ses droits à l'égard du Fonds de garantie, faire une déclaration, dans le délai de trois ans à compter de l'accident. Cette déclaration doit être accompagnée de l'état descriptif des dommages et doit établir que les conditions prévues à l'article R. 421-18 du Code des assurances sont réunies.

Sous-section 3 ▪ L'offre d'indemnité

2872. Le Fonds de garantie doit, dans les mêmes conditions qu'un assureur automobile, faire une offre d'indemnité à la victime qui a subi une atteinte à sa personne, ou à ses héritiers, dans les huit mois à compter de l'accident ou, s'il s'agit d'autres victimes, à compter de leur demande d'indemnisation. L'offre comprend tous les éléments indemnisables du préjudice, y compris les éléments relatifs aux dommages aux biens lorsqu'ils n'ont pas fait l'objet d'un règlement préalable. L'offre d'indemnité doit indiquer l'évaluation de chaque chef de préjudice, les créances de chaque tiers payeur et les sommes qui reviennent au bénéficiaire. Elle est accompagnée de la copie des décomptes produits par les tiers payeurs.

2873. Lorsque l'offre n'a pas été faite dans les délais impartis, le montant de l'indemnité offerte produit intérêt de plein droit au double du taux légal à compter de l'expiration du délai et jusqu'au jour de l'offre. Cette sanction est encourue lorsque le Fonds de garantie ne démontre pas qu'il a été dans l'impossibilité de demander aux tiers payeurs communication du montant des versements effectués à la victime dans le délai prévu par ce texte.

Sous-section 4 . Offre insuffisante

2874. Le juge peut estimer que l'offre présentée par le Fonds de garantie est manifestement insuffisante. Alors, le juge pourra condamner le Fonds à verser au Trésor Public une somme au plus égale à 15 % de l'indemnité allouée, sans préjudice des dommages et intérêts dus de ce fait à la victime. Le Fonds de garantie est tenu d'informer la victime, à peine de nullité relative de la transaction qui pourrait intervenir, qu'elle peut obtenir de sa part, sur simple demande, la copie du procès-verbal de gendarmerie et de lui rappeler qu'elle peut à son libre choix se faire assister d'un avocat et, en cas d'examen médical, d'un médecin. La victime pourra dénoncer la transaction dans les quinze jours de sa conclusion, par lettre recommandée avec demande d'avis de réception.

2875. La procédure d'offre n'est pas applicable aux victimes à qui l'accident n'a occasionné que des dommages aux biens.

Sous-section 5 . La contestation du Fonds de garantie devant les juridictions

2876. Le législateur reconnaît la possibilité pour le Fonds de garantie d'intervenir, même devant les juridictions répressives, et même pour la première fois en cause d'appel, en vue notamment de contester le principe ou le montant de l'indemnité réclamée, dans toutes les instances engagées entre les victimes d'accidents ou leurs ayants droit, d'une part, les responsables ou leurs assureurs, d'autre part. Le Fonds de garantie intervient alors à titre principal et peut user de toutes les voies de recours ouvertes par la loi. Ainsi le Fonds doit être admis à intervenir dans lesdites procédures toutes les fois qu'il y a intérêt, ce qui est le cas lorsqu'il conteste le défaut d'assurance du prévenu. (Crim., 28 avr. 1987, D. 1988, Somm. 149, obs. Berr et Groutel).

Chapitre 5
Financement et organisation

Section 1 . Les ressources du FGA

Sous-section 1 . Les sources principales de financement

2877. Se pose ici la question de savoir qui finance le Fonds de garantie, autrement dit qui va finalement indemniser la victime à travers les sommes versées par les Fonds. Le législateur a opté pour deux solutions, soit que les Fonds sont financés par l'État, auquel cas ce sera l'ensemble de la population au titre de la solidarité nationale qui interviendra, soit que les Fonds sont financés par les assurés et les assureurs du risque envisagé, au moyen d'une contribution assise sur les primes ou les cotisations. Le Fonds de garantie contre les accidents de la circulation dispose de ressources de financement multiples. Certaines sont principales comme subvenant pour une très large partie aux besoins du Fonds, d'autres ne sont que secondaires.

2878. L'article L. 421-4 du Code des assurances dispose que le Fonds de garantie est alimenté par les contributions des entreprises d'assurance, des automobilistes assurés et des responsables d'accidents automobiles non bénéficiaires d'une assurance.

Sous-section 2 ▪ Les contributions

2879. Les assureurs des risques automobiles sont tenus de verser au Fonds de garantie une contribution assise sur les primes ou cotisations d'assurance du dernier exercice, accessoires et rappels compris, annulations déduites, relatives à l'assurance obligatoire des véhicules terrestres à moteur et de leurs remorques et semi-remorques lorsque le risque est situé sur le territoire de la République française. Les responsables d'accidents causés par l'utilisation de véhicules terrestres à moteur, non assurés, sont mis à contribution. La jurisprudence a précisé que c'était ici le défaut d'assurance qui rendait l'auteur responsable redevable de la contribution (CA Orléans, 5 juin 1953, RGAT 1953. 434).

2880. Cette contribution est assise sur le montant total des indemnités mises à leur charge à titre de réparation des dommages résultant de ces accidents. Elle n'est due que si le défaut d'assurance est établi. Bien souvent, le responsable s'avérera insolvable, de sorte que cette source de financement n'est au final que bien mineure.

2881. La contribution est liquidée et recouvrée par les services de la direction générale des impôts. Elle est perçue sur la notification faite à la direction générale des impôts par le Fonds de garantie.

2882. Enfin, le législateur a prévu une contribution des assurés, assise sur toutes les primes ou cotisations qu'ils versent aux entreprises d'assurance pour l'assurance des risques de responsabilité civile résultant d'accidents causés par les véhicules. Elle est perçue par les entreprises d'assurance et recouvrée mensuellement par le Fonds de garantie. L'arrêté du 9 juin 2010 fixe les taux des contributions alimentant le Fonds de garantie contre les accidents de la circulation : 1,2 % de la totalité des charges du Fonds de garantie.

2883. Par ailleurs, selon l'article L. 211-14 du Code des assurances, lorsque l'assureur, d'un automobiliste responsable d'un accident, fait une offre manifestement insuffisante, le juge qui fixe l'indemnité condamne d'office l'assureur à verser au Fonds de garantie une somme égale au plus à 15 % de l'indemnité allouée. L'absence d'offre constitue une offre manifestement insuffisante au sens de cet article (Civ. 2e, 3 déc. 1987, Bull. civ. II, n° 289).

2884. Les taux des contributions prévues pour l'alimentation du fonds de garantie des assurances obligatoires de dommages en application des articles R. 421-27 et R. 421-28 du Code des assurances sont fixées par arrêté ministériel, dans les limites maximum suivantes :
- contribution des entreprises d'assurance au titre de la section « Opérations du fonds de garantie résultant de la défaillance d'entreprises d'assurance dommages » prévue au 1° de l'article R. 421-27 : 12 % de la totalité des charges de cette section ;
- contribution des entreprises d'assurance au titre de la section automobile : 12 % de la totalité des charges de cette section ;

- contribution des responsables d'accidents non assurés : 10 % des indemnités restant à leur charge. Toutefois, ce taux est ramené à 5 % lorsque l'accident a été provoqué par un véhicule utilisé par l'Etat ou un Etat étranger pour lequel a été fournie l'attestation prévue à l'article R. 211-25. Il est également ramené à 5 % des indemnités restant à leur propre charge pour les bénéficiaires d'une assurance avec franchise ;
- contribution des assurés : 2 % des primes d'assurance automobile obligatoire.

2885. L'article A. 421-3 du Code des assurances, modifié par un arrêté du 9 juin 2010, a fixé les taux suivants :
- contribution des entreprises d'assurance au titre du 1° de l'article R. 421-27 : 1 % de la totalité des charges de la section relative aux opérations résultant de la défaillance d'entreprises d'assurance dommages ;
- contribution des entreprises d'assurance au titre du 3° de l'article R. 421-27 : 1 % de la totalité des charges de la section automobile ;
- contribution des responsables d'accidents non assurés au titre du 4° de l'article R. 421-27 :
  • taux normal : 10 % des indemnités restant à leur charge,
  • taux réduit : 5 % ;
- contribution des assurés au titre du 5° de l'article R. 421-27 : 1,2 % des primes (Arr., 9 juin 2010, art. 2 : ce taux est applicable aux primes émises à compter du 1er août 2010).

Sous-section 3 ▪ Les sources secondaires de financement

2886. Le Fonds de garantie peut aussi compter sur d'autres sources de financement, moins importantes. Comme d'autres fonds, le Fonds de garantie des assurances obligatoires de dommages dispose de produits financiers qui proviennent des placements qu'il réalise pour garantir ses engagements vis-à-vis des victimes. En effet, l'article R. 421-47 du Code des assurances prévoit que l'excédent des ressources du Fonds de garantie sur ses dépenses courantes est placé en valeurs mobilières et immobilières mentionnées à l'article R. 332-2 du Code des assurances.

2887. Le Fonds de garantie perçoit encore une majoration de 50 % des amendes prononcées pour violation de l'obligation d'assurance en matière automobile. Cette majoration est perçue par les comptables publics dans les mêmes conditions que les amendes, pour le compte du fonds. Enfin, le Fonds de garantie dispose d'une source de financement lorsqu'il exerce une action subrogatoire à l'encontre du responsable. Il peut, de plus, demander au responsable les intérêts calculés au taux légal sur l'indemnité due à la victime, qui courent depuis la date de paiement des dommages et intérêts fixés judiciairement, ou depuis la mise en demeure adressée par le Fonds de garantie lorsque les dommages et intérêts sont évalués par une transaction.

Sous-section 4 ▪ Les recours du Fonds de garantie

2888. Les recours subrogatoires que peut exercer le Fonds de garantie après avoir indemnisé la victime poursuivent deux objectifs. Ils visent tout d'abord à éviter que la victime n'obtienne une réparation de son dommage supérieure à celle à laquelle elle a droit en vertu du principe indemnitaire, et qui aurait pour conséquence de lui procurer un enrichissement. Ensuite, les recours permettent de faire supporter la charge de la dette au responsable, seul tenu à réparation. Ainsi, l'article L. 421-3 du Code des assurances dispose que le Fonds de garantie est subrogé dans les droits que possède le créancier de l'indemnité contre la personne responsable de l'accident ou son assureur. Il a droit, en outre, à des intérêts calculés au taux légal en matière civile et à des frais de recouvrement. Ainsi, le Fonds de garantie pourra récupérer les intérêts au taux légal courant de la date du paiement des indemnités lorsque celles-ci ont été fixées judiciairement ou depuis une mise en demeure par lettre recommandée avec demande d'accusé de réception lorsqu'elles résultent d'une transaction.

2889. Le Fonds de garantie pourra en outre obtenir une allocation forfaitaire destinée à compenser les frais de recouvrement.

2890. L'article L. 421-3, alinéa 2 du Code des assurances précise que lorsque le Fonds de garantie transige avec la victime, cette transaction est opposable à l'auteur des dommages et à son assureur. Ils gardent cependant le droit de contester devant le juge le montant des sommes réclamées du fait de cette transaction. La contestation ne saurait toutefois avoir pour effet de remettre en cause le montant des indemnités allouées à la victime ou à ses ayants droit.

2891. Dans l'hypothèse du retrait d'agrément d'une entreprise, le Fonds de garantie prend en charge l'indemnisation des dommages résultant d'atteintes à la personne et de dommages aux biens nés d'un accident dans lequel sont impliqués des véhicules terrestres à moteur assurés par l'entreprise. L'article L. 421-9-4 du Code des assurances prévoit que le Fonds de garantie sera alors substitué à l'assureur pour les obligations et les droits de celui-ci. A ce titre, il dispose donc du recours subrogatoire dont aurait disposé l'assureur. Le liquidateur effectue, sur demande et pour le compte du Fonds de garantie, les enquêtes et formalités nécessaires à l'exercice des recours. Les sommes récupérées par le Fonds de garantie à la suite de ces recours viennent en déduction de sa créance sur la liquidation. L'action récursoire s'exerce à l'encontre de la liquidation de la société d'assurance et non pas contre l'assuré responsable de l'accident.

Section 2 . Le fonctionnement du FGAO

2892. Le fonds de garantie est une personne morale de droit privé. Il groupe toutes les entreprises d'assurance agréées en France et soumises au contrôle de l'État en vertu de l'article L. 310-1 du Code des assurances qui couvrent les risques faisant l'objet d'une obligation d'assurance en vertu d'une disposition législative ou réglementaire. Il groupe également l'ensemble des entreprises qui offrent des garanties en matière d'assurance automobile et de chasse.

Sous-section 1 . L'assemblée générale

2893. Le Fonds de garantie des accidents de la circulation présente la particularité de fonctionner avec une assemblée générale, regroupant toutes les sociétés d'assurance qui couvrent le risque de responsabilité civile automobile. C'est le seul fonds qui repose sur ce principe d'adhésion obligatoire des assureurs. Le Fonds de garantie contre les accidents de la circulation est administré par deux organes, qui sont d'une part une assemblée générale, et de l'autre un conseil d'administration. Si le conseil d'administration est un organe commun à l'ensemble des fonds, en revanche l'assemblée générale fait la particularité de ce Fonds.

2894. Aux termes de l'article R. 421-25 du Code des assurances, le Fonds de garantie rassemble obligatoirement toutes les entreprises pratiquant sur le territoire de la République française des opérations d'assurance contre les risques de responsabilité civile résultant de l'emploi de véhicules terrestres à moteur et celles qui sont agrées pour pratiquer les opérations d'assurance chasse. Sont ainsi concernées toutes les entreprises agréées en France, les entreprises françaises et les entreprises étrangères établies sur le territoire français, et celles qui pratiquent l'assurance en libre prestation de service au niveau de l'Union européenne.

2895. L'Assemblée générale est constituée de toutes ces sociétés d'assurance qui adhèrent obligatoirement au Fonds de garantie. Elle adopte, sur proposition du conseil d'administration, le règlement intérieur du fonds, elle peut proposer des modifications aux statuts du fonds, examine les comptes approuvés par le conseil d'administration. Elle se réunit au moins une fois par an sur convocation du conseil d'administration ou à la demande des deux tiers de ses membres ou du commissaire du gouvernement. L'assemblée désigne une partie des membres représentant les sociétés d'assurance au conseil d'administration.

Sous-section 2 ■ Le conseil d'administration

2896. Le fonds de garantie est administré par un conseil d'administration composé de dix-huit membres. Il comprend :
1° Un représentant des sociétés d'assurances mutuelles agricoles désigné par la Caisse centrale des mutuelles agricoles ;
2° Huit représentants des entreprises d'assurance pratiquant sur le territoire de la République française l'assurance de dommage et couvrant les risques faisant l'objet d'une obligation d'assurance ;
3° Un représentant des entreprises d'assurance agréées pour pratiquer les opérations d'assurance chasse ;
4° Sept membres désignés par arrêté du ministre chargé de l'Économie, respectivement sur la proposition du directeur général de la Caisse des dépôts et consignations, de l'assemblée des chambres françaises de commerce et d'industrie, de l'assemblée permanente des présidents des chambres d'agriculture de France, de la Fédération française des clubs automobiles, de la Fédération nationale des transporteurs routiers, de l'Office national de la chasse et de la faune sauvage, de la Fédération française du bâtiment ; un représentant des assurés et bénéficiaires désigné par arrêté du ministre chargé de l'économie après consultation du Conseil national de la consommation.
Le conseil élit son président parmi ses membres.
Le conseil désigne le directeur général du fonds.
La durée du mandat du président, des administrateurs et du directeur général est fixée par les statuts régissant le fonds et ne peut excéder cinq ans.

Sous-section 3 ■ Le contrôle de l'État

2897. La comptabilité du Fonds de garantie doit faire apparaître les recettes qu'il perçoit, composées du produit des contributions prévues aux articles R. 421-27 et suivants du Code des assurances, des recouvrements effectués sur les débiteurs d'indemnités, du produit des placements qu'il effectue et des intérêts servis sur les sommes en compte courant, ainsi que des remboursements et réalisations de valeurs mobilières et immobilières.

2898. La comptabilité doit encore faire apparaître les dépenses du Fonds de garantie, composées essentiellement des indemnités et frais versés au titre des sinistres à la charge du Fonds, mais également des frais de fonctionnement et d'administration, et des frais engagés au titre des recours.

2899. Afin d'effectuer ces opérations, le Fonds de garantie est tenu d'ouvrir dans les écritures de la Caisse des dépôts et consignations un compte de dépôt. Toutes les opérations concernant ce compte sont ordonnées par le représentant qualifié du Fonds de garantie.

2900. Le Fonds de garantie est soumis au contrôle du ministre de l'Économie et des Finances. Un commissaire du gouvernement désigné par ce ministère exerce, au nom du ministre, un contrôle sur l'ensemble de la gestion du Fonds de garantie. Il peut assister à toutes les réunions du Conseil d'administration ou des comités qui seraient institués par ce conseil. Il peut se faire présenter tous les livres et documents comptables.

Cinquième Partie

L'environnement automobile

Titre 1 ■ Les sites automobiles classés pour la protection de l'environnement

Par David Deharbe, Lou Deldique et Yann Borrel, Cabinet Green Law Avocat

BIBLIOGRAPHIE

Autres documentations

Ouvrages. – D. Deharbe, Les installations classées pour la protection de l'environnement, Litec, 2007 ; J.-P. Boivin, Les installations classées -Traité pratique de droit de l'environnement industriel, Le moniteur, 2003, 2e éd. Code permanent Environnement et nuisances, Editions législatives, M. Baucomont, C. London, le lamy environnement

Sites internet. - Inspection des installations Classées, sur le site www.installationsclassees.developpement-durable.gouv.fr, la règlementation de la prévention des risques et de la protection de l'environnement, sur le site http://www.ineris.fr/aida/

2901. Le classement des sites automobiles résulte du fait que l'activité menée est visée à la nomenclature des installations classées établie de manière générale par décret, et implique donc en conséquence une démarche proactive de l'exploitant : ce dernier va devoir déclarer son activité ou la faire enregistrer, voire autoriser. Il est dès lors indispensable de lister les entrées dans la nomenclature des différentes activités relatives à l'automobile qui rend applicable les procédures prévues par le droit spécifique des Installations Classées pour le Protection de l'Environnement (ICPE). Ce cadre établi, nous pourrons par la suite exposer les prescriptions techniques de nature réglementaire auxquelles sont soumises les ICPE relatives à l'automobile.

Chapitre 1
Le droit et la nomenclature ICPE

2902. Il faut situer le droit des ICPE, avant d'examiner la place de l'automobile dans sa nomenclature.

Section 1 . Le droit des ICPE

2903. En France, les industries considérées comme potentiellement dangereuses pour les populations et l'environnement sont soumises à des règles et des procédures administratives spécifiques visant à encadrer et prévenir ces risques. Ces règles et ces procédures sont, ce que l'on appelle communément, le droit des Installations Classées pour la Protection de l'Environnement (ICPE).
Ce droit spécifique est né en France à la suite de l'explosion de la fabrique de poudre de Grenelle à Paris en 1794. Cette catastrophe ayant causé plusieurs centaines de morts, le Préfet de police de Paris décide alors, par une ordonnance du 12 février 1806, de soumettre à déclaration les ateliers, manufactures ou laboratoires de la capitale qui pourraient compromettre la salubrité ou occasionner un incendie.

2904. Les mesures de cette ordonnance sont rapidement reprises, complétées et étendues à l'ensemble du territoire français par un décret impérial du 15 octobre 1810 sur les établissements dangereux, insalubres et incommodes. Ce décret divise en trois catégories les installations en fonction de leur danger et leur insalubrité, et les soumet à des régimes spécifiques.

2905. Ce système va fonctionner pendant près d'un siècle avant d'être remanié par la loi n° 1917-12-19 du 19 décembre 1917 qui introduit la distinction entre les établissements soumis à autorisation (régime dit « A ») et ceux soumis à déclaration (régime dit « D »). Les deux régimes et les dispositions s'y rattachant seront très largement repris par la loi n° 76-663 du 19 juillet 1976 relative aux installations classées pour la protection de l'environnement.
Aujourd'hui, aux côtés de ces deux régimes, un troisième régime a été ajouté par l'ordonnance n° 2009-633 du 11 juin 2009, un régime dit de l'enregistrement (régime dit « E »).

2906. Désormais, l'ensemble de la matière se trouve régie par les articles L. 511-1 et suivants et R. 511-9 et suivants du Code de l'environnement, ainsi que par des arrêtés ministériels qui comportent les prescriptions techniques dont les Préfets de département doivent imposer le respect aux « exploitants ».

2907. Pour autant, la réalité du droit des ICPE ne se limite pas à ces trois régimes. En effet, après la survenance d'accidents industriels majeurs, le législateur a aggravé le régime applicable à certaines catégories d'installations classées déjà soumises à autorisation.
Ainsi, sous l'influence de deux directives communautaires (n° 85/01/CEE du 24 juin 1982 et n° 96/82/CE du 9 décembre 1996 dites SEVESO I et II), le droit français a imposé à certaines ICPE soumises à autorisation, une étude de dangers actualisée, la constitution de garanties financières, des servitudes d'utilité publiques et une politique de management du risque industriel qui sera renforcée par la loi Bachelot du 30 juillet 2003 (n° 2003-699), intervenue à la suite de la catastrophe d'AZF.

2908. De même, pour endiguer le nombre de pollutions engendrées par les très nombreuses installations déclarées (450 000 installations au total qui sont peu contrôlées dans les faits) ne respectant pas la réglementation qui leur est applicable, la loi n° 95-101 du 2 février 1995, mise en œuvre notamment par le décret n° 2006-678 du 8 juin 2006, est venue soumettre certaines de ces installations à contrôle périodique.

2909. Par conséquent, on retrouve aux côtés des trois régimes (« A », « E » et « D ») que l'on pourrait qualifier de généraux, deux régimes spéciaux : celui des installations soumises à déclaration et à contrôle périodique (régime dit « DC ») et celui des installations soumises à autorisation et classées Seveso (régime dit « S », seuil haut ou bas selon le niveau de risque).

2910. Précisons que le classement et l'obtention du titre d'exploitation ICPE ne dispensent pas l'exploitant du permis de construire, de l'autorisation de défrichement ou encore de dérogation de la destruction d'espèces naturelles, lorsqu'ils sont requis. A ce sujet signalons que l'expérimentation d'une autorisation unique est cours pour une durée de trois ans (cf. Ordonnance n° 2014-355, 20 mars 2014, art. 1er : JO, 21 mars et Décret n° 2014-450, 2 mai 2014, art. 4 : JO, 4 mai) dans certaines régions (Champagne-Ardenne et Franche-Comté). Dans ce cadre expérimental, les projets sont autorisés par un arrêté préfectoral unique. Cet arrêté vaudra autorisation ICPE et, le cas échéant autorisation de défrichement et de dérogation de destruction des espèces protégées. L'autorisation unique est instruite et délivrée dans les conditions applicables à l'autorisation ICPE mais sur le fond implique le respect de l'ensemble des prescriptions réglementaires qui s'appliquaient à chacune des autorisations fusionnées.

Section 2. L'automobile saisie par la nomenclature ICPE

2911. Depuis l'existence du droit des ICPE, les installations concernées par ce droit sont répertoriées dans une nomenclature qui n'a de cesse d'évoluer au gré des modifications de la réglementation et des innovations technologiques.
Cette nomenclature se présente sous la forme d'une liste répertoriant par activités et par substances utilisées selon certains seuils, le régime ICPE applicable à l'installation où elles sont mises en œuvre. Toute installation pratiquant une activité ou utilisant une substance listée dans la nomenclature des ICPE sera donc soumise à la législation des installations classées.

2912. Par conséquent, pour savoir si son établissement est soumis à la législation des installations classées, l'industriel doit vérifier si son activité (rubriques 1000 à 1999) et si les substances qu'il utilise (rubrique 2000 à 2999) sont répertoriées dans la nomenclature disponible en annexe de l'article R. 511-9 du Code de l'environnement, reproduite ci-après pour les rubriques intéressant les professionnels du secteur automobile. Depuis le 1er juin 2015 (Décret n° 2014-285 du 3 mars 2014 modifiant la nomenclature des installations classées pour la protection de l'environnement, JORF n°0054 du 5 mars 2014 page 4790, texte n° 29) la nomenclature fera l'objet d'une profonde refonte pour intégrer la directive SEVESO.

2913. Les prescriptions applicables à l'installation (qui prennent la forme d'arrêtés ministériels déclinés par le Préfet pour les installations soumises à autorisation) seront alors fonction du régime de classement de ladite installation et des rubriques qui lui correspondent.

A noter qu'il est tout à fait possible qu'un même établissement soit soumis à plusieurs rubriques de la nomenclature et donc aux prescriptions afférentes à ces différentes rubriques.

2914. Lorsque la nomenclature est modifiée par décret comme le prévoit l'article L. 511-2 du Code de l'environnement, cela peut avoir pour effet :
- de soumettre une activité ou une substance déjà inscrite à la nomenclature à une nouvelle rubrique ;
- de soumettre une activité ou une substance pour la première fois au droit des ICPE ;
- d'exclure une activité ou une substance de la nomenclature des ICPE, du fait de la suppression d'une rubrique ou de la modification d'un seuil.

2915. Ainsi, avec une modification de la nomenclature, une installation régulièrement mise en service peut se retrouver soumise au droit des ICPE ou à un régime différent. Dans ces cas précis, quel que soit le régime ICPE, l'exploitant devra se faire connaître du préfet du département dans laquelle l'installation est située dans l'année suivant la publication du décret modifiant la nomenclature (C. env., art. L. 513-1) pour bénéficier des droits acquis.

2916. Pour se faire, l'exploitant adressera au préfet une déclaration dans laquelle il mentionne les informations suivantes :
« 1° S'il s'agit d'une personne physique, ses nom, prénoms et domicile. S'il s'agit d'une personne morale, sa dénomination ou sa raison sociale, sa forme juridique et l'adresse de son siège social, ainsi que la qualité du signataire de la déclaration ;
2° L'emplacement de l'installation ;
3° La nature et le volume des activités exercées ainsi que la ou les rubriques de la nomenclature dans lesquelles l'installation doit être rangée » (C. env., art. R. 513-1).

2917. A la suite de cette déclaration, le préfet peut délivrer un récépissé de déclaration d'antériorité qui permettra à l'installation de continuer de fonctionner en toute légalité. Cependant, le préfet pourra demander des informations complémentaires à l'exploitant ainsi que la production de certaines pièces – plans, étude d'impacts, étude de dangers, etc. – comme le prévoit l'article R. 513-2 du Code de l'environnement. Il peut également fixer par arrêté des prescriptions que l'exploitant se devra de respecter.

2918. Afin de permettre aux professionnels de l'automobile de déterminer si leurs installations relèvent de la législation des ICPE et, le cas échéant, quel est le régime qui leur est applicable, il est reproduit ci-après un tableau de nomenclature regroupant toutes les rubriques susceptibles d'intéresser leur activité, telle que la nomenclature qui était en vigueur jusqu'au 1er juin 2015 (tableau n°1) ; à compter de cette date certaines rubriques sont modifiées, supprimées et remplacées nous présentons les changements intéressant l'automobile dans un tableau n° 2. Nous avons retenu toutes les rubriques touchant le parcage, la fabrication, l'entretien de l'automobile et de ses composants, ce y compris la gestion et le traitement des déchets qu'elle engendre.

2919. Précisons que les parcs de stationnement anciennement classés sous la rubrique n° 2953 de la nomenclature ICPE, y échappent depuis qu'ils sont soumis à la réglementation sur les Etablissement Recevant du Public (arrêté du 9 mai 2006 portant approbation de dispositions complétant et modifiant le règlement de sécurité contre les risques d'incendie et de panique dans les établissements recevant du public (parcs de stationnement couverts) (ERP), JORF n° 157 du 8 juillet 2006, p. 10259).

2920. Ce tableau répertorie le numéro de la rubrique (première colonne) ainsi que la description des activités et des substances concernées (deuxième colonne). Ensuite, est indiqué le régime de classement de l'installation (troisième colonne) avec le rayon d'affichage de l'enquête publique lorsque celle-ci est nécessaire (quatrième colonne). Enfin, ont été ajouté une colonne précisant si la rubrique est soumise à la taxe générale sur les activités polluantes (TGAP) et le cas échéant, dans quelles conditions (cinquième colonne), une colonne précisant si la rubrique est soumise à l'obligation de constitution de garanties financières et le cas échéant, dans quelle conditions (sixième colonne) et une dernière colonne concernant la soumission à bilan de fonctionnement (septième colonne).

2921. Rappelons que les installations visées par la nomenclature sont celles soumises à Déclaration (D), celles soumises à Déclaration et Contrôle périodique (DC), celles soumises à Enregistrement (E), celles soumises à Autorisation (A) ainsi que celles soumises à Autorisation et Servitudes d'utilité publique (AS).

NOMENCLATURE				TGAP		Garanties financières	
N°	Désignation de la rubrique	D, DC, E, A, S	Rayon	Capacité de l'activité	Coeff.		Bilan de fonctionnement
195	Ferro-silicium (dépôts de)	D					
1185	Gaz à effet de serre fluorés visés par le règlement (CE) n° 842/2006 ou substances qui appauvrissent la couche d'ozone visées par le règlement (CE) n° 1005/2009 (fabrication, emploi, stockage).						
	2. Emploi dans des équipements clos en exploitation.	DC		2. Non soumis à la taxe.......	-		
	a) Equipements frigorifiques ou climatiques (y compris pompe à chaleur) de capacité unitaire supérieure à 2 kg, la quantité cumulée de fluide susceptible d'être présente dans l'installation étant supérieure ou égale à 300 kg.......................................	D D D		3. Quelle que soit la capacité.....................................	1		
	b) Equipements d'extinction, la quantité cumulée de fluide susceptible d'être présente dans l'installation étant supérieure à 200 kg...	D					
	3. Stockage de fluides vierges, recyclés ou régénérés, à l'exception du stockage temporaire. 1) Fluides autres que l'hexafluorure de soufre : La quantité de fluide susceptible d'être présente dans l'installation étant : a) En récipient de capacité unitaire supérieure ou égale à 400 l.... b) Supérieure à 1 t et en récipients de capacité unitaire inférieure à 400 l ... 2) Cas de l'hexafluorure de soufre : La quantité de fluide susceptible d'être présente dans l'installation étant supérieure à 150 kg quel que soit le conditionnement...						

	NOMENCLATURE			TGAP		Garanties financières	
1220	Oxygène (emploi et stockage de l') La quantité totale susceptible d'être présente dans l'installation étant : 1. supérieure ou égale à 2 000 t................................... 2. supérieure ou égale à 200 t, mais inférieure à 2 000 t................................... 3. supérieure ou égale à 2 t, mais inférieure à 200 t.....	AS A D	2 2	La quantité totale susceptible d'être présente dans l'installation étant : – supérieure ou égale à 2 000 t.................................... – supérieure ou égale à 200 t, mais inférieure à 2 000 t...	6 2		
1412	Gaz inflammables liquéfiés (stockage en réservoirs manufacturés de), à l'exception de ceux visés explicitement par d'autres rubriques de la nomenclature : Les gaz sont maintenus liquéfiés à une température telle que la pression absolue de vapeur correspondante n'excède pas 1,5 bar (stockages réfrigérés ou cryogéniques) ou sous pression quelle que soit la température. 1. La quantité totale susceptible d'être présente dans l'installation étant supérieure ou égale à 200 t 2. La quantité totale susceptible d'être présente dans l'installation étant : a) supérieure ou égale à 50 t .... b) supérieure à 6 t, mais inférieure à 50 t..................	AS A DC	2 2	La quantité totale susceptible d'être présente dans l'installation étant : – supérieure ou égale à 200 t... – supérieure ou égale à 50 t, mais inférieure à 200 t......	6 3		
1414	Gaz inflammables liquéfiés (installation de remplissage ou de distribution de) 3. installations de remplissage de réservoirs alimentant des moteurs ou autres appareils d'utilisation comportant des organes de sécurité (jauges et soupapes)	DC					

	NOMENCLATURE			TGAP		Garanties financières	
1418	Acétylène (stockage ou emploi de l') La quantité totale susceptible d'être présente dans l'installation étant : 1. supérieure ou égale à 50 t .... 2. supérieure ou égale à 1 t, mais inférieure à 50 t....... 3. supérieure ou égale à 100 kg, mais inférieure à 1 t	AS A D	2 2	La quantité totale susceptible d'être présente dans l'installation étant supérieure ou égale à 50 t ...	6		
1432	Liquides inflammables (stockage en réservoirs manufacturés de). 1. Lorsque la quantité stockée de liquides inflammables visés à la rubrique 1430 susceptible d'être présente est : a) supérieure ou égale à 50 t pour la catégorie A b) supérieure ou égale à 5 000 t pour le méthanol c) supérieure ou égale à 10 000 t pour la catégorie B, notamment les essences y compris les naphtes et kérosènes, dont le point éclair est inférieur à 55 °C (carburants d'aviation compris) d) supérieure ou égale à 25 000 t pour la catégorie C, y compris les gazoles (gazole Diesel, gazole de chauffage domestique et mélanges de gazoles) et les kérosènes dont le point éclair est supérieur ou égal à 55 °C 2. Stockage de liquides inflammables visés à la rubrique 1430 : a) représentant une capacité équivalente totale supérieure à 100 m3 b) représentant une capacité équivalente totale supérieure à 10 m3, mais inférieure ou égale à 100 m3	AS AS AS AS A DC	4 4 4 4 2	Lorsque la quantité stockée de liquides inflammables visés à la rubrique 1430 susceptible d'être présente est : – supérieure à 50 t pour la catégorie A.......................... – supérieure à 5 000 t pour le méthanol.......................... – supérieure à 10 000 t pour la catégorie B notamment les essences y compris les naphtes et kérosènes dont le point éclair est inférieur à 55°C (carburants d'aviation compris) - supérieure ou égale à 25 000 t pour la catégorie C, y compris les gazoles (gazole diesel, gazole de chauffage domestique et mélanges de gazoles) et les kérosènes dont le point éclair est supérieur ou égal à 55°C..... Stockage de liquides inflammables visés à la rubrique 1430 représentant une capacité équivalente totale supérieure à 100 m3..	6 6 6 6 3		

	NOMENCLATURE			TGAP		Garanties financières	
1345	Stations-service : installations, ouvertes ou non au public, où les carburants sont transférés de réservoirs de stockage fixes dans les réservoirs à carburant de véhicules à moteur, de bateaux ou d'aéronefs. Le volume annuel de carburant (liquides inflammables visés à la rubrique 1430 de la catégorie de référence (coefficient 1) distribué étant : 1. Supérieur à 8 000 m ³ ..... 2. Supérieur à 3 500 m ³ mais inférieur ou égal à 8 000 m ³ .... 3. Supérieur à 100 m ³ mais inférieur ou égal à 3 500 m ³	A E DC	1				
2521	Enrobage au bitume de matériaux routiers (centrale d') 1. à chaud.......................... 2. à froid, la capacité de l'installation étant : a) supérieure à 1 500 t/j...... b) supérieure à 100 t/j, mais inférieure ou égale à 1 500 t/j	A A D	2 1				
2550	Fonderie (fabrication de produits moulés) de plomb et alliages contenant du plomb (au moins 3 %) La capacité de production étant : 1. supérieure à 100 kg/j ...... 2. supérieure à 10 kg/j, mais inférieure ou égale à 100 kg/j..............................	A DC	2	La capacité de production étant : – supérieure à 2 t/j.............. – supérieure à 500 kg/j, mais inférieure ou égale à 2 t/j .... – supérieure à 100 kg/j, mais inférieure ou égale à 500 kg/j...............................	6 3 1	La capacité de production étant supérieure à 4 t/j A partir du 1/07/2017 : La capacité de production étant supérieure à 100	A partir d'une capacité de production de 4 t/j
2551	Fonderie (fabrication de produits moulés) de métaux et alliages ferreux La capacité de production étant : 1. supérieure à 10 t/j.......... 2. supérieure à 1 t/j, mais inférieure ou égale à 10 t/j..	A DC	2	La capacité de production étant : – supérieure à 200 t/j.......... – supérieure à 50 t/j, mais inférieure ou égale à 200 t/j.	4 1	La capacité de production étant supérieure à 20 t/j A partir du 1/07/2017 : La capacité de production étant supérieure à 10 t/j	A partir d'une capacité de production de 20 t/j

	NOMENCLATURE			TGAP		Garanties financières	
2552	Fonderie (fabrication de produits moulés) de métaux et alliages non ferreux (à l'exclusion de celles relevant de la rubrique 2550) La capacité de production étant : 1. supérieure à 2 t/j............. 2. supérieure à 100 kg/j, mais inférieure ou égale à 2 t/j	A DC	2	La capacité de production étant supérieure à 50 t/j	1	La capacité de production étant supérieure à 20 t/j A partir du 1/07/2017 : La capacité de production étant supérieure	A partir d'une capacité de production de 20 t/j
2560	Métaux et alliages (travail mécanique des) La puissance installée de l'ensemble des machines fixes concourant au fonctionnement de l'installation étant : 1. supérieure à 500 kW .... 2. supérieure à 50 kW, mais inférieure ou égale à 500 kW................................	A D	2	La puissance installée de l'ensemble des machines fixes concourant au fonctionnement de l'installation étant supérieure à 500 kW...	3	Par laminage à chaud avec une capacité supérieure à 20 tonnes d'acier brut par heure, par forgeage à l'aide de marteaux dont l'énergie de frappe dépasse 50 kilojoules par marteau et lorsque la puissance calorifique mise en œuvre est supérieure	Seuil identique à celui pour les garanties financières
2561	Métaux et alliages (trempe, recuit ou revenu)	D					

	NOMENCLATURE			TGAP		Garanties financières	
2565	Revêtement métallique ou traitement (nettoyage, décapage, conversion, polissage, attaque chimique, etc.) de surfaces (métaux, matières plastique, semi-conducteurs, etc.) par voie électrolytique ou chimique, à l'exclusion du nettoyage, dégraissage, décapage de surfaces visés par la rubrique 2564. 1. Lorsqu'il y a mise en œuvre de cadmium 2. Procédés utilisant des liquides (sans mise en œuvre de cadmium), le volume des cuves de traitement étant : a) supérieur à 1 500 l b) supérieur à 200 l, mais inférieur ou égal à 1 500 l 3. Traitement en phase gazeuse ou autres traitements sans mise en œuvre de cadmium 4 - Vibro-abrasion, le volume total des cuves de travail étant supérieur à 200 litres	A A DC DC DC	1 1	1. Quelle que soit l'activité... 2. Le volume des cuves de traitement étant : – supérieur à 25 000 l .... – supérieur à 5 000 l, mais inférieur ou égal à 25 000 l..	4 4 1	1; A partir d'un volume de cuves de bain de traitement de 30 000 litres A partir du 1/07/2017 : Lorsqu'il y a mise en œuvre de cadmium Pour des procédés utilisant des liquides sans mise en œuvre de cadmium et à l'exclusion de la vibro-abrasion, le volume des cuves de traitement étant supérieur à 1500 litres	A partir d'un volume de cuves de bain de traitement de 30 000 litres
2566	Métaux (décapage ou nettoyage des) par traitement thermique	A	1	Quelle qu'elle soit	1		
2567	Métaux (galvanisation, étamage de) ou revêtement métallique d'un matériau quelconque par immersion ou par pulvérisation de métal fondu	A	1			A partir d'une capacité de traitement supérieure à 2 tonnes d'acier brut par heure A partir du 1/07/2017 : Pour toute autre capacité inférieure	A partir d'une capacité de traitement supérieure à 2 tonnes d'acier brut par heure
2575	Abrasives (emploi de matières) telles que sables, corindon, grenailles métalliques, etc. sur un matériau quelconque pour gravure, dépolissage, décapage, grainage, à l'exclusion des activités visées par la rubrique 2565. La puissance installée des machines fixes concourant au fonctionnement de l'installation étant supérieure à 20kW................................	D					

	NOMENCLATURE			TGAP		Garanties financières	
2660	Polymères (matières plastique, caoutchoucs, élastomères, résines et adhésifs synthétiques) (fabrication ou régénération de)	A		La capacité de production étant : – supérieure à 20 t/j............ – supérieure à 5 t/j, mais inférieure ou égale à 20 t/j	 6 2	La capacité de production étant supérieure ou égale à 140 t/j A partir du 1/07/2017 : La capacité de production étant supérieure ou égale à 70 t/j	Quelle que soit la capacité de production
2661	Polymères (matières plastique, caoutchoucs, élastomères, résines et adhésifs synthétiques) (transformation de) 1. Par des procédés exigeant des conditions particulières de température ou de pression (extrusion, injection, moulage, segmentation à chaud, densification, etc.), la quantité de matière susceptible d'être traitée étant : a) supérieure ou égale à 10 t/j .... b) supérieure ou égale à 1 t/j, mais inférieure à 10 t/j .. 2. Par tout procédé exclusivement mécanique (sciage, découpage, meulage, broyage, etc.), la quantité de matière susceptible d'être traitée étant : a) supérieure ou égale à 20 t/j .... b) supérieure ou égale à 2 t/j, mais inférieure à 20 t/j ..	A D A D	1 D	1. La quantité de matière susceptible d'être traitée étant supérieure ou égale à 20 t/j .... 2. La quantité de matière susceptible d'être traitée étant supérieure ou égale à 20 t/j	1 1		
2662	Polymères (matières plastique, caoutchoucs, élastomères, résines et adhésifs synthétiques) (stockage de) Le volume susceptible d'être stocké étant : 1. supérieur ou égal à 40 000 m3 2. supérieur ou égal à 1 000 m3, mais inférieur à 40 000 m3 3. supérieur ou égal à 100 m3, mais inférieur à 1 000 m3	A E D	2				

	NOMENCLATURE			TGAP		Garanties financières	
2663	Pneumatiques et produits dont 50 % au moins de la masse totale unitaire est composée de polymères (matières plastique, caoutchoucs, élastomères, résines et adhésifs synthétiques) (stockage de) 1. À l'état alvéolaire ou expansé tels que mousse de latex, de polyuréthanne, de polystyrène, etc., le volume susceptible d'être stocké étant : a) supérieur ou égal à 45 000 m3................................ b) supérieur ou égal à 2 000 m3, mais inférieur à 45 000 m3................................ c) supérieur ou égal à 200 m3, mais inférieur à 2 000 m3 .... 2. Dans les autres cas et pour les pneumatiques, le volume susceptible d'être stocké étant : a) supérieur ou égal à 80 000 m3................................ b) supérieur ou égal à 10 000 m3, mais inférieur à 80 000 m3................................ c) supérieur ou égal à 1 000 m3, mais inférieur à 10 000 m3	A E D A E D	2 2				
2670	Accumulateurs et piles (fabrication d') contenant du plomb, du cadmium ou du mercure	A	1	quelles que soit la capacité	6	quelles que soit la capacité	

	NOMENCLATURE			TGAP		Garanties financières	
2710	Installations de collecte de déchets apportés par le producteur initial de ces déchets.						
	1. Collecte de déchets dangereux : La quantité de déchets susceptibles d'être présents dans l'installation étant :	A DC	1				
	a)Supérieure ou égale à 7 t.	A E	1				
	b) Supérieure ou égale à 1 t et inférieure à 7 t	DC					
	2. Collecte de déchets non dangereux : Le volume de déchets susceptibles d'être présents dans l'installation étant :						
	a)Supérieur ou égal à 600 m³						
	b) Supérieur ou égal à 300 m³ et inférieur à 600 m³......						
	c) Supérieur ou égal à 100 m³ et inférieur à 300 m³......						
2712	Installation d'entreposage, dépollution, démontage ou découpage de véhicules hors d'usage ou de différents moyens de transports hors d'usage.	A	2			Pour une surface supérieure à 1 ha (l' Arrêté du 12/02/15 repousse l'échéance de constitution des garanties financières des installations de traitement de VHU de 2014 à 2019)	
	1. Dans le cas de véhicules terrestres hors d'usage, la surface de l'installation étant :	E A	 2				
	a) supérieure ou égale à 30 000 m ²						
	b) Supérieure ou égale à 100 m ² et inférieure à 30 000 m ²..................................						
	2. Dans le cas d'autres moyens de transports hors d'usage, la surface de l'installation étant supérieure ou égale à 50 m ²..................						

	NOMENCLATURE			TGAP		Garanties financières	
2718	Installation de transit, regroupement ou tri de déchets dangereux ou de déchets contenant les substances dangereuses ou préparations dangereuses mentionnées à l'article R. 511-10 du code de l'environnement, à l'exclusion des installations visées aux rubriques 1313, 2710, 2711, 2712, 2717 et 2719. La quantité de déchets susceptible d'être présente dans l'installation étant : 1.Supérieure ou égale à 1 t 2. Inférieure à 1 t................	A DC	2	1. La quantité de déchets susceptible d'être présente dans l'installation étant : a) Supérieure ou égale à 50 t b) Supérieure ou égale à 1t et inférieure à 50 t 2. Non soumis à la taxe......	6 3	La quantité de déchets susceptibles d'être présente dans l'installation étant supérieure ou égale à 1 tonne	Pour une quantité supérieure à 10 tonnes par jour
2795	Installation de lavage de fûts, conteneurs et citernes de transport de matières alimentaires, de matières dangereuses au sens de la rubrique 1000 de la nomenclature des installations classées ou de déchets dangereux La quantité d'eau mise en œuvre étant : 1.Supérieure ou égale à 20 m^3/j .... 2.Inférieure à 20 m^3/j	A DC	1	La quantité d'eau mise en œuvre étant supérieure ou égale à 20 m3 par jour......... Pour une capacité supérieure à 10 t/ j si les déchets sont dangereux ou supérieure à 50 t/ j si les déchets sont non dangereux et destinés à être éliminés			Pour une capacité supérieure à 10 t/ j si les déchets sont dangereux ou supérieure à 50 t/ j si les déchets sont non dangereux et destinés à être éliminés
2920	Installation de compression fonctionnant à des pressions effectives supérieures à 105 Pa et comprimant ou utilisant des fluides inflammables ou toxiques, la puissance absorbée étant supérieure à 10 MW.............................	A	1				
2995	Accumulateurs (ateliers de charge d') La puissance maximum de courant continu utilisable pour cette opération étant supérieure à 50 kW	D					

	NOMENCLATURE			TGAP		Garanties financières	
2930	Ateliers de réparation et d'entretien de véhicules et engins à moteur, y compris les activités de carrosserie et de tôlerie.	A	1	1. Non soumis à la taxe...	-		
	1. Réparation et entretien de véhicules et engins à moteur :	DC		2. La quantité annuelle de solvants contenus dans les produits susceptible d'être utilisée est :			
	a) La surface de l'atelier étant supérieure à 5 000 m2	A	1	– supérieure à 50 t	2		
	b) La surface de l'atelier étant supérieure à 2 000 m2, mais inférieure ou égale à 5 000 m2	DC		– supérieure ou égale à 12,5 t, mais inférieure à 50 t	1		
	2. Vernis, peinture, apprêt (application, cuisson, séchage de) sur véhicules et engins à moteur :						
	a) Si la quantité maximale de produits susceptible d'être utilisée est supérieure à 100 kg/j						
	b) Si la quantité maximale de produits susceptible d'être utilisée est supérieure à 10 kg/j ou si la quantité annuelle de solvants contenus dans les produits susceptible d'être utilisée est supérieure à 0,5 t, sans que la quantité maximale de produits susceptible d'être utilisée dépasse 100 kg/j						

TABLEAU n° 2 : FUTURS AJOUTS ET RETRAITS A LA NOMENCLATURE

à compter du 1er juin 2015

A. — NOMENCLATURE DES INSTALLATIONS CLASSÉES (Rubriques modifiées à compter du 1er juin 2015)			
N°	**Désignation de la rubrique**	**A, E, D, C**	**Rayon**
1435	Stations-service : installations, ouvertes ou non au public, où les carburants sont transférés de réservoirs de stockage fixes dans les réservoirs à carburant de véhicules à moteur, de bateaux ou d'aéronefs.		
	Le volume annuel de carburant distribué étant :		
	1. Supérieur à 40 000 m³	A	1
	2. Supérieur à 20 000 m³ mais inférieur ou égal à 40 000 m³	E	
	3. Supérieur à 100 m³ d'essence ou 500 m³ au total, mais inférieur ou égal à 20 000 m³	DC	
Nota. — Les débits sont exprimés pour une température de gaz de 273,15 K à une pression de 101,325 kPa Essence : tout dérivé du pétrole, avec ou sans additif d'une pression de vapeur saturante à 20° C de 13 kPa ou plus, destiné à être utilisé comme carburant pour les véhicules à moteur, excepté le gaz de pétrole liquéfié (GPL) et les carburants pour l'aviation.			

A. — NOMENCLATURE DES INSTALLATIONS CLASSÉES (Rubriques créées à compter du 1er juin 2015)			
N°	**Désignation de la rubrique**	**A, E, D, C**	**Rayon**
1421	Installation de remplissage d'aérosols inflammables de catégorie 1 et 2		
	1. Aérosols inflammables contenant des gaz inflammables de catégorie 1 ou 2 ou des liquides inflammables de catégorie 1.		
	Lorsque le remplissage dépasse 1 000 unités par jour	A	1
	2. Aérosols inflammables non visés par le point 1 et contenant des liquides inflammables de catégorie 2 et 3, le débit maximal de l'installation étant supérieur ou égal à 100 m ³/ h	A	1
4310	Gaz inflammables catégorie 1 et 2.		
	La quantité totale susceptible d'être présente dans les installations y compris dans les cavités souterraines étant :		
	1. Supérieure ou égale à 10 t	A	2
	2. Supérieure ou égale à 1 t et inférieure à 10 t	DC	
	Quantité seuil bas au sens de l'article R. 511-10 : 10 t. Quantité seuil haut au sens de l'article R. 511-10 : 50 t.		
4320	Aérosols extrêmement inflammables ou inflammables de catégorie 1 ou 2 contenant des gaz inflammables de catégorie 1 ou 2 ou des liquides inflammables de catégorie 1.		
	La quantité totale susceptible d'être présente dans l'installation étant :		
	1. Supérieure ou égale à 150 t	A	2
	2. Supérieure ou égale à 15 t et inférieure à 150 t	D	
Nota. — Les aérosols inflammables sont classés conformément à la directive 75/324/ CEE relative aux générateurs aérosols. Les aérosols extrêmement inflammables et inflammables de la directive 75/324/ CEE correspondent respectivement aux aérosols inflammables des catégories 1 et 2 du règlement (CE) n° 1272/2008. Quantité seuil bas au sens de l'article R. 511-10 : 150 t. Quantité seuil haut au sens de l'article R. 511-10 : 500 t.			

4321	Aérosols extrêmement inflammables ou inflammables de catégorie 1 ou 2 ne contenant pas de gaz inflammables de catégorie 1 ou 2 ou des liquides inflammables de catégorie 1.		
	La quantité totale susceptible d'être présente dans l'installation étant :		
	1. Supérieure ou égale à 5 000 t	A	1
	2. Supérieure ou égale à 500 t et inférieure à 5 000 t	D	
Nota. — Les aérosols inflammables sont classés conformément à la directive 75/324/ CEE relative aux générateurs aérosols. Les aérosols extrêmement inflammables et inflammables de la directive 75/324/ CEE correspondent respectivement aux aérosols inflammables des catégories 1 et 2 du règlement (CE) n° 1272/2008. Quantité seuil bas au sens de l'article R. 511-10 : 5 000 t. Quantité seuil haut au sens de l'article R. 511-10 : 50 000 t.			

4330	Liquides inflammables de catégorie 1, liquides inflammables maintenus à une température supérieure à leur point d'ébullition, autres liquides de point éclair inférieur ou égal à 60° C maintenus à une température supérieure à leur température d'ébullition ou dans des conditions particulières de traitement, telles qu'une pression ou une température élevée (1).		
	La quantité totale susceptible d'être présente dans les installations y compris dans les cavités souterraines étant :		
	1. Supérieure ou égale à 10 t	A	2
	2. Supérieure ou égale à 1 t mais inférieure à 10 t	DC	
(1) Conformément à la section 2.6.4.5 de l'annexe I du règlement (CE) n° 1272/2008, il n'est pas nécessaire de classer les liquides ayant un point d'éclair supérieur à 35° C dans la catégorie 3 si l'épreuve de combustion entretenue du point L 2, partie III, section 32, du Manuel d'épreuves et de critères des Nations unies a donné des résultats négatifs. Toutefois, cette remarque n'est pas valable en cas de température ou de pression élevée, et ces liquides doivent alors être classés dans cette catégorie. Quantité seuil bas au sens de l'article R. 511-10 : 10 t. Quantité seuil haut au sens de l'article R. 511-10 : 50 t.			

4331	Liquides inflammables de catégorie 2 ou catégorie 3 à l'exclusion de la rubrique 4330.		
	La quantité totale susceptible d'être présente dans les installations y compris dans les cavités souterraines étant :		
	1. Supérieure ou égale à 1 000 t	A	2
	2. Supérieure ou égale à 100 t mais inférieure à 1 000 t	E	
	3. Supérieure ou égale à 50 t mais inférieure à 100 t	DC	
	Quantité seuil bas au sens de l'article R. 511-10 : 5 000 t. Quantité seuil haut au sens de l'article R. 511-10 : 50 000 t.		
4718	Gaz inflammables liquéfiés de catégorie 1 et 2 (y compris GPL et biogaz affiné, lorsqu'il a été traité conformément		

N°	Désignation de la rubrique	A, E, D, C	Rayon
	A. — NOMENCLATURE DES INSTALLATIONS CLASSÉES (Rubriques créées à compter du 1er juin 2015)		
1421	Installation de remplissage d'aérosols inflammables de catégorie 1 et 2		
	1. Aérosols inflammables contenant des gaz inflammables de catégorie 1 ou 2 ou des liquides inflammables de catégorie 1.		
	Lorsque le remplissage dépasse 1 000 unités par jour	A	1
	2. Aérosols inflammables non visés par le point 1 et contenant des liquides inflammables de catégorie 2 et 3, le débit maximal de l'installation étant supérieur ou égal à 100 m^3/h	A	1
4310	Gaz inflammables catégorie 1 et 2.		
	La quantité totale susceptible d'être présente dans les installations y compris dans les cavités souterraines étant :		
	1. Supérieure ou égale à 10 t	A	2
	2. Supérieure ou égale à 1 t et inférieure à 10 t	DC	
	Quantité seuil bas au sens de l'article R. 511-10 : 10 t. Quantité seuil haut au sens de l'article R. 511-10 : 50 t.		
4320	Aérosols extrêmement inflammables ou inflammables de catégorie 1 ou 2 contenant des gaz inflammables de catégorie 1 ou 2 ou des liquides inflammables de catégorie 1.		
	La quantité totale susceptible d'être présente dans l'installation étant :		
	1. Supérieure ou égale à 150 t	A	2
	2. Supérieure ou égale à 15 t et inférieure à 150 t	D	
	Nota. — Les aérosols inflammables sont classés conformément à la directive 75/324/ CEE relative aux générateurs aérosols. Les aérosols extrêmement inflammables et inflammables de la directive 75/324/ CEE correspondent respectivement aux aérosols inflammables des catégories 1 et 2 du règlement (CE) n° 1272/2008. Quantité seuil bas au sens de l'article R. 511-10 : 150 t. Quantité seuil haut au sens de l'article R. 511-10 : 500 t.		

4321	Aérosols extrêmement inflammables ou inflammables de catégorie 1 ou 2 ne contenant pas de gaz inflammables de catégorie 1 ou 2 ou des liquides inflammables de catégorie 1.		
	La quantité totale susceptible d'être présente dans l'installation étant :		
	1. Supérieure ou égale à 5 000 t	A	1
	2. Supérieure ou égale à 500 t et inférieure à 5 000 t	D	
	Nota. — Les aérosols inflammables sont classés conformément à la directive 75/324/ CEE relative aux générateurs aérosols. Les aérosols extrêmement inflammables et inflammables de la directive 75/324/ CEE correspondent respectivement aux aérosols inflammables des catégories 1 et 2 du règlement (CE) n° 1272/2008. Quantité seuil bas au sens de l'article R. 511-10 : 5 000 t. Quantité seuil haut au sens de l'article R. 511-10 : 50 000 t.		

4330	Liquides inflammables de catégorie 1, liquides inflammables maintenus à une température supérieure à leur point d'ébullition, autres liquides de point éclair inférieur ou égal à 60° C maintenus à une température supérieure à leur température d'ébullition ou dans des conditions particulières de traitement, telles qu'une pression ou une température élevée (1).		
	La quantité totale susceptible d'être présente dans les installations y compris dans les cavités souterraines étant :		
	1. Supérieure ou égale à 10 t	A	2
	2. Supérieure ou égale à 1 t mais inférieure à 10 t	DC	
	(1) Conformément à la section 2.6.4.5 de l'annexe I du règlement (CE) n° 1272/2008, il n'est pas nécessaire de classer les liquides ayant un point d'éclair supérieur à 35° C dans la catégorie 3 si l'épreuve de combustion entretenue du point L 2, partie III, section 32, du Manuel d'épreuves et de critères des Nations unies a donné des résultats négatifs. Toutefois, cette remarque n'est pas valable en cas de température ou de pression élevée, et ces liquides doivent alors être classés dans cette catégorie. Quantité seuil bas au sens de l'article R. 511-10 : 10 t. Quantité seuil haut au sens de l'article R. 511-10 : 50 t.		

4331	Liquides inflammables de catégorie 2 ou catégorie 3 à l'exclusion de la rubrique 4330.		
	La quantité totale susceptible d'être présente dans les installations y compris dans les cavités souterraines étant :		
	1. Supérieure ou égale à 1 000 t	A	2
	2. Supérieure ou égale à 100 t mais inférieure à 1 000 t	E	
	3. Supérieure ou égale à 50 t mais inférieure à 100 t	DC	
	Quantité seuil bas au sens de l'article R. 511-10 : 5 000 t. Quantité seuil haut au sens de l'article R. 511-10 : 50 000 t.		
4718	Gaz inflammables liquéfiés de catégorie 1 et 2 (y compris GPL et biogaz affiné, lorsqu'il a été traité conformément		

Section 3 . Les procédures applicables aux trois régimes ICPE

2922. A chaque régime correspond une procédure spécifique auquel doit se conformer l'industriel dont l'installation est soumise à la législation des ICPE. Pour autant, que ce soit la déclaration, ou bien les demandes d'enregistrement ou d'autorisation ICPE, celles-ci devront être adressées au préfet du département dans lequel va être implantée l'installation (C. env., art. R. 512-2, R. 512-46-1 et R. 512-47, I).

2923. Dès à présent, il convient également pour l'exploitant d'être bien conscient qu'il ne pourra mettre en service son installation avant d'être titulaire soit d'une autorisation ICPE, soit d'une autorisation simplifiée ICPE, soit du récépissé de déclaration ICPE sous peine de sanctions pénales (voir infra, Chapitre 3 Sanctions et contentieux).

2924. Rappelons également que le récépissé de déclaration, l'enregistrement ou l'autorisation ICPE ne dispense en aucun cas l'industriel des autorisations nécessaires à son installation au titre d'une autre législation (autorisations d'urbanisme, de défrichement, etc.).

2925. Enfin, précisons que lorsque plusieurs installations dont des installations de classe D ou E cohabitent sur le même site exploité avec une installation de classe A, c'est le régime aggravé de l'autorisation qui s'applique pour l'ensemble des installations (C. env., art. R. 512-32).

Sous-section 1 . Les procédures relatives au régime de l'autorisation

2926. Les installations soumises au régime de l'autorisation des ICPE sont celles dont les effets potentiels sur l'environnement et les populations sont importants. C'est pourquoi, la mise en œuvre de ce genre d'installations est soumise à une procédure d'une durée de 10 à 12 mois en moyenne au cours de laquelle le public est forcément consulté par le biais de la réalisation d'une enquête publique.

§ 1 . Le déroulement de la procédure

2927. Tout d'abord, l'exploitant projetant de mettre en œuvre ce type d'installation devra adresser au préfet une demande d'autorisation contenant tous les éléments listés aux articles R. 512-3 à R. 512-6 du Code de l'environnement, c'est-à-dire à côté de plans et de documents administratifs, notamment une étude d'impact et une étude de dangers dont les contenus sont respectivement énoncés aux articles R. 512-8 et R. 512-9 du même code. Ces études obéissent à une méthodologie scientifique rigoureuse. Le recours à un bureau d'étude spécialisé dans la rédaction de ce type de document est vivement recommandé, l'audit juridique de la procédure d'autorisation étant couramment pratiqué dans l'industrie.

2928. Le dossier de demande d'autorisation d'exploiter (D.D.A.E.) est déposé à la Direction Régionale de l'Environnement, de l'Aménagement et du Logement (DREAL) où il sera instruit par le service d'inspection des installations classées. Au cours de cette instruction, en fonction des caractéristiques du projet, différents services administratifs seront consultés et devront donner leur avis dans un délai de 30 jours (C. env., art. R. 512-21).

2929. Une fois le dossier de demande d'autorisation jugé complet, le préfet doit le transmettre dans le mois qui suit à l'autorité environnementale pour que celle-ci, après avoir consultée l'Agence Régionale de Santé (ARS), émette un avis sur l'étude d'impact (C. env., art. R. 122-6, R. 122-7, III et R. 512-14). Dans le même laps de temps, il doit également saisir le président du tribunal administratif compétent en lui indiquant l'objet de l'enquête publique à réaliser ainsi que la période d'enquête qu'il propose de retenir. Le président du tribunal administratif désigne alors dans les 15 jours un commissaire enquêteur ou une commission d'enquête qui aura pour mission lors de l'enquête de tenir le registre d'enquête sur lequel le public est invité à formuler ses observations sur le projet.

2930. Les modalités d'organisation et de déroulement de l'enquête sont celles prévues aux articles R. 123-1 et suivant du Code de l'environnement, sous réserves des dispositions spécifiques aux installations classées soumises à autorisation prévues à l'article R. 512-14 du même code. Ainsi, la durée de l'enquête publique est théoriquement d'un mois, mais peut être, sur décision du commissaire enquêteur, prorogée jusqu'à un mois supplémentaire.

2931. Dans toutes les communes concernées par le projet, un exemplaire du dossier soumis à l'enquête est disponible et des permanences sont effectuées dans les communes désignées par le préfet comme lieu d'enquête pour permettre au public de consulter le dossier et de faire d'éventuelles observations (C. env., art. R. 123-13).

2932. Lorsque l'enquête publique est clôturée, le commissaire enquêteur récupère le registre d'enquête et doit sous huitaine transmettre au pétitionnaire de la demande d'autorisation un procès verbal synthétisant les observations écrites et orales formulées par le public. Le pétitionnaire dispose alors d'un délai de 15 jours à la réception de ce procès verbal de synthèse pour répondre aux observations du public s'il l'estime nécessaire (C. env., art. R. 123-18).

2933. Dans le même temps, le commissaire enquêteur doit rédiger un rapport d'enquête et ses conclusions se doivent de prendre partie de façon motivée en faveur ou contre le projet. Ce rapport et ces conclusions doivent théoriquement être remis au préfet dans un délai de 30 jours à compter du jour de clôture de l'enquête (C. env., art. R. 123-19) et sont ensuite transmises au pétitionnaire.

2934. Le service de l'inspection des installations classées va alors établir un rapport sur la demande d'autorisation et les résultats de l'enquête publique. Il élabore également des propositions sur les suites à donner à la demande d'autorisation, accompagnées le cas échéant des prescriptions qu'il envisage d'imposer à l'exploitant.
Le rapport et ces propositions sont soumis au Conseil Départemental de l'Environnement et des Risques Sanitaires et Technologiques (CODERST) pour que ce dernier donne son avis. Le pétitionnaire doit être informé de la réunion de ce conseil 8 jours avant celle-ci et être destinataire des propositions formulées par l'inspection (C. env., art. R. 512-25). Il pourra s'il le souhaite s'y faire entendre.

2935. A la suite de cette réunion, le préfet élabore un projet d'arrêté qu'il doit transmettre au pétitionnaire. Ce dernier dispose alors de 15 jours pour formuler par écrit d'éventuelles observations.
Pour clore cette procédure, le préfet statue sur la demande d'autorisation ICPE. Entre la réception du rapport du commissaire enquêteur et la décision du préfet sur la demande, il ne doit pas, théoriquement, s'écouler plus de trois mois (C. env., art. R. 512-26), mais ce délai demeure indicatif.

Autorisation

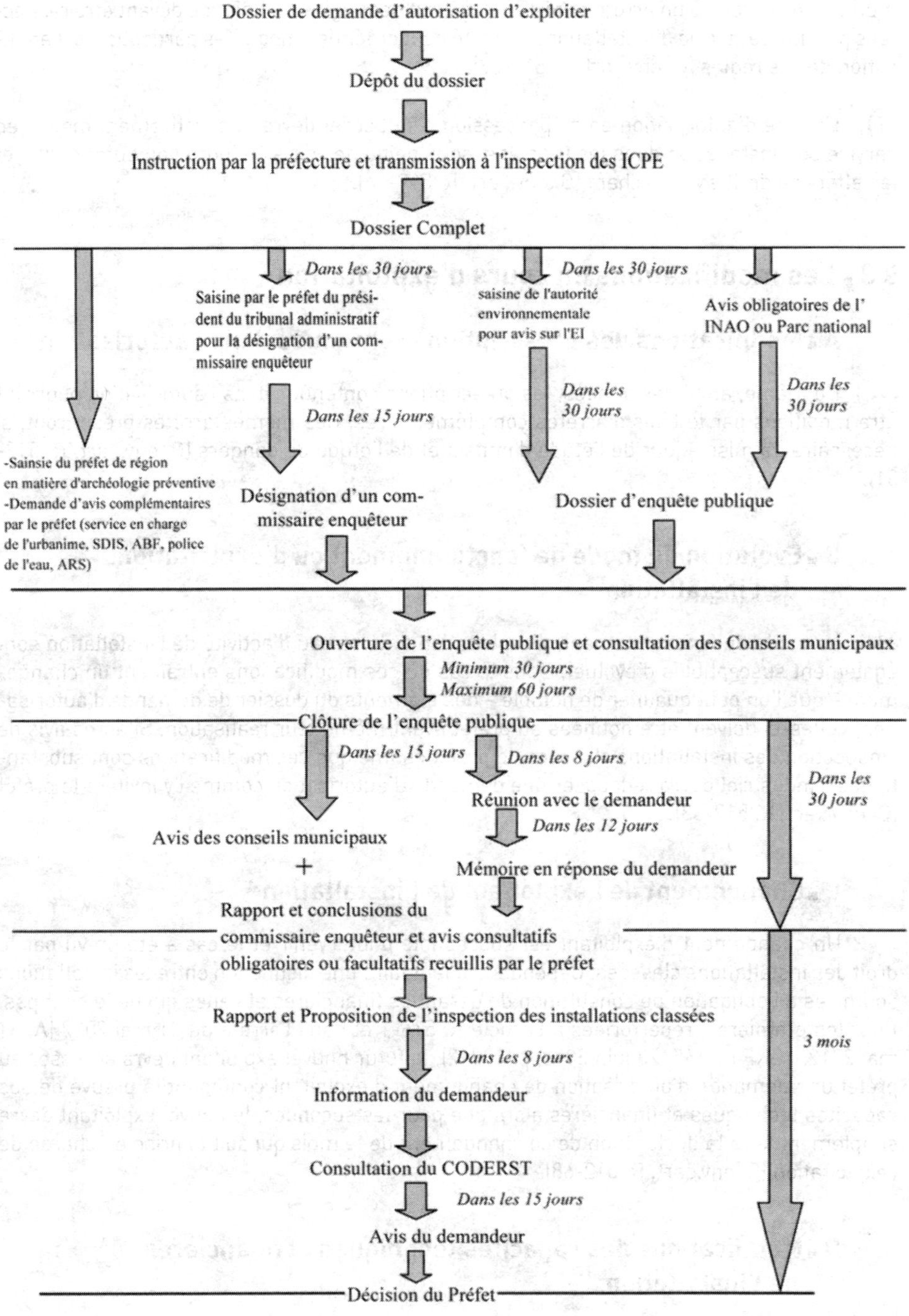

§ 2 ▪ L'arrêté d'autorisation du préfet

2936. L'arrêté d'autorisation du préfet fixe les prescriptions applicables à l'installation. Et même dans le cas où un arrêté ministériel fixerait des règles techniques devant être respectées par une catégorie d'installations, l'arrêté peut créer des modalités particulières d'application de ces règles (C. env., art. R. 512-28).

2937. L'arrêté d'autorisation en sa possession, l'industriel devra impérativement mettre en service son installation dans les trois ans, sous peine de voir s'éteindre son autorisation et les effets de droit s'y rattachant (C. env., art. R. 512-74).

§ 3 ▪ Les modifications en cours d'exploitation

A ▪ Modifications des prescriptions contenues dans l'autorisation

2938. De même, au fil des années, les prescriptions contenues dans l'autorisation pourront être modifiées par le biais d'arrêtés complémentaires. Ces mêmes arrêtés prescriront, si nécessaire, la mise à jour de l'étude d'impact et de l'étude de dangers (C. env., art. R. 512-31).

B ▪ Évolution du mode de fonctionnement ou d'exploitation de l'installation

2939. Le mode de fonctionnement, d'exploitation et le niveau d'activité de l'installation sont également susceptibles d'évoluer. Dans le cas où ces modifications entraînent un changement – que l'on peut qualifier de notable – des éléments du dossier de demande d'autorisation, celles-ci doivent être notifiées au préfet avant même leur réalisation. Si après avis de l'inspection des installations classées, le préfet estime que ces modifications sont substantielles, l'industriel devra redéposer une demande d'autorisation comme l'y invitera le préfet (C. env., art. R. 512-33).

C ▪ Changement de l'exploitant de l'installation

2940. Un changement d'exploitant est susceptible d'intervenir et le cas a été prévu par le droit des installations classées. Cependant, il faut faire une distinction entre les installations soumises à l'obligation de constitution de garanties financières et celles qui ne le sont pas. Pour les premières, répertoriées à l'article R. 516-1 et dans l'arrêté du 31 mai 2012 (A. 31 mai 2012, JORF n° 145, 23 juin 2012, p. 10342), le futur nouvel exploitant devra adresser au préfet une demande d'autorisation de changement d'exploitant contenant la preuve de ses capacités techniques et financières alors que pour les secondes, le nouvel exploitant devra simplement faire la déclaration de ce changement de le mois qui suit la prise en charge de l'exploitation (C. env., art. R. 512-68).

D ▪ Modifications des capacités techniques et financières de l'installation

2941. Pour les installations soumises à l'obligation de constitution de garanties financières, il sera également nécessaire d'informer le préfet en cas de la survenance d'une modification des capacités techniques et financières (C. env., art. L. 516-2).

E . Incident ou accident lors de l'exploitation

2942. En cas d'incident ou d'accident lors de l'exploitation, là aussi, l'industriel est tenu de le déclarer dans les meilleurs délais et de transmettre un rapport précisant les causes de l'accident, ses effets sur les personnes et l'environnement et les mesures prises pour éviter sa répétition (C. env., art. R. 512-69).

§ 4 . L'arrêt définitif d'exploitation

2943. Enfin, lorsque l'exploitant décide de mettre à l'arrêt définitif son installation il devra en informer le préfet trois mois avant la date d'arrêt en lui précisant un certain nombre d'informations prévu à l'article R. 512-39-1 du Code de l'environnement. Il lui incombera alors l'obligation de remettre le site en état conformément aux articles R. 512-39-2 à R. 512-39-4 du Code de l'environnement (Voir *infra* Chapitre 4 Obligations de remise en état).
En tout état de cause, les règles applicables au régime de l'autorisation ICPE se retrouvent principalement aux articles L. 512-1 à L. 512-1-6 et R. 512-2 à R. 512-45 du Code de l'environnement.

Sous-section 2 . Les procédures relatives au régime de l'enregistrement

2944. Le régime de l'enregistrement est le dernier né des régimes ICPE. Il résulte de la loi n° 2009-179 du 17 février 2009 et dont les dispositions réglementaires ont été édictées par le décret n° 2010-368 du 13 avril 2010. Ce régime, appelé également « régime de l'autorisation simplifiée », a pour but d'accélérer l'instruction de dossier ICPE et d'alléger les procédures pour des installations dont les dangers sur l'environnement sont supposés moindres que ceux d'une installation soumise à l'autorisation mais dont la réalité se doit d'être vérifiée.

2945. C'est pourquoi, au cas par cas, selon la sensibilité du milieu concerné, le cumul d'incidences avec d'autres projets et l'importance des aménagements proposés, le préfet peut décider que le dossier de demande d'enregistrement sera instruit selon les règles applicables à un dossier d'autorisation.

§ 1 . Le déroulement de la procédure

2946. L'industriel ayant pour volonté d'établir une installation relevant du régime de l'enregistrement devra donc adresser au préfet une demande d'enregistrement contenant tous les éléments listés aux articles R. 512-46-3 à R. 512-46-6 du Code de l'environnement.
Tout comme pour la demande d'autorisation, le dossier de demande d'enregistrement est à déposer à la Direction Régionale de l'Environnement, de l'Aménagement et du Logement (DREAL, ou la DRIEE pour l'Ile de France) où il sera instruit par le service d'inspection des installations classées.

2947. Une fois que le dossier est jugé complet et régulier, le préfet dispose de 15 jours pour soumettre le dossier d'enregistrement à l'avis des conseils municipaux des communes concernées par le projet (C. env., art. R. 512-46-11). Dans le même temps, le dossier est soumis à la consultation du public pendant une durée de quatre semaines (C. env., art. R. 512-46-14).

2948. C'est à partir du dossier d'enregistrement, et le cas échéant, des avis des conseils municipaux intéressés et des observations du public que le préfet va décider si le dossier doit être soumis aux règles de procédure du régime de l'autorisation ou s'il reste soumis au régime de l'enregistrement en fonction des critères suivants : sensibilité du milieu, cumul d'incidences avec d'autres projets, importance des aménagements proposés (C. env., art. L. 512-7-2).

2949. Cette décision motivée de soumission de la demande d'enregistrement aux dispositions du régime de l'autorisation peut intervenir au plus tard 30 jours après la fin de la consultation du public (C. env., art. R. 512-46-9), soit environ deux à trois mois après le dépôt d'une demande complète d'enregistrement.

2950. Dans le cas où le dossier est finalement soumis aux règles applicables au régime de l'autorisation, le pétitionnaire devra le compléter avec les éléments prévus aux articles R. 512-3 à R. 512-6 du Code de l'environnement, dont notamment une étude d'impact et une étude de danger.

Dans le cas où le dossier reste soumis aux règles de procédure relatives au régime de l'enregistrement, le préfet doit avoir statué sur la demande dans un délai de 5 mois à compter du jour où le dossier d'enregistrement a été déclaré complet, faute de quoi la demande sera considérée comme refusée (C. env., art. R. 512-46-18).

2951. Lorsque le préfet envisage de prononcer un refus d'enregistrement ou bien d'édicter des prescriptions particulières complétant celles fixées par arrêté ministériel, il doit transmettre au pétitionnaire le rapport sur le dossier établi par l'inspection des installations classées et saisir le CODERST. Le pétitionnaire dispose alors de 15 jours pour faire ses observations et sera informé 8 jours à l'avance de la date et du lieu de réunion du CODERST afin de se faire entendre s'il le souhaite (C. env., art. R. 512-46-17). A la suite de cette procédure, c'est par une décision motivée que le préfet enregistre ou refuse d'enregistrer l'installation.

2952. L'industriel titulaire de l'autorisation simplifiée devra alors respecter les prescriptions fixées par l'arrêté ministériel dont relève son installation et le cas échéant, les prescriptions complémentaires fixées par l'arrêté préfectoral d'enregistrement.

De plus, l'exploitant devra mettre son installation en service dans un délai de trois ans, sous peine de voir l'arrêté d'enregistrement devenir caduc (C. env., art. R. 512-74). La sanction sera la même dans le cas où l'exploitation est interrompue pendant plus de deux années consécutives.

2953. Enfin, il convient de remarquer que les critères de basculement de la demande d'enregistrement vers les règles applicables au régime de l'autorisation étant connus puisque précisés à l'article L. 512-7-2 du Code de l'environnement, l'industriel peut être en mesure de prédire ce basculement.

2954. Lorsqu'il est persuadé qu'un basculement va intervenir il lui est donc conseillé – et ce pour des économies de temps – de déposer directement une demande d'enregistrement prenant la forme d'un dossier conforme à celui exigé par le régime de l'autorisation comme l'article R. 512-46-9 du Code de l'environnement le lui permet.

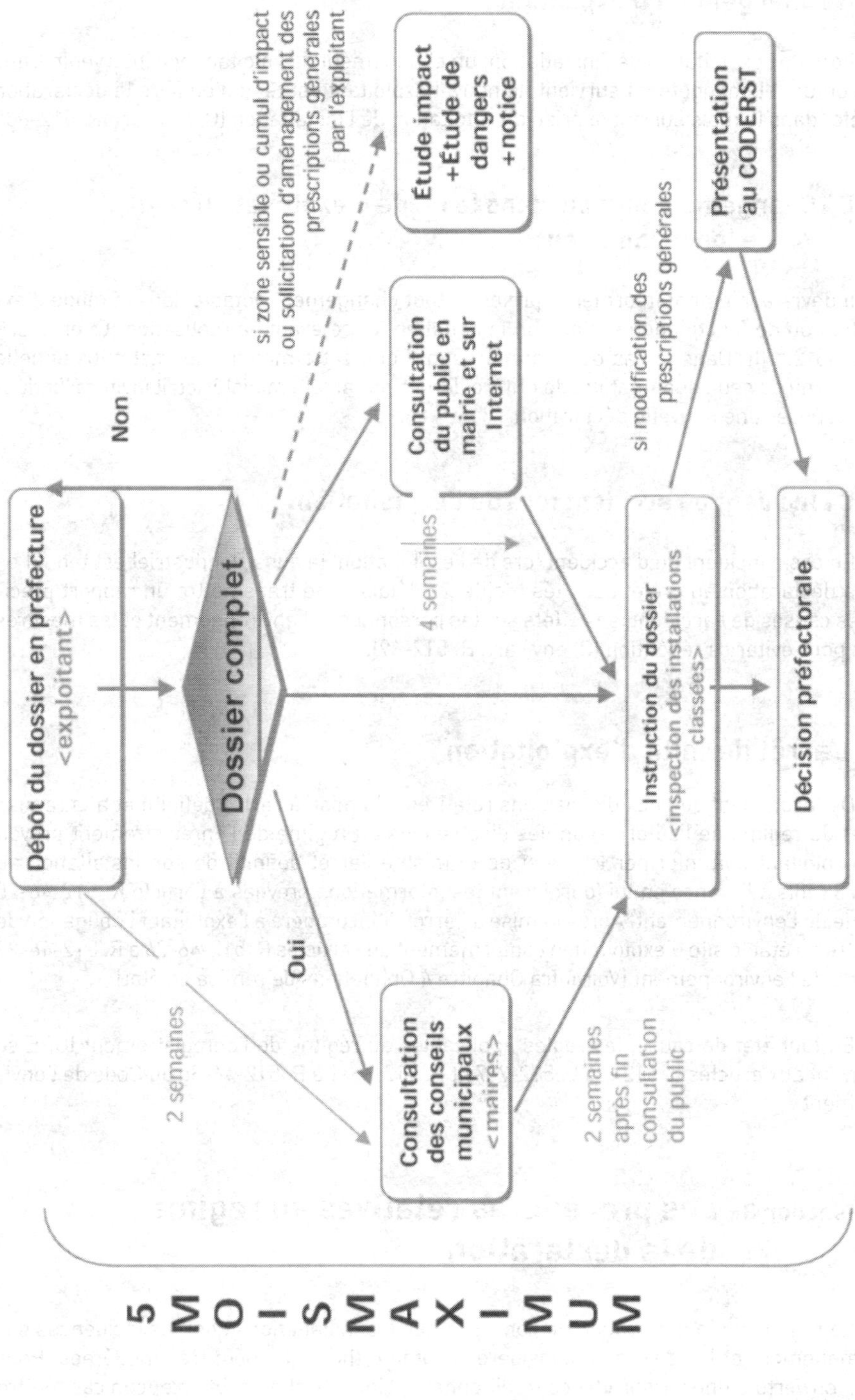

Source : Circulaire du 22 septembre 2010 relative à la mise en oeuvre du régime d'enregistrement de certaines catégories d'installations classées introduit par l'ordonnance n° 2009-663 du 11 juin 2009.

§ 2 ▪ Les modifications en cours d'exploitation

A ▪ Changement d'exploitant

2955. Lors de l'exploitation de l'installation, un changement d'exploitant peu intervenir. Dans le cas où un tel changement survient, le nouvel exploitant est tenu d'en faire la déclaration au préfet dans le mois suivant la prise d'exploitation de l'installation (C. env., art. R. 512-68).

B ▪ Changement notable dans le mode d'exploitation ou de fonctionnement

2956. Il devra également informer le préfet de tout changement notable dans le mode d'exploitation ou de fonctionnement de son installation, et ce avant sa réalisation (C. env., art. R. 512-46-23, II). Dans le cas où le préfet estime que cette modification est substantielle compte tenu de seuil quantitatif et de critère définis par arrêté ministériel, il invitera l'industriel à déposer une nouvelle déclaration.

C ▪ Incident ou accident lors de l'exploitation

2957. En cas d'incident ou d'accident lors de l'exploitation, là aussi, l'industriel est tenu d'en faire la déclaration au préfet dans les meilleurs délais et de transmettre un rapport précisant les causes de l'accident, ses effets sur les personnes et l'environnement et les mesures prises pour éviter sa répétition (C. env., art. R. 512-69).

§ 3 ▪ L'arrêt définitif d'exploitation

2958. De façon identique aux dispositions relatives à la mise à l'arrêt définitif et à la remise en état du régime de l'autorisation, les dispositions du régime de l'enregistrement prévoit que l'exploitant doit informer le préfet de la mise à l'arrêt définitif de son installation au moins 3 mois à l'avance en lui fournissant les informations prévues à l'article R. 512-46-25 du Code de l'environnement. Après la mise à l'arrêt, il incombera à l'exploitant l'obligation de remettre en état le site d'exploitation conformément aux articles R. 512-46-26 à R. 512-46-29 du Code de l'environnement (Voir infra Chapitre 4 Obligations de remise en état).

2959. En tout état de cause, les règles applicables au régime de l'enregistrement ICPE se retrouvent aux articles L. 512-7 à L. 512-7-7 et R. 512-46-1 à R. 512-46-30 du Code de l'environnement.

Sous-section 3 ▪ Les procédures relatives au régime de la déclaration

2960. Le régime de la déclaration ne concerne que les installations dont les incidences sur l'environnement et la santé sont considérées comme théoriquement très modérées. Pour autant, en vertu d'une jurisprudence traditionnelle, l'industriel ne peut en aucun cas mettre en service son installation avant d'avoir procédé à la déclaration de cette dernière.

2961. Pour ce faire, l'industriel devra adresser au préfet la déclaration ICPE contenant tous les éléments listés à l'article R. 512-47, II et III du Code de l'environnement. Lorsque la déclaration est considérée comme complète, le préfet en donne récépissé à l'industriel et lui communique dans le même temps les prescriptions générales applicables à l'installation (C. env., art. R. 512-49).

2962. Si l'exploitant souhaite obtenir la modification de certaines prescriptions applicables à son installation, il peut adresser une demande en ce sens au préfet qui pourra alors décider de fixer, dans les conditions prévues à l'article R. 512-52, des prescriptions particulières. Les conditions d'aménagements et d'exploitation de l'installation devront ainsi respecter les prescriptions générales, et les prescriptions particulières lorsqu'elles existent. Tout comme pour l'autorisation et l'autorisation simplifiée, l'exploitant devra mettre en œuvre son installation dans un délai de trois ans, sous peine de devoir refaire une déclaration au préfet.

2963. Il devra également informer le préfet de tout changement notable dans le mode d'exploitation ou de fonctionnement de son installation, et ce avant sa réalisation (C. env., art. R. 512-54, II). Dans le cas où le préfet estime que cette modification est substantielle compte tenu de seuil quantitatif et de critère définis par arrêté ministériel, il invitera l'industriel à déposer une nouvelle déclaration.

2964. Enfin, lorsque l'exploitant souhaitera mettre un terme définitif à son installation, il en avertira le préfet un mois à l'avance en lui fournissant un certain nombre d'informations prévu à l'article R. 512-66-1, II du Code de l'environnement. La remise en état auquel doit procéder l'exploitant après la mise à l'arrêt définitif doit permettre un usage futur du site comparable à celui de la dernière période d'exploitation de l'installation au sens de l'article R. 512-66-1, III du Code de l'environnement (Voir infra Chapitre 4 Obligations de remise en état).

En tout état de cause, les règles applicables au régime de la déclaration ICPE se retrouvent aux articles L. 512-8 à L. 512-13 et R. 512-46 à R. 512-66-2 du Code de l'environnement.

Chapitre 2

Les prescriptions applicables aux activités classées de l'automobile

2965. Les prescriptions techniques applicables à une installation sont fonction de son régime de classement. En effet, des prescriptions techniques et des règles générales pour chaque type d'installation ont été élaborées par le ministre chargé des installations classées et ces règles diffèrent selon que l'installation est soumise à autorisation, à enregistrement ou à déclaration. Par conséquent, il convient de distinguer les prescriptions applicables aux installations en fonction du régime ICPE qu'elles concernent.

Section 1 ▪ Les prescriptions applicables aux installations soumises à autorisation

2966. Les prescriptions applicables aux installations soumises à autorisation sont celles prévues par l'arrêté préfectoral d'autorisation (C. env., art. R. 512-28, al. 1).

Le préfet fixe ces prescriptions en tenant compte de plusieurs éléments. Tout d'abord, il tient compte des résultats de l'étude d'impact et de l'étude de dangers concernant les effets négatifs du projet sur l'environnement et sur les populations (C. env., art. R. 122-14). Ensuite, il tient compte des caractéristiques environnementales particulières du lieu d'implantation, à savoir la sensibilité du milieu et la proximité des riverains. Il doit également prendre en compte les meilleures techniques disponibles à un coût économiquement acceptable concernant la limitation des rejets. Il existe, par secteur d'activité, des documents de référence sur les meilleures techniques disponibles appelés « documents BREF » et dont la consultation est possible sur le site suivant : http://www.ineris.fr/ippc/node/10.

2967. Enfin, le préfet se conforme aux règles générales et prescriptions techniques ministérielles applicables à la catégorie d'installation concernée.

Ces règles générales et prescriptions techniques ministérielles sont arrêtées par le ministre chargé des installations classées, c'est-à-dire le ministre de l'Environnement, après avis du Conseil Supérieur de la Prévention des Risques Technologiques (CSPRT) au sens de l'article L. 512-5 du Code de l'environnement. Ces règles et prescriptions « déterminent les mesures propres à prévenir et à réduire les risques d'accident ou de pollution de toute nature susceptibles d'intervenir ainsi que les conditions d'insertion dans l'environnement de l'installation et de remise en état du site après arrêt de l'exploitation ».

2968. Le préfet, s'il se doit de respecter ces prescriptions techniques ministérielles dans son arrêté d'autorisation, conserve une marge de manœuvre en ce qu'il peut adapter ces règles aux circonstances locales (C. env., art. R. 512-28, al. 3).

L'existence de ces règles générales et prescriptions techniques ministérielles ont pour avantage de permettre la prévisibilité des règles applicables à une installation qu'un exploitant projette de mettre en œuvre.

2969. Concernant les installations soumises à autorisation ICPE et relevant du secteur automobile, les prescriptions applicables se retrouvent principalement dans deux arrêtés : l'arrêté dit « arrêté intégré » du 2 février 1998 relatif aux prélèvements et à la consommation d'eau ainsi qu'aux émissions de toute nature des ICPE soumises à autorisation (arrêté du 02 février 1998, JORF n° 52, 03 mars 1998, p 3247) et l'arrêté du 4 octobre 2010 relatif à la prévention des risques accidentels au sein des installations classées pour la protection de l'environnement soumises à autorisation (arrêté du 04 octobre 2010, JORF n° 265, 16 nov. 2010, p 20384).

2970. Aux côtés de ces deux arrêtés, existent parfois des arrêtés plus spécifiques applicables à certaines catégories d'installations soumises à autorisation.

Afin de permettre aux industriels du secteur automobile d'anticiper ou de se conformer à ces prescriptions, un exposé des principales règles contenues dans ces arrêtés leur est proposé aux paragraphes suivants. Néanmoins rappelons que les autorisations ICPE s'en inspirent pour prendre la forme d'arrêtés préfectoraux qui individualisent la charte de fonctionnement de chaque site. La base de données CEDRIC (http://cedric-dgpr.developpement-durable.gouv.fr/) répertorie et donne accès à ces autorisations individuelles.

Sous-section 1 ▪ Les règles contenues dans l'arrêté du 2 février 1998

2971. Au préalable, il faut préciser que cet arrêté n'est pas applicable aux installations relevant de la rubrique n° 2565 de la nomenclature (rubrique n° 2565 : revêtement métallique ou traitement de surfaces par voie électrolytique ou chimique (voir supra la Nomenclature). L'arrêté, dans un but de prévention des émissions polluantes dans l'environnement, impose à l'exploitant de prendre toutes les dispositions nécessaires dans la conception, la construction et l'exploitation des installations pour limiter la pollution de l'air, des eaux ou du sol (art. 2).

2972. Pour prévenir les pollutions de l'eau, l'exploitant doit mettre en place un réseau de collecte des eaux pluviales raccordé à un bassin de confinement capable de recueillir le premier flot des eaux pluviales. Ces eaux collectées ne devront pas être rejetées dans le milieu récepteur sans avoir subies des analyses et le cas échéant, un traitement préalable (art. 9).

2973. Il doit également réaliser un réseau de collecte propre aux effluents aqueux rejetés par les installations afin que les eaux polluées et les eaux pluviales ne soient pas mélangées. Dans tous les cas, ces effluents aqueux ne doivent pas être susceptibles de dégrader le réseau d'égout ou de dégager des produits toxiques ou inflammables, notamment par mélange avec d'autres effluents. De même, ils ne doivent pas contenir de substances de nature à compromettre le bon fonctionnement des ouvrages de traitement (art. 13).

2974. Ces ouvrages de traitement doivent nécessairement être mise en œuvre par l'exploitant lorsque les rejets de son installation, avant traitement, ne respecte pas les valeurs limites de concentration de certaines substances fixées par l'arrêté préfectorale d'autorisation. Ces valeurs limites ne peuvent dépasser celles prévues à l'article 32 de l'arrêté ministériel mais, peuvent néanmoins être adaptées par le préfet dans le but de les rendre compatibles avec le Schéma Directeur d'Aménagement et de Gestion des Eaux (SDAGE) et le Schéma d'Aménagement et de Gestion des Eaux (SAGE) lorsqu'il existe (art. 22).

2975. Le raccordement à une station d'épuration collective ne peut être réalisé que dans le cas où l'infrastructure collective d'assainissement est apte à acheminer et à traiter les effluents industriels de l'installation classée dans de bonnes conditions (art. 34).

2976. Concernant le prélèvement et la consommation d'eau (art. 14 à 17), il est imposé à l'exploitant de prendre toutes les dispositions nécessaires lors de la conception et de l'exploitation de son installation pour limiter les flux d'eaux. Dans ce but, les installations où l'eau est utilisée comme réfrigérant, ont interdiction d'effectuer cette réfrigération en circuit ouvert (art. 14). L'exploitant d'installations nécessitant des prélèvements d'eau doit tenir à jour un registre sur lequel sont transcrits les résultats du dispositif de mesure totalisateur installé sur les appareils de prélèvements (art. 15).

2977. En ce qui concerne les rejets dans l'atmosphère, l'arrêté du 02 février 1998 fixe les valeurs limites des effluents gazeux, ainsi que le niveau d'odeur admissible. Les valeurs indiquées à l'article 27 pour les effluents gazeux et celles indiquées à l'article 29 pour les gaz odorants sont valables sous réserves d'autres limites fixées par secteur d'activité à l'article 30. Ces valeurs limites dérogatoires du droit commun concernent notamment les centrales d'enrobage au bitume de matériaux routiers (art. 30, 14°), les ateliers de réparation et d'entretien de véhicules et d'engins à moteur (art. 30, 31°), le revêtement sur véhicule (art. 30, 33°).

2978. Afin de vérifier la régularité des rejets d'effluents aqueux et gazeux, l'exploitant doit réaliser une auto-surveillance de son installation selon des modalités spécifiques indiquées à l'article 59 concernant la pollution de l'air et à l'article 60 concernant la pollution de l'eau. Les techniques de mesures sont celles indiquées en annexe I de l'arrêté. Egalement, afin de prévenir les effets néfastes des rejets sur l'environnement, l'exploitant se doit de surveiller la qualité de l'air (art. 63) et la qualité des eaux de surface (art. 64) et souterraines (art. 65) à proximité de son installation.

2979. L'arrêté encadre également l'élimination des déchets produits par les installations. A ce titre, l'exploitant doit prendre toutes les dispositions nécessaires dans la conception et l'exploitation de ses installations pour assurer une bonne gestion des déchets produits (art. 45). Cela implique de mettre en œuvre le tri, le recyclage et la valorisation de ces déchets et à défaut de pouvoir les valoriser, de les éliminer dans les installations réglementées à cet effet (art. 46).

2980. Un bilan environnemental doit être annuellement réalisé par les installations utilisant ou produisant des substances toxiques ou cancérigènes listées en annexe VI de l'arrêté, concernant à la fois leurs rejets et les déchets éliminés à l'extérieure de l'installation (art. 61). Ce bilan doit être adressé au préfet le 31 mai de l'année suivante de celle concernée par le bilan.

2981. Dans le même esprit, « dès lors que les émissions d'un gaz à effet de serre dépassent la valeur annuelle mentionnée (...) ci-dessous, l'exploitant établit annuellement un rapport relatif aux émissions du gaz concerné : CO2 : 10 000 tonnes ; Ch3 : 100 tonnes ; N2O : 20 tonnes ; HFC : 0,5 tonne ; PFC : 0,5 tonne ; SF6 : 0,5 tonne ; NF3 : 0,5 tonne ; CFC : 0,5 tonne ; HCFC : 0,5 tonne » (art. 62). Le rapport devra être adressé au préfet au plus tard le 30 avril de l'année suivante.

2982. Enfin, l'arrêté règle la question des bruits et vibrations susceptibles d'être produits par l'installation. Ainsi, il est indiqué concernant les émissions sonores, que les installations devront impérativement respecter les dispositions de l'arrêté du 23 janvier 1997 relatif à la limitation des bruits émis dans l'environnement par les installations classées pour la protection de l'environnement (art. 47). Concernant les vibrations, ce sont les règles techniques annexées à la circulaire n° 86-23 du 23 juillet 1986 relative aux vibrations mécaniques émises dans l'environnement par les installations classées qu'il convient de respecter (art. 48).

2983. On notera concernant l'intégration de l'installation dans son environnement que l'exploitant doit prendre les dispositions appropriées permettant d'intégrer l'installation dans le paysage. Pour y parvenir, les installations, tout comme leurs abords doivent être maintenus propres et entretenus. L'émissaire de rejet et ses abords feront quant à eux l'objet d'un soin particulier notamment par des plantations d'arbres et de gazon (art. 6).

Sous-section 2 ■ Les règles contenues dans l'arrêté du 4 octobre 2010

2984. Les dispositions de cet arrêté visent notamment à prévenir les risques liés au vieillissement de certains équipements.

Ainsi, pour les installations disposant de réservoir atmosphérique à basse température de stockage de gaz liquéfiés toxiques ou inflammables ou d'oxygène dont la quantité dépasse les seuils fixés en annexe 1 de l'arrêté du 10 mai 2000 (arrêté du 10 mai 2000, JORF n° 141, 20 juin 2000, p. 9246), l'exploitant doit réaliser un état initial du réservoir, élaborer un programme d'inspection et réaliser une première inspection interne dans un délai de 15 ans suivant la mise en service (art. 3). Les activités susceptibles d'être concernées par cette disposition sont celles relevant des rubriques 1220, 1412, 1414, 1418, 1432, 1435 de la nomenclature (voir supra).
Il est prévu les mêmes obligations que celles visées par l'article 3 s'agissant des réservoirs aériens cylindriques verticaux en fonction des substances et de la quantité stockés (art. 4) et s'agissant des capacités et tuyauteries (art. 5) selon leur volume et les substances stockés pour les capacités et selon leur diamètre et les substances qui y transitent pour les tuyauteries.

2985. Concernant le risque sismique, cet arrêté prévoit également que toutes les installations soumises à autorisation doivent respecter au minimum les dispositions parasismiques applicables aux bâtiments, équipements et installations de la catégorie dite « à risque normal » fixées par l'arrêté du 22 octobre 2010 (arrêté du 22 octobre 2010, JORF n° 248, 24 oct. 2010, p. 19097). Certaines installations spécifiques définies par l'article 9 de l'arrêté doivent en plus de ces dispositions, respecter les règles énoncées des articles 12 à 15 de cet arrêté.

2986. Concernant le risque de foudroiement, les exploitants d'installations relevant des rubriques 1185, 1220, 1412, 1414, 1418, 1432, 1435, 2552, 2565, 2566, 2567, 2718, 2795 et 2920 de la nomenclature doivent faire réaliser par un organisme compétent une analyse du risque foudre afin d'identifier les équipements et installations dont une protection doit être assurée (art. 18).

2987. En fonction des résultats, une étude technique est réalisée pour définir avec précision les mesures de prévention et la disposition des dispositifs de protection (art. 19). Une fois installés, ces dispositifs devront faire l'objet d'une vérification dans les six mois puis tous les deux ans (art. 21).

2988. Enfin, pour lutter contre le risque de perte de confinement et de pollutions l'arrêté prévoit que lorsque sont stockés sur le site de l'installation des liquides ou des récipients susceptibles de créer une pollution des eaux ou des sols, doit être associée une capacité de rétention étanche aux produits qu'elle pourrait contenir, dont le volume varie selon les quantités stockées (art. 25).

Sous-section 3 ▪ Les arrêtés ministériels complémentaires applicables à certaines installations

2989. Certaines installations, en plus d'être soumises aux dispositions des deux précédents arrêtés, voient également leur activité régie par les dispositions d'arrêtés ministériels spécifiques. Ainsi, les activités relevant de la rubrique n° 1412 (gaz inflammables liquéfiés) sont également soumises à l'arrêté du 2 janvier 2008 relatif aux stockages contenant plus de 50 tonnes de gaz inflammables liquéfiés relevant du régime de l'autorisation au titre de la rubrique n° 1412 de la nomenclature des installations classées à l'exception des stockages réfrigérés ou cryogéniques (arrêté du 2 janvier 2008, JORF n° 24, 29 janv. 2008, p. 1674).

2990. Les activités relevant de la rubrique n° 1432 (liquides inflammables) sont également soumises à l'arrêté du 18 avril 2008 relatif aux réservoirs enterrés de liquides inflammables et à leurs équipements annexes soumis à autorisation ou à déclaration au titre de la rubrique 1432 (arrêté du 18 avril 2008, JORF n° 117, 21 mai 2008, p. 8201).

2991. Les activités relevant de la rubrique n° 1435 (stations-service) sont également soumises à l'arrêté du 15 avril 2010 fixant les règles générales et prescriptions techniques applicables aux stations-service soumises à autorisation sous la rubrique n° 1435 de la nomenclature des installations classées pour la protection de l'environnement (arrêté du 15 avril 2010, JORF n° 89, 16 avril 2010, p. 7094).

2992. Les activités relevant de la rubrique n° 2712, c'est-à-dire les installations de traitement et de stockage des Véhicules Hors d'Usage (VHU) sont également soumises à plusieurs textes :

- arrêté du 02 mai 2012 relatif aux agréments des exploitants des centres VHU et aux agréments des exploitants des installations de broyage de véhicules hors d'usage ;
- arrêté du 31 janvier 2008 relatif à la déclaration annuelle des émissions polluantes des installations classées soumises à autorisation ;
- arrêté du 29 juillet 2005 fixant le formulaire du bordereau de suivi des déchets dangereux ;
- arrêté du 19 janvier 2005 relatif aux déclarations annuelles des producteurs de véhicules, des broyeurs agréés et des démolisseurs agréés de véhicules hors d'usage ;
- arrêté du 09 septembre 1987 relatif à l'utilisation des PCB et PCT ;
- arrêté du 20 août 1985 relatif aux bruits aériens émis dans l'environnement par les installations classées ;
- arrêté du 31 mars 1980 portant réglementation des installations électriques des établissements réglementés au titre de la législation sur les installations classées susceptibles de présenter des risques d'explosion ;
- circulaire et instruction du 10 avril 1974 relatives aux dépôts et activités de récupération de déchets de métaux ferreux et non ferreux (Circ., 10 avr. 1974, JORF, 08 mai 1974, p. 4903).

2993. Enfin, les activités relevant de la rubrique n° 2565 (revêtement métallique ou traitement de surfaces par voie électrolytique ou chimique) ne sont pas soumises à l'arrêté dit « intégré » du 02 février 1998 mais à un arrêté sectoriel du 30 juin 2006 relatif aux installations de traitements de surfaces soumises à autorisation au titre de la rubrique n° 2565.

Section 2 ▪ Les prescriptions applicables aux installations soumises à enregistrement

2994. Les prescriptions des installations soumises à enregistrement sont prévues par des arrêtés de prescriptions générales pris par le ministre chargé des installations classées après avis du Conseil supérieur de la prévention des risques technologiques, CSPRT (C. env., art. L. 512-7, III).

Ainsi, l'arrêté d'enregistrement que délivre le préfet ne contient pas en principe les prescriptions applicables à l'installation mais seulement la référence de l'arrêté de prescriptions générales que l'exploitant se devra de respecter.

2995. Toutefois, le préfet conserve le pouvoir d'assortir l'enregistrement de prescriptions particulières qui viendront compléter les prescriptions générales lorsque cela se justifie (C. env., art. L. 512-7-3 et art. R. 512-46-19).

2996. L'exploitant, sous réserve de voir son installation assorti des prescriptions particulières, devra *a minima* se conformer aux dispositions de l'arrêté de prescriptions générales le concernant. Il doit d'ailleurs dans sa demande d'enregistrement justifier de la conformité de l'installation qu'il se propose de mettre en œuvre avec ces prescriptions générales.

2997. Pour faciliter cette justification, aux côtés des arrêtés de prescriptions générales ont été publiés des « guides d'aides à la justification de conformité ». On retrouve ces guides à l'adresse internet suivante : http://www.ineris.fr/aida/consultation_document/10361.

Il est donc indispensable pour l'exploitant et son bureau d'étude d'utiliser ces guides pour vérifier qu'il est bien en conformité avec la réglementation applicable à son installation.

2998. Les prescriptions sont établies par les arrêtés ministériels répertoriés dans le tableau suivant. Les exploitants devront impérativement se conformer aux dispositions prévues par ces arrêtés.

Ces arrêtés sont consultables à l'adresse internet indiquée sous ces arrêtés. Egalement, sont indiqués pour chacun d'eux les guides d'aides à la justification afférents.

N° de rubrique	Arrêtés ministériels de prescriptions générales applicables
1435	Arrêté du 15 avril 2010 relatif aux prescriptions générales applicables aux stations-service relevant du régime de l'enregistrement au titre de la rubrique n° 1435 Arrêté : http://www.ineris.fr/aida/consultation_document/4121 Guide : http://www.ineris.fr/gesdoc/aida/file/4107.pdf
2662	Arrêté du 15 avril 2010 relatif aux prescriptions générales applicables aux stockages de polymères (matières plastiques, caoutchoucs, élastomères, résines et adhésifs synthétiques) relevant du régime de l'enregistrement au titre de la rubrique n° 2662 Arrêté : http://www.ineris.fr/aida/consultation_document/4107 Guide : http://www.ineris.fr/gesdoc/aida/file/2662.pdf
2663	Arrêté du 15 avril 2010 relatif aux prescriptions générales applicables aux stockages de pneumatiques et de produits dont 50 % au moins de la masse totale unitaire est composée de polymères (matières plastiques, caoutchouc, élastomères, résines et adhésifs synthétiques) relevant du régime de l'enregistrement au titre de la rubrique n° 2663 Arrêté : http://www.ineris.fr/aida/consultation_document/4105 Guide : http://www.ineris.fr/gesdoc/aida/file/2663.pdf
2710-2	Arrêté du 26 mars 2012 relatif aux prescriptions générales applicables aux installations classées relevant du régime de l'enregistrement au titre de la rubrique n° 2710-2. Arrêté : http://www.ineris.fr/aida/consultation_document/3497 Guide : http://www.ineris.fr/gesdoc/aida/file/guide_2710_2.pdf

N° de rubrique	Arrêtés ministériels de prescriptions générales applicables
2712-1	Arrêté du 26 novembre 2012 relatif aux prescriptions générales applicables aux installations classées relevant du régime de l'enregistrement au titre de la rubrique n° 2712-1. Arrêté : http://www.ineris.fr/aida/consultation_document/22371 Guide : http://www.ineris.fr/aida/sites/default/files/fichiers/Guide_2712_1.pdf

2999. Ces arrêtés de prescriptions sont toujours structurés de la même manière et contiennent de nombreuses dispositions communes.

Ainsi, il ressort de ces textes que l'exploitant doit tenir à la disposition de l'inspection des installations classées un dossier comportant un certain nombre d'éléments mis à jour régulièrement. Parmi ces documents, on retrouve notamment l'arrêté préfectoral d'enregistrement et le dossier de demande d'enregistrement à jour des modifications apportés à l'installation.

3000. Ces arrêtés contiennent également systématiquement des dispositions relatives à l'implantation, à l'intégration de l'installation dans le paysage, à la clôture de l'installation, aux voies d'accès au site, au système électrique de l'installation, aux rejets dans l'eau et dans l'atmosphère, au bruit et vibrations, et aux déchets.

Section 3 ▪ Les prescriptions applicables aux installations soumises à déclaration

3001. Les prescriptions générales applicables aux installations soumises à déclaration sont en principe prévues par des arrêtés préfectoraux pris par le préfet de département après avis du Conseil de l'environnement et des risques sanitaires et technologiques, CODERST (C. env., art. L. 512-8 et R. 512-51).
Cependant, des prescriptions générales peuvent également être fixées par des arrêtés ministériels de prescriptions générales pris par le ministre des installations classées après consultation du CSPRT (C. env., art. L. 512-10).

3002. Egalement, le préfet pourra prendre des prescriptions spéciales, éventuellement sur demande de l'exploitant ou de tiers intéressé pour adapter les prescriptions générales à l'installation et à la sensibilité locale du milieu (C. env., L. 512-12 et R. 512-52).

3003. L'industriel devra alors veiller à ce que les conditions d'aménagement et d'exploitation de son installation respectent les prescriptions générales préfectorales et ministérielles (C. env., art. R. 512-50), et si elles existent, les prescriptions spéciales.

3004. Pour assurer une bonne connaissance des prescriptions générales ministérielles existantes, le tableau suivant présente les arrêtés ministériels de prescriptions générales correspondant à chaque activité soumise à déclaration et relevant du domaine automobile. Ces arrêtés peuvent être consultés au lien internet indiqués sous chacun d'eux.

N° de rubrique	Arrêtés ministériels de prescriptions générales applicables
195	Arrêté type n° 195 http://www.ineris.fr/aida/consultation_document/11013
1185	Arrêté du 04 août 2014 relatif aux prescriptions générales applicables aux installations classées soumises à déclaration sous la rubrique n° 1185. http://www.ineris.fr/aida/consultation_document/32401
1220	Arrêté du 10 mars 1997 relatif aux prescriptions générales applicables aux installations classées pour la protection de l'environnement soumises à déclaration sous la rubrique n° 1220. http://www.ineris.fr/aida/consultation_document/5727
1412	Arrêté du 23 août 2005 relatif aux prescriptions générales applicables aux installations classées pour la protection de l'environnement soumises à déclaration sous la rubrique n° 1412 de la nomenclature des installations classées. http://www.ineris.fr/aida/consultation_document/5021
1418	Arrêté du 10 mars 1997 relatif aux prescriptions générales applicables aux installations classées pour la protection de l'environnement soumises à déclaration sous la rubrique n° 1418. http://www.ineris.fr/aida/consultation_document/5729
1432	Arrêté du 22 décembre 2008 relatif aux prescriptions générales applicables aux installations classées soumises à déclaration sous la rubrique n° 1432. http://www.ineris.fr/aida/consultation_document/4379
1435	Arrêté du 15 avril 2010 relatif aux prescriptions générales applicables aux stations-service soumises à déclaration sous la rubrique n° 1435 de la nomenclature des installations classées pour la protection de l'environnement. http://www.ineris.fr/aida/consultation_document/4113
2521	Arrêté du 30 juin 1997 relatif aux prescriptions classées pour la protection de l'environnement soumises à déclaration sous la rubrique n° 2521. http://www.ineris.fr/aida/consultation_document/5695
2550	Arrêté du 30 juin 1997 relatif aux prescriptions générales applicables aux installations classées pour la protection de l'environnement soumises à déclaration sous la rubrique n° 2550. http://www.ineris.fr/aida/consultation_document/5701
2551	Arrêté du 30 juin 1997 relatif aux prescriptions générales applicables aux installations classées pour la protection de l'environnement soumises à déclaration sous la rubrique n° 2551. http://www.ineris.fr/aida/consultation_document/5703
2552	Arrêté du 30 juin 1997 relatif aux prescriptions générales applicables aux installations classées pour la protection de l'environnement soumises à déclaration sous la rubrique n° 2552. http://www.ineris.fr/aida/consultation_document/5705

N° de rubrique	Arrêtés ministériels de prescriptions générales applicables
2560	Arrêté du 30 juin 1997 relatif aux prescriptions générales applicables aux installations classées pour la protection de l'environnement soumises à déclaration sous la rubrique n° 2560. http://www.ineris.fr/aida/consultation_document/5707
2561	Arrêté du 30 juin 1997 relatif aux prescriptions générales applicables aux installations classées pour la protection de l'environnement soumises à déclaration sous la rubrique n° 2561. http://www.ineris.fr/aida/consultation_document/5709
2565	Arrêté du 30 juin 1997 relatif aux prescriptions générales applicables aux installations classées pour la protection de l'environnement soumises à déclaration sous la rubrique n° 2565. http://www.ineris.fr/aida/consultation_document/5713
2575	Arrêté du 30 juin 1997 relatif aux prescriptions générales applicables aux installations classées pour la protection de l'environnement soumises à déclaration sous la rubrique n° 2575. http://www.ineris.fr/aida/consultation_document/5715
2661	Arrêté du 14 janvier 2000 relatif aux prescriptions générales applicables aux installations classées pour la protection de l'environnement soumises à déclaration sous la rubrique n° 2661. http://www.ineris.fr/aida/consultation_document/5521
2662	Arrêté du 14 janvier 2000 relatif aux prescriptions générales applicables aux installations classées pour la protection de l'environnement soumises à déclaration sous la rubrique n° 2662. http://www.ineris.fr/aida/consultation_document/5519
2663	Arrêté du 14 janvier 2000 relatif aux prescriptions générales applicables aux installations classées pour la protection de l'environnement soumises à déclaration sous la rubrique n° 2663. http://www.ineris.fr/aida/consultation_document/5517
2710-1	Arrêté du 27 mars 2012 relatif aux prescriptions générales applicables aux installations classées pour la protection de l'environnement soumises à déclaration sous la rubrique n° 2710-1. http://www.ineris.fr/aida/consultation_document/3489
2710-2	Arrêté du 27 mars 2012 relatif aux prescriptions générales applicables aux installations classées pour la protection de l'environnement soumises à déclaration sous la rubrique n° 2710-2. http://www.ineris.fr/aida/consultation_document/3491
2718	Arrêté du 18 juillet 2011 relatif aux prescriptions générales applicables aux installations classées soumises à déclaration sous la rubrique n° 2718. http://www.ineris.fr/aida/consultation_document/3749
2795	Arrêté du 23 décembre 2011 relatif aux prescriptions générales applicables aux installations classées soumises à déclaration sous la rubrique n° 2795. http://www.ineris.fr/aida/consultation_document/3591

N° de rubrique	Arrêtés ministériels de prescriptions générales applicables
2925	Arrêté du 29 mai 2000 relatif aux prescriptions générales applicables aux installations classées pour la protection de l'environnement soumises à déclaration sous la rubrique n° 2925. http://www.ineris.fr/aida/consultation_document/5481
2930	Arrêté du 04 juin 2004 relatif aux prescriptions générales applicables aux installations classées soumises à déclaration sous la rubrique n° 2930. http://www.ineris.fr/aida/consultation_document/5149

Chapitre 3
Sanctions et contentieux

3005. Le droit des ICPE se singularise par le cumul de sanctions administratives et pénales mais aussi des règles de contentieux administratifs dérogatoires.
En droit des installations classées, les sanctions peuvent être de deux ordres : administratives et pénales.
Bien souvent, un écart à la réglementation des ICPE pourra donner lieu aux deux types de sanctions, l'une n'empêchant pas l'autre comme l'indique la mention « indépendamment des poursuites pénales qui peuvent être exercées » à l'article L. 514-1 du Code de l'environnement.

3006. L'ordonnance n° 2012-34 du 11 janvier 2012 portant simplification, réforme et harmonisation des dispositions de police administrative et de police judiciaire du Code de l'environnement, prise par le gouvernement sur habilitation que lui a conféré l'article 256 de la loi n° 2010-788 du 12 juillet 2010 (dite loi Grenelle 2), vient modifier les dispositions relatives aux sanctions applicables aux installations classées. Ainsi, à compter du 1er juillet 2013, les dispositions relatives aux sanctions administratives applicables aux installations classées seront celles communes à toutes les installations, ouvrages, travaux, opérations, objets, dispositifs et activités régis par le Code de l'environnement.

3007. Il convient également de noter que cette réforme modifie peu, ou pas, la nature des sanctions applicables aux installations classées. Par conséquent, les sanctions aujourd'hui applicables seront également celles applicables à compter du 1er juillet 2013.

3008. Ces dispositions étant d'ores et déjà codifiées aux articles L. 170-1 et suivants du Code de l'environnement, chaque disposition actuellement en vigueur citée dans les deux paragraphes qui suivent, sera systématiquement suivie entre crochets de sa nouvelle référence et des modifications apportées le cas-échéant. Cependant, cette réforme relative aux sanctions nécessitant des décrets d'applications prévus par l'article L. 171-12 pour les sanctions administratives et à l'article L. 173-12 pour les sanctions pénales, il est fort probable qu'une partie des règles entrant en vigueur le 1er juillet 2013 ne deviendra réellement applicable qu'à compter de la publication ou de l'entrée en vigueur de ces décrets.

Section 1 ■ Les sanctions administratives

3009. Aujourd'hui, les sanctions administratives relatives aux installations classées sont prévues aux articles L. 514-1 [C. env., L. 171-8] et L. 514-2 [C. env., L. 171-7] du Code de l'environnement.

3010. Le préfet de département étant le titulaire du pouvoir de police spéciale des installations classées, c'est à lui que revient l'obligation de prendre des sanctions à l'encontre de l'exploitant qui, soit ne respecterait pas la réglementation qui lui est applicable, soit exploiterait sans titre une installation classée. Ces sanctions ne peuvent être prises qu'après la constatation par un inspecteur ICPE de l'inobservation de la réglementation et après une mise en demeure de l'exploitant de se conformer à la réglementation dans un délai déterminé restée infructueuse.

Sous-section 1 ■ Le contrôle

3011. En effet, ce sont les inspecteurs ICPE qui sont chargés du contrôle des installations classées (C. env., art. L. 514-5). A ce titre, ils peuvent visiter à tout moment les installations relevant de la législation des installations classées. Ces visites de contrôle doivent se dérouler conformément à l'article L. 514-5 [C. env., L. 171-1 à L. 171-5] du Code de l'environnement.

3012. Ainsi, ces contrôles sont théoriquement annoncés 48 heures à l'avance à l'exploitant et leur fréquence est fonction de l'importance des inconvénients et des dangers de l'installation, sauf pour les installations soumises à contrôle périodique pour lesquels un contrôle doit être effectué au moins tous les 5 ou 10 ans en fonction du système de « management environnemental » de l'installation (C. env., R. 512-57).
Cependant, lorsque le contrôle à lieu suite à une « plainte » de tiers auprès du préfet, l'inspection sera menée de façon inopinée comme le permet l'article L. 514-5, al. 2 du Code de l'environnement.

3013. Ces visites, quelles soient annoncées ou inopinées donnent lieu à un rapport de contrôle dans lequel l'inspecteur peut consigner les inobservations de la réglementation qu'il a constatées. Il transmet ce rapport au préfet et une copie en est donnée à l'exploitant pour que celui-ci puisse faire d'éventuelles observations (C. env., art. L. 514-5, al. 5 ; [disposition inchangée par la réforme]).
Ce n'est qu'à la suite d'un tel rapport et d'une mise en demeure de remédier à ces inobservations restée infructueuse que le préfet pourra prononcer des sanctions à l'encontre de l'exploitant.

Sous-section 2 ■ Les sanctions

§ 1 ■ Les sanctions pour une installation régulièrement mise en service

3014. Dans le cas où il s'agit d'une installation régulièrement mise en service, c'est-à-dire disposant d'un titre, mais qui ne respecte pas les prescriptions qui lui sont applicables, le préfet peut prononcer trois sanctions différentes à l'encontre de l'exploitant (C. env., art. L. 514-1 ; [C. env., art L. 171-8]) :

- la première consiste à obliger l'exploitant à consigner entre les mains d'un comptable public une somme répondant du montant des travaux à réaliser pour se conformer à la réglementation. Cette somme ne sera restituée à l'exploitant qu'au fur et à mesure de l'exécution des mesures prescrites ;

- la deuxième permet au préfet de faire procéder d'office à l'exécution des mesures prescrites, et ce aux frais de l'exploitant ;

- enfin, la troisième sanction possible est la suspension de l'exploitation de l'installation tant que celle-ci ne respecte pas la réglementation en vigueur. Cette dernière sanction étant lourde de conséquence pour l'industriel, le préfet doit préalablement à la décision de suspension solliciter l'avis du CODERST.

3015. Une quatrième sanction a été ajoutée par la réforme. Il s'agit en fait d'une sanction que l'on pourrait qualifier de préalable aux trois autres. En effet, pour donner plus de force à la mise en demeure adressée à l'exploitant pour que celui-ci se conforme à ses obligations, le préfet peut ordonner le paiement par l'exploitant d'une amende au plus égale à 15 000 € et une astreinte journalière au plus égale à 1 500 Đ applicable à partir de la notification de la décision la fixant et jusqu'à satisfaction de la mise en demeure (C. env., art. L. 171-8, 4°). Il est prévu que « les amendes et les astreintes sont proportionnées à la gravité des manquements constatés et tiennent compte notamment de l'importance du trouble causé à l'environnement » et que « l'amende ne peut être prononcée plus d'un an à compter de la constatation des manquements ».

3016. De par l'objet de ces sanctions, il est bien évident que le préfet peut en prononcer plusieurs à l'encontre de l'exploitant. Ainsi, le préfet pourra très bien faire procéder à la consignation d'une somme d'argent répondant du montant des travaux à effectuer pour ensuite l'utiliser pour régler les travaux nécessaires à la mise en conformité de l'installation dont il aura prescrit l'exécution d'office, tout en suspendant les activités de l'installation le temps des travaux.

3017. Pour autant, parmi les sanctions dont disposent le préfet ne figure pas la possibilité pour lui de faire fermer définitivement l'installation. En effet, lorsque l'industriel dispose d'un titre l'habilitant à exploiter son installation, seul un décret en Conseil d'Etat pris après avis du CSPRT peut ordonner la fermeture ou la suppression de son installation dans le cas où les mesures que peut prendre le préfet seraient insuffisantes à faire disparaître les dangers et inconvénients (C. env., art. L. 514-7, al. 2 ; [disposition inchangée par la réforme]).

§ 2 ▪ Les sanctions pour une installation sans titre

3018. Finalement, ce n'est que dans le cas où l'industriel exploite une installation sans titre, et refuse de régulariser son installation dans le délai imparti par le préfet dans sa mise en demeure, que la fermeture ou la suppression de l'installation pourra être ordonnée (C. env., art. L. 514-2, al. 2 ; [C. env., art. L. 171-7]). Dans le cas extrême où l'exploitant refuse de se conformer à cette décision, le préfet pourra alors faire procéder d'office à l'exécution de cette décision aux frais de l'industriel.

Section 2 ▪ Les sanctions pénales

3019. Les infractions susceptibles d'être constatées en droit des ICPE sont de deux ordres : contraventionnelles (jugées par le Tribunal de police) et délictuelles (avec renvoi devant le Tribunal correctionnel et inscription au casier judiciaire).

3020. La constatation de ces infractions ne peut être effectuée que par des officiers de police judiciaire et des inspecteurs des installations classées [remplacés par la réforme par des inspecteurs de l'environnement] par le biais de procès verbaux (C. env., art. L. 514-13 ; [C. env., art. L. 172-1]).

3021. Ces procès verbaux doivent être établis en deux exemplaires afin d'en adresser un au préfet et un autre au procureur de la République. A l'avenir, un délai de 5 jours suivants la clôture du procès-verbal sera imposé pour la transmission de ce dernier [C. env., art. L. 172-16]. Cette règle se retrouvera parmi toutes celles relatives à la constatation des infractions prévues par les articles L. 172-4 à L. 172-12 du Code de l'environnement.

Sous-section 1 ▪ Les infractions contraventionnelles

3022. Les peines et amendes correspondantes aux infractions à la réglementation des installations classées peuvent aussi bien être prononcées à l'encontre de l'exploitant personne physique, qu'à l'encontre de l'exploitant personne morale et ce de manière cumulative (C. env., art. L. 514-18 ; [C. env., art. L. 173-8]).

3023. Pour information, les peines d'amendes pour les contraventions de 5e classe encourues par les exploitants personnes physiques sont de 1 500 euros au plus et de 3 000 euros en cas de récidives (C. pén., art. 131-13 et 132-11 ; C. env., art. R. 514-5, al. 3). Pour les exploitants personnes morales, le taux maximum de l'amende applicable est égal au quintuple de celui prévu pour les personnes physiques au sens de l'article 131-38 du Code pénal, soit 7 500 euros.

3024. Ces peines et amendes relatives aux infractions de 5e classe et aux délits à la réglementation des installations classées sont prévues respectivement aux articles L. 514-9 à L. 514-18 et R. 514-4 [C. env., L. 173-1 à L. 173-12].

3025. Ainsi, est notamment constitutif d'une infraction susceptible de donner lieu à une contravention de 5e classe :

- le fait d'exploiter une installation soumise à déclaration sans avoir fait la déclaration ;
- le fait d'exploiter une installation soumise à autorisation sans satisfaire aux règles générales et aux prescriptions techniques ;
- le fait d'exploiter une installation soumise à enregistrement ou une installation soumise à déclaration sans satisfaire aux prescriptions générales ou particulières ;
- le fait d'omettre les déclarations à effectuer dans le mois suivant un changement d'exploitant, ou préalablement à une modification de l'installation ;
- le fait d'omettre d'informer le préfet dans les plus brefs délais de la survenance d'un accident ou d'un incident sur le site d'exploitation de l'installation ;
- le fait d'omettre la notification préalable du préfet de la mise à l'arrêt définitif de l'installation ;

- le fait de ne pas respecter les prescriptions prises par le préfet pour la remise en état du site d'exploitation de l'installation ;
- le fait de mettre en œuvre des substances, des produits, des organismes ou des procédés de fabrication soumis à agrément sans avoir obtenu préalablement l'agrément nécessaire ou en méconnaissance des prescriptions contenues dans l'agrément.

La liste détaillée de ces infractions est prévue à l'article R. 514-4 du Code de l'environnement.

3026. Dans le cas où l'industriel est condamné à une contravention de 5e classe pour méconnaissance des prescriptions ministérielles ou préfectorales qui lui étaient applicables, le tribunal de police compétent peut, conformément à l'article L. 514-10, I du Code de l'environnement, prononcer l'interdiction d'utiliser l'installation jusqu'à ce que soit respecté ces prescriptions. A l'avenir, cette interdiction ne pourra excéder un an [C. env., art. L. 173-5, al. 1, 1°].

Aux côtés de ces infractions contraventionnelles, on retrouve des infractions délictuelles au droit des installations classées.

Sous-section 2 ▪ Les infractions délictuelles

3027. Au préalable, il convient de préciser que lorsque l'exploitant personne morale est reconnu responsable de ces infractions, celui-ci encourt une amende maximum d'un montant cinq fois supérieur à celle qu'encourue par l'exploitant personne physique pour la même infraction (C. env., art. L. 514-18 ; [C. env., art. L. 173-8]).

3028. L'exploitant personne morale encourt également les peines prévues aux 3°, 4°, 5°, 6°, 8° et 9° de l'article 131-9 du Code pénal, à savoir notamment le placement sous surveillance judiciaire pour une durée de cinq ans au plus, la fermeture définitive ou pour une durée de cinq ans au plus des établissements de l'entreprise ayant servi à commettre les faits incriminés. Ceci étant précisé, il reste néanmoins nécessaire de rappeler que les peines et amendes pour les infractions énoncées ci-après sont celles applicables à l'exploitant personne physique.

3029. Ainsi, il est prévu que le fait d'exploiter une installation sans l'autorisation ou l'enregistrement requis est puni d'un an d'emprisonnement et de 75 000 euros d'amende (C. env., art. L. 514-9, I ; [C. env. art. L. 173-1, I]). A l'avenir, cette peine pourra être portée à trois d'emprisonnement et 150 000 euros d'amende lorsque les faits constitutifs de l'infraction auront porté gravement atteinte à la santé ou à la sécurité des personnes ou provoqué une dégradation substantielle de la faune et de la flore ou de la qualité de l'air, du sol ou de l'eau [C. env., art. L. 173-3, 2°].

3030. Le tribunal correctionnel compétent aura alors plusieurs choix quant aux suites à donner au sens de l'article L. 514-9, II et III du Code de l'environnement. En effet, il peut décider d'interdire l'utilisation de l'installation tant que l'exploitant n'est pas titulaire d'une autorisation ou d'un enregistrement. Cependant, à l'avenir, cette interdiction d'utiliser l'installation ne pourra plus excéder un an [C. env., art. L. 173-5, al. 1, 1°].

3031. Le tribunal peut aussi faire le choix d'enjoindre au condamné la remise en état des lieux dans un délai déterminé et sous astreinte ou bien encore d'ordonner l'exécution d'office des travaux de remise en état aux frais du condamné (C. env., art. L. 514-9, IV ; [C. env., art. L. 173-5, al. 1, 2° et al. 2]).

3032. Expose également l'exploitant à une peine de 6 mois d'emprisonnement et de 75 000 euros d'amende, le fait de ne pas se conformer à une mise en demeure exigeant dans un certain délai le respect des prescriptions techniques fixées par l'arrêté préfectoral et les arrêtés ministérielles, (C. env., art. L. 514-11, II). A l' avenir, ce délit sera passible de 2 ans d'emprisonnement et de 100 000 euros d'amende pour les installations autorisées ou enregistrées [C. env., art. L. 173-1, II] et d'un an d'emprisonnement et 15 000 euros d'amende pour les installations déclarées [C. env., art. L. 173-2, I]. Une aggravation des peines est possible dans les conditions prévues à l'article L. 173-3, 2°.

3033. Les mêmes peines sont applicables à l'exploitant lorsque celui-ci ne respecte pas la mise en demeure de prendre, dans un délai déterminé, les mesures de surveillance ou de remise en état du site d'exploitation de son installation lorsque l'activité a cessé (C. env., art. L. 514-11, III). A l'avenir, ce délit sera passible de 2 ans d'emprisonnement et de 100 000 euros d'amende pour les installations autorisées ou enregistrées [C. env., art. L. 173-1, II] et d'un an d'emprisonnement et 15 000 euros d'amende pour les installations déclarées [C. env., art. L. 173-2, I]. Une aggravation des peines est possible dans les conditions prévues à l'article L. 173-3, 2°.

3034. Ces peines sont encore celles qu'encourent l'exploitant en omettant d'informer le préfet de la survenance d'une modification substantielle de ses capacités techniques et financières (C. env., art. L. 514-11, IV ; [C. env., art. L. 514-11, I]).

3035. Lorsque l'installation a déjà fait l'objet soit de sanctions administratives, soit d'une condamnation pénale suspendant son exploitation ou prononçant sa fermeture, son exploitant est passible de deux ans d'emprisonnement et de 150 000 euros d'amende s'il ne s'y conforme pas (C. env., art. L. 514-11, I). A l'avenir, ce délit sera passible de 2 ans d'emprisonnement et de 100 000 euros d'amende pour les installations autorisées ou enregistrées [C. env., art. L. 173-1, II] et d'un an d'emprisonnement et 15 000 euros d'amende pour les installations déclarées [C. env., art. L. 173-2, I]. Une aggravation des peines est possible dans les conditions prévues à l'article L. 173-3, 2°.

3036. Est passible des mêmes peines l'exploitant d'une installation qui n'a pas été exploitée durant trois années consécutives et qui ne respecte pas la mise en demeure du préfet l'enjoignant de procéder à la mise à l'arrêt définitif de cette installation (C. env., art. L. 514-11, I ; C. env., art. L. 514-11, I).

Enfin, constitue un délit passible de 6 mois d'emprisonnement et de 15 000 euros d'amende le fait de faire obstacle à l'exercice des fonctions des inspecteurs des installations classées (C. env., art. L. 514-12 ; C. env., art. L. 143-4).

3037. On ne peut s'empêcher de remarquer que pour la plupart des délits précités, c'est la mise en demeure qui correctionnalise l'infraction. Ainsi, le fait de ne pas respecter les prescriptions applicables à l'installation n'est, aujourd'hui, pas pénalement répréhensible au titre de la législation des installations classées, tant qu'aucune mise en demeure du préfet enjoignant l'exploitant à respecter les prescriptions n'est intervenue. Cependant, la réforme des dispositions pénales, entrant en vigueur le 1er juillet 2013, pallie en partie ce manque en prévoyant que lorsque l'exploitant a exploité son installation sans respecter les prescriptions qui lui étaient applicables et que cela a « porté gravement atteinte à la santé ou la sécurité des personnes ou provoqué une dégradation substantielle de la faune et de la flore ou de la qualité de l'air, du sol ou de l'eau » [C. env., art. L. 173-3, 1°], celui-ci encourt deux ans d'emprisonnement et 75 000 euros d'amende.

Section 3 ▪ Le contentieux des installations classées

3038. L'exploitant a deux mois pour contester à compter de leur notification les décisions intervenant dans le domaine de ses installations classées (refus d'autorisation, prescriptions abusives ou sanctions administratives, pour l'essentiel). Remarquons que le recours gracieux auprès du Préfet ne proroge pas le délai contentieux. Reste que le contentieux est encore spécialement ouvert aux tiers (I), et la spécificité d'un contentieux de pleine juridiction doit encore ici retenir l'attention (II).

Sous-section 1 ▪ Un contentieux dominé par le recours des tiers

3039. La majeure partie du contentieux des installations classées concerne les recours contre les arrêtés d'autorisation. En effet, la population, bien que favorable à l'industrie en générale, est souvent hostile à l'implantation dans son voisinage d'une installation pouvant présenter un danger – même minime – pour leur sécurité, et certains inconvénients (olfactifs, sonores, visuels, etc.). Le recours contre l'arrêté d'autorisation par des riverains est ainsi bien souvent l'expression de cette hostilité, aussi appelée phénomène « NIMBY » (Not In My BackYard : « pas dans mon arrière-cours »).

3040. Avec la volonté sous-jacente de réfréner ce phénomène, le pouvoir réglementaire, suite aux discussions du Grenelle et de la loi Grenelle II, a décidé de modifier les délais de recours des tiers contre notamment les décisions d'autorisation, d'enregistrement et d'opposition ou non à déclaration ICPE.

§ 1 ▪ Le délai de recours des tiers

3041. Depuis le décret n° 2010-1701 du 30 décembre 2010 (décret, 30 déc. 2010, JORF n° 303, 31 déc. 2010, p. 23409), c'est l'article R. 514-3-1, alinéa 2 du Code de l'environnement, et non plus l'article L. 514-6, II, qui prévoit les délais de recours des tiers. Les tiers ne disposent désormais plus que d'un délai d'un an (en lieu et place de l'ancien délai de 4 ans) à compter de la publication ou de l'affichage des décisions précitées.

3042. Cependant, dans le cas où la mise en service de l'installation n'intervient pas dans les six mois à compter du jour d'affichage ou de publication de la décision, le délai de recours continue à courir jusqu'à une période de six mois après cette mise en service.

3043. Dans cette dernière hypothèse, il convient pour plus de compréhension d'aborder la notion de mise en service d'une installation. Celle-ci n'est pas définie par le Code de l'environnement et la jurisprudence ne l'aborde que sous l'angle du délai de caducité du titre habilitant l'industriel à exploiter son installation. Pour autant, les solutions apportées par cette dernière méritent qu'on s'y arrête, celles-ci pouvant être transposées concernant le délai de recours.

3044. Ainsi, la mise en service de l'installation correspond au jour à partir duquel l'installation fonctionne de manière effective (CE, 22 mai 2012, Commune d'Izeaux, n° 339504), et ce, même si ce fonctionnement effectif ne concerne pas la totalité de l'installation (CE, 27 sept. 2006, Communauté d'agglomération de Montpellier, n° 269553).

§ 2 ▪ La qualité et l'intérêt à agir du tiers

3045. Au côté du délai de recours pour les tiers, il existe un autre filtre pour éviter un nombre de recours trop important contre les décisions d'autorisation, d'enregistrement ou d'opposition ou non à déclaration ICPE : la qualité et l'intérêt à agir du tiers.

3046. En effet, il est précisé à l'article R. 514-3-1 du Code de l'environnement que les tiers, personnes physiques ou morales, et les communes intéressées ou leur groupement peuvent déférer les décisions précitées devant la juridiction administrative uniquement en raison des inconvénients ou des dangers que le fonctionnement de l'installation présentes pour les intérêts mentionnés à l'article L. 511-1, à savoir la commodité du voisinage, la santé, la sécurité, la salubrité publiques, la protection de la nature, de l'environnement, etc.

3047. Cependant, la plupart du temps, le juge se contentera de la proximité géographique du tiers par rapport à l'installation pour reconnaître l'intérêt à agir d'un tiers. Ainsi, le riverain habitant à 350 mètres d'un ensemble de porcherie dispose d'un intérêt à agir (CAA Nantes, 23 nov. 1994, Sagorin, n° 93NT00096 ; cf. néanmoins : CE, 13 juil. 2012, Société Moulins Soufflet, n° 339592).

3048. Ces règles relatives à l'intérêt à agir sont un peu différentes lorsque l'on est en présence d'un tiers aux activités industriels concurrentes de l'installation ICPE. En effet, le juge administratif a décidé qu'au sens des dispositions de l'article L. 514-6, désormais reprises à l'article R. 514-3-1, « un établissement commercial ne peut se voir reconnaître la qualité de tiers recevable à contester devant le juge une autorisation d'exploiter une installation classée pour la protection de l'environnement délivrée à une entreprise, fut-elle concurrente, que dans les cas où les inconvénients ou les dangers que le fonctionnement de l'installation classée présente pour les intérêts visés à l'article L. 511-1 sont de nature à affecter par eux-mêmes les conditions d'exploitation de cet établissement commercial ». A ce titre, « il appartient au juge administratif de vérifier si l'établissement justifie d'un intérêt suffisamment direct lui donnant qualité pour demander l'annulation de l'autorisation en cause, compte tenu des inconvénients et dangers que présente pour lui l'installation classée, appréciés notamment en fonction de ses conditions de fonctionnement, de la situation des personnes qui le fréquentent ainsi que de la configuration des lieux » (CE, 30 janv. 2013, Société Nord Broyage, n° 347347).

3049. Egalement, concernant les associations, l'intérêt à agir est apprécié par le juge en fonction du lien direct de l'objet social de l'association avec la décision ICPE attaquée, ainsi qu'en fonction du ressort territorial de l'association qui doit correspondre à celui de la décision (CE, 22 mars 1996, GAEC du Vieux Bougy, n° 128923).

3050. Enfin, précisons que l'article L. 514-6, III du Code de l'environnement prévoit une exception à l'intérêt à agir des tiers. Au sens de cet article, « les tiers qui n'ont pas acquis ou pris à bail des immeubles ou n'ont élevé des constructions dans le voisinage d'une installation classée que postérieurement à l'affichage ou à la publication de l'acte portant autorisation ou enregistrement de cette installation ou atténuant les prescriptions primitives ne sont pas recevables à déférer ledit arrêté à la juridiction administrative ».

3051. Cette exception, dite de « préoccupation », empêche ainsi tout recours de tiers contre des arrêtés pris antérieurement à leur installation dans le voisinage d'une installation classée. Cependant, elle n'empêche pas ces mêmes tiers, s'ils y ont intérêt, à intenter un recours contre des arrêtés relatifs à l'installation pris postérieurement à leur établissement comme par exemple des arrêtés modifiant ou complétant les prescriptions applicables (CE, 22 oct. 2004, Société française de meunerie, n° 242323).

3052. Bien évidemment, au côté du recours des tiers, le recours de l'exploitant à l'encontre des décisions préfectorales concernant son installation est possible. Cependant, pour lui, le délai de recours contre la décision attaquée sera de seulement de deux mois à compter de la date à laquelle elle lui aura été notifiée (C. env., art. R. 514-3-1, al. 3).

Sous-section 2 ▪ Un contentieux de pleine juridiction aux multiples conséquences

3053. Le contentieux des installations classées est un contentieux de pleine juridiction de par la loi. En effet, c'est l'article L. 514-6 du Code de l'environnement qui le prévoit.

3054. D'ailleurs, cet article prend le soin de lister les décisions relatives au droit des installations classées soumises à un tel contentieux. Ainsi, sont concernées « les décisions prises en application des articles L. 512-1, L. 512-3, L. 512-7-3 à L. 512-7-5, L. 512-8, L. 512-12, L. 512-13, L. 512-20, L. 513-1 à L. 514-2, L. 514-4, du I de l'article L. 515-13 et de l'article L. 516-1 », à savoir les décisions suivantes :
- arrêté d'autorisation d'exploiter ICPE ;
- arrêté de prescriptions complémentaires ;
- arrêté d'enregistrement ;
- arrêté de prescriptions complémentaires pour les installations enregistrées ;
- récépissé de déclaration ICPE ;
- arrêté de prescriptions spéciales et arrêtés de prescriptions complémentaires pour les installations déclarées ;
- arrêté prescrivant la réalisation des évaluations et la mise en œuvre des remèdes que rendent nécessaires soit les conséquences d'un accident ou incident survenu dans l'installation, soit les conséquences entraînées par l'inobservation des prescriptions ;
- décisions concernant les installations bénéficiant ou souhaitant bénéficier du régime de l'antériorité ;
- arrêtés de mises en demeure et les sanctions administratives ;
- décisions relatives au régime de l'agrément ;
- décisions relatives aux garanties financières.

3055. Pour autant, bien que cela ait été plus pratique, cette liste ne peut être considérée comme exhaustive. En effet, le juge administratif a pu décider que l'arrêté préfectoral pris sur le fondement de l'article L. 512-15 du Code de l'environnement, lequel prévoit le nécessaire renouvellement de la demande d'autorisation ou de déclaration en cas de transformation ou d'extension de l'installation, est également soumis au contentieux de plein juridiction des installations classées (CAA Paris, 20 sept. 2007, Société SITA Ile de France, n° 04PA03383).

3056. Finalement, cette décision donne à voir les enjeux liés au champ d'application du contentieux administratif spécial. La soumission d'une décision au contentieux de pleine juridiction des installations classées emporte effectivement plusieurs conséquences significatives qui méritent d'être précisées.

3057. Tout d'abord, le juge administratif va se trouver dans l'obligation d'apprécier la régularité de la décision d'autorisation ou de refus d'autorisation attaquée au regard des dispositions législatives et réglementaires en vigueur à la date à laquelle il statue (CE, 20 janv. 1978, Bounaix, n° 03006 ; CAA de Paris, 25 sept. 1997, Mme Forget, n° 94PA01054).

3058. Ensuite, les pouvoirs du juge sont très étendus. En effet, celui-ci peut, tout en annulant une décision illégale de rejet d'autorisation, accorder l'autorisation (CE, 7 fév. 1873 ; CAA Nancy, 5 fév. 1998, Société ATEP, n° 93NC00739) ou à l'inverse annuler une autorisation et délivrer un titre provisoire d'exploitation (TA Amiens, 1er oct. 2013, n° 1100257-4 et 1100427-4).

3059. Pour autant, le juge administratif n'ayant pas plus de pouvoir que l'administration, il devra respecter les règles de procédure applicables, c'est-à-dire notamment solliciter l'avis du CODERST. Cette contrainte explique certainement la rareté des décisions par lesquelles le juge accorde l'autorisation en fixant les prescriptions applicables. Celui-ci préférera se contenter d'annuler l'autorisation.

Dans un tel cas, le préfet restant saisi de la demande initiale d'autorisation, il est tenu d'instruire à nouveau le dossier (TA de Grenoble, 29 nov. 1999, Société Redland Route et a., n° 971127).

3060. Le juge va également pouvoir modifier ou compléter les prescriptions de l'autorisation initiale. Là encore, l'ajout de prescriptions complémentaires par le juge est soumis aux dispositions de l'article R. 512-31 du Code de l'environnement, à savoir la consultation obligatoire du CODERST (pour des exemples de modifications de l'autorisation par le juge : CAA Nancy, 17 oct. 1991, District urbain de Nancy, n° 89NC01558 ; TA Rennes, 14 mai 1997, Association Eaux et Rivières de Bretagne, n° 881960).

3061. Pour pallier les carences de l'administration, le juge administratif pourra également mettre en demeure l'exploitant de respecter les prescriptions qui lui sont applicables. Il lui arrivera également d'exiger que l'exploitant régularise sa situation dans le cas d'une annulation de son titre l'habilitant à exploiter, tout en suspendant l'activité de l'installation (TA Lyon, 26 oct. 1994, Association de défense de l'environnement de Lucas et a.,).

Pour autant, le juge administratif ne pourra prononcer la fermeture de l'installation que dans un seul et unique cas : lorsque l'exploitant ne dispose d'aucun titre l'habilitant à exploiter et qu'il ne défère pas à une mise en demeure de régulariser sa situation.

3062. Enfin, le juge administratif pourra statuer ultra petita, c'est-à-dire que même si aucune des parties à l'instance ne le lui a demandé, il peut, de son propre chef, décider la suspension de l'exploitation de l'installation lorsque les intérêts protégés par la loi le justifient, à savoir ceux indiqués à l'article L. 511-1 du Code de l'environnement (TA Lyon, 2 mai 1990, Société Moulin, n° 89-42701).

Chapitre 4
Obligations de remise en état

BIBLIOGRAPHIE

Autres documentations

Ouvrages. – F. Defradas et J-P. Boivin, « Sites et sols pollués Outils juridiques, méthodologiques et financiers », Éditions du Moniteur, Guides juridiques, 2ème éd. 2013

Articles. - A. Souchon et P. Viterbo, Réhabilitation des sites et sols pollués : nouveaux enjeux, nouveaux acteurs ?, BDEI 2012, Supplément, n° 42. - M. Baucomont, La qualité d'exploitant d'installation classée : ombres et lumières, BDEI 2012, Supplément, n° 42. - M. Boutonnet, Information environnementale et cession d'un site pollué, in Sites et sols pollués : enjeux d'un droit, droit en jeu(x), Litec, 2010, p. 203-218. - D. Deharbe, L'usage futur du site, vecteur légal de la remise en état en droit des installations classées, in Sites et sols pollués : enjeux d'un droit, droit en jeu(x), Litec, 2010, pp. 183-202. - A.Dupie, Baux commerciaux et sites pollués, in Sites et sols pollués : enjeux d'un droit, droit en jeu(x), Litec, 2010, pp. 219-226. - S. Sabathier, Les garanties financières, in Sites et sols pollués : enjeux d'un droit, droit en jeu(x), Litec, 2010, pp. 43-58. - D. Deharbe, Installations classées pour la protection de l'environnement -Obligation administrative de remise en état, Juris Classeur 2009, Fasc. N° 4020. - C. London, Quelle obligation d'information lors de la cession d'un site industriel ?, note sous Civ. 3e, 17 nov. 2004, BDEI 2005, n° 1. – J.-P. Boivin, La loi du 30 juillet 2003 sur les risques technologiques et naturels majeurs, AJDA 2003, p. 1765.

Sites internet. - Cessation d'activité d'une installation classée et remise en état, sur le site http://www.editions-legislatives.fr. - Fiche pratique : la fin de vie de l'ICPE, sur le site www.cci-paris-idf.fr. - Guide à destination des administrateurs judiciaires, mandataires judiciaires et de l'inspection des installations classées, Version n° 2, juin 2012, sur le site www.developpement-durable.gouv.fr. - La cessation d'activité des ICPE, Les mardis de la DGPR, sur le site www.developpement-durable.gouv.fr

3063. L'obligation de remise en état de l'installation classée doit être caractérisée tant au regard de son contenu singulier que de la désignation de ses débiteurs alternatifs.

Section 1 ▪ Le contenu de l'obligation

Sous-section 1 ▪ Définition et cadre juridique

3064. La cessation d'activité d'une ICPE est rigoureusement encadrée, au même titre que sa mise en place. En effet, la mise à l'arrêt définitif de l'installation fait naître une obligation spécifique dans le chef de son exploitant : celle de placer le site d'exploitation dans un état tel qu'il ne s'y manifeste aucune atteinte aux intérêts protégés par l'article L. 511-1 du Code de l'environnement (la commodité du voisinage, la santé, la sécurité, et la salubrité publiques, l'agriculture, la protection de la nature et de l'environnement, et la conservation des sites et des monuments) d'une part, et tel qu'il permette un usage futur comparable à celui de la dernière période d'activité, d'autre part (C. env., art. L. 512-6-1, L. 512-7-6 et L. 512-12-1).

3065. Le régime de l'obligation de remise en état est marqué par une importante évolution législative et réglementaire. Ainsi, depuis son instauration dans les années 1970, son champ d'application n'a eu de cesse d'être précisé au gré des réformes, et il en résulte un système relativement complexe, même si une tendance à la simplification se dessine…

3066. Actuellement, trois régimes distincts coexistent au sein du Code de l'environnement. En effet, le type d'ICPE détermine la procédure applicable (article L. 512-6-1 pour les installations soumises à autorisation, article L. 512-7-6 pour celles soumises à enregistrement, et article L. 512-12-1 pour celles soumises à déclaration). On observe toutefois une constante : la remise en état comporte toujours trois phases, qui sont la mise en sécurité du site, la détermination de l'usage futur à prendre en compte dans le cadre de sa réhabilitation, et la mise en œuvre des mesures de dépollution adéquates.

3067. Enfin, on précisera à titre liminaire que la procédure de remise en état ne s'applique qu'en cas de cessation d'activité définitive, et non en cas de cessation d'activité temporaire, laquelle ne peut en tout état de cause excéder deux ans. Afin de déterminer s'il y a bien mise à l'arrêt définitif, l'administration peut s'appuyer sur différents indices, tels que l'enlèvement du matériel d'exploitation, la désaffectation des locaux, l'état d'abandon manifeste du site, le licenciement du personnel, la vente du matériel d'exploitation, la résiliation du bail ou la vente des locaux (circulaire du ministre de l'environnement du 7 août 1985, non publiée au J.O.).

3068. L'article L. 512-19 du Code de l'environnement prévoit également que le préfet peut mettre en demeure l'exploitant de procéder à la mise à l'arrêt définitif d'une installation qui n'a pas été exploitée durant 3 années consécutives (pour une illustration, voir : CAA Douai, 25 mars 2014, n° 12DA00557).

§ 1 ▪ Première étape : la mise en sécurité du site

A ▪ La déclaration de cessation d'activité

3069. L'exploitant de l'installation classée doit tout d'abord notifier la cessation de son activité au préfet. Il s'agit d'une déclaration qui doit impérativement mentionner la date projetée de l'arrêt définitif, ainsi que les mesures déjà prises ou envisagées pour assurer la mise en sécurité du site. Si la notification reprend ces deux éléments, le préfet est tenu d'en accuser réception en délivrant un récépissé à l'exploitant (circulaire BPSPR n° 2005-305/TJ, 18 oct. 2005 : non publiée au B.O.). Cette formalité ne l'empêche néanmoins pas de réclamer ultérieurement tout complément qu'il jugerait utile. C'est bien à l'exploitant qu'incombe cette notification : cette formalité permet ainsi à l'administration d'identifier le dernier exploitant du site, qui sera débiteur de l'obligation de remise en état (cf. infra).

3070. Pour les installations soumises à autorisation ou à enregistrement, la notification doit intervenir au moins trois mois avant la mise à l'arrêt définitif (C. env., art. R. 512-39-1 à R. 512-39-6, et R. 512-46-25 à R. 512-46-27). Pour les installations soumises à déclaration, le délai est d'un mois (C. env., art. R. 512-66-1). Ce délai est porté à six mois si l'installation classée est une installation de stockage de déchets (C. env., art. R. 512-39-1).

B ▪ L'évacuation des déchets et autres mesures préventives

3071. Les mesures prises ou envisagées par l'exploitant pour assurer la mise en sécurité du site dès l'arrêt de son exploitation sont notamment l'évacuation des déchets et des produits dangereux présents sur le site, mais aussi :
- des interdictions ou limitations d'accès au site ;
- la suppression des risques d'incendie et d'explosion ;
- la surveillance des effets de l'installation sur son environnement.

3072. L'exploitant veillera donc, dans un premier temps, à vider le site des déchets tels que les vieux pneumatiques entreposés, les batteries hors d'usage, les déchets métalliques, les huiles usagées, etc. S'il possède des cuves de carburants, la mise en sécurité implique également leur neutralisation.

§ 2 ▪ Deuxième étape : la définition de l'usage futur du site

3073. Le code de l'environnement pose le principe selon lequel que l'obligation de remise en état pesant sur le dernier exploitant d'une installation classée est limitée à la mise en œuvre de mesures de réhabilitation définies au regard d'un usage spécifique des terrains.

3074. La détermination de l'usage futur du site (dit « usage de référence ») varie avec le classement de l'installation (D, E ou A).

A ▪ Pour les installations classées soumises à déclaration

3075. La situation la moins contraignante est celle des installations classées soumises à déclaration : l'exploitant doit simplement informer le propriétaire du terrain et le maire du fait qu'il a placé le site dans un état tel qu'il ne puisse porter atteinte aux intérêts mentionnés à l'article L. 511-1 du Code de l'environnement et qu'il permette un usage futur comparable à la dernière période d'activité de l'installation (C. env., art. L. 512-12-1 et R. 512-66-1). Il n'y a donc aucune concertation préalable au sujet de l'usage futur du site.

3076. Par ailleurs, en cas de modification ultérieure de l'usage du site, l'exploitant ne peut se voir imposer de mesures complémentaires induites par ce nouvel usage sauf s'il est lui-même à l'initiative de ce changement d'usage (C. env., art. R. 512-66-2).

B ▪ Pour les installations soumises à autorisation ou à enregistrement

3077. En ce qui concerne les installations soumises à autorisation ou à enregistrement, on distingue trois cas :
- pour les installations exploitées sur un site nouveau, l'état dans lequel doit être remis le site est déterminé par l'arrêté d'autorisation ou d'enregistrement, après avis du maire et du propriétaire (C. env., art. R. 512-30 et R. 512-46-20). Ces dispositions ne s'appliquent toutefois qu'aux installations dont la demande d'enregistrement a été déposée après le 1re juillet 2010, et à celles qui ont été autorisées après le 1er mars 2006 ;
- pour les installations mises à l'arrêt définitif avant le 1er octobre 2005, l'usage de référence sera toujours un usage comparable à celui de la dernière période d'exploitation (décret n° 2005-1170, 13 sept. 2005).

Enfin, pour les installations mises à l'arrêt après le 1er octobre 2005, si l'arrêté préfectoral ne comporte pas d'informations relatives à la remise en état, les articles R. 512-39-2 et R. 512-46-26 du Code de l'environnement définissent une procédure de concertation entre les différentes personnes concernées par la remise en état.

3078. A titre indicatif, on notera que la directive européenne 2010/75/UE (dite « directive IED », transposée aux articles L. 515-28 et suivants, et aux articles R. 515-58 et suivants), qui impose des obligations spécifiques pour les installations relevant des rubriques 3000 à 3999 de la colonne A du tableau annexé à l'article R. 511-9 constituant la nomenclature ICPE ainsi qu'aux installations ou équipements s'y rapportant directement, exploités sur le même site, liés techniquement à ces installations et susceptibles d'avoir des incidences sur les émissions et la pollution, prévoit que l'état du site d'implantation de l'installation devra être décrit avant sa mise en service, ou pour les installations déjà existantes, lors du premier réexamen périodique après le 7 janvier 2013, dans un rapport de base établi par l'exploitant.

1 ▪ La phase de concertation

3079. Pour les ICPE soumises à autorisation ou à enregistrement, la détermination de l'usage futur du site résulte d'une concertation entre l'exploitant de l'installation, le propriétaire des terrains sur lesquels elle est située l'installation et la collectivité compétente en matière d'urbanisme (le maire ou le président de l'établissement public de coopération intercommunale compétent).

3080. On attirera l'attention du lecteur sur le fait qu'il ne s'agit pas de figer définitivement l'usage ultérieur du site, mais simplement de circonscrire les obligations du dernier exploitant. Ainsi, la nature et l'étendue des travaux de remise en état qu'il doit effectuer sont fixées en fonction de l'usage de référence retenu, ce qui emporte une conséquence capitale : si un autre usage, plus contraignant en termes de réhabilitation, est décidé ultérieurement, les mesures de remise en état supplémentaires n'incomberont pas au dernier exploitant, mais à celui qui sera à l'origine du changement d'usage.

3081. Ainsi, lors de la mise à l'arrêt définitif d'un garage automobile ou d'une installation de traitement de VHU soumise à autorisation ICPE, si l'usage de référence retenu est un usage industriel, il n'impliquera que relativement peu de mesures de dépollution et on pourra tolérer une pollution résiduelle, dès lors qu'elle ne serait pas susceptible de migrer vers la ressource en eau. Mais si ultérieurement la commune décide d'affecter le site à un usage sensible (habitation), nécessitant une dépollution complémentaire le dernier exploitant de l'installation automobile n'en sera pas débiteur.

3082. Etant donné que la détermination de l'usage de référence a cristallisé ses obligations, les opérations complémentaires ne pourront être mises à sa charge, et c'est donc à la personne décidant du changement d'usage (en l'espèce, la commune) qu'elles incomberont.

2 ▪ Le déroulement de la procédure de concertation

3083. Au moment de la notification au préfet, l'exploitant doit communiquer certains documents au maire et au propriétaire, afin qu'ils puissent décider de l'usage de référence du site en toute connaissance de cause. Il s'agit :
- des plans du site ;
- des études et des rapports communiqués à l'administration sur la situation environnementale et sur les usages successifs du site (études historiques et documentaires, diagnostics environnementaux, études de risques sanitaires, etc.) ;

- des propositions de l'exploitant sur le type d'usage futur du site qu'il envisage dans le cadre de la remise en état.

3084. Une copie de ces documents est transmise au préfet. Le maire et le propriétaire disposent alors d'un délai de trois mois à compter de la réception de ces documents pour exprimer leur avis sur les propositions formulées par l'exploitant :
- s'ils les approuvent, l'accord sur l'usage de référence ainsi déterminé est notifié au préfet par l'exploitant. On notera qu'en cas d'absence de réponse dans le délai de trois mois, le maire et le propriétaire sont réputés donner leur accord ;
- en cas de désaccord entre les parties, les articles R. 512-39-2 et R. 512-46-26 du Code de l'environnement prévoient que c'est alors un usage du site comparable à celui de la dernière période d'exploitation de l'installation qui sera retenu.

3085. L'exploitant informe ensuite le préfet et les personnes consultées de l'accord ou du désaccord sur l'usage de référence du site. Néanmoins, s'il s'avère qu'il existe une incompatibilité manifeste entre l'usage défini et l'usage futur de la zone d'exploitation tel qu'il résulte des documents d'urbanisme en vigueur à la date de la notification de la cessation d'activité, le préfet peut décider d'un usage de référence différent, dont il informe les parties concernées par simple lettre. Il dispose pour cela d'un délai de deux mois à compter de la notification de désaccord.

SCHEMA RECAPITULATIF DE LA PROCEDURE DE CONCERTATION

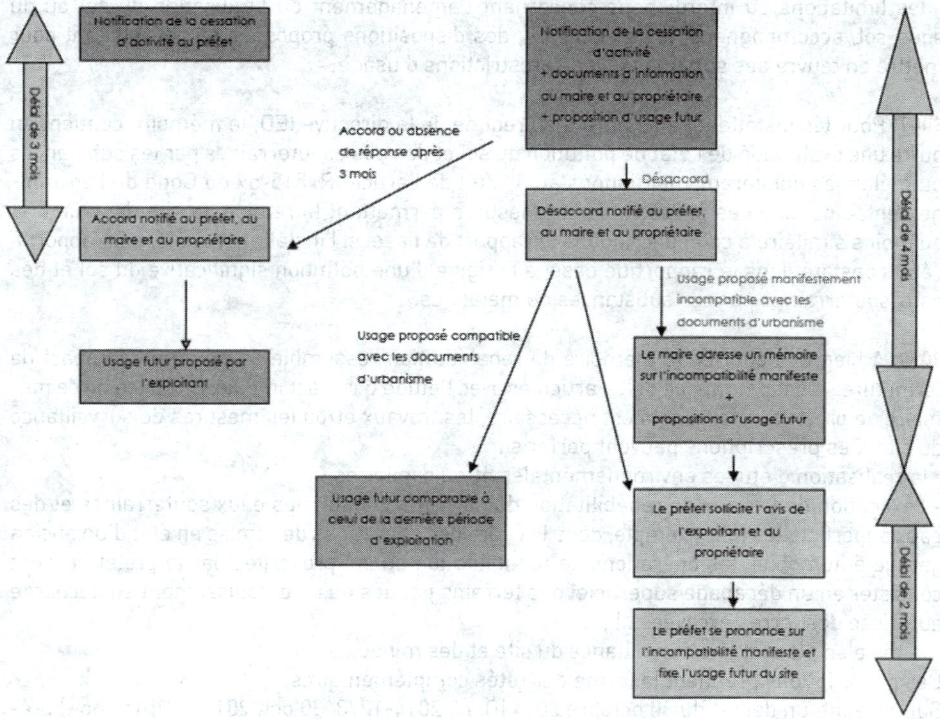

3086. Le maire peut également soulever l'incompatibilité manifeste dans un délai de quatre mois à compter de la notification de désaccord qui lui a été faite par l'exploitant. Il adresse alors au préfet un « mémoire d'incompatibilité manifeste » qui doit comporter une ou plusieurs propositions alternatives sur l'usage de référence à retenir. La réception de ce mémoire ouvre un délai de deux mois pour que le préfet se prononce sur le bien fondé de l'argumentation du maire, après avoir sollicité l'avis de l'exploitant et du propriétaire. Le type d'usage finalement retenu sera alors fixé par le préfet, qui peut fonder sa décision sur les documents d'urbanisme en vigueur à la date de notification de la mise à l'arrêt de l'installation, mais aussi sur l'utilisation effective des terrains situés au voisinage du site.

§ 3 ▪ Troisième étape : méthodologie de la dépollution

A ▪ Le mémoire de réhabilitation

3087. Une fois l'usage futur du site déterminé, l'exploitant adresse au préfet, dans le délai fixé par ce dernier, un mémoire de réhabilitation qui précise les mesures concrètes qu'il a prises ou prévues en vue de la dépollution du site (C. env., art. R. 512-39-3 et R. 512-46-27).

3088. Ce mémoire comporte notamment :
- les mesures de maîtrise des risques liés aux sols éventuellement nécessaires ;
- les mesures de maîtrise des risques liés aux eaux souterraines ou superficielles éventuellement polluées, selon leur usage actuel ou celui défini dans les documents de planification en vigueur ;
- en cas de besoin, la surveillance à exercer ;
- les limitations ou interdictions concernant l'aménagement ou l'utilisation du sol ou du sous-sol, accompagnées, le cas échéant, des dispositions proposées par l'exploitant pour mettre en œuvre des servitudes ou des restrictions d'usage.

3089. Pour les installations soumises au régime de la directive IED, le mémoire contient en outre une évaluation de l'état de pollution du sol et des eaux souterraines par les substances ou mélanges dangereux mentionnés au 3° du I de l'article R. 515-59 du Code de l'environnement, ainsi que des propositions de mesures permettant la remise du site dans un état au moins similaire à celui décrit dans le rapport de base, si l'installation a été, par rapport à l'état constaté dans le rapport de base, à l'origine d'une pollution significative du sol et des eaux souterraines par ces substances ou mélanges.

3090. À bien des égards, le mémoire de réhabilitation ressemble à une étude d'impact de fermeture : c'est pourquoi il doit s'articuler avec l'étude d'impact initiale. Sur base de ce mémoire, le préfet arrête, si cela est nécessaire, les travaux et/ou les mesures de surveillance du site. Ces prescriptions peuvent porter sur :
- la réalisation d'études environnementales et/ou sanitaires ;
- l'exécution de travaux de réhabilitation du sol, du sous-sol, des eaux souterraines et des eaux superficielles (par exemple, dans le cadre des opérations de remise en état d'un ancien garage automobile, les opérations de réhabilitation du sol prescrites par le préfet peuvent consister en un décapage superficiel des terrains pollués ou un enfouissement en décharge autorisée des terres excavées...) ;
- la mise en place d'une surveillance du site et des milieux.
Ces prescriptions prennent la forme d'arrêtés complémentaires.
Sur ce point, un décret du 30 octobre 2014 (D. n° 2014-1273, 30 oct. 2014 : JO, 1er nov.) prévoit désormais que le silence gardé par l'administration pendant un an vaut rejet pour la de-

mande de fixation des prescriptions de réhabilitation et des mesures de surveillance après la mise à l'arrêt définitif de l'ICPE (accord sur le mémoire proposé par l'exploitant).

Il va de soi que ces prescriptions doivent tenir compte de l'usage de référence défini antérieurement : le préfet ne saurait donc ordonner une réhabilitation plus exigeante du site. De plus, il doit également fixer ses prescriptions en tenant compte de l'efficacité des techniques de réhabilitation dans des conditions économiquement acceptables, ainsi que le bilan des coûts et des avantages de la réhabilitation au regard des usages considérés (C. env., art. R. 512-39-3 et R. 512-46-27) : le préfet ne peut ainsi obliger l'exploitant à recourir à la méthode de dépollution la plus onéreuse.

B ▪ La méthodologie des sites et sols pollués

3091. Tant les études que doit produire le dernier exploitant, que les prescriptions qui peuvent être prises par le Préfet obéissent à une méthodologie des sites et sols pollués très précise, même si elle-même elle est dépourvue de réelle portée réglementaire (cf. en particulier l'annexe 2 de la circulaire du 8 févr. 2007: BO min. Écologie n° 2007/15, 15 août).

3092. Cette méthodologie repose sur trois instruments : l'élaboration d'un schéma conceptuel, une démarche singulière d'interprétation de l'état des milieux, et la conception d'un plan de gestion. Ces trois instruments font l'objet de « guides » du ministère de l'Ecologie (http://www.developpement-durable.gouv.fr/Outils-de-gestion,19844.html). Le schéma conceptuel permettra de mettre sous une forme schématique, les sources de pollution, les milieux d'exposition, les voies de transfert, les usages des milieux et les points de contact entre les polluants et les enjeux à protéger. L'interprétation de l'état des milieux (IEM) est la démarche de gestion mise en œuvre pour apprécier l'acceptabilité des impacts d'un site sur son environnement. Quant au plan de gestion, il sera proposé par l'industriel ou lui sera imposé par arrêté préfectoral et il retiendra un scénario de gestion sur un site pollué lorsque la situation permet d'agir aussi bien sur l'état du site — par des mesures de dépollution ou des aménagements — que sur les usages qui peuvent être choisis ou adaptés.

3093. A partir de la fin 2005 et jusqu'à 2015, environ 300 stations-services autoroutières verront leurs contrats de concession arriver à échéance. Elles doivent alors faire l'objet d'une remise en concurrence qui pourra conduire à un changement d'exploitant. Dans ce contexte, les sociétés exploitantes du réseau autoroutier français ont conjointement confié à la société ANTEA le soin de mettre au point une approche méthodologique harmonisée s'agissant de la gestion des aspects liés à la pollution des sols. La partie du travail relative à la détermination des objectifs de dépollution a été expertisée par le BRGM (Bureau de recherches géologiques et minières) et l'INERIS (Institut national de l'environnement industriel et des risques), et examinée par les services du ministère de l'Ecologie et du Développement durable. La circulaire du 14 décembre 2005 (Réf. BPSPR/2005-400/DG) précise les modalités de mise en œuvre de cette approche méthodologique harmonisée (cf. : http://www.developpement-durable.gouv.fr/Stations-service-autoroutieres.html).

C ▪ Le procès-verbal de récolement

3094. Une fois les travaux achevés, l'exploitant en informe le préfet : un procès-verbal de récolement est alors établi par l'inspecteur des installations classées, qui le transmet à l'administration préfectorale. Il s'agit de vérifier l'adéquation entre les mesures prescrites et les travaux réalisés. Une copie est ensuite adressée à l'exploitant, au maire et au propriétaire du terrain.

3095. Ce procès-verbal de récolement ne constitue pas un quitus pour l'exploitant : en effet selon la jurisprudence, ce dernier reste débiteur de l'obligation financière de remise en état pendant 30 ans (CE, 8 juill. 2005, n° 247976, Alusuisse Lonza France). Dès lors, la délivrance du procès-verbal de récolement n'empêchera pas le préfet de prendre éventuellement de nouvelles prescriptions par la suite (cf. infra). Ce document permet seulement à l'exploitant d'attester qu'il s'est acquitté de son obligation d'exécuter les travaux, notamment à l'occasion de la vente ultérieure du terrain.

3096. Les articles R. 512-39-4 et R. 512-46-28 du Code de l'environnement prévoient en effet que le préfet peut à tout moment (et donc même après la remise en état du site), imposer à l'exploitant des mesures complémentaires visant à protéger les intérêts mentionnés par l'article L. 511-1 du Code de l'environnement, afin de remédier aux éventuels oublis de dangers ou d'inconvénients, mais aussi à la manifestation de phénomènes de pollution non identifiés jusqu'alors.

3097. Des mesures complémentaires peuvent également être adoptées par le préfet en cas d'évolution des connaissances scientifiques conduisant à réviser à la hausse les exigences de dépollution du site. Ainsi par exemple, si plusieurs mois après la fin des travaux de remise en état d'une ancienne station-service, il est constaté que la pollution par hydrocarbures a été sous-estimée lors de la détermination des opérations de dépollution, et même si le procès-verbal de récolement a déjà été fait, le préfet pourra enjoindre à l'exploitant, à titre de mesures complémentaires, d'exécuter un contrôle d'étanchéité des cuves et de fournir une étude de pollution de sols si ce contrôle révèle des fuites.

3098. Ces dispositions ne s'appliquent toutefois pas en cas de modification ultérieure de l'usage du site qui ne serait pas à l'initiative de l'exploitant, la détermination de l'usage futur lors de la phase de concertation ayant cristallisé les obligations de ce dernier (cf. supra).

3099. Par ailleurs, en ce qui concerne les installations soumises à autorisation qui ont été mises à l'arrêt avant le 1er octobre 2005, le décret du 13 avril 2010 a prévu la faculté pour le préfet d'imposer à tout moment à l'exploitant, par voie d'arrêté complémentaire, des prescriptions de remise en état prenant en compte un usage du site comparable à celui de la dernière période d'exploitation. L'ancien exploitant peut donc se voir contraint de procéder à la remise en état du site, même plusieurs années après la cessation d'activité, et ce, sans que la procédure de notification et de concertation prévue par l'article R. 512-39-2 du Code de l'environnement s'applique.

3100. Enfin, notons que depuis le 1er avril 2013 sur les terrains pollués par l'exploitation d'une installation classée et à l'intérieur d'une bande de 200 mètres autour de ces terrains, des servitudes d'utilité publique peuvent être instituées, après enquête publique, par le préfet à la demande de l'exploitant, du propriétaire du terrain ou du maire de la commune où sont situés les terrains, ou de sa propre initiative (C. env., art. R. 515-31-1). L'Etat peut encore opter pour des servitudes conventionnelles à son profit et pour sa part l'industriel peut tenter d'obtenir si nécessaire des restrictions d'usage d'ordre privé (utiles pour le suivi piézométrique), ces deux solutions ayant l'avantage de ne pas impliquer d'enquête publique.

D ▪ Innovation de la Loi ALUR : la possibilité de substitution d'un tiers intéressé

3101. La Loi ALUR du 24 mars 2014 a instauré la possibilité pour un tiers intéressé (classiquement un acquéreur du terrain) de se substituer à l'exploitant de l'ICPE pour réaliser les travaux de réhabilitation (C. env., art. L. 512-21). Cette substitution doit être autorisée par le Préfet.

3102. Les travaux de réhabilitation sont alors exécutés en fonction de l'usage que le tiers intéressé envisage pour le terrain concerné, qui adresse au Préfet un mémoire de réhabilitation définissant les mesures permettant d'assurer la compatibilité entre l'usage futur envisagé et l'état des sols.

3103. Lorsque l'usage envisagé par le tiers demandeur est d'une autre nature que l'usage de référence, le tiers recueille l'accord du dernier exploitant, du maire ou du président de l'établissement public de coopération intercommunale (EPCI) compétent en matière d'urbanisme et, s'il ne s'agit pas de l'exploitant, du propriétaire du terrain sur lequel est sise l'installation. Le Préfet décide alors si l'usage proposé est acceptable, et peut prescrire au tiers demandeur les mesures de réhabilitation nécessaires pour l'usage envisagé.

3104. Le tiers intéressé doit démontrer qu'il présente les capacités techniques et les garanties financières couvrant la réalisation des travaux de réhabilitation (cf. infra). En cas de défaillance du tiers intéressé et d'impossibilité de mettre en œuvre ses garanties financières, c'est au dernier exploitant qu'il incombera de mettre en œuvre les mesures de réhabilitation nécessaires.

3105. Le décret d'application (dernier alinéa de l'article L. 512-21 du Code de l'environnement) de ce dispositif n'est pas entré en vigueur au 19 mars 2015.

Sous-section 2 ▪ Contractualisations et garanties du passif environnemental

§ 1 ▪ Durant la vie de l'installation

3106. L'obligation de remise en état du site peut aussi avoir des conséquences avant la mise à l'arrêt de l'installation. En effet, les mesures fixées lors de la délivrance de l'autorisation ou de l'enregistrement (pour les installations autorisées après le 1er mars 2006 ou enregistrées après le 1er juillet 2010) peuvent être modifiées en fonction de l'évolution des circonstances. Le législateur a donc renforcé les pouvoirs d'intervention de l'autorité administrative pendant la vie de l'ICPE.

3107. D'une part, l'administration peut prescrire par voie d'arrêtés complémentaires toutes prescriptions additionnelles, afin de veiller à la protection des intérêts mentionnés à l'article L. 511-1 du Code de l'environnement (C. env., art. R. 512-31).

3108. D'autre part, l'article L. 512-18 du même code impose à l'exploitant de procéder à un nouvel état de pollution des sols à chaque fois qu'intervient un changement notable dans les conditions d'exploitation de l'installation. Il lui incombe également de transmettre cet état au préfet, au maire (ou au président de l'établissement public de coopération intercommunale (EPCI) compétent en matière d'urbanisme) et au propriétaire. Le dernier état doit en outre être joint en cas de cession du terrain où est située l'installation.

3109. Par ailleurs, en cas de modification substantielle des capacités techniques et financières de l'exploitant, l'administration peut réviser les garanties financières constituées au moment de la mise en activité de l'installation (C.env., art. L. 516-2).

§ 2 ▪ Obligations d'information spécifiques à la mise en location du terrain

3110. Bon nombre d'installations classées sont exploitées dans le cadre d'un bail commercial. Or, en matière d'ICPE, une obligation d'information environnementale spécifique est mise à la charge du bailleur (outre les obligations d'information qui s'appliquent à toutes les ventes immobilières, comme le diagnostic technique).

3111. En effet, le locataire doit être informé de l'état du site. De même, le locataire est tenu d'informer le propriétaire du terrain de l'utilisation qu'il compte en faire, et notamment de son intention d'y installer une ICPE.
On attirera l'attention sur l'utilité pour le locataire de réclamer un audit du sol lorsque le site loué a hébergé une ICPE par le passé. En effet, l'état des lieux « classique » ne vise que les constructions. Il s'agit pour le locataire, s'il est le dernier exploitant d'un site soumis à l'obligation de remise en état, de se protéger contre une obligation de dépollution plus exigeante que celle nécessitée par sa propre activité (cf. infra).

3112. Notons que la Loi ALUR du 24 mars 2014 introduit dans l'article L. 125-7 du Code de l'environnement une obligation spécifique : celle d'informer par écrit le locataire que le terrain loué se situe dans un secteur d'information sur les sols (secteurs identifiés par les services de l'Etat qui comprennent les terrains où la connaissance de la pollution des sols justifie, notamment en cas de changement d'usage, la réalisation d'études de sols et de mesures de gestion de la pollution pour préserver la sécurité, la santé ou la salubrité publiques et l'environnement).

3113. A défaut d'information, si une pollution constatée rend le terrain impropre à la destination précisée dans le contrat, le locataire peut, dans un délai de deux ans à compter de la découverte de la pollution, demander la résolution de la vente, la restitution d'une partie du prix ou la réhabilitation du site aux frais du vendeur (si toutefois le coût de cette réhabilitation ne paraît pas disproportionné par rapport au prix de vente).

3114. Par ailleurs, l'article 1730 du Code civil dispose que le locataire doit remettre le bien dans un état similaire à celui dans lequel il l'a reçu. Or, étant donné que la dépollution du sol est déterminée en fonction de l'usage de référence fixé par le préfet, et non par son état initial, il est possible que l'exploitant-locataire doive remettre le site dans un état plus pollué qu'il ne l'était au moment de son entrée en jouissance du bien. Le bailleur peut donc demander à être indemnisé des frais occasionnés par le surplus de dépollution rendu nécessaire (à condition bien-sûr qu'un état du sol ait été réalisé avant).

§ 3 ▪ Informations à la vente du terrain d'assiette

3115. L'obligation d'information propre à la vente du terrain d'assiette ne concerne que les terrains sur lesquels l'installation classée a cessé d'être exploitée. Elle ne s'applique donc pas à la vente d'un terrain sur lequel l'exploitation est en cours, dans la mesure où il s'agirait d'un vice apparent, dont l'acquéreur est présumé informé.

A ▪ L'information de l'existence antérieure d'une ICPE

3116. D'une part, outre les obligations traditionnelles en matière de vente (obligation générale d'information de l'article 1602 du Code civil, obligation de délivrance conforme des articles 1603 et suivants du Code civil, garantie des vices cachés de l'article 1641 du Code civil, obligation de réaliser un dossier de diagnostic immobilier en application de l'article L. 271-4 du Code de la construction et de l'habitation, etc.), le propriétaire qui vend un terrain sur lequel a été exploitée une ICPE est soumis à l'obligation d'information prévue par l'article L. 514-20 du Code de l'environnement.

3117. Cet article dispose en effet que le vendeur, qu'il ait été ou non exploitant de l'installation sise sur le terrain cédé, doit informer l'acheteur par écrit :
- du fait qu'une installation soumise à autorisation ou à enregistrement a été exploitée sur le terrain ;
- des dangers ou inconvénients importants qui résultent de cette exploitation, pour autant qu'il les connaisse.

3118. Cette obligation s'applique quelle que soit la date de cessation d'activité de l'installation, dans la mesure où des risques sont toujours susceptibles d'apparaître. La jurisprudence apprécie strictement l'obligation d'information, et a tendance à présumer que le vendeur connait les informations relatives à l'exploitation antérieure du site (Civ. 3e, 21 mai 2014, n° 12-21.890 ; CA Nîmes, 4 mars 2008, n° 06/00516).

B ▪ La fourniture du dernier état de pollution

3119. D'autre part, l'article L. 512-18 du Code de l'environnement oblige aussi le vendeur à fournir le dernier état de pollution du site à l'acquéreur. Cette obligation vaut pour les trois régimes.

C ▪ Information sur la manipulation ou le stockage de substances chimiques ou radioactives

3120. Enfin, si le vendeur est l'exploitant de l'ICPE, il doit également indiquer à l'acheteur par écrit si son activité a entraîné la manipulation ou le stockage de substances chimiques ou radioactives. L'acte de vente doit attester de l'accomplissement de cette formalité (C. envir., art. L. 514-20).

D ▪ Sanctions en cas de défaut d'information

3121. Si l'obligation de l'article L. 514-20 n'est pas respectée, trois possibilités s'offrent à l'acquéreur, qui peut demander la résolution de la vente, la restitution d'une partie du prix ou la réhabilitation du site aux frais du vendeur lorsque le coût de cette réhabilitation ne paraît pas disproportionné par rapport au prix de vente. La loi ALUR a néanmoins encadré cette action en prévoyant qu'elle doit être introduite dans un délai de deux ans à compter de la découverte de la pollution, et uniquement lorsque la pollution constatée rend le terrain impropre à la destination précisée dans le contrat.

3122. En ce qui concerne la vente du terrain où a été exploitée une ICPE soumise à déclaration, le régime est moins contraignant, puisque le vendeur doit simplement mentionner à l'acquéreur toutes les informations dont il dispose.

§ 4 ▪ Les clauses de garantie du passif environnemental

3123. Néanmoins, il convient de préciser que des clauses relatives à la prise en charge de la gestion du risque environnemental peuvent être insérées dans la promesse ou l'acte de vente du terrain. En effet, il est possible de désigner contractuellement la personne économiquement responsable de la prise en charge financière des travaux de dépollution, et ce, que le passif environnemental du site soit connu ou non au moment de la vente.

3124. Il est également possible pour le vendeur d'insérer des clauses limitatives ou même exonératoires de sa responsabilité en matière de pollution du site. Des clauses de cession en l'état, prévoyant que l'acheteur renonce à tout recours ultérieur contre le vendeur, sont aussi envisageables. Toutefois, pour pouvoir les insérer, le vendeur ne doit pas avoir connaissance au moment de la vente des vices qui affectent le bien et ne doit pas être un professionnel.

3125. Enfin, un transfert de la charge financière de l'obligation de remise en état à l'acquéreur peut également faire l'objet de stipulations contractuelles. Cependant, de telles conventions sont inopposables à l'administration : pour le préfet, la charge de la remise en état du site incombe toujours au dernier exploitant, dès lors qu'il s'agit de protéger un intérêt collectif de protection générale de l'environnement.

3126. Ces possibilités s'articulent avec la nouvelle possibilité pour un tiers intéressé de se substituer à l'exploitant de l'ICPE pour réaliser les travaux de réhabilitation (C. envir., art. L. 512-21).

§ 5 ▪ Les garanties financières

3127. Un arrêté du 31 mai 2012 (JO du23 juin 2012) fixe la liste des installations classées soumises à l'obligation de constitution de garanties financières (en application du 5° de l'article R. 516-1 du Code de l'environnement) et leur mode de calcul et de constitution. Ces garanties qui peuvent être prises sur fonds propres ou auprès de tiers sont mobilisables par l'administration dans les conditions posées par l'article R. 516-3 du Code de l'environnement, pour la mise en sécurité du site de l'installation. Les rubriques suivantes sont visées par l'arrêté du 31 mai 2012 :

- n° 2670 : fabrication d'accumulateurs et piles ;

- n° 2712 : installation de stockage, dépollution, démontage, découpage ou broyage de véhicules hors d'usage ou de différents moyens de transport hors d'usage, pour une surface supérieure à 1 ha.

- n° 2795 : installation de lavage de fûts, conteneurs et citernes de transport de matières alimentaires, de matières dangereuses au sens de la rubrique 1000 de la nomenclature des installations classées ou de déchets dangereux.

3128. Les nouvelles installations de ce type, y compris celles classées sous le régime de l'autorisation simplifiée de l'enregistrement, doivent constituer ces garanties au 1er juillet 2012. Les ICPE des rubriques n° 2550, n° 2551, n° 2552, n°2565, n° 2567, et n° 2660 bénéficient d'une application modulée dans le temps (cf. supra, Le tableau de nomenclature) tout comme les installations existantes au 1er juillet 2012 (art. 3 de l'arrêté).

Section 2 ■ Le débiteur de l'obligation de remise en état

Sous-section 1 ■ Les exploitants en titres successifs, débiteurs de 1er rang

3129. Il résulte clairement du dispositif légal exposé ci-dessus que l'exploitant de l'installation classée est le premier responsable, le « débiteur de premier rang » de l'obligation de remise en état de son site (JP Boivin, Les installations classées, le Moniteur, 2ème éd. p. 349).

3130. Toutefois, en cas de succession d'exploitants, il n'est pas toujours aisé d'identifier celui auquel incombe la remise en état. En effet, l'obligation de remise en état est normalement une obligation personnelle, ce qui signifie que l'exploitant de l'installation polluante n'en est pas déchargé s'il cède ensuite le terrain à un tiers. Toutefois, la jurisprudence administrative considère que le nouvel occupant du site peut être considéré comme débiteur de l'obligation lorsqu'il s'est substitué à l'ancien exploitant en qualité d'exploitant de la même installation : en remplaçant le premier exploitant dans la gestion de l'installation classée, le nouvel exploitant devient son ayant-droit, et hérite de son obligation de remise en état, notamment s'il a repris son activité suite à une fusion-absorption et que le premier exploitant a disparu juridiquement (CE, 10 janv. 2005, n° 252307, Sté Sofiservice). Le Conseil d'Etat a ainsi précisé que « l'obligation de remettre en état le site de l'installation pèse sur l'exploitant, à moins qu'il n'ait cédé son installation et que le cessionnaire ne se soit régulièrement substitué à lui en qualité d'exploitant » (CE, 8 sept. 1997, n° 121904, SARL Sérachrom ; voir aussi : CE, 11 avr. 1986, n° 62234, Sté des produits chimiques Ugine-Kuhlman ; CAA Douai, 25 mars 2014, n° 12DA00557).

3131. Les juridictions administratives font en outre prévaloir une appréciation concrète de la qualité d'exploitant : dans un arrêt de 1997 (CE, 21 févr. 1997, n° 160787, SA Wattelez), le Conseil d'Etat a considéré que le nouvel exploitant, qui avait racheté la totalité du fonds de commerce et repris le bail afin d'exploiter la même usine, était devenu débiteur de l'obligation de remise en état, alors même qu'il ne s'était pas déclaré auprès de l'administration.

3132. De même, une société mère qui détient l'intégralité d'une société exploitante et qui exerce en réalité le contrôle du site peut voir l'obligation de remise en état mise à sa charge (CAA Douai, 26 juil. 2001, Société Auxilor, n° 97DA01643). Néanmoins, le simple fait d'être actionnaire majoritaire d'une société exploitant une installation classée ne suffit pas (CAA Paris, 17 oct. 2003, n° 99PA03797, Sté J. Fayolle et fils).

3133. Pour plus de sécurité, on invitera toutefois l'ancien exploitant à veiller à ce que le changement soit déclaré à l'administration conformément aux dispositions de l'article R. 516-1 du Code de l'environnement. Certaines juridictions ont ainsi pu considérer qu'en l'absence de changement officiel d'exploitant, l'exploitant cédant restait débiteur de l'obligation de remise en état (CAA Douai, 22 mai 2008, n° 06DA01271, Sté Novergie). Il convient de distinguer deux situations : lorsque les exploitants successifs exercent la même activité, ou lorsque les exploitants successifs exercent des activités différentes.

§ 1 ▪ Lorsque les exploitants successifs exercent la même activité

3134. Lorsque les différents exploitants exercent la même activité : l'obligation de remise en état pèse sur celui qui s'est substitué au premier.

§ 2 ▪ Lorsque les exploitants successifs exercent des activités différentes

3135. En cas de succession d'exploitants exerçant des activités différentes (qui n'ont donc pas toutes eu le même impact sur le site), le Conseil d'Etat a précisé que c'était à celui qui est à l'origine de la pollution de réaliser les travaux de remise en état (CE, 17 nov. 2004, n° 252 514, Société générale d'archives). En effet, en application du principe « pollueur-payeur », le dernier exploitant n'est tenu que de la réhabilitation rendue nécessaire par son activité. Mais il lui incombe d'établir que la pollution des lieux résulte des activités antérieures, et non de la sienne.

3136. Pour exemple, la Société Rézéenne Automobile de l'Ouest (SARO) avait exploité entre 1972 et 1989 un garage de véhicules automobiles sur un site qui s'est avéré être pollué (notamment par hydrocarbures) lors d'une inspection en 1994. Le préfet avait mis la SARO en demeure de procéder à sa remise en état. Le juge a toutefois constaté que cette dernière n'avait pas exercé d'activité de distribution de carburant et qu'elle devait donc être exonérée des travaux de dépollution rendus nécessaires par le stockage d'hydrocarbures : « il y a donc lieu de limiter les opérations de remise en état imposées à la Société Rezéenne Automobile de l'Ouest par l'arrêté attaqué aux seules installations utilisées lors de l'exploitation du garage de 1972 à 1989 » (CAA Nantes, 9 avr. 1997, n° 95NT00009, Sté Rezéenne Automobile de l'Ouest).

3137. De même, ne saurait être regardée comme le dernier exploitant débiteur de l'obligation de remise en état la société qui, ayant racheté un fonds de commerce de pneumatiques sans ses stocks, n'a pas exploité le dépôt de pneumatiques à l'origine de la pollution du site (CAA Nancy, 16 nov. 2000, n° 00NC00774, SA LIPS).

3138. Enfin, ainsi que cela a déjà été mentionné supra, la Haute juridiction administrative a limité la responsabilité de l'exploitant dans le temps : c'est un régime de prescription trentenaire qui s'applique, étant précisé que celle-ci commence à courir à compter de la notification de cessation d'activité au préfet (CE, 8 juil. 2005, Alusuisse-Lonza-France, n° 247 976). Ce délai de prescription a été codifié à l'article L. 152-1 du Code de l'environnement. On précisera cependant que la prescription trentenaire ne s'applique pas si l'exploitant a dissimulé les dangers et inconvénients du site.

Sous-section 2 ▪ Le propriétaire-détenteur, débiteur de second rang

3139. Il est fréquent que l'exploitant et le propriétaire du site soient deux personnes distinctes. En cas de défaillance de l'exploitant (insolvabilité, disparition juridique, etc.), l'administration a pu être tentée de mettre le coût des travaux de dépollution à la charge du propriétaire.

3140. Le juge administratif a cependant coupé court à cette pratique, en affirmant que le propriétaire du terrain où se situe l'installation classée ne peut être regardé comme exploitant en sa seule qualité de propriétaire (CE, 21 févr. 1997, SA Wattelez, n° 160 787 ; CE, 8 juil. 2005, n° 247 976, Alusuisse-Lonza-France), et n'est par conséquent pas débiteur de l'obligation de remise en état (CE, 21 févr. 1997, SCI les Peupliers, n° 160 250).

3141. Mais le propriétaire peut quand-même voir sa responsabilité engagée par l'administration au titre de sa qualité de détenteur des déchets (C. env., art. L. 541-2). Le Conseil d'Etat a ainsi récemment jugé que « le propriétaire du terrain sur lequel ont été entreposés des déchets peut, en l'absence de détenteur connu de ces déchets, être regardé comme leur détenteur au sens de l'article L. 541-2 du Code de l'environnement, notamment s'il a fait preuve de négligence à l'égard d'abandons sur son terrain » (CE, 26 juil. 2011, n° 328651 SA Wattelez II ; CE, 25 sept. 2013, n° 358923), « ou s'il ne pouvait ignorer, à la date à laquelle il est devenu propriétaire de ce terrain, d'une part, l'existence de ces déchets, d'autre part, que la personne y ayant exercé une activité productrice de déchets ne serait pas en mesure de satisfaire à ses obligations » (CE, 24 oct, 2014, n° 361231). Cette mise en cause peut intervenir sur base de la législation déchets (action du maire), ou de la législation ICPE (action du préfet).

3142. Le préfet peut ainsi, à toute époque, imposer au détenteur d'un bien qui a été le siège d'exploitation d'une ICPE de remettre le site en état. Il statue par voie d'arrêtés complémentaires (C. env., art. R. 512-31). Sa décision doit également être motivée : en effet, l'administration ne saurait contraindre un « propriétaire innocent », qui n'aurait tiré aucun profit de l'exploitation passée, à supporter la charge financière de la réhabilitation du site (voir en ce sens : CE, 23 mars 2011, n° 325618, Sté Progalva).

3143. Il convient de noter que le nouvel article L. 556-3 du Code de l'environnement prévoit désormais qu'en cas de pollution des sols ou de risques de pollution des sols présentant des risques pour la santé, la sécurité, la salubrité publiques et l'environnement au regard de l'usage pris en compte, l'autorité de police peut :
-après mise en demeure, assurer d'office l'exécution des travaux nécessaires aux frais du responsable ;
-obliger le responsable à consigner entre les mains d'un comptable public une somme répondant du montant des travaux à réaliser.

3144. Dans le cadre de ce dispositif, un ordre de priorité des responsables a été défini par le législateur :
1° Pour les sols dont la pollution a pour origine une ICPE, il s'agit du dernier exploitant de l'installation à l'origine de la pollution des sols, du tiers intéressé, ou du maître d'ouvrage, chacun pour ses obligations respectives ;
2° A titre subsidiaire, en l'absence de responsable au titre du 1°, le propriétaire de l'assise foncière des sols pollués, s'il est démontré qu'il a fait preuve de négligence ou qu'il n'est pas étranger à cette pollution.
Ce dispositif s'inspire largement des jurisprudences mentionnées ci-dessus.
Devant les juridictions civiles, le propriétaire-détenteur peut également être tenu pour responsable des dommages causés par les choses qui sont sous sa garde (C. civ., art. 1384).

Sous-section 3 ▪ Le cas de la faillite de l'exploitant

3145. En cas de redressement ou de liquidation judiciaire de la société exploitant l'installation classée, l'entreprise est placée sous le contrôle d'un administrateur judiciaire, en vertu des dispositions du Code de commerce.

§ 1 ■ En cas de liquidation

3146. Comme on l'a déjà dit précédemment, l'obligation de remise en état ne disparaît pas avec l'entreprise (circulaire du 7 août 1985 ; non publiée au BO). Aussi, c'est au liquidateur judiciaire qu'elle incombera : il devra procéder à la notification au préfet de la cessation d'activité, puis à la mise en sécurité du site. Il devra ensuite réhabiliter le site en fonction de l'usage futur, déterminé dans les mêmes conditions que cela a été vu supra (obligation de remise en état encadrée par l'arrêté d'autorisation, ou procédure de concertation).

3147. L'obligation couvre la période antérieure à la liquidation judiciaire (CAA Nantes, 16 déc. 1998, n° 96NT00872, Dulière), mais une fois que la liquidation du bien a été effectuée, aucune mesure ne peut plus être demandée. En effet, contrairement à l'exploitant qui reste tenu de l'obligation de remise en état pendant trente ans, le liquidateur judiciaire en est dégagé à la fin de sa mission. Ainsi, il a été jugé qu'une étude sur la qualité des sols ne pouvait être réalisée après la fin de la mission du liquidateur (CAA Paris, 22 mars 2007, n° 01PA00802, Sté Laureau-Jeannerot) : le préfet ne peut en effet plus imposer de prescriptions au titre de son pouvoir de police en matière d'installations classées.

3148. Il est à noter que l'absence de moyens financiers du liquidateur judiciaire n'est pas un motif d'illégalité de l'arrêté préfectoral de remise en état du site (CAA Nancy, 2 août 2001, n° 98NC00528). Dès lors, un administrateur judiciaire ne peut s'exonérer de sa responsabilité de remise en état en invoquant une impossibilité de moyens financiers (CAA Douai, 1re ch., 8 juil. 2003, n° 00DA00632, Tiberghien, liquidateur de la société Teinturerie du Pile).

3149. Dans ce cas, à défaut d'exécution des mesures de mise en sécurité ou de réhabilitation, le préfet prendra un arrêté de mise en demeure (C. env., art. L. 171-8 et art. R. 512-39-1 pour le régime de l'autorisation, R. 512-46-25 pour le régime de l'enregistrement, et R. 512-66-1 pour le régime de la déclaration).

3150. De plus, si l'exploitant qui se trouve en liquidation judiciaire est une filiale (ce qui signifie que plus de 50 % de son capital est détenu par une autre société), l'article L. 512-17 du Code de l'environnement prévoit que le liquidateur, le ministère public ou le représentant de l'Etat dans le département peut saisir le tribunal ayant ouvert ou prononcé la liquidation judiciaire :

- pour faire établir l'existence d'une faute caractérisée commise par la société mère qui a contribué à une insuffisance d'actifs de la filiale ;
- et pour lui demander ensuite, si une telle faute est établie, de mettre à la charge de la société mère tout ou partie du financement des mesures de remise en état du site en fin d'activité.

3151. Le même article dispose en outre que la société « grand-mère » (celle dont la société mère susmentionnée est elle-même la filiale) peut également se voir mise en cause par le même mécanisme.

3152. Enfin, comme le vendeur, l'administrateur judiciaire a une obligation d'information envers les futurs repreneurs de l'installation : il doit notamment les avertir de l'éventuelle irrégularité de sa situation au regard de la législation environnementale (Com., 30 nov. 2010, n° 09-71.954).

§ 2 ▪ En cas de redressement judiciaire

3153. L'administrateur doit réaliser un bilan environnemental, qui consistera en une analyse des conséquences de l'activité de l'installation sur l'environnement (C. com., art. L. 623-1). Il s'agit ainsi d'identifier et de décrire le site d'exploitation de l'installation classée et son environnement, l'existence de pollutions potentielles, les mesures d'urgence de mise en sécurité déjà prises, prévues ou à prendre et les mesures réalisées afin de surveiller l'impact de l'exploitation sur l'environnement (C. com., art. R. 623-2). Un arrêté du 12 décembre 2005 fixe les rubriques devant apparaître dans ce bilan.

3154. Pour plus d'informations, il est recommandé de consulter le guide à destination des administrateurs judiciaires, des mandataires judiciaires et de l'inspection des installations classées (sur le site du ministère de l'Ecologie, du Développement durable et de l'Energie : http://www.developpement-durable.gouv.fr/IMG/pdf/2012_06_Guide_mandataire_liquidateur_v2.pdf).

Titre 2 ■ Les obligations environnementales liées à l'activité automobile

Par David Deharbe, Lou Deldique et Yann Borrel, Cabinet Green Law Avocat

■ Chapitre 1
Les huiles

BIBLIOGRAPHIE

Argus de l'assurance

Ouvrages. - Code de la route, Argus de l'assurance éd.

Autres documentations

Ouvrages. – Code des douanes, Dalloz éd. - Code de l'environnement, Dalloz éd., Code permanent Environnement et Nuisances.

Sites internet. - Site de l'ADEME : http://www2.ademe.fr/servlet/list?catid=14777 - Site de la CCI Paris Ile De France : http://www.entreprises.cci-paris-idf.fr/web/environnement/dechets/dechets-dangereux/cadre-reglementaire-huiles-usagees - Site Europa : http://europa.eu/index_fr.htm - Site Légifrance : http://www.legifrance.gouv.fr/

3155. L'industrie automobile est une grande consommatrice de lubrifiants. Ces lubrifiants, selon leurs usages peuvent être entièrement consommés ou générer ce que l'on appelle des huiles usagées. Ces huiles usagées sont divisées en deux catégories : les huiles noires et les huiles claires.

Les premières sont notamment celles issues des moteurs des voitures alors que les secondes proviennent des circuits hydrauliques, des turbines, des transformateurs.

Ces huiles usagées constituent des déchets dangereux au sens de l'article R. 541-8 alinéa 1 du Code de l'environnement, notamment parce qu'elles sont très nocives pour l'environnement du fait de leur caractère peu biodégrable.

3156. Ainsi, on les retrouve dans la nomenclature « déchets » issue du droit communautaire et fixée en annexe II de l'article R. 541-8 du Code de l'environnement, et reproduite ci-après. L'astérisque accompagnant les numéros de rubrique des déchets signifie qu'ils sont considérés comme dangereux.

N° Rubrique	Déchets
13	HUILES ET COMBUSTIBLES LIQUIDES USAGÉS (SAUF HUILES ALIMENTAIRES ET HUILES FIGURANT AUX CHAPITRES 05, 12 ET 19)
13 01	Huiles hydrauliques usagées.
13 01 01*	Huiles hydrauliques contenant des PCB.
13 01 04*	Autres huiles hydrauliques chlorées (émulsions).
13 01 05*	Huiles hydrauliques non chlorées (émulsions).
13 01 09*	Huiles hydrauliques chlorées à base minérale.
13 01 10*	Huiles hydrauliques non chlorées à base minérale.
13 01 11*	Huiles hydrauliques synthétiques.
13 01 12*	Huiles hydrauliques facilement biodégradables.
13 01 13*	Autres huiles hydrauliques.
13 02	Huiles moteur, de boîte de vitesses et de lubrification usagées.
13 02 04*	Huiles moteur, de boîte de vitesses et de lubrification chlorées à base minérale.
13 02 05*	Huiles moteur, de boîte de vitesses et de lubrification non chlorées à base minérale.
13 02 06*	Huiles moteur, de boîte de vitesses et de lubrification synthétiques.
13 02 07*	Huiles moteur, de boîte de vitesses et de lubrification facilement biodégradables.
13 02 08*	Autres huiles moteur, de boîte de vitesses et de lubrification.
13 03	Huiles isolantes et fluides caloporteurs usagés.
13 03 01*	Huiles isolantes et fluides caloporteurs contenant des PCB.
13 03 06*	Huiles isolantes et fluides caloporteurs chlorés à base minérale autres que ceux visés à la rubrique 13 03 01.
13 03 07*	Huiles isolantes et fluides caloporteurs non chlorés à base minérale.
13 03 08*	Huiles isolantes et fluides caloporteurs synthétiques.
13 03 09*	Huiles isolantes et fluides caloporteurs facilement biodégradables.
13 03 10*	Autres huiles isolantes et fluides caloporteurs.

3157. La dangerosité de ces déchets explique sans aucun doute, les règles strictes qui ont été mises en place quant à la récupération et au traitement de ceux-ci. A ce titre, il convient d'exposer dans un premier temps les obligations pesant sur les détenteurs d'huiles usagées avant de s'arrêter sur les obligations pesant sur les industriels développant une activité de traitement de ces huiles.

Section 1 ▪ Les obligations des détenteurs d'huiles usagées

3158. Au préalable, précisons que les obligations dont il sera question ci-après ne concernent pas les huiles usagées dont la teneur en polychlorobiphényles-polychoroterphényles (PCB/PCT) est supérieure à 50 ppm en masse, ces dernières faisant l'objet d'une réglementation spécifique que l'on retrouve aux articles R. 543-17 à R. 543-41 du Code de l'environnement dans leur version issue du décret du 10 avril 2013 (D. n° 2013-301, 10 avr. 2013 : JO, 12 avr.), et dans deux arrêtés , l'un du 26 février 2003 (Arr. 26 fév. 2003, JORF n° 72, 26 mars 2003), et l'autre 7 janvier 2014 (Arr. 7 janv. 2014, NOR : DEVP1400529A : JO, 18 janv.).

Sous-section 1 ▪ L'obligation de recueillir les huiles usagées

3159. Les obligations pesant sur les détenteurs d'huiles usagées sont prévues par le Code de l'environnement. D'ailleurs, celui-ci donne en préambule des définitions très utiles sur ce qu'il faut entendre par huiles usagées et par détenteur.

3160. Ainsi, doivent être considérées comme des huiles usagées « toutes huiles minérales et synthétiques, lubrifiantes ou industrielles, qui sont devenues impropres à l'usage auquel elles étaient initialement destinées, telles que les huiles usagées des moteurs à combustion et des systèmes de transmission, les huiles lubrifiantes, les huiles pour turbines et celles pour systèmes hydrauliques » (C. env., art. R. 543-3, al. 2). Quant aux détenteurs de ces huiles, il s'agit « des personnes physiques et morales qui accumulent, dans leur propre établissement, des huiles usagées en raison de leurs activités professionnelles » (C. env., art. R. 543-3, al. 3).

3161. Ces détenteurs devront recueillir les huiles usagées provenant de leur installation et les entreposer de manière à éviter tout mélange avec d'autre produit non huileux et entre différente catégorie d'huiles usagées (C. env., art. R. 543-4, al. 1).

3162. L'industriel recueillant des huiles usagées doit donc à ce titre disposer d'installations étanches permettant la conservation des huiles jusqu'à leur ramassage ou leur traitement. Ces installations devront bien évidemment être accessibles aux véhicules se chargeant de la collecte des huiles usagées (C. env., art. R. 543-4, al. 2).

3163. Il ne peut en aucun cas procéder à leur brûlage à l'air libre, ce qui au sens de l'article L. 541-46, 7° du Code de l'environnement constitue une infraction susceptible d'être punie de deux ans d'emprisonnement et de 75 000 euros d'amende (voir Circ. 11 mars 1986, Art. Annexe, point 1, n° 11-86, BOMET n° 86/21-665).
En effet, l'incinération de ces huiles est particulièrement nocive pour l'environnement puisqu'elle dégage des dioxines et des gaz à effet de serre.

3164. Il ne pourra pas non plus les déverser dans le milieu aquatique que ce soit par rejet direct ou après ruissellement sur le sol ou infiltration, sous peine de deux ans d'emprisonnement et de 75 000 euros d'amende (C. env., art. R. 211-60 et C. env., art. L. 216-6).
Cela s'explique par le fait que les huiles usagées ont une densité très faible. Ainsi, un déversement d'une petite quantité d'huile dans le milieu aquatique implique la pollution d'une très grande surface d'eau (1 litre déversé est susceptible de couvrir une surface de 1000 m^2 d'eau).

3165. L'effectivité de ces règles d'interdiction de brûlage et de déversement ayant une importance capitale, celles-ci se trouvent être reprises par l'arrêté dit intégré du 2 février 1998 applicable aux installations soumises à autorisation ICPE, ainsi que les arrêtés ministériels de prescriptions générales applicables aux installations soumises à enregistrement ou à déclaration. En effet, ces arrêtés prévoient eux-mêmes que tous que les déchets produits par l'installation et ne pouvant être valorisés seront éliminés dans des installations réglementées à cet effet au titre de la loi relative aux installations classées pour la protection de l'environnement. L'arrêté intégré va même plus loin en précisant en son article 46 que tout brûlage à l'air libre de déchet et donc des huiles usagées est interdit (Arr. 2 fév. 1998, art. 46, op. cit.). On notera que les arrêtés de prescriptions générales applicables aux installations soumises à déclaration ou à enregistrement contiennent des dispositions similaires.

3166. A la lumière de ces précisions, il parait alors évident que l'industriel exploitant une installation impliquant la récupération d'huiles usagées, comme un garage automobile, devra justifier auprès de l'autorité administrative de la récupération de ces huiles et de leur stockage dans des conditions ne présentant pas de risques de pollution avec notamment la mise en place d'un réseau de collecte des eaux pluviales évitant le rejet d'huiles dans le milieu naturel par ruissellement, et ce conformément aux prescriptions des arrêtés du 2 février 1998 et du 4 octobre 2010 pour les installations autorisées (Arr. 2 fév. 1998, art. 45 et Arr. 4 oct. 2010, art. 25) et des arrêtés de prescriptions générales pour les autres installations.

3167. Une fois que l'industriel aura recueilli les huiles usagées, celui-ci, considéré comme détenteur aura un choix à faire entre trois options légales (C. env., art. R. 543-5). En effet, l'industriel a tout d'abord la possibilité de remettre les huiles usagées recueillies à un ramasseur agréé – le ramassage des huiles étant soumis à agrément comme l'énonce l'article R. 543-6 du Code de l'environnement.

3168. Il a également la possibilité d'assurer lui-même le transport de ces huiles usagées en vue de les remettre soit à une entreprise qui collecte légalement les huiles usagées dans un autre état membre, soit à un exploitant d'une installation de traitement ayant obtenu l'agrément lui permettant d'exercer cette activité. Pour effectuer ce transport, le détenteur des huiles usagées n'est pas soumis à l'obligation de déclaration inhérente à cette activité dans le cas où son installation relève de la législation des installations classées (C. env., art. R. 541-50, II, 1°). On notera que si l'industriel remet ces huiles usagées à toute autre personne qu'un exploitant d'une installation agréée pour leur traitement, il encourt deux ans d'emprisonnement et 75 000 euros d'amende (C. env., art. L. 541-46, 6°).

3169. Enfin, il peut décider d'assurer lui-même le traitement des huiles usagées qu'il produit. Dans ce dernier cas, il conviendra pour l'industriel de respecter les règles encadrant les installations de traitement de ces huiles, c'est-à-dire notamment être titulaire de l'agrément prévu à l'article R. 543-13 du Code de l'environnement (voir infra § 1 – L'obligation d'être titulaire d'un agrément). A défaut, l'industriel encourt deux ans d'emprisonnement et 75 000 d'amende (C. env., art. L. 541-6, 7°).

3170. Pour permettre une bonne traçabilité des huiles usagées, leur détenteur est également soumis à la règle selon laquelle l'exploitant d'un établissement produisant ou expédiant des déchets doit tenir à jour un registre chronologique où sont consignés tous les déchets sortants (C. env., art. R. 541-43).

3171. Auparavant, il était prévu par l'arrêté du 7 juillet 2005 (Arr. 7 juil. 2005, JORF n° 203, 01 sept. 2005, p 14203) un contenu spécifique de ce registre lorsque les déchets expédiés

étaient considérés comme dangereux – ce qui est le cas des huiles usagées comme il a été dit précédemment.
Or, cet arrêté a été abrogé par un arrêté du 29 février 2012 entré en vigueur le 1er juillet 2012, lequel est venu prévoir un contenu général du registre, que les déchets expédiés soient ou non dangereux (Arr. 29 fév. 2012, JORF n° 59, 09 mars 2012, p 4388).

3172. Si cette volonté d'uniformisation du droit applicable aux déchets peut être saluée, elle rencontre néanmoins quelques difficultés dans la pratique. En effet, les spécificités relatives aux déchets dangereux et plus particulièrement aux huiles usagées ne sont pas prises en compte par ces nouveaux registres et certaines mentions exigées ne pourront tout simplement pas être rapportées sur le registre par les industriels. C'est pourquoi, dans le contenu exigé du registre ci-après reproduit, ont été remplacées les informations impossibles à rapporter par l'industriel, par les informations équivalentes applicables à la filière.

3173. Au sens de l'article 2 de l'arrêté du 29 février 2012, « le registre des déchets sortants contient au moins, pour chaque flux de déchets sortants :
- la date de l'expédition du déchet ;
- la nature du déchet sortant (code du déchet au regard de la nomenclature [reproduite supra, Chapitre 1 – Les huiles]) ;
- la quantité du déchet sortant ;
- le nom et l'adresse de l'installation vers laquelle le déchet est expédié ;
- [lorsque le transport jusqu'à l'installation de traitement des huiles usagées n'est pas effectué par le détenteur lui-même, le nom et l'adresse des collecteurs agréés pour la collecte et le transport de ces déchets] ;
- le cas échéant, le numéro du ou des bordereaux de suivi de déchets [non applicable aux huiles usagées, voir infra ;
- le cas échéant, le numéro du document prévu à l'annexe VII du règlement [n° 2013/2006 du 14 juin 2006 dans le cas d'un transfert transfrontalier] ;
- le code du traitement qui va être opéré dans l'installation vers laquelle le déchet est expédié, selon les annexes I et II de la directive [n° 2008/98/CE du 19 novembre 2008 relative aux déchets] ;
- la qualification du traitement final vis-à-vis de la hiérarchie des modes de traitement définie à l'article L. 541-1 du Code de l'environnement ».

3174. Ce registre doit être conservé pendant une durée minimale de 3 ans et tenu à la disposition de l'inspection des installations classées (Arr. 29 fév. 2012, art. 7).
Pour le cas où l'industriel ne respecterait pas l'obligation de tenir un registre ou celle de la mise à disposition à l'autorité compétente, il encourt pour chacune de ces infractions de 4e classe une amende de 750 euros au plus (C. env., R. 541-78, 1° et 2°).

3175. Théoriquement, aux côtés de l'obligation de tenir un registre des déchets sortant, tout industriel doit lorsqu'il remet des déchets dangereux, délivrer un bordereau de suivi de déchet. Cependant, il est expressément prévu que cette obligation ne s'applique pas aux détenteurs d'huiles usagées qui remettent ces déchets à un ramasseur agréé (C. env., art. R 541-45, al. 6).

3176. Egalement, conformément à l'article L. 541-7-1, alinéa 1 du Code de l'environnement, l'exploitant détenteur de déchets dangereux dans le cadre de son activité est tenu de caractériser ses déchets.
On retrouve cette obligation déclinée dans l'arrêté du 02 février 1998 applicable à toutes les installations soumises à autorisation qui, en plus d'exiger cette caractérisation, exige la

quantification des déchets produits. Cette caractérisation et cette quantification devra être tenue à la disposition de l'inspection des installations classées (Arr. 2 fév. 1998, art. 46).

3177. Enfin, l'industriel détenteur de ces déchets dangereux doit les emballer et y apposer un étiquetage (C. env., art. L. 541-7-1). Cependant, les conditions et les modalités d'application de cette obligation doit être prévue par décret qui n'est, à ce jour, par encore sorti.

Sous-section 2 ■ L'obligation fiscale

3178. Dans certains cas – pour les garages automobiles par exemple – le détenteur d'huiles usagées sera également amené dans son activité à utiliser ces huiles lorsqu'elles sont encore neuves.

3179. Il est prévu par le 4° de l'article 266 sexies, I du Code des douanes, reproduit à l'article L. 151-1 du Code de l'environnement que les personnes morales physiques ou morales suivantes sont redevables de la taxe générale sur les activités polluantes :
« a) Toute personne qui, pour les besoins de son activité économique, livre pour la première fois sur le marché intérieur ou utilise pour la première fois des lubrifiants susceptibles de produire des huiles usagées ;
b) Toute personne qui, pour les besoins de son activité économique, utilise des huiles et des préparations lubrifiantes, autres que celles mentionnées au a), produisant des huiles usagées dont le rejet dans le milieu naturel est interdit ;
c) Toute personne qui, pour les besoins de son activité économique, utilise des huiles et des préparations lubrifiantes à usage perdu, autres que celles mentionnées aux a et b, correspondant aux catégories suivantes (Europalub/ CPL) : huiles pour moteur deux-temps (1C/ D. dt), graisses utilisées en système ouvert (3A1/ J1 et 3A2/ J2), huiles pour scies à chaînes (6B/ B2), huiles de démoulage/ décoffrage (6C/ K. 4a) ».

3180. Des précisions quant à l'application de cette fiscalité ont été apportées par le décret n° 99-508 du 17 juin 1999 (D. 17 juin 1999, n° 99-508, JORF n° 141, 20 juin 1999, p. 9099). Celles-ci se sont d'ailleurs trouvées être récemment mises en lumière par une circulaire du ministre du budget (Circ. 10 avr. 2014, NOR : FCPD1408597C : BO Douanes n° 7018, 14 avr.).

3181. L'assiette de cette taxe est assise sur le poids net des lubrifiants, huiles et préparations lubrifiantes visés par l'article précédemment cité (CD, art. 266 octies, 4°). Son montant est de 48,03Đ la tonne pour l'année 2014 et de 48,37 Đ par tonne pour 2015(CD, art. 266 nonies ;Circ. 6 févr. 2015, NOR : FCPD1503342C : BO Douanes n° 7054, 6 févr.).

3182. Sur demande des redevables de la TGAP ou de ceux qui l'ont supportée, les taxes acquittées donnent lieu à remboursement, dans les conditions prévues par l'article 352 du Code des douanes et le décret du 24 novembre 2014 (D. n° 2014-1395, 24 nov. 2014 : JO, 26 nov.), lorsque l'utilisation particulière des lubrifiants ne produit pas d'huiles usagées ou lorsque les lubrifiants sont expédiés vers un État membre de l'Union européenne, exportés ou livrés à l'avitaillement (CD, art. 266 decies, I).

3183. La demande de remboursement doit être introduite au plus tard le 31 décembre de la deuxième année suivant celle du jour de l'émission du justificatif de l'exportation, de l'expédition, de la livraison à l'avitaillement ou de l'utilisation du produit. Ce sont les services des douanes qui contrôlent, liquident et recouvrent la part de la TGAP assise sur les lubrifiants, huiles et préparations lubrifiantes (CD, art. 266 undecies).

3184. Ainsi, concernant la première catégorie fiscale prévue par le a) du texte, les huiles visées sont celles répertoriées à l'annexe I du décret de 1999 (D. 17 juin 1999, n° 99-508, art. 2). Ces huiles, désignées selon la classification Europalub et CPL (Centre Professionnel des Lubrifiants) sont celles figurant dans le tableau suivant :

Code Europalub	Code CPL	Désignation des huiles
1A	Huiles moteurs essence ou Diesel pour voitures de tourisme :	
	D.e	Toutes huiles finies autres qu'aviation pour moteurs essence, monogrades ou multigrades ;
	D.t	Huiles pour moteurs Diesel, dites "Tourisme", destinées aux voitures particulières et aux véhicules légers.
1B	D.u	Huiles moteurs Diesel pour véhicules utilitaires (transport, travaux publics, agriculture, etc., y compris SNCF et Marine).
1B2	D.m	Huiles multifonctionnelles pour l'agriculture et les travaux publics.
1D	Autres huiles moteurs :	
	D.Av	Huiles pour moteurs d'avion, toutes viscosités, y compris les huiles de rinçage et de protection ;
	D.a	Huiles finies pour moteurs non comprises dans les autres huiles "D", telles que huiles pour moteur à gaz, etc.
2A	E.3	Huiles pour transmissions automatiques, y compris les huiles pour convertisseurs de couples.
2B	K.3a	Huiles pour engrenages automobiles.
2C	K.3b	Huiles pour engrenages industriels, y compris les huiles pour boîtes-essieux et engrenages nus.
2D	E.2a	Huiles pour transmissions hydrauliques, y compris les huiles de relevage et les fluides ininflammables.
2D1	E.2b	Huiles pour amortisseurs.
4A	K.0	Huiles pour le traitement thermique.
4B	K.1	Huiles non solubles pour le travail des métaux (coupe, laminage et tréfilage, etc.).
5A	E.1	Huiles pour turbines, toutes viscosités.
5B	F	Huiles isolantes pour transformateurs, y compris toutes les huiles pour usages électriques et pour imprégnation des câbles, à l'exclusion des huiles pour imprégnation des câbles de téléphone et des câbles optiques.

6A	E.0	Huiles pour compresseurs.
6B	B.1	Huiles pour mouvements, toutes viscosités, y compris les huiles pour mouvements compoundées.
6C	K.4d	Tous fluides caloporteurs.
	E2c	Liquides de frein.

3185. Cette première catégorie fiscale, portant sur de nombreuses huiles, concernera assez peu les professionnels de l'automobile (à moins qu'ils ne soient fabricants de ces produits) En effet, les personnes relevant de cette catégorie fiscale prévue au a) de l'article 266 sexies du Code des douanes sont uniquement :
- celles qui commercialisent pour la première fois ces produits sur le marché intérieur européen (après importation ou fabrication) ;
- celles qui utilisent ces lubrifiants pour la première fois, c'est-à-dire qui consomment des lubrifiants soit qu'elles ont-elles-mêmes fabriqués, soit qu'elles ont acquis dans un autre Etat membre de l'Union européenne.

3186. La taxe est exigible dès la réalisation du fait générateur, c'est-à-dire pour cette catégorie fiscale, dès la première livraison ou la première utilisation des lubrifiants précités (CD, art. 266 septies, 4°, a)).

3187. Concernant la deuxième catégorie fiscale visée par le b) du texte, les huiles concernées sont celles qui ne sont pas répertoriées à l'annexe I du décret de 1999 et qui, par l'usage qui en est fait, sont productrices d'huiles usagées dont le rejet dans le milieu naturel est interdit. Ces huiles sont celles appartenant aux catégories suivantes, à la condition qu'elles ne soient pas mentionnées dans le tableau précédemment établi pour la première catégorie fiscale :
« 1° Huiles pour moteurs et pour compresseurs et huiles de base moteur ;
2° Huiles utilisées comme matière première pour la fabrication des additifs de lubrification, de préparation d'additifs pour lubrifiants :
a) Huiles de graissage ;
b) Huiles pour engrenage sous carter ;
c) Huiles pour mouvement ;
d) Huiles noires, appelées " mazout de graissage " ;
e) Vaseline et huiles de vaseline ;
f) Huiles isolantes ;
g) Huiles de trempe ;
h) Huiles pour turbines ;
i) Huiles de lubrification des cylindres et transmissions » (C. env., art. R. 211-60, I).

3188. Cette deuxième catégorie intéressera plus volontiers les professionnels de l'automobile que la première – et notamment certains détenteurs d'huiles usagées faisant usage d'huile neuve dans la même installation. En effet, sont concernées par cette catégorie fiscale les personnes qui utilisent ou transforment les huiles précitées et non inclus dans l'annexe I du décret de 1999 dans le cadre d'une activité économique (commerçants, prestataires de services). Ces personnes sont concernées qu'elles aient produit elles-mêmes ces huiles ou qu'elles les aient acquises.

3189. Là encore, la taxe est exigible dès la réalisation du fait générateur qui pour cette catégorie correspond à l'utilisation des huiles et préparations lubrifiantes précitées (CD, art. 266 septies, 4°, b).

3190. La troisième et dernière catégorie fiscale concerne les huiles et préparations lubrifiantes à usage perdu autres que celles concernées par la première et deuxième catégorie fiscale. Ces huiles sont celles qu'on ne peut récupérer, du fait de l'impossibilité d'opérer une vidange ou autre et qui correspondent aux catégories figurant dans le tableau suivant :

Code Europalub	Code CPL	Désignation des huiles
1C	D.dt	Huiles pour moteur deux temps
3A1	J1	Graisses utilisées en système ouvert
3A2	J2	
6B	B2	Huiles pour scie à chaines
6C	K.4a	Huiles de démoulage/décoffrage

3191. Cette dernière catégorie intéressera également particulièrement les professionnels de l'automobile puisqu'elle concerne tous les utilisateurs des huiles précitées lorsque ces dernières sont effectivement utilisées à usage perdu.
Par exemple, toutes les personnes utilisant des graisses pour automobiles, des huiles pour engrenage automobiles ou encore des huiles pour moteur deux temps à essence sont concernées par cette catégorie et sont donc assujetties à la taxe.

3192. Là encore, la taxe est exigible dès la réalisation du fait générateur qui pour cette catégorie correspond à l'utilisation des huiles et préparations lubrifiantes précitées à usage perdu (C. dou., art. 266 septies, 4°, c).

3193. On notera que tous les industriels soumis à la taxe générale sur les activités polluantes (TGAP) relative aux huiles usagées devront s'acquitter de la taxe sous la forme d'une déclaration annuelle et de trois acomptes. Le paiement de ces trois acomptes devra intervenir respectivement les 30 avril, 31 juillet et 31 octobre au plus tard de l'année au titre de laquelle la taxe est due.
Comme l'indique la circulaire du 10 avril 2014 (Circ. 10 avr. 2014, NOR : FCPD1408597C : BO Douanes n° 7018, 14 avr.) « chaque acompte est égal à un tiers du montant obtenu en appliquant à la base des opérations réalisées l'année n-1 le tarif de TGAP en vigueur au 1er janvier de l'année n et fait l'objet d'un versement spontané au plus tard les 30 avril, 31 juillet et 31 octobre.
Les redevables déposent, au plus tard le 30 avril de chaque année, la déclaration de la taxe due au titre de l'année précédente, ainsi que tous les éléments nécessaires au contrôle et à l'établissement de celle-ci ».

3194. Cette déclaration prend la forme du formulaire CERFA n° 12036 accessible sur le site service public.fr (http://vosdroits.service-public.fr/professionnels-entreprises/R17031.xhtml).

3195. Lorsque le montant de l'impôt à recouvrer n'excède pas 61 euros, la taxe n'est pas due par l'industriel (C. dou., art. 285 sexies).

3196. Pour le cas où l'industriel aurait payé la taxe sur des lubrifiants qui n'y étaient en fait pas soumis de par leur utilisation particulière ne produisant pas d'huiles usagées (C. dou., art. 266 decies, 1°), il peut demander au service des douanes compétent le remboursement de la taxe indument payée si son montant excède 61 euros.

3197. Aux côtés de cette obligation fiscale, on peut signaler l'existence d'une obligation de déclaration dont doivent s'acquitter les personnes effectuant des premières livraisons après fabrication nationale, des mises à la consommation ou des livraisons en cas d'acquisition intracommunautaire d'huiles de base dont la désignation par les classifications Europalub et CPL sont respectivement les suivantes : 8A / L.
Cette déclaration doit contenir une liste récapitulative des acquéreurs de ces huiles et doit être remise au service des douanes au plus tard le 31 janvier de l'année suivante (D. 17 juin 1999, n° 99-508, art. 8, II).

3198. Précisons enfin qu'il a été jugé que les bacs métalliques destinés au recyclage d'huiles usagées, les cuves de rétention au-dessus desquelles ils sont placés ainsi que l'ensemble des éléments faisant corps avec ces installations, tels que le système de détection d'incendie, les pompes de relevage, l'alimentation électrique, les tuyauteries et les études relatives à l'implantation de cet équipement, ne sont pas assujettis à la taxe foncière sur les propriétés bâties.

3199. En effet, le Conseil d'Etat a relevé que ces bacs servent à l'homogénéisation et à la décantation des huiles usagées, lesquelles sont ensuite envoyées en distillation atmosphérique, et qu'ils n'interviennent pas en amont du cycle de recyclage des huiles usagées, mais, au contraire, au même titre que les cuves de rétention qui sont placées en-dessous, dont le seul objet est d'en recueillir les écoulements accidentels, participent directement au processus de transformation des huiles usagées.

3200. La Haute Juridiction en a déduit que d'une part, les bacs et les cuves en cause, ainsi que les éléments faisant corps avec eux, constituent des outillages, installations et moyens matériels d'exploitation au sens du 11° de l'article 1382 du Code général des impôts exonérés de la TFPB, et d'autre part, qu'ils ne constituent pas des installations de stockage au sens du 1° de l'article 1381 soumises à la TFPB (CE, 17 déc. 2014, n° 372415).

Section 2 ▪ Les obligations visant l'activité de traitement des huiles usagées

3201. Ces obligations concernent bien évidemment les installations dédiées uniquement au traitement des huiles usagées mais se trouvent être également opposables à tous les industriels collectant des huiles usagées et qui souhaiteraient assurer eux-mêmes le traitement des huiles usagées qu'ils recueillent.

3202. En effet (cf. supra), les détenteurs d'huiles usagées ont la possibilité d'assurer eux-mêmes le traitement des huiles usagées qu'ils produisent ou recueillent, à la condition que ce traitement respecte les dispositions du Code de l'environnement.

Sous-section 1 ▪ L'obligation d'être titulaire d'un agrément

3203. C'est l'article R. 543-13, alinéa 1 du Code de l'environnement qui est venu poser le principe selon lequel pour exploiter une installation de traitement des huiles usagées, l'industriel doit être bénéficiaire d'un agrément délivré par le préfet du département dans lequel est située l'installation.

3204. Dès à présent, il convient de noter que les installations mettant en œuvre une telle activité de traitement et relevant parallèlement du régime de la déclaration ICPE, sont réputées agréés lorsque la déclaration ICPE effectuée précisait les informations normalement contenues dans une demande d'agrément (C. env. art. R. 543-13, al. 1 et art. R. 515-37, al. 5), telles que ci-après indiquées.

3205. Les règles relatives à la procédure d'attribution de cet agrément, ainsi qu'aux conditions générales auxquelles leur délivrance est subordonnée ne sont pas prévues par le Code de l'environnement qui a laissé le soin aux ministres chargés respectivement de l'Environnement, de l'Economie, du Budget et de l'Industrie de fixer ces règles par un arrêté conjoint (C. env., art. R. 543-13, al. 2).
C'est donc l'arrêté du 28 janvier 1999 (A. 28 janv. 1999, NOR: ATEP9870469A, JORF n° 46, 24 févr. 1999, p. 2857) relatif aux conditions d'élimination des huiles usagées qui contient ces règles.
Ainsi, pour obtenir l'agrément permettant d'exploiter une installation de traitement des huiles usagées, l'industriel devra adresser au préfet de département un dossier de demande d'agrément en trois exemplaires (A. 28 janv. 1999, NOR: ATEP9870469A, art. 2).

3206. Ce dossier de demande d'agrément doit obligatoirement contenir les éléments suivants :
« 1° Une note de description technique de l'installation rappelant notamment :
- les procédés de recyclage, de régénération, d'incinération, de co-incinération des huiles usagées ;
- les capacités de recyclage, de régénération, d'incinération, de co-incinération des huiles usagées ;
- les capacités de stockage des huiles usagées ;
- les modalités d'élimination des déchets issus des activités d'élimination des huiles usagées ;
- les dispositions spécifiques relatives aux vérifications de la nature et des caractéristiques des huiles usagées par contrôles systématiques ou périodiques.
2° Les moyens en personnel et en matériel pour procéder aux contrôles et vérifications » (A. 28 janv. 1999, NOR: ATEP9870469A, art. Annexe).

3207. C'est la Direction Régionale de l'Environnement, de l'Aménagement et du Logement (DREAL) qui sera chargée de l'instruction de ce dossier, avec l'aide de l'Agence de l'Environnement et de Maîtrise de l'Energie (ADEME) au sens de l'article 4 de l'arrêté de 1999.

3208. Comme pour la procédure relative à une demande d'autorisation d'exploiter ICPE, le dossier de demande d'agrément sera soumis pour avis au CODERST (Conseil départemental de l'environnement des risques sanitaires et technologiques). Le demandeur devra alors être informé au moins huit jours à l'avance de la date et du lieu de réunion du CODERST et être destinataire des propositions du préfet quant aux suites qu'il entend donner à la demande afin de pouvoir, s'il le souhaite se faire entendre par le conseil (A. 28 janv. 1999, NOR: ATEP9870469A, art. 5).

3209. D'ailleurs, ce n'est pas un hasard si cette procédure comporte des points communs avec celles relatives à la législation des ICPE.
En effet, lorsque la demande d'agrément est concomitante à une demande d'autorisation ou à une demande d'enregistrement ICPE, l'agrément est délivré en même temps que l'arrêté d'autorisation ou d'enregistrement, celui-ci précisant la nature et l'origine des déchets qui peuvent être traités, les quantités maximales admises et les conditions de leur traitement,

voire des prescriptions particulières spécifiques compte tenu des déchets traités (C. env. art. R. 543-13, al. 1 et art. R. 515-37, al. 2).
Pour les installations soumises à déclaration, comme il a déjà été dit, leur exploitant est réputé agréé si la déclaration contenait les indications que doit contenir un dossier de demande d'agrément.

3210. Dans le cas où la demande d'agrément intervient après la demande d'autorisation ou d'enregistrement ICPE, le préfet ne pourra accorder l'agrément que par le biais d'arrêtés complémentaires tels que prévus par la législation des ICPE (voir Installations autorisées).

3211. Dans le cas où la demande d'agrément intervient après la déclaration ICPE, l'industriel l'adressera au préfet sous la forme d'une déclaration complémentaire. En cas de silence du préfet au terme d'un délai de deux mois à compter du dépôt de la déclaration, l'exploitant sera réputé agréé (C. env., art. R. 515-37, al. 5 et 6).

3212. Pour autant, les industriels doivent garder à l'esprit que l'octroi de cet agrément n'est pas automatique. En effet, le préfet peut dans tous les cas refuser d'accorder l'agrément à l'exploitant par une décision motivée qu'il lui notifiera. (A. 28 janv. 1999, NOR: ATEP9870469A, art. 6).
De même, comme le précise l'article R. 543-15 du Code de l'environnement, l'agrément nécessaire à l'activité de traitement des huiles usagées ne dispense aucunement l'industriel mettant en œuvre une telle activité d'être pourvu des autorisations administratives prévues par les réglementations existantes (ICPE, urbanisme, etc.).

Sous-section 2 ▪ Les obligations en matière d'exploitation à respecter par l'industriel

3213. Il est prévu par le Code de l'environnement en son article R. 543-14 que les conditions d'exploitation (juridiques, financières et techniques) d'une installation de traitement d'huiles usagées sont fixées dans un cahier des charges. Celui-ci regroupe en fait les droits et obligations du titulaire de l'agrément relatif au traitement des huiles usagées. Le contenu de ce cahier des charges se retrouve dans l'arrêté du 28 janvier 1999 (A. 28 janv. 1999, op. cit.).

3214. Ainsi, celui-ci doit contenir les obligations suivantes :
« 1° L'obligation de tenir une comptabilité matière comportant les indications suivantes :
- la date de réception et les quantités reçues d'huiles usagées ;
- la nature et les caractéristiques physico-chimiques, notamment la teneur en PCB et - le pourcentage d'eau de ces huiles ;
l'origine.
En ce qui concerne les unités de régénération ou de recyclage :
- les dates d'expédition et les quantités expédiées des produits issus de la régénération ou du recyclage ;
- les caractéristiques physico-chimiques des produits issus de la régénération ou du recyclage ;
- les destinataires.
En ce qui concerne les unités d'incinération, de co-incinération :
- les tonnages éliminés.
La comptabilité matière doit être présentée à la première réquisition du service chargé du contrôle des installations classées.

2° L'obligation de reprise des huiles usagées proposées dans la limite de la capacité de traitement.
L'obligation de délivrer un bordereau de prise en charge au ramasseur agréé mentionnant notamment :
- le tonnage des huiles usagées ;
- la qualité des huiles usagées.
3° L'obligation de disposer d'une capacité minimale de stockage des huiles usagées égale au douzième de la capacité annuelle d'élimination de l'installation.
4° En cas de suspension ou de cessation des activités, l'obligation de prendre toutes dispositions permettant d'assurer de façon transitoire le stockage des huiles usagées dans des conditions conformes aux règles relatives à la protection de l'environnement.
5° L'obligation de transmettre chaque mois à l'Agence de l'environnement et de la maîtrise de l'énergie les statistiques techniques et économiques relatives à son activité d'élimination des huiles usagées, notamment les tonnages réceptionnés et traités, le ou les prix de reprise correspondant à ces tonnages.
6° L'obligation d'afficher le prix de reprise des huiles usagées » (A. 28 janv. 1999, art. Annexe).

3215. L'industriel s'attachera à respecter toutes ces obligations, puisqu'en cas de manquement, il est prévu que l'agrément puisse être suspendu voire retiré par arrêté motivé du préfet (A. 28 janv. 1999, NOR: ATEP9870469A, art. 7 et C. env., art. R. 515-38).
Cependant, préalablement à une telle décision, l'industriel devra avoir été destinataire d'une mise en demeure de se conformer aux obligations qui lui incombent et avoir eu la possibilité d'être entendu.

3216. Egalement, aux côtés de ces obligations spécifiques aux huiles usagées, l'industriel mettant en œuvre une activité de traitement de telles huiles devra tenir un registre des déchets entrants dans son installation conformément au droit commun des déchets (C. env., art. R. 541-43).

3217. Ce registre devra au moins contenir pour chaque flux de déchets entrants, les informations suivantes au sens de l'article 1er de l'arrêté du 29 février 2012 :
- la date de réception du déchet ;
- la nature du déchet entrant (code du déchet au regard de la nomenclature [reproduite supra Chapitre 1 – Les huiles] ;
- la quantité du déchet entrant ;
- le nom et l'adresse de l'installation expéditrice des déchets ;
- [lorsque le transport jusqu'à l'installation de traitement des huiles usagées n'est pas effectué par le détenteur lui-même, le nom et l'adresse des collecteurs agréés pour -la collecte et le transport de ces déchets] ;
- le cas échéant, le numéro du ou des bordereaux de suivi de déchets [non applicable aux huiles usagées, voir infra] ;
- le cas échéant, le numéro du document prévu à l'annexe VII du règlement [n° 2013/2006 du 14 juin 2006 dans le cas d'un transfert transfrontalier] ;
- le code du traitement qui va être opéré dans l'installation selon les annexes I et II de la directive [n° 2008/98/CE du 19 novembre 2008 relative aux déchets].

3218. Conformément au droit commun des déchets, l'industriel devra respecter la hiérarchie des modes de traitement des déchets telle que définie à l'article à l'article L. 541-1 (C. env., art. L. 541-2-1, al. 1) telle que définie à l'article L. 541-1, 2° du Code de l'environnement.
Ainsi, il sera tenu de privilégier dans l'ordre :
- la préparation en vue de la réutilisation ;

- le recyclage ;
- toute autre valorisation, notamment la valorisation énergétique ;
- l'élimination.

3219. En d'autres termes, l'industriel doit privilégier la régénération des huiles usagées à leur incinération comme l'incitait déjà les articles L. 541-38 et R. 543-12 du Code de l'environnement, aujourd'hui abrogés et remplacés par les dispositions précitées suite à l'ordonnance n° 2010-1579 du 17 décembre 2010 portant notamment transposition de la directive 2008/98/CE relative aux déchets (Dir. n° 2008/98/CE, 19 nov. 2008).

3220. Cette régénération correspondra, au sens de l'article R. 543-3, alinéa 5 du Code de l'environnement, « à toute opération de recyclage permettant de produire essentiellement des huiles minérales et synthétiques, lubrifiantes ou par un raffinage d'huiles usagées, impliquant notamment l'extraction des contaminants, des produits d'oxydation et des additifs contenus dans ces huiles ».

3221. On notera qu'il existe un dispositif de soutien à la régénération des huiles usagées en France mis en place par une délibération du Conseil d'Administration de l'ADEME (Délib. n° 06-1-3, 2 févr. 2006) et approuvé par l'Union Européenne le 07 février 2007 (Aide d'état n° 207/2006).
Ainsi, peuvent bénéficier d'une subvention pendant une durée maximum de sept années, lorsque les conditions de leurs entreprises le nécessitent, les exploitants qui vendent les huiles régénérées pour la fabrication de lubrifiants (20 euros par tonne la première année et dégressif les années suivantes).
Ce dispositif ayant une durée de vie limitée à 10 ans, il prendra fin le 7 février 2017.

3222. Pour le cas où l'exploitant du centre de traitement des huiles usagées utilise l'incinération comme technique d'élimination, il est tenu de se conformer aux dispositions de l'arrêté du 20 septembre 2002 relatif aux installations d'incinération et de co-incinération de déchets dangereux (A. 20 sept. 2002, JORF n° 280, 1er déc. 2002, p 19789).
Cet arrêté fixe notamment les règles relatives à la conception et à l'aménagement général de ces installations (art. 3 à 6), aux conditions d'admission des déchets incinérés (art. 7 et 8) ainsi qu'aux conditions d'exploitation (art. 9 à 14).
Ce texte détermine en son annexe I les valeurs limites de rejets atmosphériques pour les installations d'incinérations et en son annexe II les valeurs limites de rejets atmosphériques pour les installations de co-incinération – installation dont l'objectif essentiel est de produire de l'énergie.
Concernant les conditions d'admission des déchets, il est prévu des contrôles d'admission (A. 20 sept. 2002, art. 8, f)) pour lesquels les installations de traitement des huiles usagées bénéficient d'instructions spécifiques énoncées antérieurement à cet arrêté par circulaire (Circ. DPPR n° 389, 29 mars 1999, non publiée au JO).

3223. Enfin, il est précisé par l'arrêté que seules les installations d'incinération ou de co-incinération disposant d'un agrément tel que prévu à l'article R. 543-34 du Code de l'environnement peuvent être autorisées à incinérer des huiles usagées dont la teneur en PCB/PCT est supérieure à 50 ppm (A. 20 sept. 2002, art. 8, c).

Chapitre 2
Les piles et accumulateurs

BIBLIOGRAPHIE

Argus de l'assurance

Ouvrages. - Code de la route, Argus de l'assurance éd.

Autres documentations

Articles. - LAMY environnement, étude n° 135 « Piles et accumulateurs ». - ADEME, rapport Piles et accumulateurs - Rapport annuel du Registre / Données 2013, oct. 2014.
Sites internet. - Site internet de SCRELEC : www.screlec.fr - Site internet de COREPILE : www.corepile.fr - Site internet de l'ADEME : www.ademe.fr - Site internet des Editions législatives : www.editions-legislatives.fr

3224. Cet élément a vocation à prendre dans l'automobile verte une place grandissante. Il est indispensable d'en sérier le régime juridique, les filières de collecte comme de traitement et sa fiscalité.

Section 1 . Le régime juridique applicable

3225. La dénomination « piles et accumulateurs » désigne une source d'énergie électrique obtenue par transformation directe d'énergie chimique, qui peut être unitaire, ou assemblée en batteries au sein d'un boîtier pour former une seule et même entité complète que l'utilisateur final n'est pas censé démanteler ou ouvrir (C. envir., art. R. 543-125).
On distingue deux catégories de produits :
- les piles, qui sont à usage unique ;
- les accumulateurs (souvent appelés « batteries »), qui peuvent être rechargés.

3226. Le régime légal des piles et accumulateurs trouve sa source dans le droit européen. En effet, leur mise sur le marché et leur élimination a d'abord fait l'objet d'une directive européenne (Dir. CE n° 2006/66, 6 sept. 2006, modifiée par Dir. CE n° 2008/103, 19 nov. 2008), avant d'être encadrée en droit interne par un décret de 2009 (D. n° 2009-1139 du 22 septembre 2009).

3227. Aujourd'hui, les dispositions relatives aux piles et accumulateurs font l'objet d'une section spécifique du Code de l'environnement (C. envir., art. R. 543-124 à R. 543-134). La réglementation mise en place à la suite du décret de 2009 organise un régime tripartite : le Code de l'environnement distingue en effet trois types de piles et accumulateurs, qui sont les piles et accumulateurs portables (qui peuvent être portés à la main), les piles et accumulateurs automobiles et les piles et accumulateurs industriels (conçus à des fins exclusivement industrielles ou professionnelles ou utilisées dans tout type de véhicule électrique).

3228. Compte-tenu de l'objet du présent ouvrage, nous aborderons essentiellement la question des piles et accumulateurs automobiles, que l'article R. 543-125, 4° du Code de l'environnement définit comme « toute pile ou accumulateur destiné à alimenter un système de démarrage, d'éclairage ou d'allumage ». Il s'agit presqu'exclusivement d'accumulateurs au plomb, c'est-à-dire de batteries de démarrage. En effet, 99 % des piles et accumulateurs automobiles mis sur le marché sont à base de plomb. Tant la directive que le Code de l'environnement instaurent un double dispositif à leur propos : une réglementation de la mise sur le marché d'une part (Section 2), une réglementation des opérations de collecte et de traitement d'autre part (Section 3) et un système déclaratif (Section 4). Il nous faudra encore envisager à leur propos une fiscalité particulière reposant sur la TGAP (Section 5)

3229. Le 1 % restant concerne les accumulateurs à base de nickel-hydrure métallique (Ni-MH) ou de calcium qui sont utilisés pour les véhicules hybrides ou thermiques. Aux termes de l'article R. 543-125, « 5° Est considéré comme pile ou accumulateur industriel toute pile ou accumulateur conçu à des fins exclusivement industrielles ou professionnelles ou utilisé dans tout type de véhicule électrique » Nous consacrons donc une dernière section spécifique aux accumulateurs des véhicules électriques.

Section 2 . La filière de mise sur le marché

3230. La réglementation de la mise sur le marché concerne essentiellement les producteurs et comporte deux pans : l'interdiction de certains types de piles et accumulateurs d'une part, et une obligation de marquage spécifique, d'autre part.

Sous-section 1 . Acteurs

3231. Les principaux acteurs de cette filière sont les « producteurs », à savoir les professionnels situés sur le territoire national qui, quelle que soit leur technique de vente, mettent pour la première fois sur le marché français des piles et accumulateurs neufs (C. envir., R. 543-125, 7°). La notion de « mise sur le marché » étant définie comme la mise à disposition ou la fourniture à des tiers pour la première fois sur le territoire national de piles et accumulateurs destinés à être distribués ou utilisés par l'utilisateur final sur ledit territoire (C. envir., art. R. 543-125, 9°), les producteurs peuvent être des fabricants, des importateurs, des distributeurs sous leur marque, et des vendeurs à distance.

3232. Il convient de relever que sont également producteurs les professionnels qui procèdent à la première mise sur le marché des piles et accumulateurs intégrés dans des équipements électriques et électroniques, ou dans des véhicules.

3233. En 2013, 226 330 tonnes de piles et accumulateurs ont été mises sur le marché (soit 1 264 millions d'unités), dont :
- 32 227 tonnes de piles et accumulateurs portables (1 244 millions d'unités) ;
- 125 500 tonnes d'accumulateurs automobiles (7,9 millions d'unités) ;
- 68 603 tonnes de piles et accumulateurs industriels (12,3 millions d'unités) (source : ADEME, Synthèse piles et accumulateurs, Données 2013, oct. 2014).

Sous-section 2 ▪ Interdictions

3234. Certains produits, en raison de leur haute teneur en substances dangereuses, sont purement et simplement interdits sur le marché français (C. envir., art. R. 543-126). Il s'agit :
- des piles et accumulateurs (intégrés ou non dans des équipements électriques et électroniques) contenant plus de 0,0005 % de mercure en poids, à l'exception des piles bouton dont la teneur en mercure est inférieure à 2 % en poids (NB : ce seuil passera à 0,0005% au 1er octobre 2015) ;
- des piles et accumulateurs portables contenant plus de 0,002 % de cadmium en poids.

3235. Lorsqu'ils sont intégrés dans des équipements électriques ou électroniques, les piles et accumulateurs doivent en outre pouvoir en être extraits facilement (C. envir., art. R. 543-176). Des informations sur le type de piles ou d'accumulateurs intégrés, ainsi que des instructions relatives aux modalités d'extraction sans risque pour l'utilisateur, doivent également figurer sur lesdits équipements.

Sous-section 3 ▪ Marquage

3236. Lors de la mise sur le marché de piles et accumulateurs, les producteurs doivent leur apposer un marquage particulier : il s'agit de faire figurer, de manière visible, lisible et surtout indélébile, certaines mentions destinées aux utilisateurs (C. envir., art. R. 543-127).

3237. Ces mentions sont :
- un symbole signifiant qu'ils doivent faire l'objet d'une collecte séparée. Ce symbole représente une poubelle sur roues barrée d'une croix, et a une taille imposée : il doit ainsi couvrir 3 % (1,5 % pour les éléments cylindriques) de la surface du plus grand côté de la pile, de l'accumulateur ou de l'assemblage en batterie, sans toutefois dépasser 5 cm x 5 cm. Pour les piles dont la surface du symbole serait inférieure à 0,5 cm x 0,5 cm, le marquage n'est pas obligatoire, mais un symbole de 1 cm x 1 cm doit se trouver sur l'emballage :

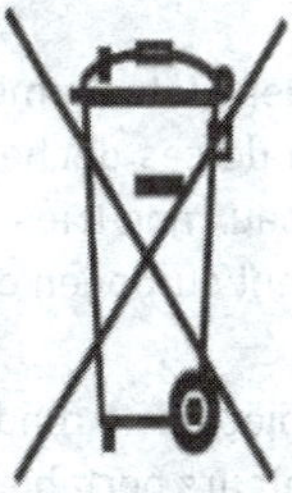

- pour les piles et accumulateurs contenant plus de 0,0005 % de mercure, plus de 0,002 % de cadmium ou plus de 0,004 % de plomb, un symbole correspondant aux symboles chimiques de ces substances doit également être imprimé (Hg pour le mercure, Cd pour le cadmium, et Pb pour le plomb). Ce second symbole se situe sous le premier et doit couvrir une surface égale à au moins 25 % de la sienne ;
- pour les piles et accumulateurs portables et automobiles, leur capacité réelle (c'est-à-dire la charge électrique délivrée dans certaines conditions spécifiques, en ampères (A) de démarrage à froid) doit être indiquée, afin de permettre à l'utilisateur de faire un choix adapté à sa consommation. Cette obligation s'applique aux produits mis sur le marché pour la pre-

mière fois à compter du 30 mai 2012 (Règl. UE n° 1103/2010 de la Commission 29 nov. 2010 : JOUE n° L 313, 30 nov.).

3238. On notera que depuis mai 2012, les piles et accumulateurs mis sur le marché après le 26 septembre 2008 et qui ne satisfont pas à ces exigences doivent en être retirés (C. envir., art. R. 543-127-1).

Enfin, en cas de non-respect de ces obligations, des sanctions pénales sont prévues par l'article R. 543-133 du Code de l'environnement : ainsi, le producteur qui enfreindrait la réglementation précitée s'expose à une amende prévue pour les contraventions de la 3e classe, à savoir d'un montant maximum de 450 euros (C. pénal, art. 131-13).

Section 3 . La filière de collecte et de traitement des déchets

3239. Le fonctionnement de cette filière repose sur le principe bien connu de la responsabilité élargie du producteur, en vertu duquel il incombe aux professionnels de la branche de financer et d'organiser la collecte et le traitement des piles et accumulateurs usagés.

Sous-section 1 . Objectifs communautaires

3240. Le second volet de la politique européenne instaurée par la directive du 6 septembre 2006 concerne la collecte et le traitement des « déchets de piles et accumulateurs », terme qui remplace celui de « piles et accumulateurs usagés » depuis juillet 2011 (Dir. n° 2011-828, 11 juill. 2011, art. 22 : JO, 12 juill.). Il s'agit donc des piles déchargées et des accumulateurs qui ne sont plus réutilisables parce qu'ils ont dépassé un certain nombre de cycles de charges.

3241. En application de la directive de 2006, les Etats membres prennent les mesures nécessaires pour organiser une collecte séparée de ces déchets, réduire au maximum leur élimination finale en tant que déchets municipaux non triés, et ainsi atteindre un niveau élevé de recyclage (Dir. n° 2006/66/CE du Parlement européen et du Conseil 6 sept. 2006, art. 7).

3242. La directive impose notamment des objectifs de rendement aux Etats membres : ainsi, en matière de collecte des piles et accumulateurs portables, un taux de 45 % doit être atteint en 2016 (25 % en 2012). Le Code de l'environnement précise que ce taux national de collecte s'obtient en divisant les tonnages de déchets de piles et d'accumulateurs portables collectés en une année civile par les tonnages moyens mis sur le marché pendant la même année, et les deux précédentes (C. envir., art. R. 543-125, 11°).

3243. De même, des taux de rendement calculés en fonction du poids moyen des déchets sont fixés pour chaque processus de recyclage : pour septembre 2011, l'objectif était de 65 % pour la technologie plomb-acide, de 75 % pour le nickel-cadmium et de 50 % pour les autres technologies.

Sous-section 2 ■ Obligation de collecte

3244. La collecte des piles et accumulateurs usagés repose sur deux principes :
- d'une part, il est interdit d'abandonner des piles et des accumulateurs (y compris s'ils sont encore incorporés à des appareils), ou de rejeter leurs composants solides ou liquides dans la nature ;
- d'autre part, les distributeurs ont l'obligation de procéder à leur reprise (C. envir., art. R. 543-129-1).

3245. Par conséquent, les distributeurs de piles et accumulateurs, que l'article R. 543-125, 8° du Code de l'environnement définit comme étant « toute personne qui, quelle que soit la technique de distribution utilisée, y compris par communication à distance, fournit à titre commercial des piles ou des accumulateurs à celui qui va les utiliser », jouent un rôle prépondérant dans les opérations de collecte. Dans le domaine de l'automobile, il s'agira essentiellement de concessionnaires automobiles (batterie intégrée au véhicule), de vendeurs de pièces de rechange et d'accessoires, ou de garagistes.

3246. Il convient de noter qu'il existe d'autres acteurs de la collecte : les collectivités locales et les autres détenteurs de piles et accumulateurs usagés (notamment les exploitants des installations de traitement des équipements électriques et électroniques ou les centres VHU agréés) doivent également procéder à ces opérations de collecte séparée, mais en 2012, 86 % des lieux de collecte étaient des distributeurs (ADEME, Synthèse piles et accumulateurs, Données 2012, sept. 2013).

3247. Le système de reprise en vigueur en France comprend trois types d'obligations pour le distributeur.
En effet, il incombe tout d'abord aux distributeurs de collecter gratuitement, et sans obligation d'achat, les déchets de piles et accumulateurs du même type que ceux qu'ils commercialisent (C. envir., art. R. 543-129-1). Pour cela, ils doivent mettre en place des points de collecte accessibles aux utilisateurs. Ces points de collecte ne sont soumis à aucun régime d'autorisation administrative, ce qui favorise leur multiplication.
En 2013, 184 381 tonnes d'accumulateurs automobiles ont été collectées
Ils doivent également informer leurs clients de la possibilité qu'ont ces derniers de déposer leurs piles et accumulateurs automobiles dans leurs points de vente (C. envir., art. R. 543-129-1).

3248. Enfin, il existe des obligations propres au stockage : les piles et les accumulateurs automobiles doivent ainsi être entreposés de manière à permettre leur enlèvement, puis leur traitement, mais aussi de manière à prévenir tout risque pour l'environnement ou la santé humaine (C. envir., art. R. 543-129-2).

Sous-section 3 ■ Obligations de traitement

§ 1 ■ Responsabilité élargie du producteur

3249. Conformément au principe de responsabilité élargie, ce sont les producteurs qui sont responsables de l'enlèvement et du traitement des piles et accumulateurs collectés, au prorata des tonnages qu'ils mettent sur le marché (C. envir., art R. 543-129-3). Cela signifie qu'ils financent les opérations de traitement et de recyclage des déchets, mais aussi des campagnes d'information du public sur la collecte, le traitement et le recyclage.

3250. Ils sont libres de procéder de manière individuelle, ou de se regrouper en mettant en place un éco-organisme, lequel doit être agréé par un arrêté conjoint des ministres de l'environnement et de l'industrie. Un tel agrément est délivré pour une durée maximale de six ans renouvelable, si l'éco-organisme établit avoir les capacités techniques et financières lui permettant de respecter le cahier des charges prévu par l'article R. 543-129-3 du Code de l'environnement.

3251. Ce cahier des charges, qui est publié, doit notamment prévoir :
- « les conditions de prise en charge financière de l'enlèvement et du traitement des déchets de piles et accumulateurs automobiles collectés ;
- les conditions d'un enlèvement gratuit des déchets de piles et d'accumulateurs automobiles ;
- les conditions de traitement des déchets de piles et d'accumulateurs automobiles ;
- les objectifs de recyclage des déchets de piles et d'accumulateurs automobiles en fonction de leur composition chimique ;
- les objectifs en matière d'études visant l'optimisation des dispositifs de collecte, enlèvement et traitement des déchets de piles et d'accumulateurs automobiles ;
- les moyens mis en œuvre pour informer les utilisateurs de piles et accumulateurs automobiles, notamment par des campagnes d'information, des systèmes de collecte et de traitement mis à leur disposition et de l'importance de ne pas mélanger des déchets de piles et d'accumulateurs automobiles avec les déchets municipaux non triés en vue de permettre leur traitement et leur recyclage, ainsi que de la signification des symboles mentionnés aux I et II du tableau de l'article R. 543-127 et des effets potentiels des substances utilisées dans les piles et accumulateurs sur l'environnement et la santé humaine ;
- l'obligation de communiquer au ministre chargé de l'Environnement un bilan annuel d'activité destiné à être rendu public. » (C. envir., art. R. 543-129-3).

3252. Actuellement, il n'existe aucun éco-organisme pour les piles et accumulateurs automobiles : depuis plusieurs années, la collecte se fait en effet par un circuit autofinancé de professionnels, du fait de la valeur marchande du plomb. Ainsi, le cours élevé de ce métal permettant un bon taux de collecte, les producteurs n'ont jusqu'à présent pas eu à financer les dispositifs de collecte et de traitement existant. Pour les piles et accumulateurs portables, il y a par contre deux éco-organismes agréés jusque fin 2015 (COREPILE et SCRELEC), ainsi qu'un système individuel qui a été approuvé par le ministère de l'Ecologie en 2011 (MOBIVIA).

3253. Les producteurs de piles et accumulateurs automobiles peuvent aussi conclure des accords directs avec les utilisateurs qui ne sont pas des ménages, afin de définir d'autres modalités de traitement. Ces accords doivent alors prévoir dans quelles conditions les utilisateurs assurent tout ou partie de l'élimination des déchets (notamment au regard des dispositions de l'article R. 543-131 du Code de l'environnement, cf. infra).

§ 2 ■ Classification des déchets

3254. Dans la classification des déchets de l'annexe II de l'article R. 541-8 du Code de l'environnement, les déchets de piles et accumulateurs sont rangés sous la qualification de « déchets non décrits ailleurs dans la liste » (code n° 16 06).
Six catégories de déchets sont ainsi visées :

- 16 06 01 * Accumulateurs au plomb ;
- 16 06 02 * Accumulateurs Ni-Cd (nickel-cadmium) ;
- 16 06 03 * Piles contenant du mercure ;
- 16 06 04 Piles alcalines (sauf rubrique 16 06 03) ;
- 16 06 05 Autres piles et accumulateurs ;
- 16 06 06 * Électrolytes de piles et accumulateurs collectés séparément.

3255. Les catégories marquées par un astérisque (*) sont des déchets dangereux, ce qui signifie qu'ils comportent des substances dangereuses (mercure, cadmium, plomb) en quantité suffisante pour être qualifiés comme tels. C'est notamment le cas des batteries de démarrage (accumulateurs au plomb).

§ 3 ▪ Application du régime ICPE

3256. Les lieux de collecte des piles et accumulateurs sont concernés par la nomenclature ICPE :
- les points d'apport volontaire de piles triées et collectées par des prestataires de service ou des distributeurs relèvent de la rubrique ICPE n° 2710, sauf si une activité de regroupement ou de tri est pratiquée sur le site (Circ. 24 déc. 2010, NOR : DEVP1029816C : BO min. Écologie n° 2011/11, 25 janv. 2011).
- depuis 2012, les installations de collecte de déchets dangereux soumises à déclaration dont la quantité de déchets susceptibles d'être présents est supérieure ou égale à 1 tonne et inférieure à 7 tonnes relèvent de la rubrique n° 2710-1 (Arr. 27 mars 2012, NOR : DEVP1208904A : JO, 14 avr.).

3257. Par ailleurs, afin de prévenir et de limiter au maximum les risques et l'impact environnemental, les opérations de traitement des déchets de piles et accumulateurs ne peuvent avoir lieu que dans des installations classées, ou éventuellement dans des installations bénéficiant d'une autorisation équivalente dans un autre Etat membre.

3258. Par traitement, on entend les activités de transit, de regroupement, de tri, de traitement et de recyclage des piles et accumulateurs, qui sont encadrées par l'arrêté du 9 novembre 2009 (arr. 9 nov. 2009, NOR : DEVP0924696A, modifié par arr. 26 oct. 2011, NOR : DEVP1129317A, JO 7 déc.). Ces ICPE doivent tenir compte des meilleures techniques disponibles (C. envir., art. R. 543-131 ; Arr. 9 nov. 2009, NOR : DEVP0924696A, art. 2 : JO, 14 nov.), à un coût économiquement acceptable. Les meilleures techniques disponibles sont définies en annexe de l'arrêté précité comme « le stade de développement le plus efficace et avancé des activités et de leurs modes d'exploitation, démontrant l'aptitude pratique de techniques particulières à constituer, en principe, la base des valeurs limites d'émission visant à éviter et, lorsque cela s'avère impossible, à réduire de manière générale les émissions et l'impact sur l'environnement dans son ensemble. » En 2011, le traitement des piles et accumulateurs a été effectué dans 16 sites de traitements et 3 sites de prétraitement, dont 8 sont spécialisés dans le traitement des accumulateurs au plomb (batterie de voiture).

3259. L'arrêté du 9 novembre 2009 (Arr. 9 nov. 2009, NOR : DEVP0924696A, art. 3 : JO, 14 nov.) prévoit également certaines mesures de précaution que les opérateurs de traitement doivent respecter, en raison du caractère dangereux des déchets. Certaines de ces mesures ont trait aux méthodes de traitement à proprement parler (obligation d'extraire tous les fluides liquides et acides), tandis que d'autres concernent la sécurité du site. Ainsi, le traitement et le stockage, y compris temporaire, doivent avoir lieu sur des surfaces imperméables résistant aux intempéries ou dans des conteneurs appropriés étanches, permettant de prévenir toute pollution du sol et du sous-sol.

3260. Les zones à risque du site doivent en outre faire l'objet de mesures de prévention, ainsi que d'une signalisation adaptée. Un affichage précisant les risques d'incendie, d'émanations toxiques ou d'atmosphères explosibles doit par conséquent être réalisé dans ces zones, y compris dans les ateliers et les aires de manipulation des déchets. Il incombera enfin à l'exploitant d'établir (et de tenir à jour) un plan général desdites zones.

§ 4 ▪ Opérations de traitement

3261. Conformément à la philosophie de la directive de 2006, les déchets de piles et accumulateurs sont traités de manière à favoriser leur recyclage ou leur valorisation. En 2013, 226 886 tonnes d'accumulateurs au plomb (batteries de démarrage) ont été traitées (Source : ADEME, Synthèse piles et accumulateurs, données 2013).

3262. Les déchets de piles et accumulateurs peuvent faire l'objet deux types de valorisation :
- la valorisation matière est un traitement des déchets permettant leur réemploi, réutilisation ou recyclage : en 2011, elle représentait 93,3 % des tonnages de produits issus du traitement ;
- la valorisation énergétique consiste à utiliser le pouvoir calorifique du déchet en le brûlant et en récupérant cette énergie sous forme de chaleur ou d'électricité. Elle concerne surtout les plastiques divers et une partie des résidus de broyage. En 2011, elle représentait 0,6 % des tonnages déclarés en sortie de traitement.

3263. Il est normalement interdit de mettre les déchets de piles et accumulateurs en décharge ou de les incinérer. Toutefois, à l'issue du processus de traitement, les résidus qui ne peuvent être valorisés (6, 1 % des tonnages de produits issus du traitement) seront éliminés par mise en décharge (résidus métalliques) ou incinération (résidus de broyage non valorisables), en application de l'article 7 de l'arrêté du 9 novembre 2009. L'électrolyte fait l'objet d'un traitement physico-chimique particulier.

3264. L'opérateur qui ne respecterait pas ces règles de traitement, et qui ne traiterait pas les déchets en tenant compte des meilleures techniques disponibles, peut être condamné à une amende prévue pour les contraventions de cinquième classe (C. envir., art. R. 543-134), d'un montant maximum de 1 500 euros (3 000 euros en cas de récidive).

§ 5 ▪ Obligations relatives au transport

3265. Si le producteur choisit de faire réaliser le traitement et le recyclage des déchets collectés dans une installation autorisée dans un autre Etat membre, il doit s'assurer d'une expédition des déchets conforme au règlement n° 1013/2006 du 14 juin 2006 (C. envir., art. R. 543-131).

3266. En cas d'exportation hors de l'Union européenne, les quantités traitées ne seront comptabilisées dans la déclaration du producteur que s'il peut justifier que l'opération de recyclage s'est déroulée dans des conditions équivalentes aux exigences de l'arrêté du 9 novembre 2009. En 2013, 5 890 tonnes de piles et accumulateurs automobiles ont été exportées pour traitement (source : ADEME, Synthèse piles et accumulateurs, Données 2013, oct. 2014).

3267. Toute personne remettant des déchets dangereux à un tiers doit en outre émettre un bordereau de suivi qui les accompagne jusqu'à leur destination finale. Le transporteur et celui qui reçoit les déchets complètent ce bordereau, dont une copie doit être conservée pendant trois ou cinq ans (C. envir., art R. 541-45). En matière de déchets de piles et accumulateurs, ces bordereaux seront émis par la personne tenue de leur collecte.

Section 4 ▪ Les obligations de déclaration

3268. Le régime des piles et accumulateurs exposé ci-dessus comporte enfin des obligations de déclaration, tant au niveau européen qu'au niveau national. Ainsi, dans le cadre du système mis en place par le droit européen, les Etats membres doivent périodiquement transmettre un rapport détaillant les mesures de mise en œuvre de la directive (Déc. n° 2009/851/CE de la Commission 25 nov. 2009 : JOUE n° L 312). Ce rapport est établi sur la base d'un questionnaire.

3269. Au niveau national, il existe depuis mai 2010 un registre national des producteurs de piles et accumulateurs tenu par l'ADEME (C. envir., art. R. 543-132) : le « Registre P&A ». L'objectif de ce registre, qui remplace l'observatoire des piles et accumulateurs, est de recenser les producteurs situés sur le territoire français, mais aussi de recueillir leurs déclarations annuelles. C'est à partir du registre qu'est établi et contrôlé le taux national de collecte séparée (C. envir., art. R. 543-128-5, II).

3270. Ainsi, les producteurs doivent tout d'abord s'enregistrer lors de la première mise sur le marché de leurs piles et accumulateurs. S'ils ont choisi d'adhérer à un éco-organisme, c'est lui qui transmettra les informations pour leur compte (Arr. 18 nov. 2009, NOR : DEVP0922886A : JO, 15 déc.). Pour 2013, 1 676 producteurs, 2 éco-organismes et 13 opérateurs de traitement (répartis sur 15 sites de traitement et 3 de prétraitement) étaient enregistrés au Registre P & A.

3271. Notons que depuis 2014, un nouveau site internet unique nommé SYDEREP (Système déclaratif des filières REP) rassemble tous les registres et observatoires des filières DEEE, piles et accumulateurs, gaz fluorés, pneumatiques et VHU (www.syderep.ademe.fr).

3272. Les acteurs de la filière « collecte et traitement » doivent également transmettre chaque année à l'ADEME une déclaration relative aux quantités de piles et accumulateurs mises sur le marché, collectées, valorisées ou éliminées (Arr., 26 juin 2001, NOR : ATEP0100142A). De même, les personnes qui exportent ou expédient des déchets de piles et d'accumulateurs hors du territoire national en vue de leur traitement déclarent les quantités et types de piles et accumulateurs concernés. Le non-respect de l'obligation de communiquer ces informations est sanctionné d'une amende prévue pour les contraventions de la troisième classe (C. envir., art. R. 543-133).

3273. Sont ainsi déclarés en ligne :
- la quantité de piles et accumulateurs mise sur le marché national ;
- le tonnage de déchets de piles et d'accumulateurs qu'ils avaient en stock au début de l'année précédente ;
- les quantités de déchets de piles et accumulateurs collectées en France, puis traitées en France ou à l'étranger ;
- les quantités de produits issus du traitement ;

- les tonnages de déchets collectés annuellement.

3274. Les procédures d'enregistrement et de déclaration ont lieu du 1er janvier au 1er mars de chaque année.
A l'exception de celles concernant les quantités mises sur le marché, les informations figurant dans le registre sont communicables à toute personne.

3275. Depuis le 1er janvier 2015, un service simplifié de déclaration de mises sur le marché des DEEE et des piles et accumulateurs est mis en place au niveau européen : http://weee-europe.com.

Section 5 ■ La soumission à la TGAP

Sous-section 1 ■ La TGAP due au titre de l'exploitation d'une installation classée

§ 1 ■ Le principe

3276. En vertu de l'article 266 sexies, I-8 du Code des douanes, les installations classées sont soumises à la taxe générale sur les activités polluantes (TGAP). Elles sont en effet soumises à une double taxation dans le cadre de cette imposition. D'une part, elles doivent payer une taxe au moment de la délivrance de l'autorisation prévue par l'article L. 512-1 du Code de l'environnement (cela ne concerne donc que les ICPE soumises à autorisation : cf. Tableau de nomenclature, rubrique n° 2670).

3277. Pour 2015, le montant de cette taxe est le suivant :
- artisans n'employant pas plus de deux salariés : 551,07 € ;
- autres entreprises inscrites au répertoire des métiers : 1 330,17 € ;
- autres entreprises : 2 774,38 €.

3278. D'autre part, elles acquittent une taxe annuelle, dont le montant est calculé à partir d'un tarif de base affecté d'un coefficient multiplicateur compris entre un et dix, en fonction de la nature et du volume des activités exercées dans l'établissement.
Le tarif de base de 2015 est le suivant :
- installation enregistrée dans le cadre du système communautaire de management environnemental et d'audit (Emas) ou certifiée ISO 14001 : 372,83 € ;
- autre installation : 417,97 € ;
- les entreprises inscrites au répertoire des métiers sont exonérées de la taxe annuelle.

3279. La TGAP sur les installations classées est liquidée, contrôlée et recouvrée par les services chargés de l'inspection de ces installations (C. dou., art. 266 terdecies). En effet, ce sont ces services qui établissent la liste des redevables et fixent le montant de la taxe, voire s'il y a lieu, les pénalités dues.

3280. La TGAP d'une installation classée est due au 1er janvier de chaque année, ou ultérieurement à la date de mise en fonctionnement de l'établissement ou éventuellement de l'exercice d'une nouvelle activité. Dans tous les cas, la taxe est toujours due pour l'année entière. Son payement incombe à la personne qui exploite l'établissement à cette date.

§ 2 ▪ Activités concernées

3281. Aux termes de l'article 266 sexies, I-8 du Code des douanes, les entreprises redevables de la TGAP sont :

- tout exploitant, personne physique ou morale, d'un établissement industriel ou commercial ou d'un établissement public à caractère industriel et commercial dont certaines installations sont soumises à autorisation ;
- tout exploitant d'un établissement mentionné ci-dessus dont les activités figurent à l'annexe de l'article R. 511-9 du Code de l'environnement et font courir, par leur nature ou leur volume, des risques particuliers à l'environnement.

3282. Par conséquent, il convient de reprendre les rubriques de la nomenclature ICPE et de consulter l'annexe de l'article R. 511-9 du Code de l'environnement pour savoir quelles sont les activités en relation avec les piles et accumulateurs qui sont assujetties à la TGAP.

3283. En l'espèce, seule la rubrique n° 2670 (fabrication d'accumulateurs et piles contenant du plomb, du cadmium et du mercure) est concernée par la TGAP : en effet, quelle que soit leur capacité, toutes les installations relevant de cette rubrique doivent l'acquitter en appliquant un coefficient de 6 (C. envir., annexe de l'art. R. 511-9).

Sous-section 2 ▪ La TGAP due au titre de l'incinération et du stockage de déchets

3284. La taxe générale sur les activités polluantes concerne également les installations classées de stockage, de traitement thermique ou de tout autre traitement de déchets dangereux, dont font partie les piles et accumulateurs, ainsi que leur transfert vers une installation située dans un autre État en application du règlement CE n° 1013/2006 du 14 juin 2006.

3285. En effet, les déchets dangereux sont définis comme «les déchets dangereux des activités économiques, c'est-à-dire, les déchets dangereux autres que les déchets d'emballages municipaux mentionnés à la section 15 01 de la liste des déchets dangereux et non dangereux et autres que les déchets municipaux mentionnés au chapitre 20 de la même liste» (Circ. 10 avr. 2014, NOR : FCPD1408597C : BO Douanes n° 7018, 14 avr.).). Or, comme cela a été exposé supra, les déchets de piles et accumulateurs sont pour la plupart des déchets dangereux relevant de la rubrique n° 16 06 de la liste de l'annexe II de l'article R. 541-8 du Code de l'environnement. Il s'agit donc de déchets dangereux soumis à la TGAP au sens du droit fiscal.

3286. Il convient de préciser que les installations de traitement thermique ou de tout autre traitement de déchets dangereux exclusivement affectées à la valorisation comme matière par incorporation des déchets dans un processus de production ou tout autre procédé aboutissant à la vente de matériaux (C. douanes, art. 266 sexies, II, 1) sont exclues du champ d'application de la TGAP.

3287. C'est la réception des déchets qui constitue le fait générateur de la taxe (C. douanes, art. 266 septies,1), laquelle est assise sur le poids de l'ensemble des déchets réceptionnés par une installation assujettie (C. douanes, art. 266 octies).

3288. Le montant de la taxe est calculé en fonction d'un tarif fixé par tonne de déchets réceptionnés ou transférés par l'exploitant (C. douanes, art. 266 nonies). Ce tarif est revu chaque année : initialement indexé sur le barème de l'impôt sur le revenu, il l'est désormais sur l'inflation (L. 2012-1509, 29 décembre 2012, art. 19).

Tarif 2015 :

- déchets dangereux réceptionnés dans une installation de traitement thermique ou de tout autre traitement de déchets dangereux ou transférés vers une telle installation située dans un autre Etat : 11,02 Đ par tonne ;
- déchets réceptionnés dans une installation de stockage de déchets dangereux ou transférés vers une telle installation située dans un autre État : 21,98 Đ par tonne.

Ces tarifs intègrent l'indexation mentionnée ci-dessus.

3289. La TGAP est calculée par le redevable lui-même sur sa déclaration fiscale : pour cela, il doit adresser sa déclaration pour l'année écoulée (composée du formulaire CERFA 12036*01 de déclaration et des feuilles de calcul correspondantes) au comptable public chargé du recouvrement de la Direction générale des douanes et droits indirects. Cette déclaration doit intervenir avant le 30 avril de l'année en cours : son montant est acquitté sous forme de trois acomptes à payer avant les 30 avril, 31 juillet et 31 octobre de l'année en cours (C. douanes, art. 266 undecies). Si le montant versé diffère de celui la taxe effectivement due, une régularisation comptable est effectuée l'année suivante. Enfin, il existe un seuil de taxation en dessous duquel l'exploitant est exonéré de la TGAP : ce seuil est de 450 € par installation d'élimination.

Section 6 ■ Les accumulateurs des véhicules électriques ou hybrides

3290. Ce régime est fixé à l'article R 543-130 du Code de l'environnement. Les producteurs de piles et accumulateurs industriels mettent en place des dispositifs de reprise permettant aux utilisateurs des piles et accumulateurs industriels qu'ils mettent sur le marché sur le territoire national et aux exploitants des installations de traitement des équipements électriques et électroniques dans lesquels ces piles et accumulateurs industriels sont intégrés, de se défaire gratuitement de ces piles et accumulateurs industriels une fois usagés. Ces dispositifs de reprise prévoient la mise à disposition de points d'apport volontaire pour ces utilisateurs et exploitants, ou tout autre dispositif équivalent.

3291. Les producteurs de piles et accumulateurs industriels informent par tout moyen approprié les utilisateurs de piles et accumulateurs industriels des modalités de collecte qu'ils mettent en œuvre, de l'importance de collecter séparément ces déchets en vue de leur traitement et leur recyclage, ainsi que de la signification des symboles mentionnés aux I et II du tableau de l'article R. 543-127 du Code de l'environnement et des effets potentiels des substances utilisées dans les piles et accumulateurs sur l'environnement et la santé humaine.

3292. Les producteurs de piles et accumulateurs industriels assurent le traitement des piles et accumulateurs industriels usagés dont les utilisateurs et les exploitants des installations de traitement des équipements électriques et électroniques se défont via le système de reprise.

3293. Les producteurs de piles et accumulateurs industriels peuvent créer des structures pour remplir collectivement les obligations qui leur incombent. Ils peuvent encore à cette fin passer avec les utilisateurs des piles et accumulateurs industriels qu'ils mettent sur le marché sur le territoire national des accords directs qui fixent notamment les conditions dans lesquelles les utilisateurs assurent tout ou partie de la gestion de ces déchets selon les obligations déterminées à l'article R. 543-131 du Code de l'environnement. Ainsi s'agissant du traitement des déchets de piles et d'accumulateurs industriels il sera réalisé dans des installations classées pour la protection de l'environnement répondant aux exigences techniques fixées par l'arrêté du 9 novembre 2009 (JO, 14 nov.) avec un objectif de recyclage de 75 % du poids moyen des piles et des accumulateurs nickel-cadmium, y compris un recyclage du contenu en cadmium qui soit techniquement le plus complet possible à un coût économiquement acceptable.

Chapitre 3
Les fluides frigorigènes

BIBLIOGRAPHIE

Argus de l'assurance.
Ouvrages. - Code de la route, Argus de l'assurance éd.
Autres documentations
Ouvrages. - Code des douanes, Dalloz éd., - Code de l'environnement, Dalloz éd.- Code permanent Environnement et Nuisances.
Sites internet. - Site de l'ADEME : http://www2.ademe.fr/servlet/KBaseShow?m=3&cid=96&catid=23983 - Site de la CCI Paris Ile De France : http://www.entreprises.cci-paris-idf.fr/web/environnement/dechets/dechets-dangereux/cadre-reglementaire-fluides-frigorigenes - Site Europa : http://europa.eu/index_fr.htm - Site légifrance : http://www.legifrance.gouv.fr/

3294. La majorité des véhicules automobiles français vendus aujourd'hui sont équipés d'une climatisation. Cet accessoire, considéré désormais par bon nombre d'utilisateurs comme indispensable, s'il permet d'apporter plus de confort et de sécurité à ceux-ci, n'en demeure pas moins un grand émetteur de gaz à effet de serre. En effet, les systèmes de climatisation automobile contiennent ce que l'on nomme des fluides frigorigènes composés aujourd'hui en majorité d'hydrofluorocarbures (HFC) et plus précisément de tétrafluoroéthane (R134A) dont le Potentiel de Réchauffement Planétaire (PRP) est de 1300.

3295. Le Potentiel de Réchauffement Planétaire est une unité permettant de déterminer le potentiel de réchauffement climatique d'un gaz par rapport à celui du dioxyde de carbone (CO_2). De manière plus précise l'article 3, 8° de la directive 2006/40/CE du 17 mai 2006 indique que le PRP est « calculé en fonction du potentiel de réchauffement sur cent ans d'un kilogramme d'un gaz donné par rapport à un kilogramme de CO_2. Les valeurs pertinentes des PRP sont celles publiées dans le troisième rapport d'évaluation adopté par le groupe d'experts intergouvernemental sur l'évolution du climat (« valeurs des PRP publiées en 2001 par le GIEC ») » (Dir. n° 2006/40/CE, 17 mai 2006, JOUE n° L 161, 14 juin 2006).

3296. Pour diminuer les effets sur l'environnement de tels fluides, l'Union européenne a strictement réglementé leur utilisation. Les premiers fluides utilisés, ayant un impact sur la couche d'ozone, c'est le règlement n° 594/91 du 4 mars 1991 relatif à des substances qui appauvrissent la couche d'ozone (R. n° 594/91/CEE, 4 mars 1991, JO n° L 67, 14 mars 1991), qui le premier, est venu encadrer l'utilisation de certains gaz utilisés comme fluide frigorigène.

3297. De par l'évolution régulière de la recherche sur des substances alternatives à ces gaz, les règles européennes applicables aux substances qui appauvrissent la couche d'ozone ont été mises à jour à de nombreuses reprises. Ainsi, plusieurs règlements se sont succédés sur ce sujet et celui aujourd'hui applicable est le règlement n° 1005/2009 du 16 septembre 2009 (R. n° 1005/2009/CE, 16 sept. 2009, JOUE n° L 286, 31 oct. 2009), déjà modifié par un règlement en date du 18 août 2010 (R. n° 744/2010, JOUE n° L 218, 19 août 2010). Par ce règlement, l'utilisation de certaines substances listées en son annexe I, dont le dichlorodifluorométhane – appelé également R12 et utilisé jusqu'à la fin des années 1990 dans la climatisation automobile – est tout simplement interdite.

3298. Parallèlement, un règlement est venu prévoir les règles relatives à la récupération, au confinement des gaz fluorés (comme les HFC) ainsi que celles relatives à la qualification minimale des personnels de maintenance et d'exploitation (R. n° 842/2006/CE, 17 mai 2006, JOUE n° L 161, 14 juin 2006) des équipements de climatisation mettant en œuvre de tels gaz.

3299. Concernant plus spécifiquement la réglementation applicable aux automobiles, le règlement n° 307/2008 vient fixer les normes relatives au niveau de qualification requis pour le personnel chargé de récupérer les gaz à effet de serre fluorés contenus dans les systèmes de climatisation (R. n° 307/2008/CE, 02 avr. 2008, JOUE n° L 92, 03 avr. 2008).
Rappelons qu'à l'inverse des directives dont les dispositions doivent être transposées dans le droit national pour trouver à s'appliquer, les règlements voient leurs dispositions directement applicables aux Etats membres.

3300. Aux côtés de ces règlements, a été adoptée la directive n° 2006/40/CE du 17 mai 2006 concernant les émissions provenant des systèmes de climatisation des véhicules à moteur et modifiant la directive n° 70/156/CEE du Conseil (Dir. n° 2006/40/CE, 17 mai 2006, op. cit.). Celle-ci présente la particularité d'interdire en son article 6.2 la réception CE ou la réception nationale de tous les véhicules à moteur affectés au transport de personnes comportant, outre le siège du conducteur, huit places assises au maximum (catégorie M1) ou affectés au transport de marchandises ayant un poids maximal qui n'excède pas 3,5 tonnes (Catégorie N1) lorsque ceux-ci comporte des systèmes de climatisation dont le Potentiel de Réchauffement Planétaire est supérieur à 150.

3301. Autrement dit, les véhicules précités ne doivent plus être équipés de système de climatisation contenant du tétrafluoroéthane dont le PRP est de 1300. Théoriquement, cette disposition devait s'appliquer à compter du 1er janvier 2011. Cependant, des problèmes relatifs à la fabrication et la sécurité du gaz développé en remplacement – le tétrafluoropropène , HFO1234yf – a conduit la Commission européenne, sur demande de l'Allemagne, à reporter la mise en œuvre de cette disposition au 1er janvier 2013 (Comunication de l'UE, 18 avril 2012, The supply shortage of an essential component in mobile air conditioning systems and its impact to the application of Directive 2006/40/EC in the automotative industry C(2012)2200, adopted on 30 mars 2012).

3302. La France s'est rapidement adaptée à la réglementation européenne en matière de fluide frigorigène et l'on peut dire aujourd'hui que les règles françaises applicables à certains professionnels de l'automobile traduisent quasiment en totalité le droit européen en la matière.

3303. Les professionnels de l'automobile susceptibles d'être concernés par ces règles sont ceux que la réglementation désigne sous le terme d' « opérateurs ».
Ces opérateurs ne sont autres que « les entreprises et les organismes qui procèdent à titre professionnel à tout ou partie des opérations suivantes :
a) la mise en service d'équipements ;
b) l'entretien et la réparation d'équipements, dès lors que ces opérations nécessitent une intervention sur le circuit contenant des fluides frigorigènes ;
c) le contrôle de l'étanchéité des équipements ;
d) le démantèlement des équipements ;
e) la récupération et la charge des fluides frigorigènes dans les équipements ;
f) toute autre opération réalisée sur des équipements nécessitant la manipulation de fluides frigorigènes » (C. env., art. R. 543-76, 6°).

3304. On notera qu'une clarification de la notion d'opérateur interviendra prochainement comme l'indique le projet de décret relatif à certains fluides frigorigènes qui prévoit d'ajouter à la réglementation la disposition suivante : « ne sont pas considérés comme distributeurs les opérateurs qui procèdent à la récupération des fluides et les cèdent à des distributeurs pour qu'ils les mettent en conformité avec leurs spécifications d'origine ou pour qu'ils les détruisent » (Projet de décret relatif à certains fluides frigorigènes : http://www.consultations-publiques.developpement-durable.gouv.fr/projet-de-decret-relatif-a-certains-fluides-frigorigenes-1).

3305. Faisant suite à la publication du règlement n° 517/ 2014 du 16 avril 2014 relatif aux gaz à effet de serre fluorés et abrogeant le règlement (CE) n° 842/2006, le projet de décret (Projet de décret relatif à certains fluides frigorigènes : http://www. consultations-publiques.developpement-durable.gouv.fr/projet-de-decret-relatif-a-certains-fluides-frigorigenes-1) devrait mettre à jour les références réglementaires du code de l'environnement, et introduire les 4 dispositions ci-après :
-Il définit en des termes opérationnels l'encadrement prévu par le règlement n° 517/2014 pour ce qui concerne les conditions de vente des équipements dont la charge en fluide frigorigène est effectuée en usine mais qui nécessitent de faire appel à une entreprise titulaire d'une certification réglementaire pour effectuer leur assemblage. Sans modifier les filières de distribution des équipements, ce décret permet d'assurer, onformément au règlement européen, que seuls les professionnels autorisés prendront livraison de ces équipements ainsi que tout particulier ou entreprise démontrant qu'il respectera les obligations réglementaires applicables à l'assemblage de ces équipements.
-Ce projet de décret crée également la base réglementaire pour permettre la fusion de la fiche d'intervention inhérente aux interventions sur un circuit contenant des fluides frigorigènes et du bordereau de suivi des déchets (BSD), dans un objectif de simplification administrative. Il est proposé de modifier la rédaction du code de l'environnement afin de pouvoir introduire au niveau d'un arrêté la création d'un formulaire Cerfa faisant à la fois office de fiche d'intervention, telle qu'exigée dans tous les cas de manipulations de fluides frigorigènes, et de bordereau de suivi des déchets tel qu'exigé dans tous les cas de récupération

de fluides frigorigènes non réutilisables sur place. Les déchets de fluides frigorigènes sont en effet des déchets dangereux au sens du code de l'environnement.

-Ce projet de texte clarifiera par ailleurs les modalités de reprise des déchets de fluides frigorigènes. La réglementation nationale applicable aux fluides frigorigènes est fondée sur le principe de responsabilité élargie du producteur. Les producteurs ont l'obligation de reprendre les déchets de fluides frigorigènes qui leur sont rapportés par les distributeurs, ces derniers ayant l'obligation de reprendre les déchets de fluides frigorigènes qui leur sont rapportés par des opérateurs. La rédaction actuelle du code de l'environnement pourrait laisser à penser que les producteurs et distributeurs ne sont pas tenus de reprendre les fluides frigorigènes qui sont désormais interdits de mise sur le marché tels que les CFC par exemple. Le projet de décret clarifie cette obligation et doit permettre, à horizon 2015, de garantir le traitement des HCFC qui seront alors interdits. Cette disposition permet également de soutenir les démarches de renouvellement de la convention de 1993 signée entre les entreprises du secteur et portant sur la récupération des fluides.

-Enfin, le projet de décret introduit l'obligation de se défaire de certains fluides frigorigènes lorsque leur utilisation est interdite, notamment en application du Protocole de Montréal. Le règlement (CE) n° 2037/2000 relatif à des substances qui appauvrissent la couche d'ozone, abrogé par le règlement (CE) n° 1005/2009 (dont les exigences en la matière sont en tous points identiques), fixe des dates à
compter desquelles les opérations de maintenance et d'entretien (y compris la recharge) des équipements utilisant certains fluides frigorigènes sont interdites.

3306. La réglementation désignant notamment les systèmes et installations de climatisation des véhicules (C. env., art. R. 543-76, 1°) comme des « équipements », il convient donc d'étudier les règles relatives aux opérateurs auxquelles doivent satisfaire les professionnels automobiles exerçant les activités précitées.

Section 1 ▪ Les obligations administratives à remplir pour exercer l'activité d'opérateur

3307. Bien entendu, il ne sera ici question que des obligations administratives spécifiques à la réglementation des fluides frigorigènes. Aux côtés de ces obligations ci-après exposées, le professionnel automobile exerçant une des activités permettant de le considérer comme un opérateur devra respecter celles relatives à la législation des installations classées – notamment celles relatives à la rubrique 1185 de la nomenclature si l'opérateur entre dans l'un des seuils qui y est défini.

Sous-section 1 ▪ L'obligation d'être titulaire d'une attestation de capacité

3308. Les opérateurs tels que définis par l'article R. 543-76, 6° du Code de l'environnement doivent être titulaires d'une attestation de capacité délivrée par un organisme agréé (C. env., art. R. 543-99).

Pour ce faire, les opérateurs exerçant une activité de contrôle, d'étanchéité, de maintenance et d'entretien, ou de récupération des fluides des systèmes de climatisation de véhicules ou d'engins dont la liste exhaustive est donnée par l'article R. 311-1 du Code de la route doivent adresser à un organisme agréé une demande d'attestation de capacité pour chaque établissement au sens de l'arrêté du 30 juin 2008 (A. 30 juin 2008, JORF n° 166, 18 juil. 2008, p 11490).

3309. A titre d'information, ces organismes agréés pour de tels opérateurs sont, au 1er mars 2013 : « AFNOR certification », « Bureau veritas certification », « Cemafroid », « Dekra certification », « Escat de Roanne », « Euro-Quality système France», « Sgs international certification service » et « Socotec qualification international » (Leurs coordonnées précises sont indiquées sur le site du ministère de l'Environnement : http://www.developpement-durable.gouv.fr/Les-organismes-agrees-pour.html).

3310. L'opérateur doit donc adresser à l'un des organismes précités sa demande d'attestation de capacité, et ce pour chacun de ses établissements exerçant une activité relative aux fluides des systèmes de climatisation de véhicules ou d'engins.

3311. Cette demande doit impérativement contenir les informations et les documents suivants :
« 1° Si l'opérateur est une personne physique, ses nom, prénoms et domicile ; s'il s'agit d'une personne morale, sa raison sociale, sa forme juridique, l'adresse de son siège social, l'adresse et le numéro SIRET de l'établissement pour lequel l'attestation de capacité est demandée ainsi que la qualité du signataire de la demande ;
2° [La catégorie d'activité que l'opérateur compte exercer, à savoir la catégorie V telle que définie à l'annexe I de l'arrêté du 30 juin 2008 : contrôle d'étanchéité, maintenance et entretien, assemblage, mise en service, récupération des fluides des systèmes de climatisation de véhicules, engins et matériels mentionnés à l'article R. 311-1 du Code de la route] ;
3° La liste nominative des intervenants amenés à exercer les activités [précitées], en justifiant, pour chacun, leurs aptitudes professionnelles pour les différentes activités [Pour les aptitudes professionnelles requises, voir infra, sous-section 2 – L'obligation d'être titulaire d'une capacité professionnelle spécifique] ;
4° Les types et les quantités d'outillages que l'opérateur détient, dans l'établissement pour lequel il a demandé une attestation, pour exercer les différentes activités prévues, ainsi que les justificatifs de la détention de ces outillages et de la dernière vérification dont ils ont fait l'objet. [Pour exercer l'activité relevant de la catégorie V, il est exigé comme outillage : une station de charge et de récupération compacte ou en éléments séparés ; des bouteilles de récupération par type de fluide, le cas échéant intégrées à la station de charge et de récupération ; du matériel de détection des fuites adapté aux systèmes de climatisation de véhicules ; un thermomètre ; une balance ayant une erreur maximale de mesure inférieure ou égale à 5 % en tout point de l'étendue de mesure ; un tableau mis à jour des charges en fluide et en huile des véhicules. Cependant pour les VHU, seuls les outils suivants sont requis : station de récupération ; bouteilles de récupération par type de fluide, le cas échéant intégrées à la station de charge et de récupération ; balance ayant une erreur maximale de mesure inférieure ou égale à 5 % en tout point de l'étendue de mesure. Dans tous les cas le bon fonctionnement et l'exactitude de ces outillages devra être vérifiée au moins une fois tous les douze mois] ;
5° L'engagement de l'opérateur de transmettre, au plus tard le 31 janvier de chaque année, à l'organisme agréé (...) qui lui a délivré l'attestation de capacité, une déclaration concernant l'établissement pour lequel il sollicite l'attestation de capacité, et précisant, pour chaque fluide frigorigène [contenant des chlorofluorocarbures (CFC), des hydrochlorofluorocarbures (HCFC) des hydrofluorocarbures (HFC) ou des perfluorocarbones (PFC)] :

- les quantités de fluides achetées au cours de l'année civile précédente ;
- les quantités de fluides chargées dans des équipements au cours de l'année civile précédente ;

- les quantités de fluides récupérées au cours de l'année civile précédente, en distinguant celles destinées à être traitées sous leur responsabilité, remises aux distributeurs ou conservées pour une réutilisation ;
- les quantités de fluides détenues au 1er janvier et au 31 décembre de l'année civile précédente ;
- les quantités de fluides cédées au cours de l'année civile précédente à un autre opérateur attesté en précisant le nom de ce dernier.

3312. Cette déclaration mentionne en outre l'identité, la dénomination ou la raison sociale, l'adresse et le numéro SIRET de l'établissement ainsi que son numéro d'attestation de capacité.
[On notera qu'à compter du 1er janvier 2014, cette déclaration devra contenir en remplacement des mentions précédemment exposées, la mention des quantités de fluides que l'opérateur a :
- acquises à titre onéreux ou gratuit au cours de l'année civile précédente ;
- chargées dans des équipements au cours de l'année civile précédente en distinguant les quantités :
  - chargées dans des équipements neufs,
  - chargées lors de la maintenance des équipements ;
- récupérées au cours de l'année civile précédente en distinguant les quantités :
  - récupérées dans des équipements hors d'usage,
  - récupérées lors d'opérations de maintenance des équipements ;
- remises à un distributeur pour être traitées ;
- traitées sous la propre responsabilité de l'opérateur en distinguant les quantités :
  - recyclées,
  - régénérées, en précisant les coordonnées de l'installation de régénération,
  - détruites, en précisant les coordonnées de l'installation de destruction ;
- cédées au cours de l'année civile précédente à un autre opérateur attesté, distributeur ou producteur d'équipements identifié à l'article R. 543-76 du Code de l'environnement ; stockées au 1er janvier et au 31 décembre de l'année civile précédente, en distinguant les fluides neufs des déchets de fluides frigorigènes] ;

6° L'engagement de l'opérateur d'informer l'organisme de tout changement susceptible de modifier le respect des conditions de capacité professionnelle ou de détention de l'outillage dans le délai d'un mois après leur modification » (A. 30 juin 2008, Art. 1, op. cit.).

3313. A la réception de cette demande d'attestation de capacité, l'organisme agréé dispose de deux mois pour délivrer l'attestation.
La délivrance de cette attestation est subordonnée à la condition que l'opérateur remplisse les conditions de capacité professionnelle (tels qu'exposées à la sous-section 2 – L'obligation d'être titulaire d'une capacité professionnelle spécifique) et respecte les exigences relatives à l'outillage nécessaire à l'activité.

3314. Dans le cas où ces conditions sont respectées, ce que ne manquera pas de vérifier l'organisme agréé en se rendant sur place comme le lui permet l'article 3 de l'arrêté du 30 juin 2008, l'attestation de capacité est délivrée pour une durée de cinq ans. Celle-ci ne concerne, bien évidemment, que l'établissement pour lequel l'attestation a été demandé et non pour tous ceux dont est propriétaire l'industriel (A. 30 juin 2008, Art. 2, op. cit.). Concernant les VHU, cette attestation de capacité peut être limitée le cas échéant à la récupération des fluides frigorigènes de systèmes de climatisation des véhicules hors d'usage.

3315. Une fois l'attestation de capacité obtenue par l'opérateur pour son établissement, l'organisme agréé qui lui a délivré peut venir vérifier sur place durant toute la durée de l'attestation que l'opérateur remplit toujours les conditions de capacité professionnelle et de détention des outillages appropriés (A. 30 juin 2008, art. 3, al. 2 op. cit. ; C. env., art. R. 543-103).

3316. Dans le cas où l'irrespect de ces conditions est constaté par l'organisme, celui-ci met en demeure l'opérateur par lettre recommandée avec accusé de réception d'y remédier dans les 30 jours. A défaut, l'organisme procède au retrait de l'attestation de capacité après avoir invité l'opérateur à présenter ses observations (A. 30 juin 2008, art. 3, al. 3 op. cit. ; C. env., art. R. 543-104).

3317. Egalement, en cas de changement susceptible de modifier le respect des conditions précitées, l'opérateur en informe dans le mois l'organisme qui lui a délivré l'attestation (C. env., art. R. 543-102). A défaut, il encourt une amende de 450 euros (C. env., art. R. 543-122, 3°, d)).

3318. Enfin, l'opérateur doit impérativement adresser la déclaration telle qu'il s'y est engagé dans son dossier de demande d'attestation, à savoir déclarer avant le 31 janvier de chaque année pour l'année civile précédente les quantités acquises, chargées, récupérées et cédées de fluides frigorigènes ainsi que l'état des stocks au 1er janvier et au 31 décembre à l'organisme agréé (C. env. art. R. 543-100). A défaut de déclaration effectuée dans les temps, cet organisme peut suspendre l'attestation de capacité de l'opérateur après l'avoir mis à même de présenter ses observations. Cette suspension prendra fin dès la transmission de la déclaration. On notera qu'indépendamment de cette sanction qu'est la suspension d'attestation, l'opérateur est passible d'une amende contraventionnelle de 450 euros pour les mêmes faits (C. env. art. R. 543-122, 3°, c)).

3319. Finalement, l'attestation de capacité va permettre à l'industriel mettant en œuvre une activité de contrôle d'étanchéité, de maintenance et entretien, d'assemblage, de mise en service, de récupération des fluides des systèmes de climatisation de véhicules, engins et matériels mentionnés à l'article R. 311-1 du Code de la route d'exercer cette activité en toute légalité. En effet, s'il exerce ces activités sans cette attestation de capacité, il encourt une amende contraventionnelle de 1500 euros (C. env., art. R. 543-123, 9°). Egalement, cette attestation lui permettra de disposer du droit d'acquérir à titre onéreux ou gratuit des fluides frigorigènes sans risquer une amende de 450 euros (C. env., art. R543-122, 3°, b)).

3320. A titre informatif, il convient de signaler que le régime transitoire dont bénéficiaient les entreprises exerçant de telles activités avant l'entrée en vigueur du décret n° 2007-737 du 7 mai 2007 prévoyant la réglementation précitée, est désormais obsolète. En effet, ces entreprises avaient jusqu'au 4 juillet 2009 pour obtenir l'attestation de capacité telle qu'exposée ci-avant (C. env., art. R. 543-118). Pour cette raison, aucun développement ne sera consacré à l'explicitation de ce régime.

Sous-section 2 ▪ L'obligation d'être titulaire d'une capacité professionnelle spécifique

3321. L'industriel exerçant une activité de contrôle d'étanchéité, de maintenance et entretien, d'assemblage, de mise en service ou de récupération des fluides des systèmes de climatisation de véhicules, engins et matériels mentionnés à l'article R. 311-1 du Code de la route doit impérativement satisfaire à certaines conditions de capacité professionnelle au sens de l'article R. 543-106 du Code de l'environnement.

3322. Pour ce faire, les personnes qui procèdent sous sa responsabilité aux opérations précitées (contrôle d'étanchéité, maintenance, entretien, etc.) doivent être titulaires soit d'une attestation d'aptitude délivrées par un organisme agréé, soit d'un certificat équivalent à cette attestation délivrée dans un Etat membre de l'Union européenne. Ces documents ont pour objet d'attester de l'aptitude du personnel de l'opérateur à exercer des activités en lien avec les fluides frigorigènes.

3323. Les conditions relatives à la délivrance de ces attestations d'aptitude ont été fixées par l'arrêté du 13 octobre 2008 (A. 13 oct. 2008, JORF n° 274, 25 nov. 2008, p 17904) qui s'est déjà trouvé être modifié à deux reprises en raison de l'évolution du droit de l'Union européenne.

Ainsi, cette attestation d'aptitude est délivrée par un organisme évaluateur certifié à toute personne physique ayant réussie l'évaluation d'aptitude organisées selon certaines modalités.

3324. Avant d'étudier ces modalités, il convient de noter à titre pratique que ces organismes évaluateurs sont au 1er mars 2013 au nombre de 3 : il s'agit du « Groupe SGS France », du « Bureau Veritas Certification » et de la société « Global SAS » (les coordonnées précises de ces organismes sont données sur le site du ministère de l'Environnement à l'adresse suivante : http://www.developpement-durable.gouv.fr/Les-organismes-evaluateurs.html).

3325. Les modalités d'évaluation sont prévues à l'annexe I de l'arrêté du 13 octobre 2008. Ainsi, il apparait que l'évaluation comprend une épreuve théorique et une épreuve pratique au cours desquelles sont vérifiées les compétences et les connaissances du candidat telles qu'exposées au C de l'annexe I. On notera que seules certaines de ces compétences et connaissances sont contrôlées pour les démolisseurs de véhicules comme l'indique de dernier paragraphe du C de l'annexe I.

3326. Auparavant, il était possible pour une personne de se voir attribuer une équivalence à l'épreuve pratique dans le cas où celle-ci justifiait de six années consécutives d'expérience dans l'activité pour laquelle elle souhaite faire valider ses compétences et avait suivi avant le 4 juillet 2009 une des formations figurant à la liste II de l'avis du ministre de l'Environnement publié le 27 janvier 2009 (Avis, ministre de l'Environnement, NOR: DEVP0901072V, JORF n° 22, 27 janv. 2009, p 1568). Egalement, jusqu'au 4 juillet 2011, le personnel d'un opérateur pouvait être considéré comme détenant l'attestation d'aptitude à condition de justifier avoir acquis avant le 4 juillet 2008 une expérience dans l'une des catégories d'activité relative aux fluides frigorigènes ou avoir suivi une des formations figurant à la liste II précitée, et à condition que l'opérateur se soit engagé sur l'honneur à présenter avant le 1er janvier 2011 un échéancier prévisionnel des évaluations d'aptitude de son personnel (A. 5 mars 2009, art. 1 dans sa version en vigueur jusqu'au 15 décembre 2011, JORF n° 65, 18 mars 2009, p 4852).

3327. Depuis le 5 juillet 2011, seul est considéré comme titulaire de l'attestation d'aptitude pour exercer des opérations sur des systèmes de climatisation automobile, le personnel titulaire d'un diplôme, d'un titre professionnel, d'un certificat de qualification professionnelle ou d'une certification enregistrée au répertoire national des certifications professionnelles correspondant à cette catégorie d'activité – à savoir la catégorie V – et figurant sur la liste ci-après reproduite et publiée au Journal Officiel de la République Française du 12 juillet 2012 (Avis ministre de l'Environnement, NOR: DEVP1228245V, JORF n° 161, 12 juil. 2012, p 11439).

Titres professionnels	
MRA mécanicien(ne) réparateur(trice) automobile TP-00232	Délivré après le 5 octobre 2011
MEA mécanicien(ne) électricien(ne) automobile TP-00034	
TAVA technicien(ne) après-vente automobile TP-00445	Délivré après le 1er novembre 2011
MRVI mécanicien(ne) réparateur(trice) de véhicules industriels TP-00103	Délivré après le 26 février 2011
MREM-TP mécanicien(ne) réparateur(trice) d'engins et de matériels « Travaux Publics » TP-00001	Délivré après le 3 mars 2012
TMEM-TPM technicien(ne) de maintenance et d'engins et de matériels « Travaux Publics et Manutention » TP-00216	Délivré après le 23 décembre 2011
TMEM-MA technicien(ne) de maintenance et d'engins et de matériels « Machinisme Agricole » TP-00436	

Titres du ministère de la Défense	
Certificat d'aptitude à la maintenance des équipements de climatisation	Délivré après le 17 mai 2006
CERTIFICATS DE QUALIFICATION PROFESSIONNELLE Branche automobile Carrossier peintre Opérateur service rapide Opérateur spécialiste service rapide Technicien service rapide Technicien électricien électronicien automobile Mécanicien de maintenance automobile Mécanicien automobile spécialiste Technicien expert après vente automobile Démonteur automobile Mécanicien collision Démonteur automobile spécialiste Technicien confirmé mécanique automobile Mécanicien spécialiste véhicules industriels Technicien confirmé véhicules industriels Technicien confirmé mécanique véhicules industriels	Délivré après le 23 juin 2010

3328. Dans tous les cas, l'attestation d'aptitude que délivrera l'organisme agréé pour une personne physique sera valable à vie, celle-ci n'ayant pas de limite de validité (A. 13 oct. 2008, art. 1, op. cit.).
Elle devra mentionner au minimum le nom de l'organisme et le nom du titulaire, le numéro d'attestation d'aptitude ainsi que la catégorie couverte par l'attestation. Pour les professionnels automobiles, comme il a déjà été dit, il s'agit de la catégorie V.

3329. Pour les démolisseurs de véhicules, cette attestation mentionnera en outre si les compétences et les connaissances évaluées ont été restreintes à celles mentionnées au dernier paragraphe du C de l'annexe I de l'arrêté du 13 octobre 2008 (A. 13 oct. 2008, art. 2, op. cit.)

Section 2 ▪ Les obligations relatives à la mise en œuvre de l'activité d'opérateur

3330. Les missions de l'opérateur vont être principalement de charger, mettre en service, entretenir et contrôler l'étanchéité de l'équipement de climatisation. En effet, pour toutes les opérations de ce genre, le détenteur d'un équipement de climatisation, à savoir les propriétaires de véhicules et engins, ont l'obligation de recourir à un opérateur titulaire d'une attestation de capacité (C. env., art. R. 543-78). On notera toutefois que cette obligation ne s'applique pas à la mise en service lorsque l'équipement de climatisation est à circuit hermétique, préchargé et qu'il contient moins de deux kilogrammes de fluide frigorigène. Cet opérateur, pour mener à bien ces opérations va être dans l'obligation de respecter certaines règles que nous allons exposer ci-après. Egalement, au cours de son activité, l'opérateur sera amené à récupérer des fluides usagés. Il convient donc de voir dans un second temps quelles obligations pèsent sur l'opérateur quant au traitement de ces fluides.

Sous-section 1 ▪ Les obligations relatives aux principales opérations réalisées par l'opérateur

3331. Au préalable, il est nécessaire de relever l'interdiction de dégazage dans l'atmosphère de fluides frigorigènes à laquelle sont soumis les opérateurs, quelle que soit l'opération qu'ils réalisent (C. env., art. R. 543-87). En cas d'irrespect, une amende contraventionnelle de 1500 euros peut leur être infligée (C. env., art. R. 543-123, 3°). Il n'y a que dans le cas où l'opération de dégazage a pour but d'assurer la sécurité des personnes que celle-ci peut être tolérée.

3332. A chaque fois que l'opérateur mène une opération nécessitant la manipulation des fluides frigorigènes, il doit impérativement établir une fiche d'intervention (C. env., art. R. 543-82, al. 1) sous peine d'encourir une amende contraventionnelle de 450 euros (C. env., art. R. 543-122, 3°, a)).

3333. Au préalable, il convient de préciser que cette obligation d'établissement d'une fiche d'intervention ne concerne pas les centres VHU. Pour les autres opérateurs, cette fiche doit mentionner ses coordonnées, son numéro d'attestation de capacité, la date et la nature de l'intervention effectuée. Elle doit également indiquer la nature, la quantité et la destination du fluide récupéré ainsi que la quantité de fluide éventuellement réintroduite dans cet équipement. Concernant la mise en service d'un équipement de climatisation, cette fiche mentionne en outre, les coordonnées de l'opérateur ou de l'entreprise ayant effectué l'assemblage de l'équipement ainsi que son numéro d'attestation de capacité ou, le cas échéant, son numéro de certificat (C. env., art. R. 543-82, al. 2).

3334. Lorsque la charge en fluide frigorigène de l'équipement climatique objet de l'intervention est supérieure à trois kilogrammes, la fiche est signée conjointement par l'opérateur et le détenteur qui devront alors la conserver pendant une durée de cinq années tout en la tenant à disposition des opérateurs intervenant ultérieurement sur l'équipement ainsi qu'à l'administration (C. env., art. R. 543-82, al. 3). Dans tous les cas, il est donné la possibilité à l'opérateur d'établir cette fiche d'intervention sous forme électronique (C. env., art. R. 543-82). On notera que cette obligation d'établissement d'une fiche d'intervention va bientôt évoluer puisqu'un futur décret va permettre au ministre de l'Environnement de fixer le contenu de la fiche d'intervention ainsi que les modalités d'emploi de cette dernière (projet de décret relatif à certains fluides frigorigènes, op. cit.).

3335. Concernant la mise en service du système de climatisation, lorsqu'il ne s'agit pas d'un système hermétique préchargé, que sa mise en service ne consiste pas en un raccordement à des réseaux électrique, hydraulique ou aéraulique et que celle-ci est réalisée par l'opérateur, ce dernier est dans l'obligation d'apposer sur l'équipement de façon lisible et indélébile, l'indication de la nature et de la quantité de fluide frigorigène qu'il contient (C. env., art. R. 543-77, al. 2).
Ainsi, cette obligation ne semble valable que pour les équipements de climatisation dont la charge en fluide est supérieure à deux kilogrammes et qui ne sont pas hermétiques et préchargés.
D'ailleurs, il est indiqué au dernier alinéa de l'article R. 543-77 du Code de l'environnement, que cette obligation n'est pas applicable aux équipements de climatisation des voitures particulières telles que définies par l'article R. 311-1, 1.4 du Code de la route. Il s'agit des véhicules ayant un poids total autorisé inférieur ou égal à 3,5 tonnes, qui sont conçus et construits pour le transport de personnes, comportant au maximum 9 places assises siège conducteur inclus et dont le poids à vide excède 400 kilogrammes.

3336. Plus spécifiquement à l'opération relative au contrôle d'étanchéité, on peut noter qu'il existe pour le détenteur d'équipements de climatisation dont la charge en fluide frigorigène est supérieure à 2 kilogrammes, une obligation de faire procéder à leur contrôle d'étanchéité dès leur mise en service (C. env., art. R. 543-79), puis une fois tous les douze mois comme le précise l'article 3 de l'arrêté du 7 mai 2007 (A. 7 mai 2007, JORF n° 107, 8 mai 2007, p 8208).

3337. Pour procéder à ce contrôle d'étanchéité, l'opérateur devra se conformer aux exigences de l'article 2 de l'arrêté précité. Elles sont les suivantes :
« Le contrôle d'étanchéité des équipements frigorifiques et climatiques est effectué en déplaçant un détecteur manuel en tout point de l'équipement présentant un risque de fuite.
Si la configuration de l'équipement ne permet pas d'avoir accès à l'ensemble des points pouvant présenter un risque de fuite, il sera procédé à un contrôle d'étanchéité manuel des points accessibles et à un suivi des mesures de valeurs caractéristiques du confinement conformément aux normes EN 378-2 et EN 378-3.
Si l'équipement se trouve dans un espace confiné, l'étanchéité peut être contrôlée par l'utilisation d'un contrôleur d'ambiance multisondes relié à une alarme.
Le détecteur et le contrôleur d'ambiance sont adaptés au fluide frigorigène contenu dans l'équipement à contrôler. Les sondes du contrôleur d'ambiance sont installées aux points d'accumulation potentiels du fluide dans le local où se trouve l'équipement, et, le cas échéant, dans la gaine de ventilation ».

3338. On notera que les détecteurs que l'opérateur utilise pour cette opération doivent être conformes aux prescriptions des articles 4 et 5 de l'arrêté précité. Ainsi, les détecteurs utilisés doivent avoir une sensibilité d'au moins cinq grammes par an et les contrôleurs d'ambiance une sensibilité d'au moins dix parties par million. Ces sensibilités sont mesurées selon la norme EN 14624 et celles-ci sont vérifiées au moins une fois tous les douze mois pour garantir qu'elles ne dérivent pas de plus de 10 % par rapport aux valeurs mentionnées précédemment. Dans le cas où le contrôle d'étanchéité se fait à l'aide d'un contrôleur d'ambiance, seule la sensibilité de ce matériel sera vérifiée lors des contrôles d'étanchéité.

3339. Egalement, concernant des systèmes de climatisation automobile dont la charge en fluide est inférieure à deux kilogrammes et dont la configuration de l'équipement rend difficile la détection des fuites, lorsque des défauts d'étanchéité ont été identifiés, l'opérateur

est autorisé à réaliser une opération de recharge en fluide frigorigène contenant un traceur fluorescent.
Cette recharge sera alors limitée à la moitié de la charge nominale de l'équipement de climatisation et la totalité du fluide devra être récupérée dès la détection de la fuite (C. env., art. R. 543-90).
Mis à part ce cas, l'opérateur se verra interdire toute opération de recharge en fluide frigorigène d'un équipement de climatisation présentant des défauts d'étanchéité identifiés (C. env., art. R. 543-89) sous peine d'encourir une amende contraventionnelle de 1500 euros (C. env., art. R. 543-123, 5°).

3340. Une fois le contrôle d'étanchéité effectué, l'opérateur indique sur une fiche d'intervention prenant les formes exposées ci-avant, les résultats du contrôle et les réparations effectuées ou à effectuer.
Les informations couchées sur cette fiche doivent nécessairement permettre d'identifier chacun des circuits et des points de l'équipement de climatisation où une fuite a été détectée. Pour les composants où il reste une réparation à effectuer, l'opérateur y appose un marquage amovible.

3341. Enfin, lorsque l'opérateur effectue une de ces opérations sur un système de climatisation et qu'il est nécessaire de retirer tout ou partie du fluide frigorigène qu'il contient, celui-ci doit récupérer l'intégralité du fluide frigorigène. Lors du démantèlement d'un tel système de climatisation, l'opérateur a également l'obligation de retirer et de récupérer l'intégralité du fluide frigorigène (C. env., art. R. 543-88). A défaut de se conformer à ces obligations, l'opérateur encourt une amende contraventionnelle de 1500 euros (C. env., art. R. 543-123, 4°).
De par cette obligation de récupération des fluides frigorigènes pesant sur l'opérateur, il est nécessaire d'étudier ce que ce dernier doit faire des fluides, une fois récupérés.

Sous-section 2 ■ Les obligations relatives au traitement des fluides frigorigènes

3342. Au préalable, il convient de noter que les fluides frigorigènes usagés sont répertoriés par la nomenclature déchet située en annexe II de l'article R. 541-8 du Code de l'environnement par le code : 14 06 01*. Ainsi, il ressort de cette nomenclature que les chlorofluorocarbones, les HCFC et les HFC sont considérés comme des déchets dangereux comme l'indique l'astérisque succédant le code déchet.
Cette qualité de déchet dangereux va impliquer un certain nombre de règles juridiques que l'on retrouve dans le Code de l'environnement, certaines étant directement énoncées dans la section spécifiques aux fluides frigorigènes, d'autres se retrouvant dans la section relative au traitement des déchets en général.

3343. Ainsi, il est prévu pour les fluides frigorigènes récupérés et qui ne peuvent être réintroduits dans le système de climatisation dont ils proviennent ou dont la réutilisation est interdite, que l'opérateur dispose de deux solutions (C. env., art. R. 543-92).

3344. Il peut décider de les remettre avec l'emballage qui les a contenus à son distributeur de fluide frigorigène, c'est-à-dire à la personne qui, dans le cadre de son activité professionnelle, lui a cédé à titre onéreux ou gratuit des fluides frigorigènes. En effet, les distributeurs sont tenus de mettre à disposition de leurs clients des contenants pour assurer la reprise des fluides usagés et de reprendre chaque année, sans frais supplémentaires, les fluides frigorigènes qui leur sont rapportés dans ces contenants, et ce dans la limite du tonnage global de fluides frigorigènes qu'ils ont eux-mêmes distribués l'année précédente. Ils se trouvent également dans l'obligation de reprendre sans frais supplémentaires les emballages ayant contenu des fluides frigorigènes dans la limite des quantités d'emballages qu'ils ont distribuées l'année précédente (C. env., art. R. 543-91, al. 1). On notera que cette obligation de reprise par le distributeur de fluides frigorigènes ne s'applique pas aux fluides usagés récupérés par un centre VHU (C. env., art. R. 543-91, al. 2).

3345. L'opérateur peut décider de faire traiter sous sa responsabilité les fluides frigorigènes usagées et leur emballage qu'il a récupéré.

Dans ce cas, les fluides frigorigènes usagés étant considérés comme des déchets dangereux, l'opérateur devra s'assurer que ceux-ci sont traités dans une installation relevant des dispositions de la législation sur les installations classées (C. env., art. R. 543-96), et plus particulièrement dans une installation autorisée à traiter des déchets dangereux au titre de la rubrique 2790.

Ce traitement pourra consister soit en la mise en conformité des fluides frigorigènes usagés avec leurs spécifications d'origine soit en leur destruction lorsque cette mise en conformité est impossible ou que la réutilisation du fluide est interdite (C. env., art. R. 543-95).

3346. Conformément à l'article L. 541-1 du Code de l'environnement, la mise en conformité des fluides frigorigènes usagés, lorsqu'elle est possible, sera préférée à leur destruction. On notera qu'au sens de la réglementation européenne, est autorisée jusqu'au 31 décembre 2014 l'utilisation d'hydochlorofluorocarbures (HCFC) recyclé ou régénéré par les opérateurs lors des opérations de maintenances ou d'entretien des équipements de climatisation. En revanche, cela n'est plus possible pour les chlorofluorocarbures (CFC) dont la réutilisation est interdite depuis 2001. Ceux-ci doivent donc être détruits par incinération, comme devront l'être également les HCFC à partir de 2015.

3347. Dans tous les cas, que l'opérateur remette les fluides frigorigènes usagés à son distributeur ou qu'il les fasse traiter sous sa responsabilité, il devra veiller à les accompagner d'un bordereau de suivi tel que prévu par l'article R. 541-45 et précisé par l'arrêté modifié du 29 juillet 2005 (A. 29 juil. 2005, JORF n° 214, 14 sept. 2005, p 14919, modifié par A. 26 juil. 2012, JORF n° 183, 08 août 2012, p 12988).

3348. On notera qu'auparavant, une exception à cette obligation existait pour les personnes remettant les fluides frigorigènes usagés aux personnes tenues de les reprendre. En effet, dans ce cas précis, ce n'était non pas à la personne qui remettait ces fluides d'émettre le bordereau mais à la personne tenue de les reprendre. Cependant, cette exemption a été supprimée à compter du 16 avril 2011 par le décret n° 2011-396 du 13 avril 2011 (D. n° 2011-396, 13 avr. 2011, JORF n° 89, 15 avr. 2011, p 6618). Par conséquent, l'opérateur doit désormais, au moment où il remet les fluides usagés à un tiers, émettre un bordereau de suivi prenant la forme du formulaire CERFA n° 12571*01 (formulaire disponible sur le site service-public.fr à l'adresse : http://vosdroits.service-public.fr/professionnels-entreprises/R14334.xhtml).

3349. L'opérateur devra par ailleurs établir un registre chronologique d'expédition des fluides frigorigènes usagés qu'il remet à un tiers, conformément à l'article R. 541-43 du Code de l'environnement.

Ce registre des déchets sortants devra contenir au minimum, pour chaque flux de déchets sortants :

- la date de l'expédition du déchet ;

- la nature du déchet sortant (code du déchet au regard de la nomenclature [soit le 14 06 01*]) ;
- la quantité du déchet sortant ;
- le nom et l'adresse de l'installation vers laquelle le déchet est expédié ;
- le nom et l'adresse du ou des transporteurs qui prennent en charge le déchet, ainsi que leur numéro de récépissé mentionné à l'article R. 541-53 du Code de l'environnement;
- le cas échéant, le numéro du ou des bordereaux de suivi de déchets ;
- le cas échéant, le numéro du document prévu à l'annexe VII du règlement [n° 2013/2006 du 14 juin 2006 dans le cas d'un transfert transfrontalier] ;
- le code du traitement qui va être opéré dans l'installation vers laquelle le déchet est expédié, selon les annexes I et II de la directive [n° 2008/98/CE du 19 novembre 2008 relative aux déchets] ;
- la qualification du traitement final vis-à-vis de la hiérarchie des modes de traitement définie à l'article L. 541-1 du Code de l'environnement.

3350. Enfin, concernant la taxe générale sur les activités polluantes (TGAP), l'article 266 sexies, I, 8 du Code des douanes prévoit que cette taxe est due par tout exploitant d'une installation soumise à autorisation au titre de la législation des installations classées dont les activités, du fait des risques particuliers qu'elles font peser sur l'environnement, sont répertoriées par décret. On retrouve la liste de ces activités dans la colonne B du tableau de nomenclature ICPE située en annexe à l'article R. 511-9 du Code de l'environnement.

3351. Cependant, la rubrique 1185 relative notamment aux fluides frigorigènes a récemment évoluée de par la publication d'un décret du 26 novembre 2012 (D. n° 2012-1304, 26 nov. 2012, JORF n° 277, 28 nov. 2012, p 18646). De ce fait, la colonne B prévoyant les seuils de soumission des activités relevant de la rubrique 1185 à la TGAP ne sont plus adaptés.

3352. Conformément à l'article 266 sexies précité, il est prévu que seuls les exploitants d'installations soumises à autorisation au titre de la rubrique 1185 soient soumis à la TGAP et ce uniquement lorsque le volume des équipements susceptibles de contenir des fluides est supérieur à 8000 litres.
En conséquence, les opérateurs, quand bien même ceux-ci stockeraient des fluides vierges, recyclés ou régénérés ne sont pas soumis à la TGAP.

Chapitre 4
Pneumatiques usagés

BIBLIOGRAPHIE

Argus de l'assurance

Ouvrages. – Code de la route, Argus de l'assurance éd. – Code de l'environnement, Dalloz éd. 03/2014, 3494 pages.

Autres documentations

Ouvrages. –Les Professionnels du Pneu, TNPF, Le livre blanc du pneumatique pour véhicules Légers (autos, motos et 4x4) et Utilitaires Légers (camionnettes), Edition 2012 ; Les Professionnels du Pneu, TNPF, Le livre blanc du pneumatique pour véhicules Poids lourd, Edition 2011.

Articles. - LAMY environnement, étude n° 195 « Véhicules hors d'usage et pneumatiques usagés », n° 72-88. - M.L. Vergnerie, La responsabilité élargie du producteur : du principe aux pratiques, BDEI 2012, supplément n° 39.

Sites internet. - Site internet d'ALIAPUR : www.aliapur.fr - Site internet de Recyvalor : www.recyvalor.fr - Site internet des Editions législatives : www.editions-legislatives.fr

Section 1 ▪ Le cadre juridique applicable

3353. Les pneumatiques usagés, qu'on appelle « déchets de pneumatiques » depuis le décret n° 2011-828 du 11 juillet 2011 portant diverses dispositions relatives à la prévention et à la gestion des déchets (JORF n° 0160 du 12 juillet 2011 page 12041), sont des déchets non dangereux. En principe, ils sont classés dans la rubrique 16 01 03 (« Pneus hors d'usage ») de la nomenclature « déchets » (C. envir., art. R. 541-8, ann. II). Les déchets de pneumatiques réutilisables en l'état sur des véhicules à l'issue d'une simple opération de tri sont classables sous la rubrique 16 01 99 (« Déchets non spécifiés par ailleurs »), à condition de pouvoir être réutilisés sur des véhicules conformément à la réglementation applicable aux produits, ce qui implique la mise en œuvre d'une procédure de sortie du statut de déchet (cf. infra).

3354. Bien qu'ils soient soumis au droit général des déchets (cf. dir. n° 2008/98/CE du Parlement européen et du Conseil, 19 novembre 2008 relative aux déchets et abrogeant certaines directives : JOUE n°312 du 19 novembre 2008 page 3 et art. L. 541-1 et suivants du C. env.), les pneumatiques usagés font aussi l'objet d'une réglementation spécifique.

3355. A l'origine, deux directives européennes abordent la question des pneumatiques usagés : la directive du 18 septembre 2000 relative aux véhicules hors d'usage (Dir. n° 2000/53/CE du Parlement européen et du Conseil, 18 sept. 2000 : JOCE no L 269, 21 oct.) et la directive du 26 avril 1999 relative à la mise en décharge des déchets (Dir. n° 1999/31/CE du Conseil, 26 avril 1999 : JOCE no L 182, 16 juil.).
Ces deux textes ont été transposés en droit français par le décret n° 2002-1563 du 24 décembre 2002 relatif à l'élimination des pneumatiques usagés (JORF n°303 du 29 décembre 2002 page 21954), aujourd'hui codifié aux articles R. 543-137 à R. 543-152 du Code de l'environnement. Il s'agit de dispositions d'application large, dans la mesure où elles concernent tous les types de pneumatiques (véhicules de tourisme, poids-lourds, véhicules agricoles...), à l'exception de ceux équipant ou ayant équipé les cycles et cyclomoteurs tels que définis à l'article R. 311-1 du Code de la route (c'est-à-dire (i) les véhicules à deux roues propulsés exclusivement par l'énergie musculaire, notamment à l'aide de pédales ou de manivelles et (ii) les véhicules à deux ou trois roues dont la vitesse maximale par construction est égale ou supérieure à 6 km / h et ne dépasse pas 45 km / h et équipés d'un moteur d'une cylindrée ne dépassant pas 50 cm ³ s'ils sont à combustion interne ou d'une puissance maximale nette n'excédant pas 4 kilowatts pour les autres types de moteurs)

3356. Dans le cadre de la politique de collecte et de traitement des pneumatiques usagés initiée par le gouvernement dès 2002, le Code de l'environnement organise ainsi un dispositif de collecte, d'élimination et de recyclage de ces déchets au niveau national. Ce système a la particularité d'avoir été élaboré à l'issue d'une importante concertation avec les professionnels du secteur, lesquels jouent un rôle essentiel dans le processus de gestion et de valorisation des déchets pneumatiques (cf. infra).

3357. Les principes fondamentaux du dispositif mis en place sont les suivants :

- il est interdit d'abandonner ou de brûler des pneumatiques usagés dans la nature (C. envir., art. R. 543-139) ;
- il existe une filière de prise en charge de ces déchets par les distributeurs et les producteurs ;
- la valorisation doit être préférée à la destruction (C. envir., art. R. 543-140) ;
- la collecte des pneumatiques non récupérables est assurée par des entreprises spécialisées ou des opérateurs « tous déchets », qui doivent obtenir un agrément (C. envir., art. R. 543-145) ;
- les opérations d'élimination sont réalisées dans des installations autorisées et agréées au titre de la réglementation ICPE (C. envir., art. R. 543-147).

3358. Par ailleurs, l'un des défis auxquels les professionnels du secteur sont aujourd'hui confrontés concerne la définition de critères de sortie du statut de déchet de pneumatique usagé (cf. infra).

Section 2 ■ La filière de collecte et de traitement

3359. Le Code de l'environnement répartit les obligations relatives à la collecte et au traitement des déchets de pneumatiques entre trois types d'acteurs, qui sont les producteurs, les distributeurs ou détenteurs, et les collecteurs.

Sous-section 1 ■ Obligations des producteurs

3360. Le système repose sur le principe de responsabilité élargie du producteur (« REP »), à savoir sur l'idée que c'est aux producteurs de pneumatiques qu'il incombe d'organiser et de financer la collecte et le traitement des déchets de pneumatiques.

§ 1 ■ La définition du producteur

3361. Le Code de l'environnement définit le producteur comme celui qui met des pneus neufs sur le marché français (C. envir., art. R. 543-138, 1°). Il peut s'agir :
- des fabricants de pneus commercialisés en France (les manufacturiers) ;
- des importateurs de pneus en France ;
- des entreprises qui introduisent ou mettent sous leur propre marque des pneus sur le marché français ;
- des importateurs en France d'engins équipés de pneus (les fabricants et les distributeurs de véhicules construits à l'étranger).

3362. La notion de mise sur le marché français est déterminante : par analogie avec la définition de mise sur le marché de déchets d'équipements électriques et électroniques donnée au II. de l'article R. 543-174 du code de l'environnement, la mise sur le marché correspond à la première mise à disposition d'un produit sur le marché, à titre professionnel, sur le territoire national.
Par conséquent une entreprise qui achète des pneus à l'étranger pour en équiper des véhicules ensuite commercialisés sur le marché français est tenue de l'obligation de collecte et de traitement. En revanche, une entreprise qui procède à la même opération avec des pneus

achetés en France n'y est pas tenue.Ne sont pas considérés comme producteurs, les personnes effectuant du réemploi, du rechapage ou du recyclage (cf. art. R. 543-138 1°).

3363. L'obligation des producteurs comporte deux branches : ils doivent d'une part assurer la collecte des pneus usagés que les distributeurs ou les détenteurs tiennent à leur disposition (cf. infra), et d'autre part procéder à leur valorisation, ainsi qu'à celle des pneus qu'ils ont utilisés pour leur propre compte.

§ 2 ▪ L'obligation de déclaration

3364. La contribution de chaque producteur est calculée en fonction de la quantité de pneus qu'il vend. Il doit ainsi procéder à leur collecte dans la limite des tonnages qu'il a mis sur le marché national l'année précédente (C. envir., art. L. 541-10-8 et R. 543-144) : le tonnage de pneus usagés à collecter au cours de l'année n est donc équivalent à celui de pneus commercialisés l'année n-1. Ce mode de calcul a pour conséquence qu'un producteur cessant son activité n'est libéré de cette obligation que l'année suivant l'arrêt de son activité. De plus, il n'est pas possible de déduire les quantités exportées en cas d'activité d'import-export (Min. de l'Ecologie, « Élimination des pneumatiques usagés, Questions les plus fréquemment posées », Qu. n° 18).

3365. Les producteurs ont une obligation déclarative. Précisément l'article R. 543-150 du Code de l'environnement oblige les producteurs à communiquer au ministère chargé de l'Environnement les informations relatives à la mise sur le marché et à la gestion des déchets de pneumatiques : une déclaration doit donc être faite tous les ans, au plus tard le 31 mars (arr. 23 juil. 2004, NOR : DEVP0430275A, JO n° 208 du 7 septembre 2004). A titre indicatif, en 2011 environ 490 932 tonnes de pneumatiques ont été mises sur le marché français (source : ADEME, Synthèse Pneus, Données 2011, oct. 2012).

3366. Par ailleurs, le ministère de l'Ecologie a précisé qu'un producteur qui collecterait une quantité de pneumatiques usagés supérieure à celle mise sur le marché l'année précédente ne pourrait pour autant en collecter moins l'année suivante (Min. de l'Ecologie, « Élimination des pneumatiques usagés, Questions les plus fréquemment posées », Qu. n° 5). Ce système implique une difficulté : un décalage entre la quantité de pneus mis sur le marché lors de l'année de référence et celle de pneus collectés est en effet possible. Ainsi, si moins de pneus ont été commercialisés l'année précédente, les ordres de collecte diminuent, ce qui amènera les garages à stocker des déchets de pneumatiques. Cela s'est produit en 2010, et un dispositif d'urgence a dû être mis en place. Une autre difficulté est celle des pneumatiques mis sur le marché sans que leur producteur soit identifié. C'est notamment le cas de ceux vendus sur internet. Des solutions palliatives sont actuellement à l'étude.

§ 3 ▪ La valorisation des pneus

3367. Une fois collectés, les déchets de pneumatiques doivent être valorisés (C. envir., art. L. 541-10-8 et art. R. 543-144). Cette obligation doit être remplie dans un délai raisonnable, de préférence avant la déclaration des quantités mises sur le marché de l'année suivante (Min. de l'Écologie, « Élimination des pneumatiques usagés, Questions les plus fréquemment posées », Qu. n° 4).

3368. Les producteurs de pneumatiques peuvent s'acquitter de leur obligation de collecte et de traitement de deux manières :
- soit de manière individuelle, en assurant eux-mêmes la prise en charge des déchets de pneumatiques (par leurs moyens personnels ou en contractant directement avec un prestataire) ;
- soit en se regroupant et en créant un organisme spécifique, qui exécutera leurs obligations de manière collective, ainsi que cela est prévu par l'article R. 543-149 du Code de l'environnement : le producteur verse alors une contribution financière à cet organisme.

3369. Divers organismes collectifs ont été créés. Le plus important d'entre eux est la société ALIAPUR, qui a été constituée par les principaux manufacturiers français, et qui collecte les déchets de pneumatiques auprès de 240 producteurs environ. Le producteur n'est toutefois pas totalement libéré de ses obligations une fois qu'il a remis les pneumatiques usagés au collecteur : il lui appartient en effet de vérifier la réalisation effective des opérations de traitement des déchets (valorisation ou élimination).

3370. En cas de non-respect de leurs obligations, les producteurs s'exposent à des sanctions administratives.

3371. La loi n° 2014-856 du 31 juillet 2014 relative à l'économie sociale et solidaire (JORF n° 0176 du 1 août 2014) a entendu encadrer plus strictement la filière de la collecte et du traitement en précisant que les organismes créés afin de permettre aux producteurs de remplir collectivement leurs obligations en matière de collecte et de traitement des déchets issus de pneumatiques devront être des éco-organismes agréés par l'Etat. De même, les systèmes individuels de collecte et de traitement mis en place par les producteurs devront être approuvés par l'Etat. Ces obligations ne prendront toutefois effet qu'à partir du 1er janvier 2020 (C. envir., art. L. 541-10-8).

Sous-section 2 ▪ Obligations des distributeurs

3372. Selon l'article R. 543-138, 2° du Code de l'environnement, les distributeurs sont les personnes qui vendent des pneumatiques ou des engins équipés de pneumatiques, à savoir les garagistes, les centres auto, les points de vente, les réseaux de réparation et de distribution qui vendent des pneus neufs, mais aussi les concessionnaires automobiles et les garagistes vendant des véhicules d'occasion équipés de pneus neufs.

3373. Ils sont tenus de reprendre gratuitement les pneumatiques usagés des utilisateurs dans la limite des tonnages et des types de pneumatiques qu'ils ont vendus l'année précédente (C. envir., art. L. 541-10-8 et R. 543-142). S'ils ne s'acquittent pas de cette obligation, des sanctions pénales sont prévues par l'article R. 543-152 (amende prévue pour les contraventions de la troisième classe). La responsabilité des personnes morales est expressément prévue en cas d'infraction.

3374. L'article R. 543-143 du Code de l'environnement leur impose ensuite de remettre les pneus usagés ainsi collectés:
- à des collecteurs agréés conformément à l'article R. 543-145 ;
- ou à des personnes qui exploitent des installations d'élimination des déchets agréées conformément à l'article R. 543-147 ;
- ou qui les utilisent pour des travaux publics, des travaux de remblaiement, de génie civil ou l'ensilage.

3375. Lorsqu'un distributeur est également producteur, il est amené à collecter lui-même tout ou partie des quantités de pneumatiques qu'il a mis sur le marché l'année précédente : d'après le ministère de l'Ecologie, ses obligations de collecte doivent alors être considérées comme remplies (Min. de l'écologie, « Élimination des pneumatiques usagés, Questions les plus fréquemment posées », Q. n° 15).

Sous-section 3 ■ Obligations des détenteurs

3376. Les détenteurs sont les personnes qui ont dans leur propre entreprise des déchets de pneumatiques en raison de leurs activités professionnelles, ainsi que les communes ou leurs groupements, lorsqu'ils ont procédé à la collecte séparée des déchets de pneumatiques (C. envir., art. R. 543-138, 3°). Le décret de 2002 a accordé aux détenteurs de stocks au 1er juillet 2004 un délai de cinq ans pour les éliminer.

3377. En application de l'article R. 543-151 du Code de l'environnement, les détenteurs sont tenus de gérer, ou de faire gérer, leurs stocks de déchets de pneumatiques (C. envir., art. R. 543-151). Ils doivent également communiquer au ministère chargé de l'Environnement les informations relatives à cette gestion (C. envir., art. R. 543-150). Ils sont en outre tenus aux mêmes obligations de remise des pneumatiques usagés que les distributeurs (C. envir., art. R. 543-143).

3378. Il convient enfin d'expliciter la problématique des stocks historiques : on appelle stocks historiques les dépôts massifs de pneus usagés qui existaient avant l'adoption du décret de 2002 : il s'agit de décharges de pneus, dont les propriétaires sont généralement non identifiables, et qui ne peuvent être prises en charge dans le cadre de la filière de traitement et de valorisation, puisque celle-ci ne fonctionne que pour les pneus vendus... En 2003, un recensement faisait état de 114 sites et d'un volume total de 240. 000 tonnes de pneumatiques.
Les stocks historiques représentent un problème de taille, notamment en raison de leur impact environnemental (risques d'incendie et de prolifération de serpents ou de moustiques, pollution visuelle).
Dans le cadre de sa politique de résorption des stocks historiques, le ministère de l'Ecologie recherche la responsabilité des exploitants, puis des détenteurs des déchets. Depuis 2008, outre ALIAPUR, l'organisme Recyvalor, constitué par des entreprises et des organisations professionnelles du secteur de l'automobile, assure en partenariat avec l'Etat et les collectivités, l'enlèvement des pneus usagés sur ces sites : son action doit durer jusqu'en 2016.

Sous-section 4 ■ Obligations des collecteurs

3379. Aux termes de l'article R. 543-138, 4°, « sont considérées comme collecteurs les personnes qui assurent le ramassage, auprès des distributeurs et détenteurs, des déchets de pneumatiques, leur regroupement, leur tri ou leur transport jusqu'aux installations de traitement. »
Pour exercer une activité de collecte de pneumatiques usagés, il est nécessaire d'obtenir un agrément, délivré par arrêté préfectoral (C. envir., art. R. 543-145) pour une durée maximale de cinq ans. Toutefois, le collecteur peut sous-traiter son activité, à condition de garder un contrôle dessus.
Dès lors, le producteur qui a fait le choix de procéder à la collecte des pneus usagés lui-même doit être titulaire d'un tel agrément.

3380. Un arrêté en date du 8 décembre 2003 précise les conditions d'obtention de l'agrément (Arr. 8 déc. 2003, NOR : DEVP0320406A, art. 1er : JO, 20 déc.) : le pétitionnaire doit notamment remplir des conditions de capacités techniques et financières (C. envir., art. R. 543-145). De plus, l'administration demande aux producteurs ou aux organismes collectifs pour le compte desquels la collecte sera opérée de fournir une « promesse d'engagement » : ils doivent en effet certifier qu'ils assureront le traitement des pneumatiques détenus ou stockés par le pétitionnaire en cas de défaillance de celui-ci. Une fois l'agrément délivré, ces promesses doivent être confirmées par des actes d'engagement effectifs.

3381. Par ailleurs, l'obtention de l'agrément ne dispense pas le collecteur des autres autorisations administratives nécessaires dans le cadre des autres réglementations en vigueur. A l'agrément est annexé un cahier des charges qui énonce les obligations auxquelles le collecteur est tenu de se conformer : en cas de non-respect des prescriptions de ce cahier des charges, le collecteur s'expose au retrait de son agrément (C. envir., art. R. 543-146).

3382. L'agrément peut être obtenu pour l'ensemble des opérations de collecte (ramassage, regroupement, tri et transport des déchets de pneumatiques), mais aussi pour les opérations de ramassage uniquement, ou encore pour celles de regroupement et de tri uniquement. La personne qui se propose d'effectuer le seul ramassage des pneumatiques usagés doit adresser une demande d'agrément à chaque préfet des départements où elle compte exercer l'activité de ramassage. Elle doit alors respecter le cahier des charges « ramassage des pneumatiques » (cf. art. annexe I de l'arrêté du 8 déc. 2003). Si la personne se propose d'effectuer uniquement le tri et le regroupement des pneumatiques usagés, elle doit adresser une demande d'agrément au préfet du département où est située l'installation de tri et de regroupement. Elle doit alors respecter le cahier des charges « regroupement et tri de pneumatiques » (cf. art. annexe II de l'arrêté du 8 déc. 2003).

3383. Par ailleurs, la délivrance de l'agrément pour le regroupement et / ou le tri ne dispense pas son titulaire de détenir une autorisation d'exercer cette (ou ces) activité(s) au titre de la réglementation relative aux installations classées pour la protection de l'environnement (plus précisément, au titre de la rubrique n° 2714 de la nomenclature des ICPE : Installation de transit, regroupement ou tri de déchets non dangereux de papiers/cartons, plastiques, caoutchouc, textiles, bois à l'exclusion des activités visées aux rubriques 2710 et 2711). L'installation est soumise au régime de l'autorisation lorsque le volume qui est susceptible d'être présent dans l'installation est supérieur ou égal à 1 000 m³ ; elle est soumise au régime de la déclaration lorsque le volume est supérieur ou égal à 100 m³ mais inférieur à 1 000 m³.

3384. Enfin, il convient de préciser que les déchets de pneumatiques collectés doivent être remis à des installations de traitement des déchets agréées (qui peuvent éventuellement être situées dans un autre Etat de l'Union européenne) ou à des personnes qui effectuent la préparation en vue de leur réutilisation des pneumatiques, les utilisent pour des travaux publics, des travaux de remblaiement, de génie civil ou pour l'ensilage (cf. C. envir., art. L. 541-22, art. R. 543-141 et art. 5 de l'art. annexe II de l'arrêté du 8 décembre 2003).

Section 3 ■ Le traitement des déchets de pneumatiques

Sous-section 1 ■ La réglementation applicable

§ 1 ■ Obtention d'un agrément

3385. Les opérations de traitement des déchets pneumatiques usagés ne peuvent avoir lieu que dans des installations agréées (C. envir., art. R. 543-147). Cet agrément ne se confond toutefois pas avec celui délivré pour les opérations de collecte (cf. supra), de sorte qu'une installation gérant les deux aspects doit être titulaire de deux agréments distincts.

3386. Par ailleurs, la délivrance de l'agrément pour le traitement ne dispense pas son titulaire de détenir une autorisation d'exercer cette activité au titre de la réglementation relative aux installations classées pour la protection de l'environnement (cf. infra). L'agrément de l'exploitant d'une installation soumise à autorisation ou à enregistrement est délivré en même temps que celle-ci (C. envir., art. R. 515-37). Par ailleurs, l'exploitant d'une installation soumise à déclaration est réputé agréé si la déclaration faite conformément aux dispositions de l'article R. 512-47 précise la nature des déchets à traiter, les quantités maximales et les conditions de traitement (C. envir., art. R. 515-37, al.5).

3387. Les exploitants qui utilisent des pneus usagés pour l'ensilage, les travaux publics, de remblaiement, ou de génie civil sont dispensés d'agrément

§ 2 ■ Réglementation ICPE

3388. La réglementation ICPE s'applique également aux installations de traitement des déchets de pneumatiques. On distingue à ce titre les installations de stockage de celles de traitement des déchets de pneumatiques :

- la Cour administrative d'appel de Lyon a jugé que les installations de stockage de pneumatiques usagés relèvent de la rubrique ICPE n° 2663 « stockage de pneumatiques et produits dont 50 % au moins de la masse totale unitaire est composée de polymères (matières plastiques, caoutchoucs, élastomères, résines et adhésifs synthétiques) » (CAA Lyon 28 juin 2007, M. BAHRI, req. n° 05LY01237) : il s'agit d'installations autorisées lorsque le volume susceptible d'être stocké est supérieur ou égal à 80 000 m^3, enregistrées lorsque ce volume est supérieur ou égal à 10 000 m^3, mais inférieur à 80 000 m^3, et déclarées lorsque ce volume est supérieur ou égal à 1 000 m^3, mais inférieur à 10 000 m^3 ;
- les installations de traitement correspondent à la rubrique ICPE n° 2791 relative aux installations de traitement de déchets non dangereux : elles sont soumises à autorisation lorsque la quantité de déchets traités est supérieure ou égale à 10 t/j et à déclaration contrôlée lorsqu'elle est inférieure à 10 t/j ;
- Les installations soumises à déclaration sont régies par l'arrêté du 23 novembre 2011 relatif aux prescriptions générales applicables aux installations classées pour la protection de l'environnement (JORF n° 280 du 3 décembre 2011) ;
- -selon la nature exacte des activités pratiquées, un classement possible au titre de la rubrique n° 2660 devra également être envisagé (cf. note du 13 janvier 2000 relatif aux rubriques 2660 – 2661 -2662 2663 – Polymères – Pneumatiques).

La réglementation ICPE propre aux opérations d'élimination sera exposée infra.

§ 3 ■ Réglementation relative au transfert

3389. Le transfert transfrontalier des déchets de pneumatiques est encadré par un règlement (Règl. CE n° 1013/2006 du Parlement européen et du Conseil du 14 juin 2006, JOUE L. 190/1, 12 juillet 2006 modifié). La compréhension de ce règlement est facilitée par la lecture d'une note relative aux transferts transfrontaliers de déchets, que la directrice générale de la prévention des risques du ministère de l'Ecologie a publiée le 3 juillet 2013.

3390. Les déchets de pneumatiques ne sont pas concernés par les interdictions d'exporter, sauf s'ils sont contaminés pas d'autres matières dans une mesure telle que cela rend les déchets dangereux, ou que cela empêche que ces déchets soient valorisés de manière écologiquement rationnelle.

3391. Les transferts de déchets de pneumatiques à l'intérieur de l'Union européenne transitant ou non par un pays tiers sont soumis à la procédure de notification et de consentement écrits préalables décrite au chapitre I du Titre II du règlement du 14 juin 2006.

3392. En principe, toute exportation au départ de l'Union de déchets de pneumatiques destinés à être éliminés est interdite (cf. art. 34 du règlement du 14 juin 2006). Les exportations de déchets destinés à être valorisés dans un pays tiers sont strictement encadrées par les articles 36 à 38 du règlement. Il convient d'apprécier au cas par cas si l'exportation est autorisée, en vérifiant notamment si l'importation est admise par le pays de destination.

Sous-section 2 ■ Opérations de traitement

3393. Ainsi que cela a été exposé précédemment, les pneumatiques usagés doivent en priorité faire l'objet d'une valorisation : il existe cependant une distinction entre les pneus usagés recyclables et pneus usagés non récupérables (PUNR). Les premiers sont valorisés, tandis que les seconds font l'objet d'une élimination contrôlée. Dans tous les cas, le traitement doit se faire dans des installations agréées (ou leurs équivalents européens) et sont soumises au régime ICPE (C. envir., art. R. 543-141).

§ 1 ■ La valorisation

3394. L'article R. 543-140 du Code de l'environnement précise les opérations de valorisation autorisées. Il s'agit:
- de la préparation en vue de la réutilisation ;
- du rechapage ;
- de l'utilisation pour des travaux publics de remblaiement ou de génie civil ;
- de l'utilisation comme combustible ;
- de l'incinération avec récupération d'énergie ;
- du recyclage ;
- de l'utilisation pour ensilage par des agriculteurs ;
- du broyage ou du découpage uniquement en vue de valorisation.

3395. Ainsi, en raison de ses caractéristiques (élasticité, solidité, pouvoir calorifique, haute teneur en carbone), le pneu redevient une matière première susceptible d'usages multiples. Outre le cas de la réutilisation, on distingue trois domaines de valorisation principaux : les granulats, les travaux publics, et la cimenterie.

3396. Transformés en granulats, les pneumatiques peuvent servir à fabriquer des gazons synthétiques pour les terrains de foot ou de rugby, des sols sportifs souples, des aires de jeux amortissantes pour enfants.

En matière de travaux publics, ils sont généralement utilisés dans la construction de bassins de rétention d'eaux pluviales pour lutter contre les inondations, de murs anti-avalanches, mais aussi pour produire des revêtements routiers (notamment des sous-couches routières permettant la stabilisation des routes de montagne avant la pose du bitume), ou encore pour réhabiliter des carrières...

Les pneus sont enfin utilisés comme combustible de substitution dans les cimenteries.

3397. Le choix des voies de valorisation est amené à évoluer en fonctions des bénéfices environnementaux qu'elles assurent : ainsi, les opérations de valorisation en cimenterie sont désormais préférées à l'utilisation des broyats de pneus dans les bassins d'infiltration et de rétention, car on s'est aperçu qu'elles étaient plus favorables à l'environnement. En 2011, 397 623 tonnes de pneus ont été traitées, dont 117 723 par granulation, 133 675 utilisés comme combustible et 69 224 utilisés en travaux publics et génie civil. Le rechapage représente 24 070 tonnes de déchets de pneumatiques (ADEME, Synthèse Pneus, Données 2011, oct. 2012).

§ 2 ▪ La sortie du statut de déchet de pneumatique

3398. La procédure de sortie du statut de déchet peut être regardée comme l'une des chevilles ouvrières du modèle de l'économie circulaire. Elle est issue de la directive du 19 novembre 2008, qui a prévu que des déchets puissent cesser « d'être des déchets » lorsqu'ils satisfont à des « critères de fin de la qualité de déchets ».

3399. Le régime de sortie du statut de déchet a été transposé à l'article L. 541-4-3 et aux articles D. 541-12-4 et suivants du Code de l'environnement. Pour pouvoir cesser d'être des déchets, les déchets concernés doivent satisfaire plusieurs conditions. En particulier, ils doivent être traités dans une installation classée (ICPE) ou dans une installation soumise à la police de l'eau (IOTA) et avoir subi une opération de valorisation, notamment de recyclage ou de préparation en vue de la réutilisation. Ils doivent également satisfaire plusieurs critères afin de garantir notamment que leur réutilisation n'aura pas d'effets défavorables pour l'environnement ou la santé humaine.

3400. La mise en œuvre de cette procédure implique la définition préalable de critères de sortie du statut de déchet. La directive du 19 novembre 2008 énumère une liste non limitative des catégories de déchets pour lesquels des critères pourraient être élaborés : c'est le cas des pneumatiques. Les institutions de l'Union européenne ont la primeur dans la définition de ces critères. Pour l'instant, les critères de sortie du statut de déchet de pneumatiques n'ont pas été fixés au niveau de l'Union.

3401. En l'absence d'exercice de cette compétence, les Etats membres ont le droit de décider au cas par cas si et dans quelles conditions certains déchets cessent d'être déchets, tout en devant tenir compte de la jurisprudence applicable. En France, lorsque la demande de sortie du statut de déchet porte sur une catégorie de déchets, l'autorité compétente pour fixer les critères de sortie du statut de déchet est le ministre chargé de l'environnement après avis de la Commission consultative sur le statut de déchet. Les critères ministériels de sortie du statut de déchet de pneumatiques n'ont pas encore été définis.

3402. Une demande de sortie du statut de déchet peut quand même être présentée par tout exploitant d'une ICPE. Plus précisément, une demande peut être présentée par l'exploitant d'une installation de tri de déchets de pneumatiques, lorsque le pneumatique trié s'avère réutilisable en l'état conformément à la réglementation applicable aux produits.

3403. Par ailleurs, une demande peut être présentée par l'exploitant d'une installation de valorisation (rechapage notamment), lorsque le pneumatique traité s'avère réutilisable en l'état conformément à la réglementation applicable aux produits.

Il appartient au pétitionnaire d'adresser un dossier de demande de sortie du statut de déchet au préfet du département (C. env., art. D. 541-12-6 et art. D. 541-12-7). Le contenu du dossier est régi par un arrêté ministériel (arrêté du 3 octobre 2012, NOR: DEVP1230766A, JORF n°0258 du 6 novembre 2012 page 17329). Le pétitionnaire doit remplir un bordereau CERFA (CERFA 14831*0) et joindre plusieurs annexes dont une proposition de critères de sortie du statut de déchet. Le préfet du département fixe par arrêté les critères de sortie du statut de déchet.

3404. Pour chaque lot de substances ou objets qui aura cessé d'être des déchets, l'exploitant devra remplir une attestation de conformité (C. env., art. D. 541-12-13). Par ailleurs, il devra mettre en œuvre un système de gestion de la qualité (C. env., art. D. 541-12-15).

§ 3 ▪ L'élimination

3405. L'annexe II de l'arrêté du 9 septembre 1997 relatif au stockage de déchets ménagers et assimilés (JORF n°229 du 2 octobre 1997 page 14292) proscrit l'admission en décharge de pneumatiques usagés. La circulaire du 4 mars 2004 précise que cette interdiction s'applique aux pneumatiques entiers.

3406. Une circulaire du 4 mars 2004 (circ. 4 mars 2004, NOR : DEVP0430064C, BOMEDD 15 mai 2004, no 9) rappelle que -l'incinération ou la co-incinération de pneumatiques usagés doit être réalisée dans des installations dûment autorisées à cet effet.

§ 4 ▪ Financement des opérations

3407. Le financement des opérations de traitement des déchets de pneumatiques se fait par une écotaxe supportée par le consommateur au moment de l'achat du pneu neuf. En 2012, cette contribution s'élevait à 1,35 euro pour un pneu de voiture (5-15 kg) et à 9,70 euros pour un pneu de poids lourd (15-60 kg).

3408. Un problème s'est rapidement posé : certains pneus ayant échappé à la taxation au moment de leur commercialisation (VHU, achats sur internet...), le financement de leur valorisation n'était pas assuré. Dans ce contexte, l'article 205 de la loi Grenelle II (loi n° 2010-788 du 12 juillet 2010) a soumis les producteurs n'incluant pas l'écotaxe dans leur prix de vente à la TGAP à partir du 1er janvier 2011. Cependant, cette disposition a été supprimée par la loi de finances pour 2013.

Section 4 ■ Les obligations fiscales (TGAP)

Sous-section 1 ■ Principe

3409. En vertu de l'article 266 sexies, I-8 du Code des douanes, la taxe générale sur les activités polluantes(TGAP) est due :

- par tout exploitant d'un établissement industriel ou commercial ou d'un établissement public à caractère industriel et commercial dont certaines installations sont soumises à autorisation au titre de la législation relative aux ICPE ;
- par tout exploitant d'un établissement industriel ou commercial ou d'un établissement public à caractère industriel et commercial dont les activités, figurant sur une liste établie par décret en Conseil d'Etat après avis du Conseil supérieur de la prévention des risques technologiques, font courir, par leur nature ou leur volume, des risques particuliers à l'environnement. La colonne B de l'annexe à l'article R. 511-9 dresse la liste des activités qui font courir, par leur nature ou leur volume, des risques particuliers à l'environnement.

Il convient de souligner que les installations classées relevant du régime de l'autorisation sont soumises à une double taxation au titre de la TGAP.

3410. D'une part, elles doivent payer une taxe au moment de la délivrance de l'autorisation prévue par l'article L. 512-1 du Code de l'environnement (cf. C. douanes, art. 266 septies 8.a).

3411. Pour 2015, le montant de cette taxe est le suivant :
- artisans n'employant pas plus de deux salariés : 551,07 € ;
- autres entreprises inscrites au répertoire des métiers : 1 330,17 € ;
- autres entreprises : 2 774,38 €.

3412. D'autre part, ces installations doivent s'acquitter d'une taxe annuelle, dont le montant est calculé à partir d'un tarif de base affecté d'un coefficient multiplicateur compris entre un et dix, en fonction de la nature et du volume des activités exercées dans l'établissement. Le tarif de base de 2015 est le suivant :
- installation enregistrée dans le cadre du système communautaire de management environnemental et d'audit (Emas) ou certifiée ISO 14001 : 372,83 € ;
- autre installation : 417,97 € ;
- les entreprises inscrites au répertoire des métiers sont exonérées de la taxe annuelle.

3413. La TGAP sur les installations classées est liquidée, contrôlée et recouvrée par les services chargés de l'inspection de ces installations, lesquels établissent la liste des redevables et fixent le montant de la taxe, voire s'il y a lieu, les pénalités dues (C. douanes, art. 266 terdecies).

La TGAP assise sur l'exploitation d'une installation classée est due au 1er janvier de chaque année, ou à la date de mise en fonctionnement de l'établissement si elle est ultérieure. Dans tous les cas, la taxe est toujours due pour l'année entière. Son paiement incombe à la personne qui exploite l'établissement à cette date.

Sous-section 2 ▪ Activités, assujetties à la TGAP

3414. Il convient de reprendre les rubriques de la nomenclature ICPE et de consulter l'annexe de l'article R. 511-9 du Code de l'environnement pour connaître les installations dont l'exploitation est assujettie à la TGAP

3415. Pour la rubrique n° 2660 (fabrication industrielle ou régénération de polymères), sont soumises à la TGAP les installations :

- qui ont une capacité de production supérieure à 20 tonnes par jour (coefficient 6) ;
- qui ont une capacité de production supérieure à 5 tonnes par jour, mais inférieure ou égale à 20 tonnes par jour aussi (coefficient 2).

3416. Les installations relevant de la rubrique n° 2663 (installations de stockage) ne sont pas soumises à la TGAP. Il en est de même des installations qui relèvent de la rubrique n° 2714 (installations de transit, regroupement ou tri de déchets non dangereux de caoutchouc).

3417. Pour la rubrique n° 2791 (installations de traitement de déchets non dangereux), sont soumises à la TGAP les installations :

- qui ont une capacité de traitement supérieure ou égale à 50 tonnes par jour (coefficient 6) ;
- qui ont une capacité de traitement supérieure ou égale à 10 tonnes par jour mais inférieure à 50 tonnes par jour (coefficient 3).

3418. Enfin, on notera qu'à la suite de l'entrée en vigueur de la loi de finances pour l'année 2013 (L. 2012-1509, 29 décembre 2012, art. 20) les producteurs ne respectant pas l'obligation de prise en charge des déchets dans le cadre de la filière REP ne sont plus contraints de payer la taxe générale sur les activités polluantes, comme cela a été initialement le cas.

▪ Chapitre 5
Les véhicules hors d'usage

BIBLIOGRAPHIE

Argus de l'assurance

Ouvrages. – Code de la route, Argus de l'assurance éd.

Articles. – Dossier « Du véhicule hors d'usage au véhicule recyclé », JA mai 2010, n° 818.

Autres documentations

Articles. - LAMY environnement, étude n° 195 « Véhicules hors d'usage et pneumatiques usagés ». - Rapport 2012 de l'ADEME, données 2011.

Section 1 ▪ Le régime applicable

3419. Le Code de l'environnement définit comme véhicule hors d'usage (VHU) « un véhicule que son détenteur remet à un tiers pour qu'il le détruise ou qu'il a l'obligation de détruire » (C. envir., art. R. 543-154). En d'autres termes, il s'agit de déchets de véhicules.

En raison des substances qu'ils contiennent, les VHU sont classés comme déchets dangereux (cf. infra). En France, plus d'1,5 million de véhicules de moins de 3,5 tonnes deviennent des VHU chaque année, hors période de prime à la casse (source : ADEME).

Le régime applicable aux VHU découle essentiellement de textes européens, et notamment de la directive VHU du 18 septembre 2000 (Dir. (CE) 2000/53/CE du 18 septembre 2000). Ainsi, comme pour d'autres produits à fort impact environnemental (voir les sections « Piles et accumulateurs » et « Pneumatiques usagés »), une filière de responsabilité élargie du producteur a été mise en place au niveau européen. Cette filière implique des obligations relatives à la mise sur le marché des véhicules d'une part, et des obligations relatives à leurs conditions d'élimination d'autre part.
En droit interne, les règles propres aux VHU ont été transposées par divers textes réglementaires (notamment par le décret n° 2011-153 du 4 février 2011) et sont codifiées dans le Code de l'environnement (C. envir., art. R.543-153 à R. 543-171) et le Code de la route.

3420. Le régime juridique spécifique organisé concerne trois types de véhicules :
- les voitures particulières (véhicules à moteur ayant au moins quatre roues, à l'exclusion des quadricycles à moteur, destinés au transport des personnes, qui comporte au plus neuf places assises, y compris celle du conducteur, et dont le poids total autorisé en charge (PTAC) n'excède pas 3,5 tonnes) ;
- les véhicules utilitaires dont le PTAC n'excède pas 3,5 tonnes, à savoir les camionnettes (véhicules à moteur ayant au moins quatre roues, à l'exclusion des quadricycles à moteur, destinés au transport de marchandises) ;
- les cyclomoteurs à 3 roues (véhicules à 3 roues dont la vitesse maximale par construction ne dépasse pas 45 km/h et équipés d'un moteur d'une cylindrée ne dépassant pas 50 cm^3 s'il est à allumage commandé ou d'une puissance maximale nette n'excédant pas 4 kilowatts pour les autres types de moteur).

3421. On notera à titre liminaire que la présente section ne traitera pas des épaves, qui se distinguent des VHU en ce qu'elles ne peuvent circuler par leurs moyens propres, qu'elles ne sont plus identifiables, et qu'elles ne peuvent être réparées. Les épaves sont des biens meubles abandonnés et donc des déchets au sens des articles L. 541-1 à L. 541-8 du Code de l'environnement (Rép. min. n° 10064 : JO Sénat Q, 19 août 2010, p. 2159). L'enlèvement d'une épave peut être décidé et mis en œuvre par les autorités de police administrative, aux frais du propriétaire, pour autant que celui-ci soit identifiable (Rép. min. n° 13913 : JO, Sénat, 7 oct. 2010, p. 2622).

Section 2 ■ Les obligations relatives à la mise sur le marché des véhicules

3422. Dans le but d'anticiper l'impact environnemental qu'auront les véhicules en fin de vie, le législateur a prévu des obligations qui s'appliquent dès le stade de la production et de la mise sur le marché des véhicules. Chaque année, environ 2,6 millions de véhicules sont mis sur le marché en France, dont près de 85 % de voitures particulières (ADEME, Repères Automobiles, données 2011, oct. 2012).

3423. Ces obligations émanent du droit européen, mais elles ont été transposées en droit interne par un arrêté du 9 mars 2012 (Arr. 9 mars 2012, NOR : DEVR1207410A, JO, 17 mars). Elles s'appliquent aux véhicules, composants et équipements réceptionnés par types depuis le 17 mars 2012, et concernent les véhicules des catégories faisant l'objet d'une réception par type, nationale ou communautaire, des catégories internationales M1 ou N1 (c'est-à-dire les voitures particulières ou les camionnettes).

3424. Ainsi, ces deux types de véhicules doivent être fabriqués de manière à limiter l'utilisation de substances dangereuses et polluantes. Les substances utilisées doivent permettre un meilleur recyclage des composants et des matériaux, mais aussi de limiter la production de déchets dangereux. C'est pourquoi elles doivent répondre aux normes européennes visées à l'annexe I du règlement CE n° 1272/2008 du Parlement européen et du Conseil du 16 décembre 2008 relatif à la classification, à l'étiquetage et à l'emballage des substances et des mélanges. Les véhicules ne doivent notamment pas contenir de plomb, de cadmium, de chrome hexavalent ou de mercure (Arr. 9 mars 2012, NOR : DEVR1207410A, art. 3 : JO, 17 mars).

3425. Ils doivent également être construits de façon à faciliter leur démontage et leur dépollution lors de leur destruction, mais aussi le recyclage de leurs composants et matériaux (C. route, art. R. 318-10). La directive 2005/64/CE (Dir. 2005/64/CE du Parlement européen et du Conseil 26 oct. 2005 : JOUE n° L 310, 25 nov.) impose ainsi aux constructeurs d'intégrer les considérations de recyclage dès la fabrication des véhicules et de garantir que la réutilisation de leurs composants ne présente pas de dangers pour la sécurité ou l'environnement. Une liste des composants qui ne peuvent être réutilisés figure en annexe de la directive (annexe V ; voir Arr. 9 mars 2012, NOR : DEVR1207410A, art. 3 : JO, 17 mars).

3426. Par conséquent, les constructeurs s'efforcent de limiter la diversité des matériaux employés, ainsi que l'utilisation de vis ou de clips afin de réduire le temps de démontage. Les pièces font également l'objet d'un marquage chaque fois que cela est possible. La DREAL est chargée de vérifier la conformité des véhicules produits à ces exigences.

Section 3 ■ La filière de traitement des VHU

3427. La filière de gestion des VHU, organisée d'après le principe de la responsabilité élargie du producteur, fait intervenir différents acteurs. Chacun d'entre eux est titulaire d'obligations spécifiques, qui gravitent toutes autour des centres VHU.

Sous-section 1 ■ Première étape : la collecte des VHU

3428. Les VHU doivent tout d'abord être remis par leurs détenteurs, lesquels sont identifiés comme suit par l'article R. 543-155 du Code de l'environnement :
- les personnes propriétaires de véhicules ;
- les personnes agissant pour le compte de ces propriétaires ;
- les autorités dont relèvent les fourrières.

3429. Il s'agit donc essentiellement de particuliers, de garages, de concessions automobiles, de compagnies d'assurance et de fourrières.
Le Code de l'environnement les oblige à remettre leurs véhicules en fin de vie aux centres VHU agréés (C. envir., art. R. 543-156).

3430. En 2011, les véhicules pris en charge par les centres VHU provenaient à 34,5 % des particuliers, à 24 % de concessionnaires, à 16 % des compagnies d'assurance, à 12 % de garages, à 5,6 % de fourrières, à 0,7 % des domaines, et à 7,2 % d'autres origines (source : rapport de l'ADEME, données 2011).

3431. Les démarches administratives des détenteurs ont été simplifiées afin de les inciter à remettre leurs véhicules hors d'usage à des professionnels agréés. De plus, si le centre est habilité par le ministère de l'Intérieur, ces démarches peuvent être remplies sur internet.

Sous-section 2 ▪ Deuxième étape : le traitement par les centres VHU

3432. Les producteurs, à savoir les personnes qui construisent des véhicules en France, ainsi que celles qui importent ou introduisent à titre professionnel des véhicules neufs en France (C. envir., art. R. 543-155), sont responsables de la mise en place, directe ou par le biais d'une ou plusieurs entités mandatée(s) par leurs soins, des réseaux de centres VHU agréés (C. envir., art. R. 543-156-1). Ils peuvent se regrouper pour remplir leurs obligations de manière collective.

3433. Les centres VHU sont les principaux acteurs de la filière. L'article R. 543-155 du Code de l'environnement les définit comme « les personnes qui assurent la prise en charge, le stockage, la dépollution et le démontage des véhicules.» Leur rôle consiste donc à procéder au traitement écologique des VHU collectés et à la commercialisation des pièces de réutilisation qui en sont extraites.

§ 1 ▪ La collecte des VHU

3434. Les centres VHU mis en place par les producteurs sont tenus d'accepter gratuitement les VHU que leur remettent les détenteurs (C. envir., art. R. 543-157).
Toutefois, l'obligation de gratuité ne s'applique pas dans deux cas : lorsque le VHU est dépourvu de ses composants essentiels (groupe motopropulseur, pot catalytique pour les véhicules qui en étaient équipés lors de leur mise sur le marché, ou carrosserie), et lorsqu'il contient des déchets ou des équipements non homologués qui lui ont été ajoutés, et qui augmentent le coût du traitement du véhicule.

3435. En cas de non-respect de l'obligation de prise en charge gratuite conformément aux dispositions de l'article R. 543-157 du Code de l'environnement, le centre VHU s'expose à une sanction pénale (C. envir., art. R. 543-171). Il peut ainsi être condamné à une amende d'un montant maximum de 750 euros (amende prévue pour les contraventions de la quatrième classe).

§ 2 ▪ La déclaration de cession pour destruction du véhicule

3436. A l'occasion de la cession du véhicule au centre VHU, certaines formalités administratives doivent être accomplies. Ces formalités sont prévues par l'arrêté du 9 février 2009 relatif aux modalités d'immatriculation des véhicules (Arr. 9 févr. 2009, NOR : DEVS0824995A, art. 10 : JO, 11 févr.)

A ▪ Formalités à charge du détenteur

3437. En effet, lors de la remise du véhicule au centre VHU, le détenteur doit lui donner le certificat d'immatriculation dudit véhicule après y avoir apposé, d'une manière très lisible et inaltérable, la mention « vendu le.../.../...» ou « cédé le.../.../...» « pour destruction », suivie de sa signature. Il lui incombe ensuite de remplir le coupon détachable du document (s'il y en a un) et de l'adresser au préfet du département de son choix dans un délai de quinze jours (C. route, art. R. 322-9, I).

3438. En cas de perte ou de vol du certificat d'immatriculation, le détenteur remettra au centre VHU un document officiel prouvant que ledit certificat ne peut être fourni, ou un justificatif de propriété du véhicule si ce dernier a plus de 30 ans.

3439. Il doit également remplir un formulaire de déclaration de cession pour destruction du véhicule (Cerfa n° 13754*02) en trois exemplaires : il conserve le premier, remet le deuxième au centre VHU, et adresse le troisième à la préfecture.

3440. Si le détenteur ne s'acquitte pas de ces déclarations, ou s'il ne respecte pas le délai de 15 jours pour adresser le coupon détachable du certificat d'immatriculation au préfet, il encourt une amende prévue pour les contraventions de la quatrième classe, d'un montant maximum de 750 euros (C. route, art. R. 322-9, V).

B ▪ Formalités à charge du centre VHU

3441. Quant au centre VHU, il doit adresser au préfet une déclaration l'informant de l'achat pour destruction du véhicule (imprimé Cerfa n°14365*01). Cet envoi suffit à annuler l'immatriculation du véhicule mais un double du certificat de destruction physique doit également être adressé à la préfecture au moment de la démolition effective du véhicule.

3442. Si le centre VHU achète le véhicule dans le but de le détruire ultérieurement, il joint au préfet une déclaration d'intention de destruction (imprimé Cerfa n° 14366*01) au moment où il lui adresse le double du certificat de destruction (Arr. 9 févr. 2009, NOR : DEVS0824995A, art. 16 et ann. 14 : JO, 11 févr.). L'immatriculation des véhicules pour lesquels existe une déclaration d'intention de détruire, mais pas de déclaration de destruction physique, est annulée, après vérification des dates de validité de l'agrément du centre.

3443. Le non-respect de ces obligations par le centre VHU l'expose à une amende d'un montant maximum de 750 euros également (C. route, art. R. 322-9, VI).

§ 3 ▪ Les opérations de traitement

3444. Toute opération intervenant après la remise du véhicule au centre VHU est une opération de traitement (C. envir., art. R. 543-155). Une grande partie de ces opérations sont assurées par les centres VHU, qui sont les seules personnes habilitées à procéder à la destruction (technique et administrative) du véhicule.

3445. Ces opérations sont :
- la collecte ;
- la remise immédiate du certificat de destruction annulant l'immatriculation du véhicule (C. route, art. R. 322-9) ;

- la mise en sécurité, qui recouvre les mesures de prévention qui ont pour but de réduire la quantité et la nocivité environnementale des VHU, des matériaux et des substances qu'ils contiennent ;
- la dépollution, qui recouvre les opérations d'extraction et de neutralisation des déchets et des composants dangereux ;
- le démontage des pièces destinées à la revente, et leur transmission aux broyeurs agréés ;
- le démontage des matériaux pouvant suivre une filière de valorisation ou de réutilisation ;
- le découpage du VHU et la remise de la carcasse à un centre de broyage.

§ 4 ▪ La traçabilité des VHU

3446. L'exploitant du centre VHU doit assurer une certaine traçabilité des VHU. Pour cela, il tient un registre de police dans lequel figurent la nature, les caractéristiques, la provenance, et le mode de règlement du VHU, ainsi que la description des objets acquis ou détenus en vue de leur vente ou de leur échange. Une identification de ces objets et des personnes qui les ont vendus ou apportés à l'échange doit être possible.

3447. En outre, lors du transfert des carcasses au broyeur, il lui incombe d'établir un bordereau de suivi en trois exemplaires. Sur ce bordereau figurent les numéros d'ordre des carcasses de VHU correspondant aux numéros du livre de police, ainsi que les tonnages associés.

3448. Le premier de ces trois exemplaires est conservé par le centre VHU, et les deux autres sont envoyés au broyeur avec le lot de VHU correspondant (Arr. 2 mai 2012, NOR : DEVP1206435A, ann. I : JO, 10 mai). Le broyeur confirme ensuite la destruction effective des véhicules en renvoyant l'un des deux exemplaires reçus au centre VHU dans un délai de 15 jours après l'opération de broyage (Arr. 2 mai 2012, NOR : DEVP1206435A, ann. II : JO, 10 mai).

Sous-section 3 ▪ Troisième étape : le broyage et les opérations de recyclage

§ 1 ▪ Le rôle des broyeurs

3449. Les broyeurs sont les personnes qui assurent « la prise en charge, le stockage et le broyage des VHU préalablement dépollués et démontés par un centre VHU » (C. envir., art. R. 543-155). Après s'être assurés que les VHU qu'ils réceptionnent proviennent bien d'un centre VHU et non d'une filière illégale, ils procèdent aux opérations permettant la séparation sur site des métaux ferreux et des autres matériaux par l'utilisation d'un équipement de fragmentation et de tri des VHU.

3450. Il s'agit :
- du broyage de la carcasse avec les autres matériels en fin de vie ;
- de la séparation des métaux ferreux et celle des métaux non ferreux ;
- de toute autre opération effectuée en vue de la réutilisation, de la valorisation ou de la destruction des composants et matériaux de ces véhicules ;
- du stockage dans une installation dédiée ou la valorisation énergétique des résidus de broyage.

§ 2 ▪ La réutilisation et valorisation des matériaux et composants des VHU

3451. Les composants et matériaux extraits doivent de préférence faire l'objet d'une réutilisation, laquelle doit être réalisée dans le respect des règles de sécurité des véhicules, mais aussi de celles applicables en matière de protection de l'environnement. L'article R. 543-159 du Code de l'environnement souligne ainsi l'attention qui devra être portée à la pollution de l'air et au bruit. Les composants réutilisés doivent en outre faire l'objet d'un marquage approprié par les centres VHU. Lorsque des composants ou des matériaux ne peuvent être réutilisés, ils sont valorisés, et de préférence recyclés.

3452. Des taux de réutilisation, de recyclage et de valorisation ont été fixés par le droit européen. Ils sont repris par l'article R. 543-160 du Code de l'environnement qui prévoit :

- un taux annuel de réutilisation et de valorisation de 85 % de la masse totale des véhicules traités ;
- un taux annuel de réutilisation et de recyclage de 80 % de la masse totale des véhicules traités.

Ces taux passeront respectivement à 95 % et 85 % à partir de 2015.

3453. Tant les centres VHU que les broyeurs doivent contribuer à la réalisation de ces objectifs : les centres VHU sont astreints à un taux de réutilisation et de recyclage minimum des matériaux issus des véhicules de 3,5 % de la masse moyenne en dehors des métaux, des batteries et des fluides extraits lors des opérations de dépollution, ainsi qu'à un taux de réutilisation et de valorisation minimum de 5 % de la masse moyenne des véhicules (Arr. 2 mai 2012, NOR : DEVP1206435A, ann. I : JO, 10 mai). Une coopération entre différents centres VHU agréés est possible.

3454. Une circulaire du 27 août 2012 a précisé que le démontage de pneumatiques, des pièces réutilisables et des éléments en plastique volumineux participent à l'atteinte de ce taux, à partir du moment où ils font effectivement l'objet d'une revalorisation (Circ. 27 août 2012, NOR : DEVP1232541C : BO min. Écologie n° 2012/18, 10 oct.). Il incombera au centre VHU de l'établir à partir des factures ou des bordereaux de suivi de déchets.

3455. Quant aux broyeurs, ils doivent atteindre un taux de réutilisation et de recyclage minimum, en dehors des métaux, de 3,5 % de la masse moyenne des VHU, ainsi qu'un taux de réutilisation et de valorisation minimum de 6 % de la masse moyenne des VHU (Arr. 2 mai 2012, NOR : DEVP1206435A, ann. II : JO, 10 mai).

3456. En 2010 :

- le taux de réutilisation et de recyclage était très proche de l'objectif réglementaire (79 % pour un objectif de 80 %) ;

- le taux de réutilisation et de valorisation n'était pas atteint (81,9 % pour un objectif de 85 %) (ADEME, Repères Automobiles, données 2011, oct. 2012).

3457. Une instance prévue par l'article R. 543-157-1 du Code de l'environnement, composée de représentants de l'administration et des opérateurs économiques (cf. infra), évalue chaque année la situation de la filière au regard des objectifs précités.

Sous-section 4 ▪ Financement de la filière

3458. Les coûts de traitement des VHU supportés par les centres VHU sont compensés par la vente de pièces et de matériaux (pots catalytiques, batteries, pièces métalliques), mais aussi des carcasses aux broyeurs.

Ceux des broyeurs sont compensés par la vente de matériaux (essentiellement métalliques, ferreux et non ferreux) sur le marché des matières premières secondaires.

3459. L'article R. 543-157-1 du Code de l'environnement prévoit qu'une instance composée de représentants de l'administration et des opérateurs économiques évalue chaque année l'équilibre économique de la filière VHU au regard de la gratuité de la prise en charge. Pour cela, les centres VHU et les broyeurs tiennent à sa disposition les données comptables et financières lui permettant une telle évaluation (C. envir., art. R. 543-164 et R. 543-165). Si elle constate un déséquilibre économique, l'instance en informe les ministres de l'Environnement et de l'Industrie et propose des mécanismes correcteurs adaptés.

3460. Les ministres peuvent ensuite imposer aux producteurs :

- de reprendre ou de faire reprendre, au moins à prix nul, aux centres VHU et broyeurs agréés des pièces, substances ou matériaux issus des VHU, puis de procéder à leur réutilisation ou à leur valorisation ;
- de verser, aux centres VHU ou aux broyeurs agréés, un soutien financier dont le montant et les modalités de mise en œuvre sont déterminés par arrêté (C. envir., art. R. 543-158).

3461. Chaque producteur devra ensuite présenter annuellement les modalités et les résultats des dispositifs de reprise et de soutien qu'il a mis en place à l'instance prévue par l'article R. 543-157-1 du Code de l'environnement. On remarque qu'en cas de déséquilibre, toujours dans la logique de la responsabilité élargie, ce sont les producteurs qui doivent le compenser.

Schéma simplifié du traitement d'un VHU

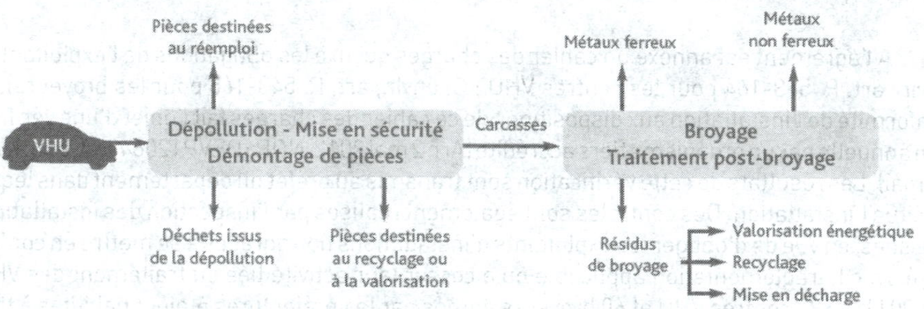

Source : Rapport de l'ADEME, données 2011.

Section 4 ▪ L'encadrement réglementaire des installations

Sous-section 1 ▪ Procédure d'agrément

3462. Les centres VHU et les broyeurs ne peuvent fonctionner sans avoir obtenu un agrément du ministère de l'Environnement, lequel peut être délivré pour une durée maximale de six ans (C. envir., art. R. 543-162). Un arrêté du 27 juin fixe les conditions et les modalités d'approbation (Arr. 27 juin 2011, NOR : DEVP1117968A : JO, 26 juill.).

3463. Le numéro de l'agrément et sa date de fin de validité doivent être affichés de façon visible à l'entrée de l'installation. En cas de changement d'exploitant, une nouvelle demande d'agrément doit être introduite.
On attirera l'attention des lecteurs sur le fait que l'obtention de l'agrément ne se substitue pas aux autorisations administratives nécessaires à l'exploitation des installations (C. envir., art. R. 543-163), même si l'agrément doit être sollicité en même temps que l'autorisation d'exploiter.

3464. Le silence gardé par l'administration pendant dix-huit mois sur la demande d'agrément initial de l'exploitant vaut décision de rejet (cf. Décret n° 2014-1271, 23 oct. 2014 : JO, 1er nov.). Le silence gardé par l'administration pendant six mois sur une demande de renouvellement de l'agrément vaut décision d'acceptation (Décret n° 2014-1272, 23 oct. 2014 : JO, 1er nov.).

3465. Le dossier de demande d'agrément doit contenir (Arr. 2 mai 2012, NOR : DEVP1206435A, art. 2 : JO, 10 mai ; Circ. 27 août 2012, NOR : DEVP1232541C : BO min. Écologie n° 2012/18, 10 oct.) :
- les données administratives du demandeur ;
- son engagement de respecter les obligations du cahier des charges et les moyens mis en œuvre ;
- la justification de ses capacités techniques et financières à exploiter l'installation ;
- une description détaillée des dispositions qu'il prévoit pour remplir ses obligations en matière de réutilisation, de recyclage et de valorisation.

3466. Pour les installations existant déjà, il faut donner les références de l'arrêté préfectoral d'autorisation d'exploiter, ainsi que le dernier rapport (datant de moins d'un an) relatif à la vérification de la conformité de l'installation aux dispositions du cahier des charges, établi par un organisme tiers accrédité.

3467. A l'agrément est annexé un cahier des charges qui fixe les obligations de l'exploitant (C. envir., art. R. 543-164 pour les centres VHU ; C. envir., art. R. 543-165 pour les broyeurs). La conformité de l'installation aux dispositions de ce cahier des charges fait l'objet d'une vérification annuelle par un organisme tiers accrédité (Arr. 2 mai 2012, NOR : DEVP1206435A, ann. I : JO, 10 mai). Les résultats de cette vérification sont transmis au préfet du département dans lequel se situe l'installation. Des contrôles sont également réalisés par l'inspection des installations classées, en vue de d'obliger les exploitants d'installations non agréées à se mettre en conformité avec la réglementation applicable ou à cesser leur activité liée au traitement des VHU. Fin 2011, 1 622 centres VHU et 60 broyeurs agréés par les préfectures étaient habilités à traiter des VHU. Près de 1,5 million de VHU ont été pris en charge par la filière agréée en 2011. Plus de 1 100 000 carcasses de VHU ont été confiées aux broyeurs agréés français par les centres VHU. (ADEME, Repères Automobiles, données 2010, juill. 2012).

3468. L'agrément dont bénéficie l'exploitant de l'installation classée peut être suspendu ou retiré, par arrêté motivé du préfet, « en cas de manquement de l'exploitant à ses obligations » (C. env., art. R. 515-38). Lorsque le préfet décide, en cas de manquement, de retirer l'agrément d'une installation de broyage des véhicules hors d'usage, il est tenu, au préalable, de mettre en demeure l'exploitant de l'installation (CAA Bordeaux, 5e ch., 29 avr. 2014, n° 12BX00271).

3469. Dans le cadre des actions nationales 2012, une première démarche commune a été initiée concernant la lutte contre les centres VHU (installations de démantèlement de véhicules hors d'usage) illégaux dans certaines régions. La signature d'une circulaire commune entre la DGPR, la DGGN (direction générale de la gendarmerie nationale) et la DGPN (direction générale de la police nationale) le 12 novembre 2012 a permis de systématiser les contrôles conjoints, associant les agents des forces de l'ordre (selon les cas, gendarmerie nationale ou police nationale, avec une coordination par l'OCLAESP) aux agents des DREAL. Cette action pluriannuelle a été reconduite en 2013 et a pu se déployer dans l'ensemble des régions.

3470. En 2014 ce thème constitue une priorité et la démarche sera poursuivie et élargie :
- d'une part l'action de contrôle des centres VHU illégaux sera reconduite pour poursuivre l'effort de lutte contre la filière illégale. En effet, même si une nouvelle réglementation a été mise en place (agrément et rubrique ICPE 2712), les objectifs européens de la filière de recyclage des VHU ne peuvent être atteints que dans la mesure où les VHU empruntent les filières réglementées. C'est pourquoi, dans le prolongement de l'action de 2013, les centres VHU qui ne disposeraient pas d'un agrément préfectoral et/ou ne respecteraient pas leurs obligations au titre de la rubrique 2712 feront tous l'objet d'un contrôle. Ces contrôles seront opérés systématiquement avec le concours de la gendarmerie nationale ou de la police nationale, selon les modalités explicitées par la circulaire du 12 novembre 2012 ;
- d'autre part, une action de contrôle des «ferrailleurs» traitant illégalement des DEEE (déchets d'équipements électriques ou électroniques) sera initiée, également conjointement avec les forces de l'ordre. Il s'agira de vérifier les activités pratiquées par ces sites pour déterminer si ceux-ci opèrent dans la légalité et notamment respectent leurs obligations au titre des ICPE et/ou respectent l'obligation de disposer d'un contrat avec un éco-organisme de la filière des DEEE concernant les DEEE ménagers issus d'une collecte sélective ou d'une reprise en magasin. Les sites caractérisés comme illégaux feront l'objet de suites permettant leur régularisation ou l'arrêt de leur activité ;
- enfin, un contrôle des broyeurs (légaux) sera réalisé. Les broyeurs constituent une étape essentielle de la chaîne de traitement des déchets, en particulier les déchets à valeur et à forte fraction métallique issus des VHU et des DEEE. Les broyeurs ont l'obligation de ne prendre en charge que des déchets issus de filières légales et tracées. Des contrôles de ces sites par les DREAL permettront de vérifier que ces sites ne cautionnent pas les filières illégales pouvant exister en amont (source : Instruction du 12 mars 2014 définissant les priorités de l'inspection des installations classées pour l'année 2014 : BO min. Écologie n° 2014/6, 10 avr.).

3471. Le Conseil d'Etat avait suspendu, à compter du 27 juillet 2012, l'exécution du deuxième tiret du 10° de l'annexe I à de l'arrêté du 2 mai 2012, aux termes duquel « les emplacements affectés à l'entreposage des véhicules hors d'usage non dépollués sont revêtus, pour les zones appropriées comprenant a minima les zones affectées à l'entreposage des véhicules à risque ainsi que les zones affectées à l'entreposage des véhicules en attente d'expertise par les assureurs, de surfaces imperméables avec dispositif de collecte des fuites, décanteurs et épurateurs-dégraisseurs » (CE, ord., 17 juillet 2012, n°360792). Se prononçant au fond le Conseil d'Etat a finalement refusé d'annuler l'arrêté et reporté au 29 avril 2014 l'entrée en vigueur de cette obligation d'imperméabilisation (CE, 29 janv. 2014, n° 360791, JORF du 9 février 2014), désormais opposable.

Liberté · Égalité · Fraternité
RÉPUBLIQUE FRANÇAISE

PRÉFET DE LA HAUTE-SAÔNE

DREAL FRANCHE-COMTE
Unité Territoriale Centre
Antenne de Vesoul

ARRÊTÉ DREAL/I/2012 N°1295 DU 13 JUIL. 2012
portant agrément de la société CASSE AUTO VESOUL pour l'exploitation d'installations de dépollution et de démontage de véhicules hors d'usage ("démolisseur") sur le territoire de la commune de Vesoul, n° PR 70 00002 D

LE PRÉFET DE LA HAUTE-SAÔNE

VU

-le code de l'environnement, notamment les titres I et IV de son livre V ;

-le décret n° 91-732 du 26 juillet 1991 modifié relatif à l'agence de l'environnement et de la maîtrise de l'énergie ;

-l'arrêté ministériel du 19 janvier 2005 relatif aux déclarations annuelles des producteurs de véhicules, des broyeurs agréés et des démolisseurs agréés des véhicules hors d'usage ;

-l'arrêté ministériel du 15 mars 2005 relatif aux agréments des exploitants des installations de stockage, de dépollution, de démontage, de découpage ou de broyage de véhicules hors d'usage ;

-l'arrêté préfectoral n° 97 du 17 mars 1997 autorisant l'entreprise CASSE AUTO VESOUL à exploiter un chantier de récupération sur le territoire de la commune de VESOUL ;

-l'arrêté préfectoral PR 70 00002 D n° 1133 du 16 mai 2006 complétant l'arrêté n° 97 du 17 mars 1997 susvisé, portant agrément de l'entreprise CASSE AUTO VESOUL pour la dépollution et le démontage des véhicules hors d'usage ;

-la demande de renouvellement d'agrément, présentée le 6 avril 2012 par M. JACQUINOT Pascal, gérant de la société CASSE AUTO VESOUL à VESOUL, en vue d'effectuer la dépollution et le démontage des véhicules hors d'usage ;

-l'avis et les propositions de l'inspection des installations classées du 21 mai 2012 ;

-l'avis du conseil départemental de l'environnement et des risques sanitaires et technologiques du 6 juillet 2012 ;

CONSIDERANT que la demande d'agrément présentée le 6 avril 2012 comporte l'ensemble des renseignements mentionnés à l'article 1 de l'arrêté ministériel du 15 mars 2005 relatif aux agréments des exploitants des installations de stockage, de dépollution, de démontage, de découpage ou de broyage des véhicules hors d'usage ;

1, RUE DE LA PREFECTURE - B.P. 429 - 70013 VESOUL CEDEX - TEL : 03 84 77 70 00
MEL : prefecture@haute-saone.gouv.fr - site internet : www.haute-saone.gouv.fr
HORAIRES D'OUVERTURE AU PUBLIC : du lundi au vendredi
Guichets : de 9 h 00 à 11 h 30 et de 13 h 30 à 16 h 00 - Autres services : de 9 h 00 à 11 h 30 et de 14 h 00 à 16 h 30

-2-

SUR proposition du secrétaire général de la préfecture ,

ARRETE

ARTICLE 1
La société CASSE AUTO VESOUL, rue du Petit Chanois - 70000 VESOUL, est agréée pour effectuer la dépollution et le démontage des véhicules hors d'usage sous le numéro PR 70 00002 D ("démolisseur") sur son site de VESOUL.

L'agrément est délivré pour une durée de **18 mois** à compter de la date de notification du présent arrêté.

ARTICLE 2
La société CASSE AUTO VESOUL à VESOUL est tenue, dans l'activité pour laquelle elle est agréée à l'article 1 du présent arrêté, de satisfaire à toutes les obligations mentionnées dans le cahier des charges annexé au présent arrêté.

ARTICLE 3
L'arrêté préfectoral n° 97 du 17 mars 1997 susvisé est complété par les prescriptions suivantes :

«Les emplacements affectés au démontage et à l'entreposage des moteurs, des pièces susceptibles de contenir des fluides, des pièces métalliques enduites de graisses, des huiles, produits pétroliers, produits chimiques divers, sont revêtus de surfaces imperméables avec dispositif de rétention.
Les pièces graisseuses, y compris les pièces destinées à la vente, sont entreposées dans des lieux couverts.»

«Les emplacements utilisés pour le dépôt des véhicules hors d'usage sont aménagés de façon à empêcher toute pénétration dans le sol des différents liquides que ces véhicules peuvent contenir.»

«Les batteries, les filtres et les condensateurs contenant des polychlorobiphényles (PCB) et des polychloroterphényles (PCT) sont entreposés dans des conteneurs appropriés.»

«Les fluides extraits des véhicules hors d'usage (carburants, huiles de carters, huiles de boîtes de vitesse, huiles de transmission, huiles hydrauliques, liquides de refroidissement, antigels et de freins, acides de batteries, fluides de circuits d'air conditionné et tout autre fluide contenu dans les véhicules hors d'usage), sont entreposés dans des réservoirs appropriés dans des lieux dotés d'un dispositif de rétention.»

«Les pneumatiques usagés sont entreposés dans des conditions propres à prévenir le risque d'incendie.»

ARTICLE 4
La société CASSE AUTO VESOUL à VESOUL est tenue d'afficher de façon visible à l'entrée de son installation, son numéro d'agrément et la date de fin de validité de celui-ci.

ARTICLE 5
Le présent arrêté peut être déféré à la juridiction administrative (tribunal administratif de Besançon) :

1 - par l'exploitant, dans un délai de deux mois qui commence à courir du jour où ledit acte lui est notifié ;

-3-

2 - par les tiers, personnes physiques et morales, les communes intéressées ou leurs groupements, en raison des inconvénients ou dangers que le fonctionnement de l'installation présente pour les intérêts visés à l'article L.511-1 du code de l'environnement, dans un délai d'un an à compter de la publication ou de l'affichage dudit acte.
Cette requête doit être accompagnée de la contribution pour l'aide juridique prévue à l'article 1635 bis Q du code général des impôts.

ARTICLE 6
Le présent arrêté sera affiché en mairie de VESOUL par les soins du maire pendant une durée minimale d'un mois.
Un extrait de cet acte sera publié, aux frais de l'exploitant, dans deux journaux locaux ou régionaux.

ARTICLE 7
Le secrétaire général de la préfecture, le directeur régional de l'environnement, de l'aménagement et du logement, sont chargés chacun en ce qui le concerne de l'exécution du présent arrêté dont une copie est notifiée à :

•M. JACQUINOT – CASSE AUTO VESOUL – rue du Petit Chanois – 70000 VESOUL,
•au directeur régional de l'environnement, de l'aménagement et du logement de Franche-Comté à Besançon,
•au chef de l'unité territoriale centre de la direction régionale de l'environnement, de l'aménagement et du logement de Franche-Comté, à Vesoul.

Fait à Vesoul, le 13 JUL. 2012

Pour le préfet
Le sous-préfet de Lure,
Secrétaire général par intérim

Didier DORÉ

-4-

CAHIER DES CHARGES
ANNEXE à L'AGREMENT N° PR 70 00002 D

1°/ Dépollution des véhicules hors d'usage
Afin de réduire toute incidence sur l'environnement, le titulaire est tenu de réaliser les opérations suivantes avant tout autre traitement :

-les batteries et les réservoirs de gaz liquéfiés sont retirés ;
-les composants susceptibles d'exploser sont retirés ou neutralisés ;
-les huiles de carter, les huiles de transmission, les huiles de boîte de vitesse, les huiles hydrauliques, les liquides de refroidissement, antigel et de frein, les fluides de circuits d'air conditionné ainsi que tout autre fluide présent en quantité significative, sont retirés à moins qu'ils ne soient nécessaires pour la réutilisation des parties concernées ;
-les composants recensés comme contenant du mercure sont retirés dans la mesure du possible ;
-les éléments mentionnés comme devant être démontés dans l'arrêté pris en application du I de l'article R.318-10 du code de la route et qui ont été rendus identifiables à cette fin, sont retirés.

2°/ Opérations visant à favoriser le réemploi, le recyclage et la valorisation
Le titulaire retire les éléments suivants du véhicule :

-pots catalytiques ;
-composants métalliques contenant du cuivre, de l'aluminium, du magnésium ;
-pneumatiques et composants volumineux en matière plastique (pare-chocs, tableau de bord, récipients de fluides etc.) ;
-verre.

Le titulaire peut mettre en œuvre des conditions alternatives qui assurent au moins un niveau équivalent de protection de l'environnement. Il peut ainsi ne pas retirer ces éléments s'ils sont séparés lors ou à l'issue du broyage ou du découpage, dans des conditions qui permettent leur recyclage en tant que matériaux.

Les opérations de stockage sont effectuées en veillant à ne pas endommager les composants et éléments valorisables ou contenant des fluides et les pièces de rechange.

3°/ Traçabilité
Le titulaire est tenu de se conformer aux dispositions de l'article R.322-9 du code de la route lorsque le véhicule est pris en charge pour destruction.

Il est tenu de ne remettre les véhicules hors d'usage qu'à un broyeur agréé ou à toute autre installation de valorisation ou d'élimination autorisée à cet effet et assurant un traitement similaire dans un autre Etat, dès lors que le transfert transfrontalier des véhicules hors d'usage s'est effectué dans le respect des dispositions du règlement (CEE) n°259/93 du 1er février 1993 concernant la surveillance et le contrôle des transferts de déchets à l'intérieur, à l'entrée et à la sortie de la communauté européenne.

Les conditions de transfert entre le démolisseur agréé et le broyeur agréé doivent permettre la traçabilité de ces véhicules.

Le titulaire est tenu de délivrer au broyeur qui prend en charge le véhicule hors d'usage après traitement un exemplaire du récépissé de prise en charge pour destruction.

-5-

4°/ Réemploi

Le titulaire est tenu de contrôler l'état des composants et éléments démontés en vue de leur réemploi et d'assurer, le cas échéant, leur traçabilité par l'apposition d'un marquage approprié, lorsqu'il est techniquement possible. Les pièces de réemploi peuvent être mises sur le marché, sous réserve de respecter les réglementations spécifiques régissant la sécurité de ces pièces ou, à défaut, l'obligation générale de sécurité définie par l'article L.221-1 du code de la consommation.

5°/ Dispositions relatives au déchets (si elles ne figurent pas déjà dans l'arrêté d'autorisation)

Le titulaire élimine les déchets conformément aux dispositions des titres Ier et IV du livre V du code de l'environnement.

6°/ Communication d'information

Le titulaire est tenu de communiquer chaque année au préfet du département dans lequel l'installation est exploitée et à l'agence de l'environnement et de la maîtrise de l'énergie, le cas échéant sous forme électronique, la déclaration prévue par l'arrêté du 19 janvier 2005 susvisé.

7°/ Contrôle par un organisme tiers

Le titulaire fait procéder chaque année par un organisme tiers à une vérification de la conformité de son installation aux dispositions de son arrêté préfectoral et aux dispositions du présent cahier des charges. L'organisme tiers est accrédité pour un des référentiels suivants :

- vérification de l'enregistrement dans le cadre du système communautaire de management environnemental et d'audit (EMAS), défini par le règlement (CE) n°761/2001 du Parlement européen et du Conseil du 19 mars 2001, ou certification d'un système de management environnemental conforme à la norme internationale ISO 14001 ;
- certification de service selon le référentiel *« traitement et valorisation des véhicules hors d'usage et de leurs composants »* déposé par SGS Qualicert ;
- certification de service selon le référentiel CERTIREC concernant les entreprises du recyclage déposé par le BVQI.

Les résultats de cette vérification sont transmis au préfet du département dans lequel se situe l'installation.

Sous-section 2 ▪ Application du régime ICPE

§ 1 ▪ Rubriques de la nomenclature concernées

3472. Les installations réalisant les opérations de gestion des VHU et de leurs composants et matériaux sont soumises à la réglementation ICPE (C. envir., art. R. 543-161).
Elles relèvent de la rubrique n° 2712 « Installation d'entreposage, dépollution, démontage ou découpage de véhicules hors d'usage ou de différents moyens de transport hors d'usage». Depuis novembre 2012, l'activité de broyage ne fait plus partie de cette rubrique, mais de la rubrique n° 2791 « traitement des déchets non dangereux ».

3473. Les activités de dépollution des VHU (rubrique n° 2712) sont soumises au régime de l'enregistrement lorsque la surface d'exploitation est comprise entre 100 m² et 30 000 m², et au régime de l'autorisation lorsqu'elle est égale ou supérieure à 30 000 m² (C. envir., art. R. 511-9, annexe I).

3474. Le décret n° 2012-1304 du 26 novembre 2012 relatif à la modification de la nomenclature des installations classées a été contesté par le Conseil national des professions de l'automobile (C.N.P.A.) en tant qu'il modifiait la rubrique n° 2712 : le Conseil d'Etat a toutefois rejeté son recours (Conseil d'État, 6ème / 1ère SSR, 16/07/2014, 365515, Inédit au recueil Lebon).

3475. Les prescriptions applicables aux installations classées soumises à enregistrement ont été précisées par un arrêté en date du 26 novembre 2012 (Arr. 26 nov. 2012, NOR : DEVP1238447A : JO, 28 nov.), notamment en matière de vibrations et de prévention du risque incendie. Ces dispositions seront applicables à partir du 1er juillet 2013, tant pour les installations nouvelles que pour celles existant déjà [à l'exception des articles 5 (implantation), 11 (comportement au feu des locaux), 12 (désenfumage) et 13 (accessibilité)].

3476. Pour les activités de broyage (rubrique n° 2791), l'installation est soumise à déclaration si la quantité de déchets traités est inférieure à 10 tonnes par jour, et à autorisation si elle traite une quantité de déchets égale ou supérieure à 10 tonnes par jour.

3477. Les aires d'entreposage de déchets de métaux issus du démontage des VHU relèvent de la rubrique n° 2713 « installation de transit de déchets de métaux non dangereux », si les déchets ne sont pas souillés. S'ils le sont, ces aires doivent être classées dans la rubrique n° 2718 « installation de transit de déchets dangereux ».

3478. Le Conseil d'Etat a également rejeté le 16 juillet 2014 le recours du C.N.P.A. tendant à faire annuler l'arrêté du 26 novembre 2012, texte qui fixe les prescriptions générales applicables aux centres VHU relevant du régime de l'enregistrement au titre de la législation des installations classées (ICPE).

3479. L'organisation professionnelle avait dénoncé des dispositions «disproportionnées, redondantes, voire inapplicables» pour les sites de faible superficie. L'obligation d'imperméabiliser les zones d'entrepôt des véhicules en attente d'expertise ainsi que les zones où les VHU font l'objet d'opérations de cisaillage et de pressage était notamment critiquée par le C.N.P.A. Le Conseil d'Etat n'y décèle pas des prescriptions disproportionnées par rapport aux risques encourus, ni la méconnaissance du principe de la liberté du commerce et de l'industrie :
« 8. Considérant que les articles 13 et 15 de l'arrêté attaqué imposent, d'une part, la réalisation de voies nouvelles destinées à garantir l'accès et la circulation d'engins de secours à

l'intérieur du site et, d'autre part, une distance d'au moins 4 mètres entre le lieu du dépôt de déchets ou matières combustibles et la clôture de l'installation ; que si le requérant soutient que ces dispositions entraînent la réduction de la surface consacrée à l'activité de traitement des véhicules terrestres hors d'usage, qui pourrait être néfaste à l'exploitation des installations de taille moyenne, elles n'imposent toutefois pas des obligations excédant ce qu'implique les objectifs de sécurité publique, de protection de l'environnement et de prévention des pollutions qu'elles poursuivent, compte tenu de l'importance des risques d'incendie que présentent les installations de traitement de véhicules hors d'usage ; que, par suite, la requérante n'est, en tout état de cause, pas fondée à soutenir qu'elles porteraient atteinte à la liberté d'entreprendre ;

9. Considérant que ni les dispositions de l'article 20, qui imposent de doter les installations de moyens de lutte et d'alerte contre les incendies dont le nombre et l'importance varient en fonction de la taille de l'établissement, ni celles de l'article 44, qui obligent l'exploitant à établir et à tenir à jour un registre où sont consignées diverses informations relatives aux déchets issus de la dépollution des véhicules, n'imposent à ces installations des charges qui excéderaient ce qu'implique les objectifs de sécurité publique, de protection de l'environnement et de prévention des pollutions qu'elles poursuivent ; que, par suite, le requérant n'est, en tout état de cause, pas fondé à soutenir qu'elles porteraient atteinte à la liberté d'entreprendre ;

10. Considérant que les dispositions du I du quatrième alinéa de l'article 41 et du II de l'article 42 n'ont pas, en prescrivant d'imperméabiliser, d'une part, les zones d'entrepôt des véhicules en atteinte d'expertise, d'autre part, les zones où les véhicules font l'objet d'opérations de cisaillage et de pressage, imposé une obligation qui excéderait ce qu'implique l'objectif de protection de l'environnement et de prévention des pollutions ; qu'il ne ressort pas des pièces du dossier que les mesures alternatives, telle la mise en place de films protecteurs ou de dispositifs de collecte ou de rétention des écoulements, préconisées par le requérant, auraient permis d'assurer une efficacité équivalente, eu égard notamment aux risques de pollution et d'incendie ; que le CNPA n'est par suite pas fondé à soutenir que l'arrêté a imposé aux installations, y compris aux installations existantes, des mesures qui auraient un caractère disproportionné aux risques courus et auraient méconnu le principe de la liberté du commerce et de l'industrie et, en tout état de cause, le principe de la liberté d'entreprendre ». (CE, 6ème et 1ère sous-sections réunies, 16/07/2014, 365522, Inédit au recueil Lebon).

Liberté • Égalité • Fraternité
RÉPUBLIQUE FRANÇAISE

PREFET DU NORD

Secrétariat général
de la préfecture du Nord

Direction
des politiques publiques

Bureau des installations classées
pour la protection de l'environnement

Réf. :DiPP/Bicpe -AC

Arrêté préfectoral accordant à la Société ROSSELLE RECYCLAGE l'autorisation d'exploiter un dépôt de ferraille et une demande d'agrément V.H.U. N° PR5900057 D à OOST-CAPPEL

Le Préfet de la région Nord - Pas-de-Calais
Préfet du Nord
Officier de la Légion d'Honneur
Commandeur de l'ordre national du Mérite

Vu les dispositions du code de l'environnement et notamment l'article R.512-31 ;

Vu la demande présentée par la Société ROSSELLE RECYCLAGE - siège social : 69 route de l'Europe 59122 OOST-CAPPEL - en vue d'obtenir l'autorisation d'autorisation d'exploiter un dépôt de ferraille et demande d'agrément VHU à OOST-CAPPEL ;

Vu l'étude d'impact et les pièces du dossier produit à l'appui de cette demande ;

Vu l'avis de recevabilité émis par Monsieur le directeur régional de l'environnement, de l'aménagement et du logement en date du 31 juillet 2009 ;

Vu l'avis de l'autorité environnementale émis par le Directeur régional de l'environnement, de l'aménagement et du logement en date du ;

Vu l'arrêté préfectoral en date du 3 février 2010 ordonnant l'ouverture d'une enquête publique du 8 mars 2010 au 8 avril 2010 inclus ;

Vu le procès-verbal d'enquête publique et l'avis du commissaire-enquêteur en date du 27 avril 2010 ;

Vu l'avis du Sous-Préfet de DUNKERQUE en date du 4 mai 2010 ;

Vu l'avis du conseil municipal de la commune d'OOST-CAPPEL émis lors de la séance du conseil municipal en date du 20 avril 2010 ;

Vu l'avis du directeur départemental des affaires sanitaires et sociales en date du 22 mars 2010 ;

Vu l'avis du Chef du service départemental des services d'incendie et de secours en date du 11 mars 2010 ;

Vu l'avis de le directeur départemental des territoires et de la mer en date du 23 mars 2010 ;

Vu le rapport et les conclusions de Monsieur le directeur régional de l'environnement, de l'aménagement et du logement en date du 07 mars 2012 ;

Vu l'avis émis par le conseil départemental de l'environnement et des risques sanitaires et technologiques du Nord lors de sa séance du 17 avril 2012 ;

Sur la proposition du secrétaire général de la préfecture du Nord,

ARRETE

TITRE 1 - PORTEE DE L'AUTORISATION ET CONDITIONS GENERALES

CHAPITRE 1.1 BENEFICIAIRE ET PORTEE DE L'AUTORISATION

ARTICLE 1.1.1. EXPLOITANT TITULAIRE DE L'AUTORISATION

La société Rosselle Recyclage dont le siège social est situé à OOST CAPPEL (59122) – 69 route de l'Europe, est autorisée, sous réserve du respect des prescriptions annexées au présent arrêté, à exploiter à cette adresse, les installations détaillées dans les articles suivants.

ARTICLE 1.1.2. MODIFICATIONS ET COMPLEMENTS APPORTES AUX PRESCRIPTIONS DES ACTES ANTERIEURS

Les disposition de l'arrêté préfectoral du 11 janvier 1996 autorisant M. Léon Rosselle à exploiter une installation de récupération de métaux et alliages sont abrogées.

ARTICLE 1.1.3. AGREMENT - DEMOLISSEUR VEHICULES HORS D'USAGE

Article 1.1.3.1. Durée

Le présent arrêté vaut agrément visé à l'article 9-II du décret n° 2003-727 du 1er août 2003. la société Rosselle Recyclage à OOST CAPPEL est agréée pour effectuer la dépollution et le démontage des véhicules hors d'usage sous le numéro **PR 59 000 57D.**

L'agrément est délivré pour une période de 6 ans, renouvelable à compter de la date de notification du présent arrêté. S'il souhaite obtenir le renouvellement de son agrément, le titulaire en adresse la demande au moins six mois avant la date de fin de validité de l'agrément en cours.

Article 1.1.3.2. Respect du cahier des charges

La société Rosselle Recyclage est tenue, dans l'activité pour laquelle elle est agréée à l'article ci-dessus, de satisfaire à toutes les obligations mentionnées dans le cahier des charges annexé au présent arrêté (annexe 1).

Article 1.1.3.3. affichage

La société Rosselle Recyclage est tenue d'afficher de façon visible à l'entrée de son installation son numéro d'agrément et la date de fin de validité de celui-ci.

ARTICLE 1.1.4. INSTALLATIONS NON VISEES PAR LA NOMENCLATURE OU SOUMISES A DECLARATION

Les prescriptions du présent arrêté s'appliquent également aux autres installations ou équipements exploités dans l'établissement, qui, mentionnés ou non dans la nomenclature, sont de nature par leur proximité ou leur connexité avec une installation soumise à autorisation à modifier les dangers ou inconvénients de cette installation.
Les dispositions des arrêtés ministériels existants relatifs aux prescriptions générales applicables aux installations classées soumises à déclaration sont applicables aux installations classées soumises à déclaration incluses dans l'établissement dès lors que ces installations ne sont pas régies par le présent arrêté préfectoral d'autorisation.
Notamment, les dispositions de l'arrêté ministériel du 12/12/2007 modifié relatif aux prescriptions générales applicables aux installations classées pour la protection de l'environnement soumises à déclaration sous la rubrique 2711 « Transit, regroupement, tri, désassemblage, remise en état d'équipements électriques et électroniques mis au rebut » sont applicables.

CHAPITRE 1.2 NATURE DES INSTALLATIONS

ARTICLE 1.2.1. LISTE DES INSTALLATIONS CONCERNEES PAR UNE RUBRIQUE DE LA NOMENCLATURE DES INSTALLATIONS CLASSEES

Rubrique	Libellé de la rubrique (activité)	Caractéristique de l'installation	Classement : AS,A ,D,NC
2712	Installation de stockage, dépollution, démontage ou broyage de véhicules hors d'usage ou de différents moyens de transport hors d'usage, la surface étant supérieure à 50 m^2	La surface de stockage des VHU dépollués et non dépollués est de 465 m^2	A

Rubrique	Libellé de la rubrique (activité)	Caractéristique de l'installation	Classement : AS,A ,D,NC
2713-1	Installation de transit, regroupement ou tri de métaux ou de déchets de métaux non dangereux, d'alliage de métaux ou de déchets d'alliage de métaux non dangereux, à l'exclusion des activités et installations visées au rubriques 2710, 2711 et 2712. La surface étant supérieure ou égale à 1 000 m^2.	La surface de stockage des métaux est de 13 976 m^2	A
2718	Installation de transit, regroupement ou tri de déchets dangereux, ou de déchets contenant les substances dangereuses ou préparations dangereuses mentionnées à l'article R511-10 du code de l'environnement, à l'exclusion des installations visées aux rubriques 1313, 2710, 2711, 2712, 2717 et 2719. la quantité de déchets susceptible d'être présente dans l'installation étant supérieure ou égale à 1t.	Déchets autorisés: condensateurs de machines à laver 16 02 10* accumulateurs Ni-Cd 16 02 13* accumulateurs au plomb 16 06 01* DEEE 20 01 35* quantité de déchets susceptible d'être présente dans l'installation 50 t	A
2791	Installation de traitement de déchets non dangereux à l'exclusion des installations visées aux rubriques 2720, 2760, 2771, 2780, 2781et 2782. La quantité de déchets traités dans l'installation étant supérieure ou égale à 10 t/j.	quantité de déchets traités 20 t/j	A
2711	Transit, regroupement, tri, désassemblage, remise en état d'équipements électriques et électroniques mis au rebut. Le volume susceptible d'être entreposé étant supérieur à 200 m^3 mais inférieur à 1 000 m^3	volume susceptible d'être entreposé 950 m^3	D
1220	Emploi et stockage d'oxygène	Stockage maximal de 300 kg (20 bouteilles de 11 m^3)	NC
1412	Stockage de gaz inflammables liquéfiés (stockage en réservoirs manufacturés de), à l'exception de ceux visés explicitement par d'autres rubriques de la nomenclature : Les gaz sont maintenus liquéfiés à une température telle que la pression absolue de vapeur correspondante n'excède pas 1.5 bar (stockages réfrigérés ou cryogéniques) ou sous pression quel que soit la température.	Stockage maximal de 0,260 tonne de propane en bouteilles de 13 kg	NC
1432	Stockage de liquides inflammables visés à la rubrique 1430	Stockage aérien de 0,76 m^3 de capacité équivalente se répartissant comme suit : - 1 cuve de 5 m^3 de GO - 1 cuve de 5 m^3 de FOD - 1 cuve de 1,5 m^3 de GO - 1 cuve de 1,5 m^3 de supercarburant	NC
1435	Stations-service : installations, ouvertes ou non au public, où les carburants sont transférés de réservoirs de stockage fixes dans les réservoirs à carburant de véhicules à moteur, de bateaux ou d'aéronefs	2 pompes de gazole: débit équivalent de 0,96 m^3/h. Volume annuel de carburant (liquides inflammables de la catégorie de référence) inférieur à 100 m^3	NC
2560	Travail mécanique des métaux et alliages	Machines installées	NC
2663-2	Stockage de pneumatiques Pneumatiques et produits dont 50 % au moins de la masse totale unitaire est composée de polymères (matières plastiques, caoutchoucs, élastomères, résines et adhésifs synthétiques)	Stockage maximal de 70 m^3	NC
2920-2	Installations de réfrigération ou compression fonctionnant à des pressions effectives supérieures à 10^5 Pa et comprimant ou utilisant des fluides autres qu'inflammables ou toxiques	2 compresseurs de 15 kW et 4 kW	NC

A(Autorisation) ou AS (Autorisation avec Servitudes d'utilité publique) ou D (Déclaration) ou NC (Non Classé).
Volume autorisé : éléments caractérisant la consistance, le rythme de fonctionnement, le volume des installations ou les capacités maximales autorisées.

CHAPITRE 1.3 CONFORMITE AU DOSSIER DE DEMANDE D'AUTORISATION

Les installations et leurs annexes, objet du présent arrêté, sont disposées, aménagées et exploitées conformément aux plans et données techniques contenus dans le dossier de demande d'autorisation déposé en préfecture du Nord par l'exploitant le 3 juillet 2008. En tout état de cause, elles respectent par ailleurs les dispositions du présent arrêté, des arrêtés complémentaires et les réglementations autres en vigueur.

Les installations autorisées sont situées sur la commune d'Oost Cappel sur les parcelles suivantes : 250, 514, 515, 732, 871, 873 et 876.

CHAPITRE 1.4 DUREE DE L'AUTORISATION

ARTICLE 1.4.1. DUREE DE L'AUTORISATION

La présente autorisation cesse de produire effet si l'installation n'a pas été mise en service dans un délai de trois ans ou n'a pas été exploitée durant deux années consécutives, sauf cas de force majeure.

Le cas échéant, la durée de validité de l'autorisation peut être prolongée à concurrence du délai d'exécution des prescriptions archéologiques édictées par le préfet de région en application du décret n° 2004-490 du 3 juin 2004 relatif aux procédures administratives et financières en matière d'archéologie préventive.

CHAPITRE 1.5 MODIFICATIONS ET CESSATION D'ACTIVITE

ARTICLE 1.5.1. PORTER A CONNAISSANCE

Toute modification apportée par le demandeur aux installations, à leur mode d'utilisation ou à leur voisinage, et de nature à entraîner un changement notable des éléments du dossier de demande d'autorisation, est portée avant sa réalisation à la connaissance du Préfet avec tous les éléments d'appréciation.

ARTICLE 1.5.2. MISE A JOUR DES ETUDES D'IMPACT ET DE DANGERS

Les études d'impact et de dangers sont actualisées à l'occasion de toute modification notable telle que prévue à l'article R.512-33 du code de l'environnement. Ces compléments sont systématiquement communiqués au Préfet qui pourra demander une analyse critique d'éléments du dossier justifiant des vérifications particulières, effectuée par un organisme extérieur expert dont le choix est soumis à son approbation. Tous les frais engagés à cette occasion sont supportés par l'exploitant.

ARTICLE 1.5.3. ÉQUIPEMENTS ABANDONNES

Les équipements abandonnés ne doivent pas être maintenus dans les installations. Toutefois, lorsque leur enlèvement est incompatible avec les conditions immédiates d'exploitation, des dispositions matérielles interdiront leur réutilisation afin de garantir leur mise en sécurité et la prévention des accidents.

ARTICLE 1.5.4. TRANSFERT SUR UN AUTRE EMPLACEMENT

Tout transfert sur un autre emplacement des installations visées sous l'article 1.2 du présent arrêté nécessite une nouvelle demande d'autorisation ou déclaration.

ARTICLE 1.5.5. CHANGEMENT D'EXPLOITANT

Dans le cas où l'établissement change d'exploitant, le successeur fait la déclaration au Préfet dans le mois qui suit la prise en charge de l'exploitant.

ARTICLE 1.5.6. CESSATION D'ACTIVITE

Lorsqu'une installation classée est mise à l'arrêt définitif, l'exploitant notifie au préfet la date de cet arrêt trois mois au moins avant celui-ci.

La notification prévue ci-dessus indique les mesures prises ou prévues pour assurer, dès l'arrêt de l'exploitation, la mise en sécurité du site. Ces mesures comportent notamment :

- l'évacuation ou l'élimination des produits dangereux, et, pour les installations autres que les installations de stockage de déchets, celle des déchets présents sur le site ;
- des interdictions ou limitations d'accès au site ;
- la suppression des risques d'incendie et d'explosion ;
- la surveillance des effets de l'installation sur son environnement.

En outre, l'exploitant doit placer le site de l'installation dans un état tel qu'il ne puisse porter atteinte aux intérêts mentionnés à l'article L.511-1 et qu'il permette un usage futur du site déterminé en application des articles R.512-39-1 et suivants du Code de l'Environnement.

CHAPITRE 1.6 DELAIS ET VOIES DE RECOURS

Le présent arrêté est soumis à un contentieux de pleine juridiction.

Il peut être déféré à la juridiction administrative compétente :

1° Par les demandeurs ou exploitants, dans un délai de deux mois qui commence à courir du jour où lesdits actes leur ont été notifiés ;

2° Par les tiers, personnes physiques ou morales, les communes intéressées ou leurs groupements, en raison des inconvénients ou des dangers que le fonctionnement de l'installation présente pour les intérêts visés à l'article L. 511-1, dans un délai de quatre ans à compter de la publication ou de l'affichage desdits actes, ce délai étant, le cas échéant, prolongé jusqu'à la fin d'une période de deux années suivant la mise en activité de l'installation.

Les tiers qui n'ont acquis ou pris à bail des immeubles ou n'ont élevé des constructions dans le voisinage d'une installation classée que postérieurement à l'affichage ou à la publication de l'arrêté autorisant l'ouverture de cette installation ou atténuant les prescriptions primitives ne sont pas recevables à déférer ledit arrêté à la juridiction administrative.

CHAPITRE 1.7 RESPECT DES AUTRES LEGISLATIONS ET REGLEMENTATIONS

Les dispositions de cet arrêté préfectoral sont prises sans préjudice des autres législations et réglementations applicables, et notamment le code minier, le code civil, le code de l'urbanisme, le code du travail et le code général des collectivités territoriales, la réglementation sur les équipements sous pression.

Les droits des tiers sont et demeurent expressément réservés.

La présente autorisation ne vaut pas permis de construire.

TITRE 2 – GESTION DE L'ETABLISSEMENT

CHAPITRE 2.1 EXPLOITATION DES INSTALLATIONS

ARTICLE 2.1.1. OBJECTIFS GENERAUX

L'exploitant prend toutes les dispositions nécessaires dans la conception l'aménagement, l'entretien et l'exploitation des installations pour :

- limiter la consommation d'eau, et limiter les émissions de polluants dans l'environnement ;
- la gestion des effluents et déchets en fonction de leurs caractéristiques, ainsi que la réduction des quantités rejetées ;
- prévenir en toutes circonstances, l'émission, la dissémination ou le déversement, chroniques ou accidentels, directs ou indirects, de matières ou substances qui peuvent présenter des dangers ou inconvénients pour la commodité de voisinage, la santé, la salubrité publique, l'agriculture, la protection de la nature et de l'environnement ainsi que pour la conservation des sites et des monuments.

ARTICLE 2.1.2. AMENAGEMENT DE L'EXPLOITATION

Les déchets ferreux et non ferreux et Véhicules Hors d'Usage (VHU) sont soit apportés directement sur le site (particuliers, industriels, artisans, ...), soit amenés par les véhicules de l'exploitation. La zone de chalandise correspond à une zone d'environ 30 kilomètres autour de la société Rosselle Recyclage de OOST CAPPEL.

Les déchets pouvant être admis et traités sur le site sont :

- les Véhicules Hors d'Usage (VHU),
- des déchets de métaux ferreux et non ferreux non souillés par des substances dangereuses et listés en annexe II du présent arrêté,
- les Déchets électriques et électroniques,
- les déchets dangereux, ou déchets contenant les substances dangereuses ou préparations dangereuses mentionnées dans le tableau de l'article 1.2.1 du présent arrêté.

L'admission de tout autre type de déchet , et notamment de :

- citernes, fûts, et plus généralement toute capacité fermée non dégazées et souillées (huile, substances toxiques, inflammables, cancérogène, corrosives, infectieuses, nocives, irritantes, écotoxique, ...) ;
- produits explosifs ou inflammables ;
- matériaux radioactifs ;
- équipements mis au rebut souillés ;
- matériels souillés ;
- déchets générés par un procédé industriel et ne contenant pas uniquement des métaux (crasses de fonderie, résidus de nettoyage d'équipements, résidus de grenaillage d'équipements, ...) ;
- produits contenant de l'amiante ;
- tout déchet dangereux au sens de la réglementation autre que ceux nommément repris à l'annexe II du présent arrêté;
- objets suspects et volumes creux non aisément identifiables ;
- volumes creux, clos ne présentant aucun dispositif d'ouverture manuelle (couvercle etc ...) en vue de leur remplissage ou de leur vidange

est interdite.

L'admission de déchets de métaux pouvant présenter un risque d'incendie ou d'explosion est interdite.

Les quantités admises sont limitées à :

- métaux ferreux : 30 000 tonnes par an,
- métaux non ferreux : 5 000 tonnes par an,

300 Véhicules Hors d'Usage (VHU) par mois .

Les déchets doivent être périodiquement évacués vers les installations de valorisation, de traitement ou de stockage adaptées et autorisées à les recevoir.
La hauteur des dépôts de métaux est limitée à 3 mètres. Exceptionnellement sur une période n'excédant pas 5 jours elle pourra être portée à 8 mètres après information de l'inspection des Installations Classées.
Il convient de respecter une distance minimale de 8 m entre la clôture du site et les dépôts de produits inflammables et matières combustibles situées sur le site.
L'affectation des différentes bennes, casiers ou conteneurs destinés au stockage des déchets doit être clairement indiquée par des marquages ou des affichages appropriés.
L'ensemble des zones de dépôts et de travail est réalisé sur une aire étanche. En cas d'une aire bétonnée, une attention particulière sera apportée au niveau des joints de dilatation de la dalle de béton afin d'éviter toute infiltration d'hydrocarbures ou

autres liquides susceptibles de générer une pollution des terrains et/ou des eaux souterraines. L'exploitant s'engage à surveiller journellement les surfaces afin de détecter et circonscrire toute fuite.

Les machines et matériels fixées sont implantés dans les zones du chantier les plus éloignées des habitations. Ils sont installés de façon que les vibrations transmises par le sel ne soient pas susceptibles de gêner le voisinage.

ARTICLE 2.1.3. AMENAGEMENTS LIES A L'ACTIVITE DE DEPOLLUTION DES VEHICULES ET DE RECUPERATION DE FERRAILLES

Article 2.1.3.1. Véhicules Hors d'Usage (VHU)

2.1.3.1.1 VHU en attente de dépollution

Les VHU sont stockés sur un seul niveau. Leur nombre n'excède pas 25.
Tout VHU ne doit pas séjourner en l'état plus de trois mois sur le chantier.

Les emplacements utilisés pour le dépôt des Véhicules Hors d'Usage sont aménagés de façon à empêcher toute pénétration dans le sol des différents liquides que ces véhicules peuvent contenir. A cet effet, une aire parfaitement étanche est aménagée pour leur stockage avant dépollution.

Les VHU non dépollués sont manipulés avec précaution de façon à empêcher tout épandage de liquides.

2.1.3.1.2 Moteurs et pièces détachées

Les emplacements affectés au démontage et à l'entreposage des moteurs, des pièces susceptibles de contenir des fluides, des pièces métalliques enduites de graisses, des huiles, produits pétroliers, produits chimiques divers, sont revêtues de surfaces étanches avec dispositif de rétention.

Les moteurs sont stockés dans des box couverts a côté du parc à métaux non ferreux.

Les pièces graisseuses, y compris les pièces destinées à la vente, sont entreposées dans des lieux couverts.

2.1.3.1.3 Autres éléments

Les batteries, les filtres et les condensateurs contenant des polychlorobiphényles (PCB) et des polychloroterphényles (PCT) sont entreposés dans des conteneurs appropriés.

Les fluides extraits des VHU (carburants, huiles de carters, huiles de boites de vitesse, huiles de transmission, huiles hydrauliques, liquides de refroidissement, antigels et liquides de freins, acides de batteries, fluides de circuits d'air conditionné et tout autre fluide contenu dans les VHU) sont entreposés dans des réservoirs appropriés dans les locaux dotés d'un dispositif de rétention. (citemes aériennes à double enveloppe) avec système de détection de fuite. La récupération des fluides de circuits d'air conditionne doit être effectuée dans des conditions garantissant l'absence de rejet de ces produits dans l'atmosphère.

Les pneumatiques usagés sont stockés dans 2 bennes de 33 m3 chacune au sein du parc à métaux non ferreux, dans des conditions propres à prévenir le risque d'incendie.

Le dépôt de pneumatiques est distant des autres dépôts de déchets d'au moins 15 mètres et situé à plus de 10 mètres de tout bâtiment. Une voie de circulation de largeur minimale de 8 mètres est prévue autour de chaque dépôt de pneumatiques.

2.1.3.1.4 Dépollution

La dépollution des VHU est réalisée dans un bâtiment couvert situé au nord du site. L'aire de dépollution des VHU est munie d'un dispositif de rétention étanche.

Les véhicules dépollués sont stockés sur une aire parfaitement étanche sur un emplacement qui leur est spécialement réservé, parfaitement distinct de l'emplacement réservé aux VHU non dépollués.

2.1.3.1.5 Dispositions diverses

Les airbags ne sont pas retirés des VHU. Ils seront neutralisés dans le broyeur du destinataire agréé au titre de la réglementation VHU.

Article 2.1.3.2. Récupération des ferrailles

Les ferrailles récupérées sont entreposées sur une dalle parfaitement étanche.

Les éventuelles opérations de découpe de ferrailles sont réalisées sur dalle étanche permettant une récupération des déchets de découpe après chaque opération. Cette zone est isolée et les opérations sont réalisées dans des conditions propres à prévenir tout risque d'incendie.

Les véhicules ou les pièces doivent être préalablement débarrassés de toutes matières combustibles et liquides inflammables. En outre, tout poste de découpage au chalumeau sera doté d'au moins un extincteur portatif.

Les opérations de découpage au chalumeau sont effectuées à plus de 8 mètres de tout dépôt de produits inflammables ou matières combustibles.

Le stockage des bouteilles d'oxygène et de propane associées au poste d'oxycoupage se fait à l'extérieur, à une distance d'au moins 5 mètres des limites de propriété.

Les quantités maximales présentent sur le site sont de 300 kg pour l'oxygène et 260 kg pour le propane.

L'aire de stockage doit être délimitée et matérialisée au sol.

La disposition des lieux doit permettre l'évacuation rapide des bouteilles en cas d'incendie à proximité.

Les bouteilles doivent reposer de façon stable.

ARTICLE 2.1.4. CONSIGNES D'EXPLOITATION

L'exploitant établit des consignes d'exploitation pour l'ensemble des installations comportant explicitement les vérifications à effectuer, en conditions d'exploitation normale, en périodes de démarrage, de dysfonctionnement ou d'arrêt momentané de façon à permettre en toutes circonstances le respect des dispositions du présent arrêté.

L'exploitation doit se faire sous la surveillance de personnes nommément désignées par l'exploitant et ayant une connaissance des dangers des produits stockés ou utilisés dans l'installation.

Des procédures particulières relatives à la dépollution des VHU sont établies par l'exploitant. Ces procédures traitent notamment le retrait ou la neutralisation des composants susceptibles d'exploser, par exemple les réservoirs au GPL...

CHAPITRE 2.2 RESERVES DE PRODUITS OU MATIERES CONSOMMABLES

ARTICLE 2.2.1. RESERVES DE PRODUITS

L'établissement dispose de réserves suffisantes de produits ou matières consommables utilisés de manière courante ou occasionnelle pour assurer la protection de l'environnement tels que manches de filtre, produits de neutralisation, liquides inhibiteurs, produits absorbants ...

CHAPITRE 2.3 INTEGRATION DANS LE PAYSAGE

ARTICLE 2.3.1. PROPRETE

L'exploitant prend les dispositions appropriées qui permettent d'intégrer l'installation dans le paysage. L'ensemble des installations est maintenu propre et entretenu en permanence.

L'exploitant prend les mesures nécessaires afin d'éviter la dispersion sur les voies publiques et les zones environnantes de poussières, papiers, boues, déchets, ... Des dispositifs d'arrosage, de lavage de roues, ... sont mis en place en tant que de besoin.

L'établissement est mis en état de dératisation permanente.

Les factures des produits raticides ou le contrat passé avec une entreprise spécialisée en dératisation sont maintenus à la disposition de l'Inspection des Installations Classées pendant une durée de un an.

ARTICLE 2.3.2. ESTHETIQUE

Dans le cas ou la clôture prévue à l' Article 7.3.1. du présent arrêté n'est pas susceptible de masquer aux tiers les dépôts de déchets de métaux, l'exploitant double la clôture par une haie vive ou un rideau d'arbres à feuilles persistantes.

Sur l'ensemble du périmètre du site en limite de propriété, l'exploitant installe un merlon d'une largeur de 3 mètres. Ce merlon est végétalisé.

CHAPITRE 2.4 DANGER OU NUISANCES NON PREVENUS

Tout danger ou nuisance non susceptibles d'être prévenus par les prescriptions du présent arrêté est immédiatement porté à la connaissance du Préfet par l'exploitant.

CHAPITRE 2.5 INCIDENTS OU ACCIDENTS

ARTICLE 2.5.1. DECLARATION ET RAPPORT

L'exploitant est tenu à déclarer dans les meilleurs délais à l'inspection des installations classées les accidents ou incidents survenus du fait du fonctionnement de son installation qui sont de nature à porter atteinte aux intérêts mentionnés à l'article L.511-1 du code de l'environnement.

Un rapport d'accident ou, sur demande de l'inspection des installations classées, un rapport d'incident est transmis par l'exploitant à l'inspection des installations classées. Il précise notamment les circonstances et les causes de l'accident ou de l'incident, les effets sur les personnes et l'environnement, les mesures prises ou envisagées pour éviter un accident ou un incident similaire et pour en pallier les effets à moyen ou long terme.

Ce rapport est transmis sous 15 jours à l'inspection des installations classées.

CHAPITRE 2.6 RECAPITULATIF DES DOCUMENTS TENUS A LA DISPOSITION DE L'INSPECTION

L'exploitant doit établir et tenir à jour un dossier comportant les documents suivants :

- le dossier de demande d'autorisation initial,
- les plans tenus à jour,
- les récépissés de déclaration et les prescriptions générales, en cas d'installations soumises à déclaration non couvertes par un arrêté d'autorisation,
- les arrêtés préfectoraux relatifs aux installations soumises à autorisation, pris en application de la législation relative aux installations classées pour la protection de l'environnement,
- les documents relatifs à la gestion et au suivi des déchets.

Ce dossier doit être tenu à la disposition de l'inspection des installations classées sur le site durant 5 années au minimum.

TITRE 3 - PREVENTION DE LA POLLUTION ATMOSPHERIQUE

CHAPITRE 3.1 CONCEPTION DES INSTALLATIONS

ARTICLE 3.1.1. DISPOSITIONS GENERALES

L'exploitant prend toutes les dispositions nécessaires dans la conception, l'exploitation et l'entretien des installations de manière à limiter les émissions à l'atmosphère, y compris diffuses, notamment par la mise en œuvre de technologies propres, le développement de techniques de valorisation, la collecte sélective et le traitement des effluents en fonction de leurs caractéristiques et la réduction des quantités rejetées en optimisant notamment l'efficacité énergétique.

Les consignes d'exploitation de l'ensemble des installations comportent explicitement les contrôles à effectuer, en marche normale et à la suite d'un arrêt pour travaux de modification ou d'entretien, de façon à permettre en toute circonstance le respect des dispositions du présent arrêté.

Le brûlage à l'air libre est interdit.

ARTICLE 3.1.2. POLLUTIONS ACCIDENTELLES

Les dispositions appropriées sont prises pour réduire la probabilité des émissions accidentelles et pour que les rejets correspondants ne présentent pas de dangers pour la santé et la sécurité publique. La conception et l'emplacement des dispositifs de sécurité destinés à protéger les appareillages contre une surpression interne devraient êtres tels que cet objectif soit satisfait, sans pour cela diminuer leur efficacité ou leur fiabilité.

ARTICLE 3.1.3. ODEURS

Les dispositions nécessaires sont prises pour que l'établissement ne soit pas à l'origine de gaz odorants, susceptibles d'incommoder le voisinage, de nuire à la santé ou à la sécurité publique.

ARTICLE 3.1.4. VOIES DE CIRCULATION

Sans préjudice des règlements d'urbanisme, l'exploitant doit prendre les dispositions nécessaires pour prévenir les envols de poussières et de matières diverses :

- les voies de circulation et aires de stationnement des véhicules sont aménagées (formes de pente, revêtement, etc.), et convenablement nettoyées,
- Les véhicules sortant de l'installation n'entraînent pas de dépôt de poussière ou de boue sur les voies de circulation. Pour cela des dispositions telles que le lavage des roues des véhicules doivent être prévues en cas de besoin,
- les surfaces où cela est possible sont engazonnées,
- des écrans de végétation sont mis en place le cas échéant.

Des dispositions équivalentes peuvent être prises en lieu et place de celles-ci.

CHAPITRE 3.2 CONDITIONS DE REJET

L'exploitation des installations ne génère aucun rejet à l'atmosphère.

TITRE 4 PROTECTION DES RESSOURCES EN EAUX ET DES MILIEUX AQUATIQUES

CHAPITRE 4.1 PRELEVEMENTS ET CONSOMMATIONS D'EAU

ARTICLE 4.1.1. ORIGINE DES APPROVISIONNEMENTS EN EAU

Les prélèvements d'eau dans le milieu qui ne s'avèrent pas liés à la lutte contre un incendie ou aux exercices de secours, sont autorisées dans les quantités suivantes :

Origine de la ressource	Usage exclusif	Prélèvement maximal journalier (m^3)	Prélèvement maximal annuel (m^3)
Réseau public (SIDEN)	Domestique	_	90

ARTICLE 4.1.2. PROTECTION DES RESEAUX D'EAU POTABLE ET DES MILIEUX DE PRELEVEMENT

Article 4.1.2.1. Réseau d'alimentation en eau potable

Un ou plusieurs réservoirs de coupure ou bacs de disconnexion ou tout autre équipement présentant des garanties équivalentes sont installés afin d'isoler les réseaux d'eaux industrielles et pour éviter des retours de substances dans les réseaux d'adduction d'eau publique ou dans les milieux de prélèvement.

CHAPITRE 4.2 COLLECTE DES EFFLUENTS LIQUIDES

ARTICLE 4.2.1. DISPOSITIONS GENERALES

Tous les effluents aqueux sont canalisés. Tout rejet d'effluent liquide non prévu à l' Article 4.3.1. ou non conforme à leurs dispositions est interdit.
A l'exception des cas accidentels où la sécurité des personnes ou des installations serait compromise, il est interdit d'établir des liaisons directes entre les réseaux de collecte des effluents devant subir un traitement ou être détruits et le milieu récepteur.

ARTICLE 4.2.2. PLAN DES RESEAUX

Un schéma de tous les réseaux et un plan des égouts sont établis par l'exploitant, régulièrement mis à jour, notamment après chaque modification notable, et datés. Ils sont tenus à la disposition de l'inspection des installations classées ainsi que des services d'incendie et de secours.
Le plan des réseaux d'alimentation et de collecte doit notamment faire apparaître :

- l'origine et la distribution de l'eau d'alimentation,
- les dispositifs de protection de l'alimentation (bac de disconnexion, implantation des disconnecteurs ou tout autre dispositif permettant un isolement avec la distribution alimentaire, ...),
- les secteurs collectés et les réseaux associés,
- les ouvrages de toutes sortes (vannes, compteurs ...),
- les ouvrages d'épuration interne avec leurs points de contrôle et les points de rejet de toute nature (interne ou au milieu).

ARTICLE 4.2.3. ENTRETIEN ET SURVEILLANCE

Les réseaux de collecte des effluents sont conçus et aménagés de manière à être curables, étanches et résister dans le temps aux actions physiques et chimiques des effluents ou produits susceptibles d'y transiter.
L'exploitant s'assure par des contrôles appropriés et préventifs de leur bon état et de leur étanchéité.
Les différentes canalisations accessibles sont repérées conformément aux règles en vigueur.
Les canalisations de transport de substances et préparations dangereuses à l'intérieur de l'établissement sont aériennes.

ARTICLE 4.2.4. PROTECTION DES RESEAUX INTERNES A L'ETABLISSEMENT

Les effluents aqueux rejetés par les installations ne sont pas susceptibles de dégrader les réseaux d'égouts ou de dégager des produits toxiques ou inflammables dans ces égouts, éventuellement par mélange avec d'autres effluents.

ARTICLE 4.2.5. ISOLEMENT AVEC LES MILIEUX

Un système doit permettre l'isolement des réseaux d'assainissement de l'établissement par rapport à l'extérieur. Ces dispositifs sont maintenus en état de marche, signalés et actionnables en toute circonstance localement et/ou à partir d'un poste de commande. Leur entretien préventif et leur mise en fonctionnement sont définis par consigne.

CHAPITRE 4.3 TYPES D'EFFLUENTS, LEURS OUVRAGES D'EPURATION ET LEURS CARACTERISTIQUES DE REJET AU MILIEU

ARTICLE 4.3.1. IDENTIFICATION DES EFFLUENTS

L'exploitant est en mesure de distinguer les différentes catégories d'effluents suivants :

- les eaux sanitaires,
- les eaux exclusivement pluviales (de toiture) et non susceptibles d'être polluées,
- les eaux pluviales susceptibles d'être polluées (de voiries et des aires de stockage), les eaux issues de l'entretien du site et les eaux polluées lors d'un accident ou d'un incendie (y compris les eaux utilisées pour l'extinction).

ARTICLE 4.3.2. COLLECTE DES EFFLUENTS

Les effluents pollués ne contiennent pas de substances de nature à gêner le bon fonctionnement des ouvrages de traitement.

La dilution des effluents est interdite. En aucun cas elle ne doit constituer un moyen de respecter les valeurs seuils de rejets fixées par le présent arrêté. Il est interdit d'abaisser les concentrations en substances polluantes des rejets par simples dilutions autres que celles résultant du rassemblement des effluents normaux de l'établissement ou celles nécessaires à la bonne marche des installations de traitement.

Les rejets directs ou indirects d'effluents dans la (les) nappe(s) d'eaux souterraines ou vers les milieux de surface non visés par le présent arrêté sont interdits.

ARTICLE 4.3.3. GESTION DES OUVRAGES : CONCEPTION, DYSFONCTIONNEMENT

La conception et la performance des installations de traitement (ou de pré-traitement) des effluents aqueux permettent de respecter les valeurs limites imposées au rejet par le présent arrêté. Elles sont entretenues, exploitées et surveillées de manière à réduire au minimum les durées d'indisponibilité ou à faire face aux variations des caractéristiques des effluents.

ARTICLE 4.3.4. ENTRETIEN ET CONDUITE DES INSTALLATIONS DE TRAITEMENT

Le séparateur hydrocarbures fait l'objet d'un nettoyage à une fréquence annuelle a minima.

Les principaux paramètres permettant de s'assurer de la bonne marche des installations de traitement des eaux polluées sont mesurés périodiquement et portés sur un registre.

La conduite des installations est confiée à un personnel compétent disposant d'une formation initiale et continue.

Un registre spécial est tenu sur lequel sont notés les incidents de fonctionnement des dispositifs de collecte, de traitement, de recyclage ou de rejet des eaux, les dispositions prises pour y remédier et les résultats des mesures et contrôles de la qualité des rejets auxquels il a été procédé.

ARTICLE 4.3.5. LOCALISATION DES POINTS DE REJET

Les points de rejets sont repris en annexe 4 sur le plan, référencé plan 8 schématique des réseaux Rosselle EOG1211V4TF.

Effluent 1 (Rejet R1) : eaux sanitaires. Ces eaux sont rejetées via le réseau séparatif eaux usées du site dans le réseau séparatif d'eaux usées de la collectivité pour rejet final dans la Zwyne Becque, après traitement par la station d'épuration d'Oost Cappel.

Effluent 2 (Rejets R2 et R3) : eaux exclusivement pluviales (de toiture) non susceptibles d'être polluées. Ces eaux sont rejetées dans le réseau d'eaux pluviales de la collectivité via le réseau séparatif eaux pluviales de toiture au site pour un rejet final du fossé longeant le site.

Effluent 3 (Rejet R4) : eaux issues de l'entretien du site, eau pluviales de ruissellement. Ces eaux rejoignent un bassin tampon. Elles subissent ensuite un traitement biologique dans un réacteur. Les eaux épurées sont dirigées sur un débourbeur déshuileur équipé d'un déversoir d'orage avant rejet dans la Zwyne Becque.

ARTICLE 4.3.6. CONCEPTION, AMENAGEMENT ET EQUIPEMENT DES OUVRAGES DE REJET

Article 4.3.6.1. Conception

Les dispositifs de rejet des effluents liquides sont aménagés de manière à réduire autant que possible la perturbation apportée au milieu récepteur, aux abords du point de rejet, en fonction de l'utilisation de l'eau à proximité immédiate et à l'aval de celui-ci.

Ils doivent, en outre, permettre une bonne diffusion des effluents dans le milieu récepteur.

Article 4.3.6.2. Aménagement

4.3.6.2.1 Aménagement des points de prélèvements

Sur chaque ouvrage de rejet d'effluents liquides est prévu un point de prélèvement d'échantillons et des points de mesure (débit, température, concentration en polluant, ...).

Ces points sont aménagés de manière à être aisément accessibles et permettre des interventions en toute sécurité. Toutes les dispositions doivent également être prises pour faciliter les interventions d'organismes extérieurs à la demande de l'inspection des installations classées.

Les agents des services publics, notamment ceux chargés de la Police des eaux, doivent avoir libre accès aux dispositifs de prélèvement qui équipent les ouvrages de rejet vers le milieu récepteur.

ARTICLE 4.3.7. CARACTERISTIQUES GENERALES DE L'ENSEMBLE DES REJETS

Les effluents rejetés doivent être exempts :

- de matières flottantes,
- de produits susceptibles de dégager, en égout ou dans le milieu naturel, directement ou indirectement, des gaz ou vapeurs toxiques, inflammables ou odorantes,
- de tout produit susceptible de nuire à la conservation des ouvrages, ainsi que des matières déposables ou précipitables qui, directement ou indirectement, sont susceptibles d'entraver le bon fonctionnement des ouvrages.

Les effluents doivent également respecter les caractéristiques suivantes :

- Température : <30°C
- pH : compris entre 6 et 9
- Couleur : modification de la coloration du milieu récepteur mesurée en un point représentatif de la zone de mélange inférieure à 100 mg Pt/l.

ARTICLE 4.3.8. VALEURS LIMITES D'EMISSION DES EAUX VANNES, EAUX SANITAIRES (EFFLUENT 1)

Une convention de rejet est établie entre l'exploitant et le gestionnaire du réseau d'assainissement de la zone. Les eaux domestiques respectent, avant rejet dans le réseau d'assainissement, les valeurs limites en concentration et flux fixées par la convention de rejet.

ARTICLE 4.3.9. VALEURS LIMITES D'EMISSION DES EAUX PLUVIALES DE VOIRIES ET DE TOITURES ET DES EAUX ISSUES DE L'ENTRETIEN DU SITE (EFFLUENTS 2 ET 3)

L'exploitant est tenu de respecter avant rejet des eaux pluviales et de lavage des engins dans le milieu récepteur considéré, les valeurs limites en concentration ci-dessous définies :

Paramètres	Concentrations instantanées (mg/l)
MES	35
DCO	30
DBO5	6
Hydrocarbures totaux	5
Cd	0.5

Cr	0.1
Cu	0.5
Hg	0.1
Ni	0.5
Pb	0.5
Zn	2
Azote global	2
Phosphore total	0,2

L'usage de produits de nettoyage lors des opérations de nettoyage des engins est interdit.

TITRE 5 - DECHETS

CHAPITRE 5.1 PRINCIPES DE GESTION

ARTICLE 5.1.1. LIMITATION DE LA PRODUCTION DE DECHETS

L'exploitant prend toutes les dispositions nécessaires dans la conception, l'aménagement, et l'exploitation de ses installations pour assurer une bonne gestion des déchets de son entreprise et en limiter la production.

ARTICLE 5.1.2. SEPARATION DES DECHETS

L'exploitant effectue à l'intérieur de son établissement la séparation des déchets (dangereux ou non) de façon à faciliter leur traitement ou leur élimination dans des filières spécifiques.

Les déchets dangereux sont définis par l'article R 541-8 du code de l'environnement.

Les déchets d'emballage visés par les articles R 543-66 à R 543-72 du code de l'environnement sont valorisés par réemploi, recyclage ou toute autre action visant à obtenir des déchets valorisables ou de l'énergie.

Les huiles usagées doivent être éliminées conformément aux articles R 543-3 à R 543-15 et R 543-40 du code de l'environnement portant réglementation de la récupération des huiles usagées et ses textes d'application (arrêté ministériel du 28 janvier 1999). Elles sont stockées dans des réservoirs étanches et dans des conditions de séparation satisfaisantes, évitant notamment les mélanges avec de l'eau ou tout autre déchet non huileux ou contaminé par des PCB.

Les piles et accumulateurs usagés doivent être éliminés conformément aux dispositions de l'article R 543-131 du code de l'environnement relatif à la mise sur le marché des piles et accumulateurs et à leur élimination.

Les pneumatiques usagés doivent être éliminés conformément aux dispositions de l'article R 543-137 à R 543-151 du code de l'environnement ; ils sont remis à des opérateurs agréés (collecteurs ou exploitants d'installations d'élimination) ou aux professionnels qui utilisent ces déchets pour des travaux publics, de remblaiement, de génie civil ou pour l'ensilage.

Les déchets d'équipements électriques et électroniques sont enlevés et traités selon les dispositions des articles R 543-196 à R 543-201 du code de l'environnement.

Les huiles usagées doivent être remises à des opérateurs agréés (ramasseurs ou exploitants d'installations d'élimination).

ARTICLE 5.1.3. CONCEPTION ET EXPLOITATION DES INSTALLATIONS D'ENTREPOSAGE INTERNES DES DECHETS

Les déchets et résidus produits, entreposés dans l'établissement, avant leur traitement ou leur élimination, doivent l'être dans des conditions ne présentant pas de risques de pollution (prévention d'un lessivage par des eaux météoriques, d'une pollution des eaux superficielles et souterraines, des envols et des odeurs) pour les populations avoisinantes et l'environnement.

En particulier, les aires d'entreposage de déchets susceptibles de contenir des produits polluants sont réalisées sur des aires étanches et aménagées pour la récupération des éventuels liquides épandus et des eaux météoriques souillées.

La durée d'entreposage (hors VHU) ne doit pas excéder 1 an.

La durée d'entreposage des VHU dépollués ne doit pas excéder 6 mois et en tout état de cause une évacuation doit être réalisée dès que la zone d'entreposage est saturée.

ARTICLE 5.1.4. DECHETS TRAITES OU ELIMINES A L'EXTERIEUR DE L'ETABLISSEMENT

L'exploitant élimine ou fait éliminer les déchets produits dans des conditions propres à garantir les intérêts visés à l'article L 511-1 du code de l'environnement et dans des installations dûment autorisées à cet effet.

Il s'assure que les installations utilisées pour cette élimination sont régulièrement autorisées à cet effet.

ARTICLE 5.1.5. DECHETS TRAITES OU ELIMINES A L'INTERIEUR DE L'ETABLISSEMENT

Toute élimination de déchets dans l'enceinte de l'établissement (incinération à l'air libre, mise en dépôt à titre définitif) est interdite.

ARTICLE 5.1.6. TRANSPORT

Chaque lot de déchets dangereux expédié vers l'extérieur doit être accompagné du bordereau de suivi établi en application de l'arrêté ministériel du 29 juillet 2005 relatif au bordereau de suivi des déchets dangereux mentionné à l'article 541-45 du code de l'environnement.

Les opérations de transport de déchets doivent respecter les dispositions des articles R 541-50 à R 541-64 et R 541-79 du code de l'environnement relatif au transport par route au négoce et au courtage de déchets. La liste mise à jour des transporteurs utilisés par l'exploitant, est tenue à la disposition de l'inspection des installations classées.

L'importation ou l'exportation de déchets ne peut être réalisée qu'après accord des autorités compétentes en application du règlement (CE) n° 1013/2006 du Parlement européen et du Conseil du 14 juin 2006 concernant les transferts de déchets.

ARTICLE 5.1.7. NATURE ET CARACTERISATION DES DECHETS PRODUITS PAR L'ETABLISSEMENT

Codes des déchets	Nature des déchets	Filière de traitement(*)
13 05 02*	Boues provenant du séparateur hydrocarbures	D10 D13
13 07 01*	Fioul et gazole	R 1 D10 D13
13 07 02*	Essence	R1 D10 D13
15 02 02*	Chiffons et absorbants souillés	D10 D13
16 01 03	Pneus hors d'usage	D10 R1
16 01 16	Réservoirs de gaz liquéfié	R4
16 01 06	VHU dépollués	R4
19 10 02	Métaux non ferreux	R4
16 01 07*	Filtres à huile	D10 R13
16 01 08*	Interrupteurs au mercure	D1 D13
16 01 11*	Patins de frein avec amiante	D1
16 01 12*	Patins de frein sans amiante	D1
16 01 13*	Liquide frein	D13
16 01 15	Antigels autres que ceux visés à la rubrique 16 01 14*	D10 D13
16 01 19	Matières plastique	D10 D13 R5
16 01 20	Verre	R5
16 02 10*	Equipements contenant des PCB autres que transformateurs et accumulateurs	D10 D13
16 02 13*	DEEE – écran cathodiques	R4
16 02 14	DEEE – Cartes électrique	R4
16 02 16	DEE – haut parleurs	R4
16 06 01*	Accumulateurs au plomb	D13 R4
16 06 02*	Accumulateurs Ni-Cd	D13 R4
16 06 03*	Piles contenant du Mercure	R4D1 D13
16 06 04	Piles alcalines	R4D1 D13
16 08 01	Pots catalytiques	R4
13 02 04*	Huiles moteur, de boites de vitesses et de lubrification chlorées à base minérale	R9 D10 D13
13 02 05*	Huiles moteur, de boites de vitesses et de lubrification non chlorées à base minérale	R9 D10 D13
13 02 06*	Huiles moteur, de boites de vitesses et de lubrification synthétiques	R9 D10 D13
13 02 07*	Huiles moteur, de boites de vitesses et de lubrification facilement bio-dégradables	R9 D10 D13
13 02 08*	Autres huiles moteur, de boites de vitesses et de lubrification	R9 D10 D13
17 04 11	Câbles ne contenant pas d'hydrocarbures, de goudron, des substances dangereuses	R4
19 08 14	Boues provenant de la station d'épuration biologique	D10 D13
20 03 01	Déchets municipaux en mélange	D10

(*) D10 (incinération à terre) – D13 (mélange ou regroupement préalablement à l'une des opérations de cette liste)

- R1 (Utilisation comme combustible (autre que dans l'incinération directe) ou autre moyen de produire de l'énergie / Utilisation principale comme combustible ou autre moyen de produire de l'énergie) – R4 (recyclage ou récupération des Métaux ou des composés métalliques) – R5 (recyclage ou récupération d'autres matières inorganiques) – R9 (Régénération ou autres réemplois des huiles usées)- R13 (stockage de matériaux en vue de les soumettre à l'une des opérations de valorisation numérotées R1 à R12.

ARTICLE 5.1.8. DECHETS REÇUS PAR L'ETABLISSEMENT

La liste des déchets provenant d'Installations Classées pour la Protection de l'Environnement pouvant être admis sur le site est reprise en annexe II du présent arrêté.
L'acceptation de tout autre déchet d'Installations Classées pour la Protection de l'Environnement ne figurant pas en annexe II du présent arrêté est interdite sur le site.
Il est interdit d'entreposer sur le site des explosifs, munitions, tout engins ou parties d'engins, matériels de guerre.
Lorsque dans les déchets reçus, il est découvert des engins, parties d'engins, ou matériels de guerre, des objets suspects ou des lots présumés d'origine dangereuse, il est fait appel sans délai à l'un des services suivants :

- Service de déminage d'Arras,
- Service des munitions des Armées (Terre, Air, Marine),
- Gendarmerie Nationale ou tout autre établissement habilité en exécution d'un contrat de vente ou de neutralisation.

L'adresse et le numéro de téléphone sont affichés dans le bureau du préposé responsable du site.
Toute manipulation d'explosifs, munitions, engins ou parties d'engins et matériels de guerre ainsi que des objets suspects et corps creux est effectuée conformément aux prescriptions réglementaires en vigueur.

Article 5.1.8.1. Conditions d'acceptation des déchets de métaux ferreux et non ferreux provenant d'Installations Classées pour la Protection de l'Environnement

5.1.8.1.1 Information préalable

Avant d'admettre un déchet de métaux ferreux ou non ferreux dans ses installations, l'exploitant doit demander au producteur du déchet une information préalable. Cette information précise pour chaque type de déchet destiné à être traité :

- la provenance, l'identité et l'adresse exacte du producteur,
- les opérations de traitement préalable éventuellement réalisées sur le déchet,
- la composition chimique principale du déchet,
- les modalités de la collecte et de la livraison,
- toute autre information pertinente pour caractériser le déchet.

Cette fiche d'identification et d'information indique les précautions de manutention et de stockage des déchets.

L'exploitant peut, au vu de cette information préalable, solliciter des informations complémentaires sur le déchet dont l'admission est sollicitée, ou refuser, s'il le souhaite, d'accepter le déchet en question.

5.1.8.1.2 Certificat d'acceptation du déchet

L'exploitant se prononce au vu des informations communiquées en application de l'article 5.1.8.1.1 par le producteur ou le détenteur et éventuellement sur la base d'analyses pertinentes réalisées par ces derniers, lui-même ou tout laboratoire compétent, sur sa capacité à accepter le déchet en question dans les conditions fixées par le présent arrêté. Il délivre à cet effet soit un certificat d'acceptation préalable, soit un avis de refus de prise en charge.

Le certificat d'acceptation préalable consigne les informations contenues dans l'information préalable à l'admission.

Un déchet ne peut être admis dans l'installation qu'après délivrance par l'exploitant au producteur d'un certificat d'acceptation préalable. Cette acceptation préalable a une validité d'un an. L'ensemble des acceptations préalables adressées pour les déchets admis sur un site fait l'objet d'un registre chronologique détaillé qui est tenu à la disposition de l'Inspection des Installations Classées.

L'exploitant tient en permanence à jour et à la disposition de l'Inspection des Installations Classées le recueil des informations préalables qui lui ont été adressées et précise dans ce recueil les raisons pour lesquelles il a refusé l'admission du déchet.

5.1.8.1.3 Réception des déchets et contrôles d'admission

L'exploitant établit une procédure écrite et rédige des consignes définissant les modalités de réception des déchets. Cette procédure et ces consignes sont régulièrement tenues à jour et mises à disposition de l'inspection des installations classées.

Toute livraison de déchets sur le site fait l'objet des contrôles minimaux ci-après.

Le véhicule de livraison est mis en attente et le chargement n'est réceptionné qu'une fois les contrôles effectués et les analyses jugées conformes aux prescriptions du présent arrêté.

Pour chaque véhicule apportant des déchets, l'exploitant renseigne le registre des admissions prévu à l'article 5.1.8.3 0.

En cas de non-conformité avec les données figurant sur l'information préalable ou le certificat d'acceptation préalable, et avec les règles d'admission dans l'installation, le chargement doit être refusé.

Dans ce cas, l'Inspection des Installations Classées est prévenue sans délai.

A cet effet, l'exploitant précise par écrit la nature (code nomenclature et désignation en clair et complète), les origines industrielles et géographiques du déchet en cause (nom et adresse du producteur), l'identité du transporteur et le motif du refus.

Toute livraison de déchets fait l'objet d'au moins tous les contrôles suivants à l'entrée du site :
- vérification de l'existence d'un certificat d'acceptation préalable ;
- vérification de la conformité au certificat d'acceptation préalable ;
- nature, quantité (pesée), origine ;
- vérification de la compatibilité avec les déchets déjà stockés ;
- contrôle de non radioactivité du chargement à l'entrée du site ;
- contrôle visuel à l'entrée et au déchargement, et notamment sur la présence de déchets autres que des métaux ferreux et non ferreux ;
- le cas échéant, présence d'un bordereau de suivi établi en application des dispositions de l'arrêté ministériel du 29 juillet 2005 relatif au contrôle des circuits d'élimination des déchets générateurs de nuisances. L'exploitant visera ce bordereau accompagnant chaque livraison ;

Article 5.1.8.2 Registre d'admission et de refus d'admission

L'exploitant tient en permanence à jour et à la disposition de l'Inspection des Installations Classées un registre d'admission où il consigne pour chaque apport de déchets :
- le tonnage et la nature des déchets,
- le lieu de provenance et l'identité du producteur ou, à défaut, du détenteur,
- la date et l'heure de la réception,
- l'identité du transporteur,
- le numéro d'immatriculation du véhicule,
- le résultat, le cas échéant, des contrôles d'admission définis plus haut
- la référence, le cas échéant, du certificat d'acceptation préalable.

L'exploitant tient en permanence à jour et à la disposition de l'Inspection des Installations Classées un registre de refus d'admission où il note toutes les informations disponibles sur la quantité, la nature et la provenance des déchets qu'il n'a pas admis, en précisant les raisons du refus.

L'exploitant reporte également sur le registre d'admission, ou sur un registre complémentaire qui lui est précisément rattaché, les résultats de tous les contrôles effectués sur les déchets admis sur son site.

L'absence de ces informations doit conduire au refus de livraison.

Le registre d'admission ou de refus d'admission est conservé pendant cinq ans.

Article 5.1.8.3 Gestion des déchets radioactifs

Le site est doté d'un portique de détection de la radioactivité implanté conformément aux règles de l'art.

Dès l'accès sur site et avant déchargement, toute arrivée de déchet doit faire l'objet d'un contrôle pour s'assurer de l'absence de radioactivité anormalement émergente par rapport au bruit de fond mesuré.

5.1.8.3.1. En cas de radioactivité détectée sur un convoi de déchets, l'exploitant doit mettre en œuvre les procédures définies dans la circulaire du 30/07/03 relative aux procédures à suivre en cas de déclenchement de portique de détection de radioactivité sur les centres d'enfouissement technique, les centres de traitement par incinération, les sites de récupération de ferrailles et les fonderies.

Un registre permettra de tracer l'ensemble des actions engagées en cas de déclenchement de l'alarme du portique.

5.1.8.3.2. L'exploitant est tenu d'établir des consignes précisant :
- l'exploitation des appareils de détection et de métrologie de la radioactivité,
- la conduite à tenir en cas de dépassement du seuil d'alarme du portique de contrôle de la radioactivité,
- les essais et la maintenance préventive à réaliser pour garantir en permanence le bon fonctionnement des matériels de détection de la radioactivité.

Parallèlement, et pour la bonne application de ces consignes, l'exploitant formera les personnels susceptibles d'intervenir. Cette formation devra porter sur les notions générales de radioactivité et de radioprotection, sur la conduite à tenir en cas de détection de radioactivité et sur la métrologie de la radioactivité.

5.1.8.3.3 L'exploitant doit mettre en place un programme d'essais périodiques et de maintenance préventive apte à assurer la disponibilité permanente de ce système.

En cas d'impossibilité de contrôle de la radioactivité à l'entrée du site, les arrivages de déchets devront cesser.

Article 5.1.8.4 Registre d'opération ou journal

Chaque opération effectuée sur les déchets dans le centre doit être notée sur un carnet de bord tenu à la disposition de l'Inspection des Installations Classées, qui est archivé pendant 5 ans. En particulier, il faut consigner pour chaque déchet réceptionné vers quelles filières d'élimination définitive il a été dirigé en totalité ou en partie.

ARTICLE 5.1.9. EMBALLAGES INDUSTRIELS

Les déchets d'emballages industriels doivent être éliminés dans les conditions des articles R 543-66 à R 543-72 et R 543-74 du code de l'environnement portant application des articles L 541-1 et suivants du code de l'environnement relatifs à l'élimination des déchets et à la récupération des matériaux et relatif, notamment, aux déchets d'emballage dont les détenteurs ne sont pas des ménages (J.O. du 21 juillet 1994).

TITRE 6 - PREVENTION DES NUISANCES SONORES ET DES VIBRATIONS

CHAPITRE 6.1 DISPOSITIONS GENERALES

ARTICLE 6.1.1. AMENAGEMENTS

L'installation est construite, équipée et exploitée de façon que son fonctionnement ne puisse être à l'origine de bruits transmis par voie aérienne ou solidienne, de vibrations mécaniques susceptibles de compromettre la santé ou la sécurité du voisinage ou de constituer une nuisance pour celle-ci.
Les prescriptions de l'arrêté ministériel du 23 janvier 1997 relatif à la limitation des bruits émis dans l'environnement par les installations relevant du livre V – titre I du Code de l'Environnement, ainsi que les règles techniques annexées à la circulaire du 23 juillet 1986 relative aux vibrations mécaniques émises dans l'environnement par les installations classées sont applicables.

ARTICLE 6.1.2. VEHICULES ET ENGINS

Les véhicules de transport, les matériels de manutention et les engins de chantier utilisés à l'intérieur de l'établissement, et susceptibles de constituer une gêne pour le voisinage, sont conformes aux dispositions des articles R 571-1 à R 571-24 du code de l'environnement.

ARTICLE 6.1.3. APPAREILS DE COMMUNICATION

L'usage de tout appareil de communication par voie acoustique (sirènes, avertisseurs, haut-parleurs ...) gênant pour le voisinage est interdit sauf si leur emploi est exceptionnel et réservé à la prévention ou au signalement d'incidents graves ou d'accidents.

CHAPITRE 6.2 NIVEAUX ACOUSTIQUES

ARTICLE 6.2.1. VALEURS LIMITES D'EMERGENCE

Emergence admissible pour la période allant de 7h à 22h, sauf dimanches et jours fériés	Emergence admissible pour la période allant de 22h à 7h, ainsi que les dimanches et jours fériés
5 dB(A)	3 dB(A)

ARTICLE 6.2.2. NIVEAUX LIMITES DE BRUIT

Les niveaux limites de bruit ne doivent pas dépasser en limite de propriété de l'établissement les valeurs suivantes pour les différentes périodes de la journée :

PERIODE DE JOUR Allant de 7h à 22h, (sauf dimanches et jours fériés)	PERIODE DE NUIT Allant de 22h à 7h, (ainsi que dimanches et jours fériés)
60 dB	50

Les émissions sonores dues aux activités des installations ne doivent pas engendrer une émergence supérieure aux valeurs admissibles fixées dans le tableau figurant à l' Article 6.2.1. , dans les zones à émergence réglementée.

CHAPITRE 6.3 VIBRATIONS

En cas d'émissions de vibrations mécaniques gênantes pour le voisinage ainsi que pour la sécurité des biens ou des personnes, les points de contrôle, les valeurs des niveaux limites admissibles ainsi que la mesure des niveaux vibratoires émis seront déterminés suivant les spécifications des règles techniques annexées à la circulaire ministérielle n° 23 du 23 juillet 1986 relative aux vibrations mécaniques émises dans l'environnement par les installations classées.

TITRE 7 - PREVENTION DES RISQUES TECHNOLOGIQUES

CHAPITRE 7.1 PRINCIPES DIRECTEURS

L'exploitant prend toutes les dispositions nécessaires pour prévenir les incidents et accidents susceptibles de concerner les installations et pour en limiter les conséquences. Il organise sous sa responsabilité les mesures appropriées, pour obtenir et maintenir cette prévention des risques, dans les conditions normales d'exploitation, les situations transitoires et dégradées, depuis la construction jusqu'à la remise en état du site après l'exploitation.
Il met en place le dispositif nécessaire pour en obtenir l'application et le maintien ainsi que pour détecter et corriger les écarts éventuels.

CHAPITRE 7.2 CARACTERISATION DES RISQUES

ARTICLE 7.2.1. INVENTAIRE DES SUBSTANCES OU PREPARATIONS DANGEREUSES PRESENTES DANS L'ETABLISSEMENT

L'exploitant doit avoir à sa disposition des documents lui permettant de connaître la nature et les risques des substances et préparations dangereuses présentes dans les installations, en particulier les fiches de données de sécurité prévues par l'article R 231-53 du code du travail.
Les incompatibilités entre les substances et préparations, ainsi que les risques particuliers pouvant découler de leur mise en œuvre dans les installations considérées sont précisés dans ces documents. La conception et l'exploitation des installations en tient compte.

ARTICLE 7.2.2. ZONAGE DES DANGERS INTERNES A L'ETABLISSEMENT

L'exploitant identifie les zones de l'établissement susceptibles d'être à l'origine d'incendie, d'émanations toxiques ou d'explosion de par la présence de substances ou préparations dangereuses stockées ou utilisées ou d'atmosphères nocives ou explosibles pouvant survenir soit de façon permanente ou semi-permanente dans le cadre du fonctionnement normal des installations, soit de manière épisodique avec une faible fréquence et de courte durée.
Ces zones sont matérialisées par des moyens appropriés et reportées sur un plan systématiquement tenu à jour.
La nature exacte du risque (atmosphère potentiellement explosible, etc.) et les consignes à observer sont indiquées à l'entrée de ces zones et en tant que de besoin rappelées à l'intérieur de celles-ci.

CHAPITRE 7.3 INFRASTRUCTURES ET INSTALLATIONS

ARTICLE 7.3.1. ACCES ET CIRCULATION DANS L'ETABLISSEMENT

L'exploitant fixe les règles de circulation applicables à l'intérieur de l'établissement. Les règles sont portées à la connaissance des intéressés par une signalisation adaptée et une information appropriée.
Les voies de circulation et d'accès sont notamment délimitées, maintenues en constant état de propreté et dégagées de tout objet susceptible de gêner le passage. Ces voies sont aménagées pour que les engins des services d'incendie puissent évoluer sans difficulté.
L'établissement est efficacement clôturé sur la totalité de sa périphérie.
La voirie est aménagée en fonction de la fréquentation de pointe escomptée, afin de ne pas perturber la circulation sur la voie publique attenante.
A l'intérieur de l'établissement, une ou plusieurs voies de circulation sont aménagées à partir de l'entrée jusqu'au poste de réception et en direction des aires de dépôt. Les sens de circulation sont clairement indiqués et la vitesse est limitée à 30 km/h.
Une attention particulière doit être apportée aux flux des différentes circulations, l'exploitant doit veiller particulièrement à la sécurité des piétons.

Article 7.3.1.1. Gardiennage et contrôle des accès

Les horaires d'ouverture du site sont de 7h00 à 19h00, du lundi au vendredi; et de 8h00 à 14h00 le samedi.
Toute personne étrangère à l'établissement ne doit pas avoir libre accès aux installations.
L'exploitant prend les dispositions nécessaires au contrôle des accès, ainsi qu'à la connaissance permanente des personnes présentes dans l'établissement.
Le responsable de l'établissement prend toutes dispositions pour que lui-même ou une personne déléguée techniquement compétente en matière de sécurité puisse être alerté et intervenir rapidement sur les lieux en cas de besoin.
En l'absence de personnel, tous les accès seront fermées à clef.
Un système de détection automatique (alarme) est installé au niveau de la métallerie et des bureaux.

Article 7.3.1.2. Caractéristiques minimales des voies

Les voies auront les caractéristiques minimales suivantes :

- largeur de la bande de roulement : 3,50 m ;
- rayon intérieur de giration : 11 m ;

- hauteur libre : 3,50 m ;
- résistance à la charge : 13 tonnes par essieu.

ARTICLE 7.3.2. MATERIELS ET ENGINS DE MANUTENTION

Les matériels et engins de manutention sont entretenus selon les instructions du constructeur et conformément aux règlements en vigueur.

L'entretien et la réparation des engins mobiles sont effectués sur des zones spécialement aménagées et situées à une distance supérieure à 10 m de toute matière combustible.

Les engins de manutention sont contrôlés au moins une fois par an si la fréquence des contrôles n'est pas fixée par une autre réglementation.

En dehors des heures d'exploitation, les engins et matériels de manutention sont remisés soit dans un local spécifique, soit sur une aire matérialisée réservée à cet effet.

Tous les engins d'exploitation du site sont munis d'un extincteur de type ABC.

ARTICLE 7.3.3 BATIMENTS ET LOCAUX

Les bâtiments et locaux sont conçus et aménagés de façon à pouvoir détecter rapidement un départ d'incendie et s'opposer à la propagation d'un incendie.

ARTICLE 7.3.4 INSTALLATIONS ELECTRIQUES – MISE A LA TERRE

Les installations électriques doivent être conçues, réalisées et entretenues conformément à la réglementation du travail et le matériel conforme aux normes européennes et françaises qui lui sont applicables.
La mise à la terre est effectuée suivant les règles de l'art.
Le matériel électrique est entretenu en bon état et reste en permanence conforme en tout point à ses spécifications techniques d'origine.
Les conducteurs sont mis en place de manière à éviter tout court-circuit.
Une vérification de l'ensemble de l'installation électrique est effectuée au minimum une fois par an par un organisme compétent qui mentionnera très explicitement les défectuosités relevées dans son rapport. L'exploitant conservera une trace écrite des éventuelles mesures correctives prises.

ARTICLE 7.3.5 ZONES A ATMOSPHERE EXPLOSIBLE

Les dispositions de l'article 2 de l'arrêté ministériel du 31 mars 1980, portant réglementation des installations électriques des établissements réglementés au titre de la législation sur les installations classées et susceptibles de présenter des risques d'explosion, sont applicables à l'ensemble des zones de risque d'atmosphère explosive de l'installation. Le plan des zones à risques d'explosion est porté à la connaissance de l'organisme chargé de la vérification des installations électriques.
Le matériel électrique mis en service à partir du 1er janvier 1981 est conforme aux dispositions des articles 3 et 4 de l'arrêté ministériel précité.
Les masses métalliques contenant et/ou véhiculant des produits inflammables et explosibles susceptibles d'engendrer des charges électrostatiques sont mises à la terre et reliées par des liaisons équipotentielles.

ARTICLE 7.3.6 PROTECTION CONTRE LA FOUDRE

Les installations sur lesquelles une agression par la foudre peut être à l'origine d'évènements susceptibles de porter gravement atteinte, directement ou indirectement à la sécurité des installations, à la sécurité des personnes ou à la qualité de l'environnement, sont protégées contre la foudre en application de l'arrêté ministériel du 15/01/2008.

CHAPITRE 7.4 GESTION DES OPERATIONS PORTANT SUR DES SUBSTANCES DANGEREUSES

ARTICLE 7.4.1. CONSIGNES D'EXPLOITATION DESTINEES A PREVENIR LES ACCIDENTS

Les opérations comportant des manipulations dangereuses, en raison de leur nature ou de leur proximité avec des installations dangereuses, et la conduite des installations, dont le dysfonctionnement aurait par leur développement des conséquences dommageables pour le voisinage et l'environnement (phases de démarrage et d'arrêt, fonctionnement normal, entretien...) font l'objet de procédures et instructions d'exploitation écrites et contrôlées.
Sont notamment définis : la fréquence de vérification des dispositifs de sécurité, le détail et les modalités des vérifications à effectuer en marche normale, dans les périodes transitoires, lors d'opérations exceptionnelles, à la suite d'un arrêt, après des

travaux de modifications ou d'entretien de façon à vérifier que l'installation reste conforme aux dispositions du présent arrêté et que le procédé est maintenu dans les limites de sûreté définies par l'exploitant ou dans les modes opératoires.

ARTICLE 7.4.2. VERIFICATIONS PERIODIQUES

Les installations, appareils et stockages dans lesquels sont mises en œuvre ou entreposées des substances et préparations dangereuses, ainsi que les divers moyens de secours et d'intervention font l'objet de vérifications périodiques. Il convient, en particulier, de s'assurer du bon fonctionnement de conduite et des dispositifs de sécurité.

ARTICLE 7.4.3. INTERDICTION DE FEUX

Il est interdit d'apporter du feu ou une source d'ignition sous une forme quelconque dans les zones de dangers présentant des risques d'incendie ou d'explosion.

ARTICLE 7.4.4. FORMATION DU PERSONNEL

Outre l'aptitude au poste occupé, les différents opérateurs et intervenants sur le site, y compris le personnel intérimaire, reçoivent une formation sur les risques inhérents des installations, la conduite à tenir en cas d'incident ou accident et, sur la mise en œuvre des moyens d'intervention.

ARTICLE 7.4.5. TRAVAUX D'ENTRETIEN ET DE MAINTENANCE

Tous les travaux d'extension, modification ou maintenance dans les installations ou à proximité des zones à risque inflammable, explosible et toxique sont réalisés sur la base d'un dossier préétabli définissant notamment leur nature, les risques présentés, les conditions de leur intégration au sein des installations ou unités en exploitation et les dispositions de conduite et de surveillance à adopter.

Tous les travaux de réparation ou d'aménagement conduisant à une augmentation des risques (emploi d'une flamme ou d'une source chaude, purge des circuits...) ne peuvent être effectués qu'après délivrance d'un permis de travail et éventuellement d'un permis de feu et en respectant les règles d'une consigne particulière. Le permis de travail et éventuellement le permis de feu et la consigne particulière doivent être établis et visés par l'exploitant ou par la personne qu'il aura nommément désignée.
Lorsque les travaux sont effectués par une entreprise extérieure, le permis de travail et éventuellement le permis de feu et la consigne particulière relative à la sécurité de l'installation, doivent être cosignés par l'exploitant et l'entreprise extérieure ou les personnes qu'ils auront nommément désignées.
Après la fin des travaux et avant la reprise de l'activité, une vérification des installations doit être effectuée par l'exploitant ou son représentant.
Dans le cas de travaux par points chaud, les mesures suivant sont prises :

- Nettoyage de la zone de travail avant le début des travaux ;
- Contrôle de la zone d'opération lors du repli de chantier puis un contrôle ultérieur après la cessation des travaux permettant de vérifier l'absence de feu couvant.

CHAPITRE 7.5 PREVENTION DES POLLUTIONS ACCIDENTELLES

ARTICLE 7.5.1. ORGANISATION DE L'INSTALLATION

Une consigne écrite doit préciser les vérifications à effectuer, en particulier pour s'assurer périodiquement de l'étanchéité des dispositifs de rétention, préalablement à toute remise en service après arrêt d'exploitation, et plus généralement aussi souvent que le justifieront les conditions d'exploitation.
Les vérifications, les opérations d'entretien et de vidange des rétentions doivent être notées sur un registre spécial tenu à la disposition de l'inspection des installations classées.

ARTICLE 7.5.2. ETIQUETAGE DES SUBSTANCES ET PREPARATIONS DANGEREUSES

Les fûts, réservoirs et autres emballages, les récipients fixes de stockage de produits dangereux d'un volume supérieur à 800 l portent de manière très lisible la dénomination exacte de leur contenu, le numéro et le symbole de danger défini dans la réglementation relative à l'étiquetage des substances et préparations chimiques dangereuses.

ARTICLE 7.5.3. RETENTIONS

Tout stockage fixe ou temporaire d'un liquide susceptible de créer une pollution des eaux ou des sols est associé à une capacité de rétention dont le volume est au moins égal à la plus grande des deux valeurs suivantes :

- 100 % de la capacité du plus grand réservoir,
- 50 % de la capacité des réservoirs associés.

Cette disposition n'est pas applicable aux bassins de traitement des eaux résiduaires.
Pour les stockages de récipients de capacité unitaire inférieure ou égale à 250 litres, la capacité de rétention est au moins égale à :

- dans le cas de liquides inflammables, à l'exception des lubrifiants, 50 % de la capacité totale des fûts,
- dans les autres cas, 20 % de la capacité totale des fûts,

- dans tous les cas, 800 l minimum ou égale à la capacité totale lorsque celle-ci est inférieure à 800 l.

La capacité de rétention est étanche aux produits qu'elle pourrait contenir, résiste à l'action physique et chimique des fluides et peut être contrôlée à tout moment. Il en est de même pour son éventuel dispositif d'obturation qui est maintenu fermé en permanence.

ARTICLE 7.5.4. RESERVOIRS

L'étanchéité du réservoir associé à la rétention doit pouvoir être contrôlée à tout moment.
Les matériaux utilisés doivent être adaptés aux produits utilisés de manière, en particulier, à éviter toute réaction parasite dangereuse.

ARTICLE 7.5.5. PROTECTION DES MILIEUX RECEPTEURS

Article 7.5.5.1. Confinement

Toutes mesures sont prises pour recueillir l'ensemble des eaux et écoulements susceptibles d'être pollués lors d'un sinistre, y compris les eaux utilisées pour l'extinction d'un incendie et le refroidissement, afin que celles-ci soient récupérées ou traitées afin de prévenir toute pollution des sols, des égouts, des cours d'eau ou du milieu naturel (utilisation des volumes des canalisations des réseaux, bordures adaptées des parkings, voiries et surfaces extérieures...). Dans le cas d'un confinement externe, les eaux doivent, de manière gravitaire, être collectées puis converger vers une capacité spécifique extérieure au bâtiment.

Les réseaux de collecte des effluents et des eaux pluviales de l'établissement sont équipés d'obturateur de façon à maintenir toute pollution accidentelle, en cas de sinistre, sur le site. Ces dispositifs sont maintenus en état de marche, signalés et actionnables en toutes circonstances localement et à partir d'un poste de commande. Leur entretien et leur mise en fonctionnement sont définis par consigne.

Le volume total minimal nécessaire à ce confinement est égal à 240 m^3. L'exploitant doit pouvoir apporter la preuve que les mesures prises permettent, dans tous les cas, de respecter l'objectif à atteindre (relevé topographique,...).

En cas de confinement sur les voiries, parkings et surfaces extérieures , la hauteur d'eau devra être limitée afin de ne pas entraver l'action et le déploiement des services de secours en cas de sinistre.

Article 7.5.5.2. Gestion des eaux pluviales

Afin d'éviter l'aggravation des phénomènes d'inondation, l'exploitant est capable de tamponner dans un bassin sur son site un événement pluvial décennal (soit 550 m^3) au débit de fuite de 2 l/s/ha grâce à un dispositif installé en sortie de bassin .

CHAPITRE 7.6 MOYENS D'INTERVENTION EN CAS D'ACCIDENT ET ORGANISATION DES SECOURS

ARTICLE 7.6.1. DEFINITION GENERALE DES MOYENS

L'établissement est doté de moyens adaptés aux risques à défendre et répartis en fonction de la localisation des risques identifiés.

ARTICLE 7.6.2. ENTRETIEN DES MOYENS D'INTERVENTION

Ces équipements sont maintenus en bon état, repérés et facilement accessibles.
L'exploitant doit pouvoir justifier, auprès de l'inspection des installations classées, de l'exécution de ces dispositions. Il doit fixer les conditions de maintenance et les conditions d'essais périodiques de ces matériels.
Les dates, les modalités de ces contrôles et les observations constatées doivent être inscrites sur un registre tenu à la disposition des services de la protection civile, d'incendie et de secours et de l'inspection des installations classées.

ARTICLE 7.6.3. RESSOURCES EN EAU ET MOUSSE

L'établissement doit disposer de ses propres moyens de lutte contre l'incendie adaptés aux risques à défendre, et au minimum:

- d'extincteurs en nombre et en qualité adaptés aux risques,
- de 7 Robinets Incendie Armés (RIA) de 33 mm de diamètre nominal (2 dans le bâtiment de stockage des métaux non ferreux, 2 dans la métallerie, un dans le bâtiment de dépollution des VHU, un sur le parc non ferreux, un au niveau de l'antenne relais).

Ces matériels sont conformes à la norme française (N.F.S 61.021) et respectent la règle R5 de l'APSAD. Les matériels doivent comporter la marque NF.A.2P.
Ils sont disposés de telle sorte que toute la surface des installations soit atteinte par 2 jets de lance. S'ils sont placés dans des armoires ou coffrets, ceux-ci doivent être signalés et ne pas comporter de dispositifs de condamnation.
L'alimentation en eau de ces appareils est indépendante des besoins ordinaires de l'établissement.

Le robinet d'incendie armé le plus défavorisé doit avoir une pression au moins égale à 2,5 bars. Cette pression doit pouvoir être contrôlée au moyen d'un manomètre avec robinets à trois voies.

Des moyens spécifiques sont implantés pour combattre un éventuel sinistre au niveau des stockages de pneumatiques et fluides.
L'exploitant élabore et diffuse aux intéressés une procédure d'information des personnels du site et des tiers (voisins, magasin d'antiquité).

Les services de lutte contre l'incendie disposent des moyens suivants (situés hors du rayonnement des 3kw/m^2 – distance des effets et de blessures irréversibles) :

- d'un poteau incendie n° 16 situé face au 63, route de l'Europe, présentant un débit unitaire de 27 m³/h ;
- d'un poteau PI n° 3 situé route de l'Europe, à 350 m du site présentant un débit unitaire de 5 m³/h ;
- d'une réserve d'eau incendie de 240 m^3 de capacité présente sur le site et accessible par tout temps ;
- elle est équipée d'une aire d'aspiration pour les engins d'incendie munie de deux cannes d'aspiration.

Son point d'entrée sera organisé de façon que l'engin puisse pénétrer sur l'aire sans devoir procéder à des manœuvres excessives (conducteur seul, visibilité réduite, ...).

L'aire doit présenter une résistance suffisante pour supporter le stationnement du ou des engins, être établie en pente douce (2%) et être bordée, du côté de l'eau, par un dispositif de sécurité (muret, talus,... de 0,30 m de hauteur) destiné à empêcher que l'engin ne tombe à l'eau tout en permettant l'évacuation de l'eau de ruissellement. Ses dimensions sont telles qu'elles autorisent le positionnement d'un Fourgon Pompe Tonne en long tout en permettant les établissements de tuyaux. En règle générale, elles sont pour un seul engin, de 10 m en longueur et 4 m en largeur, à adapter en fonction de la configuration des lieux et des accès.

Les lignes d'aspiration présentent les caractéristiques suivantes :

- diamètre de 100 mm en matériau résistant à la corrosion
- solidement fixées pour supporter les efforts mécaniques
- de forme la plus régulière et de longueur aussi courte que possible pour minimiser les pertes de charge
- dotées à une extrémité d'une crépine, implantée à 0,50 m du sol d'un demi raccord de 100 mm (à bourrelet métallique) conforme à la norme NF S 61-703 et dont les tenons devront être impérativement positionnés verticalement.
- Implantées de façon telle que les deux demi raccords, distants de 0,50 m au moins et de 1 m au plus, soient utilisables dès la mise en station du véhicule.

La réserve d'eau incendie est signalée et balisée depuis l'entrée du site selon les dispositions de la norme NF S 61 221.

ARTICLE 7.6.4. CONSIGNES DE SECURITE

Sans préjudice des dispositions du code du travail, les modalités d'application des dispositions du présent arrêté sont établies, intégrées dans des procédures générales spécifiques et/ou dans les procédures et instructions de travail, tenues à jour et affichées dans les lieux fréquentés par le personnel.
Ces consignes indiquent notamment :

- l'interdiction d'apporter du feu sous une forme quelconque dans les parties de l'installation qui, en raison des caractéristiques qualitatives et quantitatives des matières mises en œuvre, stockées, utilisées ou produites, sont susceptibles d'être à l'origine d'un sinistre pouvant avoir des conséquences directes ou indirectes sur l'environnement, la sécurité publique ou le maintien en sécurité de l'installation,
- les procédures d'arrêt d'urgence et de mise en sécurité de l'installation (électricité, réseaux de fluides),
- les mesures à prendre en cas de fuite sur un récipient ou une canalisation contenant des substances dangereuses et notamment les conditions d'évacuation des déchets et eaux souillées en cas d'épandage accidentel,
- les moyens d'extinction à utiliser en cas d'incendie,
- la procédure d'alerte avec les numéros de téléphone des services d'incendie et de secours,
- la procédure permettant, en cas de lutte contre un incendie, d'isoler le site afin de prévenir tout transfert de pollution vers le milieu récepteur.

Un plan schématique conforme à la norme NFS 60303 relative aux plans et consignes de protection contre l'incendie est affiché sur un support fixe et inaltérable à l'entrée du site pour faciliter l'intervention des sapeurs-pompiers.
Doivent figurer sur ce plan, l'emplacement:

- des divers risques particuliers,
- du stockage des fluides,
- des organes de coupure des sources d'énergie,
- des moyens d'extinction et d'alerte.

Le robinet d'incendie armé le plus défavorisé doit avoir une pression au moins égale à 2,5 bars. Cette pression doit pouvoir être contrôlée au moyen d'un manomètre avec robinets à trois voies.

Des moyens spécifiques sont implantés pour combattre un éventuel sinistre au niveau des stockages de pneumatiques et fluides.
L'exploitant élabore et diffuse aux intéressés une procédure d'information des personnels du site et des tiers (voisins, magasin d'antiquité).

Les services de lutte contre l'incendie disposent des moyens suivants (situés hors du rayonnement des 3kw/m^2 – distance des effets et de blessures irréversibles) :

- d'un poteau incendie n° 16 situé face au 63, route de l'Europe, présentant un débit unitaire de 27 m³/h ;
- d'un poteau PI n° 3 situé route de l'Europe, à 350 m du site présentant un débit unitaire de 5 m³/h ;
- d'une réserve d'eau incendie de 240 m^3 de capacité présente sur le site et accessible par tout temps ;
- elle est équipée d'une aire d'aspiration pour les engins d'incendie munie de deux cannes d'aspiration.

Son point d'entrée sera organisé de façon que l'engin puisse pénétrer sur l'aire sans devoir procéder à des manœuvres excessives (conducteur seul, visibilité réduite, ...).

L'aire doit présenter une résistance suffisante pour supporter le stationnement du ou des engins, être établie en pente douce (2%) et être bordée, du côté de l'eau, par un dispositif de sécurité (muret, talus,... de 0,30 m de hauteur) destiné à empêcher que l'engin ne tombe à l'eau tout en permettant l'évacuation de l'eau de ruissellement. Ses dimensions sont telles qu'elles autorisent le positionnement d'un Fourgon Pompe Tonne en long tout en permettant les établissements de tuyaux. En règle générale, elles sont pour un seul engin, de 10 m en longueur et 4 m en largeur, à adapter en fonction de la configuration des lieux et des accès.

Les lignes d'aspiration présentent les caractéristiques suivantes :

- diamètre de 100 mm en matériau résistant à la corrosion
- solidement fixées pour supporter les efforts mécaniques
- de forme la plus régulière et de longueur aussi courte que possible pour minimiser les pertes de charge
- dotées à une extrémité d'une crépine, implantée à 0,50 m du sol d'un demi raccord de 100 mm (à bourrelet métallique) conforme à la norme NF S 61-703 et dont les tenons devront être impérativement positionnés verticalement.
- Implantées de façon telle que les deux demi raccords, distants de 0,50 m au moins et de 1 m au plus, soient utilisables dès la mise en station du véhicule.

La réserve d'eau incendie est signalée et balisée depuis l'entrée du site selon les dispositions de la norme NF S 61 221.

ARTICLE 7.6.4. CONSIGNES DE SECURITE

Sans préjudice des dispositions du code du travail, les modalités d'application des dispositions du présent arrêté sont établies, intégrées dans des procédures générales spécifiques et/ou dans les procédures et instructions de travail, tenues à jour et affichées dans les lieux fréquentés par le personnel.
Ces consignes indiquent notamment :

- l'interdiction d'apporter du feu sous une forme quelconque dans les parties de l'installation qui, en raison des caractéristiques qualitatives et quantitatives des matières mises en œuvre, stockées, utilisées ou produites, sont susceptibles d'être à l'origine d'un sinistre pouvant avoir des conséquences directes ou indirectes sur l'environnement, la sécurité publique ou le maintien en sécurité de l'installation,
- les procédures d'arrêt d'urgence et de mise en sécurité de l'installation (électricité, réseaux de fluides),
- les mesures à prendre en cas de fuite sur un récipient ou une canalisation contenant des substances dangereuses et notamment les conditions d'évacuation des déchets et eaux souillées en cas d'épandage accidentel,
- les moyens d'extinction à utiliser en cas d'incendie,
- la procédure d'alerte avec les numéros de téléphone des services d'incendie et de secours,
- la procédure permettant, en cas de lutte contre un incendie, d'isoler le site afin de prévenir tout transfert de pollution vers le milieu récepteur.

Un plan schématique conforme à la norme NFS 60303 relative aux plans et consignes de protection contre l'incendie est affiché sur un support fixe et inaltérable à l'entrée du site pour faciliter l'intervention des sapeurs-pompiers.
Doivent figurer sur ce plan, l'emplacement:

- des divers risques particuliers,
- du stockage des fluides,
- des organes de coupure des sources d'énergie,
- des moyens d'extinction et d'alerte.

- fiabilité : classe RE 300 (300 cycles de mise en sécurité). Les exutoires bifonction sont soumis à 10 000 cycles d'ouverture en position d'aération ;
- la classification de la surcharge neige à l'ouverture est SL. 250 (25 daN/m^2) pour des altitudes inférieures ou égales à 400 m et SL 500 (50 daN/m^2) pour des altitudes supérieures à 400 m et inférieures ou égales à 800 m. La classe SL 0 est utilisable si la région d'implantation n'est pas susceptible d'être enneigée ou si des dispositions constructives empêchent l'accumulation de la neige. Au-dessus de 800 m, les exutoires sont de la classe SL 500 et installés avec des dispositions constructives empêchant l'accumulation de la neige ;
- classe de température ambiante T0 (0 °C) ;
- classe d'exposition à la chaleur HE 300 (300 °C).

Des amenées d'air frais, d'une surface libre égale à la surface géométrique d'ouverture de l'ensemble des dispositifs d'évacuation du plus grand canton de chaque cellule, seront réalisées cellule par cellule.

Accessibilité
L'installation est à une hauteur supérieure à 8 mètres par rapport à cette voie. En cas de local fermé, une des façades est équipée d'ouvrants permettant le passage de sauveteurs équipés.
Ventilation
Sans préjudice des dispositions du code du travail et en phase normale de fonctionnement, les locaux sont convenablement ventilés pour éviter tout risque d'atmosphère explosive ou toxique. Le débouché à l'atmosphère de la ventilation est placé aussi loin que possible des immeubles habités ou occupés par des tiers et des bouches d'aspiration d'air extérieur, et à une hauteur suffisante compte tenu de la hauteur des bâtiments environnants afin de favoriser la dispersion des gaz rejetés et au minimum à 1 mètre au-dessus du faîtage.

La forme du conduit d'évacuation, notamment dans la partie la plus proche du débouché à l'atmosphère, est conçue de manière à favoriser au maximum l'ascension et la dispersion des éventuels gaz de combustion dans l'atmosphère (par exemple l'utilisation de chapeaux est interdite).

Rétention des aires et locaux de travail
Les DEEE sont stockés et désassemblés dans un bâtiment couvert (bâtiment de stockage stock jaune).
Le sol de ce bâtiment est étanche et également équipé de façon à pouvoir recueillir les eaux de lavage et les produits répandus accidentellement.

Pour cela un seuil surélevé par rapport au niveau du sol ou tout dispositif équivalent les sépare de l'extérieur ou d'autres aires ou locaux.

ARTICLE 8.1.2. EXPLOITATION – ENTRETIEN

Surveillance de l'exploitation
L'exploitation se fait sous la surveillance, directe ou indirecte, d'une personne nommément désignée par l'exploitant et ayant une connaissance de la conduite de l'installation et des dangers et inconvénients des produits utilisés ou stockés et des équipements électriques et électroniques au rebut présents dans l'installation.

Admission des équipements électriques et électroniques mis au rebut
Elle se fait dans le respect des dispositions de l'article 5.1.8.2.

L'exploitant fixe les critères d'admission dans son installation des équipements électriques et électroniques mis au rebut et les consigne dans un document tenu à disposition de l'inspection des installations classées.

L'exploitant a à sa disposition des documents lui permettant de connaître la nature et les risques que peuvent représenter les équipements électriques et électroniques au rebut admis dans l'installation. Il s'appuie, pour cela, notamment sur la documentation prévue à l'article R. 543-178 du code de l'environnement. En particulier, l'exploitant dispose des fiches de données de sécurité prévues par l'article R. 231-53 du code du travail pour au minimum les substances réputées contenues dans les équipements électriques et électroniques admis.
Toute admission d'équipements électriques et électroniques mis au rebut fait l'objet d'un contrôle visuel pour s'assurer de leur conformité aux critères mentionnés au premier alinéa du présent article.

Entreposage des équipements électriques et électroniques mis au rebut
L'entreposage des équipements électriques et électroniques est réalisé de façon à faciliter l'intervention des moyens de secours en cas d'incendie. L'exploitant fixe en particulier la hauteur maximale d'entreposage de ces équipements de manière à assurer la stabilité de ces stockages.

La présence de matières dangereuses ou combustibles dans les zones de transit, regroupement, tri, désassemblage ou remise en état des équipements électriques et électroniques mis au rebut est limitée aux nécessités de l'exploitation. A ce titre notamment, les bouteilles de gaz liquéfié équipant des équipements tels que cuisinières ou radiateurs sont retirées avant qu'ils ne soient introduits dans un endroit non ouvert en permanence sur l'extérieur.

L'exploitant tient à jour un état indiquant la nature et la quantité des équipements au rebut susceptibles d'être présents, les quantités de déchets spécifiques issus du désassemblage de ces équipements susceptibles d'être présents auquel est annexé un plan général des zones d'entreposage. Cet état est tenu à la disposition de l'inspection des installations classées et des services d'incendie et de secours.

Prévention des pollutions accidentelles

Des dispositions sont prises pour qu'il ne puisse pas y avoir en cas d'accident (rupture de récipient, cuvette, etc.) déversement de matières dangereuses dans les égouts publics ou le milieu naturel.

Des consignes particulières sont préparées et portées à la connaissance du personnel pour le nettoyage de certains produits spécifiques éventuellement répandus ou dispersés (notamment de l'amiante, du PCB et du mercure), précisant les moyens de protection et de nettoyage à utiliser dans de tels cas.

Dans le cas où des tubes fluorescents ou lampes sont régulièrement présents en quantité supérieure à 5 m^3, un produit adapté au blocage chimique du mercure qui serait dispersé en cas de bris massif (par exemple du fait de la chute d'une caisse conteneur) est disponible sur place et le personnel formé à son utilisation. Le nettoyage dans de tels cas est effectué mécaniquement, l'utilisation d'aspirateurs est interdite.

Cas particulier des fluides frigorigènes
Toutes dispositions sont prises pour éviter le rejet à l'atmosphère des fluides frigorigènes halogénés contenus dans des équipements de production de froid, y compris de façon accidentelle lors de la manipulation de ces équipements.
Le dégazage du circuit réfrigérant de ces équipements est interdit.

Devenir des équipements électriques et électroniques mis au rebut
Les équipements électriques et électroniques mis au rebut ou les sous-ensembles issus de ces équipements, s'ils ne font pas l'objet de réemploi, sont envoyés dans des installations appliquant les dispositions de l'arrêté du 23 novembre 2005 susvisé ou remis aux personnes tenues de les reprendre en application des articles R. 543-188 et R. 543-195 du code de l'environnement susvisé ou aux organismes auxquels ces personnes ont transféré leurs obligations.
Pour les équipements électriques et électroniques ou sous-ensembles issus de ces équipements expédiés de l'installation qui ne sont pas des déchets dangereux, l'exploitant tient à jour un registre mentionnant :

1. La désignation des équipements électriques et électroniques mis au rebut ou sous-ensembles issus de ces équipements sortant de l'installation, le cas échéant leur catégorie au sens de l'article R. 543-172 du code de l'environnement et, le cas échéant, leur code indiqué à l'annexe II de l'article R. 541-8 du code de l'environnement

2. La date d'expédition des équipements ou sous-ensembles,

3. Le tonnage des équipements ou sous-ensembles expédiés,

4. Le cas échéant, le numéro du ou des bordereaux de suivi de déchets,

5. Le nom et l'adresse du destinataire et, le cas échéant, son numéro SIRET et si les équipements électriques et électroniques ou sous-ensembles issus de ces équipements sont destinés à être traités, le nom et l'adresse de l'installation de traitement et, le cas échéant, son numéro SIRET,

6. Le nom et l'adresse du transporteur et, le cas échéant, son numéro SIREN et son numéro de récépissé de déclaration d'activité de transport par route déposée en application de l'article R. 541-50 du code de l'environnement.

Déchets spécifiques issus du désassemblage des DEE
Les équipements de froid ayant des mousses isolantes contenant des substances visées à l'article R. 543-75 du code de l'environnement sont éliminés dans un centre de traitement équipé pour le traitement de ces mousses et autorisé à cet effet.

En cas de désassemblage ou de remise en état des équipements, les piles et batteries sont séparées des autres pièces. Les accumulateurs au plomb, autres accumulateurs (notamment cadmium nickel) et les autres piles font l'objet d'un tri en vue de leur expédition vers une installation d'élimination autorisée.

Les condensateurs et autres pièces susceptibles de contenir des PCB sont séparés dans un bac étanche spécialement affecté et marqué, et leur élimination est faite dans une installation de destruction autorisée. Leur quantité maximale présente dans l'installation est inférieure à 1 000 kg.

Les tubes cathodiques issus du désassemblage sont entreposés dans un bac spécialement affecté et marqué, et leur élimination est faite dans une installation de destruction autorisée respectant les conditions de l'arrêté du 23 novembre 2005 susvisé.

Les contacteurs et autres instruments ou pièces contenant du mercure sont séparés et stockés dans un endroit évitant leur casse. Leur élimination est faite dans une installation de destruction autorisée assurant au minimum la séparation du mercure. Leur quantité maximale présente dans l'installation est inférieure à 20 kg.

Les tubes fluorescents, lampes basse énergie et autres lampes spéciales autres qu'à incandescence sont stockés et manipulés dans des conditions permettant d'en éviter le bris, et leur élimination est faite dans une installation de destruction autorisée respectant les conditions de l'arrêté du 23 novembre 2005 susvisé ou remis aux personnes tenues de les reprendre en application des articles R. 543-188 et R. 543-195 du code de l'environnement ou aux organismes auxquels ces personnes ont transféré leurs obligations.

Dans le cas d'un épandage accidentel de mercure, l'ensemble des déchets collectés est rassemblé dans un contenant assurant l'étanchéité et pourvu de l'étiquette adéquate, pour être éliminé dans un centre de traitement des déchets mercuriels.

TITRE 9 - SURVEILLANCE DES EMISSIONS ET DE LEURS EFFETS

CHAPITRE 9.1 PROGRAMME D'AUTO SURVEILLANCE

ARTICLE 9.1.1. PRINCIPE ET OBJECTIFS DU PROGRAMME D'AUTO SURVEILLANCE

Afin de maîtriser les émissions de ses installations et de suivre leurs effets sur l'environnement, l'exploitant définit et met en œuvre sous sa responsabilité un programme de surveillance de ses émissions et de leurs effets dit programme d'auto surveillance. L'exploitant adapte et actualise la nature et la fréquence de cette surveillance pour tenir compte des évolutions de ses installations, de leurs performances par rapport aux obligations réglementaires, et de leurs effets sur l'environnement L'exploitant décrit dans un document tenu à la disposition de l'inspection des installations classées les modalités de mesures et de mise en œuvre de son programme de surveillance, y compris les modalités de transmission à l'inspection des installations classées.

Les articles suivants définissent le contenu minimum de ce programme en terme de nature de mesure, de paramètres et de fréquence pour les différentes émissions et pour la surveillance des effets sur l'environnement, ainsi que de fréquence de transmission des données d'auto surveillance.

CHAPITRE 9.2 MODALITES D'EXERCICE ET CONTENU DE L'AUTO SURVEILLANCE

ARTICLE 9.2.1. RELEVE DES PRELEVEMENTS D'EAU

L'installation de prélèvement d'eau de surface est munie d'un dispositif de mesure totalisateur.
Ce dispositif est relevé trimestriellement.
Les résultats sont portés sur un registre.

ARTICLE 9.2.2. AUTO SURVEILLANCE DES DECHETS

L'exploitant tient à disposition de l'Inspection des Installations Classées un récapitulatif des types de déchets produits et reçus, les quantités et les filières d'élimination retenues.

L'exploitant utilisera pour ses déclarations la codification réglementaire en vigueur.

ARTICLE 9.2.3. AUTO SURVEILLANCE DES NIVEAUX SONORES

Article 9.2.3.1. Mesures périodiques

Une mesure de la situation acoustique est effectuée dans le mois qui suit la signature du présent arrêté préfectoral puis tous les 3 ans par un organisme ou une personne qualifié dont le choix sera communiqué préalablement à l'inspection des installations classées. Ce contrôle sera effectué indépendamment des contrôles ultérieurs que l'inspection des installations classées pourra demander.

CHAPITRE 9.3 SUIVI, INTERPRETATION ET DIFFUSION DES RESULTATS

ARTICLE 9.3.1. ACTIONS CORRECTIVES

L'exploitant suit les résultats des mesures qu'il réalise en application du CHAPITRE 9.2, notamment celles de son programme d'auto surveillance, les analyse et les interprète. Il prend le cas échéant les actions correctives appropriées lorsque des résultats font présager des risques ou inconvénients pour l'environnement ou d'écart par rapport au respect des valeurs réglementaires relatives aux émissions de ses installations ou de leurs effets sur l'environnement.

ARTICLE 9.3.2. TRANSMISSION DES RESULTATS DE L'AUTO SURVEILLANCE DES DECHETS

Les justificatifs évoqués à l' Article 9.2.2. doivent être conservés cinq ans.

ARTICLE 9.3.3. ANALYSE ET TRANSMISSION DES RESULTATS DES MESURES DE NIVEAUX SONORES

Les résultats des mesures réalisées en application du CHAPITRE 9.2 sont transmis au Préfet dans le mois qui suit leur réception avec les commentaires et propositions éventuelles d'amélioration.

TITRE 10 – NOTIFICATIONS

CHAPITRE 10.1 – NOTIFICATIONS

ARTICLE 10.1 - Le secrétaire général de la préfecture du Nord et le Sous-Préfet de DUNKERQUE sont chargés de l'exécution du présent arrêté qui sera notifié à l'exploitant et dont copie sera adressée aux :

- maire de OOST-CAPPEL,

- directeur régional de l'environnement, de l'aménagement et du logement,

- chefs des services consultés lors de l'instruction de la demande ou concernés par une ou plusieurs dispositions de l'arrêté,

- commissaire-enquêteur.

En vue de l'information des tiers :

- un exemplaire du présent arrêté sera déposé à la mairie d'OOST-CAPPEL et pourra y être consulté ; un extrait de l'arrêté énumérant notamment les prescriptions auxquelles les installations sont soumises sera affiché à la mairie pendant une durée minimum d'un mois ; procès-verbal de l'accomplissement de ces formalités sera dressé par les soins du maire.

- un avis sera inséré par les soins du préfet et aux frais de l'exploitant, dans deux journaux locaux ou régionaux diffusés dans tout le département.

FAIT à LILLE, le 4 JUIN 2012

Le préfet,

Pour le Préfet,
Le Secrétaire Général adjoint

Eric AZOULAY

PREFECTURE DU NORD

P.J.: 4 annexes

ANNEXE I

CAHIER DES CHARGES ANNEXÉ à L'AGRÉMENT N° **PR 5900057 D**

1°/ Dépollution des véhicules hors d'usage.

Afin de réduire toute incidence sur l'environnement, le titulaire est tenu de réaliser les opérations suivantes avant tout autre traitement :

- les batteries et les réservoirs de gaz liquéfiés sont retirés ;
- les composants susceptibles d'exploser sont retirés ou neutralisés ;
- les huiles de carter, les huiles de transmission, les huiles de boîte de vitesse, les huiles hydrauliques, les liquides de refroidissement, antigel et de frein, les fluides de circuits d'air conditionné ainsi que tout autre fluide présent en quantité significative sont retirés à moins qu'ils ne soient nécessaires pour la réutilisation des parties concernées ;
- les composants recensés comme contenant du mercure sont retirés dans la mesure du possible ;
- les éléments mentionnés comme devant être démontés dans l'arrêté pris en application du I de l'article R.318-10 du code de la route et qui ont été rendus identifiables à cette fin sont retirés.

2°/ Opérations visant à favoriser le réemploi, le recyclage et la valorisation.

Le titulaire retire les éléments suivants du véhicule :

- pots catalytiques ;
- composants métalliques contenant du cuivre, de l'aluminium, du magnésium ;
- pneumatiques et composants volumineux en matière plastique (pare-chocs, tableau de bord, récipients de fluides etc.) ;
- verre.

Le titulaire peut mettre en œuvre des conditions alternatives qui assurent au moins un niveau équivalent de protection de l'environnement. Il peut ainsi ne pas retirer ces éléments s'ils sont séparés lors ou à l'issue du broyage ou du découpage dans des conditions qui permettent leur recyclage en tant que matériaux.

Les opérations de stockage sont effectuées en veillant à ne pas endommager les composants et éléments valorisables ou contenant des fluides et les pièces de rechange.

3°/ Traçabilité.

Le titulaire est tenu de se conformer aux dispositions de l'article R.322-9 du code de la route lorsque le véhicule est pris en charge pour destruction.

Il est tenu de ne remettre les véhicules hors d'usage qu'à un broyeur agréé ou à toute autre installation de valorisation ou d'élimination autorisée à cet effet et assurant un traitement similaire dans un autre Etat, dès lors que le transfert transfrontalier des véhicules hors d'usage s'est effectué dans le respect des dispositions du règlement (CEE) n°259/93 du 1er février 1993 concernant la surveillance et le contrôle des transferts de déchets à l'intérieur, à l'entrée et à la sortie de la communauté européenne.

Les conditions de transfert entre le démolisseur agréé et le broyeur agréé doivent permettre la traçabilité de ces véhicules.

Le titulaire est tenu de délivrer au broyeur qui prend en charge le véhicule hors d'usage après traitement un exemplaire du récépissé de prise en charge pour destruction.

4°/ Réemploi.

Le titulaire est tenu de contrôler l'état des composants et éléments démontés en vue de leur réemploi et d'assurer, le cas échéant, leur traçabilité par l'apposition d'un marquage approprié, lorsqu'il est techniquement possible. Les pièces de réemploi peuvent être mises sur le marché sous réserve de respecter les réglementations spécifiques régissant la sécurité de ces pièces ou, à défaut, l'obligation générale de sécurité définie par l'article L.221-1 du Code de la Consommation.

5°/ Dispositions relatives au déchets (si elles ne figurent pas dans déjà dans l'arrêté d'autorisation).

Le titulaire élimine les déchets conformément aux dispositions des titres Ier et IV du livre V du code de l'environnement.

6°/ Communication d'information.

Le titulaire est tenu de communiquer chaque année au préfet du département dans lequel l'installation est exploitée et à l'agence de l'environnement et de la maîtrise de l'énergie, le cas échéant sous forme électronique, la déclaration prévue par l'arrêté du 19 janvier 2005 susvisé:

7°/ Contrôle par un organisme tiers.

Le titulaire fait procéder chaque année par un organisme tiers à une vérification de la conformité de son installation aux dispositions de son arrêté préfectoral et aux dispositions du présent cahier des charges. L'organisme tiers est accrédité pour un des référentiels suivants :

vérification de l'enregistrement dans le cadre du systèmes communautaire de management environnemental et d'audit (EMAS) défini par le règlement (CE) n°761/2001 du Parlement européen et du Conseil du 19 mars 2001 ou certification d'un système de management environnemental conforme à la norme internationale ISO 14001 ;

certification de service selon le référentiel « traitement et valorisation des véhicules hors d'usage et de leurs composants » déposé par SGS Qualicert

certification de service selon le référentiel CERTIREC concernant les entreprises du recyclage déposé par le BVQI.

Les résultats de cette vérification sont transmis au préfet du département dans lequel se situe l'installation.

ANNEXE II

Code Déchet	description
10 09 06	Noyaux et moules de fonderie n'ayant pas subi la coulée autres que ceux visés à la rubrique 10 09 05
10 09 08	Noyaux et moules de fonderie ayant pas subi la coulée autres que ceux visés à la rubrique 10 09 07
10 10 06	Noyaux et moules de fonderie n'ayant pas subi la coulée autres que ceux visés à la rubrique 10 10 05
10 10 08	Noyaux et moules de fonderie ayant pas subi la coulée autres que ceux visés à la rubrique 10 09 07
12 01 01	Limailles et chutes de métaux ferreux provenant de la mise en forme et du traitement physique et mécanique de surface des métaux et matières plastiques
12 01 03	Limailles et chutes de métaux non ferreux provenant de la mise en forme et du traitement physique et mécanique de surface des métaux et matières plastiques
12 01 17	Déchets de grenaillage autres que ceux visés à la rubrique 12 01 16 provenant de la mise en forme et du traitement physique et mécanique de surface des métaux et matières plastiques
12 01 21	Déchets de meulages et matériaux de meulage autres que ceux visés à la rubrique 12.01.20 provenant de la mise en forme et du traitement physique et mécanique de surface des métaux et matières plastiques
15 01 04	Emballages métalliques
16 01 04	Véhicules hors d'usage de différents moyens de transport et déchets provenant du démontage de VHU et de l'entretien des véhicules
16 01 06	Véhicules hors d'usage ne contenant ni liquides, ni autres composants dangereux de différents moyens de transport et déchets provenant du démontage de VHU et de l'entretien des véhicules
16 01 17	Métaux ferreux provenant du démontage de véhicules hors d'usage et de l'entretien des véhicules
16 01 18	Métaux non ferreux provenant du démontage de véhicules hors d'usage et de l'entretien des véhicules
16 02 10*	Condensateurs de machines à laver susceptibles de contenir des PCB
16 02 13*	Accumulateurs Ni-Cd
16 02 14	Equipements mis au rebut autres que ceux visés aux rubriques 16 02 09 à 16 02 13
16 06 01*	Accumulateurs au plomb
16 08 01	Catalyseurs usés contenant de l'or, de l'argent, du rhénium, du rhodium, du palladium, de l'iridium ou du platine (sauf rubrique 16 08 07*)
17 04 01	Métaux: Cuivre, bronze, laiton provenant de la construction ou de la démolition
17 04 02	Métaux: aluminium provenant de la construction ou de la démolition
17 04 03	Métaux: plomb provenant de la construction ou de la démolition
17 04 04	Métaux: zinc provenant de la construction ou de la démolition
17 04 05	Métaux: fer et acier provenant de la construction ou de la démolition
17 04 06	Métaux: étain provenant de la construction ou de la démolition
17 04 07	Métaux en mélange provenant de la construction ou de la démolition
17 04 11	Métaux: câbles autres que ceux visés à la rubrique 17 04 10 provenant de la construction ou de la démolition
19 01 02	Déchets de déferraillage des machefers
19 10 01	Déchets de fer ou d'acier provenant du broyage de déchets
19 10 02	Déchets de métaux non ferreux provenant du broyage de déchets
19 12 02	Déchets de métaux ferreux provenant du traitement mécanique des déchets (tri, broyage, compactage...)
19 12 03	Déchets de métaux non ferreux provenant du traitement mécanique des déchets (tri, broyage, compactage...)
20 01 35*	Equipements électriques et électroniques mis au rebut contenant des composés dangereux, autres que ceux visés aux rubriques 20 01 21 et 20 01 23
20 01 36	Equipements électriques et électroniques mis au rebut autres que ceux visés aux rubriques 20 01 21 20 01 23 et 20 01 35
20 01 40	Métaux issus des déchets ménagers municipaux

ANNEXE III: NORMES DE MESURE

Éventuellement, l'analyse de certains paramètres pourra exiger le recours à des méthodes non explicitement visées ci-dessous.
En cas de modification des méthodes normalisées, les nouvelles dispositions sont applicables dans un délai de 6 mois suivant la publication.

POUR LES EAUX :

Échantillonnage

Conservation et manipulation des échantillons	NF EN ISO 5667-3
Établissement des programmes d'échantillonnage	NF EN 25667-1
Techniques d'échantillonnage	NF EN 25667-2

Analyses

pH	NF T 90 008
Couleur	NF EN ISO 7887
Matières en suspension totales	NF EN 872
DBO 5 (1)	NF EN 1899
DCO (1)	NF T 90 101
COT (1)	NF EN 1484
Matières grasses	Matières extractibles à l'éther de pétrole
Azote Kjeldahl	NF EN ISO 25663
Azote global	représente la somme de l'azote mesuré par la méthode Kjeldahl et de l'azote contenu dans les nitrites et les nitrates
Nitrites (N-NO2)	NF EN ISO 10304-1, 10304-2, 13395 et 26777
Nitrates (N-NO3)	NF EN ISO 10304-1, 10304-2, 13395 et FD T 90 045
Azote ammoniacal (N-NH4)	NF T 90 015
Phosphore total	NF EN ISO 6878
Fluorures	NF T 90 004, NF EN ISO 10304-1
CN (aisément libérables)	NF EN ISO 14403
Ag	FD T 90 112, FD T 90 119, ISO 11885
Al	FD T 90 119, ISO 11885, ASTM 8.57.79
As	NF EN ISO 11969, FD T 90 119, NF EN 26595, ISO 11885
Cd	FD T 90 112, FD T 90 119, ISO 11885
Cr	NF EN 1233, FD T 90 112, FD T 90 119, ISO 11885
Cr6	NFT 90043
Cu	NF T 90 022, FD T 90 112, FD T 90 119, ISO 11885
Fe	NF T 90 017, FD T 90 112, ISO 11885
Hg	NF T 90 131, NF T 90 113, NF EN 1483
Mn	NF T 90 024, FD T 90 112, FD T 90 119, ISO 11885
Ni	FD T 90 112, FD T 90 119, ISO 11885
Pb	NF T 90 027, FD T 90 112, FD T 90 119, ISO 11885
Se	FD T 90 119, ISO 11885
Sn	FD T 90 119, ISO 11885
Zn	FD T 90 112, ISO 11885
Indice phénol	XP T 90 109
Hydrocarbures totaux	NF EN ISO 9377-2
Hydrocarbures aromatiques polycycliques (HAP)	NF T 90 115
Hydrocarbures halogénés hautement volatils	NF EN ISO 10301
Halogènes des composés organiques absorbables (AOX)	NF EN 1485

(1) Les analyses doivent être effectuées sur échantillon non décanté

POUR LES DECHETS :

Qualification (solide massif)

Déchet solide massif :	XP 30- 417 et XP X 31-212
Normes de lixiviation	
Pour des déchets solides massifs	XP X 31-211
Pour les déchets non massifs	X 30 402-2
Autres normes	
Siccité	NF ISO 11465

POUR LES GAZ

Émissions de sources fixes :

Débit	ISO 10780
O_2	FD X 20 377
Poussières	NF X 44 052 puis NF EN 13284-1*
CO	NF X 43 300 et NF X 43 012
SO_2	ISO 11632
HCl	NF EN 1911-1, 1911-2 et 1911-3
HAP	NF X 43 329
Hg	NF EN 13211
Dioxines	NF EN 1948-1, 1948-2 et 1948-3
COVT	*NF X 43 301 puis NF EN 13526 et NF EN 12619. NF EN 13 649 dès février 2003. Des méthodes équivalentes pourront être acceptées*
Odeurs	NF X 43 101, X 43 104 puis NF EN 13725*
Métaux lourds	NF X 43-051
HF	NF X 43 304
NOx	NF X 43 300 et NF X 43 018
N_2O	NF X 43 305

* : dès publication officielle

Qualité de l'air ambiant :

CO	NF X 43 012
SO_2	NF X 43 019 et NF X 43 013
NOx	NF X 43 018 et NF X 43 009
Hydrocarbures totaux	NF X 43 025
Odeurs	NF X 43 101 à X 43 104
Poussières	NF X 43 021 et NF X 43 023 et NF X 43 017
O_3	XP X 43 024
Pb	NF X 43 026 et NF X 43 027

§ 2 ▪ Constitution de garanties financières

3480. Les articles L. 516-1 et R. 516-1, 5° du Code de l'environnement fixent la liste des installations classées soumises à l'obligation de constitution de garanties financières. Les centres VHU et les broyeurs sont soumis à cette obligation, dont le montant est calculé en application des dispositions de l'arrêté du 31 mai 2012 (Arr. 31 mai 2012, NOR : DEVP1223490A : JO, 23 juin). Le montant de la garantie et les modalités de son actualisation sont précisés dans l'arrêté d'autorisation. Un arrêté du 12 février 2015 (modifiant l'arrêté du 31 mai 2012 fixant la liste des installations classées soumises à l'obligation de constitution de garanties financières en application du 5° de l'article R. 516-1 du code de l'environnement, JORF n° 0048 du 26 février 2015 page 3628) repousse l'échéance de constitution des garanties financières des installations de traitement de VHU (rubrique 2712) et des installations de transit, regroupement ou tri de métaux ou de déchets de métaux non dangereux (rubrique 2713) de 2014 à 2019.

Section 5 ▪ Les déchets issus des VHU

3481. Comme cela a été précisé dès le début de ce présent chapitre, les VHU sont des déchets dangereux. A ce titre, ils relèvent de la rubrique n° 16 01 04 de la nomenclature déchets. Les déchets issus des opérations de traitement des VHU sont à distinguer selon la personne qui les produit.

Sous-section 1 ▪ Les déchets produits par les centres VHU

3482. Lors des opérations assurées par les centres VHU, trois types de déchets sont produits : les pièces réutilisables, les pièces destinées au recyclage ou à la valorisation, et les déchets dangereux.

§ 1 ▪ Les pièces réutilisables

3483. Les pièces réutilisables, ou « pièces de réemploi » sont les pièces démontées qui sont revendues en pièces détachées aux concessionnaires ou à l'export (C. envir., art. R. 543-155). L'article R. 543-159 dispose ainsi que « Lorsque cela est techniquement possible, les acteurs économiques mettent en place des systèmes de collecte des pièces usagées qui sont des déchets et sont retirées des voitures particulières et des camionnettes lorsqu'elles sont réparées ».

3484. Pour pouvoir procéder à la réutilisation de ces pièces, des obligations de sécurité (vérification de l'état des pièces vendues ; interdiction au public d'accéder aux véhicules encore non dépollués) et de traçabilité (marquage obligatoire lorsqu'il est possible) doivent être respectées. Seuls les centres VHU agréés sont autorisés à revendre ces pièces (Arr. 2 mai 2012, NOR : DEVP1206435A, ann. I, 3° : JO, 10 mai).

§ 2 ▪ Les pièces destinées au recyclage ou à la valorisation

3485. Les pièces destinées au recyclage ou à la valorisation sont des déchets non dangereux, qui sont traités par matériaux (pneumatiques, pare-brise, pare-chocs, vitrages, fauteuils, pièces métalliques, pièces plastiques et emballages non souillés). Notons qu'à compter du 1er juillet 2013, le verre devra être totalement retiré avant les opérations de broyage, afin de permettre son recyclage.

§ 3 ▪ Les déchets dangereux

3486. La catégorie des déchets dangereux concerne les huiles (cf. Supra Chapitre 1), les solvants usés, les filtres à huile, les liquides de frein et de refroidissement (cf. Supra Chapitre 3), les batteries, les déchets d'équipements électriques et électroniques, les pots catalytiques, etc. Les éléments contenant des PCB, PCT ou du mercure, ayant fait l'objet d'une identification et d'une localisation précises de la part des constructeurs automobiles, sont aussi retirés afin d'être traités séparément. Ces déchets, considérés comme dangereux en raison de leur nature physico-chimique, doivent être extraits des VHU et faire l'objet d'un traitement particulier prévenant tout risque de pollution.

3487. Une fois que les VHU ont été dépollués de ces substances, ils sont considérés comme non dangereux et sont classés dans la rubrique n° 16 01 06 de la liste des déchets.

Sous-section 2 ▪ Les déchets issus des opérations de broyage

3488. Une fois que le centre VHU a réalisé les opérations de prévention, dépollution et réutilisation, il envoie les carcasses de véhicules sur un site de broyage. Sur le site, les carcasses sont identifiées et pesées, avant d'être broyées. Deux types de déchets sont issus de cette opération : les métaux ferreux et non ferreux et les résidus de broyage.

3489. Dans les deux cas, le broyeur ne peut remettre ces déchets qu'à des installations de traitement soumises à la règlementation ICPE ou à des installations autorisées dans des conditions similaires dans un autre Etat de l'Union européenne, sous réserve de respecter les dispositions du règlement européen n° 1013/2006 concernant les transferts de déchets (Circ. 27 août 2012, NOR : DEVP1232541C : BO min. Écologie n° 2012/18, 10 oct.).

§ 1 ▪ Métaux ferreux et non ferreux

3490. En ce qui concerne les métaux ferreux, il s'agit des déchets issus de la carrosserie, des armatures des fauteuils et des pots d'échappement classiques. Ils font l'objet d'un taux de valorisation de près de 100 %.

Les métaux non ferreux sont surtout constitués d'aluminium, qui est le plus recyclé des non ferreux.

§ 2 ■ Résidus de broyage

3491. Les résidus de broyage comprennent des métaux non ferreux mélangés à du plastique et à du caoutchouc. Ils doivent être stockés ou repris par des installations de flottation qui en extraient les matières valorisables destinées à alimenter les filières de recyclage et de valorisation.

3492. Ces installations procèdent à une séparation des matières par flottation : suite à l'adjonction d'un liquide particulier, un tri est effectué entre les matières qui coulent et celles qui flottent.

Section 6 ■ Les obligations d'information et de communication

Sous-section 1 ■ Obligations à la charge des producteurs

§ 1 ■ Déclarations annuelles

3493. Il incombe aux producteurs d'effectuer chaque année une déclaration auprès du ministre de l'Environnement (C. envir., art. R. 543-166). Cette déclaration, préparée en liaison avec les autres professionnels de la filière (entreprises d'assurance automobile, centres VHU et broyeurs agréés), comporte les données techniques et économiques relatives :

- à la mise sur le marché des véhicules ;
- à la reprise et à la gestion des VHU ;
- à la réutilisation, au recyclage et aux autres formes de valorisation de leurs composants et matériaux.

Elle doit être faite le 31 mars de l'année en cours pour l'année civile précédente et peut s'effectuer, le cas échéant, sous forme électronique (Arr. 19 janv. 2005, NOR : DEVP0540045A, art. 1 : JO, 5 févr.).

3494. Par ailleurs, une commission de suivi des filières de traitement des VHU est prévue par l'article R. 543-170 du Code de l'environnement : composée de représentants de l'administration et des opérateurs économiques, elle veille au bon fonctionnement des filières de traitement des VHU, et établit un bilan annuel sur leur fonctionnement (Arr. 22 août 2013 : JO, 3 sept. et la décision du18 déc. 2013: BO min. Écologie n° 2013/24, 10 janv. 2014). Si cela est nécessaire, elle peut proposer aux pouvoirs publics toute modification utile de leur organisation. Les producteurs (ou leurs groupements) ont l'obligation de communiquer annuellement les informations relatives à leurs réseaux à cette commission, afin qu'elle puisse établir un rapport destiné à être rendu public.

§ 2 ■ Information des centres VHU

3495. Les producteurs ont également l'obligation de fournir aux centres VHU, pour chaque type de véhicule neuf réceptionné au niveau national ou communautaire, les informations concernant son démontage : il s'agit de toutes les informations nécessaires à la mise en œuvre d'un traitement approprié et compatible avec l'environnement des VHU (C. envir., art. R. 543-155).

3496. Elles ont donc trait :
- aux conditions de démontage et de dépollution du véhicule ;
- à ses différents composants et matériaux ;
- à l'emplacement des substances dangereuses présentes dans le véhicule.
Ces informations doivent être communiquées dans les six mois de la réception du véhicule (C. envir., art. R. 543-167).

3497. De même, les producteurs des composants utilisés dans les véhicules tiennent à la disposition des centres VHU les informations concernant à la fois les conditions de démontage, et celles concernant le stockage et le contrôle des composants réutilisables (C. envir., art. R. 543-167). La mise à disposition des informations se fait sous forme de manuels, de CD ROM ou de services en ligne.

§ 3 ■ Information du public

3498. Enfin, en vertu de l'article R. 543-169 du Code de l'environnement, les producteurs doivent dans leur bilan annuel d'activité, dans la documentation promotionnelle publiée lors de la mise sur le marché des nouveaux véhicules ou dans tout autre document destiné au public, communiquer :
- les actions entreprises au stade de la construction des véhicules afin de limiter l'utilisation de substances dangereuses, de faciliter le démontage et la dépollution des VHU, ainsi que la réutilisation et la valorisation de leurs composants et matériaux, et de limiter la production de déchets nocifs ;
- le pourcentage de matériaux recyclés intégrés aux véhicules, ainsi que les actions engagées pour accroître la part de ces matériaux ;
- les informations relatives à l'application de l'article R. 543-160 du Code de l'environnement relatif aux objectifs de réutilisation, recyclage et valorisation (cf. infra).

Sous-section 2 ■ Obligations à la charge des centres VHU et des broyeurs

§ 1 ■ Déclaration annuelle

3499. Les centres VHU et les broyeurs sont également astreints à une obligation de communication d'informations au ministre de l'Environnement, en application des articles R. 543-164 et R. 543-165 du Code de l'environnement.

3500. Ces informations concernent :
- les informations sur les modalités juridiques et financières de prise en charge des VHU ainsi que sur les conditions techniques, juridiques, économiques et financières dans lesquelles ils exercent leurs activités ;
- le nombre et le tonnage de VHU pris en charge ;
- le nombre et le tonnage de VHU remis, directement ou via d'autres centres VHU agréés, aux broyeurs agréés ;
- le tonnage de produits ou déchets issus du traitement des VHU remis à des tiers ;

- les taux de réutilisation et recyclage et réutilisation et valorisation atteints par l'opérateur ;
- pour les broyeurs, les résultats de l'évaluation (qu'ils doivent réaliser au moins tous les trois ans) de la performance de leur processus industriel de traitement des résidus de broyage issus de VHU en distinguant, le cas échéant, les opérations réalisées en aval de leur installation.

3501. Ces informations doivent également être transmises à l'ADEME et à l'observatoire de la filière des VHU (qui assure le suivi des données déclaratives, des éléments d'expertise relatifs aux flux de VHU, de la mise en place de la filière et de la réalisation des objectifs de valorisation), afin de permettre de mesurer le nombre de VHU traités annuellement et de contribuer au calcul des taux de réutilisation, de recyclage et de valorisation des VHU. L'observatoire de la filière des VHU présente chaque année un rapport réalisé grâce à ces informations.

§ 2 ▪ Information du public

3502. Enfin, les centres VHU et les broyeurs informent le public (C. envir., art. R. 543-168) sur :

- le traitement des VHU, notamment en ce qui concerne leur dépollution et leur démontage ;
- le développement et l'optimisation des méthodes de réutilisation, de recyclage et de valorisation des composants et matériaux des VHU ;
- les progrès réalisés dans la réduction des quantités de déchets à éliminer et l'augmentation du taux de réutilisation et de valorisation ;
- les méthodes de traçabilité des composants réutilisés.

Section 7 ▪ La soumission à la TGAP

Sous-section 1 ▪ La TGAP due au titre de l'exploitation d'une installation classée

§ 1 ▪ Principe

3503. Sur le principe de la TGAP et son montant, on renverra le lecteur aux sections précédentes.

§ 2 ▪ Activités concernées

3504. Il ressort de la lecture combinée des dispositions du Code des douanes et de celles de l'annexe I de l'article R. 511-9 du Code de l'environnement qu'en matière de VHU, les rubriques concernées par la TGAP sont les rubriques n° 2718 et n° 2791 de la nomenclature ICPE.

3505. En effet, en ce qui concerne les installations de transit, regroupement ou tri de déchets dangereux(rubrique n° 2718), seules celles étant susceptibles de contenir une quantité de déchets supérieure ou égale à 1 tonne sont soumises à la TGAP :
- un coefficient multiplicateur de 6 s'applique lorsque la quantité de déchets susceptible d'être présente est supérieure ou égale à 50 tonnes ;
- un coefficient de 3 s'applique lorsque la quantité de déchets susceptible d'être présente est supérieure ou égale à 1 tonne et inférieure à 50 tonnes.

3506. En ce qui concerne les installations de traitement de déchets non dangereux (rubrique n° 2791) :
- lorsque la capacité de traitement est supérieure ou égale à 50 tonnes par jour, on applique un coefficient multiplicateur de 6 ;
- lorsqu'elle est supérieure ou égale à 10 tonnes par jour et inférieure à 50 tonnes par jour, le coefficient multiplicateur est de 3 ;
- lorsqu'elle est inférieure à 10 tonnes par jour, l'installation n'est pas soumise à la TGAP.

Sous-section 2 ▪ La TGAP due au titre du stockage de déchets

3507. Les VHU étant visés par la liste de l'annexe II de l'article R. 541-8 du Code de l'environnement, sous la rubrique n° 16 01 04, il s'agit de déchets dangereux soumis à la TGAP au sens du droit fiscal.
Nous renverrons le lecteur aux sections précédentes en ce qui concerne les modalités de déclaration et de calcul.

FOCUS
EXEMPLE D'AGRÉMENT D'UN CENTRE DE TRAITEMENT DE VÉHICULES HORS D'USAGE

Liberté • Égalité • Fraternité
RÉPUBLIQUE FRANÇAISE

PRÉFET DE LA SOMME

Préfecture de la Somme

Direction des Affaires Juridiques
et de l'Administration Locale

Bureau de l'Administration
Générale et de l'Utilité Publique

Installations Classées pour la Protection de l'Environnement
Société S.A.R.L.

ARRETE DU 13 FEV. 2013
Le Préfet de la région Picardie
Préfet de la Somme
Officier de la Légion d'Honneur
Officier dans l'Ordre National du Mérite

Vu le code de l'environnement et notamment les titres 1er des Livres V de ses parties législatives et réglementaires relatifs aux Installations Classées pour la Protection de l'Environnement ;

Vu la loi n° 2000-321 du 12 avril 2000 relative aux droits des citoyens dans leurs relations avec les administrations ;

Vu le décret n° 2004-374 du 29 avril 2004 relatif aux pouvoirs des préfets, à l'organisation et à l'action des services de l'État dans les régions et départements ;

Vu le décret du 1er août 2012 nommant M. Jean François CORDET Préfet de la Région Picardie, Préfet de la Somme ;

Vu le décret du 2 juillet 2012 nommant M. Jean-Charles GERAY, secrétaire général de la préfecture de la Somme;

Vu l'arrêté préfectoral du 27 août 2012 portant délégation de signature à Monsieur Jean Charles GERAY, Secrétaire Général de la préfecture de la Somme ;

Vu l'arrêté ministériel du 15 mars 2005 relatif aux agréments des exploitants des installations de stockage, de dépollution, de démontage, de découpage ou de broyage des véhicules hors d'usage ;

Vu l'arrêté ministériel du 31 janvier 2008 relatif au registre et à la déclaration annuelle des émissions polluantes et des déchets ;

Vu l'arrêté ministériel du 30 juin 2008 relatif à la délivrance des attestations de capacité aux opérateurs prévus à l'article R.543-99 du Code de l'Environnement ;

Vu l'arrêté ministériel du 02 mai 2012 relatif aux agréments des exploitants des installations de stockage, de dépollution, de démontage, de découpage ou de broyage des véhicules hors d'usage ;

Vu l'arrêté préfectoral du 20 mars 1991 autorisant la société S.A.R.L. à exploiter un chantier de démolition de véhicules automobiles ;

Vu l'arrêté préfectoral d'agrément n°PR 80 00008 D du 17 octobre 2006 portant agrément de la société S.A.R.L. pour l'activité de dépollution et de démontage de Véhicules Hors d'Usage ;

Vu la demande de renouvellement d'agrément présentée le 23 mai 2012 par la société S.A.R.L. Auto Démolition Picarde ;

http://www.somme.pref.gouv.fr

Vu la lettre de demande de compléments de l'Inspection des Installations Classées en date du 27 juillet 2012 ;

Vu les compléments apportés le 10 janvier 2013 par la société S.A.R.L. à la demande de renouvellement d'agrément ;

Vu le rapport et les propositions en date du 14 janvier 2013 de l'Inspection des Installations Classées ;

Vu l'avis en date du 28 janvier 2013, du CODERST au cours duquel le demandeur a eu la possibilité d'être entendu;

Vu le projet d'arrêté complémentaire porté le 6 février 2013 à la connaissance du demandeur ;

Vu le courrier en date du 8 février 2013, par lequel l'exploitant indique n'avoir aucune observation à formuler concernant ce projet d'arrêté ;

Considérant que la demande d'agrément présentée par la société S.A.R.L. comporte l'ensemble des renseignements demandés par les arrêtés ministériels des 15 mars 2005 et 02 mai 2012 ;

Considérant que la société S.A.R.L. s'engage, dans le cadre de la demande de renouvellement d'agrément, à respecter les obligations du cahier des charges mentionnées en annexe I de l'arrêté ministériel du 2 mai 2012 ;

Sur proposition du Secrétaire général de la préfecture ;

ARRETE

ARTICLE 1ER - EXPLOITANT TITULAIRE

La société S.A.R.L. est tenue de se conformer aux prescriptions définies par les articles suivants.

ARTICLE 2 – ARRETE PREFECTORAL COMPLEMENTAIRE DU 17 OCTOBRE 2006

L'arrêté préfectoral complémentaire du 17 octobre 2006 est abrogé.

ARTICLE 3 – ARRETE PREFECTORAL AUTORISATION DU 20 MARS 1991

L'article 25.3 de l'arrêté préfectoral du 20 mars 1991 est remplacé, comme il suit :

« Les pneumatiques usagés sont entreposés dans des conditions propres à prévenir le risque d'incendie. La quantité totale entreposée est limitée à 50 m^3. Le dépôt est à plus de 10 mètres de tout bâtiment. ».

ARTICLE 4 – AGREMENT

Article 4.1 Durée de l'agrément

La société S.A.R.L. est agréée pour effectuer la dépollution et le démontage des véhicules hors d'usage sur son site situé L'agrément est délivré sous le numéro PR pour une durée de six ans à compter de la date de notification du présent arrêté.

Article 4.2 Cahier des charges

La société S.A.R.L. est tenue de respecter, pour son activité de dépollution et le démontage de véhicules hors d'usage les obligations mentionnées dans le cahier des charges joint en annexe 1 du présent arrêté.

Article 4.3 Affichage de l'agrément

La société S.A.R.L. est tenue d'afficher de façon visible à l'entrée de son installation son numéro d'agrément et la date de fin de validité de celui-ci.

Article 4.4 Déclaration annuelle des émissions polluantes

La société S.A.R.L. transmet au plus tard le 31 mars de chaque année, par voie électronique à l'Inspection des Installations Classées, une déclaration annuelle des émissions polluantes (GEREP).

http://www.somme.pref.gouv.fr

Article 4.5 Vérification de la conformité par un organisme tiers

La société S.A.R.L. transmet tous les ans à Monsieur le Préfet de la Somme les résultats de la vérification de la conformité par un organisme tiers ainsi qu'une copie du récépissé délivré par l'Agence de l'Environnement et de la Maîtrise d'Énergie (ADEME).

La fourniture de ce récépissé est une des conditions nécessaires au maintien de l'agrément préfectoral.

ARTICLE 5 - DELAIS ET VOIES DE RECOURS

Le présent arrêté est soumis à un contentieux de pleine juridiction.

Il peut être déféré au Tribunal Administratif d'Amiens :

1° par les demandeurs ou exploitants, dans un délai de deux mois à compter de la date à laquelle la décision leur a été notifiée

2° par les tiers, personnes physiques ou morales, les communes intéressées ou leurs groupements, en raison des inconvénients ou des dangers que le fonctionnement de l'installation présente pour les intérêts visés aux articles L. 211-1 et L. 511-1, dans un délai d'un an à compter de la publication ou de l'affichage de ces décisions.

Les tiers qui n'ont acquis ou pris à bail des immeubles ou n'ont élevé des constructions dans le voisinage d'une installation classée que postérieurement à l'affichage ou à la publication de l'arrêté autorisant l'ouverture de cette installation ou atténuant les prescriptions primitives ne sont pas recevables à déférer ledit arrêté à la juridiction administrative.

ARTICLE 6 : PUBLICITE

Un extrait du présent arrêté sera affiché à la mairie pendant une durée minimale d'un mois avec mention de la possibilité pour les tiers de consulter sur place ou à la Préfecture de la Somme, le texte des prescriptions. Un procès-verbal de l'accomplissement de cette formalité sera dressé par les soins du maire.

Le même extrait sera affiché en permanence de façon visible dans l'installation par les soins de bénéficiaire de l'autorisation.

Un avis sera inséré, par les soins du Préfet, et aux frais de l'exploitant, dans deux journaux locaux ou régionaux, diffusés dans tout le département.

ARTICLE 7

Le Secrétaire Général de la Préfecture, le maire le Directeur Régional de l'Environnement, de l'Aménagement et du Logement et l'Inspecteur des Installations Classées, sont chargés, chacun en ce qui le concerne, de l'exécution du présent arrêté qui sera notifié à la société S.A.R.L. et dont une copie sera adressée aux services suivants :

- Direction Départementale des Territoires et de la Mer de la Somme,
- Agence Régionale de Santé
- Direction Régionale des Entreprises, de la Concurrence, de la Consommation, du Travail et de l'Emploi
- Service Départemental de l'Architecture et du Patrimoine de la Somme,
- Direction Départementale des Services d'Incendie et de Secours de la Somme,
- Bureau Interministériel Régional de Défense et de Sécurité Civiles,
- Agence de l'eau Artois Picardie.

Amiens le 13 FEV. 2013
Pour le préfet et par délégation
Le secrétaire général

Jean-Charles GERAY

http://www.somme.pref.gouv.fr

ANNEXE I : CAHIER DES CHARGES JOINT À L'AGRÉMENT DE LA SOCIETE S.A.R.L.

Conformément à l'article R. 543-164 du code de l'environnement :

1°Les opérations de dépollution suivantes sont réalisées avant tout autre traitement du véhicule hors d'usage :

- les batteries, les pots catalytiques et les réservoirs de gaz liquéfiés sont retirés ;
- les éléments filtrants contenant des fluides, comme, par exemple, les filtres à huiles et les filtres à carburants, sont retirés à moins qu'ils ne soient nécessaires pour la réutilisation du moteur ;
- les composants susceptibles d'exploser, y compris les airbags et les prétensionneurs sont retirés ou neutralisés ;
- les carburants, les huiles de carters, les huiles de transmission, les huiles de boîtes de vitesse, les huiles hydrauliques, les liquides de refroidissement, les liquides antigel et les liquides de freins ainsi que tout autre fluide présent dans le véhicule hors d'usage sont retirés, et stockés séparément le cas échéant, notamment en vue d'être collectés, à moins qu'ils ne soient nécessaires pour la réutilisation des parties de véhicule concernées ;
- le retrait, la récupération et le stockage de l'intégralité des fluides frigorigènes sont obligatoires en vue de leur traitement ;
- les filtres et les condensateurs contenant des polychlorobiphényles (PCB) et des polychloroterphényles (PCT) sont retirés suivant les indications fournies par les constructeurs automobiles sur la localisation de ces équipements dans les modèles de véhicules concernés de leurs marques ;
- les composants recensés comme contenant du mercure sont retirés suivant les indications fournies par les constructeurs automobiles sur la localisation de ces équipements dans les modèles de véhicules concernés de leurs marques ;
- les pneumatiques sont démontés de manière à préserver leur potentiel de réutilisation ou de valorisation.

2° Les éléments suivants sont extraits du véhicule :

- composants métalliques contenant du cuivre, de l'aluminium, du magnésium sauf si le centre VHU peut justifier que ces composants sont séparés du véhicule par un autre centre VHU ou un broyeur agréé ;
- composants volumineux en matière plastique (pare-chocs, tableaux de bord, récipients de fluides, etc.), sauf si le centre VHU peut justifier que ces composants sont séparés du véhicule par un autre centre VHU ou un broyeur agréé de manière à pouvoir réellement être recyclés en tant que matériaux ;
- verre, sauf si le centre VHU peut justifier qu'il est séparé du véhicule par un autre centre VHU, en totalité à partir du 1er juillet 2013.

3° L'exploitant du centre VHU est tenu de contrôler l'état des composants et éléments démontés en vue de leur réutilisation et d'assurer, le cas échéant, leur traçabilité par l'apposition d'un marquage approprié, lorsqu'il est techniquement possible. Les pièces destinées à la réutilisation peuvent être mises sur le marché sous réserve de respecter les réglementations spécifiques régissant la sécurité de ces pièces ou, à défaut, l'obligation générale de sécurité définie par l'article L. 221-1 du code de la consommation.
La vente aux particuliers de composants à déclenchement pyrotechnique est interdite.

Les opérations de stockage sont effectuées de façon à ne pas endommager les composants et éléments réutilisables ou valorisables, ou contenant des fluides. Seul le personnel du centre VHU est autorisé à accéder aux véhicules hors d'usage avant les opérations de dépollution visées au 1° du présent article.

4° L'exploitant du centre VHU est tenu de ne remettre :

- les véhicules hors d'usage traités préalablement dans ses installations, qu'à un broyeur agréé ou, sous sa responsabilité, à un autre centre VHU agréé ou à toute autre installation de traitement autorisée à cet effet dans un autre État membre de la Communauté européenne, dès lors que le transfert transfrontalier des véhicules hors d'usage est effectué dans le respect des dispositions du règlement n° 1013/2006 du Parlement européen et du Conseil du 14 juin 2006 concernant les transferts de déchets ;
- les déchets issus du traitement des véhicules hors d'usage qu'à des installations respectant les dispositions de l'article R. 543-161 du code de l'environnement.

http://www.somme.pref.gouv.fr

5° L'exploitant du centre VHU est tenu de communiquer chaque année au préfet du département dans lequel l'installation est exploitée, et à l'Agence de l'environnement et de la maîtrise de l'énergie, sous forme électronique à partir de 2013, la déclaration prévue par l'application du 5° de l'article R. 543-164 du code de l'environnement.

Cette déclaration comprend :

a) les informations sur les certifications obtenues notamment dans le domaine de l'environnement, de l'hygiène, de la sécurité, du service et de la qualité ;
b) le nombre et le tonnage des véhicules pris en charge ;
c) l'âge moyen des véhicules pris en charge ;
d) la répartition des véhicules pris en charge par marque et modèle ;
e) le nombre et le tonnage de véhicules hors d'usage préalablement traités remis, directement ou via d'autres centres VHU agréés, à des broyeurs agréés, et répartis par broyeur agréé destinataire ;
f) le tonnage de produits et déchets issus du traitement des véhicules hors d'usage remis à des tiers ;
g) les taux de réutilisation et recyclage et réutilisation et valorisation atteints ;
h) les nom et coordonnées de l'organisme tiers désigné au 15° du présent cahier des charges ;
i) Le cas échéant, le nom du ou des réseau(x) de producteur(s) de véhicules dans lequel s'inscrit le centre VHU.

Lorsqu'un transfert de véhicule(s) hors d'usage est opéré entre deux centres VHU agréés, l'obligation de déclarer au sens du 5° de l'article R. 543-164 pèse sur l'exploitant du premier centre VHU agréé qui a pris en charge le véhicule. Dans ce cas, le deuxième centre VHU agréé a l'obligation de communiquer au premier centre VHU agréé les données nécessaires à ce dernier pour répondre à son obligation de déclarer au sens du 5° de l'article R. 543-164.

La communication de ces informations pour l'année n intervient au plus tard le 31 mars de l'année n +1.

Le contenu de la déclaration est vérifié et validé par l'organisme tiers désigné au 15° du présent cahier des charges avant le 31 août de l'année n + 1. A partir de 2013, l'organisme tiers réalise également une validation en ligne de la déclaration.

L'Agence de l'environnement et de la maîtrise de l'énergie délivre un récépissé de déclaration. La fourniture de ce récépissé est une des conditions nécessaires au maintien de l'agrément préfectoral.

6° L'exploitant du centre VHU doit tenir à la disposition des opérateurs économiques avec lesquels il collabore, ou avec lesquels il souhaite collaborer, ses performances en matière de réutilisation et recyclage et de réutilisation et valorisation des véhicules hors d'usage.

7° L'exploitant du centre VHU doit tenir à la disposition de l'instance définie à l'article R. 543-157-1 les données comptables et financières permettant à cette instance d'évaluer l'équilibre économique de la filière.

8° L'exploitant du centre VHU est tenu de se conformer aux dispositions de l'article R. 322-9 du code de la route lorsque le véhicule est pris en charge pour destruction, et notamment de délivrer au détenteur du véhicule hors d'usage un certificat de destruction au moment de l'achat.

9° L'exploitant du centre VHU est tenu de constituer, le cas échéant, une garantie financière, dans les conditions prévues à l'article L. 516-1 du code de l'environnement.

10° L'exploitant du centre VHU est tenu de se conformer aux dispositions relatives aux sites de traitement et de stockage des véhicules et des fluides, matériaux ou composants extraits de ces véhicules, suivantes :

- les emplacements affectés à l'entreposage des véhicules hors d'usage sont aménagés de façon à empêcher toute pénétration dans le sol des différents liquides que ces véhicules peuvent contenir ;

http://www.somme.pref.gouv.fr

- les emplacements affectés à l'entreposage des véhicules hors d'usage non dépollués sont revêtus, pour les zones appropriées comprenant a minima les zones affectées à l'entreposage des véhicules à risque ainsi que les zones affectées à l'entreposage des véhicules en attente d'expertise par les assureurs, de surfaces imperméables avec dispositif de collecte des fuites, décanteurs et épurateurs-dégraisseurs ;
- les emplacements affectés au démontage et à l'entreposage des moteurs, des pièces susceptibles de contenir des fluides, des pièces métalliques enduites de graisses, des huiles, produits pétroliers, produits chimiques divers sont revêtus de surfaces imperméables, lorsque ces pièces et produits ne sont pas eux-mêmes contenus dans des emballages parfaitement étanches et imperméables, avec dispositif de rétention ;
- les batteries, les filtres et les condensateurs contenant des polychlorobiphényles (PCB) et des polychloroterphényles (PCT) sont entreposés dans des conteneurs appropriés ;
- les fluides extraits des véhicules hors d'usage (carburants, huiles de carters, huiles de boîtes de vitesse, huiles de transmission, huiles hydrauliques, liquides de refroidissement, liquides antigel, liquides de freins, acides de batteries, fluides de circuits d'air conditionné et tout autre fluide contenu dans les véhicules hors d'usage) sont entreposés dans des réservoirs appropriés, le cas échéant séparés, dans des lieux dotés d'un dispositif de rétention ;
- les pneumatiques usagés sont entreposés dans des conditions propres à prévenir le risque d'incendie, à favoriser leur réutilisation, leur recyclage ou leur valorisation, et dans les régions concernées par la dengue et autres maladies infectieuses tropicales, à prévenir le risque de prolifération des moustiques ;
- les eaux issues des emplacements affectés au démontage des moteurs et pièces détachées, mentionnées ci-dessus, y compris les eaux de pluie ou les liquides issus de déversements accidentels, sont récupérées et traitées avant leur rejet dans le milieu naturel, notamment par passage dans un décanteur-déshuileur ou tout autre dispositif d'effet jugé équivalent par l'inspection des installations classées ; le traitement réalisé doit assurer que le rejet des eaux dans le milieu naturel n'entraînera pas de dégradation de celui-ci ;
- le demandeur tient le registre de police défini au chapitre Ier du titre II du livre III de la partie réglementaire du code pénal.

11° En application du 12° de l'article R. 543-164 du code de l'environnement susvisé, l'exploitant du centre VHU est tenu de justifier de l'atteinte d'un taux de réutilisation et de recyclage minimum des matériaux issus des véhicules hors d'usage, en dehors des métaux, des batteries et des fluides issus des opérations de dépollution, de 3,5 % de la masse moyenne des véhicules et d'un taux de réutilisation et de valorisation minimum de 5 % de la masse moyenne des véhicules, y compris par le biais d'une coopération avec d'autres centres VHU agréés.

12° En application du 12° de l'article R. 543-164 du code de l'environnement susvisé, l'exploitant du centre VHU est également tenu de justifier de l'atteinte d'un taux de réutilisation et de recyclage minimum des matériaux issus des véhicules hors d'usage participant à l'atteinte des objectifs fixés à l'article R. 543-160, y compris par le biais d'une coopération avec les autres opérateurs économiques : en particulier, il s'assure que les performances des broyeurs à qui il cède les véhicules hors d'usage qu'il a traités, ajoutées à ses propres performances, permettent l'atteinte des taux mentionnés à l'article R. 543-160 du code de l'environnement.

13° L'exploitant du centre VHU est tenu d'assurer la traçabilité des véhicules hors d'usage, notamment en établissant en trois exemplaires un bordereau de suivi mentionnant les numéros d'ordre des carcasses de véhicules hors d'usage correspondants aux numéros se trouvant dans le livre de police, ainsi que les tonnages associés (modèle en annexe III du présent arrêté). Un exemplaire du bordereau est conservé par le centre VHU, les deux autres exemplaires étant envoyés au broyeur avec le ou les lot(s) de véhicules hors d'usage préalablement traités correspondants.

14° L'exploitant du centre VHU est tenu de disposer de l'attestation de capacité mentionnée à l'article R. 543-99 du code de l'environnement. Cette attestation est de catégorie V conformément à l'annexe I de l'arrêté du 30 juin 2008 susvisé.

http://www.somme.pref.gouv.fr

15° L'exploitant du centre VHU fait procéder chaque année à une vérification de la conformité de son installation aux dispositions du cahier des charges annexé à son agrément par un organisme tiers accrédité pour un des référentiels suivants :

- vérification de l'enregistrement dans le cadre du système communautaire de management environnemental et d'audit (EMAS) défini par le règlement (CE) no 761/2001 du Parlement européen et du Conseil du 19 mars 2001 ou certification d'un système de management environnemental conforme à la norme internationale ISO 14001 ;
- certification de service selon le référentiel « traitement et valorisation des véhicules hors d'usage et de leurs composants » déposé par
- certification de service selon le référentiel CERTIREC concernant les entreprises du recyclage déposé par le Bureau Veritas Certification.

Les résultats de cette vérification sont transmis au préfet du département dans lequel se situe l'installation.

http://www.somme.pref.gouv.fr

Sixième Partie

Fiscalité de l'automobile

Titre 1 ▪ La taxe sur la valeur ajoutée

Par Mathieu Le Tacon, Cabinet Delsol Avocats

▪ Chapitre 1 La vente de véhicule

BIBLIOGRAPHIE

L'Argus de l'assurance.

Articles. - G. Bernier, A. Guérineau, « Fraude à la TVA sur la marge : le quitus vaut décharge », JA février 2015, n° 870, p. 24 - Dossier, « Cartographie de la TVA automobile », JA juin 2013, n° 852, p. 16

Section 1 ▪ L'achat de véhicules neufs

Sous-section 1 ▪ Champ d'application de la TVA

3508. En matière de TVA, il y a lieu de distinguer les opérations dans le champ d'application, qui sont imposables ou exonérées de TVA, et les opérations hors du champ d'application, qui ne sont pas imposables à la TVA. Pour être imposables à la TVA, les opérations doivent être réalisées à titre onéreux par un assujetti. Si ces conditions sont respectées, les opérations d'achat et de vente (voir infra) seront imposables à la TVA (cf. BOI-TVA-CHAMP-10-10-40-10 n°1).

§ 1 ▪ Notion d'assujetti

A ▪ Cas général

3509. L'article 256 du Code général des impôts place dans le champ d'application de la TVA les livraisons de biens effectuées à titre onéreux par un assujetti agissant en tant que tel. Conformément aux dispositions de l'article 9, paragraphe 1, 1er et 2e alinéas de la directive

2006/112/CE du 28 novembre 2006, l'assujetti est défini expressément comme la personne effectuant, de manière indépendante, une activité économique (notamment industrielle ou commerciale).

3510. Les personnes qui agissent de manière indépendante sont celles qui exercent une activité sous leur propre responsabilité et jouissent d'une totale liberté dans l'organisation et l'exécution des travaux qu'elle comporte.

Sont notamment réputées agir d'une manière indépendante les personnes qui exercent une activité professionnelle en vertu :

- d'un contrat d'entreprise : convention par laquelle une personne s'engage à faire un ouvrage pour autrui, en conservant son indépendance dans les conditions d'exécution des tâches ;
- d'un contrat de mandat : convention par laquelle une personne s'engage à agir au nom d'une autre qu'elle représente juridiquement.

Les entreprises intervenant dans les opérations d'achat et de vente de véhicules et respectant ces critères seront donc assujetties à la TVA.

3511. A contrario, ne sont pas considérés comme assujettis à la TVA :

- les salariés et les autres personnes qui sont liés par un contrat de travail ou par tout autre rapport juridique créant des liens de subordination en ce qui concerne les conditions de travail, les modalités de rémunération et la responsabilité de l'employeur ;
- les travailleurs à domicile dont les gains sont considérés comme des salaires, lorsqu'ils exercent leur activité dans les conditions prévues par les articles L. 7412-1 du Code du travail, L. 7412-2 du Code du travail et L. 7413-2 du Code du travail.

3512. L'attribution de la qualité d'assujetti est indépendante :

- des buts ou des résultats (CGI, art. 256, I) : peu importe, à cet égard, que les opérations soient effectuées ou non dans un but lucratif ou qu'elles se traduisent par un bénéfice ou une perte ;
- du statut juridique des personnes qui interviennent dans la réalisation des opérations imposables (CGI, art. 256 A) : c'est ainsi que sont normalement assujettis les sociétés en participation, les associations régies par la loi du 1er juillet 1901 qui exercent une activité économique, et les groupements d'intérêt économique ;
- de la situation des personnes imposables au regard des autres impôts (CGI, art. 256 A) : par ailleurs, sauf disposition législative particulière, la TVA peut se cumuler avec un autre impôt (droits indirects, droits de douanes, etc.) ;
- de la forme ou de la nature de l'intervention des personnes imposables (CGI, art. 256 A) : c'est ainsi que sont imposés les échanges, les prêts à la consommation, certains prélèvements ;
- du paiement effectif ou non de la TVA.

3513. Toutefois, l'article 256 A du Code général des impôts ne précise plus que les opérations peuvent être réalisées à titre habituel ou occasionnel. Le caractère habituel implique la réalisation de prestations de services ou de livraisons de biens. En revanche, la personne qui réalise à titre occasionnel une opération économique n'a en principe pas la qualité d'assujetti.

B ▪ Situations particulières

1 ▪ Représentant de commerce

3514. Le représentant de commerce est un intermédiaire lié à une ou plusieurs personnes pour le compte desquelles il prospecte la clientèle, propose ou conclut des achats, des ventes ou des prestations de services sans s'engager personnellement. Le représentant peut être salarié ou avoir la qualité de travailleur indépendant.

3515. Il est considéré comme salarié et n'a donc pas la qualité d'assujetti à la TVA :
- lorsqu'il bénéficie du statut défini par les articles L. 7313-1 et suivants du Code du travail (représentant statutaire). Le représentant statutaire ne doit effectuer aucune opération commerciale pour son compte personnel. Il doit être lié à son employeur par un engagement - écrit ou verbal - déterminant :
  - la nature des marchandises offertes à la vente,
  - la région dans laquelle il doit exercer son activité ou les catégories de clients qu'il est chargé de visiter,
  - le taux de sa rémunération ;
- lorsque, ne remplissant pas les conditions exigées pour bénéficier du statut, il est titulaire d'un contrat de travail et placé dans un état de subordination vis-à-vis de son employeur.

3516. Les rémunérations perçues par les représentants statutaires ou par les représentants titulaires d'un contrat de travail échappent au paiement de la TVA. En revanche, les représentants libres, qui agissent à titre indépendant, entrent dans le champ d'application de la TVA. Les représentants de commerce sollicités dans le cadre des opérations de véhicules seront donc assujettis pour leur propre compte s'ils sont qualifiés de travailleurs indépendants.

2 ▪ Agents commerciaux

3517. Aux termes de l'article L. 134-1, 1er alinéa, du Code de commerce, « l'agent commercial est un mandataire qui, à titre de profession indépendante, sans être lié par un contrat de louage de services, est chargé, de façon permanente, de négocier et, éventuellement, de conclure des contrats de vente, d'achat, de location ou de prestation de services, au nom et pour le compte de producteurs, d'industriels, de commerçants ou d'autres agents commerciaux. Il peut être une personne physique ou une personne morale. » En revanche, les représentants de commerce sont considérés comme des salariés lorsqu'ils réunissent les conditions requises pour bénéficier du statut de représentant (représentants statutaires) ou qu'ils sont seulement liés à leur employeur par un contrat de travail (représentants salariés).

3518. Ces deux professions obéissent donc à des règles qui diffèrent. En effet, les personnes qui ont la qualité de VRP sont liées à leur employeur par un contrat de louage de service, alors que la conclusion d'un tel contrat est incompatible avec la qualité d'agent commercial. Par ailleurs, les agents commerciaux peuvent recruter ou employer, sans autorisation, des sous-agents qu'ils rémunèrent eux-mêmes (ces derniers auront, de leur côté, soit la qualité d'agent commercial, soit celle de VRP), alors qu'un VRP perdrait de ce fait le bénéfice de son statut. De plus, les agents commerciaux peuvent non seulement exercer leur activité vis-à-vis de plusieurs commettants, mais également effectuer des opérations commerciales pour leur propre compte, ce qui est interdit aux VRP puisque ces derniers doivent se consacrer à l'exercice exclusif de leur profession.

3519. Eu égard à leur statut juridique, les agents commerciaux sont, en application des dispositions de l'article 256 A du Code général des impôts, redevables de la TVA pour les opérations qu'ils réalisent en tant que mandataires ou pour leur propre compte. Il a été admis, du point de vue fiscal, que le fait pour une personne d'opérer en qualité d'agent commercial à l'égard de certaines maisons ne lui interdisait pas de se comporter comme représentant, statutaire ou salarié, pour d'autres maisons (CE, 15 janv. 1965, n° 63409, et CE, 6 mars 1970, n° 72022). En conséquence, ces personnes ne sont pas assujetties à la TVA pour les opérations qu'elles réalisent en tant que représentant statutaire ou salarié, et pour ces seules opérations. Dans une telle hypothèse, les intéressés doivent, non seulement ventiler dans leurs déclarations, les différentes rémunérations qu'ils perçoivent, selon leur nature (commissions, salaires, etc.), mais encore conserver à l'appui de leur comptabilité tous documents justifiant cette ventilation.

Le cas échéant, les agents commerciaux intervenant dans les opérations d'achat et de vente de véhicules devront faire application de ces règles pour appliquer la TVA conformément aux principes ainsi définis pas la doctrine administrative.

§ 2 ▪ Opérations d'achat ou de vente imposables à la TVA

A ▪ Cas général

3520. Aux termes du II de l'article 256 du Code général des impôts, est considérée comme livraison d'un bien le transfert du pouvoir de disposer d'un bien corporel comme un propriétaire (cf. BOI-TVA-CHAMP-10-10-40-10 n° 10 et s). Il s'agit des biens corporels, ce qui exclut les biens incorporels (les opérations portant sur les biens incorporels constituent des prestations de services, cf. ci-après l'étude de ces prestations). Les opérations concernées sont celles qui emportent transfert du pouvoir de disposer d'un bien comme un propriétaire. Le transfert de toutes les prérogatives d'un propriétaire (droit d'user, de jouir et de disposer de la chose) constitue, en droit français, un transfert de propriété.

3521. Une livraison de biens n'entre dans le champ d'application de la TVA que si elle est effectuée à titre onéreux, ce qui suppose l'existence d'une contrepartie quelle qu'en soit la nature (somme d'argent, bien livré ou service rendu, etc.) ou la valeur (sous réserve toutefois des régimes spécifiques dans le cadre du système des débours (CGI, art. 267, II-2°) ou des groupements TVA (CGI, art. 261 B)). Il en résulte, notamment, que les livraisons de biens et les prestations de services sont imposables à la TVA même si elles sont effectuées « à prix coûtant ».

B ▪ Opérations spécifiques

3522. Certaines opérations spécifiques sont susceptibles de se présenter pour les professionnels de l'automobile.

Ainsi, est assimilée à une livraison de biens la remise matérielle d'un bien meuble corporel en vertu d'un contrat de location-vente ou de vente à tempérament assorti d'une clause selon laquelle la propriété de ce bien est normalement acquise au détenteur ou à ses ayants-droit au plus tard lors du paiement de la dernière échéance, ou d'un contrat qui comporte une clause de réserve de propriété (CGI, art. 256 II-3-c et d). En pratique, sont visés les contrats de location-vente, de ventes à tempérament assortis d'une clause différant le transfert de propriété jusqu'au paiement intégral du prix et tous contrats de vente assortis d'une clause de réserve de propriété ayant le même effet. Dans ces hypothèses, l'élément regardé comme constitutif de la livraison de bien est la remise matérielle du bien et non le transfert du pouvoir de disposer d'un bien comme un propriétaire.

3523. En revanche, lorsqu'elle intervient en vertu d'un contrat de crédit-bail ou de leasing, la remise d'un bien meuble corporel (en l'occurrence de l'automobile) n'est pas considérée comme une livraison de biens. Le contrat de crédit-bail mobilier ou de « leasing » est un contrat qui s'analyse en une location assortie pour le preneur d'une simple faculté d'achat moyennant un prix convenu qui tient compte, au moins en partie, des versements effectués au titre des loyers. Cette opération est considérée comme une location suivie d'une vente, l'acquéreur n'étant pas nécessairement l'ancien locataire. Ce sont donc les règles applicables à la location puis à la vente qui devront être mises en œuvre.

3524. Lorsque le bien meuble, objet du crédit-bail, est vendu, le propriétaire du bien doit être considéré comme vendant un bien usagé qu'il avait utilisé pour les besoins de son exploitation.

Sont également considérés comme des livraisons de biens corporels :

- le prélèvement de marchandises qu'effectue un associé dès lors qu'il donne lieu à une inscription au débit du compte de l'intéressé ;
- l'échange d'un bien contre un autre bien, opération qui s'analyse globalement en une double vente, ainsi que l'échange d'un bien contre un service.

Sous-section 2 ▪ Territorialité

§ 1 ▪ Principes généraux

3525. Le lieu d'imposition des livraisons de biens meubles corporels est fixé par les articles 258, 258 A et 258 B du Code général des impôts.

A ▪ Livraisons de véhicules en l'état, expédiés ou transportés par le vendeur, par l'acquéreur ou pour leur compte

1 ▪ Lieu de départ de l'expédition ou du transport du véhicule situé en France

3526. Lorsque le bien est expédié ou transporté à partir de la France, le lieu de la livraison est situé en France quel que soit le lieu de destination du bien : France, pays ou territoires tiers, ou autres États membres, en application de l'article 258-I-a du Code général des impôts (BOI-TVA-CHAMP-20-20-10 n° 20)

2 ▪ Lieu de départ de l'expédition ou du transport du véhicule situé hors de France et lieu d'arrivée situé en France

3527. Lorsque le point de départ de l'expédition ou du transport du bien est dans un autre État membre, le lieu de la livraison est situé dans cet État (BOI-TVA-CHAMP-20-20-10 n° 70).

Lorsque le lieu de départ de l'expédition ou du transport du bien se situe en dehors de l'Union européenne, le régime diffère selon que la livraison est ou non effectuée par l'importateur ou pour son compte. Il est précisé qu'en vertu de l'article 291-I du Code général des impôts, l'importation des biens est soumise à la TVA lors de leur passage en douane, sous réserve des cas d'exonération prévus aux II et III du même article.

3528. Conformément aux dispositions du deuxième alinéa de l'article 258-I du Code général des impôts, le lieu de la livraison d'un bien expédié ou transporté dont le point de départ se trouve en dehors de l'Union européenne, est en principe situé en France lorsque la livraison est effectuée par l'importateur ou pour son compte. Le lieu d'une livraison, qui porte sur un bien se trouvant hors du territoire de l'Union européenne lors du départ à destination de l'acquéreur, n'est pas situé en France lorsque cette livraison n'est pas effectuée par l'importateur. Il en est ainsi lorsque la livraison du bien a été effectuée hors de l'Union européenne ou avant dédouanement de la marchandise et que l'acquéreur procède lui-même à l'importation du bien. La taxe demeure exigible au titre de l'importation des marchandises effectuées par l'acquéreur, c'est-à-dire lors du dédouanement de celles-ci (BOI-TVA-CHAMP-20-20-10 n° 150, 12-09-2012).

B ▪ Livraisons de véhicules en l'état ne donnant pas lieu à une expédition ou à un transport

3529. Lorsque le véhicule ne donne pas lieu à une expédition ou à un transport, la livraison est imposable si le bien est situé en France lors de la mise à disposition à l'acquéreur établi ou domicilié en France ou hors de France (CGI, art. 258-I-c).En revanche, la livraison n'est pas imposable en France si le bien est situé à l'étranger lors de cette mise à disposition.

§ 2 ▪ Lieu des acquisitions intracommunautaires de véhicules

3530. Ce lieu est défini par l'article 258 C du Code général des impôts.
Le lieu d'une acquisition intracommunautaire de véhicules, qui est soumise à la TVA en application de l'article 256 bis du Code général des impôts, est réputé se situer en France lorsque les biens se trouvent en France au moment de l'arrivée de l'expédition ou du transport à destination de l'acquéreur (CGI, article 258 C-I).

§ 3 ▪ Autres situations spécifiques

3531. Les livraisons de biens expédiés ou transportés hors de l'Union européenne par le vendeur (le dernier propriétaire des marchandises dans l'Union européenne) ou pour son compte sont en principe exonérées de TVA (CGI, art. 262, I 1° l'). Des situations spécifiques sont néanmoins prévues par les textes comme développé ci-après.

A ▪ Livraisons en France de véhicules automobiles de transit temporaire ou destinés à des diplomates étrangers

3532. Sous réserve de certaines conditions (voir ci-après), les livraisons en France de véhicules automobiles sont assimilées à de telles exportations, et donc exonérées de TVA dans les deux cas suivants (BOI-TVA-CHAMP-30-30-10-10 n° 60, 12-09-2012) :
- ventes à des diplomates étrangers ou à des représentants consulaires ou fonctionnaires étrangers en mission officielle ;
- véhicules immatriculés avec un usage « transit temporaire » (TT) (article 4 de l'arrêté du 9 février 2009 relatif aux modalités d'immatriculation des véhicules) et qui séjournent temporairement en France.

3533. Les véhicules doivent alors être présentés au service des douanes qui les prend en charge et, le cas échéant, perçoit la TVA s'ils font l'objet d'une vente en France. Cette taxe est

perçue sur la valeur du véhicule au jour du dépôt de la déclaration de la mise à la consommation.
L'exonération est subordonnée (CGI, art. 74 de l'annexe III) :
- au respect d'obligations comptables, à savoir l'inscription des opérations dans les livres comptables ou sur le registre prévu au 3° du I de l'article 286 du Code général des impôts ;
- et à la justification de la réalité de l'exportation par la production de la certification électronique validée de la déclaration en douane d'exportation dématérialisé dans le cadre du dispositif communautaire ECS (Export Control System) ou par la procédure de dédouanement papier (hypothèse de défaillance de ce dispositif), ou de l'un des éléments de preuve alternatifs mentionnés par le Code général des impôts (CGI, art. 74 de l'annexe III précité).

3534. Nonobstant l'exonération, les exportateurs peuvent déduire la TVA qui a grevé les éléments du prix des biens imposables exportés :
- soit par imputation sur la taxe due au titre des opérations imposables ;
- soit par remboursement à concurrence de la somme dont l'imputation n'a pu être opérée.
Les exportateurs sont, en outre, autorisés à recevoir en franchise de TVA les biens destinés à l'exportation ainsi que les services portant sur des biens exportés (cf. BOI-TVA-CHAMP-30-30-50 qui indique les conditions et limites à l'application de ce dispositif). Le transfert de crédit n'est pas autorisé.

B ■ Livraison de moyens de transport à des personnes ayant leur résidence principale en France en instance d'affectation à l'étranger ou transférant leur résidence principale vers un pays tiers de la Communauté européenne

1 ■ Présentation de l'exonération

3535. Les personnes ayant leur résidence principale en France ne peuvent en principe pas bénéficier des exonérations de taxe prévues pour les livraisons de biens expédiés ou transportés hors du territoire de la Communauté européenne. Cependant, il est admis que ces personnes puissent acquérir des moyens de transport en exonération de la TVA en cas d'affectation ou de transfert de leur résidence principale vers un pays tiers à la Communauté européenne (BOI-TVA-CHAMP-30-30-10-20 n° 440, 12-09-2012).

3536. Sont ainsi concernées les personnes qui ont leur résidence principale en France mais sont en instance d'affectation à l'étranger ou transfèrent leur résidence principale vers un pays tiers à la Communauté européenne, quelle qu'en soit la raison (déménagement, départ définitif, etc.). Ces personnes peuvent acquérir pour l'exportation un ou deux véhicules automobiles, en exonération de TVA (neufs ou non, utilitaires ou non).

2 ■ Modalités pratiques

3537. Les personnes visées doivent justifier auprès du vendeur de la sortie effective des véhicules du territoire de la Communauté européenne. Ce dernier pourra ainsi établir des factures en exonération de la TVA. A cette fin, les documents suivants doivent être communiqués au vendeur :
- l'exemplaire de la déclaration en douane d'exportation visé par le bureau des douanes du point de sortie de l'Union européenne (le visa du bureau des douanes est lui-même subordonné à la sortie du territoire communautaire avant l'expiration de la validité de l'immatriculation provisoire du véhicule) ;

- une copie du certificat provisoire d'immatriculation WW (prévu à l'article 8 de l'arrêté du 9 février 2009 modifié relatif aux modalités d'immatriculation des véhicules) ;
- la preuve de l'affectation hors de l'Union européenne (déclaration de l'employeur) ou une attestation des autorités administratives du lieu de la nouvelle résidence ou une autorisation provisoire de séjour attestant d'une résidence hors de l'Union européenne.

3538. Dans le cas particulier où des moyens de transport sont acquis à titre occasionnel par une personne résidant en France pour le compte d'un acquéreur établi hors de la Communauté, l'acquéreur résidant en France doit également remettre au vendeur une copie de la procuration établie par l'acquéreur à l'étranger pour l'obtention du certificat provisoire d'immatriculation WW.

Sous-section 3 ■ Base d'imposition

§ 1 ■ Base d'imposition : règles générales

3539. L'article 266-1-a du Code général des impôts précise que la base d'imposition est constituée, pour les livraisons de biens, les prestations de services et les acquisitions intracommunautaires, par toutes les sommes, valeurs, biens ou services reçus ou à recevoir par le fournisseur ou le prestataire en contrepartie de ces opérations, de la part de l'acheteur, du preneur ou d'un tiers, y compris les subventions directement liées au prix de ces opérations.
Outre le prix de base d'une opération imposable, sont également à comprendre dans la base d'imposition, conformément au 2° du I de l'article 267 du Code général des impôts, tous les frais réclamés au client, à des titres divers, et qui peuvent être considérés comme des compléments du prix de base d'une opération (intérêts de transport et d'assurance, etc.).

3540. L'article 267-I du Code général des impôts n'exclut que la seule TVA de la base d'imposition. Il s'ensuit que sont à comprendre dans la base d'imposition, quand bien même ils seraient décomptés à part sur la facture, tous les impôts, droits, taxes et prélèvements de toute nature autres que la TVA.
Selon les dispositions des articles 266-1 du Code général des impôts et 267 du même code, la base d'imposition en matière de livraisons de biens est constituée par toutes les sommes, valeurs, biens ou services, reçus ou à recevoir par le fournisseur en contrepartie de la livraison, les frais accessoires et taxes (à l'exception de la TVA) à la charge du vendeur constituant des éléments de la base d'imposition.

3541. La base d'imposition est déterminée sans qu'il y ait lieu de tenir compte du fait que le prix convenu entre les parties peut se décomposer en versement d'acomptes, du prix principal et du solde (BOI-TVA-BASE-10-20-10 n° 10). Le coût des services accessoires rendus par le fournisseur à la demande de l'acheteur doit être inclus dans la base d'imposition dès lors que ces services sont antérieurs à la livraison des marchandises.

§ 2 ▪ Précisions sur les sommes à inclure dans la base d'imposition

A ▪ Ristournes pour ventes hors zones

3542. Les concessionnaires de marques automobiles ou autres peuvent être amenés à recevoir des ristournes pour ventes « hors zone » correspondant aux ventes réalisées par des confrères à des clients résidant dans leur zone d'activité. Selon la doctrine administrative (BOI-TVA-BASE-10-10-10 n° 570), ces ristournes constituent des profits commerciaux soumis à la TVA au taux normal. En particulier, elles ne sauraient être qualifiées de commissions puisque les concessionnaires qui les reçoivent n'ont fait aucun acte d'entremise et ne sont pas intervenus dans l'exécution des ventes.

B ▪ Intérêts des acomptes sur les ventes

3543. Conformément au Code de la consommation (art. L. 131-1), les vendeurs de choses mobilières, comme les automobiles par exemple, qui exigent de leurs clients le versement d'avances sur le prix, sont tenus au paiement d'un intérêt, au taux légal en matière civile. Cet intérêt, court à l'expiration d'un délai de trois mois à compter du versement de l'avance, et sera déduit du solde à payer par l'acheteur lors de la réalisation de la vente. En matière fiscale, ces intérêts peuvent être assimilés à une remise consentie par le fournisseur et ainsi être déduits pour l'assiette de la TVA (BOI-TVA-BASE-10-10-30 n° 90). L'acheteur, même assujetti, ne devrait donc pas être recherché en paiement de la TVA sur le montant de ces intérêts.

C ▪ Taxes que le vendeur se borne à recouvrer auprès du débiteur légal

3544. Les taxes ou redevances encaissées par un redevable de la TVA ne doivent pas être comprises dans la base d'imposition des opérations au titre desquelles elles sont perçues (BOI-TVA-BASE-10-10-30 n° 420). A cette fin, l'intéressé doit être en mesure de justifier du reversement intégral à la collectivité concernée des sommes encaissées. Sont visées par ces dispositions les droits de timbre sur les certificats d'immatriculation des véhicules à moteur et de la taxe différentielle sur ces véhicules. Les concessionnaires de marque automobile se bornent à recouvrer ces impositions auprès de leurs clients pour le compte du Trésor public. Les revendeurs sont ainsi dispensés d'avoir à justifier de l'existence d'un mandat exprès de la part de leurs clients. Ils doivent par ailleurs comptabiliser à part les sommes en question et les mentionner distinctement, sans taxe, sur les factures délivrées aux acquéreurs (RM M. Ligot, JO AN 11 août 1980, p. 3377, et CGI, art. 289).

D ▪ Primes de volume ou primes d'objectif versées par les constructeurs automobiles au réseau primaire du constructeur

3545. Les constructeurs automobiles peuvent verser des primes « de volume » ou « d'objectifs » en fonction des achats de véhicules effectués, soit directement auprès d'eux, soit par l'intermédiaire de leur réseau, auprès des concessionnaires ou filiales de distribution (BOI-TVA-BASE-10-10-40 n° 30). Le concessionnaire, bénéficiaire de ces sommes, n'a pas à les soumettre à la TVA lorsqu'elles ne constituent pas la contrepartie d'une prestation de services rendue par le concessionnaire au profit du constructeur (CE, 30 déc. 2002, n° 205131, SA Renesson).

3546. Cette situation est celle d'un constructeur qui commercialise ses véhicules par l'intermédiaire de filiales françaises de commercialisation ou de concessionnaires indépendants, qui les achètent en vue de les revendre à des clients. En fonction du volume des achats ou des objectifs de vente réalisés par les concessionnaires et les filiales, le constructeur leur verse périodiquement des primes « de volume » ou « d'objectifs ». Constituent également des rabais les remises « additionnelles » accordées aux concessionnaires lors d'une campagne promotionnelle portant sur un type de véhicule donné. Dans cette hypothèse, le constructeur décide que le client bénéficiera d'une remise, dont il fixe le montant, et alloue dans le même temps une remise additionnelle (en général un pourcentage du montant alloué au client).
Ces primes s'analysent comme des rabais consentis par le constructeur et sont en principe exclus de la base d'imposition (CGI, art. 267-II-1°).
Le constructeur peut procéder à un rabais « TTC » ou à un rabais « net de taxe ».

§ 3 ■ Fait générateur et exigibilité

3547. En vertu du a du 1 de l'article 269 du Code général des impôts, le fait générateur de la TVA intervient, en ce qui concerne les livraisons de biens, lorsque la livraison est effectuée. Par ailleurs, selon le a du 2 de l'article 269 du Code général des impôts, la taxe est exigible pour ces mêmes opérations lors de la réalisation du fait générateur. Il en résulte que, pour les opérations de l'espèce, le fait générateur et l'exigibilité de la TVA sont constitués par le même événement. Le fait générateur se produit lorsqu'intervient le transfert du pouvoir de disposer du bien comme un propriétaire.

3548. Il convient de souligner que le transfert de toutes les prérogatives d'un propriétaire (droit d'user, de jouir et de disposer de la chose) constitue en droit français le transfert de propriété. Ce principe s'applique également à la délivrance d'un bien meuble corporel effectuée en exécution d'un contrat de vente à tempérament ou d'un contrat de location-vente. En revanche, il ne s'applique pas aux livraisons de biens donnant lieu à l'établissement de décomptes ou à des encaissements successifs, pour lesquels la taxe devient exigible lors de l'expiration des périodes auxquelles se rapportent ces décomptes et ces encaissements (BOI-TVA-BASE-20-10 n° 10).

§ 4 ■ Taux de la TVA

Le taux normal est applicable à toutes les opérations pour lesquelles aucun autre taux n'est prévu. Il est fixé à 20 % depuis le 1er janvier 2014 (Loi n° 2012-1510 du 29 décembre 2012, art. 68). Aux termes du 1° a et b de l'article 296 du Code général des impôts, le taux normal de TVA applicable dans les départements de la Guadeloupe, de la Martinique et de la Réunion est de 8,5 % (BOI-TVA-GEO-20-10 n° 10). Ce taux n'a pas été modifié par la loi de finances rectificative pour 2012.

3549. Le taux normal s'applique aux opérations portant sur :
- les voitures automobiles (conçues pour le transport de personnes ou à usage mixte et comportant, outre le siège du conducteur, huit places assises au maximum) ainsi que les véhicules utilitaires ;
- les motocyclettes ainsi que sur les motos-neige et scooters des neiges quelle que soit leur cylindrée (voir BOI-TVA-LIQ-20-10 n° 20).

Pour les véhicules de tourisme d'occasion, le taux est le même quel que soit le mode d'imposition (marge, prix de vente total) et pour les importations et les acquisitions intracommunautaires.

Les commissions et courtages afférents aux ventes de véhicules automobiles d'occasion sont soumis au taux normal, quel que soit le mode d'imposition adopté par le commettant.

Les ventes de camping-cars (« caravanes automotrices ») neufs sont soumises au taux normal sur la totalité du prix.

Sous-section 4 ▪ Déductions de la TVA

§ 1 ▪ Principe général

3550. Les opérations qui permettent de déduire la taxe afférente aux biens et services nécessaires à leur réalisation, s'entendent des livraisons de biens ou des prestations de services effectuées à titre onéreux par un assujetti (BOI-TVA-DED-10-20 n° 1).

Constituent, au premier chef, des opérations ouvrant droit à déduction les livraisons de biens et les prestations de services soumises à la TVA.

Par ailleurs, la taxe qui a grevé une acquisition intracommunautaire est déductible dans les conditions de droit commun (BOI-TVA-DED-10-20 n° 30).

La taxe due sur les opérations assimilées à des acquisitions intracommunautaires est déductible dans les conditions de droit commun.

§ 2 ▪ Exclusions pour les véhicules ou engins de transport de personnes

3551. Selon le 6° du 2 du IV de l'article 206 de l'annexe II au Code général des impôts, sont exclus du droit à déduction les véhicules ou engins, quelle que soit leur nature, conçus pour transporter des personnes ou à usages mixtes, qui constituent une immobilisation ou, dans le cas contraire, qui ne sont pas destinés à être revendus à l'état neuf (BOI-TVA-DED-30-30-20 n° 1).

Il en est de même des éléments constitutifs, des pièces détachées et accessoires de ces véhicules et engins (CGI, ann. II, art. 206-IV-2-7°).

3552. Les biens visés par cette exclusion doivent donc répondre simultanément à deux sortes de critères :

- critère fondé sur les caractéristiques du véhicule ;
- critère fondé sur la destination du véhicule dans l'entreprise.

A ▪ Caractéristiques des véhicules exclus

3553. Il s'agit de véhicules de toute nature conçus pour transporter des personnes ou à usages mixtes : bicyclettes, motocyclettes, véhicules automobiles routiers, bateaux, avions, hélicoptères. Dans le domaine automobile, l'exclusion vise donc notamment tous les véhicules qui sont réceptionnés par le service des Mines comme voitures particulières (conduite intérieure, décapotable, canadienne, commerciale, break, etc.) comme ambulances, autocars ou autobus.

3554. Pour apprécier si un véhicule ou un engin a été conçu pour le transport des personnes ou pour un usage mixte, au sens des dispositions de l'article 206- IV-2-6° de l'annexe II au Code général des impôts, le Conseil d'État a jugé, par un arrêt du 25 novembre 2009 (CE, 25 nov. 2009, n° 319649, 8e et 3e s.-s., min. c/ Sté des Trois Vallées), qu'il y a lieu non pas de se référer aux conditions d'utilisation du véhicule mais de rechercher, compte tenu de ses caractéristiques lors de l'acquisition, l'usage auquel il est normalement destiné. Ainsi, la TVA afférente à l'achat ou à l'aménagement de véhicules non utilitaires (véhicules de tourisme, breaks, etc.) n'est pas déductible.

3555. Toutefois, cette exclusion ne s'applique pas, en ce qui concerne les équipements spéciaux comme les double-commandes, même s'ils sont installés sur de tels véhicules exclus. Il est précisé à cet égard que l'installation de ces équipements s'analyse en une livraison à soi-même d'immobilisations imposables aux taux normal et que la taxe due à raison de cette opération est déductible.

B ▪ Destination des véhicules exclus

3556. Sont exclus du droit à déduction les véhicules dont les caractéristiques sont énumérées ci-dessus et qui constituent des immobilisations pour l'entreprise, comme notamment les voitures particulières utilisées par les entreprises industrielles ou commerciales pour assurer le transport de leur personnel (BOI-TVA-DED-30-30-20 n° 60). En revanche, l'exclusion ne concerne pas les véhicules qui présentent le caractère d'éléments de stock. Les concessionnaires ainsi que tous les négociants opèrent donc dans les conditions normales la déduction de la taxe ayant grevé l'achat de tout véhicule qu'ils destinent à la revente à l'état neuf. C'est le régime de ces entreprises assujetties à la TVA qui est étudié ci-après.

§ 3 ▪ Règles applicables aux garanties complémentaires proposées à l'occasion de ventes automobiles

3557. Des fabricants ou revendeurs automobiles proposent à leurs clients une garantie complémentaire moyennant un prix forfaitaire à payer en supplément du prix de vente du bien. L'acquéreur qui acquitte cette garantie supplémentaire reçoit un certificat de garantie, par lequel le vendeur s'engage à réparer le bien pendant un délai déterminé après la vente, sans versement complémentaire. Le vendeur souscrit parfois une assurance pour couvrir le risque financier lié à cette garantie complémentaire.

A ▪ Situation du vendeur

3558. La garantie complémentaire acquittée par le client en supplément du prix de vente du bien, rémunère forfaitairement un service après vente assuré par le vendeur. Les sommes perçues au titre de cette garantie sont donc imposables à la TVA au taux normal quel que soit le taux applicable à la vente du bien (BOI-TVA-DED-40-40 n° 210). Le vendeur peut déduire la TVA afférente aux dépenses exposées pour la réparation des biens sous garantie. Il en est de même s'il fait appel à une entreprise tierce qui lui facture le prix de la réparation.

3559. La taxe afférente à la réparation est déductible même si celle-ci porte sur un véhicule conçu pour transporter des personnes (voitures de tourisme notamment). L'exclusion du droit à déduction des services afférents aux véhicules conçus pour transporter des personnes n'est en effet pas applicable dans cette situation puisque la réparation n'est pas effectuée sur des véhicules utilisés par l'entreprise pour ses besoins propres mais sur des véhicules qui appartiennent à ses clients (en ce sens arrêt du Conseil d'État du 13 octobre 1986, n° 52 501 « Labo industrie »). Pour se couvrir contre les risques résultant de la garantie complémentaire, le vendeur peut s'assurer auprès d'une compagnie d'assurances. Les indemnités versées par les compagnies d'assurances dans le cadre de ces contrats ne sont pas imposables à la TVA et ne sont pas à prendre en compte pour le calcul du pourcentage de déduction du bénéficiaire.

B ■ Situation du client

3560. Le client peut déduire la TVA facturée par le vendeur au titre de la garantie complémentaire dans les conditions de droit commun et notamment sous réserve des exclusions du droit à déduction. Ainsi la taxe afférente à cette garantie n'est pas déductible si elle concerne un véhicule conçu pour transporter des personnes (Code général des impôts, annexe II, art. 206-IV-2-6° -2-6°).

§ 4 ■ Détermination du montant de taxe déductible

A ■ Situations dans lesquelles la taxe sera intégralement déductible

3561. L'exercice du droit à déduction relatif à un véhicule non exclu du droit à déduction est subordonné au seul respect cumulatif des conditions issues des dispositions de l'article 271 du Code général des impôts selon lesquelles les dépenses doivent :
- être utilisées pour les besoins d'une opération économique réalisée à titre onéreux (opération imposable) ouvrant droit à déduction, sous réserve que ces dépenses ne fassent pas l'objet d'une utilisation privative supérieure à 90 % de leur utilisation totale ou qu'elles ne soient pas visées par une mesure d'exclusion du droit à déduction ;
- être justifiées par une facture comportant l'ensemble des mentions visées à l'article 242 nonies A de l'annexe II au Code général des impôts.

3562. Par ailleurs, l'article 273 du Code général des impôts prévoit que doivent être déterminées les conditions dans lesquelles les assujettis qui ne réalisent pas exclusivement des opérations ouvrant droit à déduction peuvent exercer leurs droits à déduction. Depuis le 1er janvier 2008, les modalités d'exercice du droit à déduction ont été modifiées à la suite du décret n° 2007/566 du 9 mai 2007.

3563. Dorénavant, la TVA supportée par un redevable partiel ayant grevé une dépense d'immobilisation est totalement déductible lorsque le bien en cause est utilisé exclusivement pour la réalisation d'opérations ouvrant droit à déduction. A l'inverse, aucune déduction n'est possible lorsque le bien est utilisé totalement pour la réalisation d'opérations n'ouvrant pas droit à déduction. Enfin, la déduction est opérée de manière forfaitaire dans le cas d'une dépense ayant un caractère mixte, c'est à dire utilisée à la fois pour la réalisation d'opérations ouvrant droit à déduction et d'opérations n'ouvrant pas droit à déduction.

B ■ Situations dans lesquelles la taxe est déductible en partie seulement

3564. En pratique, la taxe déductible propre à chaque bien ou service doit être déterminée en proportion de son « coefficient de déduction », « formule synthétique » tenant compte à la fois de son degré d'utilisation pour des opérations ouvrant droit à déduction et des restrictions éventuelles prévues par la loi ou les dispositions réglementaires (coefficient défini par l'article 205 de l'annexe II au Code général des impôts).

3565. Le coefficient de déduction est défini comme le produit des trois coefficients suivants : le coefficient d'assujettissement, le coefficient de taxation et le coefficient d'admission :
- le coefficient d'assujettissement est défini au II de l'article 206 de l'annexe II au Code général des impôts. Il est égal, pour chaque bien ou service, à la proportion d'utilisation de ce bien ou service à des opérations imposables ;
- le coefficient de taxation est défini au III de l'article 206 de l'annexe II au Code général des impôts . Il traduit le principe selon lequel, au sein des opérations imposables, seule peut être déduite la taxe grevant des biens ou des services utilisés à des opérations ouvrant droit à déduction ;
- lorsqu'un bien ou un service ne fait l'objet d'aucune mesure d'exclusion, son coefficient d'admission est égal à l'unité. Ce coefficient est réduit, éventuellement jusqu'à zéro, lorsque le bien ou le service fait l'objet de mesures d'exclusion (BOI-TVA-DED-20-10-30 n° 10).

§ 5 ▪ Conditions d'exercice du droit à déduction

A ▪ Conditions formelles d'exercice du droit à déduction

3566. La facture ou le document doit, pour l'exercice du droit à déduction et conformément aux dispositions de l'article 286 du Code général des impôts, être un original. La facture ou le document en tenant lieu doit, en application des articles 289- II du Code général des impôts et 242 nonies de l'annexe II au Code général des impôts, mentionner distinctement l'identification des parties et des biens livrés ou des services rendus, la date de l'opération, le total hors taxe par taux d'imposition et la TVA correspondante.

3567. Le droit à déduction de la TVA ne peut être exercé que si la taxe est mentionnée sur une facture (Code général des impôts, art. 271- II-2).
L'existence de la facture mentionnant la TVA ne crée pas en soi le droit à déduction. Ce droit n'existe que dans la mesure où la taxe figurant sur la facture était légalement due par l'émetteur de ce document. Ce principe a d'ailleurs été confirmé par la Cour de Justice des Communautés européennes dans un arrêt du 13 décembre 1989 (Aff. C. 342/87).

B ▪ Conditions de temps et date de la déduction

3568. La déduction de la taxe ayant grevé les biens et les services est opérée par imputation sur la taxe due par le redevable au titre du mois pendant lequel le droit à déduction a pris naissance, c'est-à-dire au titre du mois pendant lequel la taxe est devenue exigible chez le fournisseur ou le prestataire de services ou chez le redevable lui-même (BOI-TVA-DED-40-20 n° 20).

3569. Selon les dispositions de l'article 271 du Code général des impôts, le droit à déduction prend naissance lorsque la taxe devient exigible chez le redevable au sens des dispositions du 2 de l'article 269 du Code général des impôts. La taxe déductible est notamment celle qui figure sur la facture délivrée par le fournisseur et celle qui est due à l'importation. La déduction s'opère par imputation sur la taxe due par le redevable au titre du mois pendant lequel le droit à déduction a pris naissance.

3570. Pour pouvoir exercer son droit à déduction, c'est-à-dire pour mentionner le montant de la taxe déductible sur sa déclaration de chiffre d'affaires, l'assujetti doit être en possession desdites factures ou de tout document en tenant lieu et, en matière d'importation, d'une déclaration à l'importation le désignant comme le destinataire des biens importés.

3571. Lorsque l'exigibilité de la taxe est intervenue, c'est-à-dire lorsque le droit à déduction a pris naissance chez l'assujetti, et que ce dernier est entré en possession de la facture, du document en tenant lieu ou de la déclaration d'importation, la question qui se pose est de savoir sur quelle déclaration de chiffre d'affaires il peut exercer son droit à déduction.

3572. Il convient de considérer que, dès lors que l'assujetti est en possession du document à la date de dépôt de sa déclaration de chiffre d'affaires couvrant la période d'imposition au cours de laquelle la taxe est devenue exigible, il est en mesure d'exercer son droit à déduction sur cette déclaration, la condition formelle justifiant la déduction de la taxe pour laquelle le droit à déduction est né étant respectée. La circonstance qu'il soit effectivement entré en possession de la facture ou du document en tenant lieu à une date postérieure à l'échéance de la période d'imposition en cause est indifférente.

3573. A condition qu'elle fasse l'objet d'une inscription distincte, la taxe dont la déduction a été omise sur la déclaration du mois concerné peut figurer sur les déclarations ultérieures déposées avant le 31 décembre de la deuxième année qui suit celle de l'omission (CGI, annexe II, art. 208). Pour déduire la TVA dont la déclaration a été omise, il incombe à l'opérateur qui acquitte une facture ne faisant pas apparaître le montant de la taxe déductible, alors qu'il n'ignore pas que le prestataire en est redevable, de se faire délivrer, dans le délai prévu à l'article 208 de l'annexe II au Code général des impôts, une facture répondant aux exigences de l'article 289 du Code général des impôts.

§ 6 ▪ Modalités de récupération de la taxe déductible

3574. Conformément aux dispositions de l'article 271-I-3 du Code général des impôts, la déduction de la taxe ayant grevé les biens et les services est opérée par imputation sur la taxe due par le redevable au titre du mois pendant lequel le droit à déduction a pris naissance. Cette imputation s'effectue exclusivement sur la TVA dont l'entreprise est elle-même redevable, soit du chef de ses opérations taxables, soit à raison de la régularisation de déductions opérées antérieurement.
Le législateur a posé en principe que la taxe déductible dont l'imputation n'a pu être opérée peut faire l'objet d'un remboursement, à la demande du redevable (CGI, art. 271-IV).

§ 7 ▪ Régularisations

3575. Dans la mesure où elle a été opérée à bon escient et où elle ne porte pas sur des biens exclus du droit à déduction, la déduction de la TVA lui est définitivement acquise. Toutefois, la réglementation prévoit qu'une régularisation devra être effectuée lorsque le coefficient de déduction du bien ou du service sera modifié en raison de l'évolution de l'utilisation du bien ou de la survenance de certains événements.

A ▪ Régularisations annuelles

3576. Chaque année pendant la période de régularisation de cinq ans pour les véhicules (biens corporels), une régularisation de la taxe initialement déduite sur les biens immobilisés doit être opérée lorsque la différence entre le produit des coefficients d'assujettissement et de taxation de l'année d'une part, et le produit des coefficients d'assujettissement et de taxation de référence d'autre part, est supérieure, en valeur absolue, à un dixième (BOI-TVADED-60-10 n°)

3577. Le point de départ du délai de régularisation de cinq ans se situe généralement à la date :
- de l'acquisition (date d'exigibilité de la taxe chez le vendeur ou chez l'acheteur, lorsqu'il est constitué redevable de l'impôt, ou encore date d'exigibilité des régularisations chez le vendeur si la cession était exonérée de taxe) ;
- de l'importation (date d'exigibilité de la TVA due à l'importation) ;
- de la première utilisation, lorsque l'assujetti a lui-même fabriqué ou fait fabriquer le bien (date d'exigibilité de la TVA due à raison de cette livraison à soi-même).

3578. Néanmoins, le point de départ du délai peut, le cas échéant, être postérieur à ces dates et se situer à la date de la première utilisation en tant qu'immobilisation d'un bien originellement destiné à la vente, par exemple en cas d'affectation par un concessionnaire automobile à une activité de location de véhicules d'une automobile antérieurement destinée à la vente (BOI-TVA-DED-60-20-10 n° 180).

3579. La régularisation prend la forme soit d'une déduction complémentaire si le coefficient de déduction de l'année est supérieur au coefficient de déduction de référence, soit d'un reversement dans le cas contraire. Elle doit être effectuée avant le 25 avril de l'année suivante. Pour les véhicules, la régularisation opérée au titre d'une année est égale au cinquième de ce produit. Ce calcul est le suivant :
Montant de la régularisation = taxe initiale x (coefficient de déduction de l'année - coefficient de déduction de référence)/5

B ▪ Régularisations globales

3580. D'une manière générale, la régularisation devient exigible lorsque l'immobilisation cesse d'être affectée à la réalisation d'opérations ouvrant droit à déduction ou fait l'objet d'une affectation l'excluant du droit à déduction (BOI-TVA-DED-60-20-10 n° 1, 01-10-2012).

3581. Les cas de régularisations globales sont au nombre de six :
- cession ou apport non soumis à la TVA sur le prix total ou la valeur totale ;
- transferts entre secteurs distincts d'activités ;
- cession ou apport soumis à la TVA sur le prix total ou la valeur totale ;
- modification législative ou réglementaire des règles d'exclusion du droit à déduction ;
- biens devenant utilisés à des opérations ouvrant droit à déduction ;
- biens cessant d'être utilisés à des opérations ouvrant droit à déduction.

3582. Lors de la survenance d'un des événements exposés ci-dessus (1 du III de l'article 207 de l'annexe II au Code général des impôts) qui entraînent soit un reversement, soit une déduction complémentaire de la TVA initialement déduite, le montant de la TVA à régulariser est égale à la somme des régularisations annuelles qui auraient été effectuées jusqu'au terme de la période de régularisation.

Section 2 ■ Régimes particuliers

Sous-section 1 ■ Ventes de véhicules d'occasion

§ 1 ■ Champ d'application

3583. Pour les opérations internes, les importations et les exportations, une voiture automobile ainsi qu'un cycle ou un motocycle doit être considéré comme d'occasion dès lors qu'il a fait l'objet d'une utilisation et qu'il est susceptible de remploi, quel que soit son kilométrage ou sa date de première mise en circulation (BOI-TVA-SECT-90-30 n° 140). Pour les échanges intracommunautaires, les véhicules automobiles et plus largement les véhicules terrestres à moteur sont considérés comme des biens d'occasion lorsque leur livraison est effectuée plus de six mois après la date de première mise en service et s'ils ont parcouru plus de 6 000 kilomètres (CGI, art. 298 sexies – I, II).

3584. Les principes d'application de la TVA diffèrent selon que l'on se trouve en présence de biens livrés :
- par des personnes qui les ont utilisés pour les besoins de leurs exploitations (assujettis-utilisateurs) ;
- par des assujettis-revendeurs.

3585. Seul ce second cas de figure est exposé dans la présente étude. Les assujettis-revendeurs sont les assujettis qui, dans le cadre de leur activité économique, acquièrent ou affectent aux stocks de leur entreprise ou importent en vue de leur revente, des biens d'occasion, que ces assujettis agissent pour leur compte ou pour le compte d'autrui, mais en leur nom propre en qualité d'intermédiaire à l'achat ou à la vente. Sont notamment considérés comme des assujettis-revendeurs les garagistes.

3586. Ces entreprises se distinguent des assujettis-utilisateurs qui vendent des biens qu'ils ont comptabilisés comme immobilisations.
Cas particulier des intermédiaires agissant en leur nom propre : l'intervention d'un intermédiaire agissant en son nom propre est une situation fréquente dans les transactions portant sur des véhicules d'occasion.
Ainsi, les assujettis agissant en leur nom propre mais pour le compte d'autrui, qui s'entremettent dans une opération portant sur des biens d'occasion sont considérés comme des assujettis-revendeurs. Ils sont, en effet, réputés avoir personnellement acquis et livré les biens.
Entrent notamment dans cette catégorie les officiers ministériels (commissaires-priseurs principalement) qui, agissant en leur nom propre et pour le compte d'autrui, procèdent à des ventes aux enchères publiques de biens d'occasion.

§ 2 ■ Principes d'imposition

3587. En vertu de l'article 297 A du Code général des impôts, les livraisons de biens d'occasion, effectuées par des assujettis-revendeurs sont soumises de plein droit au régime particulier de la marge bénéficiaire lorsque les biens en question leur ont été livrés par un non redevable de la TVA ou par une personne qui n'est pas autorisée à facturer la TVA au titre de cette livraison, comme, par exemple, un autre assujetti-revendeur (application de la 7e directive, BOI-TVA-SECT-90-20 n° 170 s. 12-09-2012).

3588. Aux termes de l'article 297 A du Code général des impôts, la base d'imposition est constituée par la marge réalisée par l'assujetti-revendeur (différence entre le prix de vente et le prix d'achat) pour les livraisons de biens d'occasion lorsque ces biens lui ont été livrés par un assujetti-revendeur, par un non-redevable de la TVA ou par une personne qui n'est pas autorisée à facturer la TVA au titre de cette livraison. Les assujettis-revendeurs acquittent, en principe la taxe sur la valeur ajoutée calculée opération par opération. Toutefois dans le cas où le prix d'achat de chaque objet vendu ne peut être connu avec précision, il est admis, par tolérance, que la différence à soumettre à la TVA soit calculée globalement chaque mois.

3589. Dans ce système d'imposition sur la marge, les assujettis-revendeurs ne sont pas autorisés à déduire la taxe incluse dans le prix d'achat des biens (TVA rémanente). Mais l'article 297 C du Code général des impôts prévoit que, pour chaque livraison de biens d'occasion, l'assujetti-revendeur peut appliquer les règles de TVA du régime général de la taxe. Le négociant acquitte donc dans ce cas la taxe sur le montant total de la vente et peut alors déduire la taxe payée lors de l'acquisition des biens (lorsque la taxe a été facturée).

3590. Lorsque le prix d'achat des biens d'occasion ne peut être déterminé avec exactitude en raison d'acquisition de lots hétérogènes, la doctrine administrative admet que la base d'imposition soit fixée à la moitié du prix de cession des objets usagés. Sont ainsi soumises de plein droit au régime de la marge les livraisons de biens achetés auprès d'un non-redevable, ainsi que les livraisons de biens achetés auprès d'une personne qui n'est pas autorisée à facturer la TVA au titre de cette livraison.

A ▪ Livraisons de biens achetés auprès d'un non-redevable

3591. Il s'agit des biens achetés auprès :
- d'une personne non assujettie à la TVA, particulier ou personne morale non assujettie ;
- d'un autre assujetti établi en France ou dans un autre État membre dans la mesure où la livraison par cet assujetti était exonérée. Il s'agit notamment des cessions de biens mobiliers d'investissement qui ne pouvaient pas ouvrir droit à déduction :
  - soit en raison de leur affectation à une activité exonérée ou hors du champ d'application de la TVA (ex. : un ordinateur vendu par un chirurgien dentiste),
  - soit en raison d'une mesure d'exclusion particulière (ex. : cession d'un véhicule de tourisme),
  - soit en raison d'une absence de facturation de la TVA lors de leur achat (achat à un assujetti-revendeur ou à une personne bénéficiant d'une franchise en base).

3592. Lorsque cet assujetti est établi dans un autre État membre de la Communauté européenne, les livraisons exonérées sont (art. 136 de la directive 2006/112/CE du 28 novembre 2006) :
- les livraisons de biens qui étaient affectés exclusivement à une activité exonérée, si ces biens n'ont pas fait l'objet d'un droit à déduction ;
- les livraisons de biens dont l'acquisition ou l'affectation avaient fait l'objet d'une exclusion du droit à déduction.

B ▪ Livraisons de biens achetés auprès d'une personne qui n'est pas autorisée à facturer la TVA au titre de cette livraison

3593. Il s'agit des biens acquis auprès :
- d'un assujetti qui bénéficie de la franchise (franchise en base de droit commun notamment) ;
- d'un autre assujetti-revendeur si la livraison par ce dernier a été soumise au régime particulier de taxation sur la marge de plein droit ou sur option.

Les cas de taxation sur la marge sont les mêmes que l'assujetti-revendeur ait acheté le bien à un vendeur établi en France ou à un vendeur établi dans un autre État de la Communauté européenne.

C ▪ Cas d'exclusion

3594. Ne peuvent jamais être soumises au régime de la marge les reventes de biens qui ont :
- été importés ;
- été achetés auprès d'un assujetti qui a facturé de la taxe au titre de sa livraison ;
- fait l'objet d'une acquisition intracommunautaire taxable.

3595. Afin de lutter contre certains schémas frauduleux, l'article 21, I de la seconde loi de finances rectificative pour 2014 subordonne l'application du régime de la marge ainsi que la délivrance du certificat fiscal exigé pour pouvoir immatriculer la voiture en France à la justification du régime de TVA appliqué par le vendeur assujetti dont le nom figure sur le certificat d'immatriculation précédent.

3596. Ce nouveau dispositif de lutte contre la fraude à la TVA sur marge s'ajoute à celui (mis en place par l'article 12 de la troisième loi de finances rectificative pour 2012) prévoyant une solidarité en paiement de la TVA à la charge de l'acheteur assujetti d'un véhicule d'occasion impliqué dans une fraude à la TVA sur marge.

3597. Le nouveau dispositif est codifié sous deux articles distincts :
- le premier (CGI art. 297 G nouveau), spécifique au régime de la marge (prévu par l'article 297 A du CGI), subordonne l'application de ce régime, par un assujetti-revendeur, qui souhaite en bénéficier au titre d'une opération portant sur un véhicule terrestre à moteur, à la justification par celui-ci du régime de TVA appliqué par le vendeur assujetti dont le nom figure sur le certificat d'immatriculation précédent ;
- le second (CGI art. 298 sexies A nouveau), spécifique au certificat fiscal requis pour les achats de véhicules en provenance d'un autre Etat membre, subordonne la délivrance de celui-ci par l'administration fiscale à la justification par l'assujetti-revendeur souhaitant bénéficier du régime de la marge au titre de la revente de tels véhicules (ou par le mandataire) à la même justification.

3598. En théorie, une telle justification devra être apportée, que le véhicule provienne du marché français ou d'un autre Etat membre. Mais, en pratique, pour les véhicules d'origine nationale, cette justification ne pourra être demandée qu'a posteriori, lors d'un contrôle fiscal, l'« absence » de justification ne pouvant donner lieu qu'à un redressement. En revanche, pour les véhicules provenant d'un autre Etat membre, cette justification devra être apportée pour obtenir la délivrance du certificat fiscal et appliquer le régime de la marge. L'absence de justification fera obstacle à l'immatriculation en France du véhicule et à l'application du régime de la marge (ou donnera lieu à sa remise en cause).

3599. L'objectif affiché du nouveau dispositif étant d'« empêcher une fraude importante à la TVA constatée dans le négoce intracommunautaire des véhicules d'occasion » (voir, en ce sens, l'exposé des motifs de l'article 21), celui-ci ne devrait donc pas avoir d'incidence s'agissant des véhicules d'origine nationale.

3600. L'obligation de justification ne concernera que les véhicules terrestres à moteur d'occasion (voitures, motos, scooters...) et ne devra être fournie que pour autant que le titulaire du certificat d'immatriculation du véhicule est un assujetti.

3601. Les modalités de la justification du régime appliqué par le titulaire du certificat d'immatriculation du véhicule ne sont pas déterminées par la loi, laquelle renvoie à un décret en Conseil d'Etat.

3602. Selon le rapport AN n° 2408, cette obligation de justifier du régime de TVA appliqué en amont de la revente des véhicules d'occasion devrait permettre à l'administration « de disposer d'emblée d'informations qui l'aideront à reconstituer l'historique du parcours fiscal antérieur des véhicules au sein de l'Union européenne ».

3603. On notera, enfin, que le nouvel article 298 sexies A du CGI soumet expressément les assujettis-revendeurs de véhicules d'occasion, ainsi que les mandataires, à l'obligation de demander eux-mêmes à l'administration, pour le compte de leur client ou mandant, le certificat fiscal.

3604. Lorsque l'achat du véhicule d'occasion est réalisé par un particulier par l'entremise d'un intermédiaire transparent, c'est donc dorénavant à ce dernier qu'il incombera de demander le certificat fiscal.

3605. Le nouveau dispositif ci-dessus décrit s'appliquera aux livraisons de véhicules réalisées à compter du 1er juillet 2015 et aux certificats délivrés au titre des acquisitions intracommunautaires réalisées à compter de cette même date.

§ 3 . Calcul de la marge au coup par coup

3606. Selon l'article 297 A du Code général des impôts, la base d'imposition est constituée par la différence entre le prix de vente demandé par l'assujetti-revendeur et le prix d'achat de chaque objet. C'est le système légal d'imposition dit « au coup par coup ». Dans ce système, seules les opérations bénéficiaires (prix de vente supérieur au prix d'achat du bien), font l'objet de taxation.

3607. Les assujettis-revendeurs ne peuvent pas compenser une opération bénéficiaire par la moins-value réalisée au cours d'une autre opération. Le prix d'achat qui s'identifie au prix facturé par le fournisseur à l'assujetti-revendeur est différent du prix de revient.

3608. Si les parties ont conclu un contrat de vente stipulant un prix « départ », les frais de transport sont à la charge du négociant acquéreur et ne peuvent dès lors être inclus dans le prix d'achat. En revanche, si le prix des objets d'occasion est stipulé « franco », les frais de transport sont à la charge du fournisseur et constituent alors un élément du prix d'achat à rapprocher du prix de vente pour déterminer la base d'imposition du négociant (RM, M. Briane, n° 26083, JOAN n° 88 du 4 novembre 1972, p. 4697).

3609. La TVA incluse dans le prix d'achat des biens ne peut pas faire l'objet d'une déduction par l'assujetti-revendeur (TVA rémanente).
Les frais financiers et les commissions exposés par un négociant en objets d'occasion lors de l'achat de matériels usagés ne peuvent pas venir en déduction de la base d'imposition (CE, 28 nov. 1980, n° 8035, Mme Zaoui).
Il est rappelé qu'en l'absence de document justifiant le prix d'achat (facture, etc.) permettant de déterminer la marge, la livraison doit être en principe soumise à la TVA sur le prix total.

A ▪ Détermination de la marge

3610. L'article 267-I du Code général des impôts précise que la base d'imposition comprend les impôts, taxes, droits et prélèvements de toute nature à l'exception de la TVA elle-même, ainsi que les frais accessoires aux livraisons des biens.

3611. La marge obtenue par différence entre le prix de vente TTC et le prix d'achat est une marge TTC qui doit être ramenée hors taxe par application de l'un des coefficients de conversion indiqués dans le tableau suivant :

Détermination de la marge		
Taux de TVA applicable	Taux légal sur prix hors taxe	Coefficient de conversion
Taux réduit	7 %	0,934
Taux normal	20 %	0,833

3612. Par exemple, un négociant en véhicules de tourisme d'occasion qui a acheté une automobile à un particulier à un prix de 1 830 € et souhaite la revendre 2 600 € toutes taxes comprises, établira la différence entre :
2 600 € - 1 830 Đ = 770 € (TVA comprise).
Il retrouvera la marge hors taxe en multipliant par 0,833 (taux normal de 20 %) la marge TVA comprise, soit 770 € x 0,833= 641 €
La taxe due en définitive sera de (641 € x 20) /100 = 128,2 €
Les entreprises, qui commercialisent des objets d'occasion soumis à la TVA à des taux différents, sont tenues de répartir dans leur comptabilité les recettes qu'elles réalisent par taux d'imposition.

1 ▪ Articles ou matières dont la nature est indéterminée au moment de l'acquisition

3613. Les acquéreurs de lots hétérogènes, notamment le matériel destiné à la casse, sont obligés de procéder à un tri à la suite duquel ils déterminent la nature exacte des produits qu'ils revendent, certains de ces produits peuvent être des matières de récupération destinées à entrer dans un nouveau circuit de fabrication, d'autres constituent des articles d'occasion susceptibles de remploi. Pour ces derniers, à défaut d'une connaissance exacte du prix d'achat correspondant, la doctrine administrative admet que la base d'imposition soit fixée à la moitié du prix de cession.

3614. Lorsque le négociant indique à son client un prix TTC, la base d'imposition est égale, compte tenu des dispositions de l'article 267-I du Code général des impôts à la moitié du prix préalablement ramené hors taxe, par application d'un coefficient de conversion particulier déterminé selon la formule 100/ (100 + Te), avec Te = (Taux légal / 2) correspondant à un taux effectif.

Taux de TVA applicable	Taux légal sur prix hors taxe	Coefficient de conversion particulier
Taux réduit	7 %	0,966
Taux normal	20 %	0,909

3615. Par exemple, un négociant cède un bien d'occasion provenant d'un lot de biens dont la nature exacte n'était pas connue au moment de l'achat, à un prix TTC de 150 € (taux applicable 20 %).

Calcul du prix HT : 150 € x 0,909 = 136,35 €

Base d'imposition : 136,35 € / 2 = 68,18 €

TVA correspondante : 68,18 € x 20 % = 13,64 €

3616. Ce mode d'imposition est admis lorsque certains éléments susceptibles de remploi sont vendus après la casse d'un matériel ancien ou accidenté. Mais le vendeur doit acquitter la TVA sur le prix de cession total de ces éléments s'il entend récupérer (par application du coefficient de taxation forfaitaire de son entreprise selon l'article 206-III de l'annexe II au Code général des impôts) la taxe qui lui a été éventuellement facturée par celui qui lui a cédé le matériel en cause. Il est précisé que la déduction de la TVA ayant éventuellement grevé l'acquisition d'un matériel usagé par un négociant qui, faute de pouvoir le revendre, le « casse » pour la ferraille n'est pas remise en cause. En principe, ce régime particulier d'imposition est exclusif de la méthode dite de la « globalisation ».

3617. Néanmoins, à titre pratique, l'administration admet que les entreprises qui, lors de l'acquisition ont enregistré ces achats de matériels dans les achats globaux, sont autorisées à procéder de la façon suivante :

- les ventes de pièces détachées ou de matériels incomplets destinés à être réutilisés en l'état ou après réparation sont inscrites pour leur prix total dans les ventes globales du mois au cours duquel elles sont réalisées ;
- les ventes de matières de récupération (ferrailles, etc.) exonérées de la taxe, donnent lieu à une diminution d'égal montant des achats du mois au cours duquel elles sont réalisées.

2 ▪ Cas particulier des livraisons par un intermédiaire

3618. L'intervention d'un intermédiaire agissant en son nom propre est une situation fréquente dans les transactions portant sur des véhicules d'occasion (voir BOI-TVA-SECT-90-20 n° 340). Tel est le cas notamment des ventes aux enchères publiques. Dans cette hypothèse, les intermédiaires sont réputés avoir personnellement acquis et livré le bien (CGI, art. 256 V et art. 256 bis-III) et ils sont traités, pour l'application de la TVA, comme des assujettis-revendeurs.

3619. Ainsi, lorsque les livraisons de véhicules d'occasion, effectuées par un intermédiaire à la vente qui agit en son nom propre, sont soumises au régime de la marge, la marge est constituée par la différence entre le montant total facturé à l'acheteur par l'intermédiaire et le montant net payé ou à payer par cet intermédiaire à son commettant. La marge ainsi obtenue est une marge TTC qui est ramenée hors taxe par application du coefficient de conversion.

B ▪ Droits à déduction

3620. L'application du régime de la marge interdit toute déduction de la TVA ayant grevé l'achat, l'importation ou l'acquisition intracommunautaire de véhicules d'occasion (CGI, art. 297 D-I-2°).
L'exercice du droit à déduction est interdit dans tous les cas : application du régime d'imposition sur la marge de plein droit ou sur option, application du système d'imposition dit au coup par coup ou de la globalisation, application de la marge réelle ou forfaitaire.

3621. Seule peut être déduite la TVA portant sur les éléments qui ont grevé le coût de l'intervention du négociant (matières utilisées pour la remise en état du bien, notamment). Il en résulte que, sauf en cas d'exportation, la TVA qui a pu être facturée par le précédent vendeur de l'objet d'occasion n'est pas récupérable.

3622. Pour le calcul du coefficient de taxation forfaitaire, c'est le montant total de la transaction et non la somme retenue pour base de l'imposition (différence entre prix de vente et prix d'achat, ou prix total) qui est porté au numérateur et au dénominateur du rapport. Les négociants, qui pratiquent les deux systèmes de détermination de la base d'imposition (différence entre le prix de vente et le prix d'achat et montant total de la vente), doivent répartir leurs acquisitions selon qu'elles sont susceptibles ou non d'ouvrir droit à déduction. Lorsqu'ils éprouvent des difficultés pour ventiler leurs achats en fonction du système adopté pour la revente, ils peuvent, sous leur responsabilité et sous réserve du droit de contrôle de l'Administration, utiliser des coefficients tirés de leur comptabilité (BOI-TVA-SECT-90-20 n° 370)

§ 4 ▪ Globalisation périodique des achats et des ventes

3623. L'imposition à la TVA sur la différence entre le prix de vente et le prix d'achat nécessite de connaître, au moment de chaque vente, le prix d'achat correspondant. Il est fréquent que les professionnels éprouvent des difficultés pour connaître avec précision le prix d'achat de chacun des articles qu'ils vendent (BOI-TVA-SECT-90-20 n° 380). Pour pallier cette difficulté, les redevables peuvent pour tout ou partie de leurs transactions, déterminer, chaque mois, la base imposable en retenant la différence existant entre le montant des achats globaux et celui des ventes globales d'objets d'occasion, réalisés au cours du mois considéré. Lorsqu'au cours d'un mois le montant des achats dépasse celui des ventes, l'excédent est ajouté aux achats du mois suivant.

3624. L'article 297 A-II du Code général des impôts dispose que la base d'imposition des assujettis-revendeurs peut être déterminée globalement pour une période d'imposition donnée. Ce système permet, pour tout ou partie des ventes effectuées au cours d'une période d'imposition donnée, de compenser les gains et les pertes réalisés par un même assujetti et de ne soumettre à la TVA que la marge bénéficiaire nette. Ce système global étant notamment prévu lorsque les articles ne peuvent pas être individualisés, la TVA ne peut pas être facturée.

A ▪ Personnes et biens concernés

3625. Le système de la globalisation est utilisable par tous les assujettis-revendeurs mentionnés précédemment, pour les opérations portant sur des biens d'occasion. Le système de la globalisation est purement facultatif ; il s'exerce sans option préalable. Il peut être retenu même lorsque le prix d'achat des objets vendus est connu. Les assujettis-revendeurs doivent tenir une comptabilité précise des biens qui font l'objet de cette méthode globale, par taux d'imposition et par système utilisé lorsque plusieurs systèmes (globalisation, méthode du coup par coup, etc.) sont utilisés dans l'entreprise. Bien entendu, les biens qui ne peuvent être soumis au régime de la marge doivent faire l'objet d'un suivi comptable distinct.

B ▪ Calcul de la marge globale

3626. La marge globale est égale à la différence, pour une période d'imposition déterminée, entre le montant total TTC des livraisons et le montant total TTC des achats effectués au cours de la période considérée et portant sur les biens auxquels ce système peut s'appliquer (BOI-TVA-SECT-90-20 n° 410).

3627. Comme pour le système de la marge au coup par coup, seule une marge bénéficiaire donne lieu à imposition. Lorsqu'au cours d'une période, le montant des achats dépasse celui des ventes, l'excédent est ajouté aux achats de la période suivante. Lorsque la marge globale est négative, l'assujetti-revendeur ne dispose, en application de l'article 297 A-II du Code général des impôts, d'aucun droit à restitution de la TVA au titre de la période en cause. La marge globale obtenue est une marge TTC qui doit être ramenée à un montant hors taxe par application du coefficient de conversion approprié. Le taux applicable à la base d'imposition ainsi définie est celui dont relèvent, en régime intérieur, les biens en cause.

C ▪ Période d'imposition

3628. L'article 297 A-II du Code général des impôts prévoit que la base d'imposition des négociants en véhicules d'occasion, peut être déterminée globalement pour chacune des périodes d'imposition mentionnées à l'article 287 du Code général des impôts. S'agissant des redevables soumis au régime réel normal, la période à retenir est mensuelle. Toutefois, lorsque la taxe exigible annuellement est inférieure à 4 000 €, les redevables sont admis à déposer leurs déclarations par trimestre civil. La globalisation porte donc dans cette situation sur une période de trois mois (BOI-TVA-SECT-90-20 n° 430). Des règles particulières sont par ailleurs prévues pour les redevables soumis au régime simplifié d'imposition.

D ▪ Régularisation annuelle des stocks

3629. Les assujettis-revendeurs qui se placent sous le régime de la « globalisation » doivent procéder à une régularisation annuelle des stocks, destinée à tenir compte des variations respectivement enregistrées dans la valeur de leur stock au début et à la fin de chaque année civile (CGI, art. 297 A -II) :

- si, à la fin d'une année donnée, cette valeur a diminué, la différence représente la valeur d'achat de marchandises vendues au cours de l'année écoulée ; elle s'ajoute aux achats de l'année suivante et vient, comme ceux-ci, en atténuation du montant des ventes imposables dans les conditions prévues à l'article 297 A du Code général des impôts ;
- corrélativement, si cette valeur a augmenté, la différence représente la valeur d'achat de marchandises mises en stock au cours de l'année écoulée et vient réduire à due concurrence le montant des achats de l'année suivante à retenir pour l'assiette sur la différence dans les conditions prévues à l'article 297 A du Code général des impôts.

3630. En ce qui concerne la faculté ou l'obligation d'effectuer la régularisation dont il est question ci-dessus, le système dit de la « globalisation », prend en considération la valeur du stock existant au 31 décembre de chaque année ; mais, en cours d'année, le montant de la TVA à acquitter est déterminé mensuellement ou trimestriellement, selon l'importance de la taxe due, en appliquant le taux sur la différence globale entre le montant global des ventes et le montant global des achats du mois ou du trimestre considéré. Les entreprises qui adoptent ce système doivent évidemment procéder à une régularisation annuelle, car à défaut de celle-ci, l'impôt ne tiendrait pas compte des variations enregistrées dans la valeur de stock respectivement au début et à la fin de chaque année. Cette régularisation est donc faite, selon les cas, soit au bénéfice du Trésor, soit à celui de l'entreprise (RM, M. Dronne, n° 1496, JOAN, 4 août 1973, n° 58, p. 3221). La régularisation annuelle des stocks est indépendante du report des éventuels achats excédentaires d'une période donnée sur les achats de la période suivante.

E ■ Déductions

3631. Conformément à la règle générale, aucune déduction de TVA ne peut être pratiquée au titre de l'achat des biens qui sont soumis au régime de la marge (BOI-TVA-SECT-90-20 n° 470).

Il en est de même dans le système de la globalisation.

3632. L'article 297 A-II du Code général des impôts prévoit en effet que l'application des dispositions prévues par cet article « ne fait naître, au profit des assujettis-revendeurs, aucun droit à restitution de la taxe sur la valeur ajoutée au titre de ces opérations ». Tel est le cas notamment lorsque la pratique de la globalisation fait apparaître des marges négatives. Ainsi, aucune taxe ne peut être restituée au titre d'excédents d'achats qui persisteraient, par exemple, à la clôture d'un exercice ou lors d'une cessation d'activité.

§ 5 ■ Imposition à la TVA sur le prix de vente total

3633. Sont soumises au régime général (taxation sur le prix de vente total) :

- les reventes de biens :
  - importés,
  - achetés auprès d'un assujetti qui a facturé de la taxe au titre de sa livraison,
- les opérations relevant normalement du régime de la marge pour lesquelles l'assujetti-revendeur décide d'appliquer le régime général (article 297 C du Code général des impôts).

Il s'agit des livraisons qui relèvent du régime de la marge, c'est-à-dire des livraisons de véhicules d'occasion effectuées par un assujetti-revendeur, lorsque le bien a été acquis dans les conditions permettant de plein droit ou par option l'application des dispositions de l'article 297 A du Code général des impôts. Sont concernées les livraisons faites en France et les livraisons à destination d'un autre État membre de l'Union européenne ou à destination d'un pays tiers (BOI-TVA-SECT-90-20 n° 500).

3634. Ces opérations sont alors soumises au régime général de la TVA, c'est-à-dire qu'elles sont taxables sur leur prix de vente total sous réserve des exonérations accordées lorsque les conditions sont réunies, pour les livraisons intracommunautaires et les exportations.

Le choix pour le régime général n'est soumis à aucun formalisme et s'exerce opération par opération.

Lorsqu'une partie seulement de leurs ventes est soumise à l'imposition sur le prix total, il appartient aux assujettis-revendeurs de suivre distinctement, et par taux d'imposition, ces opérations dans leur comptabilité.

A ▪ Étendue du droit à déduction

3635. Les assujettis-revendeurs qui appliquent le régime général peuvent déduire la TVA qu'ils ont supportée lors de l'achat (lorsque la taxe a été facturée), de l'acquisition intracommunautaire ou de l'importation des biens, dans les conditions de droit commun. Le négociant peut opérer la déduction de la TVA afférente à l'achat du bien lui-même et de celle qui a grevé le coût de son intervention. Il est rappelé que la taxe qui a grevé le coût de son intervention est déductible dans les conditions habituelles, même en cas d'application du régime de la marge (BOI-TVA-SECT-90-20 n° 510).

B ▪ Biens pour lesquels le négociant a opté dans les conditions prévues à l'article 297 B du Code général des impôts

3636. Même lorsque l'assujetti-revendeur a exercé l'option pour le régime de la marge, il conserve la possibilité, s'il le souhaite, d'appliquer le régime de droit commun de taxation lors de la revente des biens couverts par l'option (BOI-TVA-SECT-90-20, n° 520).
Pour ces biens, la taxe a effectivement été facturée lors de la livraison à l'assujetti-revendeur ou a été acquittée lors de l'importation ou de l'acquisition intracommunautaire par cet assujetti-revendeur.
L'exercice du droit à déduction est subordonné à la détention de factures, déclarations en douane ou documents en tenant lieu, dans les conditions prévues par la réglementation en vigueur.
Il convient donc que l'assujetti-revendeur conserve toutes les pièces justificatives appropriées.

§ 6 ▪ Opérations de commission et de courtage

3637. Les opérations de commission et de courtage qui portent sur les biens d'occasion sont, sauf dispositions particulières, soumises à la TVA au taux applicable à l'objet neuf (BOI-TVA-SECT-90-20 n° 530).

§ 7 ▪ Taux

3638. Les opérations portant sur les véhicules automobiles d'occasion ainsi que sur les cycles et motocycles d'occasion sont imposables au taux normal (BOI-TVA-SECT-90-30 n° 160).

§ 8 ▪ Dispositif mis en place pour la lutte contre la fraude dans le négoce de véhicules d'occasions

A ▪ Présentation de la situation frauduleuse

3639. L'article 12 de la 3e loi de finances rectificative pour 2012 instaure un dispositif de solidarité en paiement de la TVA du client assujetti, afin de lutter contre la fraude dans le négoce intracommunautaire des véhicules d'occasion, laquelle est basée sur l'application abusive du régime de TVA sur la marge.
Les ventes de véhicules automobiles d'occasion sont en effet soumises au régime de la marge, sauf option contraire (voir précédemment). En revanche, le régime de la marge n'est pas applicable si le bien vendu a ouvert droit à déduction lors de son acquisition par l'assu-

jetti revendeur : la revente de ce bien doit alors être soumise à la TVA selon les règles de droit commun (base d'imposition constituée du prix total du bien).

S'agissant des acquisitions intracommunautaires de véhicules d'occasion, elles ne sont pas taxables en France lorsque le vendeur a appliqué le régime de la marge dans son Etat membre. Comme en régime interne, la taxe étrangère incluse dans le prix des biens taxés dans ces conditions ne peut pas apparaître sur la facture et ne peut faire l'objet d'aucune déduction par l'acquéreur. Dans cette hypothèse, la revente ultérieure par l'assujetti-revendeur français est en principe elle-même soumise au régime de la marge.

3640. Le schéma de fraude visé s'appuie sur le mécanisme de la marge explicité précédemment et se présente généralement comme suit : un négociant français achète des véhicules d'occasion auprès d'une société écran, établie en France ou dans un autre Etat membre de l'Union européenne. Cet intermédiaire lui délivre une facture indiquant l'application du régime de la marge (en France ou dans cet autre Etat membre). Or cet intermédiaire a lui-même acquis le véhicule auprès d'un assujetti établi dans un autre Etat selon le régime général de TVA (car il s'agit généralement d'un véhicule qui était affecté à la location), c'est-à-dire en payant et en récupérant la TVA sur la totalité du prix. Dès lors que le véhicule a ouvert droit à déduction, l'application du régime de la marge est exclu, à tous les stades de la chaîne, et la TVA devrait donc être appliquée sur le prix de vente total et non pas sur la seule marge.

3641. Une telle pratique est :

- frauduleuse, puisque la TVA versée aux services fiscaux par le négociant est fortement minorée (elle ne porte que sur une partie du prix) ;
- et anticoncurrentielle, puisqu'elle permet à un négociant de vendre des véhicules à un prix plus bas que ces concurrents, en utilisant une TVA indûment minorée.

L'interposition de plusieurs structures écrans, souvent éphémères ou insolvables, complique encore les opérations de contrôle et de recouvrement des services fiscaux.

B ■ Mécanismes de lutte

1 ■ Dispositifs actuels

3642. Jusqu'à présent, les réponses à ce type de fraude étaient limitées.

Ainsi, la jurisprudence admet que l'administration peut remettre en cause l'application du régime de la marge lorsqu'elle démontre que l'acquéreur français ne pouvait ignorer la circonstance que son fournisseur n'était pas autorisé à appliquer lui-même le régime de taxation sur la marge (voir notamment CE, 4 août 2006, n° 278274 ; CE, 29 oct. 2008, n° 292895 et n° 292894). Néanmoins, il ressort des rapports parlementaires que cette jurisprudence permet de remettre en cause le régime de TVA au niveau du premier acquéreur français du véhicule seulement. Or ce dernier est souvent sans consistance économique et insolvable (Rapport AN n° 465 ; Rapport Sénat n° 213).

Par ailleurs, l'article 283, 4 bis du Code général des impôts, a mis en place un mécanisme de solidarité en paiement entre les différents acteurs d'une chaîne de déduction en cas de fraude carrousel. Toutefois, ces dispositions ne peuvent pas être utilisées dans le schéma de fraude sur les véhicules d'occasion exposé ci-dessus. Le dispositif de l'article 283, 4 bis ne s'applique, en effet, que dans le cas où la TVA n'a pas été reversée. Or, dans la situation de fraude sur les véhicules d'occasion, la TVA est, en principe, reversée, mais sur la marge.

2 ■ Nouvelle procédure de solidarité en paiement

3643. L'article 12 de la loi de finances pour 2012 a mis en place un dispositif de solidarité en paiement de la taxe qui vise spécifiquement la fraude sur les véhicules d'occasion. Selon ce dispositif, l'assujetti en faveur duquel a été effectuée une livraison de véhicules terrestres à moteur et qui savait ou ne pouvait ignorer que tout ou partie de cette livraison ou de toute livraison antérieure des mêmes véhicules a bénéficié indûment du régime de la marge est solidairement tenu, avec tout assujetti partie à cette livraison ou à toute livraison antérieure des mêmes véhicules, au paiement de la TVA frauduleusement éludée. Ce dispositif est codifié à l'article 283, 4 ter du Code général des impôts.

3644. La solidarité en paiement vise uniquement les livraisons de véhicules terrestres à moteur (voitures, motos, scooters...), à l'exclusion des bateaux ou aéronefs. La solidarité en paiement pourra s'exercer à l'égard de tout acquéreur assujetti dans la chaîne à raison de la taxe éludée par le ou les fournisseurs situés en amont dans la chaîne, dès lors que l'administration aura prouvé que cet acquéreur savait ou ne pouvait ignorer la fraude. L'acquéreur final, s'il est assujetti à la TVA, est dans le champ d'application du dispositif de solidarité en paiement. Le cas échéant, si l'administration démontre qu'il avait connaissance de la fraude, il pourra donc être recherché en paiement de la TVA éludée.

3645. Le texte ne prévoyant aucun principe de subsidiarité qui obligerait à actionner en premier lieu le redevable légal de la créance (c'est-à-dire le fournisseur qui a frauduleusement appliqué le régime de marge), cette dernière pourra être recouvrée auprès de l'un ou l'autre des débiteurs, redevable légal ou solidaire.

La charge de la preuve de la fraude pèsera sur l'administration. A cette fin, il devra être démontré :

- d'une part, l'application indue du régime de la marge,
- d'autre part, le fait que l'assujetti savait ou ne pouvait ignorer que le régime de la marge n'était pas applicable.

Si l'on se réfère aux commentaires apportés pour la lutte contre la fraude carrousel (CGI, art. 283, 4 bis), l'administration devra donc prouver que l'assujetti avait connaissance de la fraude (ou ne pouvait l'ignorer). En revanche, il ne sera pas nécessaire d'établir la connivence ou la complicité.

L'article 283, 4 ter nouveau du Code général des impôts mentionne seulement la « TVA » frauduleusement éludée. De ce fait, le paiement des pénalités ou intérêts de retard grevant les rappels de TVA ne pourra pas être recherché auprès du débiteur solidaire.

Ce dispositif est applicable à compter du 1er janvier 2013. Enfin, rappelons que la seconde Loi de finances rectificative pour 2014 a renforcé a lutte contre la fraude à la TVA en excluant (cf. supra B-3°) en renforçant les conditions d'application de la TVA sur marge dans les ventes de véhicules d'occasion.

Sous-section 2 ■ Véhicules de démonstration

§ 1 ■ Principes applicables

3646. Au moment de leur revente, les véhicules de démonstration (cela vaut également pour les motocyclettes de démonstration) doivent être regardés comme des véhicules d'occasion (voir en ce sens BOI-TVA-DED-30-30-20 n° 190).

3647. Le caractère de biens d'occasion résulte, pour le Conseil d'État, du fait que ces véhicules :
- ont été achetés au constructeur par les concessionnaires et sont donc sortis du cycle de production ;
- ont fait l'objet d'une utilisation avant leur revente tout en demeurant propres à être employés en l'état ou après réparation. Ce principe a été posé dans l'arrêt « Salmer » (22 avr. 1985, n° 35962) et repris dans les autres décisions (CE, arrêt « Solidiam », 7 oct. 1985, n° 52012).

3648. Les véhicules de démonstration ne sont pas des éléments durables d'exploitation, car ce sont :
- des biens de même nature que ceux sur lesquels porte le négoce ;
- dont l'emploi est lié à ce négoce ;
- et qui sont vendus après une courte période d'utilisation.

§ 2 ▪ Modalités pratiques d'application de la jurisprudence du Conseil d'État

A ▪ Lors de l'affectation des véhicules à la démonstration

3649. Les véhicules conçus pour transporter des personnes ou à usages mixtes n'ouvrent droit à déduction, selon le 6° du 2 du IV de l'article 206 de l'annexe II au Code général des impôts, que s'ils sont destinés à être revendus à l'état neuf. Faute de remplir cette dernière condition, les véhicules de démonstration sont exclus du droit à déduction (BOI-TVA-DED-30-30-20 n° 210). Un véhicule neuf doit donc normalement faire l'objet d'une livraison à soi-même dès qu'il est affecté à la démonstration (CGI, art. 257-II, applicable pour tous les biens qui ont donné lieu à déduction au moment de leur achat et qui sont ensuite affectés à une activité qui a pour effet de les exclure du droit à déduction).

3650. À titre de règle pratique, il est admis par l'administration que la taxe déduite lors de l'acquisition du véhicule soit directement reversée sur la déclaration de TVA souscrite au titre du mois de l'affectation du véhicule à la démonstration (ligne 15 de la déclaration n° 3310-CA 3, n° CERFA 1096).
Au moment de la vente du véhicule de démonstration la taxe précédemment reversée, fait l'objet d'une déduction, si le vendeur soumet le montant total de la transaction à la TVA.
Dans un souci de simplification, il est admis par l'administration que le concessionnaire qui a déduit la taxe lors de l'acquisition du véhicule neuf ne procède à aucun reversement lorsque celui-ci est affecté à la démonstration. Il doit alors soumettre obligatoirement la totalité du prix de vente de ce dernier à la TVA.
Si la TVA n'a pas été déduite lors de l'achat du véhicule, aucune régularisation de TVA n'est exigée.

B ▪ Lors de la revente des véhicules aux clients

3651. Les ventes de véhicules de démonstration sont soumises au régime des ventes de biens d'occasion par des assujettis-revendeurs (voir supra).
Ainsi, pour les voitures de tourisme de démonstration (voitures automobiles conçues pour le transport de personnes ou à usages mixtes et comportant, outre le siège du conducteur, huit places assises au maximum), les revendeurs peuvent choisir au moment de la vente entre deux possibilités :

- acquitter la taxe sur la différence entre le prix de vente et le prix d'achat (CGI, art. 297 A). La taxe facturée par le fournisseur au moment de l'achat du véhicule est alors définitivement exclue du droit à déduction ;
- acquitter la taxe sur le prix de vente total (CGI, art. 297 C).

Dans le cas où le reversement a été effectué dès l'affectation du véhicule, le vendeur peut déduire au moment de la vente, la totalité de la TVA qu'il a supportée à raison de l'achat du véhicule.

Sous-section 3 ▪ Véhicules usagés repris dans le cadre d'opérations promotionnelles

3652. Les concessionnaires automobiles ont établi un système de promotion des ventes par lequel le concessionnaire s'engage à reprendre pour une somme forfaitaire minimale l'ancienne voiture de l'acquéreur d'un nouveau véhicule, neuf ou d'occasion. Selon leur état, les véhicules repris sont soit détruits, soit revendus comme véhicules d'occasion (BOI-TVA-SECT-90-30 n° 180 s.).

§ 1 ▪ Véhicule repris destiné à être détruit

3653. Le montant de la reprise forfaitaire, diminué le cas échéant de la valeur de l'épave, est considéré comme un rabais au plan fiscal. Il vient en déduction du prix de vente du véhicule « neuf » soumis à la TVA.

Le véhicule destiné « à la casse » constitue une matière de récupération. Il ne peut être considéré comme un véhicule d'occasion. Le régime de la globalisation ne lui est donc pas applicable. Dans cette situation, le concessionnaire doit pouvoir justifier en tant que de besoin que le véhicule repris a été effectivement détruit (copie du procès-verbal de destruction du véhicule à l'appui de la comptabilité de l'entreprise, par exemple). En outre, en application des dispositions de l'article 266-1-a du Code général des impôts, le concessionnaire devra inclure dans sa base d'imposition à la TVA au taux applicable à la vente du nouveau véhicule le montant de toutes les sommes reçues ou des participations financières qui lui sont consenties à l'occasion de chacune de ces opérations promotionnelles :

- soit par le constructeur ;
- soit par les représentants des constructeurs et des concessionnaires, éventuellement constitués en GIE, dont le rôle consiste à superviser l'ensemble des opérations relatives à la destruction des épaves.

Le concessionnaire, qui reçoit ces sommes, délivre donc une facture à celui qui les lui verse. La TVA qui figure sur cette facture ouvre droit à déduction pour celui à qui elle est adressée.

§ 2 ▪ Véhicule destiné à être revendu comme un véhicule d'occasion

3654. Il convient de distinguer le régime applicable à la vente du nouveau véhicule et celui qui l'est à la revente du véhicule repris.

A ▪ Régime applicable à la vente du nouveau véhicule

3655. La vente du nouveau véhicule doit être soumise à la TVA sur l'intégralité du prix de vente (sans que ce prix ne soit diminué de la valeur de reprise du véhicule cédé par l'acheteur du véhicule neuf).

B ▪ Régime applicable à la revente du véhicule repris

3656. Lors de la revente du véhicule d'occasion, le concessionnaire est redevable de la TVA dans les conditions habituelles applicables aux négociants en objets d'occasion. Il lui est donc possible d'utiliser le système de la globalisation des achats et des ventes. En ce cas, le montant de la reprise forfaitaire est considéré comme le prix d'achat du véhicule revendu.

▪ Chapitre 2 La prestation de services sur les véhicules

3657. Dans ce chapitre, sont seulement indiquées les modalités d'imposition qui seraient spécifiques aux prestations de services. Pour les autres dispositions, il conviendra de se reporter aux principes expliqués en matière de livraisons de biens au chapitre 1. A défaut de précisions contraires, ces principes sont en effet également applicables aux prestations de services.

Section 1 ▪ Le réparateur de véhicules et le loueur de véhicules

Sous-section 1 ▪ Champ d'application

3658. De manière générale, les locations de biens meubles corporels, neufs ou d'occasion, constituent des opérations soumises à la TVA. Pour être imposable à la TVA, l'opération devra être une activité économique réalisée par un assujetti agissant en tant que tel. Nous renvoyons aux explications données à ce titre en matière de livraison de biens au chapitre 1. Sont ainsi au nombre des opérations soumises à la TVA les locations de véhicules (BOI-TVA-CHAMP-10-10-50-30 n° 10).
Il a ainsi été jugé que sont imposables à la TVA, car elles constituent la contrepartie d'une location de nature commerciale, les sommes versées par une société à l'un de ses actionnaires pour la mise à la disposition de ladite société du véhicule personnel de cet actionnaire, ce véhicule étant affecté aux besoins de ses fonctions dans l'entreprise, laquelle en supportait les frais d'utilisation (CE, 28 juin 1978, n° 7854, 7855, 7856 et 7857, 8e et 9e s.-s., Girod : RJF 11/78 n° 466).

3659. En cas de location d'un véhicule à un tiers, la TVA est due lors de l'encaissement de la rémunération perçue en contrepartie de la mise à disposition. Ce principe a pu être appliqué par la jurisprudence au cas d'un propriétaire de véhicule alors que l'utilisateur de celui-ci, pendant la période de mise à disposition, avait assuré pour son compte le règlement de divers frais et avait payé des traites signées par le propriétaire et était titulaire d'une créance sur le bailleur, créance qui avait pu donner lieu à compensation avec la somme due au titre de la mise à disposition. Celle-ci devait être considérée comme ayant été effectivement perçue par le bailleur par voie de compensation, à mesure qu'il en était devenu créditeur (CE, 14 mars 1983, n° 24104, 7e et 8e s.-s., Vergne : RJF 5/83 n° 622.)

Par ailleurs, la doctrine considère que la mise à disposition rémunérée de véhicule consentie par les garagistes réparateurs à leurs clients constitue en fait une location de véhicule. En effet, ce service supplémentaire et facultatif offert à la clientèle constitue une prestation distincte de l'opération de réparation proprement dite. Chacune des deux prestations doit donc être soumise à la TVA à raison de son prix et au taux qui lui est propre. (RM. Hunault, n° 47736, JOAN 16 juil. 1984, p. 3341. A noter que cette solution n'a pas été reprise dans le BOFIP).

Sous-section 2 ▪ Territorialité

3660. Les règles de territorialités mentionnées ci-après sont applicables à l'ensemble des prestations de service, sous réserve des précisions apportées.

§ 1 ▪ Lieu des prestations de services fournies à un assujetti agissant en tant que tel

A ▪ En fonction du lieu d'établissement du preneur assujetti

1 ▪ Règle de territorialité

3661. Le principe général est que le lieu des prestations de services est situé en France lorsque le preneur est un assujetti agissant en tant que tel qui a en France :

- le siège de son activité économique ou un établissement stable pour lequel les services sont rendus ;

- ou à défaut de posséder un tel siège ou un tel établissement stable, son domicile ou sa résidence habituelle.

Inversement, le lieu des mêmes services n'est pas situé en France lorsque le preneur est un assujetti agissant en tant que tel qui remplit les mêmes conditions dans un autre État membre ou en dehors de l'Union (BOI-TVA-CHAMP-20-50-20 n° 1).

3662. Pour déterminer le lieu d'imposition de la prestation de services, le prestataire doit obtenir les informations nécessaires auprès du preneur et assurer un niveau raisonnable de vérification de ces informations. Sous la responsabilité du preneur, il doit être ainsi en mesure d'apprécier :

- si le contrat et/ou bon de commande identifie l'établissement stable comme preneur de service ;

- si l'établissement stable est l'entité qui paie pour les prestations de services ou si le coût de ces prestations est effectivement pris en charge par cette entité ;
- si la nature de la prestation permet d'identifier l'établissement stable particulier ou les établissements stables auquel(s) le service est fourni.

3663. Pour les besoins du contrôle par l'administration fiscale, lorsque le numéro d'identification à la TVA du preneur mentionné sur la facture est attribué par un autre État membre, il est présumé que les services sont fournis dans cet État membre, sauf preuve contraire.

2 ■ Services visés

3664. Relèvent, entre autres, des dispositions de l'article 259-1° du Code général des impôts les services suivants (BOI-TVA-CHAMP-20-50-20 n° 80) :
- les prestations des intermédiaires agissant au nom et pour le compte d'un autre assujetti ;
- les prestations de transports de biens, qu'il s'agisse de transports internationaux, de transports intracommunautaires ou de transports nationaux de biens, ainsi que leurs prestations accessoires (telles que chargement, déchargement, manutention et activités similaires) ;
- les prestations d'expertises ou de travaux sur les véhicules ;
- les locations de moyens de transport notamment en vertu d'un contrat de crédit-bail, dès lors qu'elles ne sont pas de courte durée (voir ci-après).

3 ■ Cas de certaines prestations de services utilisées ou exploitées hors de l'Union

3665. Les prestations de services désignées ci-après et fournies à des assujettis établis en France sont normalement soumises à la TVA en France.
Toutefois, conformément à la possibilité offerte par le a) de l'article 59 bis de la directive 2006/112/CE du 28 novembre 2006, il est admis que ces prestations de services ne sont pas soumises à la TVA en France lorsqu'elles sont effectivement utilisées ou exploitées hors de l'Union européenne, cette caractérisation résultant du fait qu'elles sont matériellement exécutées hors de l'Union.

3666. Sont limitativement visés dans de telles conditions :
- les transports de marchandises et les commissions afférentes à ces transports ;
- les prestations de convoyage de moyens de transport pour les besoins de transport de marchandises ;
- les locations de véhicules et de matériels pour les besoins de transports de marchandises ;
- le gardiennage, le magasinage, la manutention, le chargement et le déchargement des marchandises.

3667. A titre de règle pratique, les critères suivants peuvent être retenus (BOI-TVA-CHAMP-20-50-20 n° 190, 12-09-2012) :
- la distance parcourue hors de l'Union européenne, s'agissant des transports de marchandises et des prestations de convoyage de moyens de transport ;
- de même, la distance parcourue hors de l'Union européenne, s'agissant des locations de véhicules et de matériels, ainsi que des commissions afférentes aux transports ;
- le lieu de leur exécution matérielle, s'agissant de gardiennage, de magasinage, de manutention, ou de chargement et de déchargement.

B ■ Notion d'assujetti agissant en tant que tel

3668. Pour la détermination du lieu des prestations de services, un assujetti au sens des articles 256 A du Code général des impôts et 259-0 du Code général des impôts est réputé agir comme un non assujetti lorsqu'il acquiert des services pour ses besoins privés ou ceux de son personnel (CJCE, 8 mars 2004, aff. C-415/98, « Baksci »).
Le lieu de ces prestations est alors situé à l'endroit où le prestataire est établi conformément à l'article 259-2° du Code général des impôts, à moins que, selon la nature du service, ce lieu soit déterminé en fonction des règles dérogatoires.
Dans ce cadre, la communication par le preneur à son prestataire de son numéro d'identification à la TVA en cours de validité à la date de l'opération, la mention de ce numéro sur la facture ainsi qu'une référence à l'article 44 de la directive 2006/112/CE du 28 novembre 2006 faisant apparaître que le preneur a déclaré utiliser le service aux fins de son entreprise

constitue une présomption simple que le preneur agit bien en tant qu'assujetti permettant de ne pas engager la responsabilité du prestataire s'agissant du lieu des prestations de services. Toutefois, cette présomption simple ne dispense pas le prestataire de son obligation de vigilance et notamment de vérifier la validité du numéro d'identification de son preneur (BOI-TVA-CHAMP-20-50-20 n° 230).

§ 2 ■ Lieu des prestations de services fournies à une personne non assujettie

A ■ Principes généraux

3669. En ce qui concerne les prestations de services fournies à des personnes non assujetties, le lieu des prestations de services autres que celles désignées à l'article 259 A du Code général des impôts, est dans tous les cas réputé se situer en France lorsque le prestataire a en France le siège de son activité économique ou un établissement stable à partir duquel le service est rendu ou, à défaut, a son domicile ou sa résidence habituelle, sous réserve, le cas échéant, des dispositions des articles 259 B du Code général des impôts, 259 C du Code général des impôts et 259 D du Code général des impôts (BOI-TVA-CHAMP-20-50-20 n° 270).

B ■ Précisions

3670. Les locations de moyens de transport autres que de courte durée au sens de l'article 259-A-1° du Code général des impôts relèvent en principe des dispositions de l'article 259-2° du Code général des impôts et sont donc taxables en France lorsque le prestataire y a son siège économique ou un établissement stable à partir duquel le service est rendu, ou à défaut que les services soient rendus par un établissement stable hors de France, y a son domicile ou sa résidence habituelle (BOI-TVA-CHAMP-20-50-20 n° 310).

§ 3 ■ Location de transport de courte durée

3671. La détermination du lieu d'imposition des services de locations de moyens de transport de courte durée (CGI, art. 259 A-2°) s'effectue selon des règles différentes de la règle générale (territorialité déterminée selon la qualité du preneur, CGI, art. 259).

3672. La doctrine (BOI-TVA-CHAMP-20-50-30 n° 10) a précisé que constituent notamment des moyens de transport, lorsqu'ils sont conçus et effectivement capables d'être utilisés pour transporter des biens ou des personnes :
- les véhicules terrestres motorisés ou non, comme les automobiles, les motocyclettes, les bicyclettes, les tricycles et les caravanes, à moins qu'elles soient fixées au sol ;
- les véhicules spécialement conçus pour le transport de personnes malades ou blessées ;
- les tracteurs agricoles et les autres véhicules agricoles ;
- les véhicules militaires, autres que ceux destinés au combat, et les véhicules de surveillance ou de défense passive ;
- les véhicules à propulsion mécanique pour personnes handicapées.
A noter que les conteneurs ne constituent en revanche pas des moyens de transport.

3673. Ainsi, le lieu d'une location de courte durée d'un moyen de transport est situé en France lorsque le moyen de transport est effectivement mis à la disposition du preneur en France (BOI-TVA-CHAMP-20-50-30 n° 40), c'est-à-dire au moment où le preneur en prend effectivement et physiquement possession, par distinction avec une simple prise de possession juridique du moyen de transport (signature du contrat, remise des clés). Une location d'un moyen de transport est dite de courte durée lorsque la possession ou l'utilisation continue de ce moyen de transport ne dépasse pas trente jours. Des dispositions spécifiques sont par ailleurs prévues pour les contrats de location successifs, en particulier pour tenir compte qu'ils portent sur un même moyen de transport ou non.

Sous-section 3 ■ Base d'imposition

§ 1 ■ Base d'imposition

A ■ Principes généraux

3674. Les principes généraux sont identiques à ceux exposés en matière de livraison de biens. En vertu des dispositions de l'article 266-1-a du Code général des impôts, la base d'imposition pour les prestations de services est constituée par toutes les sommes, valeurs, biens ou services reçus ou à recevoir par le prestataire en contrepartie de la prestation.

B ■ Cas particulier des dépôts de garantie versés lors des opérations de crédit-bail automobile

3675. La doctrine administrative admet que le dépôt de garantie versé par le locataire dans les opérations de location de véhicules (voitures de tourisme, motos) avec option d'achat ne soit pas soumis à la taxe au moment de son encaissement, si son montant n'excède pas 15 % de la valeur, toutes taxes comprises du véhicule, pour les contrats d'une durée de quatre ou cinq années (BOI-TVA-BASE-10-10-10 n° 30). Si le bailleur a néanmoins fixé le montant du dépôt à un niveau supérieur, pour bénéficier de la présomption indiquée ci-dessus, il doit alors soumettre l'excédent à la TVA, dès l'encaissement du dépôt de garantie.

3676. Par exemple :
- véhicule d'une valeur de 20 000 € ;
- dépôt de garantie : 20 % = 4 000 €.

Au moment de l'encaissement du dépôt de garantie, le bailleur soumet à la taxe la partie du dépôt de garantie qui excède 15 % du prix TTC du véhicule, soit :
4 000 € - (20 000 € X 15 %) = 1 000 €
Correspondant à une taxe à payer égale à :
1 000 € x 0,836 x 19,60 % = 164 € de TVA à mentionner sur la facture délivrée au preneur.
La situation n'est pas modifiée en fin de contrat si le preneur lève l'option d'achat.
Si le preneur ne lève pas l'option d'achat et que le bailleur ne lui restitue pas le dépôt de garantie en raison des frais de remise en état du véhicule qu'il doit supporter, le montant total du dépôt de garantie (réputé TTC) devient imposable.
Le bailleur doit comprendre dans la base d'imposition la somme de 4 000 € x 0,836 = 3 344 € correspondant à un montant de taxe à payer de 3 344 € x 19,60 % = 655 €. Il impute sur le montant net de la taxe dont il est ainsi redevable, la taxe qu'il a déjà payée au moment de la signature du contrat. En pratique, le loueur porte sur sa déclaration de chiffre d'affaires une TVA collectée de 655 – 164 = 491 €.

§ 2 ■ Fait générateur et exigibilité

3677. Conformément aux dispositions de l'article 269-1-a du Code général des impôts, le fait générateur de la TVA se produit pour les prestations de services, lorsque la prestation est effectuée.

A noter que des règles spécifiques sont prévues s'agissant des prestations qui ont lieu de manière continue sur plus d'une année en l'absence de décomptes ou de paiements durant cette période. Lorsque ces services donnent lieu à l'établissement de décomptes ou à des encaissements successifs, le fait générateur se produit au moment de l'expiration des périodes auxquelles ces décomptes ou ces encaissements se rapportent (CGI, art. 269-1-a bis). Cette disposition ne concerne à l'évidence que des opérations donnant lieu à des décomptes ou des encaissements à « terme échu ».

3678. L'article 269-2-c du Code général des impôts dispose que pour les prestations de services la taxe est exigible, en règle générale, lors de l'encaissement des acomptes, du prix, de la rémunération, ou, sur option d'après les débits.
La définition de l'encaissement du prix ou de la rémunération ne soulève aucune difficulté lorsqu'il s'agit de paiement en espèces. Par encaissements imposables, il faut entendre notamment toutes les sommes perçues du chef de la réalisation de l'opération ou de l'exécution des travaux, à quelque titre que ce soit (avances, acomptes, règlements pour solde) et quelle que soit la destination de ces sommes (achats de matières ou matériaux, paiement de sous-traitant, versements d'agios, etc.).

§ 3 ▪ Taux de la TVA

3679. Les opérations de crédit-bail et de location de longue ou de courte durée portant sur les voitures automobiles, neuves ou d'occasion, conçues pour le transport de personnes ou à usages mixtes sont soumises au taux normal. Il convient de remarquer que les opérations de crédit-bail et de location portant sur les motocyclettes, quelle que soit leur cylindrée, relèvent également du taux normal (voir BOI-TVA-LIQ-20-20 n° 310).

Sous-section 4 ▪ Déductions de la TVA

3680. Nous renvoyons au chapitre précédent sur les livraisons de bien.

Section 2 ▪ Les ventes aux enchères publiques et les intermédiaires

3681. Les ventes aux enchères publiques sont effectuées par un officier ministériel (commissaire-priseur le plus souvent, mais aussi huissier de justice ou notaire) qui intervient en qualité d'intermédiaire à la vente (BOI-TVA-SECT-90-50 n° 1). Les commentaires qui suivent feront référence, par commodité, aux seuls commissaires-priseurs mais valent pour l'ensemble des officiers ministériels qui procèdent à des ventes publiques. En principe, la TVA s'applique dans les mêmes conditions, quel que soit le circuit de commercialisation des biens : ventes publiques ou ventes par des négociants. Il est rappelé que les livraisons de biens neufs vendus aux enchères publiques sont soumises à la TVA selon le droit commun.

3682. Par ailleurs, il convient de distinguer selon que le commissaire-priseur agit au nom et pour le compte d'autrui ou, toujours pour le compte d'autrui, mais en son nom propre. Notons qu'en cas de vente aux enchères de véhicules d'occasion, le véhicule est toujours vendu TTC par le vendeur. En l'absence de sortie du territoire de la Communauté, la TVA n'est pas remboursée et l'immatriculation ne donne donc lieu à aucune régularisation de la TVA (BOI-TVA-CHAMP-30-30-10-20 n° 510).

Sous-section 1 ▪ Intermédiaires agissant au nom et pour le compte d'autrui

3683. Dès lors que le commissaire-priseur agit au nom d'autrui, il intervient comme prestataire de services et les dispositions prévues par la 7e directive ne trouvent pas à s'appliquer à sa prestation. N'agissant qu'en qualité de prestataire de services, sa prestation est soumise au régime prévu pour les intermédiaires transparents : il est imposable à la TVA, selon le droit commun, sur le montant de sa seule rémunération et sa prestation d'entremise est exonérée de TVA lorsqu'elle se rapporte à des biens exportés. La livraison aux enchères publiques est dans ce cas effectuée par la personne qui lui remet le bien en vue de la vente, le commettant, et le régime applicable à cette opération est déterminé par la situation de ce commettant.

§ 1 ▪ Livraisons soumises à la TVA

3684. Les ventes publiques des biens désignés ci-dessus sont soumises à la TVA lorsque le vendeur est un assujetti redevable de la taxe. Cette disposition concerne les ventes effectuées par les négociants (négociants en biens d'occasion, etc.) et plus généralement toute personne qui a acheté en vue de la revente, ainsi que les assujettis utilisateurs qui ont eu droit à une déduction totale ou partielle lors de l'acquisition, importation ou livraison à soi-même des biens.

§ 2 ▪ Livraisons non soumises à la TVA

3685. Les livraisons de biens en vente publique effectuées à titre occasionnel par des particuliers sont placées hors du champ d'application de la TVA. Les livraisons en vente publique de biens, qui n'ont pas ouvert droit à déduction, effectuées par des assujettis ne sont pas non plus soumises à la taxe : cette exonération s'applique aux assujettis exonérés au titre de leur activité, aux assujettis qui sont placés sous le régime de la franchise et aux assujettis utilisateurs qui cèdent des biens mobiliers d'investissement usagés pour lesquels ils n'ont eu aucun droit à déduction de la taxe payée lors de l'acquisition, importation ou livraison à soi-même (par exemple biens exclus du droit à déduction, tels les véhicules de tourisme).

§ 3 ▪ Cas particulier des débours

3686. Les commissaires-priseurs peuvent, en qualité de mandataire du vendeur, être habilités à effectuer certaines opérations pour le compte de ce dernier : établissement des factures de ventes, des documents d'exportation.

Ils ne doivent pas soumettre à la TVA les sommes réclamées à leurs clients qui constituent des débours (CGI, art. 267-II). Cette absence d'imposition des remboursements exacts de dépenses effectuées sur l'ordre ou pour le compte du client est soumise à deux conditions :

- un compte effectivement rendu au vendeur ou à l'acheteur ;
- une justification de la nature et du montant exact des dépenses tenue à la disposition de l'administration.

3687. Lorsque la vente est effectuée pour le compte d'un vendeur redevable de la TVA, les commissaires priseurs doivent détenir un document du vendeur certifiant que ce dernier est également redevable de la TVA au titre de l'opération concernée et qu'il a donné un mandat d'établir pour son compte les factures correspondantes mentionnant la TVA. Ce document doit contenir tous les renseignements utiles pour l'application de la taxe (imposition sur le prix de vente total ou sur la marge, taux, etc.).

3688. À défaut d'être ainsi mandaté par le vendeur, le commissaire-priseur qui établirait de telles factures serait personnellement responsable de la taxe mentionnée (CGI, art. 283-3). Il en serait de même en cas de non-reddition de compte au vendeur. Par ailleurs, toute indication erronée ou frauduleuse portée sur le compte-rendu ou la facture ou tout document en tenant lieu pourrait entraîner l'application des dispositions des articles 272-2 et 283-4 du Code général des impôts au commissaire-priseur.

Sous-section 2 ▪ Intermédiaires agissant pour le compte d'autrui en leur nom propre

3689. L'intervention d'un intermédiaire agissant en son nom propre est une situation fréquente dans les transactions portant sur des véhicules d'occasion ou de collection. Les ventes aux enchères publiques en constituent un exemple particulier : il résulte en effet des conditions dans lesquelles se déroulent ces opérations que les commissaires-priseurs interviennent généralement comme des intermédiaires agissant en leur nom propre. Le commissaire-priseur propose le bien aux enchères publiques pour le compte de son commettant et remet le bien, toujours pour le compte de son commettant, au mieux-disant des enchérisseurs.

3690. Les intermédiaires agissant en leur nom propre, qui s'entremettent dans une livraison de biens ou une acquisition intracommunautaire de biens, sont considérés comme des acheteurs-revendeurs et ainsi réputés avoir personnellement acquis les biens proposés à la vente aux enchères à son commettant et revendu ces biens à un tiers acquéreur. Intermédiaires opaques, ils sont soumis à la TVA comme les négociants (cf. CGI, art. 256-V et 256 bis-III, BOI-TVA-SECT-90-20 n° 140).

Pour l'application de la TVA, leurs opérations se décomposent en deux étapes, chacune étant soumise au régime qui lui est propre :

- livraison par le fournisseur à l'intermédiaire ;
- livraison par l'intermédiaire au client.

La livraison qui intervient entre le commettant et le commissaire-priseur est considérée comme effectuée au moment où la vente aux enchères publiques est elle-même effectuée (cf. CGI, art. 269-1-a-ter).

§ 1 ▪ Territorialité

A ▪ Ventes en France

3691. En application de l'article 258-I du Code général des impôts, les ventes aux enchères publiques effectuées en France sont imposables à la TVA.

Lorsque le vendeur assujetti est redevable de la taxe au titre de la vente mais n'est pas établi en France ou dans un autre État-membre de la Communauté européenne, il doit désigner un représentant fiscal pour acquitter la taxe exigible (CGI, art. 289 A). L'officier public ministériel chargé de la vente peut être désigné comme tel par le vendeur.

B ▪ Exportations

3692. Les exportations de biens vendus aux enchères publiques sont exonérées de la TVA en vertu de l'article 262-I du Code général des impôts.

L'exonération est justifiée dans les conditions de droit commun. En particulier, le vendeur devra détenir un exemplaire du document administratif unique (DAU) visé par le service des douanes ou, le cas échéant, un autre document en tenant lieu.

C . Ventes de biens importés

3693. Il faut distinguer les véhicules d'occasion, d'une part, et les véhicules de collection, d'autre part. La situation exposée ci-dessous est celle des véhicules d'occasion.
La situation sera différente selon que le commissaire-priseur figure ou non comme destinataire des biens sur la déclaration douanière de mise en libre pratique et de mise à la consommation.
Il est enfin rappelé que l'importation peut être réalisée directement ou intervenir au terme d'un régime suspensif douanier tel que notamment le régime d'admission temporaire en franchise de droits et taxes.

3694. La mention du commissaire-priseur ou du propriétaire sur la déclaration douanière de mise à la consommation emporte les conséquences suivantes en matière de TVA :
- Hypothèse 1 : le commissaire-priseur qui effectue la vente est mentionné comme destinataire des biens sur la déclaration douanière de mise à la consommation. Le commissaire-priseur est redevable de la taxe à l'importation du bien. Les ventes aux enchères publiques de biens d'occasion importés par des commissaires-priseurs eux-mêmes sont soumises à la TVA sur le montant total de la vente sous déduction de la taxe due à l'importation et sous réserve des exonérations liées à l'exportation ou aux échanges intracommunautaires.
- Hypothèse 2 : le propriétaire figure comme importateur des biens sur la déclaration douanière de mise à la consommation. Ces importations de biens sont soumises à la TVA, lors de leur importation, dans les conditions de droit commun. La remise des biens au commissaire-priseur en vue de la vente publique est une livraison interne soumise ou non à la TVA, eu égard au statut du vendeur (particulier ou négociant). Lorsqu'elle est soumise à la TVA, cette livraison est taxée sur le montant total.
La livraison par le commissaire-priseur en vente publique peut être soumise à la TVA sur la marge si le propriétaire est un non-assujetti. Elle est soumise à la TVA sur le prix total lorsque le propriétaire est un assujetti.

§ 2 . Échanges intracommunautaires

3695. Les deux tableaux ci-après récapitulent les modalités de taxation des ventes publiques effectuées par les commissaires-priseurs agissant pour le compte d'autrui mais en leur nom propre en régime intracommunautaire.

3696. Hypothèse 1 : le vendeur du bien se trouve dans un autre État membre :

Modalités de taxation des ventes publiques			
Situation du vendeur	Régime applicable à l'opération réalisée entre le vendeur et le commissaire-priseur	Lieu de destination du bien adjugé	Régime applicable à la livraison en vente publique (opération réalisée entre le commissaire-priseur et le client)
ASSUJETTI	Acquisition intracommunautaire exonérée (CGI, art. 291-II-9°)	France	Taxation sur prix de vente total

Modalités de taxation des ventes publiques			
		Autre État-membre	Taxation sur prix de vente total (1)
			Livraison intracommunautaire exonérée (2)
		Pays tiers	Exportation exonérée
NON ASSUJETTI	Pas d'acquisition intracommunautaire taxable	France	Taxation sur la marge
Autre État-membre	Taxation sur la marge (1)		
	Livraison intracommunautaire exonérée (2)		
Pays tiers	Exportation exonérée		

(1) Client ne fournissant pas un numéro d'identification à la TVA dans un autre État-membre.
(2) Client fournissant un numéro d'identification à la TVA dans un autre État-membre.

3697. Hypothèse 2 : le vendeur du bien se trouve en France :

Modalités de taxation des ventes publiques			
Situation du vendeur	Régime applicable à l'opération réalisée entre le vendeur et le commissaire-priseur	Lieu de destination du bien adjugé	Régime applicable à la livraison en vente publique (opération réalisée entre le commissaire-priseur et le client)
ASSUJETTI NÉGOCIANT	Taxation sur la marge	France	Taxation sur la marge
		Autre État-membre	Taxation sur la marge (1)
			Livraison intracommunautaire exonérée (2)
		Pays tiers	Exportation exonérée
AUTRE ASSUJETTI (ex : artiste ne bénéficiant pas de la franchise)	Taxation sur le prix de vente total	France	Taxation sur prix de vente total
		Autre État-membre	Taxation sur prix de vente total (1)
			Livraison intracommunautaire exonérée (2)
		Pays tiers	Exportation exonérée

Modalités de taxation des ventes publiques			
NON ASSUJETTI	Pas de taxation	France	Taxation sur la marge
Autre État-membre	Taxation sur la marge (1)		
	Livraison intracommunautaire exonérée (2)		
Pays tiers	Exportation exonérée		
(1) Client ne fournissant pas un numéro d'identification à la TVA dans un autre État-membre. (2) Client fournissant un numéro d'identification à la TVA dans un autre État-membre.			

Sous-section 3 ▪ Base d'imposition et taux

§ 1 ▪ Base d'imposition

3698. La base d'imposition peut être, selon le cas, la marge ou le prix total d'adjudication (BOI-TVA-SECT-90-50 n° 250).

A ▪ Imposition sur la marge

3699. Le dispositif communautaire permet aux commissaires-priseurs, de soumettre, de plein droit ou sur option, leurs livraisons de biens au régime particulier de la marge bénéficiaire prévu à l'article 297 A du Code général des impôts. Sont visées les ventes qu'ils réalisent, soit à destination de personnes situées en France, soit à destination de personnes établies dans un autre État membre de la Communauté européenne, quelle que soit la qualité de l'acquéreur (assujetti ou non).
Les conditions dans lesquelles les commissaires-priseurs peuvent soumettre leurs opérations de livraisons au régime particulier de la marge bénéficiaire sont identiques à celles décrites précédemment pour les acheteurs-revendeurs.
Les livraisons de biens effectuées par des commissaires-priseurs et destinées à des acquéreurs situés hors de la Communauté européenne sont exonérées de la TVA dans les conditions de droit commun (CGI, art. 262 I).

3700. La marge imposable du commissaire-priseur est constituée de la différence entre :
- le prix total payé ou à payer par l'adjudicataire des biens : prix d'adjudication des biens, augmenté des impôts, droits, prélèvements et taxes dus au titre de cette opération et des frais accessoires, demandés par le commissaire-priseur à l'acquéreur des biens (principalement les frais de commission) ;
- et le montant net payé par le commissaire-priseur à son commettant : prix d'adjudication des biens diminué du montant de la commission et des autres frais dus par le commettant au commissaire-priseur.
La marge ainsi déterminée est une marge TTC qui doit être ramenée HT par application du coefficient correspondant au taux du bien.

3701. Cette marge correspond en fait à la commission totale du commissaire-priseur (sur son commettant et l'acheteur) telle qu'elle est fixée par la réglementation en vigueur. La TVA s'applique sur la marge réalisée par le vendeur négociant, lorsque le bien vendu n'a pas ouvert droit à déduction lors de son acquisition, importation ou livraison à soi-même. Il s'agit des biens qui ont le caractère de biens d'occasion, c'est-à-dire qui ont fait l'objet d'une appropriation par un consommateur final (utilisateur, collectionneur etc.) auprès duquel le bien a été acheté.

Il convient de souligner que les ventes de biens d'investissement usagés qui ne pouvaient pas ouvrir droit à déduction sont exonérées de la TVA.

B ▪ Imposition sur le prix de vente total

3702. Lorsque le bien cédé a ouvert droit à déduction en totalité ou en partie, la vente est soumise à la TVA sur son montant total. Sont concernées par cette imposition :

- les cessions de biens par des négociants ou par leurs utilisateurs, s'ils ont eu droit à déduction, totale ou partielle, lors de l'acquisition, de l'importation ou de la livraison à soi-même du bien ;

- les cessions de biens qui n'ont pas le caractère de biens d'occasion : biens de collection neufs ou œuvres d'art originales neuves, c'est-à-dire, généralement cédés par leur fabricant ou leur créateur ;

- d'une manière générale, les ventes de biens neufs sont soumises à la TVA sur le prix total.

3703. Les négociants qui sont en principe soumis au régime d'imposition sur la marge peuvent appliquer la taxe sur le prix total. Dans ce cas, ils ne font pas figurer leur marge sur la facture. La TVA doit également être appliquée sur le prix de vente total pour les biens d'occasion lorsqu'il n'est pas possible de reconstituer la marge, notamment, en l'absence de document, attestant du prix d'achat (facture, etc.).

C ▪ Notion de prix d'adjudication

3704. Le bon déroulement d'une vente aux enchères publiques implique une stricte égalité entre tous les enchérisseurs, pour qui le prix d'adjudication doit avoir la même signification. Les professionnels ont fait valoir que cette égalité pourrait être contrariée par la possibilité qu'auront les acheteurs redevables de la TVA de déduire la taxe payée au titre de leur acquisition.

À cet effet, ils ont proposé que le prix d'adjudication puisse être réputé :

- un prix hors TVA si l'enchérisseur demande à faire apparaître la taxe sur la facture ou sur le document en tenant lieu, ou encore en cas d'exportation ; ou enfin dans le cas où une mention préalable indique l'application de la TVA sur le prix d'adjudication, le prix sera réputé hors taxe ;

- un prix TVA comprise dans tous les autres cas.

3705. Ce dispositif serait annoncé par l'officier ministériel avant la vente et s'imposerait à l'acheteur et au vendeur.

Cette proposition recueille l'accord de l'administration.

En pratique, si les documents détenus pour justifier sa comptabilité par le vendeur au titre de la vente (compte-rendu des commissaires-priseurs) font état d'un prix TTC ou ne comportent aucune spécification, la base d'imposition de la vente sera déterminée au moyen du coefficient de conversion. Dans ce cas, le coefficient doit s'appliquer au prix total ou à la marge réalisée par le vendeur.

Si les documents détenus par le vendeur font état d'un prix HT, c'est celui qui sera retenu pour la détermination de la base d'imposition.

§ 2 ■ Taux

3706. Le taux de TVA applicable est celui propre à chaque bien vendu, soit en l'occurrence le taux normal de TVA de 20 % (depuis le 1er janvier 2014) pour la France métropolitaine.

Sous-section 4 ■ Droits à déduction

3707. La taxe facturée par les commissaires-priseurs au titre de leur intervention est déductible dans les conditions de droit commun par les parties à la vente quand elles sont redevables.

§ 1 ■ Situation de l'acheteur du bien

3708. L'acheteur redevable de la TVA pourra déduire dans les conditions de droit commun la taxe qui lui aura été éventuellement facturée (sauf opérations relatives aux véhicules de tourisme obéissant à des règles spécifiques, voir infra). À cet effet, il devra obtenir une facture mentionnant la TVA. Cette facture est établie par le commissaire-priseur s'il a été mandaté à cet effet par le vendeur, ou par ce dernier, dans le cas contraire.

§ 2 ■ Situation du vendeur du bien

3709. Si le négociant est imposable à la TVA sur sa marge, il ne peut déduire que la taxe afférente aux éléments qui ont grevé le coût de son intervention.
Si le vendeur du bien est imposé sur le prix de vente total du bien, deux situations doivent être distinguées :
- Cas du vendeur-négociant : le négociant, qui acquitte la TVA sur le montant total de la vente, peut opérer la déduction de la taxe qui a grevé non seulement le coût de son intervention mais également l'acquisition correspondante.
- Cas du vendeur-utilisateur : il peut y avoir lieu à déduction complémentaire par régularisation dans les conditions prévues à l'article 207-III de l'annexe II au Code général des impôts, étant rappelé que la déduction complémentaire ne peut excéder le montant de la TVA due au titre de la vente du bien.

Sous-section 5 ■ Facturation

3710. Le commissaire-priseur agissant en son nom propre est tenu de délivrer à l'acquéreur une facture (CGI, art. 289-I -1-d). Le commettant de l'organisateur de la vente, s'il est un assujetti à la TVA, est également tenu, en principe, de délivrer une facture au commissaire-priseur.

§ 1 ■ Facture établie pour l'acquéreur des biens

3711. Il s'agit normalement du bordereau d'adjudication des biens.
Lorsque la livraison effectuée par l'organisateur de la vente a été soumise à la TVA sur la marge bénéficiaire, ce document doit reprendre de manière distincte :
- le prix d'adjudication du bien ;
- les impôts, droits, prélèvements éventuellement dus à raison de cette livraison, à l'exclusion de la TVA elle-même qui ne peut jamais être mentionnée distinctement ;
- les frais accessoires que l'organisateur de la vente peut, en fonction de la réglementation actuelle, demander à l'acquéreur (essentiellement les frais de commission).

3712. La facture devra par ailleurs comprendre toutes les mentions obligatoires (CGI, art. 242 nonies A, ann. II).
Il est rappelé que lorsque la livraison effectuée par l'organisateur de la vente a été soumise à la TVA sur le prix total, le bordereau d'adjudication doit faire apparaître distinctement le montant de la TVA.

§ 2 ▪ Facture établie par le commettant de l'organisateur de la vente

3713. Le commettant, s'il est un assujetti à la TVA, est tenu de délivrer une facture à l'organisateur de la vente (CGI, art. 289).
Pour ce qui concerne les ventes aux enchères publiques, il est admis que cette facture soit constituée par le compte rendu qui est obligatoirement remis par l'organisateur de la vente à son commettant. Le compte rendu doit faire apparaître distinctement le détail de l'opération, c'est-à-dire le prix d'adjudication du bien diminué du montant de la rémunération que le commettant verse à l'organisateur de la vente.
Selon que la vente du commettant au commissaire-priseur est ou non imposable sur le prix total, le compte-rendu devra ou non faire apparaître distinctement le montant de la TVA. A noter que les assujettis qui appliquent le régime de la marge ne peuvent pas faire apparaître la TVA sur leurs factures (CGI, art. 297 E).

Section 3 ▪ Locations d'emplacements pour le stationnement des véhicules

Sous-section 1 ▪ Principe

3714. Les locations d'emplacements pour le stationnement des véhicules automobiles sont en principe imposables à la TVA de façon obligatoire, et exclues du bénéfice de l'exonération prévue au 2° de l'article 261 D du Code général des impôts prévue pour les locations de terrains non aménagés et de locaux nus (BOI-TVA-CHAMP-10-10-30 n° 150).

3715. Sont ainsi assujetties toutes les locations de véhicules consenties à titre onéreux :
- quels que soient les caractéristiques ou le type de l'emplacement loué (garages individuels, boxes, simples emplacements, en sous-sol, en surélévation ou en surface) ;
- que cette location s'accompagne ou non de prestations commerciales annexes (gardiennage, mise à disposition d'installations permettant l'entretien, la réparation ou le ravitaillement en carburant des véhicules) ;
- quel que soit le statut juridique de la personne qui loue les emplacements (collectivités locales, sociétés commerciales, sociétés civiles ou simples particuliers, etc.) ;
- quelle que soit la périodicité de la location (à l'heure, à la journée, au mois) ou son mode de rémunération (parcmètres, loyer à la journée ou au mois).

Sous-section 2 ▪ Exceptions à l'assujettissement

3716. L'imposition des locations d'emplacements pour le stationnement connaît les deux exceptions suivantes :

- la première concerne les locations d'emplacements pour le stationnement des véhicules étroitement liées à celles, elles-mêmes exonérées, de biens immeubles destinés à un autre usage (habitation ou professionnel) ;

- la seconde concerne les autorisations payantes de stationnement sur la voie publique accordées par les collectivités locales.

§ 1 ▪ Locations d'emplacements étroitement liées à des locations exonérées

3717. La location d'un emplacement pour le stationnement des véhicules est exonérée dès lors qu'elle est étroitement liée à la location, elle-même obligatoirement exonérée, d'un local :

- nu à usage d'habitation ;

- nu à usage professionnel lorsque l'option pour le paiement volontaire de la TVA prévue par le 2° de l'article 260 du Code général des impôts n'a pas été exercée ;

- meublé ou garni à usage d'habitation (BOI-TVA-CHAMP-10-10-30 n° 170).

3718. Cette exonération est subordonnée au respect des conditions suivantes relatives à la location non soumise à la TVA :

- les emplacements sont situés dans le même ensemble immobilier ;

- les emplacements sont donnés en location par le même bailleur ;

- les emplacements sont pris en location par le même locataire ;

- les emplacements sont l'accessoire des locaux à usage d'habitation ou professionnel, qui constituent l'objet principal du bail. L'existence de baux ou de loyers distincts ne s'oppose pas par elle-même à ce que cette condition puisse être satisfaite.

§ 2 ▪ Locations d'emplacements consenties par les collectivités locales

3719. En ce qui concerne les locations d'emplacements consenties par les collectivités locales, la doctrine administrative prévoit une distinction entre le stationnement dans les parcs aménagés spécialement à cet effet, et le stationnement sur les voies publiques affectées à la circulation (BOI-TVA-CHAMP-10-10-30 n° 190).

Dans le premier cas, même si les parkings sont bâtis sur le domaine public, les parcs publics sont spécialement aménagés pour le stationnement des véhicules et leur location représente indéniablement un service rendu aux usagers. Les redevances de location ont ainsi le caractère de rémunération et non des taxes, comme jugé à plusieurs reprises par le Conseil d'État. En outre, l'article L. 2331-4 du Code des collectivités territoriales classe « le produit de la location sur la voie publique » parmi les recettes non fiscales de la section de fonctionnement du budget des communes.

La location d'emplacements publics de stationnement des véhicules ne peut donc pas être placée en dehors du champ d'application de la TVA (CGI, art. 256 B) en tant que service administratif.

3720. Dans le second cas, les droits perçus en contrepartie des autorisations de stationner pendant un temps limité, sur la chaussée réservée à la circulation, ont avant tout un caractère dissuasif et afin de réguler la circulation et du stationnement. Cette activité est donc considérée comme un service administratif hors du champ d'application de la TVA (CGI, art. 256 B) et se rattache à l'exercice du pouvoir de police du maire.

Titre 2 ■ Les impôts directs

Par Mathieu Le Tacon, Cabinet Delsol Avocats

BIBLIOGRAPHIE

L'Argus de l'assurance

Ouvrage. Code de la route, L'Argus éd.

Articles. Dossier « La fiscalité et l'automobile », JA n° 852, juin 2013.

Autre documentation :

Ouvrages. Code général des impôts, Dalloz éd. ; Code général des impôts, Litec.

3721. L'article 39, 4 du Code général des impôts exclut, « sauf justifications », des charges déductibles pour l'établissement de l'impôt sur les bénéfices :

- l'amortissement des véhicules immatriculés dans la catégorie des voitures particulières pour la fraction du prix d'acquisition qui excède des prix plafonds variables selon le type de véhicules ;
- en cas d'opérations de crédit-bail ou de location de longue durée portant sur des voitures particulières, la part du loyer supportée par le locataire et correspondant à l'amortissement pratiqué par le bailleur pour la fraction du prix d'acquisition du véhicule excédant les mêmes limites.

3722. Ces charges sont exclues, qu'elles aient été supportées directement par l'entreprise ou sous forme d'allocations forfaitaires ou de remboursement de frais. En revanche, les charges afférentes aux voitures particulières qui ne présentent pas le caractère d'amortissement ou de loyer afférent à l'amortissement (entretien, réparations, essence, etc.) sont intégralement déductibles, dans les conditions de droit commun et notamment de pouvoir être regardées comme engagées dans l'intérêt de l'entreprise (cf. BOI-BIC-AMT-20-40-50, n° 200).

Chapitre 1
Le plafond de déductibilité de l'amortissement des véhicules de tourisme

Section 1 Les véhicules concernés par l'article 39,4 du Code général des impôts

3723. Le texte de l'article 39, 4 du Code général des impôts ne précise pas ce qu'il faut entendre par voitures particulières si bien que l'administration a été amenée à indiquer qu'il convient de se fonder sur la catégorie d'immatriculation.
La catégorie d'immatriculation des véhicules figure sur la carte grise ; cette mention détermine donc en principe le champ d'application de l'article 39, 4 du Code général des impôts.

3724. La limitation d'amortissement prévue à l'article 39, 4 du Code général des impôts s'applique ainsi à l'ensemble des véhicules automobiles immatriculés dans la catégorie des « voitures particulières », y compris les voitures commerciales, canadiennes et breaks dans la mesure où leur prix d'acquisition dépasse les prix plafonds (Cf. BOI-BIC-AMT-20-40-50, n° 20).

3725. Néanmoins, un certain nombre de « véhicules à usages multiples » possédant toutes les caractéristiques intérieures et extérieures des voitures particulières, notamment celle d'être dotée de places assises à l'arrière, ont été commercialisés dans la catégorie « N1 », permettant ainsi aux sociétés qui les utilisent de bénéficier (au motif que lesdits véhicules n'étaient pas immatriculés dans la catégorie administrative des « véhicules utilitaires ») de la fiscalité allégée des véhicules utilitaires ce qui a amené le législateur à réagir.

3726. L'article 39, 4 du Code général des impôts (dans sa rédaction issue de l'article 24, I de la loi n° 2010-1657 du 29 décembre 2010) exclut donc des charges déductibles :
- l'amortissement des véhicules de tourisme au sens de l'article 1010 modifié du Code général des impôts (relatif à la TVS) pour la fraction du prix d'acquisition qui excède un plafond fixé à 9 900 € pour les véhicules les plus polluants (taux d'émission de dioxyde de carbone supérieur à 200 g/km) et à 18 300 € pour les autres véhicules ;
- en cas d'opérations de crédit-bail ou de location de longue durée portant sur de tels véhicules, la part du loyer supportée par le locataire et correspondant à l'amortissement pratiqué par le bailleur pour la fraction du prix d'acquisition du véhicule excédant les mêmes limites.

3727. De plus, les véhicules homologués dans la catégorie « N1 » qui entrent dans la nouvelle définition des véhicules de tourisme sont soumis aux limitations de déduction prévues par les dispositions des articles 39, 4 et 93, 1-3° (également modifié par l'article 24, III de la loi du 29 décembre 2010 précitée) du Code général des impôts. Cette nouvelle règle s'applique aux exercices clos depuis le 1er octobre 2010.

3728. Les dispositions de l'article 39, 4 du Code général des impôts (qui figure dans la partie du Code général des impôts relative aux bénéfices industriels et commerciaux et à l'impôt sur les sociétés) s'appliquent également aux contribuables (par exemple, les professions libérales) qui relèvent de la catégorie des bénéfices non commerciaux, en application de l'article 93, 1-2° du Code général des impôts.

3729. De ce qui précède, il résulte que les véhicules immatriculés dans une autre catégorie que celle des voitures particulières (véhicules utilitaires, par exemple) ne sont pas soumis à la limitation.

3730. A cet égard, le point de savoir si l'ajout de banquettes arrière dans des véhicules immatriculés dans la catégorie camionnette est de nature à transformer notablement le véhicule, a fait l'objet de solutions divergentes.

La Cour administrative d'appel de Nancy a ainsi considéré que ces aménagements ne justifient pas une nouvelle réception du véhicule. En revanche, la Cour administrative d'appel de Lyon a retenu une solution inverse.

3731. La Cour administrative de Nancy (CAA Nancy, 5 déc. 1989, n° 417, Sablières Tournier : RJF 4/90, n° 373) a ainsi jugé qu'un véhicule 4 x 4 immatriculé dans la catégorie « camionnette » et équipé sur option de deux banquettes latérales arrière et de deux glaces latérales ne peut être considéré comme ayant fait ainsi l'objet d'une transformation notable au sens des dispositions de l'article R. 106 du Code de la route (pour plus d'information sur cette notion de transformation, lire Partie 1, Titre 2, Chapitre 1 de cet ouvrage), seule de nature à justifier une nouvelle réception du véhicule et, éventuellement, un classement dans une autre catégorie. L'amortissement de ce véhicule ne relève donc pas de la limitation de déduction prévue par les dispositions de l'article 39, 4 du CGI. Il s'agissait, en l'espèce, d'une camionnette Mercedes de type 300 GD 4 x 4. La solution vaut pour d'autres véhicules tout-terrain en version utilitaire.

3732. Notons toutefois que dans la mesure où l'article du Code de la route (ancien article R. 106, codifié aux articles R. 321-15 et s. de l'actuel Code la route) auquel la Cour administrative de Nancy fait référence, prévoit que la réception des véhicules est effectuée par le service des mines, et que la définition des transformations notables rendant nécessaire une nouvelle réception relève du ministre de l'équipement, on peut se demander, en tout état de cause, si l'administration des impôts est juridiquement compétente pour apprécier l'étendue des transformations effectuées en vue de remettre en cause la catégorie d'immatriculation du véhicule et d'opposer, par voie de conséquence, les dispositions de l'article 39, 4 du Code général des impôts.

3733. Pour sa part, la Cour administrative de Lyon (CAA Lyon, 30 déc. 2004, n° 99-1679, 2e ch., SARL Dejean Bijouterie : RJF 6/05, n° 531) a jugé le cas d'une société qui a fait, dès sa livraison, installer à l'arrière du véhicule de type 4 x 4, pris en location dans le cadre d'un contrat de crédit-bail, une banquette fixée au châssis et autorisant le transport des personnes. Selon la Cour, la modification ainsi apportée aux aménagements et équipements intérieurs d'origine de ce véhicule a eu pour effet de le transformer en « voiture particulière », catégorie dans laquelle il devait être immatriculé. En conséquence, l'administration était en droit d'exclure des charges déductibles de la société une part du loyer correspondant à l'amortissement pratiqué pour la fraction du prix d'acquisition du véhicule excédant la limite prévue à l'article 39, 4 du Code général des impôts, nonobstant la circonstance que le véhicule est resté immatriculé, irrégulièrement, dans la catégorie « camionnette ».

Il s'agissait, en l'espèce, d'un véhicule de marque Jeep, modèle Cherokee.

3734. Notons qu'en matière de TVA, la jurisprudence a également eu l'occasion de juger que l'ajout d'une banquette arrière à un véhicule utilitaire a pour effet de transformer le véhicule.

Section 2 . Les « justifications » permettant de déroger à l'article 39, 4 du Code général des impôts

3735. L'article 39, 4 du Code général des impôts prévoit une exception à la limitation de la déduction des charges lorsque l'entreprise apporte des « justifications ».

En l'absence de toute précision légale relative à la nature des justifications susceptibles d'être valablement invoquées, l'administration interprète cette disposition comme signifiant que seules les charges afférentes aux véhicules nécessaires au cœur d'activité de l'entreprise en raison même de son objet peuvent être déduites en intégralité.

3736. La seule circonstance que l'utilisation de véhicules soit indispensable à l'exploitation de l'entreprise ne constitue donc pas, en elle-même, une « justification » au sens de l'article 39,4 précité.

Il résulte de cette analyse que ce sont essentiellement les véhicules détenus par les entreprises de taxis, les ambulanciers, les auto-écoles et les entreprises de location de véhicules qui ne sont pas soumis aux limitations de réduction (Cf. BOI-BIC-AMT-20-40-50, n° 50).

3737. Selon une réponse ministérielle (Rép. Julia : JOAN, 17 mai 2011, p. 5052, n° 84180), les entreprises proposant des stages de conduite sportive sont également en droit de déduire l'intégralité des amortissements constatés à raison des véhicules mis à disposition de leurs clients dans le cadre de cette activité, dans les conditions de droit commun.

3738. Notons toutefois qu'indépendamment des justifications exigées par l'article 39,4 du Code général des impôts pour pouvoir déduire intégralement les charges afférentes aux véhicules visés, l'administration admet que les voitures particulières spécialement équipées pour faire des courses automobiles dans le cadre d'opérations de parrainage et affectées de manière durable et exclusive à cet usage ne sont pas soumises à la limitation de l'amortissement.

3739. S'agissant des entreprises de location de véhicules, celles qui échappent à la limitation de l'article 39, 4 sont, selon l'administration, celles dont l'activité consiste en :

- la location traditionnelle, c'est-à-dire la location à très court terme, pour des emplois occasionnels, de véhicules dont l'entretien et tous les frais accessoires restent à la charge du propriétaire ;

- la mise de véhicules à la disposition des utilisateurs de façon durable. Il s'agit particulièrement des sociétés de crédit-bail (leasing) proprement dites qui réalisent des opérations visées par la loi n° 66-455 du 2 juillet 1966 (aujourd'hui codifiée dans le Code de commerce). Le crédit-bail constitue en effet un simple mode de financement des actifs utilisés par les entreprises.

3740. Selon le Conseil d'Etat (CE, 28 janv. 1981, n° 77914, 8e et 9e s.-s. : RJF 3/81, n° 181), une entreprise qui a pour activité principale d'acquérir, à la demande de ses clients, des voitures de tourisme qu'elle met ensuite à leur disposition, en vertu de contrats de location de longue durée, doit être regardée comme ayant apporté les « justifications » exigées par l'article 39, 4 du Code général des impôts pour pouvoir amortir la totalité du prix des véhicules, dès lors qu'elle est conduite, en raison de la nature même de son activité, à se procurer des véhicules de toutes catégories. La durée des contrats de location et la circonstance que le matériel soit acquis auprès du fournisseur choisi par le locataire, qui en assure seul l'entretien et les réparations, ont été jugées sans incidence par le Conseil d'Etat.

3741. Le Tribunal administratif de Rouen a pour sa part étendu aux entreprises de pompes funèbres le bénéfice de l'exception au principe de l'article 39, 4 du Code général des impôts (TA Rouen, 10 novembre 1998, n° 95667) en estimant qu'une entreprise de pompes funèbres qui a pris en crédit-bail deux breaks Mercedes qu'elle a aménagés pour assurer des transports funéraires afin de répondre à la demande d'une certaine clientèle doit être regardée comme ayant apporté les « justifications » exigées par l'article 39, 4 du Code général des impôts l'autorisant à déduire la totalité des loyers dès lors que ces véhicules sont nécessaires à l'activité de l'entreprise en raison même de son objet consacré pour partie au transport de personnes.

3742. En revanche, interrogée sur le régime applicable aux véhicules utilisés par des infirmières qui effectuent des soins à domicile, l'administration a indiqué que la faculté de déduire la totalité de l'annuité d'amortissement ne saurait être étendue aux membres de professions commerciales ou non commerciales pour lesquelles l'usage d'un véhicule n'est qu'un moyen d'effectuer les déplacements professionnels mais ne constitue pas l'objet même de l'activité (Rép. Labbé : JOAN, 29 sept. 1986, p. 3368, n° 4534).

3743. Dans le même sens, les voitures utilisées par les services commerciaux des entreprises sont soumises à la limitation de la déduction des amortissements prévue par l'article 39, 4 du Code général des impôts (Rép. Péricard : JOAN, 1er déc. 1986, p. 4570, n° 9937. Dans le même sens : Rép. Fourcade : Sén., 28 févr. 1987, p. 288, n° 3742).

3744. Cette position de l'Administration a été confirmée par la jurisprudence, notamment par la Cour administrative de Lyon (CAA Lyon, 27 sept. 1995, n° 93-1690, 4e ch., Sté Alsacienne d'aluminium : RJF 12/95, n° 1357) qui a considéré qu'en invoquant les distances parcourues annuellement par ses véhicules acquis ou loués, qui sont mis à la disposition des agents commerciaux, et utilisés pour des livraisons urgentes ou le transport de clients, une société n'apporte pas les justifications exigées par l'article 39, 4 du Code général des impôts. Le pourvoi formé contre cet arrêt a été rejeté si bien que la décision revêt un caractère définitif (CE CAPC, 24 mars 1997, n° 175735 : RJF 6/97, n° 534).

3745. Dans le même sens, il a été jugé (CAA Nantes, 22 déc. 1993, n° 92-323, 1e ch., Sté Jet-Ouest : RJF 4/94, n° 379) que l'amortissement de voitures particulières de type 304, 504 et R18, qu'une entreprise spécialisée dans le transport rapide de colis aménage et réserve à cet usage, est soumis au plafonnement prévu à l'article 39, 4 du Code général des impôts, dès lors que l'entreprise n'apporte pas de justification précise de la nécessité pour elle de recourir à l'utilisation de véhicules automobiles immatriculés dans la catégorie des voitures particulières en faisant valoir qu'il n'existait pas à l'époque de véhicules utilitaires satisfaisant l'ensemble des critères de sécurité, propreté, rapidité et volume d'emport exigés par la qualité du service fourni à sa clientèle. La Cour de cassation n'a pas admis le pourvoi en cassation contre cet arrêt qui revêt donc un caractère définitif (CE CAPC, 22 févr. 1995, n° 156271 : RJF 5/95, n° 570).

3746. Toujours dans le même sens il a été jugé (CAA Paris, 20 mars 1990, n° 89-334, Sté Van Gils : RJF 6/90, n° 648) que les aménagements intérieurs de caractère réversible apportés à une voiture pour faciliter le transport des collections d'une société de commercialisation d'articles vestimentaires ne sont pas de nature à tenir lieu des justifications exigées par l'article 39, 4 du Code général des impôts.

3747. De même, il a été considéré (CAA Nantes, 29 avril 1992, n° 89-1377, 1e ch., Sté Mauxion : RJF 10/92, n° 1413) qu'une société qui a pour activité la fabrication, la réparation et la vente de meubles anciens et neufs n'établit pas que cette activité soit au nombre de celles qui, en raison de leur objet, nécessitent l'acquisition de véhicules de tourisme. Elle ne peut donc être regardée comme ayant apporté des justifications, au sens de l'article 39, 4 du Code général des impôts, l'autorisant à déduire l'amortissement de l'intégralité du prix d'acquisition du véhicule.

3748. En revanche, il a été admis (CAA Marseille, 16 nov. 1999, n° 97-5490, 3e ch., SA GSF Jupiter : RJF 6/00, n° 758) dans une décision qui semble contraire à la doctrine de l'administration fiscale qu'une entreprise de nettoyage industriel qui, pour le transport de ses équipes de nettoyage, utilise des minibus immatriculés dans la catégorie des voitures particulières doit être regardée comme ayant apporté les justifications exigées par l'article 39,4 du Code général des impôts l'autorisant à déduire la totalité des amortissements afférents à ces véhicules dès lors qu'il n'est pas contesté qu'ils n'ont servi à aucun usage autre que celui destiné au transport du personnel de l'entreprise.

Section 3 ■ Les modalités d'application de l'article 39,4 du Code général des impôts

3749. L'article 39, 4 du Code général des impôts exclut (sauf justifications précédemment exposées) des charges déductibles des résultats imposables l'amortissement des voitures particulières pour la fraction de leur prix d'acquisition qui dépasse certaines limites variables selon le type de véhicule.

3750. La fraction des amortissements non admise en déduction fait l'objet, en pratique, d'une réintégration à la clôture de chaque exercice, sur l'imprimé de détermination du résultat fiscal n° 2058 A (ligne WE).

Sous-section 1 ■ Distinction selon le taux d'émission de CO_2 du véhicule

3751. Les entreprises possédant des voitures particulières doivent ainsi réintégrer à leur bénéfice imposable la fraction d'amortissement afférente à la partie du prix d'acquisition excédant 18 300 €.

Le plafond est fixé à 9 900 € pour les véhicules dont le taux d'émission de dioxyde de carbone est supérieur à 200 g/km. Ce plafond de 9 900 € concerne les seuls véhicules acquis depuis le 1er janvier 2006 et mis en circulation pour la première fois après le 1er juin 2004 (loi n° 2005-1719 du 30 décembre 2005, art. 17-III).

3752. Ainsi, pour les véhicules acquis avant le 1er janvier 2006 et qui continuent à être utilisés après cette date, seule la limitation de 18 300 € leur est applicable.

Les seuls véhicules visés par la limitation de 9 900 € sont ceux qui répondent aux conditions techniques exposées ci-dessous et qui sont mis pour la première fois en circulation après le 1er juin 2004, soit à compter du 2 juin 2004 (loi n° 2005-1719 du 30 décembre 2005, art. 17).

La limitation s'applique aussi bien aux véhicules neufs qu'aux véhicules d'occasion, dès lors que la première mise en circulation est postérieure au 1er juin 2004 (Cf. BOI-BIC-AMT-20-40-50, n° 110).

3753. L'aménagement des dispositions de l'article 39, 4 du Code général des impôts opéré par la loi n° 2005-1719 du 30 décembre 2005, dans son article 17-I n'a pas modifié la condition relative à la nature des véhicules eux-mêmes : il s'agit des seuls véhicules immatriculés dans la catégorie des « voitures particulières ».

3754. Notons que tous les véhicules de cette catégorie sont concernés par le dispositif, y compris, le cas échéant, les véhicules qui sont éligibles au régime de l'amortissement exceptionnel sur douze mois prévu à l'article 39 AC du CGI (véhicules fonctionnant exclusivement ou non au moyen de l'énergie électrique, du gaz naturel ou du gaz de pétrole liquéfié). Les véhicules fonctionnant exclusivement à l'énergie électrique, le taux d'émission de CO_2 est en principe nul ; en pratique, ce type d'automobile ne serait donc pas visé par la limitation de 9 900 € (Cf. BOI-BIC-AMT-20-40-50, n° 70).

3755. Les véhicules visés par le plafond de 9 900 € sont ceux qui émettent plus de 200 g de dioxyde de carbone par kilomètre. Le taux de référence pour l'application du dispositif est le taux conventionnel d'émission de dioxyde de carbone déterminé dans les conditions prévues par l'arrêté du ministère de l'équipement, des transports et du logement du 21 avril 2000 relatif à la détermination de la consommation conventionnelle de carburant et des émissions de dioxyde de carbone des véhicules automobiles (JO 20 juin 2000, p. 9243).

3756. Conformément au décret n° 2002-1508 du 23 décembre 2002 relatif à l'information sur la consommation de carburant et les émissions de dioxyde de carbone des voitures particulières neuves (JO, 27 déc. 2002), ce taux d'émission de dioxyde de carbone fait l'objet d'une communication auprès du grand public et, donc, des entreprises qui se portent acquéreurs de ces véhicules, sous diverses formes :

- dans chaque point de vente, par une étiquette indiquant les émissions de dioxyde de carbone apposée sur chaque voiture particulière neuve ou affichée près de celle-ci, ainsi que par une liste de ces données dressée par marque et par type de véhicule affichée dans le point de vente (décret précité, 23 déc. 2002, art. 2 et 3) ;
- dans la documentation utilisée pour la commercialisation, la publicité et la promotion des véhicules, y compris les manuels techniques, par la mention des données relatives aux émissions de dioxyde de carbone se rapportant au véhicule concerné (décret précité, 23 déc. 2002, art. 5) ;
- par la mise à disposition de tout consommateur, dans chaque point de vente, d'un guide de la consommation de carburant et des émissions de dioxyde de carbone des voitures particulières neuves mises en vente sur le territoire national, élaboré par l'Agence de l'environnement et de la maîtrise de l'énergie (Ademe) à partir des informations transmises par les constructeurs (décret précité, 23 déc. 2002, art. 4). Ce guide, qui comporte l'ensemble des types de voitures particulières disponibles sur le marché national à la date de sa constitution, est établi une fois par an. Les informations qu'il contient sont en outre disponibles sur un site Internet constitué par l'Ademe (www.ademe.fr, rubrique « Transports/car-labelling »).

3757. Le taux d'émission conventionnel de CO_2 d'un véhicule est en principe indiqué sur la carte grise, cette mention étant prévue par l'arrêté du 22 septembre 2003 modifiant l'arrêté du 5 novembre 1984 relatif à l'immatriculation des véhicules (JO 11 oct. 2003). Afin de connaître le taux d'émission de CO_2 des voitures particulières qu'elles utilisent, les entreprises peuvent donc simplement se référer à la mention portée sous la rubrique référencée V.7 sur la carte grise de chacun des véhicules concernés. A défaut de mention du taux d'émission de CO_2 sur la carte grise, il convient de se référer à la documentation technique du véhicule, qui est en principe fournie lors de l'acquisition, et qui doit mentionner le taux d'émission de CO_2 mesuré lors de la réception.

3758. Enfin, dans le cas où l'entreprise ne disposerait pas de cette documentation technique et en l'absence de mention du taux d'émission de CO_2 sur la carte grise, il convient de se référer au taux conventionnel figurant sur le guide de l'Ademe, disponible sur le site Internet de cet organisme.

3759. La limitation à 9 900 € de la fraction amortissable du prix de revient s'applique aux véhicules dont le taux d'émission est strictement supérieur à 200 g/km. Il est précisé que le taux d'émission applicable à un véhicule est le taux déterminé pour les modèles neufs tel que disponible sur le guide de l'Ademe et dans les points de vente.

3760. Aucun ajustement ne peut être effectué au cours de l'utilisation ultérieure du véhicule, que ce soit en raison du vieillissement de celui-ci, qui entraîne en principe un accroissement de l'émission de CO2 par kilomètre, ou en raison de l'amélioration du véhicule au moyen d'ajouts techniques qui auraient pour effet d'amoindrir l'émission de CO_2 par kilomètre.

3761. Il ne pourrait en aller autrement que si ces améliorations, telles que la transformation d'un véhicule essence en véhicule fonctionnant exclusivement ou non au gaz de pétrole liquéfié, conduisent à procéder à une réception isolée du véhicule et à modifier les caractéristiques figurant sur la carte grise. Il serait alors admis que soit retenu le taux d'émission de CO_2 figurant sur la nouvelle carte grise.

3762. Le taux d'émission est donc en principe établi, de manière définitive pour l'ensemble de la vie du véhicule, à partir du taux théorique défini pour le modèle neuf, sauf modification du taux figurant sur la carte grise suite à la transformation du véhicule.

3763. Pour les véhicules mentionnés à l'article 39 AC du Code général des impôts pouvant fonctionner à la fois à l'essence et aux carburants gazeux (gaz de pétrole liquéfié ou gaz naturel) et pour lesquels une valeur d'émission de CO_2 par kilomètre est fixée par carburant (arrêté du 21 avril 2000 : JO 20 juin 2000, p. 9243), il est admis que soit pris en compte pour l'appréciation de la limite de 200 g/km le taux d'émission le plus faible (Cf. BOI-BIC-AMT-20-40-50, n° 90).

Sous-section 2 ▪ Prix d'acquisition à prendre en compte

3764. Le prix d'acquisition des véhicules à comparer au plafond de déduction prévu à l'article 39, 4 du Code général des impôts correspond au prix pour lequel ils sont inscrits au bilan de l'entreprise.
Dans la mesure où la TVA afférente aux véhicules conçus pour le transport de personnes n'est pas déductible, le prix d'acquisition à retenir s'entend TVA comprise.
Selon la doctrine administrative le prix des équipements et accessoires doit, d'une manière générale, être inclus dans le prix d'acquisition à prendre en compte pour l'application de l'article 39, 4 du Code général des impôts.

3765. Cette position apparaît toutefois contestable en ce qui concerne les équipements qui sont dissociables du véhicule lui-même, et pourraient à ce titre être considérés comme des immobilisations distinctes.
Son application aux radiotéléphones a d'ailleurs été infirmée par un arrêt de la Cour administrative de Nancy (CAA Nancy, 19 déc. 1991, n° 90-9, 2e ch., Chassard : CAA Nancy, 19 déc. 1991, n° 90-9, 2e ch., Chassard : RJF 5/92, n° 660) qui a jugé que compte tenu de leur caractère dérogatoire, les dispositions de l'article 39, 4 du Code général des impôts qui limitent

le montant de l'amortissement déductible des voitures particulières sont d'interprétation stricte. Elles ne s'étendent pas à une installation de radiotéléphone équipant un véhicule utilisé pour les déplacements professionnels, installation qui peut faire l'objet d'un amortissement distinct non soumis à limitation.

3766. Si l'administration s'est ralliée à cette jurisprudence (Cf. BOI-BIC-AMT-20-40-50, n° 130) elle maintient en revanche la solution qu'elle avait retenue dans le cadre de ses commentaires des dispositifs d'amortissement exceptionnel prévus aux articles 39 AC et 39 AD du Code général des impôts (qui ne s'appliquent plus depuis 2010) concernant la situation, au regard de la limitation prévue à l'article 39, 4 du Code général des impôts, des accumulateurs nécessaires au fonctionnement des véhicules électriques et des équipements spécifiques aux véhicules fonctionnant au GPL ou au GNV. Selon elle, il y a en effet lieu de considérer que la tolérance figurant au n° 31 de l'instruction administrative du 30 mai 1997, 4 D-4-97, définit en réalité les modalités d'application de l'article 39, 4 du Code général des impôts et non celles des articles 39 AC ou 39 AD du même Code. Ainsi, lorsque les accumulateurs nécessaires au fonctionnement des véhicules électriques ou les équipements spécifiques permettant l'utilisation du GPL ou GNV ont fait l'objet d'une facturation séparée ou d'une mention distincte qui permet de les identifier lors de l'acquisition de véhicules, ils ne sont pas pris en compte pour l'application de l'article 39, 4 du Code général des impôts, seul l'amortissement concernant le coût du véhicule lui-même étant susceptible d'être limité.

3767. Par ailleurs, si ces accumulateurs ou équipements font l'objet d'une location, le coût de location de ces équipements n'est pas pris en compte pour l'application de l'article 39, 4 du Code général des impôts, à la condition que ces équipements fassent l'objet d'une facturation séparée ou d'une mention distincte qui permet de les identifier lors de l'acquisition ou de la location des véhicules sur lesquels ils s'incorporent. (Cf. BOI-BIC-AMT-20-40-50, n° 170).

Sous-section 3 ▪ Calcul des amortissements à réintégrer

§ 1 ▪ Règles générales

3768. Les entreprises concernées par les dispositions de l'article 39, 4 du Code général des impôts doivent réintégrer dans leur résultat fiscal une fraction des dotations annuelles aux amortissements afférentes à ces véhicules, calculée en appliquant à la dotation pratiquée pour chaque véhicule le rapport existant entre la fraction du prix d'acquisition, toutes taxes comprises, qui dépasse la limite applicable et ce même prix d'acquisition.

3769. La limitation s'effectue selon les mêmes modalités selon que le plafond applicable soit celui de 18 300 ou de 9 900 €.
Il convient de bien noter que pour le calcul de la plus-value de cession d'un véhicule de tourisme, il n'est pas tenu compte de la fraction de l'amortissement non déductible en application des dispositions de l'article 39, 4 du Code général des impôts.

3770. Par exemple (BOI-BIC-AMT-20-40-50, n° 150), pour une voiture particulière neuve acquise le 1er janvier N au prix, taxes comprises, de 25 000 euros, par une entreprise dont l'exercice coïncide avec l'année civile. Le véhicule est amortissable en cinq années, l'annuité comptabilisée étant de : 25 000 x 20 % = 5 000 €.

3771. La fraction de l'annuité d'amortissement à réintégrer extra-comptablement (sur l'imprimé 2058-A) dans le résultat fiscal sera, pour chacun des exercices N à N + 5 de : 5 000 X 25 000 - 18 300 = 1 340 €.

Si la voiture est vendue début N + 4 pour 15 000 €, l'entreprise réalisera une plus-value imposable de : 15 000 - [25 000 - (5 000 X 3)] = 5 000 €.

§ 2 ■ Cas particulier des véhicules ayant fait l'objet d'une décomposition comptable

3772. Dans le cas particulier où des véhicules font l'objet d'une décomposition, la limitation de la déduction de l'amortissement s'applique aussi bien à la structure qu'aux composants identifiés, mais elle ne concerne pas les composants remplacés.

3773. Il est rappelé que, depuis 2005, la durée d'amortissement comptable est définie comme la durée réelle d'utilisation du bien immobilisé (et non plus comme une durée d'usage). De même, la base amortissable n'est pas nécessairement identique comptablement et fiscalement, dans la mesure où la base d'amortissement retenue en comptabilité est minorée de la valeur résiduelle (Cf. BOI-BIC-AMT-20-40-50, n° 20). Dans le cas où les durées d'amortissement ne sont pas les mêmes en comptabilité et en fiscalité, des difficultés apparaissent donc quant à la détermination du montant des amortissements à réintégrer au résultat imposable.

3774. Les entreprises doivent appliquer la méthode par composants définie à l'article 15 bis de l'annexe II au Code général des impôts. Les éléments principaux d'immobilisations corporelles devant être remplacés au cours de la durée d'utilisation de ces immobilisations doivent ainsi être identifiés séparément à l'actif et amortis selon un plan d'amortissement propre. Cette méthode s'applique également, en principe, aux voitures particulières objet de l'une des limitations prévues à l'article 39, 4 du Code général des impôts. Dans ce cas, cette limitation s'applique à l'ensemble du prix de revient du véhicule, c'est-à-dire aux composants et à la structure (Cf. BOI-BIC-AMT-20-40-50, n° 20).

3775. A titre de simplification, il est admis que la limitation de la déduction de l'amortissement des véhicules de tourisme s'applique au prix d'acquisition des véhicules dans son ensemble, y compris aux composants éventuels, mais que les remplacements d'éléments qui interviendraient par la suite et feraient l'objet d'une inscription à l'actif, à titre exceptionnel, en tant que composants, ne soient pas soumis à la limitation de la déduction de l'amortissement (Cf. BOI-BIC-AMT-20-40-50, n° 20).

3776. Cette règle ne devrait toutefois trouver à s'appliquer en pratique que de façon exceptionnelle, dans la mesure où les critères de décomposition exposés dans l'instruction 4 A-13-05 du 30 décembre 2005 devraient avoir pour effet de ne pas décomposer, dans la plupart des cas, les voitures particulières inscrites à l'actif du bilan.

3777. Seule une entreprise qui déploie des moyens importants pour la gestion et l'entretien d'une flotte de véhicules substantielle peut estimer opportun d'identifier les pneus ou bien les moteurs comme des composants, alors même que leur valeur unitaire est inférieure aux seuils quantitatifs en deçà desquels aucune décomposition n'a en principe lieu d'être effectuée. Ce traitement pourrait en particulier s'appliquer aux entreprises de location de longue durée de véhicules de tourisme.

3778. Par exemple (tiré de BOI-BIC-AMT-20-40-50, n° 30.), pour une entreprise qui acquiert une voiture particulière le 1er janvier N, pour un prix de 30 000 €. L'entreprise a identifié un composant d'une valeur de 5 000 €, les 25 000 € restants étant affectés à la structure du véhicule.
En application des dispositions du a de l'article 39, 4 du Code général des impôts, la fraction amortissable du prix d'acquisition du véhicule s'élève à 18 300 €. Cette limitation est répartie entre le composant et la structure de la manière suivante :
- limitation applicable au composant : 5 000 x 18 300 / 30 000 = 3 050 € ;
- limitation applicable à la structure : 25 000 x 18 300 / 30 000 = 15 250 €.
La base amortissable fiscale du véhicule s'élève par conséquent à 3 050 € au lieu de 5 000 € pour le composant, et à 15 250 € au lieu de 25 000 € pour la structure.

§ 3 ▪ Cas d'une durée d'utilisation prévue inférieure à la durée d'usage

3779. Indépendamment de la limitation prévue à l'article 39, 4 du Code général des impôts, l'amortissement comptable peut être inférieur à l'amortissement fiscal.
Il en est ainsi lorsque :
- l'entreprise amortit le véhicule au plan comptable sur une durée réelle d'utilisation plus longue que la durée d'usage retenue fiscalement ;
- l'entreprise, qui envisage de céder le véhicule à court terme, l'amortit dans ses comptes sur son prix de revient diminué de sa valeur résiduelle.

3780. L'administration préconise, dans ces hypothèses, de comptabiliser un amortissement dérogatoire complémentaire à concurrence de la différence entre les dotations comptables et les dotations fiscales déterminées avant application du plafonnement prévu à l'article 39, 4 du Code général des impôts.
Cette règle pratique permet d'assurer la déduction d'amortissements calculés en fonction du plafond prévu à cet article, quelles que soient les modalités comptables d'amortissement retenues.

3781. Dans certaines situations, la dotation annuelle à l'amortissement comptable peut être moindre que la dotation fiscalement déductible, ce qui entraîne en principe la comptabilisation d'un amortissement dérogatoire complémentaire à due concurrence de cette différence.

3782. Il est admis que les entreprises puissent ne déduire, sans mise en œuvre de la règle de l'amortissement minimal prévue à l'article 39 B du Code général des impôts, que la dotation comptable.
Toutefois, il est rappelé que, pour les cas où une disposition fiscale limite expressément la déduction d'une fraction de l'amortissement, alors l'amortissement dérogatoire doit systématiquement être comptabilisé. A défaut, les dispositions de l'article 39 B (règle dite de l'amortissement minimum linéaire obligatoire) sont opposées à l'entreprise.

3783. Cette règle, exposée au n° 100 de l'instruction 4 A-13-05 du 30 décembre 2005, s'applique aux voitures particulières placées dans le champ de l'article 39, 4 du Code général des impôts, quel que soit le montant de la limitation applicable (Cf. BOI-BIC-AMT-10-30-20, n° 20).

3784. Par exemple (tiré de BOI-BIC-AMT-10-30-20, n° 30), une entreprise a renouvelé une partie de sa flotte de véhicules de tourisme (15 véhicules) le 1-1-N auprès d'un constructeur.

Par voie de contrat conclu avec ce fournisseur, il est prévu que les véhicules soient repris par le constructeur au terme de deux ans pour une valeur de 55 % de la valeur brute. La valeur brute totale est de 375 000 €. La date de clôture de l'entreprise est fixée au 31 décembre.

Compte tenu de la reprise des véhicules par le constructeur au terme de deux ans, l'entreprise amortira les véhicules en cause sur une durée de deux ans à hauteur de 45 % de leur valeur, soit chaque année une dotation globale de 84 375 €.

Sur le plan fiscal, eu égard aux usages (4 ans), la dotation annuelle pour l'ensemble des véhicules est égale à 93 750 €, plafonnée à 68 625 € en application des dispositions de l'article 39, 4 du Code général des impôts.

3785. Le différentiel entre la dotation comptable et la dotation fiscale, soit 9 375 € (93 750 - 84 375), doit être comptabilisé en amortissements dérogatoires quand bien même une fraction n'est pas déductible. A défaut, les dispositions de l'article 39 B du Code général des impôts (règle dite de l'amortissement minimum linéaire obligatoire) seront opposées à l'entreprise. Comptablement, lorsqu'il est doté d'une valeur résiduelle significative, le bien concerné est amorti sur une base diminuée de cette valeur.

Sous-section 4 ▪ La limitation de la déductibilité des loyers

3786. Le preneur d'un contrat de crédit-bail, ou de location simple d'une durée supérieure à trois mois, afférent à un véhicule de tourisme doit réintégrer la quote-part des loyers correspondant aux amortissements pratiqués par le bailleur pour la fraction du prix d'acquisition qui excède les limites prévues à l'article 39, 4 du Code général des impôts.

3787. Cette mesure a bien entendu pour objet de placer les locataires de voitures de tourisme dans une situation analogue à celle des entreprises qui acquièrent directement ces véhicules.

Les véhicules concernés sont ceux définis dans le cadre de notre étude de l'article 39, 4 du Code général des impôts.

§ 1 ▪ Entreprises visées

3788. La limitation de déduction des loyers des voitures particulières s'applique, d'une part, aux entreprises passibles de l'impôt sur les sociétés ou relevant de l'impôt sur le revenu dans la catégorie des bénéfices industriels et commerciaux et, d'autre part, aux personnes dont les revenus sont soumis à l'impôt sur le revenu dans la catégorie des bénéfices non commerciaux.

3789. Il en est de même, en application des dispositions des articles 72 et 74 du Code général des impôts, des exploitants agricoles dont les résultats relevant des bénéfices agricoles sont imposables selon un régime de bénéfice réel.

§ 2 ▪ Locations concernées

3790. Les locations soumises à l'une des limitations de l'article 39, 4 du Code général des impôts (Cf. BOI-BIC-AMT-20-40-50, n° 270) portent sur des voitures particulières neuves ou d'occasion, qu'elles soient ou non assorties d'une faculté d'achat (crédit-bail, location pure et simple avec ou sans prestations de services complémentaires), à l'exception de celles de courte durée n'excédant pas trois mois non renouvelables.

3791. A cet égard, les contrats doivent prévoir expressément que la location est inférieure à trois mois et n'est pas renouvelable.

En cas de nouveau contrat entre les mêmes parties et portant sur le même bien, la limitation est applicable aux loyers versés tant au titre de celui-ci qu'au titre du contrat précédent.

Les entreprises peuvent se dispenser de procéder aux réintégrations prévues à l'article 39,4 du Code général des impôts sous réserve d'apporter des « justifications » identiques à celles précédemment étudiées.

3792. La limitation de déduction des loyers ne s'applique que dans le cas où l'utilisateur du véhicule loué se verrait opposer, s'il était lui-même propriétaire du véhicule, la limitation de l'amortissement visée à l'article 39, 4 du Code général des impôts. Dès lors, elle ne joue pas à l'égard des entreprises dont la détention de voitures particulières est strictement nécessaire à leur activité en raison de leur objet même.

3793. Ainsi, une entreprise de location de voitures particulières qui a recours au crédit-bail pour le financement de son parc peut, quelles que soient la durée des locations contractées et la nature de l'activité de ses clients, déduire l'intégralité des loyers qui lui sont facturés par l'entreprise de crédit-bail.

Il en irait de même des loyers versés par un exploitant de taxis à une entreprise de location de voitures (Cf. BOI-BIC-AMT-20-40-50, n° 260).

3794. L'administration ayant admis que les ambulanciers et les auto-écoles ne soient pas soumis à la limitation de l'article 39, 4 cette solution devrait également être applicable dans le cas où ces contribuables sont locataires de véhicules.

§ 3 ▪ Calcul des loyers à réintégrer

3795. Les locataires de voitures particulières doivent réintégrer à la clôture de chaque exercice une quote-part des loyers dont le montant correspond, selon l'article 39, 4 du Code général des impôts à l'amortissement pratiqué par le bailleur, pour la fraction du prix d'acquisition qui excède l'une des limites fixées par cette disposition, compte tenu de la date de première mise en circulation des véhicules.

Les limites à retenir dans le cadre de ce calcul sont identiques à celles prévues pour la réintégration des amortissements constatés par les propriétaires des véhicules.

3796. L'administration considère que la détermination des loyers exclus des charges déductibles est effectuée, compte tenu du prix d'acquisition des véhicules, TVA comprise bien que les entreprises de location puissent déduire la TVA qui a grevé ce prix.

Par conséquent, les locataires de véhicules doivent opérer des réintégrations dont le montant est identique à celles exigées des propriétaires. Ce montant est inscrit sur la ligne prévue à cet effet de la déclaration n° 2058 A annexée à la déclaration de résultat.

3797. La fraction annuelle d'amortissement correspondant à la partie excédentaire du prix d'acquisition est égale au produit de l'annuité d'amortissement pratiquée par le bailleur par le rapport existant entre, d'une part, la différence constatée entre le prix d'acquisition toutes taxes comprises du véhicule et le montant du plafond de déduction et, d'autre part, ce prix d'acquisition.

3798. La part annuelle du loyer effectivement supportée par le locataire et correspondant à la fraction d'amortissement définie ci-dessus est égale à cette fraction augmentée de la TVA. Bien entendu, ce montant correspond à une annuité complète d'amortissement, c'est-à-dire à l'amortissement afférent à douze mois d'utilisation.

3799. Pour connaître le montant à réintégrer au titre d'un exercice donné, le locataire doit ajuster le chiffre ainsi obtenu au temps pendant lequel il a eu la disposition du véhicule, chaque mois étant compté pour trente jours (Cf. BOI-BIC-AMT-20-40-50, n° 280).

3800. Par exemple (adapté de BOI-BIC-AMT-20-40-50 n° 300), pour une voiture, qui émet moins de 200 g CO_2 par kilomètre, acquise à 26 910 € TTC (22 500 € HT) le 1er janvier 2012 (première mise en circulation postérieure au 1er novembre 2004) par une entreprise de location de voitures dont l'exercice est de douze mois et donnée en location de longue durée à une entreprise utilisatrice visée par les dispositions de l'article 39, 4 du Code général des impôts.

3801. Si l'amortissement est effectué selon le mode linéaire sur cinq ans, la part non déductible du loyer supportée par le locataire, appréciée annuellement, est déterminée comme suit :
- fraction annuelle d'amortissement correspondant à la partie du prix d'acquisition qui excède 18 300 : (22 500 / 5) x [(26 910 - 18 300) / 26 910] = 1 440 € ; pour le bailleur, la TVA étant récupérable pour les biens donnés en location, le prix de revient amortissable est égal au prix d'achat hors taxe (art. 229 et 242 de l'annexe II au Code général des impôts) ;
- part annuelle du loyer non déductible, supportée par le locataire : 1 440 + [(1 440 x 20) / 100] = 1 728 €.

3802. Etant donné que le taux de TVA applicable aux locations de longue durée de voitures de tourisme est le même que celui qui s'applique à l'acquisition des mêmes biens, la réintégration à opérer par l'entreprise locataire est bien égale au montant de l'amortissement que cette dernière aurait dû réintégrer si elle avait été propriétaire du véhicule, soit : [(26 910 - 18 300) / 100] x 20 = 1 722 €.

3803. Bien entendu, ce montant correspond à une annuité complète d'amortissement, c'est-à-dire à l'amortissement afférent à douze mois d'utilisation. Pour connaître le montant à réintégrer au titre d'un exercice donné, le locataire doit ajuster le chiffre ainsi obtenu au temps pendant lequel il a eu la disposition du véhicule. Chaque mois est compté pour trente jours.

3804. Pour reprendre l'exemple donné ci-dessus, en admettant que l'entreprise utilisatrice, dont l'exercice coïncide avec l'année civile, prenne le véhicule en location à compter du 1er juin, la part de loyer qu'elle devra réintégrer dans ses résultats imposables est ainsi calculée : (1 728 x 210) / 360 = 1 008 €.

§ 4 ■ Obligations du bailleur

3805. Les entreprises locataires ne sont pas toujours en mesure de connaître le prix toutes taxes comprises versé par l'entreprise bailleresse pour l'acquisition des véhicules qu'elles louent ni la durée sur laquelle ces véhicules sont effectivement amortis. En conséquence, elles ne peuvent déterminer, par elles-mêmes, la part des loyers dus au titre d'un exercice qu'elles sont tenues de réintégrer dans leurs résultats.

3806. Aussi appartient-il aux entreprises bailleresses de faire connaître aux utilisateurs des véhicules qu'elles donnent en location la part du loyer non déductible, appréciée annuellement, déterminée comme précédemment indiqué. Cette indication doit figurer de façon explicite dans tous les contrats de location souscrits depuis le 1er janvier 1982 (Cf. BOI-BIC-AMT-20-40-50, n° 290).

3807. L'obligation d'information des entreprises locataires s'impose à tous les bailleurs des véhicules concernés quand bien même ils ne seraient pas eux-mêmes propriétaires du véhicule donné en location.

3808. Ainsi, une entreprise qui donne en location pour une durée supérieure à trois mois des véhicules qu'elle détient en vertu de contrats de crédit-bail doit, dans les conventions qui la lient avec ses clients, transcrire l'information qui lui a été communiquée par le propriétaire des voitures concernées. Bien entendu, il appartient à l'entreprise locataire d'ajuster elle-même le montant communiqué au prorata du temps pendant lequel elle a eu la disposition du véhicule.

Sous-section 5 ▪ La limitation de la déductibilité des remboursements de frais de véhicules de tourisme

3809. Selon l'administration, lorsqu'une société verse une indemnité à un dirigeant ou à un cadre propriétaire d'une voiture de tourisme, la déduction de cette indemnité doit être refusée pour la fraction de l'amortissement qui excède la limite prévue à l'article 39,4 du Code général des impôts.

De même, les indemnités forfaitaires versées par une société à ses salariés ou à son dirigeant ne sont déductibles que dans la limite prévue à l'article 39,4.

Néanmoins, aucune réintégration n'est à opérer lorsque les indemnités forfaitaires sont établies d'après le barème kilométrique publié par l'administration, celui-ci étant calculé en plafonnant le prix de revient des véhicules à la limite fixée par l'article 39,4.

3810. Ces règles s'appliquent également lorsque l'entreprise verse à un dirigeant ou à un membre du personnel locataire d'une voiture une indemnité destinée à couvrir les frais de location dudit véhicule.

3811. L'article 39, 4 du Code général des impôts vise les dépenses supportées par l'entreprise, soit directement, soit sous forme d'allocations forfaitaires de frais.

Il en résulte que lorsqu'une entreprise verse, à un dirigeant ou à un cadre propriétaire d'une voiture de tourisme dont le prix d'acquisition est supérieur à la limite prévue, une indemnité destinée à couvrir l'amortissement de ladite voiture, il convient, en principe, de refuser la déduction de cette indemnité, dans la mesure où elle s'applique à la fraction de l'amortissement correspondant à la partie du prix d'acquisition qui excède cette limite.

3812. Cette règle a été appliquée par la jurisprudence (CAA Paris, 2 juin 1992, n° 91-121, 3e ch., SA Sterling Winthrop : RJF 8-9/92, n° 1114) qui a confirmé que les indemnités forfaitaires mensuelles versées par une société pharmaceutique à ses visiteurs médicaux en contrepartie de l'utilisation professionnelle de leur véhicule personnel et pour en compenser l'usure, qui équivalent à l'amortissement des véhicules, ne sont déductibles que dans la limite visée à l'article 39, 4 du Code général des impôts. En effet, cette disposition s'applique, que les véhicules soient la propriété de l'entreprise ou celle de ses salariés.

Chapitre 2
La déductibilité des frais autres que d'amortissement

Section 1 . La généralité des frais

3813. En dehors des annuités d'amortissement ou des loyers qui, comme précédemment exposé, ne sont déductibles que dans une certaine limite du prix d'acquisition du véhicule de tourisme, les autres frais afférents à l'acquisition et à l'usage de ces véhicules sont déductibles des résultats de l'entreprise selon les règles de droit commun. Autrement dits tous les autres frais sont déductibles sans limitation, sous réserve d'être exposés dans l'intérêt de l'exploitation et de ne pas être excessif.

3814. Ainsi, la carte grise (qui ne fait pas partie du prix de revient du véhicule) est immédiatement déductible du résultat imposable.
S'agissant des frais de transport, ils peuvent être portés en frais généraux s'il résulte des conditions de vente que l'acquéreur peut prendre livraison de son véhicule à la sortie des chaines de fabrication sans que de tels frais lui soient facturés.

3815. En revanche, les frais de mise à disposition figurant sur la facture d'achat doivent être inclus dans le prix de revient.
S'agissant des frais d'entretien, de réparation, d'assurance, de carburant, de parking, de péage, ils sont déductibles du résultat de l'entreprise selon les règles de droit commun précédemment rappelées.

Section 2 . Le cas des remboursements de frais aux salariés

3816. Dans le même sens que pour la généralité des frais, les frais de déplacement remboursés aux dirigeants et aux salariés au titre de l'utilisation professionnelle de leur véhicule personnel sont en principe déductibles, sous réserve de la justification du kilométrage parcouru à titre professionnel.
Ils peuvent en particulier être évalués selon le barème kilométrique fourni chaque année par l'administration (sans perdre pour autant leur caractère de frais réels pour les salariés).

3817. L'article 6 de la loi de finances pour 2013 a légalisé la possibilité pour les salariés de recourir au barème forfaitaire kilométrique pour l'évaluation de certains frais de déplacement, au titre de la déduction des frais réels mais en plafonnant ce barème à 7 chevaux (CV). Cet article de la loi de finances a surtout limité le montant susceptible d'être pris en compte au titre des frais réels justifiés.

3818. En effet rappelons pour mémoire que, jusqu'à présent, les salariés ayant renoncé à la déduction forfaitaire de 10 % pouvaient opter pour la déduction des frais réels en évaluant leurs frais de déplacement soit par déduction (sur justificatifs) des frais réels engagés, soit, par mesure administrative, en ayant recours au barème forfaitaire fixé, chaque année, par arrêté du ministre du Budget. Ce barème faisait jusqu'à présent ressortir trois tranches de calcul différentes, selon le kilométrage effectué, pour une puissance administrative allant de 3 CV à 13 CV et plus.

3819. Désormais, lorsque les salariés optent pour le régime des frais réels, l'évaluation des frais de déplacement en voiture (ou à motocyclette), autres que les frais de péage, de garage ou de parking et d'intérêts annuels afférents à l'achat à crédit du véhicule utilisé, peut légalement s'effectuer sur le fondement du barème kilométrique fixé par arrêté du ministre du Budget en fonction de la puissance administrative du véhicule, retenue dans la limite maximale de 7 CV, et de la distance annuelle parcourue. Le barème à appliquer est donc désormais le suivant :

Barème kilométrique : Voitures			
Puissance fiscale	Jusqu'à 5000 km	de 5001 à 20 000 km	au-delà de 20 000 km
3 CV	D x 0,405	(d x 0,242) + 818	d x 0,283
4 CV	D x 0,487	(d x 0,274) + 1063	d x 0,327
5 CV	D x 0,536	(d x 0,3) + 1180	d x 0,359
6 CV	D x 0,561	(d x 0,316) + 1223	d x 0,377
7 CV et +	D x 0,587	(d x 0,332) + 1278	d x 0,396

3820. Par exemple, pour une distance parcourue de 22 000 kilomètres par an par un véhicule de 13 CV et plus, la déduction serait désormais de 22 000 x 0,396, soit 8 712 € (contre 22 000 x 0,515, soit 11 330 € auparavant).
Les frais couverts par le barème comprennent, comme auparavant, notamment la dépréciation du véhicule, les frais de réparation et d'entretien, les dépenses de pneumatiques, la consommation de carburant et les primes d'assurance.

3821. Le recours au barème n'est pas obligatoire. Mais, lorsque les salariés n'en font pas application, les frais réels, déductibles sur justification, ne peuvent pas, selon le nouveau texte légal, excéder le montant qui serait admis en déduction en application de ce barème à distance parcourue identique, pour un véhicule de la puissance administrative maximale retenue par ce même barème (7 CV). Cette limite s'applique, quelle que soit la puissance du véhicule.

3822. Autrement dit désormais, une entreprise qui remboursera des frais kilométriques sur une base supérieure au barème relatif aux véhicules de plus de 7 CV (par exemple en reprenant le tarif du barème kilométrique des véhicules excédant 7 CV figurant sur le barème de l'administration antérieur à la loi de finances pour 2013) ne pourra pas déduire l'intégralité des frais ainsi remboursés à son salarié ou à son dirigeant et ce même si le véhicule concerné excède effectivement 7 CV.

3823. Les salariés peuvent continuer à déduire distinctement les frais réels de péage, de garage ou de parking et d'intérêts annuels afférents à l'achat à crédit du véhicule utilisé.

Chapitre 3
Les obligations déclaratives liées aux véhicules de tourisme

3824. En application des dispositions du 1er alinéa de l'article 54 bis du Code général des impôts, les entreprises industrielles et commerciales (particuliers ou sociétés) soumises au régime de l'imposition d'après un bénéfice réel, ainsi que les sociétés et personnes morales passibles de l'impôt sur les sociétés, doivent produire, en même temps que la déclaration de leurs résultats de chaque exercice, un état indiquant l'affectation des voitures de tourisme ayant figuré à leur actif ou dont elles ont assumé les frais d'entretien au cours de cet exercice. Les imprimés n° 2031 ter et 2065 ter de la déclaration de résultat comportent chacun un cadre (respectivement cadre G et cadre H) spécialement prévu à cet effet.

3825. Depuis le 1er octobre 2010, doivent être indiqués les véhicules de tourisme au sens de l'article 1010 du Code général des impôts relatif à la taxe sur les véhicules des sociétés. Il s'agit donc des voitures particulières au sens de la réglementation européenne mais aussi des véhicules à usages multiples qui, tout en étant classés administrativement dans la catégorie des véhicules utilitaires (« véhicules N1 ») sont destinés, au transport de voyageurs (notamment, certains breaks, véhicules 4×4 ou monospaces).

3826. L'état d'affectation des voitures de tourisme fait apparaître :
- d'une part, les nom, qualité et adresse de chacune des personnes auxquelles une voiture ayant figuré à l'actif du bilan a été affectée et les caractéristiques de cette voiture ;
- d'autre part, les nom, qualité et adresse de chacune des personnes auxquelles a été affectée une voiture n'ayant pas figuré à l'actif du bilan, mais dont l'entreprise a supporté les frais d'entretien, ainsi que les caractéristiques de cette voiture ;
- enfin, la désignation des voitures ayant figuré à l'actif du bilan ou dont l'entreprise a supporté les frais d'entretien et qui ont été utilisées pour les besoins généraux de l'exploitation et l'indication du service auquel chacune de ces voitures a été affectée.

3827. Pour l'application de l'article 54 bis du Code général des impôts, il convient de considérer qu'une voiture est affectée à un dirigeant ou à un cadre de l'entreprise si ce dernier en a la disposition privative d'une manière permanente et peut l'utiliser en dehors des besoins directs de la société ou de l'entreprise.
Il en est ainsi, notamment, lorsque la voiture est remisée en dehors des locaux de l'entreprise et se trouve continuellement à la disposition de l'affectataire qui, en particulier, a la faculté de l'utiliser pendant les jours fériés ou pendant les périodes de ses congés, pour lui-même ou pour le transport des membres de sa famille.

3828. C'est seulement pour les voitures « affectées privativement » que doivent être précisés les nom et adresse des utilisateurs.
Cette indication n'a pas à être donnée, par contre, pour les voitures utilisées pour les besoins généraux de l'exploitation.

3829. Le défaut de souscription de l'état d'affectation des voitures de tourisme est susceptible, comme l'ensemble des obligations déclaratives, de donner lieu à l'envoi de mises en demeure.

3830. En revanche, la rectification d'états régulièrement souscrits relève de la procédure de redressement, dans laquelle l'administration fiscale supporte la charge de la preuve. Cette dernière règle ne fait pas obstacle à ce que les vérificateurs demandent aux entreprises des précisions sur les déclarations souscrites. L'entreprise doit en effet pouvoir justifier la réalité de l'affectation déclarée pour chaque véhicule qu'il s'agisse d'une affectation à un service ou à une personne nommément désignée. (Cf. Rép. Lorenzini : JOAN 23 févr. 1987, p. 1004, n° 15387).

Titre 3 ▪ Les autres impôts

Par Mathieu Le Tacon, Cabinet Delsol Avocats

BIBLIOGRAPHIE

L'Argus de l'assurance
Ouvrage. - Code de la route, L'Argus éd.
Articles. – Dossier « La fiscalité et l'automobile », JA n° 852, juin 2013.
Autre documentation
Ouvrages. – Code général des impôts, Dalloz ; Code général des impôts, Litec

▪ Chapitre 1 Taxe sur les véhicules de sociétés

3831. La taxe sur les véhicules de sociétés est codifiée aux articles 1010, 1010-0A et 1010 B du Code général des impôts.
Les conditions d'application ainsi que les modalités de paiement et de liquidation de la TVS sont codifiées aux articles 310 E de l'annexe II au Code général des impôts et 406 bis de l'annexe III au même code.

Section 1 ▪ Champ d'application de la TVS

3832. Le champ d'application de la TVS se définit à la fois par rapport aux personnes morales susceptibles de l'acquitter mais également par rapport au type de véhicule concerné.

Sous-section 1 ■ Les personnes visées

§ 1 ■ Les sociétés imposables

3833. La TVS est due par les sociétés ayant leur siège social ou un établissement stable en France, quels que soient leur forme et leur régime fiscal, et par les établissements ou organismes publics à caractère industriel ou commercial.

3834. Sont notamment imposables selon l'Administration fiscale (BOI-TFP-TVS-10-10-2) :
- les sociétés anonymes [y compris les sociétés d'exercice libéral constituées sous forme de sociétés anonymes (S.E.L.A.F.A.)], à responsabilité limitée [y compris les entreprises unipersonnelles, les entreprises agricoles à responsabilité limitée et les sociétés d'exercice libéral à responsabilité limitée (E.U.R.L., E.A.R.L. et S.E.L.A.R.L.)], en commandite par actions [y compris les sociétés d'exercice libéral en commandite par actions (S.E.L.C.A.)], en commandite simple, en nom collectif ;
- les sociétés en participation ;
- les sociétés de fait (voir Com., 3 févr. 1987, n° 85-15.931 et Com, 7 juin 1988, n° 87-11.297) ;
- les sociétés coopératives et leurs unions, y compris notamment les caisses locales et régionales de crédit agricole. Échappent en revanche à la TVS, les sociétés coopératives de reconstruction et de reconstitution visées par le titre 1er de la loi n° 48-975 du 16 juin 1948. En effet, ces organismes, auxquels la loi n° 47-1775 du 10 septembre 1947 portant statut de la coopération ne s'applique pas, sont, en réalité, non de véritables sociétés, mais des groupements sans but lucratif ;
- quel que soit leur régime fiscal, les sociétés civiles y compris les sociétés civiles professionnelles ;
- les sociétés d'assurances et de capitalisation nationalisées, ainsi que les banques nationales ;
- les sociétés d'assurances à forme mutuelle ;
- les sociétés étrangères même ne relevant pas, en France, de l'impôt sur le revenu ou de l'impôt sur les sociétés ;
- les sociétés d'économie mixte (SNCF, Air-France, Sociétés nationales de constructions aéronautiques, etc.) ;
- les sociétés de caution mutuelle et les banques populaires ;
- les groupements forestiers constitués dans les conditions prévues à l'article L. 241-1 et L. 246-2 du Code forestier, ces groupements étant des sociétés civiles ;
- les groupements fonciers agricoles.

3835. Notons enfin, qu'une société dissoute qui subsiste comme être moral pour les besoins de sa liquidation demeure soumise à la taxe tant que cette liquidation n'est pas terminée, sous réserve, bien entendu, que les autres conditions relatives à l'exigibilité de la TVS soient remplies.

§ 2 ■ Les entités exonérées

3836. La taxe n'est pas due par les personnes morales qui n'ont pas pour but la recherche d'un bénéfice mais dont l'activité consiste, par exemple, dans la défense d'intérêts économiques, professionnels, culturels ou religieux ou l'organisation d'œuvres de bienfaisance ou d'assistance, lorsque ces personnes morales ne sont pas constituées en « sociétés » au sens de l'article 1832 du Code civil.

3837. Tel est le cas, outre les coopératives de reconstruction et de reconstitution déjà citées ci-dessus (cf. A – Les sociétés imposables ci-dessus) :
- des associations régies par la loi du 1er juillet 1901 ;
- des syndicats professionnels ;
- des comités d'entreprises et comités d'établissements institués par l'ordonnance du 22 février 1945 ;
- des organismes de sécurité sociale ;
- des organismes de mutualité agricole ;
- des mutuelles définies à l'article L. 111-1 du Code de la mutualité et notamment des sociétés mutuelles d'assurances visées au titre III du décret n° 83-1266 du 30 décembre 1938 (à ne pas confondre avec les sociétés d'assurances à forme mutuelle visées au titre II du même décret qui restent imposables).

3838. Le même principe conduit à exclure du champ d'application de la taxe les associations et groupements improprement nommés « sociétés » tels que les sociétés sportives, de chasse, de tir, de gymnastique, les sociétés savantes, littéraires, musicales, etc.

3839. Sont également hors du champ d'application de la TVS :
- les fédérations départementales de chasseurs ;
- les associations constituées en vue d'effectuer des opérations de contrôle et de surveillance nécessaires à la sécurité des travailleurs ;
- les groupements agricoles d'exploitation en commun (GAEC) ;
- les groupements d'intérêt économique (GIE) (voir TGI Toulouse, 20 mars 1989, aff. GIE Bassin de la Garonne). Cependant notons que les véhicules des GIE sont susceptibles d'être soumis à la TVS au nom des sociétés utilisatrices, lorsqu'ils sont mis à la disposition de ces dernières ;
- les centres technique industriel (CTI) : les CTI sont des organismes privés qui assurent, de par la volonté du législateur, une mission de service public (Voir Section CE, 28 juin 1963, Rec. CE p. 401 et CE, 19 févr. 2003, n° 243781) et qui ont pour objet de promouvoir le progrès des techniques, de participer à l'amélioration du rendement et à la garantie de la qualité dans l'industrie.

3840. Au regard des différentes missions qui leurs sont assignées, les CTI ne répondent pas aux conditions posées par l'article 1654 du Code général des impôts. En effet, bien que bénéficiant de dotations budgétaires et placés sous le contrôle de l'autorité publique, les CTI ne sauraient être assimilés ni à une entreprise ni à un organisme de répartition, de distribution ou de coordination. Dès lors, n'étant pas constitués en « sociétés » au sens de l'article 1832 du Code civil, les CTI demeurent hors du champ d'application de la TVS.

§ 3 ▪ Etablissements publics et organismes de l'Etat et des collectivités territoriales

3841. Conformément à l'avis émis par le Conseil d'État, le 8 janvier 1957, la TVS est applicable aux établissements publics à caractère industriel ou commercial ainsi qu'aux organismes de l'État, des départements et des communes ayant un caractère industriel ou commercial et bénéficiant de l'autonomie financière. D'une part, en effet, ces établissements sont soumis au même régime fiscal que les entreprises privées et, d'autre part, les opérations auxquelles ils se livrent pourraient être effectuées par des sociétés passibles de la TVS.

3842. Selon l'Administration fiscale (BOI-TFP-TVS-10-10), sont notamment imposables à la taxe :

- l'Électricité de France et le Gaz de France ;

- les Charbonnages de France et les Houillères de bassin ;

- la Société nationale des entreprises de presse ;

- les offices à caractère industriel ou commercial tel que l'Office national industriel de l'azote ;

- les chambres de commerce et d'industrie et les ports autonomes, dans la mesure où ils peuvent être regardés comme exerçant une activité industrielle ou commerciale. Cela étant, les chambres de commerce et d'industrie et les ports autonomes ne sont toutefois redevables de la TVS que pour les voitures affectées exclusivement ou partiellement à des activités à caractère industriel ou commercial. Les voitures affectées exclusivement à des activités purement administratives sont exonérées de la taxe ;

- les organismes de l'État, des départements ou des communes ayant un caractère industriel ou commercial et bénéficiant de l'autonomie financière. Toutefois, l'administration admet que les régies de services publics des départements, communes et syndicats de communes, exonérées de l'impôt sur les sociétés en vertu de l'article 207-1-6° du Code général des impôts ne sont pas imposables à la taxe ;

- les organismes gérant des marchés d'intérêt national (décret n° 58-767 du 25 août 1958), qu'il s'agisse d'une société d'économie mixte, d'un établissement public ou d'un organisme créé spécialement à cet effet ou d'une régie organisée par une collectivité locale.

3843. D'une manière générale, la TVS s'applique donc à tous les établissements ou organismes visés à l'article 1654 du Code général des impôts selon lequel les établissements publics, les exploitations industrielles ou commerciales de l'Etat ou des collectivités locales doivent acquitter, dans les conditions de droit commun, les impôts et taxes de toute nature auxquels seraient assujetties les entreprises privées effectuant les mêmes opérations.

3844. En revanche, demeurent hors du champ d'application de la taxe :

- les organismes de l'État, des départements et des communes sans caractère industriel et commercial ou ne bénéficiant pas de l'autonomie financière (notamment, les manufactures nationales et les organismes énumérés à l'article 167-2 de l'annexe IV au Code général des impôts) ;

- les établissements publics sans caractère industriel ou commercial (notamment ceux visés à l'article 167-3 de l'annexe IV au Code général des impôts : chambres d'agriculture, chambres des métiers, Office national des anciens combattants et victimes de guerre, etc.).

3845. Enfin, à la question de savoir si les dispositions de l'article 1010 du Code général des impôts sont applicables aux syndicats mixtes assurant le traitement des ordures ménagères pour leur membres, une décision de rescrit n° 2009 / 07 (FE) a apporté la réponse suivante : « En application des dispositions de l'article 1654 du Code général des impôts, la taxe sur les véhicules de sociétés (TVS) est applicable notamment aux établissements publics à caractère industriel ou commercial, ainsi qu'aux exploitations industrielles ou commerciales des collectivités locales. Or, au regard de la jurisprudence (TC, 28 mai 1979, Préfet du Val d'Oise), le service d'enlèvement d'ordures ménagères doit être considéré comme un service administratif lorsqu'il est financé par la taxe d'enlèvement des ordures ménagères. Dès lors, un syndicat mixte financé par cette taxe n'est pas imposable à la TVS. »

Sous-section 2 ▪ Les véhicules visés

3846. Traditionnellement, la TVS ne vise que les véhicules de tourisme répondant à la classification administrative des « voitures particulières ». Depuis peu certains véhicules à usage multiple peuvent également être concernés par la TVS.

§ 1 ▪ Les véhicules de tourisme ou « voitures particulières »

3847. L'article 1010 du Code général des impôts vise traditionnellement les véhicules de tourisme définis par référence à la catégorie administrative des « voitures particulières », soit : « les voitures particulières au sens du 1 du C de l'annexe II à la directive 2007/46/CE du Parlement européen et du Conseil, du 5 septembre 2007, établissant un cadre pour la réception des véhicules à moteur, de leurs remorques et des systèmes, des composants et des entités techniques destinés à ces véhicules... ».

3848. La TVS concerne donc les véhicules immatriculés dans la catégorie « voitures particulières » au sens de la directive 2007/46/CE.En pratique, la TVS est applicable à tous les véhicules classés pour l'établissement des cartes grises dans le genre des « voitures particulières ».

Il est rappelé que les voitures immatriculées dans le genre « voitures particulières » sont réparties en différents types de carrosseries qui sont « berline », « voiture à hayon arrière », « cabriolet », « break », « coupé », et « véhicules à usage multiples ».

3849. L'assujettissement à la TVS dépend des caractéristiques et du genre des véhicules qui figurent sur le certificat d'immatriculation. Il est indépendant des éléments de fait et notamment de l'adjonction de sièges (dans des véhicules immatriculés dans un genre autre que « voitures particulières »).

3850. A ce titre, rappelons que le Code de la route fixe à dix places le seuil à partir duquel les véhicules sont classés dans la catégorie des transports en commun. L'Administration fiscale a donc confirmé que les véhicules de type minibus de neuf places ressortissent à la catégorie des voitures particulières et sont de ce fait passibles de la TVS (RM. Pénicaut, JOAN 26 juil. 1982 p. 3105 n° 9179).

3851. De même, la circonstance que les voitures sont revêtues d'inscriptions ou de dessins publicitaires demeure sans incidence sur l'exigibilité de la taxe. Les voitures particulières sont imposables quelle que soit leur utilisation déclarée par la société. En effet, conformément à sa destination normale, une voiture particulière est présumée de façon irréfragable servir au transport des personnes, sans que la preuve contraire puisse être rapportée.

3852. S'agissant des véhicules immatriculés en France, il n'y a pas lieu de se préoccuper de la série dans laquelle l'immatriculation a été effectuée : série normale ou série spéciale, série D par exemple pour les services de l'État à caractère industriel et commercial.

3853. Eu égard à la définition retenue par l'article 1010 du Code général des impôts, sont exclus de la TVS les véhicules conçus pour une activité exclusivement commerciale ou industrielle (camions, camionnettes, véhicules de transport en commun et véhicules spéciaux).

§ 2 ▪ Les véhicules à usage multiple

3854. Au niveau communautaire, les véhicules sont soumis à la procédure de réception communautaire qui permet de s'assurer qu'ils satisfont aux prescriptions techniques exigées pour leur mise en circulation.

3855. Jusqu'en avril 2009, la directive 70/156/CEE du 6 février 1970 réservait la mise en œuvre de cette procédure aux voitures particulières. Or, la directive 2007/46/CE du 5 septembre 2007 a abrogé la directive de 1970, et étendu le système de réception communautaire à toutes les catégories de véhicules à moteur conçus pour circuler sur route, voitures particulières, mais aussi véhicules utilitaires.

3856. En outre, cette directive a offert aux constructeurs automobiles la possibilité d'homologuer certains de leurs véhicules, jusqu'alors inscrits dans la catégorie des voitures particulières (genre national « VP » indiqué sur la carte grise, catégorie communautaire « M1 ») dans la catégorie « N1 », qui regroupe les véhicules conçus et construits pour le transport de marchandises.

3857. Ainsi, un certain nombre de « véhicules à usages multiples » possédant toutes les caractéristiques intérieures et extérieures des voitures particulières, notamment celle d'être dotées de places assises à l'arrière, ont été commercialisés dans la catégorie « N1 », permettant ainsi aux sociétés les utilisant de bénéficier de la fiscalité allégée des véhicules utilitaires et en particulier de bénéficier d'une exonération de TVS.

3858. Afin de modifier cette situation, l'article 24 de la loi n° 2010-1657 du 29 décembre 2010 énonce une définition précise des véhicules de tourisme soumis à la TVS.
Parmi les véhicules « N 1 », seuls en sont exclus les véhicules réellement destinés au transport de marchandises ce dont le contribuable concerné devra en pratique pouvoir justifier auprès de l'Administration fiscale.

3859. La catégorie « N1 » regroupe les véhicules conçus et construits pour le transport de marchandises, dont le poids maximal ne dépasse pas 3,5 tonnes et la capacité d'emport de marchandises n'excède pas le poids maximum des passagers. Il n'est cependant pas exigé qu'ils soient transformés en véhicules à deux places. Ils peuvent en effet transporter jusqu'à six personnes en plus du conducteur. La carte grise de ces véhicules porte la mention « VU » (véhicule utilitaire). En pratique, sont concernés certains breaks, véhicules 4x4 ou encore certains monospaces.

3860. Dans sa rédaction issue de l'article 24 de la loi 2010-1657 du 29 décembre 2010, l'article 1010 du Code général des impôts vise donc désormais, pour les périodes d'imposition ouvertes à compter du 1er octobre 2010, outre les voitures particulières : « les véhicules à usages multiples qui, tout en étant classés en catégorie N1 au sens de cette même annexe, sont destinés au transport de voyageurs et de leurs bagages ou de leurs biens ».

§ 3 ▪ Les véhicules de tourisme exonérés

A ▪ Les véhicules hybrides

3861. A compter de la période d'imposition s'ouvrant le 1er octobre 2011, sont exonérés de TVS les véhicules hybrides (combinant l'énergie électrique à une motorisation essence ou diesel) émettant moins de 110 grammes de CO_2 par kilomètre.

L'exonération s'applique pendant huit trimestres décomptés à partir du premier jour du trimestre en cours à la date de première mise en circulation du véhicule (article 21, III de la loi n° 2011-1906 du 21 décembre 2011).

3862. En pratique, la mesure est applicable aux véhicules automobiles dont le certificat d'immatriculation est revêtu à la rubrique « source d'énergie » (rubrique P3 de la carte grise européenne) d'une des deux mentions suivantes :
- « EE » pour les véhicules combinant l'énergie électrique et une motorisation à l'essence ;
- « GL » pour les véhicules combinant l'énergie électrique et une motorisation diesel.

3863. De la même manière que pour les véhicules possédés ou utilisés par la société, sont exonérés de TVS, les véhicules des salariés ou des dirigeants mentionnés à l'article 1010-0 A du Code général des impôts lorsqu'ils combinent l'énergie électrique et une motorisation à l'essence ou au gazole et émettant moins de 110 grammes de CO_2.

B ▪ Les véhicules destinés à la vente ou à la location

1 ▪ Les véhicules destinés à la vente

3864. Echappent à la TVS les véhicules appartenant aux négociants en automobiles et destinés à la revente, voitures de démonstration ou d'essais possédés par les constructeurs d'automobiles, leurs concessionnaires ou agents ainsi que par les constructeurs de caravanes pour la présentation de celles-ci.

3865. Selon la Cour de cassation, la circonstance que des véhicules de démonstration soient immatriculés depuis plus d'un an ne peut à elle seule les priver de l'exonération. L'arrêté ministériel du 5 novembre 1984 définissant le véhicule de démonstration comme un véhicule neuf affecté à la démonstration pour une durée inférieure à un an ne peut, en effet, ajouter à l'article 1010 du Code général des impôts des conditions que ce texte ne prévoit pas (Voir Com., 7 déc. 1993, n° 92-10.224, n° 1961 P).

3866. En revanche, un concessionnaire de voitures de luxe ne peut bénéficier de l'exonération à raison de véhicules détenus depuis plus de deux ans dès lors que cette durée de détention est regardée comme excessive pour des véhicules destinés à la vente, même dans ce secteur (Com., 7 février 1995, n° 93-13.394, n° 288 D).

A la question de savoir si les véhicules détenus ou utilisés par les sociétés ayant pour activité la production d'équipements et d'accessoires pour automobiles et destinés exclusivement à l'essai de produits fabriqués sont assujettis à la TVS, l'Administration a répondu de la façon suivante [Rescrit n° 2010 / 40 (ENR)] : « Conformément aux dispositions de l'article 1010 du Code général des impôts, les sociétés sont soumises à la TVS à raison des véhicules qu'elles utilisent en France, quel que soit l'Etat dans lequel ils sont immatriculés, ou qu'elles possèdent et qui sont immatriculés en France dans la catégorie des voitures particulières. La taxe n'est toutefois pas applicable aux véhicules destinés exclusivement soit à la vente, soit à la location de courte durée, soit à l'exécution d'un service de transport à la disposition du public, lorsque ces opérations correspondent à l'activité normale de la société propriétaire. S'agissant plus spécifiquement des véhicules destinés à la vente, il est d'ores et déjà admis que l'exonération de TVS s'applique également aux véhicules de démonstration ou d'essais possédés par les constructeurs automobiles, leurs concessionnaires ou leurs agents, ainsi que par les constructeurs de caravanes pour la présentation de celles-ci. Cette tolérance ne vise pas les véhicules d'essais utilisés par les sociétés ayant pour activité la production d'équipements et d'accessoires pour automobiles. » En ce qui concerne les véhicules de démonstration il convient de faire application des règles ci-dessous.

a - Véhicules de démonstration mis à la disposition des vendeurs

3867. Selon les usages de la profession, les voitures de démonstration sont fréquemment laissées à la disposition des vendeurs pour regagner leur domicile, pour les fins de semaine ou pendant les périodes de congés.

3868. Compte tenu des obligations professionnelles des vendeurs tenus de visiter leurs clients à des heures tardives ou même le samedi ou le dimanche, il est admis que l'exonération n'est pas remise en cause lorsque les vendeurs utilisent des voitures de démonstration pour leurs transports personnels journaliers ou en fin de semaine.

3869. En revanche, l'utilisation de ces voitures par les vendeurs pendant la durée de leur congé annuel ne peut pas être considérée, selon l'Administration fiscale, comme imposée par l'exercice de la profession. Dans ce cas, les véhicules ne sont plus affectés exclusivement à la démonstration et l'exonération de TVS ne leur est plus applicable. Ces voitures sont donc soumises à la TVS au titre du trimestre au cours duquel l'utilisation personnelle intervient soit, en principe, au titre du troisième trimestre de chaque année.

b - Véhicules prêtés à des clients éventuels pour une courte durée

3870. Lorsqu'une voiture est prêtée à un client éventuel pour un ou deux jours en vue d'un essai, son propriétaire (constructeur, concessionnaire ou agent) est tenu d'acquitter la taxe sur les cartes grises.

3871. Cependant, dès lors que ces voitures font l'objet de prêts assimilables à des locations de courte durée et qui entrent dans le cadre de l'activité normale de la société propriétaire, l'Administration admet de ne pas soumettre ces voitures à la TVS. Cette exonération est subordonnée à la condition expresse que les voitures soient affectées uniquement à la démonstration ou à des prêts de courte durée à la clientèle.

3872. Par ailleurs, le véhicule qu'un garage prête à ses clients, pour la durée de la réparation de celui qu'ils leur avaient confié, peut bénéficier de la mesure d'exonération applicable aux véhicules affectés uniquement à la démonstration ou à des prêts de courte durée à la clientèle. Bien entendu, l'exonération reste subordonnée à la condition expresse que les voitures soient affectées uniquement à la démonstration ou à des prêts de courte durée à la clientèle (Voir Com., 15 juin 1993, n° 91-16.060).

3873. Les centres de contrôle technique qui prêtent des véhicules à leurs clients en remplacement des véhicules que ces derniers leur ont confiés pour la réalisation d'un contrôle, se trouvent dans une situation analogue à celle des garages qui prêtent des véhicules à leurs clients en remplacement des véhicules qu'ils leur ont confiés pour une réparation. La mesure d'exonération de TVS prévue à l'égard des véhicules prêtés par les garages est étendue aux véhicules possédés par des centres de contrôle technique et prêtés par ces derniers à leur client en remplacement de leur véhicule le temps du contrôle. Le bénéfice de cette exonération est toutefois subordonné à l'affectation exclusive de ces véhicules à des prêts de courte durée à la clientèle.

2 ■ Les véhicules destinés à la location

3874. Echappent également à la TVS, les véhicules destinés à la location, quelles que soient la durée de celle-ci et la qualité du locataire (location-vente ou location sans chauffeur). Il convient, pour bénéficier de cette exonération, que les véhicules appartenant aux sociétés dont l'objet est la location de véhicules, soient exclusivement affectés à cet objet.
Ainsi, la condition d'affectation exclusive exigée par l'article 1010 alinéa 4 du Code général des impôts pour les véhicules destinés à la location, et qui se cumule avec la condition relative à l'activité normale de la société :
- s'apprécie en fonction du critère de l'utilisation des voitures ;
- et est d'application stricte.

3875. L'exonération doit donc être écartée pour les véhicules utilisés à d'autres fins que la location. Bien entendu, lorsque le locataire est une société, celle-ci est taxable à raison des voitures qu'elle prend en location pour plus de 30 jours consécutifs.

C ■ Les véhicules destinés à l'exécution d'un service de transport à la disposition du public

3876. Sont ici visés les véhicules destinés à l'exécution d'un service de transport à la disposition du public. Selon l'Administration, cette exonération s'applique :
- aux automobiles de place ou taxis ;
- aux voitures de tourisme de luxe exploitées sous l'appellation de « voitures de place de 1re classe » ;
- aux voitures possédées par les sociétés de transport automobiles, les agences de voyage ou de tourisme et servant au transport de leurs clients.

3877. Par extension, l'administration admet que les voitures affectées exclusivement à l'enseignement de la conduite automobile ou aux compétitions sportives ne soient pas imposables. En revanche, l'Administration refuse d'étendre cette solution aux véhicules utilisés par les entreprises proposant des stages de conduite sportive sur circuit (RM. Julia, « JOAN » du 17 mai 2011, p. 5052, n° 84180).

3878. De même, à propos d'une entreprise de pompes funèbres souhaitant acquérir un véhicule modèle grand break destiné à avoir les utilisations suivantes : transport de corps sur de longues distances ; transport des familles accompagnant un autre véhicule funéraire ; livraison de fleurs et couronnes, et démarches diverses relatives à l'exercice de la profession, il a été demandé à l'Administration si la TVS est due pour ce véhicule.

3879. L'Administration a répondu de la façon suivante : « Les opérations de transport des corps et des familles constituent un élément accessoire de l'inhumation qui est l'objet principal des contrats passés par des entreprises de pompes funèbres. Ces opérations, dès lors, ne sauraient être regardées comme l'exécution d'un service de transport à la disposition du public au sens de l'article 1010 du Code général des impôts, qui dispose, dans ce cas, que la taxe sur les véhicules des sociétés n'est pas applicable. Le véhicule dont l'acquisition est envisagée ne peut donc échapper au paiement de cette taxe que si le certificat d'immatriculation délivré porte la mention : « Fourgon funéraire ». » (RM. Mancel, JOAN du 21 juin 1979, p. 5387, n° 12069).

3880. De même, rappelant que l'exonération au titre de l'exécution d'un service de transport à la disposition du public dont bénéficient certains professionnels, en application de l'article 1010 du Code général des impôts, se justifie par le fait que ces opérations de transport constituent l'activité normale de ces professionnels (taxis, sociétés de transports automobiles, etc.), l'Administration fiscale a indiqué que les discothèques qui affectent des véhicules à la mise en place d'un service de navettes systématique et gratuit destiné à prévenir les risques liés à la conduite en état d'alcoolémie ne peuvent pas bénéficier de l'exonération de la taxe à raison de ces véhicules (RM. Trillard, JO Sénat, 21 mai 2009, p. 1283, n° 7462).

3881. Selon la jurisprudence, sont par ailleurs soumis à la TVS, les véhicules utilisés comme supports mobiles de publicité (Com., 5 févr. 2009, n° 08-15.981, RJF, 8-9/09, n° 740 SA Visiocom.), quand bien même ils sont par ailleurs mis gratuitement à la disposition de certaines collectivités locales.

Section 2 ▪ Fait générateur de la taxe

Sous-section 1 ▪ La notion de véhicules utilisés ou possédés

3882. La TVS s'applique d'une part aux véhicules que les sociétés utilisent en France, quel que soit l'Etat dans lequel ils sont immatriculés et, d'autre part, à ceux qu'elles possèdent et qui sont immatriculés en France.

§ 1 ▪ Les véhicules possédés et immatriculés en France

3883. Les véhicules possédés soumis à la TVS sont ceux qui sont immatriculés en France au nom de la société, quels qu'en soient les propriétaires effectifs. La notion de possession est interprétée de façon très extensive par la jurisprudence. Ainsi, une société propriétaire de véhicules de tourisme pour l'usage de ses employés, décide de mettre à leur disposition des véhicules de location et reprend les véhicules immatriculés à son nom dans l'attente de leur revente. Toutefois, tant que les véhicules immatriculés au nom de la société ne sont pas vendus, celle-ci les possède toujours même si elle ne les utilise pas, et elle reste en conséquence redevable de la taxe sur les véhicules des sociétés (Com., 24 oct. 2000, n° 1772 FS-D, Sté Iveco France ; RJF 2/01, n° 259).

3884. Dans le même sens, une société ayant pour activité la gestion de supports publicitaires qui utilise les véhicules dont elle est propriétaire comme des supports mobiles de publicité est assujettie à la TVS, une telle utilisation n'entrant pas dans le champ des exonérations de l'article 1010 du Code général des impôts. Il a été jugé qu'il importe peu à cet égard que ces véhicules soient prêtés à des collectivités territoriales, à charge pour ces dernières d'assurer les dépenses de fonctionnement et d'entretien (Com., 5 mai 2009, n° 08-15.981 (n° 419 F-PB), Sté Visiocom ; RJF 8-9/09, n° 740).

§ 2 ▪ Les véhicules utilisés en France quel que soit le pays d'immatriculation

3885. Les véhicules utilisés soumis à la taxe sont ceux utilisés en France métropolitaine ou dans les DOM par une société ayant son siège social ou un établissement en France.

3886. Il s'agit en particulier des véhicules :
- pris en location ;
- mis à la disposition de la société, ou d'un établissement par une autre entreprise (société en participation, GIE...), ou par le siège d'une société implantée à l'étranger ;
- appartenant à ou loué par ses salariés et/ou ses dirigeants et pour lesquels elle procède au remboursement de frais kilométriques.

Sous-section 2 ▪ Le cas des véhicules pris en location par la société

3887. S'agissant des véhicules pris en location (location sans chauffeur ou crédit-bail), la taxe n'est due que si la durée de la location excède une période d'un mois civil ou de 30 jours consécutifs. La taxe s'applique aussi bien dans le cas de « location sans chauffeur » que dans celui de locations consenties suivant la formule du crédit-bail.

§ 1 ▪ Les modes de location

A ▪ Les locations sans chauffeur

3888. Elles sont normalement de courte durée. Les contrats stipulent en général que les frais d'entretien et d'assurance du véhicule sont à la charge du loueur. Le montant du loyer est en principe déterminé en fonction de la durée de la location (sur la base d'une journée) et du kilométrage parcouru.

3889. Parfois, elles sont consenties suivant une formule tarifaire dégressive dite de « l'abonnement » dans laquelle le locataire dispose d'un nombre déterminé de jours de location qu'il peut répartir dans le temps, chaque fraction de location donnant lieu à un contrat distinct de prise en charge, qui doit seul être retenu pour l'application de la taxe à l'exclusion du contrat d'abonnement.

B ▪ Le crédit-bail

3890. Le terme « crédit-bail » couvre les opérations visées par la loi n° 66-455 du 2 juillet 1966 modifiée qui consistent en des opérations de location de biens d'équipement, de matériel d'outillage ou de biens mobiliers à usage professionnel, spécialement achetés en vue de cette location, lorsque ces opérations, quelle que soit leur dénomination, donnent au locataire la faculté d'acquérir tout ou partie des biens loués, moyennant un prix convenu tenant compte, au moins pour partie, des versements effectués à titre de loyers.

3891. Les locations de véhicules consenties suivant cette formule sont de durée relativement longue (minimum deux ans). Les locataires supportent les frais d'entretien et d'assurance du véhicule et ont le choix, à l'expiration du contrat, entre l'achat du véhicule pour sa valeur résiduelle ou l'abandon de l'option d'achat avec paiement éventuel d'une indemnité de remise en état. Le montant du loyer équivaut sensiblement au prix du loyer de l'argent correspondant à la valeur du véhicule.

3892. Les sociétés de crédit-bail sont soumises à certaines obligations notamment en matière d'immatriculation et de contrôle technique des véhicules dont elles sont propriétaires (arrêté du 5 novembre 1984, JO-NC du 22 décembre 1984).

3893. Rappelons, par ailleurs, que pour la demande de certificat d'immatriculation pour un véhicule faisant l'objet soit d'un contrat de crédit-bail, soit d'un contrat de location de deux ans ou plus, le propriétaire justifie de son identité et de l'adresse du domicile du locataire (C. route, art. R. 322-1).

3894. L'article 1010 du Code général des impôts subordonne l'application de la TVS à l'existence de l'une des deux situations alternatives que constituent la possession et l'utilisation d'un véhicule par la société.

Rappelant que la société titulaire d'un contrat de crédit-bail relatif à un véhicule devait être considérée comme étant le possesseur de ce véhicule, la Cour de cassation a confirmé le bien-fondé de la taxation ainsi opérée en fonction de la seule possession du véhicule par la société résultant d'un contrat de crédit-bail ; peu importe à cet effet que le gérant de la société utilise personnellement le véhicule et prenne certains frais à sa charge. Seule la preuve de la fictivité du contrat de crédit-bail pouvait, en l'espèce faire échec à la taxation (Com., 7 avr. 1992, n° 90-16.317).

§ 2 ▪ La durée de la location

3895. La loi n'a prévu aucune exception à l'imposition des véhicules loués en fonction de la durée de la location, mais l'article 406 bis-III de l'annexe III au Code général des impôts exclut de l'application de la taxe, les locations dont la durée n'excède pas une période d'un mois civil ou de trente jours consécutifs.

Sous-section 3 ▪ Le cas des véhicules possédés ou loués par les salariés ou dirigeants

3896. Sont assimilés à des véhicules utilisés par les sociétés, les véhicules possédés ou pris en location par les salariés d'une société ou ses dirigeants et pour lesquels la société procède au remboursement de frais kilométriques, représentant plus de 15 000 kilomètres parcourus à titre professionnel.

3897. En application de cette règle, applicable depuis le 1er janvier 2006, sont considérés comme des véhicules utilisés par la société et soumis à la TVS, les véhicules possédés ou loués par les salariés ou dirigeants :

- immatriculés dans la catégorie des voitures particulières (ou éventuellement, « véhicules à usages multiples » quel que soit l'Etat d'immatriculation du véhicule ;
- utilisés en France pour effectuer des déplacements professionnels et moyennant un remboursement des frais kilométriques.

3898. Le montant de la taxe dont la société est alors redevable s'accroît en fonction du kilométrage professionnel donnant lieu à remboursement.

Section 3 . Le calcul de la taxe

Sous-section 1 . Les tarifs de la TVS

3899. Le montant de la TVS due varie selon la date de la première mise en circulation du véhicule concerné. A compter de la période du 1er octobre 2011 au 30 septembre 2012 (échéance du 1er décembre 2012), le tarif de la taxe est fixé comme ci-après.

§ 1 . Les véhicules ayant fait l'objet d'une réception communautaire, dont la première mise en circulation intervient à compter du 1er juin 2004

3900. Les véhicules ayant fait l'objet d'une réception communautaire, dont la première mise en circulation intervient à compter du 1er juin 2004 et qui n'étaient pas possédés ou utilisés par la société avant le 1er janvier 2006, sont soumis aux tarifs ci-dessous :

Taux d'émission de dioxyde de carbone (CO_2 / km)	Tarif applicable par gramme de dioxyde de carbone (€)
Inférieur ou égal à 50	0
Supérieur à 50 et inférieur ou égal à 100	2
Supérieur à 100 et inférieur ou égal à 120	4
Supérieur à 120 et inférieur ou égal à 140	5,5
Supérieur à 140 et inférieur ou égal à 160	11,5
Supérieur à 160 et inférieur ou égal à 200	18
Supérieur à 200 et inférieur ou égal à 250	21,5
Supérieur à 250	27

3901. Notons, que pour chaque véhicule taxable, le montant annuel de la taxe correspond au tarif par gramme de la tranche à laquelle il appartient multiplié par le nombre de grammes de dioxyde de carbone par kilomètre émis par ce véhicule (information figurant sur la carte grise du véhicule, rubrique V.7). Par exemple, pour un véhicule dont le taux de rejet de CO_2 est de 190 g/km génèrera une TVS de 3 420 €.

§ 2 . Les tarifs des véhicules ne répondant pas aux critères cumulatifs précédemment énoncés

3902. Pour les véhicules ne répondant aux critères cumulatifs précédemment énoncés, la taxe est assise sur la puissance fiscale du véhicule.

3903. Sont concernés par ce tarif :
- les véhicules possédés ou utilisés avant le 1er janvier 2006 par la société, c'est-à-dire en principe soumis à la TVS avant cette date ;

- les véhicules possédés ou utilisés à compter du 1er janvier 2006 et dont la première mise en circulation est intervenue avant le 1er juin 2004 ;
- les véhicules n'ayant pas fait l'objet d'une réception communautaire, c'est-à-dire les véhicules qui font l'objet d'une réception nationale ou à titre isolé. Tel peut être le cas de véhicules importés d'un autre marché pour lequel les informations sur les émissions de CO_2 ne sont pas nécessairement disponibles.

Pour ces véhicules, le barème suivant s'applique:

Puissance fiscale (en chevaux-vapeur)	Tarif applicable (en €)
Inférieur à égale à 3	750
De 4 à 6	1 400
De 7 à 10	3 000
De 11 à 15	3 600
Supérieure à 15	4 500

§ 3 ▪ Les tarifs des véhicules faisant l'objet d'un remboursement kilométrique

3904. Le montant de la taxe afférent aux véhicules des salariés ou dirigeants qui font l'objet d'un remboursement kilométrique est calculé selon les barèmes précédemment indiqués. Des règles spécifiques de liquidation sont toutefois prévues.

Sous-section 2 ▪ La liquidation de la TVS

§ 1 ▪ Les principes généraux

3905. Les règles de liquidation de la TVS sont fixées par l'article 406 bis annexe III au Code général des impôts. La TVS due au titre des véhicules possédés ou utilisés par la société est liquidée par trimestre en fonction des tarifs définis par l'article 1010 du Code général des impôts.

3906. Comme pour les véhicules possédés ou loués par la société, la TVS due au titre des véhicules possédés ou loués par les salariés ou dirigeants est liquidée par trimestre par application d'un des deux tarifs de l'article 1010 du Code général des impôts, puis d'un coefficient pondérateur en fonction du nombre de kilomètres remboursés par la société à chaque salarié ou dirigeant, puis ensuite d'un abattement sur le montant total de la taxe due au titre des véhicules possédés ou loués par les salariés ou dirigeants. Le montant de la taxe due pour un trimestre est égal au quart du taux annuel.

§ 2 ▪ Les règles applicables aux véhicules possédés ou utilisés par la société

3907. La taxe sur les véhicules des sociétés est liquidée par trimestre en fonction du nombre de véhicules possédés ou utilisés et du nombre de grammes de dioxyde de carbone émis par kilomètre (ou, le cas échéant, de la puissance fiscale correspondant à chacun de ces véhicules). Le montant de la taxe due pour un trimestre est égal au quart du montant annuel (CGI, annexe III, art. 406 bis).

3908. La TVS est calculée par trimestre civil, d'après les véhicules possédés ou utilisés au premier jour du trimestre, par la personne morale redevable de la taxe. Pour chacun de ces véhicules, il est fait application du tarif trimestriel en vigueur. S'agissant des véhicules pris en location par la société, le calcul s'effectue en fonction du nombre de véhicules pris en location au cours du trimestre par la personne redevable de cette taxe.

3909. Toutefois la taxe n'est due que si, à l'intérieur d'une même période annuelle d'imposition, la location est d'une durée supérieure à un mois civil ou à trente jours consécutifs. Par ailleurs, lorsqu'à l'intérieur d'une même période annuelle d'imposition, la location est à cheval sur deux trimestres, la taxe n'est due que pour un seul trimestre si la durée de la location ne dépasse pas trois mois civils consécutifs ou 90 jours consécutifs (CGI, annexe III, art. 406 bis).

3910. La même règle est applicable lorsqu'à l'intérieur d'une même période annuelle d'imposition, la location est à cheval sur trois ou quatre trimestres, c'est-à-dire que la taxe n'est due que pour deux ou trois trimestres si la durée de la location ne dépasse pas respectivement :
- six mois consécutifs ou 180 jours consécutifs ;
- neuf mois consécutifs ou 270 jours consécutifs.

3911. En cas de remplacement au cours d'un trimestre d'une voiture louée par une société, tel que celle-ci n'a eu en fait que l'utilisation d'un seul véhicule, la taxe n'est due au titre du trimestre que pour un seul véhicule, selon l'Administration celui dont le tarif calculé à partir du barème qui lui est applicable, c'est-à-dire en fonction de l'émission de CO_2 ou de la puissance fiscale, est le plus élevé. Il en est de même en cas de remplacement au cours d'un trimestre d'une voiture immatriculée au nom d'une société par une voiture louée.

3912. Si la location recouvre tout ou partie de deux périodes annuelles d'imposition, la taxe n'est liquidée, au titre de la période annuelle d'imposition pour laquelle la déclaration est souscrite, que pour la seule partie de la location située à l'intérieur de cette période. La liquidation est faite en appliquant les règles ci-dessus. Lorsque les contrats de location font état de mois civils, trimestres civils ou année coïncidant avec la période annuelle d'imposition, l'application de la règle visée ci-dessus ne donne lieu à aucune difficulté.

3913. Dans les autres cas (location à la semaine ou de quantième à quantième, année non fiscale par exemple), il convient de veiller à ce que, dans les déclarations, la durée des locations soit exprimée en jours consécutifs. Lorsque le contrat de location prévoit des périodes de location non consécutives dans le cadre d'une même période annuelle d'imposition, il convient de considérer séparément chacune de ces périodes pour la liquidation de la taxe. Dans ce cas, il appartient au redevable de faire apparaître distinctement ces périodes sur sa déclaration en utilisant au besoin plusieurs lignes de celle-ci pour un même véhicule.

§ 3 ■ Les règles applicables aux véhicules possédés ou utilisés par les salariés ou dirigeants

A ■ Le principe : liquidation trimestrielle

3914. S'agissant de la taxe due pour les véhicules possédés ou loués par les salariés ou les dirigeants, les trimestres à prendre en compte pour le calcul de la taxe sont ceux au cours duquel le salarié ou le dirigeant effectue un déplacement professionnel et pour lequel la société procède au remboursement des frais kilométriques.

3915. Lorsque le salarié ou le dirigeant utilise plusieurs véhicules pour effectuer ses déplacements professionnels lors d'un même trimestre, il y a lieu de prendre en compte pour la détermination du tarif applicable, le véhicule qui a parcouru le plus grand nombre de kilomètres.

3916. De la même manière, si le salarié ou le dirigeant acquiert ou loue un nouveau véhicule au cours de la période d'imposition qui s'étend du 1er octobre d'une année au 30 septembre de l'année suivante, il convient de prendre en compte au titre du trimestre au cours duquel intervient ce changement de véhicule, celui avec lequel il a parcouru le plus grand nombre de kilomètres.

3917. Soit, par hypothèse, un salarié qui utilise son véhicule pour des déplacements professionnels moyennant des remboursements de frais professionnels de son employeur et acquiert un nouveau véhicule en mai 2012. En outre, il est supposé qu'au titre du deuxième trimestre 2012, il a parcouru 600 kilomètres avec son ancien véhicule et 1 500 kilomètres avec son nouveau véhicule. Il convient de retenir au titre de la période du 1er octobre 2011 au 30 septembre 2012 :

- son ancien véhicule au titre du dernier trimestre 2011 et premier trimestre 2012 ;
- son nouveau véhicule au titre du deuxième et troisième trimestre 2012.

B ■ Les modalités particulières

3918. Conformément à l'article 1010-0 A du Code général des impôts, le montant de la TVS, due au titre des véhicules possédés ou loués par les salariés ou dirigeants est obtenu, après application des tarifs précédemment exposés :

- d'un coefficient pondérateur en fonction du nombre de kilomètres remboursés par la société à chaque salarié ou dirigeant ;
- puis d'un abattement de 15 000 € sur le montant total de la taxe due au titre des véhicules possédés ou loués par les salariés ou dirigeants.

1 ■ L'application d'un coefficient pondérateur

3919. En application de l'article 1010-0 A du Code général des impôts, après avoir liquidé la taxe par application du tarif correspondant au véhicule appartenant ou loué par le salarié ou dirigeant, il convient d'appliquer un coefficient pondérateur fixé en fonction du nombre de kilomètres remboursés par la société au titre de ses déplacements professionnels.

L'article 1010-0 A du Code général des impôts détermine dans un tableau le coefficient pondérateur en fonction du nombre de kilomètres remboursés par la société au titre des déplacements professionnels.

3920. La taxe est ainsi due à hauteur de 25 %, 50 %, 75 % ou 100 % du montant ainsi calculé selon que le nombre de kilomètres remboursés par la société est compris respectivement entre 15 001 et 25 000, entre 25 001 et 35 000, entre 35 001 et 45 000 ou est supérieur à 45 000.

3921. En conséquence, si le nombre de kilomètres remboursés par la société à un salarié ou à un dirigeant est inférieur à 15 000 kms au titre d'une période d'imposition, aucune taxe n'est due à raison des véhicules appartenant à ou loué par ce salarié ou ce dirigeant.

3922. Ce coefficient pondérateur est appliqué au véhicule taxable possédé ou loué par chaque salarié ou dirigeant en fonction du nombre de kilomètres remboursés à chacun d'entre eux pour des déplacements professionnels.

A cet égard, lorsque le salarié ou le dirigeant utilise son véhicule pour des déplacements professionnels moyennant remboursement de frais à la fois en France et à l'étranger, seuls le nombre de kilomètres correspondant aux déplacements professionnels en France doit être pris en compte. En outre, les déplacements « domicile/travail » des salariés ou des dirigeants ne sont pas considérés comme des déplacements professionnels.

3923. Pour l'application de ce coefficient, il convient de prendre en compte le nombre de kilomètres remboursés au salarié ou au dirigeant au cours de la période d'imposition, soit de la période courant du 1er octobre d'une année au 30 septembre de l'année suivante.

3924. Lorsque le salarié ou le dirigeant utilise plusieurs véhicules au cours d'un trimestre pour effectuer ses déplacements professionnels, il y a lieu de faire masse des kilomètres remboursés aux salariés ou aux dirigeants durant la période d'imposition pour calculer le coefficient pondérateur.

3925. Par exemple (repris de l'administration fiscale : BOI-TFP-TVS-30-20120912, n° 3 40), un salarié ayant utilisé pour des déplacements professionnels moyennant remboursement de frais les véhicules suivants au titre de la période du 1er octobre 2011 au 30 septembre 2012 au cours :

- du dernier trimestre 2011 : véhicule A utilisé pour 4 500 kms ;
- du 1er trimestre 2012 : véhicule A utilisé pour 3 900 kms ;
- du 2e trimestre 2012 : véhicule A utilisé pour 2 500 kms et véhicule B utilisé pour 2 700 kms ;
- du 3e trimestre 2012 : véhicule B utilisé pour 2 500 kms.

3926. Au titre du 2e trimestre 2012, il est rappelé qu'il convient de retenir le véhicule ayant parcouru le plus de kilomètres pour déterminer le tarif applicable, soit le véhicule B. Toutefois, pour l'application du coefficient pondérateur, tous les kilomètres remboursés au cours du trimestre, c'est-à-dire aussi bien pour le véhicule B que A, doivent être retenus. Ainsi, le coefficient pondérateur applicable pour l'utilisation des véhicules de ce salarié sera de 25 %, correspondant au nombre de kilomètres remboursés au salarié, soit 16 100 kilomètres (4 500 + 3 900 + 2 500 + 2 700 + 2 500).

2 ▪ Un abattement de 15 000 €

3927. Après application du coefficient pondérateur, un abattement de 15 000 € est appliqué sur le montant total de la TVS due par la société en raison de l'ensemble des véhicules possédés ou loués par les salariés ou les dirigeants (CGI, art. 1010-0 A).

§ 4 ▪ Les exemples de calcul donnés par l'Administration fiscale (BOI-TFP-TVS-30, n° 380)

A ▪ Premier exemple

3928. La société F possède un véhicule et rembourse les frais kilométriques pour les déplacements professionnels effectués par ses trois salariés :

- Véhicule possédé par la société : ce véhicule a été mis en circulation à partir du 2 juin 2011 et possédé à partir du 1er janvier 2012. Il émet 250 grammes de CO_2 par kilomètre et a une puissance fiscale de 12 CV.
- Véhicule du salarié A : Il possède un véhicule mis en circulation le 1er octobre 2011 et l'utilise depuis cette date pour ses déplacements professionnels. Le véhicule émet 260 grammes de CO_2 par kilomètre et a une puissance fiscale de 13 CV. Le salarié a parcouru 20 000 kilomètres du 1er janvier 2012 au 30 septembre 2012 qui lui ont été remboursés par la société.
- Véhicule du salarié B : Il possède un véhicule mis en circulation le 1er janvier 2012 et l'utilise depuis cette date pour ses déplacements professionnels. Le véhicule émet 150 grammes de CO_2 par kilomètre et a une puissance fiscale de 7 CV. Le salarié a parcouru 30 000 kilomètres du 1er janvier 2012 au 30 septembre 2012 qui lui ont été remboursés par la société.
- Véhicule du salarié C : Il possède un véhicule mis en circulation le 1er janvier 2004 et l'utilise depuis cette date pour ses déplacements professionnels. Le véhicule émet 200 grammes de CO_2 par kilomètre et a une puissance fiscale de 9 CV. Le salarié a parcouru 60 000 kilomètres du 1er janvier 2012 au 30 septembre 2012 qui lui ont été remboursés par la société. Tous les véhicules ont fait l'objet d'une réception communautaire.

Calcul de la TVS due au titre de la période du 1er octobre 2011 au 30 septembre 2012

Véhicule possédé par la société				
Véhicules soumis à la TVS	Tarif applicable par trimestre (en €)		Nombre de trimestre	Montant de la TVS par véhicule (en €)
	Barème CO_2	Barème forfaitaire		
Véhicule possédé	1 343,75 [(250 x 21,5)/4]		3	4 031,25
Montant total de la TVS (en €)				4 031,25

Véhicule des salariés						
Véhicules soumis à la TVS	Tarif applicable par trimestre (en €)		Nombre de trimestre	Montant de la TVS par véhicule avant coefficient de réduction (en €)	Coefficient (%)	Montant de la TVS par véhicule (en €)
	Barème CO_2	Barème forfaitaire				
Véhicule A	1755 [(260 x 27)/4]		3	5265	25 % (20 000 Km)	1 316,25
Véhicule B	431,25 [(150 x 11,5)/4]		3	1293,75	50 % (30 000 Km)	647

Véhicule C		750	3	2250	100 % (60 000 Km)	2 250
Montant de la TVS avant abattement						4 213,25
Abattement						-15 000
Montant total de la TVS (en €)						0

B ▪ Deuxième exemple

3929. La société F verse chaque mois des indemnités kilométriques pour les déplacements professionnels effectués par son salarié et son dirigeant :
- Véhicule du dirigeant : Il possède un véhicule mis en circulation le 1er octobre 2005 et l'utilise depuis cette date pour ses déplacements professionnels. Il a effectué 18 000 kilomètres du 1er octobre 2011 au 30 juin 2012. Le véhicule émet 260 grammes de CO_2 par kilomètre et a une puissance fiscale de 13 CV. Par ailleurs, il achète un véhicule neuf le 30 juin 2012 et utilise ce véhicule pour effectuer ses déplacements professionnels jusqu'à la fin de la période d'imposition. Le véhicule émet 210 grammes de CO_2 par kilomètre et a une puissance fiscale de 10 CV. Il effectue avec ce véhicule 20 000 kilomètres au cours de la période d'imposition ;
- Véhicule du salarié : Il possède un véhicule mis en circulation le 1er janvier 2006 et l'utilise pour ses déplacements professionnels au cours de la période d'imposition. Le véhicule émet 150 grammes de CO_2 par kilomètre et a une puissance fiscale de 7 CV. Il a parcouru 30 000 kilomètres. Tous les véhicules ont fait l'objet d'une réception communautaire.

Calcul de la TVS due au titre de la période du 1er octobre 2011 au 30 septembre 2012

Véhicules soumis à la TVS	Tarif applicable par trimestre (en €)		Nombre de trimestre	Montant de la TVS par véhicule avant coefficient de réduction (en €)	Coefficient (%)	Montant de la TVS par véhicule (en €)
	Barème CO_2	Barème forfaitaire				
Véhicule du dirigeant : Véhicule 1 Véhicule 2	1 128,75 [(210 x 21,5)/4]	900	31	3 828,75	75 %(38 000 Km)	2 871,50 (1)
Véhicule du salarié	431,25 [(150 x 11,5)/4]		4	1 725	50 %(30 000 Km)	862,5
Montant de la TVS avant abattement						3 734
Abattement						-15 000
Montant total de la TVS (en €)						0
(1) [(900 x 3) + 1128,75)] x 75 % La société devra donc acquitter pour cette période d'imposition 0 €.						

C. Troisième exemple

3930. La société F a un dirigeant qui effectue des déplacements professionnels pour la période d'imposition allant du 1er octobre 2011 au 30 septembre 2012. La société lui verse chaque mois des indemnités kilométriques. Le dirigeant utilise deux véhicules pour ses déplacements professionnels :
- un véhicule A mis en circulation le 1er octobre 2011 qui émet 200 grammes de CO_2 par kilomètre ;
- un véhicule B mis en circulation le 1er juin 2010 qui émet 110 grammes de CO_2 par kilomètre. Le dirigeant effectue 10 000 kilomètres par trimestre. Lors des deux premiers trimestres, il effectue la majorité de ses kilomètres avec le véhicule A. En revanche, pour les trimestres restants il utilise le véhicule B. Les deux véhicules ont fait l'objet d'une réception communautaire.

Calcul de la TVS due au titre de la période allant du 1er octobre 2011 au 30 septembre 2012

Véhicules soumis à la TVS	Tarif applicable par trimestre (en €)		Nombre de trimestre	Montant de la TVS par véhicule avant coefficient de réduction (en €)	Coefficient (%)	Montant de la TVS par véhicule (en €)
	Barème CO_2	Barème forfaitaire				
Véhicule du dirigeant : Véhicule A Véhicule B	900 [(200 x 18/4] 110 [(110 x 4)/4]		22	2020	75,00 % (40 000 kms)	1 515 - (1)
Montant de la TVS avant abattement						1 515
Abattement						-15 000
Montant total de la TVS (en €)						0
(1) [(900 x 2) + (110 x 2)] x 75 % La société devra donc acquitter pour cette période d'imposition 0 €.						

Section 4. Déclaration et paiement

3931. Les règles de recouvrement de la TVS résultent de l'article 406 bis-I de l'annexe III au Code général des impôts. En application de cet article, la taxe est payable à l'expiration de la période d'imposition définie à l'article 310 E de l'annexe II au Code général des impôts.

Sous-section 1 ■ Les obligations déclaratives

§ 1 ■ La déclaration de TVS

3932. La TVS est acquittée au vu d'une déclaration n° 2855 (Cerfa n° 11106*11) disponible sur « www.impot.gouv.fr », souscrite en un seul exemplaire et déposée au service des impôts du lieu de dépôt de la déclaration de résultats de l'entreprise. Les entreprises qui relèvent de la Direction des Grandes Entreprises (DGE) doivent toutefois souscrire leur déclaration n° 2855 auprès de ce service (CGI, annexe III, art. 344-0 B).

3933. Une seule déclaration est à déposer pour les sociétés redevables de la TVS à la fois au titre des véhicules qu'elles possèdent ou louent et au titre des véhicules possédés ou loués par ses salariés. La déclaration doit être déposée dans les deux premiers mois de chaque période d'imposition, soit dans le courant des mois d'octobre et de novembre de chaque année (CGI, annexe III, art. 406 bis).

3934. L'obligation de souscription des déclarations par voie électronique prévue au III de l'article 1649 quater B quater du Code général des impôts, lorsque le chiffre d'affaires ou les recettes excèdent au titre de l'exercice précédent 500 000 €, ne s'applique pas pour la TVS (CGI, art. 1010 B).

§ 2 ■ Les aménagements pour les sociétés redevables de la TVS au seul titre des remboursements de frais

3935. Conformément aux dispositions de l'article 1010-0 A du Code général des impôts, les sociétés doivent déclarer et soumettre à la TVS les véhicules possédés ou pris en location par leurs salariés ou leurs dirigeants pour lesquels elles procèdent au remboursement des frais kilométriques.

3936. Afin de simplifier les formalités administratives devant normalement être accomplies au titre de la TVS, les sociétés qui ne sont soumises à la TVS qu'au titre des remboursements de frais kilométriques à leurs salariés en application de l'article 1010-0 A du Code général des impôts, mais pour lesquelles aucune imposition n'est due après application de l'abattement de 15 000 €, n'ont pas à déposer de déclaration portant le n° 2855.

3937. Il est également admis que les sociétés soient dispensées de déclarer les véhicules possédés ou loués par les salariés ou les dirigeants, dès lors que le montant des frais kilométriques remboursés est inférieur ou égal à 15 000 kilomètres, même si par ailleurs, elles sont redevables de la TVS pour d'autres véhicules.
Ces sociétés devront être en mesure de justifier, en cas de contrôle de l'administration, le nombre de kilomètres remboursés pris en compte pour le calcul de la TVS.

Sous-section 2 ■ Les modalités de paiement de la TVS

3938. L'impôt exigible est acquitté, lors du dépôt de la déclaration annuelle par les moyens de paiement ordinaires (chèques postaux ou bancaires, numéraire) par la société redevable de la TVS (CGI, art. 406 bis I al. 2 de l'annexe III).

3939. Le mode de perception sur simple déclaration entraîne l'obligation du versement spontané par la société, lors du dépôt de la déclaration, du montant de l'impôt liquidé par ses soins, la taxe étant payable, à terme échu, en une seule fois (CGI, art. 406 bis V de l'annexe III). Lors du dépôt, le service des impôts exerce un contrôle limité à l'exacte application du taux de la taxe et à la vérification des additions effectuées dans la déclaration.

Section 5 ■ Les sanctions

3940. Les sanctions encourues en cas de non-respect des obligations de déclaration et de paiement de la taxe sont celles applicables en matière de taxes sur le chiffre d'affaires.

3941. De même, en application des dispositions de l'article 1010 B du Code général des impôts, le recouvrement et le contrôle de la taxe sont assurés selon les procédures, sûretés et garanties applicables en matière de taxes sur le chiffre d'affaires, à l'exception toutefois des procédures de télédéclaration et de télépaiement prévues en matière de TVA. Le contentieux relève de la compétence des tribunaux administratifs.

■ Chapitre 2 Taxe de délivrance des documents administratifs

Section 1 ■ Le permis de conduire

3942. En application de l'article 1599 terdecies du Code général des impôts, les permis de conduire (cartes roses) des véhicules automobiles, des motocyclettes d'une cylindrée supérieure à 125 cm^3 et de tous autres véhicules à moteur donnent lieu au paiement d'une taxe qui, pour les véhicules automobiles, couvre toutes les extensions de validité de conduite.

3943. Cette taxe est perçue au profit de la région. Elle est exigible sur les permis et les duplicata délivrés dans la circonscription régionale. La taxe n'est pas due lorsque la délivrance du permis de conduire est consécutive à un changement d'état matrimonial.

3944. En application de l'article 1599 quaterdecies du Code général des impôts, le taux de la taxe est fixé par chaque conseil régional. Il ne peut être institué qu'un seul taux. Les décisions du conseil régional prennent effet le premier jour du deuxième mois à compter de la date à laquelle les décisions concernées sont devenues exécutoires. Il est à noter qu'en pratique la plupart des régions n'ont pas instauré ou ont supprimé la taxe sur la délivrance des permis de conduire.

Section 2 ■ Les certificats d'immatriculation (Cartes grises)

Sous-section 1 ■ La taxe régionale

3945. La délivrance de certificats d'immatriculation des véhicules (ou « Cartes grises ») donne lieu au prélèvement d'une taxe prévue aux articles 1599 quindecies et suivants du Code général des impôts. Cette taxe est instituée au profit des régions et de la collectivité territoriale de Corse.
La taxe régionale sur les cartes grises peut être fixe ou proportionnelle. Elle est assise et recouvrée comme un droit de timbre.
Le nouveau système d'immatriculation des véhicules (SIV) a remplacé le système du fichier national des immatriculations (FNI). Il s'accompagne du développement des procédures de téléservices pour limiter les démarches et les attentes des usagers. Ce système renforce le partenariat avec les professionnels du commerce automobile.

§ 1 ■ Le champ d'application

A ■ Exigibilité

3946. Tout propriétaire d'un véhicule automobile, d'une remorque dont le poids total autorisé en charge est supérieur à 500 kilogrammes, ou d'une semi-remorque et qui souhaite le mettre en circulation pour la première fois, doit faire une demande de certificat d'immatriculation en justifiant de son identité et de son domicile.

3947. Cette demande de certificat d'immatriculation est adressée au ministère de l'Intérieur soit par l'intermédiaire du préfet d'un département choisi par le propriétaire du véhicule, soit par l'intermédiaire d'un professionnel de l'automobile habilité par le ministère de l'Intérieur (C. route, art. R. 322-1).

3948. Le SIV donne la possibilité au propriétaire du véhicule de procéder aux opérations d'immatriculation dans la préfecture de son choix, et cela quelle que soit son adresse. En conséquence et, afin de conserver au mieux les recettes des régions, l'article 1599 quindecies du Code général des impôts prévoit que la taxe est affectée à la région dans laquelle se situe le domicile du propriétaire du véhicule.

3949. Lorsque le propriétaire est une personne morale ou une entreprise individuelle, la taxe est affectée à la région où se situe l'établissement auquel le véhicule est affecté à titre principal.

3950. Pour un véhicule de location, la taxe est affectée à la région dans laquelle se situe l'établissement où le véhicule a été mis à la disposition du locataire au titre du premier contrat de location.

3951. Pour un véhicule faisant l'objet soit d'un contrat de crédit-bail, soit d'un contrat de location de deux ans ou plus, la taxe est affectée à la région dans laquelle se situe le domicile du locataire ou, si le locataire est une personne morale ou une entreprise individuelle, l'établissement auquel le véhicule est affecté à titre principal.

3952. Enfin, la taxe due lors de la délivrance d'un certificat d'immatriculation des séries TT et WW est affectée à la région dans laquelle est effectuée la demande d'immatriculation (CGI, art.1599 quindecies).

3953. Un certificat d'immatriculation dit «carte grise», établi dans des conditions fixées par le ministre chargé des Transports après avis du ministre de l'Intérieur, est remis au propriétaire. Ce certificat indique le numéro d'immatriculation attribué à titre définitif au véhicule.

3954. De même, l'acquéreur d'un véhicule déjà immatriculé doit, s'il veut le maintenir en circulation, faire établir, dans un délai d'un mois à compter de la date de la cession, un certificat d'immatriculation à son nom.

3955. La taxe régionale est donc exigible - sauf exceptions expressément prévue par la loi (cf. infra), toutes les fois qu'une carte grise est délivrée par les services administratifs compétents.

En application de cette règle, ont été notamment reconnues passibles de la taxe, les cartes grises délivrées :

- lors de l'immatriculation dans une série normale de véhicules déjà immatriculés en série spéciale « TT », ou importés de l'étranger en France par leurs propriétaires ;
- en cas de transfert de véhicules à titre gratuit ou à la suite d'un partage (cf. toutefois infra, lorsque la transmission à titre gratuit ou le partage résulte d'un changement d'état matrimonial) ;
- en cas de fusion de société, pour l'immatriculation au nom de la société absorbante ou nouvelle des véhicules appartenant aux sociétés absorbées.

B ▪ Exemptions

1 ▪ Les véhicules appartenant à l'Etat

3956. Les cartes grises des véhicules appartenant à l'État sont exonérées de la taxe régionale sur les certificats d'immatriculation des véhicules. Cette immunité fiscale est basée sur la pratique traditionnelle qui admet, d'une manière générale, que l'État n'a pas à acquitter les droits de timbre toutes les fois que ces droits doivent demeurer à sa charge.

3957. Mais si une telle règle peut encore trouver à s'appliquer pour ce qui est de la taxe à laquelle donne ouverture la délivrance aux administrations publiques de l'État de cartes grises et s'il peut être accepté qu'un tel privilège soit également accordé aux établissements publics nationaux dont la personnalité se confond avec celle de l'État, il en va différemment à l'égard de tous les établissements publics nationaux à caractère industriel et commercial qui ont une personnalité nettement distincte.

3958. Pour l'interprétation des termes « Véhicules appartenant à l'État », il convient donc d'entendre les véhicules des administrations d'État, ceux des services d'État à caractère industriel et commercial et ceux des offices et établissements publics à caractère administratif.

En revanche, les véhicules des établissements publics nationaux à caractère industriel et commercial doivent acquitter la taxe régionale applicable aux cartes grises prévue à l'article 1599 quindecies du Code général des impôts.

3959. C'est ce qui a été reconnu, notamment, en ce qui concerne la Société nationale des chemins de fer français (SNCF) pour l'immatriculation des véhicules autres que ceux qui leur ont été transférés en vertu des lois de nationalisation.

2 ▪ Les véhicules des agents diplomatiques et consulaires

3960. Sont exonérés les véhicules faisant l'objet d'une immatriculation particulière comportant :
- soit l'indication « CD » ou « CMD » pour les véhicules appartenant aux personnes ou aux missions de statut diplomatique ;
- soit les lettres « C » ou « K » pour les véhicules appartenant à un fonctionnaire consulaire ou à un membre du personnel consulaire ;
- soit enfin, une lettre distinctive, pour les véhicules des organisations internationales qui bénéficient également, par mesure de tempérament, de l'exemption de la taxe régionale sur les cartes grises.

3 ▪ Le changement matrimonial

3961. Il résulte des dispositions de l'article 1599 octodecies 3-a du Code général des impôts que les cartes grises délivrées à la suite d'un changement d'état matrimonial le sont gratuitement sur présentation des pièces justificatives adéquates.

a - Le changement matrimonial à la suite d'un mariage

3962. En cas de mariage, les pièces justificatives adéquates doivent être présentées, suite à la demande :
- d'adjonction du nom de femme mariée au nom de jeune fille ;
- d'immatriculation sous la formule « Monsieur et Madame » ou « Monsieur ou Madame » d'un véhicule immatriculé au nom de jeune fille de l'épouse ou au nom du mari antérieurement au mariage.

b - Le changement matrimonial à la suite d'un divorce

3963. En cas de divorce, les pièces justificatives adéquates doivent être présentées, suite à la demande :
- de suppression du nom de femme mariée ;
- d'immatriculation au nom de l'époux ou de l'épouse attributaire d'un véhicule précédemment immatriculé au nom de l'autre époux, ou des deux époux.

c - Le changement matrimonial en cas de veuvage

3964. En cas de veuvage, les pièces justificatives adéquates doivent être présentées, suite à la demande :
- de modification de la mention afférente à la situation de femme mariée ;
- d'immatriculation au nom du conjoint survivant d'un véhicule antérieurement immatriculé au nom de l'époux décédé ou au nom des deux époux.

4 ▪ Le changement de domicile

3965. Aux termes du 3-a de l'article 1599 octodecies du Code général des impôts, la taxe régionale n'est pas due lorsque la délivrance de la carte grise est consécutive à un changement de domicile.

5 ▪ L'erreur de saisie lors d'une opération d'immatriculation

3966. La taxe n'est pas due lorsque la délivrance du certificat d'immatriculation est consécutive à une erreur de saisie lors d'une opération d'immatriculation (CGI, art. 1599 octodecies 3-b).
Cette exonération s'applique lorsque des erreurs de saisie ont été commises par l'administration ou par des professionnels habilités qui transmettent à l'administration, par voie électronique, les données relatives aux demandes d'immatriculation des véhicules donnant lieu au paiement de la taxe.

3967. Il est précisé que l'exonération de la taxe vaut pour la délivrance du certificat d'immatriculation erroné, et non pour celle du certificat correctement établi. En pratique, les services compétents de la préfecture procèdent à la compensation des montants de taxes due sur les certificats délivrés, puis recouvrent ou remboursent, le cas échéant, la différence.

6 ▪ L'usurpation du numéro d'immatriculation du véhicule

3968. En application du 3-b de l'article 1599 octodecies du Code général des impôts, la taxe n'est pas due lorsque la délivrance du certificat est la conséquence de l'usurpation du numéro d'immatriculation du véhicule.

3969. La circulaire du ministère de la Justice du 28 juillet 2004 relative au contrôle sanction automatisé prévoit la gratuité de la procédure d'attribution d'un nouveau numéro d'immatriculation suite à usurpation. Il est alors possible d'obtenir un nouveau numéro d'immatriculation gratuitement, sur présentation aux services préfectoraux, d'un dépôt de plainte auprès des forces de l'ordre.

7 ▪ La conversion d'immatriculation du véhicule au nouveau système d'immatriculation (SIV)

3970. Aux termes du 3-c de l'article 1599 octodecies du Code général des impôts, la taxe n'est pas due lorsque l'opération d'immatriculation a pour seul objet la conversion du numéro d'immatriculation du véhicule au système d'immatriculation mis en œuvre à compter du 1er janvier 2009.

3971. La conversion spontanée de l'immatriculation dans le nouveau SIV, c'est-à-dire en l'absence de changements affectant le véhicule ou le titulaire du certificat qui nécessiteraient une nouvelle immatriculation, est autorisée. Cette opération est exonérée de la taxe.

8 ▪ Les véhicules neufs affectés à la démonstration

3972. Les véhicules neufs utilisés pour la démonstration par les concessionnaires et les agents des marques (bien qu'immatriculés dans les séries normales) bénéficient d'une exonération de taxe régionale sur les cartes grises lorsque leur poids total autorisé en charge (PTAC) n'excède pas 3,5 tonnes (CGI, art. 1599 sexdecies II).

3973. Cette exonération bénéficie également aux véhicules neufs affectés à la démonstration détenus par les concessionnaires et les agents de marque en vertu d'un contrat de crédit-bail ou d'un contrat de location d'une durée de deux ans ou plus.

3974. Cependant lorsqu'une voiture est prêtée à un client éventuel pour un ou deux jours en vue d'un essai, l'exonération ne peut être accordée et le propriétaire du véhicule (constructeur, concessionnaire, agent) doit acquitter la taxe en cause.

9 ▪ Les cyclomoteurs

3975. Aucune taxe n'est due au titre de la délivrance des certificats d'immatriculation des cyclomoteurs à deux roues et des cyclomoteurs à trois roues non carrossés (CGI, art. 1599 octodecies 4).

10 ▪ La fusion de communes entraînant modification des limites des départements

3976. Des fusions de communes peuvent, dans certains cas, entraîner une modification des limites territoriales des départements. Les propriétaires de véhicules à moteur domiciliés dans une commune rattachée à un nouveau département se trouvent dans l'obligation de faire modifier l'immatriculation de leurs véhicules. La délivrance des nouvelles cartes grises devrait en principe donner ouverture à la taxe régionale.

3977. Par analogie avec la décision qui avait été prise lors de la création des nouveaux départements de la région d'Ile-de-France, il a été admis par l'Administration fiscale, par mesure de tempérament, que ce changement d'immatriculation soit effectué gratuitement.

§ 2 ▪ Les tarifs et les modalités de paiement

A ▪ Les tarifs

3978. Trois catégories de taux sont prévues pour la taxe régionale sur les cartes grises :
- un taux normal (CGI, art. 1599 sexdecies I-1) ;
- des taux réduits (CGI, art. 1599 sexdecies I-2 et I-3) ;
- des taux fixes (CGI, art. 1599 sexdecies I-4, 1599 septdecies et 1599 octodecies).

3979. Le taux unitaire par cheval-vapeur de la taxe est fixé chaque année par délibération du conseil régional ou la collectivité territoriale de Corse. Les proportions établies entre le taux unitaire et ceux des taxes proportionnelles ou fixes ne peuvent être modifiées par le conseil régional ou l'assemblée de Corse, non plus que les catégories auxquelles ces taux sont applicables (CGI, art. 1599 novodecies).

1 ▪ Le taux normal

3980. Aux termes de l'article 1599 sexdecies I-1 du Code général des impôts, les cartes grises donnent lieu au paiement d'une taxe proportionnelle à la puissance du véhicule dont le taux unitaire par cheval-vapeur est arrêté chaque année par la région ou la collectivité territoriale de Corse.

3981. Dans le cas où la puissance des véhicules comprendrait des fractions de cheval-vapeur, la taxe doit être calculée sur cette puissance exacte, sans arrondissement.
Il est précisé que la délivrance des cartes grises dans les séries « TTW » et « TTQ » qui sont réservées aux zones franches du Pays de Gex et de Haute-Savoie donne lieu au paiement de la taxe proportionnelle à la puissance fiscale du véhicule considéré. En effet, les immatriculations dans ces séries ont un caractère définitif et ne sont pas réservées aux véhicules en importation temporaire.

2 ▪ Les taux réduits

a - Les réductions applicables à certaines catégories de véhicules

3982. Le taux unitaire par cheval-vapeur de la taxe proportionnelle est réduit de moitié en ce qui concerne les véhicules énumérés ci-dessous.

Pour les véhicules utilitaires d'un poids total autorisé en charge (PTAC) supérieur à 3,5 tonnes, les cartes grises afférentes aux véhicules utilitaires donnent lieu à la perception de la taxe proportionnelle au taux unitaire par cheval-vapeur réduit de moitié si le PTAC du véhicule considéré est supérieur à 3,5 tonnes et au taux plein s'il est inférieur ou égal à ce poids. Cette solution est applicable qu'il s'agisse de véhicules neufs ou de véhicules déjà en circulation faisant l'objet, suite à une mutation, de la délivrance d'une nouvelle carte grise.

Elle trouve notamment à s'appliquer aux véhicules très spéciaux à usages divers (VTSU) tels que camions-ateliers, camions-grues, etc., observation faite que dans la nomenclature des genres et des carrosseries et des sources d'énergie applicable à compter du 1er janvier 1983, le genre « VTSU » s'agissant des véhicules neufs immatriculés postérieurement à cette date, a été supprimé et remplacé notamment par le genre « Véhicules automoteurs spécialisés » (VASP). Ces véhicules bénéficient de la réduction de moitié de la taxe dans les mêmes conditions.

Par ailleurs, les véhicules destinés aux transports en commun de personnes (autocars, autobus) sont également susceptibles de bénéficier de la réduction de tarif dès lors que leur poids total autorisé en charge (PTAC) est supérieur à 3,5 tonnes. La mention du PTAC est obligatoirement mentionnée sur les cartes grises quel que soit le véhicule considéré.

3983. En ce qui concerne les tracteurs non agricoles, sont principalement visés les tracteurs routiers.

3984. Enfin, les véhicules de genre « motocyclettes » sont définis par l'article R. 311-1 du Code de la route. Il résulte de ces définitions que le bénéfice des réductions de tarifs n'est susceptible de profiter qu'à des véhicules dont la structure comporte essentiellement deux roues au maximum. Le fait d'adjoindre un side-car ou une remorque à une motocyclette ne modifie toutefois pas la classification de celle-ci. Il n'est donc pas accordé aux cartes grises délivrées à l'occasion de l'immatriculation de véhicules automobiles à trois ou quatre roues, quelle que puisse être leur dénomination (tricycles et quadricycles à moteur, triporteurs, cycles-cars, vélocars, voiturettes, etc.) ou l'importance de leur cylindrée. Ces récépissés sont passibles de la taxe régionale au tarif normal.

b - La réduction de moitié en raison de l'âge du véhicule

3985. Le taux unitaire par cheval-vapeur de la taxe proportionnelle et celui réduit de moitié visé précédemment, sont réduits de moitié pour les véhicules ayant plus de dix ans d'âge (CGI, art. 1599 sexdecies I-3). Selon l'article 155 quater de l'annexe IV au Code général des impôts, l'âge du véhicule se détermine à partir de la date de première mise en circulation.

3 ▪ Les taux fixes

3986. En application du 4° du 1 de l'article 1599 octodecies du Code général des impôts, est subordonnée au paiement d'une taxe fixe la délivrance du certificat en cas de modification de l'usage du véhicule.

3987. La notion d'usage d'un véhicule (véhicule de l'administration civile de l'État, véhicule militaire, véhicule agricole ou véhicule de démonstration, etc.) est un nouvel élément d'application du SIV. Toute modification de cet usage entraîne une modification du certificat d'immatriculation qui doit être soumise à la perception de la taxe fixe.

3988. Les taxes fixes sont, aux termes des articles 1599 sexdecies I-4, 1599 septdecies et 1599 octodecies du Code général des impôts, une fraction ou un multiple du taux unitaire par cheval-vapeur de la taxe proportionnelle fixée annuellement par le conseil régional ou l'assemblée de Corse.

Certificats d'immatriculation assujettis à une taxe fixe	
Documents visés	Taxe fixe égale
Certificats d'immatriculation des vélomoteurs et des motocyclettes dont la cylindrée n'excède pas 125 cm³ délivrés en cas de : - modification d'état civil de la personne physique propriétaire du véhicule ; - simple changement de dénomination sociale de la personne morale propriétaire du véhicule ; - modification des caractéristiques techniques du véhicule ; - ou de modification de son usage ; (CGI, art. 1599 octodecies-1 et 2-a). Cartes grises des vélomoteurs ayant plus de 10 ans d'âge (CGI, art. 1599 sexdecies-I-3). Duplicata des certificats d'immatriculation des vélomoteurs et des motocyclettes dont la cylindrée n'excède pas 125 cm³ (CGI, art. 1599 octodecies-1-1° et 2-a).	Quart du taux unitaire
Cartes grises des vélomoteurs (CGI, art. 1599 sexdecies-I-4-al. 2).	Moitié du taux unitaire
Certificats d'immatriculation des véhicules à moteur, autres que les vélomoteurs et les motocyclettes dont la cylindrée n'excède pas 125 cm3, délivrés en cas de : - modification d'état civil de la personne physique propriétaire du véhicule ; - simple changement de dénomination sociale de la personne morale propriétaire du véhicule ; - modification des caractéristiques techniques du véhicule ; - ou de modification de son usage ; (CGI, art. 1599 octodecies). Cartes grises de la série WW (CGI, art. 1599 septdecies-2). Nouvelles cartes grises délivrées pour les véhicules donnés en location avec option d'achat ou en location de longue durée (deux ans ou plus) par des sociétés pratiquant ces types de location : - en cas de changement de locataire ; - suite à la demande de suppression des mentions afférentes à l'ancien locataire. Duplicata de certificats d'immatriculation des autres véhicules (CGI, art. 1599 octodecies-1-1° et 2-b).	Taux unitaire
Cartes grises de remorques, des véhicules agricoles soumis à immatriculation et des véhicules immatriculés dans la série TT (CGI, art. 1599 sexdecies-I-4-al. 1).	Une fois et demie le taux unitaire
Cartes grises de la série W (CGI, art. 1599 septdecies-1).	Double du taux unitaire

3989. Les taxes fixes ne sont pas, en principe, susceptibles de varier en fonction de l'âge ou de la puissance du véhicule considéré. Toutefois, si la taxe fixe afférente aux duplicata se trouve excéder la taxe proportionnelle normalement exigible sur les certificats d'immatriculation, il a été pris pour règle de limiter la perception au montant de la taxe proportionnelle et de conférer aux taxes fixes dont il s'agit le caractère de véritable maxima de perception en ce qui concerne les duplicata de cartes grises.

3990. Lorsque la délivrance du certificat d'immatriculation est consécutive à différents événements, seul l'événement qui a pour conséquence la taxe la plus élevée est pris en compte. Dans le cas d'événements ayant pour conséquence l'application d'un montant de taxe identique, la taxe n'est recouvrée qu'une seule fois.

B ■ Les modalités de paiement

3991. Aux termes de l'article 313 BF de l'annexe III au Code général des impôts, les droits et taxes exigibles sur les certificats d'immatriculation des véhicules à moteur - y compris ceux des séries W et WW - sont acquittés sur états, c'est-à-dire au moyen de formules sans valeur fiscale revêtues d'une mention faisant apparaître la nature et le montant desdits droits et taxes.

Cependant, l'emploi des machines à timbrer est autorisé pour le timbrage des certificats d'immatriculation des véhicules à moteur donnant lieu à la perception des droits de timbre dans les régies de recettes des préfectures et des sous-préfectures.

3992. Selon l'article 1723 ter-0 B du Code général des impôts, ces droits et taxes sont recouvrés soit directement par l'administration, soit par les professionnels du commerce de l'automobile, titulaires d'une commission délivrée par l'Administration fiscale, qui transmettent à l'administration les données relatives aux demandes d'immatriculation des véhicules donnant lieu au paiement de ces taxes.

Ces derniers délivrent un certificat provisoire d'immatriculation, le certificat définitif étant ensuite adressé par voie postale au domicile du titulaire du certificat d'immatriculation.

§ 3 ■ Les exonérations

A ■ Cas particuliers

3993. Les demandes de cartes grises de véhicules automobiles acquis en remplacement de ceux détruits lors des intempéries (inondations, coulées de boue et mouvements de terrains) et les demandes de duplicata de certificat d'immatriculation remplaçant ceux détruits ou perdus lors des intempéries ne donnent lieu à la perception d'aucune taxe.

3994. L'exonération bénéficie aux victimes des intempéries survenues dans les communes ou départements mentionnés dans un arrêté portant constatation de l'état de catastrophe naturelle sous réserve de la présentation de la déclaration de perte établie auprès des services de police ou de gendarmerie s'agissant des documents administratifs perdus ou détruits à l'occasion de ces événements et, dans tous les cas, de la déclaration de sinistre adressée à la compagnie d'assurance.

B ▪ Les exonérations conditionnées à délibération du Conseil régional ou de l'assemblée de Corse

3995. Le conseil régional ou l'assemblée de Corse peuvent, sur délibération, exonérer en totalité ou à concurrence de la moitié de la taxe proportionnelle sur les cartes grises les véhicules spécialement équipés pour fonctionner, exclusivement ou non, au moyen de l'énergie électrique, du gaz naturel véhicules (GNV) ou du gaz de pétroles liquéfié (GPL) ou du superéthanol E85.

3996. L'exonération décidée par le conseil régional et, pour la Corse, l'assemblée de Corse, s'applique également à la taxe fixe lorsque la délivrance du certificat d'immatriculation est consécutive à une modification des caractéristiques techniques du véhicule afin de l'équiper pour fonctionner, exclusivement ou non, au moyen d'une énergie mentionnée au précédent paragraphe.

Sous-section 2 ▪ La taxe additionnelle à la taxe régionale sur les cartes grises des véhicules utilitaires perçue au profit de l'association pour le développement de la formation professionnelle dans les transports

3997. Une taxe additionnelle est perçue lors de la délivrance des certificats d'immatriculation (cartes grises) des véhicules automobiles de transport de marchandises, des tracteurs routiers et des véhicules de transport en commun de personnes, à l'exception des véhicules de collection au sens de l'article R. 311-1, alinéa 6-3 du Code de la route (CGI, art. 1635 bis M). Elle est recouvrée selon les mêmes règles et sous les mêmes sanctions que ladite taxe régionale. Les montants de cette taxe sont fixés par arrêté dans les limites fixées par l'article 1635 bis M du Code général des impôts.

3998. Depuis le 1er février 2008, ils ont été fixés comme suit par un arrêté du 30 janvier 2008 (JO, 2 février 2008, p. 2105) codifié à l'article 159 octies de l'annexe IV au Code général des impôts.

Catégorie de véhicules	Tarifs
Véhicules automobiles de transport de marchandises dont le PTAC (1) est inférieur ou égal à 3,5 tonnes (plafond légal (2) : 38 €)	38 €
Véhicules automobiles de transport de marchandises dont le PTAC est supérieur à 3,5 tonnes et inférieur à 6 tonnes (plafond légal (2) : 135 €)	135 €
Véhicules automobiles de transport de marchandises dont le PTAC est supérieur à 6 tonnes et inférieur à 11 tonnes (plafond légal (2) : 200 €)	200 €
Véhicules automobiles de transport de marchandises dont le PTAC est égal ou supérieur à 11 tonnes, tracteurs routiers, véhicules de transport en commun de voyageurs (plafond légal (2) : 305 €)	305 €
Véhicules de collection	exempts

(1) PTAC : poids total autorisé en charge.
(2) Plafond applicable jusqu'en 2016 (Loi n° 2011-1978, 28 déc. 2011 art. 87).

Sous-section 3 ▪ La taxe additionnelle à la taxe régionale : malus applicable aux véhicules de tourisme les plus polluants

3999. Cette taxe, prévue aux articles 1635 bis M du Code général des impôts et 159 octies de l'annexe IV au Code général des impôts, s'applique aux véhicules définis à l'article 1010 du Code général des impôts (i.e. redevables de la TVS) et ne s'applique pas aux véhicules soumis au Malus (Cf. infra § 4).

Véhicules ayant fait l'objet d'une réception communautaire Taux d'émission de dioxyde de carbone (en g/km)	Tarif applicable par gramme de CO^2 (en €)
Taux ≤ 200	0
Taux > 200 ≤ 250	2
Taux > 250	4

Véhicules n'ayant pas fait l'objet d'une réception communautaire Puissance fiscale (en chevaux-vapeur)	Tarif forfaitaire (en €)
Taux ≤ 200	0
Taux > 200 ≤ 250	100
Taux > 250	300

4000. Ce tarif est réduit de moitié pour les véhicules roulant au superéthanol E85.

Sous-section 4 ▪ Le « Bonus-Malus » ou l'« Écopastille »

§ 1 ▪ Règles générales

4001. En application des dispositions de l'article 1011 bis du Code général des impôts, une taxe additionnelle (« écopastille » ou « malus ») est perçue lors de la délivrance de cartes grises des véhicules de tourisme (tels que définis à l'article 1010 du Code général des impôts) acquis et immatriculés pour la première fois en France depuis le 1er janvier 2008.
Sont assujettis les véhicules dont le nombre de grammes de dioxyde de carbone émis par kilomètre excède 135 grammes en 2013, ou dont la puissance administrative excède 7 chevaux-vapeur.

4002. Le dispositif du malus automobile à l'achat de voitures polluantes a été en dernier lieu prorogé par l'article 17 de la loi n° 2012-1509 du 29 décembre 2012 qui a également durci le barème lequel est désormais le suivant, détaillé ci-dessous.

A ■ Véhicules ayant fait l'objet d'une réception communautaire

Taux d'émission de dioxyde de carbone (en grammes par kilomètre)	Tarif de la taxe (en euros) Année d'immatriculation A partir de 2014
Taux ≤ 130	0
130 < taux ≤ 135	150
135 < taux ≤ 140	250
140 < taux ≤ 145	500
145 < taux ≤ 150	900
150 < taux ≤ 155	1 600
155 < taux ≤ 175	2 200
175 < taux ≤ 180	3 000
180 < taux ≤ 185	3 600
185 < taux ≤ 190	4 000
190 < taux ≤ 200	6 500
200 < taux	8 000

B ■ Autres véhicules

Puissance fiscale (en chevaux-vapeur)	Montant de la taxe en euros
Puissance fiscale ≤ à 5	0
6 ≤ Puissance fiscale ≤ à 7	1 500
8 ≤ Puissance fiscale ≤ à 9	2 000
10 ≤ Puissance fiscale ≤ à 11	3 600
12 ≤ Puissance fiscale ≤ à 16	6 000
Puissance fiscale > à 16	8 000

§ 2 ■ Assiette

A ■ Les véhicules « flex-fuel »

4003. Pour les véhicules neufs immatriculés depuis le 1er janvier 2009, le tarif est réduit de 40 % pour les véhicules spécialement équipés pour fonctionner au superéthanol E 85, véhicules dits « flex-fuel ». Cet abattement ne s'applique toutefois pas aux véhicules émettant plus de 250 grammes de CO_2 par kilomètre (CGI, art. 1011 bis, III-b).

B ■ Les réductions pour enfants à charge

4004. Pour la détermination des tarifs du malus, le taux d'émission de dioxyde de carbone des véhicules est diminué de 20 grammes par enfant à charge au sens de l'article L. 521-1 du Code de la sécurité sociale à compter du troisième enfant et pour un seul véhicule de cinq places assises et plus par foyer (CGI, art. 1011 bis, III-a).

4005. Le nombre d'enfants à prendre en considération pour le calcul du montant du remboursement s'apprécie à la date d'immatriculation du véhicule en France. Dès lors que le foyer compte au moins trois enfants à charge, le taux d'émission de dioxyde de carbone du véhicule est diminué de 20 grammes par kilomètre par enfant dès le premier enfant.

4006. Il ressort des articles L. 521-1 et R. 521-1 du Code de la sécurité sociale qu'est considérée comme ayant un enfant à charge la personne qui assume, dans quelques conditions que ce soit, la charge effective et permanente de l'enfant. Elle doit, à ce titre, être allocataire ou attributaire des allocations familiales prévues aux articles L. 521-1 et suivants du Code de la sécurité sociale.

4007. En cas de garde alternée effective d'un enfant au domicile des parents conformément à l'article 373-2-9 du Code civil, chacun des deux parents est considéré comme ayant l'enfant entièrement à charge et peut bénéficier de l'abattement du malus.

4008. Il est précisé que dans la mesure où les assistants familiaux ne sont ni allocataires, ni attributaires des allocations familiales afférentes aux enfants qu'ils accueillent, ces derniers ne peuvent être pris en compte pour l'abattement applicable au malus pour les voitures que les assistants familiaux acquièrent (RM. Joyandet, JOAN, 8 févr. 2011, p. 1261, n° 91792).

4009. La réduction du malus en faveur des familles nombreuses fait l'objet d'une demande de remboursement auprès du service mentionné sur l'avis d'impôt sur le revenu du redevable de la taxe. Le remboursement est égal à la différence entre le montant de la taxe acquitté au moment de l'immatriculation du véhicule et le montant de la taxe effectivement dû après application de la réduction du taux d'émission de dioxyde de carbone prévue par enfant à charge.
Le décret n° 2009-616 du 3 juin 2009, codifié à l'article 313-0 BR ter de l'annexe III au Code général des impôts, fixe les conditions dans lesquelles sont adressées les demandes de remboursement, et notamment les pièces justificatives à produire.

C ▪ Les mesures diverses

4010. Pour les véhicules introduits en France après avoir été immatriculés dans un autre pays, la taxe est réduite d'un dixième par année entamée depuis cette immatriculation (CGI, art. 1011 bis, III-b).

4011. Une articulation des mesures de faveur relatives à l'assiette et au tarif de la taxe est prévue. En effet, l'abattement applicable aux véhicules spécialement équipés pour fonctionner au superéthanol E 85, la réduction de tarif prévue pour les véhicules immatriculés à l'étranger et le remboursement en faveur des familles nombreuses sont des dispositifs potentiellement cumulables. Pour le calcul du montant de taxe due, l'abattement applicable aux véhicules spécialement équipés pour fonctionner au superéthanol E 85 s'applique en premier.

Sous-section 5 . Les autres taxes

4012. La délivrance d'une carte grise donne lieu au paiement de deux autres taxes : la taxe pour frais de gestion et la redevance pour frais d'envoi.

La taxe pour frais de gestion, ou droit de délivrance des cartes grises, s'applique depuis le 1er janvier 2009 (CGI, art. 1628-0 bis). Cette taxe dont le tarif est de 4 € n'est pas due lors de la délivrance des cartes grises des cyclomoteurs à deux roues et des cyclomoteurs à trois roues non carrossés ainsi qu'en cas de changement d'état matrimonial ou de domicile.

4013. Une exonération lors d'une demande de renouvellement à la suite d'intempéries est susceptible de s'appliquer selon les mêmes conditions que celles applicables pour la taxe de délivrance de la carte grise (Cf. supra).

4014. La redevance pour frais d'envoi, instituée par le décret n° 2008-850 du 26 août 2008, est pour sa part, destinée à couvrir les frais d'acheminement des certificats d'immatriculation au domicile du titulaire. Cette redevance, applicable depuis le 1er janvier 2009, au tarif de 2,50 €, n'est pas due pour les cyclomoteurs. Elle n'est pas perçue pour l'envoi d'une nouvelle carte rééditée à la suite d'une erreur de saisie.

Chapitre 3
Le malus annuel

Section 1 . Les véhicules visés

Sous-section 1 . Les véhicules taxables

4015. La taxe annuelle est instituée sur la détention des véhicules immatriculés dans la catégorie des véhicules de tourisme définis à l'article 1010 du Code général des impôts.

4016. Ne sont donc visés que les véhicules suivants :

- les véhicules de tourisme ayant fait l'objet d'une réception communautaire au sens de la directive 2007/46/CE du Parlement européen et du Conseil du 5 septembre 2007, dont le taux d'émission de dioxyde de carbone, tel qu'indiqué sur la carte grise, excède, l'année de la première immatriculation 190 grammes ;
- les autres véhicules n'ayant pas fait l'objet de la réception visée ci-dessus dont la puissance administrative excède 16 chevaux-vapeur.

Sous-section 2 . L'exonération des véhicules des personnes handicapées

4017. Sont exonérés de cette taxe :
- d'une part, les véhicules immatriculés dans le genre véhicule automoteur spécialisé (VASP) ou voiture particulière carrosserie « handicap » ;
- d'autre part, sur les véhicules immatriculés par les personnes titulaires de la carte d'invalidité mentionnée à l'article L. 241-3 du Code de l'action sociale et des familles, ou par une personne dont au moins un enfant mineur ou à charge, et du même foyer fiscal, est titulaire de cette carte. Dans le cas où cette taxe aurait été indument perçue, les personnes les ayant acquittées peuvent en demander le remboursement (RM Liebgott, JOAN, 15 janv. 2013, p. 630).

Section 2 . Les personnes imposables

4018. La taxe est due selon les cas par les propriétaires ou les locataires des véhicules. S'agissant des locataires, seuls sont concernés les locataires dans le cadre d'un contrat de location avec option d'achat ou d'un contrat souscrit pour une durée d'au moins deux ans (CGI, art. 1011 ter, II).

4019. Une importante exonération est toutefois prévue en faveur des sociétés soumises à la taxe sur les TSV. Ainsi, dans l'hypothèse où une société rembourse les frais kilométriques d'un véhicule possédé ou loué par un de ses salariés ou dirigeants, la société qui est soumise à la TVS n'est pas assujettie au malus annuel.

4020. En revanche, dès lors que l'exonération vise les sociétés et non les véhicules, le salarié ou le dirigeant, propriétaire ou locataire du véhicule, est redevable du malus annuel. Le même véhicule est donc, dans ce cas, taxé deux fois : au titre de la taxe sur les véhicules de sociétés acquittée par la société et au titre du malus annuel acquitté par le salarié ou le dirigeant.

Section 3 . Les modalités d'application

4021. La taxe est due pour l'année entière d'après la situation au 1er janvier de l'année d'imposition. Elle doit donc être payée par le propriétaire ou le locataire du véhicule au 1er janvier, alors même qu'il se dessaisirait du véhicule en cours d'année. Elle est due, pour la première fois, l'année qui suit la délivrance de la carte grise. Son montant est de 160 € par véhicule.

4022. La taxe est liquidée par les services de l'Administration fiscale. A cet effet, l'article 1011 ter du Code général des impôts précise que les services du ministère de l'Intérieur communiquent à l'Administration fiscale les données relatives à l'immatriculation des véhicules soumis à la taxe annuelle dont le certificat a été délivré dans l'année et aux titulaires de ces certificats.

4023. Les redevables n'ont donc aucune obligation déclarative. Ils sont informés du montant du malus à payer par l'administration qui leur adresse un titre de perception. La taxe est recouvrée comme en matière de créances étrangères à l'impôt et au domaine.

Table des matières

Troisième Partie ■

L'après-vente automobile

Quatrième Partie

L'accident de la circulation et assurance

Titre 4 ■ Les procédures de règlement de sinistre automobile 685

Sixième Partie ■

Index alphabétique

NB : les numéros de l'index alphabétique renvoient aux paragraphes de l'ouvrage.

E

N

O

P

R

S

T

U

V

W

Achevé de composer en avril 2015

Achevé d'imprimer en mai 2015
Normandie Roto Impression s.a.s. - Lonrai
N° d'impression : 1502251

Dépôt légal juin 2015

L'Argus Éditions
10 place du Général de Gaulle
92160 Antony